U0179504

第七届中国建筑学会
建筑设计奖（给水排水）优秀设计
工程实例

中国建筑学会建筑给水排水研究分会　主编

中国建筑工业出版社

图书在版编目（CIP）数据

第七届中国建筑学会建筑设计奖（给水排水）优秀设
计工程实例 / 中国建筑学会建筑给水排水研究分会主编
. — 北京：中国建筑工业出版社，2023.3
ISBN 978-7-112-28379-8

Ⅰ. ①第… Ⅱ. ①中… Ⅲ. ①建筑-给水工程-工程
设计②建筑-排水工程-工程设计 Ⅳ. ①TU82

中国国家版本馆 CIP 数据核字（2023）第 032594 号

由中国建筑学会主办的建筑设计奖，是经国务院办公厅、监察部与有关部门组成
联席会议，规范评比达标表彰确认的保留项目，是我国建筑领域最高荣誉奖之一。该
奖每两年举办一次。

本书为中国建筑学会建筑给水排水研究分会组织的"第七届中国建筑学会建筑设
计奖（给水排水）优秀设计工程"的评奖展示。全书共分三篇，即公共建筑篇、居住
建筑篇、工业建筑篇，其中包括广州白云国际机场扩建工程二号航站楼及配套设施、
南通高新区科技之窗、江苏大剧院、中国海南海花岛 2 号岛首期工程、空客天津 A330
宽体飞机完成和交付中心定制厂房项目等。这些工程规模、设计水平以及给水排水专
业的创新技术、节能减排、绿色建筑给水排水设计等应用都代表了近年国内目前最高
水平，有的项目已达到国际领先水平。

本书可供从事建筑给水排水设计的专业人员参考。

责任编辑：于　莉
文字编辑：勾淑婷
责任校对：张惠雯　张　颖

第七届中国建筑学会
建筑设计奖(给水排水)优秀设计
工程实例
中国建筑学会建筑给水排水研究分会　主编

*

中国建筑工业出版社出版、发行(北京海淀三里河路 9 号)
各地新华书店、建筑书店经销
北京鸿文瀚海文化传媒有限公司制版
北京中科印刷有限公司印刷

*

开本：880 毫米×1230 毫米　1/16　印张：70½　字数：2117 千字
2023 年 3 月第一版　　2023 年 3 月第一次印刷
定价：**248.00** 元
ISBN 978-7-112-28379-8
(40287)

版权所有　翻印必究
如有印装质量问题，可寄本社图书出版中心退换
(邮政编码　100037)

编委会

主编单位：中国建筑学会建筑给水排水研究分会

主　　任：赵　锂

主　　编：赵　锂　钱　梅

编　　委：（按姓氏笔画排序）

王家良　王靖华　孔德骞　朱建荣　刘　芳

刘福光　孙路军　李传志　李益勤　连　捷

陈欣燕　金　鹏　赵　锂　赵力军　栗心国

徐　扬　郭汝艳　蔡昌明　薛学斌

前言

　　由中国建筑学会主办的建筑设计奖，是经国务院办公厅、监察部与有关部门组成联席会议，规范评比达标表彰确认的保留项目，是我国建筑领域最高荣誉奖之一，该奖每两年举办一次。

　　为了进一步鼓励我国广大建筑给排水工作者的创新精神，提高建筑给水排水设计水平，推进我国建筑给水排水事业的繁荣和发展，受中国建筑学会委托，由中国建筑学会建筑给水排水研究分会组织开展第七届中国建筑设计奖（给水排水）的评选活动。

　　中国建筑设计奖（给水排水）优秀设计奖突出体现在如下方面：设计技术创新；解决难度较大的技术问题；节约用水、节约能源、保护环境；提供健康、舒适、安全的居住、工作和活动场所；体现"以人为本"的绿色建筑宗旨。

　　第七届中国建筑设计奖（给水排水）优秀设计工程评选活动共收到来自全国 47 家设计单位按规定条件报送的 135 个工程项目，其中，公共建筑 118 项、居住建筑 10 项、工业建筑 7 项。专家初评会于 2020 年 11 月 27 日至 29 日在珠海举行。

　　评审会由中国建筑学会建筑给水排水研究分会理事长赵锂主持，评审委员会由 20 位建筑给排水界著名专家组成。评审委员会推选中国建筑设计研究院有限公司副总经理、总工程师、教授级高级工程师赵锂担任评选组组长，中国建筑西北建筑设计研究院有限公司副总工程师、教授级高级工程师王研担任副组长。

　　评审组专家有华南理工大学建筑设计研究院有限公司副总工程师、研究员王峰、四川省建筑设计研究院有限公司科学技术部常务副总工程师王家良、中国航空规划设计研究总院有限公司副总工程师王锋、浙江大学建筑设计研究院有限公司副总工程师、研究员王靖华；哈尔滨工业大学建筑设计研究院副总工程师孔德骞、同济大学建筑设计研究院（集团）有限公司副总工程师、教授级高级工程师归谈纯；广东省建筑设计研究院顾问总工程师、教授级高级工程师刘福光；中国建筑西南设计研究院有限公司科技部顾问总工程师孙钢；中国建筑东北设计研究院有限公司副总工程师金鹏；深圳华森建筑与工程设计顾问有限公司副总工程师、教授级高级工程师周克晶；北京市建筑设计研究院顾问总工程师、教授级高级工程师郑克白；广州市设计院顾问总工程师、教授级高级工程师赵力军；中南建筑设计研究院有限公司副总工程师、教授级高级工程师栗心国；上海建筑设计研究院副总工程师、资深总工程师徐凤；华东建筑设计研究总院副总工程师徐扬；中国建筑设计研究院有限公司总工程师教授级高工郭汝艳；中国中元国际工程公司副总工程师、教授级高级工程师彭建明；福建省建筑设计研究院有限公司副总工程师、教授级高级工程师程宏伟；

　　评审工作严格遵照公开、公正和公平的评选原则。每位主审专家对申报书、计算书和相关设计图纸进行了认真审阅，对申报的 135 个工程进行了逐一的集中讲评，最后通过无记名投票的方式，确定出入围工程名单和此次评选最终结果。经专家评选出的结果，并报送中国建筑学会终评委员会，评选出一等奖 25 名、二等奖 32 名、三等奖 10 项。

　　第七届中国建筑设计奖（给水排水）优秀设计工程评审工作得到了上海熊猫机械集团有限公司的大力支持。颁奖仪式在 2022 年 8 月 28 日于福州举行的中国建筑学会建筑给水排水研究分会第四届第一次全体会员大会暨学术交流会上隆重举行。在获奖项目设计人员和建筑给水排水研究分会秘书处的共同努力下，完成了本书。为增进技术交流，推进技术进步，本书由中国建筑工业出版社出版，向全国发行。

本届优秀设计奖包括了广州白云国际机场扩建工程二号航站楼及配套设施、广州周大福金融中心（广州东塔）、中国建筑设计研究院创新科研示范中心、上海北外滩白玉兰广场、大望京 2 号地·昆泰嘉瑞中心、武汉火神山医院、空客天津 A330 宽体飞机完成和交付中心定制厂房项目等目前国内最具代表性的大型公共建筑和工业产生产基地等。这些工程规模、设计水平以及给水排水专业的创新技术、节能减排、绿色建筑给水排水设计等应用都代表了近年国内目前最高水平，有的项目已达到国际领先水平。申报工程的技术水平很高，在学术、工程应用中均具有很高参考价值。由于我国建筑给水排水技术的高速发展，相关标准规范也在修订完善中，设计时应根据工程所在地的具体情况、工程性质、业主要求、造价控制等合理地选用给水排水系统，本书中的给水排水系统不是唯一的选择，在参考使用时应具体情况具体分析。本书行文中也可能有一些疏漏，请各位读者指正。

目录

公共建筑篇

公共建筑　一等奖

2	广州白云国际机场扩建工程二号航站楼及配套设施
29	南通高新区科技之窗
60	江苏大剧院
72	恒隆广场·大连项目
91	广州周大福金融中心（广州东塔）
118	能源大厦
136	中国建筑设计研究院创新科研示范中心
160	上海北外滩白玉兰广场
170	大望京2号地·昆泰嘉瑞中心
182	松江辰花路二号地块深坑酒店
201	佛山市高明区体育中心
221	青岛东方影都万达城——水乐园、电影乐园
251	苏州中心DEP地块（超高层酒店公寓及能源中心）
298	梅溪湖国际广场项目
317	青岛国际会议中心
335	东北国际医院
356	成都城市音乐厅
381	军博展览大楼加固改造工程（扩建建筑）
393	创新孵化基地（产业总部基地）一期项目
416	天津医科大学总医院滨海医院一期工程
433	漳州奥林匹克体育中心
452	武汉火神山医院

公共建筑　二等奖

463	泰康华南国际健康城
486	珠江新城F2-4地块项目
503	东盟博览会商务综合体
512	三亚海棠湾亚特兰蒂斯酒店项目（一期）
529	肇庆新区体育中心项目
554	珠海中心
576	浙江大学艺术与考古博物馆
591	中国北京世界园艺博览会场馆（中国馆）建筑工程设计
599	安庆市体育中心
614	厦门华润中心

635 　海峡文化艺术中心
649 　纳米技术大学科技园
674 　太原市滨河体育中心
680 　上海 JW 万豪侯爵酒店项目
689 　基金大厦
708 　云端 ICON
724 　陕西延长石油（集团）有限责任公司　延长石油科研中心
741 　云南省昆明市西山区棕树营二号片区（红庙村）城中村重建改造项目
751 　哈尔滨工业大学深圳校区扩建工程
767 　贵阳龙洞堡国际机场 1 号航站楼扩容改造工程
787 　武清体育中心
798 　上海市历史博物馆建设工程
808 　西安高新国际会议中心一期
821 　青岛市民健身中心
834 　广州长隆熊猫酒店
852 　专利技术研发中心研发用房项目
861 　佛山西站
878 　蚌埠市规划档案馆和博物馆
893 　深圳中海油大厦
909 　中国建设银行北京生产基地一期项目
932 　广州海珠广场恒基中心（星寰国际商业中心）

公共建筑　三等奖

948 　华北理工大学新校区图书馆
959 　昌南体育中心
973 　甘肃省长城建设集团总公司长城大饭店
989 　亿创广场 G 地块

居住建筑篇

居住建筑　一等奖

1002 　中国海南海花岛 2 号岛首期工程

居住建筑　三等奖

1017 　东港区 H06 地块项目
1027 　广州市萝岗区 KXC-P4-4 地块线坑村改造项目

工业建筑篇

工业建筑　一等奖

1048 　空客天津 A330 宽体飞机完成和交付中心定制厂房项目

工业建筑　三等奖

1058 　南海三期生活垃圾焚烧提标扩能工程
1073 　长阳航天城电子科技园三院北京华航无线电测量研究所建设项目科研研试调度中心 3-1（I至Ⅲ段）
1084 　vivo 重庆生产基地
1100 　天津空港经济区庞巴迪一期工程

公共建筑篇

广州白云国际机场扩建工程二号航站楼及配套设施

设计单位： 广东省建筑设计研究院有限公司
设 计 人： 梁景晖　黎洁　赖振贵　叶志良　彭康　林兆铭　钟可华　李东海　陈文杰　张爱洵
获奖情况： 公共建筑类　一等奖

工程概况：

广州新白云国际机场是我国首个按照中枢机场理念设计和建设的大型航空港，也是国内三大国家级航空枢纽门户之一，是粤港澳大湾区航空枢纽最重要的组成部分。其分三期建设，划分为 2 个航站区，其中一、二号航站楼位于第一航站区（图 1），三号航站楼（设计中）位于第二航站区。目前年设计客流量为 8000 万人次，预计 2030 年为 1.2 亿人次，终端规划旅客量为 1.4 亿人次。本期扩建的二号航站楼（T2）与一号航站楼（T1）（52 万 m²，2004 年建成运营）共同组成了完整的双子星航站楼构型。本项目总建筑面积为 88 万 m²，最高建筑为 4 层，建筑高度为 40.39m，属一类多层民用建筑，耐火等级一级。年设计客流量为 4500 万人次。2018 年建成通航后，被全球民航运输研究认证权威机构 SKYTRAX 评为"全球五星航站楼"，成为国内领先、国际一流的世界级机场航站楼。

图 1　白云机场第一航站区总体鸟瞰图

本期航站楼由主楼及指廊两大部分组成，其中主楼地上 4 层地下 1 层，主要功能为办票厅、联检区、办公区、两舱休息区、商业餐饮区、行李提取大厅、迎客厅、行李机房及相关设备用房等；指廊地上 3 层地下 1 层，包括东五东六指廊、西五西六指廊及北指廊，其功能为旅客候机厅、旅客到达通道、办公商业区及相关设备用房等。地下层主要功能为进港行李下送地沟、水电空设备专业管沟。

二号航站楼给水排水系统主要包括室内外给水系统、室内外排水系统、热水系统、屋面雨水系统、雨水回收利用系统、室内外消火栓系统、自动喷水灭火系统、消防水炮系统、水幕防护冷却系统、高压细水雾灭火系统、气体灭火系统等。

工程说明：

一、给水排水系统
(一) 给水系统

1. 冷水用水量

生活用水量见表1。

生活用水量

表1

序号	用水对象	用水定额	用水单位数	用水时间(h)	小时变化系数	最高日用水量 (m³/d)	平均时用水量 (m³/h)	最大时用水量 (m³/h)
1	旅客	6L/人次	18.5万人次	16	2	1110	69.5	139
2	餐饮	25L/人次	10000人次	16	1.2	250	15.6	19
3	工作人员	60L/(人·d)	10000人	18	1.5	600	33.3	50
4	计时旅馆	400L/(人·d)	120人	24	2	48	2	4
5	空调用水			16	1	6176	386	386
6	绿化	2.0L/(m²·d)	200000m²	10	1	400	40	40
7	合计					8584	546	638
8	未预见用水	10%				858	54.6	63.8
9	总计					9442	601	702

2. 水源

水源由广州市自来水有限公司江村水厂提供，场内设有南、北2个供水泵站。其中南供水站已建2座4000m³水池，北供水站已建2座2000m³水池，预留1座4000m³水池。南、北2供水站连成主干管$DN500$的环网，形成双水源供水系统，供应整个白云机场场内的生活用水、生产用水与消防用水，在给水管网上设置地上式消火栓。场内给水干管供水压力为0.40MPa，可满足3层供水压力要求。白云机场第一航站区给水总平面图如图2所示。

3. 系统竖向分区

系统竖向分2区，三层及以下由室外管网直供，四层以上加压供水。

4. 供水方式及给水加压设备

分别从航站区东、西侧$DN500$给水干管分5路引管接入航站楼及交通中心，主干管在地下层连接成环，采用下行上给供水方式。三层及以下各层直接供水，四层以上由无负压供水设备供水，充分利用室外管网压力。室内给水管网成环布置，环网上设有切换阀门，任一路供水故障或者任一区域故障可通过阀门切换及时检修，尽量降低影响。除给水引入总管设置总水表外，公共卫生间、空调机房、厨房用水、商业用水接入端等均设置分区计量水表。所有水表均自带远传通信功能，通信协议采用M-bus规约，管理中心可随时掌握各处的用水情况。生活泵房设于主航站楼首层东南角，设无负压供水设备1套（$Q=58m^3/h$；$H=0.23MPa$；$N=10kW$）。

5. 管材

1) 室外埋地管：小于$DN250$采用钢丝网骨架聚乙烯复合给水管，热熔连接。大于或等于$DN250$采用球墨铸铁给水管，承插式胶圈接口。

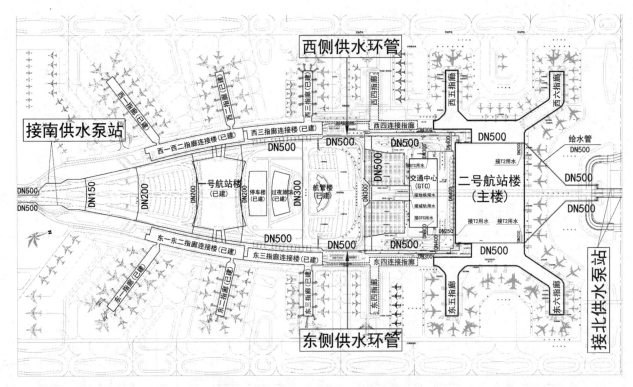

图2　白云机场第一航站区给水总平面图

2) 室内给水管和热水管：S30408不锈钢管，小于DN80采用环压连接，大于或等于DN80采用焊接连接或法兰连接。

（二）热水系统

1. 热水用水量（见表2）

热水用水量　　　　表2

用水对象	用水定额	用水单位数	用水时间(h)	小时变化系数 K_h	最高日用水量 (m³/d)	最高时用水量 (m³/h)	设计小时耗热量 (kW)
头等舱及商务舱	4L/人次	6718人次	18	2.5	26.8	3.7	215
计时旅馆	160L/(人·d)	120人	24	3.4	19.2	2.7	158
合计					46	6.4	373
未预见用水量	10%				4.6	0.64	37.3
总计					50.6	7	410

注：表中仅计算集中热水供应系统，各分散用水点未统计在内。热水温度按60℃计算。

2. 热源

集中热水供应系统采用太阳能加热泵辅助加热作为热源。设置东、西2套太阳能集中热水供应系统。其中东侧系统设计小时耗热量为250kW，最高日用水量为31m³（60℃热水）。选用288块平板式太阳能集热器（每块集热面积1.9m²），总集热面积为547m²，选用4台RHPC-78WC型空气源热泵（单台制热功率78kW）作为辅助热源；西侧系统设计小时耗热量为160kW，最高日用水量为19.6m³。选用160块平板式太阳能集热器，总集热面积为304m²，选用3台RHPC-78WC型空气源热泵作为辅助热源。指廊贵宾区域及母婴间等各分散用水点设计小时耗热量之和为 150kW，分别选用落地（22kW，495L）或壁挂（3kW，50L）储热式电热水器供热。

3. 系统设置及竖向分区

热水系统供水范围主要为主楼的计时旅馆、头等舱及商务舱区域、东西指廊的贵宾区域以及母婴间等，公共区域卫生间不提供热水。其中计时旅馆、头等舱及商务舱区域等用水量较大且相对集中的地方采用太阳能集中热水供应系统。贵宾区、母婴间等用水量小及分散的用水点采用容积式电热水器供水。热水系统采用闭式系统，竖向分区与冷水系统相同，冷热同源，达到冷热出水平衡。

4. 增压设施及热水温度保证措施

集中热水供应系统加热设备设于五层混凝土屋面，增压设施如下：

（1）供水泵：由设于首层的无负压供水设备（参数详见给水系统）提供水源。

（2）循环回水泵：设于首层（$Q=3.1\text{m}^3/\text{h}$；$H=33\text{m}$；$N=2.2\text{kW}$），1用1备，由泵前温控开关控制启停。

（3）太阳能强制循环泵：设于五层混凝土屋面（$Q=21\text{m}^3/\text{h}$；$H=10\text{m}$；$N=2.2\text{kW}$），1用1备。通过水箱下部水温与集热器阵列末端的差值由温差控制器控制强制循环泵工作：当温差较大时（$\Delta T=3\sim5℃$）启动，水箱内的水在集热器与水箱之间循环加热；当温差较小时（$\Delta T=1\sim2℃$）停泵。

（4）热泵加热循环泵：设于五层混凝土屋面（$Q=10.8\text{m}^3/\text{h}$；$H=10\text{m}$；$N=0.9\text{kW}$），每组热泵配置2台循环泵，1用1备。热泵加热工况下，热泵机组和循环泵受热水箱的水温控制启停。

5. 储热水箱

采用承压式储热水箱，其中东侧太阳能集中热水供应系统选用 3 台 10m^3 卧式承压不锈钢水箱（承压级别为 PN6），300L 隔膜式膨胀罐 1 个；西侧太阳能集中热水供应系统选用 10m^3 和 8m^3 卧式承压不锈钢水箱各 1 台，300L 隔膜式膨胀罐 1 个。

6. 管材

生活热水系统采用 S30408 不锈钢管，小于 DN80 采用环压连接，大于或等于 DN80 采用焊接连接或法兰连接。

（三）中水系统

白云机场污水处理站出水作为中水原水，经中水处理设备深度处理，达到中水用水水质标准之后，通过加压泵将中水送到机场中水管网系统回用，主要用于室外绿化。二号航站楼未设单独的中水系统。

（四）排水系统

1. 室外排水系统

场内采用雨污分流制，生活污水最终排至机场污水处理厂。现有机场内污水排水管网满足本期排水量要求。室外雨水分空侧和陆侧两部分，空侧雨水排到飞行区雨水系统。陆侧部分，由于 T2 航站楼建成后，周边排水设施不足以承接新建 T2 航站楼陆侧雨水量，须考虑雨水调蓄。雨水调蓄池按 20 年一遇暴雨强度计算，有效容积为 2.6 万 m^3，设于二号航站楼西南侧。通过进出雨水渠箱及现状 1 号雨水调蓄池及新建调蓄池水位壅高等方式，雨水调蓄池可满足 50 年一遇暴雨强度，保证机场路面无积水。白云机场污水管网规划如图 3 所示，第一航站区雨水总平面图如图 4 所示。

2. 室内排水

（1）室内生活排水采用污废分流制，室外设化粪池、隔油池。共设置 G10-40SQF 型钢筋混凝土化粪池 42 座、GG-4SF 型钢筋混凝土隔油池 29 座。设置化粪池和隔油池作为进污水处理厂前的预处理，可将污水中的大部分固体垃圾截留下来，减少后续管道的堵塞风险，也减轻管理公司日常的维保压力。最高日污水排放量为 $2210\text{m}^3/\text{d}$。

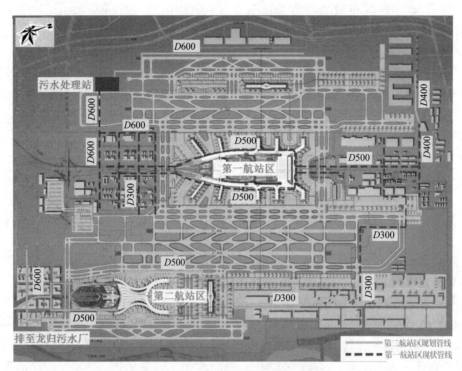

图 3　白云机场污水管网规划图

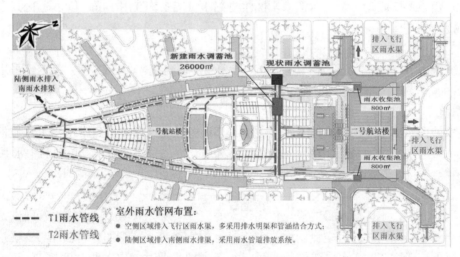

图 4　白云机场第一航站区雨水总平面图

（2）主航站楼中部排水点远离室外，此区域设置一体化污水提升装置，将污水压力排放到室外。每台提升装置配备带切割装置潜污泵 2 台、自动耦合装置、控制箱，有效容积有 250L、400L、1000L 3 种规格。2台水泵互为备用，若 2 台水泵同时发生故障，污水提升装置达到报警水位时，向管理中心发出报警信号，同时联动关闭对应卫生间给水总管上的电磁阀，避免有污水继续进入，管理人员根据报警信号及时进行维修。污水提升装置设置于专用的污水提升间内。

（3）地下室及设备管廊设集水坑，由潜水泵将坑内积水抽出室外。

（4）由于金属屋面不允许设伸顶通气管，因此，排水系统分组设置汇合通气管，穿屋檐下侧墙通往室外，出口处设百叶，管口加设防虫网。

3. 雨水系统

（1）暴雨重现期：屋面 20 年（局部 50 年），室外地面 5 年。汇流时间：屋面 5min、室外地面 10min。雨水排放量 29.3m³/s，其中排往空侧 14.4m³/s，排往陆侧 14.9m³/s。

（2）屋面采用虹吸雨水排放系统，金属屋面暴雨重现期取 20 年，50 年校核；主楼北侧混凝土屋面设计重现期取 50 年，100 年校核。

4. 管材

（1）污/废水管

1）室外埋地管：小于 $DN300$ 采用 PVC-U 双壁波纹管，承插式橡胶圈密封接口。大于或等于 $DN300$ 采用 HDPE 缠绕结构壁管，承插式电热熔连接。

2）室内管：卡箍式排水铸铁管，加强型卡箍连接；埋地部分采用 HDPE 管，热熔连接；压力排水管采用衬塑镀锌钢管，法兰连接。

（2）雨水管

1）室外埋地管：小于 $DN300$ 采用 PVC-U 双壁波纹管，承插式橡胶圈密封接口。大于或等于 $DN300$ 采用 HDPE 缠绕结构壁管，承插式电热熔连接。

2）室内雨水管：立管及悬吊管采用不锈钢管，焊接连接。埋地出户管采用 HDPE 管，热熔连接。

（五）雨水回收利用系统

1. 本工程收集部分屋面雨水用作室外绿化、幕墙及道路冲洗。处理后的雨水水质达到《城市污水再生利用 景观环境用水水质》GB/T 18921 的相关要求。

2. 雨水回用系统最高日用水量为 484m³/d，最大时用水量为 81m³/h。

3. 所收集雨水集中在主航站楼屋面南边，总收集面积为约 46000m²，结合回用水实际使用量设置 2 组雨水收集模块，分别位于主楼首层室外东、西两侧绿化带内，每组雨水收集模块集水容积为 800m³。

4. 工艺流程：按弃流量为 2mm 考虑，采用流量型弃流装置实现雨水的初期弃流，可满足每次 92m³ 的初期雨水弃流量要求。

5. 回用系统：航站楼东、西侧各设置 1 套雨水回用系统，采用变频供水设备供水，每套变频供水设备供水量为 46m³/h，扬程为 54m，保证系统末端供水压力不小于 0.2MPa。各设 60m³ 回用雨水清水箱 1 个。

6. 系统控制：包括自动控制、远程控制、就地手动控制。泵房、楼梯口集水坑及雨水收集池和雨水清水箱的溢流报警信号引至主楼设备管理中心及 TOC 操作大方实现远程监测。

二、消防系统

消防系统包括室内外消火栓系统、自动喷水灭火系统、消防水炮系统、水幕防护冷却系统、高压细水雾灭火系统、气体灭火系统等。消防用水量见表 3。

消防用水量　　　　　　　　　　　　表 3

消防系统名称	消防用水量标准（L/s）	火灾延续时间（h）	一次灭火用水量（m³）	备注
室外消火栓系统	40	3	432	由室外供水管网供给
室内消火栓系统	30	3	324	由室内消防水池供给
自动喷水灭火系统	80	1	288	由室内消防水池供给（消防贮水量取大者，不叠加计算）
大空间智能型主动喷水灭火系统	40	1	144	
水幕防护冷却系统	45	3	486	由室内消防水池供给

续表

消防系统名称	消防用水量标准 （L/s）	火灾延续时间 （h）	一次灭火用水量 （m³）	备注
室内合计	155		1098	室内消防水池容积1400m³
总计	195		1530	

注：表中同一时间内同时开启的、一次灭火用水量最大为室内消火栓系统、自动喷水灭火系统、水幕防护冷却系统同时动作时，用水量为155L/s，其部位为东五、东六指廊及东连廊8～12m高大空间设置喷淋系统未设水炮的区域。高位消防水箱容积为36m³。

（一）消火栓系统

1. 室外消火栓系统

室外消防系统分空侧和陆侧两部分。空侧室外消防系统与飞行区消防系统共用1套管网；陆侧室外消防系统从航站区 DN500 供水管网接出2根 DN300 管呈环状布置为室外消防管网。机场南、北各设有1个供水泵站，2个泵站水池贮水量各为8000m³，可满足整个机场的消防和生活用水要求。室外消防管网压力不小于0.10MPa，按不大于120m间距布置室外消火栓，陆侧采用 SS100/65 型室外地上式消火栓，空侧采用地下型消火栓。

2. 室内消火栓系统

二号航站楼室内外消防系统分开设置，室内消防系统（包括室内消火栓系统、自动喷水灭火系统、水幕防护冷却系统）共用1套消防泵组和加压主管。消防 DN300 加压主管沿航站楼周边一圈呈环状布置，主楼及各指廊室内消防系统分别从环状消防加压主管引出2根连接管与各自系统成环连接。连接管上设闸阀和单向阀，使主楼及各指廊成为各自独立的系统，各系统分别独立设置消防水泵接合器。消防加压主管分别在航站楼室外东南和西南位置通过阀门与一号航站楼消防加压管网相接，通过阀门切换，一、二号航站楼消防系统可成为1套共用系统，一、二号航站楼的消防泵房及消防水池可互为备用，提高了消防系统的供水安全保障。白云机场第一航站区消防总图如图5所示。

室内消火栓系统竖向不分区，主管每层水平成环，各消火栓从环上接管，环上设阀门，将消火栓每5个分成一组，室内任何一点均有2股充实水柱同时到达。主楼高处设置36m³高位消防水箱以满足消防初期10min消防用水。

消防泵房及消防水池设于主航站楼以南交通中心地下层，消防水池容积为1400m³，等分为2座。设置卧式消防泵（Q＝55L/s；H＝85m；N＝75kW）4台，3用1备。稳压泵（Q＝5L/s；H＝85m；N＝11kW）2台，1用1备。SQL1200X1.5型隔膜式气压罐（φ1200，消防贮水容积355L）2套。

消防箱配置：箱内设有 SN65 消火栓（或 SNJ65 减压稳压消火栓）1个；衬胶水龙带1条（部分配2条），长25m，DN65；喷嘴口径 DN19 水枪1支；消防卷盘1套（DN25 软管卷盘胶管长25m，DN6 小水枪1支）；警铃、指示灯、碎玻报警按钮由电气专业配置；6具40型防毒面罩；2～3具手提灭火器。二层以下（包括二层）采用减压稳压消火栓。消防箱分独立型和嵌墙型2种。独立型箱体尺寸1300mm×1100mm×350mm，材质为2.0mm厚拉丝不锈钢板，门板采用12mm厚钢化彩釉玻璃；嵌墙型箱体尺寸1665mm×800mm×240mm，材质为1.5mm厚钢板，面板由装修设计部门选择（行李机房行李分拣区采用铝合金面板）。

消防泵控制：消防泵由系统压力及高位消防水箱出水管上的流量开关控制，系统平常由稳压泵维持管网压力。火灾初期，管网压力下降或高位消防水箱出口流量开关检测到有流量通过时，启动1台消防主泵。当消防用水量增大时，根据预设的压力值依次启动第二、第三台主泵。消防主泵也可在消防中心和消防泵房手动控制，各台消防主泵可自动巡检，交替运行。

3. 管材

室外埋地管采用球墨铸铁给水管，承插式胶圈接口；室内采用内外涂塑钢管（消防专用），小于

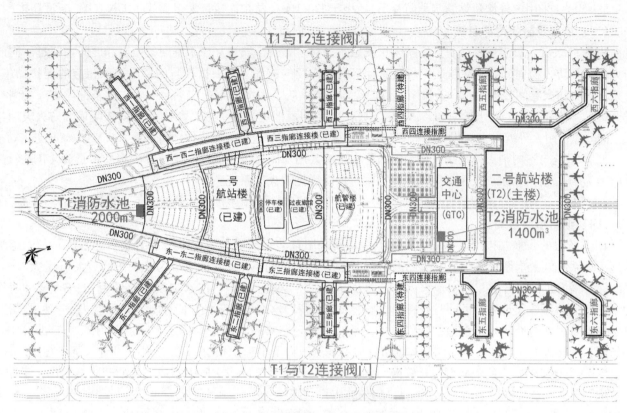

图 5　白云机场第一航站区消防总图

$DN100$，丝扣连接；大于或等于 $DN100$，卡箍连接。

（二）自动喷水灭火系统

1. 除高大空间、楼梯间及不能用水扑救灭火的部位外，均设置自动喷水灭火系统。航站楼一般区域按中危险级 Ⅰ 级考虑，喷水强度为 6L/(min·m²)，作用面积为 160m²，最不利点喷头工作压力不小于 0.05MPa；交通中心停车场按中危险级 Ⅱ 级考虑，喷水强度为 8L/(min·m²)，作用面积为 160m²，最不利点喷头工作压力不小于 0.1MPa；净空高度 8～12m 的区域喷水强度为 12L/(min·m²)，作用面积为 300m²，喷头流量系数 $K=115$，最不利点喷头工作压力不小于 0.1MPa。

2. 本系统与室内消火栓系统及水幕防护冷却系统共用加压泵组及加压主管，系统竖向不分区，配水管入口超 0.40MPa 的区域，在水流指示器后设减压孔板。消防水泵和气压罐等设备的选型、控制详见消火栓系统。

3. 航站楼内按区域设报警阀间，每个报警阀间设多个报警阀，每个报警阀控制喷头数不大于 800 个。每个报警阀间由消防加压主管引入 2 条给水管连接报警阀组，每条引入管处设置检修闸阀、电动闸阀和止回阀，电动闸阀可由消防中心远程控制，平时呈常开状态，并将信号反馈到消防中心。系统按区域分别独立设置消防水泵接合器。

4. 喷头的选择和布置：采用快速响应喷头。有顶棚区域采用装饰型隐蔽喷头；高度大于 800mm 的顶棚内设上向直立型喷头。行李机房层高 11.25m，大部分区域采用直立型快速响应喷头，板底安装，局部如行李转盘等处为一整块钢板区域，在其下方增设喷头。大空间金属屋面以下、吊顶以上的空间内，在设备检修马道上方设置喷头保护马道区域。厨房喷头动作温度为 93℃，顶棚内喷头动作温度为 79℃，其余喷头动作温度为 68℃。

5. 管材：采用内外涂塑钢管（消防专用），小于 $DN100$，丝扣连接；大于或等于 $DN100$，卡箍连接。

（三）水幕及防护冷却系统

1. 系统设置：二号航站楼行李系统采用轨道传送行李，行李轨道穿梭于不同的楼层和区间，跨越不同的防火分区和防火物理分隔。穿越处，在保证行李轨道连续的前提下，根据不同的情况采取相应的保护措施：有条件设置防火卷闸处设卷闸，并设闭式防护冷却保护系统，用水量为 0.5L/（s·m）；没条件设防火卷闸处设开式水幕分隔系统，用水量为 2L/（s·m）。三层大空间商铺定义为"防火舱"，采用防火隔墙和防火玻璃与大空间分隔，耐火等级为 2h，设置闭式防护冷却系统对防火玻璃进行冷却保护，用水量为 0.5L/（s·m）。

2. 本系统与室内消火栓系统及自动喷水灭火系统共用加压泵组及加压主管，最大消防流量为 45L/s，持续时间为 3h。消防水泵和气压罐等设备的选型、控制详见消火栓系统。

3. 管材：采用内外涂塑钢管（消防专用），小于 $DN100$，丝扣连接；大于或等于 $DN100$，卡箍连接。

（四）消防水炮系统

1. 系统设置：航站楼超过 12m 以上的高大空间采用自动扫描射水高空水炮系统（小炮系统）和固定消防炮灭火系统（大炮系统）。其中主航站楼设置大炮系统，每门水炮设计流量为 20L/S，最大射程为 50m，系统设计最多可同时开启 2 门水炮灭火。指廊及连廊采用小炮系统，每门水炮设计流量为 5L/S，最大射程为 20～25m，系统设计最多可同时开启 6 门水炮灭火。每门水炮悬吊于大空间顶棚下，顶棚内设置检修马道可延伸到每门水炮处，方便水炮的检修维护。系统主管环状布置，保证主楼最不利点压力不小于 0.8MPa。各指廊主管接入处设可调式减压阀，控制指廊最不利点压力不小于 0.6MPa。系统独立设置水泵接合器。

2. 消防泵组：本系统消防泵组及管网均独立设置，消防泵组设于交通中心地下层的消防泵房内。采用 3 台水炮加压泵（$Q=20L/s$；$H=130m$；$N=55kW$），2 用 1 备。稳压泵（$Q=1.67L/s$；$H=100m$；$N=4kW$）2 台，1 用 1 备，$\phi1000$ 隔膜式气压罐 1 个，设于主楼标高 24.175 层高位水箱间内。

3. 系统控制：系统有 3 种控制方式：自动控制、消防中心手动控制、现场应急手动控制。

（五）高压细水雾灭火系统

1. 系统设置：地下管廊电舱部分、发电机房、TOC 操作大厅、GTIC 分控中心等部位设置高压细水雾系统。采用开式分区应用系统，各分区由区域控制阀控制。发电机房采用 $K=1.0$ 开式喷头，其余部位采用 $K=0.7$ 开式喷头，喷头的安装间距不大于 3.0m，不小于 1.5m，距墙不大于 1.5m。系统的响应时间不大于 30s，最不利点喷头工作压力不低于 10MPa，设计流量为 $Q=499L/min$，火灾延续时间按 30min 考虑，消防总用水量为 15m³。

2. 消防泵组：本项目在主楼首层及东西指廊各设置 1 套高压细水雾泵组，3 套泵组可互为备用。每套泵组包括 6 台主泵（柱塞泵，单泵 $Q=100L/min$，$H=14MPa$，$N=30kW$），5 用 1 备。稳压泵 2 台（单泵 $Q=11.8L/min$，$H=1.4MPa$，$N=0.55kW$），1 用 1 备。高压细水雾灭火系统补水压力要求不低于 0.2MPa，且不得大于 0.6MPa，因此，在各泵组前设置 2 台增压泵（单泵 $Q=32m³/h$，$H=0.4MPa$，$N=5.5kW$），1 用 1 备。各泵组配备效容积 18m³ 不锈钢消防水箱 1 个。系统由稳压泵维持准工作状态压力 1.0～1.2MPa，系统工作压力为 12.1MPa。

3. 系统控制：在准工作状态下，从泵组出口至区域阀前的管网由稳压泵维持压力 1.0～1.2MPa，阀后空管。发生火灾后，由火灾报警系统联动开启对应的区域控制阀和主泵，喷放细水雾灭火，或者手动开启对应的区域控制阀，管网降压自动启动主泵，喷放细水雾灭火。经人员确认火灾扑灭后，手动关闭主泵和区域控制阀，火灾报警系统复位，管网恢复，系统复位。系统具备 3 种控制方式：自动控制、手动控制和应急操作。

4. 管材：采用 S31603 无缝不锈钢管，氩弧焊焊接或卡套连接。

（六）气体灭火系统

1. 气体灭火设置场所和保护区的划分：重要设备用房、弱电机房、变配电间、UPS间等不宜用水灭火的部位设置气体灭火系统。防护区较集中的区域采用组合分配系统，防护区较分散区域采用预制灭火系统。

2. 灭火剂为七氟丙烷，各防护区采用全淹没灭火方式。其中重要设备用房、弱电机房、UPS间等灭火设计浓度采用8%；变配电间灭火设计浓度采用9%。通信机房、电子计算机房内的电气设备火灾的灭火浸渍时间应采用5min，固体表面火灾采用10min，气体和液体火灾不小于1min。组合分配系统灭火剂储存容器采用氮气增压，压力为三级（5.6MPa±0.1MPa，表压，20℃）。喷头工作压力不小于0.8MPa（绝对压力）。预制灭火系统为一级增压（2.5MPa±0.1MPa，表压，20℃），喷头工作压力不小于0.6MPa（绝对压力）。

3. 共设置41个组合分配系统，每个系统防护区不超过8个。灭火剂总量为14628kg，120L钢瓶63个、90L钢瓶90个、70L钢瓶53个。其中最大一个系统灭火剂用量为675kg，采用9个90L钢瓶，每个钢瓶充装量为75kg。预制灭火系统共设置146个防护区，灭火剂总量为15521kg，每套预制灭火系统配置钢瓶规格分别为40L、70L、90L、120L、150L、180L。

4. 各防护区设机械泄压口。组合分配系统采用无缝钢瓶，泄压装置动作压力为10.0MPa±0.50MPa（表压）。预制灭火系统采用焊接钢瓶，泄压装置动作压力为5.0MPa±0.25MPa（表压），同一防护区内的预制灭火系统装置多于1台时，必须能同时启动，其动作响应时差不得大于2s。

三、工程特点介绍

白云机场二号航站楼作为大型航空交通枢纽建筑，其功能和流程复杂、系统和设备众多、技术和材料比较新颖，是由多学科多专业协同设计的复杂系统工程。设计采用的新技术、新工艺多，设计和施工周期长，工程质量要求高，机电专业多管线复杂，专业之间协调难度大。给水排水专业的特点及难点体现如下：

1. 主要热水系统采用太阳能为热源，空气源热泵为辅助热源，非传统热源的利用约占总耗热量的75%，大幅节省了热水系统能耗，符合绿色机场的设计理念。

2. 一体化污水提升装置的应用，解决了超长距离室内排水难题：航站楼体量巨大，主楼中部排水点距室外超过150m，应用一体化污水提升装置，解决了重力排水标高不够、容易堵塞等问题。

3. 设置雨水回收利用系统，减少雨水排放，增加非传统用水的利用，绿色环保。设置大型雨水调蓄设施，调蓄量达2.6万m³，满足50年一遇暴雨强度路面无积水要求，大幅提高机场抵御极端天气的能力。

4. 二号航站楼金属屋面总面积约26万m³，拱形非线性屋面造型连续流畅，主楼和连接楼相连一气呵成，全部采用外天沟排水，大幅减少漏水风险。主楼屋面悬挑距离大，悬吊管距离长，为保证虹吸雨水斗面与悬吊管中心的高差不小于1m，以及悬吊管水头损失不大于80kPa，使虹吸雨水系统形成良好的虹吸效应，主楼南侧虹吸雨水天沟不能沿屋檐边布置，只能布置在距屋面南边线8m处，雨水沟以南部分屋面还有大量雨水只能自由散排。为解决这个问题，在虹吸雨水沟以南5.6m处平行增加一道重力雨水沟，利用重力雨水系统将剩余的大部分雨水（约2300m³）有组织排放。主楼南侧雨水系统剖面图（局部）如图6所示。

5. 室内消火栓系统、自动喷水灭火系统、水幕防护冷却系统共用1套消防泵组和加压主管，在满足规范及安全要求的同时，减少泵组数量，大幅简化系统，节约投资，方便控制及维护管理。

6. 水炮的布置方式一般有2种：方案一是水炮设置在大空间吊顶下，其优点是在保护区域内几乎全面积覆盖，盲点极少。隐蔽性好，地面不易察觉，对装修设计影响小。缺点是由于安装在高处，日常维保不便。方案二是水炮设置在大空间的地面构筑物顶部，其优点是安装及日常维保方便。缺点是受地面构筑物影响，

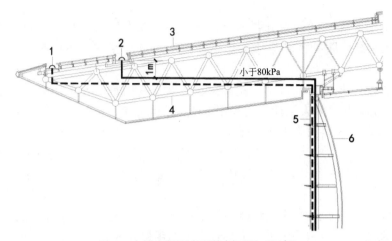

图6 主楼南侧雨水系统剖面图（局部）

1-重力雨水斗；2-虹吸雨水斗；3-直立锁边金属屋面；4-带肋钢网架；5-玻璃幕墙；6-钢桁架抗风柱

盲点较多。由于地面构筑物高度一般小于6m，达不到水炮最低安装高度要求，水炮需设置在增高支架上，对美观影响较大。通过方案比选，根据二号航站楼的建筑特点，最后采用了方案一。

7. 细节的处理

（1）二号航站楼采用横明竖隐的玻璃幕墙，玻璃板块尺寸为3m×2.25m。钢结构立挺创新设计，为了隐藏虹吸雨水管等设备管线，立挺设计之初就在钢结构与幕墙之间预留凹槽，并在混凝土结构板对应位置预留虹吸雨水套管，并结合特殊的柱脚设计，使所有管线隐藏于幕墙中。玻璃幕墙构造如图7所示，幕墙节点大样如图8所示。

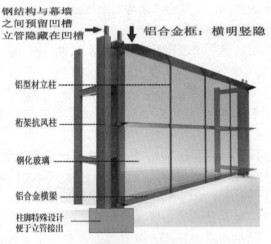

图7 玻璃幕墙构造示意图

（2）张拉膜雨棚是白云机场的特色和标志之一，适合岭南地区多雨炎热气候。建筑设计追求层次丰富、光影变幻、连绵起伏的"云"意向，不允许设备管线干扰雨棚造型。因此，张拉膜雨棚排水设计时，在钢结构立柱内布置暗埋雨水套管并在铸钢件柱头部分留孔，与上部雨水斗连接。柱内预埋水电管线与钢柱同时施工，并与高架桥混凝土基础、高架桥排水系统接口、照明用电系统接口精确对接。柱内灌注沥青材质将排水管与钢柱结构隔离，防止钢柱内部腐蚀。张拉膜雨棚排水如图9所示，节点大样如图10所示。

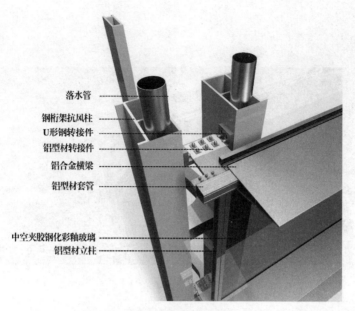

图 8 幕墙节点大样

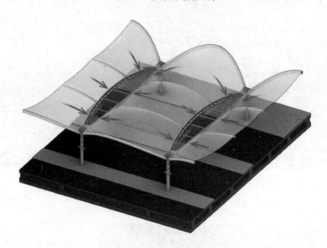

图 9 张拉膜雨棚排水示意

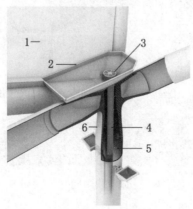

图 10 张拉膜节点大样

1-张拉膜；2-不锈钢雨水井；3-雨水斗；4-雨水管；5-沥青填充；6-铸钢件节点

四、工程照片及附图

全景鸟瞰图

主楼及交通中心一角

张拉膜雨棚

屋面花园

安防监控大厅

地下行李管廊

地下管廊电舱

消防泵房

湿式报警阀间

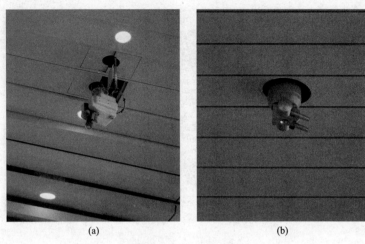

(a)　　　　　　　　　　(b)

吊顶下安装的消防水炮

(a) 固定消防炮；(b) 自动扫描射水高空水炮

太阳能集热板

热泵机组

雨水回收处理机房

隔油及污水提升间

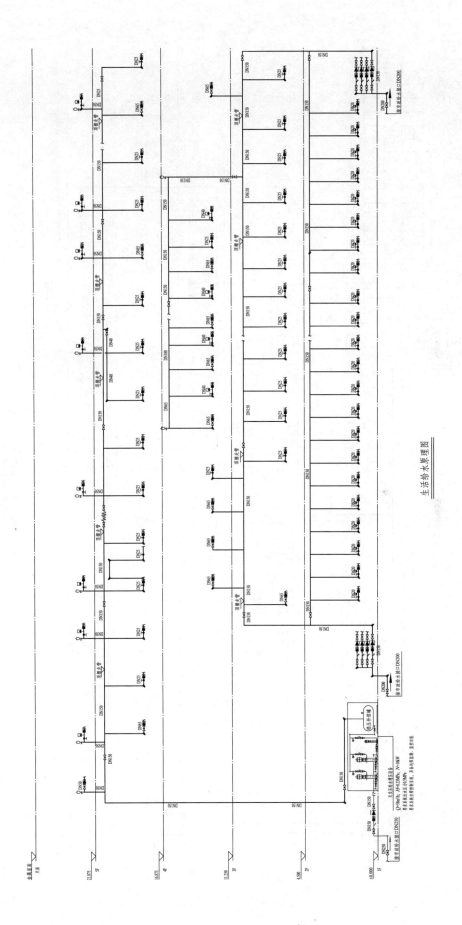

生活给水原理图

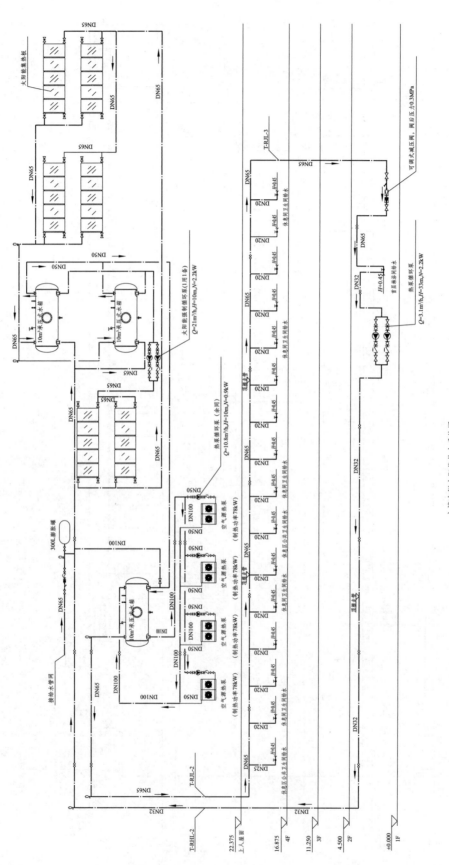

主楼东侧太阳能热水系统图

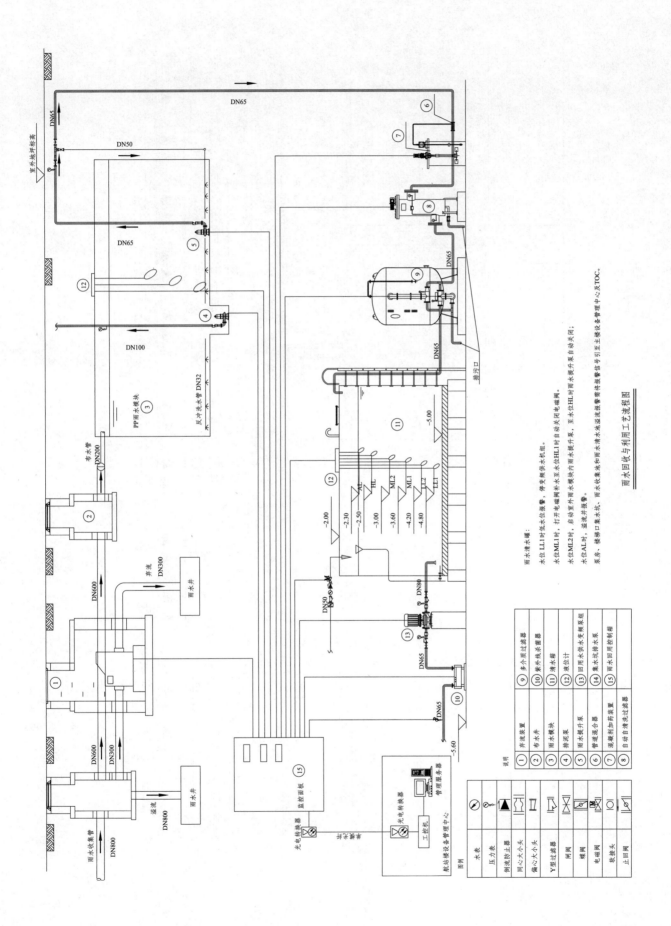

雨水回收与利用工艺流程图

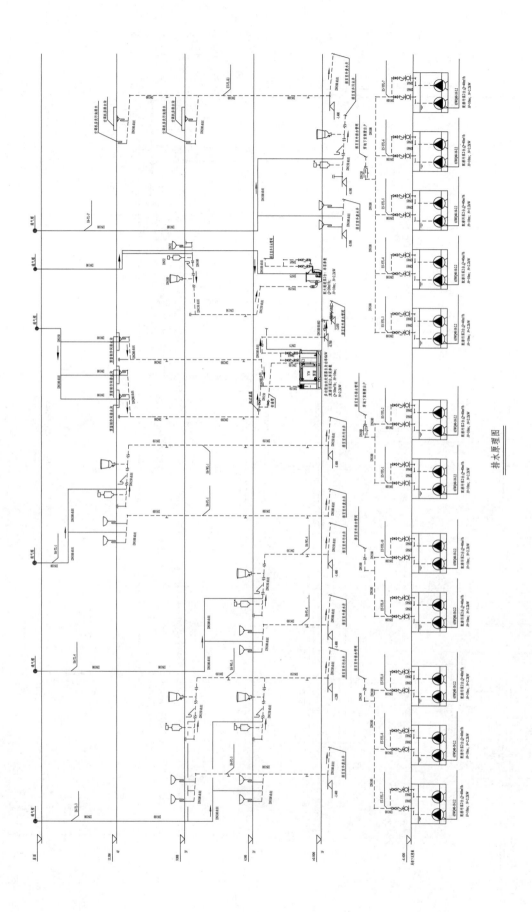

排水原理图

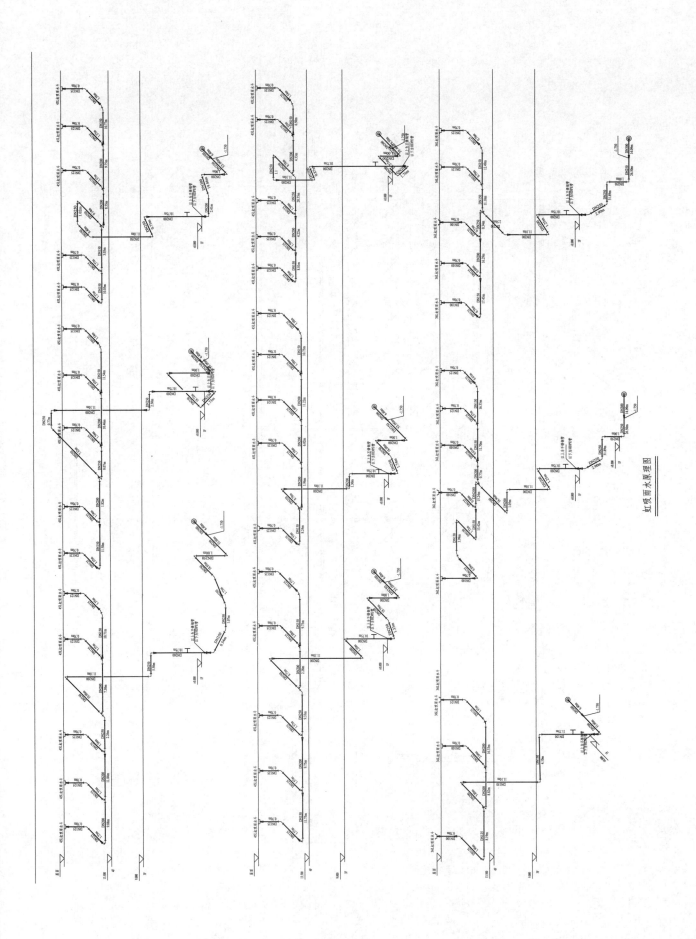

虹吸雨水原理图

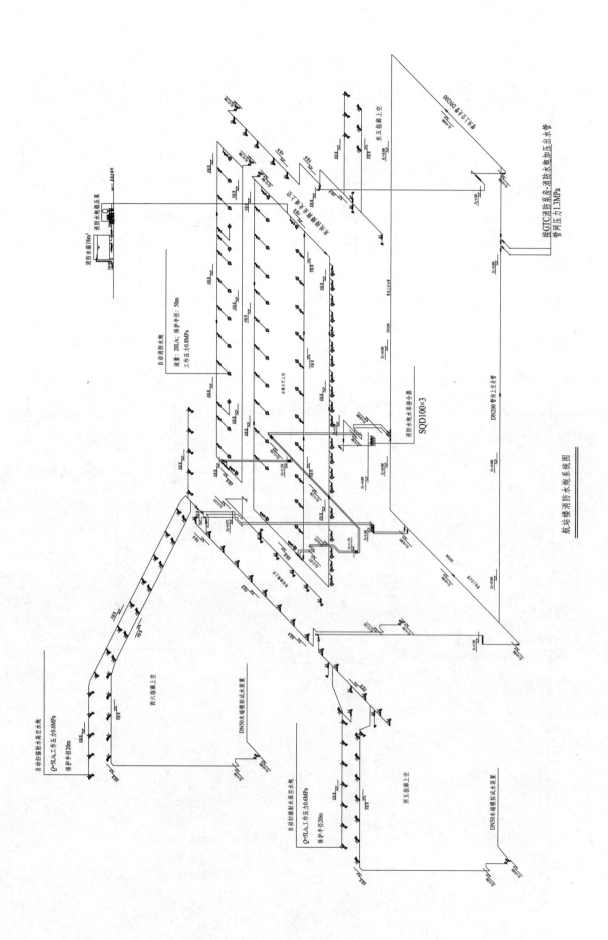

航站楼消防水炮系统图

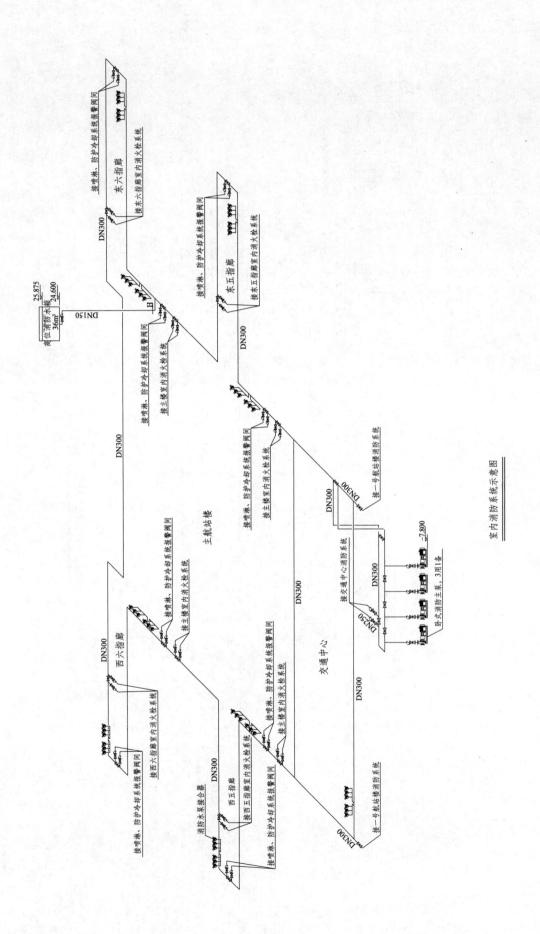

室内消防系统示意图

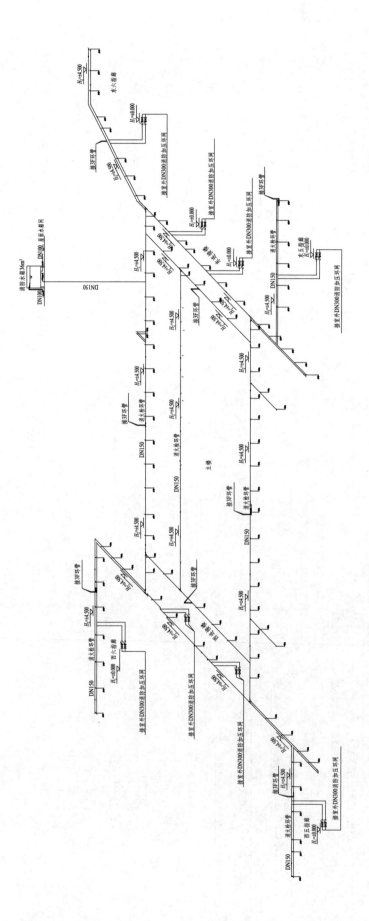

室内消火栓系统示意图（首层）

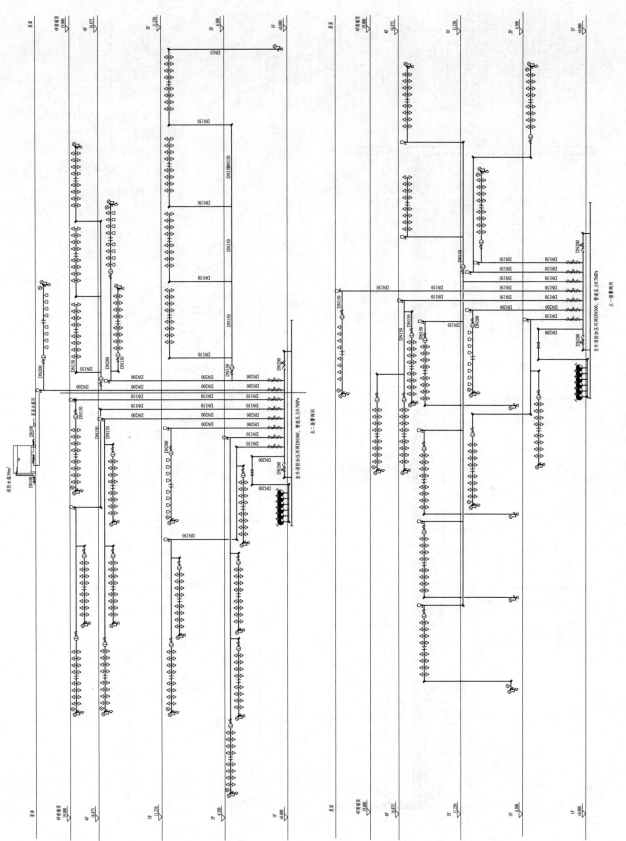

自动喷水灭火系统示意图

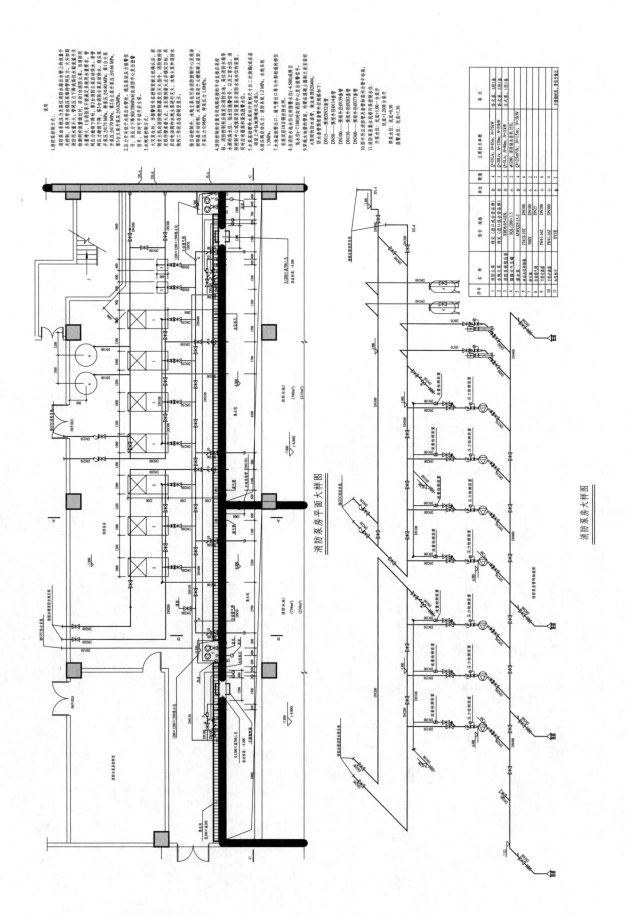

南通高新区科技之窗

设计单位： 同济大学建筑设计研究院（集团）有限公司
设 计 人： 李丽萍　王纳新　李学良　金伟格　徐钟骏　任军
获奖情况： 公共建筑类　一等奖

工程概况：

本工程位于南通高新区世纪大道及鹏程大道。本工程为南通高新区科技城投资发展有限公司开发的南通高新区科技之窗项目。

项目用地面积：156828m²；总建筑面积：315818m²。本工程地上由 5 个区、25 个单体组成，其中：A 区为办公、科研区，包含 2 个单体——投资服务中心（A1）和研发孵化楼（A2），裙房局部相连；B 区为生活配套，包含生活配套楼（B）1 个单体；C、D 区均为厂房，C 区包含 6 个单体——中试厂房一（C1～C4）4 栋，中试厂房二（C5～C6）2 栋，裙房连为一体；D 区包含中试厂房三（D1～D10）10 个单体；E 区为人才公寓区，包含 6 栋人才公寓（E1～E6）。

A、B、C、E 区有一层地下室。E 区（人才公寓区）配建民防工程。

建筑分类：A 区为二类高层公共建筑，B 区为多层公共建筑，C 区为戊类高层厂房，D 区为戊类多层厂房，E 区为二类高层住宅。建筑耐火等级：地上高层厂房（C1～C4）一级，其余部分为二级；地下室一级。

建筑地上层数 3～11 层，建筑高度为 14.7～47.4m。

工程说明：

一、给水排水系统

（一）给水系统

1. 用水量

（1）A1 区用水量（见表 1）

A1 区用水量　　　　　　　表 1

序号	用水类别	最高日用水定额	使用人数或单位数	使用时间（h）	小时变化系数	用水量			备注
						最高日（m³/d）	最大时（m³/h）	平均时（m³/h）	
1	办公	40L/人	4133 人	10	1.35	165.32	22.32	16.53	
2	未预见用水量					16.53	2.23	1.65	按 10％计
3	分项小计					181.85	24.55	18.18	
4	循环水系统补水			10	1.43	92.74	13.26	9.27	根据暖通提资
5	A1 区合计					274.59	37.81	27.45	

（2）A2 区用水量（见表 2）

A2 区用水量　　　　　　　　　表 2

序号	用水类别	最高日用水定额	使用人数或单位数	使用时间(h)	小时变化系数	用水量			备注
						最高日(m³/d)	最大时(m³/h)	平均时(m³/h)	
1	办公	40L/人	3455 人	10	1.35	138.20	18.66	13.82	
2	研发用水					60.00	12.00	6.00	估算
3	分项小计					198.20	30.66	19.82	
4	未预见用水量					19.82	3.07	1.98	按 10%计
5	分项合计					218.02	33.73	21.80	
6	循环水系统补水			10	1.43	139.10	19.89	13.91	根据暖通提资
7	A2 区合计					357.12	53.62	35.71	

（3）B 区用水量（见表 3）

B 区用水量　　　　　　　　　表 3

序号	用水类别	最高日用水定额	使用人数或单位数	使用时间(h)	小时变化系数	用水量			备注
						最高日(m³/d)	最大时(m³/h)	平均时(m³/h)	
1	管理人员	40L/人	174 人	10	1.35	6.96	0.94	0.70	
2	职工食堂	20L/(人·d)	3600 人	12	1.35	72.00	8.10	6.00	
3	特色食堂	40L/(人·d)	1100 人	12	1.35	44.00	4.95	3.67	
4	小餐厅	40L/(人次)	320 人次	12	1.35	12.80	1.44	1.07	按 10%计
5	客房	300L/(人·d)	64 人	24	2.5	19.20	2.00	0.80	
6	员工淋浴	60L/(人次)	384 人次	8	1.5	23.04	4.32	2.88	
7	分项小计					178.00	21.75	15.12	
8	未预见用水量					17.80	2.17	1.51	按 10%计
9	B 区合计					195.80	23.92	16.63	

（4）C 区用水量（见表 4）

C 区用水量　　　　　　　　　表 4

序号	用水类别	最高日用水定额	使用人数或单位数	使用时间(h)	小时变化系数	用水量			备注
						最高日(m³/d)	最大时(m³/h)	平均时(m³/h)	
1	办公	40L/人	5511 人	10	1.35	220.44	29.76	22.04	
2	研发用水					60.00	12.00	6.00	估算
3	分项小计					280.44	41.76	28.04	
4	未预见用水量					28.04	4.18	2.80	按 10%计
5	C 区合计					308.48	45.94	30.84	

（5）D区用水量（见表5）

D区用水量　　　　　　　　　　　　　　　　　　表5

序号	用水类别	最高日用水定额	使用人数或单位数	使用时间(h)	小时变化系数	用水量			备注
						最高日(m³/d)	最大时(m³/h)	平均时(m³/h)	
1	办公	40L/人	3432人	10	1.35	137.28	18.53	13.73	
2	研发用水					360.00	72.00	36.00	估算
3	分项小计					497.28	90.53	49.73	
4	未预见用水量					49.73	9.05	4.97	按10%计
5	D区合计					547.01	99.58	54.70	

（6）E区用水量（见表6）

E区用水量　　　　　　　　　　　　　　　　　　表6

序号	用水类别	最高日用水定额	使用人数或单位数	使用时间(h)	小时变化系数	用水量			备注
						最高日(m³/d)	最大时(m³/h)	平均时(m³/h)	
1	住宅	300L/(人·d)	1662人	24	2.1	498.60	43.63	20.78	
2	未预见用水量					49.86	4.36	2.08	按10%计
3	E区合计					548.46	47.99	22.86	

（7）绿地及道路浇洒用水量（见表7）

绿地及道路浇洒用水量　　　　　　　　　　　　　　表7

序号	用水类别	最高日用水定额	使用人数或单位数	使用时间(h)	小时变化系数	用水量			备注
						最高日(m³/d)	最大时(m³/h)	平均时(m³/h)	
1	绿化浇灌用水	1L/(m²·d)	49400m²	4	1	49.40	12.35	12.35	
2	道路及场地浇洒	1.5L/(m²·d)	31000m²	4	1	46.50	11.63	11.63	
3	水景补水	10L/(m³·d)	2200m³	10	1	22.00	2.20	2.20	
4	分项小计					117.90	26.18	26.18	
5	未预见用水量					11.80	2.62	2.62	按10%计
6	合计					219.70	28.80	28.80	

（8）用水总量

估算最高日用水量为2451m³/d，最大时用水量为337m³/h。其中室外绿地及道路浇洒用水、水景补水，平时采用雨水处理后用水。A1区部分冷却塔补水，采用空调冷凝回收处理水。

2. 水源

园区市政进水管：由市政给水管网，从园区周边的鹏程大道引1路DN300、世纪大道引1路DN200进水管、金山路引1路DN150给水管，共3路，供园区生活及消防用水。市政供水压力为0.25MPa。

鹏程大道DN300引入管上接出1路DN200管道，以及世纪大道DN200引入管，分别设置1个DN200

消防监控水表，表后管道在园区呈环状布置，形成 $DN200$ 室外消防环网。

鹏程大道 $DN300$ 引入管上，在消防表前，分出 1 路 $DN300$ 管路，提供 A～D 区生活用水引入管，管径为 $DN300$，总体上设 $DN300$ 生活水表 1 只；E 区的生活用水，接自金山路的引入管，设 $DN150$ 生活水表 1 只。

3. 系统竖向分区

根据建筑高度、节能和供水安全原则，并结合楼内各个功能进行竖向分区。A～D 区，地下室至地上三层，由市政压力直接供水；四层至顶层，采用"地下贮水箱→恒压变频水泵→用水点"的供水方式；E 区地下室至地上五层，由市政压力直接供水，六层至顶层，采用"地下贮水箱→恒压变频水泵→用水点"的供水方式。控制分区内低层部分设置减压设施保证各用水点处供水压力不大于 0.20MPa（生产给水有特殊压力要求处另计）。

4. 供水方式及给水加压设备

（1）室内生活用水、试验用水，直接使用城市自来水。绿化及道路浇洒用水、景观补水，采用雨水收集处理后水。自来水水质符合生活饮用水卫生标准，雨水回用水水质符合绿化浇洒以及景观用水的水质标准。存在倒流可能的给水管道，在其相应位置设置倒流防止器。

（2）泵房及设备设置

A1、A2、B、D、E 区，分别设置生活水泵房；C 区根据建筑布局比较狭长的特点，设置 2 套生活水泵房，其中 C1、C2、C5 为一套，C3、C4、C6 为另一套。生活水泵房分别设置于相应区域的地下车库设备机房。地下贮水箱，均设置外置式水箱消毒处理机等处理设施。设备分区设置见表 8。

设备分区设置表 表 8

建筑分类	供水层数	供水方式	供水水箱位置及有效容积(m³)	加压泵位置及规格
A1 区	地下一层～三层	市政直供		
	四层～十一层	变频供水	A1 区地下一层(48.09m³)	$Q=1\sim3$L/s，$H=78.5$m，2 用 1 备
A2 区	地下一层～三层	市政直供		
	四层～七层	变频供水	A2 区地下一层(45.30m³)	$Q=1\sim3.5$L/s，$H=66.0$m，2 用 1 备
B 区	地下一层～三层	市政直供		
	四层	变频供水	B 区地下一层(10.2m³)	$Q=1\sim3$L/s，$H=50.0$m，2 用 1 备
C1、C2、C5 区	地下一层～三层	市政直供		
	四层～九层	变频供水	C 区地下一层(39m³，座)	$Q=1\sim3$L/s，$H=75$m，2 用 1 备
C3、C4、C6 区	地下一层～三层	市政直供		
	四层～九层	变频供水	C 区地下一层(39m³，座)	$Q=1\sim3$L/s，$H=75$m，2 用 1 备
D 区	一层～三层	市政直供		
	四层	变频供水	B 区地下一层(48.6m³)	$Q=1\sim5$L/s，$H=45.0$m，2 用 1 备
E 区	地下一层～五层	市政直供		
	六层～十一层	变频供水		$Q=1\sim7.5$L/s，$H=58.3$m，3 用 1 备

5. 管材

室内生活给水干管采用给水钢塑复合管；生活给水支管采用薄壁不锈钢管（S30408）。

（二）热水系统

1. 热水系统用水量（见表 9）

热水系统用水量　　　　　表9

序号	用水类别	最高日用水定额(60℃)	使用人数或单位数	使用时间(h)	小时变化系数	用水量			备注
						最高日(m³/d)	最大时(m³/h)	平均时(m³/h)	
1	客房	160L/(人·d)	64人	24	3.33	10.24	1.41	0.43	
2	职工食堂	10L/人次	3600人次	12	1.5	36.00	4.50	3.00	
3	特色食堂	15L/人次	1100人次	12	1.5	16.50	2.06	1.38	
4	小餐厅	10L/人次	320人次	12	1.5	4.80	0.60	0.40	
5	淋浴	40L/人次	384人次	8	1.5	15.36	2.88	1.92	
6	小计					83.00	11.45	7.13	
7	未预见用水量					8.30	1.15	0.7	按10%计
8	总计					91.30	12.60	7.83	

2. 热源

B区，秉承创造低碳、节能、环保可持续发展的理念，电气设计采用满铺设置光伏电，展示节能技术。本项目采用区域废热蒸汽为热媒，制备热水。

E区，根据屋面面积，给水上部分区，采用太阳能热水；下部分区，采用城市燃气作为热媒。

3. 系统竖向分区

热水分区方式同给水分区。

4. 热交换器（见表10）

热水器选型表　　　　　表10

分区	供水层数	设计小时耗热量(kW)	热交换器贮水容积(m³)	热交换器位置	热水膨胀罐位置及规格	热水回水泵位置及规格
1	1F～3F	820.93	3.35	B1F	B1F设置膨胀罐 ϕ600 1个	B1F设置 热水回水泵：2台(1用1备,Q=5m³/h,H=20m)
2	4F	116.14	0.47	B1F	B1F设置膨胀罐 ϕ600 1个	B1F设置 热水回水泵：2台(1用1备,Q=3m³/h,H=20m)

5. 冷、热水压力平衡措施及热水温度的保证措施等

为保证热水管网内的热水温度，采用集中热水系统，设机械循环的方式。为保证系统循环效果及节水节能，各区供回水管道同程布置。

6. 管材

室内热水管采用不锈钢管（S30408），卡压连接。

(三) 排水系统

1. 排水系统的形式

室内采用污废合流制，排水系统设有伸顶通气管，E区住宅、10层以上高层建筑卫生间的污水立管设置通气立管。室外采用雨、污水分流系统，污水排入城市污水管，雨水排入城市雨水管网。在近园区的世纪大道各设置污水、雨水排出管。本科技园定位在无产生有毒、有害物质的科技公司入驻，其污水控制在可以排

放至园区周边污水管网的范围内；一旦招商出现有可能的产生特殊污水，由入驻公司的工艺自带污水处理装置，处理达标后方能排至园区污水管网。

2. 透气管的设置方式

室内排水立管均设置专用通气立管。底层排水单独排放。

3. 采用的局部污水处理设施

B区厨房等含油餐饮污水，经隔油池处理后，排至室外排水管。

地下车库设置集水坑及汽车沉砂隔油池，采用潜水排污泵提升，排至室外排水管。

室内生活排水，接入室外污水管道，经化粪池处理后，纳入市政污水管。

4. 管材

排水管、通气管及雨水管采用排水用高密度聚乙烯管及配件，环压柔性连接。

二、消防系统

(一) 消防水源

采用市政 2 路管径 $DN200$ 的市政引水管直接供水。室外消火栓由市政水源直接供水，室内消防由消防水泵加压供给。

(二) 用水量标准

根据《建筑设计防火规范》GB 50016 及《高层民用建筑设计防火规范》GB 50045 规定：A1、A2 为建筑高度超过 24m，但小于 50m 的高层办公研发楼，属于二类高层建筑，建筑耐火等级为二级，A1 建筑高度为 47.40m（自 0.00 至女儿墙高度，以下相同），A2 建筑高度为 30.60m。B 为多层民用建筑，耐火等级为二级，建筑高度为 20.10m。C1～C4 为高度超过 24m 的高层厂房，生产火灾危险性类别为戊类，建筑耐火等级为一级，建筑高度为 39.00m；；C5、C6、D1～D10 为多层厂房，生产危险性类别为戊类，建筑耐火等级为二级，建筑高度为 22.20m；E1～E6 为高层住宅，建筑高度为 32.20m，二类高层，耐火等级为二级；地下室建筑耐火等级为一级。建筑内吊顶下净空高度小于 8m。

1. A 区消防用水量（见表 11）

A 区消防用水量　　　　　　　　　　　　　　　　　　　　　表 11

序号	系统名称	用水量标准(L/s)	火灾延续时间(h)
1	室外消火栓系统	20	
2	室内消火栓系统	20	2
3	自动喷水灭火系统	30	1
4	室内外最大消防用水量(1+2+3)	70	

2. B 区消防用水量（见表 12）

B 区消防用水量　　　　　　　　　　　　　　　　　　　　　表 12

序号	系统名称	用水量标准(L/s)	火灾延续时间(h)
1	室外消火栓系统	30	
2	室内消火栓系统	20	2
3	自动喷水灭火系统	30	1
4	室内外最大消防用水量(1+2+3)	80	

3. C区消防用水量（见表13）

C区消防用水量   表13

序号	系统名称	用水量标准（L/s）	火灾延续时间（h）
1	室外消火栓系统	20	
2	室内消火栓系统	25	2
3	自动喷水灭火系统	30	1
4	室内外最大消防用水量（1+2+3）	75	

注：考虑保证高层厂房13m充实水柱，计算设计流量为28.5L/s。

4. D区消防用水量（见表14）

D区消防用水量   表14

序号	系统名称	用水量标准（L/s）	火灾延续时间（h）
1	室外消火栓系统	15	
2	室内消火栓系统	10	2
3	自动喷水灭火系统	30	1
4	室内外最大消防用水量（1+2+3）	55	

5. E区消防用水量（见表15）

E区消防用水量   表15

序号	系统名称	用水量标准（L/s）	火灾延续时间（h）
1	室外消火栓系统	15	
2	室内消火栓系统	10	2
3	室内外最大消防用水量（1+2）	25	

6. 地下室消防用水量（见表16）

地下室消防用水量   表16

序号	系统名称	用水量标准（L/s）	火灾延续时间（h）
1	室外消火栓系统	20	
2	室内消火栓系统	10	2
3	自动喷水灭火系统	35	1
4	室内外最大消防用水量（1+2+3）	65	

（三）设计消防用水量

室内消火栓系统用水量为28.5L/s。

室外消火栓系统用水量为30L/s。

地下汽车库为中危险级Ⅱ级，设计喷水强度为8L/(min·m^2)，作用面积为160m^2。其余为中危险级Ⅰ级，设计喷水强度为6L/(min·m^2)，作用面积为160m^2，设计自动喷水灭火系统用水量为35L/s。

室内消火栓系统火灾延续时间按2h，喷淋系统1h计，设计消防水池有效容积为331.2m^3。A区地下室设置消防水池、消防泵房，内设消火栓主泵、喷淋主泵，以及相关的消防设备。消防水池与A1区空调冷却塔补水池合一,形成活水,设保证消防水量不被动用的技术措施。A1 主楼(绝对标高最高楼)的屋顶设有效容积 18m³ 的屋顶消防水箱。

(四) 室内消火栓系统

园区办公研发、工业、住宅、地下车库、设置冷却塔的场所等均设置室内消火栓保护。

室内消火栓消防管道布置成环状,主要消防出入口处等明显部位均设置消火栓箱,人员密集场所设带消防卷盘的室内消火栓。消火栓系统静压不超过 1.0MPa,动压超过 0.5MPa 的消火栓,设置减压稳压型消火栓。水泵出水小流量超压采用泄压阀泄压。系统作用时间按 2h 计。消火栓系统设置水泵接合器。

园区采用 1 个室内消火栓消防系统,系统为临时高压制。按静水压力不大于 1.0MPa 要求,系统竖向分为 1 个分区。管网环状设计,以保证供水的可靠性。

消防给水由消火栓泵从消防水池吸水经 2 根 DN200 的干管供至环管。消防泵房位于地下一层,内设消火栓泵 2 台,1 用 1 备,$Q=28.5L/s$,$H=100m$。

建筑内各层的出入口、楼梯、公共走道(消防电梯前室)等公共部位均设有消火栓箱,保证同层相邻两个消火栓水枪的充实水柱同时达到被保护范围内的任何部位。消防箱内设置 $\phi65$ 消火栓 1 只,$\phi65/25m$ 衬胶水龙带及 $\phi19$ 水枪 1 付,$\phi25/30m$ 消防软管卷盘及 $\phi6$ 水枪 1 套,磷酸铵盐手提式干粉灭火器若干,箱内还设有可直接启动消火栓泵的消防按钮。高层厂房的消火栓充实水柱按 13m;其他场所,消火栓栓口动压不小于 0.25MPa,且消防水枪充实水柱不小于 10m。局部消火栓栓口处动压超过 0.50MPa 处,设减压稳压消火栓。建筑最上部屋面层设带压力表的试验消火栓。

A1 屋顶水箱间设有 18m³ 消防水箱 1 座,一次贮水及补水由生活水泵供水。为满足系统最不利点处静水压力 7m 的要求,屋顶水箱间设局部稳压设施,系统平时压力由该装置维持,消防稳压泵 2 台,1 用 1 备,$Q=5L/s$,$H=25m$,$N=4kW$;稳压罐 1 只,调节容积 $V=300L$。

为防止水泵出水小流量超压,在室内消火栓泵出水管设持压泄压阀。室外设 DN150(地上式)消防水泵接合器 2 套。

(五) 自动喷水灭火系统

A~D 区以及园区地下室,除不宜用水扑救的部位以及水泵房等规范允许不设喷淋的部位外,其余均设置自动喷水灭火系统。

地下汽车库自动喷水灭火系统为中危险级 II 级,设计喷水强度为 8L/(min·m²),作用面积为 160m²。其余为中危险级 I 级,设计喷水强度为 6L/(min·m²),作用面积为 160m²。最不利处喷头工作压力为 0.1MPa。

园区采用 1 个自动喷水灭火系统,系统为临时高压制。竖向分为 1 个分区。

喷淋给水由喷淋泵从消防水池吸水,经 2 根 DN150 的干管供至报警阀前环管。喷淋给水由供水干管经至可调式减压阀减压供水。消防泵房位于地下一层,内设喷淋泵 2 台,1 用 1 备,$Q=35L/s$,$H=100m$。

喷淋供水干管经湿式报警阀供至喷淋管网。泵房内设 DN150 型湿式报警阀组。

为满足系统最不利点处喷头的最低工作压力和喷水强度,屋顶水箱间设局部稳压设施,系统平时压力由该装置维持,消防稳压泵 2 台,1 用 1 备,$Q=1L/s$,$H=25m$,$N=3kW$;稳压罐 1 只,调节容积 $V=150L$。

系统中分别配置水力报警阀,其信号接至消防控制室并控制启动喷淋泵,每个水力报警阀安装喷头数不超过 800 个。汽车坡道出入口区域设易熔合金喷头,喷头动作温度为 74℃;其余区域采用玻璃球喷头,厨房喷头动作温度为 93℃,其余喷头动作温度为 68℃。闭式喷头公称动作温度,除用于保护钢屋架的选用 141℃,厨房、热交换间选用 93℃外,其余场所选用 68℃玻璃球喷头。净空高度大于 800mm 的吊顶内设喷头。

各层、各防火分区分别设水流指示器及信号阀各 1 只。每组报警阀最不利处设置末端试水装置，其他防火分区、楼层最不利处均设置 $DN25$ 试水阀。

车库消防采用闭式自动喷水-泡沫联用系统。按系统自喷水至泡沫的转换时间，按 4L/s 流量计算，不大于 3min，持续喷泡沫的时间不小于 10min 设计。选用 ZPS32/1000 泡沫液储罐和比例混合器，混合比为 3%。

用于分隔防火分区的防火卷帘应采用包括背火温升作判定条件，且耐火极限不低于 3h 的特级防火卷帘，该卷帘的两侧不再设独立的自动喷水灭火系统。

为防止系统超压，在喷淋泵出水管设持压泄压阀。室外设 $DN150$（地上式）消防水泵接合器 3 套。

（六）高压细水雾灭火系统

根据用电设备房、柴油发电机房、变电所、电信机房等在各区地下均有布置及适应园区高新产业机动灵活发展的特点，采用一个高压细水雾灭火系统保护多个设备机房。系统持续喷雾时间为 30min，最不利喷头工作压力不低于 10MPa。高压细水雾泵组，设置在消防泵内。泵组流量 $Q=300L/min$，$H=14MPa$，配稳压泵，主泵 3 用 1 备，稳压泵 1 用 1 备。

（七）室外消火栓系统

室外消火栓系统采用低压制，园区内消防管网呈环布置，干管管径 $DN250$。室外消防环状设计，在适当部位按间距不大于 120m，单套保护半径 150m 布置室外消火栓，其中水泵接合器周围 15～40m 范围内设置相应室外消火栓，满足火灾扑救要求。

（八）其他灭火设备

根据《建筑灭火器配置设计规范》GB 50140—2005，在建筑内各层适当位置设手提式、推车式磷酸铵盐灭火器。

1. 车库：按中危险级 B 类火灾设置，每具灭火器不小于 55B，每 1B 最大保护面积为 1m²，最大保护距离为 12m。灭火器基本与消火栓箱组合设置，不足处另单设灭火器箱，每点设若干具 5kg 手提式磷酸铵干粉灭火器。

2. 车库以外区域：厂房、专用电子计算机房，按严重危险级 A 类火灾设置，每具灭火器不小于 3A，每 A 最大保护面积为 50m²，最大保护距离为 15m；其他按中危险级 A 类火灾设置，每具灭火器不小于 2A，每 A 最大保护面积为 75m²，最大保护距离为 20m。灭火器基本与消火栓箱组合设置，不足处另单设灭火器箱。

3. 变电所、配电间及其他电气机房另设若干具 5kg 手提式磷酸铵干粉灭火器。

三、工程特点介绍

（一）给水系统机房设置原则

科技园区，用地面积 156828m²，地上建筑 5 个分区单体 25 栋，占地面积大、栋数多，各分区的功能业态有各自特点，需根据项目特点、建筑规模、建筑高度和建筑物的分布确定加压泵房的数量，给水系统及机房设置达到满足使用需求、建设成本、运维合理等安全、适用、经济各方面的平衡。

通过和业主的充分沟通，根据园区开发及管理要求、区域功能设置设点、园区建筑的分布情况等，采用分设和相对集中相结合的方式进行设置。A1 投资服务中心及 B 生活配套楼，业主自持，设置独立的给水系统；A2 研发孵化楼，集约式招租和管理，和 C 区分系统设置；C 区，南北向布置长度超过 300m，C1、C5、C2 为一组、C6、C3、C4 为一组，相对集中分 2 组设置给水系统。D 区，位于基地中、西侧，建筑分三层、四层，其中四层建筑的顶层供水，集中设置加压泵房。设置 E 区人才公寓，由当地水务公司负责，采用独立供水系统（见图 1）。

（二）基于项目功能特点，秉承创造低碳、节能、环保可持续发展的理念，进行热水节能设计

以国家规范以及项目所在地的相关标准进行可再生能源利用的设计，秉承创造低碳、节能、环保可持续发展的理念，对本项目 B 区、E 区采用不同的设计策略。

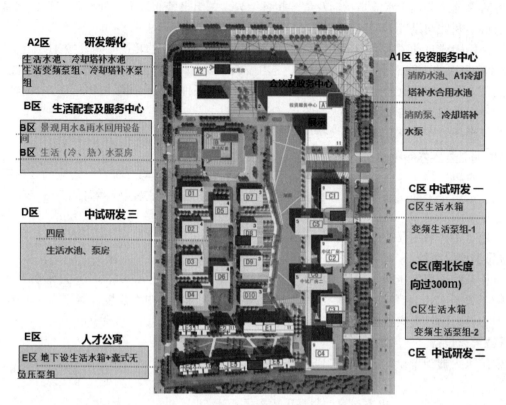

图 1　总平面示意图

B区，作为高新园区重要的新技术展示窗口，电气设计在 B 区满铺设置光伏板，因此屋顶没有设置太阳能集热器的位置，如利用侧墙设置，又会影响建筑的整体效果。结合项目所在地的市政废热蒸汽，业主咨询蒸汽能满足连续供应的需求，具备连续使用的条件，设计采用区域废热蒸汽为热媒制备热水。

E区，分户热水，根据屋面面积实际情况，核算满铺太阳能集热板设计，能满足六层～顶层的热水供应需求。设计采用首层～五层，生活热水采用分户设置燃气热水器（或储热式电热水器）制备热水；六层～顶层，采用分户设置太阳能热水系统制备热水。系统设计用足太阳能资源且减小运行能耗。

(三) 充分保证使用安全的热水热媒选择

E区，对于不同的房型条件，采用不同的热水热媒。

E区房型不同，E1 房型，根据业主需求，建筑平面为内廊式，其余 E2～E6 为外廊式。

外廊式的 E2～E6 楼，首层～五层，设置燃气热水器制备热水；六层～顶层，采用分户设置太阳能热水系统制备热水，市政燃气作为辅助热源。

内廊式的 E1 楼，为避免燃气进入对入住人员安全的影响，不采用燃气作为热媒。E1 楼首层～五层，生活热水采用分户设置贮热式电热水器；六层～顶层，分户设置太阳能热水系统制备热水，采用储热型电加热器作为辅助热源。

(四) 和景观水补水相结合的雨水收集、处理、利用系统

本工程基地面积大、绿化面积大，设计结合绿地、道路浇洒、水景补水的需求，结合雨水收集及利用技术、景观水处理技术，对基地雨水进行控制及利用。收集大屋面雨水，进行沉淀、过滤、消毒等处理，作为景观水景补水及绿化浇洒的水源，从而节约了大量宝贵的水资源。

基地内部分道路采用透水路面；室外绿地低于道路 100mm，屋面雨水排至山水地面，汇流至绿地、透水路面，补充地下水；采用雨水集蓄利用系统技术，对雨水进行收集→贮存→提升→加药→过滤→消毒→贮存→提升→使用（水景补水、绿化浇洒等）的流程，溢流雨水、弃流雨水等排至城市管网，采用渗、滞、蓄、净、用、排等技术措施，实现园区雨水的控制及利用。雨水收集利用系统流程图如图2所示。

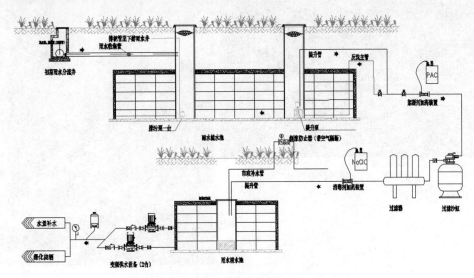

图2　雨水收集利用系统流程图

(五) 按适用、美观的设计理念，进行总体设计

建筑总体布局疏密有致，统一中富有变化，创造出环境宜人、形态优美、空间舒适的新型现代化产业园区。为符合项目定位，彰显本项目形象，设计从初步设计至景观设计保持一以贯之的整体效果。总体给水排水设计制定所有检查井、阀门井等给水排水附属构筑物，避免设置在主入口、大面积广场。设置采用线性缝雨水排水。避免雨水口等影响美观等原则进行初步、施工图设计（见图3）。

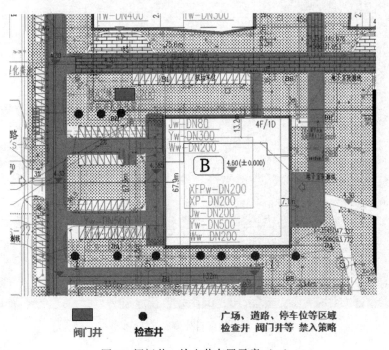

图3　阀门井、检查井布置示意（一）

➤景观阀门井，精准定位设计

➤和景观配合，在绿化区域设置检查井

图 3　阀门井、检查井布置示意（二）

　　在景观设计配合阶段，对几十栋建筑的主入口及主要景观区域进行复核；施工现场配合，精准定位，项目总体在打造适用、美观的园区取得良好的成果。

四、工程照片及附图

项目外景

室外集中绿化区实景图

广场线性沟设置实景图

广场雨水沟设置实景图

热水机房

高压细水雾机房

生活泵房（一）

生活泵房（二）

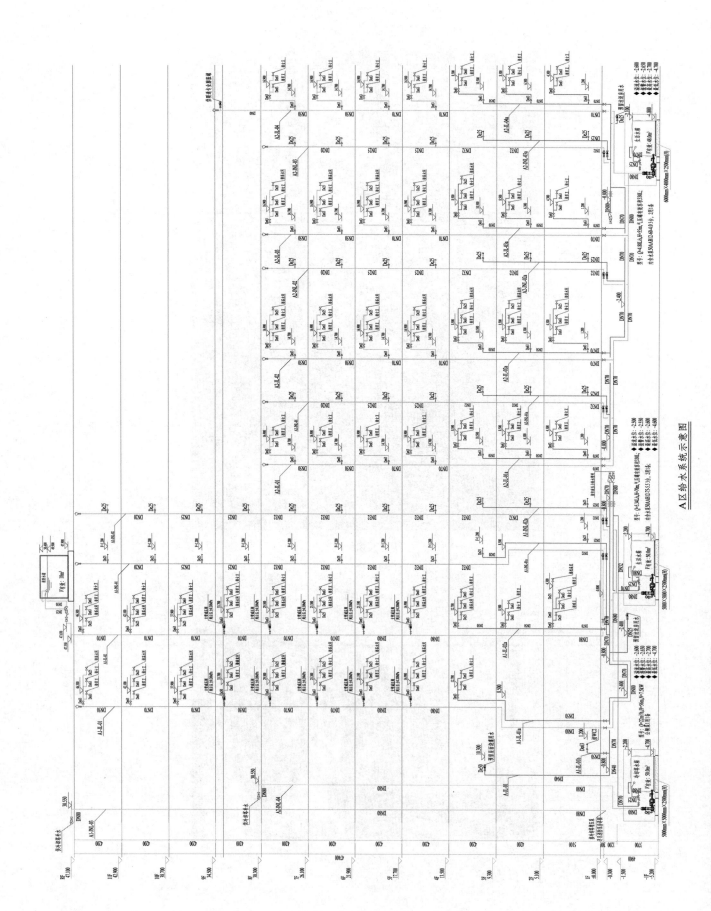

A 区给水系统示意图

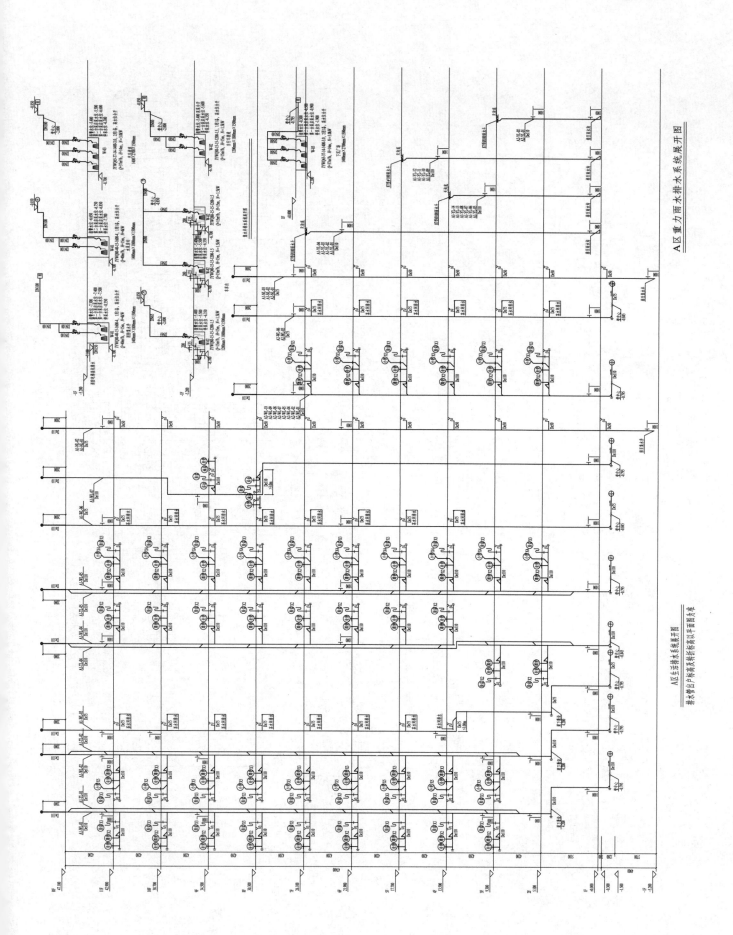

A区重力雨水排水系统展开图

A区生活排水系统展开图

排水管出户标高及接管标高以平面图为准

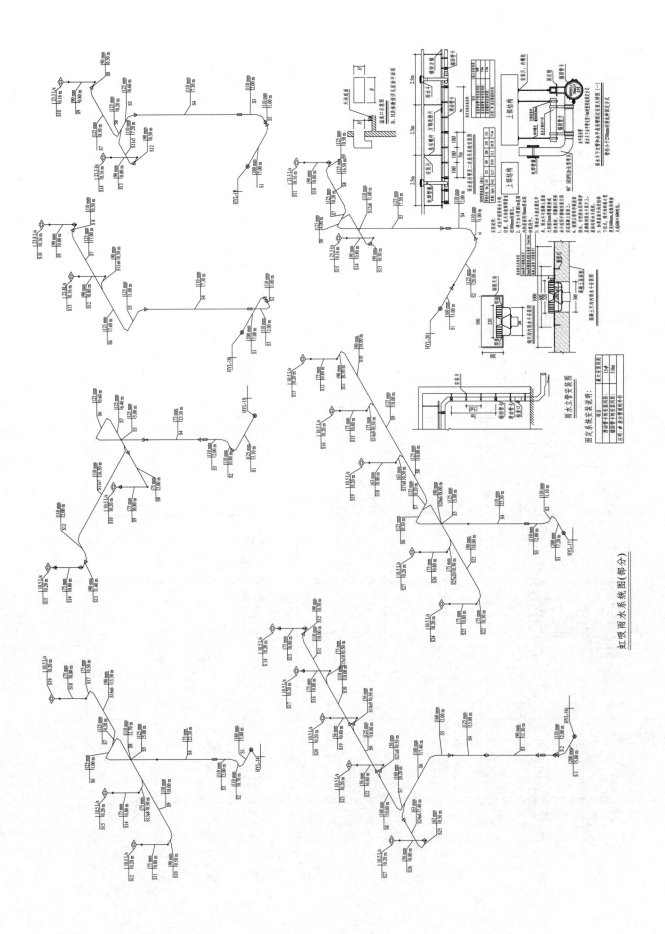

虹吸雨水系统图(部分)

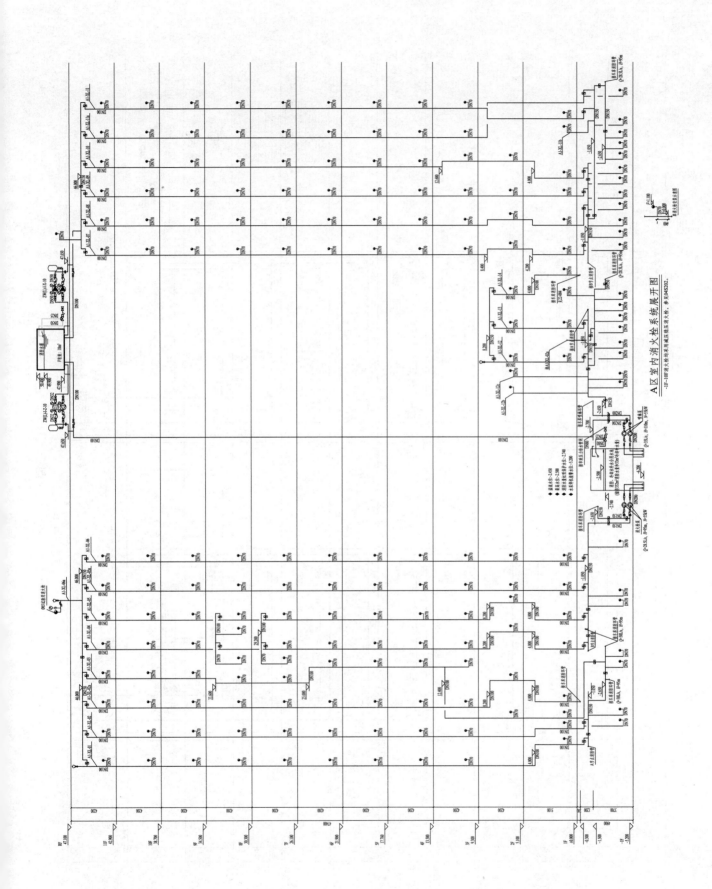

A 区室内消火栓系统展开图

A区自动喷水灭火系统展开图

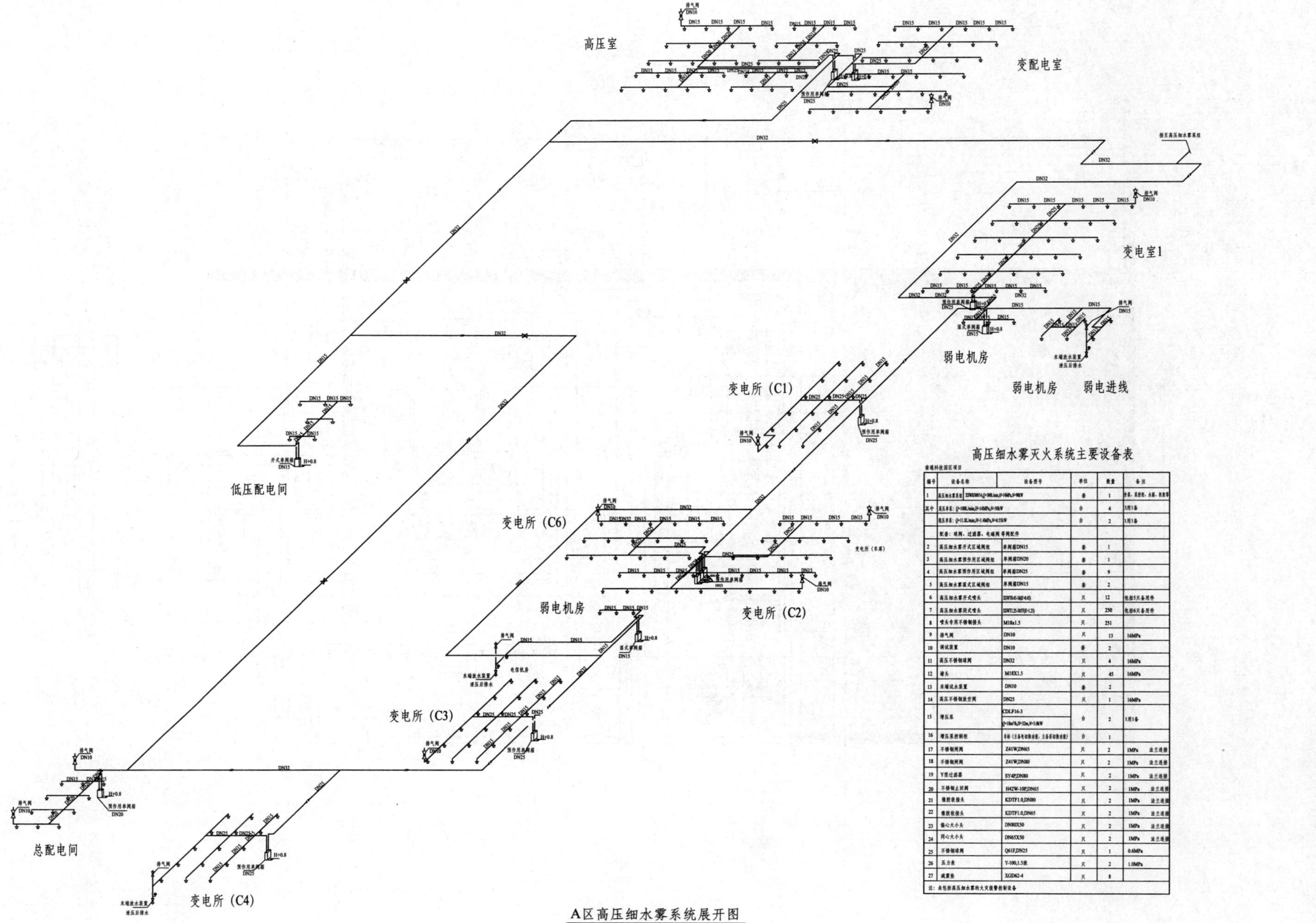

A区高压细水雾系统展开图

高压细水雾灭火系统主要设备表

南通科技园区项目

编号	设备名称	设备型号	单位	数量	备注
1	高压细水雾泵组	XSWB300/14,Q=300L/min,H=14MPa,N=90kW	套	1	含泵、泵控柜、水箱、机架等
其中	高压单泵：Q=100L/min,H=14MPa,N=30kW		台	4	3用1备
	稳压单泵：Q=11.8L/min,H=1.4MPa,N=0.55kW		台	2	1用1备
	配套：球阀、过滤器、电磁阀 等阀配件				
2	高压细水雾开式区域阀组	单阀箱DN15	套	1	
3	高压细水雾预作用区域阀组	单阀箱DN20	套	1	
4	高压细水雾预作用区域阀组	单阀箱DN25	套	9	
5	高压细水雾湿式区域阀组	单阀箱DN15	套	2	
6	高压细水雾开式喷头	XSWT0.45-10(K=0.45)	只	12	包括5只备用件
7	高压细水雾闭式喷头	XSWT1.25-1057(K=1.25)	只	250	包括6只备用件
8	喷头专用不锈钢接头	M18x1.5	只	251	
9	排气阀	DN10	只	13	16MPa
10	调试装置	DN10	套	2	
11	高压不锈钢球阀	DN32	只	4	16MPa
12	堵头	M18X1.5	只	45	16MPa
13	末端试水装置	DN10	套	2	
14	高压不锈钢放空阀	DN25	只	1	16MPa
15	增压泵	CDLF16-3 Q=16m³/h,H=32m,N=3.0kW	台	2	1用1备
16	增压泵控制柜	非标（主备电切换功能、主备泵切换功能）	台	1	
17	不锈钢闸阀	Z41W,DN65	只	2	1MPa 法兰连接
18	不锈钢闸阀	Z41W,DN80	只	2	1MPa 法兰连接
19	Y型过滤器	SY4P,DN80	只	2	1MPa 法兰连接
20	不锈钢止回阀	H42W-10P,DN65	只	2	1MPa 法兰连接
21	橡胶软接头	KDTF1.0,DN80	只	2	1MPa 法兰连接
22	橡胶软接头	KDTF1.0,DN65	只	2	1MPa 法兰连接
23	偏心大小头	DN80X50	只	2	1MPa 法兰连接
24	同心大小头	DN65X50	只	2	1MPa 法兰连接
25	不锈钢球阀	Q61F,DN25	只	1	0.6MPa
26	压力表	Y-100,1.5级	只	2	1.0MPa
27	减震垫	XGD62-4	只	8	

注：未包括高压细水雾的火灾报警控制设备

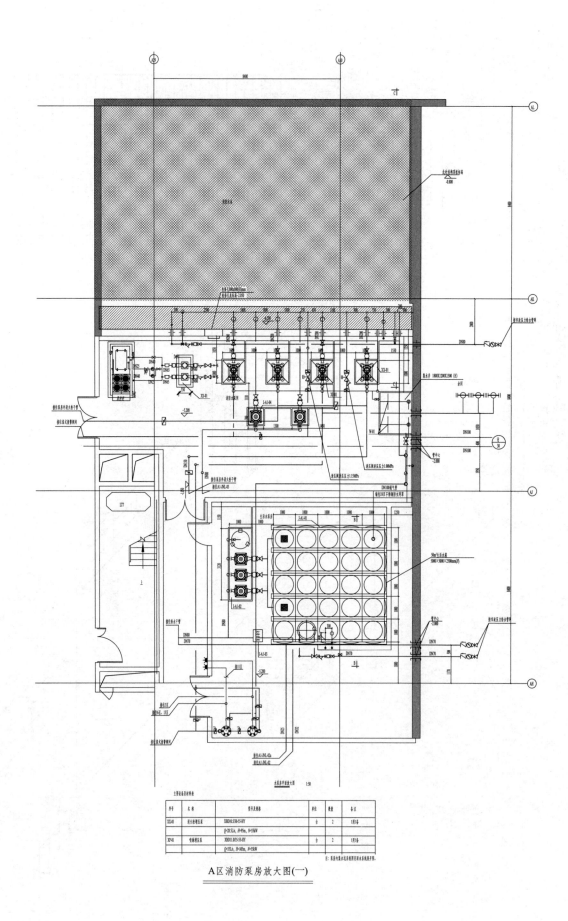

A区消防泵房放大图(一)

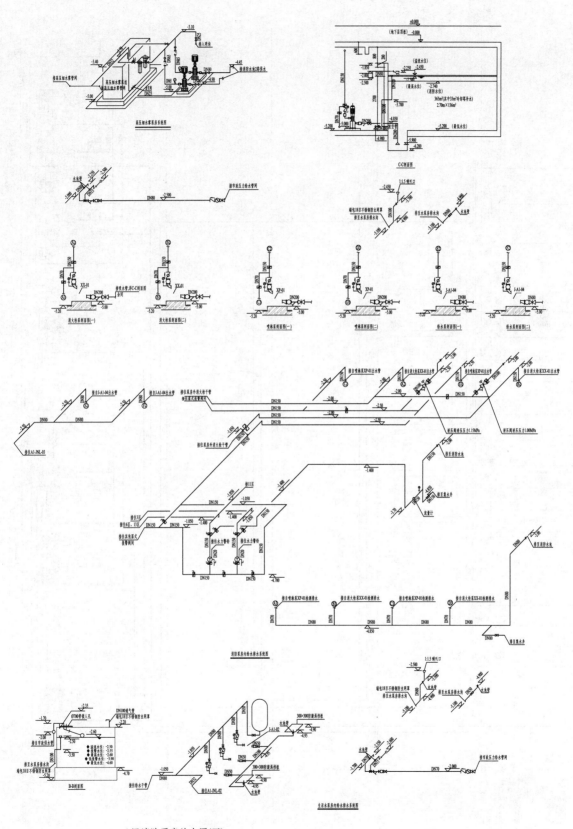

A区消防泵房放大图(二)

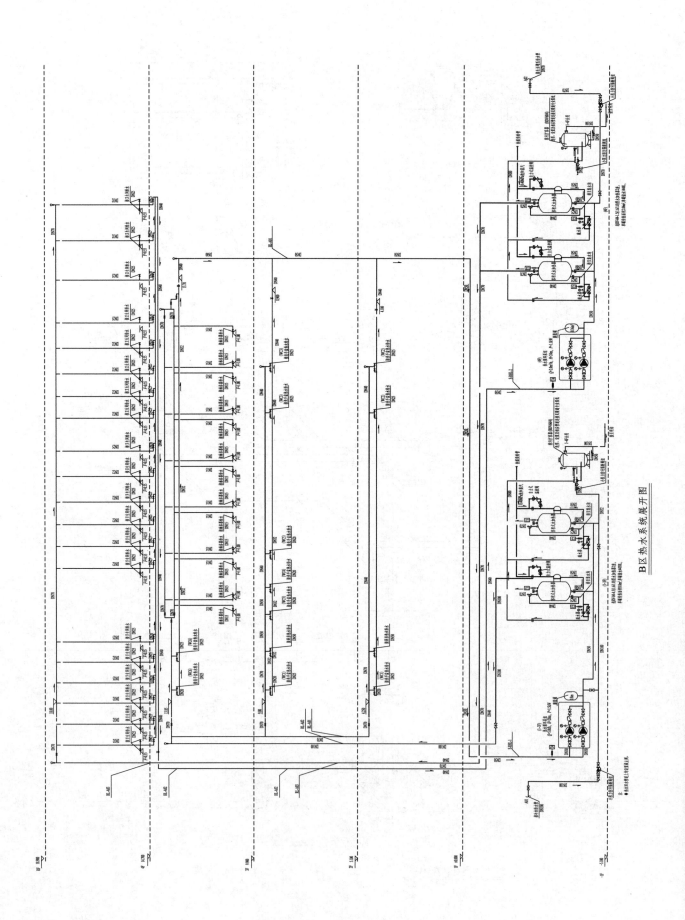

B区热水系统展开图

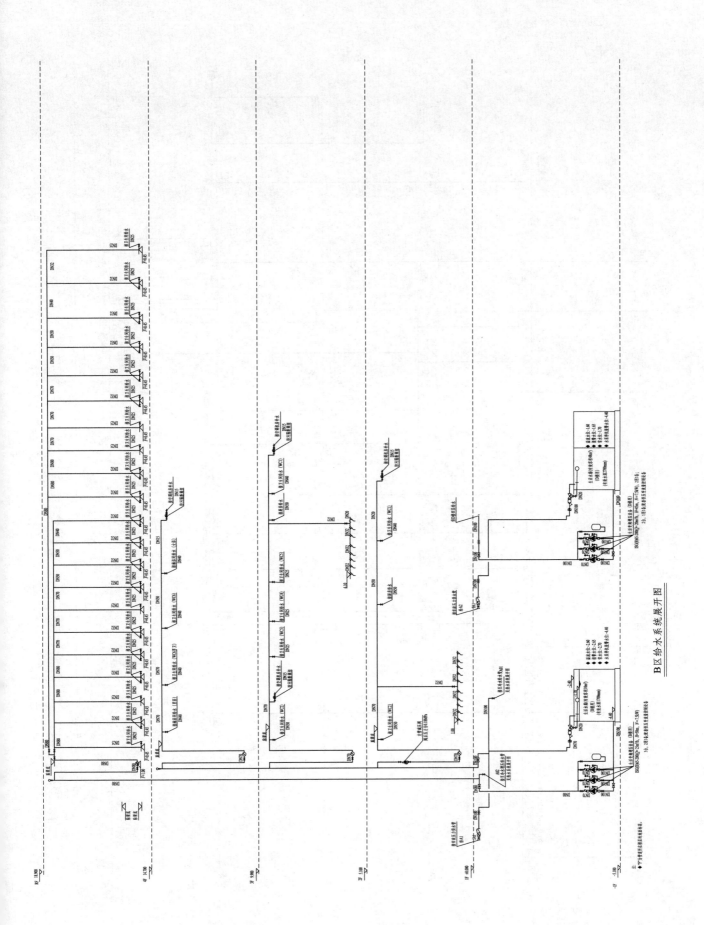

B区给水系统展开图

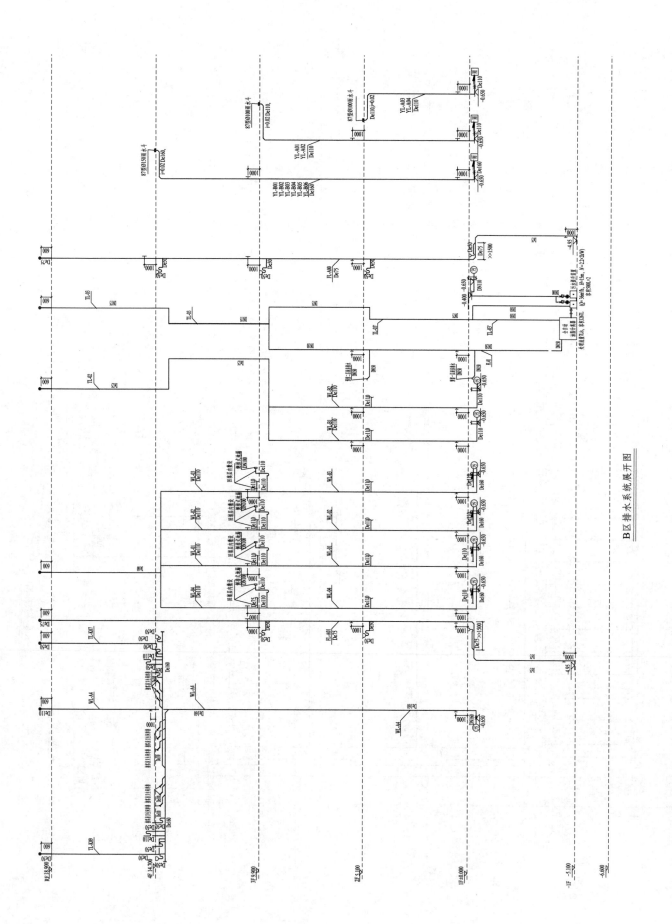

B区排水系统展开图

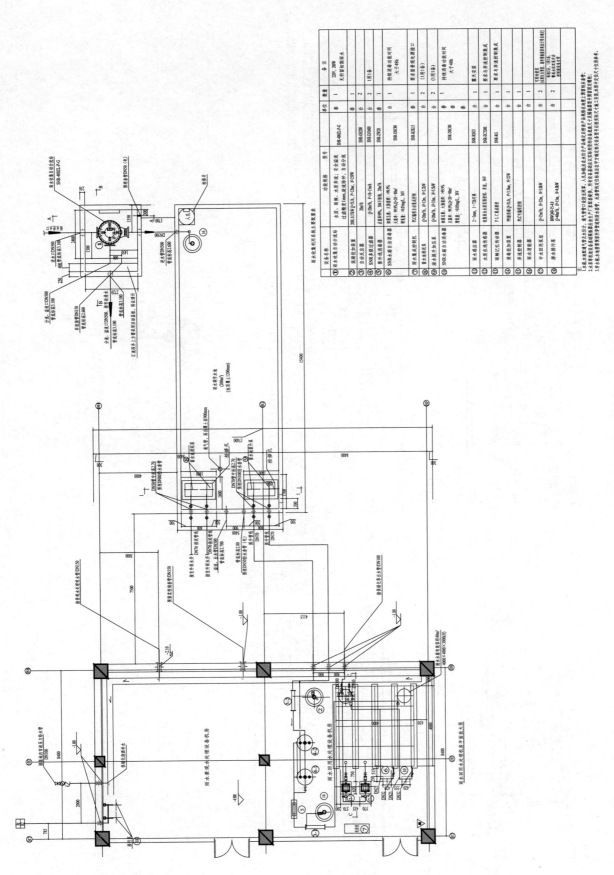

雨水回用水处理机房放大图（一）

序号	设备名称	规格、性能参数	型号	单位	数量	备注
①	雨水收集回用控制成套设备	水泵、阀、水泵开关、安全装置 过滤精度51mm，流道转换，自动分流	SNR-40DZL.P-G	套	1	220V，200W 无机复射雨期水
②	流量调节器	2m³/h	SNR-GB200	套	2	
③	自流过滤器	Q=20m³/h，P=15m	SNR-ZH160	台	2	1用1备
④	SNR多级过滤器	全套材料，304不锈钢，20m³/h	SNR-ZW20	台	2	
⑤	SNR紫外消毒器	除浊大量，水量55%，≥99.9% 有效氯量≥30%净值≥20×10bar 流量≤600mg/L，36V	SNR-DSC90	台	1	持续消毒动作时间 大于48h
⑥	雨水提升加压泵	PLC编程自动控制时	SNR-RZKL15	套	1	带水量显示电压电口
⑦	潜水排污泵	Q=20m³/h，H=12m，N=5.5kW		台	2	1用1备
⑧	SNR触摸屏消毒器	除浊大量，水量≥99.9% 有效氯量≥30%净值≥20×10bar 流量≤600mg/L，36V	SNR-ZSC90	套	1	持续消毒动作时间 大于48h
⑨	雨水吸器器	2~3mm，1~7水平管	SNR-RSG3	套	1	雾水安装
⑩	水位在线传感器	信号线4线制超声波，手持，36V	SNR-ECS200	台	1	雾水与带水液控制成式
⑪	雨期记忆控制仪	PLC编程	SNR-RG	台	1	
⑫	消毒加药装置	智能加药控制仪		台	1	
⑬	多点浊度仪	PLC编程控		台	1	
⑭	雨水消能器			台	1	可供调节
⑮	中水回用泵	Q=15m³/h，H=32m，N=7.5kW		台	2	
⑯	潜水排污泵	80WQ43-15-4.0 Q=43m³/h，H=15m，N=4kW		台	2	

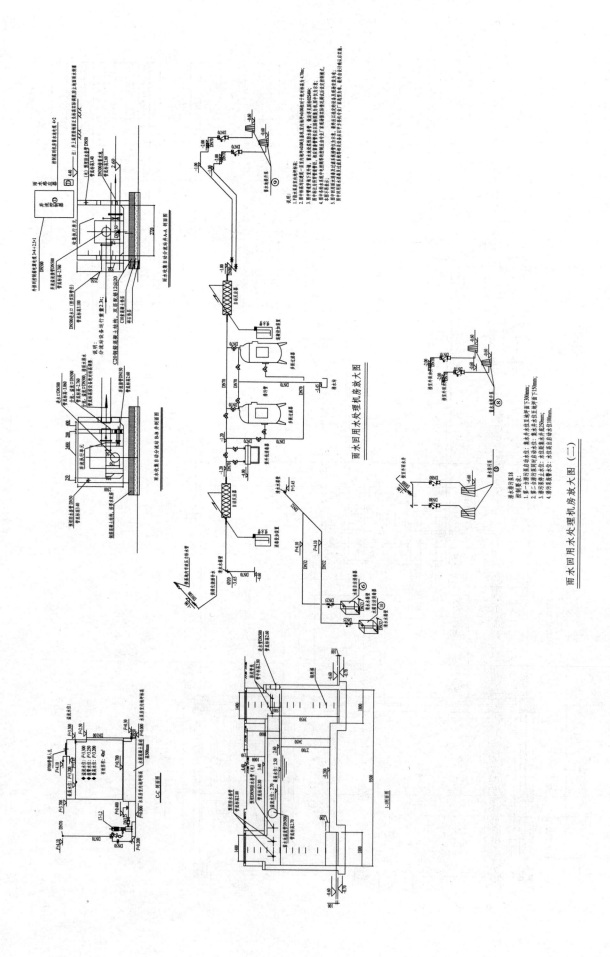

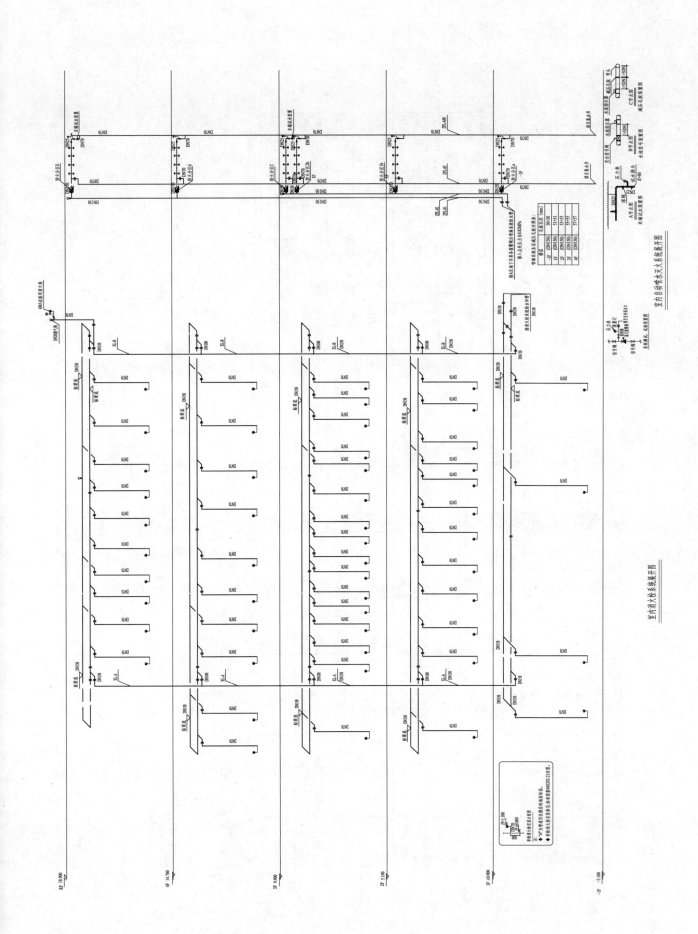

室内消火栓系统展开图

室内自动喷水灭火系统展开图

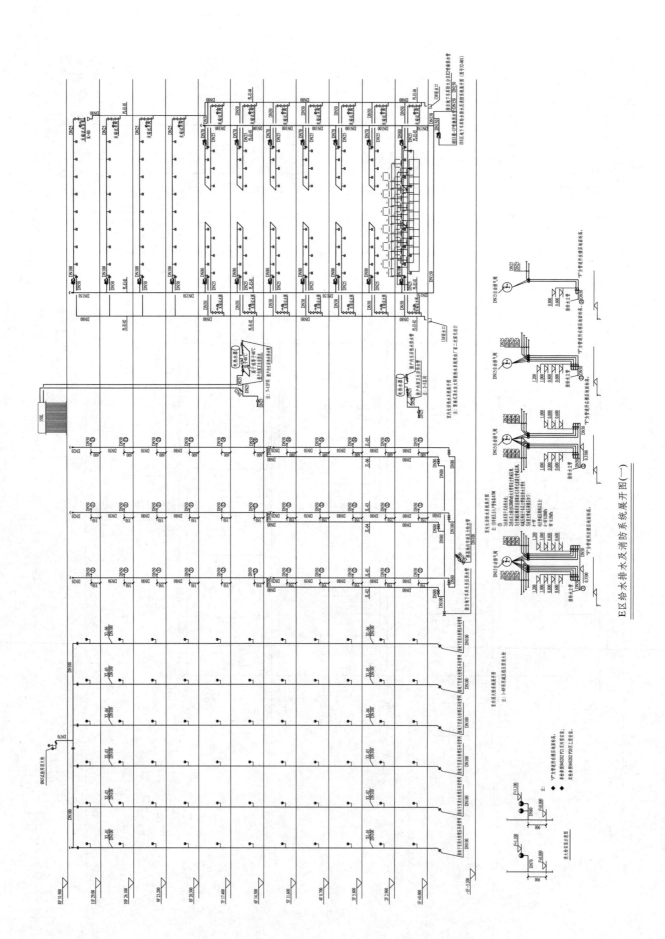

E区给水排水及消防系统展开图(一)

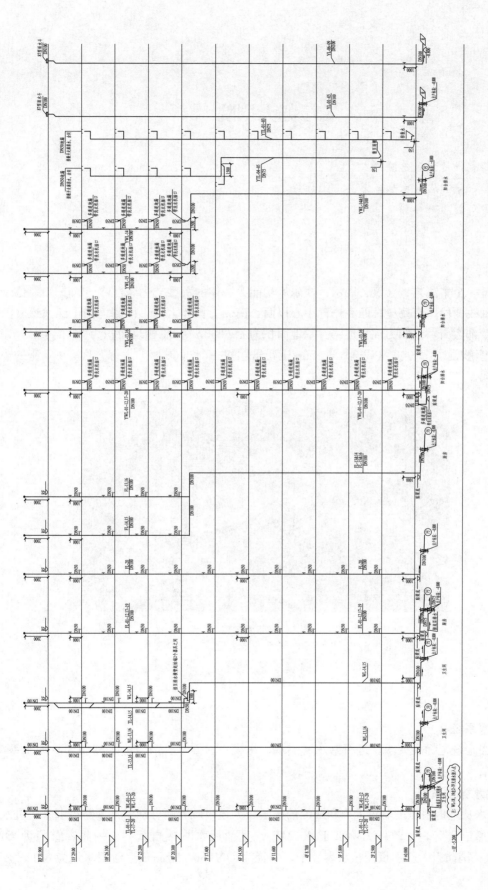

E区给水排水及消防系统展开图(一)

江苏大剧院

设计单位： 华东建筑设计研究总院

设 计 人： 梁葆春　东刘成　徐扬　谭奕　王珏玲

获奖情况： 公共建筑类　一等奖

工程概况：

江苏大剧院是一个集演艺、会议、展示、娱乐等功能为一体的大型文化综合体（见图1），位于南京市河西新城文化体育轴线西段，南京奥林匹克体育中心以西，南侧为奥体大街，西侧为扬子江大道（滨江大道），北侧隔向阳河为梦都大街，东侧为规划道路。基地面积为196633m²，总建筑面积为271386m²，建筑高度为47.3m，由2300座歌剧厅，1000座戏剧厅，1500座音乐厅和一个3000座的大综艺厅、900座的小综艺厅及附属配套设施组成。

图1　江苏大剧院

工程说明：

一、给水排水系统

根据国家和当地规范标准要求，进行给水、热水、污废水、雨水、消防给水和循环冷却水系统等设计，并满足相关节能节水要求。

（一）室外给水排水系统

1. 本工程给水从基地南侧的奥体大街和西侧的扬子江大道市政管网分别引入1路给水管，进水管管径为DN300，在基地形成环状，市政压力不低于0.2MPa。生活用水管接自其中的一根，管径为DN200，设DN150水表计量。消防引入管上设校核水表2个，口径为DN250。最高日生活用水量为891m³/d，最大时生活用水量为 171m³/d，见表 1。

生活用水量　　　　　　　　　　　　　　　　　　　表 1

用水项目名称	座位或使用人数	用水量标准	小时变化系数	使用时间(h)	用水量			备注
					平均时 (m³/h)	最大时 (m³/h)	最高日 (m³/d)	
歌剧厅观众	2300	5/(人·场)	1.5	6	1.9	2.9	11.5	按每天演出 2 场考虑(节假日除外)
音乐厅观众	1488	5/(人·场)	1.5	6	1.2	1.9	7.4	按每天演出 2 场考虑(节假日除外)
戏剧厅观众	1028	5/(人·场)	1.5	6	0.9	1.3	5.1	按每天演出 2 场考虑(节假日除外)
综合厅观众	3000	5/(人·场)	1.5	8	1.9	2.8	15.0	按每天演出 2 场考虑(节假日除外)
国际报告厅观众	854	20/(人·场)	1.5	8	2.1	3.2	17.1	按每天 2 场考虑(节假日除外)
演职人员	1500	40L/人	2.0	8	7.5	15.0	60.0	
工作人员	1000	40L/人	2.0	8	5.0	10.0	40.0	
商业	1000	5L/(m²·d)	1.5	8	0.6	0.9	5.0	
餐饮	2000	20L/人	1.5	12	3.3	5.0	40.0	
展览	600	6L/(m²·d)	1.5	6	0.6	0.9	3.6	
生活用水量小计					25.1	43.9	204.8	
车库用水量	81000	3L/(m²·次)	1.0	8	30.4	30.4	243	
室外绿化用水量	73742	2L/(m²·次)	2.0	4	36.9	73.7	147.5	
室内外总用水量					92.3	148.0	595.2	

2. 室内生活污、废水在室外汇总后，经格栅井处理后分别排入奥体大街、扬子江大道和规划路市政污水管；总体雨水排至奥体大街、扬子江大道和向阳河。

（二）给水系统

1. 地下层～一层直接利用市政自来水压力，二层及以上采用水箱、给水变频水泵加压供水方式，控制卫生器具配水点的水压不大于 0.20MPa，超压时设置支管减压阀。

2. 给水变频泵组和水箱设在地下层的生活水泵房内，供水设备为集中设置，出水管分别引至各厅，并按分类、分项计量原则，各厅生活用水、餐饮用水、冷却塔补水、空调补水分别设置远传式水表计量装置。

（三）热水系统

1. 集中热水供应范围为各厅的演员化妆间及盥洗、职工淋浴、餐饮等，热源为燃气锅炉提供的 95℃高温水。冷水热水系统分区同给水系统，水源分别由市政管网和变频泵组供给，一层和地下层的集中热水供水系统通过导流节能型半容积式热交换器供给热水，热水出水温度为 60℃。采用热水循环泵进行机械回水，系统设密闭式膨胀水箱。

2. 热源优先采用太阳能集热设备，根据江苏省公共建筑节能要求，太阳能热水供应需满足生活热水50% 的需求，本项目因演员化妆间、淋浴间用水存在不确定性，太阳能热水供应规模按满足厨房 100% 热水量计算，太阳能集热器采用真空管型，设在歌剧厅屋面。辅助热源采用燃气锅炉提供的 95℃高温水。用于演员化妆间、淋浴间和职工餐厅厨房的热交换器和热水循环水泵均设在地下层的热水机房内，分别采用导流节能型半容积式水—水热交换器，配热水循环泵。

3. 分散热水供应范围为卫生间洗脸盆及个别不适合集中热水供应的场所，设置储热式电热水器。卫生间洗手盆用热水选用小型电热水器就近设置供给。

(四）污/废水和雨水系统

1. 室内采用污废合流制，设主通气立管，采用器具通气和环形通气相结合的方式。厨房间排水单独设管，经隔油处理后排放；地下室集水坑的排水采用污水泵提升排水方式。

2. 屋面雨水系统为单独排放系统，雨水直接排入室外雨水管，部分收集处理回用，其余排出经汇总后接至市政雨水管。各厅屋面雨水采用虹吸排水系统，雨水量计算按南京市暴雨强度公式，设置正常和溢流 2 套系统，合计设计降雨重现期不小于 100 年，另在最低处设溢流口。

(五）消火栓和自动喷水灭火系统

1. 消防给水从奥体大街和扬子江大道 2 路进水，室外消防为低压制，水源直接利用市政管网。在总体上设置室外消火栓，供消防车取水。室内采用临时高压给水系统，设置了消火栓系统、自动喷水灭火系统、雨淋系统、防护冷却水幕系统、大空间智能型主动喷水灭火等系统，各系统消防水泵在地下层集中设置，室内消防水池有效容积为 $1200m^3$，分成 2 个。其中歌剧厅、音乐厅、戏剧厅主舞台设置雨淋系统，歌剧厅和综艺厅的台口设置防护冷却水幕系统，在观众厅和中庭等高大空间设置大空间智能灭火系统。

2. 各系统流量、作用时间和系统用水量见表 2。

室内消防水量组合表　　　　表 2

消防系统	作用时间(h)	系统用水量(m³)
室内消火栓系统	3h	432
自动喷水灭火系统	1h	126
雨淋系统	1h	324
自动消防炮系统或大空间智能型主动喷水灭火系统	1h	144
防护冷却水幕系统	3h	259

3. 消防水池贮存容积按最大组合（剧院舞台火灾）室内消防水量计算（考虑市政部分补水），合计有效容积为 $1200m^3$，分成 2 个。室内消防系统组合详见表 3。

室内消防系统组合表　　　　表 3

火灾发生场所	同时开启的消防设备	同时使用水量(L/s)
剧院舞台	雨淋系统＋水幕系统＋消火栓系统＋自动喷水灭火系统	90＋24＋40＋35＝189
观众厅	自动喷水灭火系统＋消火栓系统＋自动消防炮系统或大空间智能型主动喷水灭火系统	35＋40＋40＝115
中庭	自动喷水灭火系统＋消火栓系统＋大空间智能型主动喷水灭火系统	35＋40＋20＝95
其余场所	自动喷水灭火系统＋消火栓系统	35＋40＝75

4. 在变配电用房、舞台机械电器柜室等设置七氟丙烷气体灭火系统，在舞台灯光、音响控制室等设置悬挂式干粉灭火装置。

5. 在总体上西南角和西北角设置 2 组地上式水泵接合器。

(六）循环冷却水系统

循环冷却水系统考虑与暖通空调系统 4 大 1 小冷水机组匹配，选用 $960m^3/h$ 逆流式冷却塔 4 台和 $300m^3/h$ 逆流式冷却塔 1 台。循环冷却水泵设在地下二层冷却水泵房内，台数也和冷水机组匹配。冷却塔补水由市政管网直接供给，为改善换热效率、防止冷凝器结垢，系统设置胶球清洗装置和加药处理装置。

二、工程特点介绍及设计体会

(一）工程特点介绍

江苏大剧院作为观演建筑，在给水排水和节能设计上具有若干技术特点，下面为其中两项：

1. 屋面雨水排水

(1) 本项目屋面面积大，雨水排水量大；4个厅（歌剧厅、音乐厅、戏剧厅、综艺厅）均为高大空间，单厅屋面面积最大达 1.7 万 m²，横管敷设难，排水立管点位少，声学要求高。经综合考虑，各厅屋面雨水采用虹吸排水方案，三层大平台采用重力排水方案（见图 2）。

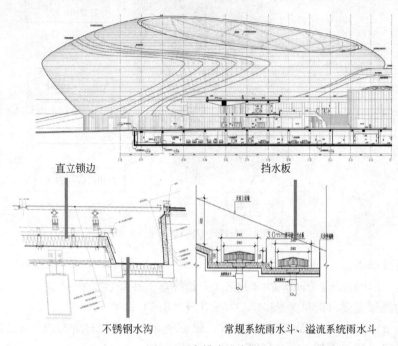

直立锁边　　　　　　　　　　　　　挡水板

不锈钢水沟　　　　　　常规系统雨水斗、溢流系统雨水斗

图 2　雨水排水示意图

(2) 屋面雨水排放按建筑布置分区域汇集，经天沟、雨水斗收集后排放，虹吸式排水系统设置正常排水和溢流排水 2 套系统，总排水能力满足不小于 100 年重现期的雨水量，各厅屋面设置溢流口。以歌剧厅屋面为例，整个屋面分为高、中、低 3 区，各自设置排水天沟，在天沟中均匀布置虹吸雨水斗。按计算雨水量确定雨水斗规格、数量和管道系统；立管设置在管井内。平时利用正常排水系统排水，如降雨量超过正常设计值，则先利用各区排水天沟中的溢流排水系统排除，如再超过溢流设计值，则多余雨水通过自然溢流，由高位天沟溢水至中位天沟，中位天沟再溢水至低位天沟，最终这些不能通过排水系统排除的雨水，将经最低处溢水口直接排到室外。

(3) 管道采用高密度聚乙烯（HDPE）管，穿越剧院声学敏感区域时采用隔音材料包裹。

(4) 冬季为防止积雪冰冻影响排水，在天沟雨水斗处设置电伴热系统，利用温度自控加热，防止排水口堵塞。

2. 冷却塔设置

(1) 江苏大剧院由于受建筑体型和景观布置要求，冷却塔无法布置在屋顶或周边区域。为满足整体要求，设计尝试采用井式设置，并进行了相关分析研究。由于冷却塔布置空间狭小，存在气流短路的可能性，设计过程中通过 CFD 模拟技术分析该种布置形式下气流场情况，并根据模拟结果提出相应改善措施。冷却塔 CFD 基本模型如图 3 所示。

CFD 模拟结论如下：

1) 冷却塔出风口加导风筒可改善气流短路现象，且套管需达到一定高度才能有效改善；

2) 建议根据现场情况，尽可能加高套筒高度，尽量接近设备坑上沿；

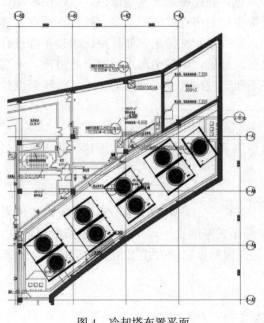

图 3　冷却塔 CFD 基本模型

3）建议采购高效冷却塔。

（2）经技术分析，设计提出改善回流影响措施，并最终落实在项目实施中。

1）提高冷却塔的湿球温度（南京为 28.1℃），放大至 28.5℃；

2）冷却塔摆放尽量满足中标厂家设备布置要求，保证竖井内向下风速保持在 2m/s 以内；

3）取消遮挡出风口横梁，增加设置导风筒，改善气流短路；

4）增加计算余量，建议产品具有 CTI 认证。

冷却塔布置平面如图 4 所示，剖面如图 5 所示。

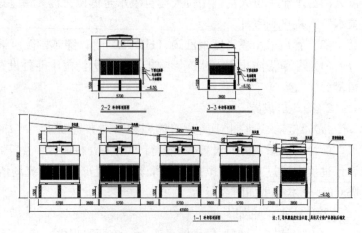

图 4　冷却塔布置平面　　　　　　　　图 5　冷却塔布置剖面

(二）设计体会

1. 作为 2017 年度江苏省建筑业新技术应用示范工程，江苏大剧院包括的歌剧厅、戏剧厅、音乐厅、综艺厅、报告厅以及附属配套设施，可以满足歌剧、舞剧、话剧、戏曲、交响乐、曲艺和大型综艺演出功能需要；其给水排水设计与常规项目相比，增加了不同功能区域的特殊适应性，需要根据不同舞台工艺或演出方的要求对系统进行优化，通过分设系统或适当提高设计标准满足不同需求；其消防设计更是集合了目前项目消防系统之大成，在系统的多样性、复杂性和特殊性上，都达到了一个新的高度。

2. 随着我国经济腾飞和社会飞速发展，会有越来越多的观演建筑和同类项目的建设。整理和分析该项目的给水排水、消防设计，以期抛砖引玉，能够对后续项目的方案确定、设计深化和报规报审提供科学的指导，具有相当大的现实意义。

三、工程照片及附图

歌剧厅

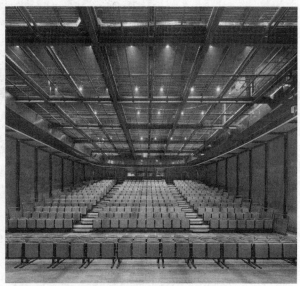

多功能厅

夜景鸟瞰

音乐厅

剧院正面

冷却塔

景观水池

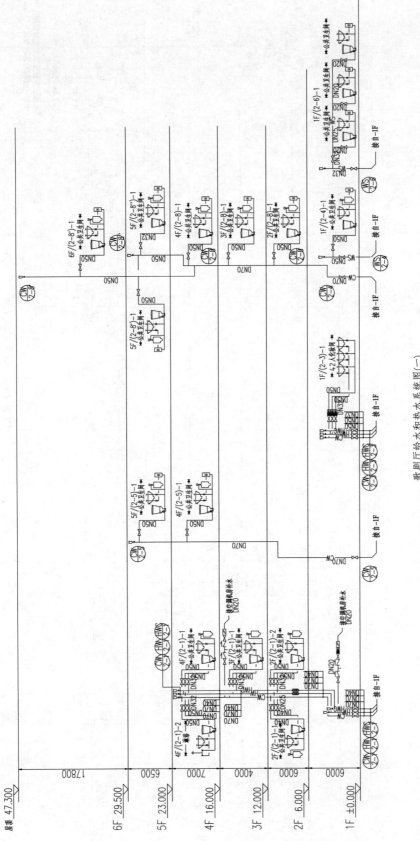

歌剧厅给水和热水系统图(一)

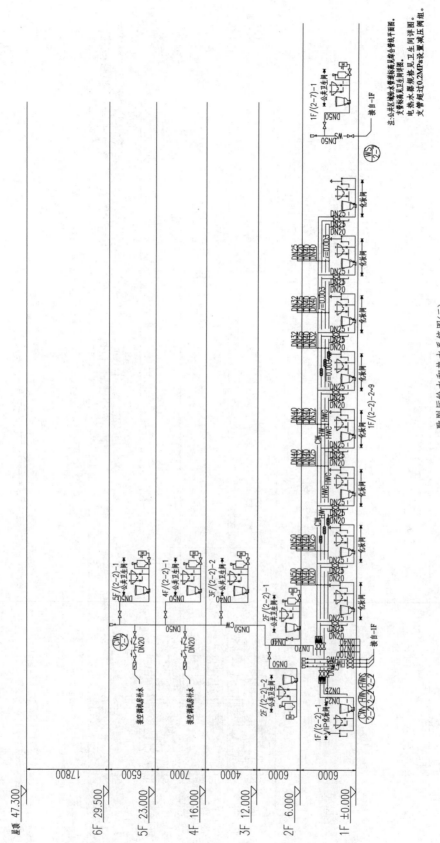

歌剧厅给水和热水系统图(二)

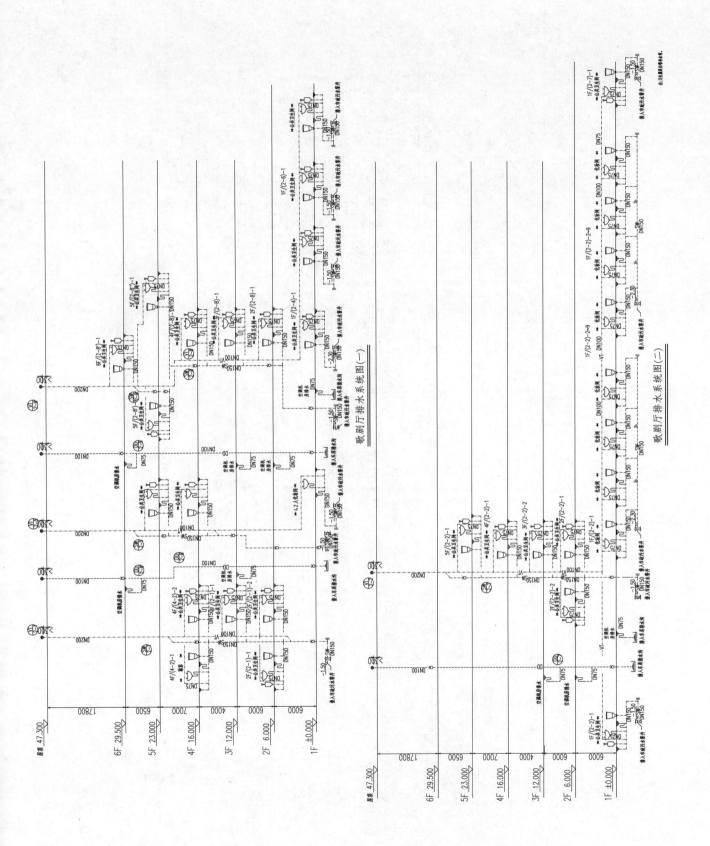

歌剧厅排水系统图(一)

歌剧厅排水系统图(二)

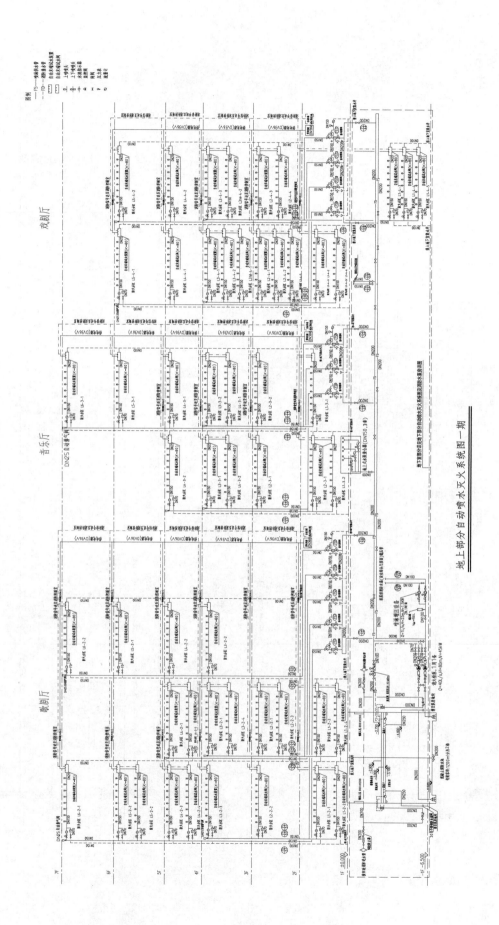

地上部分自动喷水灭火系统图一期

歌剧厅消火栓系统图

恒隆广场·大连项目

设计单位： 中国建筑东北设计研究院有限公司
设 计 人： 赵磊　赵金文　刘永健　周陶然　耿汉霖　金鹏
获奖情况： 公共建筑类　一等奖

工程概况：

恒隆广场·大连项目位于大连市西岗区五四路66号，是大连恒隆地产有限公司投资建设的大型商业项目，用地面积为6.34hm²，总建筑面积为371900m²，其中地上建筑面积约190200m²，地下建筑面积约181700m²。建筑高度不高于60m，地上7层，地下3层，另有一个夹层，是目前东北地区已建成规模最大的单体商业建筑。

本工程地上部分为7层综合商业楼，布置有时装精品店、名牌旗舰店、专卖店、餐饮及美食广场、艺术展览及休闲活动区、电影院、溜冰场、儿童活动场所。本设计巧妙利用地形的南北高差，五四路的入口直入商场首层，而新华街的入口则接驳到商场的二层。本项目集餐饮、娱乐、文化、艺术于一身，致力于成为顾客人流汇聚热点。

地下室共3层（另设一层夹层），其中地下一层为商业及餐饮功能，为方便将来通车的地铁乘客，地下一层东北角预留了行人接驳口以便人流直达商场。地下二层、地下三层夹层及地下三层为汽车停车库、设备用房和少量储物室。制冷站、水泵房、换热站及变配电房等均设在地下室。地下停车库共提供不少于1210个停车位（包括无障碍停车位24个）。装卸货区货车位约35个，位于地下三层，并于不同区域设有货梯直达商场各层。

为满足本项目及区域供电需要，另在一层和地下一层之东南隅设置66kV地下变电站，结构与商场连为整体，但室内空间、交通均不连通，与商场独立管理、使用。变电站建筑面积不超过5000m²，不计入本项目的总建筑面积（371900m²）和容积率。

该项目的投入使用，在大连市商业综合体中树立起新的典范，把人们对建筑造型、空间感受、休闲购物氛围的需求提升到一个新的高度，近几年经营形式一路向好，已成为大连市商业建筑新标杆。

工程说明：

一、给水排水系统

（一）给水系统

1. 水源

生活及消防给水水源由市政供水管供应，从市政供水管接入2根DN300水管，引入项目红线处室外设水表计量，在地块中形成环管，各功能用水分别从环管上接出。市政给水管网可利用压力为0.20MPa。

2. 给水用水量（见表1）

给水用水量   表 1

功能	计算面积(m²)	设计参数	自来水用水量(m³/d)	中水用水量(m³/d)
商场	56500	8L/(m²·d) 3m²/人	180.8	271.2
餐厅顾客	25237	60L/(人·次) 2.5m²/座 4人·次/(座·d)	2301.6	121.1
餐厅员工	—	60L/(人·次) 1员工服务30顾客 (顾客人数按1人次计算)	38.4	2.0
电影院	13819	3h/场,4场/d,5L/座, 1900座位	15.2	22.8
溜冰场	1020	顾客及员工用水:5L/(m²·d) 3m²/人 3h/场,4场/d 46观众座位 溜冰场补水:1.7L/s,24h	86.6	4.6
绿化用水	12886	3L/(m²·d)	—	38.7
停车场冲洗水	121500	2L/(m²·d)	—	238.0
冷却塔补水	—	31L/s	950	—
空调加湿补水	—	1.6L/s	57	—
总计			3993	768

3. 给水系统

（1）分质供水

商场卫生间、厨房、滑冰场、冷却塔补水及空调加湿用水使用城市自来水；绿化用水及停车场地面冲洗用水使用本项目中水。

（2）分区供水

本项目供水系统竖向分2个区：市政直供区及加压供水区。市政直供区供水范围为地下一层至地下三层，主要包括地库层生活水池进水、地下机房供水/补水、人防区给水及中水水池补水；加压供水区供水范围为地上一层至地上七层，主要包括商场卫生间、厨房及其他一般用水。

（3）热水系统

本项目不设集中热水系统，各卫生间盥洗用热水就近采用小型容积式电热水器供应。

4. 供水方式及给水加压设备

供水加压方式为地下水池＋变频泵组，泵组配置稳流罐，供水设备设置在地下三层生活水泵房内。

5. 管材

生活给水管采用薄壁不锈钢管（S30408），DN15～DN100采用卡压连接，大于DN100采用沟槽式卡箍连接；埋地及埋墙暗装管道、穿过土建预留洞口及其他与土建墙体接触的管道均需采用PE覆塑不锈钢管，管件缠专用防腐胶带。

(二) 中水系统

1. 水量平衡

本工程中水水源主要为室内卫生间盥洗废水，可收集水量为 $146m^3/d$，中水系统处理后的中水用于室内冲厕、室外绿化及冲洗用水，若系统处理水量小于本项目中水用水量，则系统按补水工况进行设计，废水全部处理。减小中水回用范围，中水用水量与处理水量保持平衡。

2. 系统竖向分区

中水供水系统竖向分 2 个区，地下一层及以下各层为低区，采用变频供水泵组减压供水；地上一层至顶层为高区，采用变频泵组直接供水。

3. 供水方式及给水加压设备

变频供水泵组 3 组，每组 2 套，其中公用中水泵组每套 3 台，2 用 1 备，停车场中水泵组每套 3 台，2 用 1 备，园林中水泵组每套 2 台，1 用 1 备。

4. 水处理工艺流程

中水源水→格栅→调节池→接触氧化池→MBR 反应池→活性炭过滤器→消毒池→中水池。

(三) 冷却循环水系统

本项目制冷系统按建筑平面分为东、西 2 个规格相同的子系统，共同分担整个建筑的冷负荷，循环冷却水系统也分别设置。系统共选用 12 台 1150RT 开式超低噪声冷却塔，设于建筑屋面层。

(四) 排水系统

1. 室内生活排水

(1) 商场卫生间排水采用污废分流制，设置主通气立管及器具通气管。

(2) 餐饮区域分散预留污水、废水及厨房排水接驳口，方便使用方接入，厨房排水先经厨房区域设置的隔油器处理后排入排水管道，然后经地下集中设置的自动隔油器处理后排至室外管道。

(3) 在无法重力排水的区域设置集水坑收集排水并采用潜污泵提升后排出。

2. 室外排水

项目地块内室外排水采用雨污分流制。污水经化粪池处理后排入市政污水管网，送至城市污水处理厂集中处理，达标后排放。

(五) 雨水系统

结合建筑屋面结构及天沟的分布情况，进行屋面汇水区域划分，共划分为 19 个汇水区域；共设 53 个虹吸雨水系统。雨水系统设计重现期按 10 年考虑，并按 50 年进行校核。

室外场地雨水设计重现期按 3 年考虑，坡道及下沉广场设计重现期按 50 年计。

二、消防系统

本工程地上共 7 层，地下 3 层及 1 个夹层。建筑高度约为 60m（室外地坪至屋面面层）且任一楼层建筑面积均超过 $1000m^2$。由于基地地势南高北低再加上建筑形态设计，西面比东面高一层，故商场西、北两侧地上为 7 层，东、南侧室外地面以上为 6 层。依据规范规定，本工程属一类高层建筑，设计耐火等级为一级。消防系统包括下列系统：室外消火栓系统、室内消火栓系统、自动喷水灭火系统、自动喷水-泡沫联用系统、大空间智能型主动喷水灭火系统、水喷雾灭火系统、气体灭火系统、建筑灭火器等。

(一) 消防用水量（见表 2）

消防用水量 表 2

系统	流量(L/s)	火灾延续时间(h)	贮水量(m^3)
室内消火栓系统	40	3	432

续表

系统	流量（L/s）	火灾延续时间（h）	贮水量（m³）
自动喷水灭火系统	45	1	162
自动跟踪定位射流灭火系统	40	1	144
水喷雾灭火系统	35	0.5	63
防护冷却水幕系统	43	2	310
总计	—	—	1048
室外消火栓系统	30	3	接市政两路供水

（二）消防水源及室外消防

室外消火栓系统采用低压制。由市政两路供水管上各引入 1 根 $DN300$ 进水管，并在基地内形成供水环网，在适当位置和水泵接合器附件设置室外消火栓，供消防车取水。各消火栓间距不超过 120m。

（三）消防水箱和水池

从基地内给水环管上引出 2 根 $DN150$ 消防水池进水管，接入地下消防水池，水池分 2 格，每格 550m³，总容积为 1100m³，满足火灾延续时间内室内消防给水系统的用水需求。

屋顶设置一个 50m³ 消防水箱，各消防给水系统共用。

（四）室内消火栓系统

室内消火栓系统采用临时高压供水系统，竖向分成 2 个供水区。地下一层至地上七层，由室内消火栓消防供水泵从地下消防水池吸水加压供水；地下三层、地下三层夹层、地下二层，由室内消火栓消防供水泵从地下消防水池吸水加压并经减压阀减压后供水。供水系统平时由屋顶消防水箱及室内消火栓系统增压稳压设备稳压。首层室外设置 $DN150$ 水泵接合器 3 套，以满足消防供水的要求。

（五）自动喷水灭火系统

除小于 5m² 的卫生间、开敞式区域（如净空高度大于 12m 的中庭）和不宜用水扑灭火灾部位外，各层的商铺、商场走廊、楼梯、卫生间（大于 5m²）、电影院（小于 12m）及机电房（除强电房、弱电房、资信机房、变配电房、电话交换机房及计算机房、燃油发电机房及油缸房）等均设置自动喷水灭火系统。

地下车库按中危险级 Ⅱ 级考虑，设计喷水强度为 8L/(min·m²)，作用面积为 160m²；其他部位按中危险级 Ⅰ 级考虑，设计喷水强度为 6L/(min·m²)。净空高度 8~12m 的中庭作用面积为 260m²，其余场所作用面积为 160m²，最不利点喷头水压不低于 0.10MPa，系统消防用水量为 45L/s。

室外落客区及室外汽车坡道采用预作用系统，其余部位均采用湿式系统。地下车库采用易熔合金闭式喷头，其余场合分别按吊顶形式采用直立型、下垂型或吊顶型快速响应闭式喷头。喷头动作温度除厨房、热交换机房、开水间等为 93℃，其余均为 68℃（玻璃球）或 72℃（易熔合金）。

系统配水管工作压力不超过 1.2MPa，报警阀组前均为环状供水，且每层配水管均呈环状。考虑到每格分区各层喷淋配水管压力较大，当各层配水管入口动压大于 0.4MPa 时，设置减压孔板进行减压。为防止系统超压，在自动喷水灭火消防加压泵出口处设持压泄压阀。泵组设置低频自动巡检装置。

湿式系统和预作用系统合用供水系统，系统竖向分成 2 个供水区。地下一层至地上七层，由自动喷水灭火消防供水泵从地下消防水池吸水加压供水；地下三层、地下三层夹层、地下二层，由自动喷水灭火消防供水泵从地下消防水池吸水加压并经减压阀减压后供水。供水系统平时由屋顶消防水箱及自动喷水灭火系统增压稳压设备稳压。首层室外设置水泵接合器 3 套，以满足消防供水的要求。

（六）大空间智能型主动喷水灭火系统

在净空高度超过 12m 的需设置自动喷水灭火系统的区域，采用大空间智能型主动喷水灭火系统，设置自动跟踪定位射流灭火装置。

大空间智能型主动喷水灭火系统设置独立的供水系统，系统竖向不分区，由本系统专用泵组从地下消防水池吸水加压供水；供水系统平时由屋顶消防水箱及本系统专用增压稳压设备稳压。首层室外设置水泵接合器 3 套，以满足消防供水的要求。

（七）防护冷却水幕系统

本项目经消防性能化论证分析，商铺与公共走道之间采取有效的防火分隔措施，采用耐火极限不小于 2.0h 的 C 类防火玻璃与公共走道进行分隔，并在店铺内侧设置自动喷水冷却系统保护玻璃；具体设计参数如下：

1. 采用窗玻璃喷头；

2. 喷头间距宜为 2m，不小于 1.8m，不大于 2.4m；

3. 喷头与玻璃的距离控制在 200~300mm 之间；

4. 喷头喷水强度不小于 0.5L/(s·m)，用水量按保护长度和保护时间计算确定，保护长度按沿走道商铺玻璃分隔的最长尺寸确定，持续喷水时间不小于 2.0h；

5. 保护玻璃的自动喷水系统采用独立的管网和水泵。

防护冷却水幕系统竖向不分区，由本系统专用泵组从地下消防水池吸水加压供水；供水系统平时由屋顶消防水箱及本系统专用增压稳压设备稳压。首层室外设置水泵接合器 3 套，以满足消防供水的要求。

（八）厨房烹饪部位灭火系统

本项目厨房烹饪部位设置专用灭火装置，主要保护范围为厨房烹饪设备（深炸油锅、普通煎炸锅、炒菜锅、煲仔炉、烧烤灶等）、烹饪设备所对应的排烟罩及排烟管道。

灭火装置分别选用 CMJS9-1 型（单瓶组）和 CMJS18-2 型（双瓶组）。

1. CMJS9-1 型（单瓶组）厨房设备灭火装置灭火剂充装量 9L，保护范围 9 个单元，每个单元保护 1 个直径 600mm 油炸锅（炒锅）或直径 400mm×400mm 烟道口 1 个。CMJS9-1 型（单瓶组）箱体尺寸：720mm×470mm×220mm。

2. CMJS18-2 型（双瓶组）厨房设备灭火装置灭火剂充装量 18L，保护范围 18 个单元，每个单元保护 18 个直径 600mm 油炸锅（炒锅）或直径 400mm×400mm 烟道口 18 个。CMJS18-2 型（双瓶组）箱体尺寸：690mm×720mm×200mm。

对准每个火眼和排烟口各安装 1 套雾化喷嘴，如油锅直径大于 600~800mm，每个火眼需安装 2 套雾化喷嘴（每个喷嘴保护面积为 0.28m²），油锅直径大于 800~1500mm 安装 3 套雾化喷嘴。每个火眼上方安装 1 套感温装置（动作温度 183℃±5℃）。在灶台燃料管线节断阀下口安装燃料自动关闭阀。在距灶台通道明显位置垂直高度 1.4m 处安装手动启动器 1 套。灭火装置控制箱固定安装在厨房墙壁上，可不占用地面面积。

（九）气体灭火系统

本项目变配电房、电信房、电话房及进线房设置七氟丙烷气体灭火系统保护。系统设有自动控制、手动控制和机械应急操作 3 种启动方式。当采用自动报警系统作自动控制时，应在接受两个独立的火灾信号后，发出声光警告并延迟 30s，待人员疏散后自动启动灭火。有关火警信号将连接至相关的消防控制屏。

三、工程特点介绍

（一）节能、节水措施

1. 尽量利用市政管网供水压力直接供水。

2. 所有加压泵组采用高效节能产品。

3. 选用符合《节水型生活用水器具》CJ/T 164—2014 要求的节水、静音型卫生器具及配件，公共卫生间采用感应式水嘴和感应式冲洗装置。

4. 空调冷却水循环使用,空调系统补水设水表计量。选用飘水量小、省电型的冷却塔。

5. 根据水的用途及各管理单元分别设水表计量,监管用水量。

6. 加强物业管理,对重要设备进行监控。

(二)环境保护和卫生防疫

1. 本项目无有毒有害废水排出。

2. 厨房餐饮污水经隔油处理装置处理后排入室外污水管网。

3. 水泵选用高效率、低噪声产品,水泵设隔振基础,并在水泵进、出水管上设软接头以减振降噪。

4. 冷却塔采用超低噪声型产品。

5. 茶水间地漏排水、空调机房排水、空调设备冷凝排水采用间接排水方式。

6. 生活水箱均配设二次供水消毒设备。

7. 中水采用独立供水系统,与其他生活用水管道完全分开,并采取防止误接、误用、误饮的措施。

(三)新材料、新技术

1. 中庭和挑空区域由于空间高度超过12m,采用大空间智能型主动喷水灭火系统,设置独立供水管网系统,与其他消防给水系统合用消防水池。

2. 商铺与公共走道之间采用耐火极限不小于2.0h的C类防火玻璃与公共走道进行分隔,并在店铺内侧设置自动喷水冷却系统保护玻璃。

3. 厨房烹饪部位设置专用灭火装置。

4. 屋面面积大且不规则,分区域采用虹吸雨水系统排水。

5. 设置MBR工艺中水处理系统,将废水处理后回用于本项目。

四、工程照片及附图

模型透视图

室外实景

室内实景（一）

室内实景（二）

室内实景（三）

中水机房（一）

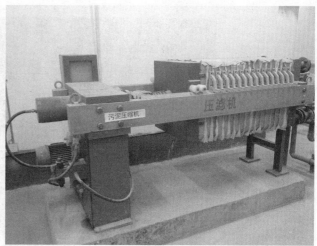

中水机房（二）

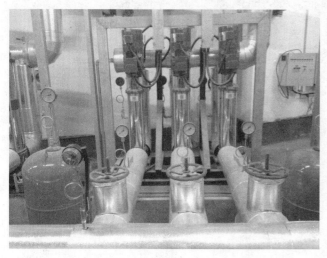

中水机房（三）

中水机房（四）

消防泵房（一）

消防泵房（二）

消防泵房（三）

消防泵房（四）

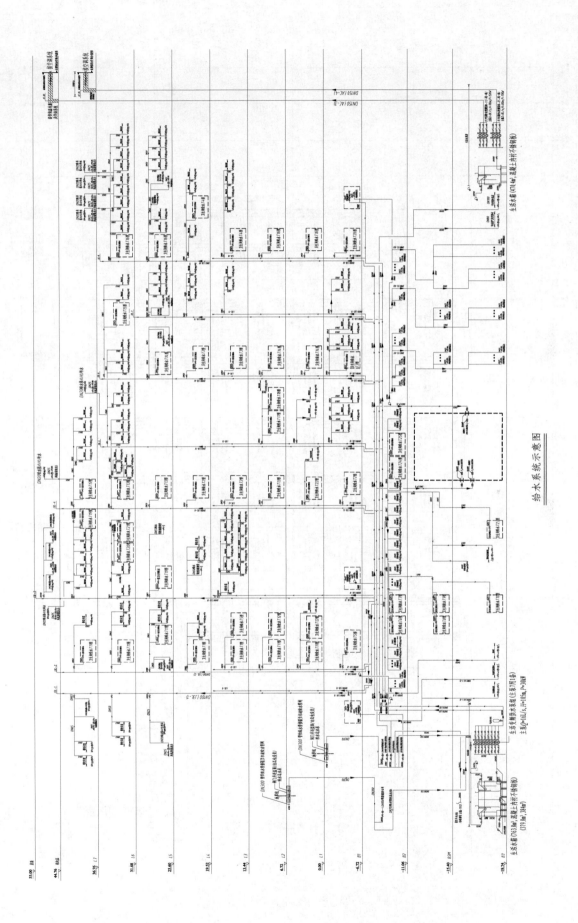

给水系统示意图

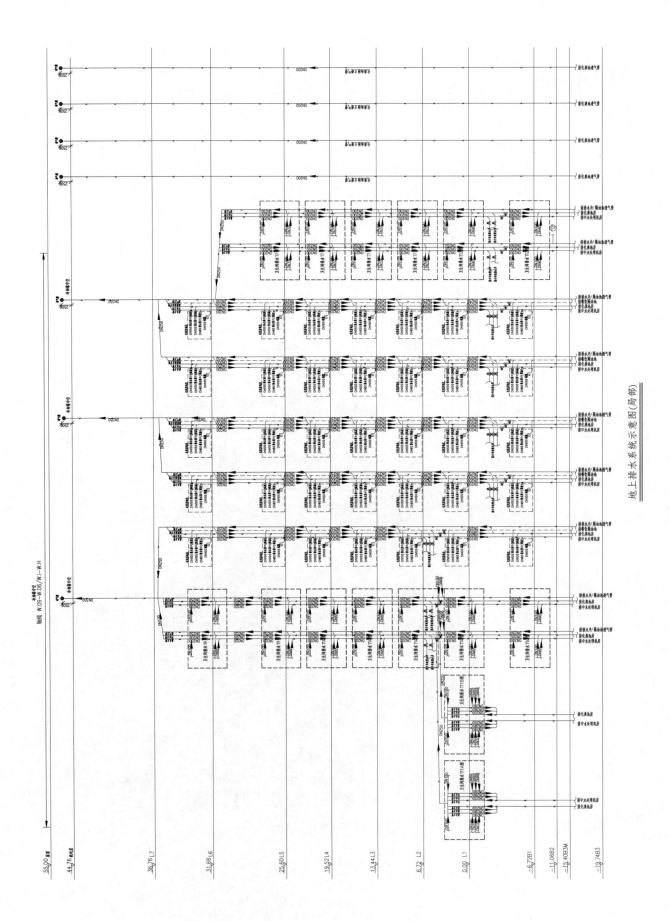

地上排水系统示意图（局部）

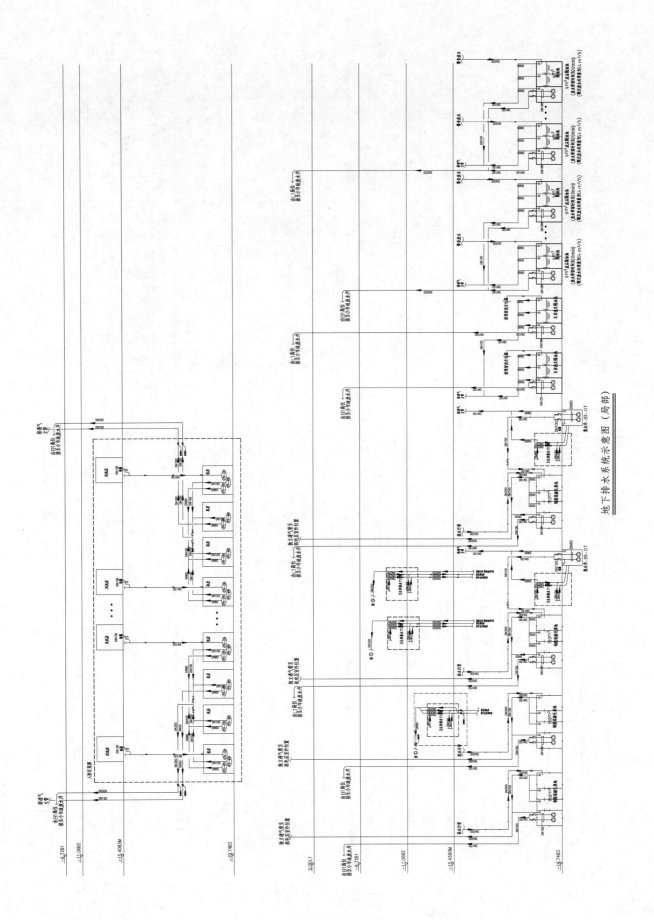

地下排水系统示意图（局部）

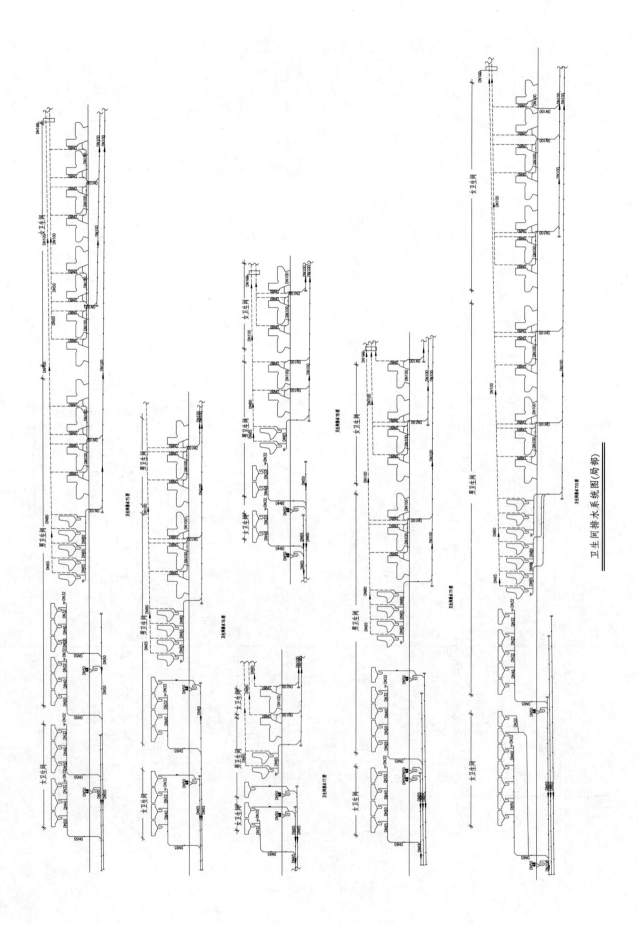

卫生间排水系统图(局部)

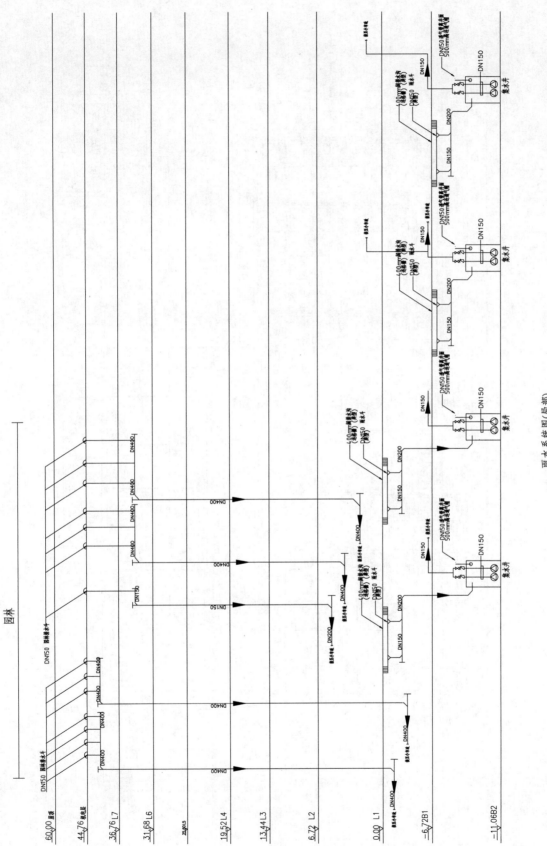

雨水系统图(局部)

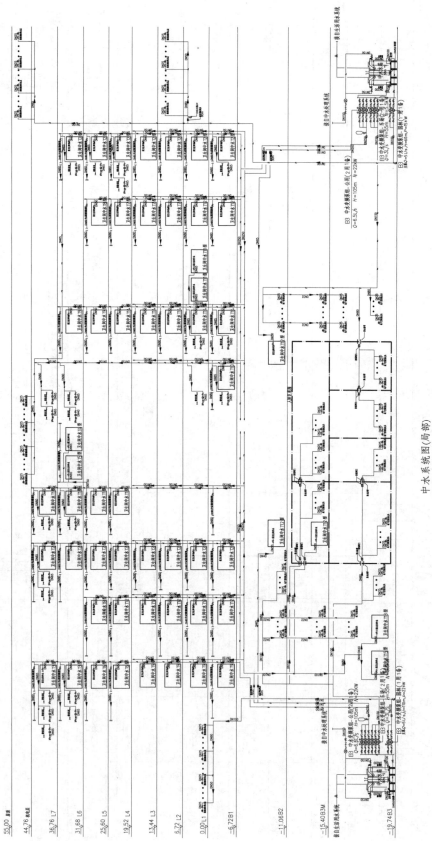

中水系统图(局部)

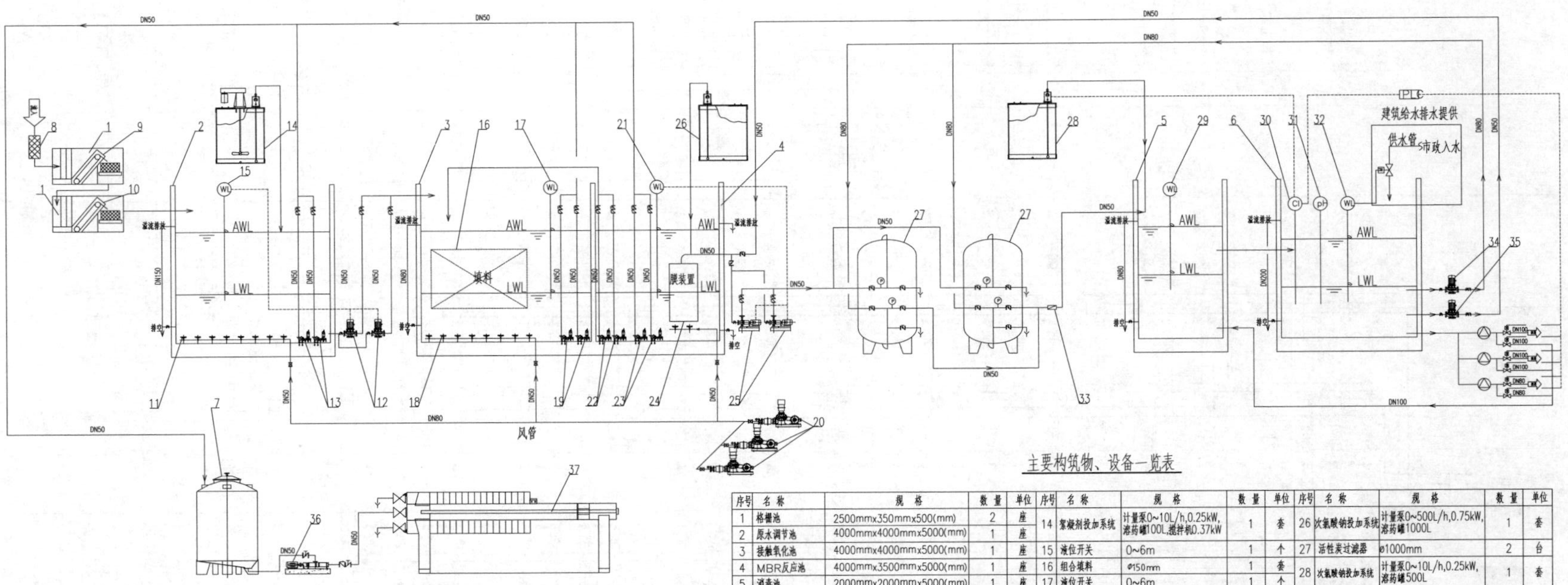

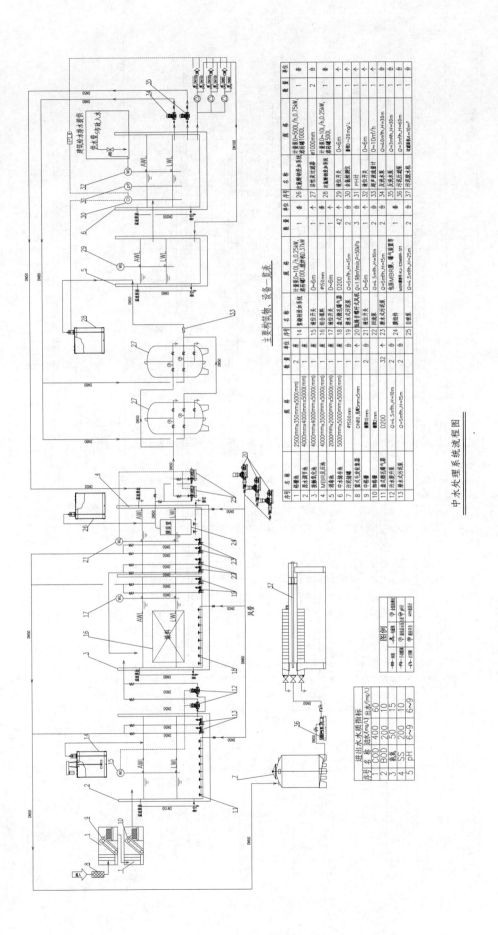

主要构筑物、设备一览表

序号	名称	规格	数量	单位
1	格栅池	2500mmx350mmx500(mm)	2	座
2	原水调节池	4000mmx4000mmx5000(mm)	1	座
3	接触氧化池	4000mmx4000mmx5000(mm)	1	座
4	MBR反应池	4000mmx3500mmx5000(mm)	1	座
5	消毒池	2000mmx2000mmx5000(mm)	1	座
6	中水储存池	5000mmx5000mmx5000(mm)	1	座
7	污泥储罐	Φ1500mm	1	台
8	篮式毛发收集器	DN80，孔隙5mmx5mm	1	个
9	中格栅	栅隙10mm	2	台
10	细格栅	栅隙2mm		
11	盘式微孔曝气器	D200	32	个
12	污水提升泵	Q=4.5m³/h，H=10m	2	台
13	潜水式污泥泵	Q=5m³/h，H=15m	2	台

序号	名称	规格	数量	单位
14	絮凝剂投加系统	计量泵0~10L/h，0.25kW，溶药罐100L，搅拌机0.37kW	1	套
15	液位开关	0~6m	1	个
16	组合填料	Φ150mm	1	套
17	液位开关	0~6m	1	个
18	盘式微孔曝气器	D200	42	个
19	潜水式污泥泵	Q=5m³/h，H=15m	2	台
20	低噪音螺杆式风机	Q=1.98m³/min，P=50kPa	3	台
21	液位开关	0~6m	1	个
22	回流泵	Q=4.5m³/h，H=10m	2	台
23	潜水式污泥泵	Q=5m³/h，H=15m	2	台
24	膜组件	包括MBR膜、曝气装置等 MBR膜型号：KJ-ESMBR-S11	1	套
25	自吸泵	Q=4.5m³/h，H=25m	2	台

序号	名称	规格	数量	单位
26	次氯酸钠投加系统	计量泵0~500L/h，0.75kW，溶药罐1000L	1	套
27	活性炭过滤器	ø1000mm	2	台
28	次氯酸钠投加系统	计量泵0~10L/h，0.25kW，溶药罐500L	1	套
29	液位开关	0~6m	1	个
30	余氯检测仪	量程0~20mg/L	1	个
31	PH计		1	个
32	液位开关	0~6m	1	个
33	超声波流量计	0~10m³/h	1	个
34	反洗水泵	Q=40m³/h，H=30m	1	台
35	反洗水泵	Q=3m³/h，H=30m	1	台
36	污泥压滤泵	Q=3m³/h，H=60m	1	台
37	污泥脱水机	过滤面积A=10m²	1	台

进出水水质指标

序号	名称	进水/(mg/L)	出水/(mg/L)
1	COD	400	60
2	BOD	200	10
3	氨氮	50	15
4	SS	200	10
5	pH	6~9	6~9

图例

中水处理系统流程图

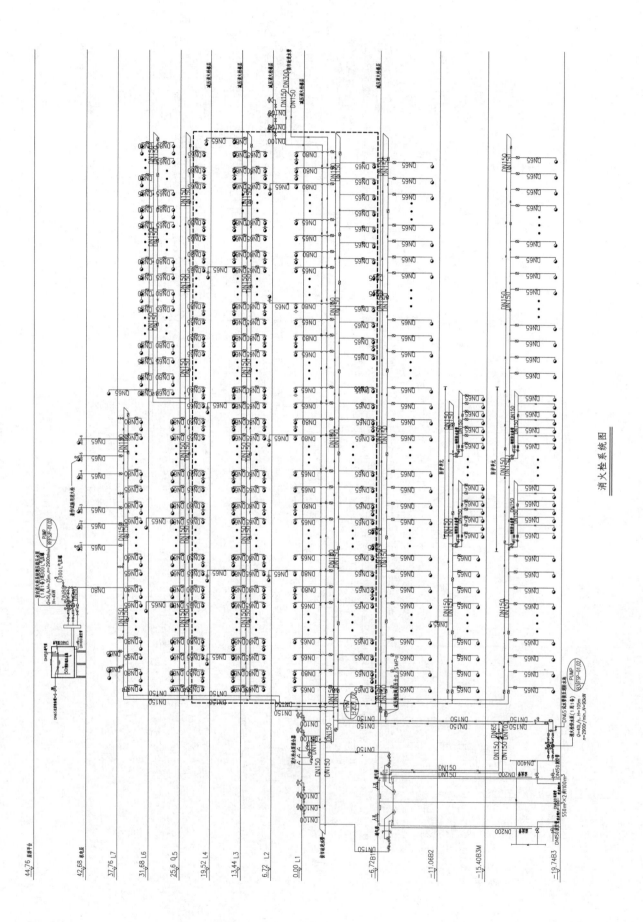

消火栓系统图

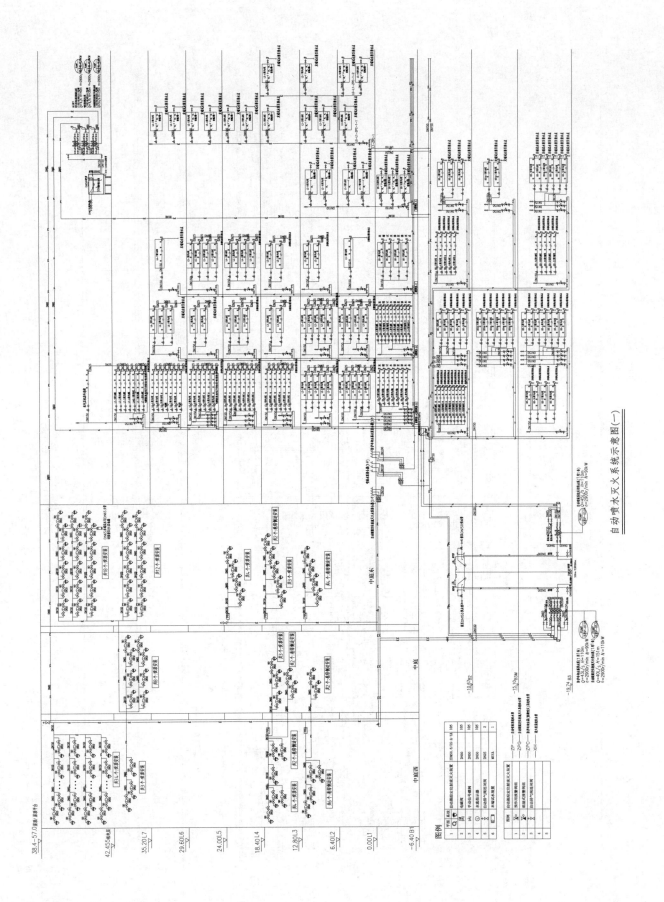

自动喷水灭火系统示意图（一）

自动喷水灭火系统示意图(二)

广州周大福金融中心（广州东塔）

设计单位： 广州市设计院集团有限公司
设 计 人： 赵力军　陈永平　甘兆麟　施俊　梁勇　胥小芸　李晓洁　王自勇
获奖情况： 公共建筑类　一等奖

工程概况：

一、场地概述

广州周大福金融中心（又称"广州东塔"）位于广州天河区珠江新城 CBD 中心地段，地块编号为 J2-1，J2-3。珠江新城总占地面积约 6.3 万 km²，集国际金融、贸易、商业、文化娱乐、行政和居住等功能设施于一体，是 21 世纪广州中心金融商务区，集中体现广州为国际都市形象的窗口。该项目西临珠江大道，北望花城大道，与对面已经建成的广州国际金融中心（又称"广州西塔"）一起形成双塔，分别位于新城市中轴线两侧，南面隔江对望新建的广州新电视塔，北面为天河体育中心，中信大厦及广州火车东站。该中心在地下层与公共轨道交通系统连接，并通过二层的人行天桥组成的交通网络与周围建筑相连。地块总用地面积约 2.65 万 m²。地块四边环路，分别为花城大道（北）、珠江大道东（西）、花城南路（南）及东侧新规划路。

二、工程设计规模及项目组成

该项目为集商业、办公、酒店、服务式酒店于同一幢建筑物内的多功能城市综合体，工程规模及组成见表 1。

工程规模及组成　　　　　　　　　　　　　　　　　　　　　表 1

项目占地	约 2.65 万 m²			
总建筑面积	约 50.77 万 m²，其中：地上约 40.35 万 m²；地下约 10.42 万 m²			
功能面积	商业	约 10.51 万 m²	酒店	约 7.19 万 m²
	办公	约 20.88 万 m²	其他	约 4.64 万 m²
	服务式酒店	约 7.25 万 m²	公共配套	约 0.3 万 m²
建筑层数	塔楼	地上 111 层、地下 5 层		
	裙楼	地上 8 层、地下 5 层		
建筑高度	塔楼屋面	518.35m	塔楼外墙最高点	530.00m
	裙楼屋面	50.85m	裙楼外墙最高点	72.00m

三、建筑功能分区及建筑分层布局

本项目的北侧为 8 层高的裙楼商业，里面设商店、餐饮、电影院等商业设施。南侧为 111 层高的塔楼。里面设酒店，服务式酒店，办公和其配套设施等。裙楼商业与塔楼利用一个玻璃中庭分隔开，里面设一个全天候举行活动的场所。其分层布局见表 2。

分层布局 表2

主塔楼		裙楼	
楼层	用途	楼层	用途
一百零九层～一百一十层	机电层	九层	设备用房 主塔楼:办公
一百零七层～一百零八层	酒店餐厅	八层	高档餐饮 主塔楼:办公/健身中心/水疗
九十六层～一百零六层	酒店客房	七层	高档餐饮/电影院 主塔楼:餐饮/健身中心
九十五层	酒店大堂、餐厅	六层	餐饮 主塔楼:设备用房/避难区/餐饮
九十四层	酒店健中心、泳池	五层	商业/餐饮/电影院 主塔楼:中式餐厅
九十三层	酒店水疗层	三层～四层	商业/餐饮 主塔楼:会议室/后勤/宴会厅
六十九层～七十八层, 八十层～九十一层	服务式酒店	二层	商业/邮政局/餐饮/办公大堂
六十八层	服务式酒店大堂	一层	商业/邮政局/酒店大堂/办公大堂/服务式酒店大堂
十层～二十二层, 二十四层～三十九层, 四十一层～五十五层, 五十七层～六十六层	办公层	地下一层	商业/餐饮/设备用房
二十三层,四十层, 五十六层,六十七层, 七十九层,九十二层	避难层/机电层	地下二层	商业/餐饮/后勤/设备用房/邮政局/停车库
		地下五层～地下三层	停车库/设备用房

工程说明:

一、给水排水系统

(一) 给水系统

1. 水源及给水系统简介

水源由市政自来水管网供给。市政给水管网最低保证压力为 0.20MPa。项目给水总管拟从花城南路及珠江大道东路市政供水管线各引入一根 DN350 给水总管,并于项目红线内呈环状管网布置,并在引入管处设置倒流防止器及计量总水表。市政进水处按用水性质设有商业用水总表,其中按功能分区,办公楼、酒店、服务式酒店均由商业总表后设分表,同时用水单位内部用水管段再设户表,如:消防贮水池进水管,各服务式酒店单元,所有厨房、洗衣房、游泳池、水疗中心、锅炉房、冷却塔补水、地库停车场地面冲洗及绿化用水等处均考虑设独立水表,以方便日后管理计量。出口接软管的冲洗水嘴与给水管道连接处设置真空破坏器。

考虑日后管理方便,商业、办公楼、服务式酒店、酒店、洗衣房均设置独立供水机房及供水设施。为满足 LEED 要求,减少本项目生活总用水量的 10%,商业部分卫生间冲厕采用以中水为主,自来水为辅的方式。

2. 冷水用水量设计参数

冷水用水量设计参数取值见表3。

冷水用水量设计参数取值 表3

用水区域	用者类型	用水量技术参数
酒店客房	顾客	1000L/(客房·d)，每客房按1.5人计，$K=2.5, h=24$
	员工	80L/(人·d)，人数按客人的10%计算，$K=2.5, h=24$
办公楼	租户	50L/(人·d)，$9m^2$/人，$K=1.5, h=8$
酒吧/咖啡厅	顾客	15L/人次，每日4人次，$4m^2$/人，$K=1.5, h=18$
	员工	15L/(人·d)，人数按一次顾客人数的10%计，$K=1.5, h=18$
宴会厅	顾客	50L/人次，每日2人次，$2.5m^2$/人，$K=1.5, h=10$
	员工	50L/(人·d)，人数按一次顾客人数的10%计，$K=1.5, h=10$
商场	顾客	8L/(m^2·d)，按面积计算，$K=1.5, h=12$
电影院	顾客	5L/人次，每日4人次，$2m^2$/人，$K=1.5, h=3$
水疗中心	顾客及员工	200L/人次，每日4人次，$6m^2$/人，$K=1.5, h=12$
桑拿	顾客及员工	200L/人次，每日4人次，$6m^2$/人，$K=1.5, h=12$
会议厅	顾客及员工	8L/(座位·次)，每日3人次，$2m^2$/人，$K=1.5, h=4$
中餐厅	顾客	50L/人次，每日4人次，$2.5m^2$/人，$K=1.5, h=12$
	员工	50L/(人·d)，人数按一次顾客人数的10%，$K=1.5, h=12$
健身中心	顾客及员工	50L/人次，每日4人次，$4m^2$/人，$K=1.5, h=12$
服务式酒店	顾客	1000L/(客房·d)，每客房按1.5人计，$K=2.5, h=24$
	员工	20L/(人·d)，人数按客人的10%计算，$K=2.5, h=24$
员工更衣室	员工	100L/(人·d)，按员工总人数，$K=1.5, h=12$
员工餐厅	员工	25L/(人·d)，按员工总人数计，$K=1.5, h=12$
绿化	—	2L/(m^2·d)，按面积计算，$K=1.0, h=8$
服务式酒店及酒店洗衣房	—	50L/kg干衣服，按干衣服重量数计，每床位每月120kg干衣服，$K=1.5, h=8$，每客房按1.5床计算
空调补水	—	按循环水流量1.0%计算
游泳池补水	—	按10%的泳池容积估算
车库冲洗用水	—	2L/(m^2·次)，按面积计算，$K=1.0, h=8$
未预见用水量	—	按用水量10%计算

3. 冷水用水量统计及贮存

该项目最高日用水量约为$5637m^3$，最大时用水量约为$745m^3$，为充分利用市政供水压力，车库部分用水均采用市政直接供给，其余部分则采用加压供给。冷水用水量及水箱贮水量见表4。

冷水用水量及水箱贮水量表 表4

部位	最高日用水量(m^3/d)	最大时用水量(m^3/h)	平均时用水量(m^3/h)	水箱容积计算参数	水箱计算贮水量(m^3)	水箱实际贮水量(m^3)
车库冲洗用水	85.5	10.7	10.7	—	—	—
地库商业及餐饮	437.7	55	36.47	25%	120	120
裙楼商业及餐饮	508.6	68	45.5	25%	140	140
办公楼	909	170	113	30%	300	300

续表

部位	最高日 用水量(m³/d)	最大时 用水量(m³/h)	平均时用水量 (m³/h)	水箱容积 计算参数	水箱计算 贮水量(m³)	水箱实际 贮水量(m³)
服务式酒店	495	51.5	20.6	100%	500	500
服务式酒店洗衣房	148	28	18.5	40%	65	65
酒店地库＋裙楼(餐饮、会议室、后勤等)	303	45.5	30.5	50%	167	167
酒店塔楼会所	281.5	35	25	50%	155	155
酒店客房	301	31.3	12.5	100%	300	300
酒店塔楼餐饮	108	13.1	8.7	50%	60	60
酒店洗衣房	90	17	11	40%	40	40
空调补水	1442.7	150.5	100.45	—	—	—
绿化及水景用水	14	1.42	1.42	—	—	—
项目总用水量	5637	745	478	—	—	—

酒店客房贮水量按酒店管理公司要求 1000L/(客房·d) 计算，酒店其余部分按其最高日用水量的 50% 计算，贮水量分别存于地库及各机电层的贮水池内；服务式酒店生活水池容积按 1000L/(客房·d) 计算，贮水量分别存于地库及各机电层的贮水池内；办公楼生活水池容积按最高日用水量的 30% 计算，贮水量分别存于地库及各机电层的贮水池内；商业部分的水池容积均按照相应部位冷水最高日用水量的 25% 计算，其生活水池设于地下五层；服务式酒店及酒店洗衣房按其最高日用水量的 40% 计算，其水池设于地下四层。空调补水池容积另由空调专业设计。本工程生活水池材质均采用混凝土内衬不锈钢，具体配置见表5。

生活水池配置表　　　　　　　　　　　　　　　　　　　表5

名称	水箱位置	水箱材料	实际存水量
办公楼贮水箱	地下四层	混凝土内衬不锈钢	130m³(分2格)
办公楼转输水箱	二十三层	混凝土内衬不锈钢	50m³(分2格)
办公楼转输水箱	三十九层	混凝土内衬不锈钢	60m³(分2格)
办公楼转输水箱	六十七层	混凝土内衬不锈钢	60m³(分2格)
服务式酒店储水箱	地下四层	混凝土内衬不锈钢	100m³(分2格)
服务式酒店转输水箱	二十三层	混凝土内衬不锈钢	100m³(分3格)
服务式酒店转输水箱	四十层	混凝土内衬不锈钢	100m³(分3格)
服务式酒店转输水箱	六十七层	混凝土内衬不锈钢	107m³(分3格)
服务式酒店转输水箱	九十二层	混凝土内衬不锈钢	100m³(分3格)
酒店贮水箱	地下四层	混凝土内衬不锈钢	167m³(分3格)
酒店转输水箱	二十三层	混凝土内衬不锈钢	105m³(分3格)
酒店转输水箱	四十层	混凝土内衬不锈钢	105m³(分3格)
酒店转输水箱	六十七层	混凝土内衬不锈钢	107m³(分3格)
酒店转输水箱	九十二层	混凝土内衬不锈钢	100m³(分3格)
酒店贮水水箱(客房)	一百一十层	混凝土内衬不锈钢	70m³(分3格)

续表

名称	水箱位置	水箱材料	实际存水量
酒店贮水水箱(餐饮)	一百一十层	混凝土内衬不锈钢	30m³(分2格)
商业生活贮水箱	地下四层	混凝土内衬不锈钢	260m³(分2格)
服务式酒店洗衣房贮水箱	地下四层	混凝土内衬不锈钢	65m³
酒店洗衣房贮水箱	地下四层	混凝土内衬不锈钢	45m³

4. 裙楼、办公楼生活给水系统

裙楼商场及地库给水系统按一个供水分区考虑，分区压力按 0.20～0.45MPa 设计，各用水点供水压力为 0.20MPa，超压部分采用可调试支管减压阀进行减压。为充分利用市政供水压力，地库车库部分采用市政压力直接供水。为保证地库商业部分不受市政水压及停水的影响，此部分及裙楼用水均采用变频加压供水供给，其中商业部分卫生间冲厕采用中水与自来水合用的方式。

办公楼竖向分为 12 个供水区域，分区压力按 0.20～0.45MPa 设计，各用水点供水压力为 0.20MPa，超压部分采用可调试支管减压阀进行减压。供水主机房设于地下四层，中间转输供水机房设于二十三层、四十层、六十七层。系统考虑采用分区串联供水的方式，即从地下四层办公楼贮水箱，经过转输水泵向各机电层中转水箱转输生活用水。由四十层、六十七层中转水箱服务区域的最顶 5 层采用变频加压设备供水，其余各楼层采用重力供水，超压的楼层采用减压阀减组压后供水。变频泵按用水区域的设计秒流量确定，扬程满足最不利点为 0.20MPa 的工作压力。另，由于生活用水需经过几重的转输，故在办公各分区供水主管上设置紫外线杀菌仪对生活水进行再消毒。办公楼生活给水系统压力分区见表 6。

办公楼生活给水系统压力分区 表6

分区	楼层	供水方式	分区	楼层	供水方式
1区	七层～十三层	二十三层高位水箱经减压阀组减压供水	7区	四十一层～四十二层	六十七层高位水箱经减压阀组串联减压供水(预留餐饮功能)
2区	十四层～十九层	二十三层高位水箱重力供水	8区	四十三层～四十七层	六十七层高位水箱经减压阀组串联减压供水
3区	二十层～二十二层	四十层高位水箱经减压阀组减压供水	9区	四十八层～五十一层	六十七层高位水箱经减压阀组串联减压供水
4区	二十四层～二十九层	四十层高位水箱经减压阀组减压供水	10区	五十二层～五十五层	六十七层高位水箱经减压阀组减压供水
5区	三十层～三十四层	四十层高位水箱重力供水	11区	五十七层～六十一层	六十七层高位水箱重力供水
6区	三十五层～三十九层	四十层高位水箱经变频泵组加压供水	12区	六十二层～六十六层	六十七层高位水箱经变频泵组加压供水

5. 服务式酒店生活给水系统

服务式酒店竖向分为 4 个供水区域。分区压力按 0.20～0.45MPa 设计。服务式酒店供水主机房设于地下四层，中间转输供水机房设于二十三层、四十层、六十七层、九十二层。系统采用分区、串联供水方式，即从地下四层服务式酒店贮水箱，经转输水泵向各机电层中转水箱转输生活用水。九十二层高位水箱服务区域的最顶 6 层采用变频加压设备供水，其余各楼层采用重力供水，超压的楼层采用减压阀组减压后供水。变频加压供水设备按 3 台主泵＋1 台副泵配置。为保证水质，市政自来水先经过精密过滤器进行净化处理，使生活用水在细菌学、生物学、放射学、化学上等满足 WHO 标准后再储入生活水池。另外，由于生活用水需经过几重的转输，故在服务式酒店各分区供水主管上设置紫外线杀菌仪对生活水再进行消毒。服务式酒店及酒店生活给水系统压力分区见表7。

服务式酒店及酒店生活给水系统压力分区 　　　　　　表7

服务式酒店			酒店塔楼		
分区	楼层	供水方式	分区	楼层	供水方式
1区	六十八层～七十二层	九十二层高位水箱经减压阀组减压供水	1区	九十三层～九十五层	九十二层高位水箱经变频泵组加压供水
2区	七十三层～七十八层	九十二层高位水箱经减压阀组减压供水	2区	九十六层～一百零一层	一百一十层夹层高位水箱经减压阀组减压供水
3区	八十层～八十五层	九十二层高位水箱重力供水	3区	一百零二层～一百零六层	一百一十层夹层高位水箱经变频泵组加压供水
4区	八十六层～九十一层	九十二层高位水箱经变频泵组加压供水	4区	一百零七层～一百零八层	一百一十层夹层高位水箱经变频泵组加压供水

6. 酒店生活给水系统

酒店地库及裙楼均采用变频加压供水，供水点压力按 0.20～0.45MPa 设计，超压的楼层采用减压阀组减压后供水。酒店塔楼竖向分为 4 个供水区域。酒店客房分区压力按 0.20～0.45MPa 设计，酒店餐饮及休闲场所分区压力按 0.20～0.45MPa 设计，考虑客用水及餐饮休闲场所用水互不干扰，故按独立的管路供水。系统采用水泵、水箱联合供水的方式，即地下四层为酒店总贮水箱，中间转输供水机房设于二十三层、四十层、六十八层、九十二层、一百一十一层。经过转输水泵向各机电层中转水箱转输生活用水。一百一十层夹层高位水箱服务区域的最顶 5 层采用变频加压设备供水，其余各楼层采用重力供水，超压的楼层采用减压阀组减压后供水。酒店变频加压供水设备按 3 台主泵＋1 台副泵配置。为保证水质，市政自来水须先经过精密过滤器进行净化处理，使生活用水在细菌学、生物学、放射学、化学上等满足 WHO 标准后贮入生活水池。另外，由于生活用水需经过几重的转输，故在酒店各分区供水主管上设置紫外线杀菌仪对生活水再进行消毒。酒店生活给水系统压力分区见表7。

7. 洗衣房给水系统

服务式酒店及酒店分别设置一套独立供水系统，包括贮水池、加压供水设备及换热设备。为满足酒店对洗衣用水的要求，洗衣用水先经软化水装置处理后再贮入贮水池。

8. 空调补水系统

空调系统按功能分为：办公＋裙楼、服务式酒店＋酒店两部分，办公＋裙楼设有冷却水补水池于地下三层，冷却塔设在九层屋面，由空调专业负责提供水源；服务式酒店与酒店合用一冷却水池，水池设于一百零九层，由服务式酒店供水系统供给。补水管与各冷却水池之间设置倒流防止器，并设置计量水表。

9. 绿化供水系统

本项目室外绿化用水主要由中水系统供给，自来水作辅助。中水由供水设备供至各区绿化的预留给水点；塔楼部分绿化由各管理区自来水供给，给水点后的接驳由园林专业负责。

10. 生活冷水系统管材、接口方式

本项目服务式酒店及酒店部分冷、热水主供水管采用铜管，焊接连接；其余的室内部分冷水管采用薄壁不锈钢管材，卡箍、卡压、环压、法兰连接；室外埋地给水管采用球墨铸铁管，压力承插式橡胶圈柔性接口。

(二) 热水系统

1. 热水用水量设计参数

热水用水量设计参数取值见表8。

热水用水量设计参数取值 表8

用水区域	用水类型	用水量技术参数
酒店客房	顾客	400L/(客房·日)，每客房按1.5人计，$K=3.33$，$h=24$
	员工	50L/(人·d)，按顾客人数10%，$K=2.5$，$h=24$
服务式酒店	顾客	400L/(客房·日)，每客房按1.5人计，$K=3.80$，$h=24$
	员工	50L/(人·d)，按顾客人数10%，$K=2.5$，$h=24$
酒吧/咖啡厅	顾客	8L/人次，每日4人次，4m²/人，$K=1.5$，$h=18$
	员工	8L/(人·d)，人数按一次顾客人数的10%计，$K=1.5$，$h=18$
宴会厅	顾客	15L/人次，每日2人次，2.5m²/人，$K=1.5$，$h=10$
	员工	15L/(人·d)，人数按一次顾客人数的10%计，$K=1.5$，$h=10$
会议厅	顾客及员工	3L/(座位·次)，每日3人，2m²/人，$K=1.5$，$h=4$
水疗中心	顾客及员工	100L/人次，每日4人次，6m²/人，$K=1.5$，$h=12$
健身中心	顾客及员工	25L/人次，每日4人次，4m²/人，$K=1.5$，$h=12$
中餐厅	顾客	15L/人次，每日4人次，2.5m²/人，$K=1.5$，$h=12$
	员工	15L/(人·d)，人数按一次顾客人数的10%计，$K=1.5$，$h=12$
桑拿	顾客及员工	100L/人次，每日4人次，6m²/人，$K=1.5$，$h=12$
员工更衣室	员工	50L/(人·d)，按员工总人数计，$K=1.5$，$h=12$
员工餐厅	员工	10L/(人·d)，按员工总人数计，$K=1.5$，$h=12$
洗衣房		20L/kg干衣服，按干衣服重量数计，每床位每月120kg干衣服，$K=1.5$，$h=8$，每客房按1.5床计算
未预见用水量		按用水量10%计算

注：本项目仅针对使用中央热水区域酒店及服务式酒店做计算，其他区域不做统计。

2. 用水量统计及热负荷计算

热负荷计算参数如下：

(1) 热水设计温度：60℃；

(2) 洗衣房热水设计温度：74℃；

(3) 冷水设计温度：10℃；

(4) 水的比热 (c)：4.187kJ/(kg·℃)；

(5) 热水密度：0.983kg/L。

服务式酒店及酒店的热水用水量、热负荷统计见表9。

服务式酒店及酒店的热水用水量、热负荷统计 表9

热水部位	最高日用水量（m³/d）	最大时用水量（m³/h）	平均时用水量（m³/h）	最大小时耗热量（kW）
服务式酒店				
客房	198.5	31.8	8.3	1818

续表

热水部位	最高日用水量 （m³/d）	最大时用水量 （m³/h）	平均时用水量 （m³/h）	最大小时耗热量 （kW）
洗衣房	60	11	7.4	813
未预见用水量（按10%）	26	4.3	1.6	263
总量	284.5	47	17.3	2894
酒店				
客房	120.6	16.7	5	955.6
塔楼会所＋餐饮	158	19.5	13	1118.5
酒店裙楼	99	15	10	860.6
洗衣房	36	6.8	4.5	494
未预见用水量（按10%）	41.5	5.8	3.25	343
总量	455	64	35.8	3772

3. 热水系统

服务式酒店及酒店区域生活热水系统采用集中式热水供应系统，系统配有热水锅炉、导流型容积式换热器。热媒采用蒸汽，生活热水供/回水温度均按60℃/55℃设定，洗衣房供/回水温度均按74℃/69℃设定。为满足管网压力平衡之要求，热水系统分区与冷水系统分区一致，水源接自同区生活给水系统。服务式酒店热水实行水表分户计量，以方便日后管理。办公楼公共卫生间热水由即热式热水器提供。商场内厨房生活热水考虑由电热水器提供，热水器由租户提供；卫生间热水由即热式洗手热水器提供。

4. 热交换器选型

本项目选用倒流型容积式汽-水换热加热器，按规范要求，酒店裙楼及塔楼（客房除外）部分的加热器按最大小时耗热量及0.5h的贮水量进行计算并选型，而酒店客房及服务式酒店部分则按酒店设计标准要求的每客房贮水量不少于60L作为选型。各用水部分的换热器均按不少于3组设备选型，且每组设备均能满足最大时耗热量的50%。选型见表10。

换热器选型表　　　　　　　　　　　　　　　　　　　　　　　　表10

热水部位	设计总储水容积 （L）	换热罐个数	实际总储水容积 （L）	实际总传热面积 （m²）
服务式酒店客房（1区）	6060	3	7320	17.7
服务式酒店客房（2区）	7740	3	8820	17.7
服务式酒店客房（3区）	7920	3	8820	17.7
服务式酒店客房（4区）	7920	3	8820	17.7
酒店地库＋裙楼（餐饮、会议室、后勤等）	14031	3	14700	21.9
洗衣房（酒店）	6370	3	7320	17.7
洗衣房（服务式酒店）	10490	3	11790	21.9
酒店客房（1区）	9000	3	10290	21.9
酒店客房（2区）	9000	3	10290	21.9
塔楼酒店餐饮	3035	3	4320	17.7
塔楼酒店会所	10770	3	13290	21.9

5. 生活冷、热水系统管材及接口方式

本项目服务式酒店及酒店部分冷、热水主供水管均采用铜管，焊接连接；其余的室内部分热水管均采用薄壁不锈钢管材，卡箍、卡压、法兰连接；热水管及热水回水管外加橡塑泡绵做保温处理。

（三）排水系统

1. 污/废水排放系统

（1）系统概况

服务式酒店及酒店室内排水系统采用污废分流制，其余部位采用污废合流制，最高日污/废水排放量按最高日用水量的 90% 估算（空调、绿化用水除外）。根据"广州市排水中心"的咨询建议，生活污水不经过化粪池处理而与生活废水一起直接排入市政排水管网送至附近市政污水处理厂。市政排水接口前设置水质检测井。整个排水系统采用以重力流排放为主，压力流排放为辅的联合排水方式。酒店客房及服务式酒店卫生间大便器设置洁具通气管，其他洁具装设防虹吸式隔气或再封式隔气存水弯，各公共卫生间设置环形通气管。污/废水管立管隔层分别与主透气管连接。

（2）含油废水处理

酒店塔楼的餐饮厨房废水先经各个厨房操作台下设置的简易隔渣除油处理，再统一收集至九十二层的隔油器处理后再由重力排水排入市政污水管网；酒店裙楼及商业部分餐饮厨房废水亦先经各个厨房操作台下设置的简易隔渣除油处理，再统一收集至地库的隔油器进行处理后再通过压力排水排入市政污水管网。停车库地面排水以集水井汇合收集后直接泵送至室外污水管网。

（3）办公楼租户茶水间排水

考虑办公楼租户茶水间位置、布局及配置不确定，设计在每层办公楼顶棚内预留一条专用的排水横管，租户可在洗涤盆下自行安装一个小型的污水泵，污水可通过污水泵排至此专用排水横管内。

（4）管材及接口方式

室内污、废水管采用柔性接口离心铸铁排水管，柔性连接；室外排水管采用双壁波纹管或混凝土管。

2. 雨水排水系统

（1）系统概况

雨水塔楼采用重力流雨水排水系统，裙楼部分采用虹吸雨水排水系统，雨水经雨水斗、雨水管网、检查井等排入市政雨水管网。地下停车库出入口车道起端及末端加设雨水截水沟，并根据实际情况直接排入雨水检查井或设集水井及潜水泵排放雨水。雨水采用 5min 降雨历时设计，屋面雨水排放系统采用 100 年重现期设计，暴雨强度为 $5.83L/(s \cdot 100m^2)$；室外路面雨水排放系统采用 5 年重现期设计，暴雨强度为 $4.77L/(s/100m^2)$，整个项目的设计总雨水量为 3486L/s，在室外分东、西 2 条主雨水干管排放至市政预留的雨水排放接入口。

（2）管材及连接方式

室内塔楼雨水管采用球墨铸铁管，压力承插式橡胶圈柔性接口连接；室内裙楼雨水管采用柔性接口离心铸铁排水管，卡箍连接。室外排水管采用双壁波纹管或混凝土管。

3. 中水回用系统

（1）系统概况

本项目按 LEED 要求需减少项目总生活用水量的 10% 及绿化灌溉用水量的 100%。为满足此要求，本项目设计收集服务式酒店部分及酒店部分排放的优质废水（洗手盆及淋浴的排水）经处理后回用于商业部分的卫生间冲厕。废水调节池设置在地下五层，废水经格栅隔渣后，进入调节池，然后经提升泵进入一体式中水回用设备进行生化处理，该装置分酸化水解池、膜-生物反应池两部分，废水先进入酸化水解池，再溢流入膜-生物反应池，生化后的废水通过膜分离系统进行固液分离，再经消毒后进入清水池贮存，最后加压送至中水供水管网。

（2）中水系统相关设计数据

中水系统相关设计数据见表11。

中水系统相关设计数据　　　　　　　　表 11

场所	生活水量（m³/d）	需减少10％自来水用量（m³/d）	绿化灌溉量（m³/d）	冲厕所需水量（m³/d）	收集废水量（客房）（m³/d）
商业	1032	103	—	361.2	—
办公楼	910	91			
服务式酒店	495	49.5			272.5
服务式酒店洗衣房	148	14.8			
酒店	1000	97.5			165
酒店洗衣房	90	9			
总项目	3675	367.5	14	361.2	437

由表11中数据分析得出，中水冲厕需要用水 361.2m³/d，绿化灌溉需要用水 14m³/d。服务式酒店及酒店客房的优质废水的收集量可达到 437m³/d，可满足中水的回用量。考虑中水处理设备可能存在故障的可能，为保证用水的安全性，在清水池同时接入自来水补水管，共同作为商业冲厕用。中水系统原水水池容积 140m³，清水池容积 100m³。

（3）中水处理工艺流程图

1）本系统主体工艺采用格栅/集水池＋A/O＋MBR＋过滤消毒的工艺路线；

2）具体工艺流程框图如图1所示。

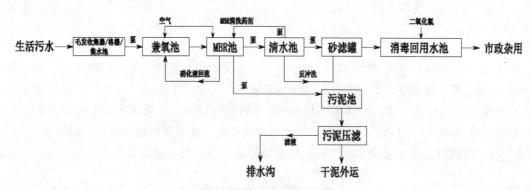

图1　中水处理工艺流程图

（4）管材及连接方式

中水回用系统管道采用钢塑复合管，丝扣和沟槽管件连接。

4. 游泳池循环过滤系统及水景过滤系统

（1）游泳池、按摩池循环过滤系统

本项目设置有标准泳池、儿童池、按摩池，分别设置独立的循环过滤系统。其中标准池、儿童池采用逆流式循环，按摩池采用顺流式循环。游泳池循环系统包括过滤和消毒处理等装置。经细格栅去除毛发等污物，注入明矾，以增强凝聚力及过滤效果，再经高速压力式砂滤器过滤，然后转入臭氧接触缸作氧化消毒，再经活性炭滤器过滤，池水已基本完全消毒及过滤，再注入适量次氯酸钠以维持处理后池水的消毒能力。游泳池及按摩池回水及排水口处应安装防漩涡、堵塞等装置，排水口的数量不应小于 2 个且间距不小于 900mm。按摩池在池边安装手动紧急关泵开关、应急电话及相应安全标识。

标准池恒温温度按 26～28℃设计，按摩池恒温温度按 40℃设计，池水由锅炉提供蒸汽热源，经过热交换器进行换热。泳池设计供热量约 100kW。泳池专用除湿热泵具有余热回收功能，用于泳池池水的预热。当池水加热达到设定温度后，多余的热量将通过热泵自带风冷冷凝器排放到大气中。游泳池及按摩池相关设计参数见表 12。

游泳池及按摩池相关设计参数　　　　　　　　　　　　表 12

类型	容积 （m³）	补水量（m³）	循环周期 （h）	循环次数 （次/d）	循环水流量 （m³/h）	设计温度 （℃）
标准泳池	300	30	6	4	52.5	28
按摩池	20	1	0.3	80	70	40
儿童池	20	3	2	12	10.5	28

（2）水景过滤系统

本项目室外水景为造型水景，水景的循环周期为 2d，补水量约为循环流量的 3%。水景水通过设于池底的回水口取水，池水经过循环泵进入砂缸进行过滤，过滤后的水再通过给水管道送回水景池。过滤砂缸选用带反冲洗功能的，以便定期对砂缸的滤料进行清洗，保证水景的水质。

（3）管材及连接方式

游泳池、按摩池循环过滤系统管道采用 PVC-U 给水管，粘接；恒温游泳池、按摩池的热媒管和水景过滤系统管道采用薄壁不锈钢管，承插氩弧焊焊接。

二、消防系统

（一）消防给水系统设计

1. 消防用水量

该工程的消防用水量统计见表 13。

消防用水量统计表　　　　　　　　　　　　表 13

系统名称	用水量（L/s）	火灾延续时间（h）	总用水量（m³）	供水方式
室外消火栓系统	30	3	324	市政管网
室内消火栓系统	40	3	432	消防水池
自动喷水灭火系统	35	1	126	消防水池
地下汽车库自动喷水＋泡沫联用系统	52	1	187.2	消防水池
水喷雾系统	25	0.5	45	消防水池
大空间智能型主动喷水灭火系统	45	1	162	消防水池
自动喷水冷却系统	26.25	2	189	消防水池
低倍数泡沫灭火系统	4	1	14.4	消防水池
一次火灾最大用水量（m³）			971	

2. 消防水池、水箱设置

该工程的消防水池、水箱设置见表 14。

消防水池、水箱设置　　　　　　　　　　　表 14

楼层	功能	水池(箱)容积(m³)	分格数
一百零九层	屋顶消防水池	720	2
九层、二十三层、二十七层、四十层、五十六层、六十七层、七十九层、九十三层	减压消防水池	72	2
二十三层、四十层、六十七层、九十二层	转输消防水池	149	2
地下五层	地下消防补水水池	294	2
消防贮存总用水量(m³)		1224	

3. 消防水泵设置

该工程的消防水泵设置见表 15。

消防水泵设置　　　　　　　　　　　　表 15

楼层	功能	水泵台数	工作台数
一百零九层	消火栓加压泵(＋稳压泵组)	主泵 2	1 用 1 备
一百零九层	喷淋加压泵(＋稳压泵组)	主泵 2	1 用 1 备
二十三层、四十层、六十七层、九十二层	转输水泵	3	2 用 1 备
地下五层	转输水泵	3	2 用 1 备

4. 消火栓系统

消火栓给水系统采用常高压＋临时高压给水方式,竖向共为分为 10 个区,各分区消火栓栓口静压不超过 1.0MPa,栓口工作压力大于 0.5MPa 时设减压稳压消火栓。消防车保护高度内的供水分区均设置消防水泵接合器,在首层设置用于高区转输供水的消防水泵接合器,超过消防车保护高度的供水分区设置手抬泵接口。消火栓给水系统的分区及供水方式详见表 16。

消火栓给水系统的分区及供水方式　　　　　　　　　　　表 16

系统	楼层	供水方式
室外消火栓系统		2 路市政进水管形成环状管网供水
室内消火栓系统	一百零二层～一百一十一层	临时高压系统,由一百零九层屋顶消防水池、喷淋加压泵(＋稳压泵组)供水
室内消火栓系统	地下五层～一百零一层	常高压系统,由屋顶消防水池、减压消防水池供水。由地下消防补水水池、水泵接合器、消防加压水泵、转输消防水池、消防转输水泵联合持续供水

5. 自动喷水灭火系统

（1）设置原则

设置原则:3.00h 特级防火卷帘不设水幕冷却保护;超过 12m 中庭、门厅及避难间采用大空间智能型主动喷水灭火系统;8～12m 中庭、门厅按非仓库类高大净空场所设计,喷水强度为 6L/(min·m²),作用面积为 260m²;自动扶梯下方设置喷淋系统;其他按中危险级 Ⅱ 级设计,喷水强度为 8L/(min·m²),作用面积为 160m²;锅炉房采用水喷雾系统;地下车库设置自动喷水-泡沫联用系统;裙楼内街准安全区设冷却水幕保护。除公共娱乐场所、中庭环廊、超出水泵接合器供水高度的楼层、地下商业及仓储用房采用快速响应喷头外,其余采用标准喷头。消防车保护高度内的供水分区均设置消防水泵接合器,在首层设置用于高区转输供水的消防水泵接合器,超过消防车保护高度的供水分区设置手抬泵接口。

（2）系统供水方式及分区

自动喷水灭火系统按报警阀及配水管道工作压力不超过 1.2MPa 分为 10 个区，各种自动喷水灭火系统供水方式见表 17。

各种自动喷水灭火系统供水方式

表 17

系统	楼层	供水方式
自动喷水灭火系统	一百层～一百一十一层	临时高压，由一百零九层消防水池、喷淋加压泵（＋稳压泵组）供水
	八十三层～九十九层	常高压，一百零九层消防水池重力供水
	六十七层～八十二层	常高压，九十三层减压水池重力供水
	五十六层～六十六层	常高压，七十九层减压水池重力供水
	四十六层～五十五层	常高压，六七层减压水池重力供水
	三十三层～四十五层	常高压，五十六层减压水池重力供水
	十九层～三十二层	常高压，四十层减压水池重力供水
	一层～五层	常高压，二十三层减压水池重力供水
	地下五层～地下一层	常高压，九层减压水池重力供水
自动喷水-泡沫联用系统	地下车库	常高压，减压水池供水
水喷雾系统	锅炉房	常高压，减压水池供水
大空间智能型主动喷水灭火系统	裙楼内街、避难层	常高压，减压水池供水
自动喷水冷却系统	裙楼内街	常高压，减压水池供水

（3）裙楼内街准安全区冷却水幕设置

主楼和北侧裙房之间设置了一条贯穿东西的通道，通道 $L=75m$，$W=16\sim24m$，$H=31m$。在环廊及店铺之间设置了厚度不小于 12mm 钢化玻璃分隔及冷却水幕保护。冷却水幕保护长度按沿街最长玻璃铺面的 1.5 倍且不小于 30m 确定，持续喷水时间 2h，采用 $RTI=50$ $(m\cdot s)^{1/2}$ 的边墙型快速响应喷头。喷头安装在店铺内侧。系统采用独立的管网及水泵接合器。钢化玻璃自动喷水冷却系统下方设置排水系统，确保其作用时及时排水，其水流不影响消防扑救。

（4）大空间智能型主动喷水灭火系统

在空间净高超过 8m 的裙楼内街、避难层配置标准型自动扫描射水高空水炮灭火装置，标准射水流量为 5L/s，保护半径为 20m，灭火装置压力为 0.6MPa，安装高度为 6～20m，进水口径为 25mm。该系统与自动喷水灭火系统合用消防供水系统，设计危险等级为中危险级 Ⅱ 级；灭火装置内置摄像头，需设置现场控制箱，现场控制箱应具备手动遥控功能，遥控功能包括：水炮上下左右旋转、启动电磁阀、启动水泵、强制启动水炮定位、控制箱自检、手/自动状态切换、复位、紧急停止等。

水炮具有激光定位检测功能，可在水炮不喷水的情况下验证水炮的定位精度，方便调试与日后维护。具有视频辅助定位功能，可通过炮体内置的摄像头和控制室的"视频管理系统"实现远程人工手动控制及火情确认。可以通过"视频管理系统"或现场控制箱进行自/手动控制。自动状态下，水炮完成定位后，发出报警信号，联动电磁阀、水泵等配套设备喷水灭火，火灾扑灭后自动关闭电磁阀，水泵。如有复燃，重复所有动作。手动状态下，水炮完成定位后，发出报警信号，此时需通过现场手动控制箱或水炮内置摄像头传输到消防中心的现场画面确认火情，人工打开电磁阀、水泵等配套设备喷水灭火，同时可以对装置进行水平、垂直调整以及复位等操作。该技术的应用，使得在火势可以人为控制的情况下，避免喷水对现场贵重物品的破坏。水炮内配备电源、通信防雷模块，以有效避免雷击对产品的破坏，提高产品的可靠性。

（5）管材及连接方式

消防给水管道根据不同的压力等级分别选用内外热镀锌普通焊接钢管（压力等级 1.2MPa 及以下）、内外热镀锌加厚焊接钢管（压力等级大于 1.2～1.6MPa）或内外热镀锌无缝钢管（压力等级大于 1.6MPa）。

（二）消防灭火设备设计

1. 移动式灭火器设置

本建筑按严重危险级配置灭火器。车库、厨房的火灾种类为 A、B 类，电气用房和设备房为 A、E 类，其余部位的火灾种类为 A 类。根据《建筑灭火器配置设计规范》GB 50140—2005 的要求，各层均设置手提式磷酸铵盐干粉灭火器（MF/ABC5 型）。灭火器与消火栓采用组合箱，部分区域独立设置灭火器箱。

2. 厨房自动灭火系统

排油烟罩（包括罩口 2～3m 的排油烟管内）、烹饪部位（油锅、灶台及 0.5m 范围空间）设置厨房自动灭火系统，自动灭火系统能自动实施探测、灭火、联动切断燃料供应。烹饪部位同时设有自动喷水灭火系统。

3. 气体灭火系统

设置原则：弱电房、电器房、消防控制中心不设；高低压变配电房、通信机房、电子计算机房、高压开关配电室设管网式七氟丙烷气体灭火系统；电梯机房、日用油箱间及卫星天线房设悬挂式气体灭火装置。

设计参数：高低压变配电房、开关房、发电机房储油间的灭火设计浓度为 9%，灭火剂喷放时间小于或等于 10s，浸渍时间大于 5min。其余弱电机房的灭火设计浓度为 8%，灭火剂喷放时间小于或等于 8s，浸渍时间大于 5min。

系统控制：悬挂式气体灭火装置设置自动控制、手动控制 2 种控制方式，并设置自动与手动转换装置；管网式气体灭火系统设置自动控制、手动控制和机械应急操作 3 种控制方式。

4. 低倍数泡沫灭火系统

地下储油罐油泵房设置低倍数泡沫灭火系统，具体设计详见附图。

三、工程特点介绍

1. 本项目分设各自独立的商业、办公、服务式酒店和酒店生活冷热水给水系统，方便不同的物业公司进行管理，符合当前物业管理模式，可减少楼宇管理纠纷。

2. 生活给水系统采用重力供水方式，有利于用水点的水压稳定，特别是对于高星级酒店的淋浴用水非常重要，解决了淋浴龙头冷热水水压不平衡造成的水温忽冷忽热情况。

3. 本项目酒店热水系统采用余热回收＋蒸汽锅炉的加热方式，可减少能耗，开业以来酒店方对该系统的节能效果表示满意。

4. 酒店塔楼的餐饮厨房废水先在各个厨房操作台下做隔渣除油处理，再收集至地库的隔油器进行处理后通过提升排入市政污水管网，可以有效避免管道堵塞和结油。目前餐饮排水系统运行良好。

5. 本项目按国际 LEED 要求设计，全部用水器具均采用用水效率满足 LEED 认证要求的节水器具；采用以下节水措施：公共卫生间的洗手盆均采用感应龙头，小便器均采用感应冲洗阀；绿化、景观、道路冲洗用水和裙楼商业卫生间冲厕用水均采用中水系统和雨水回用系统供水，各用水点均设置远传水表计量，选用防漏效果好的给水排水管材。本项目已获得国际 LEED 认证，验收至今，节水效果明显。

6. 酒店和服务式酒店冲厕用水采用与其他生活用水分开设置方式，有利于节约用水，同时可避免管道的水质污染。

7. 本建筑的消防给水采用常高压重力供水系统，屋面设一个 720m³ 消防水池，在停电情况下也能确保整个大楼的消防供水安全，比常规采用的临时高压给水系统具有更高的供水安全性。现行消防标准已要求大于 250m 的超高层建筑消防给水必须采用常高压重力供水系统，说明本项目的消防给水系统设计具有前瞻性。

8. 本项目除消防给水系统外，还设置了地下车库自动喷水-泡沫联用系统、气体灭火系统、大空间智能型主动喷水灭火系统、水喷雾灭火系统、自动喷水冷却灭火系统、低倍数泡沫灭火系统、各层强弱电间和电梯机房悬挂式超细干粉灭火装置、移动式灭火器和厨房设备灭火装置，有效提高了整个项目的消防安全。

9. 本项目在给水排水和消防管道材料的选择上，充分考虑了超高层建筑的超高压力问题，所选管材完全能满足各系统的工作压力，验收至今没有发生爆管和漏水现象。

10. 本项目的塔楼屋面雨水排水系统没有采用分段减压的方式，而是选用承压超 3.0MPa 的给水铸铁管，同时在首层雨水排水立管上设置压力监测报警系统，以防止雨水管在底层堵塞造成管道承压超载的问题，验收至今，没有发生报警的情况。现行规范也明确了超高层建筑的屋面雨水排水无需分段减压，只要确保管材承压即可，说明本项目的雨水排水系统设计具有前瞻性。

11. 本项目 DN65 以上的消防给水管道设置了抗震支吊架，是广州地区首个在超高层建筑中采用抗震支吊架的项目，给消防供水安全提供了有力保障。

四、工程照片及附图

地下五层中水机房

地下五层消防水泵和泡沫罐设备房（一）

地下五层消防水泵和泡沫罐设备房（二）

地下四层酒店生活水泵房

地下四层隔油和污水提升间

地下一层蒸汽锅炉房

九十二层减压水箱间

一百零九层消防水泵房

商场中庭大空间水炮（一）　　　　　　　　　　商场中庭大空间水炮（二）

消防给水管抗震支架

屋面虹吸雨水排水斗

东塔实景图

东塔效果图

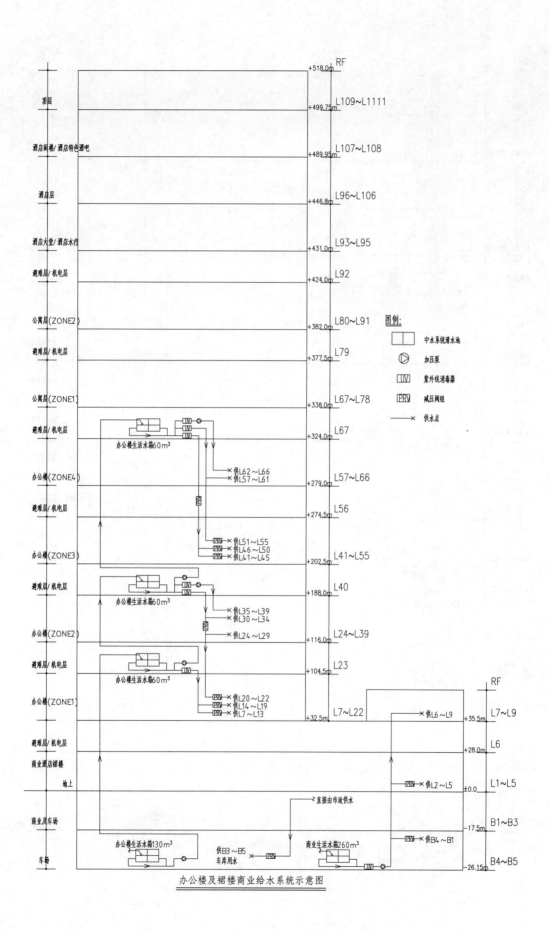

办公楼及裙楼商业给水系统示意图

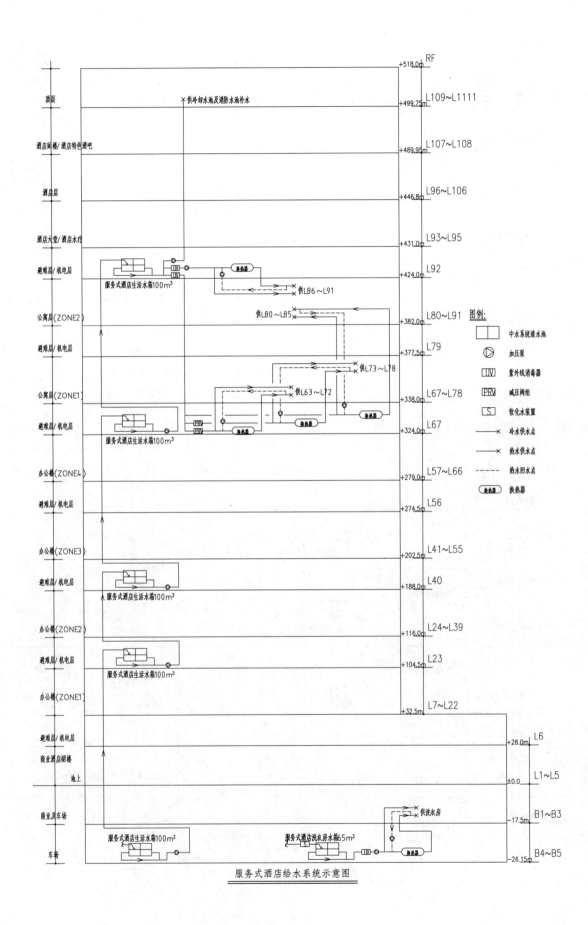

服务式酒店给水系统示意图

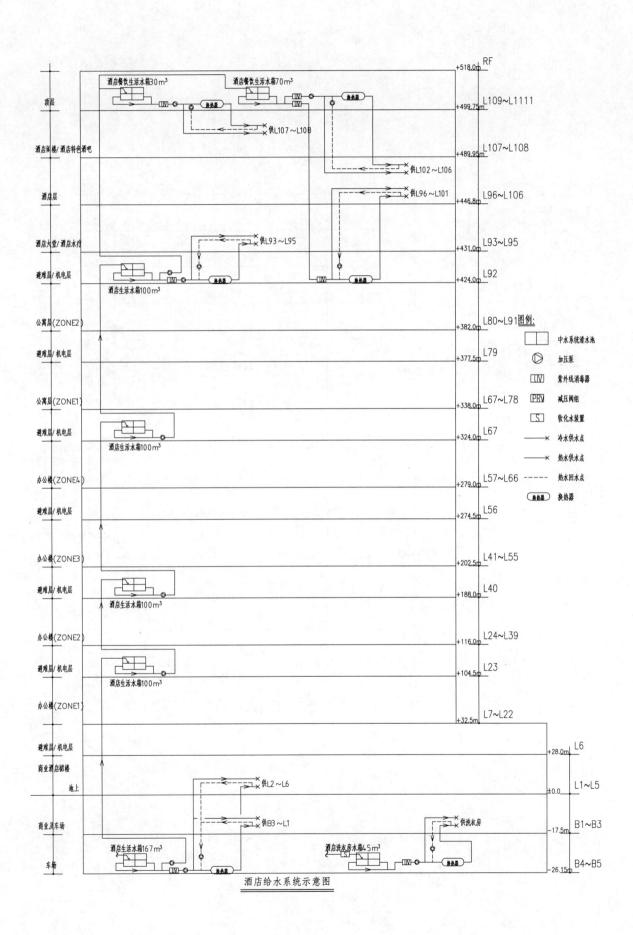

酒店给水系统示意图

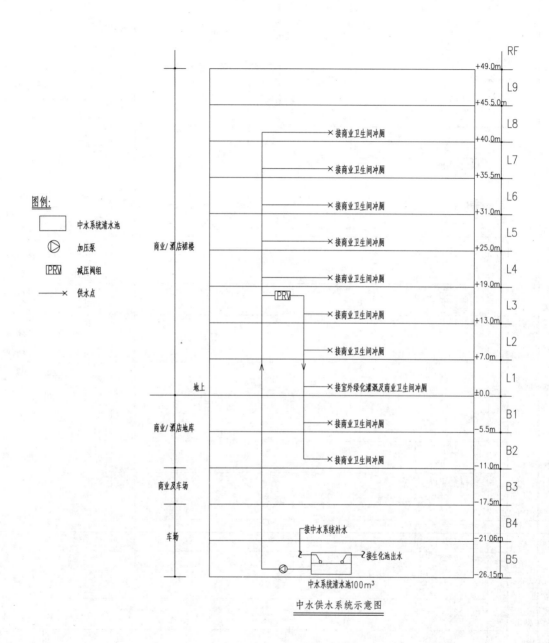

图例:

☐ 中水系统清水池

🔺 加压泵

PRV 减压阀组

——✕ 供水点

RF +49.0m

L9 +45.5m

L8 ——✕ 接商业卫生间冲厕 +40.0m

L7 ——✕ 接商业卫生间冲厕 +35.5m

L6 ——✕ 接商业卫生间冲厕 +31.0m

L5 ——✕ 接商业卫生间冲厕 +25.0m

L4 ——✕ 接商业卫生间冲厕 +19.0m

商业/酒店裙楼

PRV

L3 ——✕ 接商业卫生间冲厕 +13.0m

L2 ——✕ 接商业卫生间冲厕 +7.0m

地上

L1 ——✕ 接室外绿化灌溉及商业卫生间冲厕 ±0.0m

商业/酒店地库

B1 ——✕ 接商业卫生间冲厕 -5.5m

B2 ——✕ 接商业卫生间冲厕 -11.0m

商业及车场

B3 -17.5m

B4 -21.06m

车场 接中水系统补水

接生化池出水

B5 -26.15m

中水系统清水池100m³

中水供水系统示意图

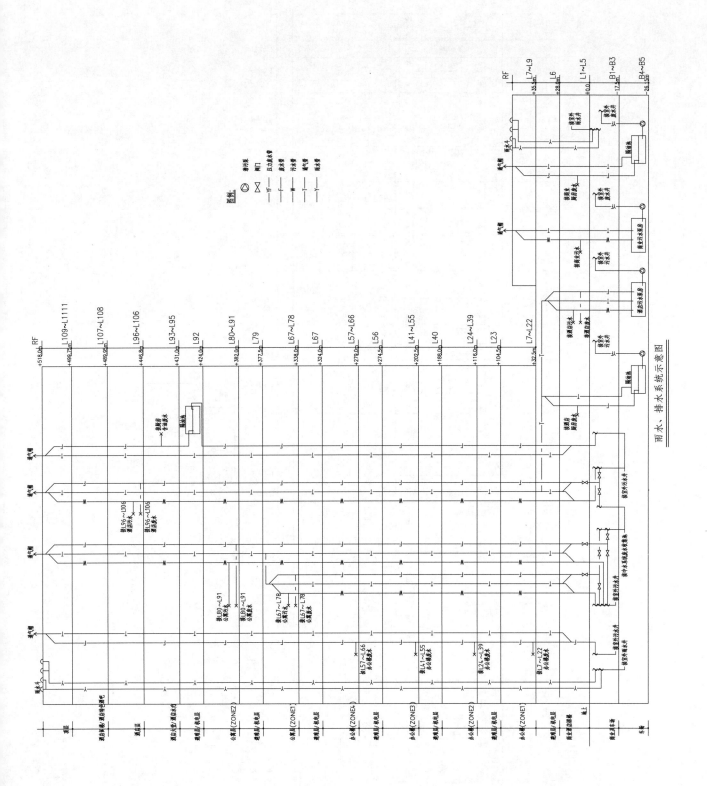

雨水、排水系统示意图

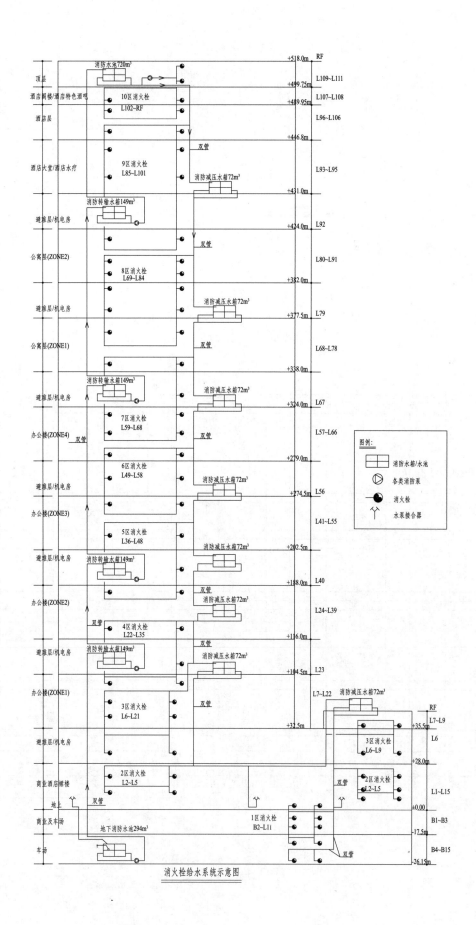

消火栓给水系统示意图

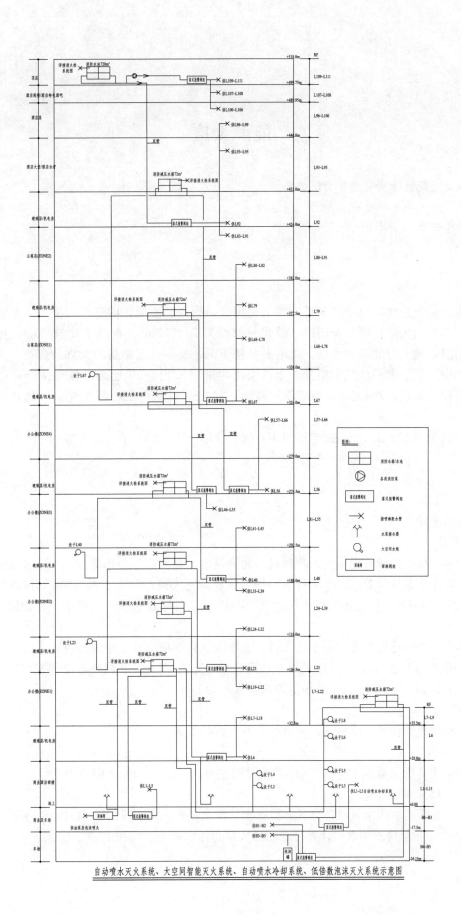

自动喷水灭火系统、大空间智能灭火系统、自动喷水冷却系统、低倍数泡沫灭火系统示意图

能源大厦

设计单位：深圳市建筑设计研究总院有限公司
设 计 人：郑卉　刘志华　黄建宏　胡婷　何世冲
获奖情况：公共建筑类　一等奖

工程概况：

本工程为超高层办公楼，地处广东省深圳市福田区，为深圳能源集团总部大厦。其北临福华五路，东临中心七路，南临滨河大道，西临金田路，总建筑面积为 142797m²，含地下建筑 4 层，功能主要为地下停车库及设备用房；地上分北塔、南塔：北塔办公楼下部一层～九层裙房为大堂及商业，十层～四十一层为办公建筑，其中八层、九层、二十层及二十八层为避难层，T1、T2 层为屋顶设备层；南塔九层～十九层为办公。北塔建筑高度：204.5m；南塔建筑高度：100m；建筑等级：特级建筑；建筑类别：一类；耐火等级：一级。

本工程自 2011 年开始设计，于 2017 年竣工并投入使用。

工程说明：

一、给水排水系统

（一）市政条件

（1）市政给水：根据建设方提供的市政资料，北侧福华五路现有 1 条市政给水管，南侧滨河大道现有 1 条市政给水管，均属市政环状管网。本项目由福华五路及滨河大道各引入 1 根 DN200 进水管，在小区范围内形成 DN200 的环状管网。实勘市政供水压力 0.35MPa（绝对标高 6.30m，即本项目建筑相对标高±0.00 处）。

（2）市政排水：根据建设方提供的市政资料，在本项目北侧福华五路预留市政雨水及污水检查井，市政污水井井底绝对标高为 1.282m，市政雨水井井底绝对标高为 1.932m。在西侧金田路有市政雨水检查井，市政雨水井井底绝对标高为 1.676m，市政预留雨水管管径为 DN500。

（二）给水系统

本项目给水相关设计包括生活给水、中水给水及空调补水等。

1. 给水总用水量

本工程生活最高日用水量为 1178m³/d，最大时用水量为 152m³/h。其中自来水供给 913m³/d，中水供给 264.6m³/d，具体见表 1。

同时计算生活加压给水用水量，各分区办公楼生活给水量按总用水量的 37% 计，餐厅厨房生活给水量按总用水量的 94% 计，除裙房冷却水另计外，加压最大日总用水量为 605.9913m³/d。

给水总用水量 表 1

用水部位	用水标准	面积(m²)	使用人数(人)	使用时间(h)	小时变化系数	最高日用水量(m³/d)	最大时用水量(m³/h)
办公	50L/(人·d)	73870	7387	9	1.5	369.3	61.55
行政办公	150L/(人·d)		136	9	1.5	20.4	3.4
物业	50L/(人·d)		80	9	1.5	4	0.67
营业餐厅	50L/(人·d)	2710	1806	12	1.5	90.3	11.29
营业餐厅员工	50L/(人·d)		50	12	1.5	2.5	0.31
职工餐厅	25L/(人·d)		1494	8	1.5	37.35	7
职工餐厅员工	50L/(人·d)		20	8	1.5	1	0.19
商业	7L/(m²·d)	6000		12	1.5	42	5.25
会议室(六层、七层)	7L/(座·d)		289	4	1.5	2.02	0.76
绿化	3L/(m²·d)	3292		4	1	9.88	2.47
车库	2L/(m²·d)	37425		4	1	74.85	18.71
未预见用水量						65.4	9.29
小计 1						719	120.89
空调补水	南塔屋顶			18	1	181.44	10.08
	南塔屋顶			10	1	162	16.2
	南塔屋顶			24	1	28.8	1.2
	北塔二十层			24	1	48.96	2.04
	北塔屋顶			24	1	37.44	1.56
小计 2						458.64	31.1
总用水量累计						1177.6	151.97

2. 水源

水源采用市政自来水，具体见市政条件一节。

3. 系统竖向分区

依据市政供水压力及建筑高度，生活给水设计分以下 5 个区：

1 区：地下四层～三层，由市政直接供水；

2 区：裙房四层～九层，由地下室变频水泵供水；

3 区：南塔十层～T2 层，由地下室变频水泵供水，北塔十层～二十四层，由二十八层避难层中间水箱重力供水；

4 区：北塔二十五层～三十八层，由生活变频给水加压泵供水；

5 区：北塔三十九层～四十一层，由生活变频给水加压泵供水。

4. 供水方式及给水加压设备

采用高位水箱重力供水及变频加压 2 种形式供水。

地下四层水泵房设置转输水泵，从地下四层生活水箱提升生活用水至二十八层避难层的中间水箱，然后由二十八层变频加压设备供水至四十一层。地下四层给水转输泵分别由二十八层中间水箱水位控制。

地下四层水泵房设置裙房变频加压设备 1 组，由 3 台主泵、1 台小泵配气压罐及变频器、控制部分组成。3 台主泵为 2 用 1 备，1 台变频、2 台工频运行。

地下四层水泵房设置南塔变频加压设备1组，北塔二十八层设置变频加压设备2组；每组由2台主泵、1台小泵配气压罐及变频器、控制部分组成。2台主泵为1用1备，1台变频、1台工频运行。小流量时，由小泵带气压罐运行。

生活给水主要加压设备选型见表2。

生活给水主要加压设备选型 表2

裙房1区生活变频加压泵组	配置如下：	套	1	配控制柜
GS-B4-1,2,3	主泵：CRI 20-8($Q=18m^3/h,H=102m,N=11kW$)	台	3	2用1备
GS-B4-4	副泵：CRI 10-10($Q=5.4m^3/h,H=102m,N=4kW$)	台	1	1用
	隔膜式气压罐：$\phi1000,V=1000L$	个	1	
南塔2区生活变频加压泵组	配置如下：	套	1	配控制柜
GS-B4-5,6	主泵：CRI 15-12($Q=10m^3/h,H=163m,N=11kW$)	台	2	1用1备
GS-B4-7	副泵：CRI 5-26($Q=3.6m^3/h,H=163m,N=4kW$)	台	1	1用
	隔膜式气压罐：$\phi800,V=600L$	个	1	
地下四层生活转输加压泵 GS-B4-8,9	CRN 32-11-2($Q=26m^3/h,H=186m,N=22kW$)	台	2	1用1备
空调补水加压泵 LN-B4-1,2	CR 32-10($Q=28m^3/h,H=150m,N=18.5kW$)	台	2	1用1备
北塔3区生活变频加压泵组	配置如下：	套	1	配控制柜
GS-28-10,11	主泵：CRI 10-10($Q=11m^3/h,H=70m,N=4kW$)	台	2	1用1备
GS-28-12	副泵：CRI 3-9($Q=4m^3/h,H=70m,N=1.5kW$)	台	1	1用
	隔膜式气压罐：$\phi1000,V=1000L$	个	1	
北塔4区生活变频加压泵组	配置如下：	套	1	配控制柜
GS-28-13,14	主泵：CRI 10-14($Q=11m^3/h,H=100m,N=5.5kW$)	台	2	1用1备
GS-28-15	副泵：CRI 5-16($Q=3.3m^3/h,H=102m,N=2.2kW$)	台	1	1用
	隔膜式气压罐：$\phi800,V=700L$	个	1	

5. 管材

室外埋地生活给水管采用给水双面涂塑钢管，大于或等于$DN80$采用沟槽式连接，小于$DN80$采用丝扣连接。

室内给水主、干管采用镀锌钢管内衬不锈钢复合管，大于或等于$DN80$采用沟槽式连接，小于$DN100$丝扣连接。室内埋墙、埋垫层内支管采用覆塑薄壁不锈钢管，双卡压式连接。

（三）热水系统

本工程热水采用集中热水供应系统。供应位置包括三十九层～四十一层行政办公、营业餐厅厨房、员工食堂厨房。

1. 热水用水量

本工程热水分2套独立的集中供热系统。其中三十九层～四十一层生活最高日热水用水量为$7m^3/d$，最大时用水量为$1.17m^3/h$，设计小时耗热量为60kW；七层餐厅生活最高日热水用水量为$30m^3/d$，最大时用水量为$3.78m^3/h$，设计小时耗热量为266kW；八层职工餐厅生活最高日热水用水量为$17m^3/d$，最大时用水量为$3.1m^3/h$，设计小时耗热量为162kW；具体见表3。

生活热水用水量 表3

用水部位	用水标准 [L/(人·d)]	使用人数 (人)	使用时间 (h)	小时变化系数 K	最高日用水量(m³/d)	最大时用水量(m³/h)	耗热量(kJ/h)	耗热量(kW)
营业餐厅	15	1806	12	1.5	27.09	3.39	627365	174
营业餐厅员工	15	50	12	1.5	0.75	0.09	17369	5
职工餐厅	10	1494	8	1.5	14.94	2.8	518983	144
职工餐厅员工	15	20	8	1.5	0.3	0.06	10421	3
未预见用水量					4.3	0.63	117413.89	32.61
小计1					47.39	6.97	1291552.8	358.76
三十九层~四十一层办公	10	543	9	1.5	5.43	0.9	167615	46.56
三十九层~四十一层行政办公	80	12	9	1.5	0.96	0.16	29643	8.23
未预见用水量					0.6	0.1	19725.8	5.48
小计2					7.03	1.17	216983.25	60.27
总计					54.42	8.14	1508536.1	419.04

2. 热源

三十九层~四十一层热源为太阳能，空气源热泵辅助。七层~九层厨房热源为燃气。太阳能板设在 T2 屋顶层，空气源热泵设在四十二层屋面，热水罐及热媒循环泵、供三十九层~四十一层使用的热水加压设备设置在 T2 层热水机房内。八层热水机房内设置容积式燃气热水器、热水循环泵供给七层~九层厨房热水。

3. 热水系统

热水分 2 个系统：屋顶三十九层~四十一层太阳能热水系统，七层~九层燃气供热系统。

三十九层~四十一层热水系统：采用闭式全日制系统，冷水进入闭式储水罐后经太阳能循环泵循环加热，供应三十九层~四十一层热水，采取支管循环方式，热水供水温度为 60℃，当回水温度低于 55℃时启动循环泵循环；空气源热泵辅助加热。

七层~九层热水系统：采用闭式全日制系统，七层、八层、九层分设 3 个独立的热水系统以满足各自灵活、独立使用的需要。加热设备均集中设置在八层热水机房内，冷水经过容积式燃气热水器加热后直接供给各层所需热水点，采用水平干管循环，各自设置循环泵，热水供水温度为 60℃，当回水温度低于 55℃时启动循环泵循环。厨房内所需热水温度高于设定温度时另设小型加热设备。

4. 热水系统设备及管材

三十九层~四十一层热水系统：计算所需太阳能集热板面积为 93m²，按现有屋面，敷设 117m²（有效面积）太阳能板，能满足要求。闭式贮水罐分为 2 个，一个有效容积为 5.5m³，一个有效容积为 1.5m³。太阳能集热循环泵 2 台，1 用 1 备，$Q=2.34L/s$，$H=10m$。选用空气源热泵机组 2 台，每台制热量 37kW。热泵机组循环泵 2 台，1 用 1 备，每台 $Q=4L/s$，$H=10m$。热水循环泵 2 台，1 用 1 备，每台 $Q=0.53m³/h$，$H=5\sim10m$。

七层~九层热水系统：选用商用容积式燃气热水炉 10 台，$Q_g=73kW$，$V=379L$，$N<100W$。七层厨房热水循环泵 2 台，1 用 1 备，每台 $Q=2.33m³/h$，$H=5\sim10m$。八层厨房热水循环泵 2 台，1 用 1 备，每台 $Q=1.44m³/h$，$H=5\sim10m$。九层厨房热水循环泵 2 台，1 用 1 备，每台 $Q=1.5m³/h$，$H=5\sim10m$。

热水给水主干管采用聚乙烯闭孔发泡型（PEF）薄壁不锈钢管，大于或等于 DN80 采用沟槽式连接，小于 DN80 采用双卡压式连接。保温：所有热媒供/回水管及储热设备均需保温。热水供/回水管、热媒水管的保温材料为发泡聚乙烯。

(四) 中水系统

本工程将大楼的废水及空调冷凝水全部收集（厨房废水除外），废水重力排至地下二层中水处理机房，经中水处理设备处理后用于本楼地下四层～四十一层冲厕用水、绿化、冲洗、浇洒用水。本项目预留市政中水接口，待市政中水接至福华五路可以直接利用市政中水。

1. 中水原水量及回用量

本项目最高日中水原水量为 $294m^3/d$，可回用量为 $264m^3/d$，最高日所需中水量为 $391m^3/d$，最高日需由自来水补充 $127m^3$ 进入中水清水池。中水回用系统的平均时用水量为 $57m^3/h$，最高时用水量为 $72m^3/h$。有空调冷凝水回收时平均日中水原水量为 $255m^3/d$，无空调冷凝水回收时平均日中水原水量为 $143m^3/d$。具体计算见表 4。

中水原水量及回用量计算 表 4

用水部位	用水标准 [(L/人·d)]	含比 (%)	使用人数(人)	使用时间(h)	小时变化系数 K	最高日总用水量 (m^3/d)	最高日中水原水量 (m^3/d)	最高日中水用水量 (m^3/d)	平均时用水量 (m^3/h)	最大时用水量 (m^3/h)	平均日中水原水量 (m^3/d)
办公	50		7387	9	1.5	369.33					
	冲厕	63		9	1.5	232.68		232.68	25.85	38.78	
	盥洗	37		9	1.5	136.65	136.65				109.32
行政办公	150		136	9	1.5	20.4					
	冲厕	63		9	1.5	12.85		0	0	0	
	盥洗	37		9	1.5	7.55	7.55				5.03
物业	50		80	9	1.5	4					
	冲厕	63		9	1.5	2.52		2.52	0.28	0.42	
	盥洗	37		9	1.5	1.48	1.48				1.18
中餐厅	50		1806	12	1.5	90.3					
	冲厕	6		12	1.5	5.42	2	5.42	0.45	0.68	1.4
	厨房	94		12	1.5	84.88					
中餐厅员工	50		50	12	1.5	2.5					
	冲厕	63		12	1.5	1.58		0	0	0	
	盥洗	37		12	1.5	0.93					
职工餐厅	25		1494	8	1.5	37.35					
	冲厕	6		8	1.5	2.24	0.83	2.24	0.28	0.42	0.5
	厨房	94		8	1.5	35.11					
职工餐厅员工	50		20	8	1.5	1					
	冲厕	63		8	1.5	0.63		0	0	0	
	盥洗	37		8	1.5	0.37					
商业	7		6000	12	1.5	42					
	冲厕	63		12	1.5	26.46		26.46	2.21	3.31	
	盥洗	37		12	1.5	15.54	15.54				11.1
会议室	7		289	4	1.5	2.02					
	冲厕	63		4	1.5	1.27		1.27	0.32	0.48	
	盥洗	37		4	1.5	0.75	0.75				0.75
绿化	3		3292	4	1	9.876		9.876	2.47	2.47	

续表

用水部位	用水标准 [L/人·d]	含比(%)	使用人数(人)	使用时间(h)	小时变化系数 K	最高日总用水量(m³/d)	最高日中水原水量(m³/d)	最高日中水用水量(m³/d)	平均时用水量(m³/h)	最大时用水量(m³/h)	平均日中水原水量(m³/d)
车库	2		37425	4	1	74.85		74.85	18.71	18.71	
未预见用水量						65.36	16.48	35.53	5.06	6.53	12.93
冷凝水回收							112.88				112.88
累计						718.99	294.16	390.85	55.63	71.79	255.09

中水水量平衡图如图 1 所示。

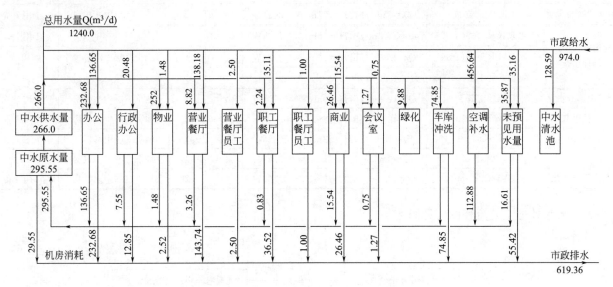

图 1　中水水量平衡图（单位：m³/d）

2. 系统竖向分区

中水系统竖向分区基本同生活给水系统，

1 区：地下四层～九层，由地下室中水变频加压水泵供水；

2 区：南塔十层～T2 层，由地下室中水变频加压水泵供水，北塔十层～二十四层，由二十八层避难层中水水箱重力供水；

3 区：北塔二十五层～四十一层，由中水变频加压泵供水；并预留屋面 T1 层日后设微喷灌或滴灌的条件。

3. 供水方式及加压设备

采用高位水箱重力供水及变频加压 2 种形式供水。

地下二层中水机房设置转输水泵，从地下二层清水池提升至二十八层避难层的中水中间水箱，然后由二十八层变频加压设备供水至四十一层。地下二层给水转输泵分别由二十八层中水水箱水位控制。

地下二层中水机房设置裙房变频加压设备 1 组，由 3 台主泵、1 台小泵配气压罐及变频器、控制部分组成。3 台主泵为 2 用 1 备，1 台变频、2 台工频运行。

地下二层中水机房设置南塔变频加压设备 1 组，北塔二十八层设置变频加压设备 1 组；每组由 2 台主泵、1 台小泵配气压罐及变频器、控制部分组成。2 台主泵为 1 用 1 备，1 台变频、1 台工频运行。小流量时，由小泵带气压罐运行。

中水处理系统还需配置调节池提升水泵、膜抽吸泵、污泥泵、MBR反洗泵、雨水提升水泵，并设置水质取样化验、监测设备等。加压设备具体选型见表5。

中水主要加压设备选型 表5

设备名称	型号	参数	单位	数量	设置部位	备注
裙房1区中水变频加压泵组	主泵：CR 20-7（立式）	$Q=19m^3/h, H=85m, N=7.5kW$	台	3	地下二层中水机房	2用1备
	副泵：CR 5-18（立式）	$Q=6.1m^3/h, H=85m, N=3kW$	个	1		
	隔膜式气压罐：$\phi1000$	1000L	个	1		
南塔2区中水变频加压泵组	主泵：CR 15-12（立式）	$Q=12m^3/h, H=145m, N=7.5kW$	台	2	地下二层中水机房	1用1备
	副泵：CR 5-24（立式）	$Q=3.6m^3/h, H=145m, N=4kW$	个	1		
	隔膜式气压罐：$\phi800$	600L	个	1		
中水转输加压泵	CR 45-8（立式）	$Q=35m^3/h, H=171m, N=30kW$	台	2	地下二层中水机房	1用1备
北塔3区中水变频加压泵组	主泵：CR 15-8（立式）	$Q=14.4m^3/h, H=96m, N=7.5kW$	台	2	二十八层生活泵房	1用1备
	副泵：CR 5-16（立式）	$Q=4.32m^3/h, H=96m, N=2.2kW$	个	1		
	隔膜式气压罐：$\phi1000$	$V=1000L$	个	1		
调节池提升水泵	CVD50.75-50A	$Q=12.5m^3/h, H=9m, N=0.75kW$	台	2	地下二层中水机房	1用1备
膜抽吸泵	GMP-31-50	$Q=12.5m^3/h, H=8m, N=0.75kW$	台	2	地下二层中水机房	1用1备
污泥泵	CP52.2-50	$Q=15m^3/h, H=22m, N=2.2kW$	台	2	地下二层中水机房	1用1备
MBR反洗泵	20CQ-12	$Q=3m^3/h, H=12m, N=0.37kW$	台	1	地下二层中水机房	1用
雨水提升水泵	CVD50.75-50A	$Q=12.5m^3/h, H=9m, N=0.75kW$	台	2	地下二层中水机房	1用1备

4. 中水水处理工艺流程图（见图2）

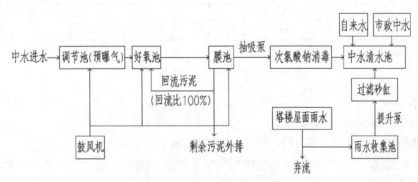

图2 中水水处理工艺流程图

本次设计仅供招标投标用途，待专业承包商确定后，应进行深化设计，并提供深化设计图纸，报设计方核准后方可施工。

5. 管材及注意事项

室外埋地中水管采用给水双面涂塑钢管，大于或等于DN80采用沟槽式连接，小于DN80采用丝扣连接。

室内中水给水主干管采用内筋嵌入式（加厚）衬塑钢管，小于或等于DN80采用卡环连接，大于或等于DN100采用法兰连接。管材及管件需满足各个区的压力要求。室内埋墙、埋垫层内支管采用双面衬塑钢管，丝扣连接。

中水管道应采用下列防止误接、误用、误饮的措施：中水管道外壁刷浅绿色，并注明"中水"字样；水池、阀门、水表、给水栓及取水口均应有明显的中水标志；车库冲洗龙头采用供专人使用的带锁龙头。室外绿化采用地下式给水栓，井盖加锁，需注明"中水"字样。绿化灌溉采用中水或雨水滴灌的高效节水灌溉方式。

（五）空调补水系统

本工程冷却塔设置在南塔及北塔屋面、北塔二十层避难层，空调冷却水补水需加压供给。

在地下四层消防水池共贮存 $130m^3$ 空调冷却水供南塔屋顶冷却塔，生活水池里共贮存 $81m^3$ 空调冷却水，供北塔二十八层及屋顶冷却塔（北塔数据机房空调补水量贮存时间为 24h）。水池补水均来自市政自来水供给。

南塔冷却水经过空调冷却水补水泵加压至南塔屋面空调补水水箱，再由补水箱重力供至冷却塔集水盘。由于北塔冷却塔供水量小，北塔二十层补水量为 $2m^3/h$，北塔屋顶补水量为 $1.56m^3/h$，因此，北塔冷却塔供水直接由生活给水系统供水，北塔二十层冷却塔经过二十八层生活水箱重力补水，北塔屋面冷却塔经过屋顶消防水箱重力供水。

地下四层南塔空调补水泵 2 台，1 用 1 备，采用恒速泵，流量为南塔冷却塔的最大时流量 $28m^3/h$，$H=156m$。

空调补水管材及接口同中水给水系统。

（六）生活排水系统

1. 排水体制

室内排水采用污废分流制，雨水与污水分流制。室外排水采用污废合流制及雨污分流制。

2. 概况和控制

当采用中水回收时生活污废水设计排水量为 $646m^3/d$。当不采用中水回收时生活污废水设计排水量为 $883m^3/d$，最大时排水量为 $138m^3$（包括空调冷凝水排水）。

污水经室外化粪池处理，厨房废水经地下一层隔油间处理后排入市政污水管网，盥洗废水排至地下二层中水机房。厨房废水及盥洗废水接入管上均设电动阀门，以防事故发生时可切换排入市政污水管网。地面层以上为重力流排水，地面层以下排入地下室污、废水集水坑，经潜污泵提升至室外污水管。

空调冷凝水在室内自成排水系统，经汇集后排入中水原水池。

3. 排水立管及通气管

地上各层通气管（含地下室隔油器间的排气管）汇合，采用主通气立管＋专用通气管方式结合伸顶通气。经复核立管排水能力，选用 $DN150$ 的排水立管＋$DN150$ 的专用通气立管，结合通气管选用 $DN100$；南塔排水立管管径为 $DN100$。

4. 局部污水处理设施

室外化粪池按污废分流，清掏期为 180d，污泥量为 $0.2L/(人 \cdot d)$，污水停留时间按 12h 计算，设 13 号钢筋混凝土化粪池 1 座，有效容积为 $100m^3$，满足要求。

地下一层油脂分离器处理量 $Q=25.2m^3/h$，配双提升泵，$H=15m$。

5. 管材

自流污水管及通气管采用柔性排水铸铁管，卡箍连接。潜污泵配管采用镀锌钢管，小于或等于 $DN80$ 采用丝扣连接，大于或等于 $DN100$ 采用卡箍连接。地下室埋地排水管采用铸铁管，承插连接。由建筑物内部排出的管道，其管材同室内相应排水管管材。室外重力流排水管采用聚乙烯（PE）双壁波纹塑料排水管，承插连接，橡胶圈密封。

空调冷凝水管：采用内筋嵌入式（加厚）衬塑钢管，采用卡环连接。

（七）雨水及回用系统

本工程仅回收南塔楼屋面雨水。

1. 雨水量计算

雨量计算采用深圳市暴雨强度计算公式 $q = \dfrac{1535(1+0.46\lg T)}{(t+6.84)^{0.555}}$。

室外设计重现期取 3 年。塔楼屋顶设计重现期取 10 年，裙房屋顶设计重现期取 10 年，雨水系统与溢流设施的总排水能力不小于 50 年重现期的雨水量。屋面采用 87 型雨水斗，设置溢流口。

室外汇水面积为 6427m²；综合径流系数为 0.8，汇流时间取 15min，根据暴雨强度公式计算，室外总流量约为 174L/s。排出管管径 DN500，i = 0.4%，流量为 234L/s。

北塔楼屋面汇水面积为 2650m²，径流系数为 0.9，汇流时间取 5min，根据 50 年暴雨强度公式计算，总流量为 162L/s。塔楼屋面设 3 根雨水立管，每根立管流量约 54L/s，每根雨水立管管径 DN200。DN200 的钢管悬吊管排水能力为 42.1L/s，i = 0.02；DN250 的钢管悬吊管排水能力为 76.3L/s，i = 0.02。选用 DN200 的立管，此管径能满足 50 年暴雨强度的要求。

2. 管材及要求

重力流雨水管采用内筋嵌入式（加厚）衬塑钢管，小于或等于 DN80 采用卡环连接，大于或等于 DN100 采用法兰连接。雨水管材及管件需满足承压 2.5MPa 及以上的要求。室外雨水管采用聚乙烯（PE）双壁波纹塑料管排水管，承插连接，橡胶圈密封。

3. 雨水回收

本工程南塔楼屋面雨水采用初期雨水弃流方式收集雨水，进入地下室雨水回收水池，进行雨水回收处理。处理后的雨水进入与中水合并的清水池，并用于冲厕、绿化。

南塔雨水回用设计流量：塔楼屋面雨水设计年均径流总量为 2752m³，年均日径流总量为 154m³，雨水日均回用量为 139m³，按 16h 运行，处理规模为 10m³/h。选用雨水池容积为 200m³。

本设计采用的处理工艺：雨水经雨水收集池后进入过滤设备，后进入清水池。管材及接口、监控系统要求同中水给水系统。雨水和中水管道、各种设备和各种接口应有明显标识，以保证与其他生活用水管道严格区分，防止误接、误用。

二、消防系统

本项目消防设计用水量见表 6，消防水池及泵房设置于地下四层，中间消防水池设置于二十八层避难层，具体构筑物相关容积及形式见表 7。

消防系统用水量汇总表　　　表 6

系统	设计消防水量(L/s)	火灾延续时间(h)	火灾危险等级	消防贮水量(m³)	设置部位
室外消火栓系统	30	3		324	室外
室内消火栓系统	40	3		432	除不能用水扑救地方外
自动喷水灭火系统	50	1	中危险级 II 级	180	除不能用水扑救地方外
消防水炮灭火系统	10	1		36	高度大于 12m 空间

注：大空间智能型主动喷水灭火系统与自动喷水灭火系统选其中大者。

消防给水构筑物　　　表 7

名称	有效容积(m³)	结构形式	设置部位	备注
消防水池	742	钢筋混凝土	地下四层	内有空调补水
中间消防水池	18	钢筋混凝土	二十八层	
屋顶消防水箱	20	钢筋混凝土	T2 层	内有空调补水

(一) 消火栓系统

1. 室外消火栓系统

采用低压给水系统，由市政给水管引入 2 路 $DN200$ 进水管，在建筑周围形成 $DN200$ 环管，由市政给水管网直接供水。消火栓采用地上式，水泵接合器采用地上式，并应有明显标志。

2. 室内消火栓系统

本工程采用直接串联供水方式。竖向分为 4 个区。其中地下四层～八层为 1 区；九层～二十层为 2 区；二十一层～三十层为 3 区；三十一层～T2 层为 4 区；各分区保证静水压力不超过 1.0MPa。

地下四层消防水泵房设置 2 台低区消火栓泵（1 用 1 备），供应 1 区和 2 区消火栓用水。二十层避难层消防转输泵房设置 2 台高区消火栓泵（1 用 1 备），供应 3 区和 4 区消火栓用水。在火灾发生时，地下四层消防泵房 2 台低区消火栓泵（1 用 1 备），与高区消火栓泵同步运行（联动），以确保高区消火栓泵能持续运行。屋顶层设置 1 套增压稳压装置，配 2 台消火栓增压水泵（1 用 1 备），以满足 3、4 区消火栓系统最不利点的水压要求。二十八层设置 18m³ 消防水箱，以满足 1、2 区消火栓的稳压及火灾初期消防用水。消火栓的充实水柱不小于 13m。消火栓栓口的出水压力大于 0.5MPa 时，采用减压稳压消火栓。消火栓系统给水加压设备见表 8。

消火栓系统给水加压设备表　　　　表 8

设备名称	型号	参数	单位	数量	设置部位	备注
低区消火栓泵	XBD 18/40-150D/9-L	$Q=40L/s, H=180m, N=110kW$	台	2	地下一层消防泵房	1 用 1 备
高区消火栓泵	XBD 12/40-150D/6-L	$Q=40L/s, H=120m, N=75kW$，水泵进口承压 0.5MPa	台	2	二十八层消防泵房	1 用 1 备
增压稳压设备	/	水泵：25LGW3-10×4$N=1.5kW$	台	2	北塔 T1 层水泵房	1 用 1 备
		隔膜式气压罐：$\phi1000, V=1300L$，$PN=0.6MPa$	个	1	北塔 T1 层水泵房	

在首层设置了 3 套地上式水泵接合器，接在低区消火栓泵后管网。

管材及接口：2、4 区采用加厚内外热镀锌焊接钢管；1、3 区采用内外热镀锌无缝钢管；低区消火栓泵至高区消火栓水泵管道地下四层～八层采用内外热镀锌无缝钢管，九层～二十八层采用加厚内外热镀锌焊接钢管；高区水泵出水主管二十八层～三十一层采用加厚内外热镀锌焊接钢管；管径小于 $DN100$ 时采用丝扣连接，管径大于或等于 $DN100$ 时采用卡箍连接，采用丝扣连接时，最小管壁序列号为 SCH20，卡箍连接时最小管壁序列号为 SCH30。

(二) 自动喷水灭火系统

本工程自动喷水灭火系统采用高低区喷淋泵直接串联。为满足低区（地下四层～地上二十层，南塔 T2 层）自动喷水灭火系统用水量及水压，在地下四层消防水泵房设置 2 台低区喷淋泵（1 用 1 备）。低区又分为 2 个区：地下四层～地上七层为 1 区，地上八层～北塔地上二十层、地上八层～南塔屋顶 T2 层为 2 区。

为满足高区（北塔二十一层～北塔 T2 层）自动喷水灭火系统用水量及水压，在北塔 20 层避难层消防泵房设置 2 台高区喷淋泵（1 用 1 备）。高区又分为 2 个区：北塔地上二十层～地上二十七层为 3 区，地上二十八层～北塔屋顶 T2 层为 4 区。

高区系统的稳压由设于北塔 T2 层的消防水箱（18m³）以重力自流和增压稳压装置共同提供；低区系统的稳压由设于二十八层避难层的中间消防水箱（18m³）以重力自流提供。

地下室、餐厅、厨房按中危险级 II 级设计，喷水强度 8L/(min·m²)，作用面积为 160m²；其中地下室有部分车位为机械车位；其他办公场所按中危险级 I 级设计，喷水强度为 6L/(min·m²)，作用面积

为 $160m^2$。

本项目防火卷帘均为特级防火卷帘，不需加密喷头保护。

自动喷水灭火系统给水加压设备详见表 9。

自动喷水灭火系统给水加压设备表　　　　　　表 9

设备名称	型号	参数	单位	数量	设置部位	备注
低区喷淋泵	XBD 18/50-150D/6'-L	$Q=50L/s, H=180m, N=132kW$	台	2	地下一层消防泵房	1 用 1 备
高区喷淋泵	XBD 12/40-150D/6-L	$Q=35L/s, H=120m, N=75kW$，水泵进口承压 0.5MPa	台	2	二十八层消防泵房	1 用 1 备
增压稳压设备	/	水泵：25LGW3-10×2, $N=1.1kW$	台	2	北楼 T1 层水泵房	1 用 1 备
		隔膜式气压罐：$\phi800, V=800L$，$PN=0.6MPa$	个	1	北楼 T1 层水泵房	

在首层设置了 4 套地上式水泵接合器，接在低区喷淋泵后管网。

管材及接口：地下四层～地下夹层采用内外热镀锌无缝钢管，一层～T2 层采用加厚内外热镀锌焊接钢管；接口方式同消火栓给水系统。

喷头选型：地下车库采用直立型玻璃喷头，温级为 68℃。厨房采用直立型喷头，温级为 93℃。设有吊顶的场所采用吊顶型喷头，不设吊顶的场所及净空高度大于 800mm 的吊顶内采用直立型喷头，温级为 68℃。20 层以上采用快速响应喷头。

报警阀组共 27 套，主要设置于地下室地下四层、地下三层和避难层八层、二十层和二十八层。

(三) 气体灭火系统

地下一层的发电机房、发电机房配电间、2 号配电间、10kV 配电室、供电局开关站、1 号通信机房、1 号储油间、2 号储油间、油烟处理室、2 号通信机房、弱电进线间、智能化机房，地下二层的 1 号配电间，九层的变压器室及 5 号配电室，二十层的变压器室及 3 号配电室，二十八层的变压器室、4 号配电室、通信机房，均采用七氟丙烷气体灭火系统。

其中，地下一层的发电机房、发电机房配电间、2 号配电间、10kV 配电室、供电局开关站、1 号通信机房采用组合分配式管网灭火系统，为系统一；地下一层的弱电辅助用房、智能化机房，地下二层的 1 号配电间采用组合分配时管网灭火系统，为系统二；其他均采用预制柜式无管网灭火系统。

本气体灭火系统应由专业公司进行二次深化设计和施工，本设计只提供作招标用。二次深化设计需经设计院和建设方确认后方可施工。

(四) 消防水炮灭火系统

本工程高空水炮设于三层，并设信号阀和水流指示器。在压力分区的水平管网末端，设仿真末端试水装置。水炮系统与喷淋系统共用喷淋泵。水炮系统按中危险级 I 级设计，每个水炮的流量为 5L/s，每个水炮保护半径为 20m，安装高度为 6～20m，保护区的任一部位能保证 1 个消防水炮射流到达，系统持续喷水时间为 1h；喷洒头工作压力为 0.6MPa，系统设计用水量为 10L/s。

系统控制：每个水炮配套 1 个电磁阀，由水炮中的红外探测组件自动控制，而且可于消防控制室手动强制控制。探测器探测保护范围内的一切火情，一旦发生火灾，探测器立即检验火源，在确定火源后打开电磁阀并输出信号给联动柜，同时启动水泵使喷头喷水灭火。扑灭火源后，若有新火源，系统重复上述动作。

(五) 建筑灭火器配置

在本建筑内各处均设置灭火器，采用磷酸铵盐干粉灭火器。

设计参数：电气、电信设备用房处按严重危险级、E 类火灾配置灭火器；地下室按严重危险级 B 类火灾配置灭火器。餐饮厨房按严重危险级 A、B 类混火火灾配置灭火器。其他部位按严重危险级 A 类火灾配置灭火器。

地上场所设置组合式消防柜，每个组合式消防柜下设 2 具手提式磷酸铵盐干粉灭火器 MF/ABC5；汽车库及电气用房设置手提式磷酸铵盐干粉灭火器 MF/ABC5 及推车式磷酸铵盐干粉灭火器 MFT/ABC20。

三、工程特点介绍与设计及施工体会

深圳能源大厦项目坐落于深圳市中心区，位于城市高层建筑轴线的南端，西邻会展中心。这个重要的地理位置使深圳能源集团总部大厦成为地标性项目，并成为深圳市天际线的重要组成部分。

设计同时也遵循了可持续发展原则，以绿色建筑综合技术为出发点，体现绿色平衡理念，通过科学的整体设计，绿色施工控制，绿色运营管理（已获得国家二星级，深圳金级，LEED 金级绿色建筑设计标识证书），实现我国绿色建筑示范工程所倡导的节能、节地、节水、节材及环境保护等要点，同时结合项目自身特色，突显项目"节能减排""资源低消耗""健康舒适的建筑环境"三方面的示范效果。

给水排水专业的主要特点是采用合理的给水排水方案，综合利用各种水资源，设置完善的供水、排水系统，有效实现了建筑节能、节水、环保的需求。采用高位水箱重力供水水位基本不会变化，水压较稳定，不受外网水压的影响。变频加压供水可根据水压变化改变出水量，无需高位水箱，系统设计更简洁。分流制是污水由污水收集系统收集并输送到污水处理厂处理；雨水由雨水系统收集，并就近排入水体，部分雨水收集回收可达到投资低、环境效益高的目的。

本项目室内消火栓给水系统采用直接串联供水方式，将竖向分为 4 个区。各分区保证静水压力不超过 1.0MPa。地下四层消防水泵房设置 2 台低区消火栓泵（1 用 1 备），供应 1 区和 2 区消火栓用水。二十层避难层消防传输水泵房设置 2 台高区消火栓泵（1 用 1 备），供应 3 区和 4 区消火栓用水。在火灾发生时，地下四层 2 台低区消火栓泵与高区消火栓泵同步运行，以确保高区消火栓泵能持续运行。屋顶层设置一套增压稳压装置，以满足 3、4 区消火栓系统最不利点的水压要求。二十八层设置 $18m^3$ 消防水箱，以满足 1、2 区消火栓的稳压及火灾初期消防用水。此类型设计案例在深圳较少见到。

四、工程照片及附图

能源大厦侧视图-实景

能源大厦俯瞰图

地下室消防泵房

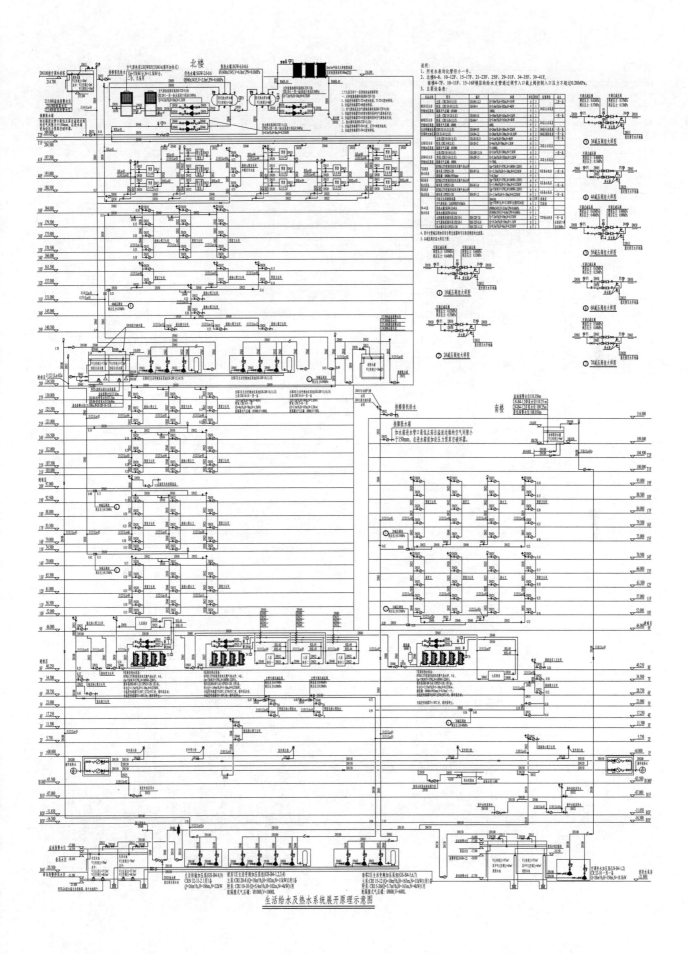

生活给水及热水系统展开原理示意图

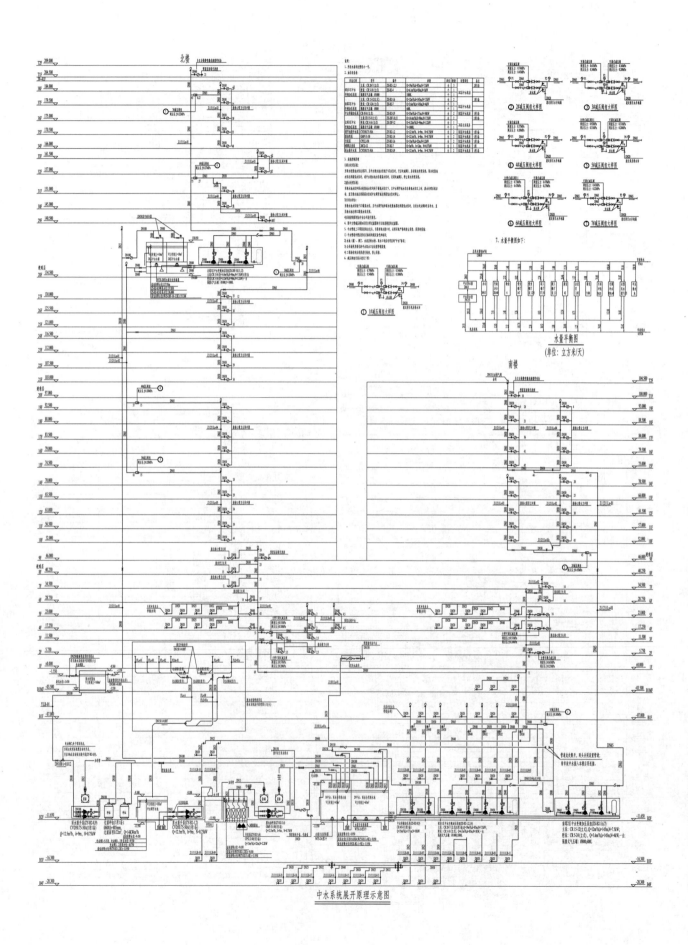

水量平衡图
(单位：立方米/天)

中水系统展开原理示意图

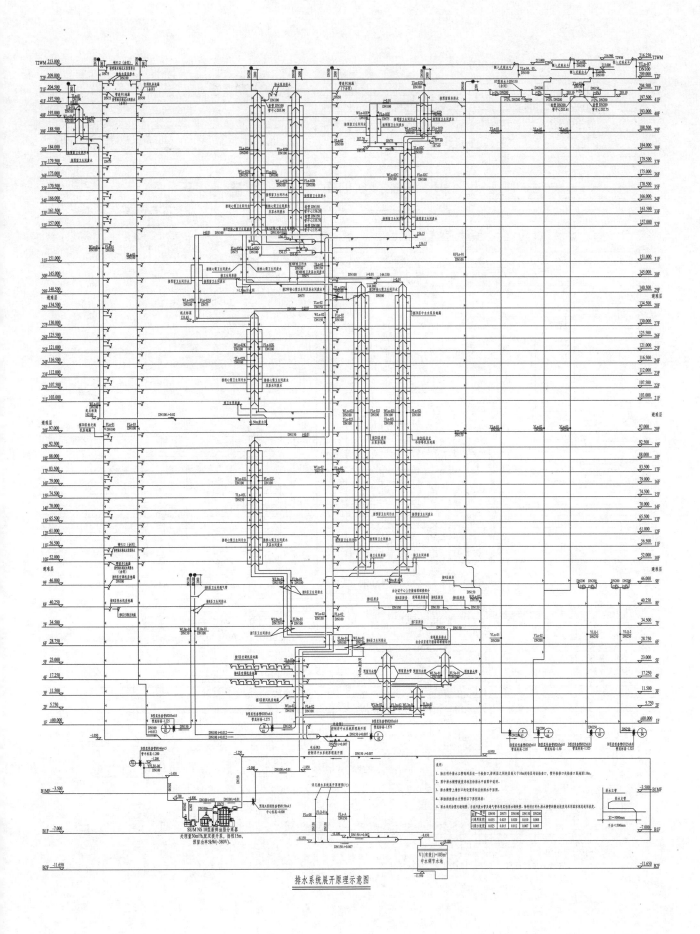

排水系统展开原理示意图

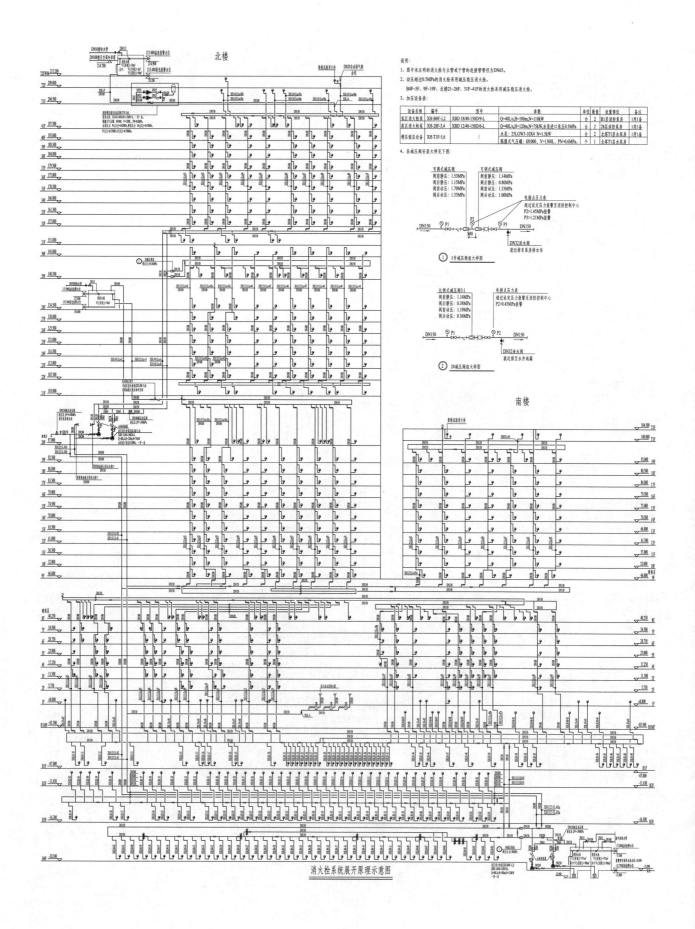

消火栓系统展开原理示意图

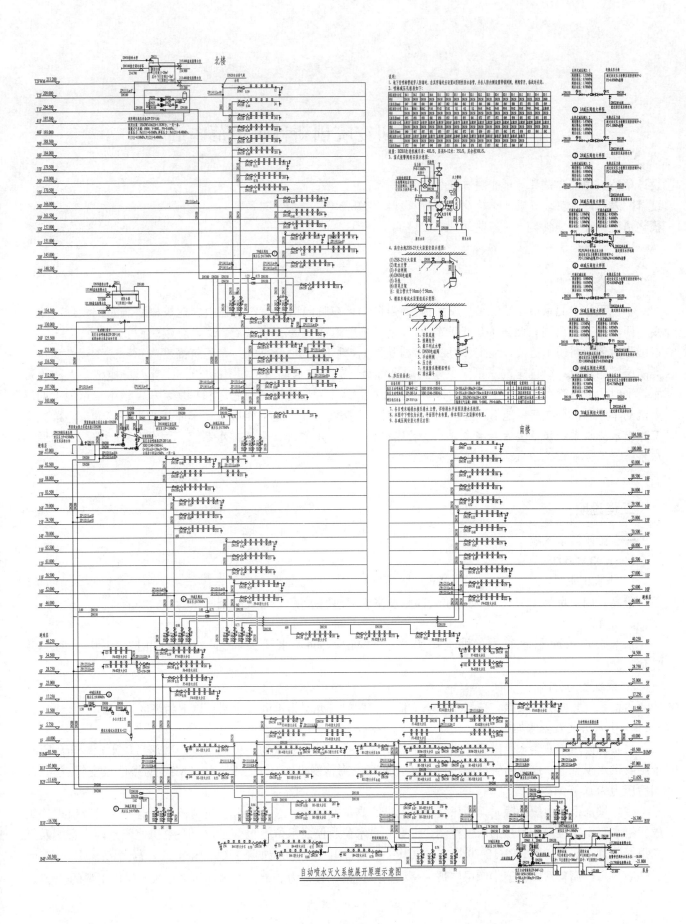

自动喷水灭火系统展开原理示意图

中国建筑设计研究院创新科研示范中心

设计单位：中国建筑设计研究院有限公司
设 计 人：赵世明　赵昕　李建业　张超　赵锂　郭汝艳　申静
获奖情况：公共建筑类　一等奖

工程概况：

本工程位于北京市西城区车公庄大街 19 号院内，东临国谊宾馆，南临中国建筑科学研究院物理所研发楼，西侧为文兴西街，北侧为国谊宾馆宿舍楼。总用地面积为 34287.252m²，总建筑面积为 41438.14m²。本工程为创新科研示范楼，地上 15 层（含机房层），地下 5 层（含夹层），建筑高度为 60m。工程性质：一类高层民用建筑；绿色建筑三星级。建筑耐火等级：一级。人防战时使用功能：一等人员掩蔽、人防物资库，平时为地下汽车库。地上各层为科研办公面积，地下一层为厨房、餐厅和机房面积，地下二至地下四层为机动车库和部分机房。地下三层机动车库战时为人防物资库，地下四层机动车库战时为一等人员隐蔽。本工程给水排水系统包括生活给水系统、生活热水系统、中水系统、生活排水系统、雨水系统、空调冷却循环水系统、消火栓系统、自动喷水灭火系统等。

工程说明：

一、给水排水系统

（一）给水系统

1. 冷水用水量

最高日用水量为 127.72m³/d（不含冲厕及浇洒绿地用水量），最大时用水量为 16.50m³/h。

2. 水源

水源来自市政给水管网，供水压力为 2.50MPa。供水水质应符合《生活饮用水卫生标准》GB 5749—2006。

3. 系统竖向分区

给水系统竖向分 3 个区，三层及以下为低区；四层～九层为中区；十层及以上为高区。

4. 供水方式及给水加压设备

（1）低区由市政给水管网直接供水；中区由管网叠压供水装置的高位调蓄罐经减压后供水，减压阀设在十层的供水干管上；高区由管网叠压供水装置的高位调蓄罐供水。水压超过 0.2MPa 的楼层设支管减压阀，阀后压力为 0.15MPa。

（2）供水设备由缓冲罐、无负压流量控制器、高位调蓄管、水泵机组、控制柜、管道、阀门及仪表等组成。给水泵由高位调蓄水罐的水位控制，设有开泵水位、停泵水位、报警水位，在泵房值班室内有音响及灯光报警装置。选用 2 台 APV12-70 型主泵（其中 1 台备用），其性能如下：Q_b＝4m³/h，H_b＝0.6MPa，N＝3.5kW。高位调蓄水罐位于十四层屋顶，材质为不锈钢，容积为 3m³，约为加压区最大小时用水量的 75%。

5. 管材

采用 S30408 薄壁不锈钢管；嵌墙内的支管采用 S5 系列 PP-R 塑料管。

（二）热水系统

1. 热水用水量（见表 1）

最高日热水量为 28.38m³/d，最大时热水量为 4.54m³/h，设计最大小时耗热量为 200.63kW。

热水用水量   表 1

序号	用水项目	使用数量	最高日用水量标准	使用时间(h)	小时变化系数	用水量		
						最高日 (m³/d)	最大时 (m³/h)	平均时 (m³/h)
1	食堂厨房	3000 人次	8L/人次	12	1.5	24.00	3.00	2.00
2	淋浴间	90 人次	20L/人次	4	2.5	1.80	1.13	0.45
3	小计					25.80	4.13	2.45
4	未预见用水量，取 1、2 项总和的 10%					2.58	0.41	0.25
	合计					28.38	4.54	2.70

注：考虑不同时使用，计算总耗热量按 1 项的最大时用水量＋2 项的平均时用水量。

2. 热源

热源为太阳能和市政热力。由地下一层热水机房半容积式换热器交换出 60℃ 的热水。

3. 系统竖向分区

本工程集中热水供应系统竖向不分区。

4. 热交换器

2 台换热器容积分别为 1.5m³ 和 2.5m³，热水回水管线先进入容积为 1.5m³ 的换热器，充分利用太阳能换热，再进入容积为 2.5m³ 的换热器，若热水温度达不到要求，利用该换热器用市政热力进行二次补热。加热后，经分集水器后供应至各用水点。

5. 冷、热水压力平衡措施及热水温度的保证措施等

本工程集中热水供应系统采用干管全日制机械循环，保持配水管网内温度在 55℃ 以上。温控点设在热交换站热水循环泵吸入口处，当温度低于 50℃ 时，循环泵开启；当温度上升至 55℃ 时，循环泵停止。每组循环泵设 2 台，1 用 1 备，交替运行。循环泵设于热水机房内。

6. 管材

采用 S30408 薄壁不锈钢管；嵌墙内的支管采用 S5 系列 PP-R 塑料管。

（三）中水系统

1. 中水源水量表、中水回用水量

（1）中水源水量（见表 2）

中水源水量   表 2

序号	用水部位	使用数量 (人)	最高日用水量标准[L/(人·d)]	日用水时间 (h)	小时变化系数	用水量		
						最高日 (m³/d)	平均时 (m³/h)	最高时 (m³/h)
1	办公	2000	16	10	1.2	32	3.2	3.84
2	食堂	3000	7	12	1.5	21	1.75	2.63

续表

序号	用水部位	使用数量（人）	最高日用水量标准[L/(人·d)]	日用水时间（h）	小时变化系数	用水量		
						最高日（m³/d）	平均时（m³/h）	最高时（m³/h）
3	食堂淋浴	30	38	4	2.5	1.14	0.29	0.71
4	运动场淋浴	60	38	4	2.5	2.28	0.57	1.43
5	合计					56.42	5.815	8.60

（2）中水回用水量表（见表3）

中水回用水量　　　　　　　　　　表3

序号	用水部位	使用数量（人）	最高日中水用水量标准[L/人·d]	日用水时间（h）	小时变化系数	用水量		
						最高日（m³/d）	最高时（m³/h）	平均时（m³/h）
1	办公	2000	24	10	1.2	48.00	4.80	40.00
2	食堂	3000	1	12	1.5	3.00	0.25	3.00
3	食堂淋浴	30	2	4	2.5	0.06	0.02	0.06
4	洗车	60	40	4	1	2.40	0.60	0.18
5	地面冲洗	8000	3	4	1	24.00	6.00	24.00
6	绿化	4000	3	4	1	12.00	3.00	12.00
7	合计					89.46	14.67	79.24

2. 系统竖向分区

三层及以下为低区，四层及以上为高区。

3. 供水方式及给水加压设备

高低区均由设在地下三层中水处理机房的中水箱及2套变频供水设备供水。每套供水设备由3台主泵（2用1备）和变频器组成。主副泵均为循环软启动，变频泵组的运行由设在干管上的压力传感器控制。泵组的全套设备及控制均由厂商配套提供。

中水系统泵组：

低区：$Q=10\text{m}^3/\text{h}$，$H=40\text{m}$，$N=3\text{kW}$

高区：$Q=15\text{m}^3/\text{h}$，$H=90\text{m}$，$N=7.5\text{kW}$

4. 水处理工艺流程图（见图1）

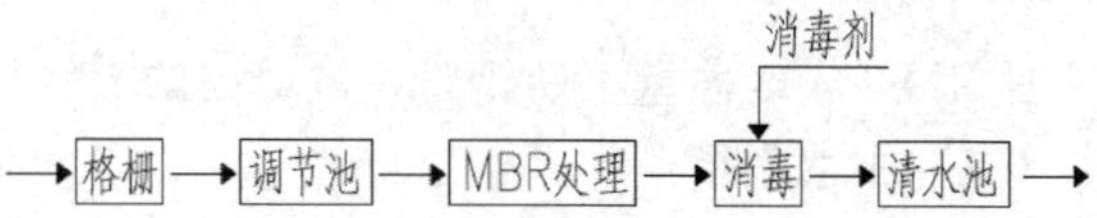

5. 管材

（1）采用涂（衬）塑复合钢管；嵌墙内的支管采用S5系列PP-R塑料管。

图1　中水处理工艺流程图

（2）管材应符合《给水涂塑复合钢管》CJ/T 120和《钢塑复合管》GB/T 28897—2012的相关规定。

（四）排水系统

1. 排水系统的型式

室内污水与手盆、淋浴等杂排水分流，杂排水作为中水源水。生活污水排到室外污水管道，经化粪池简单处理后排入城市污水管网。杂排水排入地下三层中水机房的调节池。车库冲洗废水排至室外污水管网。

2. 透气管的设置方式

卫生间排水设置专用通气立管和伸顶通气立管，保障排水能力。

3. 局部污水处理设施

厨房洗肉池、炒锅灶台、洗碗机（池）等排水均设器具隔油器，其出水由厨房专用排水管道排到地下二层的油脂分离器处理，之后排入室外污水管。洗菜、洗米等优质杂排水设专用管道排至中水机房的调节池。

4. 管材

（1）大于或等于 $DN50$ 的污/废水管、通气管采用柔性接口的机制排水铸铁管。

（2）小于 $DN50$ 的污/废水管、通气管可采用热镀锌钢管。

（3）埋地管采用机制承插式排水铸铁管。

（五）雨水系统

1. 设计参数

屋面雨水设计重现期为 10 年，车库出入口坡道雨水设计重现期取 30 年。设计降雨历时为 5min。雨水系统的最大排水能力不小于 50 年重现期降雨流量。

2. 雨水排水方式

（1）屋面雨水采用 87 型雨水斗收集，雨水斗设于局部下沉（约 5～10cm）的浅槽内。管道系统为内排水，排至室外雨水管道。雨水排水系统在溢流水位时满足排出 50 年重现期雨水量的要求。

（2）屋面女儿墙上设溢流口，以备应急情况排水。

（3）车库出入口坡道的雨水经截留后排至地下室雨水泵井，用废水泵提升排至室外雨水管道。

3. 雨水回用

屋面雨水和室外路面雨水进行收集、处理，回用于冷却塔补水、室外绿化、冲厕和地面冲洗。雨水蓄水池和处理机房设于室外。

4. 管材

采用涂（衬）塑复合钢管。

二、消防系统

（一）消火栓系统

1. 消防水源

消防用水水源为市政给水管网，设计供水压力为 2.5MPa。

2. 设计水量

消火栓系统设计流量为 30L/s，火灾延续时间为 2h，一次设计用水量为 216m^3。

3. 系统分区

系统竖向不分区，地下三层、四层人防部分消火栓管道单独成环。

4. 供水方式及加压、稳压设备

室内消防用水全部储存于地下四层消防水池。消火栓系统设加压泵供水，水泵设于地下四层的消防泵房内。消火栓泵设 2 台，1 用 1 备，备用泵能自动切换投入工作。消防泵设自动巡检装置。稳压装置设置于水箱间，由压力控制器控制。

5. 消防水箱

在十四层屋顶水箱间设置有效贮水容积为 18m^3 的高位消防水箱。

6. 水泵接合器

室内消火栓系统水量为 40L/s，需设 3 个 $DN150$ 水泵接合器。本系统设 3 套地下式水泵接合器，分设 2

处，位于室外消火栓 15~40m 范围内，供消防车向室内消火栓系统补水用。

7. 消火栓

消火栓采用单口旋转型消火栓箱，九层以下采用减压稳压消火栓。消火栓箱内设 $DN65mm$ 消火栓 1 个，$DN65mm$、$L=25m$ 衬胶龙带 1 条，$DN19$ 水枪 1 支。消防按钮和指示灯各 1 个。

8. 管材

管材采用内外涂环氧复合钢管（加厚）。

(二) 自动喷水灭火系统

1. 设计参数

系统按中危险级Ⅱ级设计，喷水强度为 $8L/(min \cdot m^2)$，作用面积为 $160m^2$，设计流量为 $40L/s$，火灾延续时间为 1h，设计用水量为 $144m^3$。车库以外的部分按中危险级Ⅰ级设置。

2. 系统分区

系统竖向不分区。报警阀设在地下三层报警阀室内。系统平时的压力由设在屋顶水箱间的 $18m^3$ 消防水箱和消防增压稳压装置维持。

3. 供水方式及加压、稳压设备

系统设加压泵供水，水泵设于地下四层的消防泵房内。系统平时的压力由设在屋顶水箱间的消防水箱和消防增压稳压装置维持。

4. 喷头布置范围

除小于 $5m^2$ 的卫生间、电梯机房、电气房间、高度大于 12m 的空间、不能用水消防的部位外，均设置湿式自动喷水系统保护。

5. 喷头选型

(1) 地下停车库及无吊顶房间采用直立型喷头，办公室及走廊采用吊顶型喷头。

(2) 采用玻璃球喷头，喷头温级为 68℃；厨房灶台区温级为 93℃。地下车库喷头为防冻型，温级为 72℃。流量系数 $K=80$。

6. 报警阀

报警阀设在地下三层报警阀室内。每个报警阀控制喷头数量不超过 800 个。

7. 水泵接合器

自动喷水灭火系统用水量为 40L/s。水泵接合器流量为 10~15L/s，需要设置 3 个。

8. 管材

管材采用内外涂环氧复合钢管（加厚）。

(三) 气体灭火系统

1. 设置位置

地下二层、三层变配电室设七氟丙烷固定式气体灭火系统。

2. 设计参数

设计灭火浓度为 8%，喷射时间不大于 10s，灭火浸渍时间不小于 10min。

3. 系统形式

系统采用组合分配式，在地下三层设置 1 组储存钢瓶组。

本项目给水系统分为 3 个分区，三层以下低区由市政给水直供。其余采用箱式无负压供水设备供水，系统通过减压阀分区为四层~九层的中区以及十层以上的高区。本项目为绿色建筑三星级，厨房用水、冷却塔用水、洗浴用水等均设水表计量，用于运行中的能耗评估。热水系统采用无动力太阳能系统和市政热力作为热源，供应生活热水至地下一层厨房、配楼淋浴间等位置。办公区各层设置管道直饮水系统和开水器。

4. 系统控制

本系统及其控制由中标的消防专业公司承担施工图设计，安装和调试。系统控制应包括自动、手动远控、应急操作3种方式。

三、工程特点介绍

排水系统将室内污水与洗手盆、淋浴排水等杂排水分流，污水排入化粪池后接至市政污水管网。地下三层设有中水处理机房，将楼内卫生间洗手盆等废水收集，利用生物膜处理后回用，以满足冲厕和车库地面冲洗等用水需求。厨房排水采用器具隔油和油脂分离器处理后排放。雨水系统采用87型雨水斗系统，屋顶层采用内排水。退台区域将外排水与内排水结合，分区设置汇排，提高建筑室内外美观度和系统的经济性。项目埋地设置雨水蓄水池，处理单元位于地下三层的雨水处理机房，雨水回用于室外绿化、地面冲洗等。

项目消防用水总量为360m³，全部贮存于地下四层消防水池。室内消火栓系统设计流量为30L/s，火灾延续时间为2h。自动喷水灭火系统采用湿式系统设计流量为40L/s，火灾延续时间为1h。厨房区域采用厨房设备灭火装置。项目按严重危险级设计灭火器。变配电室设置七氟丙烷固定式气体灭火系统。

项目核心技术主要体现在以下3个大方面：

1. 城市更新的成功典范：项目所处的区位是在一片老旧小区中，且由于不靠近城市主干路，市政条件中除了不具备市政中水外，其余给水、污水、雨水等市政接口，能够提供给本项目的接口也并不十分充足。本项目作为创新科研的示范项目，要实现绿色建筑三星级的目标，这就促使这栋楼需要做整体的水系统微循环的考量：给水系统最大限度地采用叠压供水系统，充分利用市政水压以降低能耗，并且为了保证供水安全，采用了箱式无负压系统；污/废水回收处理后回用为中水，供整个楼宇的冲厕、地面冲洗、绿化浇洒使用；场地内雨水进行回收利用，提高非传统水源的利用率，降低对于市政供水的依赖；采用无动力太阳热水系统给中央厨房、二层运动区淋浴使用；集中式＋分散末端的管道直饮水系统供应楼内各层办公区域及食堂区域饮水；屋顶的灌溉采用中水供应微滴灌系统；首层入口处的景观水采用中水补水等。

2. 科研创新示范：本项目在设计工作伊始的方案阶段即采用了较为先进的建筑给水排水领域技术，其中有箱式无负压供水设备、无动力太阳能、管道直饮水系统、薄壁不锈钢管道、87型雨水斗、MBR中水处理设施、消防水池供应冷却塔补水、成品隔油器、线性排水沟；

3. 建筑整体性能最优：场地局促的外部环境中，尽最大努力通过采用叠压供水系统，污/废水回收处理后回用为中水，雨水回用等技术手段较为成功地完成了城市更新中在条件受限时如何进行设计任务，作为机电专业，不只考虑单专业系统的最优解，而是综合考虑建筑整体性能。因此，在对一些局部作出妥协和牺牲的情况下，保证节水、节电、节能，使得本项目在各种条件的框架内达到综合较优。例如，本项目在较为局限的场地内通过日照分析等得出了较为合理的建筑体量，但同时也为其内部的机电专业设计带来了一定挑战。本工程在部分楼层上划分了不同进深的高低错层，形成退台，为各层提供了室外露台作为休息场所。退台区域应用了较多的玻璃幕墙，且为建筑的主要展示立面，对外立面的完整度要求较高。同时，为保证建筑内部层高，开敞办公区内的所有机电管线均要求穿梁设置。因此，本项目的雨水系统通过对系统不同方案的分析比较，采用了内外排水结合的分区排水形式，将整个建筑屋面划分了6个区域，顶层位置高水高排，直接采用87型雨水斗系统进行内排水。退台区域按3层左右为1组的形式，将每3层的雨水通过隐蔽在幕墙龙骨内的雨水管汇至第三层，并通过87型雨水斗转为内排水。这一方法既可以对退台区域排水的安全性有所考虑，也对外立面的完整性不形成破坏，同时可有效减少室内悬吊管穿梁的数目。

在本项目中，通过对给水、中水、热水等系统进行计量监控，可以实时掌握管网漏损、水资源利用情况，及时维修监管，实现节水节能。同时，通过对雨水、废水的回收处理，可有效降低建筑对外部的依赖，有效提升项目所在区域的水资源综合利用率，使得建筑降低资源消耗，作为办公建筑可显著降低自来水的用量，从而节省运行费用。

在选用设备方面，如通过对叠压供水设备的选用，可以最大限度利用老旧城区内的市政水压，且在顶层的机房层内箱式叠压供水设备的储水调节后，转变为稳定的供水压力，从而保证了办公楼内的供水舒适性和可靠性。通过对无动力太阳能设备的选用，减少了热媒水循环泵，降低了对机房面积的需求，并且在实际的运行中，餐饮公司反馈运行良好，对市政热力热源的需求较低，日照充足时，仅太阳能部分即可满足热水需求。

四、工程照片及附图

效果图（一）

效果图（二）

效果图（三）

效果图（四）

重力半有压流雨水分区排放及收集系统（退台区域）

重力半有压流雨水分区排放及收集系统（室内雨水管）

中水回用、雨水利用（地下三层中水机房1）

中水回用、雨水利用（地下三层中水机房 2）

项目建设中照片

箱式无负压系统（屋顶水箱1）

箱式无负压系统（屋顶水箱2）

箱式无负压系统（地下三层机房1）

箱式无负压系统（地下三层机房 2）

太阳能生活热水（屋顶集热器）

太阳能生活热水（地下一层机房 1）

太阳能生活热水（地下一层机房 2）

室外雨水结合龙骨隐蔽设置立管（一）

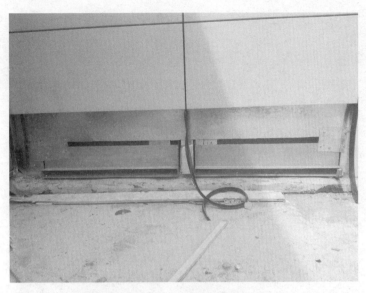

室外雨水结合龙骨隐蔽设置立管（二）

隔油器

创新科研示范楼（一）

创新科研示范楼（二）

创新科研示范楼（三）

创新科研示范楼（四）

创新科研示范楼（五）

创新科研示范楼（六）

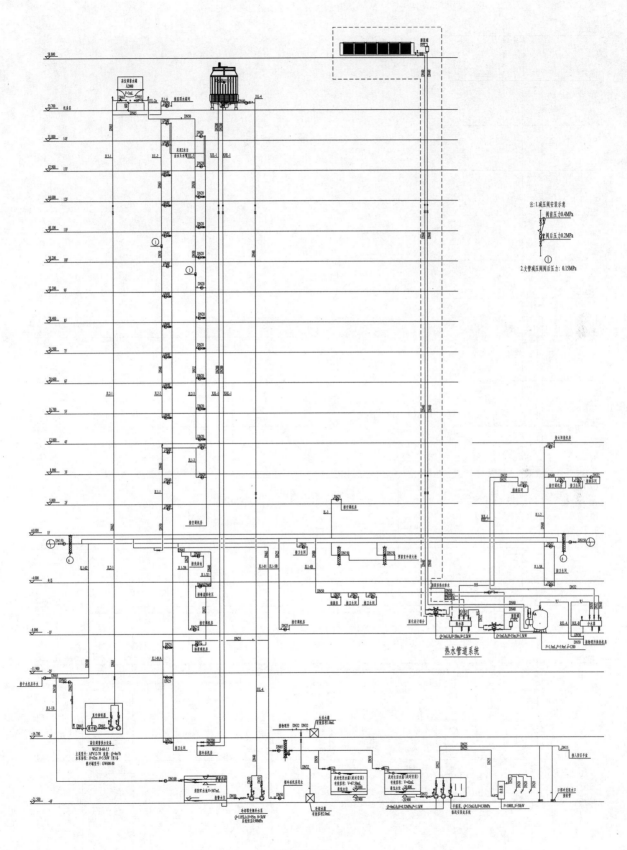

给水系统图

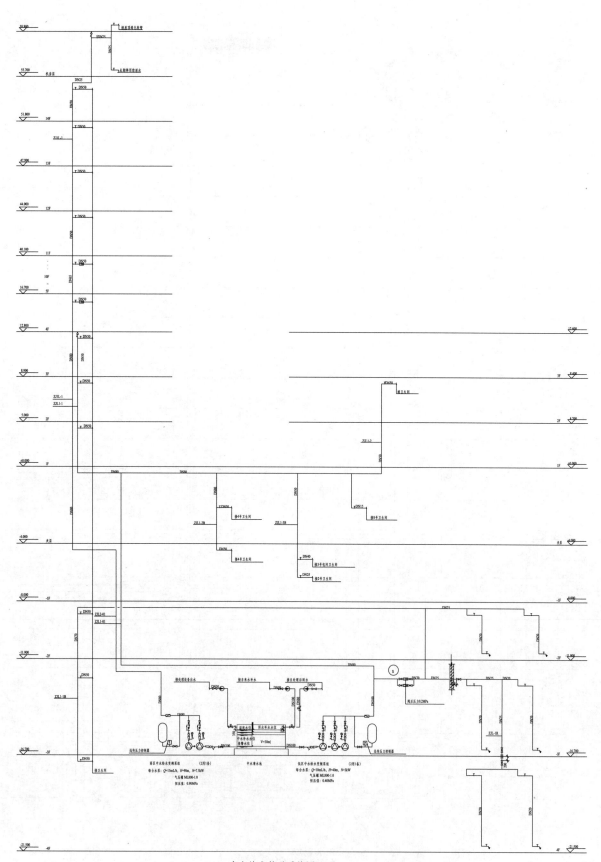

中水给水管道系统图

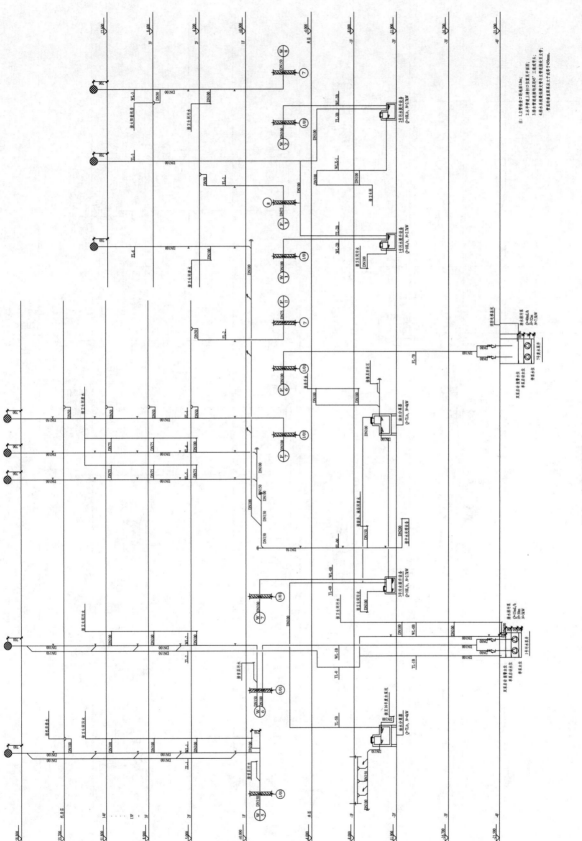

污水、废水系统图（一）

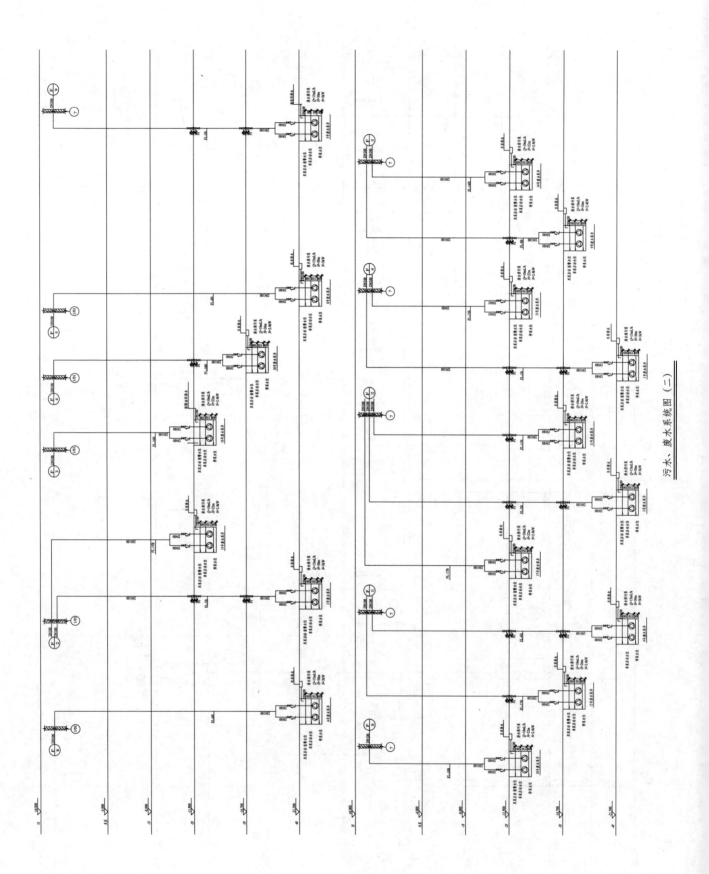

污水、废水系统图（二）

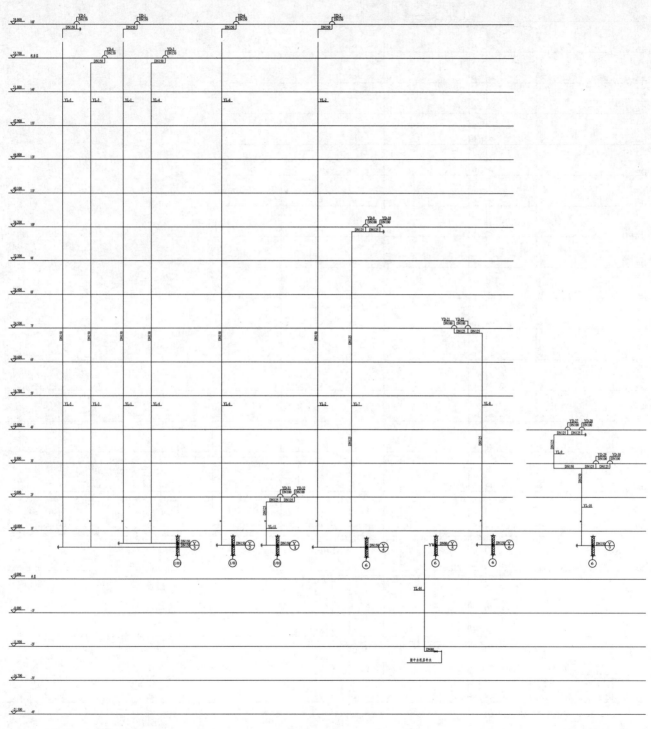

雨水系统图

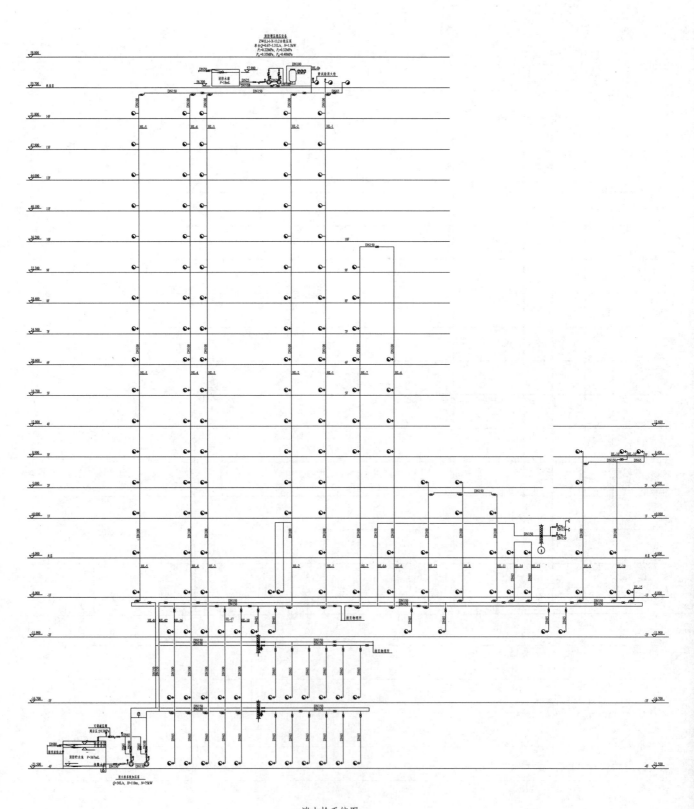

消火栓系统图

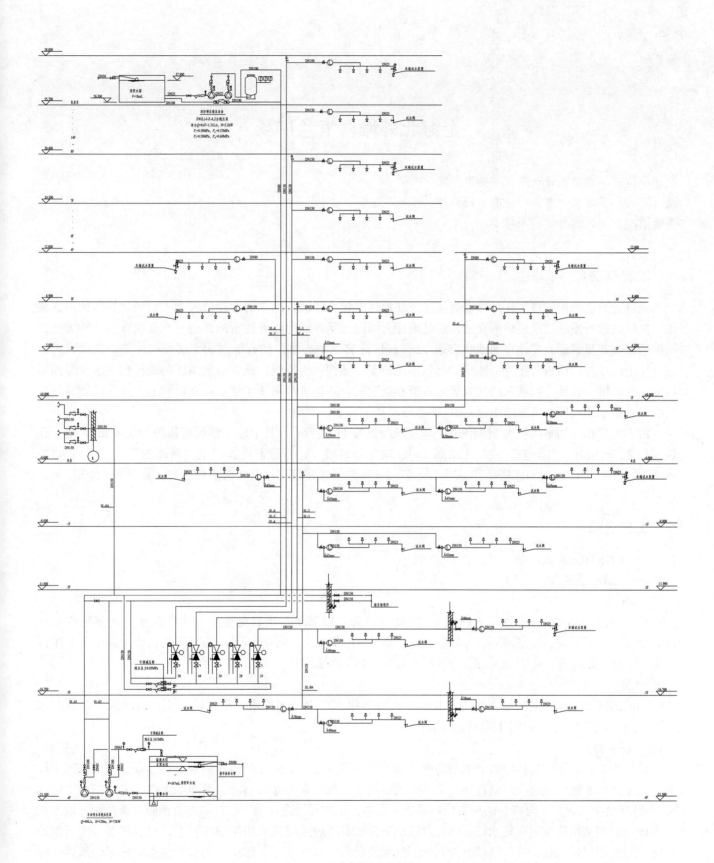

自动喷水灭火系统图

上海北外滩白玉兰广场

设计单位：华东建筑设计研究院有限公司
设 计 人：王学良　李洋　张亮　胡晨樱
获奖情况：公共建筑类　一等奖

工程概况：

项目地处上海市虹口区北外滩沿黄浦江滨江地区的核心区域，优越的地理位置为人们到达自然休闲区提供了良好的出行系统以及便捷的交通。通过南侧上海港国际客运中心可达黄浦江边，有面向黄浦江的无任何遮挡的景观视觉通道，北侧直通地铁交通 12 号线国际客运中心站，拥有极强的交通便捷优势。其设计理念来自于上海市花"白玉兰花"，320m 的建筑高度刷新了浦西的天际线，成为沿黄浦江的地标性建筑及浦西最具标志性的第一高楼，同浦东的陆家嘴建筑群和浦西的外滩建筑群隔江相望，共同形成上海独有的黄浦江风景线，将带动该地区形成新的上海 CBD 核心环。

白玉兰广场总用地面积为 56670m²，总建筑面积为 414798m²，其中地上建筑面积为 249983m²，地下建筑面积为 164815m²。其包括一座 66 层高 320m 的办公塔楼，并于顶部设置了上海最高的直升飞机停机坪；一座 39 层高 171.7m 的酒店塔楼和一座 2 层 57.2m 高的展馆建筑连接着 3 层高的裙楼。地下室共 4 层。

工程说明：

一、给水排水系统

（一）给水系统

1. 水源

在旅顺路、东大名路分别引入一根 DN300 进户管，以满足本项目的生活和消防用水。在基地内形成 DN300 消防环管。根据计量要求，设置酒店（DN200）和办公、商业（DN300）的两只计量总水表。生活用水量：Q（最高日）$=4043\text{m}^3/\text{d}$，Q（最大时）$=436\text{m}^3/\text{h}$。

2. 分质给水系统

不同的区域采用不同的给水系统，并结合市政直供水、中水回用水、雨水回用水、洁净水等不同的水源，充分体现了绿色建筑和 LEED 建筑的特点。

3. 供水方式

裙房商业：地下四层裙房商业水泵房内单独设置生活水池，采用变频恒压供水方式。办公：地下四层设置办公生活原水池，经过净水处理后，与办公消防用水一起贮存在办公消防生活净水池内。采用二级串联水泵-水箱联合供水方式。与办公的重力消防系统共用办公消防传输泵。地下四层的办公消防一级传输泵输水至三十四层的消防生活共用中间水箱，办公二级消防传输泵通过抽吸三十四层的水箱水，把水供至六十五层的消防生活共用屋顶水箱。办公塔楼分为六十五层水箱供水的高区和三十四层中间水箱供水的低区。酒店：地下二层酒店洗衣房单独设置一套软水系统，地下四层单独设置软水处理装置和软水贮存池，由变频泵恒压供水。酒店于地下四层设置生活原水池，经过净水处理后，与酒店消防用水一起贮存在酒店消防生活净水池内。酒店裙房采用变频恒压供水方式，酒店主楼采用水泵-水箱联合供水方式。通过地下四层的酒店加压泵供至三十九层消防生活共用屋顶水箱。地下室车库、绿化用水及景观用水考虑采用中水（收集下沉广场雨水，处理后回用）供给。裙房卫生间便器用水采用中水（收集酒店标准层生活废水，处理后回用）供给。洗衣房单独设置软水供水系统，采用变频恒压供水方式。

4. 水质处理

酒店及办公用水采用处理之后的净化水，卫生间便器冲洗用水、停车库地面冲洗水、洗车、道路冲洗和绿化浇洒用水等采用杂用水，即由下沉广场雨水和酒店标准层生活废水处理后回用供给，洗衣房采用软水，其余采用自来水。

（二）热水系统

办公和裙房卫生间洗手盆由电加热热水器供给。酒店采用集中制备的方式，热媒采用高温热水，由半容积式热交换器提供。局部淋浴间采用太阳能热水系统。

（三）排水系统

排水方式：室内采用污废分流制。设置主通气立管，公共卫生间设置环形通气管、酒店卫生间设置器具通气管。餐饮废水经一级隔油（由厨房工艺自带），再经二级隔油器处理后，排入生活污水管道。酒店的隔油间单独设置。车库设隔油、沉砂集水井。地下室卫生间采用污水一体化提升装置。

酒店污/废水经过监测井后与 $DN900$ 的雨水管汇总排入旅顺路 $DN1000$ 的新建市政雨污合用的窨井，其余经过监测井后与 $DN900$ 的雨水管汇总排入东大名路 $DN1000$ 的新建市政雨污合用的窨井以及 $DN600$ 的老市政雨污合用的窨井。

（四）雨水系统

主楼屋顶雨水重现期取 50 年，采用虹吸排水。宾馆及部分裙房屋面雨水采用虹吸雨水系统，按 50 年设计。部分裙房屋面采用重力排水，重现期取 10 年。下沉式广场等区域重现期取 50 年。

室外雨水设计重现期取 5 年。$DN900$ 的项目雨水管与项目污/废水合并排入旅顺路 $DN1000$ 的新建市政雨污合用的窨井，$DN900$ 的项目雨水管与项目污/废水合并排入东大名路 $DN1000$ 的新建市政雨污合用的窨井以及 $DN600$ 的老市政雨污合用的窨井、$DN500$ 的项目雨水管排入新建路 $DN600$ 的市政雨水窨井。

（五）冷却循环系统

分别设置酒店、办公和裙房商业 3 套独立的循环冷却水系统。酒店循环冷却水量为 $2140m^3/h$，办公循环冷却水量为 $3478m^3/h$，裙房商业循环冷却水量为 $3993m^3/h$。冷却水进、出水温差为 5℃。冷却塔湿球温度为 28.5℃。酒店冷却循环系统采用旁滤、化学加药处理，办公、商业冷却循环系统采用旁滤、AOP 臭氧处理。

酒店冷却塔设置在展馆屋面上。办公、裙房商业冷却塔设置在裙房屋面上。考虑裙房下方为电影院，采用浮筑地台加弹簧减振器来防止噪声和振动。

二、消防系统

（一）消防水量

室外消火栓系统水量为 30L/s；室内消火栓系统水量为 40L/s；自动喷水灭火系统水量为 40L/s；大空间智能型主动喷水灭火系统水量为 20L/s；高压细水雾系统水量为 10L/s。

（二）消防系统压力划分

考虑高度、运行单位的不同，项目分为 2 套消防系统。酒店消防系统为临时高压系统。办公及裙房为常高压消防系统，六十五层以上楼层为稳高压系统。

(三) 消防水池 (箱) 用水量

酒店：地下四层的生活原水池内贮存 $200m^3$ 的消防用水，屋顶水箱内贮存 $36m^3$ 的消防用水。办公：地下四层贮存 $200m^3$ 的消防用水。三十四层的水箱内贮存 $100m^3$ 的消防用水，六十五层的水箱内贮存 $576m^3$ 的消防用水，十八层、五十层的水箱内贮存 $18m^3$ 的消防用水。

(四) 不同消防系统

部分区域高度超过 $12m$，设置智能化消防水炮系统。

变电所、变配电间、配电间、应急开关柜间等部位均设置 IG541 气体灭火系统。酒店、办公、商业的钢瓶间独立设置。

网络机房、通信机房、发电机房、日用油箱间、进线间等部位采用高压细水雾系统。高压细水雾酒店设置 1 套系统，办公、商业设置 2 套系统。

楼层强弱电间采用水喷淋保护系统。

部分耐火极限不满足 3h 的防火卷帘设置双侧加密喷淋保护。

作为公安部在上海市唯一一个全国超高层消防演习场所，采用消防物联网技术对相关设备进行监控。

三、工程特点介绍

1. 合理的雨水排放和收集系统

项目所属区域为汉阳排水系统。由于包含防汛段，汉阳排水系统已经在改造过程中。目前现状为合流制，服务范围为：西起虹口港、东至公平路、北起海拉尔路、南至黄浦江，面积为 $91hm^2$。设计标准为：重现期 $P=1$ 年。

目前东长治路是地铁 12 号线，东长治路的雨、污水管正在进行改造，雨水井已建成，市政管道马上要进行铺设，东长治路因地铁顶板抬高 $500mm$，地铁顶板高程为 $2.68m$，项目道路红线处标高为 $3.42m$，东长治路不能为本项目地块雨、污水排放提供出路。项目西侧旅顺路上敷设有 1 根 $DN900$ 的合流管道，该管道于 1983 年 6 月建成，管道向南接入东大名路合流管道内。可为项目地块雨、污水排放提供出路。南侧东大名路上敷设有 1 根 $DN800$ 的合流管道，该管道于 1974 年 3 月建成，该管道向东经丹徒路合流管道，再转向北，经唐山路、西安路接入汉阳泵站，可为项目地块雨、污水排放提供出路。

上述为项目 2013 年雨、污水排放出路。幸运的是在项目 2016 年年底竣工前，汉阳路排水改造已经完成，见前文 (四) 雨水系统。

下面展开介绍雨水排放和收集系统。

(1) 超高层虹吸雨水系统

由于出户条件严重受限制，北面是地铁顶盖，东面和西面地下一层基本都是电气用房、坡道、土建风道，几乎只有南面和东面的酒店侧有出户条件。加上出户途中梁高、降板进一步增加出户难度，在与结构专业确定管道穿梁的区域，管井到出户的距离最远的长达将近 $200m$，所以大部分屋面只能采用虹吸雨水。部分裙房雨水管采用包柱走室外覆土的形式排放。

特别是在 $320m$ 的白玉兰绽放的超高层屋面虹吸雨水系统，更是国内少见，为了保证雨水顺畅排放，在雨水立管低区的一层~八层部分设置消能装置。

(2) 下沉式广场的雨水和收集

在建筑物内部有大小不一的下沉式广场，优美动态的曲线，结合绿化、景观，带来了惊艳的效果，但是也带来了巨大的挑战。这些下沉式广场总体呈现开口，一直到地下二层，但是地下一层、地下二层这些下沉式广场形态又进行了不规则的变化，所以不只要解决单纯的下沉式广场的排水，还有在其周边的地铁顶盖排水、$320m$ 超高层的侧墙雨水排放、总体道路的雨水排放，在研究了分水线划分、各层的遮挡后，项目组和建筑商决定在各层的下沉式广场的轮廓线周边设置 $400mm$ 宽 (一共 $400mm$ 面层) 的隐蔽式暗沟，尽量把相近的下沉式广场连接起来。暗沟内设置 $DN150$ 的雨水斗，并在雨水斗上设置防护滤网，排入雨水井。

这些下沉式广场的直接开口面积小于 $2000m^2$，但是所有的汇水面积超过 $20000m^2$。为了收集以上水量，在地下三层设置 9 个 $5m \times 3m \times 2.5m$ 雨水集水井，每个雨水集水井按照收集 $2350m^2$ 雨水考虑，雨水泵的流量按照规范 50 年 5min 暴雨强度考虑，2 用 1 备，雨量大的时候 3 台泵同启。雨水集水井的容积由于实际情况限制，按照标准要求的 1 台雨水泵 30s 的出水流量考虑。雨水泵考虑带电机冷却保护系统以及日后的检修，在其上方的梁预留了荷载和电动吊钩。

考虑这些集水井叠加起来有 $270m^3$ 左右，所占体积不小，既可以有调蓄贮水作用，又有一定的初沉淀作用故将其收集处理。虽然雨水根据水质一般选择以下工艺流程：雨水收集系统→初期径流弃流→雨水收集池沉淀→过滤→消毒→雨水清水池。雨水收集的相关规范要求，初期径流弃流装置和雨水收集池宜设置在室外。但是 1）项目由于特殊的建筑形态导致下沉式广场有大量雨水需要排放，把这些雨水回收利用才是真正具有意义的。2）总体上没有设置雨水收集池的条件。3）雨水回收管道相当有难度。经过综合评估，项目组决定因地制宜，把这些集水井作为分散的初沉池和收集池，在地下四层正常设置雨水调蓄池、处理工艺，直至雨水清水池。这样 $270m^3$ 的雨水井加上 $381m^3$ 的雨水调蓄池，实际总的雨水调蓄贮水的体积达到 $650m^3$。

保险起见，设计上把集水井的出水管分成 2 路，其中一路进入地下四层的雨水调节池，一路排出室外。这两路管道上设置电动阀，以便自动切换。这样这些雨水一般情况下经过处理回用，如果在遇到特大暴雨的情况下，雨水集水井、雨水调蓄池和清水池均已经蓄满水的情况下，可以开启排出室外那一路管道上的电动阀，保证雨水的排放。

项目使用后，经过上海大暴雨的洗礼，项目的雨水排放系统流畅，达到预期。

（3）室内景观排水

为了营造绿色的氛围，建筑物内种植了很多树木。每个树坑都要排水，其中地下三层的层高相对较低，层高受到一定局限。本工程采用侧墙式地漏，就近将树坑排水连通，最终排入地下车库明沟、集水井。

酒店裙房的开启式天窗和不开启的天窗、屋顶游泳池、屋顶庭院通过设置周边暗沟结合地漏达到最终排放效果。

2. 作为功能形态不一的超高层建筑群，采用突破规范的临时高压系统和常高压消防系统，不同区域不同层高区域采用不同的灭火形式

由于项目在 2005 年开始设计，对于超高层群的消防系统并没有明确的规范可供参考，项目组凭借南京紫峰、环球金融中心等项目的经验，结合消防局、酒店管理公司的意见，开始了超高层群的消防设计的探索道路。

虽然整体项目面积并没有超过 50 万 m^2，但是考虑高度、运营单位的不同，项目分为 2 套消防系统。

（1）全国罕见的一泵到顶的超高层临时高压系统。酒店的消防泵房在地下四层，最不利点标高为 170m 左右，整体高差达到 190m。考虑到以下因素：1）由于酒店并没有设置避难层，只有在七层设置了避难区，建筑物为月牙造型，除去核心筒之后机房面积较有限。2）上下层均为酒店客房层，设备的噪声对酒店运营不利。3）七层的标高为 30m 左右，离最不利标高还有 140m 左右。最终经过上海消防局的论证，同意了一泵到顶的临时高压系统方案。

（2）全国最早设计的超高层常高压系统之一。办公及裙房为常高压消防系统，六十五层以上楼层为稳高压系统。项目在 2005 年开始设计，对于超高层的常高压系统并未有可供参考的规范。考虑上海给水管网的完善性以及上海市北自来水公司要求消防和生活合用的要求，经过消防局的认可，消防贮水量并未借鉴南京紫峰项目，而是借鉴环球金融中心项目地下四层贮存了 $100m^3$ 的消防水量，考虑了一隔为二的检修因素，系统简洁，节约了机房面积。

（3）高压细水雾系统在超高层建筑群的应用。高压细水雾灭火系统是目前先进、环保的灭火防灾系统，

具有用水量少、灭火性能高、水渍损失小，二次损害小、综合防灾能力强等特点。但在超高层建筑群中大规模应用还属少见。项目在网络机房、通信机房、发电机房、日用油箱间、进线间等部位采用高压细水雾系统。酒店设置一套高压细水雾系统，在地下四层设置高压细水雾泵组。办公设置二套高压细水雾系统，泵组分别设置在地下四层及三十四层。

四、工程照片及附图

全景图

夜景效果图（一）

夜景效果图（二）

屋顶效果图

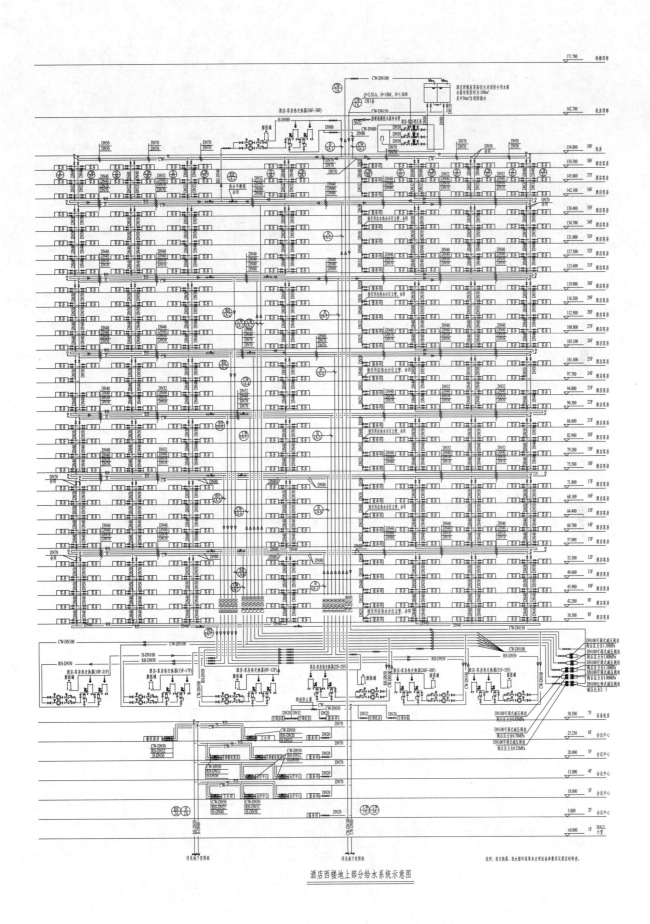

酒店西楼地上部分给水系统示意图

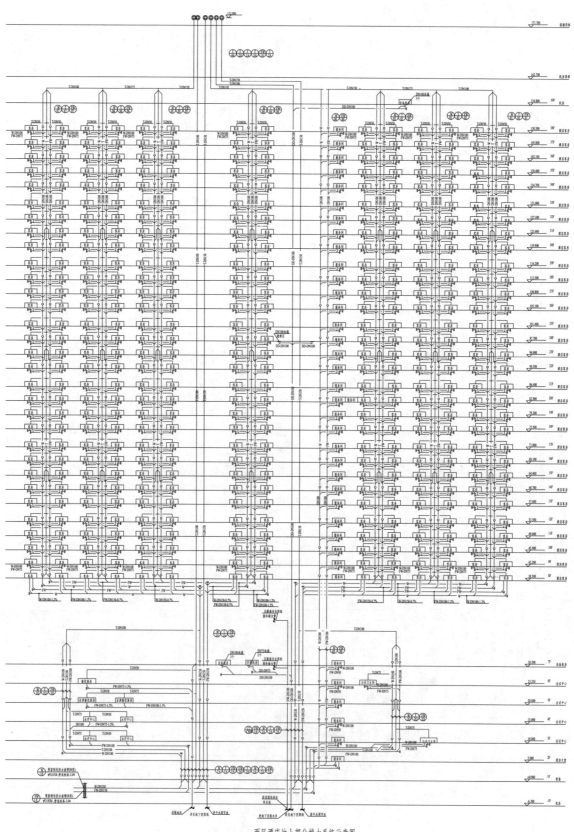

西区酒店地上部分排水系统示意图

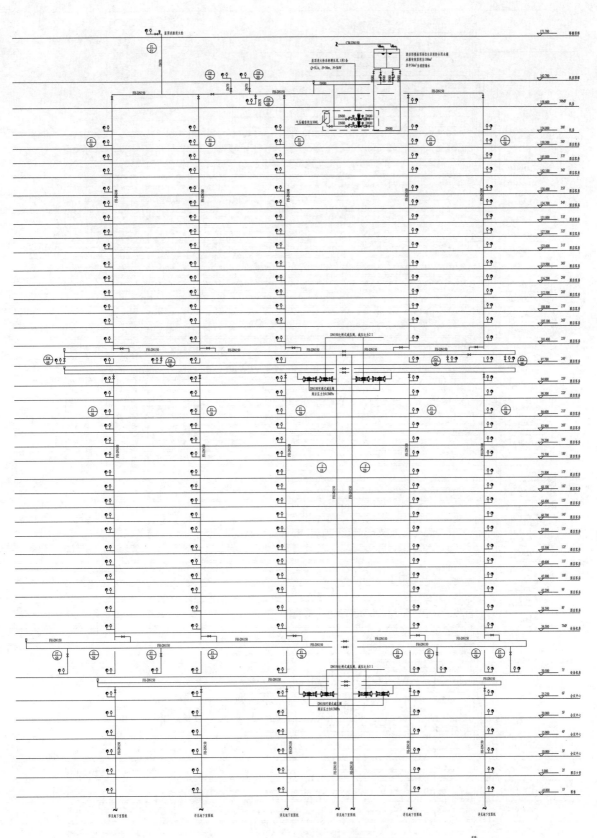

酒店西楼地上部分消火栓系统示意图

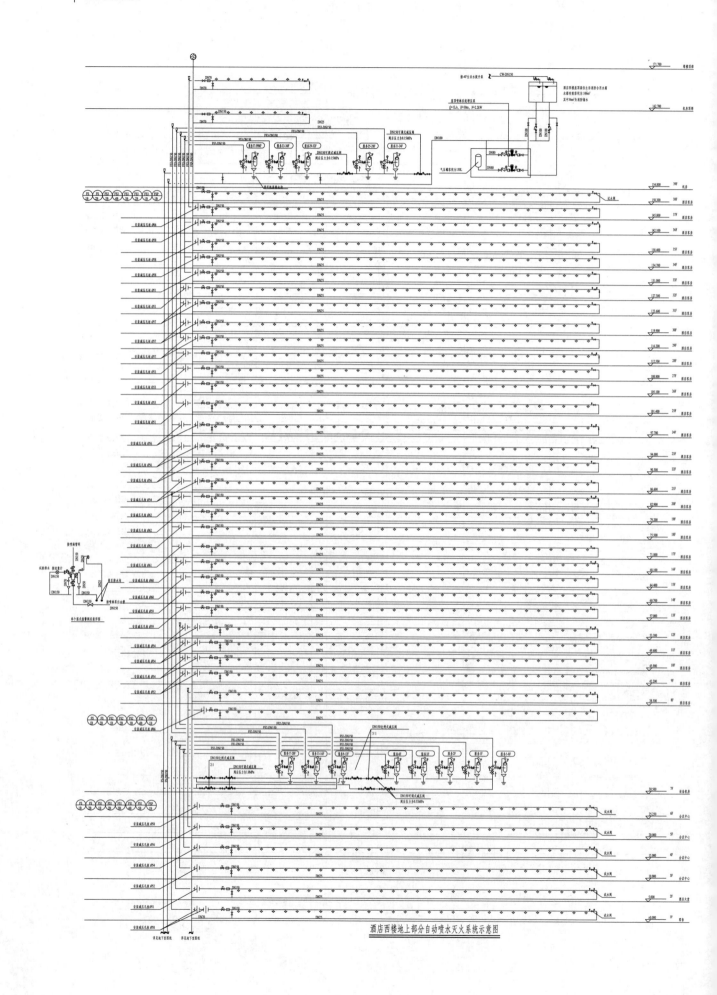

酒店西楼地上部分自动喷水灭火系统示意图

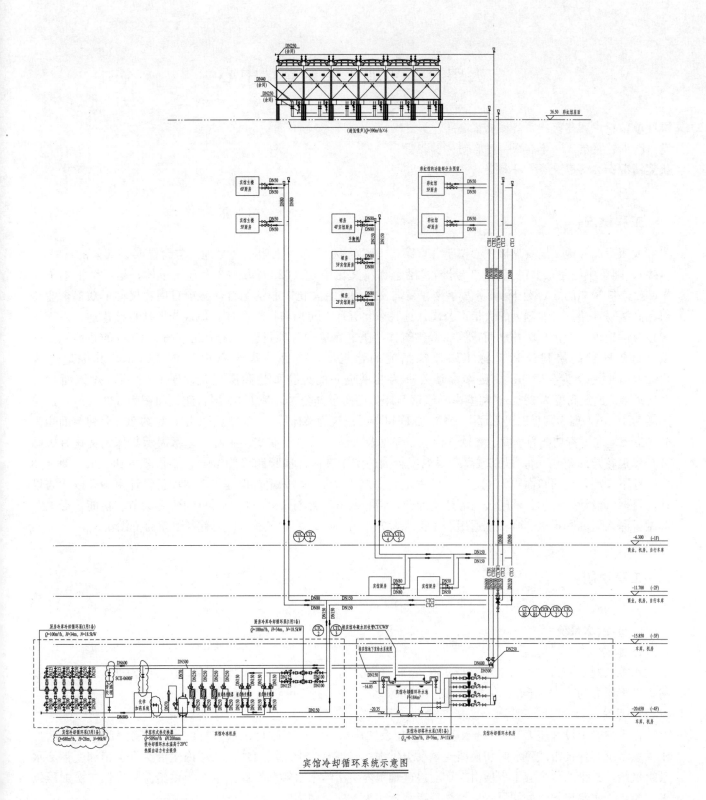

宾馆冷却循环系统示意图

大望京 2 号地·昆泰嘉瑞中心

设计单位： 中国建筑技术集团有限公司
设 计 人： 吴前飞　李有根　童自明　徐光远
获奖情况： 公共建筑类　一等奖

工程概况：

大望京 2 号地·昆泰嘉瑞中心位于北京第二 CBD 核心区——大望京 2 号地，包含昆泰嘉瑞公寓（618-1 号楼）、阿里中心望京 B 座（618-2 号楼）、昆泰嘉瑞文化中心（623 地块）3 个建筑单体，是一个汇集了人文、生态、智能的 5A 级国际商务写字楼、高端公寓和区域文化中心的综合体。项目周边聚集了众多企业总部和高端写字楼。东北侧紧邻大望京公园，远眺东北五环五元桥与机场高速，地块与地铁直接连通，由于得天独厚的地理位置，金幕外立面，流线型建筑体，昆泰嘉瑞中心项目已经成为北京第二 CBD 的新地标。本项目为 2 栋超高层建筑和 1 栋多层建筑组成的建筑群，项目总建筑面积为 233194m²，其中地上为 140394m²，地下为 92800m²。昆泰嘉瑞公寓为北京唯一的纯公寓超高层建筑，地上 53 层，建筑面积为 76109m²，建筑高度为 226m。阿里中心望京 B 座为超高层办公楼，地上 30 层，建筑面积为 52953m²，建筑高度为 156m，现为阿里巴巴集团办公楼。2 栋超高层建筑为整体地下室，地下 4 层，深约 20m，建筑面积为 62800m²，地下室功能为车库、餐饮、商业、库房及人防。昆泰嘉瑞文化中心，艺术展示与休闲文化有机结合，屋顶花园约 4000m²，是京城商务区规模较大的空中花园。屋顶跨度为 24m，二层悬挑达 10m。地上 3 层，地下 4 层，总建筑面积为 41332m²，建筑高度为 23.9m。作为地标性建筑，本项目设计伊始即以优秀设计为目标，设计、施工、顾问公司等严密配合、精心做事、苦心孤诣，对于项目的所有细节、功能、形象等都做了深入研究和推敲，既安全适用，也美观大方，为城市风貌增光添彩，为首都形象锦上添花。

工程说明：

一、给水排水系统

（一）给水系统

1. 水源

水源从规划一路、望京三号街 DN300 市政管线分别引入 DN200 市政自来水，在红线内形成环状供水管网，供水压力为 0.18MPa。

2. 系统设计

在入户管上设 2 座 DN150 的水表井。二层及二层以下，由市政自来水直接供水，设旁通阀门接低区加压供水系统，保证市政停水时切换至变频泵组供水；三层～二十六层由地下二层内生活给水水箱和变频给水泵组供给，二十八层～五十三层由二十七层避难层内生活给水水箱和变频给水泵组供给。为确保二次加压供水水质，于水箱出水口处均设置紫外线消毒装置作为二次杀菌措施。

3. 计量

公寓、商业、设备机房补水等均设水表计量，并在生活给水管道连接各设备机房补水管时，管道上设置倒流防止器。其余按照功能分区设置水表计量。

（二）热水系统

办公楼不提供集中生活热水，由就地容积式电热水器提供生活热水。公寓生活热水系统采用全日制集中闭式热水供应系统。补充水及循环回水经热水机组加热后供至各区顶部，对各分区上行下给。管网采用同程式布置，设循环泵全天候机械循环。热水机房设置在地下一层、十三层、二十七层和四十一层。

（三）中水系统

水源为从大望京三号街引入 $DN100$ 市政中水，均在红线内支状供水管网，供水压力为 0.18MPa，贮存于地下室中水机房内。中水管道系统分区同给水系统。

（四）排水系统

1. 本工程采用污废合流制，卫生间排水系统设置专用通气立管，伸顶通气。园区污废水经室外化粪池处理后，接入市政管线。厨房排水经室内隔油池处理后排入室外管线。

2. 室内±0.000 以上污水重力自流排入室外污水管，地下室污水采用潜水排污泵提升至室外污水管。潜水泵的启停由集水坑内的液位信号器控制，高水位启泵，低水位停泵。

（五）雨水系统

屋面雨水设计重现期 $P=10$ 年，$q_5=5.85$L/(s·100m^2)，$H=211$mm/h。屋顶女儿墙设溢流口，屋面雨水排水与溢流口总排水能力按 50 年重现期的雨水量设计。屋面采用重力流内排水。

二、消防系统

此设计的消防系统包括建筑单体内的室内消火栓系统，湿式自动喷水灭火系统、预作用灭火系统、水喷雾灭火系统、建筑灭火器布置等。

（一）水源及消防水量

1. 喷淋用水量

地下车库及商业危险等级：中危险级Ⅱ级，喷水强度 8L/(min·m^2)，作用面积 160m^2，喷淋用水量 30L/s。

其他区域危险等级：中危险级Ⅰ级，喷水强度 6L/(min·m^2)，作用面积 160m^2，喷淋用水量 25L/s。

消防水池喷淋系统出水量及设备选型按 30L/s 计算。

2. 消防用水总量

本工程中消防流量及一次消防用水量见表 1。

消防流量及一次消防用水量计算表　　　　　　　　　　　　　　　　表 1

序号	系统	消防流量(L/s)	火灾持续时间(h)	一次消防用水量(m^3)
1	室外消火栓系统	30	3	324
2	室内消火栓系统	40	3	432
3	自动喷水灭火系统	30	1	108
4	水喷雾系统	20	0.5	54
5	合计			918

3. 水源

室外给水管网为 2 路水源，在红线内形成管径为 $DN200$ 环状供水管网，供水压力为 0.18MPa。室外消火栓系统水量由 $DN300$ 市政给水管线提供，可满足生活、消防同时用水需要。自动喷水灭火系统与水喷雾系统不同时使用，因此，消防水池按两者最大用水量（喷淋 108m³）贮存。在本工程地下一层建消防水池 1 座，消防贮水池有效容积为 600m³（消防用水量为 540m³，冷却塔补水量为 60m³）。

（二）室外消火栓系统

室外消火栓系统用水量为 30L/s，火灾延续时间为 3h。室外给水管网为 2 路水源，在室外呈环布置，室外消火栓系统水量由市政给水管网提供。设置地下式消火栓，在室内消火栓和喷淋水泵接合器 40m 范围内设置室外消火栓。

（三）室内消火栓系统

室外消火栓系统用水量为 40L/s，火灾延续时间为 3h。采用临时高压消火栓系统。在本建筑屋顶设屋顶水箱间，水箱有效容积为 100m³ 的消防水箱，保证 10min 的室内消防水量及水压要求。采用串联转输水箱加转输泵分区，地下四层～十四层为低区，十五层～三十层为高区，低区消防和加压泵及消防水池设在地下一层消防泵房内，高区在十五层避难层设置 63m³ 消防转输水箱及高区消火栓加压泵，转输水泵设于地下一层消防泵房内。消火栓高低区各设水泵接合器 3 套，每个分区设试验消火栓和建筑各部位均设消火栓保护。

（四）自动喷水灭火系统

本工程按中危险级Ⅱ级设计，喷水强度为 8L/(min·m²)，作用面积为 160m²。设计灭火用水量为 30L/s，火灾延续时间为 1h，首层大堂净高超过 8m，但不超过 12m，喷水强度为 8L/(min·m²)，作用面积为 260m²。屋顶设置有效容积为 100m³ 的消防水箱（与室内消火栓合用）及增压稳压装置，保证消防前 10min 喷淋水量及水压要求。

采用串联转输水箱加转输泵分区，地下四层～十四层为低区，十五层～三十层为高区，低区喷淋加压泵和消防水池设在地下一层消防泵房内，低区报警阀组前设减压阀减压，阀后压力小于或等于 1.2MPa。

（五）灭火器设置

建筑物内设置磷酸铵盐干粉灭火器，主要设置在消火栓箱下部。地下车库按 B 类火灾中危险级设置，办公和公寓按 A 类火灾严重危险级设置，变配电室等按 E 类火灾中危险级设置，商业按 A 类严重危险级设置。办公、地下车库、商业的每个消火栓下部设手提式磷酸铵盐干粉灭火器 2 具，变配电室设 4 具手提式磷酸铵盐干粉灭火器。

三、设计及施工体会

（一）系统设计体会

1. 给水系统和中水系统

给水系统和中水系统均采用水箱、变频水泵分区串联供水，在各自的地下室和避难层均设有给水和中水泵房分区供水。发生供水事故时，短时间内不会致使整栋楼停水，可有效保障供水安全。各分区水泵扬程均较低，对供水管材及接口承压要求较低，对建筑上部的结构承载力和空间占用较小，节能、节水且节约投资，系统的后期维护压力小。

2. 排水系统设计

雨、污/废水系统均在避难层设置了管道偏置和乙字弯的消能措施，有效消减高峰排水时的管道承压压力，避免过高的水流冲击对排水管道系统造成破坏。污/废水系统设置专用通气立管保证立管内的空气流通，排除排水管道中的有害气体，同时释放排水系统中的正压以及补给空气减小负压，使管内的气压保持接近大气压力。这些措施可有效消除因建筑高度引起的排水势能，以保证排水系统顺畅安全。

3. 消防水系统设计

本工程 2 栋超高层水泵房设计思路一致，室内消防系统均采用水箱、水泵分区串联的临时高压系统。在地下室、避难层和屋顶层分别设有消防水池和消防转输水箱分区供消防水。同时消防系统在避难层转输水箱处设置移动接力供水泵吸水及加压接口，可在原消防泵出现故障时通过移动接力泵及时保障消防供水，以增加消防系统的安全可靠性。

4. 公寓楼热水系统设计

生活热水系统采用全日制集中闭式热水供应系统。补充水及循环回水经热水机组加热后供至各区顶部，对各分区上行下给。管网采用同程式布置，设循环泵全天候机械循环。

（二）后期服务

1. 本工程在出完施工蓝图之后，参与的施工配合工作量也非常大。本工程几个子项几乎同时开工，特别是2栋超高层，对施工工序的分解，与设计内容息息相关。设计团队每周都参与本工程的项目例会。多的时候，几乎每天都有在现场讨论项目设计内容，虽然没有驻场要求，但是也几乎等同于驻场设计服务。

2. 本工程每个子项，也都做了不同程度的施工辅助技术服务。比如由施工单位组织的BIM建模，作为设计团队，要对模型进行审核，提出更优的解决方案，与施工团队共同讨论施工的落地可行性。超高层施工难度大，垂直高差大，所以要充分考虑设计意图与施工难度的平衡，最终达到一个最高效的作业成果。还比如各个阶段的厂家深化图纸，节能、环保评审资料，已经局部空间区域的精装修设计，均需要主体设计院进行审核和配合工作。当然本工程的各个团队，也是群策群力，发挥每个团队的优势，最终落地成一个完美的作品。这样的一个通力合作，对每个团队来说，也都是学习和进步的一个良好机会。

四、工程照片及附图

大望京2号地超高层建筑群俯视图

大望京2号地超高层建筑东立面图

多功能厅

公寓室内精装户型

消防转输泵房

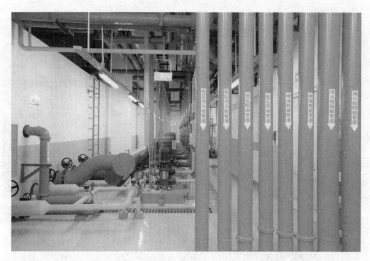

地下消防泵房（一）

地下消防泵房（二）

给水转输泵房

地下给水泵房

地下中水泵房

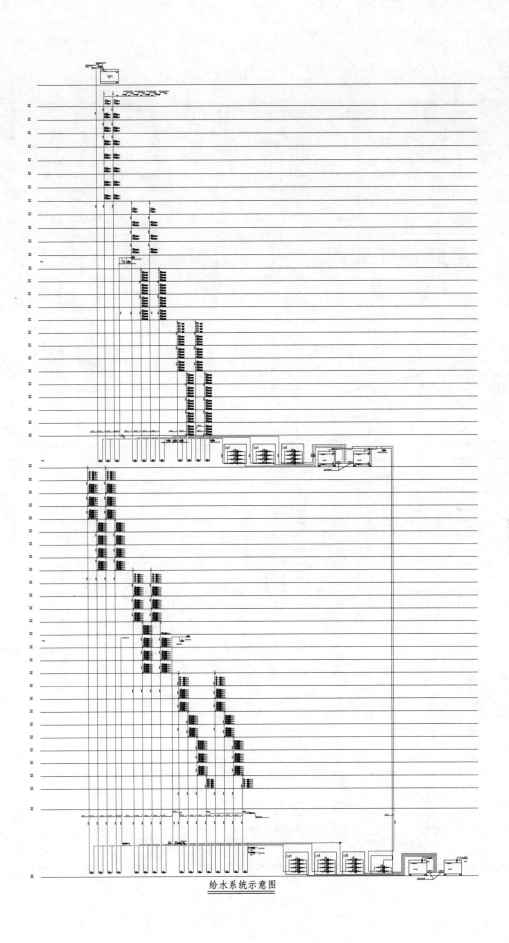

给水系统示意图

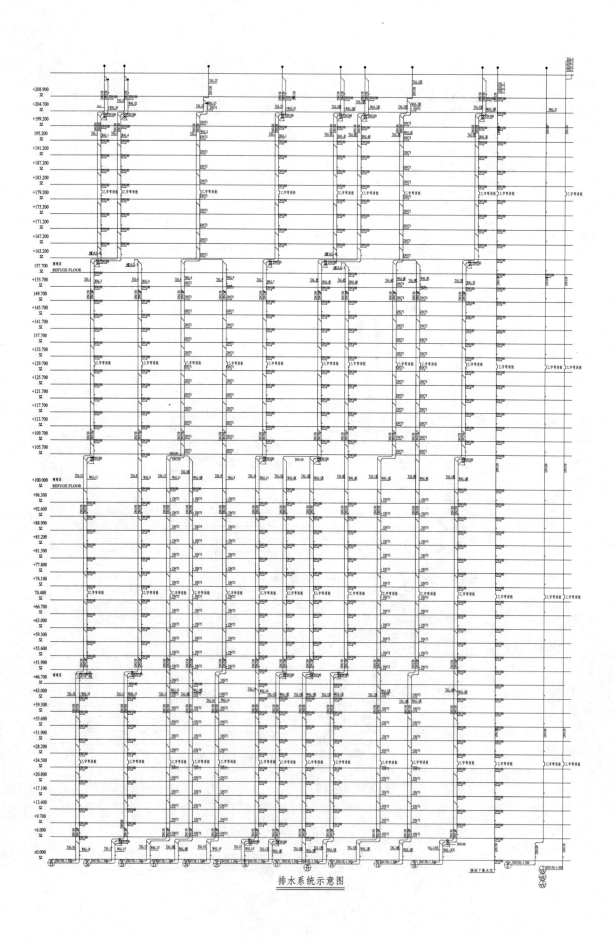

排水系统示意图

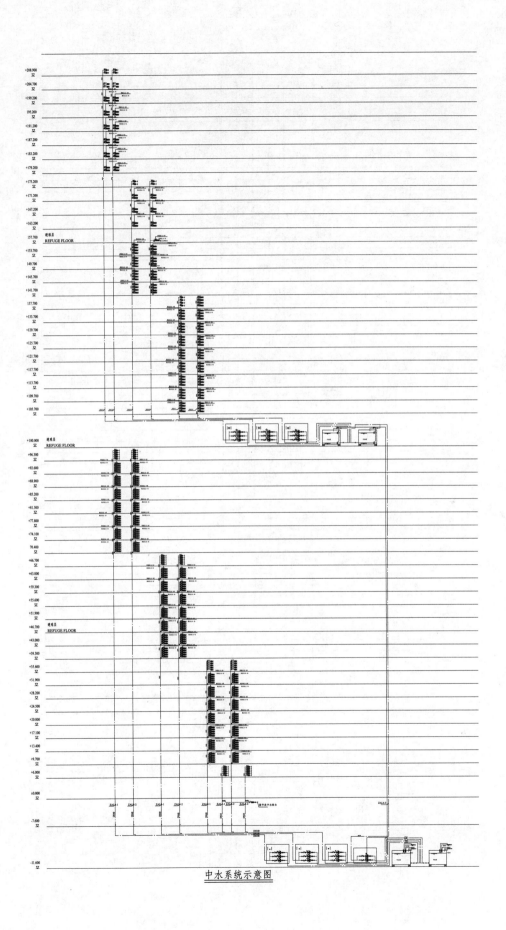

中水系统示意图

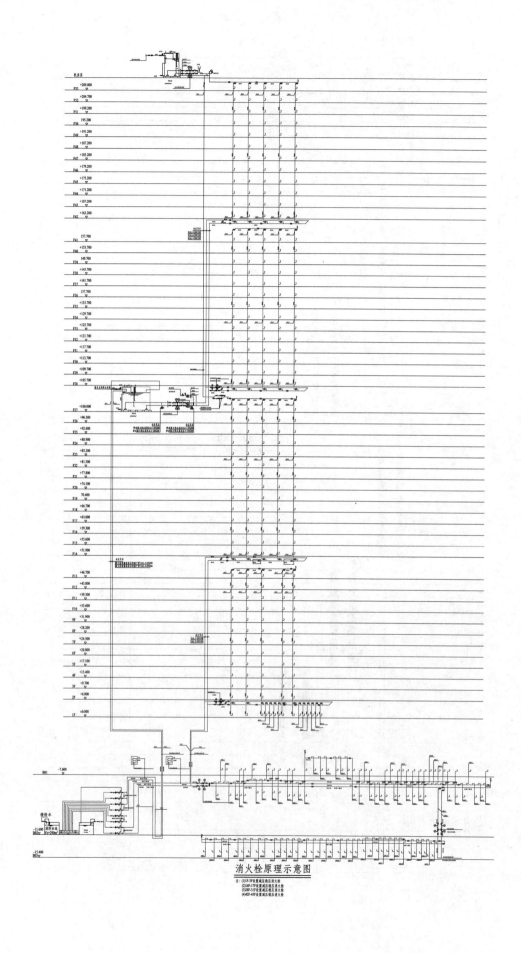

消火栓原理示意图

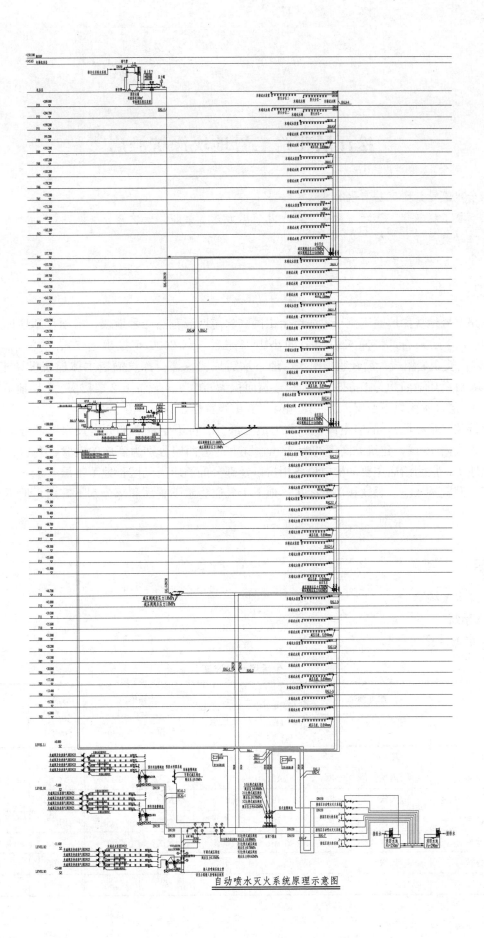

自动喷水灭火系统原理示意图

松江辰花路二号地块深坑酒店

设计单位： 华东建筑设计研究院有限公司
设 计 人： 王华星　赵强强　王珏　徐扬　范宇萍　冯旭东　梁超　张伯仑
获奖情况： 公共建筑类　一等奖

工程概况：

松江辰花路二号地块深坑酒店位于上海市佘山国家旅游区辰花路二号地块，本项目基地地质环境极其特殊，此处 1950 年开始采石，将原来地面上的小山采完后，到 2000 年挖出近 70m 的深坑，深坑面积近 36800m²，围岩由安山岩组成，后经收集雨水、地下水后成为深潭。深坑酒店主体建筑设计于地质深坑内，依崖壁建造。项目总用地面积为 105350m²，总建筑面积为 60139m²，坑上 2 层裙房、1 层地下室（含夹层）；坑内水面以上 14 层，水面以下 2 层。为一座超豪华五星级宾馆，共设 340 套客房。

由于地形特殊（采石坑），酒店主体建筑分为地上部分、坑下至水面部分以及水下部分。酒店共 18 层，其中坑上 2 层，坑内 16 层，建筑总高度约为 74m。坑上地上两层分别为酒店的大堂、餐饮、会议及部分酒店后勤；坑上地下一层为酒店主要的机电设备用房以及部分的酒店后勤区；地下一层～十三层为水上客房楼层，地下十四层设置游泳池、餐饮和部分客房；地下十五层为水下餐厅和部分水下客房，地下十六层为设备用房。

工程说明：

一、给水排水系统

（一）给水系统

1. 生活用水量计算（表 1）

生活用水量计算 表 1

	用途	用水标准		使用时间 (h)	小时变化系数 K_h	计算单位		最高日用水量 (m³/d)	平均时用水量 (m³/h)	最大时用水量 (m³/h)
		单位	定额			单位	量			
1	酒店顾客	L/(人·d)	450	24	2	人	578	260.10	10.84	21.68
2	中餐顾客	L/人次	40	12	1.2	人次	2040	81.60	6.80	8.16
3	宴会及多功能厅顾客	L/人次	40	16	1.2	人次	2120	84.80	5.30	6.36
4	西餐顾客	L/人次	25	16	1.2	人次	400	10.00	0.63	0.75
5	咖啡顾客	L/人次	15	18	1.2	人次	280	4.20	0.23	0.28
6	健体中心顾客	L/人次	60	12	1.2	人次	100	6.00	0.50	0.60
7	员工	L/(人·d)	150	24	2	人	568	85.20	3.55	9.60

续表

用途		用水标准		使用时间（h）	小时变化系数 K_h	计算单位		最高日用水量（m³/d）	平均时用水量（m³/h）	最大时用水量（m³/h）
		单位	定额			单位	量			
8	洗衣房	L/(房·d)	150	8	1.2	房	380	57.00	7.13	8.55
9	SPA	L/人次	200	12	1.5	人次	36	7.20	0.60	0.90
10	办公、行政	L/(人·d)	50	10	1.2	人	132	6.60	0.66	0.79
11	1～10项小计							602.70	36.23	57.67
12	未预见用水量		10%					60.27	3.62	5.77
13	二次供水合计							662.97	39.85	63.43
14	游泳池补水	m³	5%	18	1.2	总水量	375	18.75	1.04	1.25
15	水族馆补水			24	1			39.00	1.63	1.63
16	14～15项小计							57.75	2.67	2.88
17	未预见用水量		10%					5.78	0.27	0.29
18	17～18项合计							63.53	2.93	3.16
19	空调循环冷却补水	m³	1.50%	24	1	m³/h	1375	495.00	20.63	20.63
20	冷库循环冷却补水	m³	1.50%	24	1	m³/h	100	36.00	1.50	1.50
21	锅炉房补水			24	1.5			48.00	2.00	3.00
22	绿化、道路	L/(m²·d)	2	6	1	m²	84750	169.50	28.25	28.25
23	所有单项小计							1408.95	91.27	113.92
24	未预见用水量		10%					140.90	9.13	11.39
25	总计							1549.85	100.40	125.31

2. 水源

市政 2 路 $DN300$ 进水，引入管上设 $DN250$ 倒流防止器和水表计量后，在基地内形成 $DN300$ 消防环网。生活给水管从一侧引入管上接出，设水表计量。市政自来水管网压力为 0.20MPa。

3. 供水方式

（1）分质供水

市政自来水：供游泳池补水、水族馆补水、冷却塔补水及制冷机房补水、绿化浇洒、道路冲洗、垃圾站、污/废水处理间和湖水处理机房等。

净水：供盥洗、沐浴、厨房（洗碗间用水除外）、卫生间冲洗等生活用水。

生活用水给水深度处理工艺和供水方式为：

市政给水→原水箱→原水加压泵→砂滤器→活性炭过滤器→保安过滤器→生活水水箱→给水加压泵→UV→用水点。

软水：供厨房洗碗机、锅炉房补水、空调机房加湿等，由设备厂商自带软化设备就地制备。

雨水回用：收集裙房 360m² 开敞天井雨水，经处理后用于室外总体的绿化浇洒、道路冲洗等。

（2）分区供水

酒店生活用水由分区给水变频加压泵组提升后直接供给或经减压后供给。

根据酒店管理公司的要求，客房部分的水压控制在 0.20～0.45MPa。

冷却塔结合景观置于首层地面，补给水利用市政水压直接供给。同时在原水箱中储存部分冷却塔补给水量，由变频泵供至冷却塔，以保证给水可靠性。2路供水均设有防回流污染措施。

(二) 热水系统

1. 热水用水量 (表2)

集中热水用水量计算　　　　　　　　　　　　　　　　　　　　　表2

用途	用水标准		使用时间 (h)	小时变化系数 K_h	计算单位		最高日用水量 (m³/d)	平均时用水量 (m³/h)	最大时用水量 (m³/h)	设计小时耗热量 (kW)
	单位	定额			单位	量				
1 酒店顾客	L/(人·d)	180	24	4.63	人	578	104.04	4.34	20.07	1282.99
2 中餐顾客	L/人次	15	12	1.5	人次	2040	30.60	2.55	3.83	244.50
3 宴会及多功能厅顾客	L/人次	15	16	1.5	人次	2120	31.80	1.99	2.98	190.57
4 西餐顾客	L/人次	10	16	1.5	人次	400	4.00	0.25	0.38	23.97
5 咖啡顾客	L/人次	6	18	1.5	人次	280	1.68	0.09	0.14	8.95
6 健体中心顾客	L/人次	30	12	1.5	人次	100	3.00	0.25	0.38	23.97
7 员工	L/(人·d)	50	24		人	568	28.40	1.18	3.85	246.10
8 办公、行政	L/(人·d)	20	10	1.5	人	128	2.56	0.26	0.38	24.55
9 SPA	L/人次	100	12	1.8	人次	36	3.60	0.30	0.54	34.52
10 洗衣房	L/(房·d)	100	8	1.5	房	380	38.00	4.75	7.13	538.25
11 所有单项小计							247.68	15.96	39.67	2618.37
12 未预见用水量	10%						24.77	1.60	3.97	261.84
13 总计							272.45	17.55	43.63	2880.20

2. 热源

热媒为锅炉房自备高温热水 (60℃/95℃)。

3. 热水系统

(1) 厨房 (洗碗机除外)、淋浴、卫生间盥洗等场所设集中热水供应系统。热水分区同生活用冷水。

(2) 在支管循环较困难及部分重要场所采用自动调温电伴热措施。

(三) 排水系统

1. 室内排水系统

客房卫生间排水立管采用污、废合流制，支管污废分流制。由于客房管井上下不对齐，采用单双层分别接入2根立管的排水方式。客房卫生间排水设主通气立管、共轭通气管和环形通气管。公共卫生间排水设主通气立管和环形通气管，卫生间地漏采用再封式防虹吸地漏。客房排水及坑下无法用重力排水的场所，最终排水至地下十六层。污水经过带切割器的一体化设备 (废水直接) 提升至污水集水池。污水、废水集中水池再分别通过大流量、高扬程的排水提升泵排至地面污水管网。餐饮厨房含油废水设器具隔油和新鲜油脂分离器 (或隔油池) 隔油处理后排出。

2. 室外排水系统

室外采用雨污分流制。污水集中排放至市政污水管网，送城市污水厂集中处理达标后外排。

3. 雨水系统

屋面雨水设计重现期按不小于10年考虑，并以50年重现期的降雨强度进行校核。总体雨水按重现期3

年考虑。

坑上建筑雨水采用 87 型半有压流屋面雨水系统。室外地面雨水汇总后就近排至附近河道，排放口设拍门，控制管底标高高于河道常年最高水位。

坑下建筑侧墙及阳台雨水排至坑内湖。

二、消防系统

（一）消防水源及用水量

由市政 2 路供水管上各引入 1 根 $DN300$ 进水管，在基地内形成消防供水环网，供室外消防及自动喷水灭火系统用水。同时，根据消防主管部门的指导意见，结合项目自身特殊情况，自动喷水灭火系统水源采用市政自来水，消火栓系统利用天坑内湖水作为水源（见表 3）。

消防用水量 表 3

系统	流量（L/s）	火灾延续时间（h）	一次灭火用水量（m³）	水源情况
室外消火栓系统	40	3	432	基地环网、市政 2 路供水
室内消火栓系统	40	3	432	坑内湖水
自动喷水灭火系统	28	1	126	有效容积 100m³ 消防水池
水喷雾灭火系统	30	0.5	54	有效容积 100m³ 消防水池

（二）消防水泵房及水池（箱）

在坑上地下一层消防泵房内设置 100m³ 消防过路水池，供自动喷水灭火系统和大空间智能型主动喷水灭火系统吸水；坑上屋顶设置有效容积不小于 36m³ 的高位消防水箱；地下十五层设消火栓泵房和消火栓取水口。

（三）消防系统

1. 室外消火栓系统

坑上室外消火栓系统采用低压制。

在地下十四层的室外安全疏散平台上增设 1 套坑下室外（水面平台）消火栓系统。通过分别在主体建筑外东西两侧各设 1 根 $DN200$ 消防专用灭火竖管，与坑上室外消火栓环管连通，并设置专用水泵接合器。

2. 室内消火栓系统

室内消火栓系统采用临时高压系统。室内消火栓消防加压泵置于地下十五层消防泵房内，从坑内湖直接抽水，湖水最低液位满足水泵自灌吸水。同时根据当地防汛抗旱部门提供的资料，在湖水达到一定高度后，开启泄洪泵排水，保证地下十四层消防平台始终处于湖水最高液位之上。在干旱季节，从外河道饮水补充湖水，保证最低液位仍高于消火栓取水口顶部。

3. 自动喷水灭火系统

除面积小于 5m² 的卫生间、厕所和不宜用水扑救的部位外，在闭式系统允许最大净空范围内安全保护设置自动喷水灭火系统。

系统设计用水量按照同一防火分区同时作用的中危险级 I 级和水喷雾系统合计。

自动喷水灭火系统采用临时高压湿式系统。

4. 其他消防灭火系统

在超过 12m 的观光电梯前厅，设置大空间智能型主动喷水灭火系统；

锅炉房及柴油发电机房设置水喷雾灭火系统；

高低压配电房、变压器室等设置预制式七氟丙烷气体灭火系统；

电梯机房及卫星机房控制室设置悬挂式脉冲干粉灭火系统；

烹饪厨房的排油烟罩内设置自动喷水灭火系统；

厨房排油烟管道内设置 260℃高温喷头。

三、工程特点介绍

(一) 节水、节能措施

1. 利用市政水压直接或经减压阀减压后为地下十五层泳池机房、水族机房、室外冷却塔补水。其他用水经处理后采用变频泵组供给。

2. 计量：市政自来水引入总管设总计量水表。各功能供（补）水管上装设水表。

3. 水箱（池）设有水位显示，并具有报警功能。

4. 给水变频调速泵组最不利工况点位于水泵高效区段的右端点，并配置小流量水泵和小型气压罐。

5. 所有设备、管材、卫生洁具均选用低阻力，节能节水型，防跑、冒、滴、漏的优质产品，卫生器具用水效率等级为Ⅱ级。

6. 热交换器选用蓄热节能型产品，控制供水温度为 60℃，并根据热水供应需求情况和系统水温对热水循环泵进行自动控制，节能运行。

7. 中央空调系统用冷却塔选用省电力、超低噪声横流式集水型，飘水损失不大于 0.01％，双速风机运行。冷却塔设计补水量为系统循环流量的 1.5％。

8. 充分利用内湖水作为天然水源，消火栓系统借鉴市政工程取水方式设置取水口，取自内湖水作为消防水源。

9. 在椭圆形屋面天井位置设置雨水蓄水池，收集天井雨水经处理后回用于总体绿化、道路浇洒等。

(二) 设计合理性及与建筑功能相匹配的适用性特点

1. 相对快速简洁的污水提升措施，减少对坑下环境污染

在坑下部分不设污水处理站，以防止产生污物垂直运输困难及沼气生成。提升泵房设空气净化系统。

生活污/废水分别通过设置在地下十六层的污水池、废水池及水泵提升至室外总体排放；其中污水在进入污水池前先经搅拌粉碎处理，以防止污染物沉积在水池中。

2. 合理配置泄洪水泵，保障内湖水位不受气象灾害影响

鉴于本项目的特殊地貌，必须设置深坑内湖的水位控制，以避免造成底部建筑淹水事故。泄洪泵的开启通过液位开关进行自动控制，同时设计了一套手动预排方案，根据气象局预报进行排水，在降雨前对湖水进行预排。

3. 内湖水采用人工湿地处理方式，在方便维护管理的同时，节约了电力及设备能源消耗

水源取自雨水收集及外河道横山塘，其水质判定为劣Ⅴ类；补水前，外河道水进入过滤池进行初步过滤，然后经过潜流人工湿地处理后，补入景观水体；平时采用潜流人工湿地完成景观水体的循环和自净。另外，在水体死角区域，充分利用流体力学原理应用水底射流器促进水体在区域内的水平和垂直交换。

4. 合理采用内湖水作为室内消火栓系统天然水源，减轻市政供水需求

充分利用内湖水作为消防天然水源，借鉴市政工程取水方式设置取水口，不仅有效防止漂浮物、悬浮物堵塞水泵，还确保了水泵自灌要求。

5. 合理设置给水供水系统，确保供水安全

生活给水因为经过深度处理，供水相当于是在两个建筑物之间进行，位于坑上地下室的净水水箱供水重力管无法埋在底板里再通过桁架输送到坑下酒店区，故采用水箱＋变频泵方式直接或经减压阀分区供水。

（三）设计中的技术难点和创新

1. 消防水源选择与水质保障

自动喷水灭火系统利用水质干净，无杂质的市政水源，可满足自动喷水灭火系统中喷头对水质的要求。同时考虑本项目天然条件，利用坑内景观水体，在地下十五层设置消火栓泵房。取水口借鉴市政工程取水方式，取水口内前段设置格栅，取水口上部（湖水面以上）设置检修口，平时可定期取出格栅进行清理。同时在取水口底部设置一条明沟，防止底部泥沙淤积影响消防泵泄水。

2. 大流量高扬程排水泵的应用

受项目造型及结构逆作法影响，本项目生活污、废水需要通过设置在地下十六层的污水池、废水池及水泵提升至室外总体排放。因坑下建筑高度达 70m，污/废水提升泵的扬程经计算需要约 90m；流量上，污水最大时流量约 24m³，废水最大时流量约 105m³。系统的设置对产品性能及选型都提出了极高要求，同时综合建筑层高的影响，考虑使用安全性，设计最终选用了干式安装的大通道排水泵，并对排水泵的运行控制逻辑提出了更高要求，以确保系统的运行可靠。

3. 坑下室外（水面平台）消火栓系统

为弥补天坑底部消防人员无法利用消防车协助进行扑救灭火的不足，依据消防局的审核意见书及专家评审会论证建议，在建筑东西两侧各设置 1 根 DN200 消防专用灭火竖管，在地下十四层的室外平台上增设若干室外消火栓，形成坑下室外消防供水环管，满足坑下灭火取水要求。

4. 客房错层偏置排水系统

客房的管井受建筑造型的影响，管道井每两层在轴线方向存在偏置，由此，排水立管的布置需依势偏置。

室内客房排水系统污/废水立管隔层与主通气立管共轭连接，单双层分别接入独立的排水管，立管转换层上层卫生间排水管单独设排水管，与主排水管接入点满足规范要求。

四、工程照片及附图

深坑酒店建筑效果图

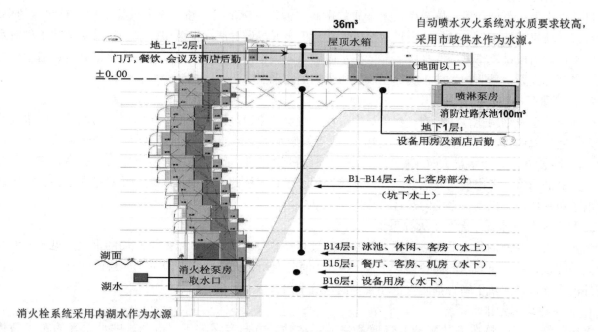

消防泵房、水池（箱）位置示意图

深坑酒店坑下水面层疏散平台

客房偏置立管实景

污水提升泵房内干式安装污水提升泵

泄洪泵房

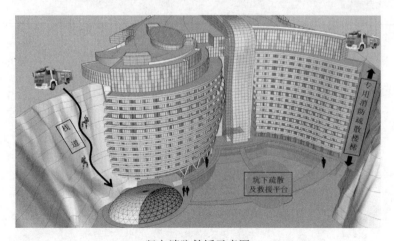

竖向消防救援示意图

地下一层喷淋泵房

地下十五层消火栓系统加压泵房

坑下室外消火栓环管

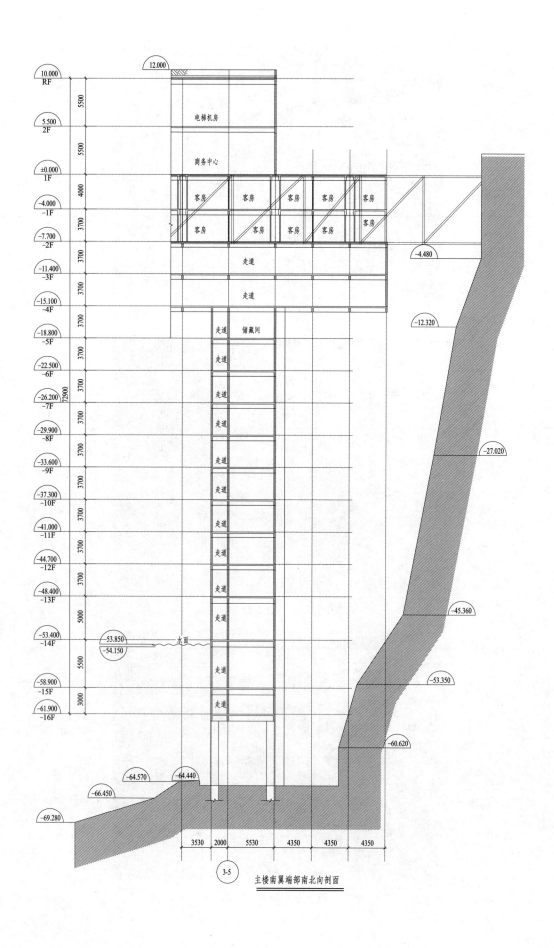

主楼南翼端部南北向剖面

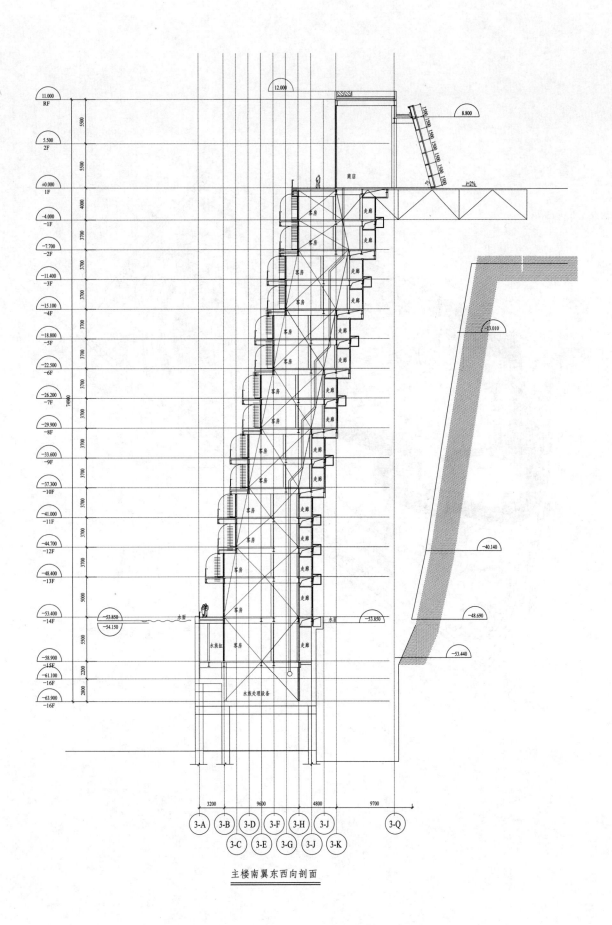

主楼南翼东西向剖面

室外给水排水总平面示意图
±0.000相当于地对标高4.800

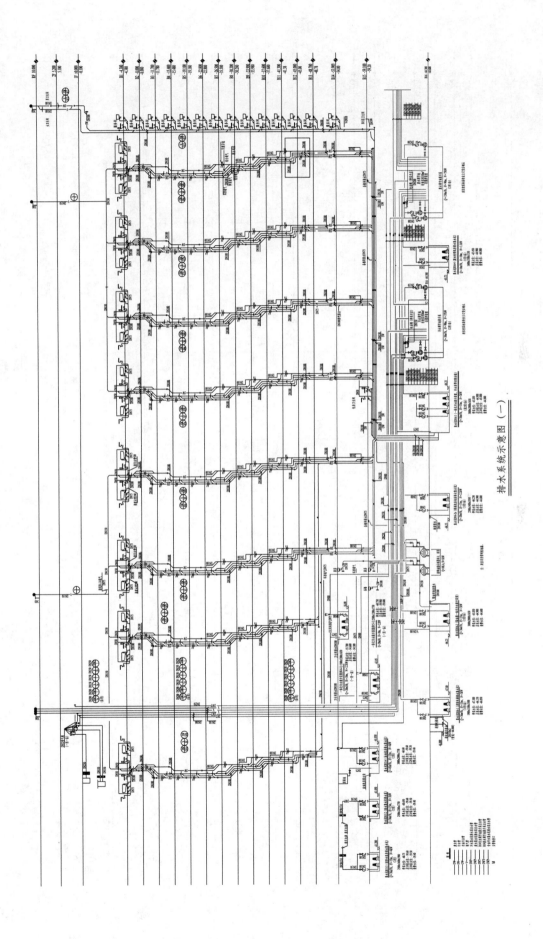

排水系统示意图（一）

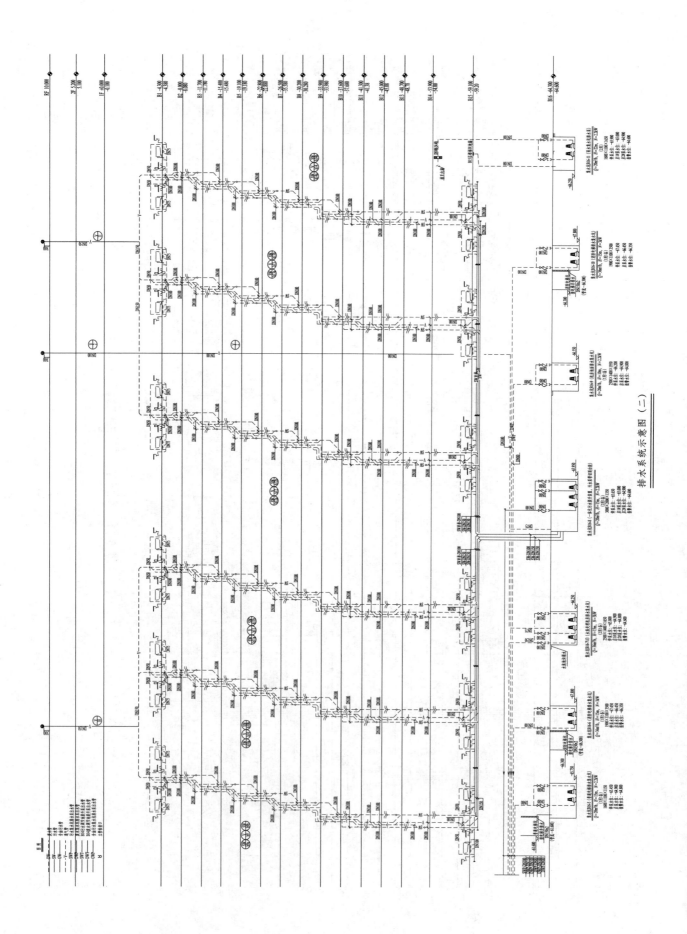

排水系统示意图（二）

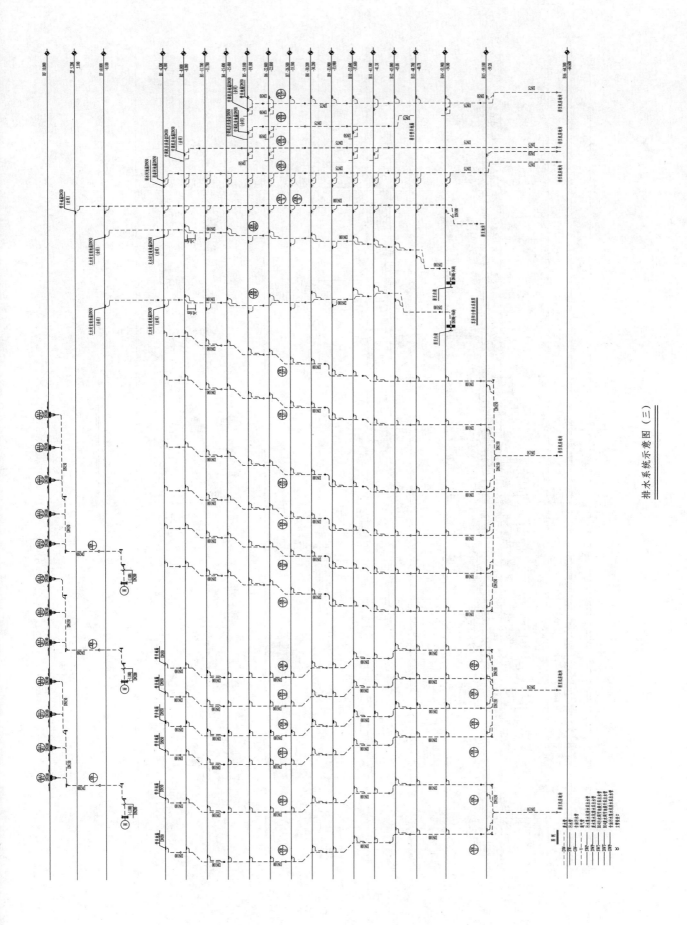

排水系统示意图（三）

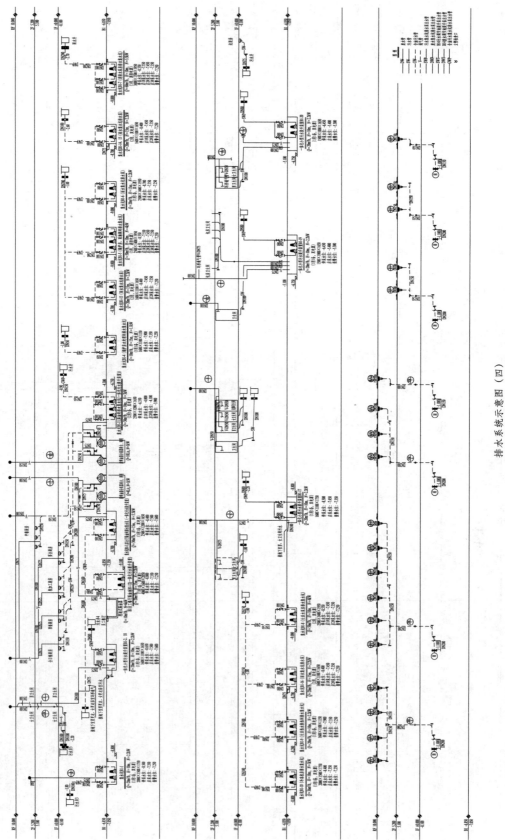

排水系统示意图（四）

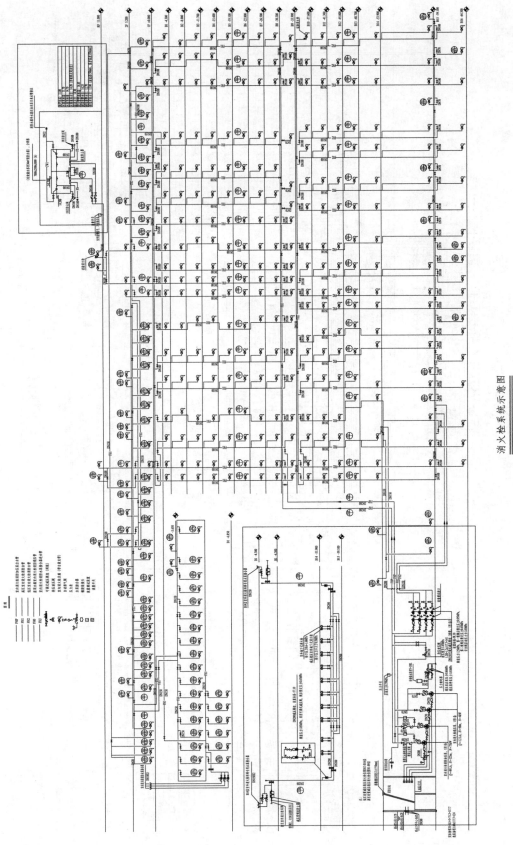

消火栓系统示意图

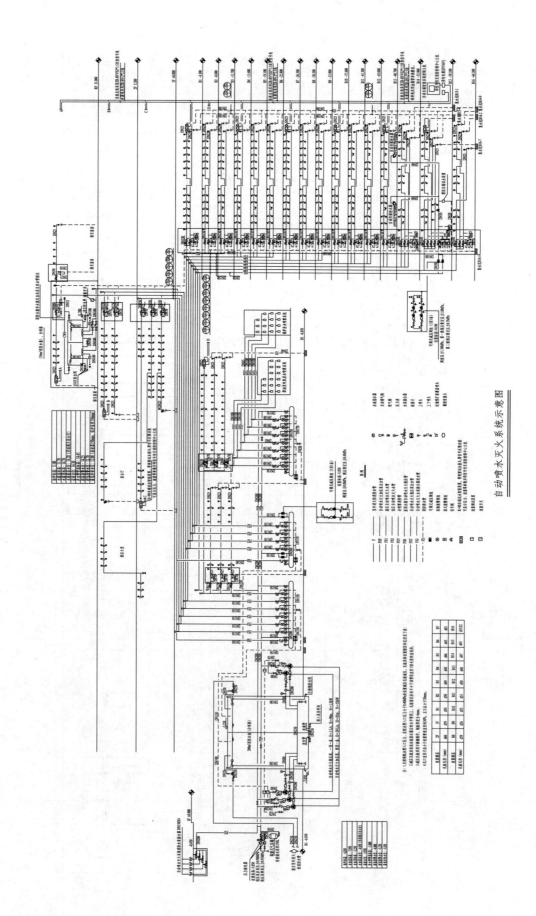

自动喷水灭火系统示意图

佛山市高明区体育中心

设计单位： 中国建筑设计研究院有限公司
设 计 人： 朱琳　杜江　夏树威　郭汝艳
获奖情况： 公共建筑类　一等奖

工程概况：

佛山市高明区体育中心位于西江新城核心区内，是西江新城核心区内的标志性建筑，位于荷富大道东侧，北邻区市民中心，工程占地面积约 250 亩。项目规模为 45751m²，设置一场两馆，即 1 个 8000 座体育场、1 个 4200 座体育馆（其中固定座位 2900 个，活动座位 1300 个）、1 个 1000 座游泳馆及大型体育健身广场。体育场为丙类场馆，举办地区性单项比赛和地方性运动会。体育馆，建筑面积为 17776m²，固定座席约 4200 座，可举办地区性和全国单项比赛及全民健身运动赛事。游泳馆，建筑面积为 2460m²，固定座席约 1000 座，可举办地区性和全国单项比赛及全民健身运动赛事。游泳馆内有 50m×21m×2m 标准比赛游泳池 1 座，25m×10.4m×1.4m 热身池 1 座，儿童戏水池 1 座。本项目对多跨连续单层柱面网壳进行了深入研究，最终形成建筑与结构技艺的相互融合。佛山市第八届运动会在本体育中心成功举办，该场馆进行了开幕式、闭幕式及篮球、羽毛球和乒乓球比赛。

工程说明：

一、给水排水系统

（一）给水系统

1. 生活给水用水量

生活给水用水量见表 1～表 4。

体育场主要项目用水量标准和用水量计算表　　　　　　　　　　　表 1

序号	用水部位	使用数量	单位	用水量标准	日用水时间(h)	小时变化系数	最高日(m³/d)	最大时(m³/h)	平均时(m³/h)
1	观众	8000	人次/d	3L/人次	8	1.2	24.00	3.60	3.00
2	办公、服务人员	120	人	50L/(人·d)	10	1.5	6.00	0.90	0.60
3	运动员	500	人次/d	40L/人次	4	2.5	20.00	12.50	5.00
4	志愿者	200	m³	6L/(人·场)	4	1.5	1.20	0.45	0.30
5	草坪喷洒	8000m²	m³	12L/(m²·次)	2	1.0	96.00	48.00	48.00
6	跑道冲洗	5000m²	m³	10L/(m²·次)	2	1.0	50.00	25.00	25.00
7	小计	为(1+2+3+4+5+6)项					164.45	79.2	61.90

续表

序号	用水部位	使用数量	单位	用水量标准	日用水时间(h)	小时变化系数	用水量 最高日(m³/d)	用水量 最大时(m³/h)	用水量 平均时(m³/h)
8	未预见(含管网漏损)用水量	(1+2+3+4+5+6)项的10%					16.45	7.92	6.19
9	合计						180.99	87.12	68.09

体育馆主要项目用水量标准和用水量计算表   表2

序号	用水部位	使用数量	单位	用水量标准	日用水时间(h)	小时变化系数	用水量 最高日(m³/d)	用水量 最大时(m³/h)	用水量 平均时(m³/h)
1	观众	4200	人次/d	3L/(人次)	4	1.2	12.90	1.78	3.15
2	办公、服务人员	160	人	50L/(人·d)	8	1.5	8.00	1.50	1.00
3	运动员	200	人次/d	40L/(人次)	4	3.0	8.00	6.00	2.00
4	小计	为(1+2+3)项					28.90	8.44	6.15
5	未预见(含管网漏损)用水量	(1+2+3)项的10%					2.89	0.84	0.62
6	合计						31.49	9.28	6.77

游泳馆主要项目用水量标准和用水量计算表   表3

序号	用水部位	使用数量	单位	用水量标准	日用水时间(h)	小时变化系数	用水量 最高日(m³/d)	用水量 最大时(m³/h)	用水量 平均时(m³/h)
1	观众	1000	人次/d	3L/人次	8	1.2	3.00	0.45	0.38
2	办公、服务人员	240	人	50L/(人·d)	10	1.5	12.00	1.80	1.20
3	运动员或泳者	500	人次/d	40L/人次	10	2.5	20.00	5.00	2.00
4	比赛池	2100	m³	3%	10	1.0	63.00	5.25	5.25
5	热身池	507	m³	5%	10	1.0	25.35	2.11	2.11
6	戏水池	67	m³	15%	10	1.0	6.70	0.56	0.56
7	小计	为(1+2+3+4+5+6)项					130.05	15.17	11.50
8	未预见(含管网漏损)用水量	(1+2+3+4+5+6)项的10%					13.01	1.52	1.15
9	合计						143.06	16.69	12.65

室外主要项目用水量标准和用水量计算表   表4

序号	用水部位	使用数量	单位	用水量标准	日用水时间(h)	小时变化系数	用水量 最高日(m³/d)	用水量 最大时(m³/h)	用水量 平均时(m³/h)
1	道路、绿化	12000	m²	3L/人次	4	1.0	36.00	9.00	9.00
2	未预见(含管网漏损)用水量	1项的10%					3.60	0.90	0.90
3	合计						39.60	9.90	9.90

体育场：最高日用水量 180.99m³/d；最大时用水量 87.21m³/h。

体育馆：最高日用水量 31.49m³/d；最大时用水量 9.28m³/h。

游泳馆：最高日用水量 143.06m³/d；最大时用水量 16.69m³/h。

室外景观、绿化、道路冲洗 39.60m³/d；最大时用水量 9.90m³/h。

2. 水源

供水水源为市政自来水。从苏河路 DN400 和荷富路 DN1000 市政给水管上分别接入 DN250 和 DN250 引入管，引入管上设置总水表和双止回阀型倒流防止器（位于红线内），在红线内构成环状供水管网。水压为 0.35～0.4MPa。从红线内环状供水管网上接出的各楼入户管上设分楼水表。

3. 系统竖向分区

本工程给水系统竖向不分区，全部由市政直供。

4. 供水方式及给水加压设备

全部由市政直供，不设加压设备。根据物业管理需要设置水表。

5. 管材

采用衬塑钢管（内衬聚丙烯，外热浸镀锌），小于或等于 DN80 采用丝扣连接（系统压力大于 1.0MPa 的部分除外），大于 DN80 者和系统压力大于 1.0MPa 的部分采用沟槽连接。

(二) 热水系统

1. 热水用水量（见表5～表7）

体育场生活热水量（60℃）计算表　　　　　　　　　　　　　　　　表5

序号	用水部位	使用数量	单位	用水量标准 [L/(人·d)]	日用水时间(h)	小时变化系数	用水量 最高日 (m³/d)	用水量 平均时 (m³/h)	用水量 最高时 (m³/h)
1	运动员	500	人	25	10	4	12.50	1.25	5.00
2	耗热量		kW				683.14	68.31	273.26

体育馆生活热水量（60℃）计算表　　　　　　　　　　　　　　　　表6

序号	用水部位	使用数量	单位	用水量标准 [L/(人·d)]	日用水时间(h)	小时变化系数	用水量 最高日 (m³/d)	用水量 平均时 (m³/h)	用水量 最高时 (m³/h)
1	运动员	200	人	25	10	4	5.00	0.50	2.00
2	耗热量		kW				273.26	27.33	109.30

游泳馆生活热水量（60℃）计算表　　　　　　　　　　　　　　　　表7

序号	用水部位	使用数量	单位	用水量标准 [L/(人·d)]	日用水时间(h)	小时变化系数	用水量 最高日 (m³/d)	用水量 平均时 (m³/h)	用水量 最高时 (m³/h)
1	运动员	500	人	25	10	4	12.50	1.25	5.00
2	耗热量		kW				683.14	68.31	273.26

2. 热源

空气源热泵作为热源。

3. 系统竖向分区

系统分区同给水系统。

4. 热交换器

设承压水箱，用于换热使用。设热媒循环泵，维持水箱内水温。

5. 冷、热水压力平衡措施及热水温度的保证措施等

各区换热器的水源压力与给水系统一致。系统供回水管道采用同程布置。

6. 管材

采用衬塑钢管（内衬聚丙烯，外热浸镀锌），小于或等于 $DN80$ 采用丝扣连接（系统压力大于 1.0MPa 的部分除外），大于 $DN80$ 者和系统压力大于 1.0MPa 的部分采用沟槽连接。

（三）游泳池循环水系统

1. 设计参数

比赛池容积为 2500m^3，设计水温为 28℃，循环周期为 4h，循环水量为 656m^3/h，每天补水量为 125m^3/d，初次充水时间为 48h，初次加热时间为 48h，初次加热耗热量为 1721kW，平时恒温耗热量为 562kW。

2. 水处理工艺流程

采用逆流循环方式，比赛池、热身池和戏水池在地下一层设置均衡水池，水泵从均衡水池吸水经净化后循环，采用硅藻土过滤工艺及分流量全程式臭氧消毒加氯辅助消毒工艺。

3. 池水加热

本项目全部水池加热采用空气源进行加热。

4. 泳池补水

通过均衡水池间接地向池内补水。

5. 游泳池循环水管、加药管臭氧投加

游泳池循环净化水处理系统采用 PVC-U 管道，专用胶粘接；臭氧投加管道采用 S31603 不锈钢管，焊接或压接。以上管道耐压均为 1.0MPa。

（四）排水系统

1. 排水系统的形式

室内污、废水为合流制排水系统。室内±0.000 以上污、废水合流排出室外。室内±0.000 以下污/废水汇集至地下室集水坑，由潜水泵提升排出室外。

2. 透气管的设置方式

卫生间排水管设置专用通气立管，卫生器具较多的排水支管采用环形通气管系统。

3. 局部污水处理设施

污废合流排至化粪池，经化粪池初步处理后排至市政污水管道。

4. 管材：埋设在垫层内的排水管采用高密度聚乙烯管（HDPE），热熔连接；其余部位的通气管、污/废水管及排出干管采用 BX-PP-C 超级静音排水管（改变性聚丙烯树脂），耐火耐强酸强碱，柔性承插连接。

（五）雨水系统

1. 设计参数

佛山暴雨强度公式为 $q=1930（1+0.58 \lg P）/(t+9)^{0.66}$。屋面雨水设计重现期为 10 年，降雨历时为

5min。溢流口和排水管系总排水能力按 50 年重现期设计。车道入口和窗井雨水设计重现期 P 取 50 年。

2. 系统设计

采用虹吸式雨水排水系统。

二、消防系统

消防水源：消防用水水源同给水系统水源。室外消火栓系统设计用水量为 30L/s，由市政管网提供。

消防水量：室外消火栓为 30L/s，火灾延续时间为 2h；室内消火栓为 20L/s，火灾延续时间为 2h；自动喷水灭火系统为 30L/s，火灾延续时间为 1h；消防水炮灭火系统为 40L/s，火灾延续时间为 1h；本工程一次火灾设计总用水量为 720m³。

（一）室内消火栓系统

1. 消防用水量

各楼室内消火栓用水量为 20L/s，火灾延续时间为 2h，设计 2h 用水量为 144m³。

2. 系统分区

本工程系统不分区。体育场的消防水池有效容积为 252m³，消火栓系统加压泵 2 台（$Q=0\sim20$L/s，$H=60$m，$N=22$kW，1 用 1 备），提供给本建筑消防水量和压力。平时压力由设于体育场消防水泵房的气体顶压式自动消防给水设备维持。

3. 管材

消火栓管道采用内外涂环氧钢塑复合钢管（应通过国家消防部门测试），小于 $DN80$ 采用螺纹连接；大于或等于 $DN80$ 采用沟槽柔性连接。沟槽式管接头的工作压力应与管道工作压力相匹配，工作压力为 1.0MPa。

（二）自动喷水灭火系统

1. 设置范围

除下列部位不设喷头，其余均设喷头保护：各设备机房、卫生间、变配电室、电话机房、消防控制中心、电梯机房等。

2. 供水系统

采用临时高压系统，由设在体育场的消防水池和消防加压泵提供水量和压力。体育场的消防水池有效容积为 252m³，自动喷水灭火系统加压泵 2 台（$Q=0\sim30$L/s，$H=70$m，$N=37$kW，1 用 1 备），提供给本建筑消防水量和压力。平时压力由设于体育场消防水泵房的气体顶压式自动消防给水设备（消火栓和自动喷水灭火系统共用）维持。

自动喷水系统一次用水量 108m³ 全部贮存于体育场消防水池内。

3. 系统竖向分区

系统竖向不分区，均采用湿式自动喷水系统。

4. 管材

采用经国家固定灭火系统检验中心检测合格的消防给水内外涂环氧钢管。小于 $DN100$，螺纹连接；大于 $DN100$，沟槽式（涂塑管接头）连接。耐压等级为 1.6MPa。

（三）自动消防水炮灭火系统

1. 保护部位

体育馆的比赛场和训练场采用自动消防水炮灭火系统。观众休息平台上空采用标准型自动扫描射水高空水炮灭火装置。

2. 设计参数

（1）自动消防水炮单组灭火流量为 20L/s，最大射程为 50m，入口工作压力为 0.80MPa。比赛场内采用

4 组，训练场内采用 2 组，系统灭火流量为 40L/s。

（2）标准型自动扫描射水高空水炮喷射量为 5L/s，最大安装高度为 20m，标准工作压力为 0.6MPa。火灾延续时间为 1h。

3. 系统设计

由设在体育场的消防水池和消防水炮加压泵提供水量和压力。体育场的消防水池有效容积为 252m³，消防水炮加压泵 2 台（$Q=0\sim40$L/s，$H=110$m，$N=75$kW，1 用 1 备），提供给本建筑消防水量和压力。平时压力由设于体育场消防水泵房的消防增压稳压设备维持。

4. 系统控制

智能水炮采用单片机、红外及紫外复合传感技术，能有效避免灯光、日光等环境光源的干扰，可靠捕捉火灾信息，具有较高智能性。正常情况下装置可以对监测区进行实时探测，一旦发现火情，在 30s 内完成扫描定位，而后对准火点进行喷水灭火，灭火后自动停止。如有复燃，重新灭火。自动消防水炮灭火系统具有以下 2 种控制方式：

（1）自动灭火控制：火灾自动探测装置发现火灾后发出报警信号，同时启动相应自动消防水炮进行定位并锁定着火点，自动启动消防水炮系统供水泵，自动开启电动阀进行喷射灭火。相应水流指示器反馈信号到消防控制中心，当探测到无火时，消防结束后手动停止系统工作。

（2）远程手动控制：消防控制中心接收到火灾报警信号后，由值班人员在消防控制室通过现场图像进一步确认火灾，通过消防控制盘手动瞄准和操作消防水炮灭火，消防结束后手动停止系统工作。

5. 管材

自动消防水炮及大空间自动扫描水炮管采用内外涂环氧钢塑复合钢管（应通过国家消防部门测试），小于 DN80 采用螺纹连接；大于或等于 DN80 采用沟槽柔性连接。沟槽式管接头的工作压力应与管道工作压力相匹配，工作压力为 1.6MPa。

三、工程特点介绍

本工程为大型体育建筑，空间形态复杂。在给水系统设计时，考虑用水点的分散性，充分利用市政压力，市政供水压力满足要求的区域，全部用水由市政直供，局部给水压力不足的用水点，采用恒压变频供水设备供水，达到节水节能的目的。在热水系统设计时，结合地区特点，采用低温热源空气源热泵作为供热能源，佛山地区为夏热冬暖地区，可再生低温能源节能效果显著，后期运行使用效果良好。在排水系统设计时，结合建筑立面效果，部分区域排水通气采用伸顶通气，通气管置于屋面之上罩棚之下的空间，部分区域排水通气采用侧墙透气，保证建筑立面效果的完整统一。雨水系统由于建筑屋面面积大，造型复杂，雨水排水困难，设计时结合建筑立面要求，雨水采用虹吸排水和重力排水相结合的排水方式，雨水斗的布置，结合波浪形的曲面罩棚进行设置，虹吸雨水斗前水深得到保证，系统运行与设计基本一致，效果良好。

本工程设置室内外消火栓系统，体育场及体育馆设置自动喷水灭火系统，体育馆内存在高大空间部位，为满足建筑使用效果，空间跨度较大的区域，采用固定消防水炮系统，保证任一点两股水柱到达，对于空间跨度不大的区域，采用大空间智能消防水炮系统。室外消火栓系统满足双路供水条件，市政供水压力为 0.35MPa，采用生活和室外消防供水共用管道系统，室外消火栓采用地上式室外消火栓，方便查找使用。室内消火栓设置在明显易于取用的位置，保证同一平面内有两支水枪的两股充实水柱同时到达任何部位。自动喷水灭火系统单独设置消防泵，固定消防水炮系统及大空间智能消防水炮系统合用消防泵，大空间智能消防水炮系统经减压后供给该系统用水。因建筑屋面造型的需要，屋面设置屋顶消防水箱间困难，消防稳压系统采用气体顶压，即保证建筑立面效果，又满足消防的使用要求。

四、工程照片及附图

体育中心工程实景

鸟瞰图

体育场北区

体育场东侧看台

体育馆室内效果图

体育馆室内

竞赛池

游泳馆热身池

游泳馆戏水区

给水机房

泳池机房

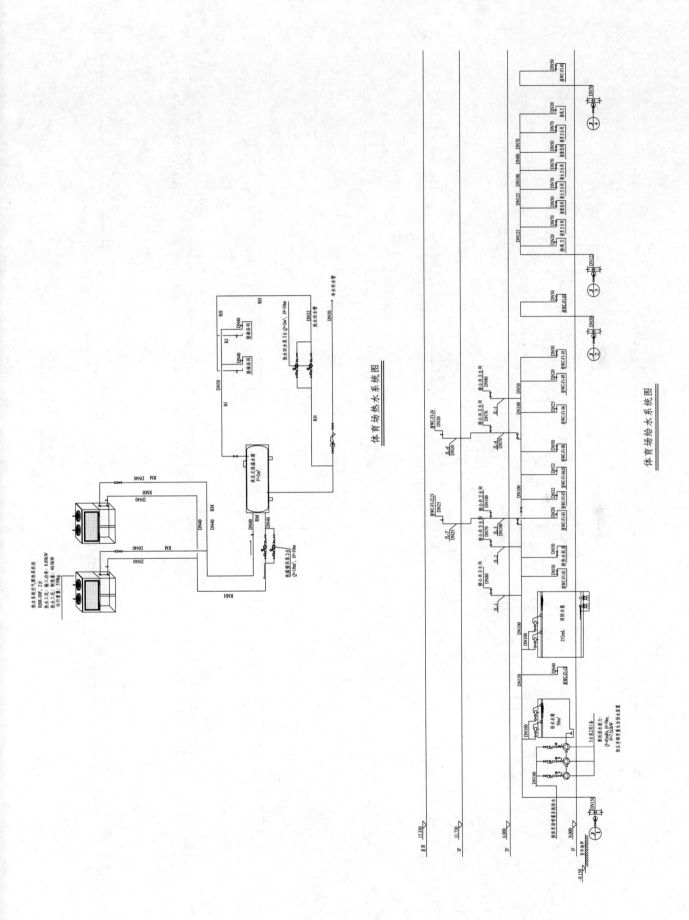

体育场热水系统图

体育场给水系统图

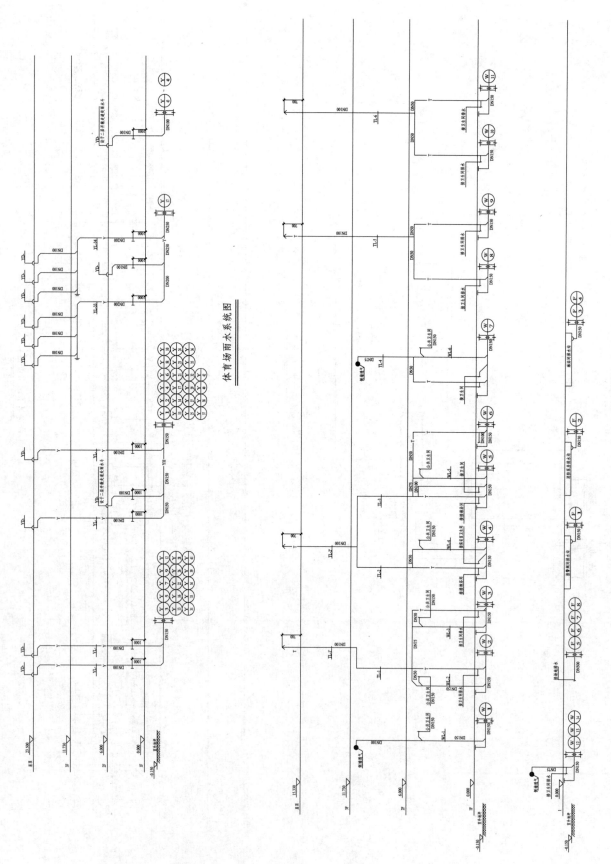

体育场雨水系统图

体育场污水、废水系统图

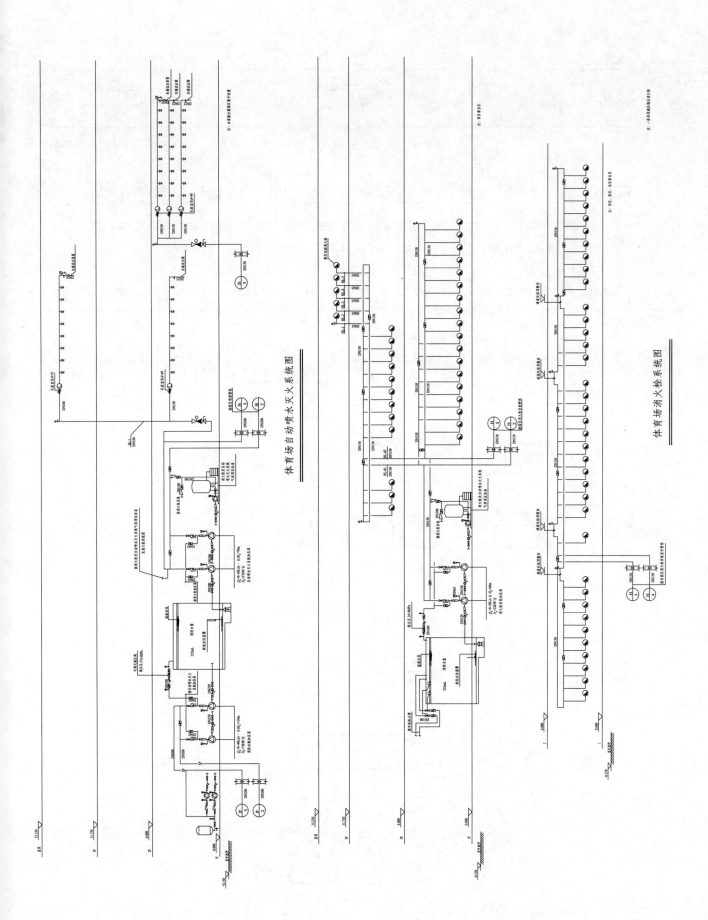

体育场自动喷水灭火系统图

体育场消火栓系统图

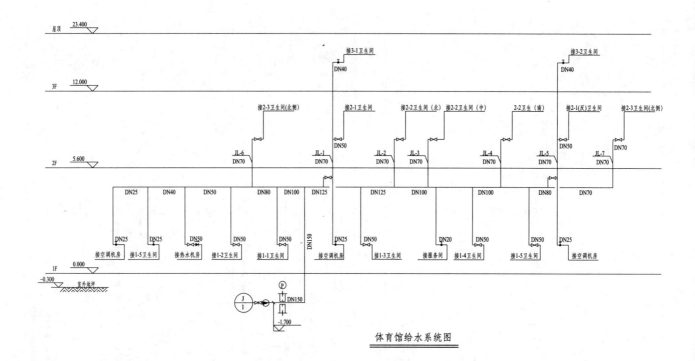

体育馆给水系统图

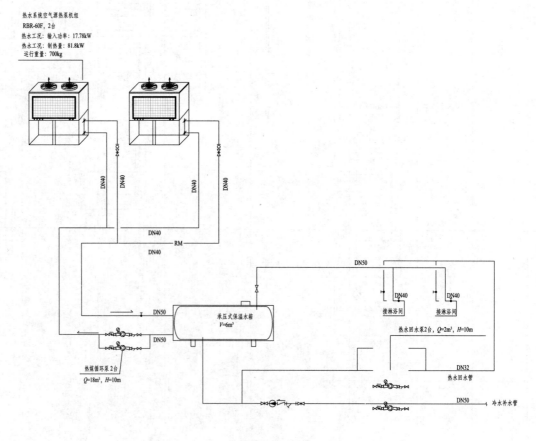

体育馆热水系统图

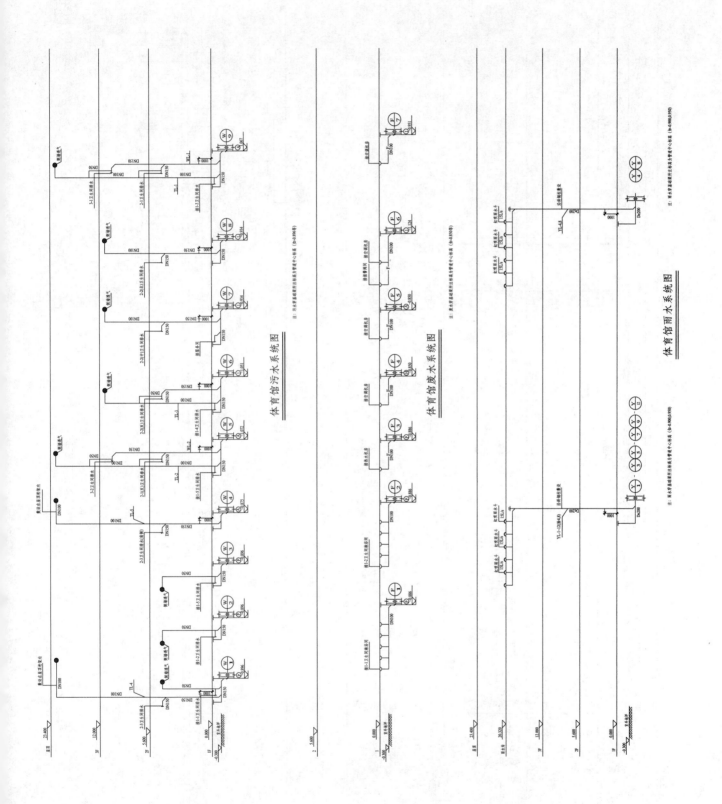

体育馆污水系统图

体育馆废水系统图

体育馆雨水系统图

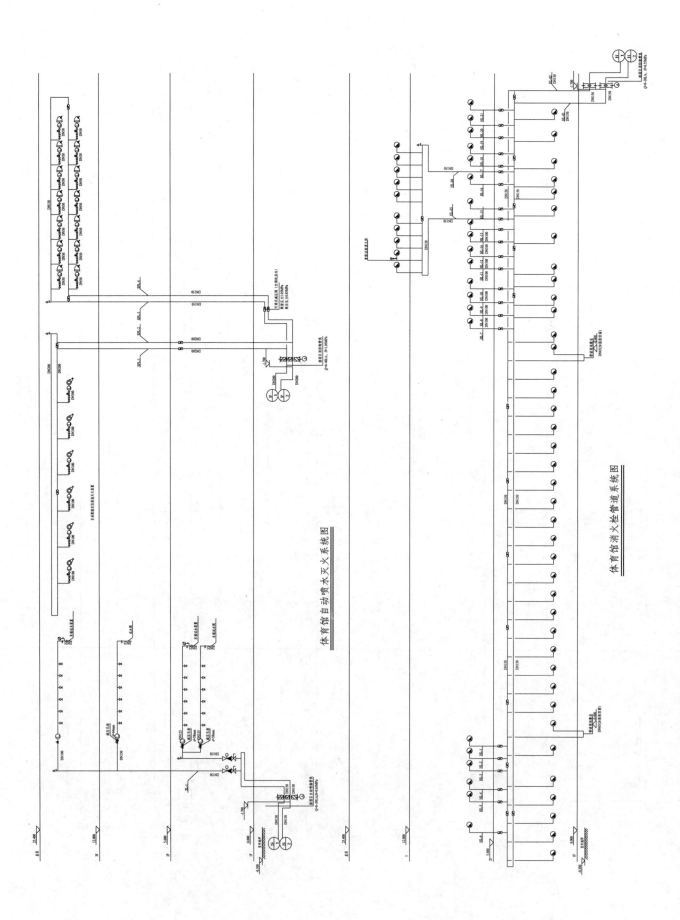

体育馆自动喷水灭火系统图

体育馆消火栓管道系统图

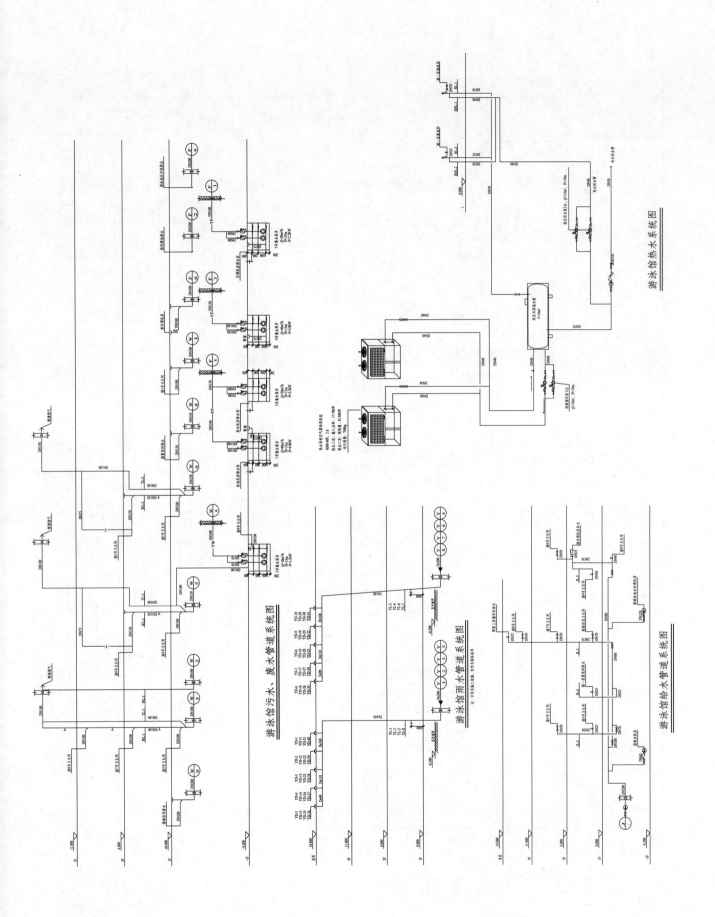

游泳馆热水系统图

游泳馆污水、废水管道系统图

游泳馆雨水管道系统图

游泳馆给水管道系统图

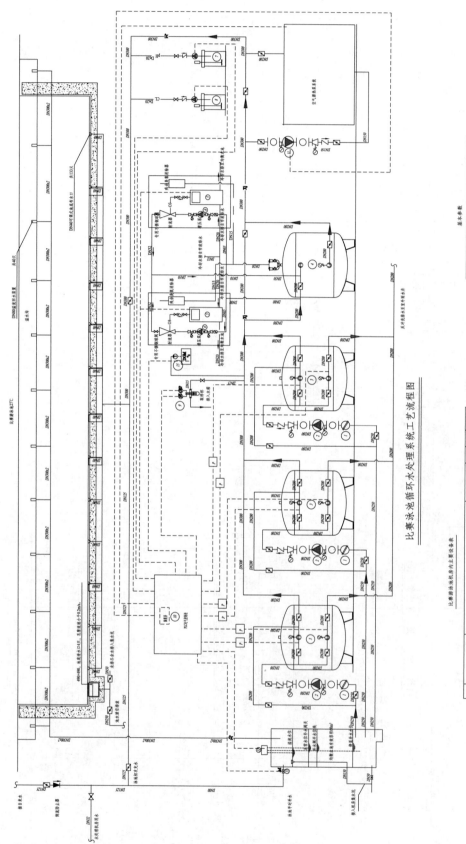

比赛泳池循环水处理系统工艺流程图

比赛游泳池机房内主要设备表

编号	名称	规格	型号	单位	数量	备注
A1	毛发过滤除垢器	全钢衬塑膜, DN250	HD-QS-250	台	3	
A2	循环泵	Q=190m³/h, H=17m, P=15kW, n=980r/min	NBG250-125-280/255	台	3	
A3	硅砂石英砂过滤器	Q=100m³/h, P=4.0m²/台, 材质不锈钢, 含填料上部布水	HD-SYGF-400	台	3	
A4	机器臭氧发生器	臭氧发生量P=2kg/台, CT>1h, 含机电保护	HD-CMW6.5N	台	1	
A5	射流加氧加压泵	含水量1.5kW(下右), H=60kW, 产水量>20mg/l, 水射流50mm		台	2	
A6	臭氧脱气调节水罐	Q=10台, 含反应调节池, 臭氧浮量接触增压加浮水	HDDKC1	座	1	
A7	脱气不锈钢反应罐	Q=25t/h, P=1.0m, H=44kW	HYS44Q520P1	座	1	
A8	石英砂臭氧脱气罐	Q=25t/h, P=1.0m, H=44kW	HYS44Q520P1	座	1	
A9	臭氧尾气破坏器	臭氧破坏单元, 配置二套, 含脱气尾气破坏单元, 含臭氧尾气破坏处理	非标制作	座	1	
A10	自动絮凝加药装置	Q=150m³/h, P=6m, P=0.6kW, n=960r/min	NBG125-100-260/178	套	1	
A11	加药泵	主机数+4台, 含电器, 含P上控	不含药剂	套	1	
A12	电子水处理器			套	1	
A13	综合水质仪			套	1	
A14	自动水位控制器	DN80, 电磁力检测, 不锈钢成组力检测+控制		套	3	
A15	温度传感器	全不锈钢PIC		套	1	

基本参数

泳池名	比赛池
尺 寸	50m×21m×2m(h)>1.05
循环方式	逆流式
总水量	2200m³
循环周期	4h
循环流量	550m³/h
每日补新鲜水量	66m³
臭氧消毒方式	分流全程式
泳水初次加热耗热量	827.6kW
泳水恒温维持耗热量	264.7kW
泳水初次加热时间	48h
泳水恒温加热时间	12h
补水冷水计算温度	15℃

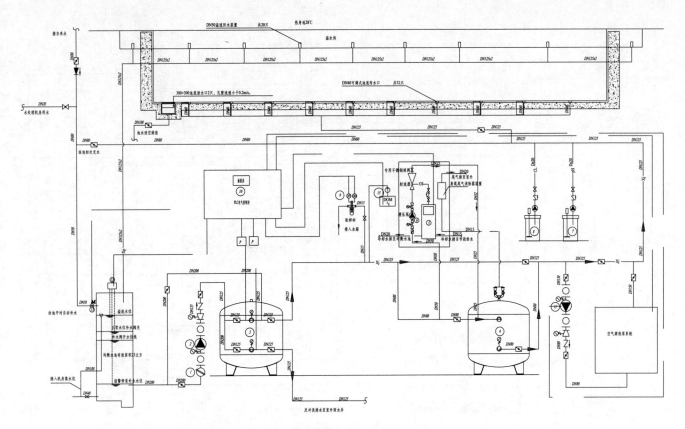

热身池循环水处理系统工艺流程图

热身游泳池机房内主要设备表

编号	名称	规格	型号	单位	数量	备注
B1	快开式毛发聚集器	304不锈钢，DN200	HD-SB-200	台	1	
B2	循环水泵	Q=95m³/h，H=16m，N=7.5kW，n=1450r/min	NBG125-80-200/222	台	1	
B3	压式中压石英砂过滤器	Q=95m³/h，F=12m，v=0.8m/(m²·h)，全304不锈钢，台哈重土放砂器	HD-DBF-250	台	1	
B4	臭氧接触反应罐	专用反应罐容积0.8m³，CT≥1.6F，全304不锈钢	HD-ORL-0.8H	台	1	
B5	氧气法臭氧发生器	发生量 90g/h，N=5kW，产气浓度≥80mg/l，供气量3L/min	HD-80	台	1	
B6	专用臭氧尾气消毁单元	含增压泵（1.1kW）等，与臭氧发生器、台发生器臭氧发生加	HD01-B2	台	1	
B7	pH值调整剂投加装置	Q=14L/h，H=9bar，N=2kW	CONC031/3	套	1	
B8	长效消毒剂投加装置	Q=14L/h，H=9bar，N=2kW	CONC031/3	套	1	
B9	在线水质监测单元	监测ORP值与PH值，数据上传		套	1	
B10	PLC电气控制柜	配380+380值及泵，PLC实时控理机采数据部软水程系统	定制即标	台	1	
B11	加热增压泵	Q=25m³/h，H=5.5m，N=1.55kW，n=1450r/min	NBG65-50-125/142	台	1	
B12	电子液位计	多个监测4个水位，信号上传PLC		台	1	
B13	补水电磁阀	DN50		台	1	
B14	混凝土专用气动隔膜单元	DN125，配压力传感器、不锈钢减震压力表		套	1	
B15	温度传感器	信号专用PLC		支	1	

基本参数

池 形	热身池
尺 寸	260m²×(1.2~1.6)m(h)×1.05
循环方式	逆流式
总 水 量	380m³
循 环 周 期	4h
循 环 流 量	95m³/h
每日补新鲜水量	19m³
臭氧消毒方式	分流量全程式
池水初次加热耗热量	176kW
池水恒温维持耗热量	80.2kW
池水初次加热时间	48h
池水恒温加热时间	12h
补充冷水计算温度	15℃

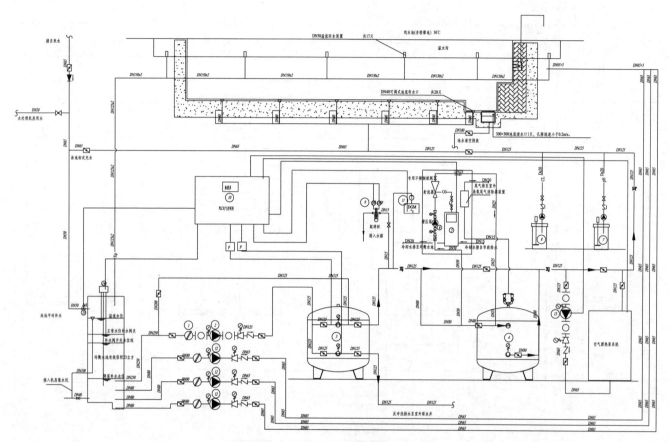

戏水池循环水处理系统工艺流程图

戏水游泳池机房内主要设备表

编号	名称	规格	型号	单位	数量	备注
C1	快开式毛发聚集器	304不锈钢，DN150	HD-SJ8-150	台	1	
C2	循环水泵	Q=70m³/h, H=14m, N=4kW, n=1450r/min	NBG100-65-200/219	台	1	
C3	重力可再生硅藻土过滤器	Q=70m³/h, F=20m², 滤速3.5m (m³·h²), 含硅藻土投加罐	HD-DEF-200	台	1	
C4	硅藻土加药罐	有效压容积V=0.88m, CT≥1.6F, 含304不锈钢	HD-QRL-0.88	台	1	
C5	低氧法臭氧发生器	发生量：80g/h（可调），N=5kW，产气浓度>80mg/l，冷却水3L/min	HD-80	台	1	
C6	专用臭氧混气单元	含射流器（11kW）等，含发生器喷嘴、由变压器驱动、水压变加	HDHH-B2	台	1	
C7	pH值调整剂投加装置	Q=14L/h, H=7bar, N=24W	CONC-B13	套	1	
C8	长效消毒剂投加装置	Q=14L/h, H=7bar, N=24W	CONC-B13	套	1	
C9	水质在线监测单元	监测ORP/PH值，数据上传		套	1	
C10	PLC电气控制柜	配10寸触摸显示屏，PLC实时光电模拟采数据循环水处理系统	定制钢柜	台	1	
C11	温度传感器	信号传至PLC		支	1	
C12	按摩池能泵	Q=4m³/h, H=30m, N=2.2kW, n=2850r/min, 含气发收集器	SP303053	台	3	
C13	加热增压泵	Q=20m³/h, H=6m, N=0.55kW, n=1450r/min	NBG65-50-160/151	台	1	
C14	电子液位计	至少监测3个水位，信号上传		套	1	
C15	电动阀	DN50		套	1	
C16	硅藻土专用气动蝶阀单元	DN125，压力传感器，不锈钢减压止力表		组	1	

基本参数

池 形	戏水池
尺 寸	165m²×0.4m(h)×1.05
循环方式	逆流式
总水量	70m³
循环周期	1h
循环流量	70m³/h
每日补新水量	10.5m³
臭氧消毒方式	分流量全程式
池水初次加热耗热量	84.3kW
池水恒温维持耗热量	48.7kW
池水初次加热时间	24h
池水恒温加热时间	12h
补充冷水计算温度	15℃

青岛东方影都万达城——水乐园、电影乐园

设计单位： 青岛腾远设计事务所有限公司
设 计 人： 吴相杰　杨洪亮　连捷　王娟　李秀平　蒋维亮　张强　方小华　温迪
获奖情况： 公共建筑类　一等奖

工程概况：

青岛东方影都万达城项目位于山东省青岛市黄岛区华山路与滨海大道的交界处，南临滨海大道，北临薛泰路，是由商业综合体建筑、室内主题公园、室内水乐园及电影乐园 4 个单体组成的建筑合体，商业楼、停车楼和电影乐园的建筑高度为 23.9m。主题乐园和水乐园的建筑高度为 30m，建筑性质为多层民用建筑（商业楼、停车楼、电影乐园、主题乐园、水乐园）；整个项目规划用地呈四方形，面积为 27.47hm²，东西长约 310m，南北长约 422m，建筑总面积约 36.46 万 m²。

室内水乐园部分：总建筑面积为 2.61 万 m²，为单层大空间结构，局部有 3 层房中房结构，建筑专业整体定性为多层民用建筑。水乐园最高点为 30.5m，长 126.3m，宽 120m，空间最大跨度为 67m。水乐园内设计有造浪池、漂流河、海空大战、4D 影院等游乐设施。

电影乐园部分：地上 1 层，局部设有 2 层，总建筑高度为 23.9m，建筑面积为 2.6 万 m²。乐园主要功能为 3D 动感影院和 3D 互动影院。3D 动感影院内设 15 个互动场景，3D 互动影院内设 8 个互动平台，游客均通过轨道车在主影厅内进行娱乐活动。

绿建要求：本工程按照绿建二星级进行设计，同时满足 LEED 银级标准。

工程说明：

一、给水排水系统

（一）给水系统

1. 冷水用水量表

（1）水乐园给水量统计表详见表 1（不含游乐水池的初次补水）。

水乐园给水量统计表　　　　　　　　　　　　　　表 1

序号	用水名称	使用数量	用水定额	给水所占比例(%)	小时变化系数 K_h	使用时间 (h)	用水量	
							最大时 (m³/h)	最高日 (m³/d)
1	游客	6500 人次	35L/人次	93.00	1.35	12.00	23.80	211.58
2	员工	300 人	35L/(人·班)	94.00	1.35	12.00	1.11	9.87
3	商业	750m²	5L/(m²·d)	93.00	1.30	12.00	0.38	3.49
4	餐饮	3374 人次	20L/人次	93.00	1.30	12.00	6.80	62.76

续表

序号	用水名称	使用数量	用水定额	给水所占比例(%)	小时变化系数 K_h	使用时间(h)	用水量 最大时 (m^3/h)	用水量 最高日 (m^3/d)
5	4D影院	36人×20场	5L/(人·场)	93.00	1.30	12.00	0.00	0.00
6	游乐地面冲洗	7000m²	1.5L/(m²·次)	100.00	1.00	8.00	1.31	10.50
7	游乐补水	水体面积4200m²,总体积4200m³,补水量为4200/30/24=5.8m³/h,运行时间24h			1.00	24.00	5.83	140.00
8	锅炉房补水	补水量为2.5m³/h,运行时间24h			1.00	24.00	2.50	60.00
9	未预见用水量	按最高日用水量的10%取					4.17	49.82
10	总水量						45.91	548.02

(2) 电影乐园给水量统计表见表2。(不含游乐设施的初次补水)

电影乐园给水量统计表   表2

序号	用水名称	使用数量	用水定额	给水所占比例(%)	小时变化系数 K_h	使用时间(h)	用水量 最大时 (m^3/h)	用水量 最高日 (m^3/d)
1	游客	4500人次	3L/人次	93.00	1.30	12.00	1.36	12.56
2	商业	707m²	5L/(m²·d)	93.00	1.30	12.00	0.36	3.35
3	餐饮	200人次	20L/人次	93.00	1.50	12.00	0.47	3.72
4	水景补水	补水量为0.01m³/h,运行时间12h			1.00	12.00	0.01	1.00
5	锅炉房补水	补水量为1.2m³/h,运行时间24h			1.00	24.00	1.20	14.40
6	未预见用水量	按最高日用水量的10%取					0.34	3.50
7	总水量						3.74	38.53

2. 水源

本项目分别从南侧滨海大道和北侧薛泰路的市政给水管上各引入一路 DN400 给水管,负责供应整个项目的生活、消防用水。建设单位提供市政给水接入口的水压为 0.30MPa(相对滨海大道 7.00m 标高)。

3. 供水方式及竖向分区

一层及地下由市政直供,二层及以上(淋浴全部)采用加压供水,供水压力超 0.2MPa 时,在给水支管上设置减压阀。

4. 给水加压设备

二层及以上(淋浴全部)采用加压供水,加压泵房设于商业楼地下一层,采用水箱-变频泵加压供水方式。选用成套供水设备 1 套,机组参数:$Q=130m^3/h$,$H=52m$,$N=37kW$;主泵 2 用 1 备,单泵参数:$Q=75m^3/h$,$H=52m$,$N=18.5kW$;配备 $\phi1000$ 隔膜气压罐 1 套;设置不锈钢 S30408 组合式水箱 2 座,每座有效容积为 70m³。水泵运行状态及压力值应接入 BA 系统,并在 BA 系统的操作界面上显示。

5. 用水计量

水乐园单独向自来水公司缴费,与市政自来水接管方式以自来水公司的要求为准;所有公共区域的用水(包括所有卫生间、垃圾房、污水处理间、室内外绿化及冲洗点、厨房等)均设置水表计量。

6. 管材

卫生间及淋浴间内暗装给水管采用优质 PPR 给水管；其他部位采用内衬塑钢管，小于 $DN100$，螺纹连接；大于或等于 $DN100$，沟槽式连接。

（二）中水系统

1. 用水量

（1）水乐园中水量统计表详见表 3。

水乐园中水量统计表 表 3

序号	用水名称	使用数量	用水定额	中水所占比例（%）	小时变化系数 K_h	使用时间（h）	用水量 最大时（m^3/h）	用水量 最高日（m^3/d）
1	游客	6500 人次	35L/人次	7.00	1.35	12.00	1.79	15.93
2	员工	300 人	35L/（人·班）	7.00	1.35	12.00	0.08	0.74
3	商业	750m²	5L/（m²·d）	7.00	1.30	12.00	0.03	0.26
4	餐饮	3374 人次	20（L/m²·人次）	7.00	1.30	12.00	0.51	4.72
5	4D 影院	36 人×20 场	5（L/人·场）	7.00	1.30	12.00	0.00	0.00
6	室外绿化浇灌	5000m²	1.5（L/m²·次）	100.00	1.00	8.00	0.94	7.50
7	室外路面冲洗	11300m²	0.4（L/m²·次）	100.00	1.00	8.00	0.57	4.52
8	游乐地面冲洗	7000m²	1.5（L/m²·次）	0.00	1.00	8.00	0.00	0.00
9	游乐补水	水体面积 4200m²，总体积 4200m³，补水量为 4200/30/24＝5.8m³/h，运行时间 24h		1.00		24.00	0.00	0.00
10	锅炉房补水	补水量为 2.5m³/h，运行时间 24h		1.00		24.00	0.00	0.00
11	未预见用水量	按最高日用水的 10% 取					0.39	3.37
12	总水量						4.31	37.03

（2）电影乐园中水量统计表详见表 4。

电影乐园中水量统计表 表 4

序号	用水名称	使用数量	用水定额	中水所占比例（%）	小时变化系数 K_h	使用时间（h）	用水量 最大时（m^3/h）	用水量 最高日（m^3/d）
1	游客	4500 人次	3L/人次	7.00	1.30	12.00	0.10	0.95
2	商业	707m²	5L/（m²·d）	7.00	1.30	12.00	0.03	0.25
3	餐饮	200 人次	20L/人次	7.00	1.50	12.00	0.03	0.28
4	室外绿化浇灌	5000m²	1.5L/（m²·次）	100.00	1.00	8.00	0.90	7.50
5	室外路面冲洗	11300m²	0.4L/（m²·次）	100.00	1.00	8.00	0.60	4.52
6	未预见用水量	按最高日用水的 10% 取					0.17	1.35
7	总水量						1.83	14.85

2. 中水水源

本项目周边有市政中水管道，从市政中水管道直接引入供给项目中水，用于室外绿化、室外路面冲洗用水、水乐园公共卫生间冲厕。

3. 供水方式及竖向分区

室外绿化、室外路面冲洗用水采用市政直供，公共卫生间冲厕用水采用水箱-变频泵加压供水。

4. 中水加压设备

由于市政中水存在供水不稳的情况，故本项目室内用中水均采用加压供水，加压泵房设于商业楼地下一层，采用水箱-变频泵加压供水方式，并设置过滤、消毒处理等措施，处理后的水质应符合《城市污水再生利用 城市杂用水水质》GB/T 18920的规定。选用成套供水设备1套，机组参数：$Q=80\text{m}^3/\text{h}$，$H=50\text{m}$，$N=22\text{kW}$；主泵2用1备，单泵参数：$Q=45\text{m}^3/\text{h}$，$H=50\text{m}$，$N=11\text{kW}$；配备$\phi1000$隔膜气压罐1套，立式过滤砂缸1套；设置不锈钢S304组合式水箱2座，每座有效容积为45m^3。水泵运行状态及压力值应接入BA系统，并在BA系统的操作界面上显示。

5. 用水计量

水乐园单独向中水公司缴费；所有公共区域的卫生间用水均设置水表计量。

6. 管材

选用外壁为浅绿色的内外涂塑钢管，并在其外壁模印或打印明显耐久的"中水"标志，小于或等于$DN50$，螺纹连接；大于$DN50$，法兰连接，阀门连接同管道。

（三）热水系统

1. 热水用水量（见表5）

水乐园生活热水量统计表 表5

序号	用水名称	使用数量	用水定额	小时变化系数K_h	使用时间(h)	用水量 最大时(m³/h)	用水量 最高日(m³/d)
1	游客	6500人次	20L/人次	1.35	12.00	14.60	130.00
2	员工	300人	20L/(人·班)	1.35	12.00	0.70	6.00
3	餐饮	3374人次	8L/人次	1.30	12.00	2.90	26.99
4	未预见用水量	按最高日用水量的10%取				1.80	16.30
5	总水量					20.00	179.29

2. 热源

在地下一层设置燃气锅炉房供应60～80℃的热水作为热媒。淋浴冷水先经过商业制冷机房的板式换热器吸收制冷机组的部分冷凝热量，后由太阳能热媒系统采用强制循环间接加热方式二次加热，太阳能集热系统设置在水乐园北侧的商业街屋面。

3. 供水方式及竖向分区

水乐园的淋浴区采用全日制集中热水供应系统，热水系统竖向分区与冷水系统分区一致；其他分散的公共卫生间洗手盆均采用小容积电热水器供给热水。

4. 热交换器

采用浮动盘管容积式立式换热器，不锈钢S31608材质。其中太阳能预热系统设置4套，每台有效容积为6m^3，传热面积为10m^2，配置$\phi1200$密闭膨胀罐；热水供应系统设置6套，每台有效容积为8m^3，传热面积为13m^2，配置$\phi1600$密闭膨胀罐。

5. 冷、热水压力平衡措施及热水温度的保证措施

（1）热水系统采用机械循环，同程布管，并在每根供回水干管端部设控制阀门，以便于对系统进行平衡

调节；生活热水系统设有 2 台热水循环泵，互为备用；热水循环泵的启、停由设在热水循环泵之前的热水回水管上的电接点温度计自动控制；生活热水系统循环泵启泵温度为 50℃，停泵温度为 55℃。

（2）系统集热循环设定为温差加定温循环，当集热器出口温度高于设定温度，且温差达到开启设定值时，集热循环泵开始循环；当集热器出口温度低于设定值或温差小于停止设定值时，集热循环泵停止。

（3）燃气锅炉须配备智能化控制系统，当来自贮热水罐的太阳能热水水温不达标时，直接加热至 55℃，保证正常热水供应。

（4）淋浴器处设置防烫恒温可调式混水阀，保证出水水温恒定，防止烫伤。

（5）系统设置压力式膨胀罐和安全阀、压力表等，防止系统超压。

6. 管材

卫生间及淋浴间内暗装给水管采用优质 PP-R 给水管；其他部位采用给水薄壁不锈钢管及管件（S31608），三元乙丙橡胶密封圈，卡压连接，管道公称压力为 1.6MPa，壁厚不得小于 2.0mm。

（四）屋顶泳池及 SPA

1. 循环形式

屋顶泳池采用混流式循环系统，SPA 泡池采用逆流或顺流式循环系统。

2. 循环周期

泳池循环周期为 5h，过滤罐过滤速度不超过 $25m^3/h$；SPA 区根据需要设置冷热水泡池，循环周期为 0.5h，过滤罐过滤速度不超过 $25m^3/h$。

3. 泳池热媒

在地下一层设置锅炉供应 60~80℃的热水作为热媒，通过板式换热器供应泳池热水。

（五）排水系统

1. 排放系统的型式

采用污废合流制，室内±0.00 以上污水重力自流排入室外排水管网，±0.00 以下污水通过潜污泵提升排入小市政排水管道，压力流排水管接入室外检查井处应设有消能措施。屋面设置虹吸雨水排水系统，排除侧墙及屋面雨水，接入室外市政雨水管网前，增设钢筋混凝土消能井过渡。

2. 透气管的设置方式

卫生间及淋浴污/废水排水采用带专用通气立管的排水系统，结合通气管与污水立管根据计算排水量每层相连，立管与横支管的连接配件为 45°斜三通。

3. 局部污水处理设施

餐厅厨房及备餐间含油废水先经地上式隔油器一次隔油后，再经污水处理间的隔油器二次隔油处理后方可排入市政污水管网。

4. 管材

污/废水排水管及通气管均选用柔性接口机制排水铸铁管及相应管件，立管采用法兰压盖承插连接，横管采用不锈钢卡箍连接；地下室内潜污泵排水管采用热浸镀锌钢管，卡箍或法兰连接；大屋面虹吸雨水系统选用高密度聚乙烯 HDPE（PE80）排水管，电熔连接，其余部位的重力流雨水管采用内外壁热镀锌钢管及相应配件，卡箍或法兰连接。

二、消防系统

（一）消火栓系统

1. 消火栓系统的用水量（见表 6）

消火栓系统用水量　　　　　　　　　　　　　　　　　　表6

系统分类	设计用水量(L/s)	火灾延续时间(h)	消防水量(m³)	备注
室外消火栓系统	40	2	288	由城市管网供给
室内消火栓系统	40	2	288	由消防水池供给

2. 系统分区

(1) 室外消防给水由市政接入的环状给水管网供给，在园区内形成环状给水管，为整个园区的建筑服务，室外消防需水量为 40L/s。

(2) 室内消火栓系统的静水压力不大于 1.0MPa，故不设分区。房中房二层及二层以下均采用减压稳压型消火栓，减压稳压消火栓的栓前压力为 0.4～1.2MPa 时，栓后动压不应小于 0.35MPa，不大于 0.50MPa；保护高大空间区域的首层地面设置的减压稳压型消火栓，栓后动压尚不应大于 0.70MPa。

3. 设备选型

(1) 消防水池、泵房位于大商业地下一层处，其有效容积为 1109m³（包括室内全部消防用水量及大商业空调补水 130.5m³）；高位消防水箱及消防增压稳压设备位于大商业停车楼西南角屋顶机房层，水箱有效容积为 52.8m³。

(2) 消防水泵内设置 2 台室内消火栓泵（1 用 1 备）：$Q=40L/s$，$H=95m$，$N=75kW$；高位消防水箱内设置 1 套室内消火栓系统稳压设备：$Q=3L/s$，$H=30m$，$N=2.2kW$，由压力开关自动控制启停。

(3) 室外设 4 套地下式 $DN150$ 消火栓水泵结合器，供水管分别与消火栓给水管网相连。

4. 管材

(1) 室外消火栓系统管道采用给水用球墨铸铁管及相应配件，标准厚度采用 K9 级，承口橡胶密封圈接口，公称压力为 1.0MPa；法兰接口不得直接埋设于土壤中，应加设热塑套。

(2) 消火栓管道采用内外壁热镀锌钢管及相应配件，小于或等于 $DN50$，螺纹连接；大于 $DN50$，卡箍连接。阀门及需拆卸部位采用法兰连接，管材压力等级 1.2MPa。

(二) 自动喷水灭火系统

1. 自动喷水灭火系统的用水量

本工程除了净空高度超 12m 的中庭区域和不宜用水扑救的部位（电气用房等）外，其他部位均设置自动喷水灭火系统，按中危险级 Ⅱ 级设计，设计喷水强度为 $8L/(min \cdot m^2)$，同时作用面积为 $160m^2$，设计流量为 35L/s，火灾延续时间为 1h，自动喷水灭火系统的用水量为 126m³。

2. 系统分区

本工程配水管道的工作压力不大于 1.20MPa，且每个报警阀组供水的最高与最低位置洒水喷头，其高程差不宜大于 50m，故自动喷水灭火系统不分区。

3. 设备选型

(1) 消防水池泵房、高位消防水箱及消防增压稳压设备设置部位详见消火栓系统。

(2) 消防泵房内设置 3 台喷淋给水泵（2 用 1 备）：$Q=55L/s$，$H=110m$，$N=110kW$；高位消防水箱内设置 1 套喷淋稳压设备：$Q=3L/s$，$H=90mH_2O$，$N=5.5kW$，由压力开关自动控制启停。

(3) 室外设 4 套地下式 $DN150$ 喷淋水泵结合器，供水管分别与室内喷淋给水管网相连。

4. 管材

自动喷水灭火系统采用内外壁热镀锌钢管及相应配件，小于或等于 $DN50$，螺纹连接；大于 $DN50$，卡箍连接。阀门及需拆卸部位采用法兰连接，管材压力等级为 1.2MPa。

（三）大空间智能型主动喷水灭火系统

1. 设置位置

本工程乐园净空高度超 12m 的大空间均设置大空间智能型主动喷水灭火系统。

2. 系统设计参数

本工程按最大同时开启 6 台自动射流灭火装置射水灭火进行计算，设计流量为 30L/s，持续喷水时间为 1h。每台装置技术参数如下：额定喷射流量为 5L/s，启动时间小于 30s，额定工作压力为 0.6MPa，保护半径为 25～35m。

3. 系统控制

（1）本系统与自动喷水灭火系统合用消防泵（2 用 1 备），应满足灭火装置最不利点的额定工作压力为 0.6MPa。

（2）每台自动射流灭火装置前设置手动闸阀、电磁阀，电磁阀宜在靠近自动射流灭火装置处设置，手动闸阀安装在电磁阀的来水方向。

（3）自动射流灭火装置集探测与灭火于一体，全天候对保护区域实时监控进行探测，一旦发生火情，在 30s 内完成扫描定位，而后对准火点进行喷水灭火，火灭后自动停止。

（4）控制及操作注意事项如下：

1）大空间智能型主动喷水灭火系统设置专用的智能灭火装置控制器，并设置与建筑物火灾自动报警及联动控制器联网的监控接口。

2）大空间智能型主动喷水灭火系统应在开启一个喷头、高空水炮的同时自动启动并报警。

3）大空间智能型主动喷水灭火系统中的电磁阀应有如下控制方式（各种控制方式应能进行相互转换）：①由红外探测组件自动控制；②消防控制室手动强制控制并设防误操作设施；③现场人工控制（严禁误喷场所）。

4）大空间智能型主动喷水灭火系统的消防水泵应同时具备自动控制、消防控制室手动控制、水泵房现场控制 3 种控制方式。

5）在舞台、演播厅、可兼作演艺用的场馆等场所设置的大空间智能型主动喷水灭火系统，应增设手动和自动控制的转换装置。当演出及排练时，应将灭火系统转换到手动控制位，当演出及排练结束后，应将灭火系统转换到自动控制位。

6）消防控制室应能显示智能型探测组件的报警信号；显示信号阀、水流指示器的工作状态；显示消防水泵的运行、停止和故障状态；显示消防水池及高位水箱的低水位信号。

（四）防火分隔水幕系统

1. 系统概述

电影乐园内功能较为复杂，且沿电影乐园内部周边布置大型 3D 互动游乐轨道，轨道车穿防火分区部位，均设置水幕系统作为防火分区分隔。

2. 设计参数

（1）设计喷水强度为 2L/(s·m)，按发生火灾时两处水幕同时动作进行设计，系统设计流量为 40L/s，持续喷水保护时间按 3h 计。

（2）水幕系统为独立的灭火系统，单独设置 2 台水幕泵（1 用 1 备）和报警阀。

（3）喷头采用 K115 开式洒水喷头。

（4）防火分隔水幕的喷头布置，应保证水幕的宽度不小于 6m。

（5）水幕系统设置雨淋报警阀组，配套火灾自动报警系统，由报警系统控制雨淋阀的启动。

3. 控制方式

(1) 当事故发生时，探测器将火灾或事故信号送至控制室火灾报警盘，火灾报警盘判断确认后，发出声光报警信号，并指示事故地点，经延时后向设在阀门内的雨淋阀发布动作指令（遥控打开电磁阀）。雨淋阀动作，同时雨淋阀组的压力开关将系统启动的信号送至火灾报警盘，喷淋完毕后手动关闭电磁阀。

(2) 手动操作时，当事故发生时，探测器将事故信号送至控制室火灾报警盘，经值班人员确认，在控制室手动打开雨淋阀组电磁阀，从而启动雨淋阀，同时雨淋阀组的压力开关将该系统启动的信号送至火灾报警盘。喷淋完毕后手动关闭电磁阀。

(3) 手动应急开启装置除在报警阀组处设置外，还应设在保护区以外主要出入口处明显而易于开启的场所，若冬季可能结冰时，可将阀体设在室内，将其手柄接长引至室外。

(4) 防火分区发生火灾时，该防火分区周围的防火分隔水幕都应动作。

(五) 气体灭火系统

地下控制机房和变配电室等不宜用水扑救火灾的重要的小型设备机房，均设置相对独立的柜式无管网七氟丙烷（HFC-227ea）管网气体灭火系统。灭火设计浓度为 9%，设计喷放时间不大于 10s，防护区内均设置泄压口，泄压口位于防护区净高的 2/3 以上；灭火时防护区应保持封闭条件，除泄压口以外的其他开口（如排烟口、通风口等），应能在喷放洁净气体前自动关闭。

(六) 灭火器配置

(1) 灭火器配置场所危险等级：属于严重危险级。

(2) 灭火器配置场火灾种类：厨房为 B、C 类，电气机房为 E 类，其他为 A 类。

(3) 灭火器配置：

1) 严重危险级区域每处消防柜下的灭火器箱内放置 2 具 MFZ/ABC5 手提式磷酸铵盐干粉灭火器，灭火器放置位置应满足最大保护距离 15m 的要求。

2) 高低压变配电室、强弱电间、消防控制室及屋顶电梯机房设置手提式磷酸铵盐干粉灭火器（MFZ/ABC5），每处 2 具，置于灭火器箱。

3) 灭火器箱上须设置"灭火器"字样的发光标志，机房内灭火器壁挂在墙壁上。

三、水乐园水工艺系统

(一) 设计参数表（见表 7）

水工艺设计技术参数 表 7

编号	系统名称	水面面积 m²	池体均深（m）	总水量（m³）	循环方式	循环周期（h）	循环流量（m³/h）	水温（℃）	日补水量（m³）	初次补水时间（h）	泄空时间（h）
1	造浪池	1200	1.5	1800	混流	2	945	28	90	12	6
2	大碗组合滑道	170	1.07	181.9	混流	6	31.83	28	9.1	5	6
3	高速滑梯身体滑梯组合	119	1.5	178.5	混流	6	31.24	28	8.93	4	6
4	大喇叭组合滑道	270	0.6	162	混流	6	28.35	28	8.1	4	6
5	冲浪池	125	2.25	281.25	混流	4	73.83	28	14.06	7	4
6	儿童池	220	0.5	110	混流	0.5	231	30	16.5	3	1.5
7	戏水池	200	0.1	20	混流	0.5	42	30	3	4	4
8	漂流河	1200	0.9	1080	混流	4	283.5	28	54	12	8
9	二层水寨	660	0.2	132	混流	4	34.65	30	19.8	4	4

（二）耗热量统计表（见表8）

水工艺设计耗热量统计 表8

技术要求	造浪池	冲浪池	漂流河	大碗池	高速滑道池	大喇叭	儿童池	幼儿亲水池	二层水寨
池水水面面积(m²)	1177	123	1200	157	120	270	220	200	600
滑道过水面积(m²)	—	—	—	340	96	1125	100	200	140
总水量(m³)	1000	295	1080	167	180	168	110	65	120
日补水率	5%	5%	5%	5%	5%	5%	15%	15%	15%
每天补水量(m³)	50	14.75	54	8.35	9	8.4	16.5	9.75	18
设计水温(℃)	28	28	28	28	28	28	30	30	30
初次加热时间(h)	48	48	48	48	48	48	48	48	48
压力换算系统(Pa)	133.32	133.32	133.32	133.32	133.32	133.32	133.32	133.32	133.32
水的密度(kg/L)	1.00	1.00	1.00	1.00	1.00	1.00	1.00	1.00	1.00
与池水温度相同时饱和蒸汽的蒸发汽化潜热(kJ/kg)	2438	2438	2438	2438	2438	2438	2429	2429	2429
与池水温度相同时饱和空气的水蒸气分压力(Pa)	3781.4	3781.4	3781.4	3781.4	3781.4	3781.4	4245.05	4245.05	4245.05
与水池的环境空气温度相同的水蒸气分压力(Pa)	2759.3	2759.3	2759.3	2759.3	2759.3	2759.3	2759.3	2759.3	2759.3
标准大气压力(Pa)	101325	101325	101325	101325	101325	101325	101325	101325	101325
当地大气压力(Pa)	101690	101690	101690	101690	101690	101690	101690	101690	101690
滑道水表面风速(m/s)	—	—	—	3.00	3.00	3.00	2.00	2.00	2.00
池水表面风速(m/s)	0.50	0.35	0.35	0.50	0.50	0.50	0.50	0.50	0.50
水的比热容[kJ/(kg·℃)]	4.20	4.20	4.20	4.20	4.20	4.20	4.20	4.20	4.20
自来水温度(℃)	4	4	4	4	4	4	4	4	4
总水量加热热量(kWh)	588.00	173.46	635.04	98.20	105.84	98.78	70.07	41.41	76.44
池水表面蒸发损失热量(kWh)	193.95	18.59	181.41	25.87	19.77	44.49	52.50	47.73	143.19
滑道表面损失热量(kWh)	—	—	—	159.78	45.11	528.69	52.29	104.58	73.21
池壁、管道损失热量(kWh)	38.79	3.72	36.28	5.17	3.95	8.90	10.50	9.55	28.64
补充水加热热量(kWh)	58.80	17.35	63.50	9.82	10.58	9.88	21.02	12.42	22.93
初始加热热量(kWh)	704.37	184.62	743.89	113.72	117.70	125.48	101.57	70.04	162.35
恒温加热热量(kWh)	291.54	39.66	281.19	200.65	79.43	591.96	136.32	174.28	267.97
板式换热器数量(台)	6	2	2	2	2	2	2	2	2
单台板式换热器换热量(kWh)	≥117	≥92	≥372	≥100	≥59	≥296	≥68	≥87	≥134
板式换热器使用情况	初次时开6台,恒温时开3台	初次时开2台,恒温时开1台	初次时开2台,恒温时开1台	初次时开2台,恒温时开2台	初次时开2台,恒温时开2台	初次时开1台,恒温时开2台	初次时开2台,恒温时开2台	初次时开1台,恒温时开2台	初次时开2台,恒温时开2台

（三）恒温加热系统

采用不锈钢材质水-水板式热交换器，而提供至设备房内的热源进水温度不得低于80℃，回水温度不得低于60℃。热侧热水管道采用焊接钢管，冷侧冷水管道采用PE给水管（1.0MPa）。

（四）水质处理系统

（1）混凝剂滤前投加，采用铝盐，设计投加量为3～5mg/L，药剂配置浓度为5%～10%；硅藻土过滤器的系统不设絮凝剂投药。

（2）过滤系统：造浪池、儿童池、戏水池采用烛式硅藻土过滤器，罐体材质为S304不锈钢，6mm厚度，滤速小于或等于5m/h；其余均采用石英砂过滤器，罐体材质为玻璃钢，滤料层厚度大于或等于700mm，滤速小于或等于25m/h。

（3）消毒剂滤后投加，采用次氯酸钠溶液，设计投加量（有效氯浓度）为1～3mg/L，药剂配置浓度为5%～10%。

（4）臭氧消毒系统：

1）造浪池采用分流量全程式；臭氧投加量采用0.4～0.6mg/L；采用负压投加方式；

儿童池、戏水池采用全流量全程式；臭氧投加量采用0.4～0.6mg/L；采用负压投加方式。

2）臭氧发生器与循环水泵连锁控制，只有1台或2台循环泵在运行时，臭氧浓度超标时会自动停止臭氧发生器。同时臭氧发生器还受臭氧浓度监测仪表的控制，当监测臭氧浓度超标时会自动停止臭氧发生器。

3）射流增压泵及空气压缩机与臭氧发生器配套。

4）臭氧发生器配运行或停止指示灯。

5）臭氧设备间内应设臭氧泄漏监测器及报警装置。

（五）管材

（1）各水池循环管道、供水管道、溢流管道等工艺管道暗埋部分均采用PE管或钢丝网骨架塑料（聚乙烯）复合管材及管件，明装部分采用PE100管材，连接方式采用电熔与热熔结合，与阀件连接时采用法兰连接（1.0MPa以上），管材选用应符合现行国家标准。

（2）各水池的板式换热器热媒一侧连接管道：小于$DN100$为热镀锌钢管，螺纹连接；$100 \leqslant DN < 250$为焊接钢管，焊接；大于或等于$DN250$为螺纹缝焊接钢管，焊接（1.0MPa以上），管材选用应符合现行国家标准。

（3）输送臭氧气体和臭氧溶液的管道应采用S31603不锈钢管材及管件。

四、工程特点介绍

（一）用水计量装置的设置

按使用用途、管理单元，分别设置用水计量装置，并满足水平衡测试要求。本项目水乐园用水设施极多，根据其不同使用功能，分别设置计量水表，确保计量全覆盖，便于统计各种不同用途的用水量和分析渗漏、蒸发水量，以实现节水绩效考核，达到鼓励节水的目的。

（二）非传统水源的应用

（1）本项目利用已有市政中水，将市政中水水源引入供水站房，设置过滤、消毒处理等措施，处理后的水质应符合《城市污水再生利用 城市杂用水水质》GB/T 18920的规定，用于整个项目的室外绿化、道路冲洗和室内公共卫生间冲厕。

（2）海空大站集水箱初次补给自来水，并收集作战水枪及蓄水箱溢流的优质清洁的废水，经过深度过滤、消毒处理达到《游泳池水质标准》CJ/T 244的规定后，作为射水枪水源二次回用。

（三）热量的综合利用

（1）太阳能热水系统：水乐园在北侧商业街屋面设置 $482m^2$ 太阳能集热板，用于淋浴热水系统的预热，日产热水量约 $24m^3$。

（2）冷凝热回收：制冷机组压缩机排出的冷凝热通过冷却水带到屋顶冷却塔排到大气中，冷凝热回收技术就是指回收这部分热量。水乐园生活热水与游乐池全年热水需求量大，而乐园制冷机房负担水乐园、主题乐园、电影乐园三大乐园的负荷，冷凝热量较大，夏季应充分利用制冷机组冷凝热加热生活热水及游乐池水，从而达到节电、节气的目的。

（四）水乐园热水耗热量的确定

水乐园热水耗热量由两大部分组成，一是游客及员工的洗浴热水耗热量，二是游乐设施水工艺耗热量，这两部分耗热量的确定各有特点，具体如下：

（1）游客及员工洗浴热水的设计小时耗热量，按照全日热水供应系统设计，并采用卫生器具同时使用百分数法（同定时热水供应系统算法）校核，考虑高峰期淋浴使用人数会有较大变化，故按照计算结果偏保守的卫生器具同时使用百分数法的设计小时耗热量确定。

（2）游乐设施水工艺设计小时耗热量，按照其运行耗热量进行确定。由于滑道、大碗、大喇叭、幼儿亲水池及水寨等游乐设施，水体积较小，但其运行时水体展开面较大，且表面风速远大于室内泳池的风速（本项目参照室外泳池风速，取 $2\sim3m/s$），故其池水表面蒸发损失热量也会相应增大，经计算上述游乐设施运行耗热量大于或等于初次加热量，由此应按照平时运行耗热量确定设计小时耗热量及设备选型。

（五）淋浴用水稳定性及其水温差异化需求的技术措施

根据甲方运营要求，水乐园日接待游客按 6500 人设计，男宾女宾总共设置 192 个淋浴器，考虑游客更衣时间比较集中，淋浴同时使用率按照 100% 考虑。采用防烫恒温可调式混水阀的双管热水供应系统，冷热水同源同压，淋浴配水管呈环布置，保证冷热水水温的稳定性和舒适性，并同时满足各种游客对不同水温的差异需求。

（六）虹吸式屋面雨水系统

两大乐园属于大空间大跨度钢结构屋面，本项目设置虹吸式雨水系统，鉴于本项目钢结构屋面的特殊性（不便于设置溢流口，且对雨水荷载要求相对严格），屋面雨水的整体设计重现期取 50 年，虹吸雨水排水系统和溢流雨水系统合并，经过最近几年的暴雨验证系统安全可靠。

（七）消防水池及泵房的设置

青岛东方影都万达城项目火灾次数按一次考虑，整个项目（商业综合体、室内主题公园、室内水乐园及电影乐园 4 个单体）合用消防水池及消防水泵机组，消防水池及泵房设于水乐园、主题乐园与商业综合体交界处，商业综合体对应的地下一层内，属于整个项目的负荷中心位置，消防水池有效总容积为 $1109m^3$；商业综合体停车楼西南角屋顶机房层设置高位消防水箱及消防稳压设备，水箱有效容积为 $52.8m^3$。

（八）特殊的消防灭火系统

（1）消防安全性能评估内容及要求

大型室内游乐场所与传统露天的游乐场所相比，有着难以比拟的优势。室内游乐场所人们可以全天候在其中游玩，不受时间、天气的影响，更加有品质，也更加方便。而且，室内游乐场所可连接其他室内消费娱乐场所，如电影院、KTV 歌厅、商场等，人们可以很方便地在几种消费和娱乐方式间转换。然而，室内游乐场所在带来优势的同时，也由于内部特殊的商业模式导致其建筑空间较大、功能特殊，使得室内游乐场所无法完全满足国家现有防火规范，从而给消防设计带来了难题。

消防设计中的主要问题包括：1）防火分区设计；2）疏散人数确定；3）安全疏散设计；4）防排烟系统设计。为此项目专门聘请消防安全性能评估单位进行安全评估，制定有针对性的方案解决建筑设计中存在的问题。根据评估的结果，给水排水专业在消防上主要采取了如下处理措施：

1）水乐园戏水大厅内设置消防水炮；其余"房中房"内设置自动喷水灭火系统，选用动作温度为68℃、RTI≤50（m·s）$^{0.5}$的快速响应洒水喷头，以实现早期快速灭火，控制火灾规模，防止火灾大面积蔓延；

2）电影乐园内应按照规范要求设置自动喷水灭火系统，其中有顶区域采用快速响应喷头的自动喷水灭火系统，大空间区域采用大空间智能型主动喷水灭火系统；

3）鉴于建筑的体量及建筑内火灾荷载密度均较大，要求电影乐园内的自动喷水灭火系统均采用动作温度为68℃、RTI≤50（m·s）$^{0.5}$的快速响应洒水喷头，以实现早期快速灭火，控制火灾规模，防止火灾大面积蔓延。

（2）大空间智能型主动喷水灭火系统：水乐园为单层大空间独立建筑（局部有夹层），内部有多层"房中房"构造形式，空间关系极其复杂，对于净空高度超12m的高大空间均设置大空间智能型主动喷水灭火系统，保证两股水柱同时到达保护对象。对于多层"房中房"构造形式，大空间智能型主动喷水灭火系统亦对其屋顶进行保护，内部房间正常设置消火栓及自动喷水灭火系统。

（3）防火分隔水幕系统：由于电影乐园内功能较为复杂，且沿电影乐园内部周边布置大型轨道，若按照规范要求采用"防火墙、防火卷帘"的分隔方式划分防火分区，必会影响3D互动轨道的功能需求及娱乐效果，本项目轨道车穿防火分区部位，均设置水幕系统作为防火分区分隔。防火分隔水幕系统为独立的灭火系统，持续喷水保护时间按3h计，单独设置2台水幕消防泵和相应的报警阀组。

（4）气体及超细干粉灭火系统：地下控制机房和变配电室等不宜用水扑救火灾的重要的小型设备机房，均设置相对独立的柜式无管网七氟丙烷（HFC-227ea）管网气体灭火系统；电气竖井、强弱电间、骑乘设备机房、3D动感DBV控制机房、演出控制机房、演出中控室均配置悬挂式超细干粉自动灭火装置。

（5）厨房灭火系统：厨房排烟罩设置配套干粉或泡沫灭火系统，系统启动时应联动制停燃料供应，并与消防报警系统联网。

（九）水处理及水动力工艺系统

水乐园有造浪池、大碗组合滑道池、高速滑梯身体滑梯组合池、大喇叭组合滑道池、冲浪池、儿童池、戏水池、漂流河、二层水寨池、三层泳池、三层按摩池、SPA池等，分别设置独立的水循环净化给水系统，其中SPA区鱼疗池采用顺流循环方式，按摩池及其他SPA池大多采用逆流循环方式，其余池体均采用混流循环方式，循环周期及设计温度均按照《游泳池给水排水工程技术规程》CJJ 122执行。造浪池、滑道滑梯池、冲浪池、戏水池、漂流河、水寨等均利用专业厂家提供的参数设置水动力设施。

（十）电影特效设施给水排水配合

电影乐园内拥有大量特殊要求的电影特效、包装场景效果，其中有不少需要给水排水专业进行相应的配合。如设液氮机房，液氮特效配合影片或剧场演出，模仿自然界云雾、气爆等视觉效果。某些入口场景设水雾效果，需要进行相应的水处理工艺设计。分散设置的各种特效机房，给水排水专业需要根据要求设计给水排水管线、消防设施。

（十一）地下综合管廊的设置

水乐园内各种游乐设施布置紧凑，各种水处理机房均集中设置在北侧配套"房中房"下方对应的地下室内，沿着中部漂流河的四周设置管廊，巧妙地解决建筑给水排水管道、消防管道及水处理水动力工艺管道的敷设，为管道施工安装提供方便，也为后期的检修维护创造条件。管廊内同时设置消火栓、灭火器进行保护。

电影乐园建筑净空高大，游乐设备设施众多。给水排水、消防管线的敷设按传统常用的架空敷设安装、检修困难，且管材耗费量大，并不便于游乐设备的安装、运营。因此，设计中采用了地下综合管廊的方式，解决给水排水、暖通、电力等机电管线的敷设问题。在管廊中为便于安装和检修，每隔一定距离在地面设置通风检查口，管廊设置集水坑做应急事故排水，同时在管廊内设置相应的灭火设施。

（十二）BIM 技术的应用

本项目利用 BIM 技术检查管道碰撞，并指导施工，整个项目管线排布合理，无大的管线碰撞等问题。通过对室内设备的可见性分析、管线综合、净高分析、屋面美化等各方面分析保证了项目的最终效果。BIM 技术的应用在游乐设施方案优化、管线碰撞检测等方面节省了大量的成本。

五、工程照片及附图

万达茂全景

水乐园儿童滑道

水乐园造浪池

水乐园水寨

水乐园大喇叭及海空大战轨道

水乐园滑梯组合

水乐园滑梯组合水动力接管

供水泵组

消防泵房

淋浴热水站房

水处理站房之循环机组

水处理站房之过滤设备

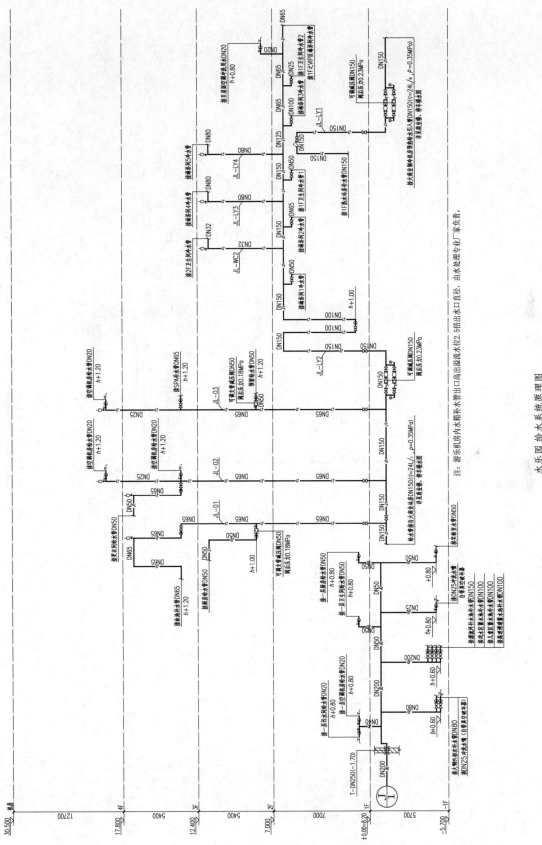

水乐园 给水系统原理图

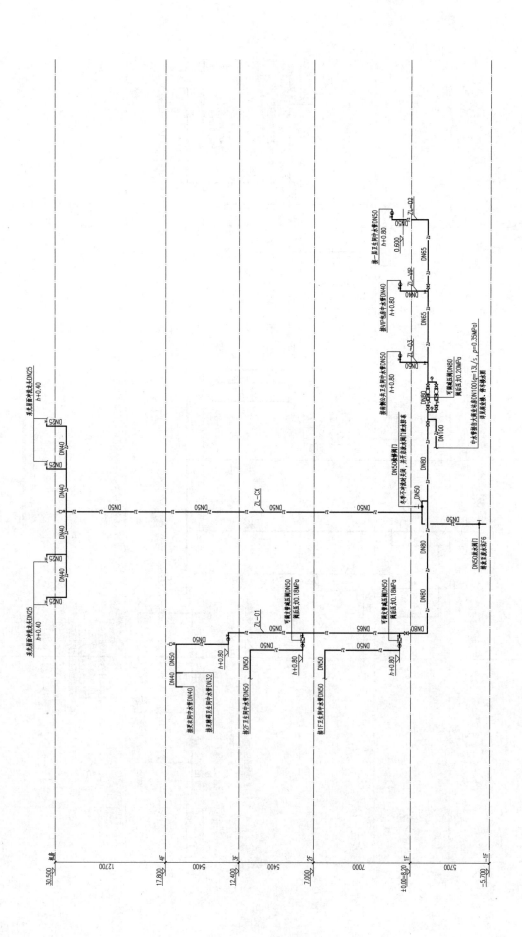

水乐园中水系统原理图

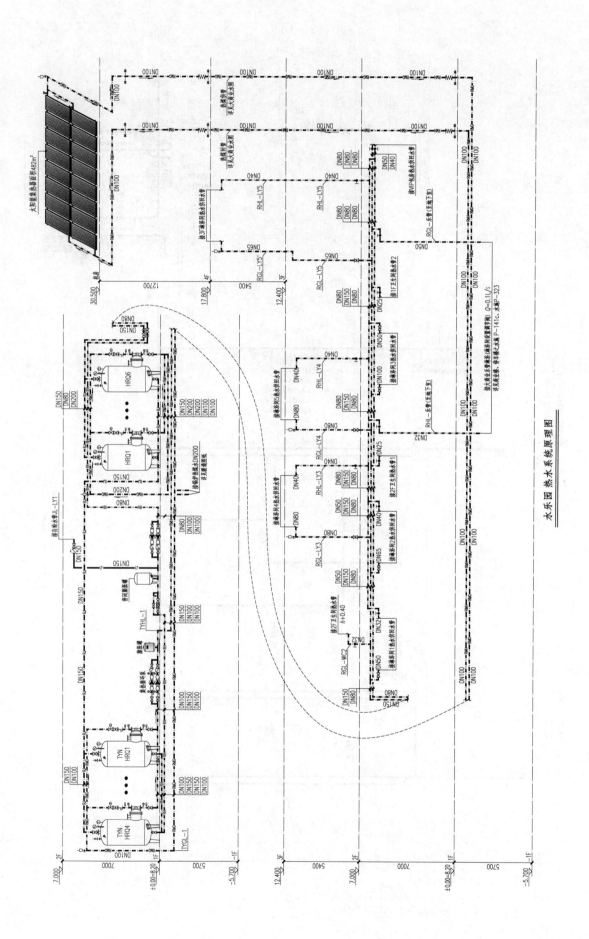

水乐园 热水系统原理图

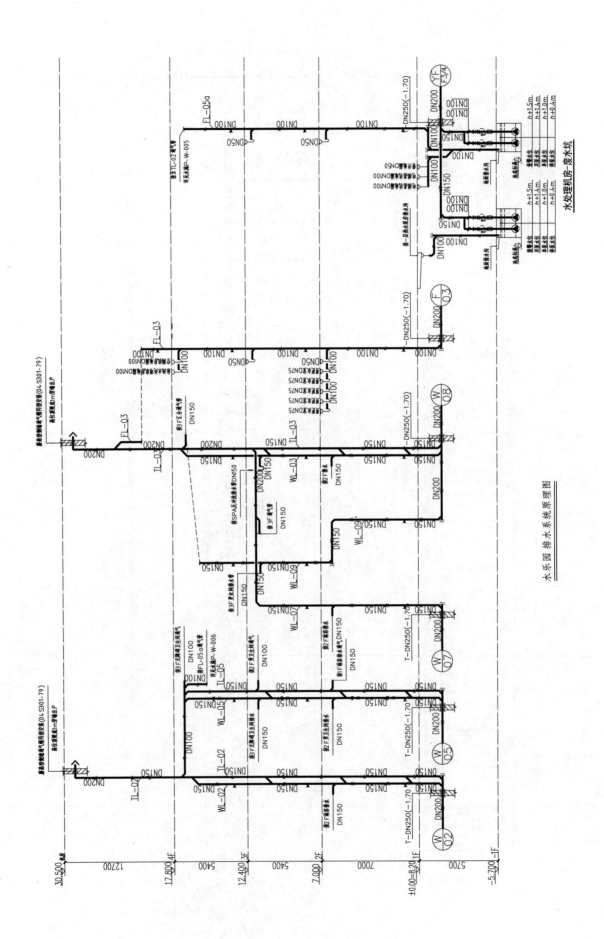

水乐园排水系统原理图

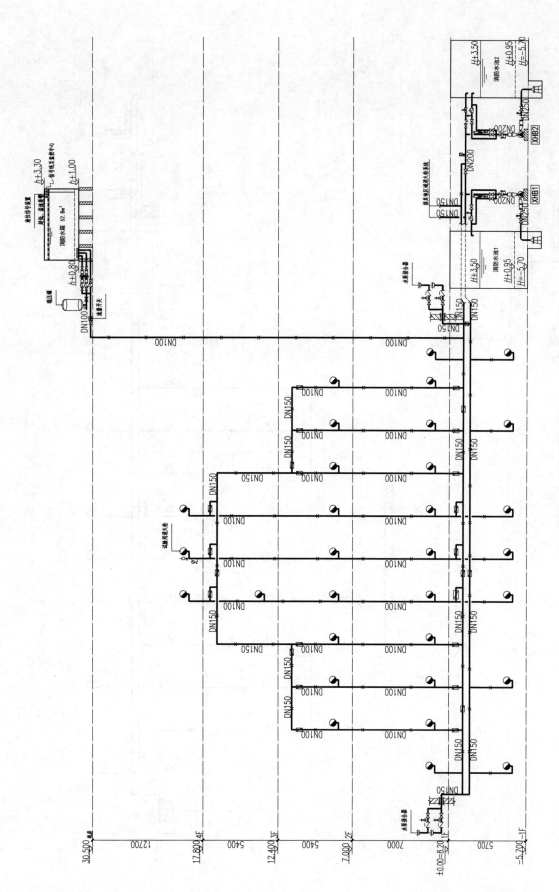

水乐园室内消火栓系统原理图

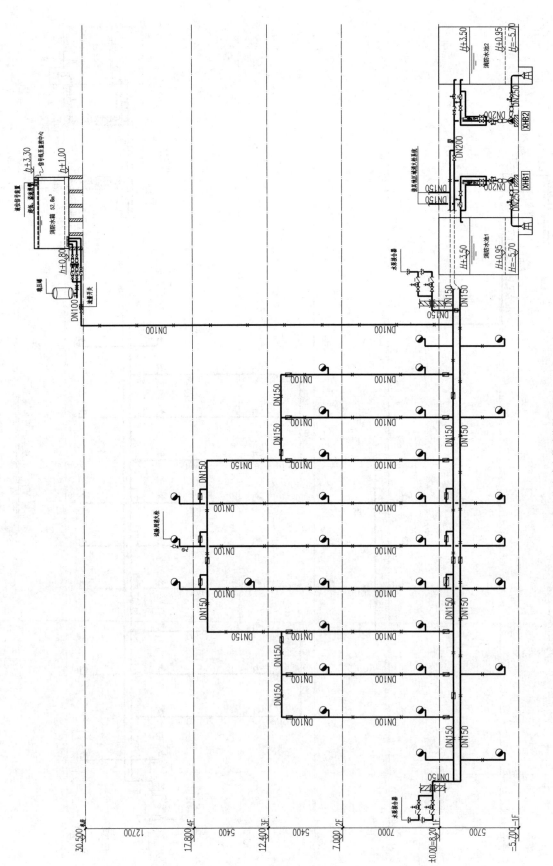

水乐园室内消火栓系统原理图

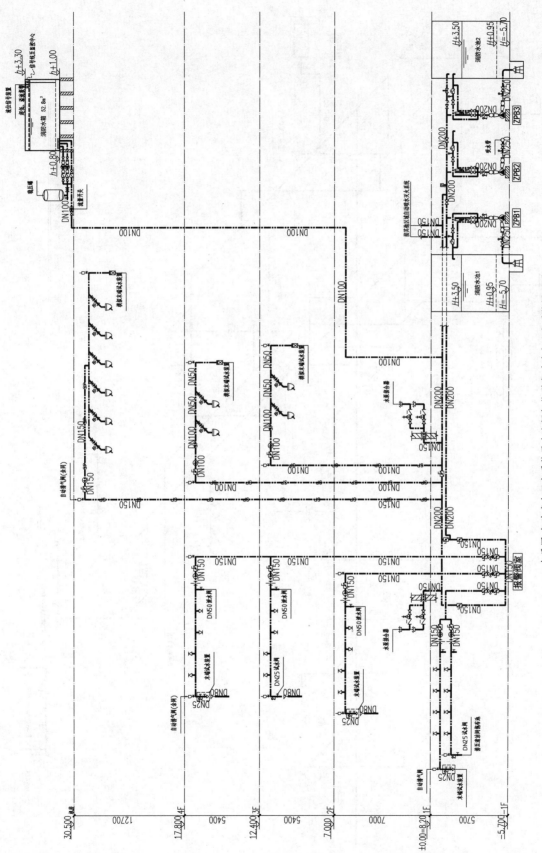

水乐园自动喷水灭火系统及大空间智能型主动喷水灭火系统原理图

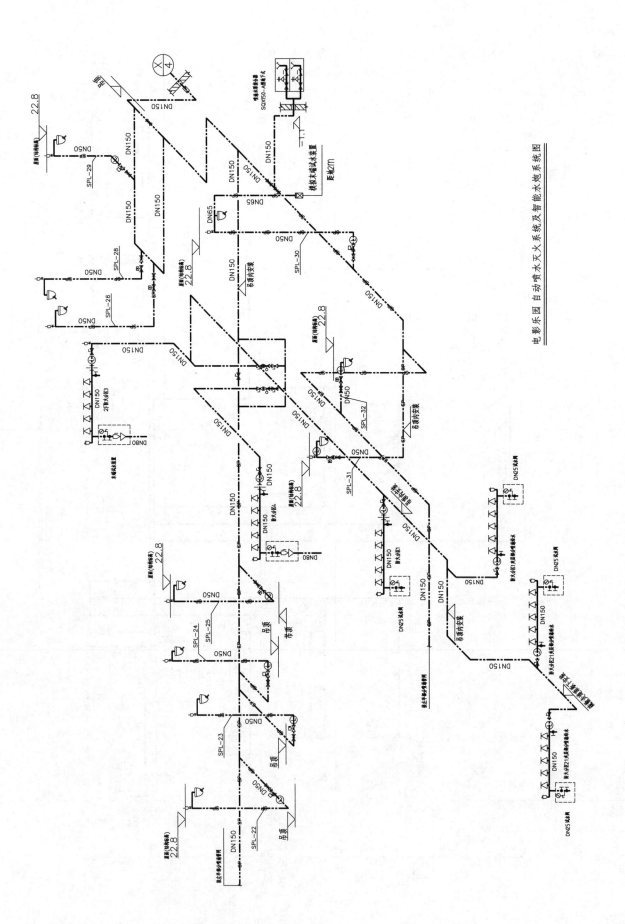

电影乐园自动喷水灭火系统及智能水炮系统图

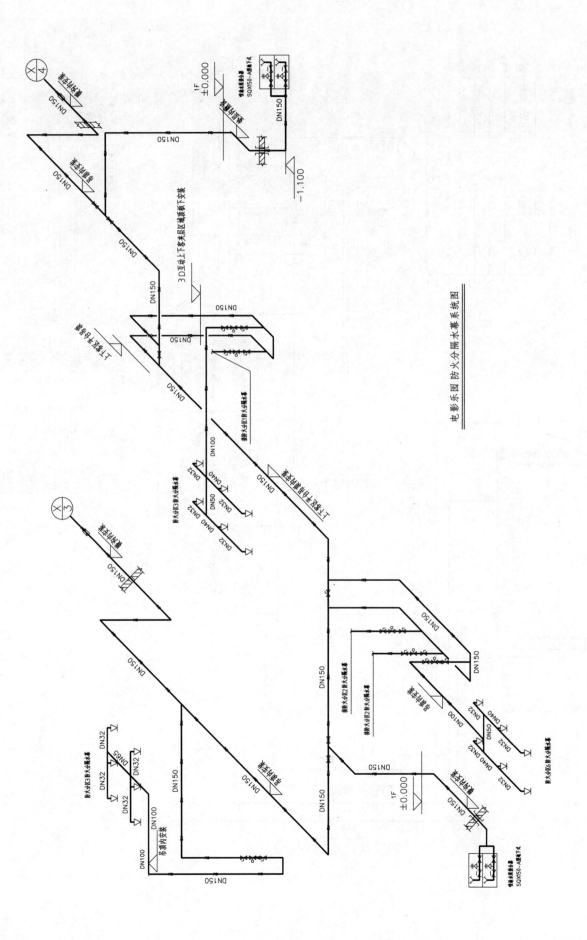

电影乐园 防火分隔水幕系统图

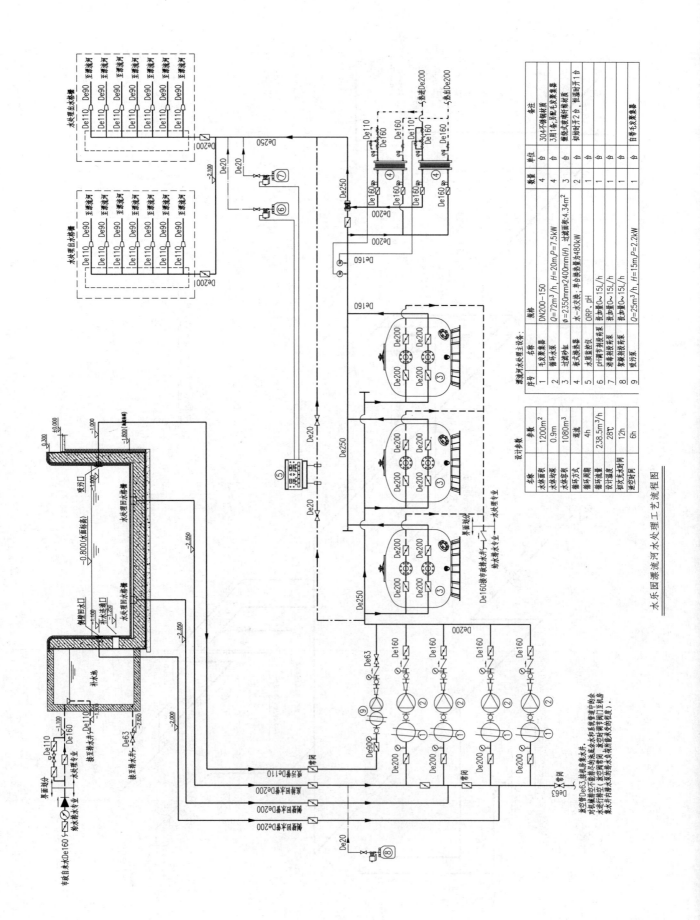

漂流河水处理主设备:

序号	名称	规格	数量	单位	备注
1	毛发聚集器	DN200~150	4	台	304不锈钢材质
2	循环水泵	Q=72m³/h，H=20m,P=7.5kW	4	台	3用1备，另配毛发聚集器
3	过滤砂缸	φ=2350mmx2400mm/H，过滤面积:4.34m²	3	台	填满式变频材质
4	臭氧混合器	水-水文丘，单台臭氧量为480kW	2	台	故障时开2台，恒温开1台
5	水质监控	ORP、pH	1	台	
6	pH调节剂投药泵	投加量0~15L/h	1	台	
7	消毒剂投药泵	投加量0~15L/h	1	台	
8	絮凝剂投药泵	投加量0~15L/h	1	台	
9	废污泵	Q=25m³/h，H=15m,P=2.2kW	1	台	自带毛发聚集器

设计参数

名称	参数
水体面积	1200m²
水体均深	0.9m
水容积	1080m³
循环方式	混流
循环周期	4h
循环流量	238.5m³/h
设计温度	28℃
初次满水时间	12h
逆流充满时间	6h

水乐园漂流河水处理工艺流程图

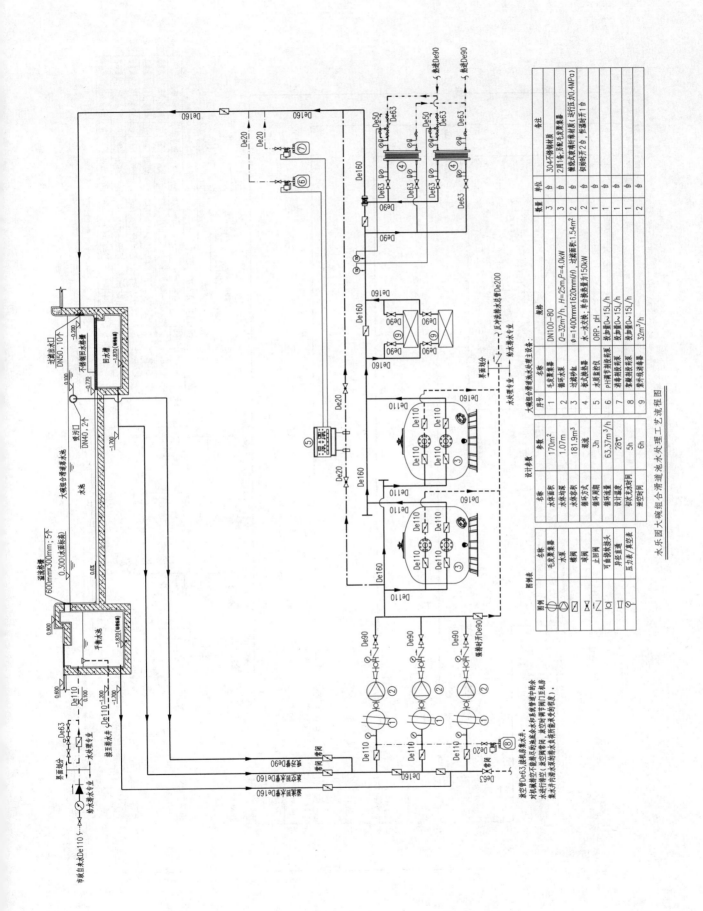

水乐园大碗组合滑道池水处理工艺流程图

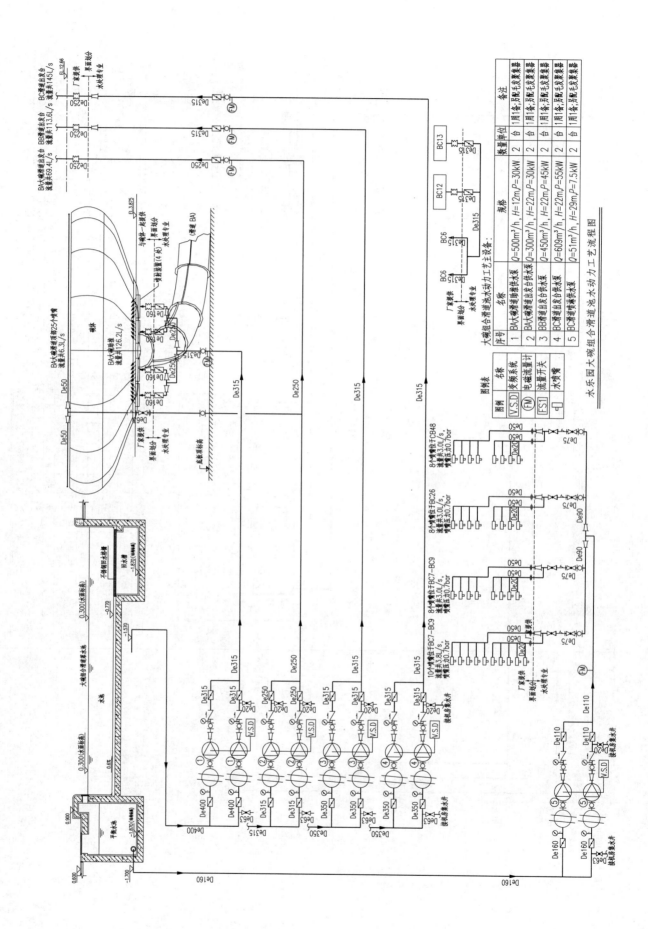

水乐园大碗组合滑道水动力工艺流程图

序号	名称	规格	数量	单位	备注
1	BA大碗滑道助推供水泵	$Q=500m^3/h$，$H=12m$，$P=30kW$	2	台	1用1备，万羽毛及聚集器
2	BA大碗滑道出发台供水泵	$Q=300m^3/h$，$H=22m$，$P=30kW$	2	台	1用1备，万羽毛及聚集器
3	BB滑道出发台供水泵	$Q=450m^3/h$，$H=22m$，$P=45kW$	2	台	1用1备，万羽毛及聚集器
4	BC滑道组合供水泵	$Q=609m^3/h$，$H=22m$，$P=55kW$	2	台	1用1备，万羽毛及聚集器
5	BC滑道喷雾供水泵	$Q=51m^3/h$，$H=29m$，$P=7.5kW$	2	台	1用1备，万羽毛及聚集器

大碗组合滑道水动力工艺主设备

图例表

图例	名称
V.S.D	变频系统
FM	电磁流量计
FS1	流量开关
⊲	水喷嘴

苏州中心 DEP 地块（超高层酒店公寓及能源中心）

设计单位： 中衡设计集团股份有限公司
设 计 人： 薛学斌　程磊　倪流军　严涛　殷吉彦　郁捷　杨俊晨　李添文
获奖情况： 公共建筑类　一等奖

工程概况：

苏州中心项目总占地 16.07 万 m^2，总建筑面积为 112.85 万 m^2，为建筑高度不超过 218.8m 的超高层综合楼。DEP 地块为区域内最高建筑和区域能源中心，总建筑面积为 369004m^2，建筑高度为 218.8m。其中 D 地块占地 13836m^2，总建筑面积为 204265m^2；E 地块占地 5884m^2，面积为 108989m^2；P 地块占地 26381m^2，面积为 55750m^2。D 区 7 号为五星级（W）酒店，面积为 57482m^2，高 168.5m，399 个标间；8 号公寓面积为 70708m^2，高 193.8m，326 户；E 区 9 号公寓面积为 85171m^2，高 218.8m，605 户。D、E 区裙房功能为商业、公寓后勤会所、居委会等。裙房建筑面积为 33246m^2；地下一层建筑面积为 20568m^2；地下一层夹层面积为 4074m^2；裙房会所面积为 4161m^2；裙房商业面积为 3209m^2；裙房居委会面积为 364m^2。D、E 区地下一层主要为酒店公寓后勤用房，地下二层～地下四层除设备机房外，其余均为车库。P 区地下为整个苏州中心项目的集中能源中心，同时设有区域共同沟（综合管廊）。项目按绿色二星和 LEED-NC 认证级设计。

本项目为当时华东区域单次建造体量最大的超高层城市综合体，已成为苏州新标志性建筑。

工程说明：

一、给水排水系统

本工程给水排水系统含如下内容：室内冷/热水系统、电伴热智能热水恒温系统、雨/污水系统；泳池循环系统；景观水系统；雨水收集系统、冷却循环系统、共同管沟；室外给水排水系统、雨/污水系统、雨水收集利用系统。

（一）给水系统

1. 冷水用水量（见表 1～表 7）

用水量定额　　　　　　　　　　　　　　　　　　　　　　　　　　　　表 1

序号	用水名称	单位	用水定额(L)	小时变化系数	使用时间(h)	备注
1	客房	每床每日	400	2.5	24	
2	员工	每人每日	100	2.5	10	
3	餐厅	每人每餐	30/60	1.5	6	
4	洗衣房	4kg/(床·d)	60L/kg	1.5	10	
5	公寓式酒店	每床每日	300	2.5	24	

续表

序号	用水名称	单位	用水定额(L)	小时变化系数	使用时间(h)	备注
6	办公区	每人每日	50	2.5	24	
7	商业区员工顾客	每1m² 营业面积/d	8	1.5	12	
8	汽车库地坪冲洗	每1m² 每日	2			每日一次
9	绿化	每1m² 每日	2			每日一次

冷水用水量（7号酒店部分） 表2

用水性质	用水定额	使用单位数量	使用时间(h)	小时变化系数	最高日用水量(m³/d)	最大时用水量(m³/h)
酒店客房	400L/(床·d)	800	24	2.5	320	33.3
酒店员工	100L/(床·d)	720	24	2.5	72	7.5
酒店洗衣	60L/kg	2016	10	1.5	121	20.1
酒店餐厅(工)	20L/人次	800	6	1.5	16	4.0
酒店餐厅(客)	40L/人次	1100	6	1.5	44	11.0
泳池	15%	330	8	1.5	50	3.1
洗浴	300L/h	35	6	1.5	63	10.5
酒店生活小计					686	89.5
公寓客房	300L/(床·d)	300	24	2.5	90	6.6
公寓员工	100L/(床·d)	90	24	2.5	9	0.9
公寓洗衣	60L/kg	840	8	1.5	50	9.4
公寓餐厅	30L/人次	0	6	2	0	0.0
公寓生活用水小计					149	16.9
7号商业生活用水	6	500	8	1.5	3	0.6
7号办公生活用水	50	200	10	1.5	10	1.5
7号办公商业小计					13	2
7号生活用水合计					848	108.5
绿化	4L/(m²·d)				计未预见	
道路场地	2L/(m²·d)				计未预见	
未预见	10%				85	10.8
7号生活用水总计					933	119.3
酒店冷却补水	1%	0	24		0	0.0
7号用水总计					933	119.3

冷水用水量（8号公寓部分） 表3

用水性质	用水定额	使用单位数量	使用时间(h)	小时变化系数	最高日用水量(m³/d)	最大时用水量(m³/h)
8号公寓客房	300L/(床·d)	1103	24	2.5	331	34.5
公寓员工	100L/(床·d)	0	24	2.5	0	0.0
公寓洗衣	60L/kg	0	8	1.5	0	0.0

续表

用水性质	用水定额	使用单位数量	使用时间(h)	小时变化系数	最高日用水量(m³/d)	最大时用水量(m³/h)
绿化	4L/(m²·d)	未预见			0	0.0
道路场地	2L/(m²·d)	未预见			0	0.0
8 号生活用水小计					331	34.5
未预见	0				0	0
8 号生活用水总计					331	34.5
8 号公寓冷却补水	1‰	1600	20	1	320	16.0
8 号用水总计					651	50.5

冷水用水量（9 号公寓部分） 表 4

用水性质	用水定额	使用单位数量	使用时间(h)	小时变化系数	最高日用水量(m³/d)	最大时用水量(m³/h)
9 号公寓客房	300L/(床·d)	1606	24	2.5	482	50.2
公寓员工	100L/(床·d)	0	24	2.5	0	0.0
公寓洗衣	60L/kg	0	8	1.5	0	0.0
绿化	4L/(m²·d)	未预见			0	0.0
道路场地	2L/(m²·d)	未预见			0	0.0
9 号公寓生活用水小计					482	50.2
未预见	0				0	0
9 号生活用水总计					482	50.2
9 号公寓冷却补水	1‰	2250	20	1	450	22.5
9 号用水总计					932	72.7

冷水用水量（D、E 区裙房部分） 表 5

用水性质	用水定额	使用单位数量	使用时间(h)	小时变化系数	最高日用水量(m³/d)	最大时用水量(m³/h)
居委会用水	50L/(人·d)	60	8	1.5	3	0.6
公共区域零售商业用水	8L/(m²·d)	3000	12	1.5	24	3.0
公寓后勤用水	100L/(人·d)	465.5	24	2.5	47	4.8
会所餐饮用水	50L/人次	1150	12	1.5	133	16.6
会所酒吧用水	5L/(人·d)	1061	15	1.5	5	0.5
会所健身房用水	50L/(人·d)	800	10	1.5	40	6.0
会所 SPA 淋浴	300L/h	30	4	1	36	9.0
会所泳池用水	10%	325	20	1	33	1.6
会所用水小计					246	33.7
公共区域停车场	0	45000	8	1	0	0.0
D、E 裙房生活用水小计					320	42.2

续表

用水性质	用水定额	使用单位数量	使用时间(h)	小时变化系数	最高日用水量(m³/d)	最大时用水量(m³/h)
未预见	0				0	0
D、E裙房生活用水总计					320	42.2
D、E裙房冷却补水	1‰	0	20	1	0	0.0
D、E裙房用水总计					320	42.2

冷水用水量（P区D、H、C部分）　　表6

用水性质	用水定额	使用单位数量	使用时间(h)	小时变化系数	最高日用水量(m³/d)	最大时用水量(m³/h)
P区零售商业	8L/(m²·d)	1500	12	1.5	12	1.5
降温补水及预留		0	16	2.5	48	7.5
P区生活用水小计					60	9.0
未预见	0				0	0
P区生活用水总计					60	9.0
P区D、H、C冷却补水	1‰	15000	16	1	2400	150.0
9号用水总计					2460	159.0

D、E、P区冷水用水量汇总表　　表7

用水性质	最高日用水量(m³/d)	最大时用水量(m³/h)
7号酒店	933	119.3
8号公寓	651	50.5
9号公寓	932	72.7
D、E区裙房	320	42.2
D、E区用水量小计	2836	284.7
P1区D、H、C机房	2460	159.0
D、E、P区用水总计	5296	443.7

综上所述，本工程D、E区最高日用水量为2836m³/d，最大时用水量为284.7m³/h。其中7号酒店最高日生活用水量为933m³/d，最大时为119.3m³/h；8号公寓最高日生活用水量为331m³/d，最大时为34.5m³/h；冷却用水最高日为320m³/d，最大时为16m³/h；9号公寓生活用水量最高日为482m³/d，最大时为50.2m³/h；冷却用水最高日450m³/d，最大时为22.5m³/h；D、E区裙房生活用水量最高日为320m³/d，最大时为42.2m³/h，其中公寓后勤生活用水量最高日为47m³/d，最大时为4.8m³/h；公寓会所生活用水量最高日为246m³/d，最大时为33.7m³/h；居委会生活用水量最高日为3m³/d，最大时为0.6m³/h；裙房商业生活用水量最高日为24m³/d，最大时为3m³/h。D、E、P区总计为最高日用水量5296m³/d，最大时用水量443.7m³/h。

2. 水源

本项目D、E区市政引入管共3路，均引自共同沟，其一为DN250，水表井内配置DN200消防水表和DN250生活水表各1个（供7号酒店）；其二为DN200，水表井内配置4套生活水表，DN150表供8号公寓，$DN100$ 供公寓会所，$DN70$ 供裙房商业，$DN25$ 供居委会；其三为 $DN200$，水表井内配置 $DN200$ 消防水表和 2 套生活水表，$DN200$ 供 9 号公寓，$DN40$ 供公寓后勤。地块内设置 $DN200$ 的室外消防环管，供 D、E 区。

P 区独立从共同沟引管 $DN250$，设 $DN200$ 水表供冷却补水；设 $DN70$ 水表，供该区域生活用水；

各区域生活水箱和系统均分开设置。设置雨水收集回用系统，供室外浇灌、景观补水。冷却补水设置独立的水箱和供水系统。

3. 系统竖向分区

本项目 D、E 区给水系统分为 7 号酒店、8 号公寓、9 号公寓、裙房商业、公寓会所、公寓后勤、居委会等系统。其中，裙房商业和地库由市政直供，区域为地下三层～二层，地库的地面冲洗由雨水回用水供给；居委会供水由市政直供，区域为二层；公寓会所区域为三层，由变频供水系统泵供给；公寓后勤区域为地下一层～三层，由变频供水系统供给。

7 号酒店总高 168.5m，分 6 区，其中 1 区：地下三层～四层；2 区：五层～十一层；3 区：十二层～十八层；4 区：十九层～二十五层；5 区：二十六层～三十三层；6 区：三十四层～三十八层；其中 1 区和 6 区由变频供水系统加压供水，其余各区均由重力水箱供给，2 区和 4 区设可调式减压阀。

8 号公寓总高 193.8m，分 6 区，其中 1 区：五层～十一层；2 区：十二层～十七层；3 区：十八层～二十五层；4 区：二十六层～三十二；5 区：三十三层～四十层；6 区：四十一层～四十七层；其中 6 区由变频供水系统加压供水，其余各区均由重力水箱供给，2 区和 4 区设可调式减压阀。

9 号公寓总高 218.8m，分 7 区，其中 1 区：五层～十一层；2 区：十二层～十九层；3 区：二十层～二十六层；4 区：二十七层～三十四层；5 区：三十五层～四十一层；6 区：四十二层～四十九层；7 区：五十层～五十六层；其中 7 区由变频供水系统加压供水，其余各区均由重力水箱供给，2、4、6 区设可调式减压阀。

P 区生活给水为市政直供；冷却补水设置独立水箱和变频供水系统。

项目分区原则控制在 15～55m 水压之间，减压阀为 1 用 1 备。本工程各分区内低层部分设减压设施以保证各用水点压力不大于 0.2MPa；由于酒店管理公司对水压有特别要求，故酒店区域支管不作减压处理。变频恒压供水设备压力调节精度小于 0.01MPa。稳定时间小于 20s。配备水池无水停泵，小流量停泵控制运行功能。

4. 供水方式及给水加压设备

结合超高层项目的特点，本项目供水方式以重力供水为主，最低区地下三层～二层采用市政直供，二层～六层及塔楼最高区采用变频供水系统，其余区均采用重力供水方式。

生活水箱采用成品不锈钢拼装水箱（S444），设于地下三层生活泵房。其中，公寓会所于 D 区地下三层设生活水箱 $60m^3$；公寓后勤于 E 区地下三层设置生活水箱 $12m^3$；7 号酒店于 D 区地下三层生活泵房内设置生活水池 $500m^3$，同时于二十六层（避难层）设置生活转输水箱，有效容积为 $40m^3$，屋顶设高位生活水箱 $26m^3$。8 号公寓于 D 区地下三层生活泵房内设置生活水池 $90m^3$，冷却补水池 $90m^3$，同时于十八层、三十三层（避难层）设置生活转输水箱，有效容积分别为 $14m^3$ 和 $14m^3$，屋顶设高位生活水箱 $14m^3$。9 号公寓于 E 区地下三层生活泵房内设置生活水池 $120m^3$，冷却补水池 $120m^3$，同时于二十七层、四十二层（避难层）设置生活转输水箱，有效容积分别为 $20m^3$ 和 $20m^3$，屋顶设高位生活水箱 $14m^3$。所有水箱均须配置通气管、溢流管、放空管、人孔及电子远传液位计；各端口设防虫网。

7 号酒店生活用水采用分质供水，自来水经微滤处理后进入高品质生活水箱，处理流程为砂缸过滤器＋活性炭过滤器＋精密过滤器＋纤维膜微滤。高品质水供应客房、茶水间、厨房等；洗衣房给水经软化处理后供给。

裙房公共区域的生活饮用水系统。饮用水定额按 2L/(人·d) 计算。采用电开水炉供应开水。电开水炉功率为 6.0kW，容量为 50L，设于每层茶水间内；桶装饮用水由业主自理。

冷却塔补水设于 P 区，采用独立的水池和补水泵，水源采用市政自来水；空调设备补水（膨胀水箱）、空调加湿等均从生活给水系统接出，设软水器、远传水表和防污染隔断阀。

生活供水加压设备参数见表 8～表 12。

7 号酒店部分供水加压设备 表 8

序号	供水设备名称	水泵台数及运行方式	单泵参数	气压罐配置
1	7 号楼过滤加压供水设备	2 台,1 用 1 备	$Q=40L/s,H=40m,N=30kW$	
2	7 号楼一级生活给水提升泵	2 台,1 用 1 备	$Q=18L/s,H=138m,N=45kW$	
3	7 号楼低区生活变频给水泵	4 台,3 用 1 备	$Q=9L/s,H=55m,N=11kW$	$\phi600\times1500H$
4	7 号楼水处理系统供水泵	2 台,1 用 1 备	$Q=5L/s,H=20m,N=3.0kW$	
5	7 号洗衣给水变频供水泵	4 台,3 用 1 备	$Q=5L/s,H=40m,N=4.0kW$	
6	7 号二级生活给水转输泵	2 台,1 用 1 备	$Q=13L/s,H=80m,N=22kW$	
7	7 号六区生活变频供水泵	4 台,3 用 1 备	$Q=5L/s,H=20m,N=3kW$	$\phi600\times1500H$
8	7 号蒸汽冷凝水回收提升泵	2 台,1 用 1 备	$Q=1.8L/s,H=15m,N=1.1kW$	
9	7 号蒸汽冷凝水排水提升泵	2 台,1 用 1 备	$Q=6.0L/s,H=20m,N=3.0kW$	

8 号公寓部分供水加压设备 表 9

序号	供水设备名称	水泵台数及运行方式	单泵参数	隔膜气压罐配置
1	8 号楼生活给水提升泵	2 台,1 用 1 备	$Q=10L/s,H=105m,N=18.5kW$	
2	8 号楼水处理系统供水泵	2 台,1 用 1 备	$Q=5L/s,H=20m,N=3.0kW$	
3	8 号楼冷却补水提升泵	2 台,1 用 1 备	$Q=5L/s,H=105m,N=11kW$	$\phi600\times1500H$
4	8 号公寓一级转输泵	2 台,1 用 1 备	$Q=9.0L/s,H=85m,N=15kW$	
5	8 号公寓二级转输泵	2 台,1 用 1 备	$Q=5.0L/s,H=90m,N=11kW$	
6	8 号公寓高区生活变频供水泵	4 台,3 用 1 备	$Q=4.0L/s,H=15m,N=3.0kW$	$\phi600\times1500H$
7	8 号蒸汽冷凝水回收提升泵	2 台,1 用 1 备	$Q=2.6L/s,H=15m,N=1.5kW$	
8	8 号蒸汽冷凝水排水提升泵	2 台,1 用 1 备	$Q=4.0L/s,H=20m,N=3.0kW$	

9 号公寓部分供水加压设备 表 10

序号	供水设备名称	水泵台数及运行方式	单泵参数	隔膜气压罐配置
1	9 号楼生活给水提升泵	2 台,1 用 1 备	$Q=14L/s,H=135m,N=37kW$	
2	9 号楼水处理系统供水泵	2 台,1 用 1 备	$Q=5L/s,H=20m,N=3.0kW$	
3	9 号楼冷却补水提升泵	2 台,1 用 1 备	$Q=6.5L/s,H=80m,N=11kW$	$\phi600\times1500H$
4	9 号公寓一级转输泵	2 台,1 用 1 备	$Q=10L/s,H=85m,N=18.5kW$	
5	9 号公寓二级转输泵	2 台,1 用 1 备	$Q=6.0L/s,H=90m,N=11kW$	
6	9 号公寓高区生活变频供水泵	4 台,3 用 1 备	$Q=4.0L/s,H=15m,N=3.0kW$	$\phi600\times1500H$
7	9 号蒸汽冷凝水回收提升泵	2 台,1 用 1 备	$Q=0.9L/s,H=15m,N=0.75kW$	
8	9 号蒸汽冷凝水排水提升泵	2 台,1 用 1 备	$Q=3.0L/s,H=20m,N=2.2kW$	

D、E 裙房部分供水加压设备　　　　　　　　　　　　　　　　表 11

序号	供水设备名称	水泵台数及运行方式	单泵参数	隔膜气压罐配置
1	会所生活给水变频供水泵	4 台，3 用 1 备	$Q=5.0L/s, H=60m, N=7.5kW$	
2	会所水处理系统供水泵	2 台，1 用 1 备	$Q=5L/s, H=20m, N=3.0kW$	
3	8、9 号楼（BOH）生活变频供水泵	2 台，1 用 1 备	$Q=3L/s, H=45m, N=3.0kW$	$\phi600\times1500H$
4	8、9 号楼（BOH）水处理供水泵	2 台，1 用 1 备	$Q=5L/s, H=20m, N=3.0kW$	

P 区 D、H、C 区域供水加压设备　　　　　　　　　　　　　　表 12

序号	供水设备名称	水泵台数及运行方式	单泵参数	隔膜气压罐配置
1	冷却水补水泵变频供水泵	4 台，3 用 1 备	$Q=55m^3/h, H=70m, N=18.5kW$	
2	热水回用供水泵	3 台，2 用 1 备	$Q=40m^3/h, H=40m, N=7.5kW$	
3	热回收循环泵	2 台，1 用 1 备	$Q=30m^3/h, H=30m, N=7.5kW$	$\phi600\times1500H$

5. 管材

本项目给水管材：埋地管（至室内第一个法兰前）$DN100$ 及以上管道采用球墨给水铸铁管，内搪水泥外浸沥青，橡胶圈接口。$DN100$ 以下采用不锈钢管，焊接法兰连接。地上：$DN100$ 以上采用薄壁不锈钢管，承插氩弧焊连接；$DN100$ 及以下采用薄壁不锈钢管，卡压连接；暗装不锈钢支管采用塑覆不锈钢管道。所标管径均为公称内径，压力等级不低于 1.6MPa。局部注明管道需采用不锈钢厚壁管（壁厚详见国家标准），压力等级为 2.5MPa，焊接法兰连接。

其中 7 号酒店室内采用薄壁铜管，银钎焊连接；嵌墙暗装铜管支管采用塑覆铜管管道。除局部注明压力等级为 2.5MPa 的管道外，其余管道压力等级为 1.6MPa。

（二）热水系统

1. 热水用水量（见表 13～表 14）

热水用水量（7 号酒店公寓部分）　　　　　　　　　　　　　　表 13

用水性质	用水定额	使用单位数量	使用时间(h)	小时变化系数	最高日用水量(m³/d)	最大时用水量(m³/h)	最大时耗热量(kW)
酒店客房	160L/(床·d)	800	24	2.88	128	15.4	983
酒店员工	50L/(床·d)	810	24	2.87	41	4.8	310
酒店洗衣	50L/kg	800	10	1.5	40	6.0	384
酒店餐厅	7L/人次	800	6	1.5	6	1.4	90
酒店餐厅	25L/人次	1100	6	1.5	28	6.9	440
泳池	1507kJ/(h·m²)	300	24	1.5	31	2.0	126
洗浴	300L/h	35	6	1.5	27	6.7	427
酒店生活小计					300	43.1	2759
公寓客房	160L/(床·d)	300	24	3.23	48	6.5	413
公寓员工	100L/(床·d)	0	24	3.23	0	0.0	0
公寓洗衣	50L/kg	300	10	1.5	15	2.3	144
公寓生活热水小计					63	8.7	557
7 号生活热水小计					363	51.8	3316

续表

用水性质	用水定额	使用单位数量	使用时间(h)	小时变化系数	最高日用水量(m³/d)	最大时用水量(m³/h)	最大时耗热量(kW)
未预见	10%				36	5.2	332
7号生活热水总计					399	57.0	3647

热水用水量计算表（D、E裙房部分）　　　　　　表14

用水性质	用水定额[L/(床·d)]	使用单位数量	使用时间(h)	小时变化系数	最高日用水量(m³/d)	最大时用水量(m³/h)	最大时耗热量(kW)
公寓后勤用热水	50	466	24	4	23	3.9	248
会所餐饮用水	15	1150	12	1.5	40	5.0	318
会所酒吧用水	3	1061	15	1.5	3	0.3	20
会所健身房用水	0	800	10	1.5	0	0.0	0
会所SPA淋浴用水	300	30	4	1	23	5.7	366
会所用水小计					66	11.0	705
D、E裙房生活热水总计					89	15.1	953

综上，本工程最高日热水量为759m³/d，最大时热水量为101.3m³/h，设计小时耗热量为6480kW。其中，7号酒店最高日热水量为399m³/d，最大时热水量为57m³/h，设计小时耗热量为3647kW；8号公寓最高日热水量为110m³/d，最大时热水量为11.9m³/h，设计小时耗热量为761kW；9号公寓最高日热水量为161m³/d，最大时热水量为17.3m³/h，设计小时耗热量为1107kW；D、E裙房区最高日热水量为89m³/d，最大时热水量为15.1m³/h，设计小时耗热量为953kW。实际加热设备选型需结合同时使用率进行核算。

2. 热源

本工程酒店和公寓、员工洗浴及泳池采用集中热水供应系统，热源为市政蒸汽；其中地下室员工洗浴、会所及公寓后勤用热水采用蒸汽冷凝水系统进行预热，本工程D、E区冷凝水最大回收量约共30m³/h。办公及商业区卫生间热水由独立式电热水器供应；由于业主已得到当地规划部门的许可，蒸汽冷凝水回用可作为太阳能热水的替代方案，本项目不设太阳能热水系统。

3. 系统竖向分区

热水系统竖向分区和给水系统一致，供应热水水温不高于60℃，具体分区详见冷水系统。热水系统管道按规范在横管和立管管段上相应位置设置伸缩节及固定支架。

热水系统采用全日制机械循环，各系统均设2台热水循环泵，互为备用。热水循环泵的启、闭由设在热水循环泵之前的热水回水管上的电接点温度计。自动控制：洗衣房启泵温度为60℃，停泵温度为70℃；其他区域启泵温度为50℃，停泵温度为60℃。考虑公寓供水和计量的特点，8、9号公寓户内热水支管较长，又由于计量限制，故采用电伴热保温，不设支管循环。

本项目设置蒸汽冷凝水回收系统，进行废热和废水回收。废热供酒店公寓等热水预热，设预热容积式热交换器，采用完全的闭式系统，以保证各系统冷热水的压力平衡；废水收集至雨水收集回用系统。

电热水器采用不锈钢内胆，配备自动恒温装置和安全泄压阀等；容积式热交换器均为不锈钢导流型。

4. 热交换器

热交换器主要服务于酒店和公寓部分，选用导流型容积式热交换器。其均为不锈钢罐体，紫铜盘管。设备参数如下：

（1）7 号酒店部分：

1）酒店裙房：酒店低区裙房预热：$V=4.0\text{m}^3$（$\phi 1.6\times 2.7$）的容积式热交换器 1 套；酒店低区裙房：$V=4.0\text{m}^3$（$\phi 1.6\times 2.7$）的容积式热交换器 2 套；酒店员工洗浴：$V=4.5\text{m}^3$（$\phi 1.6\times 2.9$）的容积式热交换器 2 套；酒店洗衣房：$V=3.0\text{m}^3$（$\phi 1.2\times 3.2$）的容积式热交换器 2 套；

2）酒店塔楼：塔楼 2～5 区，分别设置 $V=3.0\text{m}^3$（$\phi 1.2\times 3.2$）容积式热交换器各 2 套；塔楼六区，$V=4.0\text{m}^3$（$\phi 1.6\times 2.7$）容积式热交换器 2 套；

（2）8 号公寓：塔楼 2～5 区：选用 $V=2\text{m}^3$（$\phi 1.2\times 2.3$）的容积式热交换器各 2 套。塔楼 6～7 区：选用 $V=1.5\text{m}^3$（$\phi 1.2\times 1.9$）的容积式热交换器各 2 套。

（3）9 号公寓：塔楼 2～4 区：选用 $V=2.5\text{m}^3$（$\phi 1.2\times 2.75$）的容积式热交换器各 2 套。塔楼 5～7 区：选用 $V=2.0\text{m}^3$（$\phi 1.2\times 2.3$）的容积式热交换器各 2 套；选用 $V=1.5\text{m}^3$（$\phi 1.2\times 1.9$）的容积式热交换器各 2 套。

（4）DE 裙房：会所预热，选用 $V=6.0\text{m}^3$，$\phi 1800\times 3143$）的容积式热交换器 1 套；会所热水，选用 $V=6.0\text{m}^3$，$\phi 1800\times 3143$）的容积式热交换器 2 套；8、9 号楼（BOH）预热，选用 $V=2.0\text{m}^3$（$\phi 1.2\times 2.3$）的容积式热交换器 1 套；8、9 号楼（BOH）热水，选用 $V=2.0\text{m}^3$（$\phi 1.2\times 2.3$）的容积式热交换器 2 套。

5. 冷、热水压力平衡措施及热水温度的保证措施等

本项目热水系统与冷水分区一致，且各区冷热水源均为同源，以保证系统冷热水压力平衡，减少热水水温波动。热水系统采用全日制机械循环，各系统均设 2 台热水循环泵，互为备用。循环泵的启闭由泵前热水回水管上的电接点温度计自动控制，启泵温度为 50℃，停泵温度为 60℃。为保证冷热水同源和压力平衡，热水系统采用闭式系统。

本项目 8、9 号公寓的热水供应，考虑计量的方便和热水总系统的设计合理性，系统采用立管循环分方式，表后支管则采用自调控电伴热带进行恒温控制。

6. 管材

$DN100$ 以上管道采用薄壁不锈钢管，承插氩弧焊连接；$DN100$ 及以下管道采用薄壁不锈钢管，卡压连接；暗装不锈钢支管采用塑覆不锈钢管道。

其中 7 号酒店室内采用薄壁铜管，银钎焊连接；嵌墙暗装铜管支管采用塑覆铜管管道。除局部注明压力等级为 2.5MPa 的管道外，其余管道压力等级为 1.6MPa。

（三）中水系统

1. 中水源水量、中水回用水量表，水量平衡

本项目 7 号酒店下方地下室预留废水收集处理机房，但仅为预留，近期不实施。考虑当地雨水资源丰富，故仅设雨水收集系统。本项目雨水收集系统总地块统一考虑，局部下沉广场和裙房雨水就近接至内圈 BC 区雨水收集池（$2\times 175\text{m}^3$），经简单处理后作为杂用水，供绿化、景观、车库冲洗用水。水量计算表和水量平衡表略。

2. 系统竖向分区

由于本项目雨水回用系统仅供景观、浇灌和车库冲洗，故两处雨水收集池附近各设置 1 套回用水变频加压供水设施，供区域总体雨水回用管道，不分区。

3. 供水方式及给水加压设备

两处雨水处理机房分别采用变频加压供水设施各 1 套，每套均设 3 台泵，2 用 1 备，$Q=5.0\text{L/s}$，$H=45\text{m}$，$N=4.0\text{kW}$。

4. 水处理工艺流程

其处理流程如下：屋面雨水→弃流→沉砂→提升→砂缸过滤→清水箱→变频加压回用。

5. 管材

考虑本项目景观用水的特殊性，回用管材同生活水管，采用不锈钢管。室外绿化浇灌部分采用钢丝网骨架 HDPE 复合管。

（四）冷却循环水系统

1. 系统构成

本项目集中冷站设于 P1 地块。冷却塔分设于内区的 A 区和 BC 区屋顶，共分 3 个系统，各系统供回水管道经地下室和共同沟接至 A 区和 BC 区管井和屋顶。

A 区屋顶设有 $Q=400\text{m}^3/\text{h}$ 的方型冷却塔 15 台，镀锌钢板 Z700 外壳。冷却塔设于 A 区 N02～N08 屋顶，冷却循环水泵则设置于 P1 区制冷机房内。循环水泵型号为 $Q=850\text{m}^3/\text{h}$，$H=30\text{m}$，共 9 台，8 用 1 备，供制冷机；另在机房内供/回水干管设置 $DN400$ 的两个接口和阀门，接至发电机房，供水冷发电机冷却用水。发电机房内支管和配套水泵等设备由发电机厂家自带。其中有 6 台冷却塔及其相应冷却补水泵组配有应急电源。

BC 区屋顶设有 2 组冷却塔，第一组为 $Q=400\text{m}^3/\text{h}$ 的方型冷却塔 11 台；配节能电机，镀锌钢板 Z700 外壳。冷却塔设于 BC 区 S02～S15 屋顶，冷却循环水泵。则设置于 P1 区制冷机房内。循环水泵共 2 组，其一型号为 $Q=950\text{m}^3/\text{h}$，$H=30\text{m}$，共 2 台 2 用，其二型号为 $Q=1250\text{m}^3/\text{h}$，$H=30\text{m}$，共 3 台，其中 1 台作为本系统的公用备用泵（2 用 1 备），供溴化锂制冷机。屋顶第二组冷却塔为 $Q=500\text{m}^3/\text{h}$ 方型冷却塔，10 台，配节能电机，镀锌钢板 Z700 外壳。冷却循环水泵则设置于 P1 区制冷机房内。循环水泵共 2 组，其一型号为 $Q=900\text{m}^3/\text{h}$，$H=30\text{m}$，共 6 台，5 用 1 备，其二型号为 $Q=450\text{m}^3/\text{h}$，$H=30\text{m}$，共 2 台，1 用 1 备，供电制冷机。

由于本区域设置集中冷站，故 D、E 区仅 7 号酒店设 $Q=50\text{m}^3/\text{h}$ 的闭式冷却塔 4 台，配变频电机，镀锌钢板外壳。冷却塔分设于 7 号裙房屋顶及塔楼屋顶，供酒店厨房。冷却循环水泵则分设置于地下二层及三十八层冷却泵房内。

超高层公寓楼利用超高层建筑高空气温的差异，于 193.8m 和 218m 高空设置冷却塔，设计中充分利用 200m 高空气温的差异，将常规项目的 37℃/32℃ 工况下调，从而为下区的热交换留出交换空间。

8 号楼采用水冷 VRV，屋顶设置闭式冷却塔，其中高区 $Q=250\text{m}^3/\text{h}$，4 台，配变频电机，镀锌钢板外壳，循环泵配套设置。低区 $Q=300\text{m}^3/\text{h}$，2 台，配变频电机，镀锌钢板外壳，循环泵配套设置。

9 号楼采用水冷 VRV，屋顶设置闭式冷却塔，其中高区 $Q=400\text{m}^3/\text{h}$，3 台，配变频电机，镀锌钢板外壳，循环泵配套设置。低区 $Q=350\text{m}^3/\text{h}$，3 台，配变频电机，镀锌钢板外壳，循环泵配套设置。

冷却塔噪声应满足《声环境质量标准》GB 3096—2008 要求，且不大于 55dB。本工程冷却塔采用超静音逆流式冷却塔，配置超低噪声风机，消声水毯和消声筒。

2. 循环冷却水水质

为防止多次循环后的水质恶化影响制冷机冷凝器的传热效果，冷却系统设全自动自清过滤器，并设冷却循环旁流器，连续处理循环水以去除冷却过程中带入的灰尘及除垢仪产生的软垢，并定期根据水质变化投加化学药剂，以保证水质稳定和符合要求；系统还同时设有杀菌加药消毒装置。冷却系统在每台冷水主机冷凝器前设置冷凝器自动在线清洗装置，有效降低冷凝器的污垢热阻，保持冷凝器换热管内壁较高的洁净度，从而降低冷凝端温差和冷凝温度。同时，冷却循环管道做钝化预膜处理。

3. 冷却水补水

P1 区设置冷却补水软水设备 4 台，总流量为 160t/h，出水硬度小于 120ppm。锅炉房补水系统设置软化水补水装置。

7、8、9 号建筑闭式塔分别设置冷却系统加压补水设施，从冷却补水水箱处抽水后经软化后直接供至冷却塔集水盘补水。均设置独立计量。

4. 循环水系统自动控制

（1）自控设备：采用 DDC（直接数字控制）方式，以使系统更有效地运行，并与中央监控系统实时对话。

（2）冷却塔的群控：冷却塔风机的启停由冷却水供水温度控制；自动控制冷却水水温，采用旁通阀进行调节控制；冬季使用的塔设电加热器以防冻，当水温低于设定温度时，电加热器工作；同时水位也可控制电加热器的启停，以免空烧；根据冷却水的导电率控制冷却水的水质；与制冷机联动，控制冷却塔和冷却水泵的运行台数。

（3）冷却塔开启顺序：冷却塔风机→冷却塔进水管上电动蝶阀→循环冷却水泵→冷冻机或冷凝器。冷却塔关闭顺序：制冷机或冷凝器→循环冷却水泵→冷却塔进水管上电动蝶阀→冷却塔风机。冷却水泵及冷却塔与制冷机的相关控制接入机房群控系统。

（4）管材：冷却循环管大于 $DN400$ 采用无缝钢管焊接法兰连接，小于或等于 $DN400$，采用无缝钢管（SCH30），卡箍连接。

（五）污/废水系统

1. 排水系统的型式

本项目 7 号酒店部分采用污废分流制，其他部分污废合流制，餐饮废水均独立排放。8、9 号公寓污/废水系统采用旋流加强型（铸铁）特殊双立管系统。室内 ±0.000 以上污/废水重力排入室外污水管，地下污/废水采用成品污水提升装置提升排放。

常规采用特殊单立管排水系统，但是考虑到本项目 8、9 号公寓上下多个分区的布置均不同，管径完全不能上下对齐沟通，故只能采用分段设置污水立管，分区合并的方式。为提高公寓排水立管的排水能力和透气状况，本项目采用特殊双立管系统，即在单立管的基础上，分设通气立管，解决了超高层公寓分段布置对单立管系统的影响。

2. 透气管的设置方式

污水立管均设置通气立管；酒店污水系统均设置器具通气管；8、9 号公寓污/废水系统采用旋流加强型特殊双立管系统，即在特殊单立管的基础上设置独立通气立管；公共卫生间均设环形通气管。

3. 局部污水处理设施

由于当地均设有完备的城市污水处理厂，故无需设置化粪池，避免了因清掏产生的污染。地块内厨房、餐厅等排水需经隔油处理后排入室外污水管网；采用带外置储油桶和除泥桶的成品隔油池，设于地下室隔油间内，尽量避免直接埋地敷设。

4. 管材

室外采用 HDPE 双壁缠绕管，弹性密封承插连接。室内（至室外第一个检查井前）采用抗震柔性（A 型小法兰）连接离心排水铸铁管；8、9 号公寓污/废水系统采用旋流加强型（铸铁）特殊双立管系统；污/废水提升泵出水管采用球墨铸铁管，K 型接口连接；酒店所有室内污水管道均需设置 MSA-4 隔音材料。

（六）雨水系统

1. 雨水系统的型式

本项目雨水排放采用雨污分流制；超高层塔楼部分采用重力雨水排放系统；裙房则采用虹吸雨水排放系统。地下室消防排水按防火分区分块设置，采用潜水泵提升至室外雨水管。

2. 雨水量计算

（1）设计重现期

塔楼重力系统和裙房虹吸系统屋面雨水设计重现期均采用 $P=50$ 年；下沉广场及天井重现期为 50 年，

车道雨水重现期采用 5 年，总体场地雨水重现期采用 5 年。雨水最终排入市政雨水管和市政河道。

(2) 苏州市暴雨强度公式

$$q = \frac{2877.43(1 + 0.7941 \mathrm{g} P)}{(t + 18.8)^{0.81}}$$

(3) 雨水量计算

室内按 $P = 50$ 年，设计降雨强度为 5.2L/s，径流系数 $\Psi = 0.9$；室外雨水综合径流系数 $\Psi = 0.71$，取重现期 $P = 5$ 年，设计降雨强度为 2.95L/s。

D 地块占地 13836m^2，雨水量为 284.7L/s；E 地块占地 5884m^2，雨水量为 123.2L/s；P 地块占地 26381m^2，雨水量为 552.5L/s。

3. 场地雨水排放的特殊处理方式

(1) 本项目室外场地雨水排放采用缝隙式成品树脂排水沟，以保证场地的整体效果。

(2) 铺地上的检查井盖均采用装饰性井盖，顶面材质同铺地。

4. 雨水收集回用

(1) 本项目设雨水收集回用系统，设置 2 处收集池，容积均为 175m^3，主要收集屋面雨水。池体设于内圈地下一层，检查口位于室外广场，内设防坠落设施。溢流口亦设置于室外，以防雨水反灌室内。

(2) 收集池内雨水经过滤消毒处理后作为绿化，景观和车库冲洗用水。

5. 管材

室外采用 HDPE 双壁缠绕管，弹性密封承插连接。室内（至室外第一个检查井前）：塔楼采用球墨铸铁管，K 型接口连接（GB/T 13295）；裙楼虹吸雨水系统采用 HDPE 管。酒店所有室内雨水管道均需设置 MSA-4 隔音材料。

（七）泳池循环水系统

7 号酒店三十六层设置恒温游泳池。本项目设有 1 个温水泳池和 1 个按摩池。水处理间设于游泳池下一层（三十五层）机房内，系统采用逆流式循环方式。游泳池砂滤过滤器处理能力为 56m^3/h，循环水泵参数为：每台泵 $Q = 7.8$L/s，$H = 16$m，$N = 2.2$kW，共 3 台（2 用 1 备）。系统设置板换加热以维持水温，板式换热器规格为 150kW。热交换温度为 40~55℃。本系统采用臭氧消毒，同时设置氯消毒设施，用于运行指标监测。

二、消防系统

本项目消防设计包括室外消火栓系统、室内消火栓系统、自动喷水灭火系统、自动跟踪射流灭火系统、气体灭火系统、窗玻璃喷头系统、厨房油烟罩湿化学灭火系统、手提式灭火器等。本项目防火卷帘均采用无需要水冷却的特级防火卷帘。消防用水量见表 15。

本工程 D、E 区裙房功能分别为公寓会所、公寓后勤、商业、居委会。D 区 7 号为五星级酒店（W 酒店），高 168.5m；D 区 8 号为超高层公寓，高 193.8m；E 区 9 号为超高层公寓，高 218.8m。P1 区为地块能源中心。项目总体为高度不超过 218.8m，耐火等级为一级的超高层综合楼。

消防用水量 表 15

序号	灭火系统名称	消防用水量(L/s)	火灾延续时间(h)	消防贮水量(m^3)	备注
1	室外消火栓系统	30	3.0	324	2 路进水
2	室内消火栓系统	40	3.0	432	
3	自动喷水灭火系统	70	1.5	378	
4	自动跟踪射流灭火系统	10	1.0	36	与喷淋合用

续表

序号	灭火系统名称	消防用水量(L/s)	火灾延续时间(h)	消防贮水量(m³)	备注
5	窗喷系统	35	2.0	252	
6	7号酒店室内消火栓系统	40	3.0	432	
7	7号酒店自动喷水灭火系统	40	1.0	144	含射流灭火
8	8、9号公寓室内消火栓	40	3.0	432	
9	8、9号公寓自动喷水灭火系统	34	1.0	122	
10	B、C区室内消火栓	40	3.0	432	
11	B、C区自动喷水灭火系统	70/62.4/34	1/1.5/1	252/378/122	含射流灭火
12	P1区室外消火栓	30	3.0	324	
13	P1区室内消火栓	40	3.0	432	
14	P1区自动喷水灭火系统	34	1.0	122	
15	南区消防水池总贮水量			1200	
16	北区消防水池总贮水量			1200	

(一) 消火栓系统

1. 消防用水水源

本项目D、E区消防系统市政引入管共3路，其一引自共同沟，管径为$DN200$，水表井内配置$DN150$消防水表；其二其三均引自南侧苏惠路，管径$DN200$，配置$DN150$消防表各1个。D、E地块内设置$DN200$的室外消防环管。

P区消防系统市政引入管共2路，其一引自共同沟，管径$DN200$，设$DN150$消防水表；其二引自西侧星阳街，管径$DN200$，设$DN150$消防水表；P地块内设置$DN200$室外消防环网。

本项目整个区域共设有4处消防水池泵房系统，其中两处主要消防泵房设于北区和南区，供CBD南区和北区地下室和地上所有单体建筑的消防；另两处为小型消防泵房，仅供南区和北区环道的消防。环道部分消防不在本次设计范围内，故本项目主要表述南北区的2个主消防泵房。泵房分别设置在北区地下四层和南区的地下三层，两处泵房具体配置如下：

北区分为6个系统，共设置26台消防灭火水泵。同时分别在两街区设有窗玻璃喷淋系统水泵的空间，供给3、4、5号栋，A街区裙房、地下系统，H街区裙房、地下系统及P地块的DHC部分，A街区中庭固定消防炮系统。

南区分为6个系统，共设置24台消防灭火水泵，供给6、7、8、9号栋，B、C街区裙房、地下系统，D、E街区裙房、地下系统等。

本项目2处消防水池有效容积均为1200m³，分2池。在7号酒店十一层、8号公寓十八层和9号公寓十二层和四十二层30m³的中间水箱，并在屋顶分别设置30m³高位消防水箱。

本项目超高层部分采用水泵直接串联供水方式。

2. 室外消火栓系统

D、E区和P1区消防表后管道在基地内分别呈环状布置，作为基地室外消防管网。室外消火栓引自此环网，在基地内沿主要道路按覆盖半径150m，相距间距不大于120m的原则设置。

3. 室内消火栓系统

(1) 7号酒店室内消火栓系统采用水泵直接串联供水方式。低区（L1~L2）一级消火栓泵设于南区地下三层消防泵房内，$Q=40L/s$，$H=105m$，1用1备；高区（H1~H2）二级消火栓泵设于十一层（避难层）

水泵房内，$Q=40L/s$，$H=152m$；其中 L1 为地下三层～三层，L2 为四层～十层；H1 为十一层～二十五层，H2 为十六层～三十八层。

（2）8 号公寓室内消火栓系统采用水泵直接串联供水方式。低区（L1）一级消火栓泵设于地下三层消防泵房内，$Q=40L/s$，$H=125m$，1 用 1 备；高区（H1～H2）二级消火栓泵设于十八层（避难层）水泵房内，$Q=40L/s$，$H=150m$；其中 L1 区为五层～十七层，H1 区为十八层～三十二层；H2 区为三十三层～屋顶层。

（3）9 号公寓室内消火栓系统采用水泵直接串联供水方式。低区（L1）一级消火栓泵设于地下三层消防泵房内，$Q=40L/s$，$H=105m$，1 用 1 备；中区（M1～M2）二级消火栓泵设于十二层（避难层）水泵房，$Q=40L/s$，$H=140m$；高区（H1）三级消火栓泵设于四十二层（避难层）水泵房，$Q=40L/s$，$H=90m$；其中 L1 区为四层～十一层，M1 区为十二层～二十六层；M2 区为二十七层～四十一层，H1 区为四十二层～屋顶层。

（4）D、E 区裙房室内消火栓系统（含地下室、公寓会所、公寓后勤、商业、居委会）消火栓泵设于地下三层消防泵房内，$Q=40L/s$，$H=70m$，1 用 1 备。

（5）各主楼避难层均设置有效容积为 $30m^3$ 的消防水箱，屋顶水箱间设置 $30m^3$ 消防水箱，水箱间内均设消火栓稳压装置各 1 套，$Q=5L/s$，$H=30m$。气压罐 1 个（$\phi1000\times H2000$）。火灾时按动任一消火栓处启泵按钮或消控中心、水泵房处启泵按钮，均可启动该泵并报警。泵启动后，反馈信号至消火栓处和消防控制中心。当上区发生火灾时，须先启动下区消防泵，上下区消防泵连锁启动的时间间隔不大于 15s。室内消防管道呈环状；屋顶均设试验消火栓。栓口出水压力超过 0.5MPa 部分的消火栓采用减压孔板消能。楼内消防管道环状布设，消火栓的配置需满足室内任何部位都有 2 股水柱可以到达。

水枪的充实水柱为 13m。箱内配置 $DN65$ 栓口、$DN65\times25m$ 衬胶水龙带、19mm 喷嘴口、自救消防软管卷盘 1 套，卷盘型号为：栓口 $DN25$，软管 $\phi19\times30m$，喷嘴 $\phi6mm$ 以及启动消防泵按钮等。消防电梯前室采用同规格消火栓和水枪，水龙带长度为 20m，每个消火栓箱处设置直接启动消火栓泵的按钮，并带有保护设施。

消防系统低区考虑设置水泵结合器。高区通过低区环状主管向中区直接串联水泵供水；低区直接由消防车供水。消火栓系统低区设置水泵结合器 3 组。

（二）自动喷水灭火系统

湿式自动喷水灭火系统设计如下：

本建筑大楼内除无法用水灭火的部分外均设置自动喷水灭火系统，以提高初期灭火效率，确保大楼的安全。

（1）7 号酒店自动喷水灭火系统采用水泵直接串联供水方式。低区（L1～L2）一级喷淋泵设于地下三层消防泵房内，$Q=40L/s$，$H=115m$，1 用 1 备；高区（H1～H2）二级喷淋泵设于十一层（避难层）水泵房内，$Q=34L/s$，$H=155m$；其中 L1 区为地下三层～三层，L2 区为四层～十层；H1 区为十一层～二十五层，H2 区为十六层～三十八层；

（2）8 号公寓自动喷水灭火系统采用水泵直接串联供水方式。低区（L1）一级喷淋泵设于地下四层消防泵房内，$Q=34L/s$，$H=130m$，1 用 1 备；高区（H1～H2）二级喷淋泵设于十八层（避难层）水泵房内，$Q=34L/s$，$H=155m$；其中 L1 区为五层～十七层，H1 区为十八层～三十二层；H2 区为三十三层～屋顶层。

（3）9 号公寓自动喷水灭火系统采用水泵直接串联供水方式。低区（L1）一级喷淋泵设于地下四层消防泵房内，$Q=34L/s$，$H=110m$，1 用 1 备；中区（M1～M2）二级喷淋泵设于十二层（避难层）水泵房，$Q=34L/s$，$H=145m$；高区（H1）三级喷淋泵设于四十二层（避难层）水泵房，$Q=34L/s$，$H=95m$；其中 L1 区为四层～十一层，M1 区为十二层～二十六层；M2 区为二十七层～四十一层，H1 区为四十二层～屋顶层。

（4）D、E 区裙房自动喷水灭火系统（含地下室、公寓会所、公寓后勤、商业、居委会）喷淋泵设于地下四层消防泵房内，$Q=40L/s$，$H=75m$，1 用 1 备。

各主楼避难层均设置有效容积为 $30m^3$ 的消防水箱，屋顶水箱间设置 $30m^3$ 消防水箱，水箱间内均设喷淋稳压装置各 1 套，$Q=1L/s$，$H=30m$。气压罐 1 个（$\phi800\times H2000$）。火灾时按动任一喷淋泵启泵按钮或区域系统压力小于设定值，均可启动该泵并报警。泵启动后，反馈信号至消火栓处和消防控制中心。当上区发生火灾时，须先启动下区消防泵，上下区消防泵连锁启动的时间间隔不大于 15s。

湿式自动喷水灭火系统由喷淋泵、湿式报警阀组、水流指示器、遥控信号蝶阀、水泵接合器、泄水阀、末端试水装置、喷头、管道等组成。每组报警阀控制喷头数不超过 800 只，且高差不超过 50m。每层每个防火分区均设置带遥控信号阀的水流指标器、泄水阀、末端试水装置。所有控制信号均传至消控中心。报警阀分别设于各楼层，避免集中设置。大楼内消防管道环状布设。超高层大于 800mm 净空吊顶内均设置上喷。

消防系统低区设置水泵结合器。高区通过低区环状主管向中区直接串联水泵供水；低区直接由消防车供水。喷淋系统的低区设置水泵接合器 5 组。

（三）窗玻璃自动喷水灭火系统

本项目商业区沿中庭走道设有大量玻璃，为保证总体效果，墙体采用 C 型玻璃。由于其耐火时间不能满足相应的防火分隔要求，经性能化论证并经本项目专题消防审查会确认，该区域的 C 型玻璃墙体上方加设窗喷进行保护，喷水强度不小于 $1L/(s\cdot m)$，最不利长度为 27m。同时设计流量计算需考虑玻璃分隔对喷头布置的影响，最终计算得，本系统设计流量为 35L/s，设置独立窗喷消防水泵，扬程为 0.85MPa。

（四）自动跟踪射流灭火系统

超过 12m 的中庭或者大空间（除游泳池外）考虑设置自动跟踪射流灭火系统。每套保护半径为 25m、喷水流量为 5L/s，系统总流量为 10L/s。设置单独的水流指示计和电磁阀。系统不独立设置消防泵，其用水由大楼的喷淋系统主泵一并供给。

本系统 7 号酒店裙房和 8 号公寓有高大空间，设置自动跟踪射流灭火系统。

（五）气体灭火系统

1. 贵重设备机房，主要变、配电所，发电机房，弱电机房等不能用水灭火的场所设置主要设置 IG541 惰性气体灭火系统，采用自动、手动、机械应急 3 种启动方式。

本项目设计保护对象主要为 7、8、9 号的开闭所、变电间、分支箱室等区域，共 11 个防护区，采用 2 套有管网单元独立系统和 2 套有管网全淹没组合分配系统予以保护。钢瓶单瓶规格为 80L。4 个系统选用的钢瓶数分别为：系统一 62 瓶；系统二 101 瓶；系统三 66 瓶，系统四 80 瓶。

2. 三层有一处通信机房，由于位置特殊，采用七氟丙烷预制式气体灭火系统，防护区内配置 3 套设备。

3. 厨房排烟罩灭火系统

厨房排烟罩设安素湿化学（ANSUL）灭火系统，以满足酒店管理方和规范的要求。

（六）手提式灭火器系统

在每个消火栓箱下方和其他需要场所配置 MFABC5 手提式磷酸铵盐干粉灭火器，或手推式大型干粉灭火器。贵重设备，变、配电所，发电机房，弱电机房等不宜用水扑救的部位，均加设手提式灭火器。灭火器按严重危险级选用。灭火器最大保护距离为 15m；地下室汽车库按 B 类火灾场所布置，其最大保护距离为 9m。当灭火器最大保护距离大于对应等级的保护距离时，另加设 2 具 MF/ABC5 灭火器。

（七）消防排水

1. 消防电梯坑底附近设集水坑，坑内设 2 台潜水泵。集水坑有效容积为 $3.0m^3$，潜水泵型号：$Q=36m^3/h$，$H=25m$，$N=5.5kW$（1 用 1 备）。

2. 消火栓和自动喷水灭火系统消防排水，利用地下三层潜水泵进行排水。

（八）消防管材

室内消火栓系统及自动喷水灭火系统给水管：大于或等于 $DN100$ 采用镀锌无缝钢管（SCH30），卡箍连接（SCH30）；小于 $DN100$ 采用热浸镀锌无缝钢管，丝扣连接。所选管材必须与压力等级匹配。室外消防给水管采用球墨铸铁给水管。

三、工程特点介绍及设计体系

1. 工程特点介绍

本项目为当时华东地区最大的城市综合体，功能涵盖五星级酒店、高级公寓、商业、集中能源中心、共同管沟等。由于功能较多，系统相对复杂，基本涵盖本专业的所有系统。现将本项目主要特点分述如下：

（1）超高层酒店及公寓塔楼采用高位水箱重力供水，同时设置减压阀分区。作为超高层建筑，水箱重力供水是最节能的供水方式，且可最大限度减少中间设备层的水泵数量，降低对周边楼层用户的振动和噪声影响；并有利于酒店冷热水平衡。

（2）公寓设置电伴热智能热水恒温系统。基于公寓热水供应特殊性，如采用支管循环，则其热水计量很难实施；如采用供回水双表计量，则计量误差大，易引起收费纠纷。故本项目公寓热水采用立管循环方式，室内支管则采用自调控电伴热带进行恒温控制。

（3）设置蒸汽凝结水废热废水全回收。本工程将蒸汽凝结水回收至水箱后进行废热和废水再利用。首先废热回收作为员工洗浴预热，废水冷却后，可回收作为冷却补水水源。如系统废水量过大，可直接收集至雨水收集系统。该系统装置取得发明专利，并在我院多个项目中得到实施。

（4）项目设置能源中心。本项目配套设置大型冷却循环系统，总制冷量为 14200RT，设计冷却水量为 $15400m^3/h$。该能源中心是当时一次建成并全部投入使用，且规模最大的一个公建项目。有类似项目总体设计规模大于此，但为分期建设。同时本项目的冷却塔巧妙地隐藏于"未来之翼"下方，如图 1 所示。由于系统水量大，数量多，在与建筑结构协调布置时，采用三维建模予以核对修正具体位置，避让顶部钢结构支撑。

图 1　能源站冷却塔布置

（5）利用超高层建筑高空气温的差异，于 218m 高空设置冷却塔。考虑公寓供冷供暖方式的特殊性，于超高层建筑顶设置闭式冷却塔，供应公寓的水冷 VRV 系统。由于建筑高度 218m，上下区公寓的设备冷却必须分区实施。本设计充分利用 200m 高空气温的差异，将常规项目的 37℃/32℃ 工况，可调整为 36℃/31℃ 工况，从而为下区的热交换留出了 1℃ 的交换空间。

（6）公寓排水采用特殊双立管系统。常规采用特殊单立管排水系统，但是考虑本项目公寓上下多个分区的布置均不同，管径完全不能上下对齐沟通，故只能采用分段设置污水立管，分区合并的方式。为提高公寓排水立管的排水能力和透气状况，本项目采用了特殊双立管系统，即在单立管的基础上，分设了通气立管。

（7）雨水收集回用。本项目设置雨水收集回用系统，收集池位于地下二层，而人孔直接延伸至地面，中间不开孔，防止雨水倒灌入室内。回收雨水用于绿化浇灌和冷却补水。

（8）绿色认证。本项目为绿色二星和 LEED-NC 双认证项目。项目设有雨水收集回用、热回收、自动喷灌、选用节水洁具、分用途计量等设施，满足绿色建筑二星和 LEED 相关要求。

（9）酒店设置恒温游泳池及按摩池等。酒店游泳池下机房内设置水处理系统，采用逆流式，臭氧消毒。

（10）采用浮动地台。中间楼层和屋顶层设备房中设备基础均采用浮动地台，以减小对周边环境的影响，如图 2 所示。

图 2　中间楼层浮动地台布置

（11）消防系统采用水泵直接串联供水，简化系统，节约成本。本项目 3 个塔楼高度分别为 168.5m、193.8m 和 218.8m，均为 300m 以下超高层。设计采用水泵直接串联供水方式，仅中间某转换层设置串联水泵和中间水箱，最大限度减少消防水泵数量。同时上下区均设置泄压系统，实际调试和运营正常。设计所选泄压阀为持压泄压阀，该阀门在超过设定值时开启，系统压力降低后自动关闭。经过方案比选及实际调试，总结如下：在总体一次串联接力前提下，水泵直接串联的安全性高于中间水箱转输串联方式。

（12）窗玻璃自动喷水灭火系统。本项目商业区沿中庭走道设有大量玻璃，设计采用 C 型玻璃加窗喷的消防型式，保证了总体建筑效果和消防安全性。系统设计流量为 35L/s，设置独立窗喷消防水泵，扬程为 0.85MPa。

（13）共同管沟系统。本项目配合能源中心，设置 630m 的共同管沟，用以供给周边 130 万 m² 的建筑群，平面布置及剖面详图如图 3 所示。由于该管沟设计较早，国内规范对此类管廊的定义又不十分清晰，该管廊设计中主要按功能管沟设计，进行简单分舱。此部分共同沟我院参与内部主要管线的设计，包括供/回水管、给水、蒸汽、垃圾管等。

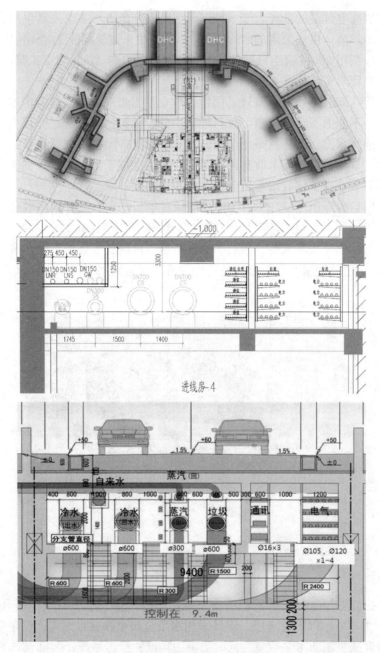

图 3　共同沟平面布置及剖面详图

2. 项目实施体会

（1）超高层建筑群的消防。本项目归属于整个 112 万 m² 苏州中心 CBD 区域，统一开发，分开管理，平面布置如图 4 所示；建筑群高度低于 250m，受功能、运行及租售等限制，需分开管理，故水泵数量庞大。消防系统采用水泵直接串联模式，系统简洁。即便如此，南半区泵房内已有消防泵 26 台。如采用转输水箱串联模式，则将再增加 9～12 台。因此，针对此类建筑，在满足管理要求的前提下，尽可能归并合用系统，以简化消防泵房的配置。

（2）再次强调不设化粪池

化粪池这个设施是我国早期市政污水处理不发达时期的产物。随着我国经济发展，特别是城镇化进程加

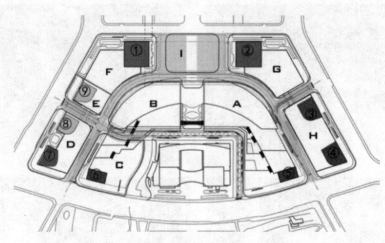

图 4　超高层建筑群平面布置示意

速，市政污水处理厂配置越来越完善，相应区域基本无需考虑化粪池的设置。《室外排水设计标准》GB 50014 特地明确了"在城市已建有污水收集处理设施时，不应设置化粪池。本项目不设化粪池，除了节约用地，同时避免了化粪池清掏带来的对周边环境的影响。国内很多省份均已明确取消化粪池，相应城市污水管道均正常运行，没有出现所谓的严重堵塞。故再次呼吁取消此类多余设施。

（3）关于能源中心的设置问题

近年来多地兴建了很多能源中心，设置集中冷站和综合管廊，设计覆盖区域很大。此做法从理论计算上看似节能，实际使用则不一定。很多能源站建成后利用率极低，有使用费用问题，有管理问题。其主要原因是没有仔细分析相关区域用户类别，忽视了用户特点多样性，转而以一种相对单一的大一统方式处理问题，导致最终被用户弃用。综合管廊问题类似。这种运动式综合管廊建设是不合适的。反观本项目，其建筑功能有所不同，但其归属于同一公司，总体量也不是太大，便于运行者协调。同时基于不同的建筑使用性质，能做到真正意义上的错峰和节能。因此笔者认为，设置能源中心和综合管廊必须仔细分析相应建筑群的物业归属、功能特性以及规模大小，不应一味贪大。

四、工程照片及附图

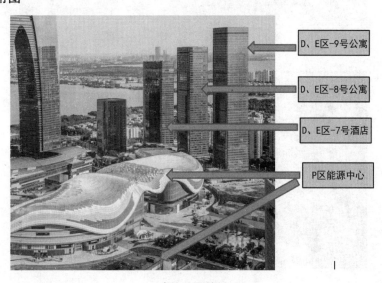

建筑总图效果

P1 区 DHC 制冷机房

蒸汽冷凝水回用系统

DHC能源中心冷却塔布置（一）

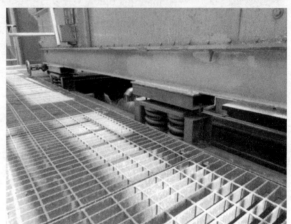

DHC 能源中心冷却塔布置（二）

公寓及酒店屋顶闭式冷却塔布置

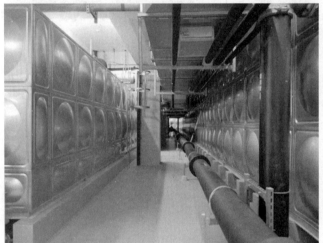

酒店全变频生活供水系统

酒店净水系统

酒店热水系统

地下及转换层消防泵房（一）

地下及转换层消防泵房（二）

IG541 气体灭火系统及窗喷系统节点详图

给水排水管典型布置、水泵惰性基座详图及弧形钢屋面虹吸雨水斗布置

冷却塔减振安装节点及电导度控制仪和电动排污的联动详图

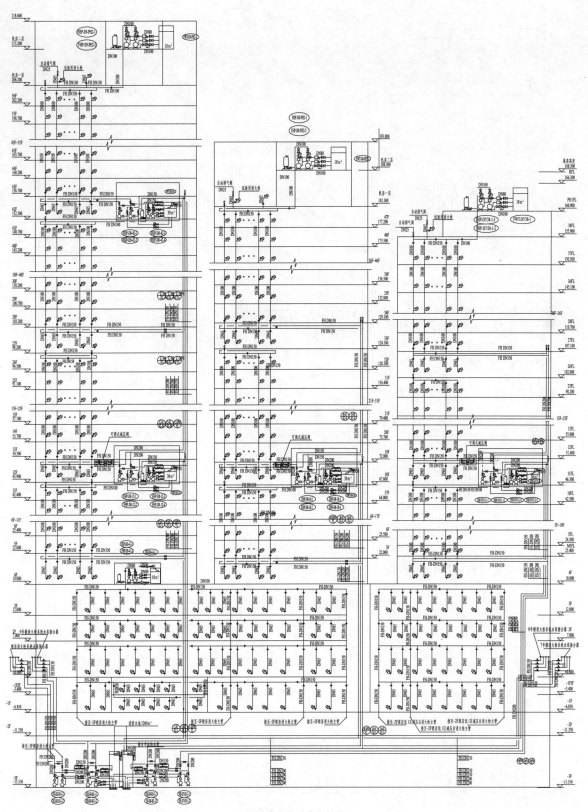

D、E区消火栓系统流程图 ——N.T.S.

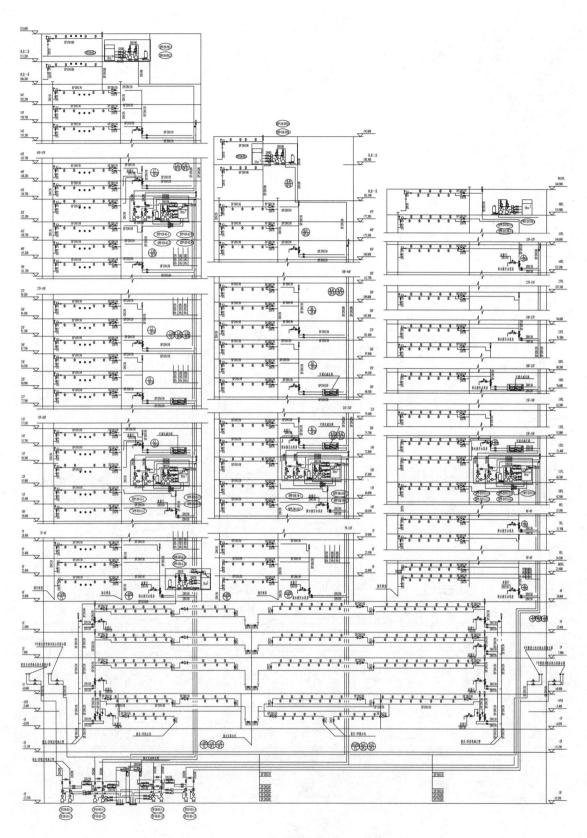

D、E区自动喷水灭火系统流程图 N.T.S.

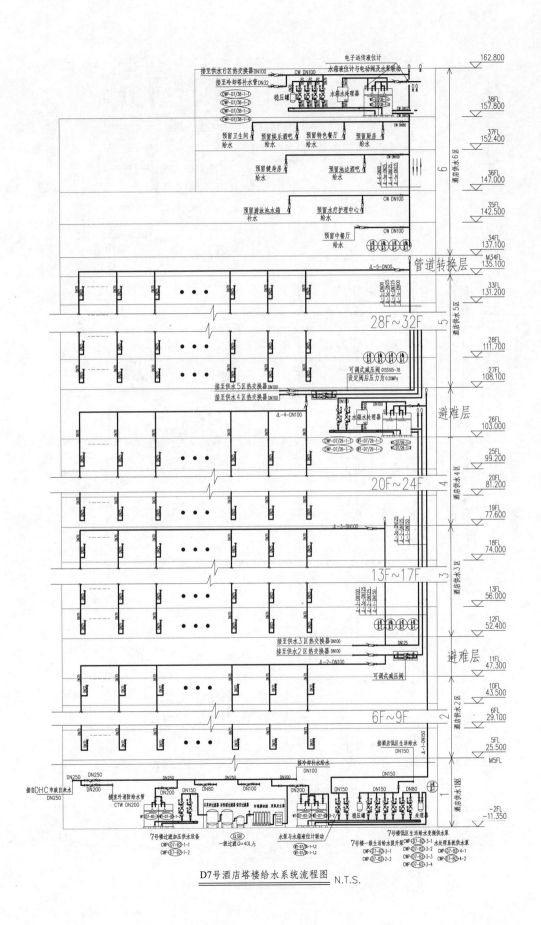

D7号酒店塔楼给水系统流程图 N.T.S.

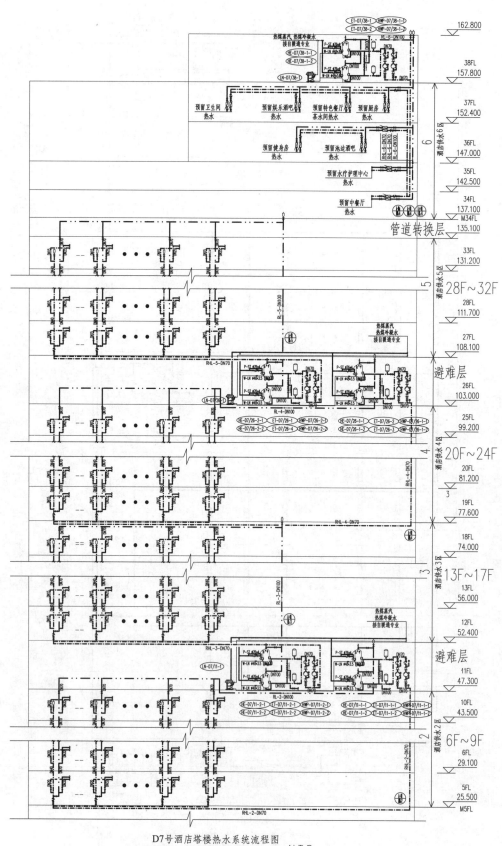

D7号酒店塔楼热水系统流程图
═══ N.T.S.

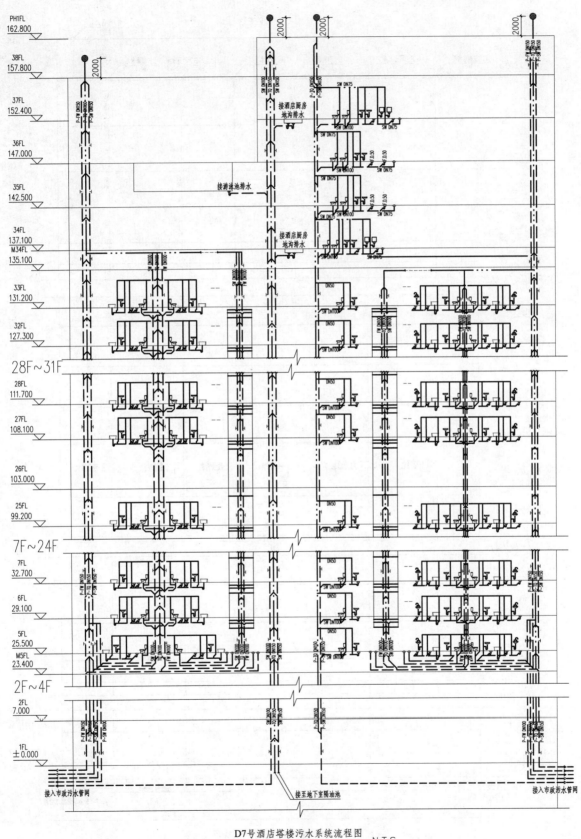

D7号酒店塔楼污水系统流程图 ——— N.T.S.

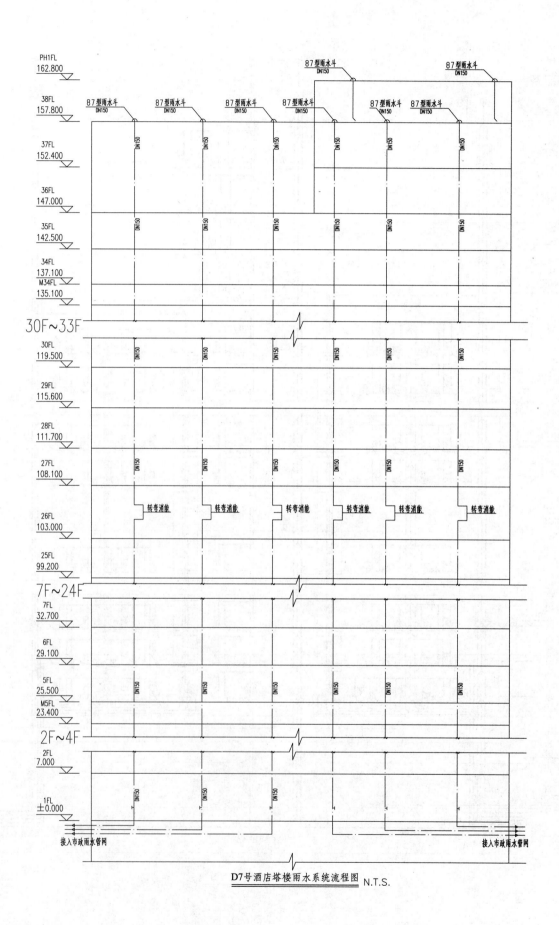

D7号酒店塔楼雨水系统流程图 N.T.S.

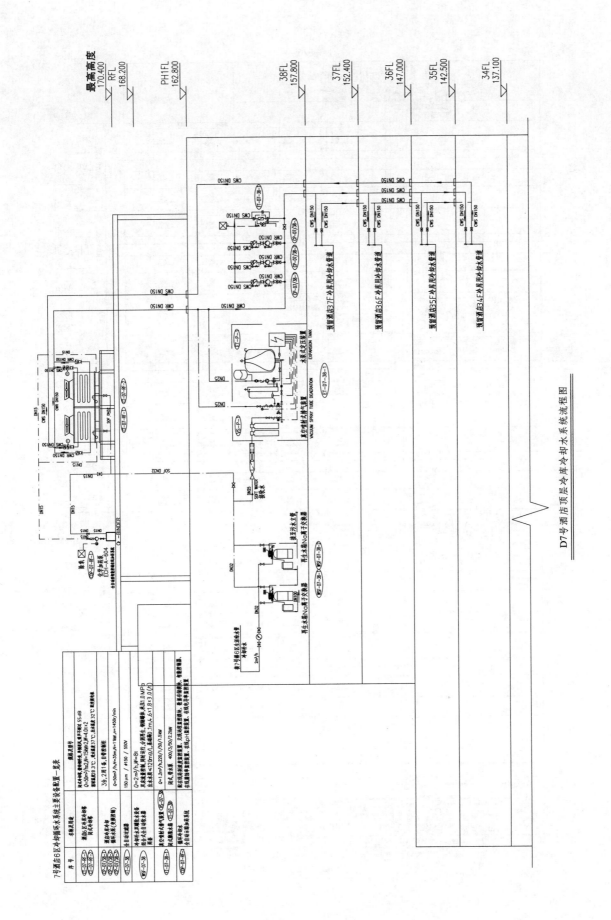

D7号酒店顶层冷库冷却水系统流程图

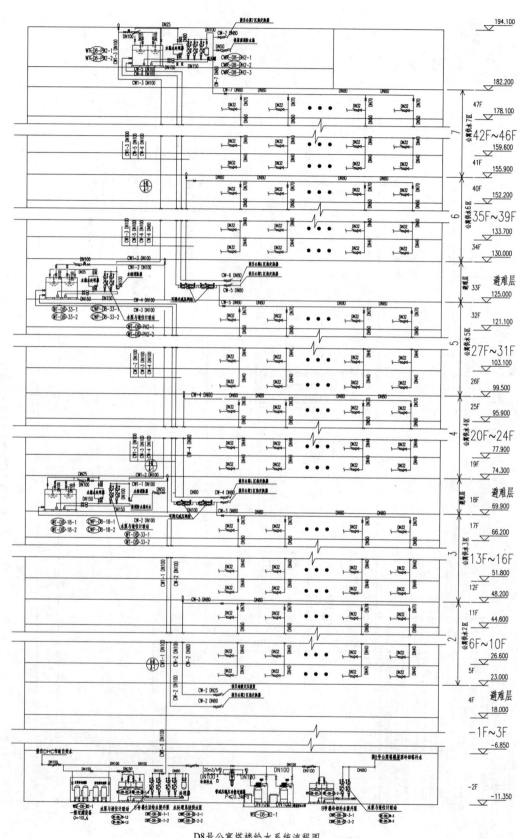

D8号公寓塔楼给水系统流程图　N.T.S.

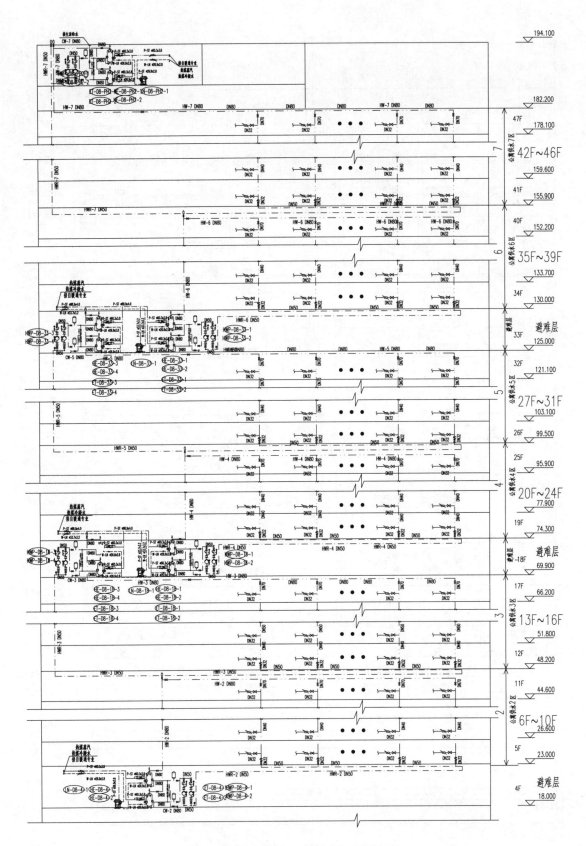

D8号公寓塔楼热水系统示意图 —— N.T.S.

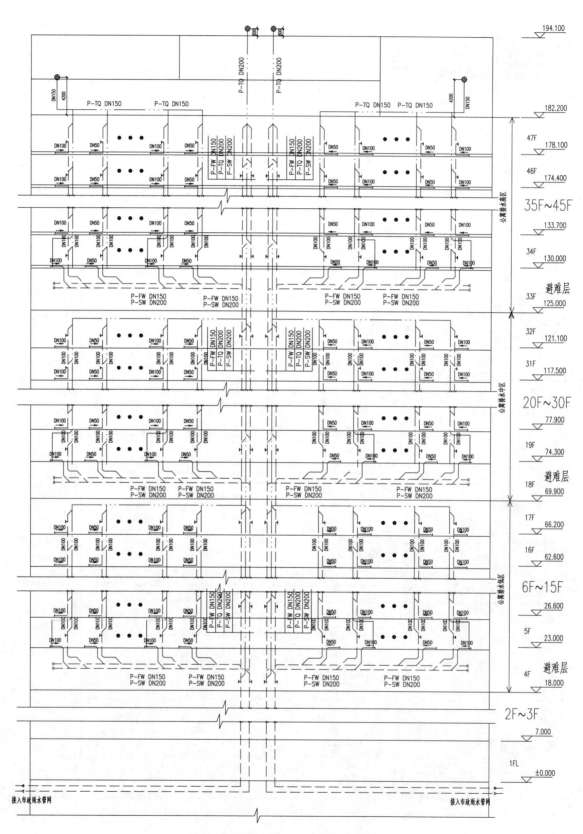

D8号公寓塔楼特殊双立管污水系统示意图

N.T.S.

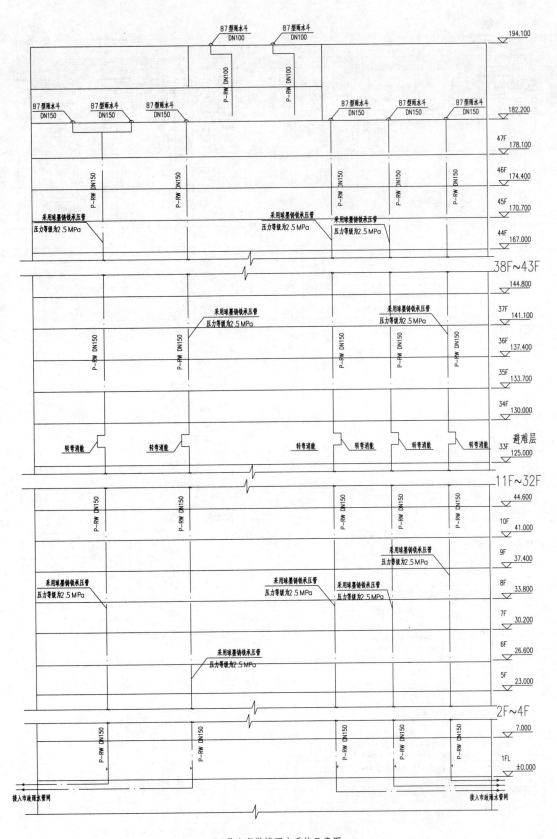

D8号公寓塔楼雨水系统示意图 ——— N.T.S.

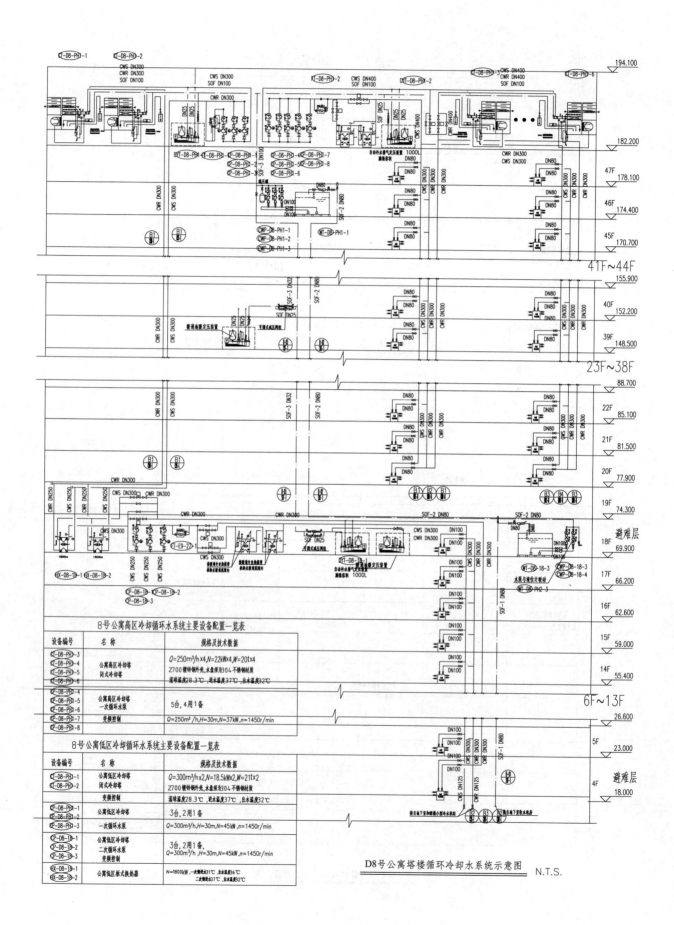

8号公寓高区冷却循环水系统主要设备配置一览表

设备编号	名称	规格及技术数据
CT-D8-PH1-3 CT-D8-PH1-4 CT-D8-PH1-5 CT-D8-PH1-6	公寓高区冷却塔 闭式冷却塔	Q=250m³/h×4,N=22kW×4,W=20t×4 Z700镀锌钢外壳,水盘管为304不锈钢材质 湿球温度28.3℃,进水温度37℃,出水温度32℃
CP-D8-PH1-4 CP-D8-PH1-5 CP-D8-PH1-6 CP-D8-PH1-7 CP-D8-PH1-8	公寓高区冷却塔 一次循环水泵 变频控制	5台,4用1备 Q=250m³/h,H=30m,N=37kW,n=1450r/min

8号公寓低区冷却循环水系统主要设备配置一览表

设备编号	名称	规格及技术数据
CT-D8-1B-1 CT-D8-1B-2	公寓低区冷却塔 闭式冷却塔 变频控制	Q=300m³/h×2,N=18.5kW×2,W=21t×2 Z700镀锌钢外壳,水盘管为304不锈钢材质 湿球温度28.3℃,进水温度37℃,出水温度32℃
CP-D8-1B-1 CP-D8-1B-2 CP-D8-1B-3	公寓低区冷却塔 一次环循水泵	3台,2用1备 Q=300m³/h,H=30m,N=45kW,n=1450r/min
P-D8-1B-1 P-D8-1B-2 P-D8-1B-3	二次循环水泵 变频控制	3台,2用1备, Q=300m³/h,H=30m,N=45kW,n=1450r/min
HX-D8-1B-1 HX-D8-1B-2	公寓低区板式换热器	N=1800kW,一次侧进水31℃,出水36℃ 二次侧进水37℃,出水32℃

D8号公寓塔楼循环冷却水系统示意图　N.T.S.

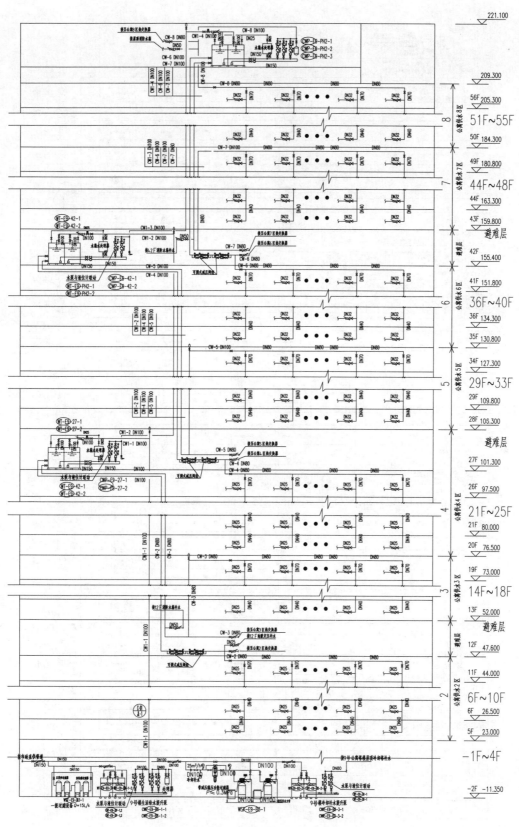

E9号公寓塔楼给水系统示意图 ———— N.T.S.

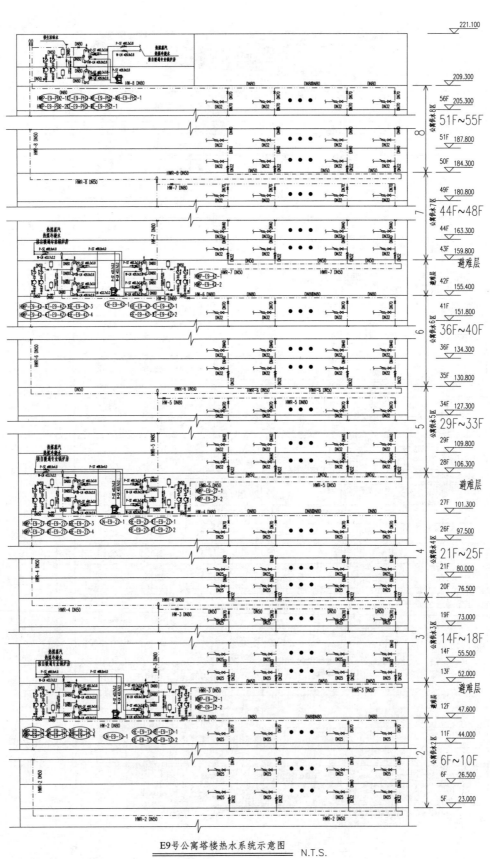

E9号公寓塔楼热水系统示意图
N.T.S.

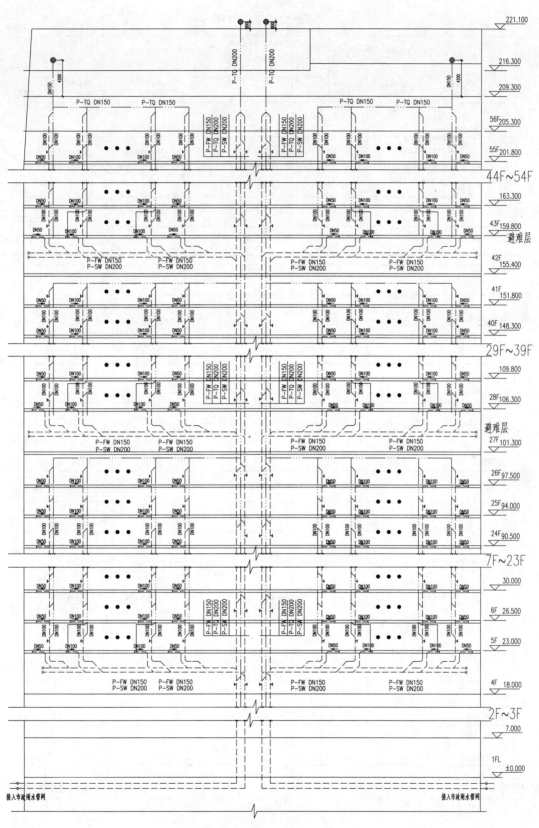

E9号公寓塔楼特殊双立管污水系统示意图
N.T.S.

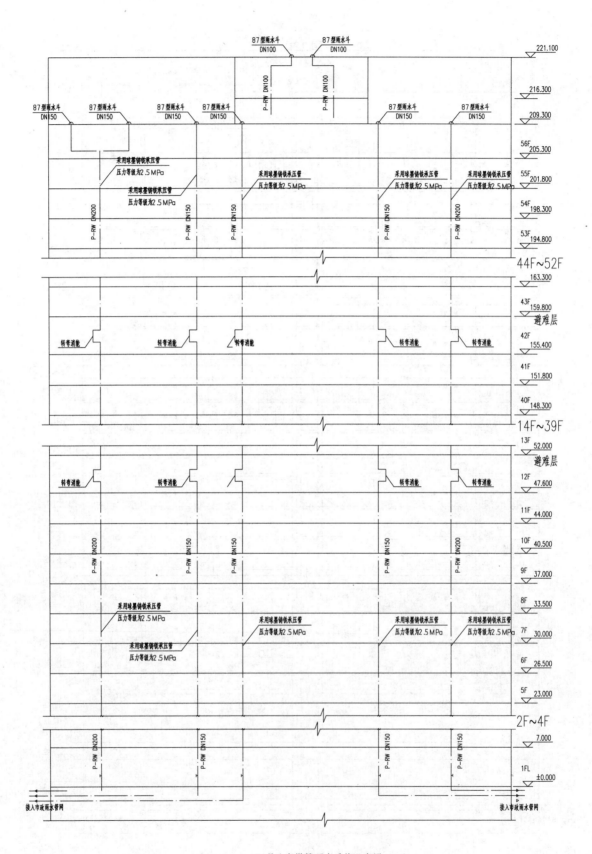

E9号公寓塔楼雨水系统示意图 ——— N.T.S.

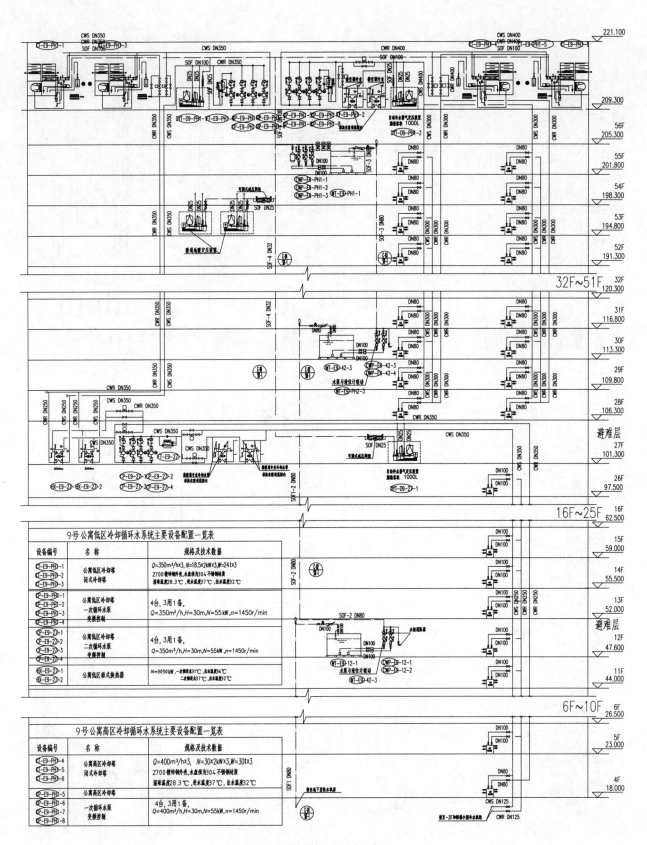

9号公寓低区冷却循环水系统主要设备配置一览表

设备编号	名 称	规格及技术数据
LT-E9-PH1-1 LT-E9-PH1-2 LT-E9-PH1-3	公寓低区冷却塔 闭式冷却塔	Q=350m³/hx3, N=18.5x2kWx3,W=24tx3 Z700 镀锌钢外壳,水盘填充304 不锈钢材质 湿球温度28.3℃,进水温度37℃,出水温度32℃
LP-E9-PH1-1 LP-E9-PH1-2 LP-E9-PH1-3 LP-E9-PH1-4	公寓低区冷却塔 一次循环水泵 变频控制	4台,3用1备, Q=350m³/h,H=30m,N=55kW,n=1450r/min
LP-E9-27-1 LP-E9-27-2 LP-E9-27-3 LP-E9-27-4	公寓低区冷却塔 二次循环水泵 变频控制	4台,3用1备, Q=350m³/h,H=30m,N=55kW,n=1450r/min
HX-E9-27-1 HX-E9-27-2	公寓低区板式换热器	N=3050kW,一次侧温31℃,出水温度36℃ 二次侧温37℃,出水温度32℃

9号公寓高区冷却循环水系统主要设备配置一览表

设备编号	名 称	规格及技术数据
LT-E9-PH1-4 LT-E9-PH1-5 LT-E9-PH1-6	公寓高区冷却塔 闭式冷却塔	Q=400m³/hx3, N=30x2kWx3,W=30tx3 Z700 镀锌钢外壳,水盘填充为304 不锈钢材质 湿球温度28.3℃,进水温度37℃,出水温度32℃
LP-E9-PH1-5 LP-E9-PH1-6 LP-E9-PH1-7 LP-E9-PH1-8	公寓高区冷却塔 一次循环水泵 变频控制	4台,3用1备, Q=400m³/h,H=30m,N=55kW,n=1450r/min

E9号公寓塔楼循环冷却水系统示意图 N.T.S.

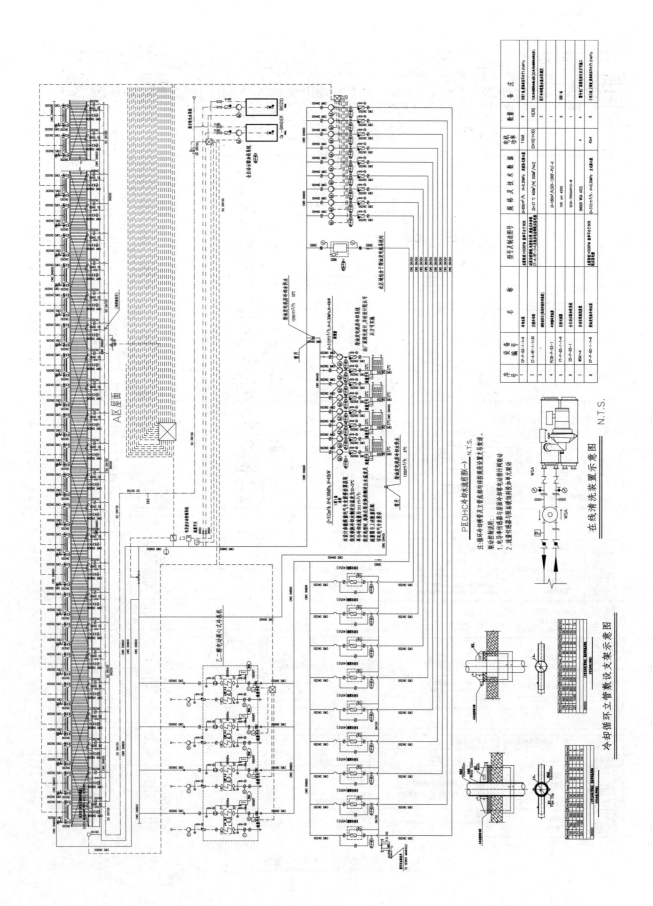

P区DHC冷却水流程图（一）N.T.S.

在线清洗装置示意图 N.T.S.

冷却循环立管敷设支架示意图

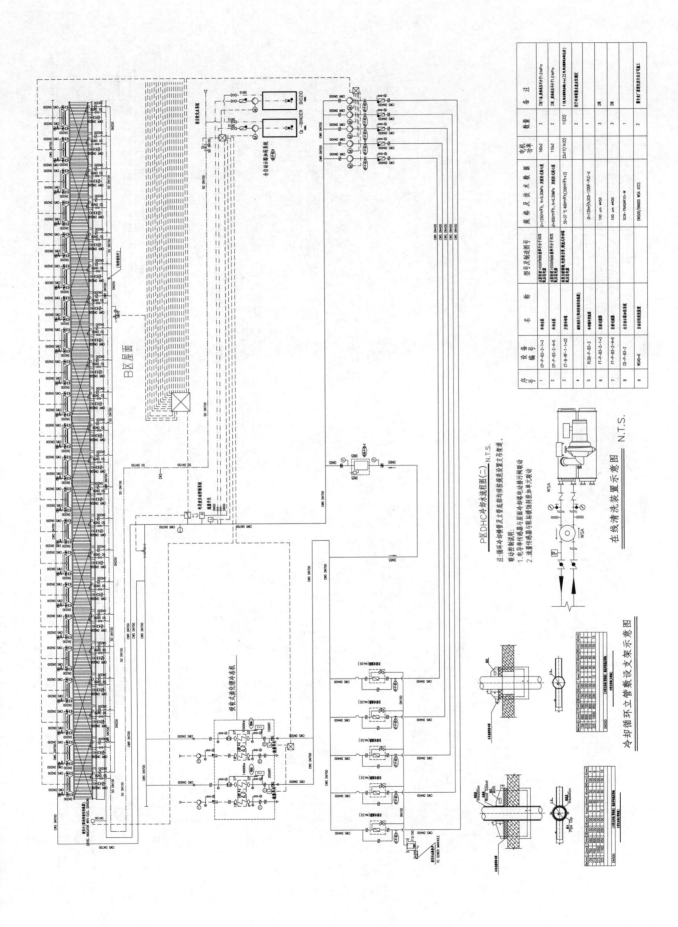

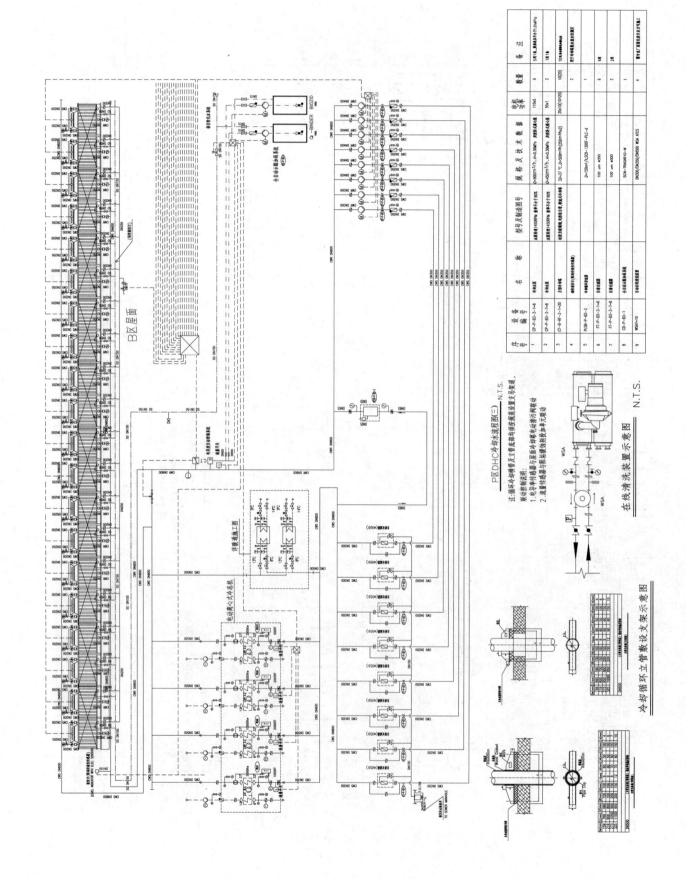

P区DH/C冷却水流程图（三）　N.T.S.

在线清洗装置示意图　N.T.S.

冷却循环立管敷设支架示意图

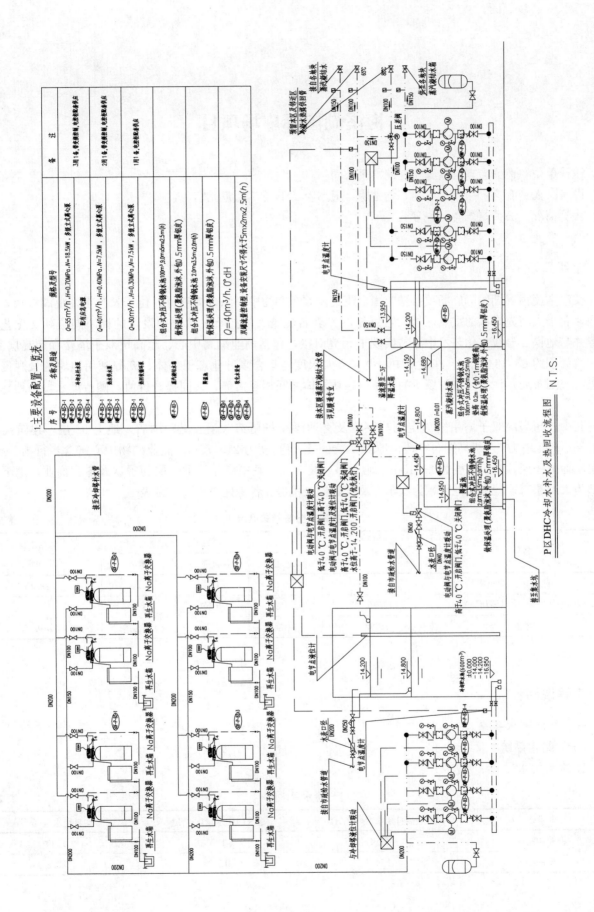

1.主要设备配置一览表

序号	名称及用途	规格及型号	备注
冷却补水泵	冷却补水泵	Q=55m³/h，H=0.70MPa，N=18.5kW，多级立式离心泵	3用1备，变频器控制，电控配套供应
		配消防备用	
软化补水泵	软化补水泵	Q=40m³/h，H=0.40MPa，N=7.5kW，多级立式离心泵	2用1备，变频器控制，电控配套供应
热回收循环泵	热回收循环泵	Q=30m³/h，H=0.30MPa，N=7.5kW，多级立式离心泵	1用1备，电控配套供应
冷却补水箱	冷却补水箱	组合式冲压不锈钢水池100m³×3.0m×2.5m(h)	
		做保温处理（聚氨酯泡沫，外包0.5mm厚铝皮）	
降温池	降温池	组合式冲压不锈钢水池 2.0m×3.5m×2.0m(h)	
		做保温处理（聚氨酯泡沫，外包0.5mm厚铝皮）	
软化水设备	软化水设备	Q=40m³/h，0°dH	
		双罐连续制型，设备安装尺寸不得大于5m×2m×2.5m(h)	

P区DHC冷却水补水及热回收流程图 N.T.S.

梅溪湖国际广场项目

设计单位： 北京市建筑设计研究院有限公司
设计人： 孙亮　张伟　王旭　刘洁琮　时汉林　赵萌　夏澄元
获奖情况： 公共建筑类　一等奖

工程概况：

长沙金茂梅溪湖国际广场项目是中国金茂集团首个购物中心综合体项目，位于长沙市梅溪湖板块，湘江以西，属于大河先导区的重点区域，它紧邻世界著名建筑大师扎哈·哈迪德设计的梅溪湖国际文化艺术中心，并与地铁2号线文化艺术中心站实现了无缝对接，包括商业购物中心、超高层双子塔楼和超高层豪宅，总建筑面积约65.15万 m^2。在设计中，力求最大限度地集合多种业态于一体，充分利用地块的景观资源优势进行规划布局，注重建筑与场所的关系，各功能体之间相互借势，共同提升价值，塑造滨水城市地标建筑组群。

其中，超高层双子塔南塔为定制写字楼及喜达屋豪华精选（超五星）酒店，地上52层，建筑高度为218.75m；北塔为5A级高端写字楼，地上51层，建筑高度为219.75m；商业购物中心（含步行街、超市、影院）地上4层，建筑高度为23.15m，地下部分共3层，其中商业地下一层为餐饮及零售商业，地下二层局部为大型超市；地下其他区域为汽车库及配套机电用房。各栋建筑概况，见表1。

公共建筑分栋建筑概况　　　　　　　　　　　　　　　　表1

名称	建筑面积(m^2)	层数			建筑高度(m)
		地上	裙房	地下	
商业购物中心（含车库）	228066	—	4层	3层	23.15
南塔办公、南塔酒店	120359	52层	5层	3层	218.75
北塔办公	95692	51层	5层	3层	219.75

工程说明：

一、给水排水系统

（一）给水系统

1. 冷水用水量表（见表2）

冷水用水量　　　　　　　　　　　　　　　　　　　　　表2

业态	最高日用水量(m^3/d)	最大时用水量(m^3/h)	平均日用水量(m^3/d)
商业购物中心	1299	197	1039
南塔办公	104.8	15.7	83.8

续表

业态	最高日用水量(m³/d)	最大时用水量(m³/h)	平均日用水量(m³/d)
南塔酒店	671.1	93.0	536.9
北塔办公	305.6	45.6	244.4

2. 水源

由市政管网引入 2 根 $DN300$ 给水管并在建筑红线内形成环状管网，供用地内生活及室外消火栓用水。每根引入管均能满足全部生活用水和室外消防用水，市政水压为 0.25MPa。

商业购物中心集中设置生活给水泵房，其中商业与超市分别设置贮水水箱及变频调速加压泵组。南塔办公、南塔酒店、北塔办公分设生活给水系统，分别设置生活给水泵房和贮水水箱。其中北塔办公在地下二层设 2 个有效容积 38m³ 的水箱，南塔办公在地下二层设 2 个有效容积 11m³ 的水箱，南塔酒店在地下三层设 150m³ 和 127m³ 水箱各 1 个。

3. 系统竖向分区

各栋建筑给水系统竖向分区情况，见表 3。

给水系统竖向分区、供水方式及加压设备　　表 3

业态	分区编号	供水范围	供水方式及加压设备
商业购物中心	0 区	地下三层~二层	市政自来水直供
	1 区	三层及以上	生活贮水水箱和变频调速泵联合供水
南塔办公	0 区	一层及以下	市政自来水直供
	1-1 区	六层~十二层	二十一层转输水箱重力减压供水
	1-2 区	十三层~十八层	二十一层转输水箱重力供水
	2-1 区	十九层~二十四层	二十一层转输水箱+变频泵减压供水
	2-2 区	二十五层~三十层	二十一层转输水箱+变频泵减压供水
	2-3 区	三十一层~三十六层	二十一层转输水箱+变频泵
南塔酒店	1-1 区	地下一层~二层	地下三层低位贮水箱+变频泵组+减压阀
	1-2 区	三层~五层	地下三层低位贮水箱+变频泵组
	2-1 区	三十八层~四十三层	屋顶高位水箱重力减压供水
	2-2 区	四十四层~四十七层	屋顶高位水箱重力供水
	3 区	四十八层~五十二层	屋顶高位水箱+变频泵组
北塔办公	0 区	二层及以下	市政自来水直供
	1-1 区	三层~七层	二十一层高位水箱重力减压供水
	1-2 区	八层~十三层	二十一层高位水箱重力减压供水
	1-3 区	十四层~十七层	二十一层高位水箱重力供水
	2-1 区	十八层~二十三层	三十七层转输水箱(兼高位水箱)重力减压供水
	2-2 区	二十四层~二十八层	三十七层转输水箱(兼高位水箱)重力减压供水
	2-3 区	二十九层~三十三层	三十七层转输水箱(兼高位水箱)重力供水
	3-1 区	三十四层~三十九层	三十七层转输水箱(兼高位水箱)+变频泵组+减压阀联合供水
	3-2 区	四十层~四十五层	三十七层转输水箱(兼高位水箱)+变频泵组+减压阀联合供水
	3-3 区	四十六层及以上	三十七层转输水箱(兼高位水箱)+变频泵组+联合供水

4. 供水方式及给水加压设备

各区供水方式及给水加压设备，见表3。

5. 管材

给水系统管材及连接方式，见表4。

给水系统管材及连接方式 表4

使用场所及功能		管径	管材	连接方式
市政进水管	埋地管	所有	球墨铸铁管	承插橡胶圈柔性接口
	非埋地管	所有	球墨铸铁管	法兰接口＋橡皮垫圈
室外绿化给水管		≤DN80	衬塑钢管（三油二布防腐）	丝扣连接
		>DN80	球墨铸铁管	承插橡胶圈柔性接口
给水主管（酒店除外）		所有	衬塑钢管	≤DN80，丝扣连接；>DN80卡箍连接
用水房间内供水支管（酒店除外）		≤DN150	衬塑钢管	
冷水管（只适用于酒店）		≤DN50	铜管	承插银焊连接
		>DN50	铜管	承插银焊连接
游泳池管道（循环水管）		≤DN200	PVC-U给水管；与板换连接处1000mm内采用铜管	PVC-U给水管用承插粘接；铜管采用承插银焊连接
冷却塔补水管道		>DN80	衬塑钢管	沟槽机械式连接

（二）热水系统

1. 热水用水量表（见表5）。

热水用水量 表5

分区	用水项目	最高日用水定额 q_r		使用单位数量 m		使用时间 T (h)	小时变化系数 K_h	平均时热水量 q_{rhp} (m³/h)	设计小时热水量 q_{rh} (m³/h)
酒店1-1区	宾馆客房员工	40	L/(人·d)	135	人·d	24	2	0.23	0.45
	洗衣房	15	L/kg干衣	700	kg干衣	8	1.5	1.31	1.97
	营业餐厅	42	L/人餐	2200	人餐	10	1.5	9.24	13.86
	酒吧、咖啡馆、茶座、卡拉OK房	5	L/人餐	600	人餐	12	1.5	0.25	0.38
	办公	8	L/人班	74	人班	8	1.5	0.07	0.11
	小计1	—	—	—	—	—	—	—	16.76
酒店1-2区	营业餐厅	20	L/人餐	1830	人餐	10	1.5	3.66	5.49
	宾馆客房员工	40	L/(人·d)	135	人·d	24	2	0.23	0.45
	会议厅	2	L/座位次	1200	座位次	4	1.5	0.60	0.90
	宾馆客房员工	40	L/(人·d)	135	人·d	24	2	0.23	0.45
	理发室、美容院	30	L/人次	100	人次	12	2	0.25	0.50
	酒吧、咖啡馆、茶座、卡拉OK房	5	L/人餐	700	人餐	12	1.5	0.29	0.44
	小计2	—	—	—	—	—	—	—	8.23

续表

分区	用水项目	最高日用水定额 q_r		使用单位数量 m		使用时间 T (h)	小时变化系数 K_h	平均时热水量 q_{rhp} (m³/h)	设计小时热水量 q_{rh} (m³/h)
酒店 2-1 区	宾馆客房旅客	140	L/(床·d)	240	床·d	24	3.33	1.40	4.66
	宾馆客房员工		m/d		人·d	10	2	1.58	1.98
	小计 3	—	—	—	—	—	—	—	6.64
酒店 2-2 区	宾馆客房旅客	140	L/(床·d)	240	床·d	24	3.33	1.40	4.66
	宾馆客房员工		L/(人·d)		人·d	10	2	1.58	1.98
	小计 4	—	—	—	—	—	—	—	6.64
酒店 2-3 区	宾馆客房旅客	140	L/(床·d)	120	床·d	24	3.33	0.70	2.33
	宾馆客房员工		L/(人·d)		人·d	10	2	0.79	0.99
	小计 5	—	—	—	—	—	—	—	3.32
合计									41.6

注：以 60℃ 热水水温为计算温度。

2. 热源

本工程办公、商业部分不设置集中生活热水系统，其中有生活热水需要的区域采用电分散制备生活热水方式；酒店按五星级标准设集中生活热水系统。

酒店集中生活热水系统热源：能源中心锅炉房提供 95℃/70℃ 热水，作为酒店集中生活热水系统、游泳池池水初期加热热源。95℃/70℃ 热水直接作为地下生活热水换热罐热媒，锅炉热水经板换换热后间接供给 80℃/60℃ 热水给三十七层设备层生活热水换热罐。设置冷水机组冷凝热回收系统、太阳能生活热水预热系统；采用集贮热式无动力循环太阳能热水系统，满足南塔绿建三星、LEED 金奖认证要求。酒店游泳馆采用池水加热、除湿及空气调节三集一体除湿热泵空调系统，全年运行，回收池水蒸发热损失，实现池水加热、空气调节及除湿功能。

3. 系统竖向分区

酒店集中生活热水系统分区同给水系统分区，分为 2 个大区，5 个小区。1-1 区为地下一层～二层；1-2 区为三层～五层；2-1 区为三十八层～四十三层；2-2 区为四十四层～四十七层；2-3 区为四十八层～五十二层。各区热交换器的水源压力与给水系统一致。

4. 热交换器

各系统分别设半容积式热水加热器、循环泵及热水膨胀罐，并由相应分区的给水泵组（加夏季预热机组）补水。

5. 冷、热水压力平衡措施及热水温度的保证措施

（1）集中生活热水系统分区同给水系统，保证冷、热水供水压力的平衡。

（2）热水供回水管采用橡塑保温，减少热量损失。

（3）酒店集中热水供应系统设干、立管循环系统，循环管道同程布置，不循环配水支管长度均小于或等于 5m。

6. 管材

酒店区域生活热水管道采用铜管，其他区域采用衬塑钢管。

(三) 中水系统

1. 中水原水量表、中水回用水量表及水量平衡（见表 6～表 8）。

中水原水量　　　　表6

原水项目	最高日生活用水量 Q_d(m³/d)	折减系数		分项给水百分率 b_i	使用时间 T(h)	平均日原水量 Q_{Yd}(m³/d)	平均时原水量 Q_{Yh}(m³/d)
		α	β				
客房洗浴	207	0.9	0.9	86%	24	144.11	6.67
合计	—	—	—	—	—	144.1	6.7
设施运行时间 T_s(h)	10	设施小时处理量 Q_s(m³/h)		14.4			

中水回用水量　　　　表7

南塔办公用水项目	最高日用水定额 q_d	用水单位数量 m	每日用水时间(h)	小时变化系数 K_h	中水使用百分率(%)	最高日用水量 Q_d(m³/d)	最大时用水量 Q_{dh}(m³/d)	平均日用水量 Q_{pd}(m³/d)
1-1区办公	50 L/人班	976 人班	10	1.5	60	29.28	4.39	23.42
1-2区办公	50 L/人班	976 人班	10	1.5	60	29.28	4.39	23.42
2-1区办公	50 L/人班	805 人班	10	1.5	60	24.15	3.62	19.32
2-2区办公	50 L/人班	950 人班	10	1.5	60	28.50	4.28	22.80
2-3区办公	50 L/人班	929 人班	10	1.5	60	27.87	4.18	22.30
合计	—	—	—	—	—	157.2	23.6	125.7

水量平衡　　　　表8

项目	平均日用水量 Q_{pd}(m³/d)
中水原水量总计	144.1
中水用水量总计	125.7
水量平衡（$\sum Q_{Yd}/\sum Q_{pd}$）	1.16

2. 系统竖向分区（见表9）

中水系统竖向分区、供水方式及加压设备　　　　表9

业态	分区编号	供水范围	供水方式及加压设备
南塔办公	1-1区	七层~十二层	二十一层中水转输水箱(兼高位水箱)重力减压供水
	1-2区	十三层~十八层	二十一层中水转输水箱(兼高位水箱)重力供水
	2-1区	十九层~二十四层	二十一层中水转输水箱(兼高位水箱)+变频泵组+减压阀联合供水
	2-2区	二十五层~三十层	二十一层中水转输水箱(兼高位水箱)+变频泵组+减压阀联合供水
	2-3区	三十一层~三十六层	二十一层中水转输水箱(兼高位水箱)+变频泵组联合供水

3. 供水方式及给水加压设备（见表9）

4. 水处理工艺流程图（见图1）

5. 管材

中水管道采用衬塑钢管。

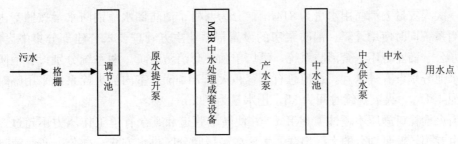

图1　中水处理工艺流程图

（四）排水系统

1. 排水系统的型式

办公、商业、酒店裙房采用污废合流制，酒店标准层采用污废分流制。

2. 透气管的设置方式

商业区域污水立管伸顶透气。酒店客房卫生间污水、废水共用通气立管，采用 H 管与通气管和排水管相连接的模式。办公区域公共卫生间排水设专用通气管或伸顶透气管。

3. 局部污水处理设施

（1）本工程室外设 11 个化粪池，各楼内污/废水经化粪池处理后，排向市政污水管道。

（2）厨房器具废水经隔油处理后排入厨房排水主管道，再经集中隔油处理后排向室外污水管。

4. 管材

排水系统管材及连接方式，见表10。

排水系统管材及连接方式　　　　　　　　　　　　　　　　　　　表 10

使用场所及功能		管径	管材	连接方式
室外埋地排水管		所有	PVC-U 双壁波纹管	橡胶圈承插连接
室内预埋/建筑物下(如疏水层)重力流排水管(雨水管/污水管/废水管/通气管)		≥DN80	球墨铸铁管	承插橡胶圈柔性接口
		<DN80	内外涂塑钢管	丝扣连接
用水房间内室内重力流排水管支管(污水管/废水管/通气管)	支管(除高温排水)	<DN50	硬聚氯乙烯(PVC-U)管	溶剂粘接
		≥DN50	环氧树脂内涂层抗震柔性离心铸铁管	304 级不锈钢卡箍连接
	酒店厨房(除高温排水)	≤DN100	不锈钢(S30403)管	丝扣连接
	高温排水支管	<DN50	热浸镀锌钢管	丝扣连接
		≥DN50	环氧树脂内涂层抗震柔性离心铸铁管	304 级不锈钢卡箍连接
室内重力流排水管(污水管/废水管/通气管)		≥DN50	环氧树脂内涂层抗震柔性离心铸铁管	RC 型法兰承插柔性连接

二、消防系统

（一）消火栓系统

1. 室外消火栓系统

室外消火栓系统由 2 路 DN300 的管道接至市政给水管道，在本工程红线内布置成环状管网，管网上设置地上式消火栓，室外消火栓用水量由市政管网承担。各消火栓间距不超过 80m。用水量为 40L/s，火灾延续时间为 3h。

2. 室内消火栓系统

(1) 本工程一次火灾最大消防用水量为814m³，分为两格。消防储水池消防水量按照室内消火栓、商业货架区域自动喷洒系统同时使用计算。消防泵房的设置根据业主方管理要求公建部分集中设置在地下二层。南塔办公、北塔办公、商业合用一套消防系统，酒店单独一套消防系统。两系统分别设置消防泵房，合用消防水池。每个贮水池分别设有进水管。水池总有效容积大于814m³。室内消火栓系统采用临时高压制。室内消火栓系统流量为40L/s，火灾延续时间为3h，用水量为432m³。

(2) 按所有消火栓栓口静压不超过1.0MPa，并使转输管道和其余管道工作压力不超过2.4MPa的原则划分。系统采用由专用转输泵划分的大区串联，大区内减压阀分区供水方式。办公、商业消防系统分为3个大区，5个小区。具体分区情况，见表11。

消火栓系统分区　　表11

业态	分区编号	供水范围	供水方式	备注
办公商业	合用1-1区	地下三层~五层	地下办公商业合用消火栓泵减压供水	XH1-1
	合用1-2区	六层~二十层	地下办公商业合用消火栓泵供水	XH1-2
	南塔办公2-1区	南塔办公二十一层~三十六层	二十一层南塔办公消火栓泵供水	XH2-1
	北塔办公2-1区	北塔办公二十一层~三十六层	二十一层北塔办公消火栓泵减压供水	XH2-1
	北塔办公2-2区	北塔办公三十七层~五十七层	二十一层北塔办公消火栓泵供水	XH2-2
南塔酒店	酒店1区	地下三层~五层	地下三层低位贮水箱＋变频泵组＋减压阀	XH1-1
	酒店2区	三十七层~五十二层	地下三层低位贮水箱＋变频泵组	XH2-2

(3) 地下办公商业合用消防水泵房设置1套消防转输泵，为南塔办公、北塔办公二十一层避难层消防转输水箱提供消防用水，酒店消防泵房设置1套消防转输泵，为南塔酒店二十一层避难层消防转输水箱提供消防用水。消防转输泵供水能力满足高区各消防系统总用水量的要求。每套转输泵出水管连接6套室外水泵接合器。每套转输管道不少于2条，且总供水能力满足高区消防系统总转输水量的要求。

南塔办公、南塔酒店、北塔办公分别在二十一层避难层设置消防转输水箱，提供南塔办公、南塔酒店、北塔办公高区消防用水量。

(4) 消火栓系统主要设备（见表12）

消火栓系统主要设备表　　表12

设备名称	规格型号	数量	安装位置	服务对象
消防水池	有效容积大于:814m³	1	地下二层消防泵房	消防贮水
低区消防泵(1备1用)	流量:40L/s,扬程:100m,功率:75kW	2	地下二层消防泵房	低区酒店消火栓系统
消防转输泵(1备2用)	流量:40L/s,扬程:130m,功率:90kW	3	地下二层消防泵房	酒店高区消火栓、自动喷水灭火系统消防转输
不锈钢消防转输水箱	有效容积:大于72m³	1	南塔办公二十一层消防泵房	南塔办公消防贮水,转输水箱兼低区消防高位水箱

续表

设备名称	规格型号	数量	安装位置	服务对象
消火栓增压稳压设施	稳压泵(1备1用)： 流量：1.67L/s，扬程：48m，功率：2.2kW	2	南塔办公二十一层 消防泵房	室内消火栓系统增压稳压
	气压罐：工作压力 0.6MPa，调节容积 0.3m³，最低工作压力 $P_1=28$m，消防泵启泵压力 $P_2=38$m，增压泵启泵压力 $P_{s1}=40$m，增压泵停泵压力 $P_{s2}=45$m	1		办公Ⅰ区消防系统
南塔办公高区消防泵 (1备1用)	流量：40L/s，扬程：110m，功率：90kW	2	南塔办公二十一层 消防泵房	南塔办公二十一层～三十六层消火栓系统
不锈钢消防转输水箱	有效容积：大于 72m³	1	南塔二十一层 消防泵房	酒店消防贮水,转输水箱兼低区消防高位水箱
酒店高区变流稳压消防泵(1备1用)	流量：40L/s，扬程：170m，功率：110kW	2	南塔办公二十一层 消防泵房	南塔酒店高区消火栓系统
成品消防高位水箱及增压稳压装置	有效容积：大于 100m³	1	南塔办公三十七层 消防泵房	南塔办公Ⅱ区消防贮水,高位水箱
消火栓增压稳压设施	稳压泵： 流量：1.67L/s，扬程：48m，功率：2.2kW(1备1用)	2	南塔办公三十七层 高位水箱间	室内消火栓系统增压稳压
	气压罐： 工作压力：0.6MPa，调节容积：0.3m³，最低工作压力：$P_1=28$m，消防泵启泵压力：$P_2=38$m，增压泵启泵压力：$P_{s1}=40$m，增压泵停泵压力：$P_{s2}=45$m	1		定制办公Ⅱ区消防系统
成品不锈钢消防高位水箱	有效容积：大于 100m³	1	南塔酒店屋面 消防泵房	酒店高区消防贮水
消火栓增压稳压设施	稳压泵(1备1用)： 流量：1.67L/s，扬程：48m，功率：2.2kW	2	南塔酒店屋顶 水箱间	室内消火栓系统增压稳压
	气压罐： 工作压力：0.6MPa，调节容积：0.3m³，最低工作压力：$P_1=28$m，消防泵启泵压力：$P_2=38$m，增压泵启泵压力：$P_{s1}=40$m，增压泵停泵压力：$P_{s2}=45$m	1		酒店高区消防系统

（5）办公、酒店、商业室内消火栓系统在室外分别设水泵接合器，每组 3 个，水泵接合器流量为 10～15L/s，供消防车加压使用。

（6）当系统压力小于或等于 1.2MPa 时，消火栓管道采用内外热浸镀锌焊接钢管；当 1.2MPa＜系统压力≤1.6MPa 时，采用内外热浸镀锌焊接加厚钢管；当系统压力大于 1.6MPa 时，采用内外热浸镀锌无缝钢管。

(二) 自动喷水灭火系统

1. 用水量及加压泵设置

自动喷水灭火系统采用临时高压制，自动喷水灭火系统流量为 40L/s，火灾延续时间为 1h，用水量为 144m³。商业货架区域自动喷水灭火系统流量为 53L/s，火灾延续时间为 2h，用水量为 382m³。

办公及商业消防泵房内，设 2 台室内喷淋泵，1 用 1 备，供办公 1-1 区、1-2 区及商业的室内喷洒。在北塔及南塔 21 层各设置 72m³ 消防转输水箱和接力水泵泵组，并且于北塔屋面和南塔三十七层分别设置 100m³ 高位水箱和增压提升泵组、气压罐。

酒店消防泵房内，共设 2 台室内喷淋泵，1 用 1 备，供酒店室内自动喷洒。在酒店二十一层设置 72m³ 消防转输水箱和接力水泵泵组，并且于南塔屋面设置 100m³ 高位水箱和增压提升泵组、气压罐。

2. 系统分区

系统竖向分区按各区报警阀及配水管道工作压力不超过 1.2MPa，并使转输管道和其余管道工作压力不超过 2.4MPa 的原则划分。自动喷水灭火系统竖向分区同消防给水系统。办公、商业喷洒系统分为 3 个大区，5 个小区，见表 13。

自动喷水灭火系统分区　　　　　　　　表 13

业态	分区编号	供水范围	供水方式	备注
办公商业	合用 1-1 区	地下三层～五层	地下办公商业合用喷淋泵减压供水	ZP1-1
	合用 1-2 区	六层～二十层	地下办公商业合用喷淋泵供水	ZP1-2
	南塔办公 2-1 区	南塔办公二十一层～三十六层	二十一层南塔办公喷淋泵供水	ZP2-1
	北塔办公 2-1 区	北塔办公二十一层～三十六层	二十一层北塔办公喷淋泵减压供水	ZP2-1
	北塔办公 2-2 区	北塔办公三十七层～五十七层	二十一层北塔办公喷淋泵供水	ZP2-2
南塔酒店	酒店 1 区	地下三层～五层	地下酒店喷淋泵供水	ZP1-1
	酒店 2 区	三十七层～五十二层	二十一层南塔酒店喷淋泵供水	ZP2-2

3. 主要设备表（见表 14）

自动喷水灭火系统主要设备表　　　　　　　　表 14

设备名称	规格型号	数量	安装位置	服务对象
低区喷淋泵(1 备 1 用)	流量:40L/s,扬程:100m,功率:75kW	2	地下二层消防泵房	低区酒店自动喷水灭火系统
增压稳压设施	稳压泵(1 备 1 用): 流量:0.69L/s,扬程:32m,功率:0.37kW	2	南塔 21 层消防泵房	自动喷水灭火系统增压稳压
	气压罐: 工作压力:0.6MPa,调节容积:0.15m³,总容积:0.81m³,最低工作压力:$P_1=15$m,消防泵启泵压力:$P_2=21$m,增压泵启泵压力:$P_{s1}=23$m,增压泵停泵压力:$P_{s2}=28$m	1		办公 I 区自动喷水灭火系统
南塔办公高区喷淋泵 (1 备 1 用)	流量:40L/s,扬程:115m,功率:90kW	2		南塔 21-36 层办公自动喷水灭火系统
酒店高区喷淋泵 (1 备 1 用)	流量:40L/s,扬程:180m,功率:110kW	2		南塔酒店高区自动喷水灭火系统

续表

设备名称	规格型号	数量	安装位置	服务对象
增压稳压设施	稳压泵(1备1用)： 流量：0.69L/s,扬程：32m,功率：0.37kW	2	南塔37层高位水箱间	室内自动喷水灭火系统增压稳压
	气压罐： 工作压力：0.6MPa,调节容积：0.15m³,总容积：0.81m³,最低工作压力：$P_1=15$m,消防泵启泵压力：$P_2=21$m,增压泵启泵压力：$P_{s1}=23$m,增压泵停泵压力：$P_{s2}=28$m	1		南塔办公Ⅱ区自动喷水灭火系统
增压稳压设施	稳压泵(1备1用)： 流量：0.69L/s,扬程：32m,功率：0.37kW	2	南塔屋顶水箱间	室内自动喷水灭火系统增压稳压
	气压罐： 工作压力：0.6MPa,调节容积：0.15m³,总容积：0.81m³,最低工作压力：$P_1=15$m,消防泵启泵压力：$P_2=21$m,增压泵启泵压力：$P_{s1}=23$m,增压泵停泵压力：$P_{s2}=28$m	1		酒店高区自动喷水灭火系统

4. 喷头选型

（1）本工程在除建筑面积小于 $5m^2$ 的卫生间和不宜用水补救的区域外的所有区域均设喷头。系统均采用湿式系统，喷头均为玻璃球式喷头。酒店客房采用 $K=115$ 边墙扩展快速响应喷头。水泵接合器无法直接灭火的楼层也采用快速响应喷头（二十一层及以上）。其他除特殊说明区域，均采用标准喷头流量系数 $K=80$ 喷头。吊顶高度超过 800 需增设喷头。

（2）在公共场所、中庭环廊部分以及商业步行街主力店、次主力店、室内步行街走道及两侧的商铺、超市、娱乐场所的自动喷水灭火系统，采用快速响应喷头。

（3）无吊顶区域采用直立型闭式喷头，有吊顶区域采用吊顶式或下垂型闭式喷头。

（4）除 IMAX 影厅外其他放映厅的自动喷水灭火系统应采用快速响应扩大覆盖面积喷头。

（5）一般部位动作温度为 68℃，厨房动作温度为 93℃，外橱窗处喷头的公称动作温度为 79℃。桑拿间内喷头采用 141℃ 高温喷头，喷头做镀铬防腐防撞处理。

（6）屋面设备间、外橱窗等有冻结危险且未采用预作用系统区域，喷头采用易熔合金型。

（7）直立喷头溅水盘距顶板的距离大于或等于 75mm，小于或等于 150mm。当吊顶高度超过 800mm 并有可燃物时，吊顶内设洒水喷头，向上安装，距顶板 100～150mm。宽度超过 1.2m 的风道等障碍物下增设下垂型喷头。

（8）酒店特殊要求：酒店自动喷水灭火系统均采用快速响应喷头，在水流指示器后增加 50mm 冲洗阀和排水管；消防楼梯间底部及顶部增设喷头；设备层、游泳池增设喷头；不锈钢布草井内顶端往下每隔一层设喷头；厨房排烟罩排气管内 3m 间隔水平距离设置 260℃ 高温喷头。

5. 报警阀设置

南塔地下二层报警阀间设置 8 套湿式报警阀；南塔六层、二十一层、三十七层各设置 5 套湿式报警阀；商业及车库共设置 32 套湿式报警阀。

6. 办公、酒店、商业室内自动喷水灭火系统在室外分别设水泵接合器，每组 3 个，水泵接合器流量为 15L/s，供消防车加压使用。

7. 当系统压力小于或等于 1.2MPa 时，自动喷水灭火系统管道采用内外热浸镀锌焊接钢管；当 1.2MPa＜系统压力≤1.6MPa 时，采用内外热浸镀锌焊接加厚钢管；当系统压力大于 1.6MPa 时，采用内外热浸镀锌无缝钢管。

（三）防护冷却水幕系统

（1）室内步行街通道与店铺之间采用防火玻璃＋玻璃喷淋保护系统作为防火分隔。

（2）系统采用的湿式报警阀组分别设置在地下报警阀间内，共 2 套。

（3）用水流量为 35L/s，设计喷水时间为 1h，用水量为 126m³。

（4）防护冷却水幕系统为独立的灭火系统，在消防泵房内单独设置 2 台水泵，1 用 1 备。

（5）室外设水泵接合器 3 套，每套水泵接合器流量为 15L/s。

（6）系统稳压用高位消防水箱与消火栓系统及自动喷水灭火系统合用，水箱高度超过系统末端工作压力要求时，设置减压阀。

（四）大空间智能型主动喷水灭火系统

（1）本工程中庭、影院 IMAX 影厅等净空高度超 12m 的区域均设置大空间智能型主动喷水灭火系统。按最大同时开启 4 台自动射流灭火装置射水灭火进行计算，设计流量为 20L/s，持续喷水时间为 1h，用水量为 72m³。

（2）酒店和商业分别在消防泵房内设 2 台加压水泵，1 用 1 备。水泵流量为 20L/s，扬程为 120m，功率为 45kW。

（3）室外设水泵接合器 2 套，每套水泵接合器流量为 10L/s。

（4）系统不设增压设备，稳压采用北塔办公二十一层避难层水箱间内转输水箱，为避免超压稳压管接至环状管网处设减压阀组。

（5）射水型自动跟踪定位射流灭火装置单台额定喷射流量为 5L/s，启动时间小于 30s，额定工作压力为 0.6MPa，最大保护半径为 25m。

（五）气体灭火系统

（1）变配电室、电话机房、网络机房等设置七氟丙烷气体灭火系统。变电室灭火设计浓度采用 9%，电话机房、网络机房灭火设计浓度采用 8%。

（2）系统设有自动控制、手动控制和应急操作 3 种控制方式。

（3）防护区内设置泄压口，灭火时防护区应保持封闭条件，除泄压口以外的其他开口（如排烟口、通风口等），应能在喷放洁净气体前自动关闭。

（4）七氟丙烷气体灭火系统采用热浸镀锌无缝钢管。

（六）自动干粉灭火系统

（1）塔楼电缆井采用自动干粉灭火系统。

（2）干粉灭火装置采取全淹没灭火方式。

（3）电缆井门外设置火灾声光报警和干粉灭火剂喷射指示灯。

（4）启动方式：本装置具备一种启动方式：感温自动启动。当电缆井内温度升高达到 63℃，感温开关正常断开的接触点将闭合，电源与电气线路接通，设备将给出报警的声光信号（警报声、光信号），同时发出"启动"指令，向电燃器给出启动电流；向保护区域迅速开始喷射灭火干粉，将该防护区内的火灾喷灭。

三、工程特点介绍

(一)合理设置机房,以满足不同业态需求

本工程建筑体积庞大,功能繁多,业态复杂,为了满足不同业态的管理、计量等需求,给水排水系统机房设置如下:

(1)办公商业合用一套消防水系统,酒店单独设一套消防水系统,办公、商业、酒店合用消防水池。

(2)南塔酒店、南塔办公、北塔办公、商业购物中心分设给水系统,分设 4 个给水机房。

(3)南塔设有中水收集回用系统,收集南塔酒店客房层洗浴用水,处理后回用于南塔办公冲厕,地下三层设有酒店中水机房。

(二)节能措施

(1)本工程办公、商业部分不设置集中生活热水系统,酒店按五星级标准设集中生活热水系统,由能源站冷水机组的冷凝热和商业裙房屋面太阳能集热板对生活热水进行预热,其余热量由燃气锅炉提供,生活热水负荷 1975kW。酒店集中生活热水热源为集中能源站的锅炉房。一次热源设于能源站燃气锅炉房,在酒店地下一层换热机房设冷水机组冷凝热回收的生活热水预热机组(由半容积式换热器、冷却水预热循环泵组成),将 37℃冷却水作为热媒水对酒店 1-1 区及 1-2 区生活热水的冷水补充水进行预热。在酒店地下三层生活热水机房内设太阳能生活热水预热机组以及 1 区的生活热水换热机组。在酒店三十七层设备层设 2 区生活热水容积式换热器,热源为能源站内换热机组提供的 80℃/60℃热水。

(2)采用集贮热式无动力循环太阳能热水系统,满足南塔绿建三星、LEED 金奖认证要求。

(3)建筑能耗监测系统:项目为大于 2 万 m^2 的公共建筑,按要求设置 EasyEEM 能效管理系统。根据建筑消耗的主要能源种类划分进行采集和整理的能耗数据,包括用电、用水、空调冷热量。

(三)节水措施

(1)采用市政给水,办公和酒店分设生活给水系统,配水支管处供水压力大于 0.2MPa 者均设支管减压阀。

(2)收集酒店客房层洗浴用水,经处理后回用于办公层卫生间冲厕和地库冲洗。

(3)所有卫生洁具和配件应采用节水型产品,卫生器具节水率不低于 10%,不得使用一次冲水量大于6L 的坐便器;采用的卫生器具其性能应能满足《节水型生活用水器具》CJ/T 164 的要求。

(4)室外绿化灌溉采用滴灌的节水措施。

(四)雨水回渗与回渗利用

根据《梅溪湖水质保护管理暂行办法》:非雨水净化区汇水范围内的新建项目,建设单位必须自建初期雨水收集处理系统,雨水经过滤净化处理后方可排入市政雨水管网。经计算收集初期雨水的总规模不小于为163m³,设置 7 座雨水渗透池。采用分段式弃流,弃流的初期雨水储存于初期雨水池内消耗。

雨水回用部分根据回用水的范围及规模,在住宅区雨水管网末端设置一座 230m³ 塑料模块雨水收集池,并配套雨水处理系统,处理达标后的雨水回用于整个地块绿化灌溉、道路浇洒、车库冲洗等。超过雨水综合利用规模的后期洁净雨水溢流排入市政雨水管道及梅溪湖。

(五)综合效益分析

本项目因地制宜,通过采用适宜的绿色生态技术,打造高舒适、低成本的绿色低碳商业建筑。采用一些新兴的绿色建筑技术,虽然使项目的造价有所增加,但进入建筑运营后期,照明设备数量和装机功率有所减低,处理雨水的价格相比自来水水价低,其能源效益会进一步提高,在一定期限内可以回收建设初期投资。由已实施的绿色建筑与常规项目比较可知,绿色建筑项目在运行过程中可以节省能源 30%~50%,用水量可以减少 10%,同时可以降低维修和维护成本,从而减少支出。

四、工程照片及附图

全景

夜景

内景

内景

给水泵房

消防泵房

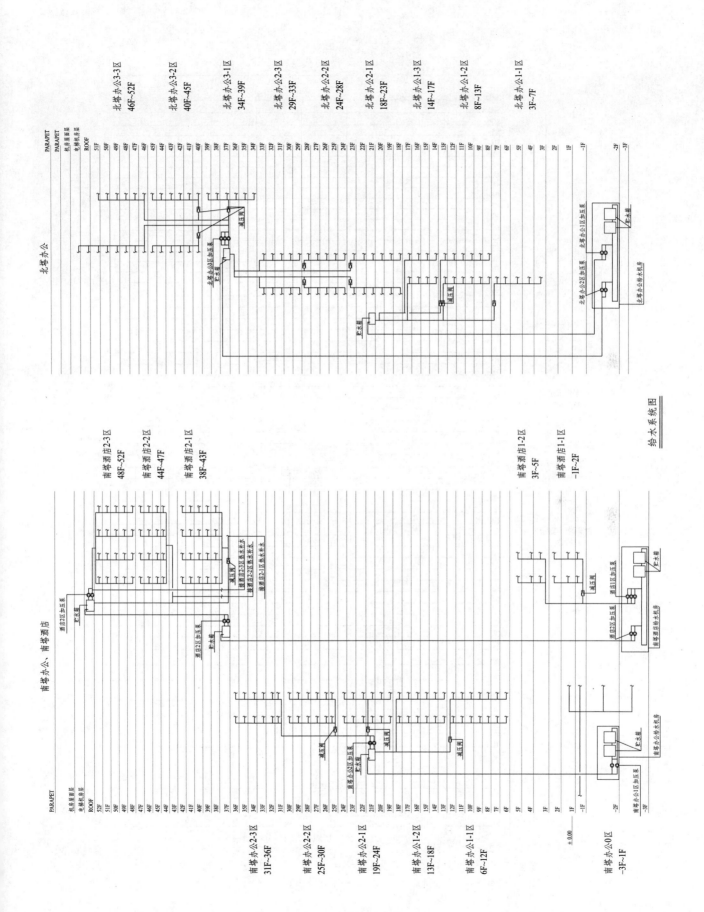

给水系统图

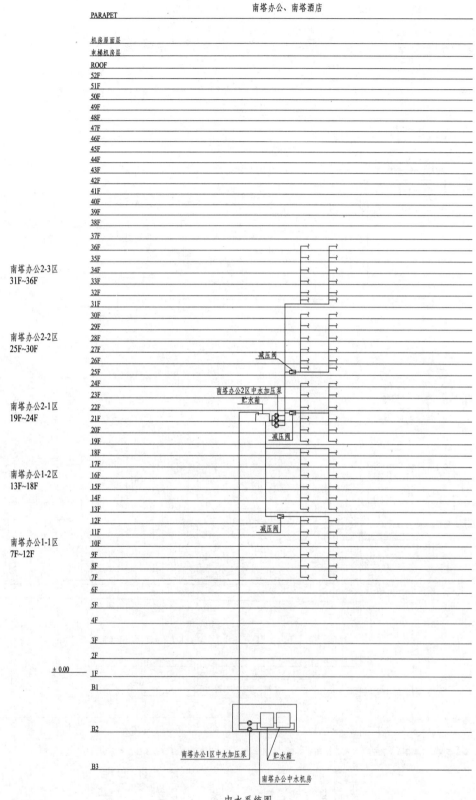

南塔办公、南塔酒店

中水系统图

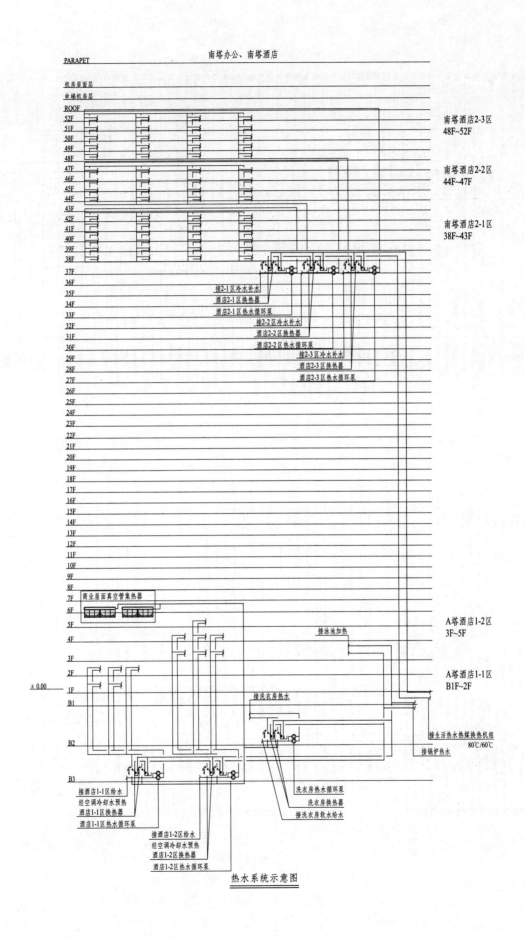

热水系统示意图

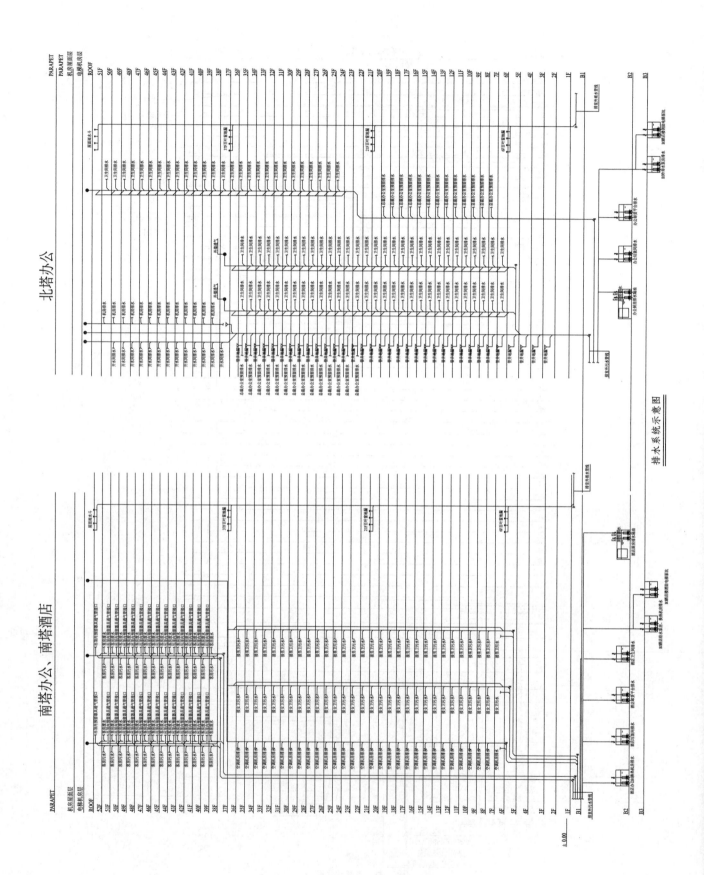

排水系统示意图

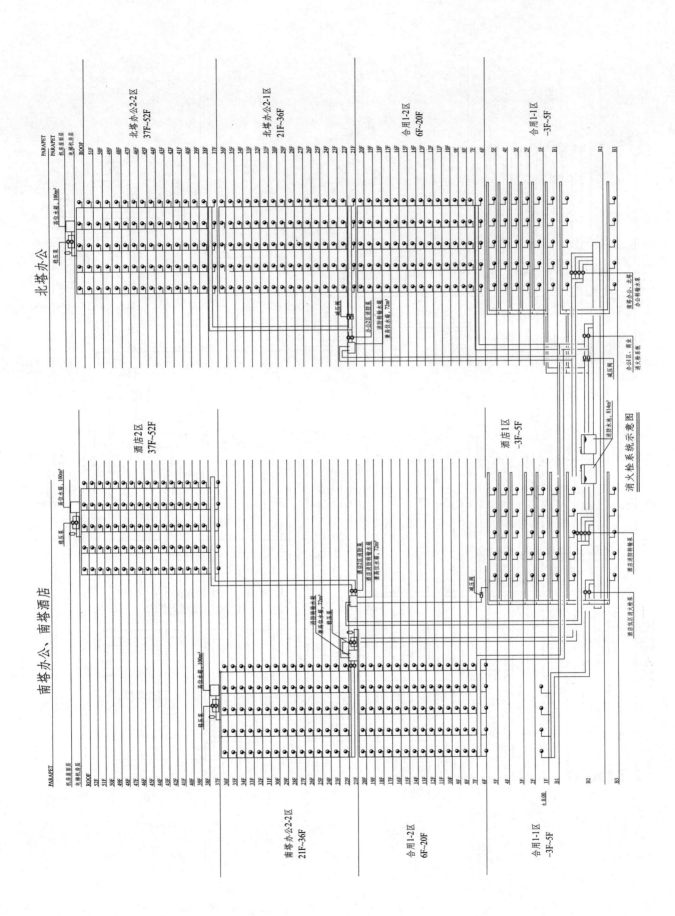

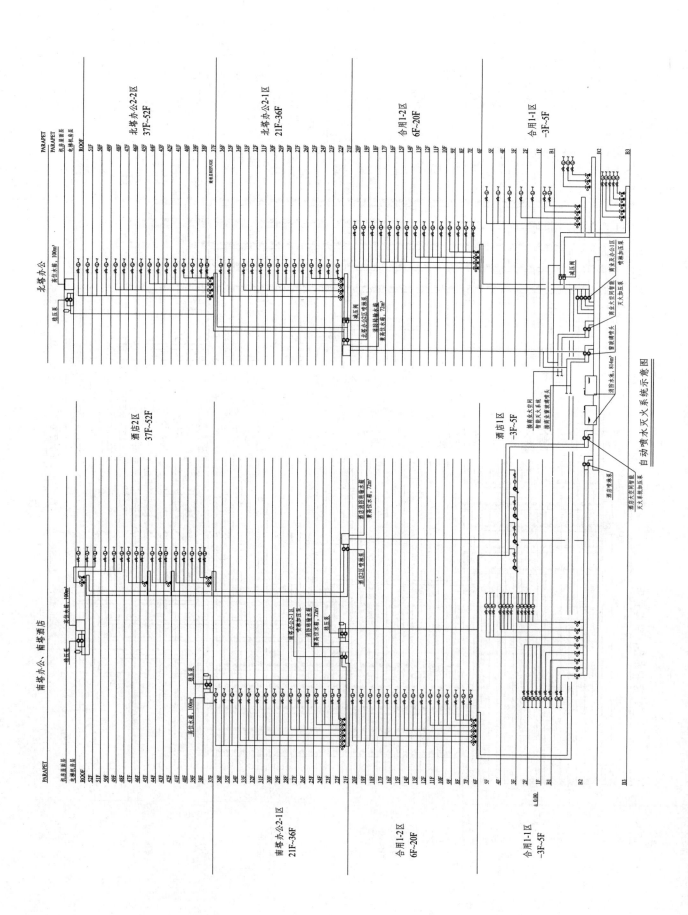

自动喷水灭火系统示意图

青岛国际会议中心

设计单位： 华南理工大学建筑设计研究院有限公司
设 计 人： 陈欣燕　王峰　李宗泰　何鉴尧　韦宇　马双群
获奖情况： 公共建筑类　一等奖

工程概况：

本项目位于青岛市市南区奥帆基地内。项目用地东北侧为越秀路、东南侧为金湾路、西南侧为增城路、西北侧为新会路，总用地面积为 31136m²，总建筑面积为 54302m²。本项目地上 4 层，地下 1 层。其中，地下室为现状地下室，结构专业对其进行加固后改造作车库、设备房及厨房。地上功能主要为新建会议中心、多功能厅及相关配套用房。本项目建筑高度为 23.99m，属多层公共建筑，设计耐火等级为一级，绿色建筑设计标准为绿建一星。

本项目于 2018 年 4 月 28 日通过竣工验收并投入使用。项目建成后，作为 2018 年上海合作组织青岛峰会主会场，会后用作国际会议中心、大型宴会场地等。

工程说明：

一、给水排水系统

（一）给水系统

1. 冷水用水量（见表 1）

冷水用水量

表 1

序号	用水项目名称	使用人数或单位数	用水量标准	小时变化系数 K_h	使用时间（h）	用水量 平均时（m³/h）	用水量 最大时（m³/h）	用水量 最高日（m³/d）	备注
1	会议用水	1200 人	8L/(m²·次)	1.5	6	3.20	4.80	19.20	按每日 2 场计
2	宴会厅用水	400 座	60L/(人·餐)	1.5	8	6.00	9.00	48.00	按每日 2 餐计
3	管理人员用水	200 人	50L/(人·d)	1.5	8	1.25	1.88	10.00	
4	快餐用水	800 人	25L/(人·餐)	1.5	8	5.00	7.50	40.00	按每日 2 餐计
5	空调冷却塔补水		18m³/h	1.0	8	18.00	18.00	180.00	
6	小计					33.45	41.18	297.20	
7	未预见用水量	按本表 1～5 项之和的 10%计				3.35	4.12	29.72	
8	合计					36.80	45.30	326.92	

2. 水源

水源为市政自来水，市政供水压力约 0.40MPa。从东北面越秀路和西南面增城路上市政给水管分别接驳 1 根 DN150 管道引入本工程用地范围作为生活、消防用水水源。接入管上设置总水表计量。

3. 系统竖向分区及供水方式

作为重要会议主会场，考虑会议期间供水可靠性，重要会议期间除地下设备用房用水由市政直供外，其余生活用水设置生活水箱和变频调速供水设备供水。

生活给水系统、冷却塔补水系统用水预留加压及市政直供转换接口，日常运营期间采用市政直供，重要会议期间采用加压供水。

车库冲洗用水、绿化用水、空调用水及消防用水均设水表计量，水表采用远传式水表。

4. 管材

冷水给水管采用薄壁不锈钢管 S30408（0Cr18Ni9）。室外给水管采用胶圈电熔双密封聚乙烯增强型管。

(二) 热水系统

1. 系统形式及供水方式

本项目热水需求稳定，在公共卫生间每个洗手盆单独设置容积式电热水器供应热水，单台额定容积大于或等于 5L。

2. 管材

热水给水管采用覆塑薄壁不锈钢管 S30408（0Cr18Ni9）。

(三) 中水系统

1. 中水用水量（见表 2）

中水用水量 表 2

序号	用水项目名称	使用人数或单位数	用水量标准	小时变化系数 K_h	使用时间 (h)	用水量 平均时 (m^3/h)	用水量 最大时 (m^3/h)	用水量 最高日 (m^3/d)	备注
1	汽车库地面冲洗用水	10000m^2	3L/(m^2·次)	1.0	4	7.50	7.50	30.00	按每周 1 次计
2	绿化浇洒用水	5000m^2	3L/(m^2·次)	1.0	4	7.50	7.50	15.00	按每日 1 次计
3	小计					15.00	15.00	45.00	
4	未预见用水量	按本表 1 至 2 项之和的 10% 计				1.50	1.50	4.50	
5	合计					16.50	16.50	49.50	

2. 系统竖向分区

系统竖向 1 个分区。

3. 供水方式及给水加压设备

在地下室雨水回用机房内设置 1 套变频调速供水设备供中水用水。

4. 水处理工艺流程图

屋面雨水经收集、处理后贮存于中水水箱内作为中水系统水源，水处理工艺如图 1 所示。

5. 管材

中水给水管采用薄壁不锈钢管 S30408（0Cr18Ni9）。

(四) 排水系统

1. 排水系统型式

(1) 室外采用雨污分流制。室内生活排水污废合流制。

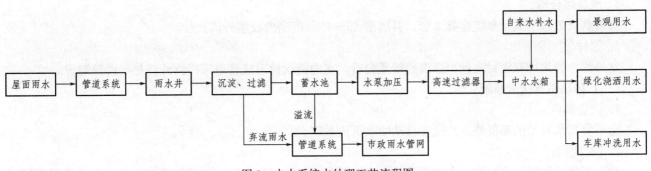

图1 中水系统水处理工艺流程图

（2）地上污水重力排放。地下室卫生间设一体化污水提升设备提升至室外。地下室的设备机房排水、电梯井排水及地面排水均设置集水井和潜污泵提升排出。

（3）屋面雨水排水系统采用虹吸雨水排水系统，屋面虹吸雨水排水系统及设计重现期取 100 年。平台、露台雨水采用重力流排水系统，设计重现期取 50 年。

2. 透气管的设置方式

卫生间按规范要求设置专用通气管、伸顶通气管和环形通气管。

3. 局部污水处理设施

厨房含油污水经设于地下室的一体化隔油处理设备预处理后排入市政污水管道。本项目位于城市污水处理厂处理范围内，故不设置化粪池。

4. 管材及检查井

室内生活排水立管采用机制离心铸铁排水管；压力排水管采用内外涂塑钢管；冷凝水排水管采用镀锌钢管；屋面雨水管采用 HDPE 虹吸专用排水管；平台、露台雨水管采用 PVC-U 排水管。室外排水管采用中空缠绕 HDPE 管。

二、消防系统

（一）消防水池、消防水泵房及高位消防水箱

本项目与相邻的奥帆多功能厅共用消防水池、消防水泵房和高位消防水箱。

在地下一层设置消防水泵房和消防水池。消防水池有效容积按本项目或奥帆多功能厅一次火灾消防用水量最大值计，取 468m³。消防水池的水位在冻土线以下，与土接触的消防水池的内侧采取保暖措施，消防水泵房内设置暖气片供暖，保证室内温度不低于 5℃。在本项目天面层设高位消防水箱，有效容积为 18m³。高位消防水箱间设置暖气片供暖，保证室内温度不低于 5℃。

（二）消火栓系统

1. 消火栓系统用水量

室外消火栓系统用水量为 40L/s，室内消火栓系统用水量为 20L/s，火灾延续时间为 2h。

2. 室外消火栓系统

在本建筑四周市政给水管网上（5～150m 范围内）已有室外消火栓 4 套，在本工程 2 路进水总水表后分别增设 1 个室外消火栓，可满足本建筑室外消防用水要求。

3. 室内消火栓系统

地下一层消防水泵房内设置全自动室内消火栓系统供水设备，其中主泵 2 台（1 用 1 备），单台性能参数为：$Q=20L/s$，$H=75m$，$N=22kW$；稳压泵 2 台（1 用 1 备），单台性能参数为：$Q=1.0L/s$，$H=83m$，$N=2.2kW$；立式隔膜式气压罐：$\phi1000\times2806$，1 个。室内消火栓系统管网呈环状布置，竖向 1 个分区。

4. 水泵接合器

室外共设置地下式水泵接合器 2 套，其周围 15～40m 范围内设室外消火栓。

5. 管材

室外给水管采用双密封钢丝增强聚乙烯复合管。室内消火栓系统管道采用内外壁热浸镀锌钢管。

(三) 自动喷水灭火系统

1. 设置部位

除不宜用水补救的部位外，均设置自动喷水灭火系统。

2. 设计参数

地下车库采用预作用泡沫—水喷淋系统；地下其余部位采用预作用—水喷淋系统；地上部位均采用湿式自动喷水灭火系统。

车库喷水强度为 $6.5L/(min \cdot m^2)$，系统作用面积为 $465m^2$，设计流量为 90L/s；非仓库类高大净空场所（净空 8～12m），喷水强度为 $6L/(min \cdot m^2)$，系统作用面积为 $260m^2$，设计流量为 33.8L/s。其余场所按中危险级 I 级设计，喷水强度为 $6L/(min \cdot m^2)$，系统作用面积为 $160m^2$，设计流量为 20.8L/s。

3. 系统设置及竖向分区

地下一层集中消防水泵房内设置室内自动喷水灭火系统供水设备，其中主泵 3 台（2 用 1 备），单台性能参数为：$Q=50L/s$，$H=104m$，$N=75kW$；稳压泵 2 台（1 用 1 备），单台性能参数为：$Q=1.2L/s$，$H=114m$，$N=5.5kW$；立式隔膜气压罐 SQL1000×2806 1 个。本建筑室内自动喷水灭火系统供水经泵后可调式减压阀减压后供给，竖向 1 个分区。按每个预作用报警阀或湿式报警阀控制的喷头数不超过 800 个设置报警阀，共设置 4 套预作用报警阀和 4 套湿式报警阀。报警阀前管网为环状管网。

4. 水泵接合器

室外共设置地下式水泵接合器 6 套，其周围 15～40m 范围内设室外消火栓。

5. 喷头选用

所有喷头采用快速响应喷头，喷头玻璃球直径为 3mm。车库及无吊顶的部位采用公称动作温度 68℃ 的玻璃球直立型喷头，吊顶下采用 68℃ 隐蔽型喷头，吊顶内（高度超过 80cm 内有可燃物时，加设上喷喷头）用 79℃ 的玻璃球直立型喷头，净空高度 8～12m 的场所采用流量系数 $K=115$ 的喷头，其余场所采用流量系数 $K=80$ 的喷头。厨房选用动作温度 93℃ 的直立型喷头，厨房排油烟管道内每隔 3m 需安装动作温度 260℃ 的直立型喷头，流量系数 $K=80$。

6. 管材

自动喷水灭火系统管道采用热浸镀锌加厚钢管。

(四) 气体灭火系统

变电所、配电房、UPS 间等不宜用水扑救的部位等设置七氟丙烷气体灭火系统，采用固定柜式灭火系统。弱电机房的设计浓度为 8%，其余防护区的设计浓度为 9%。系统的控制同时具有自动控制、手动控制和机械应急操作 3 种控制方式。

(五) 大空间智能型主动喷水灭火系统

1. 设置部位

迎宾大厅净空高度大于 12m 的部位，设置大空间智能型主动喷水灭火系统，系统选用智能型高空水炮灭火装置。

2. 设计参数

迎宾大厅设置 4 套高空水炮，单个水炮的设计流量为 5L/s，保护半径为 35m，最不利点水炮的工作压力不小于 0.60MPa。系统按最不利迎宾大厅启动 4 套高空水炮设计，考虑其中 3 套高空水炮同时作用，系统设计流量为 15L/s，灭火持续时间为 1h。

3. 加压设备

地下一层集中消防泵房内设置大空间智能型主动喷水灭火系统主泵 2 台（1 用 1 备），单台性能参数为：$Q=30L/s$，$H=110m$，$N=55kW$（按奥帆多功能厅大空间智能型主动喷水灭火系统流量为 30L/s 考虑）。

4. 系统控制

系统由智能高空水炮装置、电磁阀、水流指示器、信号闸阀、末端试水装置和 ZSD 红外线探测组件等组成，全天候自动监视保护范围内的一切火情。发生火灾后，ZSD 红外线探测组件向消防控制中心的火灾报警控制器发出火警信号，启动声光报警装置报警，报告发生火灾的准确位置，并将灭火装置对准火源，打开电磁阀，喷水扑灭火灾。火灾扑灭后，系统可以自动关闭电磁阀停止喷水。系统同时具手动控制、自动控制和应急操作功能。

（六）灭火器配置

车库部分按中危险级配置灭火器，其余部位按严重危险级配置灭火器。主要火灾种类为 A 类，车库为 B 类，电气设备用房为带电类。灭火器采用磷酸铵盐干粉手提式灭火器。

三、工程特点介绍

（一）室内给水排水设计

1. 生活给水系统

生活给水系统设计以节能、节水、节地为目的，同时考虑重要活动期间供水可靠性。本项目国际峰会和日常运营的生活用水量相差较大，且国际峰会对供水保障要求较高。为了最大限度保障国际峰会期间用水安全和质量，从不同方向市政给水管引入 2 路给水管作为本项目生活用水水源，国际峰会期间除地下设备用房用水由市政直供外，其余生活用水由变频恒压调速供水设备供水，生活水箱有效容积不小于最高日一日用水量。在生活水泵房内预留转换接口，日常运营时生活给水系统可灵活改由市政直供，充分利用市政供水压力，节省运营管理方的成本。卫生洁具均采用节水卫生洁具，水压大于 0.20MPa 的用水点均设减压阀减压。给水系统设置 3 级水表进行计量。

2. 饮用水及热水系统

本建筑类型为会议中心，其运营特点为间歇性使用，且两次使用间隔不等。按建筑运营特点，在茶水间、服务间内设带水处理功能的饮水机供应直饮水，卫生间每个洗手盆单独设置即热式电热水器供应热水，降低饮用水及热水系统的日常运营成本和管理难度。

3. 生活排水系统

本项目设计定位为国际级会议中心，且用作国际峰会主会场，对室内空间的环境要求较高。服务间、茶水间、空调机房内的地漏均采用可启闭式地漏，地漏平时关闭，使用时开启，以避免地漏存水弯干涸造成室外臭气通过管道进入室内污染室内环境。所有卫生器具、地漏、存水弯的水封深度均不小于 50mm。生活排水系统按规范设置通气管，地下室污水提升设备及厨房隔油设备均设专用通气管通气，污水提升间及隔油器间内均设排风设施，改善排水管道水力条件和室内空气环境。所有排水立管、横管及屋面虹吸雨水悬吊管均避免敷设于室内主要空间内，避免日后管道老化渗漏造成室内环境污染。

4. 雨水排水系统

本工程屋面为大型 2 层斜屋面，底层为钢筋混凝土结构，面层为造型穿孔板，面层考虑美观，故开洞位置有所限制。项目离海边较近，易受暴风雨影响，屋面为分段放坡斜屋面，雨水排水具有汇水时间短、瞬时流量大的特点，且屋面无法设置安全溢流口。

设计中对屋面结构图纸、屋面造型模型进行详细分析探讨，并与建筑专业紧密配合，制订屋面开孔率及截流沟位置方案，既满足美观又及时排放雨水。结合屋面排水特点及计算分析，屋面雨水排水采用虹吸雨水排水系统，设计重现期取 100 年，在屋面按坡度在变坡度处分段设置雨水截流沟及排水系统，确保屋面雨水能高效、迅速地进行排放。为保证冬季屋面排水设施能正常运作，排水天沟及雨水斗均设融雪系统。

（二）室外给水排水设计

1. 室外排水系统

由于本工程纳入市政污水处理厂处理范围内，本项目不设化粪池，生活污水直接排至市政污水管网并最终排入市政污水处理厂进行处理，同时也降低了工程造价及缩短了工期。厨房含油污水经隔油预处理后排至室外污水管网。

2. 响应海绵城市的发展策略，充分应用低影响开发技术

与景观专业密切配合，采用下沉式绿地、雨水蓄水池及雨水回用系统等施工工期较短、造价较低的低影响开发措施，降雨时通过"滞、渗、净、蓄、用、排"等措施实现吸水、蓄水、渗水、净水，用水时将回收雨水处理并加以利用。既美化了项目与周边的环境，降低了本项目雨水峰值流量对城市雨水管网的冲击负荷，也净化了雨水水质，缓解城市内涝。

（三）消防给水设计

消防系统按安全可靠、技术先进、经济适用的原则进行设计。室外消火栓系统利用市政消火栓供给，结合本工程建设及周边环境提升工程对个别市政消火栓位置进行改造。室内消火栓系统及自动喷水灭火系统均采用临时高压消防给水系统。

考虑青岛冬季气温在 0℃之下，地下车库无供暖且面积较大，地下车库选用泡沫-水预作用自动喷水灭火系统，避免冬季管道长期充水冰冻而无法实施灭火或者管道冻裂。地上迎宾大厅（净空大于 12m）采用大空间智能型主动喷水灭火系统。地上其余部位冬季设供暖，采用系统启动较为简单直接的湿式自动喷水灭火系统，普通闭式喷头价格远低于预作用所用的干式下垂型喷头，且对安装空间要求较小，可有效降低工程造价并确保完成后吊顶下的净空高度。

（四）项目设计管理运营成效

1. 本项目涉及的专业及系统多、各方参与部门多、外部接口多，且设计、施工周期短，设计中全过程驻场设计，做到设计与施工配合紧密有序，忙而不乱。在设计过程中每日均做工作日志，记录设计修改、图纸会审、现场巡场等内容，及时跟进现场问题，避免因各种原因造成施工返工。

2. 本工程水系统设计，在诸多工程技术问题上处理得具体到位，特别考虑到项目国际峰会期间和日常运营的区别，考虑更为周全，对高端定位的同类项目有一定的示范和参考价值。

3. 系统设计安全可靠。项目建成后作为 2018 年上海合作组织青岛峰会主会场，获得各方好评。2018 年 6 月 13~14 日青岛遭遇暴雨、狂风并夹带冰雹的极端天气侵袭，市内多处出现严重积水及内涝，本项目雨水排水系统亦正常运作，确保建筑物安全运营。

4. 本项目响应海绵城市的发展策略，结合工程实际情况采用下沉式绿地、雨水蓄水池及雨水收集利用系统等措施，使年径流总量控制率达 75%，既美化了项目与周边的环境，也节约了用水。采用多种节水措施，年节水量约 7716m³，通过设置雨水收集利用系统，非传统水源利用率为 18.64%。

5. 本工程为原有建筑改造与新建建筑结合的工程。在设计中坚持可持续发展原则，在满足建筑改造后定位、功能需求和技术要求的前提下，采取最佳设计方案，精心设计，充分体现以人为本、节能、节水、节材、节地、高效、安全、建筑生态化的设计理念，并最大限度地节约了投资成本，减少了资源浪费。项目提升了片区的形象，使之成为青岛市乃至全国重要的标志性建筑。

四、工程照片及附图

项目外貌

主会议厅

消防水泵房消防供水设备

雨水回用机房

生活水泵房

卫生间洗手盘储热式电热水器

门厅高空水炮

厨房炉灶自动灭火装置

天面雨水沟及发热电缆

天面造型穿孔板

室外绿化景观

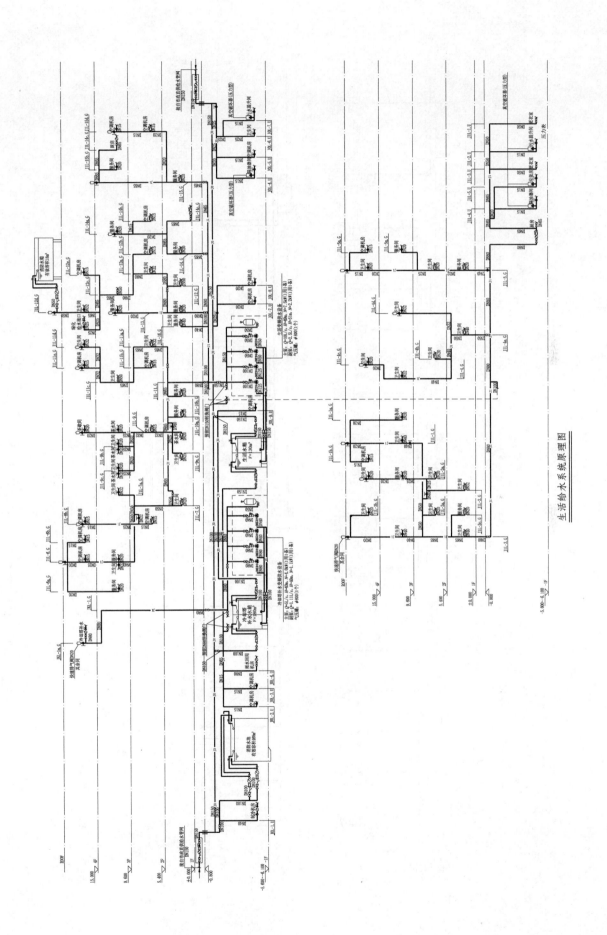

生活给水系统原理图

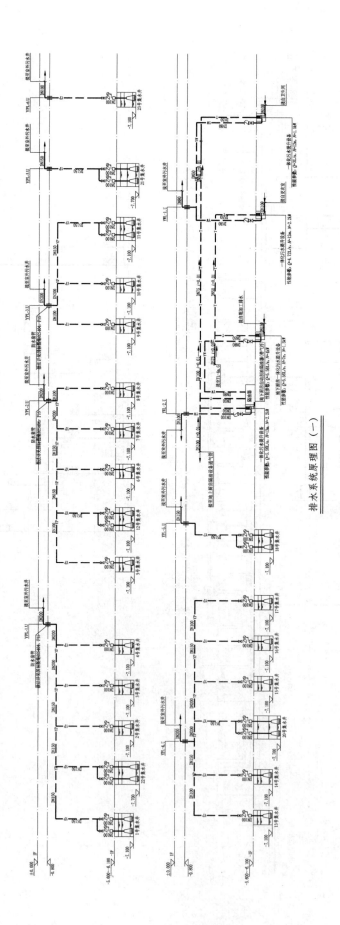

排水系统原理图（一）

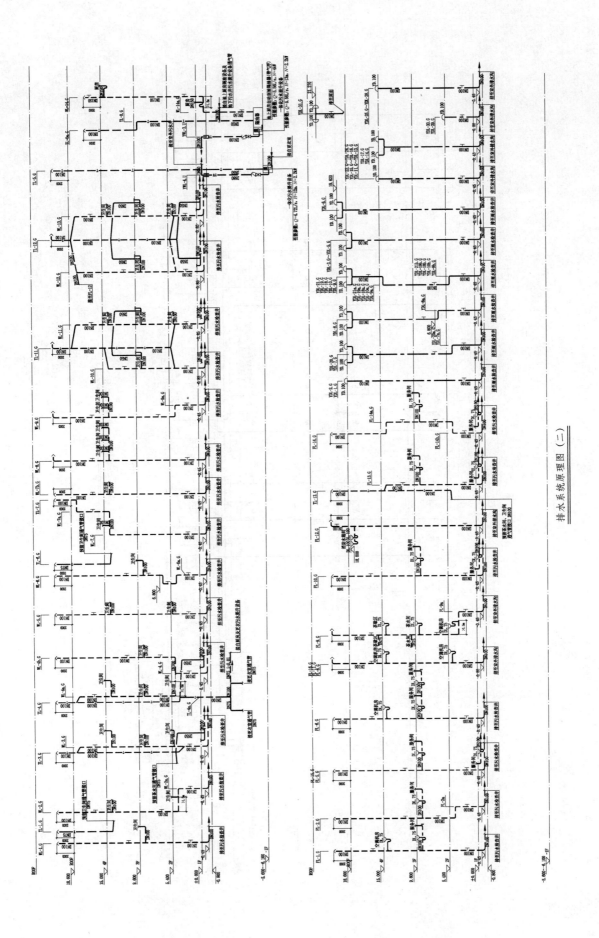

排水系统原理图（二）

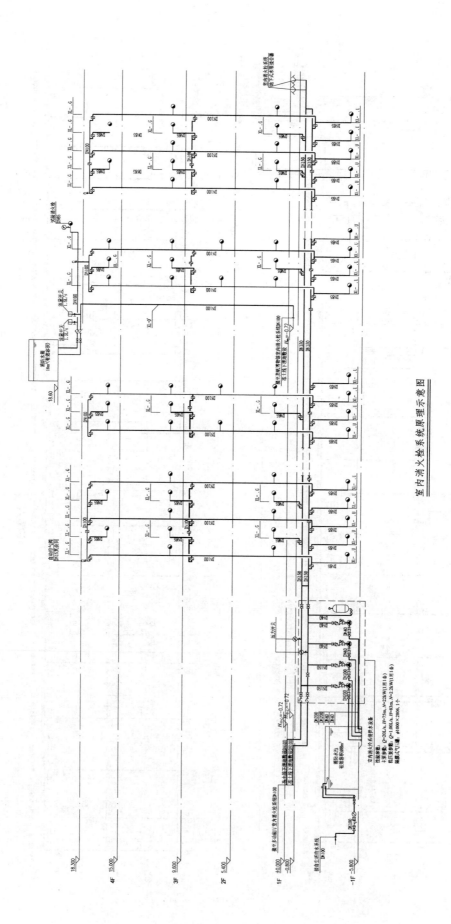

室内消火栓系统原理示意图

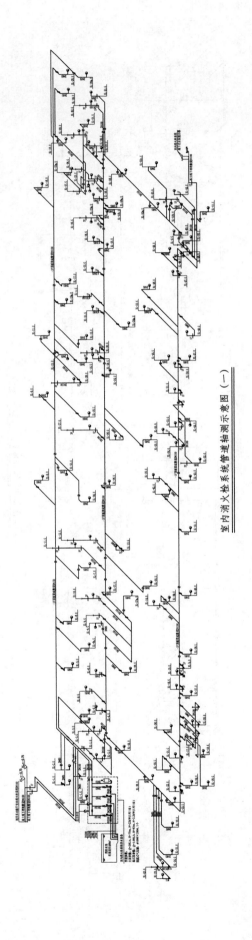

室内消火栓系统管道轴测示意图（一）

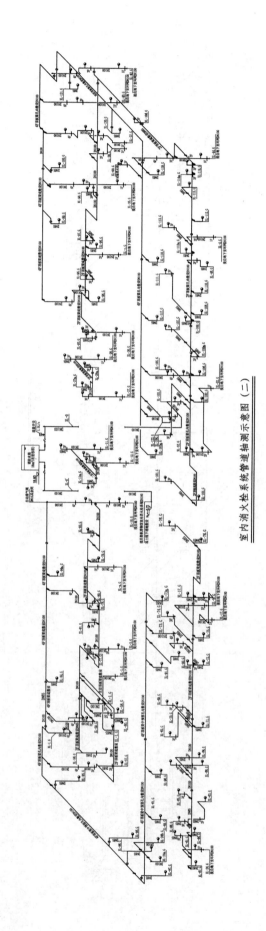

室内消火栓系统管道轴测示意图（二）

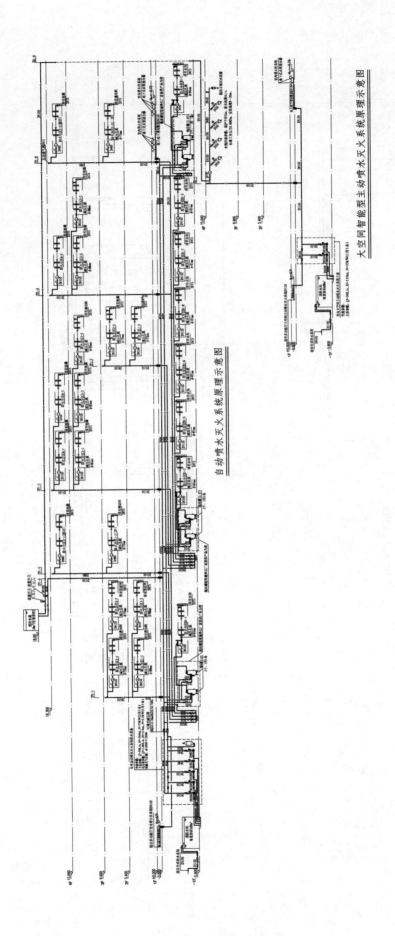

自动喷水灭火系统原理示意图

大空间智能型主动喷水灭火系统原理示意图

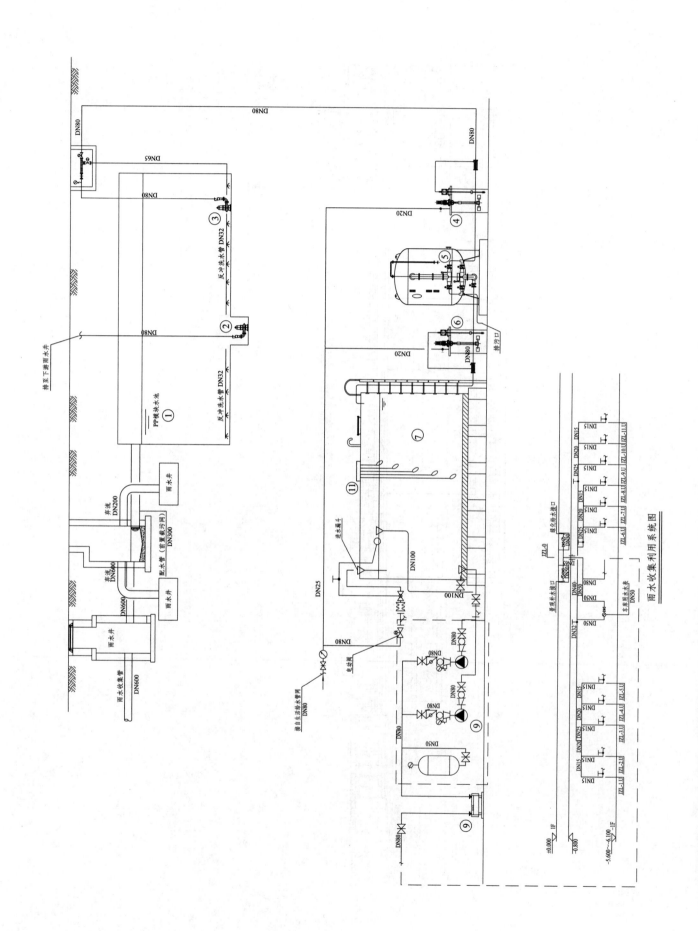

雨水收集利用系统图

东北国际医院

设计单位：中国建筑东北设计研究院有限公司
设 计 人：姜浩　金鹏　曹威　徐大明　王鹤璇　朱婉菁　孙识昊　万芳
获奖情况：公共建筑类　一等奖

工程概况：

本项目为沈阳中一东北国际医院改造及新建项目，建设地点位于沈阳市浑南新区天赐街。本项目地块用地北邻南堤中路，南北长约166m，西侧为道路宽度为45m的五爱隧道出口，基地总用地面积4.5hm²，在原有22万m²主体结构的基础上改建和新建。

原设计为酒店、办公、宴会厅及地下车库，主体结构现已全部完成。改建后为综合的大型医疗院区，医院的定位为配2600张床位的三级综合医院。院区总建筑面积为299200m²，其中地下建筑面积100377m²，地上建筑面积198823m²。本工程属于一类高层公共建筑，共包括7个设计子项。各楼情况见表1。

中一东北国际医院各楼情况表　　　　　　　　　　　　　　　　　　　　表1

序号	建筑名称	建筑面积(m²)	建筑层数	建筑高度(m)	建筑功能
1	1号楼	45653.4	13层	59.9	体检及住院
2	2号楼	46465	4层	23.75	门诊医技
3	3号楼	83217.1	22层	97.45	住院部
4	4号楼	1078.5	2层	5.6	设备用房
5	5号楼	21118	11层	54.9	产科及儿科
6	6号楼	442.6	1层	5.05	高压氧舱
7	7号楼	100377	地下3层		检验科、设备用房及车库

工程说明：

一、给水排水系统

（一）给水系统

1. 生活给水用水量（见表2）

生活给水用水量　　　　　　　　　　　　　　　　　　　　表2

用水类别	标准	最高日 (m³/d)	最大时 (m³/h)	备注
门诊	15L/人次	207	20.7	13800人次
医务人员	190L/人次	570	114	3000人次
办公	60L/人次	34.8	6.5	579人次

续表

用水类别	标准	最高日 (m³/d)	最大时 (m³/h)	备注
病房	280L/(床·d)	840	80.5	3000 床
餐饮	20L/人次	180	6	3000 人次
洗衣房	60L/kg 干衣	983	147	
空调补水		160	13.3	12h 计
新风加湿		44.8	2.8	16h 计
未预见用水量	10%计	302	39.1	
冷却水补水	1.5%循环量	457.6	28.6	16h 计
绿化、道路浇洒	2.0L/(m²·d)	30	7.5	15000m²、4h 计
车库地面冲洗	2.0L/(m²·d)	50	12.5	25000m²、4h 计
总计		3860	479	

2. 水源

由浑南区天赐街上引入 $DN150$ 市政给水管至 7 号楼地下三层生活贮水箱内，经生活变频水泵加压，供本工程各单体所需的生活用水。

3. 系统竖向分区

生活给水竖向分 3 个区，每区设 1 套生活水泵，生活水泵由微机变频控制。

水泵房设计参数为：高区（十六层～二十二层），设计流量为 8.90L/s，设计压力为 1.30MPa，试验压力为 1.95MPa；中区（八层～十五层），设计流量为 13.36L/s，设计压力为 1.00MPa，试验压力为 1.50MPa；低区（地下三层～七层），设计流量为 29.40L/s，设计压力为 0.65MPa，试验压力为 0.975MPa。

4. 供水方式及给水加压设备

全院最高日用水量为 3860m³/d，由生活贮水箱和变频生活给水泵联合供水。生活水箱采用食品级 S304 不锈钢水箱，水箱水采用自洁消毒设备消毒处理。水箱总有效容积为 641m³，分为 4 个独立水箱。

生活给水变频泵：

高区 2 台（1 用 1 备）：每台 $Q=11.1$L/s，$H=1.31$MPa，$N=22$kW；

中区 3 台（2 用 1 备）：每台 $Q=9.7$L/s，$H=1.02$MPa，$N=15$kW；

低区 4 台（3 用 1 备）：每台 $Q=13.3$L/s，$H=0.72$MPa，$N=15$kW。

5. 管材

生活给水管干管及立管采用食品级薄壁不锈钢管，卡压式连接。暗敷薄壁不锈钢管采用覆塑不锈钢管，接口处缠防腐胶带。支管采用冷水级 PP-R 管。吊顶内生活给水管道做防结露处理，采用橡塑（防火性能难燃 B1 级）材料，管道防结露厚度为 20mm。

（二）热水系统

1. 热水用水量（见表 3）

热水用水量　　　　　　　　　　　　　　　　　　　　　　　　　表 3

供水范围	耗热量(kJ/h,60℃)
高区（十六层～二十二层）	$117×10^5$
中区（八层～十五层）	$81.7×10^5$
低区（地下一层～七层）	$28.6×10^5$

2. 热源

热源为太阳能和蒸汽锅炉联合供热。热媒为热水（85℃/60℃），由锅炉房（7号楼地下二层）提供。太阳能热水系统设备及集热器设置于2号楼屋面。

3. 系统竖向分区

生活热水系统竖向分区同生活给水。竖向分3个区，高区（十六层～二十二层），中区（八层～十五层），低区（地下一层～七层）。

4. 热交换器

在7号楼地下二层设换热站，热媒为热水（85℃/60℃），设管壳式换热器（高、中、低区各2台），换成各区所需热水，贮存于贮水罐中（高区2台、中区3台、低区4台），供各处使用。

高区换热器 $117×10^5$ kJ/h，60℃，高区储热水罐 $10m^3$/台。

中区换热器 $81.7×10^5$ kJ/h，60℃，中区储热水罐 $15m^3$/台。

低区换热器 $117×10^5$ kJ/h，60℃，低区储热水罐 $15m^3$/台。

5. 冷、热水压力平衡措施及热水温度保证措施等

本工程的手术室、公共卫生间、淋浴间、病房卫生间、诊室、厨房、洗衣房等处供给生活热水。出水点处采用冷热混水阀，根据各处水温要求设置相应的出水水温。手术室集中刷手池的水龙头采用恒温供水，设置温控阀且温度可调，供水温度设置在30～35℃。洗婴池采用恒温供水，设置温控阀且温度可调，供水温度设置在35～40℃。整个热水系统采用上行下给同程式全循环系统，采用机械循环，设置循环水泵。循环水泵进、出水管上分别设置温度控制器控制系统水温。

6. 管材

生活热水管干管及立管采用食品级薄壁不锈钢管，卡压式连接。暗敷薄壁不锈钢管采用覆塑不锈钢管，接口处缠防腐胶带。支管采用热水级PP-R管。吊顶内生活热水管道做保温处理，采用橡塑（防火性能难燃B1级）材料，管道保温厚度为30mm。

（三）冷却循环水系统

1. 系统型式

本工程设集中空调，冷却水循环使用。

冷却塔设置于4号楼屋顶，采用方形横流高效节能低噪声冷却塔，2台。补水由冷却水补水泵单独补给，补水泵设于7号楼地下一层消防泵房内，补水储存于地下一层消防水池内。冷却塔夏季冷却水运行温度为32～37℃，冷却塔2台。冷却水循环水泵设置于地下二层直燃机房内，冷却水循环使用，设置综合水处理装置对冷却循环水进行水处理。

2. 系统水量及供水设备

冷却水系统补水量按循环水量的1.5%设计。循环水量为 $1904m^3$/h，补水量为 $28.6m^3$/h。

冷却水循环水泵：

3台（2用1备）：每台 $Q=1033m^3$/h，$H=0.31$MPa，$N=132$kW。

冷却塔补水泵：

2台（1用1备）：每台 $Q=32.5m^3$/h，$H=0.275$MPa，$N=4$kW。

3. 管材

冷却水循环管采用焊接钢管，焊接。

（四）雨水回用系统

1. 雨水水源及回用

3号楼屋面雨水排水由管道汇集后排入地下室雨水收集池回用，事故时或雨量较大时排至市政雨水管网。

在雨水总进水管位置，设置分流式三通阀。当屋面雨水水量较小时，雨水注入雨水处理系统。当屋面雨水水量较大时，雨水处理系统进水管上进水阀关闭，三通阀切换到另一出口，将多余雨水排至室外雨水井。回收的雨水经水处理系统处理后回用于地下车库冲洗等。

2. 处理水量

回用的雨水主要用于地下车库地面的冲洗，车库冲洗用水量为 $132m^3/d$。考虑一定的处理后中水贮存能力，取雨水回用处理系统日处理水量为两天的车库冲洗用水量，即为 $264m^3/d$。雨水回用处理系统按照全天 24h 连续运行设计，则平均小时处理能力为 $11m^3/h$。

3. 设施基本参数（见表4）

雨水处理设施基本参数 表4

处理构筑物	有效容积(m^3)	水力停留时间(h)
弃流池	74	7
原水调节池	267	24
沉淀反应池	22	2
中水回用池	267	24
污泥池	46	56

4. 供水方式及给水加压设备

由加压水泵供给车库冲洗等所需中水。

雨水回用供水水泵：

2台（1用1备）：每台 $Q=25m^3/h$，$H=0.22MPa$，$N=4kW$。

5. 水处理工艺流程（见图1）

6. 管材

雨水回用给水干管及立管采用食品级薄壁不锈钢管，卡压式连接。暗敷薄壁不锈钢管采用覆塑不锈钢管，接口处缠防腐胶带。支管采用冷水级 PP-R 管。

（五）生活排水系统

1. 排水系统的型式

生活排水系统采用污废合流制。底层单独排放，高层为一个系统。

2. 透气管的设置方式

病房区域采用专用通气管，其他区域采用伸顶通气管和环形通气管相结合。

3. 局部污水处理设施

（1）厨房含油废水经隔油设备处理后排出。

（2）锅炉房、供应中心排水单独收集排至降温池处理后排出。

（3）牙科废水单独收集处理后排出。

（4）感染科门诊污水单独收集，排至地下室感染门诊污水处理站处理后排出。

（5）ECT区域、PET区域、核素病房区域含放射性的排水单独收集至衰变池处理后排放。

（6）污水经室外化粪池处理后，进入医院污水处理站处理，达到国家医疗机构水污染物排放标准后排入市政污水管网。

4. 管材

排水管、通气管采用柔性接口机制排水铸铁管，橡胶圈不锈钢卡子接口，排出管采用橡胶圈法兰接口。

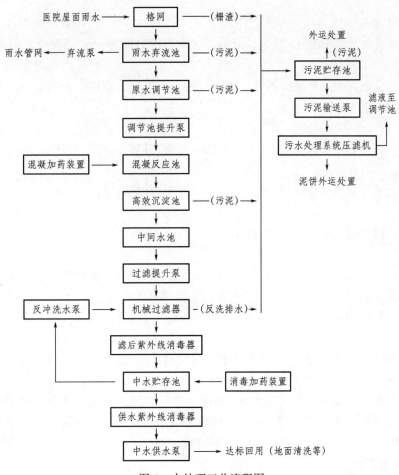

图 1　水处理工艺流程图

检验科等具有腐蚀性排水区域采用 HDPE 塑料耐腐蚀性管材，专用连接件连接。排水含有放射性污水的管道，采用机制含铅的铸铁管道，且做防护处理。吊顶内排水管道做防结露处理，采用橡塑（防火性能难燃 B1级）材料，管道防结露厚度为 20mm。

（六）雨水排水系统

1. 雨水排水型式

本院区屋面雨水排水为重力流内排水，屋面设置雨水斗，雨水集中排至室外雨水检查井。场地雨水由雨水口收集后，由场地雨水管道汇合排至市政雨水管道。其中 3 号楼屋面雨水排水由管道汇集后排入地下室雨水收集池回用，事故时直接排至市政雨水管网。

2. 管材

屋面内排水雨水管采用内外热镀锌钢管，沟槽连接。吊顶内雨水排水管道做防结露处理，采用橡塑（防火性能难燃 B1 级）材料，管道防结露厚度为 20mm。

二、消防系统

消防水池及消防水泵房设置于地下一层，供给本工程消防用水。消防水池有效容积为 910m³（与冷却水补水合用），其中贮存消防用水 738m³，设置消防用水不被动用措施。高区消防初期用水 36m³ 贮存于屋顶高位消防水箱，设置于 3 号楼屋顶。低区消防初期用水 36m³ 贮存于屋顶高位消防水箱，设置于 1 号楼屋顶。

(一) 消火栓系统

1. 消火栓系统用水量

室内高区 40L/s，室内低区 40L/s，室外 40L/s，火灾延续时间为 2h，一次火灾用水量为 576m³。

2. 消火栓系统分区

消火栓系统分低区、高区共 2 个区。低区：地下三层～十三层，高区：十四层～二十二层。

3. 消火栓泵及稳压泵参数

低区消火栓泵：

2 台（1 用 1 备）：每台 $Q=40L/s$，$H=1.20MPa$，$N=75kW$。

高区消火栓泵：

2 台（1 用 1 备）：每台 $Q=45L/s$，$H=1.56MPa$，$N=110kW$。

室外消火栓泵：

2 台（1 用 1 备）：每台 $Q=40L/s$，$H=0.35MPa$，$N=30kW$。

室内消火栓稳压泵：

2 台（1 用 1 备）：每台 $Q=1.1L/s$，$H=0.35MPa$，$N=1.1kW$，配套气压水罐 150L。

室外消火栓稳压泵：

2 台（1 用 1 备）：每台 $Q=1.1L/s$，$H=0.35MPa$，$N=1.1kW$，配套气压水罐 150L。

4. 消火栓水泵接合器

整体考虑，于各单体室外共设置 10 组地下式水泵接合器，接入地下消火栓环状管网。

5. 管材

消火栓系统低区系统的二层～十三层采用热浸锌镀锌钢管，低区系统的地下三层～一层采用热浸镀锌加厚钢管或热浸镀锌无缝钢管。高区系统的十四层～机房层采用热浸锌镀锌钢管，高区系统的地下一层～十三层采用热浸镀锌无缝钢管。采用沟槽连接件连接，阀门采用蝶阀。

(二) 自动喷水灭火系统

1. 自动喷水灭火系统用水量

室内高区 40L/s，室内低区 45L/s，火灾延续时间为 1h，一次火灾用水量为 162m³。

2. 自动喷水灭火系统分区

自动喷水灭火系统分低区、高区共 2 个区。低区：地下三层～十三层，高区：十四层～二十二层。

3. 自动喷水灭火系统水泵及稳压水泵参数

低区喷淋泵：

2 台（1 用 1 备）：每台 $Q=45L/s$，$H=1.25MPa$，$N=90kW$。

高区喷淋泵：

2 台（1 用 1 备）：每台 $Q=45L/s$，$H=1.56MPa$，$N=110kW$。

喷淋稳压泵：

2 台（1 用 1 备）：每台 $Q=1.1L/s$，$H=0.35MPa$，$N=1.1kW$，配套气压水罐 150L。

4. 自动喷水灭火系统喷头选型

非高温无吊顶房间采用直立式喷头，喷头距顶 100mm。有吊顶房间采用下垂式。厨房烹饪间、锅炉房、直燃机房、换热站等高温房间的喷头采用 93℃级，其他区域喷头采用 68℃级。喷头采用玻璃球闭式喷头，除地下室车库、设备用房外，喷头采用快速响应式，手术部洁净和清洁走廊采用隐蔽型喷头。

5. 自动喷水灭火系统报警阀

低区于地下室设置报警阀组，高区于 3 号楼十三层设置报警阀组。每个报警阀所带喷头数控制在 800 个以内，每个防火分区设信号阀、水流指示器、检修阀门、试水阀，并于每个报警阀供水最不利点处设末端试水装置。

6. 自动喷水灭火系统水泵接合器

整体考虑，于各单体室外共设置12组地下式水泵接合器，共设4处，每处3组。

7. 自动喷水灭火系统管材

自动喷水灭火系统低区系统的二层～十三层采用热浸锌镀锌钢管，低区系统的地下三层～一层采用热浸镀锌加厚钢管或热浸镀锌无缝钢管。高区系统的十四层～机房层采用热浸锌镀锌钢管，高区系统的地下一层～十三层采用热浸镀锌无缝钢管。管径小于或等于$DN50$采用螺纹连接，管径大于$DN50$采用沟槽连接件连接，阀门采用明杆闸阀。

(三) 气体灭火系统

本工程变电所、开闭站、直线加速器房间、PET/CT机房、E-CT机房、CT房间、DR房间、病案室、计算机机房、UPS房间等采用七氟丙烷无管网气体灭火系统。其设计参数见表5。

七氟丙烷气体灭火系统设计参数　　　　　　　　　　　　　　表5

设置场所	设计浓度(%)	设计喷射时间(s)	灭火浸渍时间(min)
变电所、开闭站、UPS	9	不大于10	5
计算机机房	8	不大于8	5
病案室	10	不大于10	20
其他	8	不大于8	5

(四) 自动跟踪定位射流灭火系统

本工程中庭等上空净空高度大于12m，不宜采用自动喷水灭火系统，采用自动跟踪定位射流灭火系统。其与自动喷水灭火系统合用喷洒水泵，消防水箱及水泵接合器等。每个设备流量为5L/s，保护半径为30m。按照保护区内任意一点有两个设备同时保护设计。

(五) 灭火器配置

本工程配置手提式灭火器，采用磷酸铵盐（ABC类）干粉灭火器。其中门诊及医疗部分按严重危险级配置，采用5kg装，其他按中危险级配置，地下车库采用4kg装，设备用房采用3kg装。车库出入口、配电间、直线加速器等房间增设推车式灭火器20kg装。

三、工程特点介绍

(一) 设计难度

本工程为改造工程。原建筑设计为酒店、办公、宴会厅及地下车库，主体结构已全部完成，改建后为综合的大型医疗院区。

原设计依据老版规范，其消防水池设置于地下三层，现依据最新版规范要求，消防水池需要设置于地下一层。对于给水排水专业来说，新消防水池的位置选择提出了挑战，既要满足消防储水量和消防车取水口设置等要求，又要兼顾结构专业加固设计的合理性，还要兼顾建筑平面布局对既有墙体等有效的利用。本工程各专业经过多轮论证，最终确定消防水池的最佳位置。

由于原建筑的主体已经完成，改造设计时，给水排水各设备用房的位置选择以及各管道在原有墙体和楼板等处开洞等，均需要与结构专业密切配合，逐项核对。加大了给水排水设计的复杂性。

由于医疗建筑的特殊性，很多房间及区域不能有任何排水管道通过，而建筑平面布局又不能完全调整错开。以往的新建医疗建筑，可以通过局部降板，采取同层排水的措施解决。本工程各专业经过多种方案比较，最终确定采取局部加设二层夹板的方式，实现同层排水。二层夹板上方设检修人孔方便检修，内部设排水地漏排除事故积水。

（二）节水

本设计制订水资源利用方案，统筹利用各种水资源。分区供水，合理设计供水压力，用水点供水压力不大于 0.20MPa，避免供水压力持续高压或压力骤变，保证使用舒适的情况下，节省出流量。

采用节水系统、节水器具及设备，冷却水循环使用。卫生间采用高效节水型坐便器。公共浴室采用单管恒温供水配合脚踏阀淋浴器。洗手盆采用陶瓷芯水龙头等，公共区域感应出水龙头。水箱浮球阀用液位控制阀替代，克服了传统产品开关不灵、跑水漏水的现象，减少了溢流，节水效果十分显著。绿化灌溉采用节水灌溉方式，设置土壤湿度感应器、雨天关闭装置等节水控制措施。

（三）节能

设置太阳能热水系统，屋面设太阳能集热器，地下室设太阳能设备房。设雨水回用系统，地下室设雨水收集水池，经水处理系统处理后用于绿化、洗车、冲洗道路等。生活给水安装分级计量水表，按使用用途，对厨房、绿化、空调系统、景观等用水分别设置用水计量装置。分区供水，提高用水效率。根据系统的运行特点和设备的节约特性，合理地选择设备，节能效果十分突出。

（四）环保

生活水箱采用食品级 304 不锈钢水箱，水箱水采用水处理机消毒，提高水质。采用绿色环保管材，安装检修方便，较少泄漏。

生活水箱、消防水池、消防水箱等的排水管道采用间接排水，这样很好地隔绝了污染源。排水管道采用静音排水管材，并设置环形通气管，减少噪声的产生，并在办公室、诊室等区域对排水管道采用吸声棉包缠，且采用吸声降噪式吊顶，为医务人员以及患者提供舒适的工作和就医环境。

地下一层 ECT 区域、PET 区域、核素病房区域含放射性的排水单独收集至衰变池处理后排放。排含有放射性污水的管道，采用机制含铅的铸铁管道，且排水管道做防护处理。感染科门诊污水单独收集，排至地下室感染门诊污水处理站。厨房含油废水经隔油处理后排出。锅炉房、供应中心排水单独收集排至降温池处理后排出。牙科废水单独收集处理后排出。污水经化粪池处理后排入医院污水处理站，处理达标后排入市政污水管网。

（五）以人为本，给病人提供安静舒适的场所

给水系统适当减少流速，提高供水使用舒适度，减小噪声。冷却塔采用低噪声高效冷却塔，减小噪声。设集中生活热水系统，由燃气炉和太阳能联合供热，保证热源。

（六）绿色建筑

选用的阀门、设备等密闭性能良好，选用的管材、管件耐腐蚀、耐久性能良好。减小给水压力，用水点出水压力不大于 0.20MPa，保证使用舒适的情况下，节省出流量。

入户总管道设置水表计量，另外换热站、生活水泵房、消防水泵房、厨房、空调冷却水循环系统、景观等系统分别设置水表计量。

卫生间采用高效节水型坐便器，公共浴室采用单管恒温供水配合脚踏阀淋浴器，洗手盆采用陶瓷芯水龙头等，公共区域设置感应出水龙头。诊察室、诊断室、检验科、医生办公室、护士室、治疗室、配方室和无菌室等用房内的洗涤池或洗手盆设非手动开关，这样在用水点处避免了污染源和给水系统的直接接触，减小了污染的风险。

空调循环冷却水系统设置了综合水处理器。

医疗类建筑功能复杂，体量庞大，对于给水排水设计更是提出了更多、更严格的要求。本工程采用了相应的节水措施，节能且降低经济成本。采用了相应的防污染以及净化措施，在保护环境以及卫生防疫方面作

用明显。本工程为超大型综合性医院，为病人提供了健康、舒适、安全的给水排水系统设计，为以后相似工程的给水排水设计提供了一定的借鉴作用。

四、工程照片及附图

生活泵房局部

消防泵房局部

本工程鸟瞰图

本工程主视图

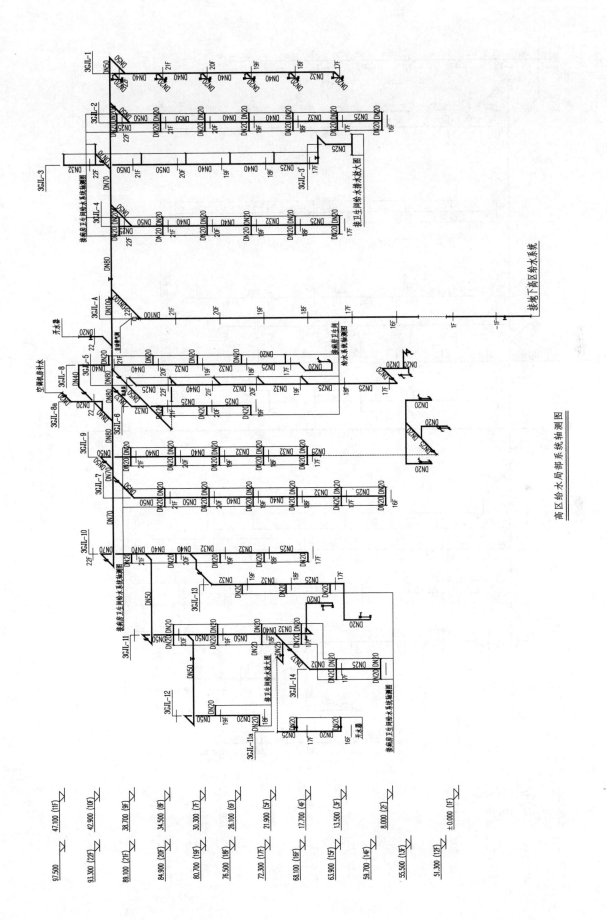

高区给水局部系统轴测图

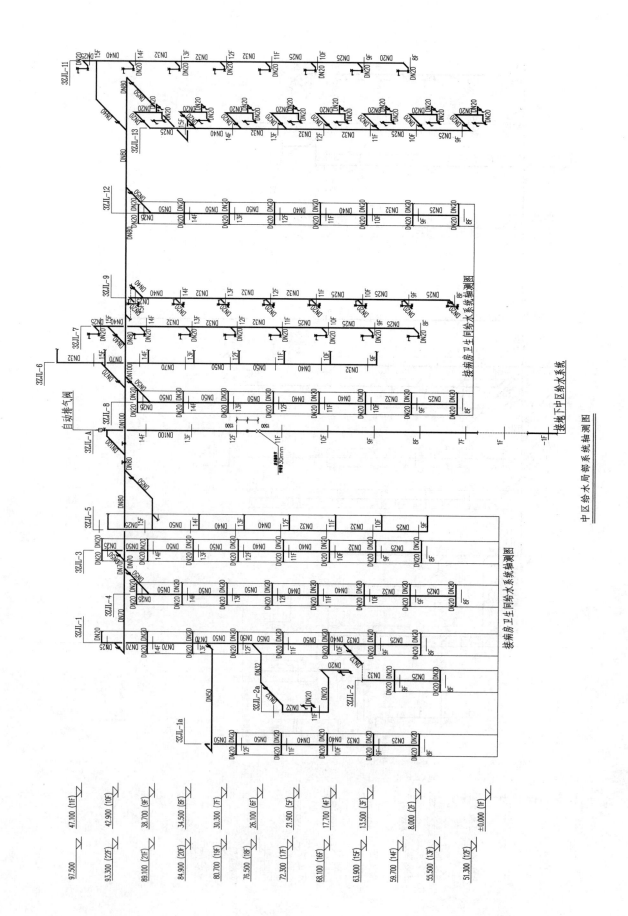

中区给水局部系统轴测图

接蒂房卫生间给水系统轴测图

中区给水系统

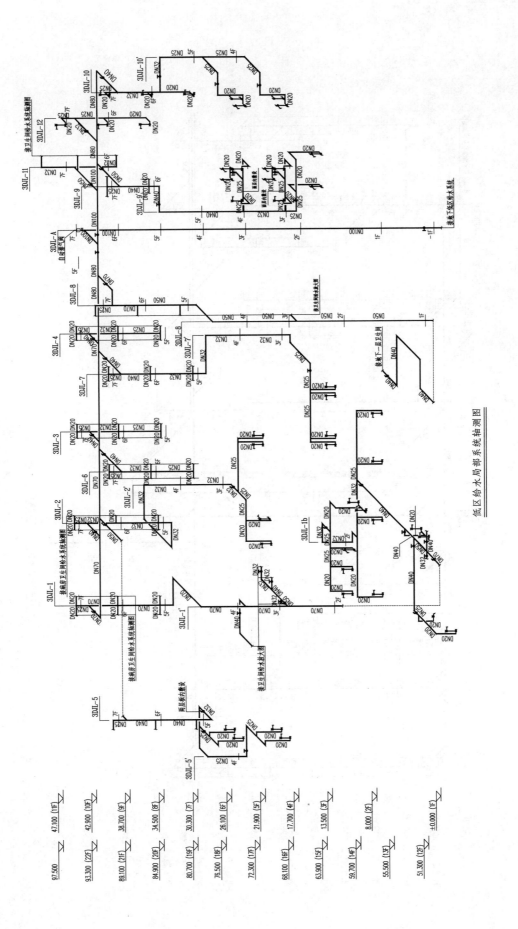

低区给水局部系统轴测图

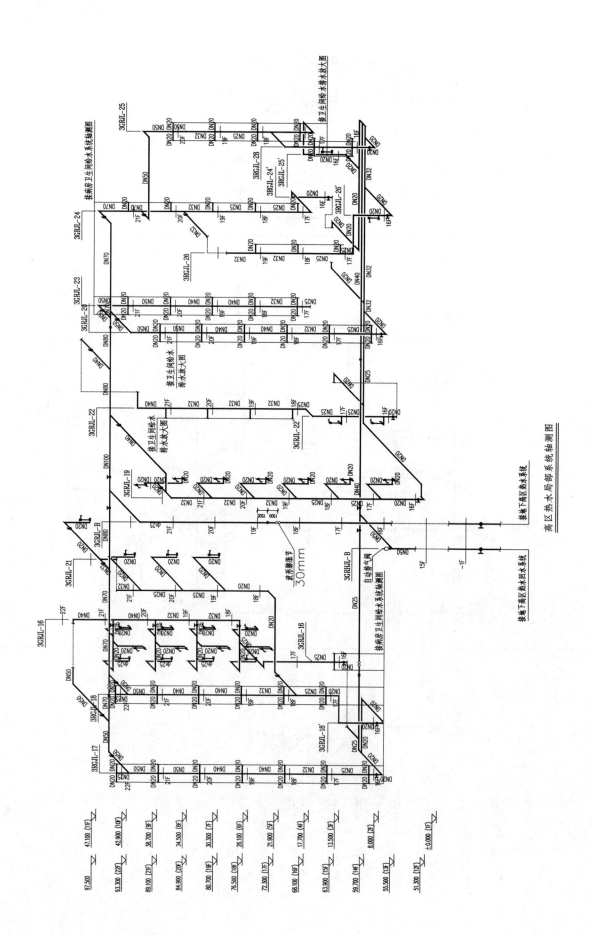

高区热水局部系统轴测图

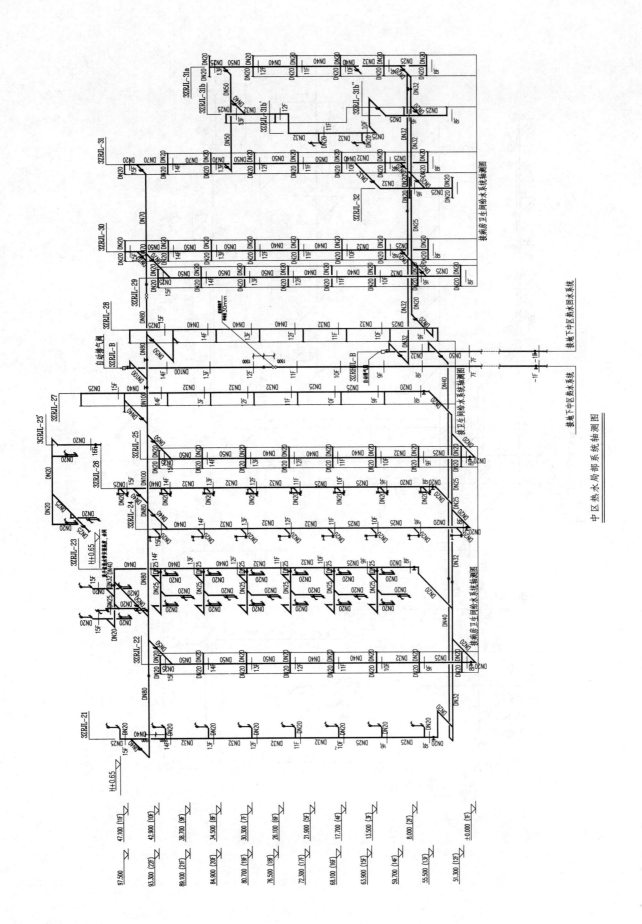

中区热水局部系统轴测图

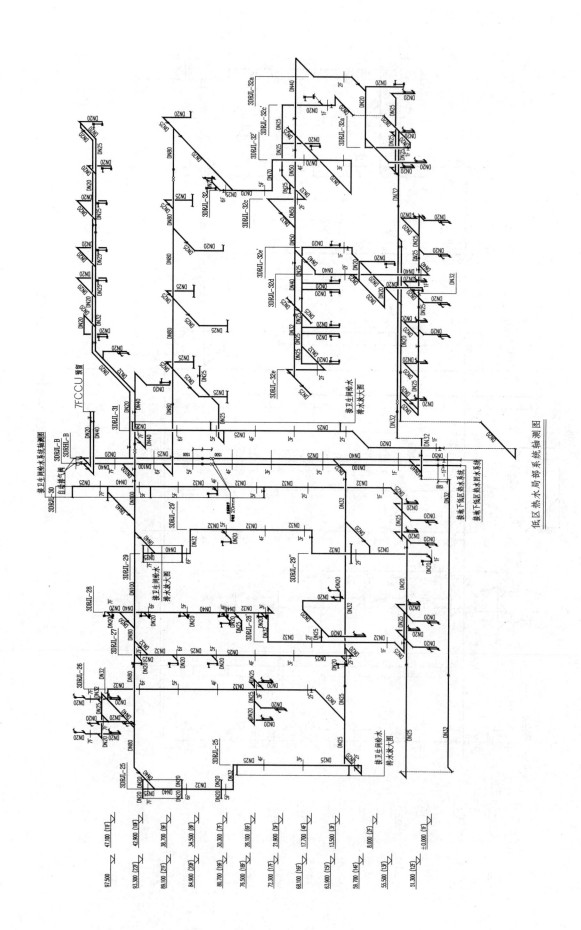

低区热水局部系统轴测图

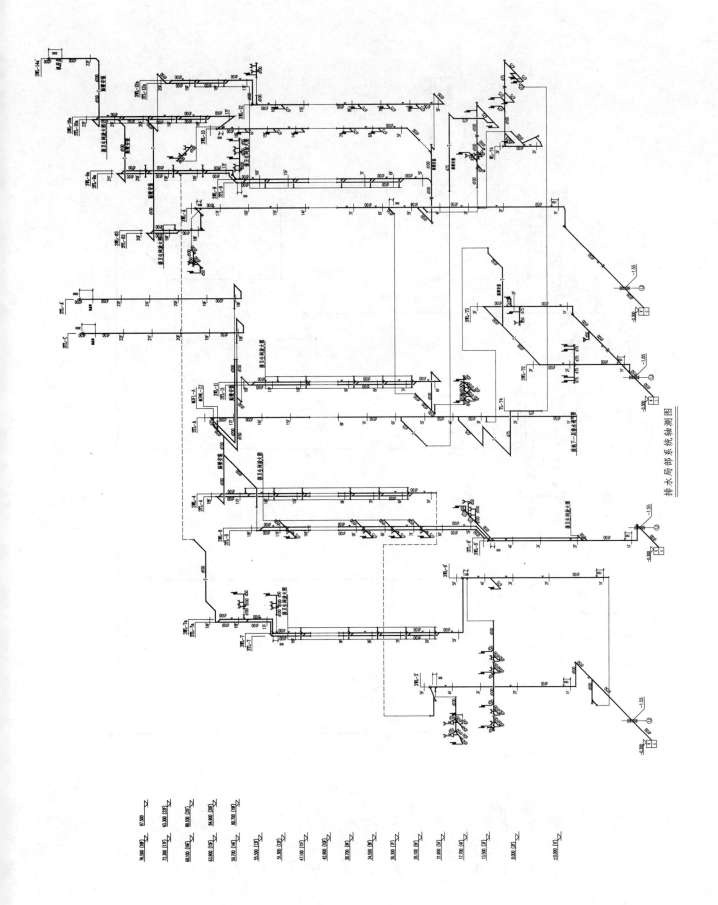

排水局部系统轴测图

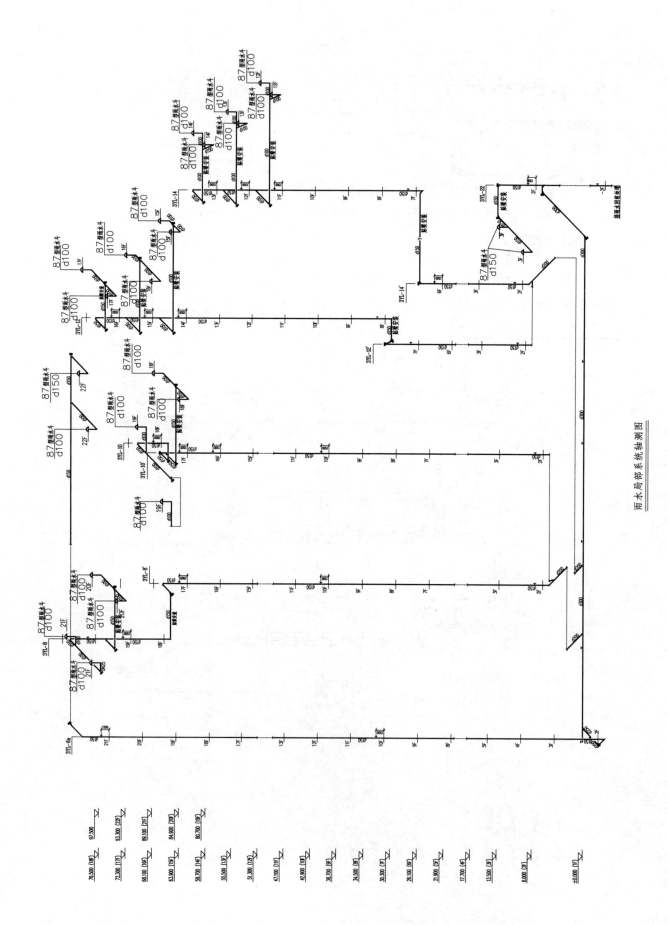

雨水局部系统轴测图

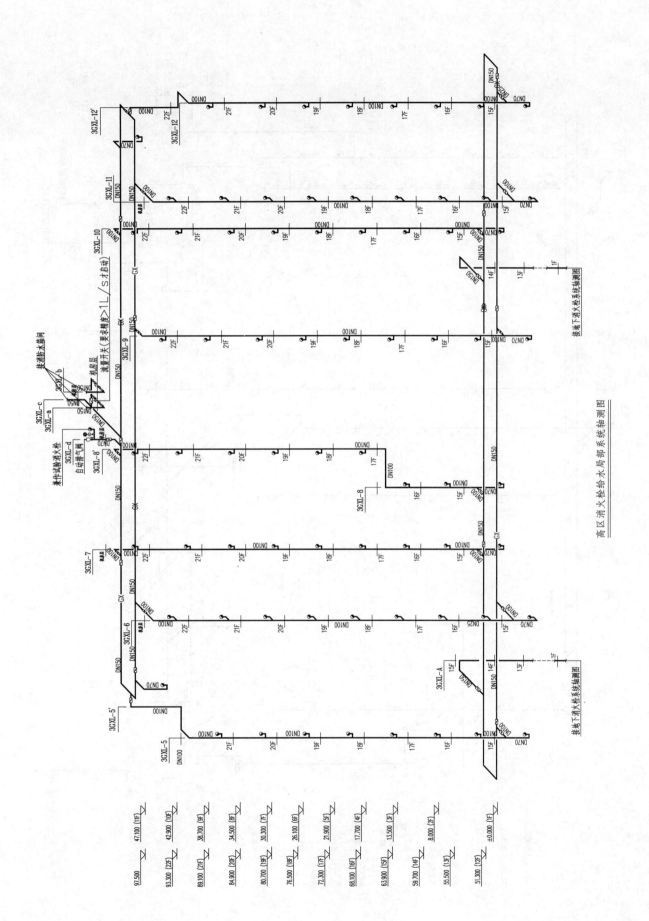

高区消火栓给水局部系统轴测图

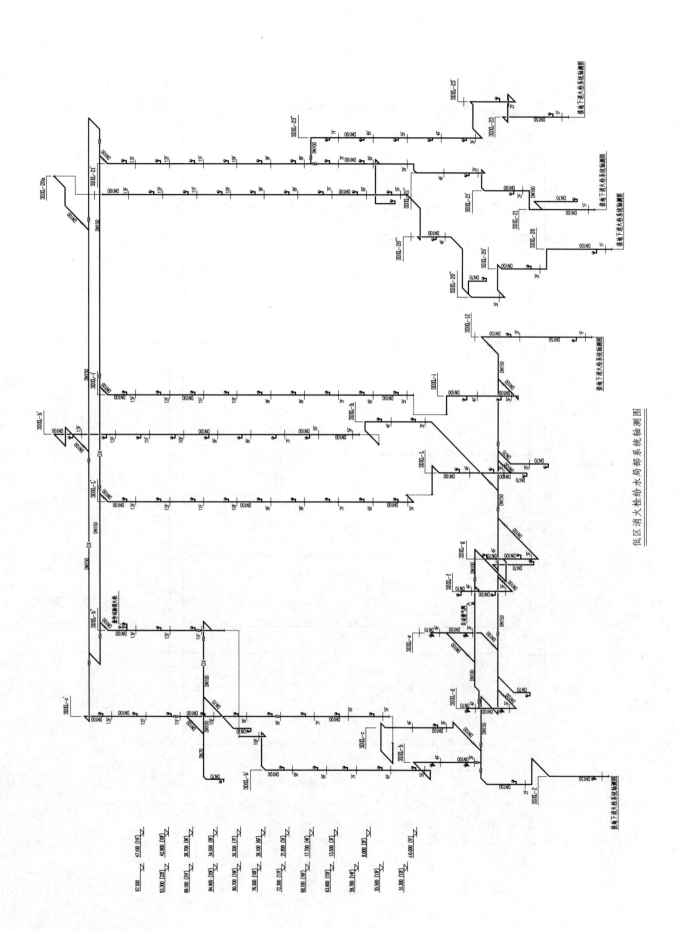

低区消火栓给水局部系统轴测图

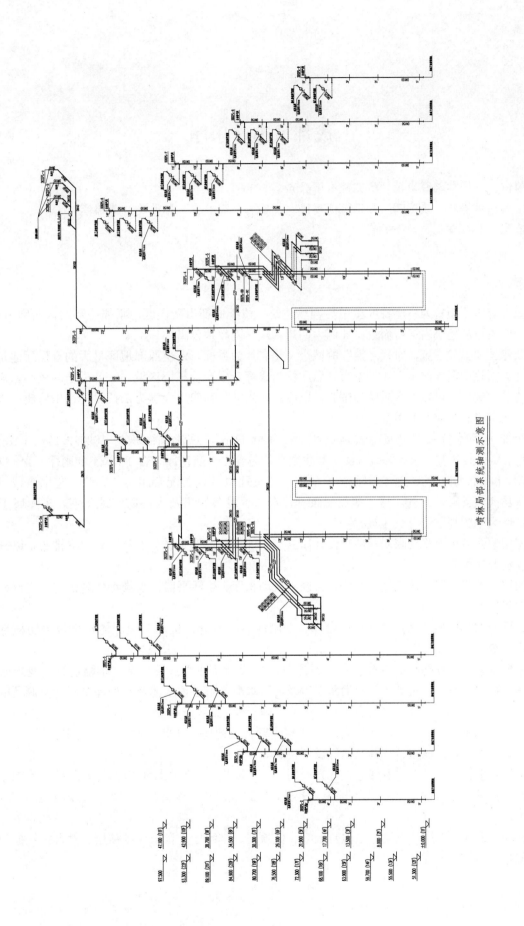

喷淋局部系统轴测示意图

成都城市音乐厅

设计单位： 中国建筑西南设计研究院有限公司
设 计 人： 蒋海波　顾燕燕　孙钢　陈建隆　王铁竹　郭礼宝　陈雁玲　陈锦春
获奖情况： 公共建筑类　一等奖

工程概况：

成都城市音乐厅项目为一座特大型甲等剧场建筑，位于成都市武侯区，紧邻一环路，西侧为规划道路，东侧规划的民主路从建筑内穿行而过；北侧为四川音乐学院教师公寓。

项目以建设"世界一流，时代之巅"的城市文化名片为目标，定位西部地区最大的音乐厅建筑，其规模在全国综合类剧院中名列前茅。成都城市音乐厅作为成都音乐产业核心区域——音乐坊的核心，通过发挥城市音乐厅的带动效应，以城市音乐厅为中心，以四川音乐学院和四川大学为依托，把音乐坊建设成为城市的一张名片，让世界聆听成都的声音。

建筑标准为甲等特大型剧场。占地面积为 20700.11m²，总建筑面积为 102619.27m²，建筑高度为 38.8m，为重要公共建筑，耐火等级一级；其主要功能包含 4 个演艺厅（含 1600 座歌剧厅、1400 座音乐厅、400 座戏剧厅和 336 座小型室内音乐厅）、4 个大型排练厅以及相关配套用房、办公、艺术培训、艺术展示等；地下室功能包含舞台工艺用房、演员化妆、停车库、设备用房及人民防空地下室，车库属于Ⅰ类汽车库。建筑定性为一类高层综合性建筑。

受异型用地及城市道路的限制，项目设计以共享空间为核心交通体，4 个厅室上下排布，以减少交通面积，满足规模及功能要求。

地下四层、地下三层：歌剧厅的主舞台台仓、机动车库、生活泵房、水景水处理机房、空调机房、通风机房、排烟机房等；

地下二层：歌剧厅的主舞台台仓、芭台库、戏剧厅舞台台仓、机动车库、舞台机械控制柜室、通风机房、排烟机房等；

地下一层及夹层：歌剧厅的主舞台台仓及布景库、戏剧厅的舞台及坐席、小剧场舞台及坐席、演员化妆、展示区、物管用房、非机动车库、消防泵房及消防水池、雨水蓄水池及水处理机房、空调及电气设备机房等；

地上一层、二层：入口大厅、共享大厅、歌剧厅舞台及池座、化妆、共享大厅、贵宾厅、消防控制室、乐器库、音乐厅的舞台及池座、空调及电气设备机房等；

地上三层：歌剧厅舞台上空及楼座、灯光控制室、培训机房、音乐厅池座、共享大厅、水箱间等；

地上四层：歌剧厅后舞台及主舞台上空、楼座、功放室、空时设备机房、配套开放办公、音乐厅楼座、共享大厅等；

地上五层、六层、七层：歌剧厅主舞台上空、栅顶层、排练厅、音乐厅栅顶层、舞台机械控制柜室、调光柜室、舞台机械控制室等。

工程说明：

一、给水排水系统

（一）给水系统

1. 冷水用水量（见表 1）

表 1

冷水用水量

序号	使用对象	用水标准			用水对象		使用时间（h）	年用天数（d）	日用水量（m³/d）	K_h	最大时用水量（m³/h）	年用水量（m³/a）
		最高日用水量	平均日用水量	单位	数量	单位						
1	演职员	40	35	L/(人次·d)	300	人次	9	200	2.5	1.5	0.5	2100.0
2	剧场观众	5	3	L/(人次·d)	4000	人次	9	200	20.0	1.5	3.3	2400.0
3	培训中心	50	40	L/(人次·d)	100	人次	9	220	5.0	1.5	0.8	880.0
4	排练厅	50	40	L/(人次·d)	150	人次	9	200	7.5	1.5	1.2	1320.0
5	办公	50	40	L/(人次·d)	120	人次	9	265	6.0	1.5	1.0	1272.0
6	冷却塔补水	1.5%	1.0%		1400	m³/h	9	90	189.0	1.0	21.0	11340.0
7	绿化浇洒		0.28	m³/(m²·a)	991	m²	9	14	19.8	1.0	2.2	277.5
8	道路冲洗	2		L/(m²·d)	2060	m²	9	70	4.1	1.0	0.5	288.4
9	小计								253.9		30.5	19877.9

注：1. 绿化浇洒按暖季型草坪设计取值计算；

2. 演出使用天数根据运营单位历史统计数据。

2. 水源

水源为城市自来水。从东北侧的民主路及东南侧的一环路各引入 1 根 DN200 的给水管作为项目的生活用水水源。

杂用水主要包含景观水体补水、绿化用水、道路冲洗、冷却塔补水等，其水源采用雨水收集处理达标后回用。

3. 系统竖向分区

根据市政给水水压（0.25MPa），分区考虑最大化利用市政水压，生活给水竖向分为 2 个区，分区如下：

低区——J1 区：地下四层~三层，市政直供区；

高区——J2 区：四层及以上，变频加压供水区。

4. 供水方式及给水加压设备

（1）分质供水

1）卫生间给水、热水水源、消防补水采用市政自来水。

2）景观水体补水、绿化用水、道路冲洗、冷却塔补水等采用雨水收集处理达标后回用。

3）观众及办公人员饮水采用直饮水终端机或桶装水。

（2）供水加压系统

1）为充分利用市政水压，将低位转输水箱设置在地上三层（标高 10.00m）生活水箱间，以降低水泵扬程，节约能源。水箱间设置挡水门槛、溢流报警、溢流报警关段进水管、排水等有效技术保障措施。

2）生活水箱采用 2 只不锈钢 S30403 级，以保证检修及维护不间断供水。

3）生活泵房设置在地下四层专用泵房内，为最底层，让震动源远离声学高标准区域，声学处理技术达到最好效果。

4）加压供水设备采用全变频加压供水设备，配置 3 台泵，2 用 1 备。

5）供水系统设置有防结露措施，材料选择中性材料，避免腐蚀管道及设备；

（3）压力控制

供水压力大于 0.20MPa 点设置支管减压供水，使用舒适且利于节水。

5. 给水管材

室外给水管材采用孔网钢带给水管（PE80），室内冷水给水管道采用 S31603 薄壁不锈钢给水管。

（二）热水系统

1. 热水用水量（见表 2）

热水用水量

表 2

序号	使用对象	用水标准		用水对象		使用时间 (h)	日用水量 (m^3/d)	K_h	平均时用水量 (m^3/h)	最大时用水量 (m^3/h)
		用水量	单位	数量	单位					
1	演员化妆	5	L/（人次·d）	300	人次	9	1.5	1.5	0.17	0.25
2	演员淋浴	60	L/（人次·d）	150	人次	9	9	1.5	1.00	1.50
3	剧场观众洗手	2	L/（人次·d）	4000	人次	9	8	1.5	0.89	1.33
4	排练厅淋浴	60	L/（人次·d）	100	人次	9	6	1.5	0.67	1.00
5	小计								2.72	4.08

注：热水计算温度均为 60℃。

2. 热源

本项目集中热水系统热源为天然气。演员集中化妆区及排练区采用集中热水供应，采用商用燃气热水器（每个分区设置 2 台）＋储水罐的方式供水。

分散的公共卫生间采用小型电热水器制备洗手热水，可根据季节性需要灵活开启或关闭。

3. 系统竖向分区

热水系统竖向分区与冷水系统相同。

4. 热交换器

根据剧场使用情况及热源条件，本项目集中热水系统采用承压型商用燃气热水器直接制备生活热水。

5. 冷、热水压力平衡措施及热水温度的保证措施等

冷、热水系统分区一致，热水系统水源与冷水系统同源，以保证初始压力一致。热水系统与冷水系统在配管上做系统计算，采用合理的管径配置，热水系统采用同程式设计，配置带温度传感自动控制的机械循环系统。供水压力大于 0.20MPa 点设置支管减压供水。

6. 管材

室内热水给水管道采用 S31603 薄壁不锈钢给水管。

（三）雨水利用系统

1. 雨水原水量、回用水量、水量平衡

（1）可收集雨水量

本项目设计有雨水收集回用系统，主要用作绿化、景观水体补水，冷却塔补水。收集区域为屋面雨水和部分室外场地雨水。

年可收集雨水量为年降水量与屋面面积、屋面径流系数与可利用率之积为 4902m^3。蓄水池利用地下一

层一处平面异型废弃的空间，总容积为 900m³，可利用的蓄水量为 858.3m³。

（2）回用雨水量（见表3）

回用雨水量　　　　　　　　　　　　　　　　表3

序号	使用对象	用水标准		用水对象		使用时间 (h)	最高日用水量 (m³/d)	K_h	最大时用水量 (m³/h)	年用天数 (d)	年用水量 (m³/a)
		用水量	单位	数量	单位						
1	绿化	0.28	m³/(m²·a)	991	m²	9	19.8	1.0	2.2	14	277.5
2	道路冲洗	2.0	L/(m²·d)	2060	m²	9	4.12	1.0	1.50	70	288.4
3	冷却补水	1.5%		1400	m³/h	8	189.0	1.0	21.0	80	15120.0
4	景观补水	4.0	mm/(m²·d)	1925	m²	24	7.7	1.0	1.00	265	2040.5
5	小计										17726.4

注：绿化浇洒按暖季型草坪设计取值计算。

（3）水量平衡

年可利用雨水量为 4902m³，年需使用雨水量为 17726.4m³，不足部分由市政给水补充。全年总用水量为 19877.9m³。

本项目利用非传统水源水量比例为：4902/19877.9＝24.6%。

2. 系统竖向分区

雨水回用的区域为：一层室外的绿化浇洒和道路冲洗、一层的景观水池补水、三层的冷却塔补水雨水回用。竖向为 1 个压力分区。

3. 供水方式及给水加压设备

雨水回用系统采用"泵＋箱"供水方式。加压泵位于雨水回用机房内，高位清水箱位于三层屋面的楼梯间顶部（建筑装饰架内）。高位清水箱采用不锈钢水箱。

系统设置相应防止误饮误用的标志，且与生活供水设施分开，不得串接。

4. 雨水处理工艺流程（见图1）

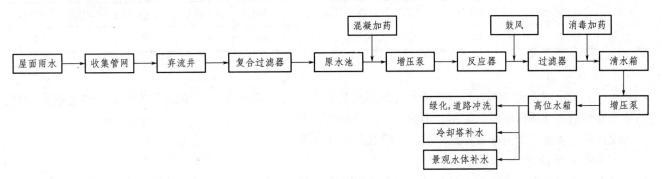

图1　雨水处理工艺流程图

雨水回用处理系统设计处理能力为 25m³/h。

5. 管材

室内雨水回用系统管材采用 PSP 钢塑复合管，以便于与生活给水管区分，避免误接。

（四）排水系统

1. 排水系统型式

室外采用雨污分流、污废合流排水体制。污/废水排至室外污水系统经除渣处理后排至城市污水系统；

雨水系统排至城市雨水系统。

卫生间采用污废合流，空调机房、管井等废水单独设置排水系统间接排放。

地下室卫生间及淋浴等生活污/废水采用成套密闭污水提升装置排至室外污水系统。

地下室坡道排水经雨水沟与集水坑收集提升排放至室外雨水系统。

舞台机械台仓排水管道采用铸铁管，管道设置S弯，且管道出口距坑底100mm，避免噪声进入观演区。

2. 通气管的设置

污水系统均设置双立管排水系统通气管或环形通气管，仅个别排水负荷少的管路系统采用伸顶通气管。地下室密闭污水提升装置设置伸顶通气管。

3. 局部污水处理设施

在总图设置有一座50m³沉淀池，处理后排至市政污水系统。

4. 屋面雨水排水方式

演艺厅区域屋面较大且受立管位置限制，该区域屋面雨水采用虹吸排水系统，仅局部小屋面采用重力流雨水排水系统。屋面雨水设计重现期为50年，下沉空间设计重现期按100年，室外总图设计重现期按3年。

有人员聚集的屋面采用架空地面设计，石材之间保证5mm的缝隙，地面设置平整，在架空的结构板面设置防水及找坡、雨水斗，雨水斗位置预留检修位。

下沉庭院及总图铺装区的镜面水体边设置成品线性排水沟。

5. 管材

生活污水排水管及高温排水管系统采用柔性接口铸铁排水管；管井排水采用HDPE排水管。

虹吸雨水系统专用的HDPE高密度聚乙烯塑料管，重力流排水管道采用内外壁热浸镀锌钢管。

室外雨水及污水排水管道采用HDPE双壁波纹管。

（五）声学技术措施

1. 本项目声学标准（见表4）

主要声学场所声学标准   表4

场所	歌剧厅	戏剧厅	音乐厅	小音乐厅	排练厅	录音棚	台仓	音频控制	新闻发布	演奏休息	候演区
声压级	NR20	NR20	NR15	NR20	NR25	NR15	NR25	NR15	NR20	NR25	NR25

2. 设备

所有有振动的设备，其安装位置或机房均尽量远离声学高标准要求区（NR15、NR20），设备确定后提供技术参数给声学顾问复核，采用合理的声学技术处理措施。

设备采用主要声学措施有浮筑楼板、惯性基座、减振器。

3. 管道技术措施

给水、排水、雨水斗及雨水管未进入演艺厅室区域；消防管道进入该区域内侧200mm处设置橡胶软接；有振动设备在机房内侧设置软接、弹性支吊架。

乐池、观众区池座、台仓排水管采用铸铁并设置S弯，下口插入集水坑常水位下。

二、消防系统

（一）消防水源及消防泵房

1. 消防水源

消防水源为城市自来水。从市政不同方向引入2根DN200给水管在红线内形成环状供水管。在地下一层夹层设置消防水池2座，深度均能满足消防车取水深度要求。

2. 消防水池

在地下一层夹层设置消防水池 2 座，全额存储一次火灾所需消防用水量。消防水池按项目内歌剧厅舞台火灾同时启用的消防系统水量之和计算，消防水池有效容积为 1566m³，设置取水口 4 个。消防水池设置位置靠近一环路侧，方便消防救援的快速到达。消防水池贮水量计算见表 5。

消防水池贮水量　　　　　　　　　　　　　　　　　　　表 5

系统及参数	室外消火栓系统		室内消火栓系统		自动喷水灭火系统		智能灭火系统		雨淋系统		防护冷却水幕系统		一次火灾设计用水量(m³)
	用水量	持续时间	用水量	持续时间	用水量	持续时间	用水量	持续时间	用水量	持续时间	用水量	持续时间	
剧场	40L/s	3h	30L/s	3h	40L/s	1h	45L/s	1h	90L/s	1h	45L/s	3h	1566

注：1. 消防水池设计水量以歌剧厅舞台区域火灾同时启用的系统计算，自动喷水灭火系统及智能灭火装置与其他系统不同时作用计算；
　　2. 消防水池按一次火灾同时启用消防系统用水量之和计算。

3. 消防水箱

消防水箱受建筑高度、舞台栅顶层高度、建筑立面、结构屋架钢梁影响；设计通过模型分析，利用钢梁之间空间，设置 2 只高位消防水箱，设置联通管，每只有效容积为 18m³，既保证容积要求，又利于消防更高的安全保护（检修维护时有一半初期消防用水存储）。

(二) 消火栓系统

1. 消防用水量及系统分区

项目室外消火栓系统用水量为 40L/s，火灾持续时间为 3h；室内消火栓系统用水量为 30L/s，火灾持续时间为 3h。系统竖向不分区，为 1 个供水区。

室外消火栓用水由消防水池及室外消火栓提供。

2. 消火栓泵、消火栓稳压设备参数

室内消火栓泵：$Q = 30L/s$，$H = 90m$，2 台，1 用 1 备；

室内消火栓系统稳压设备：$Q = 1.3L/s$，$P_0 = 52.1m$，$P_{s1} = 59.1m$，$P_{s2} = 69.5m$，有效容积为 220L；稳压设备配置 2 台泵，1 用 1 备。

3. 系统设计

整个项目室内均设置室内消火栓保护，尤其在天桥、面光桥、栅顶层消火栓的设置，位置尽量设置在疏散出入口处，提高救援的有效性。消火栓均采用带软管卷盘的组合式箱体。

室外给水环管上设置室外消火栓 5 座，同时有 2 座市政消火栓可供项目使用。

4. 水泵接合器

在消防水池附近设置 2 座水泵接合器。

(三) 自动喷水灭火系统

1. 系统分区

系统竖向为 1 个供水区。自动喷水灭火系统用水由消防水池及消防泵组提供。

2. 系统设计

除舞台葡萄架下（葡萄架下为雨淋系统保护）、其他高大空间（智能灭火装置）、特殊设备机房（气体灭火系统）外，均设置自动喷水灭火系统保护。系统设计参数见表 6。

喷头选择：地下车库部分的喷头采用标准响应型喷头；剧场观众厅、休息厅及其他非设备机房的功能等房间采用快速响应型喷头；无吊顶区域（设备机房，地下车库等）采用直立型喷头，吊顶区域采用隐蔽型喷头；喷头 $K = 80$，温度级为 68℃。

自动喷水灭火系统参数表　　　　　　　　　　　　表6

序号	设置部位	危险等级	喷水强度 $[L/(min \cdot m^2)]$	作用面积 (m^2)	使用时间 (h)	设计流量 (L/s)	备注
1	葡萄架上方	中危险级Ⅱ级	8	160	1	40	
2	布景库、芭台库	仓库危险级Ⅱ级	12	200	2	60	储物高度3.5～4.5m
3	车库及附属房	中危险级Ⅱ级	8	465	1	90	
4	地下化妆区	中危险级Ⅱ级	8	160	1	40	
5	地上非高大空间区	中危险级Ⅰ级	6	160	1	35	
6	8～12m空间		6	260	1	45	

注：1. 本项目根据当时审查及有关部门要求，需要设置泡沫—水喷淋系统；

2. 项目设计在2017年11月完成，《自动喷水灭火系统设计规范》GB 50084—2017还未实施。

3. 喷淋泵、稳压设备参数

喷淋泵：$Q=40\sim50L/s$，$H=100\sim90m$，3台，仅地下室车库区、布景库、芭台区火灾2用1备，其他区域1用1备；

自动喷水灭火系统稳压设备：$Q=1.1L/s$，$P_0=61.5m$，$P_{s1}=54.5m$，$P_{s2}=72.4m$，有效容积为150L；稳压设备配置2台泵，1用1备。

4. 水泵接合器

水泵接合器设置：在消防水池附近设置4座水泵接合器。

（四）大空间智能型主动喷水灭火系统

1. 消防用水量及系统分区

系统灭火用水量：大空间智能喷头45L/s，自动跟踪定位射流灭火装置20L/s，火灾持续时间为1h。

2. 系统设计

歌剧厅的侧、后舞台，音乐厅的观众区采用大空间智能喷头，按大于3排3列设计；中庭共享大厅、歌剧厅的观众区采用自动跟踪定位射流装置。

3. 给水泵、稳压设备参数

大空间智能型主动喷水灭火系统给水泵：$Q=45L/s$，$H=100m$，2台，1用1备；

高位消防水箱高度满足系统设置要求，无增压稳压设备。

4. 水泵接合器

水泵接合器设置：在消防水池附近设置3座水泵接合器。

（五）雨淋系统

1. 消防用水量及系统分区

雨淋系统设计流量大，为了合理控制系统流量，通过放大布水管，合理划分控制分区，合理控制系统流量。通过逐点计算系统灭火用水量为90L/s，火灾持续时间按1h设计。

系统竖向为1个供水区。

2. 系统设计

歌剧厅及戏剧厅主舞台葡萄架下设置雨淋系统。采用同时启用相邻2个雨淋阀控制区的流量作为系统设计流量。每个雨淋系统保护区对应1个火灾探测区，雨淋系统保护区与火灾探测区一一对应，并设置对应编号，避免控制混乱。

雨淋系统的雨淋阀间设置在舞台与后台出口附近，以利于专职工作人员应急开启，提高灭火效率。

雨淋系统喷头采用$K=115$开式喷头。歌剧厅主舞台雨淋喷头布置如图2所示。

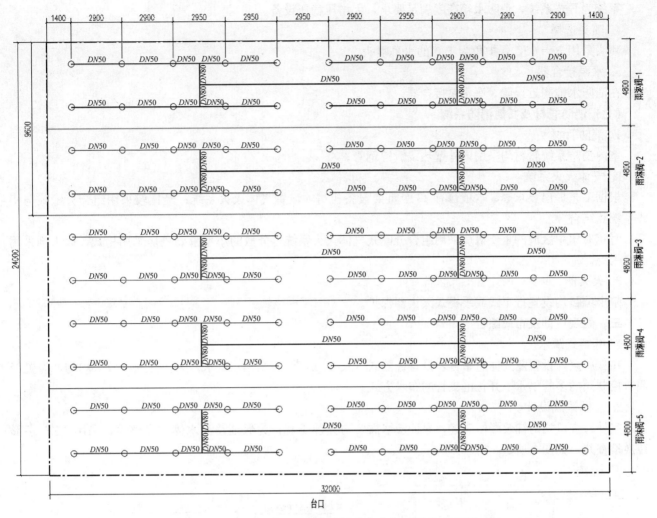

图2 歌剧厅主舞台雨淋喷头布置图

3. 给水泵、稳压设备参数

雨淋系统给水泵：$Q=90L/s$，$H=80m$，2台，1用1备；

系统为开式系统，消防水箱高度满足系统设置要求，无增压稳压设备。

4. 水泵接合器

在消防水池附近设置4座水泵接合器。

（六）防护冷却水幕系统

1. 消防用水量及系统分区

系统灭火用水量为45L/s，火灾持续时间为3h。

2. 系统设计统

歌剧厅主舞台台口、主舞台及后舞台处、戏剧厅的舞台台口均设置钢质防火幕（防火幕尺寸分别为18m×12m、22m×12m、16m×10m），对应设置防护冷却水幕系统，喷水强度为1L/（s·m），持续供水时间为3h。系统设计流量以歌剧厅主舞台台侧同时启动台口及主舞台与后舞台区喷头作为系统流量。

3. 给水泵、稳压设备参数

防护冷却水系统给水泵：$Q=45L/s$，$H=70m$，2台，1用1备；

系统为开式系统，消防水箱高度满足要求，无增压稳压设备。

4. 喷头选择

喷头采用 $K=60$，保护角为 $180°$ 的水幕喷头。

5. 水泵接合器

在消防水池附近设置 3 座水泵接合器。

（七）消防管材及其他消防系统

1. 消防管材

室内消防系统管材均采用内外壁热浸镀锌钢管。

2. 气体灭火系统

根据工艺提出要求等，本项目有 38 个重要设备机房，设置气体灭火系统；经比较采用组合分配式与柜式系统相结合。

对相对集中区域的重要机房采用组合分配式气体灭火系统，分散的小型重要机房采用柜式，灭火剂采用七氟丙烷。

3. 灭火器

整个项目均设置推车式或手提式灭火器保护。

三、景观设计及市政综合

1. 缝隙式跌水

在三层室外设置露天休息平台，设置缝隙式（长 23m，缝高 2cm）跌水，为保证跌水效果均匀，设置带调节控制阀的多管供水＋开孔汇集管的布水方式。

2. 总图景观设计

室外检查口均与铺装严格对缝，保证检修需要与铺装美观；为保证镜面水体的完整性，采用"Z"字形转换检查井，如图 3 所示。

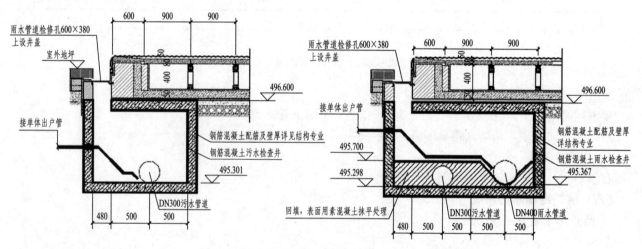

图 3　总图"Z"字形检查井剖面图（单位：mm）

3. 成品沟、井盖等设施

铺装区的成品沟、井盖等设施均严格对铺装缝设计，确保美观。

4. 市政综合

红线内有市政道路及市政管线穿越，消防取水口连通管、室外给水排水及消防管网穿插，需要整体综合排布。

四、设计及施工体会

(一) 设计难点创新点

1. 因地铁口接驳防火需要设置下沉庭院、市政道路穿越等影响室外消防及排水管路通道,需要室内与室外有效组织,确保系统管线通路需要;

2. 建筑第五立面的完整性要求,消防水箱、冷却塔等屋面设施需要与建筑、结构、幕墙密切配合,既要保证系统设计需要,又要避免影响建筑美观;

3. 建筑特殊,机电及工艺需要高强度、高精度的密切配合;

4. 声学标准高及绿色建筑三星设计,在有限的设计条件下,多方案比较以适应标准要求;

5. 中转生活水箱高置,结合绿色建筑及双碳的时代背景,充分利用市政水压,有效节约运行能耗;

6. 充分进行雨水资源化利用。

(二) 深度及配合

1. 设计团队从方案阶段深度配合,确定各个专业主要的机房、管线横向及竖向通道,主要管线避免同层集中布置,以确定最合理层高及净高。

2. 多专业密切配合,整个设计阶段有 20 个专业或专项设计,在每个阶段均需要密切合作,以保证最合理的设计及具备安装条件。

3. 反复论证优化,系统的配置、机房、管线通道均为反复讨论优化,确定最合理的方案。

4. BIM 应用的重要性。尤其是这种空间异型,管线众多的项目,采用 BIM 能在设计阶段解决许多空间、层高问题,保证项目落地性。

(三) 建筑设计融合

1. 最大化利用建筑异型空间作为水池、小型设备机房等,提高空间利用价值;

2. 建筑将对消防救援最有效的位置作为消防水池及消防泵房,提高救援效率;

3. 上部相对集中管线设置在设备机房或管井,提高建筑的美观度及空间感。

(四) 最有效绿建设计

1. 生活水箱高置在地上三层,充分利用市政水压,有效降低生活加压设备能耗约 45%。

2. 所有绿建措施考虑切实有效的技术措施,如采用节水器具、控制水压等。

3. 雨水资源化利用,有效降低自来水用量,合理控制年径流量。

(五) 坚持设计的专业性沟通

1. 因项目特殊性,消防主管部门、业主方均不熟悉剧场建筑特殊性,需要设计者多次专业性讲解汇报,以利于项目推进;

2. 与业主方密切沟通交流,确保正确的系统搭建,避免仅仅作为项目"亮点"而无实际价值的建议,设计者需要专业的分析,合理采纳或舍弃并讲明原因;

3. 复合型技术服务。项目配合的复杂及特殊,需要复合型专业人才,对每一个局部细节深入讨论,否则会造成返工。

(六) 施工现场及后期服务

1. 施工过程中全专业每周现场例会,解决施工现场具体问题,有效降低施工问题发生;

2. 现场巡查,发现问题记录备案,及时整改;

3. 多次与施工技术人员交流系统设计及施工要点;

4. 物业进场后,提供重要区域维护注意事项。

五、工程照片及附图

项目鸟瞰全景图

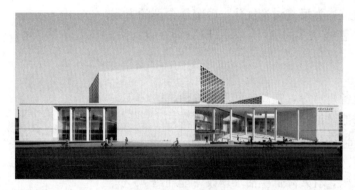

项目—环路立面图

立面夜景图

主入口台阶

共享大厅

歌剧厅内景

音乐厅内景

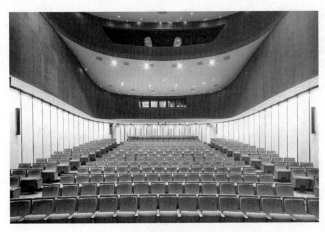

戏剧厅内景

小音乐厅内景

音乐厅使用内景

音乐厅外走廊

外墙窗格

消防泵房

消防泵房阀门阀件

钢瓶间

冷却循环水泵房

冷却塔减振器

歌剧厅主舞台栅顶层内景

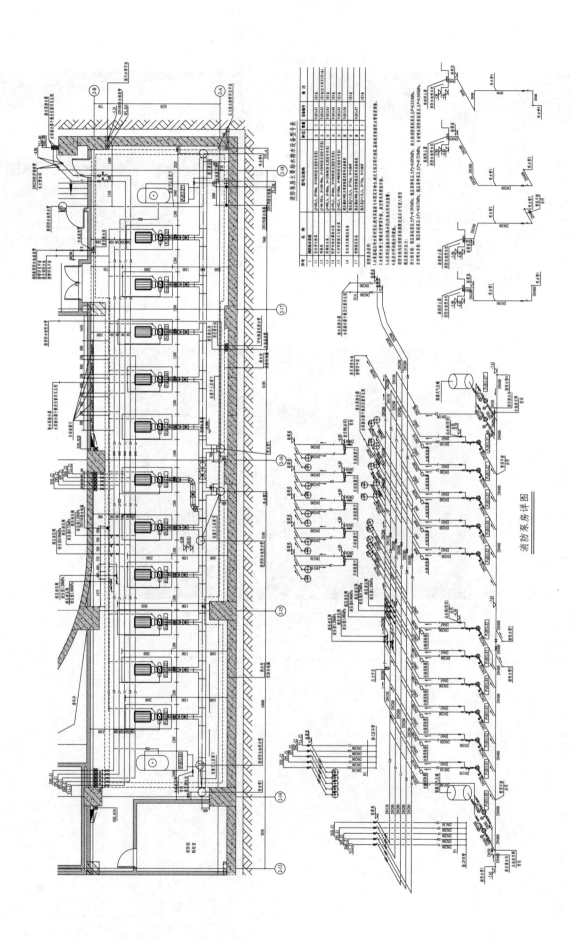

消防泵房详图

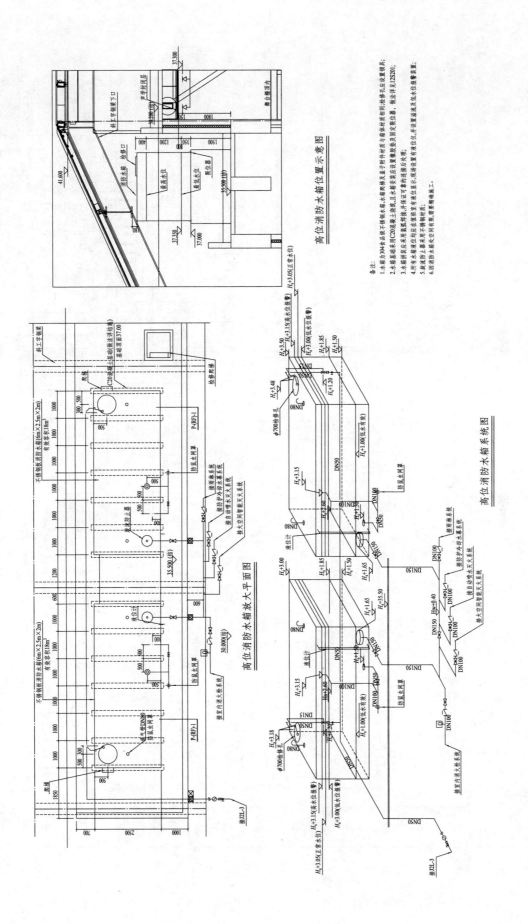

高位消防水箱位置示意图

高位消防水箱放大平面图

高位消防水箱系统图

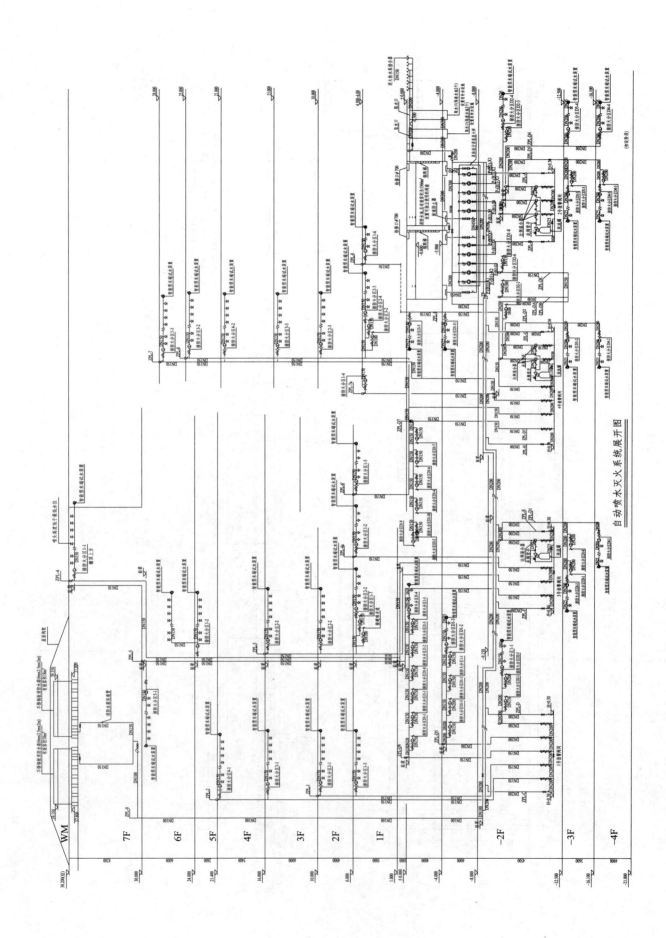

自动喷水灭火系统展开图

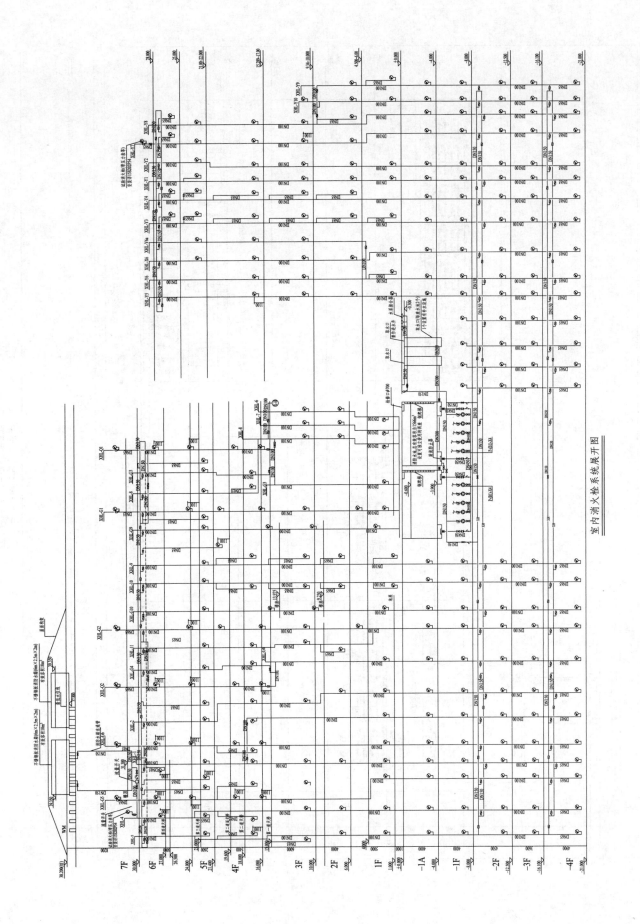

室内消火栓系统展开图

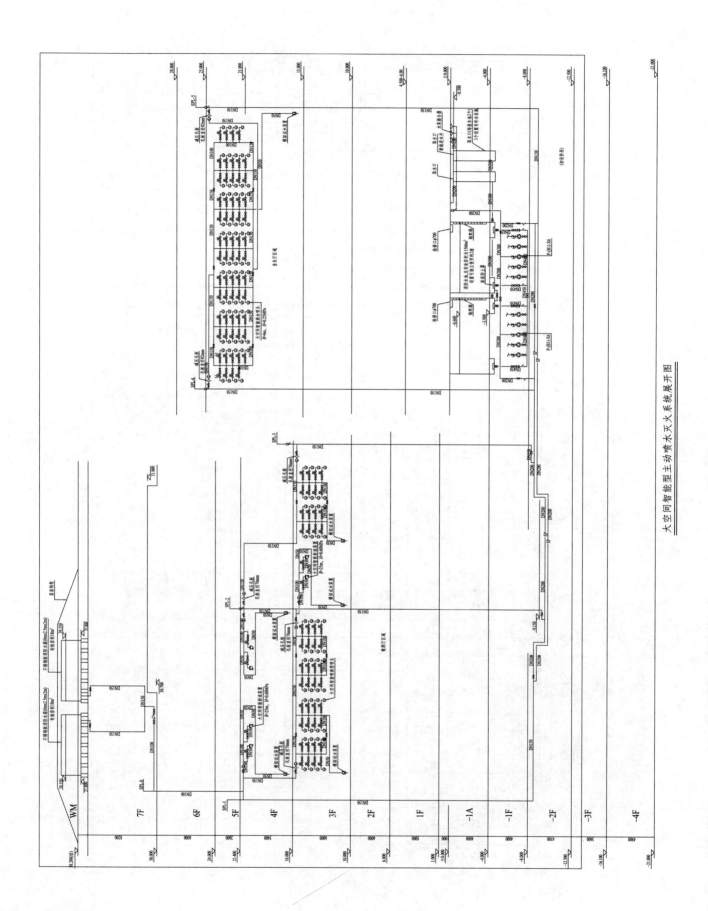

大空间智能型主动喷水灭火系统展开图

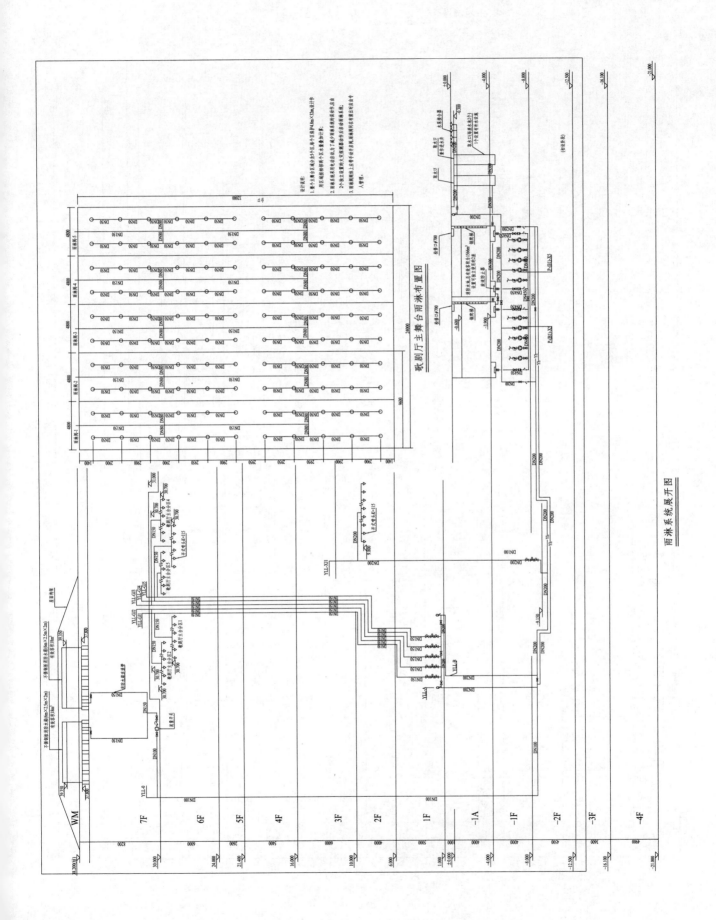

歌剧厅主舞台雨淋布置图

雨淋系统展开图

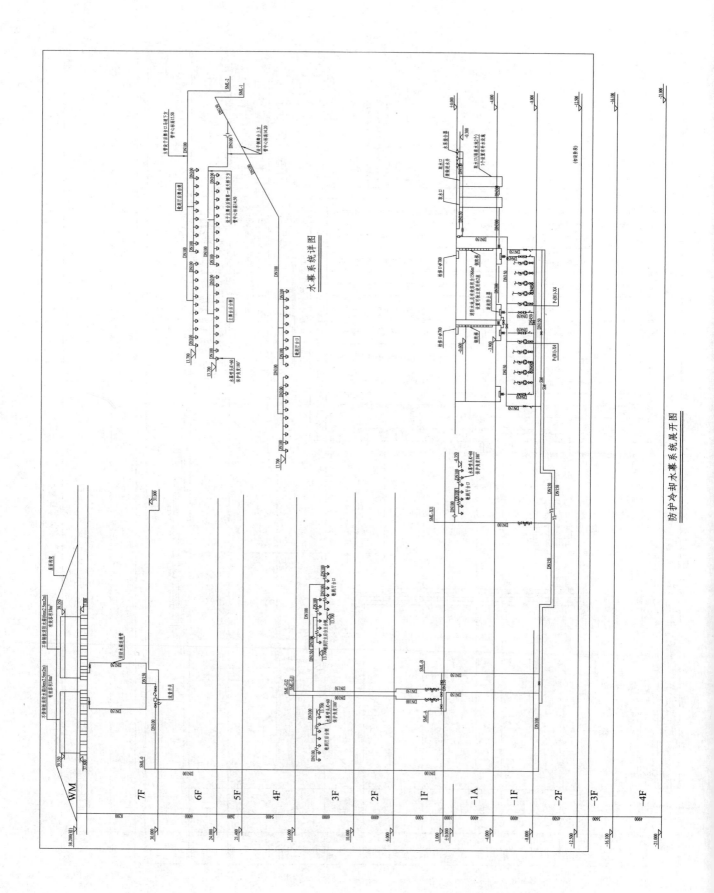

水幕系统详图

防护冷却水幕系统展开图

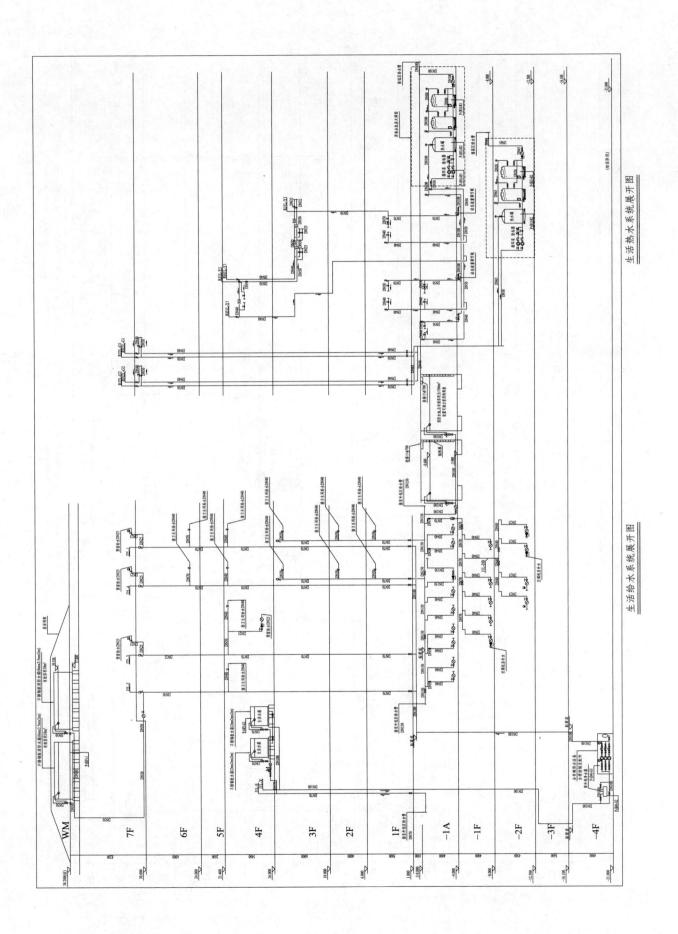

生活热水系统展开图

生活给水系统展开图

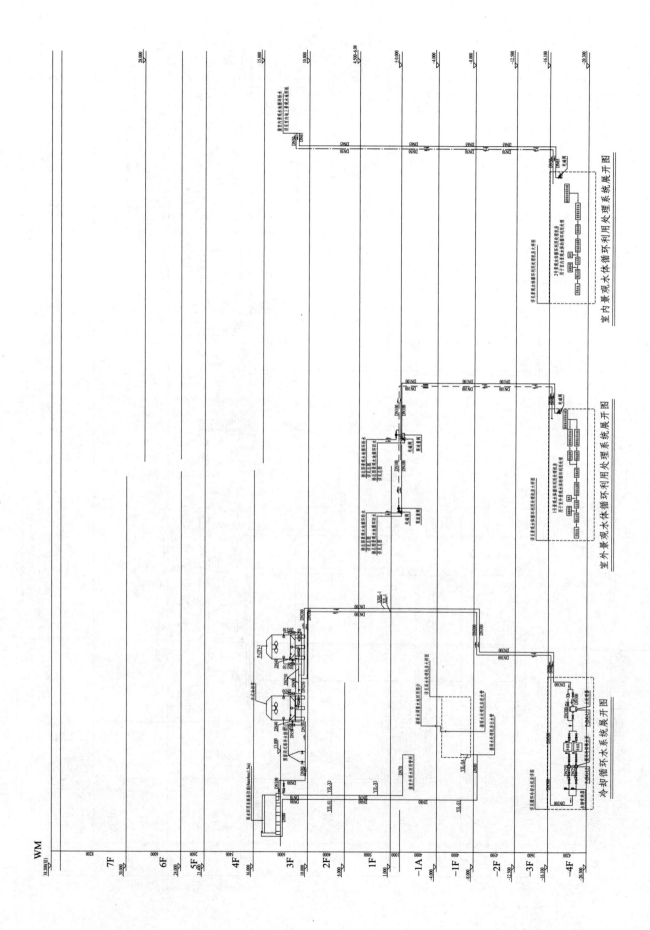

室内景观水体循环利用处理系统展开图

室外景观水体循环利用处理系统展开图

冷却循环水系统展开图

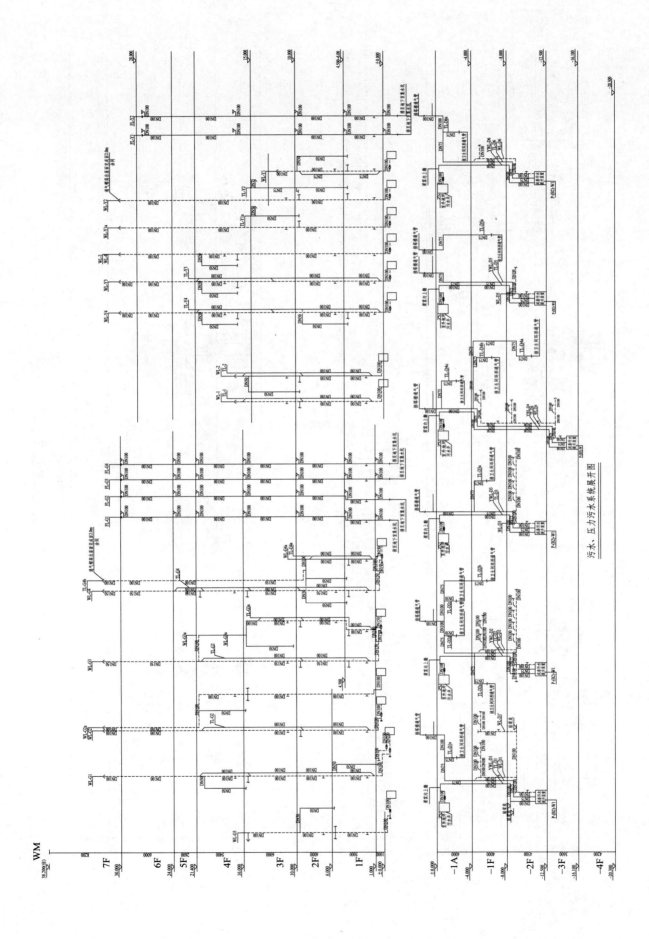

污水、压力污水系统展开图

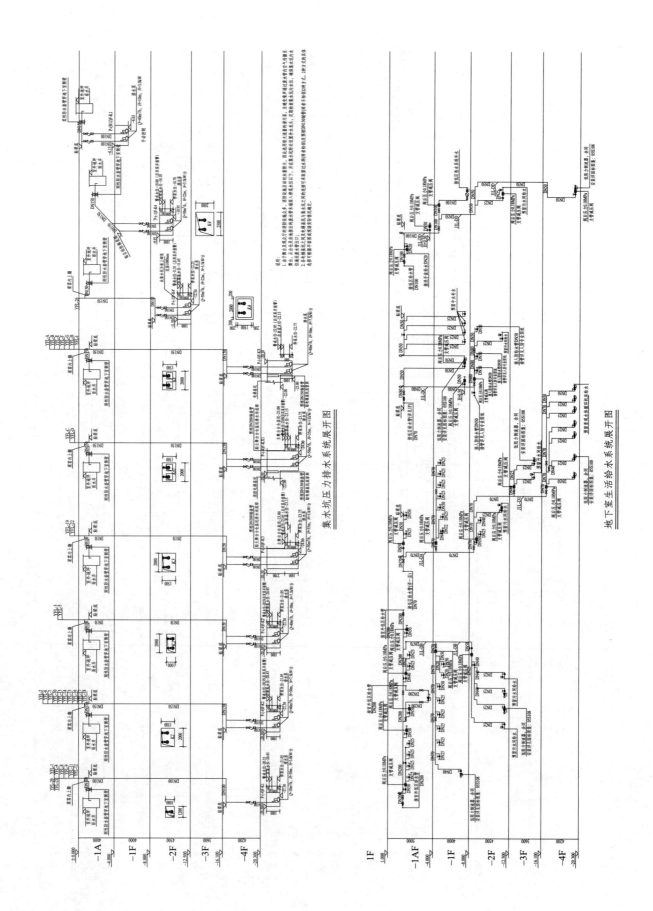

集水坑压力排水系统展开图

地下室生活给水系统展开图

军博展览大楼加固改造工程（扩建建筑）

设计单位： 中南建筑设计院股份有限公司
设 计 人： 栗心国　涂正纯　危忠　莫孝翠
获奖情况： 公共建筑类　一等奖

工程概况：

军事博物馆展览大楼位于北京西长安街延线复兴路的北侧，地理位置显著，周边市政配套齐全。军事博物馆展览大楼，总建筑面积为 15.3 万 m²，其中建筑改造面积为 3.3 万 m²，扩建建筑面积约为 12 万 m²。扩建建筑地上 4 层，地下 2 层，扩建建筑建筑高度为 38.25m（女儿墙）。总建筑高度为 54.85m。

本次设计范围为军事博物馆扩建建筑部分，包括扩建部分的单体及室外总平面设计。本项目施工图出图时间为 2012 年 12 月，于 2013 年 4 月、5 月分别完成施工图审查和消防审查。

工程说明：

一、给水排水系统

（一）给水系统

1. 冷水用水量（见表 1）

冷水用水量　　表 1

项目	用水量标准	使用单位数	使用时间（h）	小时变化系数	平均时用水量（m³/h）	最大时用水量（m³/h）	最高日用水量（m³/h）
展厅	4L/(m²·d)	65000m²	8	1.5	32.5	48.75	260
工作人员	50L/(人·d)	1000 人	8	1.2	6.25	7.5	50
影院	5L/(人次)	720 人次	3	1.5	1.2	1.8	3.6
冷却塔补水	2200m³/h	1.5%	24	1.0	33.0	33.0	792
道路及绿化	2L/(m²·d)	25000m²	4	1.0	12.5	12.5	50
未预见用水量	按总用水量 10% 计				8.5	10.4	115.6
合计					94.0	113.9	1271.2

本工程的生活日用水量为 1271.2m³/d（含循环冷却水 792m³/d），最大时用水量为 113.9m³/h。

2. 水源

本工程全部用水均取自市政给水管网，从地块北侧和南侧的市政给水干管引 2 条 DN200 给水管在本区内形成环状管道，生活和消防合用给水管道，按生活、绿化分别设置水表计量。

3. 系统竖向分区

生活给水系统分为 2 个区，地下二层至地面一层，由市政管网直供；二层以上由变频加压泵组供水。

4. 给水加压设备

生活水箱有效容积按最高日的 25% 确定，总贮存容积为 84m³，水箱分为 2 个，每个有效容积为 42m³。生活水箱内设置水箱自洁消毒器，保证水质。

生活给水加压泵采用成套变频供水设备，配用水泵 3 台，采用一对一变频器，确保水泵运转于高效区，单台功率为 11kW，配有隔膜式气压罐 100L，承压 1.0MPa。设备参数：$Q=48m^3/h$，$H=90m$。

5. 管材

卫生间给水支管采用 PP-R 管，热熔或电熔连接。其余部位冷、热水管道均采用 304 薄壁不锈钢管，承插氩弧焊连接，泵房内均采用法兰连接。

(二) 热水系统

1. 热水用水量（见表 2）

热水用水量 表 2

项目	用水量标准	使用单位数	使用时间（h）	小时变化系数	平均时用水量（m³/h）	最大时用水量（m³/h）	最高日用水量（m³/d）
参观人员	1L/(m²·d)	65000m²	8	1.5	8.1	12.2	65
工作人员	8L/(人·d)	1000 人	8	1.2	1.0	1.2	8
影院	2L/人次	720 人次	3	1.5	0.5	0.7	1.4
未预见用水量	按总用水量 10% 计				1.0	1.4	7.4
合计					10.6	15.5	81.8

本工程最高日热水用水量为 81.8m³/d，最大时热水用水量为 15.5m³/h。

2. 热源

热水供应选用储水式电热水器，单台额定容量为 80L，额定功率为 3.0kW，安装于卫生间吊顶内，电热水器必须采用保证安全使用装置。

3. 管材

热水管采用 PP-R 热水型管材。

(三) 直饮水系统

1. 直饮水用水量（见表 3）

直饮水用水量 表 3

项目	用水量标准	使用单位数	使用时间（h）	小时变化系数	平均时用水量（m³/h）	最大时用水量（m³/h）	最高日用水量（m³/d）
参观人员	2L/人次	65000 人次	8	1.0	1.6	1.6	13
工作人员	2L/(人·d)	1000 人	8	1.5	0.3	0.4	2.0
合计					1.9	2.0	15

本工程最高日直饮水量为 15.0m³/d，最大时饮用水量为 2.0m³/h。

2. 系统设置

在公共卫生间的饮水间设置一体化直饮水机，带过滤、加热和水温调节功能，每台功率 $N=9.0kW$，产水量为 80L/h。

（四）中水系统

1. 中水用水量（见表4）

中水用水量 表4

项目	用水量标准	使用单位数	使用时间 （h）	小时变化 系数	平均时用水量 （m³/h）	最大时用水量 （m³/h）	最高日用水量 （m³/d）
展厅	2.4L/(m²·d)	65000	8	1.5	19.5	29.3	156.0
工作人员	30L/(人·d)	1000	8	1.2	3.8	4.5	30
影院	3L/人次	720人次	3	1.5	0.7	1.1	2.2
未预见用水量	按总用水量10%计				2.4	3.5	18.8
合计					26.4	38.4	207.0

本工程最高日回用水用水量为 207m³/d。

2. 系统竖向分区

中水系统分为 1 个区，地下一层以上由变频加压泵组供水。

3. 供水方式及给水加压设备

选用变频供水成套设备，配用水泵 3 台，采用一对一变频器，单台功率为 7.5kW，隔膜式气压罐 100L，承压 1.0MPa。设备参数：$Q=36m^3/h$，$H=86m$。

4. 水处理工艺流程图（见图1）

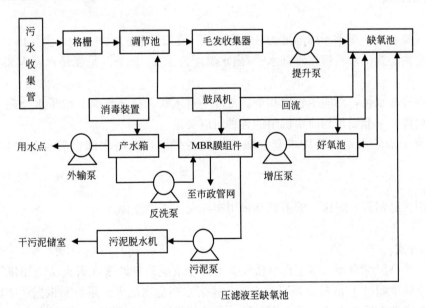

图1 水处理工艺流程图

5. 管材

卫生间给水支管采用 PP-R 管，热熔或电熔连接。其余部位管道均采用 304 薄壁不锈钢管，承插氩弧焊连接，泵房内均采用法兰连接。

（五）排水系统

1. 排水系统型式

室内采用污废合流制，室外采用雨污分流制。

2. 透气管设置

排水系统配置环形通气管、结合通气管、主通气管、伸顶通气管等。

3. 局部污水处理设施

生活污/废水经管道收集后，进入室外三格化粪池，经处理后进入中水处理站或排入城市污水管网。

地下室卫生间污水经过污水提升设备提升后，进入室外三格化粪池，经处理后进入中水处理站或排入城市污水管网。

4. 雨水系统

本工程中央兵器大厅钢结构屋面、环廊屋顶内外侧屋面设计重现期选用 100 年，采用虹吸压力流雨水排放系统，屋面雨水由虹吸式雨水斗收集，经水平干管及立管排至室外。其余屋面设计重现期选用 50 年，采用虹吸压力流雨水排放系统或重力流排水系统，并沿女儿墙每隔 8m 贴屋面开 200mm（宽）×100mm（高）的溢流口。

室外场地雨水排放设计重现期选用 5 年。

5. 管材

排水管采用柔性机制排水铸铁管，支管采用 W 形连接，立管、地下室出户管及埋地部分采用 A 形连接。地下室压力排水管采用热浸镀锌钢管，丝扣连接。溢流和泄水管采用焊接钢管，丝扣连接。

重力流雨水管采用镀锌钢管，沟槽连接；虹吸雨水管用不锈钢管，焊接。

（六）冷却循环水系统

1. 循环水量

北京地区室外气象参数，夏季干球温度为 34.3℃，夏季湿球温度为 26.6℃，大气压力为 954.6kPa。

本工程选用 6 台离心式冷水机组，冷却水进/出水温度为 37℃/32℃，总循环水量为 2300m³/h。

2. 系统设置

本项目设计 1 台冷却水泵，对应 1 台冷却塔。冷却塔进水阀、循环水泵、电子水处理仪均与冷水机组联动。风机和阀门的启停要求能满足与冷水机组的各种对应关系。

冷却塔补水贮存于消防水池，采用成套变频补水设备供水，消防水池设置保证消防用水不被动用的措施。

3. 管材

冷却水管道采用无缝钢管，焊接。管道底部采用素混凝土支墩支撑。

二、消防系统

（一）消防供水方式

本工程定位为一类高层综合楼，本工程全楼设置消火栓系统、自动喷水灭火系统和建筑灭火器，对中央兵器大厅环廊等净空高度超过 12m 的区域设置自动扫描射水高空水炮灭火系统。根据消防性能化的报告，中央兵器大厅及地下室武器大厅不设置自动灭火系统。本建筑设计对藏品库房（武器库房除外）和珍品库设计气体灭火系统，对武器库房和展厅（武器展厅除外）设计自动喷水预作用灭火系统。在地下室藏品库区，消火栓系统采用空管系统，系统起端设置电动阀，与消防控制中心连接。最高的夹层水箱间内设效水容积为 18m³ 的不锈钢消防水箱 1 座和屋顶消火栓系统与自动喷水灭火系统合用的增压设备，可提供消火栓和自动喷水灭火系统给水初期灭火用水及维持水管网平时所需压力。消防增压稳压设备型号为 ZW（L）-Ⅰ-XZ-10，配用水泵 25LGW3-10×4，立式隔膜式气压罐 SQL1000×0.6。

（二）室外消防设施

室外消防从用地红线范围外市政给水管道接入 2 根 DN200 自来水管，管网在用地红线范围内形成环，室外消火栓全部由市政管网供水。室外消火栓间距按不超过 120m 布置。

（三）消防用水量

消防水池内储存有室内消火栓系统用水量 432m³；自动喷水灭火系统按照 8～12m 净高的空间及非仓库类高大净空场所考虑，根据装修布置复核自动喷水灭火系统用水量为 45L/s，火灾延续时间为 1h，消防水池内贮存有自动喷水灭火系统水量 162m³；自动扫描射水高空水炮灭火装置系统水量为 20L/s，火灾延续时间为 1h，消防水池内贮存 1h 自动扫描射水高空水炮灭火装置的水量 72m³。

本工程的消防用水量主要包括室内消火栓系统用水量、自动喷水灭火系统水量、自动扫描射水高空水炮水量。地下消防水池有效容积为 824.4m³（含循环冷却补水量），分为基本相等的两格。室外管网消防期间补充室外消防用水量。

（四）消火栓系统

本工程室内消火栓给水系统为临时高压系统。在室外设 3 套 SQA-150 型消防水泵接合器，与室内消火栓管网相连。消火栓给水加压泵选用恒压切线泵。

消火栓给水系统分为 1 个区。管网为环状，并用阀门分成若干独立段，以利检修。

消火栓给水加压泵 2 台，1 用 1 备，每台 $Q=40L/s$，$H=100m$，$N=75kW$。

首层中央兵器大厅和地下一层武器大厅均为大开间建筑，采用双龙带加无后坐力水枪的方式，选用快捷式 QWET-E 型可调式无后坐力多功能消防水枪。性能参数：栓前水压 0.3MPa，流量 5.25L/s，有效射程直流状态 23m，喷雾状态 18m。

管道采用内外壁热镀锌钢管，管径大于或等于 DN100 采用沟槽连接，其余采用丝扣连接。

（五）自动喷水灭火系统

本工程除不能用水灭火的部位外均设自动喷水灭火系统。博物馆取中危险级Ⅰ级，地下车库取中危险级Ⅱ级，8～12m 净高的空间按非仓库类高大净空场所考虑，设自动喷水灭火系统。除大型武器库和轻武器库藏品库、展厅设置自动喷水预作用灭火系统，其他用房设置自动喷水灭火系统。

系统按 1 个压力分区设置，动压超过 0.4MPa 的楼层接入管，设减压孔板减压。在室外设 3 套 SQA-150 型消防水泵接合器与室内自动喷水灭火系统管网相连。自动喷水灭火系统给水加压泵选用恒压切线泵。

喷头均采用快速响应型喷头，公共区域采用隐蔽式喷头，其余部位采用直立型喷头，预作用喷头向下安装时采用专用的干式下垂型喷头。湿式报警阀 6 套，预作用报警阀 18 套，均设相应的报警阀内。

自动喷水灭火系统给水加压泵 2 台，1 用 1 备，每台 $Q=45L/s$，$H=110m$，$N=75kW$。

管道采用内外壁热镀锌钢管，管径大于或等于 DN100 采用沟槽连接，其余采用丝扣连接。

（六）气体灭火系统

本工程设气体灭火系统的部位主要包括：藏品库、珍品库（大型武器库和轻武器库除外）；修复、保养、装裱室；地下室一层变配电室；藏品档案室和多媒体技术室等共 66 个防护区，设计采用 11 套 IG541 有管网全淹没组合分配系统进行保护，最多不超过 8 个防护区。组合分配系统的灭火剂储存量，按储存量最大的防护区确定。

IG541 气体灭火系统设计浓度为 37.5%，喷放时间 60s，系统充装压力为 15MPa（表压），喷头的工作压力大于或等于 2.0MPa（绝对压力），灭火系统的设计温度为 20℃。防护区的围护结构及门窗的耐火极限不应低于 0.50h，顶的耐火极限不应低于 0.25h。防护区内设置泄压口，其高度应大于防护区净高的 2/3。防护区内设置防毒面具。

气体消防管道采用符合《输送流体无缝钢管》GB 8163 规定的无缝钢管，并应内外镀锌，小于或等于

$DN80$ 时管道连接采用螺纹连接，大于 $DN80$ 时管道采用法兰连接。

管网灭火系统应设自动控制、手动控制和机械应急操作 3 种启动方式。贮存容器及组合分配系统集流管上的安全泄压装置的动作压力，应为 $10.0MPa \pm 0.50MPa$（表压）（贮存容器增压压力为 5.6MPa）。在容器阀和集流管之间的管道上应设单向阀。

（七）自动扫描射水高空水炮灭火系统

本工程中央兵器大厅环廊净空高度为 24m，净空高度超过 12m 的区域设置自动扫描射水高空水炮灭火系统。

自动扫描射水高空水炮灭火系统为临时高压系统，在室外设 2 套 SQA-100 型消防水泵接合器与室内管网相连。自动扫描射水高空水炮灭火系统水泵选用恒压切线泵。

自动扫描射水高空水炮灭火系统加压泵 2 台，1 用 1 备，每台 $Q=20L/s$，$H=120m$，$N=45kW$。

管道采用内外壁热镀锌钢管，管径大于或等于 $DN100$ 采用沟槽连接，其余采用丝扣连接。

消防控制中心的控制主机接到火灾探测器的报警信号后，向消防水炮解码器发出指令，驱动消防水炮扫描着火点，确定方向，调整消防水炮的仰角指向着火点，值班控制人员确认后，系统自动（或手动或现场人工直接）开启相应电动阀，启动消防水炮加压泵定点喷水灭火，水流指示器及水泵反馈信号至消防控制中心。火灾探测器探测到火灭后，自动（或手动或现场人工直接）关闭水泵及相应电动阀。为避免人员受到伤害，消防水炮要求具有直流-喷雾无级转换的功能。

（八）灭火器

本工程内的库房、影厅、多功能会议厅、展厅按严重危险级 A 类火灾配置手提式灭火器。大空间的武器展厅和中央兵器大厅按严重危险级 A 类火灾配置推车式灭火器。地下车库按中危险级 B 类火灾配置手提式灭火器。地下室变配电室和电缆夹层按中危险级 E 类火灾配置手提式灭火器，其余办公区按危险级 A 类火灾配置手提式灭火器。

三、工程介绍特点

（1）充分利用市政管网供水压力分区供水，设置成套变频供水设备，采用一对一变频器，确保水泵运转于高效区，最大限度地节约能源；

（2）热水和直饮水采用分散型的电热水器及一体化直饮水机，降低了工程造价；

（3）地上、地下卫生间生活污/废水分别采用重力排放系统、机械提升排放系统排至室外，即满足使用要求又节约能耗；

（4）本工程中水处理后用于冲厕，节约用水；

（5）兵器大厅钢结构屋面、环廊屋顶内外侧屋面采用 100 年的设计重现期，采用虹吸压力流雨水排放系统，其余屋面采用 50 年的设计重现期，采用虹吸压力流雨水排放系统或重力流系统，并设置溢流口；

（6）本工程首层中央兵器大厅和地下室武器大厅均为大开间建筑，其中首层中央兵器大厅为钢结构，尺寸 63450mm×127600mm，中间无柱；为解决水平保护距离不够的问题，在 1 个消火栓箱内设置 2 股水龙带，选用快捷式 QWET-E 型可调式无后座力多功能消防水枪；

（7）地下室藏品库区，消火栓系统采用空管系统，平时管道无水，系统起端设置电动阀，与消防控制中心连接；

（8）针对中央兵器大厅环廊等高大空间场所，设计采用自动扫描射水高空水炮灭火系统，解决高大空间的建筑消防难点；

（9）展厅采用自动喷水预作用灭火系统，便于以后布展灵活；

（10）本工程装修标准高，机电设备多，层高要求严，每个重要断面进行管线综合，在施工过程中采用 BIM 模型排布，保证管线的走向顺畅，便于检修。

四、工程照片及附图

北立面日景

首层中央兵器大厅

中央兵器大厅

走道吊顶

生活泵房

消防泵房

水管井

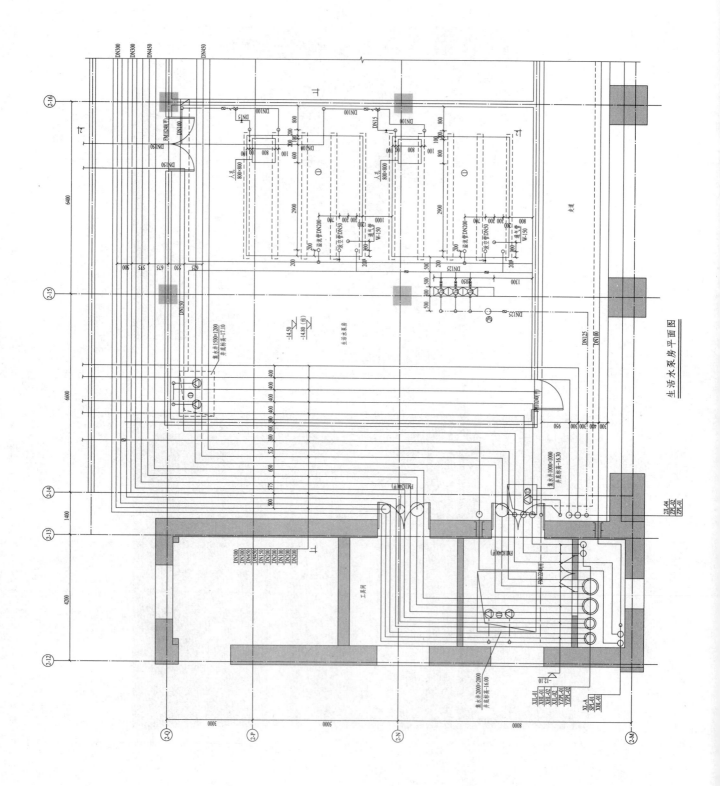

生活水泵房平面图

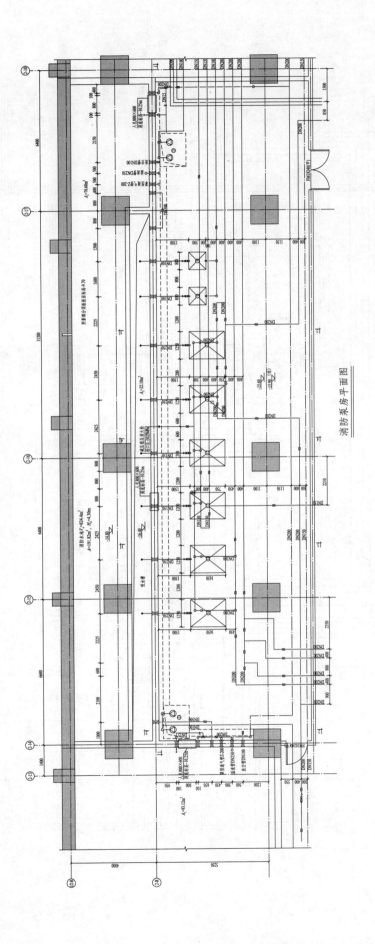

消防泵房平面图

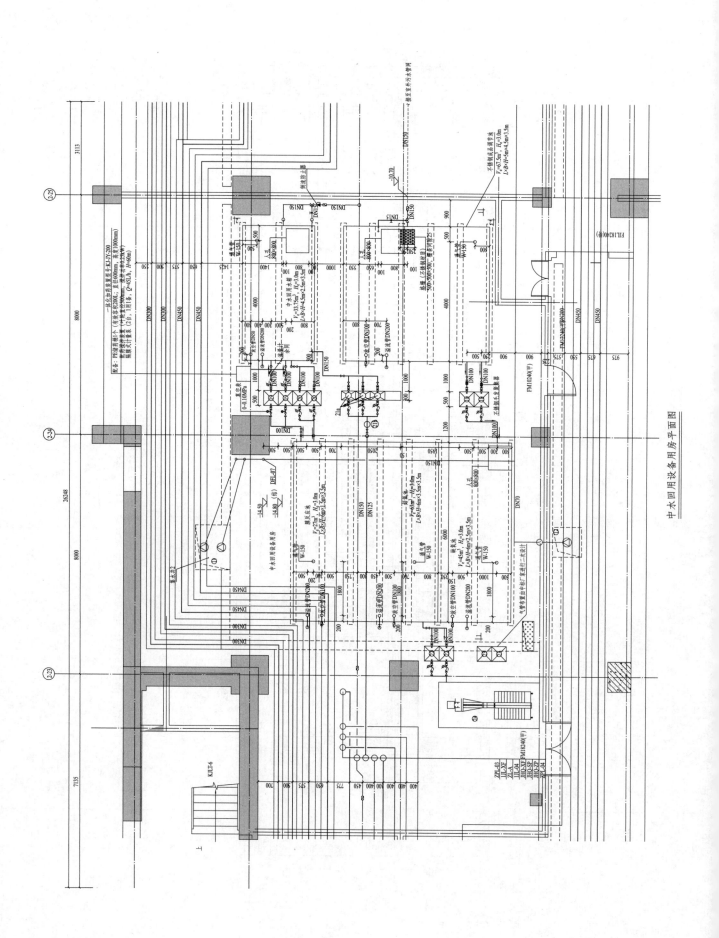

中水回用设备用房平面图

创新孵化基地（产业总部基地）一期项目

设计单位： 四川省建筑设计研究院有限公司
设 计 人： 王家良　梁国林　钟于涛　曾途　张修鸣　梁雅兴
获奖情况： 公共建筑类　一等奖

工程概况：

创新孵化基地（产业总部基地）项目位于四川省宜宾市临港新区，规划建设净用地面积约 8.73 万 m^2，规划总建筑面积约 16.9 万 m^2，为会展中心建筑群。目前该项目已成为宜宾市政治、经济、文化、科技交流和展示的窗口。

该项目地上由研发展示中心（展览中心）、数据中心办公楼、科创大厦 A 座、科创大厦 B 座（二期）4 栋建筑单体组成，其中：研发展示中心为局部设置夹层的大空间单层展览建筑，建筑高度最高点为 23.90m；数据中心为 10 层的高层建筑，建筑高度为 44.40m，建筑功能为规划展览大厅与数据机房；科创大厦 A 座为 14 层的高层建筑，建筑高度为 57.05m，建筑功能为办事大厅、会议室及办公；科创大厦 B 座为 22 层的高层建筑，建筑高度为 88.80m，建筑功能包括商业和办公，其中为一层～三层为商业、四层～十一层为办公、十二层～二十二层为公寓式办公。项目地下部分为一层的大底盘地下室，主要功能为机动停车库和设备用房，机动停车辆约 1600 辆，属于Ⅰ类停车库，耐火等级为一级。

项目出图时间为 2016 年 12 月，消防给水系统按当时的国家标准规范及四川省消防文件设计。

工程说明：

一、给水排水系统

（一）给水系统

1. 给水用水量

本工程主要用水项目和用水量详见表 1～表 4。

会展中心用水项目和用水量　　　　　　　　　　　　　　　　　　　　　　表 1

序号	用水项目名称	用水量标准	单位	使用人数或单位数	使用时间(h)	小时变化系数	用水量			备注
							最高日(m^3/d)	最大时(m^3/h)	平均时(m^3/h)	
1	会展中心	3	L/($m^2 \cdot$ d)	21864	10	1.5	65.59	9.84	6.56	
2	冷却塔补水	循环水量1.5%			10	1	229.5	22.95	22.95	设于会展中心室外；暖通提资数据
3	室外绿化、广场浇洒	2	L/($m^2 \cdot$ d)	37100	8	1	74.20	9.28	9.28	

续表

序号	用水项目名称	用水量标准	单位	使用人数或单位数	使用时间 (h)	小时变化系数	用水量			备注
							最高日 (m³/d)	最大时 (m³/h)	平均时 (m³/h)	
4	停车库地面冲洗	2	L/(m²·d)	8000	8	1	16.00	2.00	2.00	一天冲洗 8000m²
5	未预见用水量	按本表以上项目的 10% 计					38.53	4.41	4.08	
6	合计						423.82	48.47	44.86	

数据中心用水项目和用水量 表2

序号	用水项目名称	用水量标准	单位	使用人数或单位数	使用时间 (h)	小时变化系数	用水量			备注
							最高日 (m³/d)	最大时 (m³/h)	平均时 (m³/h)	
1	数据中心	50	L/(人·班)	2713	10	1.2	135.63	16.28	13.56	按办工楼计算
2	员工餐厅	20	L/(人·班)	2713	10	1.5	54.25	8.14	5.43	设于数据中心十层
3	冷却塔补水	按循环水量的 1.5%			10	1	210.60	21.06	21.06	设于数据中心十层屋面,暖通提资数据
4	未预见用水量	按本表以上项目的 10% 计					18.99	2.44	1.90	
5	合计						419.46	47.91	41.95	

科创大厦 A 座用水项目和用水量 表3

序号	用水项目名称	用水量标准	单位	使用人数或单位数	使用时间 (h)	小时变化系数	用水量			备注
							最高日 (m³/d)	最大时 (m³/h)	平均时 (m³/h)	
1	酒店式公寓	240	L/(人·d)	352	24	2.3	84.48	8.10	3.52	七层~十四层,每层22间公寓
2	普通办公楼	50	L/(人·班)	997	10	1.2	49.87	5.98	4.99	一层,四层~六层
3	会议厅	8	L/(座位·次)	3778	8	1.2	30.22	4.53	3.78	一层~三层(1个座位按3次计)
4	未预见用水量	按本表以上项目的 10% 计					16.46	1.86	1.23	
5	合计						181.03	20.48	13.51	

项目总用水量（表1、表2、表3合计） 表4

序号	用水项目名称	用水量标准	单位	使用人数或单位数	使用时间 (h)	小时变化系数	用水量			备注
							最高日 (m³/d)	最大时 (m³/h)	平均时 (m³/h)	
1	合计	引入管为 2 根 DN200 市政自来水管,在小区内形成环网					1573.11	116.86	100.32	

2. 水源

本工程北临宜宾市新宜南快速路,西临梨湾路,东边与南边均临市政规划道路,市政给水、排水管网配套设施完善。分别从北侧新宜南快速路和东侧市政规划道路,各接入 1 根 DN200mm 给水引入管进入用地红线,且在用地红线内形成环状管网,供应本工程生活和消防用水。市政自来水供水压力为 0.30MPa。

3. 系统竖向分区

生活给水系统根据"一心两翼"建筑布局特点，设置成西侧、中心、东侧3个相互独立设置的给水系统。

科创大厦B座（二期）在地下室西侧单独设置生活变频加压给水系统；数据中心、科创大厦A座合用地下室东侧的生活变频加压给水系统；中心区域的会展中心由市政水压直接供水，充分利用市政供水压力。

本工程会展中心、数据中心、科创大厦A座生活给水系统竖向分为3个供水分区，具体分区如下：

1区：建筑高度在15.0m及以下的楼层（包括地下室及会展中心，数据中心一层～三层，科创大厦A座一层～三层），由市政自来水直接供给。

2区：建筑高度介于15～41m以内楼层（包括：数据中心四层～十层，科创大厦A座四层～九层），由地下室给水泵房2区变频泵组＋生活贮水箱联合加压供水。

3区：建筑高度介于41～60.6m以内楼层（包括：科创大厦A座十层～十四层），由地下室给水泵房3区变频泵组＋生活贮水箱联合加压供水。

4. 供水方式、给水加压设备和生活水箱设置

（1）本工程供水方式和给水加压设备配置见表5。

供水方式和给水加压设备配置　　　　　　　　　　　　　　　　　　　　表5

功能	分区	供水方式	给水加压设备配置
地库、会展中心	1区	市政自来水直接供给	无
数据中心	1区（一层～三层）	市政自来水直接供给	无
	2区（四层～十层）	东侧2区变频泵组加压供水	采用成套变频供水增压设备 $Q=73.5 \text{m}^3/\text{h}$，$H=71.6\text{m}$，$N=3×7.5\text{kW}=22.5\text{kW}$，泵组3用1备
科创大厦A座	1区（一层～三层）	市政自来水直接供给	无
	2区（四层～九层）	东侧2区变频泵组加压供水	采用成套变频供水增压设备 $Q=73.5 \text{m}^3/\text{h}$，$H=71.6\text{m}$，$N=3×7.5\text{kW}=22.5\text{kW}$，泵组3用1备
	3区（十层～十四层）	东侧3区变频泵组加压供水	采用成套变频供水增压设备 $Q=40.2 \text{m}^3/\text{h}$，$H=101\text{m}$，$N=3×11\text{kW}=33\text{kW}$，泵组2用1备

（2）本工程2区和3区给水增压部分，生活水箱贮水容积按数据中心和科创楼A座最高用水量的20％容积计算，见表6。

2区和3区用水项目和用水量　　　　　　　　　　　　　　　　　　　　表6

数据中心										
序号	用水项目名称	用水量标准	单位	使用人数或单位数	使用时间（h）	小时变化系数	用水量			备注
							最高日（m³/d）	最大时（m³/h）	平均时（m³/h）	
1	数据中心	50	L/（人·班）	1759	10	1.2	87.95	10.55	8.80	四层～十层加压部分
2	员工餐厅	20	L/（人次）	1759	10	1.5	35.18	5.28	3.52	设于数据中心十层
3	冷却塔补水	循环水量1.5%			10	1	210.60	21.06	21.06	暖通提资数据
4	未预见用水量	按本表以上项目的10%计					12.31	1.58	1.23	
5	合计						346.04	38.47	34.60	

续表

科创大楼 A 座

序号	用水项目名称	用水量标准	单位	使用人数或单位数	使用时间(h)	小时变化系数	用水量			备注
							最高日(m³/d)	最大时(m³/h)	平均时(m³/h)	
6	酒店式公寓	240	L/(人·d)	352	24	2.3	84.48	8.10	3.52	七层~十四层
7	普通办公楼	50	L/(人·班)	315	10	1.2	15.77	1.89	1.58	四层~六层
8	未预见用水量	按本表以上项目的10%计					10.03	1.00	0.51	
9	合计						110.28	10.99	5.61	
10	总合计	第5项+第9项					456.32	49.46	40.21	
11	生活水箱贮水有效容积(取最高日用水量的20%,取100m³)									

本工程东侧的生活变频加压给水系统设置 2 座生活储水箱,设于地下室东侧生活水箱间内,总有效容积为 100m³。

5. 管材

本工程室内生活给水立管及干管采用 PSP 钢塑复合压力管,双热熔过渡接头连接,管材选用公称压力为 1.6MPa;给水支管采用给水聚丙烯(PP-R)管,管材选用压力:冷水采用 S4,热水采用 S3.2 系列,热熔连接。

室外埋地给水管采用钢丝网骨架塑料聚乙烯复合管($PN=1.0MPa$),电熔连接。

(二)生活排水系统

1. 排水系统的型式

室内排水:采用污废合流制。室内±0.000 以上污/废水重力自流排入室外污水管,地下室无法重力排水的卫生间设置污水提升间,内设一体化污水提升设备收集地下室生活排水提升后排出。

室外排水:采用雨、污分流制。生活排水集中流经污水沉砂池预处理后,由室外污水管道有组织排入市政污水管网。

2. 通气管的设置方式

地上高层建筑卫生间排水立管采用专用通气双立管排水系统,每隔一层设结合通气管与污水立管相连接;裙房污水系统根据设计排水能力设置专用通气管或伸顶通气管;底层污水单独排放。连接 4 个及 4 个以上卫生器具且横支管的长度大于 12m 的排水横支管,连接 6 个及 6 个以上大便器的污水横支管设置环形通气管。

3. 局部污水处理设施

餐饮厨房含油废水经器具隔油和分区域设置的集中新鲜油脂分离器隔油处理后排出。

4. 管材

高层建筑污/废水排水立管采用 PVC-U 实壁内螺旋降噪排水管,粘接;支管采用 PVC-U 排水塑料管,粘接;转换层立管转弯处、横干管及其以下立管至室外检查井之间的排水管采用加厚型 PVC-U 排水塑料管,粘接或弹性橡胶圈密封连接;承接开水间高温废水的排水管采用柔性接口机制排水铸铁管,法兰承插式柔性连接。

(三)雨水系统

1. 雨水系统设计重现期

混凝土建筑屋面雨水排水系统按 10 年设计重现期设计,雨水排水系统和溢流设施的总排水能力不小于

50年设计重现期。会展中心屋面雨水排水系统按100年设计重现期设计。

室外按3年设计重现期，汽车坡道按50年设计重现期设计。

2. 雨水系统型式

（1）高层建筑及裙房屋面雨水采用重力流外排水系统，雨水斗采用87型雨水斗；会展中心屋面采用压力流（虹吸式）雨水排放系统，雨水斗采用专用虹吸式雨水斗。

会展中心钢结构屋面采用多专业集成式设计，通过将照明、空调、自然采光及排水等系统的集成设计，将内装与设备统筹协调，完成屋顶构件的复合式功能。钢结构屋面采用虹吸排水系统，在高效解决屋面排水问题的同时，减小排水管对建筑形式的影响。会展中心屋面雨水管道及天沟如图1所示，通风设计与雨水组织如图2所示。

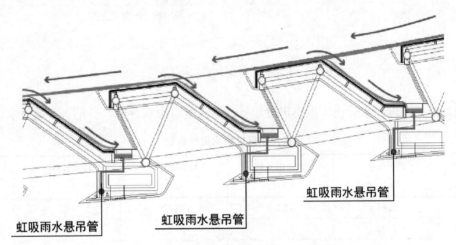

图1 会展中心屋面雨水管道及天沟示意图

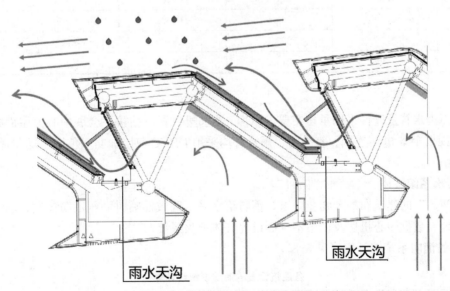

图2 通风设计与雨水组织示意图

（2）室外雨水采用重力流排放方式，雨水资源充分利用下凹绿地和透水地面，增加雨水入渗的方式加以回收利用；多余的雨水径流量，由下凹绿地内溢流口、道路雨水口，收集至室外雨水管道，就近排入地块周边的市政雨水管网。

本工程用地红线范围内雨水管设多根排出管，就近排入城市雨水管道，各汇水区域计算简图如图3所示。

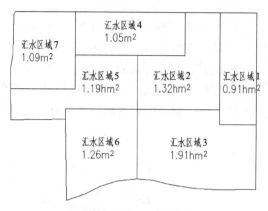

图3 各汇水区域计算简图

本工程用地红线范围内雨水管设7根排出管，就近排入城市雨水管道，各汇水区域排水设计参数见表7。

各汇水区域排水设计参数 表7

汇水区域	汇水面积 （hm²）	设计雨水量 （L/s）	排出管管径 （mm）	排出管坡度 （‰）	设计排水能力 （L/s）
1	0.91	183.2	DN400	8	186.2
2	1.32	265.8	DN500	5	266.9
3	1.91	384.6	DN600	4	388.1
4	1.05	211.4	DN500	4	238.7
5	1.19	239.6	DN600	5	434.0
6	1.26	253.7	DN500	5	266.9
7	1.09	219.5	DN500	4	238.7

3. 管材

高层建筑屋面雨水管及管件采用承压实壁 PVC-U 排水塑料管，粘接；会展中心大屋面虹吸雨水管采用高密度聚乙烯 HDPE 管，电熔连接。室外污、雨水管均采用 DREC 双层加肋双色增强复合管，复式连接。

二、消防系统

（一）消防给水系统概述

根据"一心两翼"的建筑布局及物业要求，消防给水采用区域性临时高压消防体制，整个小区统一设置室内消防给水系统。数据中心机房及档案室全面设置气体灭火系统。

1. 各建筑物的消防系统统计表（见表8）

各建筑设置的消防系统统计表 表8

序号	系统名称	地下室	会展中心	科创大厦A楼	数据中心	科创大厦B楼
1	室内消火栓系统	√	√	√	√	√
2	室外消火栓系统	√	√	√	√	√
3	自动喷水灭火系统	√	√	√	√	√

续表

序号	系统名称	地下室	会展中心	科创大厦 A 楼	数据中心	科创大厦 B 楼
4	自动跟踪定位射流系统	×	√	√	×	√
5	气体灭火系统	√	×	×	√	×
6	建筑灭火器	√	√	√	√	√
7	厨房灭火系统	×	×	×	√	√

2. 消防给水设计流量（见表 9）

消防给水设计流量   表 9

序号	楼栋	建筑消防定性	室内消火栓系统设计流量（L/s）	室外消火栓系统设计流量（L/s）	火灾延续时间(h)	自动喷水灭火系统设计流量（L/s）	自动跟踪定位射流系统设计流量(L/s)	持续喷水时间(h)	一次灭火用水量（m³）
1	地下室	Ⅰ类停车库	10	20	2	75	—	1	486
2	会展中心	多层(高大空间)公建	20	40	2	45	40	1	594
3	科创大厦 A 座	一类高层公共建筑	40	40	3	35	20	1	990
4	数据中心	一类高层公共建筑	30	40	3	45	—	1	918
5	科创大厦 B 座	一类高层公共建筑	40	40	3	35	20	1	990

本工程室内消火栓系统设计流量：40L/s；室外消火栓设计流量：40L/s；自动喷水灭火系统设计流量（地下车库泡沫-水喷淋系统）75L/s、自动喷水灭火系统设计流量：45L/s、自动跟踪定位射流系统设计流量40L/s；消防给水一起火灾灭火用水量按需要同时作用的室内外消防给水用水量之和为 990m³。

3. 消防储备

本工程消防水源为市政自来水，室外消防用水由市政给水管道和消防水池联合供给，室内消防用水由消防贮水池供给。根据《四川省民用建筑消防水池设计的补充技术措施》的规定，消防水池应贮存室外及室内消防用水量，且高层建筑消防水池有效容积不考虑减去火灾延续时间内补充的水量。

本工程按同时发生一起火灾设置消防给水系统，消防给水一起火灾灭火设计消防用水量为 990m³。室内外合用消防水池与消防水泵房设置于研发展示中心地下一层，消防水池有效容积为 990m³，分成可独立使用的 2 格，保证火灾延续时间内的室内外消火栓用水量及 1h 喷淋用水量。在科创 B 地下室设一座室外消防水池，有效容积为 432m³，贮存超出室内外合用消防水池 150m 保护半径的建筑物的室外消防用水量。

各消防水池均设置取水口供消防车吸水，保证各栋建筑均在消防水池的保护范围内。

4. 屋顶消防水箱

消防水箱及消防稳压设备设于科创大厦 B 座屋顶楼梯间上方，有效容积为 36.0m³，用以保证本工程灭火初期的消防水量和水压。

(二) 消火栓系统

1. 消火栓系统分区

本工程消火栓系统静水压力大于 1.0MPa，消火栓系统分高、低两区。除科创大厦 B 座十二层及以上为高区，本项目其他区域均为低区。

2. 消火栓泵（稳压设备）的参数

(1) 选用 2 台消火栓泵，拟采用离心立式多级消防泵，1 用 1 备，其性能要求如下：$Q = 40L/s$，$H =$

160m，$N=110$kW。

（2）科创大厦 B 座屋顶设置消火栓增压稳压装置 1 套，型号为 ZW（L）-I-X-13。

3. 水泵接合器的设置

室外设置 6 组消防水泵接器，与室内消火栓环网相连，高、低区各设 3 组。

4. 管材

60m 以下高区消火栓管采用热浸镀锌无缝钢管，其余管道采用热浸锌镀锌钢管。消防管道管径小于或等于 $DN50$ 采用螺纹连接，管径大于 $DN50$ 采用沟槽式卡箍连接。

（三）自动喷水灭火系统

本工程地下室、地上商业、办公楼均应设置自动喷水灭火系统保护；地下室车库内设置泡沫-水喷淋系统。

1. 设计参数（见表 10）

自动喷水灭火系统设计参数 表 10

序号	设置部位	危险等级	喷水强度/供给强度 $[L/(min \cdot m^2)]$	作用面积 （m^2）	持续喷水时间 （h）	设计流量 （L/s）
1	地下室	泡沫-水喷淋系统	6.5	465	1	75
2	地上商业裙房	中危险级 II 级	8	160	1	35
3	办公	中危险级 I 级	6	160	1	35
4	中庭	中危险级 I 级	6	260	1	45

其中，地下车库采用泡沫-水喷淋系统，泡沫混合液浓度为 3%，供给强度为 $6.5L/(min \cdot m^2)$，作用面积为 $465m^2$，连续供给时间不小于 10min，泡沫混合液与水的连续供给时间之和不小于 60min。

2. 系统分区

1 区：地下室为 1 区，由地下室消防水池＋地下室专用喷淋泵（1 用 1 备）＋屋顶消防水箱经过减压阀减压后联合供水。

2 区：地上一层～十一层，包括：会展中心、数据中心、科创大厦 A 座十四层及以下部分、科创大厦 B 座十一层及以下部分，系统由地下室消防水池＋地上专用喷淋泵（1 用 1 备）＋屋顶消防水箱经过减压阀减压后联合供水。

3 区：十二层～二十二层，包括科创大厦 B 座十二层及以上部分，系统由地下室消防水池＋地上专用喷淋泵（1 用 1 备）＋屋顶消防水箱＋自动喷水稳压设备联合供水。

3. 自动喷水灭火系统加压（稳设备）的参数

（1）选用 2 台地下室专用喷淋泵，拟采用离心立式多级消防泵，1 用 1 备，其性能要求如下：$Q=80$L/s，$H=80$m，$N=90$kW。

（2）选用 2 台地上用喷淋泵，拟采用离心立式多级消防泵，1 用 1 备，其性能要求如下：$Q=40$L/s，$H=160$m，$N=110$kW（满足流量最不利点火灾 $Q=45$L/s 时系统压力要求）。

（3）科创大厦 B 座屋顶设置自动喷水灭火系统增压稳压装置 1 套，型号为 ZW（L）-I-Z-10。

4. 喷头选型

地下车库采用标准直立型 68℃玻璃球喷头；地上商业、办公综合楼各层有吊顶房间和公共走道等部位采用 $DN15$，68℃级吊顶型闭式喷头；无吊顶的商业用房采用 $DN15$，68℃级直立型喷头；无吊顶的公寓式办公用房采用 $DN20$，68℃级边墙型扩展覆盖型喷头；柴油发电机房、厨房的热操作间内采用 $DN15$，93℃级吊顶型闭式喷头；入户大堂和会议室等装修豪华部分，采用 $DN15$，68℃级隐蔽吊顶型喷头；中庭环廊采用 $DN15$，68℃级快速响应型喷头。

5. 报警阀的数量、位置

(1) 1 区地下车库泡沫-水喷淋系统共设 10 套报警阀组，分区域设置于地下室泡沫灌间。

(2) 2 区自动喷水灭火系统共设 9 套报警阀组，集中设于地下室报警阀间。

(3) 3 区自动喷水灭火系统共设 2 套报警阀组，集中设于科创大厦 B 座屋顶。

(4) 每个报警阀组控制的最不利点洒水喷头处设电动智能末端试水装置，其他防火分区、楼层设置电动试水阀。

6. 水泵接合器的设置

室外设置 5 套水泵接合器与地下车库泡沫-水喷淋系统相连；设置 4 套水泵接合器与自动喷水灭火系统相连。

7. 管材

3 区喷淋管道采用热浸镀锌无缝钢管，1、2 区喷淋管道采用热浸镀锌钢管。消防管道管径小于或等于 $DN50$ 采用螺纹连接，管径大于 $DN50$ 采用沟槽式卡箍连接。消防泡沫液管道采用不锈钢管，氩弧焊连接。

(四) 气体灭火系统

1. 气体灭火系统设置的位置

根据《气体灭火系统设计规范》GB 50370—2005 对本工程数据机房、UPS 间、高低压变配电房、档案馆采用七氟丙烷灭火系统进行保护。数据机房、档案馆采用管网式七氟丙烷气体灭火系统。其余高低压配电房、开闭所等采用预制式七氟丙烷气体灭火系统。

2. 系统的设计参数

高低压变配电房灭火设计浓度采用 9%，灭火剂喷放时间小于或等于 10s，灭火浸渍时间为 5min；数据库、UPS 机房灭火设计浓度采用 8%，灭火剂喷放时间小于或等于 8s，灭火浸渍时间为 5min；档案馆灭火设计浓度采用 10%，灭火剂喷放时间小于或等于 10s，灭火浸渍时间为 20min。

3. 系统的控制

本工程的气体灭火系统设计分为管网式和预制式。

其中管网式有自动、手动 2 种启动方式，预制式有自动、手动、应急手动 3 种启动方式。

(1) 自动工况：即自动探测报警，发出火警信号，自动启动灭火系统进行灭火。

(2) 手动工况：即自动探测报警，发出火警信号，经人工手动控制盒启动灭火系统进行灭火。

(3) 应急手动工况：

1) 只探测报警，发出火警信号，但电气控制部分出现故障，不能执行灭火指令的情况下；由于电源发生故障或自动探测报警系统失灵，不能执行灭火指令的情况下。

2) 应急手动必须在储瓶间进行，首先拔去所需灭火区域的启动瓶上的电磁瓶头阀的保险，按下按钮，使灭火系统工作，执行灭火功能，但这务必在提前关闭影响灭火效果的设备，通知并确认人员已经撤离后方可实施。

(五) 自动跟踪定位射流灭火系统

1. 设置范围

本工程建筑空间高度大于 12m 场所设置自动跟踪定位射流灭火系统保护，设置区域为大空间单层会展中心、科创大厦 A 座、科创大厦 B 座的高大空间。

2. 设置种类及技术参数

(1) 会展中心采用自动消防炮灭火装置保护，消防炮最大保护半径为 50m，水平旋转角为 0°～360°，垂

直旋转角度为 $0°\sim90°$，标准工作压力为 0.8MPa，流量为 20L/s，接口 $DN100$。设计流量为 40L/s。

（2）科创大厦 A 座、B 座楼内高大空间内采用喷射型自动射流灭火装置保护，装置最大保护半径为 30m，最大保护高度为 20m，水平旋转角为 $0°\sim360°$，垂直旋转角度为 $0°\sim90°$，标准工作压力为 0.6MPa，流量为 5L/s，接口 $DN50$。设计流量为 20L/s。

3. 供水系统

在会展中心地下室消防泵房内设置 2 组自动跟踪定位射流灭火系统增压泵，1 用 1 备，其消防设计性能参数如下：$Q=40L/s$，$H=120m$，$N=75kW$。在地下室连成环网，各单体自动跟踪定位射流灭火设备均从环网上接入。

4. 水泵接合器的设置

室外设置 3 套水泵接合器，与自动跟踪定位射流灭火系统增压泵出水管相连。

5. 系统的控制

该系统有自动、消防控制室远程手动和现场应急手动 3 种启动方式。

（1）自动：消防控制室无人值守时或人为使系统处于自动状态下，当报警信号在控制室被主机确认后，控制室主机向消防炮控制器发出灭火指令，灭火装置按设定程序搜索着火点，直至搜到着火点并锁定目标，再启动电磁阀和消防泵进行灭火，消防泵和灭火装置的工作状态在控制室显示。

（2）消防控制室远程手动：消防控制室控制设备在手动状态下，当系统报警信号被工作人员通过控制室显示器或现场确认后，控制室通过专用控制器主机驱动灭火装置瞄准着火点，启动电磁阀和消防泵实施灭火，消防泵和灭火装置的工作状态在控制室显示。

（3）现场应急手动：工作人员发现火灾后，通过设在现场的手动控制盘按键驱动灭火装置瞄准着火点，启动电磁阀和消防泵实施灭火，消防泵和灭火装置的工作状态在控制室显示。

三、工程特点介绍与设计及施工体会

（一）结合建筑类型和物业特点的系统设计

本项目为由研发展示中心（展览中心）、数据中心、科创大厦 A 座、科创大厦 B 座等建筑组成的会展中心建筑群，总建筑面积约 16.9 万 m^2，内部功能复杂，物业类型涵盖了总部办公楼、会展展示中心、酒店式办公楼、星级酒店等类型。给水排水设计中，针对研发展示中心、数据中心、科创大厦等不同建筑类型、物业特点和用水需求，采用不同的设计思路。

根据"一心两翼"的建筑布局及物业要求，消防给水采用区域性临时高压消防体制，整个小区统一设置室内消防给水系统。数据中心机房及档案室全面设置气体灭火系统。

生活给水系统按"一心两翼"建筑布局分成西侧、中心、东侧 3 个相互独立设置的生活给水系统。

（二）结合研发展示中心屋面特点的集成式设计

1. 屋面特点

研发展示中心屋面面积为 2.7 万 m^2，屋面结构采用了钢管桁架体系，且钢管桁架之间设置了大面积的自然采光井。

2. 多专业集成式设计

为了保持研发展示中心的简洁、美观，将屋顶排水管与屋面反光板、天窗与风机管集成设计，在高效解决屋面排水问题的同时，减小了屋面排水管对建筑形式的影响；屋面雨水排水系统采用虹吸式排水系统，采光井内天沟结合造型和水力计算设计；通过将照明、空调、自然采光及排水等系统的集成式设计，将内装与设备统筹协调，完成屋顶构件的复合式功能，解决功能性设计难题的同时达到节能降耗的目的。

（三）结合会展使用功能和布展需求的细部设计

研发展示中心作为展示窗口的代表性建筑，它的设计初衷是使建筑的内部活动空间能支撑大型博览会召

开的使用要求，建筑内部设计要求简洁灵动，美观大方，因此，设计采用了研发定制的新产品，既满足安全，简洁的使用要求，又满足建筑美观、舒适的要求。

1. 地埋型消火栓水箱

消火栓系统采用了地埋型消火栓水箱，摒弃了传统的地上式消火栓水箱的安装方式，使消火栓的布置简洁灵活，有效解决了室内大跨度空间不能保证有 2 支水枪的充实水柱能同时到达室内任何部位的问题。在满足室内消火栓给水系统安全保护要求的前提下，不影响地上建筑空间布置的使用要求，减少设备管道布置，使活动空间美观大方。

2. 模块化综合展位室内地面管井

建筑内部的活动空间会因举办各种活动采用不同的使用方案，为了灵活多变地适应各种方案的使用要求，本次设计研发定制了综合展位室内地面管井这一新产品，模块化的管井可以灵活地适应各种展位的接头要求，并保持地面干净整洁，各种接头也便于统一管理，安全保护。

3. 电动智能末端试水设备的运用

（1）自动喷水灭火系统引入电动智能末端试水设备，每个报警阀组的最不利喷头处设电动智能末端试水装置，其余楼层防火分区末端喷头处设置电动试水阀。

（2）自动末端试水装置和电动试水阀可以对喷淋管网和防火分区的最不利点进行流量和压力的数据采集，并上传至监控主机，监控主机可以对接收的数据进行记录，并与设定好的数据进行分析判断是否故障，还可与报警阀组、水力警铃、水流指示器等进行联动实验，可以大幅提高喷淋管网的灭火可靠性，增加数据的准确性和科学性，并能节省更多的人工和时间，使自动喷水灭火系统能保持更高性能，在火灾发生时能达到最好的灭火效果。

（四）BIM 技术在施工精细化管理中的应用

BIM 技术贯穿整个建筑施工周期，应用于场地布置、施工深化、碰撞检查、综合布线、样板排版、可视化交底、模拟施工及三维漫游等。各机电系统管线应用 BIM 技术深化设计，使综合管线排列整齐有序，层次分明，减少施工过程中因返工造成的材料和劳动力浪费，显著减少由此产生的变更申请单，大幅提高施工现场的生产效率，对缩短工期、降低工程造价产生积极的影响。

四、工程照片及附图

正南向立面图

鸟瞰图

东南向广场透视图

会展中心夜景一角

屋顶采光、通风、管廊、检修多专业协同集成化设计

室内门厅内景

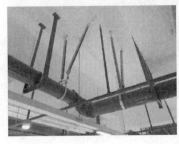

地下车库管道安装

模块化综合展位室内地面管井

消防泵房

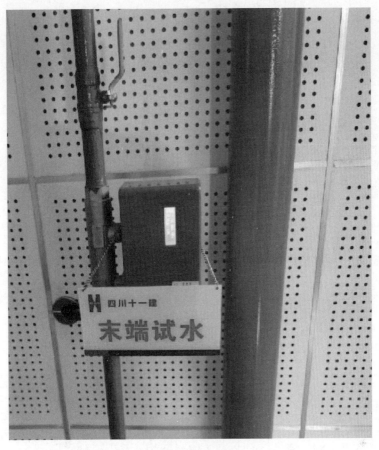

智能末端试水装置

大空间自动消防水炮

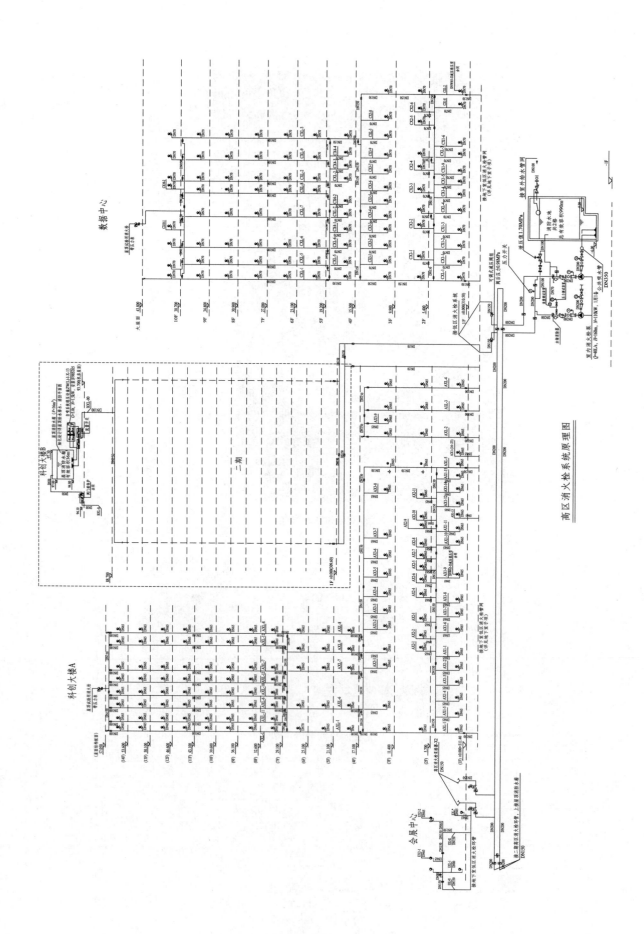

高区消火栓系统原理图

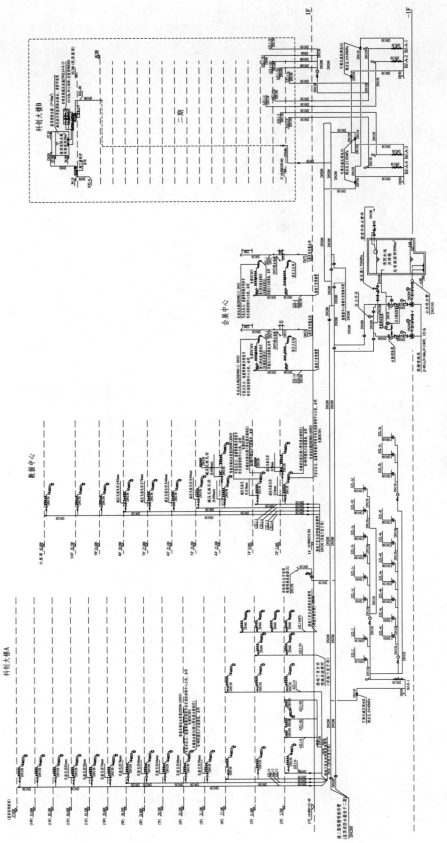

塔楼自动喷水灭火系统原理图

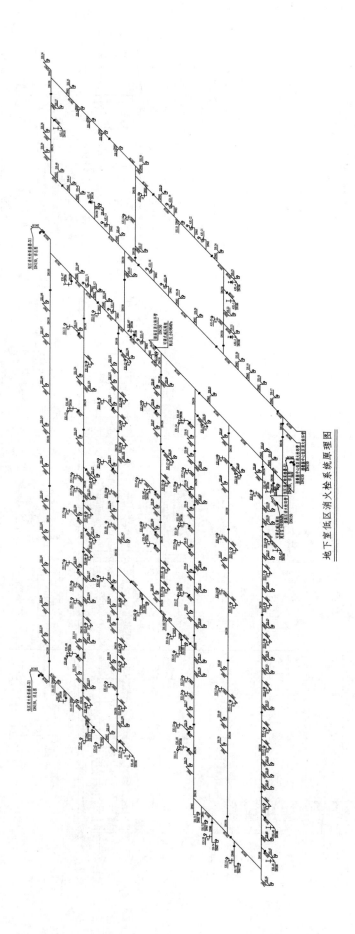

地下室低区消火栓系统原理图

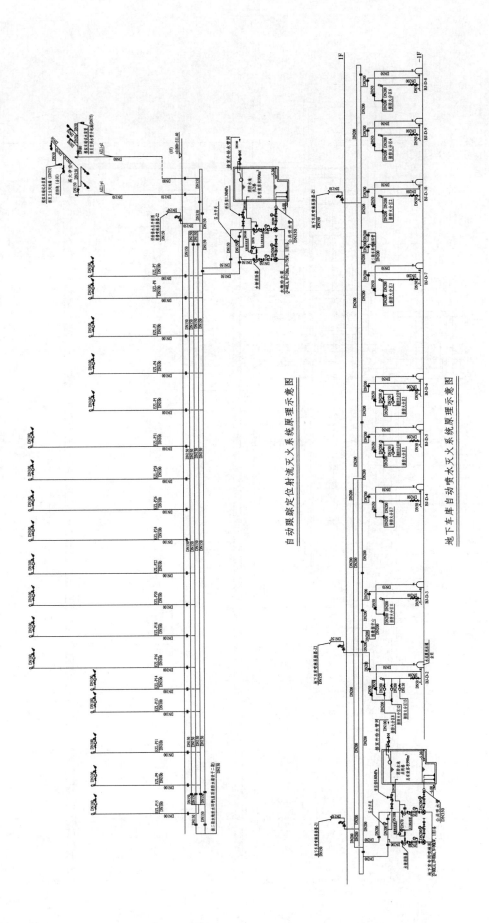

自动跟踪定位射流灭火系统原理示意图

地下车库自动喷水灭火系统原理示意图

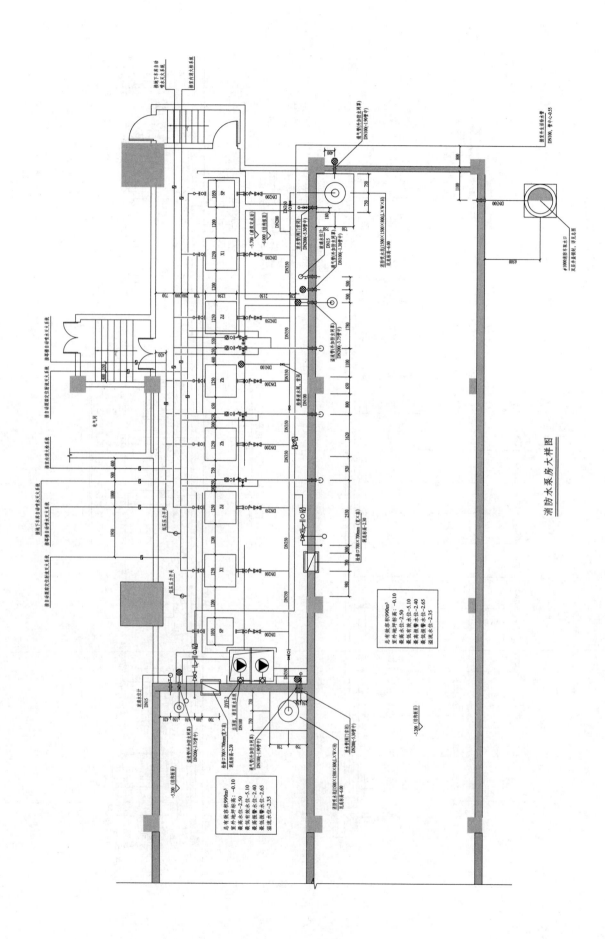

消防水泵房大样图

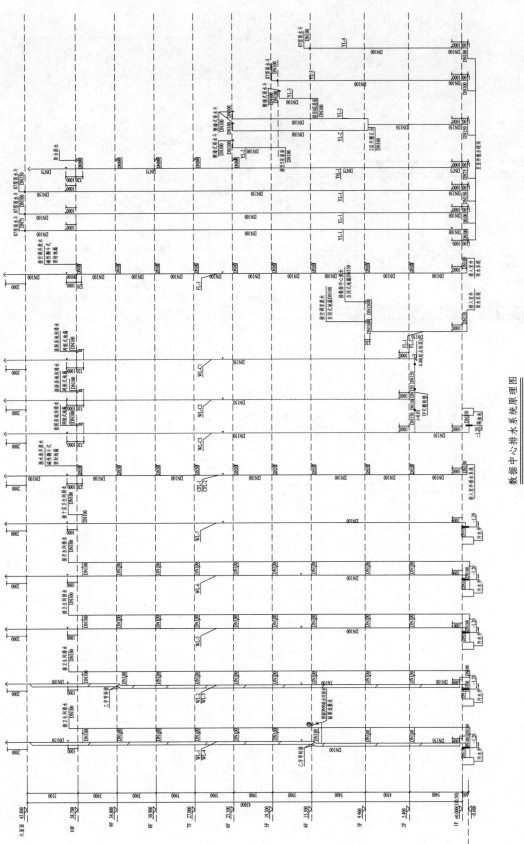

数据中心排水系统原理图

科创大楼A座排水系统原理图

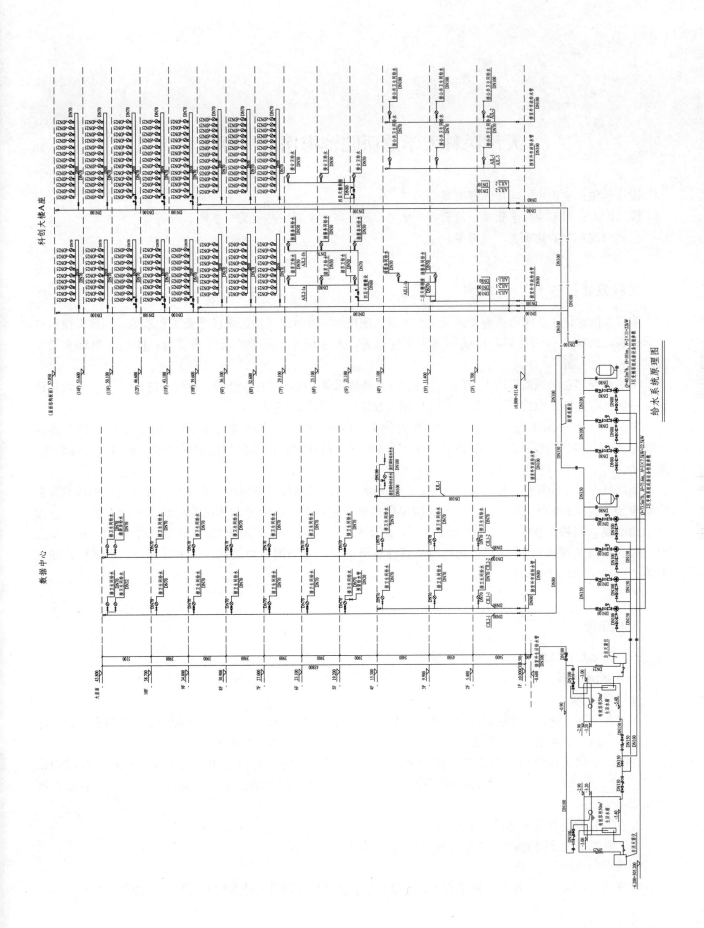

给水系统原理图

天津医科大学总医院滨海医院一期工程

设计单位：中国中元国际工程有限公司
设 计 人：何智艳　李雅冬　欧云峰　张颖　杨金华　罗颖　赵元昊　李停
获奖情况：公共建筑类　一等奖

工程概述：

滨海医院选址于天津市滨海新区汉沽东扩区，依托原滨海新区汉沽医院医疗资源和基础，利用天津医科大学总医院的医学科研优势，建成一座集医疗服务、人才培养、医学科研等功能为一体的大型综合三甲医院。

本工程规划总建筑面积约 15 万 m^2，由建筑大师黄锡璆担任项目总设计师。规划床位 1200 张。分两期建设：一期工程建筑面积约 114997.83m^2，二期工程建筑面积约 3.45 万 m^2。

本次设计为一期工程。一期工程建设规模为 114997.83m^2，其中地上建筑 88010.87m^2，地下建筑 26986.96m^2，建筑高度：37.3m，设计病床数：600 床。设计包括门诊医技病房综合楼、动力中心综合楼、液氧站、门卫。

该项目为了达到安全医院的设计目标，一层和地下一层之间设置隔震层。本项目所在汉沽东扩区滨海医疗城地区土壤属于盐碱土壤。门诊医技病房综合楼整个建筑布局从南至北依次为门诊、医技、病房，急诊位于西北侧。门诊医技病房综合楼地上 8 层，地下局部 2 层（另含 1 隔震层），建筑高度为 37.3m。动力中心综合楼建筑面积为 2903m^2，功能包括直燃机锅炉房、太平间、垃圾站、污水处理站、水泵房、变配电等。

工程说明：

一、给水排水系统

（一）给水设计

1. 给水水源

本工程周围可资利用的水资源为市政自来水，院区周围已敷设市政中水管道，但中水目前没有水源。本次设计中，预留中水系统设备管道，在中水厂建成前，由市政自来水供给水源。

在院区南侧支五路和东侧支二十路分别引入 1 条 $DN200$ 的市政给水引入管至医院院区，在院内设 $DN200$ 的给水环形管网，给水环形管网供应院区内所有建筑的生活、生产、消防给水。市政给水水压为 0.2MPa。

2. 生活用水定额及用水量（见表 1）

本工程规划设计用水量约 1582.86m^3/d。

3. 室外给水

室外给水管网上设 8 个地下式消火栓，供室外消防及消防车取水向建筑物室内消防水泵结合器供水。

生活用水定额及用水量　　　　　　　　　　表1

序号	用水项目	用水定额		用水次数		用水时数 (h)	小时变化系数	用水量	
		数量	单位	数量	单位			平均日 (m³/d)	最大时 (m³/h)
1	病床	240	L/(人·d)	600	床	24	2.5	144	15.63
2	医务人员	150	L/(人·d)	1150	人	8	2	184	48.88
3	陪护人员	20	L/(人·d)	600	人	24	2	12	1.5
4	行政工作人员	20	L/(人·d)	200	人	8	2	4	1.5
5	门诊	15	L/人次	2600	人次	10	1.5	39	5.85
6	急诊	15	L/人次	400	人次	14	1.5	6	0.64
7	手术	400	L/人次	57	人次	10	2	22.8	4.56
8	血透	150	L/人次	60	人次	10	1.5	9	1.35
9	洗衣房	70	L/kg 干衣	2400	kg	8	1.5	168	31.5
10	中心供应	100	m³/d	1		10	1.5	100	18
11	餐饮	22	L/(人·餐)	6000	人	12	1.5	132	15
	1~11 小计							820.8	138.4
12	锅炉给水					12	1	30	2.5
13	空调冷却补水	2%		2190	t/h	16	1.1	525.6	36.14
	12~13 小计							555.6	38.64
	1~13 小计							1376.4	177.04
14	未预见用水量	1.5%						206.46	
15	总计							1582.86	177.04

给水

4. 室内给水系统

门诊医技病房综合楼室内给水设集中供水系统，共设2个供水分区，地下二层~二层为低区，由市政管网直接供应；三层~八层为高区，由变频给水设备增压供给。

增压给水系统均由水箱-变频增压给水泵组增压供应；高区变频增压设备性能：$Q=90\text{m}^3/\text{h}$，$H=0.65\text{MPa}$，$N=33\text{kW}$；变频增压设备均配4台主泵，3用1备，1台辅泵，配双路电源。生活水泵采用低噪声、屏蔽不锈钢水泵。

生活水箱及变频增压给水设备设在动力中心综合楼一层水泵房内，设2座60m³的不锈钢成品水箱。并在水箱出水管上设紫外线消毒器。

动力中心综合楼、液氧站等一层的附属建筑均由市政给水管网直接供应。

(二) 热水系统

生活热水采用全日制供应方式，热水供水温度为60℃，回水温度为50℃，冷水计算温度为5℃。

1. 热水用水定额及用水量（见表2）

本项目设计热水量约为349.15m³/d，最大时热水量约为70.14m³/h，设计耗热量约4568kW。

2. 热源

热媒：主要热源为院区天然气直燃机组提供的高温热水，供/回水温度为 80℃/60℃；辅助热源：太阳能，在门诊医技病房综合楼裙房屋面设约 600m² 的太阳能集热器，预加热供应生活热水。

热水用水定额及用水量　　　　　　　　　　　　　　　　　　　　表 2

序号	用水项目	用水定额		用水次数		用水时数 (h)	小时变化系数	用水量	
		数量	单位	数量	单位			平均日 (m³/d)	最大时 (m³/h)
1	病床	125	L/(人·d)	600	床	24	3.01	75	9.41
2	医务人员	70	L/(人·班)	1150	人	8	3.01	80.5	30.29
3	陪护人员	15	L/(人·d)	600	人	24	3.01	9	1.13
4	行政工作人员	7	L/(人·d)	200	人	8	1.5	1.4	0.26
5	门诊	5	L/人次	2600	人次	10	1.5	13	1.95
6	急诊	5	L/人次	400	人次	12	1.5	2	0.25
7	手术	250		57		10	2	14.25	2.85
8	洗衣房	25		2400		8	1.5	60	11.25
9	中心供应	50	m³/d	1		10	1.5	50	7.5
10	餐饮	7		6000		12	1.5	42	5.25
	总计							347.15	70.14

高区生活热水利用裙房屋面设置的太阳能集热器进行预热，并通过直燃机组提供的高温热水作为热源；其他热水供应直接将锅炉房提供的高温热水作为热源。

本项目所在地属于太阳能资源较丰富区，年太阳能辐照量为 6182MJ/(m²·a)，最冷月平均温度为 −4℃，适合采用太阳能；综合考虑建筑屋面条件、遮挡等影响，在综合楼裙房屋面设置采光面积约 600m² 玻璃管热管式真空管太阳能集热器，并在屋顶热水机房设置太阳能压力蓄热罐用于储存热能。太阳能换热蓄热系统采用 4 台立式压力罐，单罐有效容积 $V=8m^3$。

集热器与太阳能蓄热罐之间采用机械循环。集热系统循环水泵设于屋顶热水机房，采用热水离心泵，配水温自控器电控柜。

太阳能蓄热罐储存去离子水热媒，通过位于屋顶机房的太阳能热媒循环泵与设于地下二层的低区热水预热用水-水换热器进行换热。热媒循环泵采用热水离心泵。

太阳能预热系统采用 2 台立式半容积式浮动盘管水-水换热器，传热系数 $K=930W/(m^2·℃)$，单罐有效容积 $V=8m^3$，单罐换热面积 $F=10m^2$。

3. 热水系统

生活热水换热设备设在地下二层生活热水换热机房内。热水系统的分区同给水系统，共设 2 个供水分区，地下二层~二层为低区；三层~八层为高区。热水系统的给水由各区供水设备供应。

低区采用 2 台立式半容积式浮动盘管水-水换热器，传热系数 $K=930W/(m^2·℃)$，单罐有效容积 $V=8m^3$，单罐换热面积 $F=25m^2$。

高区采用 4 台立式半容积式浮动盘管水-水换热器，传热系数 $K=930W/(m^2·℃)$，单罐有效容积 $V=7m^3$，单罐换热面积 $F=25m^2$。

热水供应采用机械式同程循环系统。低区热水循环水泵均设置2台，1用1备；高区热水循环水泵均设置2台，1用1备。水泵运行根据回水管水温自动控制。

生活热水计量方式同给水系统，按用水部位、护理单元、楼层在热水供/回水管上设置远传计量水表；热水供/回水干管按同程敷设，不循环热水支管控制在8m以内，干管竖向布置，计量水表后的支管采用横向布置。

热水系统保温：热水供水及回水管采用难燃B1级泡沫橡塑保温，保温厚度为30mm；热交换器采用超细玻璃棉保温，保温厚度为50mm，外包镀锌铁皮。太阳能集热管路采用加50mm厚的难燃B1级泡沫橡塑保温，外包镀锌铁皮；冬季温度降至0℃以下时，放空屋顶太阳能板循环管道。

（三）中水系统

1. 中水水源

本工程周围已敷设市政中水管道，但中水目前没有水源。本次设计中，预先设计中水系统设备及管道。在中水厂建成前，临时由市政自来水供给水源。待中水厂建成后，接入市政中水供应。市政给水水压水0.2MPa。

2. 中水用水定额及用水量（见表3）

中水用水定额及用水量 表3

序号	用水项目	用水定额		用水次数		用水时数 (h)	小时变化系数	用水量	
		数量	单位	数量	单位			平均日 (m³/d)	最大时 (m³/h)
						中水			
1	病床	60.0	L/(人·d)	600	床	24	2.5	36	3.75
2	医务人员	40.0	L/(人·d)	1150	人	8	2	46	11.5
3	陪护人员	30.0	L/(人·d)	600	人	24	2	18	1.5
4	行政工作人员	30.0	L/(人·d)	200	人	8	2	6	1.5
5	门诊	8.0	L/人次	2600	人次	10	1.5	20.8	3.12
	急诊	8.0	L/人次	400		14	1.5	3.2	0.34
6	餐饮	3.0	L/人次	6000	人次	12	1.5	18	2.25
	小计							148	23.96
7	绿化及道路用水	2.0	L/(m²·d)	54000	m²	8	1	108	13.5
8	小计							256	37.46
9	未预见用水量	15%						38.4	
10	总计							294.4	37.46

本工程规划设计中水用水量约294.4m³/d。其中医疗生活用水量约148m³/d，道路、绿化用水量约108m³/h。院区绿化用水采用微灌或滴灌式给水措施。

3. 室外中水

院区室外给水由院区南侧支五路市政道路上引入1个DN150的市政自来水接口，在引入管上设总水表及防污阀，并在院区内布置成枝状中水管网，供应院区的中水。管网上设适量的室外洒水栓。

4. 室内中水系统

医疗综合楼室内中水设集中供水系统，供水分区同生活给水系统。共设2个供水分区，地下二层~二层为低区，由市政中水管网直接供应；三层～八层为高区，由变频给水设备增压供给。

中水高区增压给水系统均由水箱-变频增压给水泵组增压供应；高区变频增压设备性能：$Q=35m^3/h$，$H=0.75MPa$，$N=14kW$。

中水箱及变频增压给水设备设在门诊医技病房综合楼地下二层中水泵房内，设 1 座 $35m^3$ 的不锈钢成品水箱，并在水箱内设置内置式臭氧水箱自洁杀菌机。

动力中心综合楼、液氧站等一层的附属建筑均由市政中水管网直接供水。

（四）排水系统

1. 排水体制及规划

本工程室外排水系统采用雨污分流制，室内病房部分采用污废分流制，其他部分采用污废合流。

2. 室内排水系统

室内排水采用污废不完全分流制，病房部分污废分流排放，裙房部分污废合流排水。

地上各层排水直接排至室外，其中首层单独排出室外。

地下室用水点排水、地下设备房废水、地下厨房污水、地下室卫生间污水等排水，均排入地下污水池，经潜污泵提升后排至室外排水管网。地下室卫生间排水设环形通气管、地下污水池设通气管，通气管伸出屋面。

消防电梯井底排水排入消防排水集水坑，经潜污泵提升后排至室外雨水排水管网。

病理科排水，中心供应高温排水，均单独设置管道，排出室外。

洁净手术部内不设地漏，手术部刷手间设密闭地漏。地漏及洁具存水弯水封高度不小于 50mm。

3. 室外排水

室外排水采用雨污分流制。其中含粪便污水排入室外化粪池；含油污水经隔油器后排入室外排水管道；含放射性同位素的污水排入室外衰减池预处理，医疗污/废水统一排入院区污水处理站，经处理达标后排入市政排水管网。高温排水经降温池后直接排入市政排水管网。

液氧站等非医疗污废水，经化粪池后，直接排入市政排水管网。锅炉房锅炉定期排水，经排污降温池降温后，直接排入市政排水管网。

4. 雨水利用

室外道路、铺装地面采用渗水型铺装材料，同时在室外设置下凹式绿地，雨水通过渗透、排入绿地等方式就地入渗，以补充并涵养地下水资源环境，并对院区盐碱地面进行降盐。

由于本工程土壤属于盐碱化土壤，屋面雨水原则上外排至建筑室外散水坡，并设置下凹式绿地，使雨水在室外绿地、渗水地面散流、回灌地下水，对盐碱土地进行降盐处理。同时结合室外道路和景观，尽可能使路面标高高于绿地标高，提高雨水的渗透量。

室外绿化设置盲管排盐系统，用于持续排除土壤中的盐分，保护院区绿化植物生长，降低土壤含盐量。

5. 污水处理站

环评批复文件要求：项目医院病区污水和其他废水经院内污水处理站一级生化处理后达到《医疗机构水污染物排放标准》GB 18466—2005 预处理标准和《天津市污水综合排放标准》DB12/356—2008 三级标准后，排入市政污水管网，最终进入营城污水处理厂。

根据医院规划，污水处理站位于院区东北角，负担全院区范围内的医疗污水的处理，考虑预留二期处理量，要求达到日处理能力 $1300m^3/d$，按 18h 运行设计，小时处理量为 $73m^3/h$。消毒剂采用次氯酸钠进行消毒。加药量为 35～50mg/L，排出口处设余氯在线监测仪，保证余氯量为 6～8mg/L。

设计流程如下：

污水→化粪池→格栅→调节池→接触氧化→沉淀池→消毒接触池→排放

其中格栅设计过栅流速为 0.8m/s；调节池设计水力停留时间为 6h；竖流沉淀池设计表面水力负荷为 $1m^3/(m^2 \cdot h)$；消毒池设计水力停留时间为 2h。

二、消防系统

(一) 建筑性质、类别

该建筑耐火等级为一级，消防系统按门诊医技病房综合楼建筑设置，地上 8 层，局部地下 2 层，地下有部分 3 层机械车库，建筑功能包括门诊、医技、病房，属一类高层建筑，最高建筑高度约为 37.3m。

(二) 消防系统用水量设置

本工程设室/内外消火栓系统、室内自动喷水灭火系统。地下停车库部分自动喷水灭火系统按中危险级 II 级设置，地上各层自动喷水灭火系统按中危险级 I 级设置，消防用水量见表 4。

消防用水量 表 4

序号	消防范围	消防系统	用水量标准(L/s)	一次灭火时间(h)	一次消防用水量(m^3)
1	室外	消火栓系统	20	3	216
2	室内	消火栓系统	20	3	216
		自动喷水灭火系统	55	1	198

本工程室内消防一次用水量为 $414m^3$；

本工程室内、外消防一次用水量为 $630m^3$。

(三) 室外消火栓系统

室外消火栓系统给水采用低压制，由室外给水管网直接供给，市政水压约 0.2MPa。在室外环形管网上设 8 个地下式消火栓，供室外消防及消防车取水向建筑物室内消防水泵结合器供水。

(四) 室内消火栓系统

室内消火栓系统用水全部贮存在消防水池内。消防水池、消防泵房位于动力中心综合楼地下一层，消防水池有效容积为：$420m^3$，室内消火栓系统由消防水池、消火栓泵、屋顶水箱、屋顶稳压设备、消防给水管网、室内消火栓、水泵接合器等组成。

室内消火栓系统由屋顶水箱及稳压设备维持压力。屋顶水箱及稳压设备设置在门诊医技病房综合楼南侧病房楼屋面，屋顶消防水箱的有效容积为 $45m^3$。

室内消火栓系统设 2 台消火栓泵，互为备用，消火栓泵性能参数为：$Q=20L/s$，$H=0.85MPa$，$N=37kW$。屋顶稳压泵 2 台。

消火栓泵由室内各消火栓箱处的按钮手动启动。消防控制中心能控制水泵的开启。消防水池、屋顶水箱设液位显示及溢流报警信号。

室内消火栓选用 SN65 型旋转式不锈钢消火栓，箱体采用一体式不锈钢或搪瓷钢板箱体，箱体内配置 ϕ19mm 水枪，长 25mϕ65 的麻质衬胶水龙带，和长 25mϕ25 的消防胶管及卷盘、ϕ6mm 的水枪、启动按钮等。栓口动压超过 0.5MPa 处的消火栓采用减压稳压消火栓。

系统设置 2 套 $DN150$ 的地下式水泵接合器。

(五) 自动喷水灭火系统

自动喷水灭火系统由动力中心综合楼地下一层消防水泵房内消防水池和自动喷水给水泵供水，系统由门诊医技病房综合楼南侧病房楼屋顶水箱和稳压设备维持压力。

地下一层非供暖区车库及设备层采用预作用系统，共设 3 套预作用报警阀；其余区域采用湿式自动喷水灭火系统，共设 18 套湿式报警阀。

地下三层机械车库按中危险级 Ⅱ 级设置，喷水强度为 8L/(min·m²)，作用面积 160m²，地上按中危险级 Ⅰ 级设置，喷水强度为 6L/(min·m²)，作用面积为 160m²，地上部分高度为 8～12m 的中庭，作用面积为 260m²，自动喷水灭火系统设计流量按 55L/s 计。

自动喷水灭火系统设 2 台喷淋泵，1 用 1 备，性能参数为：$Q=55L/s$，$H=0.950MPa$，$N=75kW$；屋顶稳压泵 2 台。

所有公共场所、病房、诊室、库房、大厅、厨房、办公室、走廊等处均设自动洒水喷头，地下室无吊顶处采用直立式喷头，动作温度为 68℃。其他有吊顶的房间设吊顶式喷头，动作温度为 68℃，病房部分采用快速反应喷头。厨房操作间、中心供应消毒部位采用 93℃ 的喷头。

系统设置 4 套 DN150 的地下式水泵接合器。

（六）气体消防及灭火器的设置

在地下室变配电室、病案库、信息机房设置七氟丙烷气体灭火系统，系统喷放时间不大于 8s，灭火浸渍时间采用 10min。

变配电（地下一层）气体灭火设计浓度不小于 9%，七氟丙烷用量为 2300kg；病案库（地下一层）气体灭火设计浓度不小于 10%，七氟丙烷用量为 620kg；信息机房（三层）灭火设计浓度为 8%，七氟丙烷用量为 600kg。

地下车库按 B 类中危险等级配置手提式灭火器、电气设备、医疗设备房间配置 E 类手提式灭火器、其他部位灭火器均按严重危险等级配置 A 类手提式灭火器。

灭火器随消火栓箱体设置，每个消火栓箱体下摆放不少于 2 具 MFA5 型手提式磷酸铵盐干粉灭火器，超过保护距离时应单独增加灭火器的配置，地下车库、冷冻机房等处增设推车式磷酸铵盐干粉灭火器。

（七）厨房自动灭火系统

厨房区域按排油烟罩位置，设置相应厨房自动灭火系统。

三、工程特点介绍

（一）隔震建筑给水排水管道设计

本工程所处场地属建筑抗震不利地段。根据当地规范，医院位于 8 度（0.2g）分区的，地震动峰值加速度提高至 0.3g，并按 9 度采取抗震措施，本工程设置了特殊的隔震层，保证在地震发生后，本建筑"小震无感，中震不坏，大震可修"。

本工程所有穿越隔震层的有压管道，均根据地震烈度和隔震层管道位移情况，计算并设置隔震设施。保证在本设计烈度范围内的地震后，本建筑给水排水系统仍然能正常运行，保障医疗基本功能的实施，挽救更多生命。

1. 给水排水管隔震软连接的做法

本工程隔震结构设置隔震支座和阻尼器、在首层和地下一层之间设置隔震层。地震发生时，建筑的上部结构和下部结构之间会发生很大距离的水平位移。不做任何特殊处理的给水排水管道，会在地震中扯断，无法继续正常使用。本工程所有穿越隔震层的有压管道，均设置隔震设施。

在设计中着重考虑地震中建筑的上部结构和下部结构之间的水平位移，即：X 轴方向及 Y 轴方向的位移。本工程穿越隔震层的管道设计中采用水平双向布置隔震连接，减少水平位移对管道的损坏。若选择隔震连接，变形量需满足隔震层罕遇地震位移要求。

水平双向布置隔震软连接的方式：将竖向管道在隔震层分成两个部分，分别用固定支架与上部结构和下部结构连接，上部结构和下部结构的固定支架之间水平向安装两个方向之字连接的隔震软连接，并在弯头处的下面设置滑动台座用于吸收地震中的管道位移。根据结构专业提供的地震位移距离，所有水平、垂直管道均与隔震柱保持 500mm 以上间距，防止地震位移时对管道造成破坏。

2. 充分利用隔震层

该项目隔震层层高为 2.19m，梁下净空 0.8～1.4m，要安装结构隔震墩、排布各专业干管管线，还需要保证一定的检修空间；且北侧污物通道兼具检修通道功能，需要保证净高 2.2m 时人能通过。在此设计要求下设计阶段需本专业与其他相关专业密切配合，多次汇总、调整管道位置及排布方式，以保证隔震层各项功能及设备安装。

(二) 特殊盐碱化土壤的室外管网及室外排盐管道设计

本工程的建设用地为海边盐碱地，有较厚深度的海相沉积层、滨海潮汐带沉积层，土壤含盐量较高，地勘报告显示会对结构混凝土有中等腐蚀性，影响院区绿化植物生长。场地条件对本工程室外管道设计，提出土壤排盐的需求，以保障建筑的安全性和场地绿化环境．

本工程室内雨水系统设计中，尽量采取排放至室外散水，回灌绿地的方式；室外雨水系统设计中，结合总图和景观设计，设置下凹式绿地、透水铺装等方式，尽可能使雨水在室外绿地、渗水地面散流、回灌地下水，对盐碱土地进行降盐处理。

在室外雨水管道设计中，结合设置盲管排盐系统。在绿化和可渗透路面区域，地下设置隔盐层，隔盐层敷净石屑垫层。隔盐层区域大面积敷设全透型软式排水管。渗排雨水接入院区雨水排水主干管检查井内，并最终排至市政排水管道。

(三) 可再生能源及非传统水源利用

充分利用市政中水水源，所有建筑内冲厕用水、绿化用水均使用市政中水供应。

生活热水采用全日制供水系统，主要热源采用院区天然气直燃机组提供的高温热水；辅助热源采用太阳能，在门诊医技病房综合楼裙房屋面设约 $500m^2$ 的太阳能集热器，预加热供应生活热水，充分利用可再生能源。

本工程取得了绿色建筑二星级设计标识证书。

其中可再生能源利用率为 12.3%（太阳能生活热水）；非传统水源利用率为 27.8%。

(四) 针对多种特殊消防位置的消防系统设计

本工程除了设置传统的消火栓系统、自动喷水灭火系统、灭火器系统外，还根据使用部位的特殊性，设置合理的消防系统。室外直升机停机坪设置泡沫消防系统；建筑内贵重设备用房、大型变配电用房、信息机房等，设置七氟丙烷气体灭火系统；层高较高的挑空空间，设置自动扫描射水高空水炮。

四、工程照片及附图

效果图

住院大厅入口

院区鸟瞰图

隔震层管道安装 1

隔震层管道安装 2

隔震层管道安装 3

屋面太阳能板

温室花园（自动扫描灭火装置，中水浇灌系统）

西入口

住院楼

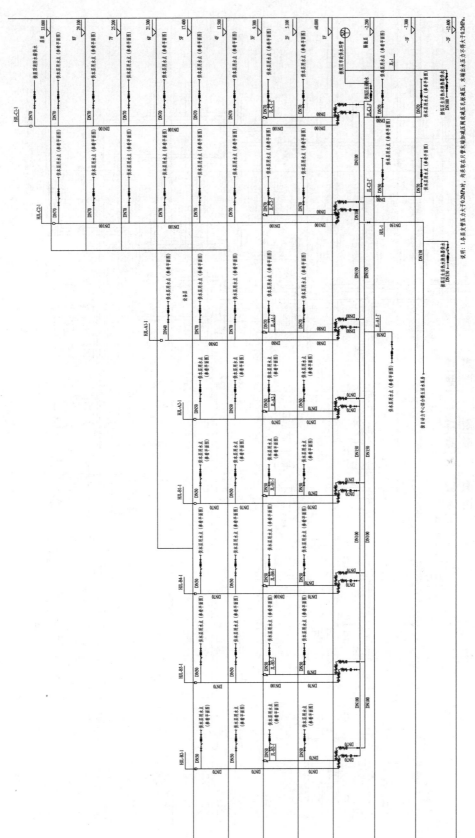

给水系统原理图

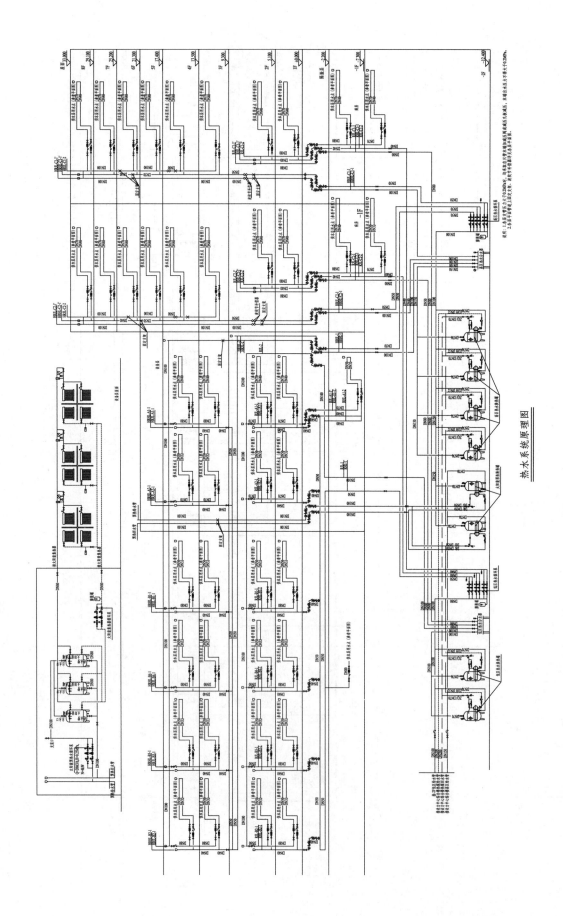

热水系统原理图

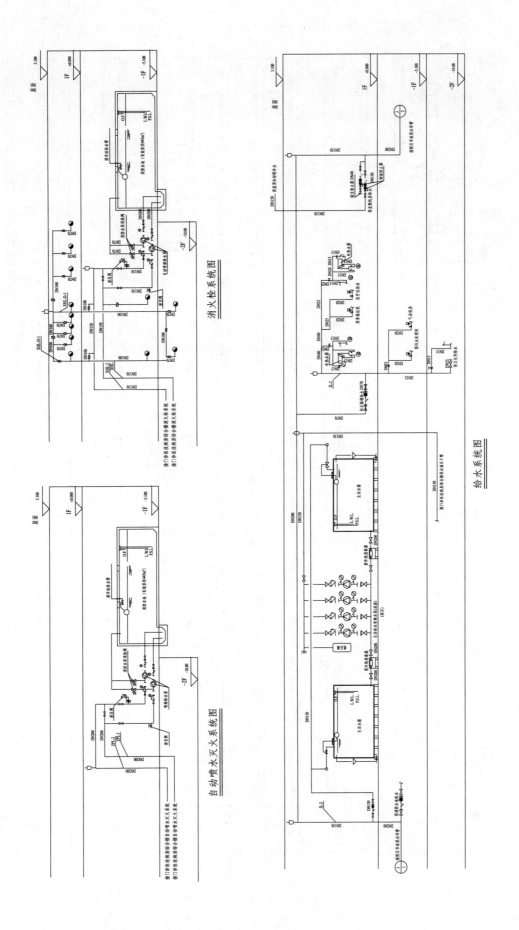

消火栓系统图

自动喷水灭火系统图

给水系统图

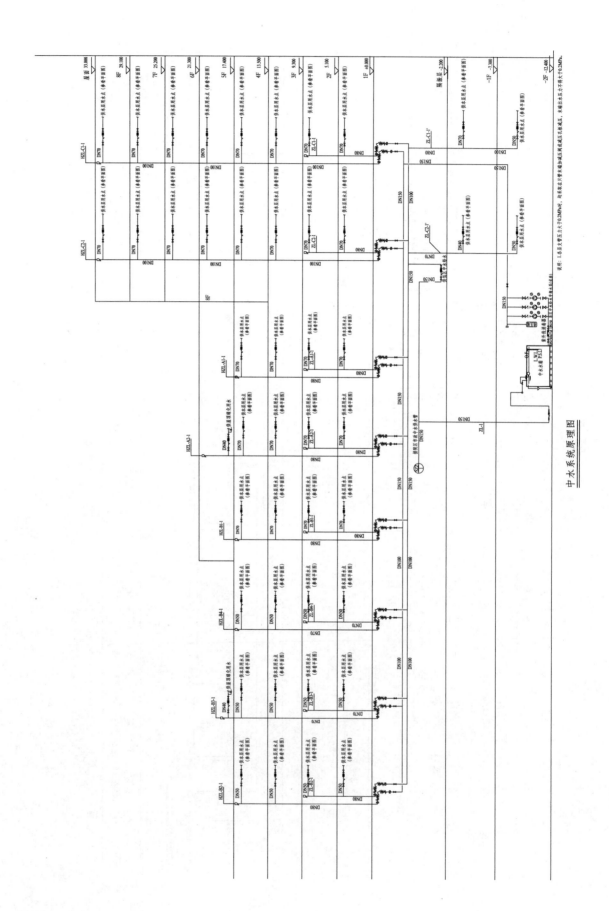

中水系统原理图

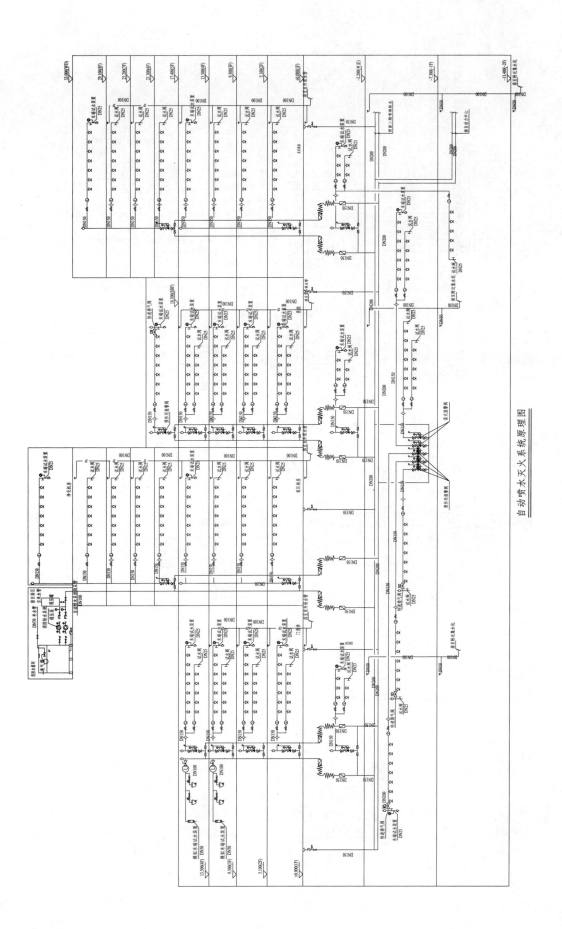

自动喷水灭火系统原理图

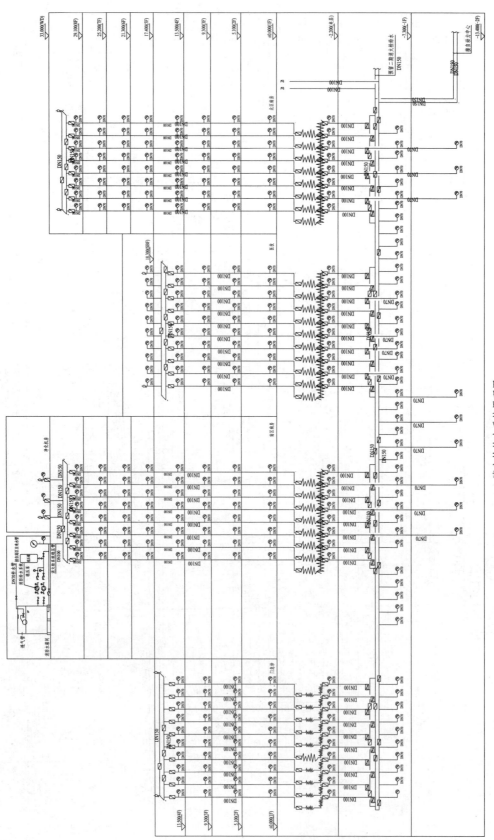

消火栓给水系统原理图

漳州奥林匹克体育中心

设计单位： 哈尔滨工业大学建筑设计研究院
设 计 人： 彭晶 刁克炜 孔德骞 高英志 远芳 金玮涛 冷润海 王松 官凯悦 郭宇琦
获奖情况： 公共建筑类 一等奖

工程概况：

漳州奥林匹克体育中心位于福建省漳州市圆山新区，九龙江西溪南岸，九龙江大桥西侧。总用地面积为 24.89hm²，其中北地块实际约 11.75hm²（含防洪堤退让线），南地块约实际约 13.14hm²。

本工程主要由游泳跳水馆、网球馆、景观工程及污水处理站 4 部分组成，全貌如图 1 所示。游泳跳水馆是体育中心承办游泳、跳水竞赛的主要场所，也是体育中心形态特征最明显的建筑。游泳跳水馆造型设计现代、超前，通过别致的建筑造型，充分体现了体育建筑的动感以及力与美的结合。造型流畅完整，同时富有多面的表现力，给人以极大的视觉冲击。作为整个体育建筑群体中的最重要单体，方案通过塑造圆润流畅、气势恢宏的整体形态，赋予了南江滨城市空间亮丽的节点，通过完整的整体形象与强烈的视觉冲击力，与九龙江北岸形成对景，并成为新政府办公区与碧湖公园景观轴线上独具特色的标志点。网球馆为南侧地块内的主要建筑，与整个体育公园结合紧密，隔南江滨路与游泳跳水馆相望。建筑采用椭圆形的体量，通过表皮的处理，形成具有动感的态势，表现运动的精神和力量，同时立面效果呼应游泳馆，采用水波纹的表皮机理，形成一期建筑形式上的整体统一。

图 1 体育中心全貌

游泳跳水馆如图 2 所示，建筑面积为 22030.68m²，建筑基底面积为 11109.58m²，总座席数为 2780 席，其中普通观众席 2710 席，贵宾席 66 席，残疾人席位 4 个。地上为单层大空间，地下一层，建筑高度为 33.62m。结构形式为钢筋混凝土框架结构、钢桁架结构，设计使用年限为 50 年，抗震设防烈度为 7 度。防火类别为多层民用建筑。建筑耐火等级：地上二级，地下一级。体育建筑等级为甲级。建筑功能布局：游泳跳水馆主要分为比赛大厅、热身大厅、比赛附属用房、观众大厅和赛后公众健身休闲区 5 个区域。地下一层为机房层，首层为场地层：包括竞赛功能用房、比赛池及热身池等；观众层包括休息大厅及运动员健身休息区；看台层为局部控制机房及运动员康复理疗区。比赛大厅包含 10 道 50m 的标准比赛泳池和 25m×25m 的跳水池各 1 个，比赛厅西侧为 1 个 8 道 50m 的热身池，1 个儿童戏水池。

图 2　游泳跳水馆夜景图

网球馆总建筑面积为 7507.66m²，建筑基底面积为 3114.31m²。地上二层，地下一层，建筑高度为 23.51m。结构形式为钢筋混凝土框架结构、钢桁架结构，屋面结构形式为四角锥焊接球网架结构，设计使用年限为 50 年，抗震设防烈度为 7 度。防火类别为多层民用建筑。建筑耐火等级：地上二级，地下一级。体育建筑等级为丙级。建筑功能布局：网球馆主要分为比赛大厅、比赛附属用房、观众大厅和体育配套商业 5 个区域。地下一层为比赛附属用房、机房、体育配套商业，首层为竞赛功能用房、比赛场地、机房、贵宾休息室等，二层为观众休息大厅，看台层为局部控制机房及贵宾休息室。

景观工程总用地面积为 24.89hm²，其中北地块实际约 11.75hm²（含防洪堤退让线），南地块实际约 13.14h。

污水处理站为全地下式，包括沉淀池、清水池、泵房间、污泥池。人工湿地包括格栅槽及调节池、生活污水处理一体化设备、人工湿地处理系统、清水池。

工程说明：

一、给水排水系统

（一）给水系统

1. 冷水用水量（见表 1～表 3）

游泳跳水馆生活给水用水量　　　　　　　　　　　　　　　表 1

编号	用户名称	最高日用水定额 [L/(人·d)]	用水人数 （人）	用水时间 （h）	小时变化系数	最高日用水量 （m³/d）	最大时用水量 （m³/h）
1	观众	3	2780	4	1.2	8.34	2.50
2	教练运动员	30	200	4	2	6.00	3.00
3	小计 1					14.34	5.50

续表

编号	用户名称	最高日用水定额 [L/(人·d)]	用水人数 (人)	用水时间 (h)	小时变化 系数	最高日用水量 (m³/d)	最大时用水量 (m³/h)
4	游泳池补水	3	10100	6	1	303.00	50.50
5	小计2					303.00	50.50
6	空调补水	10		8	1	80.00	10.00
7	小计3					80.00	10.00
8	未预见用水量	10%				39.73	6.60
9	总计					437.07	72.60

网球馆生活给水用水量　　　　　　　　　　表2

编号	用户名称	最高日用水定额 [L/(人·d)]	用水人数 (人)	用水时间 (h)	小时变化 系数	最高日用水量 (m³/d)	最大时用水量 (m³/h)
1	观众	3	969	4	1.2	2.91	0.87
2	教练运动员	30	60	4	2	1.80	0.90
3	未预见用水量	10%				0.47	0.18
4	总计					5.18	1.95

景观工程生活给水用水量　　　　　　　　　　表3

编号	用户名称	最高日用水定额 [L/(人·d)]	用水人数 (人)	用水时间 (h)	小时变化 系数	最高日用水量 (m³/d)	最大时用水量 (m³/h)
1	绿地浇洒	2	27500	4	1	55.00	13.75
2	未预见用水量	10%				5.50	1.38
3	总计					60.50	15.13

2. 水源

本项目的生活给水及消防给水由城市自来水供给，市政压力为0.20MPa，市政环状供水管网DN600mm，本项目从南江滨路的市政环状给水管道上接入2根管径为DN200mm的给水引入管，完全可以满足本工程的水量要求。

3. 系统竖向分区

在给水排水专业的设计中，结合市政水压条件、建筑物用途和高度、使用要求、维护管理等多方面因素，充分考虑市政给水压力，节约能源，避免水箱转输造成的水质二次污染。本工程生活给水系统分直供区和加压区2个区：室外浇洒绿地道路和地下一层为直供区，市政给水管网直接供水；一层及以上均为加压区，采用从市政给水管网直接吸水的绿色环保新型的无负压供水设备供水。

4. 供水方式及给水加压设备

本项目采用的无负压供水系统为全封闭式运行及真空储水设备，有效防止污染物进入系统及系统中微生物的滋生，设备各部件均采用食品级不锈钢材质，不会对水质产生污染，另外由于无需设置水池或水箱，节省了定期的清洗费用，减少了水资源的浪费，还能避免水池或水箱渗水漏水问题产生的维护费用。

5. 管材

室外生活给水管采用静电喷涂环氧树脂复合钢管，沟槽连接；室内生活给水管采用薄壁不锈钢管，卡压或法兰连接。

(二) 热水系统

1. 热水用水量（见表4、表5）

游泳跳水馆热水用水量（设计温度60℃） 表4

用户名称	最高日用水定额 [L/(人·d)]	用水人数 （人）	小时变化系数	使用时间 （h）	最高日用水量 （m³/d）	最大时用水量 （m³/h）
教练运动员	20	200	1.4	4	4	1.40
未预见用水量	最高日用水量的10%		1	24	0.4	0.14
总用水量					4.4	1.54

网球馆热水用水量（设计温度60℃） 表5

用户名称	最高日用水定额 [L/(人·d)]	用水人数 （人）	小时变化系数	使用时间 （h）	最高日用水量 （m³/d）	最大时用水量 （m³/h）
教练运动员	20	60	1.4	4	1.2	0.42
未预见用水量	最高日用水量的10%		1	24	0.12	0.04
总用水量					1.32	0.46

2. 热源

游泳跳水馆采用空气源热泵＋电辅助加热的方式制备淋浴热水，集中供应，全年使用；网球馆内仅淋浴间供应热水，用水量小，采用商务电热水器加热，机动灵活，定时供应。

3. 系统竖向分区

本项目集中热水系统分区与加压生活给水系统分区一致。

4. 热交换器

空气源热泵利用高位能使热量从低位热源流向高位热源，尤其适用于夏热冬暖（冬季平均气温不低于10℃）的地区。项目所在地漳州，年平均气温为21℃，最低气温仅为−4.7℃，具备良好的气候条件，非常适合空气源热泵的使用要求。游泳跳水馆热水泵房设置在地下一层，内设板式换热器、热水罐、热水循环泵。

5. 冷、热水压力平衡措施及热水温度的保证措施

冷水系统为节能直接利用市政给水管网压力叠压供水，采用闭式热水系统是解决冷、热水同源的一个方法，采用间接加热的闭式系统，可保证冷、热水压力平衡。为避免热损失大导致水温低而影响使用，设置热水循环泵，根据温度控制热水循环泵启停，保证系统内的水温。

6. 管材

热水供/回水管道采用薄壁不锈钢管，卡压或法兰连接；热媒供/回水管道采用热浸镀锌钢管，管径小于DN100采用螺纹连接；管径大于或等于DN100采用沟槽柔性连接。

(三) 中水系统

1. 中水源水量、中水回用水量、水量平衡（见表6、表7）

中水源水量表 表6

编号	用户名称	最高日用水定额 [L/(人·d)]	用水人数 (人)	用水时间 (h)	小时变化系数	最高日用水量 (m³/d)	最大时用水量 (m³/h)
1	游泳馆观众	2.7	2780	4	1.2	7.51	2.25
2	游泳馆教练运动员	27	200	4	2	5.40	2.70
3	网球馆观众	2.7	969	4	1.2	2.62	0.78
4	游泳馆教练运动员	27	60	4	1.2	1.62	0.49
5	广场服务用房	36	1950	10	1.3	70.20	9.13
6	小计					87.34	15.35
7	未预见用水量	10%				8.73	1.53
8	总计					96.08	16.88

中水回用水量表 表7

编号	用户名称	最高日用水定额 [L/(人·d)]	用水人数 (人)	用水时间 (h)	小时变化系数	最高日用水量 (m³/d)	最大时用水量 (m³/h)
1	绿地浇洒	2	35500	4	1	71.00	17.75
2	未预见用水量	10%				7.10	1.78
3	总计					78.10	19.53

水量平衡：考虑蒸发和管道漏失等原因，取原水的 90% 作为中水原水量，即 $96.08 \times 0.9 = 86.5 \text{m}^3/\text{d}$，中水原水量/回用水量 $100\% \times 86.5/78.1 = 111\%$，满足中水原水水量为中水回用量的 110%～115%。

2. 系统竖向分区

本项目中水仅供南地块道路绿地浇洒，系统竖向不分区。

3. 供水方式及给水加压设备

收集游泳馆、网球馆、广场服务用房的生活污水，经化粪池处理后，采用水处理一体化处理设备＋潜流型人工湿地污水处理系统进行处理并消毒，处理达到《生活污水再生利用 城市杂用水水质》GB/T 18920—2002 和《城市污水再生利用 景观环境用水水质》GB/T 18921—2002 标准后，储存于清水池，由潜水提升泵加压后供道路绿地浇洒。

4. 水处理工艺流程（见图3）

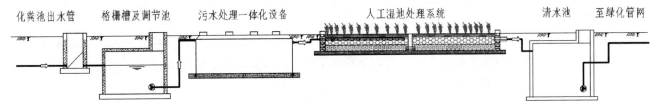

图3 水处理工艺流程图

5. 管材

水处理系统工艺管道采用 PE 管，粘接。

（四）排水系统

1. 排水系统型式

本项目生活排水与雨水系统为分流制，污水与废水为合流制。游泳跳水馆地下一层排水、游泳池的放空排水采用压力排水形式，由潜污泵排入室外排水检查井，网球馆地下一层的生活污水由地下室污水排放专用设备提升至室外排水检查井，一层及以上污、废水重力流排至室外排水检查井。

2. 通气管的设置方式

普通排水设伸顶通气立管，配合建筑立面的要求采用侧墙式通气帽。连接 4 个及 4 个以上卫生器具且横支管长度大于 12m 的排水横支管，连接 6 个及 6 个以上大便器的污水横支管设置环形通气管。

3. 局部污水处理设施

游泳池的放空与反冲洗污水单独排放至室外的排水检查井，经简单处理达标后，用于浇洒绿地与道路。室内污/废水收集后排入室外化粪池，经一体化设备处理后排入人工湿地。

4. 管材

室外排水：采用聚乙烯双壁波纹塑料管，承插连接，橡胶圈密封；室内重力排水：除淋浴间内排水管道采用离心铸铁管，承插式橡胶圈接口外；其他部分排水管道采用实壁 PVC-U 排水塑料管，粘接；室内压力排水：除与潜水泵连接的短管采用焊接钢管（内外刷樟丹防腐）焊接外，其余部分管道采用柔性接口机制排水铸铁管，柔性不锈钢卡箍连接，阀门及需拆卸部位采用法兰连接。

（五）雨水系统

1. 雨水系统型式

本项目生活排水与雨水系统为分流制。游泳跳水馆和网球馆的屋面均为大空间、大跨度屋面，采用虹吸式室内雨水排水系统，直接排至室外雨水检查井。屋面雨水设计重现期取 10 年，下沉广场雨水设计重现期取 50 年，室外场地雨水设计重现期取 2 年；屋面雨水排水溢流口或溢流管系统总排水能力不小于 50 年重现期的雨水量。

2. 管材

室外雨水管道：管径小于 DN400 采用聚乙烯双壁波纹塑料管，承插连接，橡胶圈密封，管径大于或等于 DN400 采用高密度聚乙烯缠绕增强管，承插连接，电熔连接；室内雨水管道采用 HDPE 管，电熔连接。

（六）游泳池给水排水系统

1. 游泳池给水系统

（1）系统设置

场馆建成后满足举办全国游泳跳水比赛的要求。本工程设置 3 套独立的水处理系统：跳水池为 1 套，竞赛游泳池为 1 套，热身＋儿童池为 1 套，可有效保证赛事的顺利进行。采用空气源热泵为池水加热，节能环保。游泳池均采用逆流式循环给水方式。

（2）系统参数

比赛池的循环周期按 5h 计，跳水池比赛后闲置，因此，循环周期按 10h 计，热身池循环周期按 5h 计，儿童池按 2h 计算。跳水池设计水温均为 27℃，竞赛（花样）游泳池设计水温均为 25℃，热身池设计水温均为 26℃，儿童池设计水温均为 28℃。

（3）处理系统

跳水池和竞赛（花样）游泳池作为专业用途水池，采用全流量全程式臭氧消毒辅助长效消毒剂进行消毒；热身池和戏水池作为赛后运营的游泳场所采用全流量半程式消毒臭氧辅助长效消毒剂进行消毒。跳水池设置水面空气制波和喷水制波装置，采用气泡法制波并辅助喷水制波，制波给水管与池水循环净化处理管道分开设置。

2. 游泳池排水系统

（1）系统设置

游泳池放空与反冲洗废水水质较好，此部分废水采用沉淀池处理，池体采用全地埋式设计，处理后消毒，达到《生活杂用水水质标准 城市杂用水水质》GB/T 18920—2002 标准后，进入集水池贮存并回用至绿化浇洒，多余水溢流至地表绿地。游泳池的放空排水采用压力排水形式，由潜污泵排放。

（2）系统参数

游泳池反冲洗废水处理回用系统：游泳池反冲洗废水量为 303m³/d，50.5m³/次，反冲洗时间为 8～10min。

（3）工艺流程（见图 4）

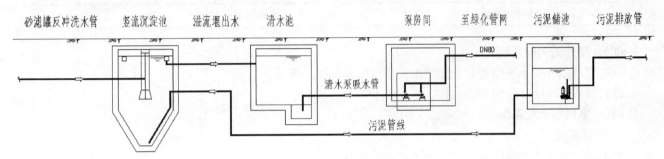

图 4　水处理工艺流程图

二、消防系统

（一）消防水源

本工程消防水源由市政 2 路给水保证，室外消火栓系统由市政 2 路供水管道（0.20MPa）保证。

（二）消防系统用水量

本项目按座位数 2780 座的游泳馆进行消防系统设计，火灾发生次数按 1 次设计，消防系统用水量见表 8。

消防系统用水量 表 8

消防系统	用水标准（L/s）	时间（h）	总用水量（m³）	备注
室外消火栓系统	30	2	216	市政 2 路供水保证
室内消火栓系统	15	2	108	消防水池贮水
自动喷水灭火系统	30	1	108	消防水池贮水
总消防用水量			432	

（三）消防贮水及供水设施

1. 消防水池

室外消火栓系统由市政 2 路供水保证，室内消防系统用水量为 324m³，消防水池以跳水池（有效容积为 3437m³）和竞赛游泳池（有效容积为 2500m³）联合兼作使用，跳水池与竞赛游泳池不同时放空，水池储水量满足要求。

2. 消防泵房

消防泵房位于游泳跳水馆地下一层，内设室内消火栓泵和湿式自动喷水灭火泵。消防泵参数见表 9。

消防泵参数 表 9

	水泵名称	参数	配置
1	室内消火栓泵	$Q=15L/s, H=0.50MPa, N=15kW$	2 台(互为备用)
2	湿式自动喷水灭火泵	$Q=30L/s, H=0.70MPa, N=40kW$	2 台(互为备用)

3. 高位消防水箱间

屋顶消防水箱间内设置 1 座有效容积 9m³ 的消防水箱和 1 套室内消火栓稳压装置，见表10。

消防稳压泵参数 表 10

	稳压泵名称	参数	配置
1	室内消火栓稳压装置	$Q=1.52L/s, H=0.40MPa, N=4kW$	2 台(互为备用)

(四) 室外消火栓系统

(1) 室外消火栓系统由市政 2 路供水管道（0.20MPa）保证。

(2) 设置不少于 3 个室外消火栓。

(五) 室内消火栓系统

1. 系统分区

室内消火栓系统为临时高压给水系统，系统不分区。

2. 系统布置

室内消火栓布置间距不大于 30m，可以保证同层任何部位有 2 个消火栓的水枪充实水柱同时到达。在系统顶端设供检查及试验用的消火栓。消火栓栓口压力超过 0.5MPa 时，设置减压消火栓。采用带消防卷盘的薄型单栓消火栓箱。

3. 水泵接合器

按照《建筑设计防火规范》GB 50016—2006 第 8.4.2.5 条规定，本项目室内消火栓系统不设置水泵接合器。

4. 管材

室内消火栓管道采用镀锌钢管，焊接连接，阀门及需拆卸部位采用法兰连接。

(六) 湿式自动喷水灭火系统

1. 系统设置

地下室除建筑面积小于 5m² 的卫生间和不宜用水灭火的房间外，均设置湿式自动喷水灭火系统保护。湿式自动喷水灭火系统用水量为 30L/s。

2. 系统分区

湿式自动喷水灭火系统为临时高压给水系统，系统不分区。

3. 系统参数（见表11）

系统参数 表 11

净空高度 （m）	部位	火灾危险等级	设计喷水强度 [L/(min·m²)]	保护面积 （m²）	最不利点工作 压力(MPa)
≤8	地下商业	中危险级Ⅱ级	8	160	0.05
	其他部位	轻危险级	4	160	0.05

4. 喷头选型

自动喷头采用玻璃泡闭式洒水喷头，作用温度为68℃。在有吊顶的房间采用吊顶型普通反应喷头（$K=80$），在无吊顶或通透性吊顶的场所采用直立型普通喷头（$K=80$）。

5. 报警阀

游泳跳水馆及网球馆各设1组湿式报警阀，分别设于消防泵房和空调机房内。

6. 水泵接合器

游泳跳水馆设置2个SQB100-A型墙壁式水泵接合器，网球馆设置2个SQS100-A型地上式水泵接合器。

7. 管材

湿式自动喷水灭火管道采用内外壁热浸镀锌钢管，管径小于$DN100$采用螺纹连接；管径大于或等于$DN100$采用沟槽柔性连接。

三、工程特点及设计体会

（1）本项目室外有大量的绿地与植被。设计初期，建设方极具节能环保意识，设计院积极响应，率先提出利用中水回用来浇洒绿地。采用潜流型人工湿地，利用土壤、人工介质、植物、微生物的物理、化学、生物三重协同作用，对污水进行后续处理，并结合景观、种植水生植物、环境进一步美化。项目建成后，漳州地区的体育活动基础设施得到极大提高，成为当地居民休闲、娱乐、运动、健身、旅游的必选之地，取得良好的经济效益、社会效益和环境效益。

（2）本项目根据原水的不同水质设置了2套各自独立的污、废水处理利用系统，并且全部采用全地下式污水处理站。采用水处理一体化设备，集约化程度高，将各种水处理工艺有机组合为一体，去除效率高；由于组合科学，设计紧凑，并且埋入地下，占用地面积较小，不占用地表面积，容积利用率高，节省投资，运行费用低，不影响周边建筑的整体视觉效果；地下全封闭管理，有效地防止了噪声对周围环境的影响；对产生的臭气进行全面净化处理，消除了污水处理二次污染问题；采用全自动电气控制系统和故障报警系统，运行安全可靠，平时一般不需要专人管理，只需适时维护和保养。

（3）本项目污水处理利用系统收集游泳馆、网球馆、附属建筑生活污水，采用水处理一体化处理设备＋潜流型人工湿地污水处理系统进行处理并消毒，处理达到《城市污水再生利用 城市杂用水水质》GB/T 18920—2002和《城市污水再生利用 景观环境用水水质》GB/T 18921—2002标准后，用于绿化浇洒。水处理一体化处理设备的所有设施均设置在全不锈钢板制作的箱体内，箱体内与污水接触的部件也均由不锈钢制作，各箱体间用不锈钢管连接，设备外形美观、重量轻、耐腐蚀。一体化设备采用推流式生物接触氧化技术，生物接触氧化池的流态为推流式，有机物浓度和种类沿程变化，污泥负荷、耗氧速率前高后低，各断面存在较大的浓度梯度，因此，降解速率较快，出水水质较好，节省能耗。推流式生物接触氧化池，处理效果优于完全混合式或二级串联完全混合式生物接触氧化池，并且活性污泥池体积小，对水质的适应性强，耐冲击负荷，出水水质稳定，不会产生污泥膨胀。池中采用新型弹性立体填料，比表面积大，微生物易挂膜，有机物去除率高；填料的体积负荷比较低，微生物处于自身氧化阶段，产泥量少。生活污水经一体化设备后出水达到《城镇污水处理厂污染物排放标准》GB 18918—2002中的一级B标准，而后进入潜流型人工湿地。游泳池废水处理设施如图5所示。

（4）人工湿地系统是一个综合的生态系统，作为一种新型生态污水处理技术，完全采取生物方法自行运转，因此，基本不需专人负责，建造和运行费用低，管理简单便捷，易于维护。配合种植水生植物，污水中的营养元素可促进植物生长，植物的多样性必然会产生动物的多样性，有机污染物经微生物的分解利用后，可通过食物链的传递为各种动物提供食物，从而使其成为一个经过人工强化的，生物多样性极其丰富的自然生态系统，可为迁徙过冬的鸟类和各种湿地生物提供充足的食物和生活空间，生物多样性还可达到美化景观的效果，经过精心设计的人工湿地可以为人们提供一个良好的休闲场所，如图6所示。本项目为体育建筑，

图 5　游泳池废水处理设施景观图

污水量变化较大，采用人工湿地可缓冲对水力和污染负荷的冲击，处理效果稳定，出水水质好。人工湿地污水处理系统充分发挥资源的生产潜力，防止环境的再污染，获得污水处理与资源化的最佳效益，因此，具有较高的环境效益、经济效益及社会效益。

图 6　人工湿地实景图

（5）在给水排水专业的设计中，结合市政水压条件、建筑物用途和高度、使用要求、维护管理等多方面因素，充分考虑市政给水压力，节约能源，避免水箱转输造成水质二次污染。本项目采用的无负压供水系统为全封闭式运行及真空贮水设备，有效防止污染物进入系统及系统中微生物的滋生，设备各部件均采用食品级不锈钢材质，不会对水质产生污染，另外由于无需设置水池或水箱，节省了定期的清洗费用，减少了水资源的浪费，还能避免水池或水箱渗水漏水问题产生的维护费用。

（6）游泳跳水馆采用空气源热泵＋电辅助加热的方式制备淋浴热水。空气源热泵机组高效节能、运行成本低，节能优势突出；可有效利用自然资源，且不向环境排放任何污染物，环保优势明显；空气源热泵系统还从根本上杜绝了爆炸等安全隐患，具备良好的安全优势；机组还可采用高度集成化电脑板控制，具备智能除霜功能，便于维护和管理；机组安装占地面积小，对安装位置无严格的要求，灵活方便。

（7）结合建设单位的运行、维护要求，选用符合《节水型生活用水器具》CJ 164—2002 标准的节水型卫生洁具；蹲便器、小便器均采用非触摸式自闭式冲洗阀；洗脸盆采用自动感应式水龙头，公共浴室淋浴器采用脚踏式开关；选用密闭性能好的阀门与设备，采用耐腐蚀、耐久性好的管材和管件，管件与管道配套提供；采用内壁光滑、阻力小、承压高的管材，同时控制管道设计流速，在设计中避免管道突然缩径或采用变径太大的三通等一系列技术措施。实际运行使用以来未发生跑、冒、滴、漏现象，安全舒适，设备、卫生器具、管道的噪声得到很好的控制；符合《绿色建筑评价标准》的要求。

四、工程照片及附图

奥体中心主入口

游泳跳水馆日景图

游泳跳水馆夜景图

网球馆夜景图

游泳跳水馆内景图

人工湿地实景图

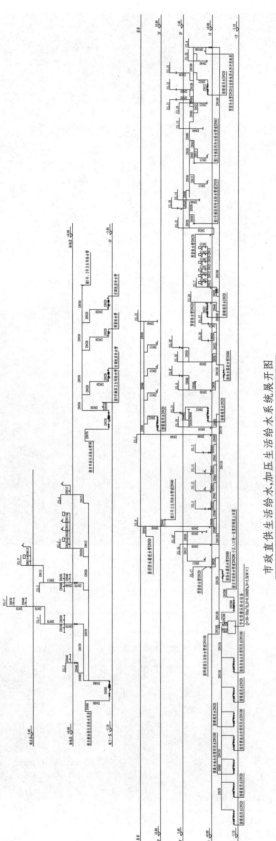

市政直供生活给水,加压生活给水系统展开图

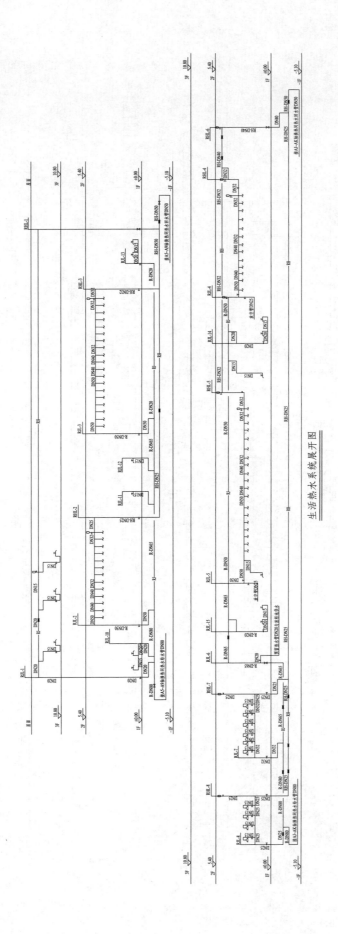

生活热水系统展开图

漳州奥林匹克体育中心 | 447

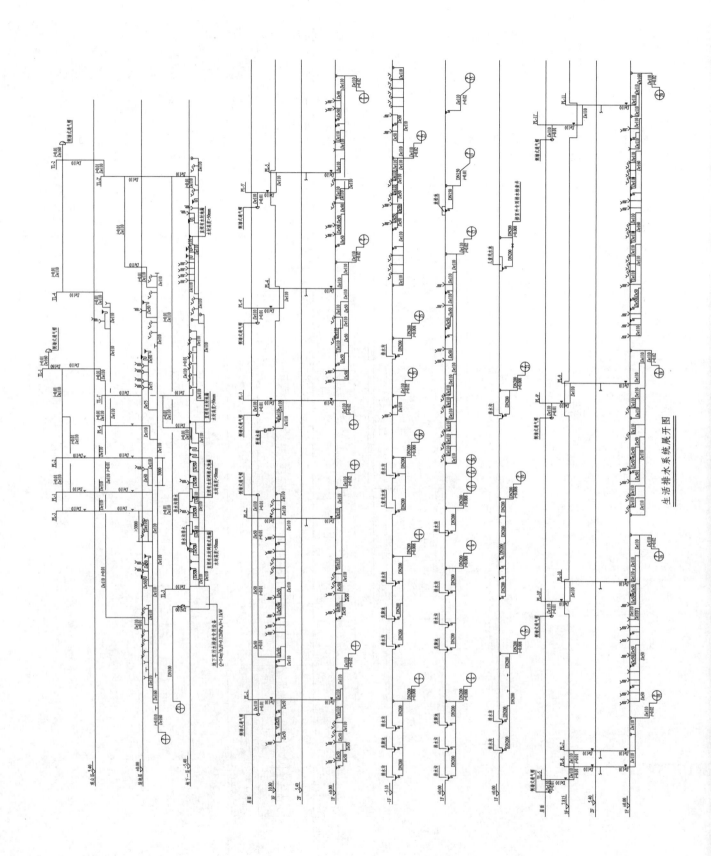

生活排水系统展开图

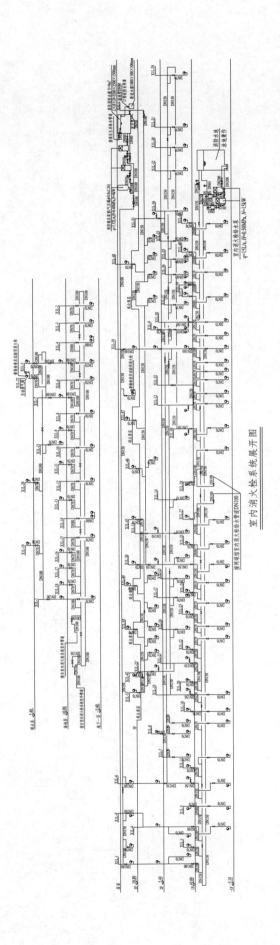

室内消火栓系统展开图

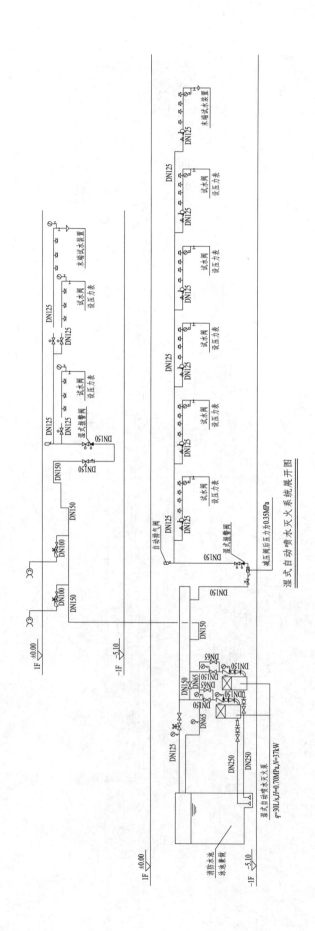

湿式自动喷水灭火系统展开图

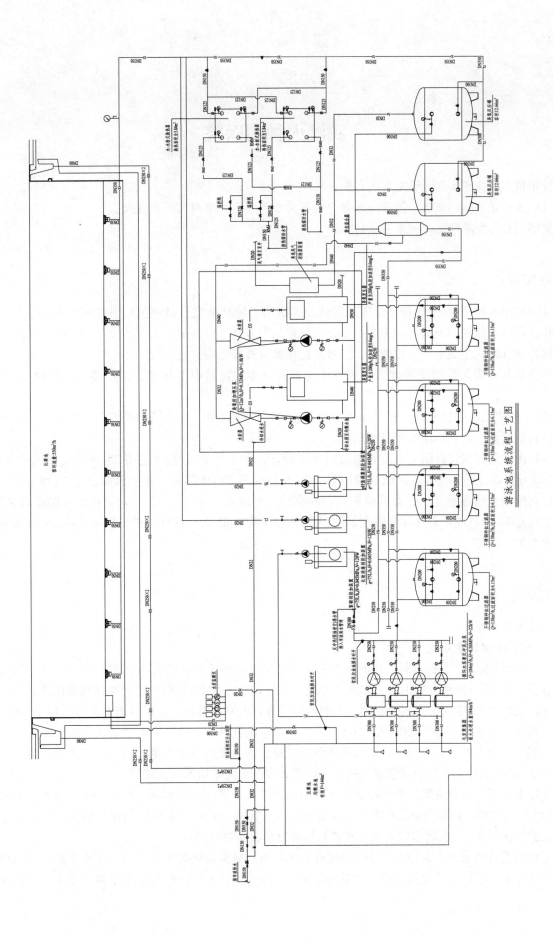

游泳池系统流程工艺图

武汉火神山医院

设计单位：中信建筑设计研究总院有限公司
设 计 人：李传志　张帆　万芳　陈宇　喻阳光　周俊吉　李魏武　朱伟明
获奖情况：公共建筑类　一等奖

工程概况：

武汉火神山医院是 2020 年初武汉市人民政府为抗击新冠肺炎疫情修建的应急呼吸类医院，位于武汉市蔡甸区知音湖畔，规划用地面积约为 89700m²，总建筑面积为 34571m²，总床位数约 1000 床（其中 ICU 中心床位数为 30 床），主要由一号住院楼、二号住院楼及医技楼组成。

单体建筑基本为集装箱拼装型式，医技楼为板式房型式，其中 1 号楼、医技楼为 1 层楼，2 号楼为 2层楼。

除 1、2 号楼及医技楼外，尚有尸体暂存间、垃圾房、吸引站、衣物消毒处置间、库房、药房等功能配套用房，医院的污水处理站设于项目西南侧。

该项目由中信建筑设计研究总院有限公司负责设计，在 1 月 23 日接到任务 5h 内完成场地平整设计图，24h 内完成方案设计图，经 60h 连续奋战，至 1 月 26 日凌晨交付全部施工图。医院于 2020 年 2 月 4 日开始正式接诊新型冠状病毒感染的肺炎确诊患者，并收治首批患者，至 4 月 15 日，火神山医院正式休舱闭院。医院稳定运行 73 个日夜，累计收治病人 3059 人，治愈出院 2961 人。武汉火神山医院为我国抗击新冠疫情作出了杰出贡献。

工程说明：

一、给水排水系统

（一）室外给水排水系统

根据当地水务部门提供的资料，在项目用地西侧市政道路下有 1 根 DN800 现状给水管，水压约为 0.16～0.2MPa，可供本项目使用。本工程为非永久性战时医院，病床数 1000 张，医院本体均采用集装箱拼装或板式房拼装，层数为 1～2 层。为减少水源的中间污染环节，保障水质安全，在当地水务部门对 DN800 供水主管采取"双水厂供水"等高标准保护措施前提下，采取市政直供＋无负压给水设备联合供水方式。

室外消防系统为低压制，与给水系统管网合并设置，其上设置若干个地上式室外消火栓，其布置间距不大于 120m，且在室外消火栓前设置导流防止器，供火灾时消防车取水灭火使用。

室外排水采用雨污分流制。为保证清洁区内的医护人员不受污染区病毒、致病菌空气感染，在室外设置 2 套独立的污水管网，即为污染区污水管网和清洁区污水管网，对应收集病房污染区病人的生活污水和清洁区医护人员生活污水。2 套污水管网均直接排至预接触消毒池进行消毒。

本工程临近自然水体，为最大限度保护现有自然环境，减少对周边水体污染，雨水采用全回收无下渗方案，由建筑专业在全区域敷设防渗膜，距室外地面 400mm 以下，保证所有雨水不进入地下，均由雨水系统雨水口收集，收集后的雨水重力自流进入总有效容积 4500m³ 的雨水调蓄池，经调蓄池错峰后再由一体化雨水泵站加压提升排放至污水处理厂，为减少污水处理厂处理负荷，在一体化雨水泵站内设置加氯管，对雨水进行加氯预消毒处理。

(二) 给水系统

1. 冷水用水量（见表1）

冷水用水量 表1

用途	用水量定额	用水单位数	最高日用水量(m³/d)	用水时间(h)	小时变化系数	最大时用水量(m³/h)
住院部	800L/(床·d)	1000人	800	24	2.0	66.7
绿化浇洒	2L/(m²·d)	15000m²	30	4	1.0	7.5
小计			830			74.2
未预见用水量	10%		83			7.4
合计			913			81.6

本工程最高日用水量为 913m³/d，最大时用水量为 81.6m³/d。

2. 水源

由 DN800 现状市政给水管供水。

3. 系统竖向分区

本工程为 1～2 层箱式房或板式房，竖向不分区。

4. 给水加压设备

室外设埋地式不锈钢一体化无负压供水设备。

5. 给水管材及接口

室内给水管采用 PP-R 管，管系列等级 S3.2，热熔连接。

(三) 热水系统

1. 供热方式

因本工程为应急临时建筑，建设周期极短，不具备设置集中热水条件，故选用分散式热水系统，分散设置、局部加热。

2. 设置形式

住院部卫生间、淋浴间、有热水需求的门诊、医技等房间，均设置容积式电热水器制备生活热水。

(四) 排水系统

1. 排水系统型式

本工程为呼吸类传染病医院，设计均严格遵循"三区两通道"的基本原则，为保证清洁区内的医护人员不受污染区病毒、致病菌空气感染，室内排水采用清洁、污染污水分流系统。室内的污染区与清洁区各自设置独立的污水管网排至室外。

2. 通气管设置

所有排水立管均设置伸顶通气管，为避免污染区内含病毒空气污染周边大气，在每个通气管口处均设置高效活性炭过滤器及紫外线消毒装置，灭杀新冠病毒。

3. 化粪池及污水处理站

本工程的生活污/废水必须经过消毒处理水质达标后方可排入市政污水管网，项目同时设置预消毒池及化粪池，含病毒生活污水先经预消毒池消毒，再进入化粪池脱氯，最后进入污水处理站进行处理，污水处理工艺为二级强化生化处理工艺。

4. 雨水系统

本工程屋面雨水采用重力排水系统，雨水散排至地面。

5. 管材

室内排水管及雨水管采用PVC-U排水管，塑胶粘结。

二、消防系统

(一) 消防供水方式

本工程为应急临时建筑，受建设周期及春节期间原材料供应等多种不利因素影响，参考多层建筑进行消防设计。消防水源为市政水源。

(二) 室外消防设施

设室外消火栓系统，用水量为40L/s，火灾延续时间为2h。室外消火栓系统采用市政给水管作为水源，为低压制系统。在环装消防管网上设置室外消火栓，间距不超过120m，供发生火灾时消防车取水使用。

(三) 室内消防设施

室内设消防软管卷盘，由生活给水管网供水，保证火灾时室内人员及时使用灭火。按严重危险级配置灭火器，灭火器规格为ABC5，最大保护距离为15m，每个配置点配置2具。

三、工程特点介绍及设计体会

本工程属于应急抗疫医院，因疫情紧急且施工处于春节期间，因此，具有医疗建造标准高、服务人员多、设计时间及建设周期极短等显著特点。

(1) 时间快：设计时间超短，从2020年1月23日接到任务，24h内完成方案设计，60h内完成施工图设计，期间还经过2次较大修改，要求设计团队具有极高的技术素养和战斗力，除此以外，为提高效率，还采取了模块化设计，邀请施工单位在院内办公提高反馈速度，设计选用市场上便于采购的成熟管材设备等多种措施。

(2) 标准高：本项目主要任务为救治已确诊的重症新冠肺炎患者，设计重点首先放在合理选用生活污水及雨水消毒处理工艺，其次是高度重视洁净区内的医护人员防感染方面。因新冠肺炎属于新型病毒，传染病性强，病理病毒机制尚未全部被人类掌握，为保证万无一失，根据国家相关规范规定并参考"小汤山医院"部分成熟的设计经验，其生活污水消毒工艺选定为二级加强型消毒工艺，流程如图1所示。

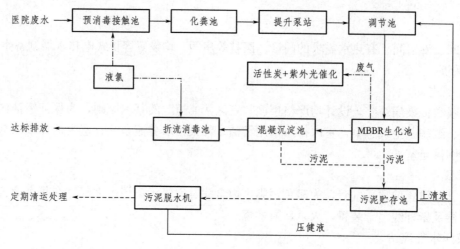

图1 污水处理工艺流程图

其中预消毒工艺段位于管网首端，化粪池前，预消毒工艺采用液氯对医院污水进行预消毒，接触时间为3h，污水经预消毒后进入化粪池。二级处理采用 MBBR 生化处理工艺，MBBR 采用的载体密度小，比表面积大，其表面附着的生物量多，食物链长，污泥浓度高，污泥产生量小，当载满生物膜后，密度近似于1，载体在反应器内流化所消耗的动力小，MBBR 法较活性污泥法的处理效果好，在相同负荷条件下，HRT 短，体积小，基建费用小，运行费用低。深度处理工艺采用混凝沉淀器进行泥水分离，同时进一步降低悬浮物浓度。

针对本次疫情特点，采用液氯作为消毒剂，液氯是国际上公认的含氯消毒剂中唯一的高效消毒剂（灭菌剂），可以杀灭一切微生物，包括细菌繁殖体、细菌芽孢、真菌、分枝杆菌和病毒等。其对微生物的杀灭机理为：液氯对细胞壁有较强的吸附穿透能力，可有效氧化细胞内含巯基的酶，还可以快速抑制微生物蛋白质的合成来破坏微生物。

（3）防感染防污染：医护人员是面对新冠病人、面对新冠病毒的主要力量，防止医护人员感染也是设计的重点，给水排水设计从以下方面予以重点考虑：室内给水系统在进入污染区的给水管起段设倒流防止器；公共卫生间的洗手盆、小便斗、大便器，护士站、治疗室、中心（消毒）供应室、监护病房、诊室、检验科等房间的洗手盆均采用非接触性或非手动开关；室内清洁区和污染区的污、废水分别独立设置排水管，互不连通；室外对应设置清洁区和污染区排水管网，为保证室外大气环境安全避免二次污染，室外污水管网为密封系统，要求所有管道及构筑物检查井盖采取密闭措施。排水立管的通气管口设置高效过滤器加紫外线消毒装置。空调冷凝水有组织收集排放，并进入污水消毒处理站统一消毒。为减少空气污染，减少地漏的设置场所，其中准备间、污洗间、卫生间、浴室、空调机房等应设置地漏，护士室、治疗室、诊室、检验科、医生办公室等房间不设地漏。

四、工程照片及附图

场地平整

铺设管道

设备安装

预消毒池安装

排水出户管安装

污水处理站

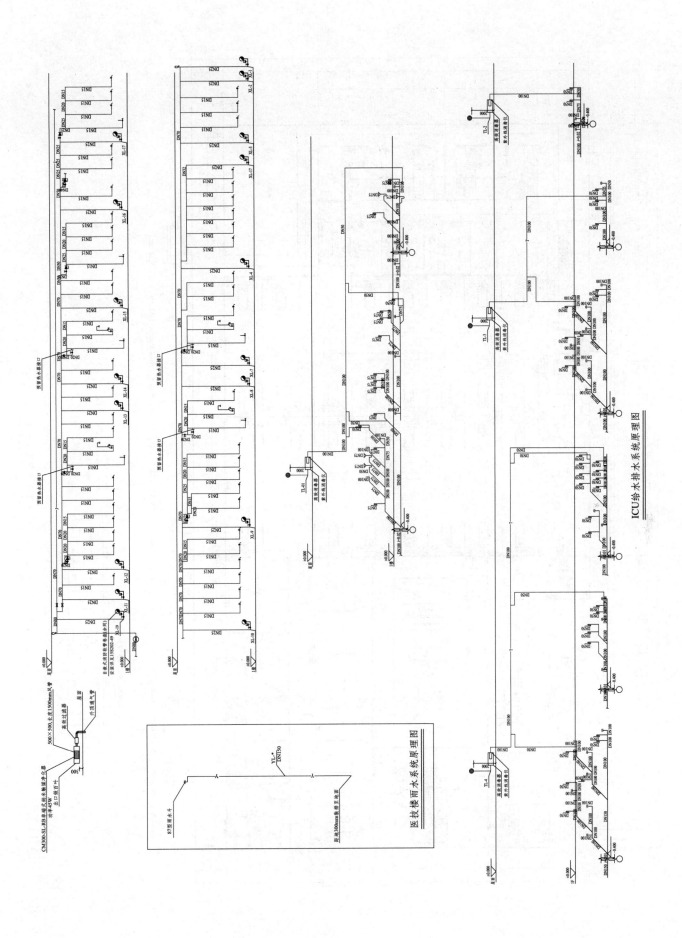

ICU给水排水系统原理图

医技楼雨水系统原理图

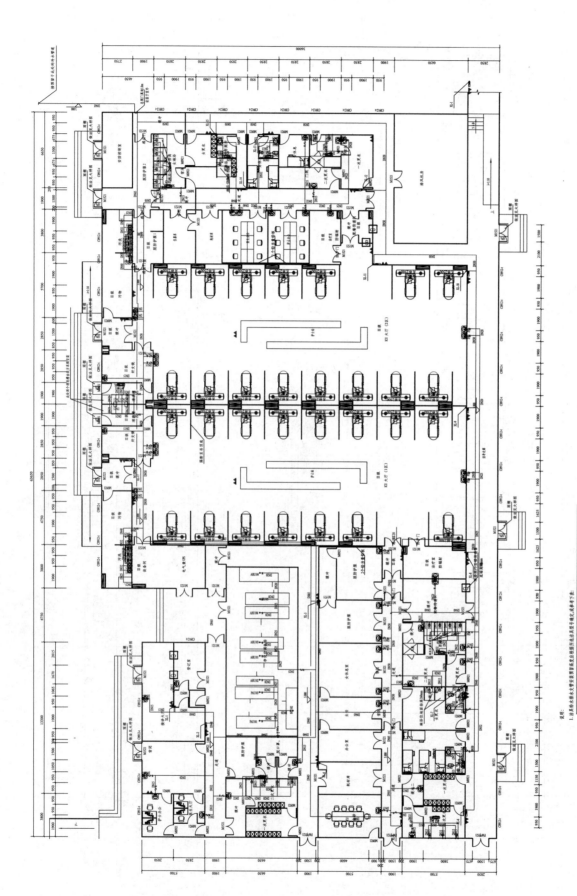

ICU一层给水平面示意图

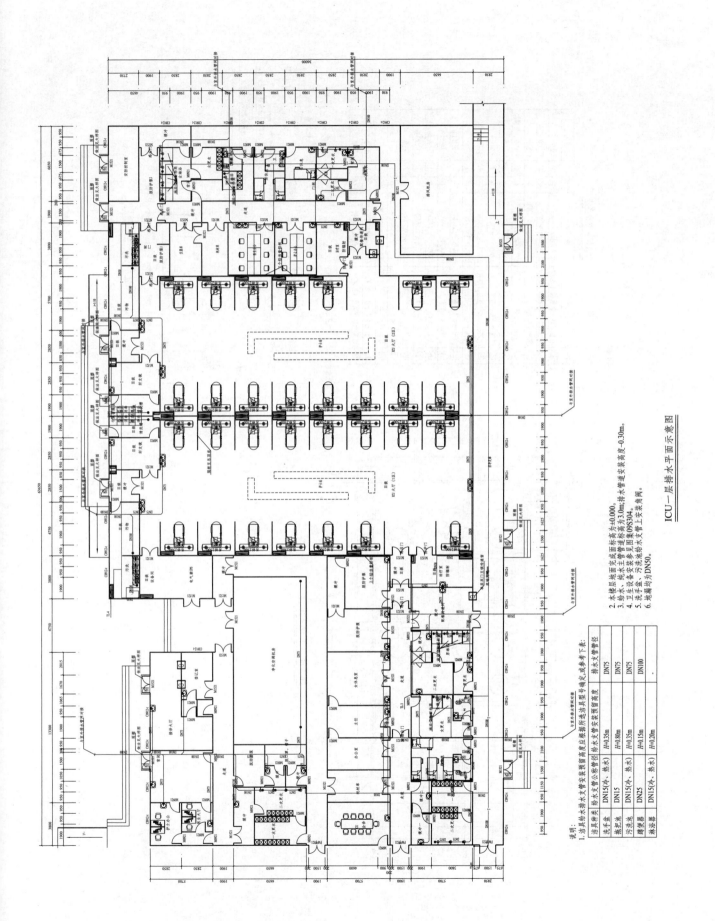

ICU一层排水平面示意图

说明：
1. 洁具给水排水支管安装高度应由所选器厂家或所选器具型号确定，或成参考下表：

洁具种类	给水支管公称管径	安装高度	排水支管管径
洗手盆	DN15(冷、热水)	H=0.35m	DN75
擦手池	DN15	H=0.80m	DN75
污洗池	DN15(冷、热水)	H=0.35m	DN75
洗手盆	DN25	H=0.15m	DN100
蹲便器	DN15(冷、热水)	H=0.20m	-

2. 本楼层地面完成面标高南方为±0.000。
3. 给水，纯水主管道标高为3.0m；排水管道安装高度-0.30m。
4. 卫生设备安装参见图集09S304。
5. 洗手盆、污洗池给水支管上安装角阀。
6. 地漏均为DN50。

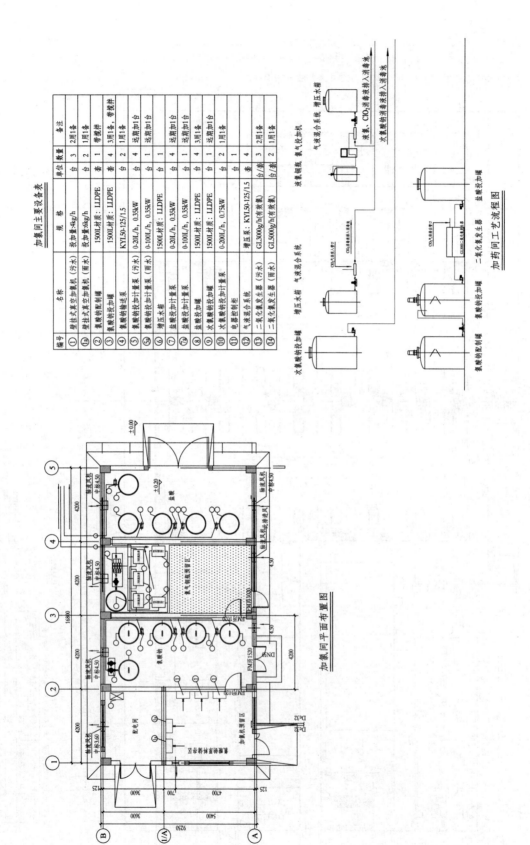

加氯间主要设备表

编号	名称	规格	单位	数量	备注
①	壁挂式真空加氯机(污水)	投加量:4kg/h	台	3	2用1备
①	壁挂式真空加氯机(雨水)	投加量:6kg/h	台	2	1用1备
②	氯酸钠配制罐	1500L材质:LLDPE	套	1	带搅拌
③	氯酸钠储存罐	1500L材质:LLDPE	套	4	3用1备、带搅拌
④	氯酸钠投加计量泵(污水)	KYL50-125/1.5	台	2	1用1备
⑤	氯酸钠投加计量泵(雨水)	0-20L/h、0.35kW	台	4	远期加1台
⑥	氯酸钠投加计量泵	0-100L/h、0.35kW	台	1	远期加1台
⑦	盐酸投加计量泵	0-20L/h、0.35kW	台	4	远期加1台
⑧	盐酸投加计量泵	0-100L/h、0.35kW	台	1	远期加1台
⑨	盐酸投加计量	1500L材质:LLDPE	台	4	3用1备
⑩	次氯酸钠投加罐	1500L材质:LLDPE	台	1	远期加1台
⑪	电器控制柜	0-200L/h、0.75kW	台	1	
⑫	气液混合系统		套	4	
⑬	二氧化氯发生主器(污水)	增压泵:KYL50-125/1.5	台/套	3	2用1备
⑭	二氧化氯发生主器(雨水)	GL3000g/h(有效氯)	台/套	2	1用1备
		GL5000g/h(有效氯)			

加氯间平面布置图

加药间工艺流程图

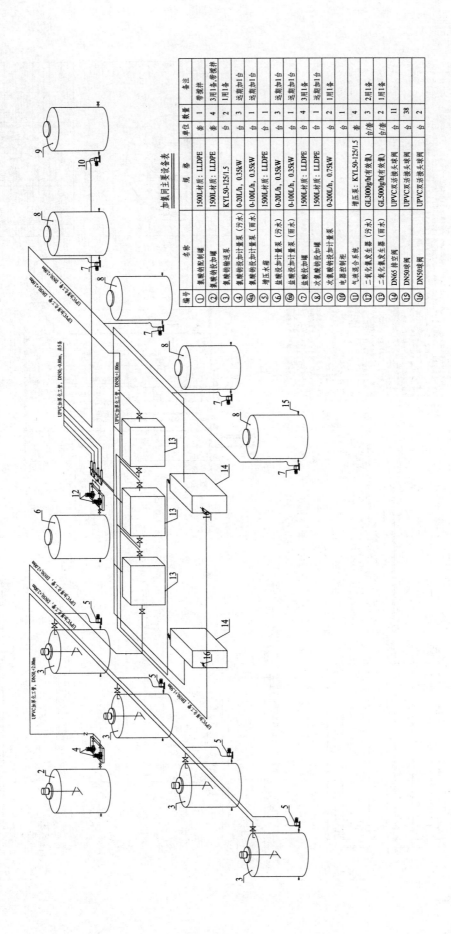

加氯间主要设备表

编号	名称	规格	单位	数量	备注
①	氯酸钠配制罐	1500L材质：LLDPE	套	1	带搅拌
②	氯酸钠投加罐	1500L材质：LLDPE	套	4	1备3用带搅拌
③	氯酸钠输送泵	KYL50-125/1.5	台	2	1用1备
④	氯酸钠投加计量泵（污水）	0-20L/h，0.35kW	台	3	远期加1台
④a	氯酸钠投加计量泵（雨水）	0-100L/h，0.35kW	台	1	远期加1台
⑤	增压水箱	1500L材质：LLDPE	台	1	
⑥	盐酸投加计量泵（污水）	0-20L/h，0.35kW	台	3	远期加1台
⑥a	盐酸投加计量泵（雨水）	0-100L/h，0.35kW	台	1	远期加1台
⑦	盐酸投加罐	1500L材质：LLDPE	台	4	3用1备
⑧	次氯酸钠投加罐	1500L材质：LLDPE	台	1	远期加1台
⑨	次氯酸钠投加计量泵	0-200L/h，0.75kW	台	2	1用1备
⑩	电器控制柜		台	1	
⑪	气液混合系统	增压泵：KYL50-125/1.5	套	4	
⑫	二氧化氯发生器（污水）	GL300g/h(有效氯)	台/套	3	2用1备
⑬	二氧化氯发生器（雨水）	GL500g/h(有效氯)	台/套	2	1用1备
⑭	DN65排空阀	UPVC双活接头球阀	台	2	
⑮	DN50球阀	UPVC双活接头球阀	台	38	
⑯	DN50泄爆阀	UPVC双活接头球阀	台	2	

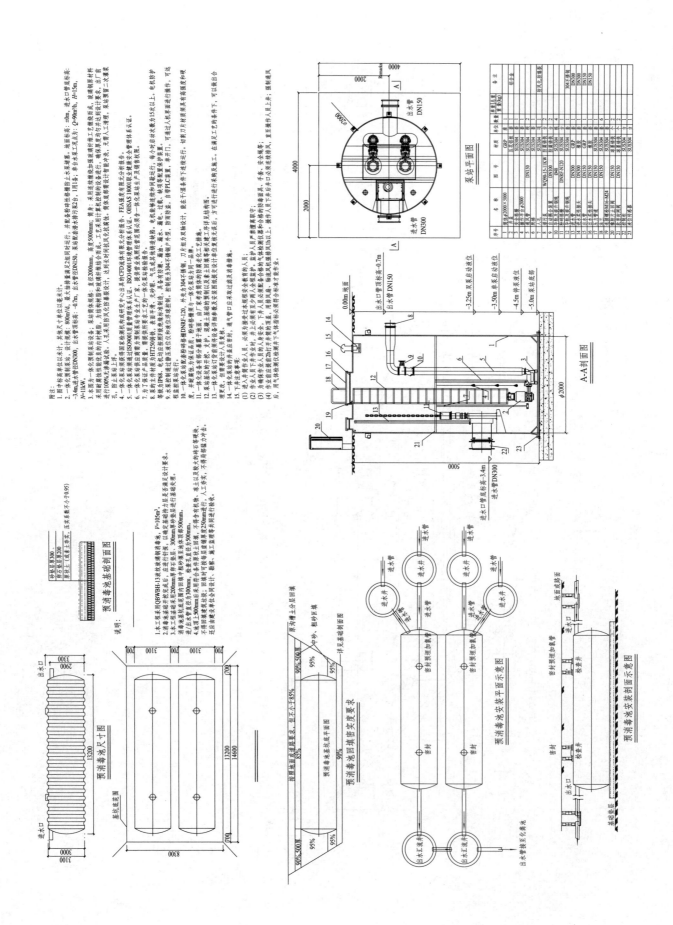

泰康华南国际健康城

设计单位：广东省建筑设计研究院有限公司
设 计 人：叶志良　李建俊　唐文广　徐巍　苟红英
获奖情况：公共建筑类　二等奖

工程概况：

泰康华南国际城即是泰康保险集团在粤港澳大湾区首家高品质养老社区泰康之家·粤园，项目位于广州市黄埔区长岭居国际生态居住区内，是华南地区首个旗舰医养社区。项目占地面积约 6 万 m^2，建筑面积约 14.6 万 m^2，绿化率高达 35％，社区可容纳约 1300 户居民。该项目总共分两期建设运营。其中一期建筑面积约为 64552m^2，包括 1 栋 5 层的医疗服务楼（1 号楼），1 栋 2 层会所（4 号楼），2 栋公寓（2 号楼、3 号楼）组成，其中 1 号医疗服务楼暂未建设，其医疗服务改在 2 号楼首层部分区域设置，包括门诊、急诊、输液、理疗、医学检查等功能，此外 2 号楼公寓还包括记忆障碍房、协助生活专业护理房、独立生活房等，3 号楼公寓均为独立生活房，4 号楼会所包括健身房、恒温泳池、瑜伽、SPA 等功能，另外还有各栋楼对应地下车库，设备用房等。项目二期建筑面积约 81878m^2，包括 1 栋 3 层的配套会所（5 号楼），5 栋公寓（6～10 号楼），其中 5 号楼会所包括餐厅、宴会厅及其配套厨房，多功能厅、休闲娱乐、教室等功能，6～10 号楼公寓包括各类生活客房，另外还包括各栋地下车库、消防泵房、生活泵房、锅炉房等社区集中能源动力机房。

工程说明：

一、给水排水系统

（一）给水系统

1. 冷水用水量（见表 1）

泰康华南国际健康城冷水用水量　　　　　　　　　　　　　　　　　　　　表1

序号	用水部位	用水单位	使用数量	用水量标准（L）	小时变化系数	用水时间（h）	用水量		
							平均时（m^3/h）	最大时（m^3/h）	最高日（m^3/d）
1	10 号楼	客房	394	200	2.40	24	3.28	7.88	78.80
2		服务人员	34	100	2.40	24	0.14	0.34	3.40
3	9 号楼	客房	272	200	2.40	24	2.27	5.44	54.40
4		服务人员	35	100	2.40	24	0.15	0.35	3.50

续表

序号	用水部位	用水单位	使用数量	用水量标准（L）	小时变化系数	用水时间（h）	用水量 平均时（m³/h）	用水量 最大时（m³/h）	用水量 最高日（m³/d）
5	8号楼	客房	188	200	2.40	24	1.57	3.76	37.60
6		服务人员	16	100	2.40	24	0.07	0.16	1.60
7	7号楼	客房	232	200	2.40	24	1.93	4.64	46.40
8		服务人员	29	100	2.40	24	0.12	0.29	2.90
9	6号楼	客房	500	200	2.40	24	4.17	10.00	100.00
10		服务人员	51	100	2.40	24	0.21	0.51	5.10
11	3号楼	客房	366	200	2.40	24	3.05	7.32	73.20
12		服务人员	22	100	2.40	24	0.09	0.22	2.20
13	2号楼	客房	484	250	2.40	24	5.04	12.10	121.00
14		服务人员	56	100	2.40	24	0.23	0.56	5.60
15	5号楼	餐厅、宴会	1872	40	1.50	12	6.24	9.36	74.88
16		服务人员	159	40	1.50	12	0.53	0.80	6.36
17		其他	1396	10	1.50	12	1.16	1.75	13.96
18	4号楼	活动人员	400	40	1.50	12	1.33	2.00	16.00
19		服务人员	40	40	1.50	12	0.13	0.20	1.60
20	8号楼	商铺	916	8	1.50	12	0.61	0.92	7.33
21	地下室	车库及其他	31192	3	1.00	8	11.70	11.70	93.58
22	泳池	厂家提供	1	13000	1.00	12	1.08	1.08	13.00
23	室外	绿化	20230	3	1.00	8	7.59	7.59	60.69
24	室外	空调补水	1	312000	1.00	8	39.00	39.00	312.00
小计							**91.70**	**127.95**	**1135.09**
未预见用水量	10%				1.00	24	4.73	4.73	113.51
合计							**96.43**	**132.68**	**1248.60**

最高日用水量为 1248.60m³/d，最大时用水量为 132.68m³/h。

2. 水源

本工程生活给水水源采用市政生活给水。从市政给水管网上引入 2 根 DN200 给水管，其中一期引入 1 根 DN200 接口，二期引入 1 根 DN200 接口。市政给水管网供水压力最不利点从室外地面算起不低于 0.14MPa，按 0.20MPa 设计。

3. 给水系统分区

本工程生活给水根据各栋位置及功能共设置 4 个供水单元。

（1）独立生活楼（3 号、6 号、7 号、8 号、9 号、10 号楼）

于 7 号楼下方地下二层设置一个供水泵房，设置高区、低区 2 套泵组和 2 个水箱等设备；系统根据各建筑物内部的用水要求以及建筑物楼层几何高度分区，在各分区底部用水点水压超过 0.35MPa 处设可调式减压稳压阀。其分区如下：

低区：3 号楼一层~五层；6 号楼一层~九层；7 号楼一层~七层；8 号楼一层~顶层；9 号楼一层~顶层；10 号楼一层~八层。

高区：3 号楼六层~顶层；6 号楼十层~顶层；7 号楼八层~顶层；10 号楼九层~顶层。

（2）会所（4 号、5 号楼）

于 4 号楼下方地下室设置 1 个供水泵房，设置 1 套泵组和 1 个水箱等设备供会所使用。

（3）专业护理及协助护理生活楼（2 号楼）、医院（1 号楼）

于 3 号楼下方地下二层设置一个供水泵房，设置 2 套泵组和 2 个水箱等设备分别供专业护理及协助护理生活楼（2 号楼）、医院（1 号楼）使用，其中医院供水设备本次设计仅作预留。

（4）地下室生活用水直接利用市政水压供水；空调冷却塔补水直接利用市政水压供水，不另设贮存水箱。

4. 供水方式及给水加压设备

各加压供水单元均在地下室设置生活调节水箱及泵房，水箱有效容积根据服务范围最高日用水量的 20% 计算贮存，每个泵房生活水箱均分 2 格（或 2 个）设置，方便检修、维护；所有生活加压供水设备均采用变频泵组，配隔膜式气压罐，水泵设减震措施。

地下车库等冲洗用水的水嘴前应设置真空破坏器。

生活水箱供水为防止二次污染设置紫外线消毒器、溢流管口末端设置防护网等措施。

5. 管材

室外生活给水管采用钢丝网骨架塑料复合管；室内生活给水干管采用钢塑复合压力管；给水支管采用 304 不锈钢管。

（二）热水系统

1. 热水用水量（见表 2）

泰康华南国际健康城集中热水用水量（60℃）　　　　　　　　　　表 2

序号	用水部位	用水单位	使用人数（人）	用水量标准（L）	小时变化系数	用水时间（h）	耗热量 平均时（kW/h）	耗热量 最大时（kW/h）	热水量 平均时（m³/h）	热水量 最大时（m³/h）	热水量 最高日（m³/d）
1	10 号楼	客房	394	120	2.60	24	112.61	292.93	1.97	5.12	47.28
2	10 号楼	服务人员	34	40	2.60	24	3.24	8.43	0.06	0.15	1.36
3	9 号楼	客房	272	120	2.60	24	77.74	202.23	1.36	3.54	32.64
4	9 号楼	服务人员	35	40	2.60	24	3.33	8.67	0.06	0.15	1.40
5	8 号楼	客房	188	120	2.60	24	53.73	139.78	0.94	2.44	22.56
6	8 号楼	服务人员	16	40	2.60	24	1.52	3.97	0.03	0.07	0.64
7	7 号楼	客房	232	120	2.60	24	66.31	172.49	1.16	3.02	27.84
8	7 号楼	服务人员	29	40	2.60	24	2.76	7.19	0.05	0.13	1.16
9	6 号楼	客房	500	120	2.60	24	142.91	371.74	2.50	6.50	60.00
10	6 号楼	服务人员	51	40	2.60	24	4.86	12.64	0.09	0.22	2.04

续表

序号	用水部位	用水单位	使用人数（人）	用水量标准（L）	小时变化系数	用水时间（h）	耗热量		热水量		
							平均时（kW/h）	最大时（kW/h）	平均时（m³/h）	最大时（m³/h）	最高日（m³/d）
11	3号楼	客房	366	120	2.60	24	104.61	272.12	1.83	4.76	43.92
12		服务人员	22	40	2.60	24	2.10	5.45	0.04	0.10	0.88
13	2号楼	客房	484	120	2.60	24	138.34	359.85	2.42	6.29	58.08
14		服务人员	56	40	2.60	24	5.34	13.88	0.09	0.24	2.24
15	5号楼	餐厅、宴会	1872	15	1.50	12	133.76	200.74	2.34	3.51	28.08
16		服务人员	159	20	1.50	12	15.15	22.73	0.27	0.40	3.18
17		其他	1396	5	1.50	12	33.25	49.90	0.58	0.87	6.98
18	4号楼	活动人员	400	20	1.50	12	38.11	57.19	0.67	1.00	8.00
19		服务人员	40	20	1.50	12	3.81	5.72	0.07	0.10	0.80
20	泳池	厂家提供	1	2650	1.00	24	6.31	6.31	0.11	0.11	2.65
合计							949.81	2213.96	16.62	38.71	351.73

2. 热源

本工程生活热水负荷约为 2600kW，冬季空调冷负荷约为 5853kW。由于广州地区冬季供热时间较短，全年大部分供热以生活热水需求为主，因此，生活热水及空调共用锅炉。

3. 系统竖向分区

热水系统分区与给水系统分区一致。每个热水系统分区设置独立的换热机组、加热循环泵等设备。

4. 热水系统设备

根据供热负荷，选用 3 台燃气燃油两用真空双回路锅炉。平时使用燃气，故障检修时使用燃油作为备用。双回路锅炉内根据不同制热量和水温配置 2 个换热器，可根据需要同时提供 2 种负荷水温不同的热水，从而省去再次布置板式换热器的麻烦，节约了机房面积。每台锅炉制热量为 2800kW，其中空调供热用换热器制热量为 2000kW，换热器供/回水温度为 50℃/40℃；生活热水用换热器制热量为 950kW，换热器供/回水温度为 80℃/65℃。

5. 冷、热水压力平衡措施及热水温度的保证措施等

集中生活热水系统采用机械循环，热水立管设置在卫生间管井内，减少支管长度，缩短热水出水时间，热水支管设置减压阀，阀后压力为 0.2MPa，与冷水管道压力一致。

6. 管材

室内热水采用 304 不锈钢管。

(三) 生活排水系统

1. 排水系统的型式

生活排水系统采用污废分流制。

2. 透气管的设置方式

卫生间排水设置专用通气立管和环形通气管。

3. 局部污水处理设施

室内餐饮废水经隔油器处理后，排至市政污水管网。卫生间污水经化粪池处理后，通过室外污水管道，排至市政污水管网。

4. 管材

室内污/废水自流管采用机制排水铸铁管，内外壁涂环氧树脂。室外埋地雨、污、废水管道，采用 HDPE 双壁波纹管。

（四）雨水排水系统

1. 排水系统的型式

屋面雨水采用重力流雨水斗及相应室内外管道系统，排至室外雨水检查井。室外地面部分雨水经渗透地面进入地下，部分雨水经雨水口及室外雨水管排放至市政雨水管网，广场采用线性排水沟收集雨水。室外雨水管管径为 $D300 \sim D800$。管道起点埋深不小于 1.0m。根据建筑物周边的市政排水情况，采用就近原则接入周边道路的市政雨水管网。

2. 设计重现期

屋面雨水排水系统降雨设计重现期 $P = 10$ 年，降雨历时为 5min。雨水斗和溢流口总排水能力按 50 年重现期设计。车库坡道位置雨水排水系统降雨设计重现期 $P = 50$ 年，降雨历时为 5min。室外降雨设计重现期 $P = 5$ 年，降雨历时为 10min。

3. 管材

室内重力雨水管采用钢塑复合管。

二、消防系统

（一）消防水源和消防水量

从市政给水管网上引入 2 根 $DN150$ 水管至地下一层，进入消防用水储水池供消防使用。消防用水量见表 3。

泰康华南国际健康城消防用水量 　　　　　　　　　　　　　表 3

名称	流量(L/s)	火灾延续时间(h)	水量(m³)	备注
室外消火栓系统	30	3	324	由室内消防水池供给（大空间智能型主动喷水灭火系统与自动喷水灭火系统用水量取较大值）
室内消火栓系统	40	3	432	
自动喷水灭火系统	30	1	108	
大空间智能型主动喷水灭火系统	5L/s×2=10L/s	1	36	
总计			864	

（二）消防水池、水箱及供水设备

地下室设备区集中设消防水池及泵房。水池有效容积为 1000m³。泵房内设室内消火栓泵 2 台，1 用 1 备，交替运行；喷淋泵 2 台，1 用 2 备，交替运行；室外消火栓泵 2 台，1 用 1 备，交替运行；室外消火栓给水增压稳压给水机组 1 套；大空间智能型主动喷水灭火系统给水泵 2 台，1 用 1 备，交替运行；

在最高一栋单体屋顶设有效容积 36m³ 高位消防水箱 1 个及消火栓和自动喷水灭火系统增压、稳压设备各 1 套，用于维持系统压力及向室内消火栓系统和自动喷水灭火系统高区提供火灾初期 10min 消防用水量。

（三）室外消火栓系统

在红线范围内建筑周边，设室外消火栓给水环状管网，管径为 $DN200$，沿消防车道，均匀布置地上式室外消火栓，间距不超过 120m，并保证设在室外的室内消防系统水泵接合器周围 15～40m 设室外消火栓。平时由地下二层消防给水泵房内增压稳压给水机组保持室外消火栓管网给水压力大于或等于 0.10MPa；当火灾发生、室外消火栓给水管网给水压力低于 0.10MPa 时，控制系统自动启动地下二层消防给水泵房内的室外消火栓泵，向室外消火栓给水管网加压供水。室外消火栓泵也可由消防泵房及消防控制室的启动/停止按钮控制。

(四)室内消火栓系统

(1)室内消火栓系统竖向分区如下：

低区：地下室～地上十一层，由消火栓给水管网经减压阀减压后供水；

高区：十二层～顶层，由消火栓泵加压供水。

(2)消防水泵接合器设在首层室外便于消防车使用的地点，高低区各设1组，每组3个水泵接合器，每个水泵接合器流量按10～15L/s计算。水泵接合器设置在室外便于消防车使用的地点，与室外消火栓距离为15～40m。

(3)室内消火栓环状管用阀门分成若干独立段，以保证检修管道时，关闭停用的竖管不超过2根。室内消火栓给水系统管网中，消防立管管径不小于$DN100$，横干管管径不小于$DN150$。

(4)室内消火栓设在明显易于取用的地点，如电梯前室、走道及楼梯附近等，其间距不大于30m，并保证同层任何部位有2支消火栓的水枪充实水柱同时到达。消火栓箱内包括栓口为$DN65$口径的消火栓，25m长水带，并配有消防卷盘，$DN19$口径的水枪喷嘴及消火栓泵启动按钮。屋顶设试验用的室内消火栓。

(5)室内消火栓给水系统干管采用无缝钢管，加压阀后支管采用内外热镀锌钢管。

(五)自动喷水灭火系统

(1)自动喷水灭火系统设计参数见表4。

泰康华南国际健康城自动喷水灭火系统设计参数　　　　　　　　　　表4

火灾危险等级	中危险级Ⅱ级
喷水强度	$8L/(min \cdot m^2)$
作用面积	$160m^2$
设计流量	30L/s
自动喷水灭火系统灭火时间按最大流量1h计	$108m^3$
最不利点处喷头的工作压力不低于0.05MPa	

(2)自动喷水灭火系统竖向分区如下：

低区：地下室～地上十一层，由喷淋给水管网经减压阀减压后供水；

高区：十二层～顶层，由喷淋泵加压供水。

(3)喷淋水泵接合器设在首层室外便于消防车使用的地点，高低区各设1组，每组3个水泵接合器。每个水泵接合器流量按10～15L/s计算。水泵接合器设置在室外便于消防车使用的地点，与室外消火栓距离为15～40m。

(4)本工程除建筑面积小于$5.00m^2$的卫生间、不宜用水扑救的部位外，地下室、地上各层均设置自动喷水灭火系统。火灾危险等级采用中危险级Ⅱ级。净空高度8～12m的场所喷水强度采用$12L/(min \cdot m^2)$。

(5)净空高度超过12m的场所采用自动扫描射水高空水炮灭火装置，设计流量为20L/s，与自动喷水灭火系统共用给水泵。

(6)每层、每个防火分区均设水流指示器。每个报警阀组控制的最不利点喷头处，设末端试水装置，其他防火分区、楼层最不利点喷头处设试水阀。水流指示器前设带有开关信号的阀门，信号引至消防控制室。当火灾发生时，失火层的水流指示器被触动，有关信号送至消防控制室而发出警报，同时压力开关因压力下降而动作，自动启动喷淋泵提供喷淋用水。

(7)每个报警阀控制的喷头数量不超过800个，喷头采用玻璃球喷头或装饰型吊顶喷头，厨房喷头动作温度为93℃，其他场所喷头动作温度一般为68℃。

（六）手提灭火器系统

（1）手提式灭火器将按规范要求设置于各机电室、厨房、楼层消火栓箱内及地下停车库等处，以便保安人员或有关人员发现火灾时作出即时扑救之用。

（2）变配电房等处按 E 类火灾，中危险等级，每处灭火器配置点安装 MFT/ABC20 推车式灭火器 2 具，配置灭火级别 2A，其配置点最大保护距离不大于 24m。

（3）地下车库按 A/B 类火灾，严重危险等级，每处灭火器配置点安装 MF/ABC4 手提式灭火器 2 具，配置灭火级别 3A，其配置点最大保护距离不大于 12m。

（4）餐饮厨房按严重危险级 A 类火灾设计，每处灭火器配置点安装 MF/ABC4 手提式灭火器 2 具，配置灭火级别 3A，其配置点最大保护距离不大于 15m。

（5）每处电气竖井、配电房内、每层消火栓箱内，均配置安装 MF/ABC4 手提式灭火器 2 具，配置灭火级别 2A，其配置点最大保护距离不大于 20m。

（七）气体灭火系统

（1）高压配电间、低压配电间、发电机房及伺服仪机房等场所设置七氟丙烷气体灭火系统保护，整套系统包括管道、储气瓶、喷嘴、控制箱、探测器及所有必须的配件等设备均得到消防局认可，并须经过精确计算以适合自动操作。

（2）保护区内设置火灾探测器直接驱动。并由两路探测器操作，当其中一路探测器收到火灾信号时，警铃会立即报警，并联动闪灯及停止排风机，当第二路探测器亦收到火灾信号时，强力警报器会长鸣以通知人员立即疏散，并于 30s 延时后启动放气阀并向被保护房间喷放气体。系统设手动及自动选择开关，并有明显标识。保护区入口处设紧急停止喷放装置，并有防止误操作措施。防护区内设置火灾声光报警，防护区外设置灭火剂喷放指示信号。

（3）变配电房灭火设计浓度为 9%，通信机房、电子计算机房等场所灭火设计浓度为 8%，气体将于放气阀启动后 10s 内向房间完全喷放。

（八）厨房灭火装置

公共厨房灶台上方烟罩处加设化学（ANSUL）灭火系统。该系统属于洁净无毒的湿化学灭火系统，使用的是专门应用于厨房火灾的低 pH 的水溶性钾盐灭火剂。系统由系统控制组件、药剂储罐、探测器、手拉启动器、喷放装置、驱动气体及附件等组成。

三、工程特点介绍

本工程为高端养老社区项目，建筑设计的各个方面都需要满足健康、舒适、安全、节能的要求。因此，给水排水专业在设计上也运用了多项先进技术，为社区内生活的老年人提供绿色健康的舒适环境。具体的设计亮点及系统先进性主要体现在以下几个方面：

（一）以老人的日常为设计依据

结合项目的使用对象，给水排水从老人日常的安全、舒适等角度强化设计，以老人实际需求作为设计依据，部分系统及参数高于规范要求，具体表现在以下几个方面：

（1）除消防电梯以外的普通电梯和扶梯均设置排水措施，保障设备安全运行；人防集水井设置排水水泵及管道，防止平时井内积水滋生蚊虫细菌对环境的影响；

（2）为减少安全隐患、便于老人活动，房间内卫生间和阳台与房间其他空间设计均采用无门槛及高差形式，卫生间内的淋浴区及阳台出入口除正常排水地漏外增加截水沟的设计，可以及时有效地排出地面积水，减少老年人的安全隐患。

（3）老人游泳池在相关规范中没有独立的温度要求，按规范，成人池要求为 27～28℃ 水温，但通过调研了解老人在最冷天气的泳池适合水温约 32℃。根据调研成果，在设计时，通过板换换热的水温按常规成人池选取，在泳池回水管段并联加入电伴热器，在室外温度低于 10℃，智能开启调节升高水温，达到老人使用的适宜温度。

（4）老人休息时对环境安静要求很高，室外车道上的集水井盖比较容易产生噪声，为了杜绝该问题，室外排水设计时将检查井均设置在道路周边的绿化中，减少噪声影响。

（5）记忆障碍区域的卫生间采用红色的马桶盖等增加颜色辨识度，方便老人对洁具的认识和区分。热水系统应采用同程设计；为保证各用水点的冷、热水压力平衡，热水系统竖向分区应与冷水系统竖向分区相同。考虑老年人对温度的敏感度比较高，并且为防止烫伤，热水出水须采用冷、热水混合装置，建议小于 40℃，以免发生烫伤现象。

（二）以节能环保为设计理念

设计积极响应国家可持续利用和绿色建筑设计理念，除绿色建筑外 2 号楼设计执行 LEED 金级标准。给水排水具体的节能措施亮点如下：

（1）收集 2 号楼屋面及周边雨水，利用非传统水源供绿化场地浇洒、水景补水等不与人体直接接触的用水点使用，达到节水目的。

（2）空调专业螺杆式冷水机组配置热回收功能，在夏季制冷时可以回收部分冷凝热作为生活热水供热使用，通过冷凝热回收方式降低锅炉制取生活热水能耗，热回收量为 105kW，有效提高能源利用效率，节能减排，减少大气污染。

（3）本工程生活热水负荷约为 2600kW，冬季空调冷负荷约为 5853kW。由于广州地区冬季供热时间较短，全年大部分供热以生活热水需求为主，因此，空调与生活热水共用锅炉，根据用水温度，锅炉采用双出口锅炉，节省机房占地的同时可以高效节能。

（三）以老人居住环境特点安全实用为设计导向

（1）为提养老社区的用水标准，生活给水采用独立的水处理装置净化给水。

（2）为保证热水不间断供应，设计采用热源为燃油/燃气两用锅炉。采用燃气锅炉，在市政燃气或故障检修期间，采用燃油作为备用热源。对独立生活区塔楼所有单元房内热水支管及其他集中热水系统内热水支管路径较长的用水点，根据需求考虑采用电伴热保温措施。考虑老年人对温度的敏感度比较高，并且为防止烫伤，热水出水须采用冷、热水混合装置，建议低于 40℃，以免发生烫伤现象。

（3）为保护环境，减少污水污染，餐厅厨房等含油废水采用二次隔油处理，首先经末端器具一次隔油后再经室内成品隔油器处理后排入市政排水管网。门诊及病房的污水处理需经医院专用化粪池后，再经一级处理工艺流程处理后排入市政排水管网。医院设有 X 光、CT 等科室，含有放射性同位素的污水，设置推流衰变池。

（4）屋顶排水的校核重现期为 100 年，考虑超设计重现期雨量的排放，雨水系统采用传统安全的重力系统。

（四）给水排水系统的方案比选

泰康华南国际城具有达到同期国内领先水平的创新设计理念和独特的建筑体验，在给水排水设计过程中遇到较多技术性难题和工程问题，通过整体的协调管理，结合各个系统的方案比选，最终达到了设计之初定下的效果目标。

结合现场实际，确保项目实施落地。为保证现场合理安排工期，所有需深化的系统均在相关图纸内进行加注说明。预留孔洞图纸也由各机电专业根据 BIM 成果统一格式表达在图纸中，其中各专业在本专业图纸中表达本专业的预留孔洞，并由建筑专业综合汇总表达在综合孔洞图中，保证现场施工的准确性。为减少后期开洞对土建结构的影响，预留孔洞图中的各预留孔洞均与管线图纸反复核对，并增加预留部分孔洞，方便施工过程中业主对部分区域的功能修改增加管线。

（五）项目影响及经济效益

（1）泰康华南国际健康城作为泰康之家在全国投资建设的连锁医养社区之一，秉承"提高中国长者生活品质和幸福指数"的宗旨，将"医养融合""文化养老"等特色服务实践落地，为入住的老年居民提供安全、健康、尊严的退休生活。社区通过"独立生活区、协助护理区、专业护理区及记忆照护区"四大业态，为处于不同身体健康状态的长者提供相应的持续照顾服务。本工程设计先进，已被业界评为养老建筑的标杆项目。

（2）根据空调供热及生活热水不同水温要求，采用燃气燃油两用真空双出口、双回路锅炉，节约机房面积约 400m² 建筑面积，以 3 万元/m² 计算，节省土建投资 1200 万元。

（3）给水排水系统设计经济合理，后期运行效果及参数也达到设计要求，满足业主的使用要求，为泰康华南国际健康城中生活的老年人提供了健康、舒适、安全的室内环境。

四、工程照片及附图

园区正门

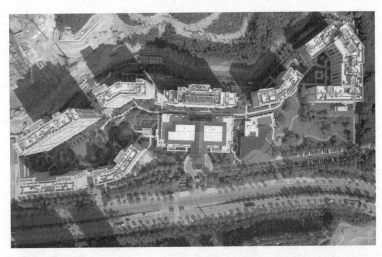

园区鸟瞰图

园区景观

夜晚园区景观

室内环境 1

室内环境 2

检查井避开道路以减少行车噪声

室内消火栓

自动扫描射水高空水炮灭火装置

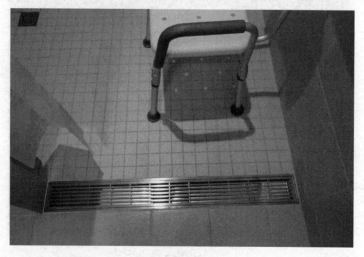

卫生间设置截水沟

地下室管线排列整齐

设备机房布置整洁

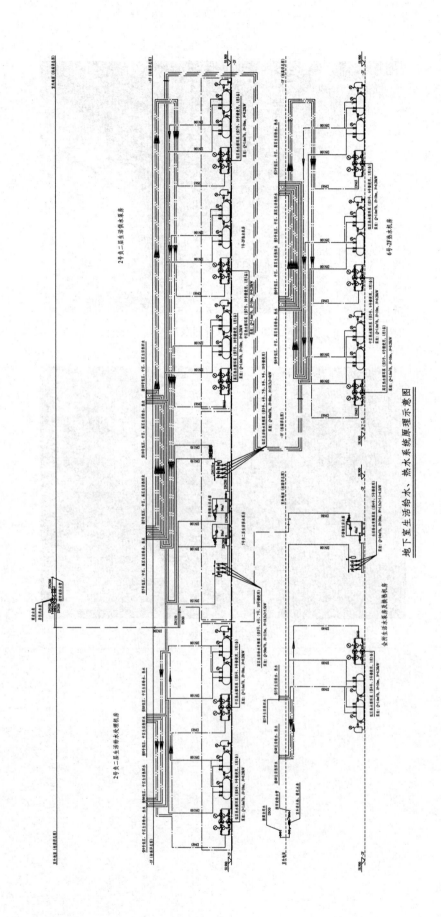

地下室生活给水、热水系统原理示意图

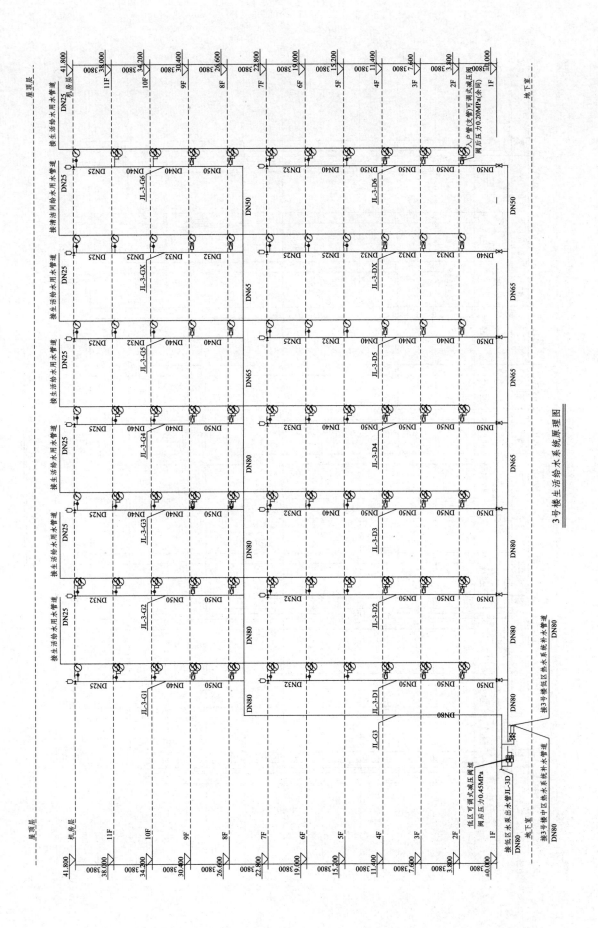

3号楼生活给水系统原理图

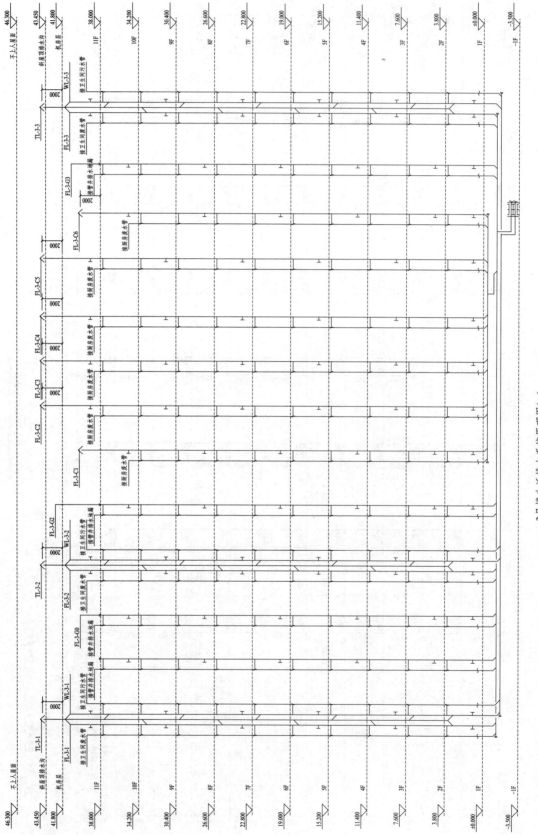

3号楼生活排水系统原理图（一）

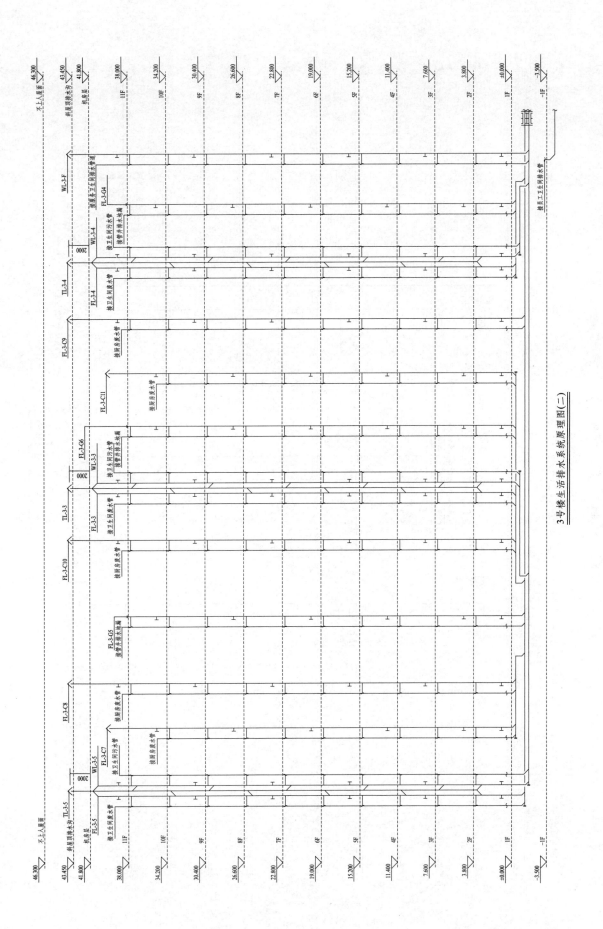

3号楼生活排水系统原理图(二)

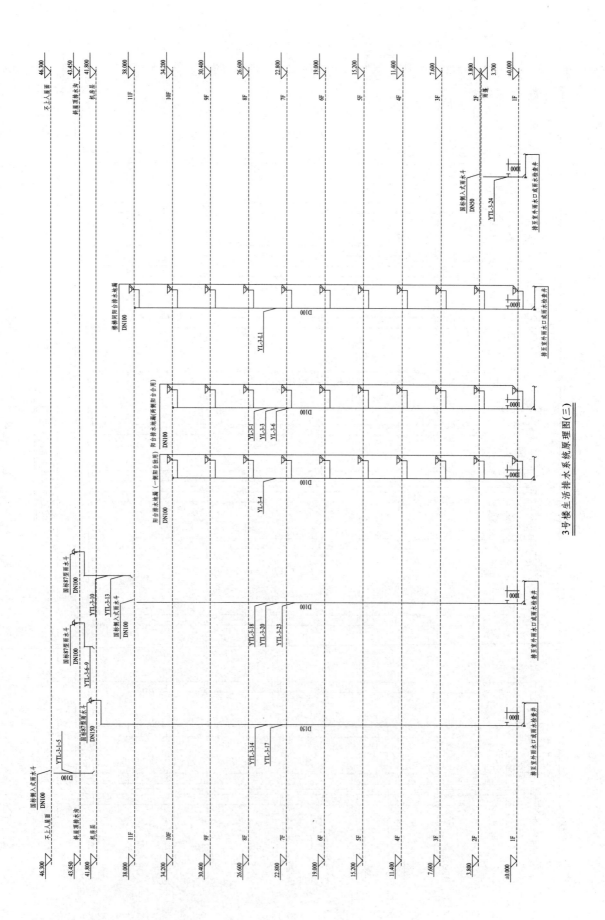

3号楼生活排水系统原理图(三)

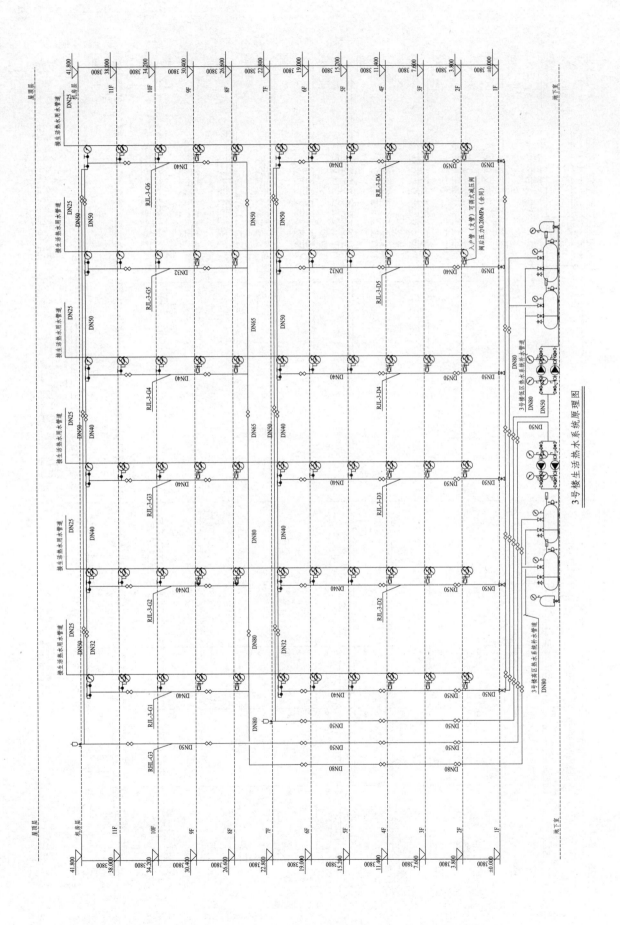

3号楼生活热水系统原理图

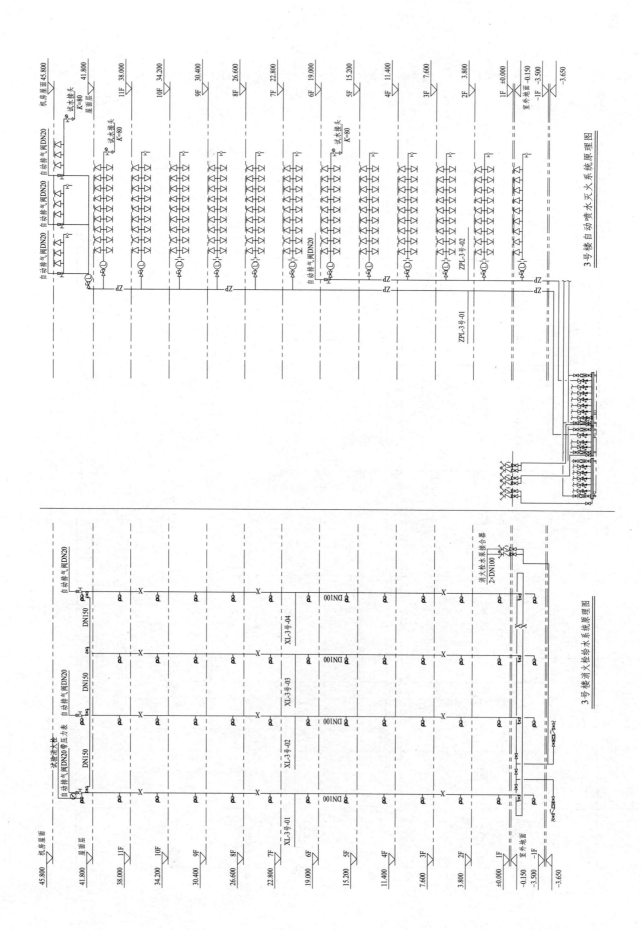

3号楼自动喷水灭火系统原理图

3号楼消火栓给水系统原理图

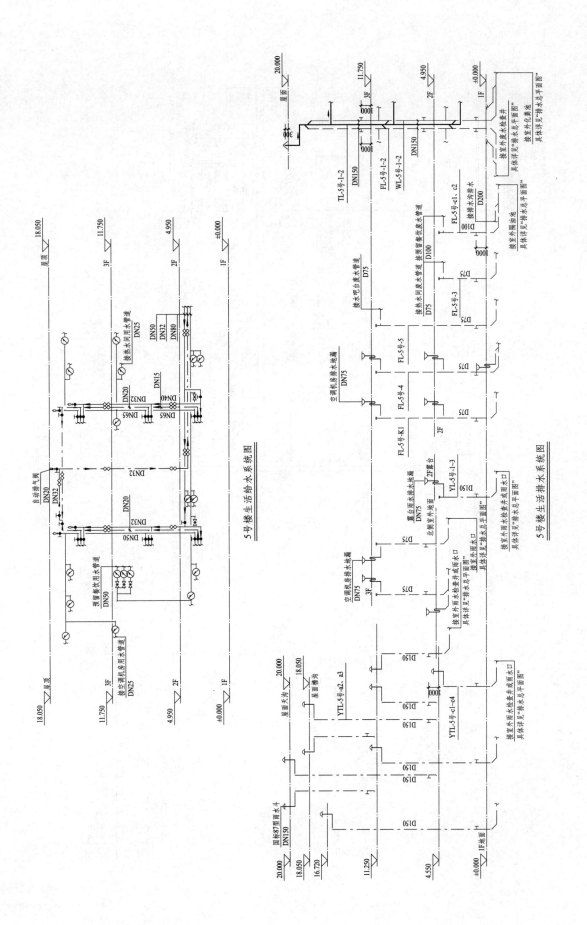

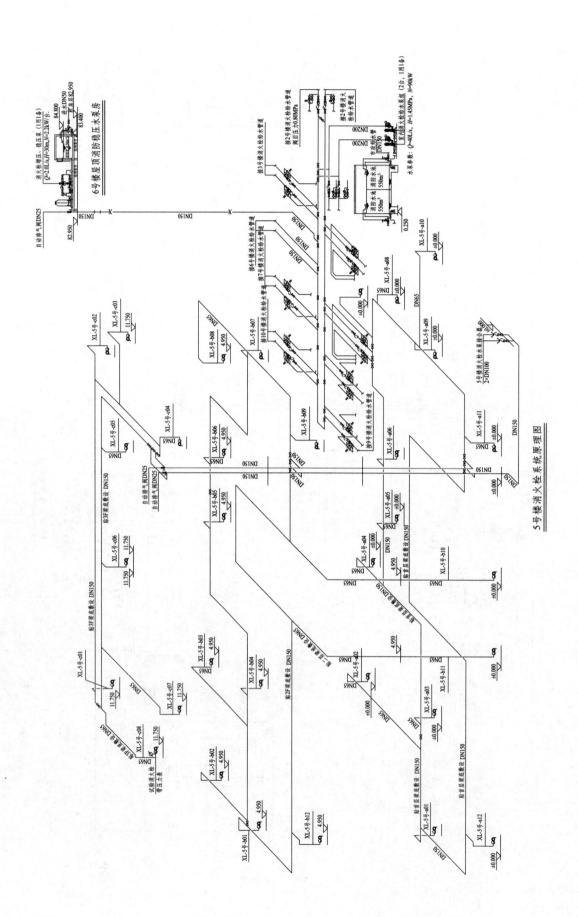

5号楼消火栓系统原理图

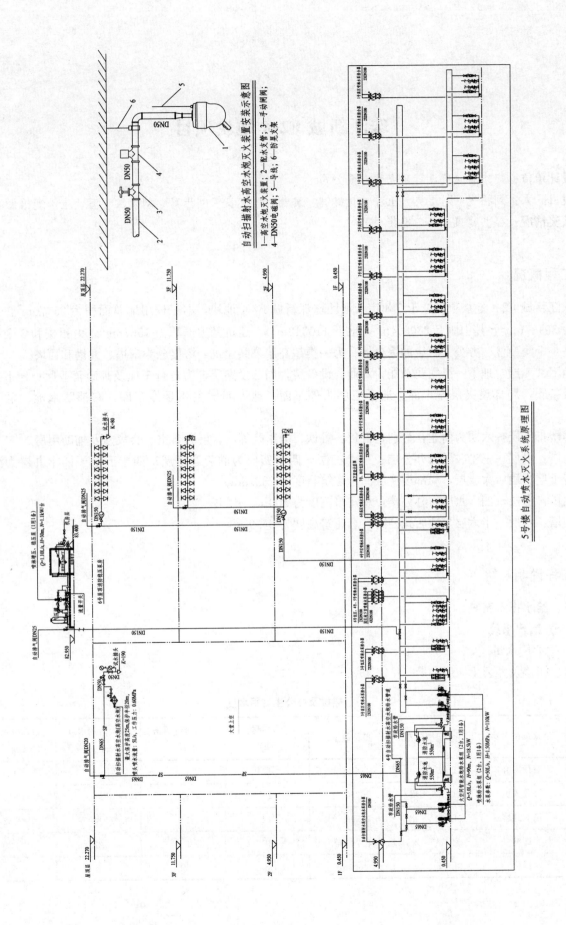

自动扫描射水高空水炮灭火装置安装示意图

1—高空水炮灭火装置；2—配水支管；3—手动闸阀；
4—DN50电磁阀；5—导线；6—防尘罩

5号楼自动喷水灭火系统原理图

珠江新城 F2-4 地块项目

设计单位： 广东省建筑设计研究院有限公司
设 计 人： 刘福光　赵煜灵　王珅　肖键键　冀翔　叶志良　刘乐嘉　刘敬涛　蓝优生　麦铭伦
获奖情况： 公共建筑类　二等奖

工程概况：

珠江新城 F2-4 地块项目位于广州市天河区珠江新城 F2-4 地块，本工程用地总面积为 25470m²，总建筑面积为 391236m²（其中地上 280894m²，地下 110342m²），建筑基地面积为 15678m²。由裙楼和 3 个塔楼组成，是一个集商业、办公、酒店的综合体，为一类超高层公共建筑，塔楼分为南塔、北塔和西塔。

地下共 4 层：地下一层主要功能为商业、设备房，局部设夹层，为自行车库及邮政营业厅；地下二层为主要设备层，局部设夹层停车库；地下三层为停车库；地下四层主要是停车库，有消防水池、泵房和人防区。

群楼：一层～六层为商业，分别是百货、餐饮、电影院等，六层为架空、会议室及辅助用房。

南塔：七层～三十一层为办公层；三十三层～四十四层为酒店客房层；四十五层～四十九层为酒店餐厅；五十层为酒店大堂层，局部设夹层。总建筑高度为 282.8m。

北塔：七层～四十六层为办公楼，总建筑高度为 200m。

西塔：八层～十六层为酒店式公寓，总建筑高度为 64.9m。

工程说明：

一、给水排水系统

（一）给水系统

1. 生活用水量

（1）裙楼及办公生活用水量（见表 1）

裙楼及办公生活用水量　　　　　　　　　　　　　　　　　　　　　　表 1

序号	用水单位名称	用水定额标准	单位数量	用水时数（h）	小时变化系数 K	最大时用水量（m³/h）	最高日用水量（m³/d）
1	餐厅顾客	60L/人次	8000 人次	12	1.5	60	480
2	办公人员	40L/（人·班）	16000 人	10	1.5	96	640
3	商场顾客	5L/（m²·d）	70598m²	12	1.5	44	352
4	车库冲洗	3L/（m²·次）	73763m²	10	1.0	22	220
5	绿化	3L/（m²·d）	6600m²	8	2.0	5	20

续表

序号	用水单位名称	用水定额标准	单位数量	用水时数 (h)	小时变化系数 K	最大时用水量 (m³/h)	最高日用水量 (m³/d)
6	空调补水			12	1.0	55	660
7	未预见用水量	取上述各项之和的 10%				28	237
8	合计					310	2609

（2）西塔公寓生活用水量（见表 2）

西塔公寓生活用水量　　　　　　　　　　　　　　表 2

序号	用水单位	用水标准	单位数量	用水时数 (h)	小时变化系数 K	最大时用水量 (m³/h)	最高日用水量 (m³/d)
1	公寓房间	300L/(人·d)	882 人	24	2.5	27	265
2	未预见用水量	取上述各项之和的 10%				3	26
3	合计					30	291

（3）酒店生活用水量（见表 3）

酒店生活用水量　　　　　　　　　　　　　　表 3

序号	用水单位	用水标准	单位数量	用水时数 (h)	小时变化系数 K	最大时用水量 (m³/h)	最高日用水量 (m³/d)
1	酒店客房	450L/(房·d)	324 房	24	2.0	12	145
2	酒店员工	270L/(人·d)	500 人	24	2.0	11	135
3	酒店洗衣	150L/(房·d)	662 房	12	1.2	10	99
4	餐饮	50L/人次	6000 人次	12	1.2	30	300
5	员工餐厅	60L/(人·d)	500 人	12	1.2	1.5	30
6	会议厅	16L/(座位·d)	1000 座	10	1.2	2	16
7	商业	8L/(m²·d)	1200m²	12	1.2	1	12
8	水疗	200L/顾客/d	500 人	12	1.5	12.5	100
9	游泳池补水	游泳池容积 8%	600m³	12	1.0	4	48
10	车库冲洗	3L/(m²·次)	2600m²	8	1.0	1	8
11	绿化	2L/(m²·d)	2000m²	8	1.0	0.5	4
12	空调补水			24	1.0	27	648
13	未预见用水量	取上述各项之和的 10%				11	155
14	合计					123	1700

注：酒店用水标准根据酒店要求确定，酒店洗衣含公寓的房间数量。

计算商业、办公部分最高日用水量为 2609m³，最大时用水量为 310m³/h；西塔公寓最高日用水量为 291m³，最大时用水量为 30m³/h；酒店最高日用水量为 1700m³，最大时用水量为 118m³/h。

2. 水源

珠江东路市政给水接驳管 $DN200$，冼村路市政给水接驳管 $DN300$，供水压力为 0.35MPa，根据建筑物内不同功能的用水，市政给水接入管分别设：（1）消防及绿化水表（$2 \times DN200$）；（2）商业办公生活水表（$DN200$）；（3）商业办公冷却塔水表（$DN200$）；（4）酒店专用水表（$DN250$）；（5）西塔专用水表（$DN150$）；（6）邮局用水表（$DN50$）。

3. 系统竖向分区

本工程生活给水采用市政直供及水池水泵加压供水 2 种供水方式，系统根据建筑物内部的用水要求以及建筑物楼层几何高度分区，其中南塔楼分 6 个区；北塔楼分 5 个区；西塔楼分 1 个区。

（1）地下室和裙楼分为 2 个区（第 1、2 分区）：

第 1 分区，由地下四层～三层，由市政给水管网直接供水，市政给水水压为 0.35MPa。

第 2 分区，由裙房四层～七层，由裙房用的生活变频泵组加压供水。裙房生活变频泵组：$Q_{总}=16$L/s，$H_{总}=70$m，水泵 3 台（2 主 1 副）每台主泵功率为 11kW，配隔膜式气压罐 1000L。

（2）南塔楼共分 8 个区（第 3～10 分区）：

南塔第 3 分区（酒店配套），六层～九层，由南塔二十层生活水箱重力供水，水箱总容积为 70m³，分成 2 个以便检修。

南塔楼第 4 分区（办公），十层～十九层，由南塔三十二层生活水箱重力减压阀减压后供水，水箱总容积为 120m³，分成 2 个以便检修。

南塔楼第 5 分区（办公），二十一层～二十七层，由南塔三十二层生活水箱重力供水，水箱总容积为 60m³，分成 2 个以便检修。

南塔楼第 6 分区（办公），二十八层～三十一层，由南塔四十三层生活水箱重力供水，水箱总容积 50m³，分成 2 个以便检修。

南塔楼第 7 分区（酒店），三十三层～三十七层，由南塔四十三层生活水箱重力供水，水箱总容积为 50m³，分成 2 个以便检修。

南塔楼第 8 分区（酒店），三十四层～四十二层，由设在南塔二十层生活变频泵组加压供给，变频泵组水泵 3 台（2 主 1 副），主泵：$Q=5$L/s，$N=3$kW，副泵：$Q=2$L/s，$N=1.1$kW。

南塔楼第 9 分区（酒店），四十四层～四十九层，由南塔五十二层生活水箱重力供水，水箱总容积为 15m³，分成 2 个以便检修。

南塔楼第 10 分区（观景台），五十二层～屋顶，由设在南塔五十二层生活变频泵组加压供给，变频泵组水泵 2 台（1 用 1 备），$Q=3$L/s，$N=5.5$kW，$H=0.50$MPa，隔膜罐：800L。

（3）北塔楼共分 3 个区（第 3～5 分区）：

北塔楼第 3 分区：九层～十八层，由设在地下二层的北塔 3 区给水变频泵供水，该区的冷、热水系统供水均由此变频泵组供给，泵组性能：$Q_{总}=8$L/s，$H_{总}=1.20$MPa，主泵 3 台（2 用 1 备）每台功率为 11kW，配隔膜式气压罐：$\Phi 800 \times 2000$。

北塔楼第 4 分区：十九层～三十层，由设在北塔十九层的 4 区给水变频泵供水，该区的冷、热水系统供水均由此变频泵组供给，泵组性能：$Q_{总}=8$L/s，$H_{总}=0.8$MPa，主泵 3 台（2 用 1 备）每台功率为 7.5kW，配隔膜式气压罐：$\Phi 800 \times 2000$，水泵设减震措施。

北塔楼第 5 分区：三十二层～屋顶，由设在北塔十九层的 5 区给水变频泵供水，该区的冷、热水系统供水均由此变频泵组供给，泵组性能：$Q_{总}=8$L/s，$H_{总}=1.4$MPa，主泵 3 台（2 用 1 备），每台功率为 15kW，配隔膜式气压罐：$\Phi 800 \times 2000$，水泵设减震措施。

（4）西塔楼共 1 个区（第 3 分区）：

西塔楼第 3 分区：七层～十六层，由设在地下二层的西塔 3 区给水变频泵供水，该区的冷、热水系统供水均由此变频泵组供给，主泵 3 台（2 主 1 副），主泵 $Q=10$L/s，$H=1.1$MPa，$N=18.5$kW，副泵 $Q=4$L/s，$H=1.1$MPa，$N=11$kW，配隔膜式气压罐：$\Phi1000\times2000$。

4. 管材

（1）室外给水管采用钢丝网骨架塑料（聚乙烯）复合管，电熔连接。

（2）室内冷水管采用 304 薄壁不锈钢管及配件。

（二）热水系统

1. 热水用水量

（1）南塔酒店热水用水量（见表 4）

南塔酒店热水用水量（热水温度 60℃）　　表 4

序号	用水单位	用水标准	单位数量	用水时数 (h)	小时变化系数 K	最大时热水量 (m³/h)	最高日热水量 (m³/d)
1	酒店客房	135L/(房·d)	324 房	24	3.3	6.1	44
2	酒店员工	13L/(人·d)	500 人	24	2.5	0.7	6.5
3	酒店洗衣	40L/(房·d)	662 房	12	1.5	3.2	26
4	餐饮	14L/人次	6000 人次	12	1.5	10.5	84
5	员工餐厅	13L/(人·d)	500 人	12	1.5	0.4	6.5
6	会议厅	6L/(座位·d)	1000 座	10	1.5	0.9	6
7	水疗	100L/(顾客·d)	500 人	12	2.0	8.3	50
8	合计					30.1	269

（2）南塔办公热水用水量（见表 5）

南塔办公热水用水量　　表 5

序号	用水单位	用水标准	单位数量	用水时数 (h)	小时变化系数 K	最大时用水量 (m³/h)	最高日用水量 (m³/d)
1	办公人员	5L/(人·班)	6000 人	10	1.5	4.5	30
2	合计					4.5	30

（3）南塔公寓热水用水量（见表 6）

南塔公寓热水用水量　　表 6

序号	用水单位	用水标准	单位数量	用水时数 (h)	小时变化系数	最大时用水量 (m³/h)	最高日用水量 (m³/d)
1	公寓房间	100L/(人·d)	882 人	24	3.6	13.5	88.2
2	合计					13.5	88.2

南塔酒店、办公及西塔公寓最高日热水用水量为 387.2m³，最大时用水量为 48.1m³/h。

2. 热源及热交换系统设计

本工程热源有两种：（1）空调余热回收；（2）燃气常压热水锅炉。

第 1 部分是空调热回收，在地下二层设有 2 台（1100kW/台）空调热回收机组，空调热回收机组提供 55~60℃的热水，热水储存在地下二层共 80m³ 的热水箱，通过 2 组热水转输泵分别输送到八层、二十五层的热水中转水箱，冷水经空调热回收的板式换热器预热后，再由热水供应系统的换热器加热供应热水。

第 2 部分热源是设在西塔楼屋顶的 3 台 2800kW 燃油、燃气常压热水炉（兼酒店采暖热源），通过热媒输送管供到酒店八层、二十五层换热间。燃气由城市天然管道气供应，燃油由设在南部地下一层外墙侧壁埋地式储油罐贮存供应，埋地式储油罐总容积为 15000L，与酒店备用柴油发电机油罐合用。热水炉设计出水温度为 90℃、回水温度为 70℃，常压热水炉的一次热媒水经过板式换热器（承压 1.6MPa）后，其出水为承压的二次热媒水，供应到酒店八层、二十五层的热交换间，二次热媒的供、回水温度分别为 85℃和 65℃。

3. 系统竖向分区

热水系统分区与冷水系统分区相同。

4. 冷、热水压力平衡措施及热水温度的保证措施等

热水系统分区与冷水系统相同，热水系统循环采用支管循环，确保热水出水时间不大于 10s，热水系统分区底部支管减压阀后采用电伴热系统，确保减压阀后热水支管的水温。

5. 管材

室内热水管采用 304 薄壁不锈钢管及配件。

（三）排水系统

1. 排水系统的型式

工程室内排水采用污废分流制，排水立管设专用通气立管，其生活污水排入猎德污水厂处理，因此，考虑不设化粪池，区内污水采用分散、就近排放的原则，分别接入附近的市政污水管。厨房含油污水经隔油处理达到排放标准后排入市政污水管网。

2. 透气管的设置方式

公共卫生间设专门的透气管和排风系统。厨房及餐厅上空不走排水管及一些无关的管道。

3. 局部污水处理设施

（1）厨房食物加工过程中产生的含油污水先进入隔油池，经隔油处理后接入市政排水管网。

（2）在两个市政进水表的接口上设防污倒流阀，以防因不同的管段压力差导致表后的给水回流到市政管网。

（3）二次供水系统均设杀菌消毒设施。

（4）为避免细菌交叉传染，洁净室内及多人使用的龙头均采用红外线感龙头。

4. 管材

（1）室内污水管采用抗震柔性接口离心铸铁排水管及配件；室内雨水排水管道采用内涂塑热镀锌钢管，沟槽式连接。

（2）埋在结构底板下的雨水、污水管采用球墨铸铁管，抗震柔性接口。

（3）室外雨水、污水管用环刚度大于 8kN/m² 的 HDPE 中空缠绕管。

二、消防系统

（一）消火栓系统

1. 室外消火栓系统

由于本工程周边有完善的环形市政给水管网，而且由 2 路市政给水水源接入，供水安全可靠，完全可满足室外消防用水的要求，因此，室外消防用水由市政给水管网供给。室外消防给水管从消防计量水表后，沿建筑物周边敷设成环，沿途布置室外消火栓，室外消火栓布置间距小于 120m。

2. 室内消火栓系统

设计流量为 40L/s，火灾延续时间为 3h，水枪口径 Φ19，射流量大于或等于 5L/s，密集水柱大于或等于 13m；管网水平布置成环状，每分区各立管顶部连通，水泵至水平环管有 2 条 DN200 的输水管，立管管径采用 DN100，过水能力按 15L/s 计，立管间距小于或等于 30m，建筑物内任何一点均有 2 股消防水柱同时到达。各消防箱配置水枪 1 支，龙带 25m，碎玻按钮、警铃、指示灯及专用消防软卷盘。每个分区底部净压超过 0.5MPa 的楼层采用 DN65 的减压稳压消火栓、其余采用 DN65 的室内消火栓。在南塔楼顶层设消防稳压泵。十九层以下每个系统分区设消防水泵接合器。

南塔楼、北塔及西塔楼的室内消火栓系统采用常高压系统，裙楼采用临时高压系统，系统分 5 个分区，其中 1 区即裙楼以下由设在地下四层的消防泵组加压供水，地下四层消防水池总容积为 800m³（水池分 2 格）；塔楼（2、3、4、5 分区）的室内消火栓系统采用常高压系统，由南塔顶部消防水池供水，消防水池容积为 550m³。

（1）系统分区：室内消火栓系统在竖向上设 5 个分区，以防系统超压。

1 区：地下四层～裙房七层，由在地下四层的 1 区消火栓泵供水。

南塔楼 2 区：由八层～十九层，由南塔楼顶部消防水池供水，经南塔楼的三十二层减压水箱后供给。

南塔楼 3 区：南塔楼二十层～三十二层，由南塔楼顶部消防水池经减压后供给。

南塔楼 4 区：三十三层～四十三层，由南塔顶部消防水池经减压后供给。

南塔楼 5 区：四十四层～屋面，由南塔楼顶部消防水池经加压稳压后供给。

北塔楼 2 区：六层～十九层，由南塔楼顶部消防水池供水，经北塔楼三十一层减压水箱减压后供给。

北塔楼 3 区：二十层～三十一层，由南塔楼顶部消防水池供水，经北塔楼顶层减压水箱减压后供给。

北塔楼 4 区：三十二层～屋面，由南塔楼顶部消防水池供水，经北塔楼顶层减压水箱减压后供给。

（2）消火栓泵的选择：本工程室内消火栓系统共设 3 组消火栓泵，每组消火栓泵供水出口均设防超压的泄压阀，其中：

泵组 1：供 1 区消防用水，泵组 1 的总流量及扬程：$Q=40L/s$，$H=80m$（主泵 3 台，2 用 1 备），可由 1 区消火栓箱内按钮直接启动。

泵组 2：泵组 2 是设在地下四层的南塔楼的消防转输泵，向南塔楼二十层的消防转输水池供水，消防转输泵组 2 的总流量及扬程为：$Q=80L/s$，$H=160m$，消防转输泵组由转输水池的水位控制水泵启停。南塔楼的消防转输水池总容积均为 100m³。

泵组 3：泵组 3 设在南塔楼的二十层，向南塔楼屋顶消防水池供水，泵组 3 的总流量及扬程：$Q=80L/s$，$H=160m$，由南塔屋顶消防水池的水位控制水泵开停。

泵组 4：泵组 4 设在南塔楼屋顶，向南塔楼顶部的 5 区消防系统供水，泵组 4 的总流量及扬程：$Q=40L/s$，$H=160m$，可由南塔楼的 5 区消火栓箱内按钮直接启动。

（二）自动喷水灭火系统

本工程自动喷水灭火系统按中危险级 II 级设计，需要布置自动喷水灭火系统的部位：地下室车库、地下室设备房走廊、各层高度低于 8m 的房间（除了不宜设喷淋系统的房间外），设计流量 $Q=30L/s$，火灾延续时间为 1h。

自动喷水灭火系统的供水方式和消火栓系统大致相同，由 2 条环形输水干管供到湿式报警阀前经减压后向报警阀供水。裙楼以下由设在地下四层的喷淋泵组供水。塔楼以上由设在南塔楼屋顶的消防水池供水。

喷淋泵的选择：本工程自动喷水灭火系统共设 2 组喷淋泵，其中喷淋泵组一：总流量及扬程 $Q=30L/s$，$H=80m$，供应裙楼及以下自动喷水灭火系统；喷淋泵组二：总流量及扬程 $Q=30L/s$，$H=32m$，供南塔顶部的自动喷水灭火系统。

湿式报警阀设在报警阀间内，塔楼大约每5层设1个、裙房每层设3个报警阀，每层及每个消防分区均设水流指示器，水流指示器信号在消防中心显示，本系统的控制阀门均带信号指示系统。

喷头的动作温度选定：办公室、商场次客房、会议室、餐厅、文体用房、走道、大厅、车库等环境温度不高于35℃的场合，吊顶（顶棚）下的喷头68℃；吊顶内的喷头79℃；厨房、洗衣机房、锅炉房内的喷头93℃。

喷头选择：不设吊顶处、通透性吊顶、净高大于0.8m的顶棚内采用直立型喷头，吊顶处采用带装饰性的下垂型喷头，净高大于8m的采用快速反应大水滴喷头，商场、中庭回廊、十九层及以上消防车无法向其补水的楼层喷头采用快速反应喷头。

（三）大空间智能型主动喷水灭火系统

本工程的酒店大堂、商场中庭等净高大于12m的场所采用大空间智能型主动喷水灭火系统，系统采用自动扫描射水高空水炮（高空水炮），其保护高度为20m，保护半径为30m，流量大于或等于5L/s，工作压力为0.60MPa。中庭水炮共4支，每支水炮流量为5L/s，大空间水炮泵组总流量及扬程：$Q_总 = 20$L/s，$H_总 = 1.30$MPa，单泵性能：$Q = 20$L/s，$H = 1.30$MPa，$N = 55$kW。水泵由红外探测组件控制开启。

南塔顶部酒店大堂设大空间智能型主动喷水灭火系统，该系统供水和自动喷淋供水系统共用，并在湿式报警阀前分开。酒店大堂共用6支5L/s的水炮，总流量$Q = 30$L/s，工作压力为0.60MPa。

（四）防火玻璃防护冷却系统

地下一层至五层商铺与中庭分隔的C类防火玻璃，采用独立的防护冷却系统保护，具体参数为：防护冷却系统的喷头采用窗式快速响应喷头，喷头动作温度为68℃，工作压力不小于0.1MPa，喷水强度不应小于0.5L/(s·m)。当喷头距地面的高度大于4.0m时，每增加1.0m，喷水强度应增加0.1L/(s·m)（不足1.0m，按1.0m计）。本工程地下一层至五层商铺防火玻璃最大保护长度为60m，防火玻璃高度为5m，保护时间为2h；系统设计喷水强度为34L/s，喷水时间为2h，消防用水量为245m³。火玻璃冷却系统采用常高压系统，消防冷却用水贮存在北塔十九层的避难层的消防水池内，水池总容积为350m³（其中消防冷却用水250m³，消防转输调节容积100m³），水池由设在地下四层的北塔楼的消防转输泵供水。

（五）厨房设备灭火系统

本工程的二层、三层、四层、五层及四十四层餐厅营业面积大于500m²的厨房采用厨房设备细水雾灭火系统。

（六）气体灭火系统

本工程的地下室柴油发电机房、变配电房、信息中心采用全淹没的七氟丙烷气体灭火系统，设计灭火浓度为10%。

三、工程特点介绍

（1）本工程建筑总高度超过250m，是一个集停车场、人防、商业、娱乐、办公、酒店和公寓为一体的商业综合体，并设置室内和室外游泳池，功能复杂。给水排水和消防系统繁多，给水排水系统设计需要满足各种功能、物管和计量要求；消防系统设计需要考虑分期建设要求，满足消防系统分期验收的需要。

（2）考虑酒店按超五星级的标准设计，酒店用的市政进水经过多层滤料过滤器和活性炭过滤器双重过滤后才接入生活水箱，而且生活水箱均设有自清洁和消毒装置。

（3）本建筑东侧主入口的中庭连通地下一层～五层，建筑面积约6146m²，未进行防火分隔，不满足《高层民用建筑设计防火规范 GB 50014—1995（2005年版）》第5.1.2条的规定地上部分防火分区的允许最大建筑面积为4000m²的要求，根据本项目的消防安全研究报告，地下一层～五层靠中庭一侧采用耐火极限不低于2h的C类防火玻璃进行分隔，并设置防护冷却系统保护C类防火玻璃，防护冷却系统采用常高压系统，持续喷水时间为2h。

（4）消防系统设计考虑分期建设和分期验收的需要，消防供水采用常高压给水＋临时高压给水系统，其中南塔楼、北塔楼及西塔采用常高压系统，南塔顶部采用临时高压供水系统，由南塔高位消防水池供水；裙房以下采用临时高压系统，由地下四层的消防水池及泵房供水。地下四层消防水池容积为 800m³，南塔楼顶部 251.80m 处消防水池容积为 550m³，为双水源储备，确保消防供水安全。

（5）绿色节能：本工程的南塔楼酒店、办公、游泳池和西塔的公寓采用集中热水供应系统，热源采用空调余热回收＋燃气燃油常压热水锅炉，以利节能。因设置条件限制，热水锅炉设在西塔楼屋面，采用常压热水锅炉以满足消防要求，常压热媒出水需要经过一次换热变成承压热媒水供应到南塔楼热交换机房。

四、工程照片及附图

珠江新城 F2-4 地块

南塔 20 层换热机房（一）

南塔 20 层换热机房（二）

车库内景图

设备房走道

消防泵房管线

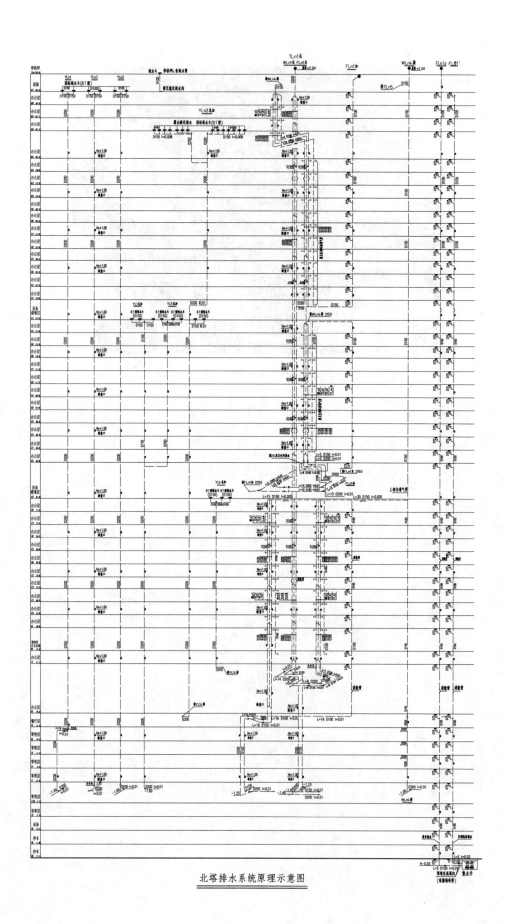

北塔排水系统原理示意图

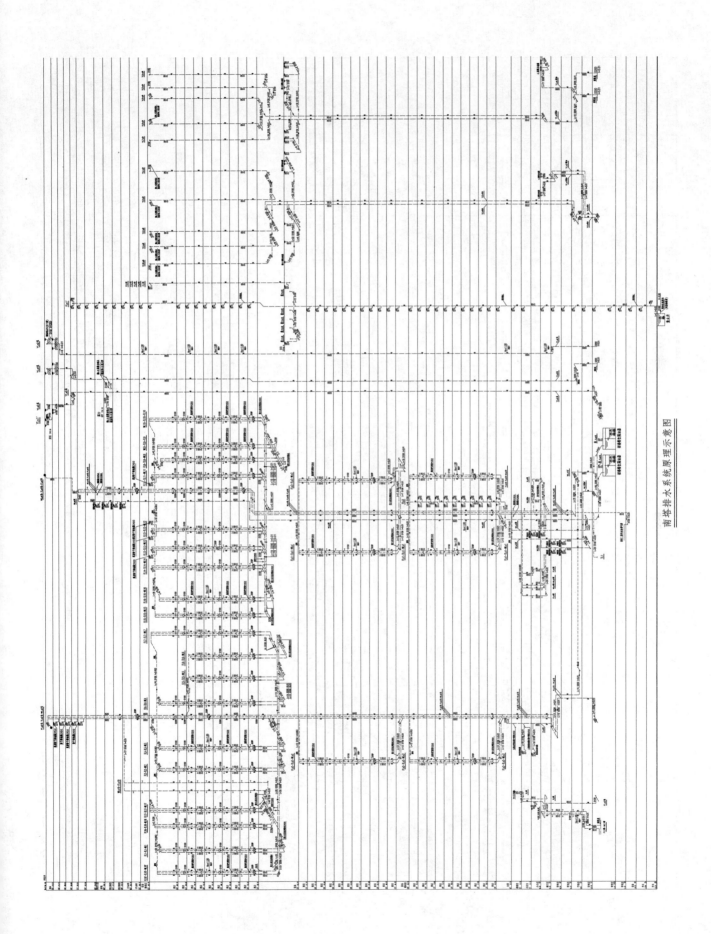

南塔排水系统原理示意图

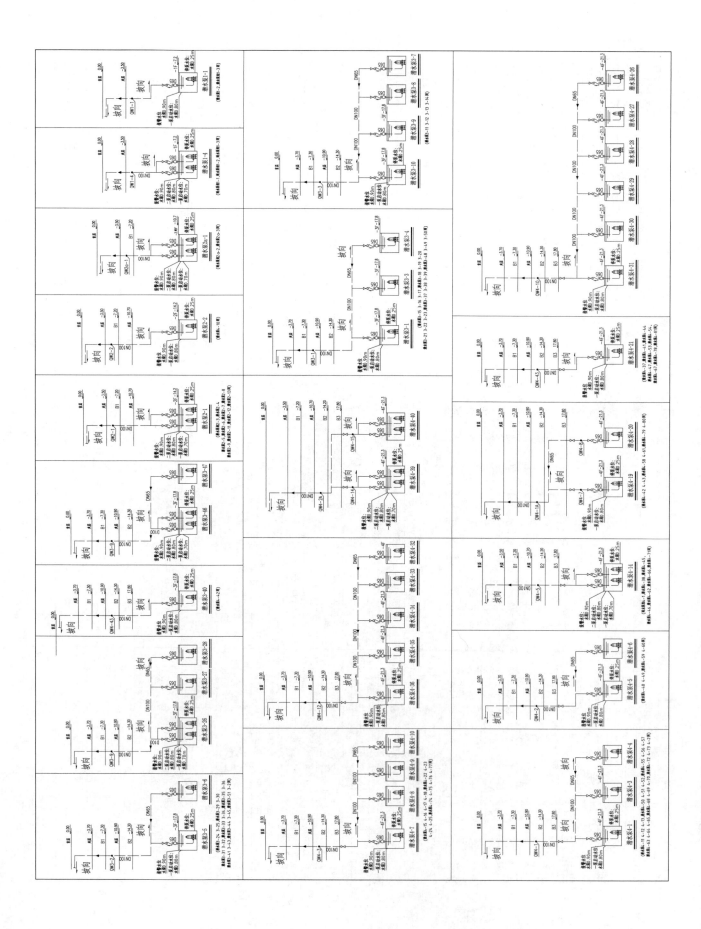

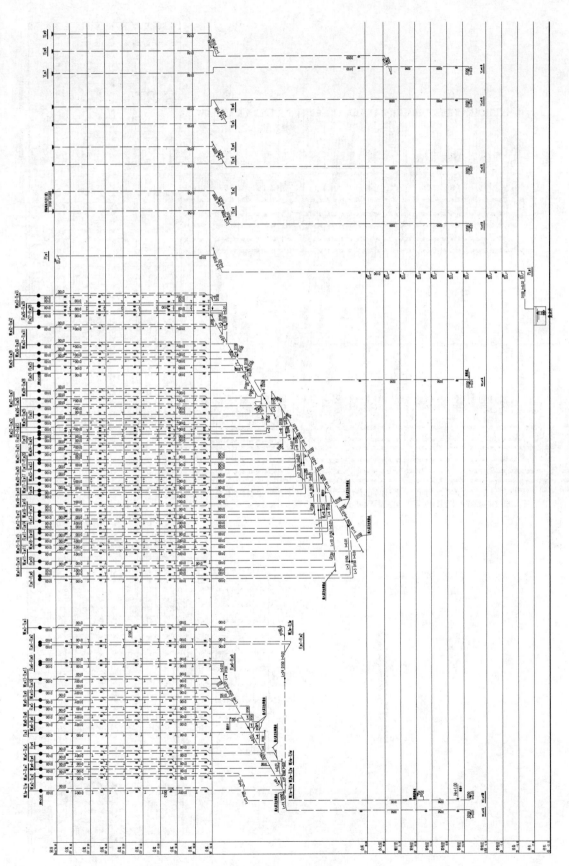

西塔排水系统原理示意图

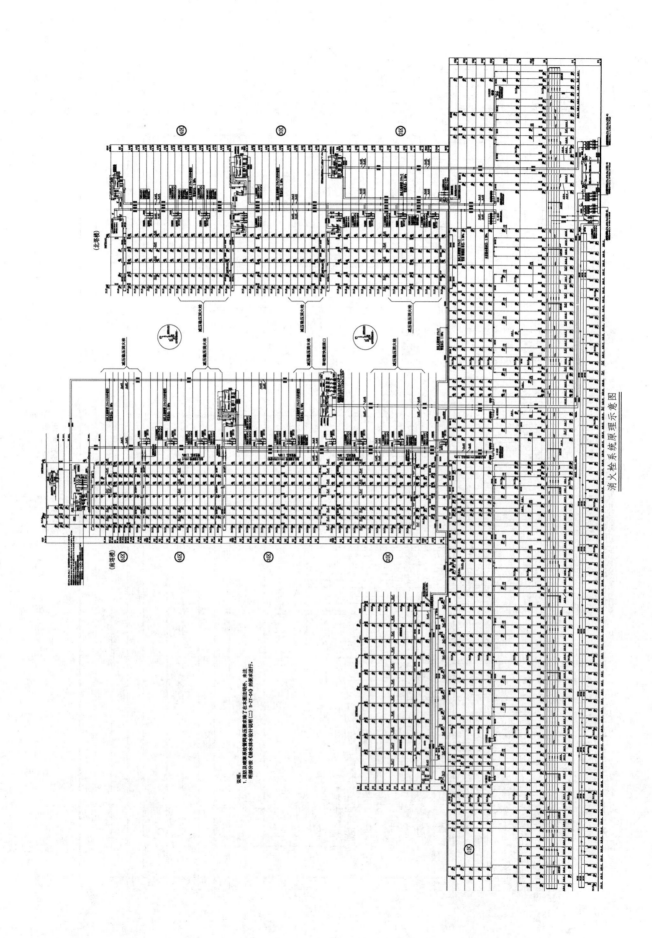

消火栓系统原理示意图

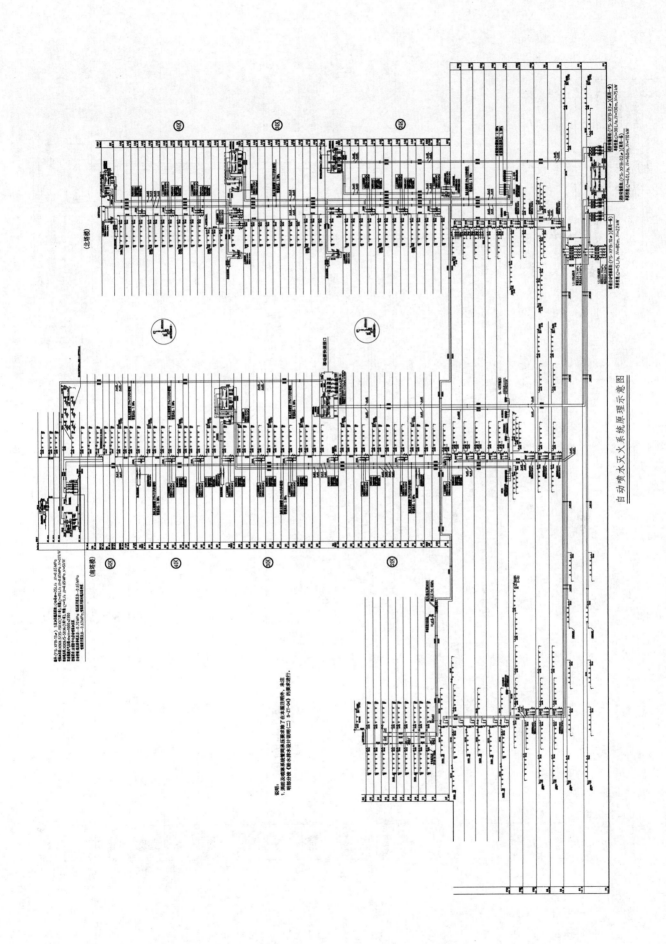

自动喷水灭火系统原理示意图

说明：
1. 消防及喷淋系统管道承压及要求除了在本图注明外，未注明部分按《给水排水设计说明》[□] b-ZT-04）的要求进行。

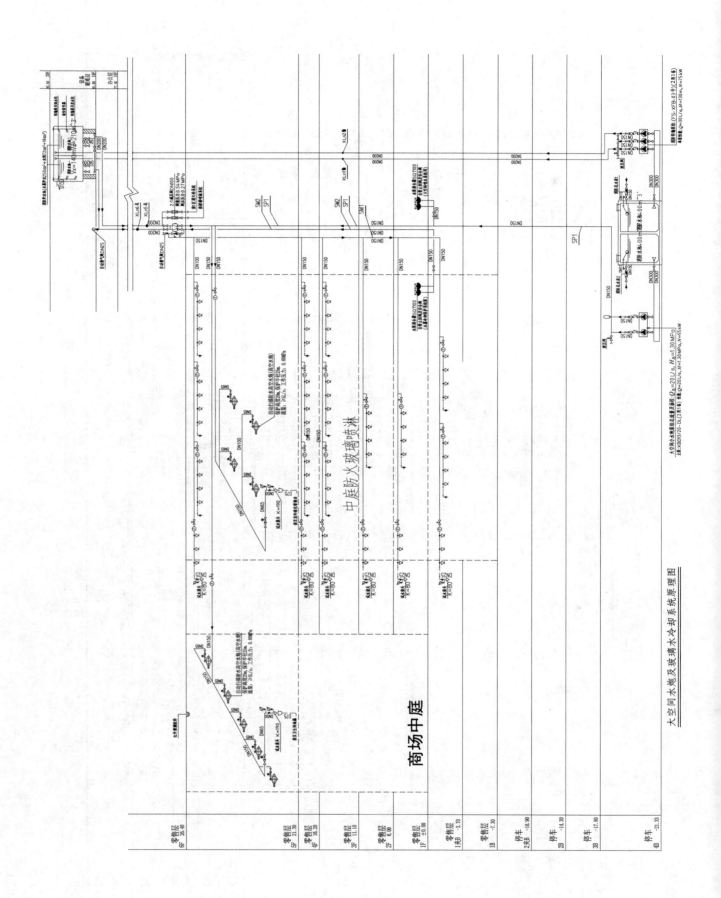

大空间水炮及玻璃水冷却系统原理图

东盟博览会商务综合体

设计单位：华东建筑设计研究院有限公司
设 计 人：李洋　徐扬　胡晨樱
获奖情况：公共建筑类　二等奖

工程概况：

东盟博览会商务综合体位于南宁国际会展中心南侧 1/2/3 号地块，是广西壮族自治区 60 周年庆的重大工程项目。本项目总建筑面积为 158000m²，为山地吊层建筑，包含一幢办公、一幢酒店、一片商业。其中办公、酒店为地下 3 层，地上 13 层，屋面层标高为 60m，屋顶最高点为 77m。商业和塔楼分别位于不同场地标高。办公、酒店的首层标高为绝对标高 114m，在酒店相邻处为一片商业，商业为 6 层，绝对标高为 78～114m，即商业的屋面与办公、酒店的首层相平。商业的四层～六层和办公、酒店的地下三层～地下一层相平。

建筑整体造型采用繁花似锦的设计理念，与南宁城市地标朱瑾花厅在会展中心主轴线上形成"首尾协调、花繁叶茂"之态势。采用张拉膜与玻璃幕墙组合，充分体现了建筑的设计理念和性格特征，也是国内首个大规模用于高层建筑的案例。

依山就势是项目的另一特色，位于地块西侧的商业建筑生动地体现了建筑"从自然中生长出来"的绿色主题意境。大面积观景平台作为商业空间的延伸，极大地提高了使用价值，也充分契合当地的气候条件。在狭长而高低起伏的地块上实现功能的最大化，项目的总体布局、交通流线、空间形态、排水系统以及消防救援方面均面临巨大挑战。

工程说明：

一、给水排水系统

（一）给水系统

水源：从会展路的市政给水管引入 DN300 给水管 1 根，压力为 0.16MPa，供给基地。考虑今后的管理，总体上设 1 只 DN150 消防水表，1 只 DN200 酒店生活水表，1 只 DN150 办公生活水表，1 只 DN200 商业水表。

办公塔楼、酒店塔楼采用水池＋水泵＋屋顶水箱的供水方式，酒店裙房、地下室采用水池＋变频水泵的供水方式，办公地下室由市政水供给，办公裙房由变频水泵机组加压供水。商业采用市政直供和箱式叠压供水。

根据建筑高度、节能和供水安全原则，并结合楼内各个功能进行竖向分区。酒店塔楼分为 3 个区，即四层～六层、七层～九层和十层～屋顶层。办公塔楼分为 3 个区，即四层～六层、七层～九层和十层～屋顶层。酒店地下室及裙房分为 2 个区，即地下三层～地下一层和一层～三层。办公地下室及裙房 1 个区，即地下二层～三层。商业分为 2 个区，即商业地下一层～三层和四层～六层。

生活洁净水处理工艺流程：市政自来水→原水池→加药→砂过滤器→碳过滤器→精过滤器→消毒→生活净水池。

洗衣房用软水。工艺流程：市政自来水→软化设备→软水池→变频泵→洗衣房。除道路冲洗、绿化浇洒用水和景观用水采用雨水回用水，酒店采用水处理后的洁净水以及洗衣房用软水外，其余各处用水均采用市政水。

（二）热水系统

客房低区热源以冷凝热回收为主，锅炉的高温热水为辅助热源，其余区域的热源为高温热水锅炉。热水供应范围：酒店、办公厨房以及商业厨房。锅炉房位于地下二层。其余公共卫生间洗手盆等用水，由电热水器提供。

（三）排水系统

排水方式：室内污、废水采用分流制。通气方式：设置主通气立管，公共卫生间设置环形通气管、酒店卫生间设置器具通气管。

餐饮废水先由各个厨房操作台下设置的初次简易隔渣除油设施处理，再统一收集至地下室/设备层内隔油器间进行二次隔油处理，达到排放标准后再由潜污泵提升排至室外市政污水管网。车库集水坑里设隔油、沉砂装置。

卫生间排水均采用密闭一体化提升装置。室外采用雨、污水分流系统，生活污水经化粪池处理后与生活废水一起汇成一路 $DN400$ 排入竹溪大道的城市污水管网。

（四）雨水系统

室外雨水设计重现期取 3 年。屋顶雨水采用 87 型雨水斗系统，重现期取 10 年。裙房屋面雨水采用虹吸雨水系统，重现期取 50 年。屋面均设置溢流口作为溢流设施，溢流设施的排水能力按照 50 年重现期的雨水量考虑。

场地雨水一路 $DN600$ 排入会展路的城市雨水管道，一路 $DN900$ 排入竹溪大道的城市雨水管道。

（五）冷却循环水系统

设置酒店、办公、商业 3 套独立的开式循环冷却水系统。办公用户设置 1 套独立的闭式循环冷却水系统。为保证循环冷却水水质，系统设置旁滤、化学加药、冷凝器在线自动清洗装置。冷却塔设置在酒店、办公的塔楼屋面上，采用超低噪声冷却塔和双速电机。所有冷却塔设备均应安装在屋面混凝土基座上，并安装弹簧减振器。

二、消防系统

消防水量：室外消火栓系统用水量为 40L/s；室内消火栓系统用水量为 40L/s；自动喷水灭火系统用水量为 35L/s；大空间智能型主动喷水灭火系统用水量为 30L/s。

室外消火栓系统为临时高压系统。室外消防水量贮存在消防水池内，由于每个取水口的保护半径为 150m，故在 114m 室外设置 2 个消防取水口。为了增加安全性，利用瀑布水景水池作为消防备用水源，并相应在 78m 的商业总体设置 1 个消防取水口（供备用消防水源取水）。

室内消火栓系统为临时高压系统。酒店除消防水池合用外，其余消防水泵、消防管网和非酒店区域分开设置。在酒店塔楼屋顶、办公塔楼屋顶各设置 1 座 $36m^3$ 的高位消防水箱。

高度超过 12m 的部分区域设置大空间智能型主动喷水灭火系统。

在一些重要且不宜用水扑救的场所（变电所、机房控制室、网络机房、通信机房、进线间等）设置 IG541 气体灭火系统。

三、设计及施工体会

（1）受山地建筑场地落差大，自然山体及维护影响，顺应市政接口条件等诸多因素影响，总体管道排布极其受限。

项目总体基本条件：北面有和 A 地块的连通道、山体及维护、高差的急跌；南面有山体及维护，总体管位极其紧张；东面会展路的污水市政接口标高过高，无法利用，雨水市政接口管径有限，只能解决一部分雨水排放；西面有通往地势低的竹溪大道的市政接口，相对管位排布状况相对良好。海绵城市要求大部分的场地雨水及屋面雨水需要收集至西北角处的雨水收集池。

1）塔楼顶板与商业北侧山地衔接处高差在 30m 左右，且总体上没有空间和平面条件设置多级跌差的跌水井，只能考虑总体排水管在降板上敷设，从东、西两侧向中间汇合至同一检查井后，管线沿地形顺势而下，从而达到逐级逐段消减高差的目的。

2）上层的联络通道和下层的尾翼主通道穿梭于室内和室外，采用截流沟、雨水集水井及预埋排水管等多种排水方式。

3）南侧利用地下室外墙与支护桩之间的空间，设置由东往西的排水盲沟。盲沟尽端通过排水管接入总体雨水管或低处的场地排水沟。

4）根据酒店、办公、商业 3 种不同的业态，分别设置化粪池。化粪池根据各业态不同的出户标高选择不同的场地位置设置。

5）由于整个地块东西跨度大，塔楼场地与商业场地的纵向高差约 36m。为防止室外消防系统的超压，将塔楼消防环管在室内减压后与商业消防环管连通。

（2）通过预埋泄压管，在底板内采用网络连通，接入车库集水井，并通过在泄压汇总管的末端不同高程设置水龙头达到监控水位的目的。

（3）由于商业逐层退台，为了保证净高，采用上翻梁的结构形式，每个梁格间设置多个 DN100 排水地漏，分区域汇合排水地漏排放至总体雨水收集管道。

（4）屋顶冷却塔布置空间有限，且顶部为与朱槿花一致的膜结构，对冷却塔的质量、高度、进/出风口条件有较高要求。且冷却塔周围有酒店康体区、电梯厅、办公屋顶花园，对噪声也有很高的要求，具体为冷却塔外 15m 处有人员活动的区域，噪声值低于 55dB（A）。为了使通风效果与噪声效果均达到要求，设计上采用下述措施：①冷却塔的出风口加设风筒把热空气引至不影响造型效果特定膜开口处，并对风筒进行加大口径的变径处理，加速热空气的快速排放，避免热空气回流、进/出风紊流。②单面进风且只有部分高度段的开百叶幕墙。③采用全进口的静音扇叶、出风口加装消声器、冷却塔布置区域加设消声屏、冷却塔设置弹簧减振器等降噪措施。

（5）由于每个取水口的保护半径为 150m，故在 114m 室外设置 2 个消防取水口。为了增加安全性，利用瀑布水景水池作为消防备用水源，并相应在 78m 的商业总体设置一个消防取水口（供备用消防水源取水）。

（6）BIM 技术的运用，更加准确地控制各区域的标高，达到使用要求。

（7）收集、利用屋顶、道路、广场等硬化地表汇集的降雨径流，经收集、调蓄、贮存、净化等渠道将整个场地进行海绵化改造后，既能将雨水转化为绿化、景观水体用水，又能给地下水源提供雨水补给，以达到综合利用雨水资源和节约用水的目的。

四、工程照片及附图

商业夜景图

立面图

宴会厅

全景夜景图

全日餐厅

酒店客房

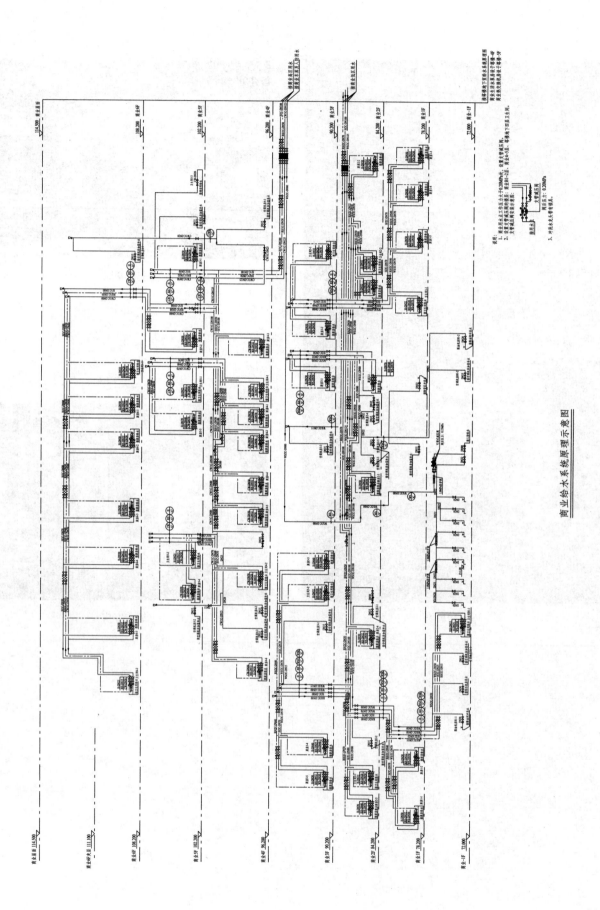

商业给水系统原理示意图

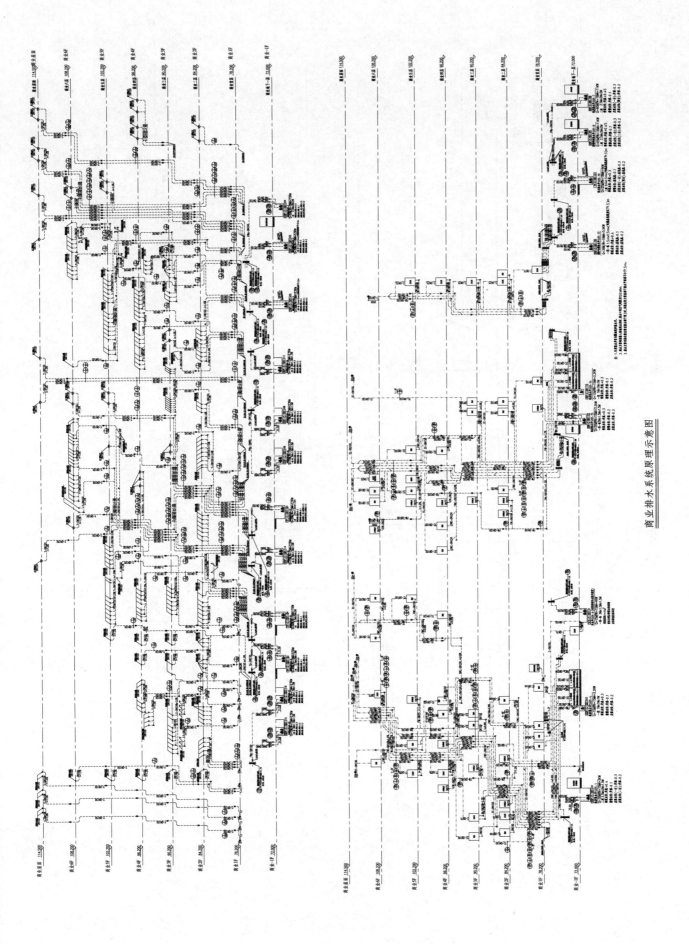

商业排水系统原理示意图

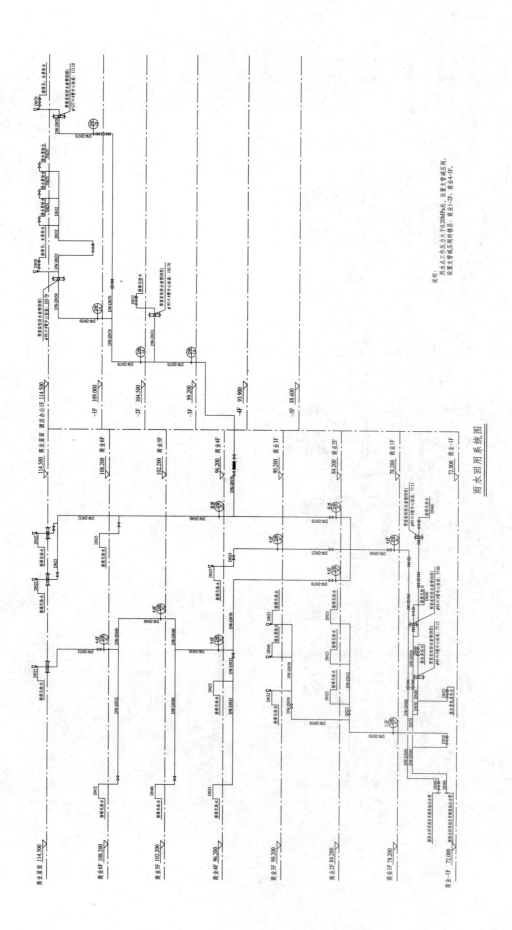

雨水回用系统图

说明：
用水点工作压力大于0.20MPa处，设置支管减压阀。
设置支管减压阀网的楼层：商业1-2F，商业4-5F。

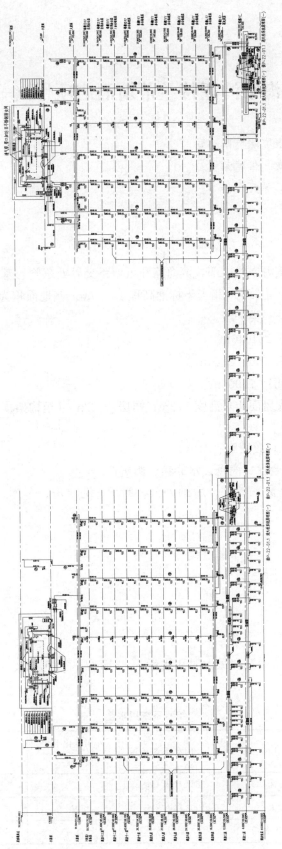

塔楼酒店，办公地上消火栓系统示意图

三亚海棠湾亚特兰蒂斯酒店项目（一期）

设计单位： 上海建筑设计研究院有限公司
设 计 人： 陆文慷　归晨成　朱建荣
获奖情况： 公共建筑类　二等奖

工程概况：

（1）项目位于三亚海棠湾滨海岸线中部，滨海路和风塘路交界处东侧。基地北侧自滨海路北段起，至南端海滩缓坡而下。室内地面标高±0.000相当于标准高程13.00m。基地面积为114601m²。

（2）建筑分类和耐火等级：一类一级。

（3）建筑面积：总建筑面积251040m²。

1）地上建筑面积：地上47层，172040m²；

2）地下建筑面积：地下2层，79000m²。

（4）建筑高度：酒店塔楼大屋面相对高度172m；裙房6~22m（至构架顶）。

（5）功能：

1）塔楼——1314间客房、行政酒廊、SPA；

2）裙房——各类餐饮、宴会厅、商场、水族馆、厨房；

3）地下室——各类餐饮、员工餐厅、后勤办公、厨房、洗衣房、车库、维生系统机房、各机电设备机房。

工程说明：

一、给水排水系统

（一）给水系统

1. 用水量

本工程最高日用水量为4316m³/d，最大时用水量为381m³/h，其中未包含维生系统的淡水补水量。具体计算见表1。

给水系统用水量　　　　　　　　　　　　　　　　　　　表1

项目	数量	用水标准	小时变化系数 K_h	最高日用水量（m³/d）	最大时用水量（m³/h）
客房	2600床	350L/(床·d)	2.5	910	94.8
员工	2000人	100L/(人·d)	2	200	16.7
大型餐饮	5552人次	40L/人次	1.5	222	20.8

续表

项目	数量	用水标准	小时变化系数 K_h	最高日用水量 (m^3/d)	最大时用水量 (m^3/h)
轻餐饮	3700 人次	20L/人次	1.5	74	6.9
酒吧	900 人次	15L/人次	1.5	14	1.3
宴会厅	2400 人次	50L/人次	1.2	120	11.1
职工餐厅	2000 人次	25L/人次	1.5	75	9.4
商场	1600m^2	5L/m^2	1.2	8	0.8
会议厅	400 座	8L/人次	1.5	7	0.8
SPA	128 人次	200L/人次	1.5	26	2.4
洗衣房	专业公司提供			560	35
游泳池补水	7535m^3	10%	1.0	754	37.7
绿化用水	44840m^2	2L/($m^2 \cdot d$)	1.0	90	22.5
未预见用水量	10%			306	26.0
冷却塔补水	10h			950	95
合计				4316	381

2. 市政水压

三亚市政供水压力 0.20MPa，以绝对标高 13.00m 计。

3. 水源

由海棠北路市政给水管网 2 路供水，进户管为 2 根 DN300，经水表计量后在基地内连成环网供各用水点用水。

4. 系统划分

（1）地下室（除厨房、洗衣房及淋浴外）、室外绿化浇灌由市政给水管网直接供水。

（2）一层～三层由裙房恒压变频供水设备供水。

（3）四层～八层由客房恒压变频供水设备供水。

（4）九层～十九层由位于二十六层的中间生活水箱供水。供水静压大于 0.35MPa 时，采用减压阀分区减压供水。因此，在十五层设减压阀，九层～十四层为一区，十五层～十九层为一区。

（5）二十层～三十五层由位于四十二层的中间生活水箱供水。供水静压大于 0.35MPa 时，采用减压阀分区减压供水。因此，在二十六层、三十一层分别设置设减压阀，二十层～二十五层为一区，二十六层～三十层为一区，三十一层～三十五层为一区。

（6）三十六层～四十一层由位于屋顶的高位生活水箱供水。

（7）四十二层～屋顶层由屋顶恒压变频供水设备供水，最不利点供水压力控制在 0.25MPa。

（8）按业主要求各区最不利点供水压力不小于 0.20MPa。

5. 供水方式及供水设备

（1）四层～四十一层供水方式采用水池、水泵和中间（屋顶）水箱联合供水。

（2）地下二层～地下一层的厨房、洗衣房及淋浴；一层～三层；四十二层～屋顶层供水方式采用水池、变频恒压供水设备联合供水。

（3）贮水池、二十六层中间生活水箱供水泵、裙房变频恒压供水设备和客房变频恒压供水设备设于地下室生活泵房内。按业主要求贮水池贮存80%的日用水量，因此，采用6只总有效容积为1650m³的不锈钢成品水箱。

（4）二十六层中间生活水箱和四十二层中间生活水箱供水泵设于二十六层设备间。二十六层中间生活水箱采用2只总有效容积为80m³的不锈钢成品水箱。

（5）四十二层中间生活水箱和屋顶生活水箱供水泵设于四十二层设备间。四十二层中间生活水箱采用有效容积50m³的不锈钢成品水箱，1只，平均分成2格。

（6）屋顶生活水箱和屋顶恒压变频供水设备设于屋顶生活泵房。屋顶生活水箱采用有效容积45m³的不锈钢成品水箱，1只，平均分成2格。

6. 冷却塔补水

冷却塔位于室外总体，补水采用市政管网直接供水，设置减压型倒流防止器。

7. 管材

（1）室内给水管采用薄壁不锈钢管，管径小于或等于DN100时采用环压或卡压式连接，管径大于DN100时采用不锈钢沟槽式机械接头连接。除设于地下室生活泵房内的二十七层生活水箱供水泵出水管接头公称压力为1.6MPa，其余均为1.0MPa。

（2）室外埋地给水管管径小于或等于DN100采用公称压力不小于1.0MPa的埋地硬聚氯乙烯给水塑料管，橡胶圈连接。管径大于DN100采用离心涂衬球墨管，柔性胶圈接口。

（二）排水系统

1. 污水系统

（1）室内排水系统采用污废分流制，设置专用透气管，客房的坐便器设器具透气管。

（2）主体建筑内的厨房废水经成品隔油处理器处理后再排入废水系统。室外单体建筑内的厨房经混凝土隔油池处理后再排入废水系统。

（3）锅炉房的高温热水经排污降温池处理后再排入废水系统。

（4）室外污、废水合流经化粪池处理后排至市政污水管。本工程污、废水日排放量为2270m³/d，小时排放量为183.4m³/h。总排放管为2根DN300。

（5）塔楼室内排水管，裙房、室外单体建筑的高温排水管采用承插式柔性接口铸铁管及配件，所选购管材和管件应符合《建筑排水用柔性接口承插式铸铁管及管件》GJ/T 178—2003的规定，承插连接，其配件需带门弯或清扫口，结合通气管采用H管配件，存水弯的水封高度不得小于50mm。

（6）裙房室内排水管采用PVC-U排水管，专用胶粘剂粘结连接。管材和管件应符合《建筑排水用硬聚氯乙烯（PVC-U）管材》GB/T 5836.1—2006和《建筑排水用硬聚氯乙烯（PVC-U）管件》GB/T 5836.2—2006的规定，其配件需带门弯或清扫口，结合通气管采用H管配件，存水弯的水封高度不得小于50mm。

（7）地下室污/废水潜水泵排出管采用热镀锌钢塑复合管，管径小于或等于DN80时丝扣连接，管径大于DN80时沟槽式机械接头连接，接头公称压力为1.0MPa。

2. 雨水系统

（1）暴雨强度计算采用三亚地区的雨量公式：

$$q = \frac{1085(1+0.575\lg p)}{(t+9)^{0.584}}[\text{L}/(\text{s} \cdot \text{hm}^2)]$$

（2）占地面积为11.46hm²，以13m标高为分水线，分成南北两个区域。北侧排向市政管网，南侧经生态沟后排入海体。重现期P=3年，降雨历时t=15min。

（3）北侧综合径流系数Φ=0.58，雨水量为972L/s，排放管为5根DN500排至市政管网。南侧综合径流系数Φ=0.62，雨水量为463L/s，生态沟的断面宽度为700mm，水深800mm，水力坡降为0.001，流速为 0.93m/s。

（4）塔楼屋面雨水采用重力流内排水系统，重现期 $P=10$ 年，综合径流系数 $\Phi=0.90$，降雨历时 $t=5\text{min}$。溢流措施按 50 年重现期设置。

（5）裙房屋面雨水采用虹吸压力流排水系统，设计重现期为 50 年。相邻雨水斗间距不超过 20m。管道系统内最大负压值不应大于 0.08MPa，水平管道的充满度不应小于 60%，最小流速不小于 0.7m/s。在有条件的天沟设置溢流口。

（6）室外单体建筑屋面雨水为天沟外排水，不设雨水管道系统。

（7）塔楼室内重力流雨水立管采用钢塑复合管（涂塑），沟槽式机械接头连接，接头的公称压力为 2.5MPa。部分小屋面室外明露重力流雨水管道采用符合紫外光老化性能标准的排水塑料管及配件，R-R 承口橡胶密封连接。裙房虹吸雨水管道应采用不低于 PE80 等级的高密度聚乙烯（HDPE）塑料管道，热熔连接。

（8）室外埋地雨/污水管采用增强聚丙烯（FRPP）管，橡胶圈连接。

（三）热水系统

1. 供应范围

热水供应范围为所有场所。

2. 用水量

（1）60℃：热水最高日用水量为 706m³/d，最大时用水量为 62.8m³/h。具体计算见表 2。

热水用水量（60℃）　　　　　　　　　表 2

项目	数量	用水标准	最高日用水量 （m³/d）	平均时用水量 （m³/h）
客房	2600 床	120L/（床·d）	312	33.8（最大时）
员工	2000 人	40L/（人·d）	80	3.3
大型餐饮	5552 人次	20L/人次	111	10.4（最大时）
轻餐饮	3700 人次	10L/人次	37	2.3
酒吧	900 人次	5L/人次	5	0.3
宴会厅	2400 人次	20L/人次	48	3.0
职工餐厅	3000 人次	10L/人次	30	2.5
商场	1600m²	2L/m²	3	0.3
会议厅	400 座	3L/人次	2.4	0.2
SPA	128 人次	100L/人次	13	1.0
未预见用水量	10%		64.1	5.7
合计			706	62.8

（2）70℃：热水最高日用水量为 80m³/d，最大时用水量为 5m³/h。具体计算见表 3。

热水用水量（70℃）　　　　　　　　　表 3

项目	数量	最高日用水量（m³/d）	平均时用水量（m³/h）
洗衣房	专业公司提供	80	5

3. 热源

热源来自燃气热水锅炉供高温热水，供水温度为95℃，回水温度为70℃。

4. 水源

根据冷水系统划分，分别来自变频供水设备或中间（屋顶）生活水箱。

5. 系统划分

热水系统划分同给水。

6. 加热方式

采用集中加热方法，采用卧（立）式水—水导流型容积式加热器。地下二层～八层容积式加热器设于地下室生活泵房内；九层～十九层容积式加热器设于十五层设备区；二十层～三十五层容积式加热器设于二十六层设备区；三十七层～屋顶层容积式加热器设于四十二层设备区。

7. 供水方式

热水管网均采用上行下给式机械循环，各区热水循环泵均设于热交换器所在机房内。各区热水循环泵技术参数另见主要设备表。

8. 太阳能热水系统

（1）四层～十九层客房采用太阳能热水系统预热。集热器采用U形管真空形集热器阵列，集热器面积为850m²，集热器水平安装于裙房购物街屋顶上。太阳能加热板日产水量为100m³。辅助热源采用燃气锅炉的高温热水。加热水箱、恒温水箱、板式换热器、循环泵、膨胀罐均设于地下室生活泵房内。

（2）四层～八层的太阳能预热罐设置在地下室生活泵房内，太阳能系统的高温热水通过预热罐与四层～八层客房恒压变频供水设备的冷水进行热交换，预热后的预热水作为四层～八层容积式热交换器的水源。

（3）九层～十四层、十六层～十九层的太阳能预热罐设置在十五层设备用房，太阳能系统的高温热水通过预热罐与中间生活水箱提供的分区后的冷水进行热交换，预热后的水作为九层～十四层、十六层～十九层容积式热交换器的水源。

9. 预热系统

利用空调制冷机的冷却水余热对裙房及洗衣房热交换器的水源进行预加热。暖通专业的冷却水管通过板式热交换器与裙房区冷水进行热交换，预热后的水作为容积式热交换器的水源，同时冷水在板式热交换器热水侧旁通。

10. 管材

室内热水、回水管道采用铜管，焊接或法兰连接，法兰公称压力为1.0MPa。管道连接均采用定型成品管配件。墙内暗管采用带PE套管的铜管。

（四）雨水回用系统

（1）雨水收集处理系统供酒店一期及二期（水上乐园）绿化道路浇洒，出水水质应满足《城市污水再生利用 城市杂用水水质》GB/T 18920—2002和《城市污水再生利用 景观环境用水水质》GB/T 18921—2002的要求。

（2）酒店一期用水量：日用水量为90m³/d。总用水量需待水上乐园绿化面积确定后复核。

（3）水源：酒店一期经智能化雨水初期弃流装置后的场地雨水。

（4）南、北两侧各设置埋地式雨水处理站1座。南侧雨水收集池有效容积为600m³，清水池有效容积为50m³；北侧雨水收集池有效容积为600m³，清水池有效容积为60m³。

（5）雨水回用供水系统必须独立设置，雨水回用管道严禁与生活饮用水给水管道连接。

（6）雨水贮存池设自来水补水管，管径DN100，采取最低报警水位控制的自动补给，并安装水表。补水管出水口应高于雨水回用贮存池（箱）内溢流水位，其间距不得小于2.5倍管径，严禁采用淹没式浮球阀补水。

（7）雨水回用管道上不得装设取水龙头。当装有取水接口时，必须采取严格的防止误饮、误用的措施。除卫生间外，中水管道不宜暗装于墙体内。

（8）绿化、道路浇洒采用有防护功能的壁式或地下式给水栓。

（9）雨水回用管道应采取下列防止误接、误用、误饮的措施：

1）雨水回用管道外壁应按有关标准的规定涂色和标记；

2）水池（箱）、阀门、水表及给水栓、取水口均应有明显的"雨水回用"标志；

3）公共场所及绿化的中水取水口应设带锁装置。

二、消防系统

本工程消防总用水量为150L/s，其中室外消防用水量为40L/s，室内消火栓用水量为40L/s，自动喷水和水喷雾二者取水量大者为60L/s，高空水炮用水量为10L/s。消防用水由海棠北路市政给水管网2路供水，进户管为2根DN300，在基地内连成环网供消防用水。2路市政给水管来自2个市政自来水厂。

（一）本工程消防设施

（1）室外消火栓系统；

（2）室内消火栓系统；

（3）自动喷水灭火系统；

（4）自动扫描射水高空水炮灭火装置；

（5）水喷雾灭火系统；

（6）七氟丙烷气体灭火系统；

（7）手提式干粉灭火器。

（二）消防水池、水箱及消防泵房

（1）利用室外2座独立的游泳池作为消防水池，成人游泳池1的有效容积为2340m³，成人游泳池2的有效容积为1950m³。每个泳池均可独立检修、维护，保证在任何情况下均能满足消防给水系统所需的水量和水质。游泳池池底绝对标高为9.70m，消防水泵吸水口绝对标高为7.50m。室外埋地管长度为200m，坡度为0.003，进入消防泵房时管中绝对标高为8.70m。消防用水量见表4。

消防用水量　　　　　　　　　　　　　　　　　　　　　　表4

	消防系统	用水量(m³)	火灾历时(h)	贮水量(m³)
1	室内消火栓系统	144	3	432
2	自动喷水灭火系统	216	1.5	324
3	自动扫描射水高空水炮灭火系统	36	1	36
4	合计			792

（2）在二十六层设50m³低区高位消防水箱，在屋顶设100m³高位消防水箱，水箱采用不锈钢成品水箱。

（3）消防泵房位于绝对标高7.0m，最近的疏散楼梯为ST1，室外地面绝对标高为13.0m。

（4）室外泳池供地下室消防泵房吸水管、中水管管径小于或等于DN100采用内衬塑热镀锌焊接钢管，丝口连接；管径大于DN100采用内衬塑无缝钢管热镀锌，沟槽式机械接头连接，接头公称压力为1.0MPa。

（三）室内消火栓系统

（1）各单体建筑每层均设室内消火栓保护，消火栓设置间距保证同一平面有2支消防水枪的2股水枪充实水柱同时达到任何部位且不超过30m，消火栓水枪的充实水柱为13m。

（2）消防箱采用带自救软盘的钢制单栓消防箱。

（3）室内消防给水采用水泵串联临时高压供水系统。消防管网分高低 2 个区，低区供地下室至二十一层，高区供二十二层至屋顶。

（4）低区消火栓专用泵设于地下二层消防泵房内，采用 2 台（$Q=40L/s$，$H=140m$，$N=110kW$），1 用 1 备。泵由室外游泳池抽水。高区消火栓专用泵设于二十六层消防泵房内，采用 2 台（$Q=40L/s$，$H=110m$，$N=90kW$），1 用 1 备。泵由二十一层低区消火栓环总管上抽水。

（5）为确保高区最不利点消火栓静水压力不低于 0.15MPa，在屋顶设置消火栓系统增压设施，气压罐的调节水容量为 150L，流量为 1L/s，扬程为 35m。

（6）低区室内消火栓系统配 1 套泄压阀，设定开启压力为 1.54MPa，关闭压力为 1.35MPa，高区室内消火栓系统配 1 套泄压阀，设定开启压力为 1.51MPa，关闭压力为 1.32MPa。

（7）低区、高区消防管网分别设置 3 组地上式 DN150 水泵接合器。

（四）自动喷水灭火系统

（1）自动喷水灭火系统安装于除小于 5m² 厕所、电气机房、锅炉房以外的所有部位。系统为湿式。

（2）地下车库按中危险级 II 级设计，喷水强度为 8L/(min·m²)，作用面积为 160m²；净空高度 8＜H≤12m 的宴会厅，喷水强度为 6L/(min·m²)，作用面积为 260m²；地下室库房按仓库危险级 II 级设计，储物高度 3.0～3.5m，喷水强度为 12L/(min·m²)，作用面积为 200m²；其余部位均为中危险级 I 级，喷水强度为 6L/(min·m²)，作用面积为 160m²。

（3）自动喷水灭火系统给水方式同消火栓系统。

（4）低区喷淋专用泵设于地下二层消防泵房内，采用 3 台（$Q=30L/s$，$H=140m$，$N=75kW$），2 用 1 备。泵由室外游泳池抽水。高区喷淋专用泵设于二十六层消防泵房内，采用 2 台（$Q=30L/s$，$H=120m$，$N=75kW$），1 用 1 备。泵由十五层低区喷淋环总管上抽水。

（5）为确保高区最不利点喷头的供水压力不低于 0.10MPa，在屋顶设置自动喷水灭火系统增压设施，气压罐的调节水容量为 150L，流量为 1L/s，扬程为 35m。

（6）低区自动喷水灭火系统配 1 套泄压阀，设定开启压力为 1.54MPa，关闭压力为 1.35MPa，高区自动喷水灭火系统配 1 套泄压阀，设定开启压力为 1.56MPa，关闭压力为 1.37MPa。

（7）低区喷淋管网设置 4 组地上式 DN150 水泵接合器，高区喷淋管网设置 2 组地上式 DN150 水泵接合器。

（8）整个系统由 40 只湿式报警阀控制，每只报警阀控制喷头数不大于 800 只，报警阀分别设于地下室、避难层的消防泵房、湿式报警阀间。每个防火分区均设水流指示器、监控蝶阀和试验放水装置。

（9）喷头采用玻璃球喷头，除厨房、热交换机房采用 93℃喷头、玻璃屋顶采用 121℃喷头外，其余均为 68℃。库房喷头为 $K=115$ 的快速响应喷头，其余喷头均为 $K=80$ 的快速响应喷头。

（五）自动扫描射水高空水炮灭火系统

（1）在净空高度大于 18m 的中庭设置自动扫描射水高空水炮，代替自动喷水灭火系统。

（2）每个高空水炮喷水流量为 5L/s，工作压力为 0.6MPa，保护半径为 20m，最大安装高度为 20m，系统的设计流量为 10L/s。

（3）系统由自动扫描射水高空水炮灭火装置、电磁阀、水流指示器、信号阀、模拟末端试水装置、配水管道及供水泵等组成，能在发生火灾时自动探测着火部位并主动喷水灭火。

（4）室内消防给水采用临时高压供水系统。高空水炮系统专用泵设于地下二层消防泵房内，采用 2 台消防专用泵（$Q=10L/s$，$H=100m$，$N=15kW$），1 用 1 备。泵由室外游泳池抽水。设置 2 组地上式 DN100 水泵接合器。

（5）系统配 1 套泄压阀，设定开启压力为 1.10MPa，关闭压力为 0.95MPa。

（六）水喷雾灭火系统

地下室燃气锅炉房和柴油发电机房设置水喷雾灭火系统，设计喷雾强度为 20L/(min·m²)，持续喷雾时间为 30min。锅炉房由 6 只雨淋阀控制，发电机房分别各由 4 只雨淋阀控制。水喷雾与低区喷淋合用消防泵。

（七）气体灭火系统

（1）地下二层变电站、10kV 配电间、电信机房、屋顶变电站设置气体灭火系统。

（2）气体灭火系统采用七氟丙烷气体，组合分配系统，按全淹没灭火方式设计，装置设计工作压力为 4.2MPa。

（3）地下二层变电站、10kV 配电间、屋顶变电站灭火设计浓度为 9%，系统喷放时间不应大于 10s。

（4）地下二层的电信机房灭火设计浓度为 8%，系统喷放时间不应大于 8s。

（5）防护区应设置泄压口，可采用成品泄压装置，并宜设在外墙上，其高度应大于防护区净高的 2/3。

（八）手提式灭火器灭火系统

（1）火灾种类一般场所按 A 类固体火灾设计，变配电间按 E 类带电火灾设计。在每个消防箱内配置产品灭火级别为 3A 的手提式灭火器及 5kg 手提式磷酸铵盐灭火器 2 具。在各机房、配电间、电器控制室、储藏和有固定人员值班的场所配置产品灭火级别为 2A 类的 5kg 手提式磷酸铵盐灭火器 2 具。车库每层除消防箱内的手提灭火器外，另配置 297B 类 50kg 磷酸铵盐推车式灭火器。

（2）酒店的公共活动用房、厨房、办公、商场部分按严重危险级设计，最大保护距离为 15m；地下车库按中危险级设计，手提式灭火器最大保护距离为 20m，推车式灭火器最大保护距离为 40m；其余房间按中危险级设计，最大保护距离为 20m。楼梯前室和消防电梯前室均设一架 20L 水型推车式灭火器（灭火级别 4A），确保客房部分水基灭火器全覆盖。

（3）如保护距离不满足上述要求，则在不满足处增加灭火器。

（九）室外消火栓系统

沿建筑物四周的道路旁，每 120m 间距设置 1 只 DN150 地上式室外消火栓。水泵接合器与室外消火栓设置间距在 15～40m 范围内。

（十）管材

消火栓管道（X）、喷淋管（ZP）、水喷雾（SP）、高空水炮（XP）采用内外壁热镀锌焊接钢管。管径小于或等于 DN80，采用丝口连接；管径大于 DN80 采用沟槽式机械接头连接，接头公称压力为 1.6MPa。

三、工程特点介绍与设计及施工体会

（一）项目建筑规模大，功能多，平面复杂

（1）200m 超高层酒店在单体建筑内包含 1300 间客房（其中有 4 套水下套房），近 1 万 m² 的水族馆，2500m² 宴会厅，13 间各类餐厅，2 个行政酒廊，18 间各种规模的厨房（其中一间是供鱼类饲料的厨房），近 1000m² 的 SPA，近 1000m² 的室内儿童乐园。除了 1300 间客房，其余功能均布置在地下室及裙房内，导致单层面积接近 4 万 m²，平面布局和结构标高错综复杂，增加设计难度。

（2）由于建筑结构利益最大化，使得避难层层高仅 3m，核心桶管井紧凑及形状不规则，给设备及管线布置带来极大挑战。

（3）室外场地景观多样，标高复杂。室外泳池水量为 7535m³，其中一组家庭池为温水池。总体管线复杂。

（二）合作单位多，设计阶段交叉

（1）水专业涉及到十几家专业设计方，其中维生系统和海水处理系统是首次涉及。

（2）外方建筑 HOK 采取类似设计总包的工作方式，工作重点是外立面、功能分区及总体效果。在平面图中划分好各个功能区块后交由其他设计方。例如，客房层分隔好房间后，房间内部由室内设计单位设计；厨房餐厅区域划分后，具体厨房位置、尺寸，餐厅位置由厨房公司设计。因此，机电专业在方案阶段就需要接收大量资料，与各个设计方进行数据整合，系统衔接。这种状态在设计全过程中始终存在。例如，用水量计算中大型餐饮部分的人次统计见表5。

餐饮人次 表5

	早餐人次（座位数×翻台率）	午餐人次	晚餐人次
全日 A	726×2.3＝1670		726
全日 B	580×1.8＝1044	580	580
房内用餐	2600×5％＝130		2600×3％＝78
Classic Cantonese(特色 2 号)		302	302
牛排馆			140
小计	2844	882	1826
合计			5552

（三）消防规范更替

《消防给水及消火栓系统技术规范》GB 50974—2014 在 2014 年 10 月 1 日实施，而本工程第一轮施工图在 2014 年 10 月 30 日出图。在设计的大部分阶段，为了避免设计方案的大幅度修改，设计人员拿着上述规范的征求意见稿边学习研究边设计。但是由于正式版本与征求意见稿的差异，仍旧引起了许多牵涉到各专业的修改，本专业承受巨大压力。例如：

（1）高位消防水箱容积扩大，导致屋顶及避难层消防泵房面积增大，引起各专业的施工图大调整，原先选择的水泵直接串联供水方式的优势大减。

（2）机械应急启动时间的新规定，使得消防泵房位置难于选择，多次调整。消防泵房的位置需要同时满足有直接对外出口或疏散楼梯，室内地坪与室外出入口地坪高差不大于 10m，与消控中心的距离步行 3min 内到达，靠近负荷中心，靠近外墙减少 DN300 进水管在室内敷设长度等一系列条件。只要一个条件改变，就会引起消防泵房位置的调整。

（3）原三亚当地消防部门规定，室内消火栓不得布置在防烟楼梯间内。而新规范规定应设置在楼梯间。这一改变使得原先与室内设计配合好的塔楼消火栓布置几乎全部作废，从头再来。

（四）场地排水

（1）基地面积约 11.5 万 m²，纵深约 650m，地形标高复杂，红线范围内从 8m 到 21m 变化。在设计初期就场地雨水排放进行了方案比较。

（2）方案一：按常规全部排入市政道路海棠北路，如图 1 所示。

分析：

1）雨水排放量超过市政管道接受能力，需要设置大容积雨水调蓄池；

2）基地内小于市政接管标高的区域雨水无法排出，需设置排水泵，运行费用大；

3）遇到大雨时，由于基地内部分地形低于市政道路，有雨水倒灌的风险；

4）管道埋深大，施工造价较高。

（3）方案二：以 12.00m 地形标高为界，高于 12.00m 场地标高的区域排向市政雨水管网，低于 12.00m 场地标高的区域排向海滩，如图 2 所示。

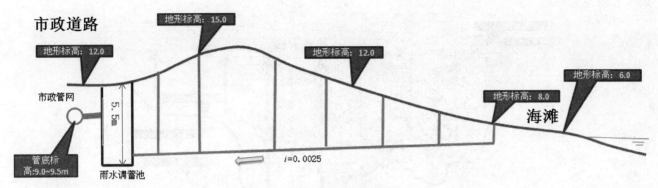

图 1　F 路侧雨水排放

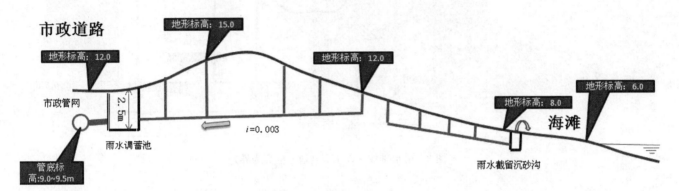

图 2　F 路侧和海滩侧分别排放

分析：

1）雨水调蓄池较小，市政排放侧基本可与市政排水量匹配；

2）系统安全性较方案一高；

3）管道埋深小，管网造价低；

4）充分利用海滩地势低的地形优势；

5）根据要求，须设置雨水截留沟，且需与建筑景观专业配合。

（4）结论和实施

基于上述分析，设计采用了方案二的方法，如图 3、图 4 所示。

由于一期室内±0.00 绝对标高调整及总体景观设计的深入，二期总体方案调整，最后成图是以 13.0m 标高为分界，且一、二期单独排放。一期市政管网满足基地排水量，取消了雨水调蓄功能，保留雨水回用部分。

（五）消防水池

（1）室外成人泳池为 3 座成阶梯状布置的独立泳池，泳池水处理系统也各自独立。每个泳池水量充沛，有效容积在 2000m³ 左右。每个泳池均可独立检修、维护，保证在任何情况下均能满足消防给水系统所需的水量和水质。因此，选择 2 座池底标高高的泳池作为消防水池。

（2）水泵吸水总管取水口的布置：

1）首先设想是在游泳池底设置吸水口。

2）随着泳池专业设计方案的确定，发现泳池采用的是混合式进水，每座泳池都设独立的平衡水箱。为了减少对泳池本身水流的干扰，决定在均衡池取水。

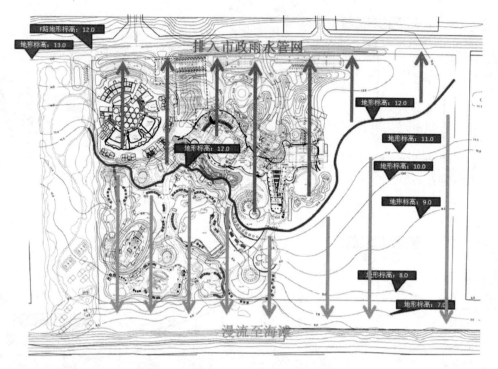

图 3　雨水排放（以 12.00 地形标高为界）

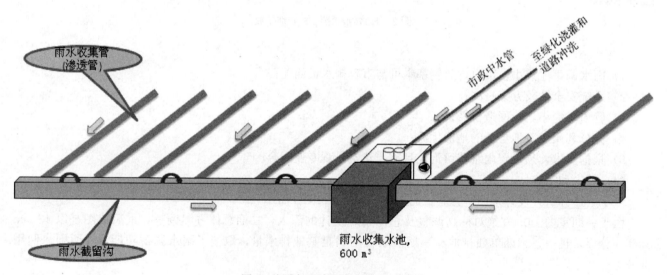

图 4　海滩侧雨水收集处理站示意图

3）当泳池设计图纸进一步完善后，发现一座泳池是溢流池，平衡水箱内通过的流量小于消防用水量。因此，这座泳池的消防取水口仍设在泳池内，但并不直接在泳池底部开口，而是在环状布水管上取水。因为消防流量小于泳池流量，所以取水口格栅流速也能满足要求，消防取水时不会造成漩涡引起事故。

四、附图

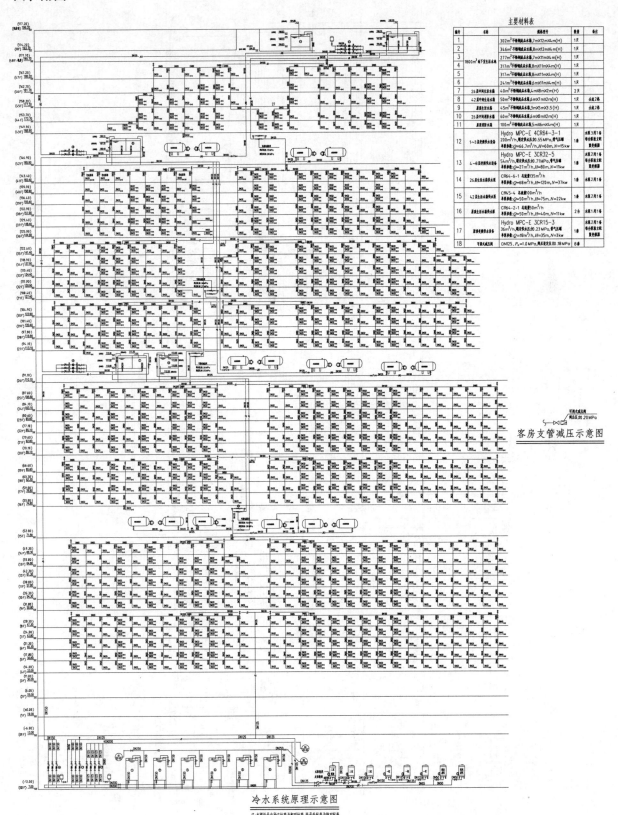

主要材料表

编号	名称	规格型号	数量	备注
1		302m³不锈钢成品水箱,7mX12mX4.m(H)	1只	
2		34.6m³不锈钢成品水箱,8mX12mX4.m(H)	1只	
3	1800m³地下生活水池	277m³不锈钢成品水箱,7mX11mX4.m(H)	1只	
4		317m³不锈钢成品水箱,8mX11mX4.m(H)	1只	
5		317m³不锈钢成品水箱,8mX11mX4.m(H)	1只	
6		24.1m³不锈钢成品水箱,5mX11mX4.m(H)	1只	
7	26层中间生活水箱	40m³不锈钢成品水箱,4.mX8mX2m(H)	2只	
8	42层中间生活水箱	50m³不锈钢成品水箱,5mX7mX2m(H)	1只	分成2格
9	屋顶生活水箱	45m³不锈钢成品水箱,3mX5mX3.5(H)	1只	分成2格
10	26层中间消防水箱	60m³不锈钢成品水箱,6mX8mX2m(H)	1只	
11	屋顶消防水箱	100m³不锈钢成品水箱,5mX6mX4.m(H)	1只	
12	1～3层变频供水设备	Hydro MPC-E 4CR64-3-1 280m³/h,频定供水压力0.55MPa,带气压罐 单泵参数:Q=66.7m³/h,H=60m,N=15kw	1套	水泵3用1备 每台配泵主配 置变频器
13	4～8层变频供水设备	Hydro MPC-E 3CR32-5 54m³/h,频定供水压力0.71MPa,带气压罐 单泵参数:Q=27m³/h,H=80m,N=11kw	1套	水泵2用1备 每台配泵主配 置变频器
14	26层生活水泵	CR64-6-1 总流量135m³/h 单泵参数:Q=68m³/h,H=120m,N=37kw	1套	水泵2用1备
15	42层生活水泵	CR15-4 总流量100m³/h 单泵参数:Q=50m³/h,H=75m,N=22kw	1套	水泵2用1备
16	屋顶生活水泵	CR64-2-1 总流量50m³/h 单泵参数:Q=50m³/h,H=40m,N=11kw	2台	水泵1用1备
17	屋顶变频供水设备	Hydro MPC-E 3CR15-3 36m³/h,频定供水压力0.23MPa,带气压罐 单泵参数:Q=18m³/h,H=35m,N=3kw	1套	水泵2用1备 每台配泵主配 置变频器
18	可调式减压阀	DN125,P₁=1.0MPa,阀后设定压力P₂0.18MPa	8套	

客房支管减压示意图

冷水系统原理示意图

注:本图括号内所注标高为相对标高,括号外标高为绝对标高.

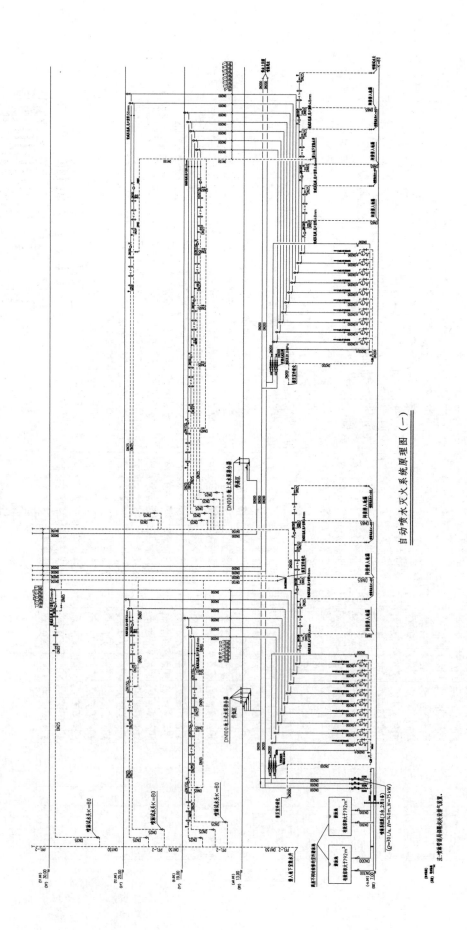

自动喷水灭火系统原理图（一）

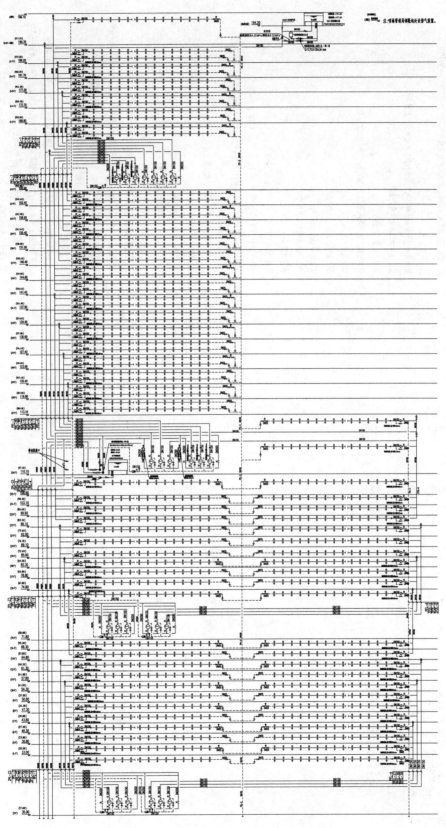

自动喷水灭火系统原理示意图（二）

设 计 说 明

一、设计规范
1.《建筑设计防火规范》GB 50016—2006
2.《大空间智能型主动喷水灭火系统技术规程》CECS 263—2009

二、设计范围
海甫亚洲兰都酒店项目大空间喷射型自动射流灭火装置系统。

三、基本设计参数及有关说明
消防用水量:10L/s。
自动射流灭火装置采用ZDMS0.6/5S-LA231型:
单台流量:5L/s。
额定工作压力:0.6MPa。
喷射防后座力:180N。

四、消防水池及消防泵房
该系统流量$Q=10L/s$。
主泵2台(1用1备):$Q=10L/s$,扬程$H=1.0MPa$。
稳压泵2台(1用1备):流量$q=1L/s$,气压罐有效调节容积50L。
消防水池、消防水池内应存有放1h火灾续存时间的消防水量即容量即容量大于36m³。

五、标高和尺寸
1.本工程图纸,标高以米计,其他以毫米计;
2.室内地面±0.000m;
3.管道标高指管中心标高;
4.图上尺寸由差别时以平面图为准。

六、管道及设备安装
1.埋地管采用给水用铸铁管,明管道采用热镀锌钢管;
2.连接方式:管径小于100mm的采用丝接,大于或等于100mm的采用卡箍连接;
3.管道安装方式:室外管道埋地,室内消防水池以水平管沿墙敷设;
4.系统施工安装完毕,应对储水装置全系统进行试验。

七、管道试压
水压强度试验压力1.6MPa,水压强度试验时的测试点应设在系统管网的最低点。
对管网过水时,应加管网内的空气排净,并应缓慢升压,达到试验强压力后,稳30min,
目测管网应无渗漏和变形,且压力降不应大于0.05MPa。

八、管道防腐与保温
1.管道镀锌层破坏处处,刷防锈漆底1道;
2.埋地管刷防锈钢管锈漆2道;
3.室外明露消防管道敷设相关国标图集进行保温。

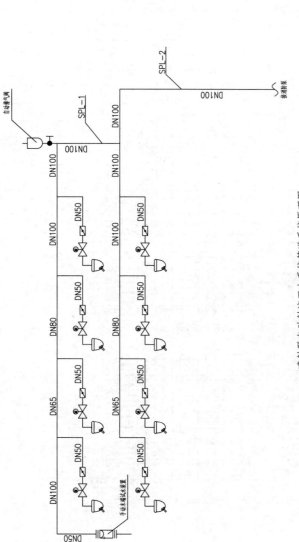

喷射型自动射流灭火系统管道系统原理图

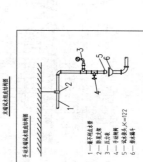

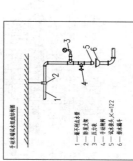

喷射型自动射流灭火装置水系统原理图

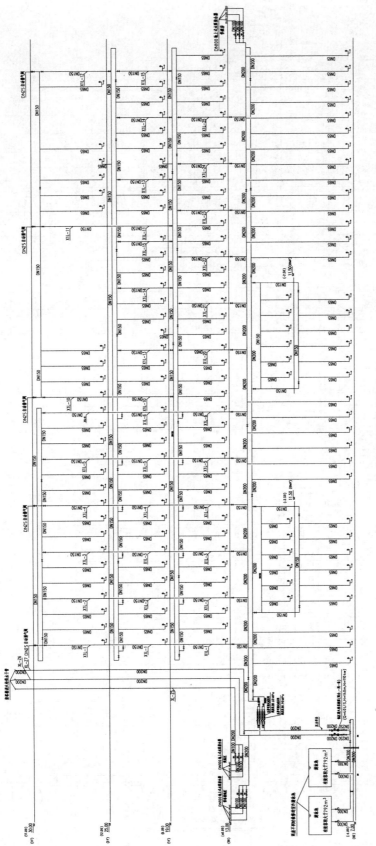

消火栓系统原理图（一）

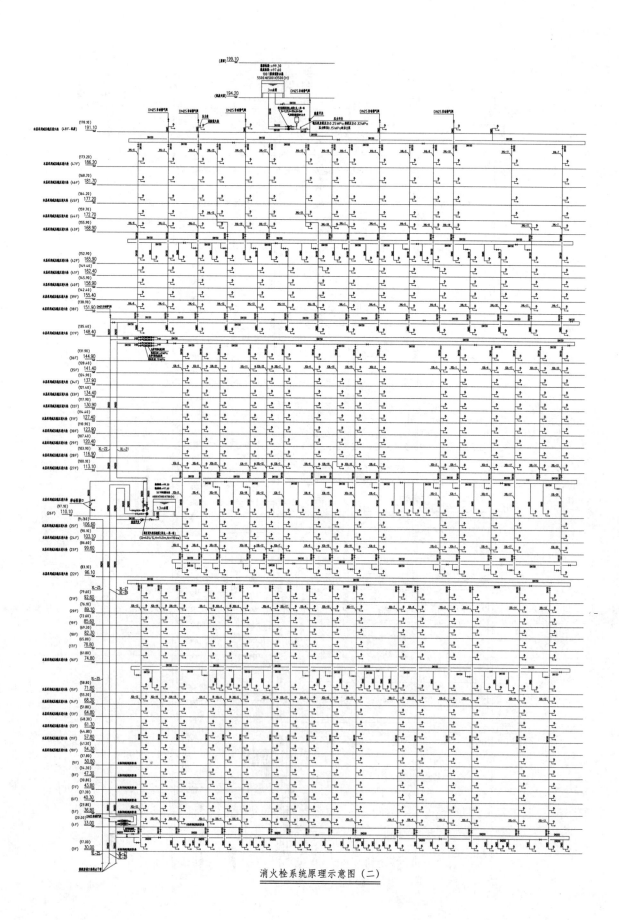

消火栓系统原理示意图（二）

肇庆新区体育中心项目

设 计 单 位: 广东省建筑设计研究院有限公司
主要设计人: 梁景晖　戴力　陈文杰　刘雅琴　曹杰　普大华
获 奖 情 况: 公共建筑类　二等奖

工程概况:

本项目位于广东省肇庆新区,项目用地位于新区环路的东南侧,长利大道的西南侧,长利涌的北侧。体育中心用地与南面的足球公园用地紧密相连,两者按整体规划设计。体育中心建设用地面积约 19 万 m²,足球公园用地面积约 12 万 m²。项目主要设置 1 座专业足球场(2 万座)、1 座体育馆(包括 8000 座体育馆主馆和训练馆)及停车场等配套设施,是 2018 年第十五届广东省省运会开闭幕式场馆及击剑、篮球比赛场馆。足球公园用地主要设置 1 个带跑道的室外体育场、2 个小型室外足球场、6 个室外篮球场、3 个室外网球场及公园配套设施等,作为体育中心项目的辅助设施,在省运会期间发挥重要补充作用。此外,足球公园以长利涌为景观中心,以户外运动设施、体育乐园、绿道、架空步廊、草坡等为辅,形成多层次的立体公共空间,为人们提供优美的公共活动场所。

本工程总建筑面积约 8.9 万 m²。专业足球场建筑面积约 4.77 万 m²,建筑高度 48.5m,地上 4 层,地下 1 层;体育馆建筑面积约 3.34 万 m²,体育馆主馆建筑高度为 33.5m,训练馆建筑高度为 23.3m,体育馆主馆地上 4 层,训练馆地上 1 层;足球公园服务中心建筑面积约为 2765m²,建筑高度 10m,地上 1 层。

工程说明:

一、给水排水系统

(一) 给水系统

1. 水源

本项目的水源采用市政自来水,供水压力约为 0.3MPa。项目从新区环路和长利大道市政自来水干管上各接驳一路 DN200 总进水管(2 路进水)。室外给水管网如图 1 所示。

2. 冷水用水量

本项目最高日用水量为 1180.01m³/d,最大时用水量为 204.03m³/h。其中体育中心最高日用水量为 667.44m³/d,最大时用水量为 115.24m³/h(见表 1)。足球公园最高日用水量为 512.57m³/d,最大时用水量为 88.79m³/h(见表 2)。

3. 系统设置

采用竖向分区给水系统,共分为 2 个区:

低区:首层~二层,由市政管网直接供水;

高区:三层及以上,采用加压供水,由生活水箱+变频调速供水泵组供水。

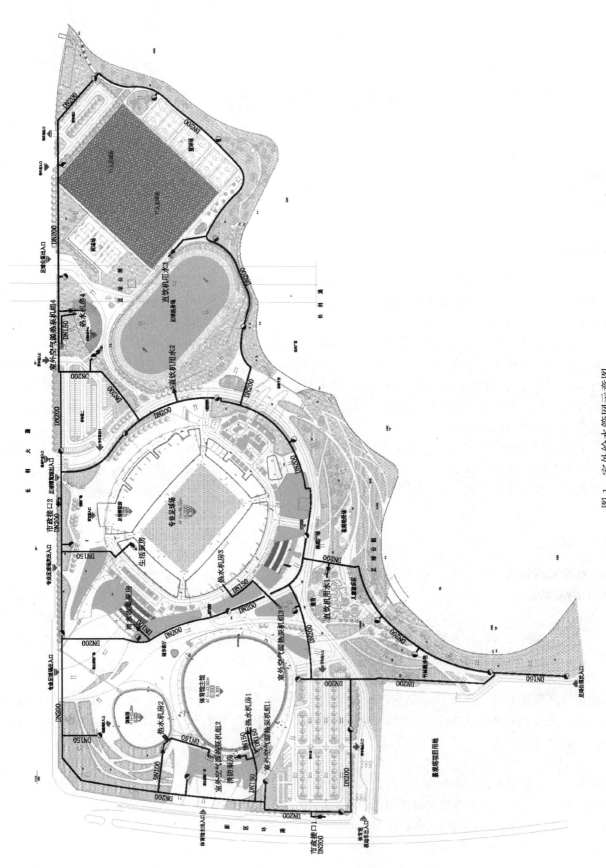

图 1 室外给水管网示意图

注：本图仅做示意。图中各阀门组件均已省略。

体育中心生活用水量 表1

用水项目	用水定额	数量	用水时间 (h)	小时变化系数	最高日用水量 (m³/d)	最大时用水量 (m³/h)
观众	3L/(人·场)	28000人	4	1.2	168	25.2
运动员	35L/人次	500人次	4	2.5	35	10.94
工作人员	100L/(人·d)	400人	10	2.0	40	8
绿化	2L/(m²·d)	35809m²	6	1.0	71.62	11.94
地面冲洗	2L/(m²·d)	56075m²	6	1.0	112.15	18.69
草坪灌溉	10L/(m²·次)	9000m²	6	1.0	180	30
合计					606.77	104.77
未预见用水量	10%				60.68	10.48
总计					667.44	115.24

足球公园用水量 表2

用水项目	用水定额	数量	用水时间 (h)	小时变化系数	最高日用水量 (m³/d)	最大时用水量 (m³/h)
观众	3L/(人·场)	400人	4	1.2	2.4	0.36
运动员	35L/人次	300人次	4	2.5	21	6.56
工作人员	100L/(人·d)	10人	10	2.0	1	0.2
绿化	2L/(m²·d)	63726m²	6	1.0	127.45	21.24
地面冲洗	2L/(m²·d)	53611m²	6	1.0	107.22	17.87
草坪灌溉	10L/(m²·次)	10345m²	6	1.0	206.9	34.48
合计					465.97	80.72
未预见用水量	10%				46.60	8.07
总计					512.57	88.79

各分区给水系统均采用下行上给的供水方式，每个区最低用水器具的静水压力不超过0.45MPa，配水点的静水压力超过0.2MPa的支管设置支管减压阀。

生活泵房位于专业足球场首层，加压供水泵组参数：主泵2用1备，单泵参数$Q=32m^3/h$，$H=40m$；辅泵1用，单泵参数$Q=8m^3/h$，$H=49m$；另配隔膜式气压罐$\varphi600$ 1个。生活水箱采用SUS304不锈钢水箱，共设置2个，单个尺寸4m×4m×3m（h），生活水箱总有效容积为67.2m³。

4. 管材

(1) 室外给水埋地管采用钢丝网骨架塑料复合管，电热熔连接。

(2) 室内给水管（包含冷、热水管）采用不锈钢管，卡压连接或对接氩弧焊接。

(3) 草坪喷灌用给水管材采用PE给水管，电热熔连接。

(二) 热水系统

1. 热水供水区域及分区

根据建筑功能和设计要求，运动员淋浴采用集中热水供应系统，少量分散的热水用水点采用局部热水系统供应热水。

因各场馆运动员淋浴区域相距较远，本项目热水系统按用水需求分为4个区域：体育馆主馆、训练馆、专业足球场以及足球公园的服务中心。公园服务中心热水系统原理图如图2所示。

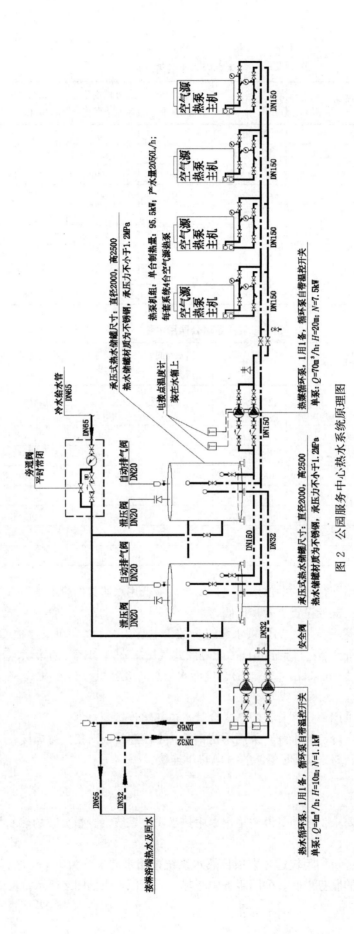

图2 公园服务中心热水系统原理图

热水系统分区同冷水系统。

2. 热源

本项目集中热水系统采用承压式空气源热水泵热水机组供应热水，局部热水系统采用容积式电热水器或壁挂式电热水器供应热水。

3. 热水用水量（见表3）

热水用水量 表3

用水项目	用水定额	数量	用水时间（h）	小时变化系数	最高日用水量（m³/d）	最大时用水量（m³/h）
体育馆主馆	26L/人次	140人次	4	3.0	7.28	2.73
训练馆	26L/人次	80人次	4	3.0	4.16	1.56
专业足球场	26L/人次	280人次	4	3.0	14.56	5.46
服务中心	26L/人次	300人次	4	3.0	15.60	5.85
合计					41.60	15.60
未预见用水量	10%				4.16	1.56
总计					45.76	17.16

4. 系统设置

集中热水系统采用承压式空气源热泵热水机组加热，加热设备设置在首层室外，加热设备的设计参数为：体育馆主馆区域：4台制热量为57.8kW，产水量为1240L/h的承压式空气源热泵机组，热水储水有效容积为10m³；训练馆区域：2台制热量为57.8W，产水量为1240L/h的承压式空气源热泵机组，热水储水有效容积为5m³；专业足球场区域：4台制热量为95.5kW，产水量为2050L/h的承压式空气源热泵机组，热水储水有效容积为18m³；服务中心区域：4台制热量为95.5kW，产水量为2050L/h的承压式空气源热泵机组，热水储水有效容积为20m³。

热水供应系统分区和给水系统分区一致。各区的水加热器、储水器的进水管均由同区的给水系统专用管供给，保证热水系统水压稳定，冷、热水压力平衡。

当冷、热水压力不平衡时，采取持压阀（或冷、热水平衡装置）等措施保证系统冷、热水压力平衡。

热水采用机械循环系统，循环管道采用同程布置。当回水管温度低于50℃时自动启动循环泵，高于55℃度时关闭循环泵。

(三) 排水系统

(1) 生活排水与雨水排水系统采用分流制。本项目最高日污水排水量约为294m³/d。

(2) 考虑体育场馆使用频率相对较低，为了防止管道堵塞淤积，室内生活排水系统采用污废合流，生活污水经化粪池处理后排入市政污水管网。生活排水系统采用专用通气立管排水系统，并设置侧墙通气帽。

(3) 因本项目设计、施工时，市政条件仅提供一个市政污水接口，故整个地块的生活污水均需向一个方向集中排放，因距离较远，坡降过大，地块内污水管网无法通过重力接入市政污水检查井，故在专业足球场东侧设置1个一体化污水提升泵组，提升泵站设置3台潜污泵，2用1备，单泵参数 $Q=40m^3/h$，$H=7m$。

(4) 室外埋地雨、污水管采用环刚度大于等于8kN/m²的中空壁缠绕HDPE排水管，承插式橡胶圈密封连接；

(5) 室内重力雨、污排水管采用加厚PVC-U管，熔剂连接；压力雨、污排水管采用内涂塑镀锌钢管，丝扣或法兰连接。虹吸雨水管采用高密度聚乙烯（HDPE）排水管，热熔连接。

（6）雨水回用水管材采用 PPR 管，热熔连接。

（7）足球场地盲沟排水管采用 PVC-U 打孔塑料管，外包土工布，专用胶粘剂承插口连接。

（四）雨水排放及雨水综合利用

1. 雨水排放

体育馆和专业足球场金属屋面雨水排水系统采用虹吸雨水系统，其余小屋面和平台排水系统采用重力流雨水系统。屋面雨水排水系统设计暴雨重现期为 20 年，设计降雨历时为 5min，屋面雨水排水工程与溢流设施的总排水能力不小于 50 年重现期的雨水量；室外雨水设计暴雨重现期为 3 年，设计降雨历时为 10min。

2. 雨水综合利用

本项目收集部分屋面雨水用于室外绿化浇灌、道路喷洒以及广场地面清洗等，雨水处理后的水质满足《建筑与小区雨水控制及利用工程技术规范》GB 50400—2016 中有关水质的规定。

雨水回用系统最高日用水量为 $200m^3/d$，最大时用水量为 $50m^3/h$。

雨水收集范围包括体育馆屋面雨水和专业足球场部分屋面雨水，总收集面面积约为 $20000m^2$，径流系数取 1，肇庆地区设计日降雨量取 51.8mm（参考广州），弃流量为 3mm，一次降雨雨水径流总量约为 $878m^3$，结合回用水实际使用量设计 1 个雨水收集池，设置在专业足球场北面，容积为 $800m^3$。雨水收集池采用钢筋混凝土水池。

采用沉淀、混凝、过滤、消毒的物化方式处理回收雨水。雨水综合利用系统采用变频调速泵组加压供水，设备供水量为 $46m^3/h$，扬程为 50m。清水箱有效容积为 $57.6m^3$。

安全防护：雨水回用水管道颜色与给水管道颜色有明显的区别并做标识，雨水回用水管上设取水接口时，在取水接口处加锁或采取其他防止非相关人员开启的措施，并设非饮用水的警示标志，以防误饮、误用。

（五）体育场地给水排水

1. 场地浇洒系统

专业足球场和足球公园的足球热身场分别设置自动浇洒系统。前者草坪喷灌泵房位于专业足球场首层，后者草坪喷灌泵房位于公园服务中心首层。泵房均设置 1 套供水泵组，供水流量为 $100m^3/h$，扬程为 80m。自动浇洒用水清水箱采用市政自来水补水，自来水补水管最低点在溢流水位 150mm 以上，防止回流污染。

足球场草坪的喷头布置原则是浇洒均匀，不出现盲区，且场地不产生径流现象。在场地内设置地埋式喷射角可调型自动升降式喷头，保证喷洒均匀，灌水分区按顺序连续轮灌。

2. 场地排水系统

专业足球场沿场地内侧和看台侧各设置一道环形排水明沟，采用排渗结合方式排水。热身足球场沿跑道内侧和全场外侧各设置一道环形排水明沟，跑道外侧雨水以及塑胶跑道的排水采用径流排水方式，将地面水排入跑道外侧排水明沟。跑道内侧足球场和缓冲地带，则采用排渗结合方式排水。

足球场草坪排水采用 5‰的鱼背式坡度坡向内侧环形排水沟，盲沟排水管的坡度与球场坡度一致。足球场草坪下设渗水层，其滤料应整洁，层次分明。盲沟排水滤管管径为 DN150，其间距为 4~5m。排水滤管的外壁宜包扎粗织尼龙网布一道，以防止细微泥沙进入内侧环沟。

内、外环沟雨水由 4 根 DN400~DN500 排水管分 4 个方向分别排除，排水管接至地块内的雨水管网。

二、消防系统

1. 消防灭火设施配置

本工程按单、多层民用公共建筑进行防火设计，设置室内/外消火栓系统、自动喷水灭火系统、消防水炮灭火系统、气体灭火系统以及建筑灭火器配置等。消防给水设计流量及用水量见表 4。

消防用水量 表 4

序号	消防系统名称	设计流量 (L/s)	火灾延续时间 (h)	一起火灾灭火用水量 (m³)	供水来源
1	室外消火栓系统	40	2	288	市政给水
2	室内消火栓系统	30	2	216	消防水池
3	自动喷水灭火系统	30	1	108	消防水池
4	消防水炮灭火系统	40	1	144	消防水池
5	室内合计			360	2+4 项
6	总计			648	1+2+4 项

2. 消防水源

根据市政条件，本工程有 2 路 $DN200$ 的市政给水管接入。

消防水池有效容积为 378m³，消防水池和消防泵房设置在体育馆北面首层。

高位消防水箱有效容积为 36m³，设置在专业足球场看台层。消防稳压泵组均设置在首层的消防泵房内。

3. 室外消火栓系统

本工程周边有完善的环形市政给水管网，而且由 2 路市政给水水源接入，供水安全可靠，完全可满足室外消防用水的要求，因此，室外消防用水由市政给水管网供给。

室外消火栓沿建筑周围均匀布置，室外消火栓布置间距不大于 120m，保护半径不大于 150m，消火栓距建筑外墙不小于 5m，距路边不大于 2m，在建筑消防扑救面一侧布置的室外消火栓数量不少于 2 个。

4. 室内消火栓系统

采用临时高压消防给水系统，系统竖向不分区。消防系统管道水平呈环状布置。消火栓设在走道、楼梯等明显易于取用的地方。消火栓间距保证同层任何部位有 2 股水枪充实水柱同时到达。

室内消火栓配置长度 25m 有内衬里的 $DN65$ 消防水带及喷嘴直径 $\Phi19mm$ 的消防水枪、$\Phi25mm$ 消防软卷盘及喷嘴直径 $\Phi6mm$ 的轻便消防水枪、MF/ABC5 手提式磷酸铵盐干粉灭火器 2 具、防毒面具 4 具。

室内消火栓泵组参数：$Q=30L/s$，$H=60m$，1 用 1 备。室内消火栓稳压泵组参数：$Q=5L/s$，$H=75m$，1 用 1 备，配备 1 个 SQL1000 隔膜式气压罐。

室内消火栓泵由水泵出水干管上设置的低压压力开关、高位消防水箱出水管上的流量开关自动启动消防水泵。消火栓按钮不作为直接启动信号，只作为报警信号。

5. 自动喷水灭火系统

采用临时高压消防给水系统，系统竖向不分区。除楼梯间、小于 5m² 的卫生间等不易引起大火的房间及不能用水扑救灭火的部位外，均设置自动喷水灭火系统。自动喷水灭火系统设计参数见表 5。

各部位危险等级、自动喷水强度和设计流量 表 5

部位	危险等级	喷水强度[L/(min·m²)]	作用面积(m²)	喷头流量系数
商业	中危险级 Ⅱ 级	8	160	$K=80$
8~12m 高大空间	—	6	260	$K=80$
其他部位	中危险级 Ⅰ 级	6	160	$K=80$

注：装修区域按装设网格、栅板类通透性吊顶场所考虑，喷水强度为规范值的 1.3 倍。

采用快速响应喷头。有吊顶部位采用下垂装饰型隐蔽喷头，无吊顶部位采用直立型喷头。吊顶高度超 800mm 的区域设上、下喷头。吊顶内喷头动作温度为 79℃，其余喷头动作温度为 68℃。

喷淋泵组参数：$Q=30L/s$，$H=55m$，1用1备。喷淋稳压泵组参数：$Q=1.1L/s$，$H=60m$，1用1备，配备1个SQL1000隔膜式气压罐。

喷淋泵由水泵出水干管上设置的低压压力开关、高位消防水箱出水管上的流量开关，报警阀压力开关等信号直接自动启动。

6. 消防水炮灭火系统

体育场馆在12m以上的高大空间采用大空间智能型主动喷水灭火系统（小炮系统）和固定消防炮系统（大炮系统）。其中体育馆主馆和专业足球场的观众大厅采用小炮系统，每门水炮设计流量为5L/s，最大射程为20m，工作压力为0.6MPa，系统设计最多可同时开启4门水炮灭火。体育馆主馆和训练馆的运动、比赛区采用大炮系统，每门水炮设计流量为20L/s，最大射程为50m，工作压力为0.8MPa，系统设计最多可同时开启2门水炮灭火。体育馆消防水炮系统图如图3所示。

消防水炮灭火系统的控制方式：由红外探测组件自动控制；消防控制室手动控制；现场人工控制。

小炮系统和大炮系统采用临时高压给水系统，由同一套消防泵组统一供水。消防水炮泵组参数：$Q=20L/s$，$H=120m$，2用1备。消防水炮稳压泵组参数：$Q=5L/s$，$H=120m$，1用1备，配备1个SQL1000隔膜式气压罐。

7. 气体灭火系统

本工程的变压器房、高低压配电室、网络机房、通信机房、设备监控中心和重要变配电间等设七氟丙烷气体灭火系统。其中网络机房、通信机房和设备监控中心等防护区灭火设计浓度采用8%；变压器房、高低压配电室和重要变配电间等防护区灭火设计浓度采用9%。

一个组合分配系统所保护的防护区不超过8个，组合分配系统的灭火剂储存量按储存量最大的防护区确定。单个面积较小的电气机房采用柜式（悬挂）式气体灭火设备。

8. 建筑灭火器配置

手提式灭火器按规范要求在各设备用房、各楼层等处配置，具体见表6。

建筑灭火器配置要求　　　　　　　　　　　　　表6

部位	火灾危险等级	最小配置级别	单位级别保护面积（m²）	灭火器选型
观众大厅	中危险级A类	2A	75m²/A	MF/ABC5
非观众大厅	严重危险级A类	3A	50m²/A	MF/ABC5
变配电房	中危险级E类	2A/55B	75m²/A、1m²/B	MF/ABC5
发电机房	中危险级B/C类	55B	1m²/B	MF/ABC5

每个消火栓箱内均设置灭火器，在距离不满足要求时，则单独增设灭火器箱，以满足规范中对其保护距离的要求。

9. 管材

（1）室内消防系统管材采用内涂塑热镀锌钢管，丝扣或卡箍连接。

（2）气体灭火系统管材采用内外镀锌无缝钢管，螺纹连接。

三、工程特点介绍

（一）可再生能源利用

生活热水热源采用可再生低温能源空气能，节能减排，降低大气污染。空气源热泵热水供应系统的应用，与传统电加热方式相比，节省了3/4的能耗，是一种高效节能的热水供应系统。

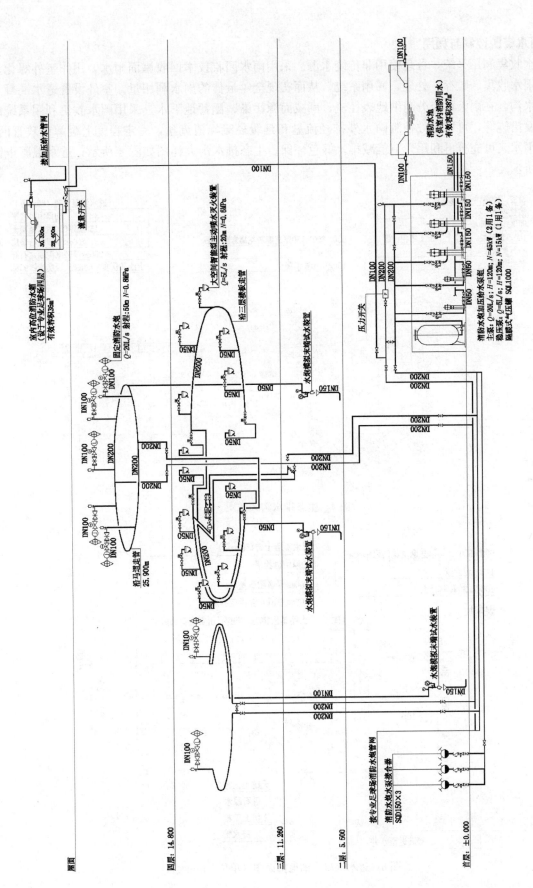

图 3　体育馆消防水炮系统图

（二）雨水资源控制与利用

设置雨水收集利用系统，合理使用非传统水源。采用雨水回收技术回收屋面雨水，用作室外绿化及冲洗道路。构建雨水收集、贮存、处理、回用系统，从而实现全年最佳的雨水利用量。室外设置透水混凝土铺装以及生态排水沟，在雨天可充分消纳地表径流、削减面源污染、涵蓄地下水。采用雨水收集利用系统以及采取低影响开发措施等，可以有效控制雨水外排径流量和延缓径流峰值流量，一定程度上缓解市政管网压力，同时收集的雨水又可充分再利用，节能减排，绿色环保。生态排水沟大样图如图 4 所示，透水混凝土铺地剖面图如图 5 所示。

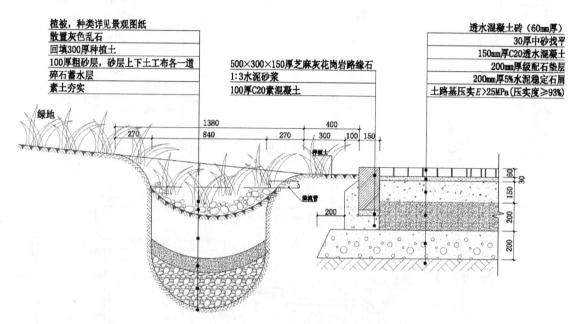

图 4　生态排水沟大样图

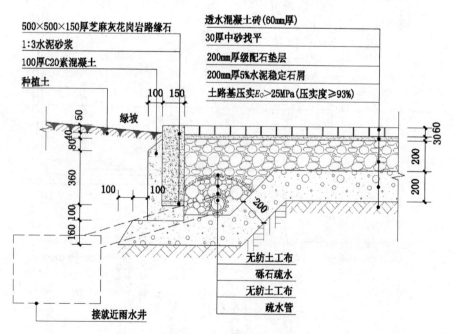

图 5　透水混凝土铺地剖面图（单位：mm）

（三）室外管道防沉降措施

本项目场地软土层分布广泛，淤泥层厚，整体地质差，容易导致管线沉降、管道接口拉裂、化粪池等地下构筑物移位。同时，较差的地质条件难以保证施工进度、施工质量和施工安全。基于以上隐患，对室外管线和室外构筑物敷设区域采用局部换填＋双向钢筋网混凝土基础＋级配碎石垫层的组合式软基处理方法，既满足防沉降、抗浮的功能需要，亦保证项目进度和施工安全。

（四）BIM技术应用

采用BIM技术进行项目协同设计，提高各参与方的协作效率，保证了设计和建造质量，在基于BIM的设计控制、设计深化、专业协同以及管线综合上，构建全专业整体模型，利用碰撞检查功能尽早地发现各专业设计中的错、漏、碰。同时，通过碰撞检查和模型校验，有效减少专业之间的错、漏、碰现象；通过协同设计，减少和缩短各专业间配合和重复沟通的环节。此外，BIM模型的多种可视化表达使得项目各参与方能快速有效地沟通，对施工的组织与实施也有显著的辅助作用。

四、工程照片及附图

体育中心鸟瞰

体育中心沿河立面

体育中心夜景

城市客厅

体育馆比赛大厅

体育馆观众休息区

专业足球场

消防泵房

生活泵房

湿式报警阀组

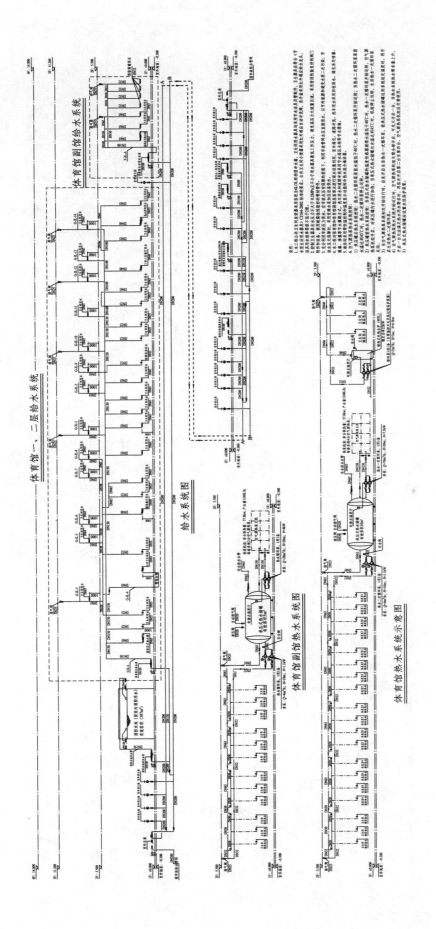

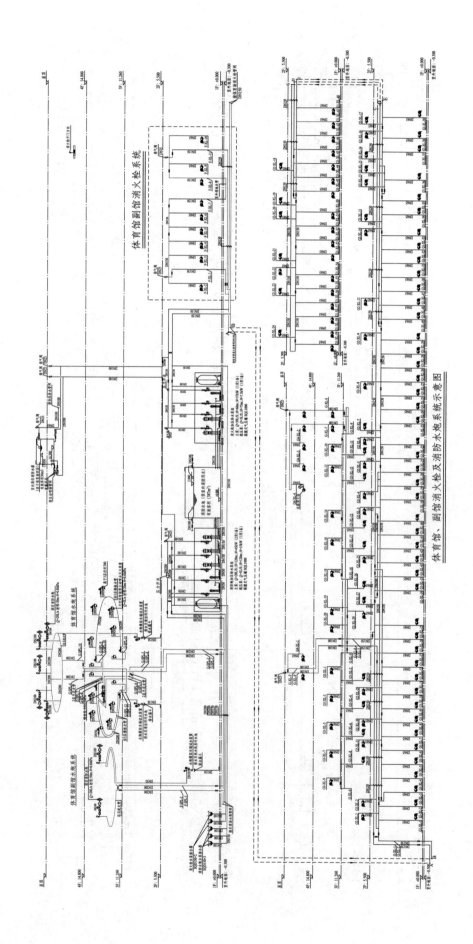

体育馆、副馆消火栓及消防水炮系统示意图

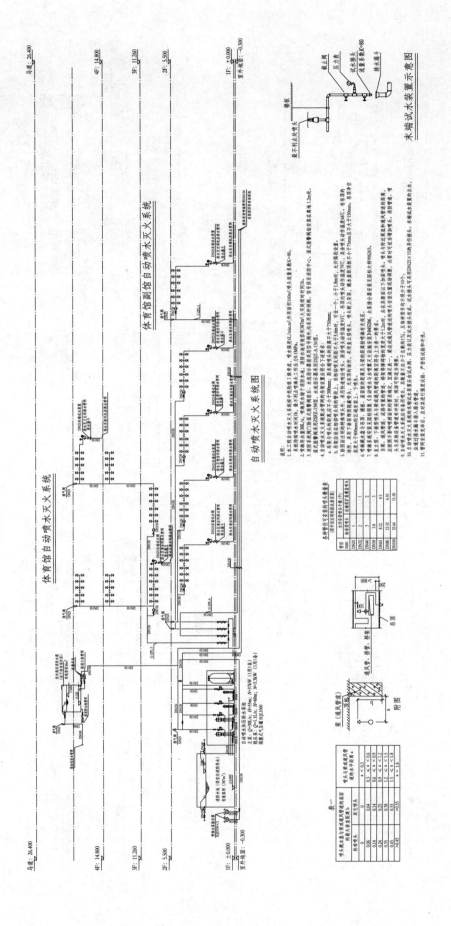

末端试水装置示意图

自动喷水灭火系统图

体育馆自动喷水灭火系统

体育馆副馆自动喷水灭火系统

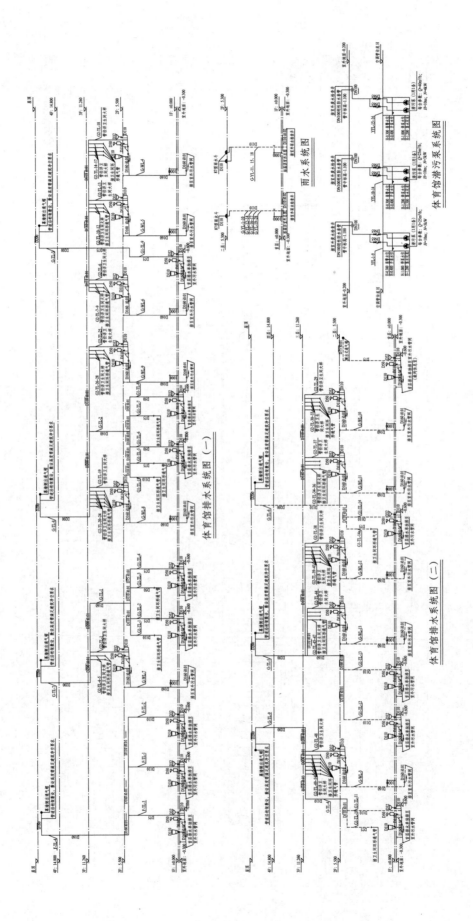

体育馆排水系统图（一）

体育馆排水系统图（二）

雨水系统图

体育馆潜污泵系统图

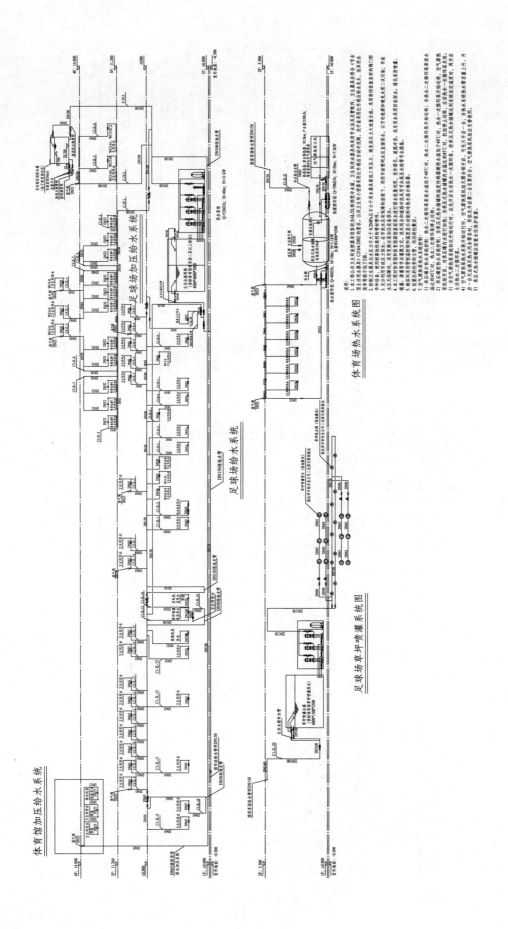

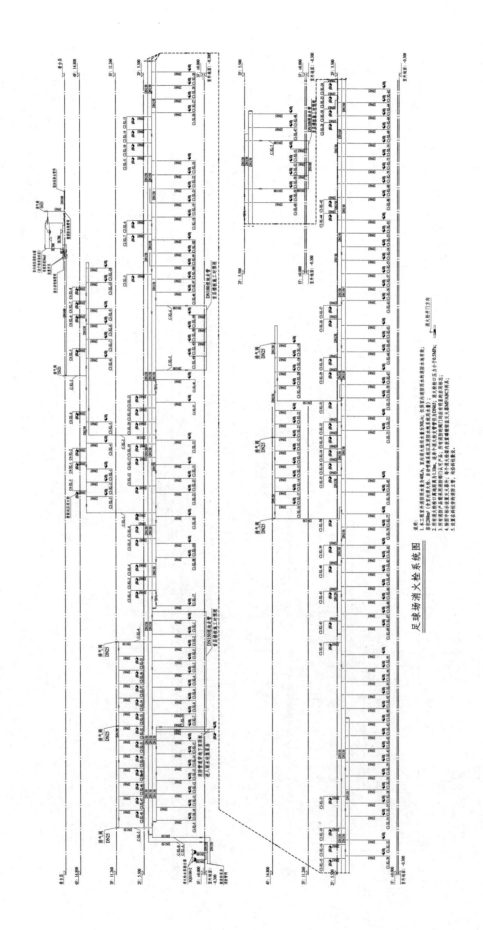

足球场消火栓系统图

说明：
1. 本工程室外消防用水量为40L/s，室内消火栓用水量为30L/s，仅供室内消防所需消防水量使用。
2. 所有消火栓口栓接口直径为65mm（含室内消火栓箱），自动喷淋系统以及喷头参数详见相关图纸）。
3. 所有消火栓生产厂家需采用消防阀门认可产品，连接平接大小头变管径为DN65，消火栓出口压力不小于0.5MPa，
   消火栓给水管径均为DN150。
4. 所有消火栓箱应采用薄型甲方认可样式，每个消火栓箱内均配置相关消防启闭按钮。
5. 按图示标注设置消防立管，各个消火栓箱均设消火栓箱MF/ABC5用具。
6. 冷凝柜给排洪工造。

消火栓开门方向

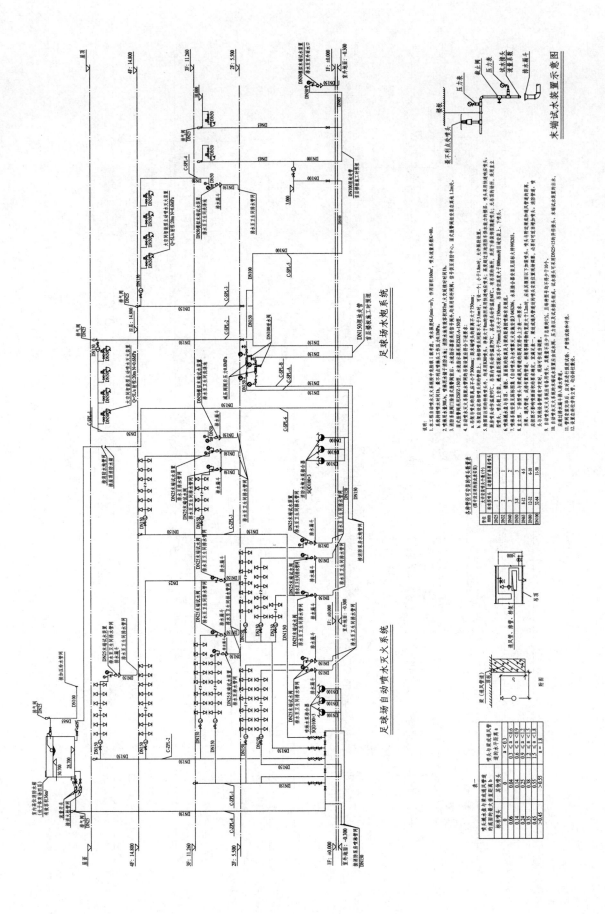

足球场水炮系统

足球场自动喷水灭火系统

末端试水装置示意图

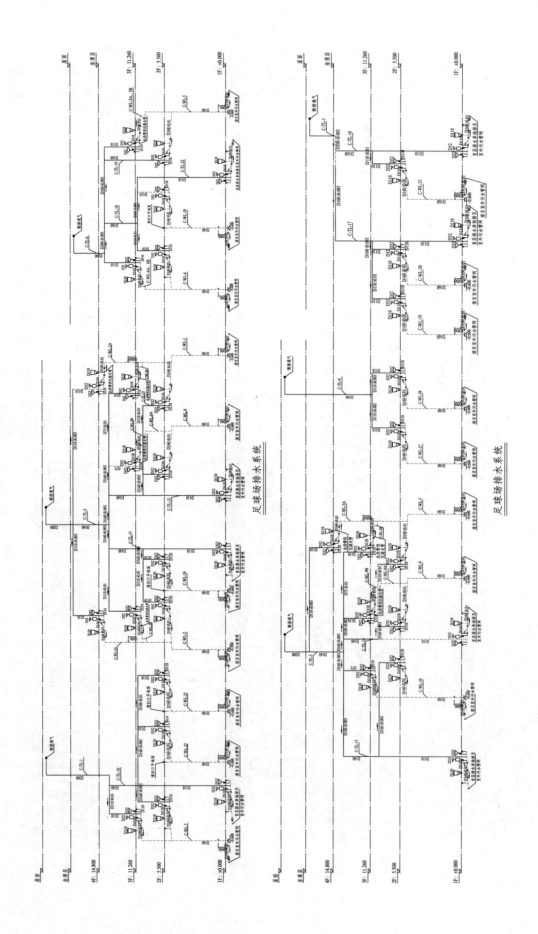

足球场排水系统

足球场排水系统

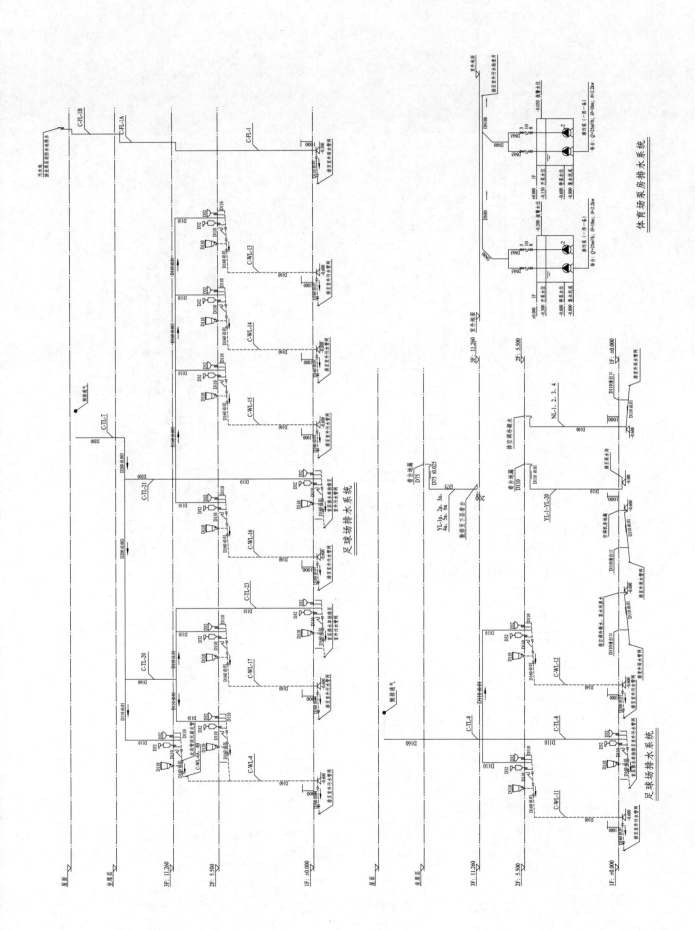

足球场排水系统

足球场排水系统

体育场泵房排水系统

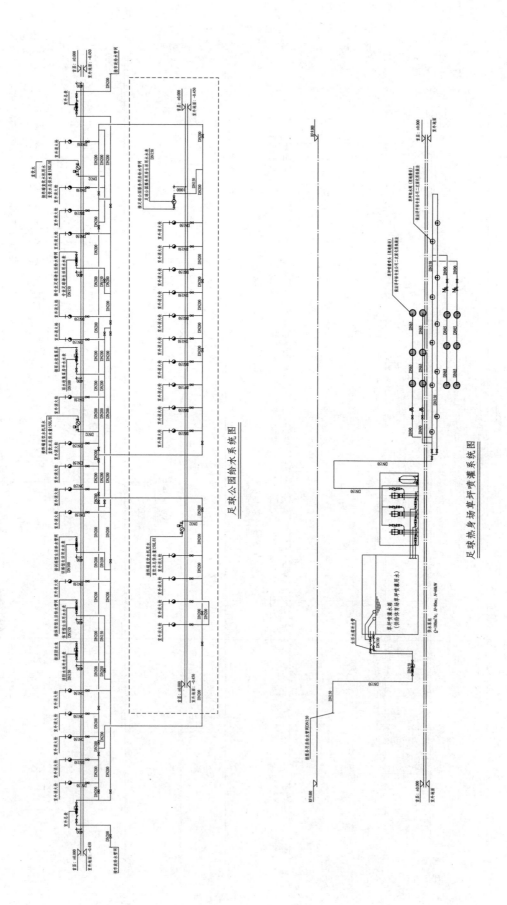

足球公园给水系统图

足球热身场草坪喷灌系统图

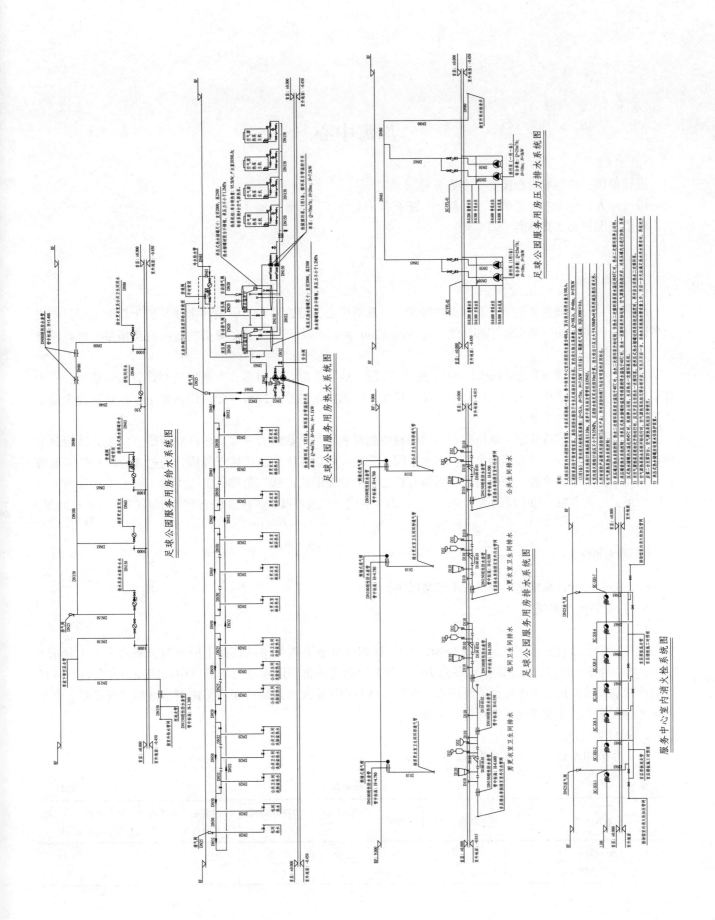

足球公园服务用房给水系统图

足球公园服务用房热水系统图

足球公园服务用房压力排水系统图

男更衣室卫生间排水系统图

女更衣室卫生间排水系统图

公共卫生间排水系统图

足球公园服务用房排水系统图

服务中心室内消火栓系统图

珠海中心

设计单位：广州市设计院集团有限公司
设 计 人：陈永平　肖昊楠　吉灯才　王自勇　赵力军　梁勇　施俊
获奖情况：公共建筑类　二等奖

工程概况：

珠海十字门会展商务组团一期标志性塔楼——珠海中心（瑞吉酒店与甲级写字楼）位于珠海十字门中央商务区会展商务组团一期用地东部，建筑整体约 330m 高，是珠海市目前在使用的最高的超高层建筑，面向大海。

珠海中心总建筑面积为 145104.6m²。地上 65 层，地下 2 层，结构形式为框架核心筒剪力墙结构。三十五层以下为甲级写字楼，三十五层以上为超五星级瑞吉酒店，对给水排水专业来说，属于涉及系统较多且设计难度很高的综合性建筑。

作为珠海市标志性建筑，珠海中心与周围自然景观和城市景观融为一体，与海对面的澳门观光塔相映生辉，本工程建筑平面以核心筒为中心，将大空间办公区或酒店客房环绕设置于外圈，通过通透的外玻璃幕墙充分享受周围的景观资源。高层酒店区则随着核心筒的收缩形成内部三角形的室内中庭，营造了良好的室内空间效果。三十九层～四十层的酒店空中大堂、六十五层观光层可以 360°俯瞰整个十字门湾区和珠海市的美景。

工程说明：

一、办公部分给水排水系统（三十五层以下）

（一）生活给水系统

1. 水源

水源采用市政自来水，水压按 0.28MPa 计。计划由标志塔南侧市政道路上的市政自来水主管上接驳 1 根 DN200 的分支管引入标志塔供给办公楼所属卫生间和空调机房用水及位于展览中心屋面为办公楼服务的空调冷却塔补水；地下车库地面冲洗用水、室外园林景观用水及道路冲洗用水另由雨水回用系统提供。在引入基地的自来水管上设置相应的计量总水表。

2. 设计生活用水量

（1）办公用水量（市政管网供水，见表 1）

办公用水量

表 1

用水名称	用水定额	数量	用水时间 （h）	平均时用水量 （m³/h）	小时变化 系数	最大时用水量 （m³/h）	最高日用水量 （m³/d）
办公用水（二层以上）	50L/(m²·d)	5130人	10	25.65	1.5	38.48	256.50
办公用水（地下二层～首层）	50L/(m²·d)	15人	10	0.08	1.5	0.11	0.75

续表

用水名称	用水定额	数量	用水时间 (h)	平均时用水量 (m³/h)	小时变化系数	最大时用水量 (m³/h)	最高日用水量 (m³/d)
空调冷却塔补水	循环水量的1.5%		10	64	1.0	64	640
未预见用水量	总用水量的10%			8.97		10.26	89.73
合计				98.7		112.85	987

（2）办公部分车库、室外园林绿化及道路浇洒用水量（由雨水收集回用系统2供水，见表2）

办公部分车库、室外园林绿化及道路浇洒用水量　表2

用水名称	用水定额	数量	用水时间 (h)	平均时用水量 (m³/h)	小时变化系数	最大时用水量 (m³/h)	最高日用水量 (m³/d)
车库用水	2L/(m²·次)	8600m²	8	2.15	1.0	2.15	17.2
室外绿化及道路浇洒用水	2L/(m²·d)	4000m²	8	1.0	1.0	1.0	8
合计				3.15		3.15	25.2

3. 生活储水

生活水泵房设于地下二层，生活水箱储水量按最高日办公用水量需储存部分的25%计算为90m³，分2个水箱储存。在十六层及三十五层设生活供水及转输水箱，均为30m³。

4. 供水方式及分区

地下二层至首层的生活给水、为办公服务的空调冷却塔补水均由市政管网水压直接供给；标志塔楼停车库地面冲洗、室外园林景观用水及道路冲洗用水由位于展览中心地下一层南侧的雨水收集处理加压泵房2内的变频调速供水设备供给。

十六层生活水箱由地下二层生活转输泵供水，十六层水箱除重力供水二层～十一层外，还兼顾向三十五层水箱转输供水。三十五层水箱重力供水十二层～三十一层，三十二层～三十五层夹层因压力不足由设于三十五层的办公用恒压变频调速供水设备供给。

生活给水竖向分8个区：地下二层～首层为Ⅰ区，由市政压力直接供给；二层～六层为Ⅱ区，由十六层生活水箱重力供水，在六层顶设可调式减压阀，阀后压力为0.15MPa，其中二层给水入口由于超压设可调式减压阀，阀后压力为0.20MPa；七层～十一层为Ⅲ区，由十六层生活水箱重力供水，其中七层、八层给水入口由于超压需设可调式减压阀，阀后压力为0.20MPa；十二层～十六层为Ⅳ区，由三十五层生活水箱重力供水，在十六层夹层顶设可调式减压阀，阀后压力为0.15MPa，其中十二层给水入口需设可调式减压阀，阀后压力为0.20MPa；十七层～二十一层为Ⅴ区，由三十五层生活水箱重力供水，在二十一层顶设可调式减压阀，阀后压力为0.15MPa，其中十七层给水入口需加设可调式减压阀，阀后压力为0.20MPa；二十二层～二十六层为Ⅵ区，由三十五层生活水箱重力供水，在二十六层顶设可调式减压阀，阀后压力为0.15MPa，其中二十二层给水入口需加设可调式减压阀再次减压，阀后压力为0.20MPa；二十七层～三十一层为Ⅶ区，由三十五层生活水箱重力供水，其中二十七层给水入口设可调式减压阀，阀后压力为0.20MPa；三十二层～三十五层夹层为Ⅷ区，由位于三十五层的生活变频供水设备加压供水。

为防止生活用水的二次污染，由地下二层转输至十六层及由十六层转输至三十五层的水泵吸水管设紫外线消毒器，由十六层及三十五层生活水箱向下重力供水的供水管起端设紫外线消毒器，三十五层恒压变频调速供水设备的吸水管也设紫外线消毒器。变频调速供水设备按系统最大设计秒流量选泵，生活转输泵按最大时用水量选用。为提高转输供水的安全性，由地下二层转输到十六层及由十六层转输到三十五层的供水主管均设 2 根。

5. 雨水收集与回用系统

整个十字门中央商务一期设雨水收集与回用系统，雨水收集与回用设备设在国际展览中心，本项目的办公地下车库用水、室外绿化和道路浇洒由设在展览中心的雨水收集与回用系统供水。

6. 管道材料和接口方式

室内生活给水系统管道均采用 S30408 薄壁不锈钢管，卡压或环压式连接，雨水回用管道采用 CPVC 给水管，专用胶水粘接；室外给水系统管道采用球墨铸铁给水管，橡胶圈承插连接。

（二）排水系统

雨、污、废排水系统采用分流制。

1. 污/废水排水系统

室内外粪便污水和生活废水均采用分流制。首层以上粪便污水及生活废水能直接排出的部分直接排出至室外污废水检查井，不能直接排出的部分及地下一层的粪便污水和生活废水均排入地下二层污水提升间，由污水泵提升至室外污水检查井。地下室其余废水由集水井收集，用潜污泵提升排至室外废水检查井，室内污水系统管网设置专用通气立管。所有粪便污水在室外汇合后排至化粪池，经三级处理后排入废水检查井，汇集后排入市政污水管网。化粪池按办公楼总人数的 40% 计算使用人数，每人排放污水按 0.12m³ 计算，总容积为 250m³，共设置 3 个玻璃钢成品化粪池，其中 2 个 100m³，1 个 50m³。

2. 雨水排水系统

入口雨棚接纳外墙雨水处采用虹吸压力流雨水排水系统，雨棚采用重力流雨水排水系统，设计重现期为 50 年，不设溢流口，雨水高出雨棚拦水后自然溢流。

3. 管道材料和接口方式

室内污/废水排水管和通气管采用卡箍式离心铸铁排水管；雨水排水管和地下室压力排水管采用内外涂塑钢管，丝扣或沟槽式连接；室外排水管均采用高密度聚乙烯中空壁缠绕结构管，热熔连接。

（三）节能节水措施

地下二层至首层生活给水及空调冷却塔补水由市政管网直接供水，采用水损小的给水管道。卫生洁具均采用自动感应冲洗设备，用水龙头采用陶瓷阀芯。地下车库地面冲洗及室外绿化和道路冲洗用水，均采用展览中心雨水回用系统供水。

（四）防污降噪措施

排水系统采用雨污分流、室内外污废分流。水泵基础采用隔振垫，水泵进/出水管设橡胶接头，管道支架设橡胶圈。

（五）抗震支吊架的设置

根据《建筑抗震设计规范》GB 50011—2010（2008 年版）及《关于做好〈建筑工程抗震设防分类标准〉和〈建筑抗震设计规范〉实施工作的通知》（建标函 [2008] 225 号）要求，生活给水系统管道设置抗震支吊架。

二、酒店部分给水排水系统（三十五层以上）

（一）生活给水系统

1. 水源

水源采用市政自来水，水压按 0.28MPa 计。计划由标志塔南侧市政道路上的市政自来水主管上接驳 1 根 DN150 的分支管引入标志塔供给酒店用水及位于展览中心屋面为酒店服务的空调冷却塔补水；地下车库地面冲洗用水、室外园林景观用水及道路冲洗用水另由雨水回用系统提供。在引入基地的自来水管上设置相应的计量总水表。

2. 设计生活用水量

(1) 酒店用水量（市政管网供水，见表3）

酒店用水量　　　　　　　　　　　　　表3

用水名称	用水定额	数量	用水时间 (h)	平均时用水量 (m³/h)	小时变化 系数	最大时用水量 (m³/h)	最高日用水量 (m³/d)
酒店客房	450L/(人·d)	510人	24	9.56	2.5	23.91	229.50
客房员工	150L/(人·d)	255人	24	1.59	2.5	3.98	38.25
餐饮顾客	40L/人次	2000人次/d	12	6.67	1.5	10.00	80.00
餐饮员工	180L/(人·d)	50人	12	0.75	1.5	1.13	9.00
SPA区	200L/(人·d)	200人次/d	12	3.33	2	6.67	40.00
健身中心顾客	60L/(人·d)	200人次/d	12	1.00	1.5	1.50	12.00
健身中心员工	150L/(人·d)	20人	12	0.25	1.5	0.38	3.00
行政办公员工	50L/(人·d)	60人	8	0.38	1.5	0.56	3.00
空调冷却塔补水	循环水量的1.5%		12	27	1.0	27	324.00
室内泳池补水	泳池水容积的8%		12	1.33	1.0	1.33	16.00
屋顶泳池补水	泳池水容积的12%		12	4.20	1.0	4.20	50.40
未预见用水量	总用水量的10%			5.61		8.07	80.52
合计				61.67		88.72	885.67

注：1. 酒店冬季供暖补水与夏季空调错开，且补水量远小于冷却塔补水，故未列入计算；

2. 洗衣房设于喜来登酒店地下室，由喜来登酒店提供用水量。

(2) 标志塔酒店部分车库、室外园林绿化及道路浇洒用水量（由雨水收集回用系统2供水，见表4）

标志塔酒店部分车库、室外园林绿化及道路浇洒用水量　　　　　　表4

用水名称	用水定额	数量	用水时间 (h)	平均时用水量 (m³/h)	小时变化 系数	最大时用水量 (m³/h)	最高日用水量 (m³/d)
车库用水	2L/(m²·次)	8600m²	8	2.15	1.0	2.15	17.2
室外绿化及道路浇洒用水	2L/(m²·d)	4000m²	8	1.0	1.0	1.0	8
合计				3.15		3.15	25.2

3. 生活储水

生活水泵房设于地下二层，生活水箱贮水量按最高日酒店用水量的80%计算，其中地下室贮水250m³，分2个水箱贮存，其余贮存在四十九层、六十一层生活水箱。在十六层及三十五层夹层设生活转输水箱，均为30m³，四十九层贮存不小于三十六层～四十五层的最大时用水量，取40m³，六十一层贮存不小于四十六层～屋面的最大时用水量，取60m³。

4. 供水方式及分区

地下二层至首层的生活给水、为酒店服务的空调冷却塔补水均由市政管网水压直接供给；标志塔楼停车库地面冲洗、室外园林景观及道路冲洗用水由位于展览中心地下一层南侧的雨水收集处理加压泵房2内的变频调速供水设备供给。

十六层生活转输水箱由地下二层生活转输泵供水，三十五层生活转输水箱由十六层生活转输泵供水。三十五层以上的生活用水采用水箱转输串联供水方式，四十九层及六十一层生活贮水箱由三十五层转输水泵分别转输供水。四十九层生活水箱重力供水三十五层～四十五层，六十一层生活水箱重力供水四十六层～五十七层，五十八层～屋顶因压力不足，由设于六十一层的恒压变频调速供水设备供给。

生活给水竖向分 8 个区：地下二层～首层为 Ⅰ 区，由市政压力直接供给；三十五层～三十七层夹层为 Ⅱ 区，由四十九层生活水箱重力供水，在三十七层夹层顶设可调式减压阀，阀后压力为 0.20MPa；三十八层～四十一层为 Ⅲ 区，由四十九层生活水箱重力供水，在四十一层顶设可调式减压阀，阀后压力为 0.20MPa；四十二层～四十五层为 Ⅳ 区，由四十九层生活水箱重力供水；四十六层～四十九层为 Ⅴ 区，由六十一层生活水箱重力供水，在四十九层顶设可调式减压阀，阀后压力为 0.20MPa；五十层～五十三层为 Ⅵ 区，由六十一层生活水箱重力供水，在五十三层顶设可调式减压阀，阀后压力为 0.20MPa；五十四层～五十七层为 Ⅶ 区，由六十一层生活水箱重力供水，在五十七层顶设可调式减压阀，阀后压力为 0.20MPa；五十八层～屋顶为 Ⅷ 区，由位于六十一层的生活水泵房加压供水。

为保证酒店用水品质，市政自来水在进入地下二层生活储水箱前先经过硅砂过滤罐过滤。为防止生活用水的二次污染，由地下二层转输至十六层，十六层转输至三十五层及三十五层转输至四十九层和六十一层的水泵吸水管上设紫外线消毒器，由四十九层及六十一层生活水箱向下重力供水的供水管起端设紫外线消毒器，六十一层恒压变频调速供水设备的吸水管也设紫外线消毒器。变频调速供水设备按系统最大设计秒流量选泵，生活转输泵按最大时用水量选用。为提高转输供水的安全性，由地下二层转输到十六层，由十六层转输到三十五层及三十五层转输至四十九层和六十一层均设 2 根供水主管。

5. 雨水收集与回用系统

整个十字门中央商务一期设雨水收集与回用系统，雨水收集与回用设备设在国际展览中心，本项目的酒店地下车库用水、室外绿化和道路浇洒由设在展览中心的雨水收集与回用系统供水。

6. 管道材料和接口方式

室内生活给水系统管道均采用 S30408 薄壁不锈钢管，卡压或环压式连接，雨水回用管道采用 CPVC 给水管，专用胶水粘接；室外给水系统管道采用球墨铸铁给水管，橡胶圈承插连接。

(二) 生活热水系统

1. 设计小时耗热量

(1) 酒店热水设计用水量（见表 5）

酒店热水设计用水量

表 5

用水名称	热水定额	数量	用水时间 (h)	平均时用水量 (m³/h)	小时变化系数	最大时用水量 (m³/h)	最高日用水量 (m³/d)
酒店客房	180L/(人·d)	510 人	24	3.83	3.1	11.86	91.80
客房员工	50L/(人·d)	255 人	24	0.53	3.1	1.65	12.75
餐饮顾客	15L/人次	2000 人次/d	12	2.50	1.5	3.75	30.00
餐饮员工	50L/(人·d)	50 人	12	0.75	1.5	0.31	2.50
SPA 区	100L/(人·d)	200 人次/天	12	1.67	2	3.33	20.00
健身中心顾客	50L/(人·d)	200 人次/天	12	0.83	1.5	1.25	10.00
健身中心员工	40L/(人·d)	20 人	12	0.07	1.5	0.10	0.80
行政办公员工	10L/(人·d)	50 人	8	0.06	1.5	0.09	0.50
总计				9.69		22.34	168.35

(2) 设计小时耗热量计算

按计算公式，$t_r = 60℃$，$t_1 = 10℃$，$C = 4.187kJ/(kg·℃)$，$\rho_r = 1.0kg/L$，则生活设计小时耗热量 $Q_h =$

qrh (t_r-t_1) $c\rho_r=22.34\times1000\times(60-10)\times4.187\times1=467.6$ 万 kJ/h=111.7 万 cal/h, 取 120 万 cal/h。室内恒温泳池温度按 27℃计,加热每 2 小时升温 1℃,则初次加热时间为 34h,室内泳池容积为 200m³,则恒温泳池设计小时耗热量 $Q_h=qrh$ (t_r-t_1) $C\rho_r=1.2\times200\times1000\times(27-10)/34\times4.187\times1=50.24$ 万 kJ/h=12 万 cal/h。

2. 水的加热及储存

加热热媒采用高温蒸汽,要求蒸汽压力不大于 0.4MPa。由设于喜来登酒店地下一层的蒸汽锅炉房提供,蒸汽管分别供至三十五层夹层、四十九层及六十一层热交换机房和五十九层泳池机房。三十五层夹层热交换机房热水供三十六层~四十五层,设计小时耗热量为 54 万 cal/h;四十九层热交换机房热水供四十六层~五十七层,设计小时耗热量为 38 万 cal/h;六十一层热交换机房热水供五十八层~屋面,设计小时耗热量为 28 万 cal/h;五十九层泳池机房提供室内恒温泳池热水,设计小时耗热量为 12 万 cal/h。除室内恒温泳池加热采用板式换热器外,其余均采用内置循环泵立式导流型汽-水交换容积式换热器,管程/壳程设计压力为 0.4/1.0MPa,容积式热交换器贮存热量取 60min 设计小时耗热量。

3. 供水方式及分区

热水系统采用全日制机械循环集中供水系统,系统压力由冷水给水系统提供,热水系统分区与冷水供水系统相同。为使用水点在 5s 内出热水,热水管道采用同程布置方式,回水采用干管及支管循环。地下层~首层的热水为Ⅰ区,由喜来登酒店提供并加计量水表。三十五层夹层热交换机房提供三十六层~四十五层热水,分 3 个区:三十六层~三十七层为Ⅱ区,三十八层~四十一层为Ⅲ区,四十二层~四十五层为Ⅳ区,各区设内置循环泵立式导流型容积式汽-水换热器 2 台,膨胀罐 1 个,回水循环泵 2 台。四十九层热交换机房提供四十六层~五十七层热水,分 3 个区:四十六层~四十八层为Ⅴ区,五十层~五十三层为Ⅵ区,五十四层~五十七层为Ⅶ区,各区设内置循环泵立式导流型容积式汽-水换热器 2 台,膨胀罐 1 个,回水循环泵 2 台。五十九层泳池机房采用 2 台板式汽-水换热器给恒温泳池提供热水。六十一层热交换机房提供五十八层~屋面热水,为Ⅷ区,设内置循环泵立式导流型容积式汽-水换热器 2 台,膨胀罐 1 个,回水循环泵 2 台。

所有容积式换热器和膨胀罐均采用玻璃棉保温,热水给水及回水干管采用橡塑管壳保温。

4. 管道材料和接口方式

室内生活热水给水系统管道均采用薄壁紫铜管,钎焊焊接,发泡橡塑材料保温。

(三) 游泳池循环供水系统

1. 六十层室内恒温泳池

室内恒温泳池总水量约为 200m³,设计温度为 27℃,设置板换 2 组,平时 1 用 1 备,初次加热时同时使用,初次加热时间为 34h。池水循环采用逆流式循环方式,循环周期为 4h,循环次数为 6 次/d,设计循环流量为 55m³/h。采用 1 套成品循环水处理设备,工艺流程如下:泳池回水→均衡水箱→毛发收集器→投药→循环水泵→硅砂过滤→加热→臭氧消毒(次氯酸钠辅助消毒)→泳池出水。具体设计由专业公司负责。

2. 屋面室外泳池

室外泳池总水量约为 420m³,池水循环采用顺流式循环方式,循环周期为 4h,循环次数为 6 次/d,设计循环流量为 115.5m³/h。采用 1 套成品循环水处理设备,工艺流程如下:泳池回水→毛发收集器→投药→循环水泵→硅砂过滤→臭氧消毒(次氯酸钠辅助消毒)→泳池出水。

3. 管道材料和接口方式

泳池循环供水水系统管道均采用 S31603 薄壁不锈钢管,卡压或环压式连接,发泡橡塑材料保温。

(四) 排水系统

雨、污/废排水系统采用分流制。

1. 污/废水排水系统

室内外粪便污水和生活废水均采用分流制。首层以上粪便污水及生活废水能直接排出的部分直接排出至室外污废水检查井，不能直接排出的部分及地下一层的粪便污水及生活废水均排入地下二层污水提升间，由污水泵提升至室外污水检查井。地下室其余废水由集水井收集，用潜污泵提升排至室外废水检查井，室内污水系统管网设置专用通气立管。所有粪便污水在室外汇合后排至化粪池，经三级处理后排入市政污水管网。化粪池按酒店客房、餐厅及 SPA 区满员计算使用人数，每人排放污水按 $0.12m^3$ 计算，总容积为 $150m^3$，共设置 2 个 $75m^3$ 玻璃钢成品化粪池。

瑞吉酒店三十六层、三十七层及屋面均有餐厅厨房，因厨房所在楼层很高，为防止含油污水在立管排放过程中油污凝结在管壁，降低排水能力，各层含油污水收集后均要通过悬挂式隔油器进行初次隔油，三十六层及屋面厨房初次隔油处理能力为 $1.33L/s$，三十七层厨房初次隔油处理能力为 $2.0L/s$，三处厨房污水汇合排至地下二层含油污水处理间，经隔油器（带气浮）处理达标后排入市政污水管网。最大时含油污水量为 $8.9m^3/h$，设计秒流量 $4.95L/s$，选用地上式隔油刮油器（带气浮）1 套，处理水量 $5.56L/s$。含油污水处理流程：含油污水→初次隔油→含油污水汇集排至地下二层→格栅→调节池→气浮隔油池→污水提升装置→排入室外废水检查井。

2. 雨水排水系统

屋面雨水采用重力流排水系统，采用 87 型铸铁雨水斗，经雨水排水立管收集后接入室外雨水检查井。室外地面雨水由雨水口收集排入雨水检查井，汇集后排至市政雨水管网。

屋面雨水设计重现期为 50 年，按 100 年设计重现期复核溢流，室外雨水管网重现期按 5 年设计。

3. 管道材料和接口方式

室内污/废水排水管采用卡箍式离心铸铁排水管；屋面雨水排水管采用薄壁不锈钢管，不锈钢卡箍连接；地下室压力排水管采用内外涂塑钢管，丝扣或沟槽式连接；室外排水管均采用高密度聚乙烯中空壁缠绕结构管，热熔连接。

（五）节能节水措施

地下二层至首层生活给水及空调冷却塔补水由市政管网直接供水，采用水损小的给水管道。坐便器采用 6L 冲洗水箱，蹲便及小便器采用自动感应冲洗设备，用水龙头采用陶瓷阀芯。地下车库地面冲洗及室外绿化道路冲洗用水由展览中心的雨水收集回用系统供给。

（六）防污降噪措施

排水系统采用雨污分流制、室内/外污废分流制。水泵基础采用隔振垫，水泵进/出水管设橡胶接头，管道支架设橡胶圈。

（七）抗震支吊架的设置

同办公部分，生活给水系统管道需设置抗震支吊架。

（八）空调余热回收利用

由于使用生活热水的酒店部分位于三十五层以上，距离地下一层空调主机房高差太大，不利于空调余热的回收利用，经业主同意，酒店生活热水不利用空调余热。

三、办公部分消防系统

（一）消防水源

消防水源采用市政自来水，消防水池与喜来登酒店共用，设在喜来登酒店的地下二层，消防水池由喜来登酒店生活给水管供水。

（二）消防用水量

本工程属一类高层公共建筑，按《高层民用建筑设计防火规范》GB 50045、《自动喷水灭火系统设计规范》GB 50084 及《大空间智能型主动喷水灭火系统技术规程》DB62/T 25—3045—2009 的要求，各灭火系统的用水量见表 6。

办公部分灭火系统用水量 表 6

序号	名称	用水量(L/s)	延续供水时间(h)	一次火灾用水量(m³)	备注
1	室外消火栓系统	30	3	324	
2	室内消火栓系统	40	3	432	
3	自动喷水灭火系统	35	1	126	
4	自动扫描射水高空水炮系统	15	1	54	由喷淋加压泵供水
5	室内消防合计			558	2+3

（三）消防贮水量

因市政进水管不能满足室内消防用水量，故在喜来登酒店地下二层设置酒店式公寓、喜来登酒店、标志塔办公楼及瑞吉酒店共用的消防专用贮水池，容积不小于 560m³，贮水池分为 2 格，以备水池定期清洗而不会完全没有储备用水。在十六层设 70m³ 消防转输水池，三十五层夹层设 18m³ 消防水箱，为启动消防水泵前的消防用水。

（四）消火栓系统

1. 室外消防给水系统

室外消防给水利用周边市政地上式消火栓，间距不大于 120m，距各系统之消防水泵接合器不大于 40m。室外消火栓由市政管网直接供水。

2. 室内消火栓系统

各层按不大于 30m 间距设置消火栓箱。当任何部位发生火灾时，保证同层任意地点都有 2 股不小于 5L/s，不小于 13m 充实水柱的流量同时到达。消火栓箱内设 DN65 消火栓一个，Φ65 人纤衬胶水带 25.0m 1 卷，Φ19 直流水枪 1 支，消防软管卷盘 1 套。三十五层设试验用消火栓，栓前设压力表。

3. 消火栓泵及水泵的控制

在喜来登酒店地下二层标志塔办公楼专用消防泵房内设办公消防转输泵 3 台（2 用 1 备），每台泵参数：$Q=37.5$L/s，$H=110$m，$N=75$kW。在十六层消防泵房内设办公专用消火栓主泵 2 台（1 用 1 备），每台参数：$Q=40$L/s，$H=110$m，$N=90$kW。

消防转输泵的控制：当十六层办公任一台消防主泵（喷淋或消火栓主泵）在发生火灾时开启，应有信号联动开启一台消防转输泵，当十六层消防水箱水位持续下降，则由消防水箱水位控制第二台消防转输水泵开启，当十六层消防主泵停泵时，所有消防转输泵同时停泵（可人工开停泵，消防中心也可开停泵）。

所有消火栓箱旁均设有碎玻按钮，由电专业选配，可远距离启动水泵；消防控制中心及水泵房内均可手动控制水泵的运行。各台水泵的启停及故障状况，均应有信号在消防控制中心显示。

4. 系统分区及给水管网

消火栓系统竖向按 3 个供水分区设计，地下二层～首层夹层为Ⅰ区，由十六层消防水箱重力 2 路供水，在首层夹层顶设 2 组可调式减压阀，阀后压力为 0.25MPa。二层～十七层为Ⅱ区，由十六层办公消火栓主泵加压供水，水泵出水管在接入Ⅱ区的环状管网前设 2 组可调式减压阀，阀后压力为 0.30MPa。十八层～三十四层为（Ⅲ）区，由十六层办公消火栓主泵加压供水。各分区分别在首层夹层，十六层及十七层布置成水平环状管网，各立管布置成竖向环状管网。各区消火栓出口处静水压不大于 1.00MPa，当消火栓出口压力大于 0.50MPa 时采用减压稳压消火栓。

Ⅰ区和Ⅱ区的消火栓管网均在首层室外各设 3 组 SQD100 水泵接合器，与室内消火栓管网连通，供消防车向Ⅰ区和Ⅱ区的消火栓管网供水。消防转输主管上接 3 组 SQD100 水泵接合器,供消防车向Ⅲ区消火栓系统接力供水。在三十五层夹层设 18m³ 高位水箱,因水箱底距最不利消火栓处不足 15m,在三十五层夹层设增压稳压设备,以保证最不利点消火栓压力。

5. 管道材料和接口方式

消火栓给水系统管道均采用阻燃的内外涂塑钢管,丝扣或沟槽式连接。

(五)自动喷水灭火系统

湿式自动喷水灭火系统按中危险级Ⅰ级及Ⅱ级设计,其中首层大堂按大空间自动扫描射水高空水炮系统设计。中危险级Ⅰ级设计参数:喷水强度 6L/(min·m²),每个喷头的保护面积不大于 12.5m²,最不利点处喷头工作压力不小于 0.10MPa;中危险级Ⅱ级设计参数:喷水强度为 8L/(min·m²),每个喷头的保护面积不大于 11.5m²,最不利点处喷头工作压力不小于 0.10MPa。湿式报警阀共 10 个,十六层办公区消防泵房设 9 个,地下二层水管井间设 2 个,每个湿式报警阀控制的喷头数不多于 800 个,计算作用面积为 160m²,设计流量为 35L/s,火灾延续时间为 1h。自动扫描射水高空水炮系统设计参数:标准喷水流量为 5L/s,安装高度为 6~20m,标准工作压力为 0.6MPa,保护半径为 20m,系统设计流量为 15L/s。

(1)本建筑各层除不宜用水扑救的部位及面积小于 5m² 的卫生间外均设自动喷水灭火系统。除地下车库按中危险级Ⅱ级设计外,其余区域按中危险级Ⅰ级设计。

(2)无吊顶部位设直立型喷头,有吊顶处下层喷头为吊顶型,吊顶内净高大于 0.8m 时加设上层喷头(直立型)。所有喷头均为快速响应喷头,喷头公称动作温度均为 68℃。首层大堂采用标准型自动扫描射水高空水炮灭火装置(带火灾自动成像系统和现场应急控制装置)。

(3)消防转输泵及消防转输水池与消火栓系统共用,喷淋主泵设在十六层办公区消防泵房内,共设 2 台(1 用 1 备),每台水泵参数:$Q=35L/s$,$H=120m$,$N=90kW$,喷淋稳压设备设在三十五层夹层稳压泵房内。

(4)自动喷水灭火系统控制方式:发生火灾时由各层各防火分区的水流指示器向消防中心报警,由湿式报警阀后信号管上的压力掣控制喷淋泵的启动,启动压力为 0.035MPa,1h 后自动停泵。自动扫描射水高空水炮系统控制方式:当智能型红外探测组件采集到火灾信号后,启动高空水炮传动装置进行扫描,完成火源定位后,打开电磁阀,信号同时传到消防中心和消防泵房,启动自动扫描射水高空水炮供水泵并反馈信号至消防中心;当火灾探测器探测到火灭后,自动关闭水泵和电磁阀。喷淋泵及喷淋稳压泵均应能在消防控制中心及泵房内由人工启停,其启停及故障状态均应在消防控制中心有显示。

(5)系统分区及供水管网

自动喷水灭火系统竖向按 3 个分区设计,首层夹层~地下室为Ⅰ区,由十六层消防水池重力供水,湿式报警阀前设 1 组可调式减压阀,阀后压力为 0.45MPa。一层~十六层为Ⅱ区,由十六层喷淋主泵加压供水,湿式报警阀环管前设 2 组可调式减压阀,阀后压力为 0.30MPa。十七层~三十四层为Ⅲ区,由十六层喷淋主泵直接加压供水。本建筑每个防火分区喷淋横管上设水流指示器及带开关显示的阀门(开关信号反馈到消防控制中心),在每个防火分区的管网末端设 1 条排气及试验用排水管和控制阀门。每组湿式报警阀控制的最不利喷头处设末端试水装置。大空间智能型主动喷水灭火系统供水由十六层消防水箱重力供水,该系统最不利喷头处亦设末端试水装置。

在室外各设 3 组 SQD100 消防水泵接合器分别供消防车向自动喷水灭火系统Ⅰ区和Ⅱ区供水,消防转输主管上接 3 组 SQD100 水泵接合器,供消防车向Ⅲ区自动喷水灭火系统接力供水。

(6)管道材料和接口方式

自动喷水灭火系统管道均采用阻燃的内外涂塑钢管,丝扣或沟槽式连接。

(六)气体灭火系统

本建筑根据规范要求及各功能用房的重要性在地下一层高低压变配电房、变压器室设置 IG541 混合气体灭火系统，分散的弱电机房、控制室和电梯机房设置预制式七氟丙烷气体灭火装置；系统设计按照《气体灭火系统设计规范》GB 50370—2005进行，设计参数详见气体灭火系统图纸。

系统控制：预制式气体灭火装置设置自动控制、手动控制2种控制方式，并设置自动与手动转换装置；管网式气体灭火系统设置自动控制、手动控制和机械应急操作3种控制方式。

（七）灭火器配置

本建筑属严重危险级。车库的火灾种类为A、B类，电气用房和设备房为A、E类，其余部位的火灾种类为A类。按《建筑灭火器配置设计规范》GB 50140—2005的要求，各层均设置手提式磷酸铵盐干粉灭火器（MF/ABC5型）。

（八）抗震支吊架的设置

同办公部分，消防给水系统管道和管网式气体灭火管道设置抗震支吊架。

四、酒店部分消防系统

（一）消防水源

消防水源采用市政自来水，消防水池与喜来登酒店共用，设在喜来登酒店的地下二层，消防水池由喜来登酒店生活给水管供水。

（二）消防用水量

本工程属一类高层公共建筑，按《高层民用建筑设计防火规范》GB 50045、《自动喷水灭火系统设计规范》GB 50084及《大空间智能型主动喷水灭火系统技术规程》DB62/T 25—3045—2009的要求，各灭火系统的用水量见表7。

酒店部分消防系统用水量　　　　　　　　　　　　　　　　　　　　　　表7

名称	用水量(L/s)	延续供水时间(h)	一次火灾用水量(m³)	备注
室外消火栓系统	30	3	324	
室内消火栓系统	40	3	432	
自动喷水灭火系统	35	1	126	
自动扫描射水高空水炮系统	10	1	36	由喷淋加压泵供水
室内消防合计			558	2+3

（三）消防贮水量

因市政进水管不能满足室内消防用水量，故在喜来登酒店地下二层设置室内消防专用贮水池，容积不小于560m³，贮水池分为2格，以备水池定期清洗而不会完全没有储备用水。在十六层及三十五层夹层设70m³消防转输水池，屋顶天面设18m³消防水箱，为启动消防水泵前的消防用水。

（四）消火栓系统

1. 室外消防给水系统

室外消防给水利用周边市政地上式消火栓，间距不大于120m，距各系统之消防水泵接合器不大于40m。室外消火栓由市政管网直接供水。

2. 室内消火栓系统

各层按不大于30m间距设置消火栓箱。当任何部位发生火灾时，保证同层任意地点有2股不小于5L/s，不小于13m充实水柱的流量同时到达。消火栓箱内设DN65消火栓1个，Φ65人纤衬胶水带25.0m 1卷，Φ19直流水枪1支，消防软管卷盘1套。屋面机房层设试验用消火栓，栓前设压力表。

3. 消火栓泵及水泵的控制

在喜来登酒店地下二层瑞吉酒店专用消防泵房内设瑞吉酒店专用消防转输泵3台（2用1备），每台泵参数：$Q=37.5\text{L/s}$，$H=110\text{m}$，$N=75\text{kW}$，在十六层酒店消防转输泵房设消防转输泵 3 台（2 用 1 备），每台泵参数：$Q=37.5\text{L/s}$，$H=105\text{m}$，$N=75\text{kW}$。三十五层瑞吉酒店消防泵房设 2 台消火栓主泵（1 用 1 备），每台参数：$Q=40\text{L/s}$，$H=170\text{m}$，$N=180\text{kW}$。

消防转输泵的控制：当三十五层瑞吉酒店任一台消防主泵（喷淋或消火栓主泵）在发生火灾时开启，应有信号联动开启一台消防转输泵，当三十五层夹层消防水箱水位持续下降，则由消防水箱水位控制第二台消防转输泵开启，当三十五层消防主泵停泵时，所有消防转输泵同时停泵（可人工开停泵，消防中心也可开停泵）。

所有消火栓箱旁均设有碎玻按钮，由电专业选配，可远距离启动水泵；消防控制中心及水泵房内均可手动控制水泵的运行。各台水泵的启停及故障状况，均应有信号在消防控制中心显示。

4. 系统分区及给水管网

消火栓系统竖向按 3 个供水分区设计，地下二层~首层夹层为Ⅰ区，由喜来登酒店消火栓低区环管供水。三十五层~四十八层为Ⅱ区，由三十五层酒店消火栓主泵加压供水，在水泵出水管后设 2 组减压阀，阀后压力为 0.90MPa，阀后管道形成环状。四十九层~屋面机房层为Ⅲ区，由三十五层酒店消火栓主泵直接加压供水。各分区分别在地下二层，三十五层夹层及四十九层顶布置成水平环状管网，各立管布置成竖向环状管网。各区消火栓出口处静水压不大于 1.00MPa，当消火栓出口压力大于 0.50MPa 时采用减压稳压消火栓。

Ⅰ区的消火栓管网不设水泵接合器，利用喜来登酒店低区消火栓的水泵接合器供水。消防转输主管上接 3 组 SQD150 水泵接合器，供消防车向Ⅱ区和Ⅲ区消火栓系统接力供水。在屋顶层设 18m³ 高位水箱，因水箱底距最不利消火栓处不足 15m，在屋面机房层设增压稳压设备，以保证最不利点消火栓压力。

5. 管道材料和接口方式

消火栓给水系统管道均采用阻燃的内外涂塑钢管，丝扣或沟槽式连接。

（五）自动喷水灭火系统

湿式自动喷水灭火系统按中危险级Ⅰ级及Ⅱ级设计，其中首层大堂按大空间自动扫描射水高空水炮系统设计。中危险级Ⅰ级设计参数：喷水强度为 6L/(min·m²)，每个喷头的保护面积不大于 12.5m²，最不利点处喷头工作压力不小于 0.10MPa；中危险级Ⅱ级设计参数：喷水强度 8L/(min·m²)，每个喷头的保护面积不大于 11.5m²，最不利点处喷头工作压力不小于 0.10MPa。湿式报警阀共设 7 个，三十五层酒店消防泵房设 3 个，四十九层湿式报警阀间设 3 个，地下二层报警阀间设 1 个，每个湿式报警阀控制的喷头数不多于 800 个，计算作用面积为 160m²，设计流量为 35L/s，火灾延续时间为 1h。自动扫描射水高空水炮系统设计参数：标准喷水流量为 5L/s，安装高度为 6~20m，标准工作压力为 0.6MPa，保护半径为 20m，系统设计流量为 10L/s。

（1）本建筑各层除不宜用水扑救的部位及面积小于 5m² 的卫生间外均设自动喷水灭火系统。除地下车库按中危险级Ⅱ级设计外，其余区域按中危险级Ⅰ级设计。

（2）无吊顶部位设直立型喷头，有吊顶处下层喷头为吊顶型，吊顶内净高大于 0.8m 时加设上层喷头（直立型），客房内设水平扩展边墙型喷头。所有喷头均为快速响应喷头，喷头公称动作温度：厨房排油烟水平管内采用 260℃，厨房高温部分采用 93℃，桑拿干蒸房内采用 180℃，其余均为 68℃。首层大堂采用标准型自动扫描射水高空水炮灭火装置（带火灾自动成像系统和现场应急控制装置）。

（3）消防转输水泵与消火栓系统共用，喷淋泵设在三十五层酒店消防泵房内，共 2 台（1 用 1 备），每台参数：$Q=35\text{L/s}$，$H=190\text{m}$，$N=180\text{kW}$。喷淋稳压设备设在机房层稳压泵房内。

（4）自动喷水灭火系统控制方式：发生火灾时由各层各防火分区的水流指示器向消防中心报警，由湿式报警阀后信号管上的压力掣控制喷淋泵的启动，启动压力为 0.035MPa，1h 后自动停泵。自动扫描射水高空水炮系统控制方式：当智能型红外探测组件采集到火灾信号后，启动高空水炮传动装置进行扫描，完成火源定位后，打开电磁阀，信号同时传到消防中心和消防泵房，启动自动扫描射水高空水炮供水泵并反馈信号至消防中心；当火灾探测器探测到火灭后，自动关闭水泵和电磁阀。喷淋泵及喷淋稳压泵均应能在消防控制中心及泵房内由人工启停，其启停及故障状态均应在消防控制中心有显示。

（5）系统分区及供水管网

自动喷水灭火系统竖向按 3 个分区设计，地下二层～首层为 I 区，由喜来登酒店消防泵房喷淋环状管网供水，湿式报警阀设于地下二层报警阀间，报警阀前设 1 组可调式减压阀，阀后压力为 0.40MPa。三十五层～四十八层为 II 区，由三十五层喷淋主泵加压供水，湿式报警阀前环管上设 2 组可调式减压阀，阀后压力为 1.08MPa。四十九层～屋顶为 III 区，由三十五层喷淋主泵直接加压供水，湿式报警阀设于四十九层湿式报警阀间。本建筑每个防火分区喷淋横管上设水流指示器及带开关显示的阀门（开关信号反馈到消防控制中心），在每个防火分区的管网末端设有 1 条排气及试验用排水管和控制阀门。每组湿式报警阀控制的最不利喷头处设末端试水装置。大空间智能型主动喷水灭火系统供水由喜来登酒店低区喷淋给水干管负担，该系统最不利喷头处亦设末端试水装置。

自动喷水灭火系统 I 区不设水泵接合器，利用喜来登酒店低区喷淋水泵接合器供水，消防转输主管上接 3 组 SQD150 水泵接合器，供消防车向 II 和 III 区自动喷水灭火系统接力供水。

（6）管道材料和接口方式

自动喷水灭火系统管道均采用阻燃的内外涂塑钢管，丝扣或沟槽式连接。

（六）气体灭火系统

本建筑根据规范要求及各功能用房的重要性在地下一层高低压变配电房、变压器室和消防控制室（酒管方要求）设置 IG541 混合气体灭火系统，分散的弱电机房、控制室和电梯机房设置预制式七氟丙烷气体灭火装置；系统设计按照《气体灭火系统设计规范》GB 50370—2005 进行，设计参数详见气体灭火系统图纸。

系统控制：预制式气体灭火装置设置自动控制、手动控制 2 种控制方式，并设置自动与手动转换装置；管网式气体灭火系统设置自动控制、手动控制和机械应急操作 3 种控制方式。

（七）厨房自动灭火系统

排油烟罩（包括罩口 2～3m 的排油烟管内）、烹饪部位（油锅、灶台及 0.5m 范围空间）设置厨房自动灭火系统，自动灭火系统能自动实施探测、灭火、联动切断燃料供应。烹饪部位同时设自动喷水灭火系统。

（八）灭火器配置

本建筑属严重危险级。车库的火灾种类为 A、B 类，电气用房和设备房为 A、E 类，其余部位的火灾种类为 A 类。按《建筑灭火器配置设计规范》GB 50140—2005，各层均设置手提式磷酸铵盐干粉灭火器（MF/ABC5 型）。

（九）抗震支吊架的设置

同办公部分，消防给水系统管道和管网式气体灭火管道设置抗震支吊架。

五、工程特点介绍与技术成效

（一）工程特点介绍

1. 生活冷热水给水系统：供水安全、可靠、水压稳定、节能环保

本项目分设各自独立的办公生活给水系统和酒店生活冷热水给水系统。三十五层以下为办公楼层，三十六层及以上为酒店楼层；首二层充分利用市政水压直供，其余楼层均采用低位水箱＋转输水箱＋高位水箱的重力供水方式，重力供水不能满足水压要求的顶部楼层均采用变频加压供水设备供水，供水安全、可靠；办公生活给水系统竖向分 8 个区，酒店生活给水系统竖向分 7 个区。办公区生活储水水箱设置：地下二层贮水 90m³，分 2 个水箱贮存，另在十六层及三十六层设生活供水及转输水箱，均为 30m³。瑞吉酒店生活储水水箱设置：地下二层储水 250m³，分 2 个水箱储存，另在十六层及三十六层设生活转输水箱，均为 30m³。

酒店热水系统供水方式和分区与冷水系统相统一，采用集中生活热水系统；加热方式为春夏秋季由空调全热回收提供的 60℃ 热水通过板式水—水换热器将冷水加热成 55～58℃ 热水，然后贮存在闭式储热罐和后

续容积式水—水换热器内，设在旁边喜来登酒店地下一层的燃油燃气蒸汽锅炉做为备用（因酒店楼层太高，无法采用热水锅炉）；冬季空调全热回收停止使用，由燃油燃气蒸汽锅炉提供的高温蒸汽通过容积式汽—水换热器加热成 60℃热水。此做法可以充分利用空调热回收，节能环保效果非常好。

2. 排水系统：排水效果好、噪声小、无堵塞、无臭气、雨水排除快速

本工程室内采用污废分流制，室外采用污废合流制。室内±0.000 以上废水重力自流排入室外污水管网，地下层污、废水采用潜水排污泵提升至室外污水管。酒店含油废水经所在楼层初次隔油隔渣后汇合至地下二层经气浮隔油处理后排放。屋面采用重力流雨水排水系统、入口雨棚采用虹吸压力流排水系统，接至首层后汇集排入市政雨水检查井；屋面雨水重现期均按 50 年设计。

本项目污/废水排水立管采用机制离心铸铁排水管，噪声小，没有采用消能措施，满足规范要求，节省了管井的安装空间。

3. 酒店室内外恒温泳池：初次补水快速、使用方便、节省设备造价

恒温泳池常规做法是通过泳池机房内的板式换热器把初次补水的冷水加热到设计水温后送至泳池，板式换热器必须按初次补水的供热量选型，而平时维持泳池水温所需的供热量比初次补水所需供热量小很多，这种做法不能充分利用换热设备的供热量，造成浪费。

本项目瑞吉酒店的室内外恒温泳池初次补水均由热水机房供应的 60℃热水与同区冷水兑成设计温度后经平衡水箱进入泳池，初次补水快速；正常使用时由锅炉提供的高温热媒通过板式换热器加热池水至 27℃热水；初次补水时间安排在白天酒店客房热水用水低峰时段，无需增加热水机房的换热器供热量，可节省设备造价。

4. 绿色建筑给水排水设计：节水、节能、环保

本项目按国际 LEED 金级和国家绿色建筑二星级标准设计，其给水排水管材的选用、用水点出水压力的控制、节水器具的选用、非传统水源利用、可再生能源利用、用水计量水表设置等设计均满足国际 LEED 金级和国家绿色建筑二星级标准要求；其绿化景观、道路冲洗和车库地面冲洗用水均由国际展览中心屋面的雨水经收集处理后的回用水供给。

5. 消防给水系统（按当时的旧规范设计）：消防供水安全、可靠

本建筑采用常高压重力供水系统，屋面设一个 600m³ 消防水池，分 2 格设置。消防补水池设于喜来登酒店地下二层，容积为 120m³，分 2 格设置，十六层及三十六层设 60m³ 消防转输水箱，三十六层设 60m³ 消防减压水箱，屋面最高处设 18m³ 消防稳压水箱 1 个。

办公区室内消火栓系统竖向分为 3 个区，布置成横向及竖向环状管网，由消防水箱重力供水。瑞吉酒店室内消火栓系统竖向分为 4 个区，布置成横向及竖向环状管网，第 4 区为临时高压系统，其余各区由消防水箱重力供水。办公区喷淋管网竖向分区与消火栓系统相同，报警阀前管网呈环状布置，酒店第 4 区由喷淋加压泵加压供水，其余通过重力供水。

地下车库采用自动喷水-泡沫联用系统；大堂净空高度大于 12m 的高大空间场所设置大空间智能型主动喷水灭火系统；首层、首层夹层及三十六层的高低压变配电房、网络机房、接入机房、安防控制中心设置 IG541 混合气体灭火系统。

（二）技术成效

（1）本项目分设各自独立的办公生活给水系统和酒店生活冷/热水给水系统，方便不同的物业公司进行管理，减少楼宇管理纠纷。

（2）生活给水系统采用重力供水方式，有利于用水点的水压稳定，特别是对于高星级酒店的淋浴用水非常重要，可解决淋浴龙头冷/热水水压不平衡造成的水温忽冷忽热情况；根据开业以来客房部的反映，目前尚未接到客人投诉淋浴水温的情况，说明本设计在冷/热水水压平衡方面是成功的。

（3）本项目酒店热水系统采用全热回收＋蒸汽锅炉的加热方式，春夏秋季和冬季个别月份不开锅炉均可

完全满足酒店的热水需求，不但节能效果显著，而且可减少开锅炉造成的环境污染。开业以来酒店方对该系统的节能效果表示满意。

（4）由于酒店餐厅位于 300m 标高以上的楼层，其餐饮含油废水如果直接排至地下层的隔油处理设备会造成餐饮含油废水排水立管冬天内部结油现向，影响排水效果；本项目按三级隔油设计，首先在厨房排水点设置第一级隔油设施，其次在厨房总排出口设置简易隔油器，经此隔油器隔油后的废水才允许排至地下层的气浮隔油器进行最终达标处理。目前餐饮排水系统运行良好。

（5）本项目按国际 LEED 认证和国家绿色建筑二星级设计，全部用水器具均采用用水效果满足以上认证要求的节水器具；采用以下节水措施：公共卫生间的洗手盆均采用感应龙头，小便器均采用感应冲洗阀，室外绿化、景观、道路冲洗用水采用雨水回用系统供水，各用水点均设置远传水表计量，选用防漏效果好的给水排水管材。本项目已获得国际 LEED 和国家绿色建筑设计二星级标识证书，验收至今已有 1 年多时间，节水效果明显。

（6）本建筑的消防给水采用常高压重力供水系统，屋面设一个 600m³ 消防水池，在停电情况下也能确保整个大楼的消防供水安全，比常规采用的临时高压给水系统具有更高的供水安全性。现行消防规范已要求超 250m 的超高层建筑消防给水必须采用常高压重力供水系统，说明本项目的消防给水系统设计具有前瞻性。

（7）本项目在给水排水和消防管道材料的选择上，充分考虑了超高层建筑的超高压力问题，所选管材完全能满足各系统的工作压力，验收至今没有发生爆管和漏水现象。

（8）本项目的塔楼屋面雨水排水系统没有采用分段减压的方式，而是选用承压达 3.0MPa 的给水铸铁管。现行规范也明确了超高层建筑的屋面雨水排水无需分段减压，只要确保管材承压即可，说明本项目的雨水排水系统设计具有前瞻性。

（9）本项目污/废水排水立管采用机制离心铸铁排水管，没有采用消能措施，满足规范要求，节省了管井的安装空间，目前为止排水管运行正常。

（10）本项目瑞吉酒店的室内外恒温泳池初次补水均由热水机房供应的 60℃热水与同区冷水兑成设计温度后经平衡水箱进入泳池，初次补水快速；初次补水时间安排在白天酒店客房热水用水低峰时段，无需增加热水机房的换热器供热量，可节省设备造价。

六、工程照片及附图

珠海中心鸟瞰图

生活水泵房（一）

生活水泵房（二）

热水机房（一）

热水机房（二）

消防水泵房

消防转输水泵房

隔油和污水提升间

污水提升装置

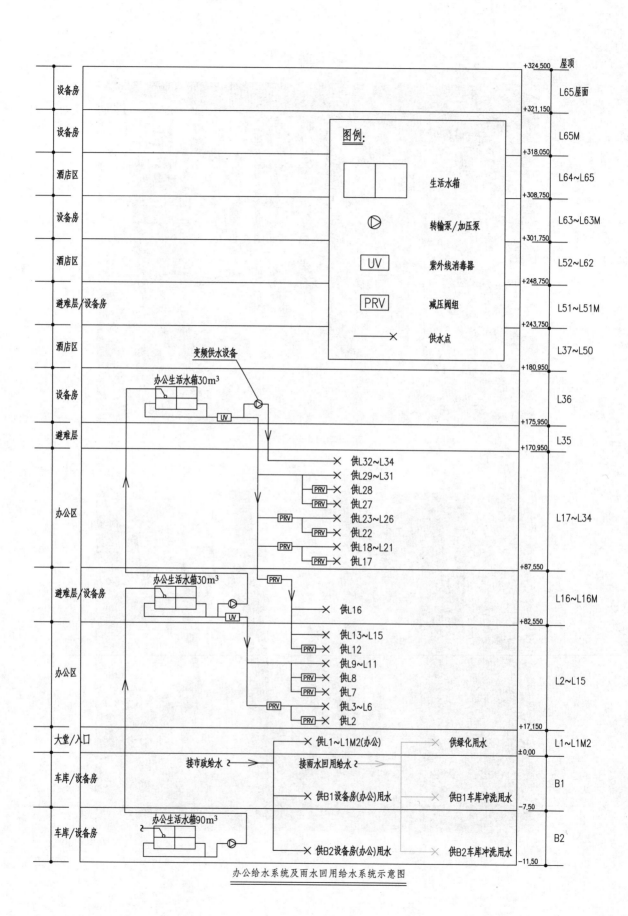

办公给水系统及雨水回用给水系统示意图

屋面消防稳压水箱18m³

		+324,500	屋顶
设备房			L65屋面
		+321,150	
设备房			L65M
	供L65M	+318,050	
酒店区	变频供水设备	供L64~L65	L64~L65
		+308,750	
设备房	酒店生活水箱60m³	换热器 供L63	L63~L63M
	UV PRV	+301,750	
酒店区		供L60~L62	L52~L62
	PRV	供L56~L59	L56~L59
		供L52~L55	
		+248,750	
避难层/设备房	酒店生活水箱40m³	供L51	L51~L51M
	UV PRV 换热器	换热器 换热器	
		+243,750	
酒店区		供L46~L50	L37~L50
	PRV	供L38M2~L45	
		供L37~L38M1	
		+180,950	
设备房	酒店生活水箱30m³	换热器 供L36 换热器	L36
		+175,950	
避难层		供L35	L35
		+170,950	
办公区		+87,550	L17~L34
避难层/设备房	酒店生活水箱30m³		L16~L16M
		+82,550	
办公区		+17,150	L2~L15
大堂/入口	供L1~L1M1(酒店)		L1~L1M2
	PRV	±0.00	
车库/设备房	接市政给水		B1
	供B1设备房(酒店)用水	-7.50	
车库/设备房	酒店生活水箱250m³		B2
	供B2设备房(酒店)用水	-11.50	

图例:

	生活水箱/消防水箱
▷	转输泵/加压泵/回水泵
UV	紫外线消毒器
PRV	减压阀组
──✕	冷水供水点
----✕	热水供水点
----	热水回水管
换热器	换热器

酒店给水系统示意图

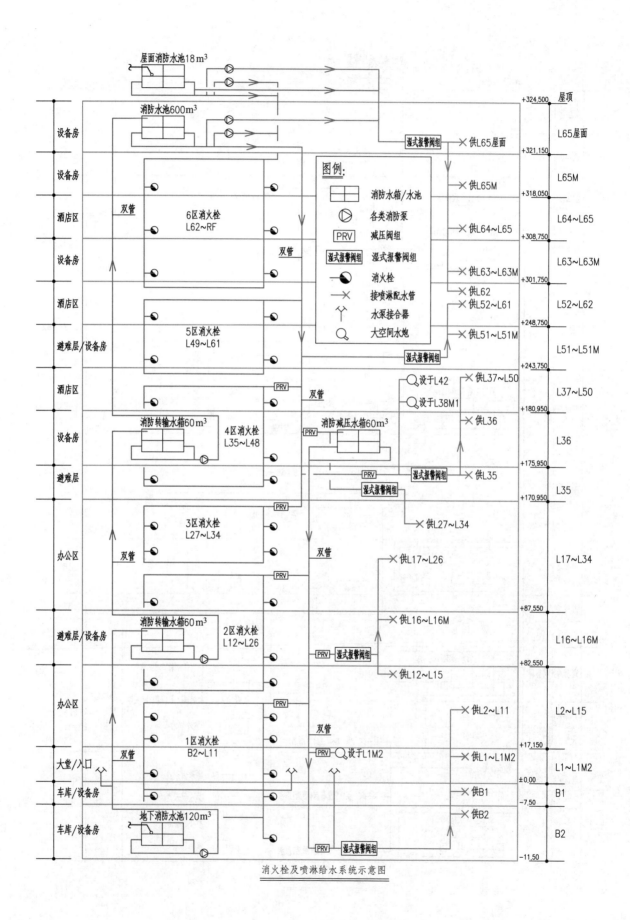

消火栓及喷淋给水系统示意图

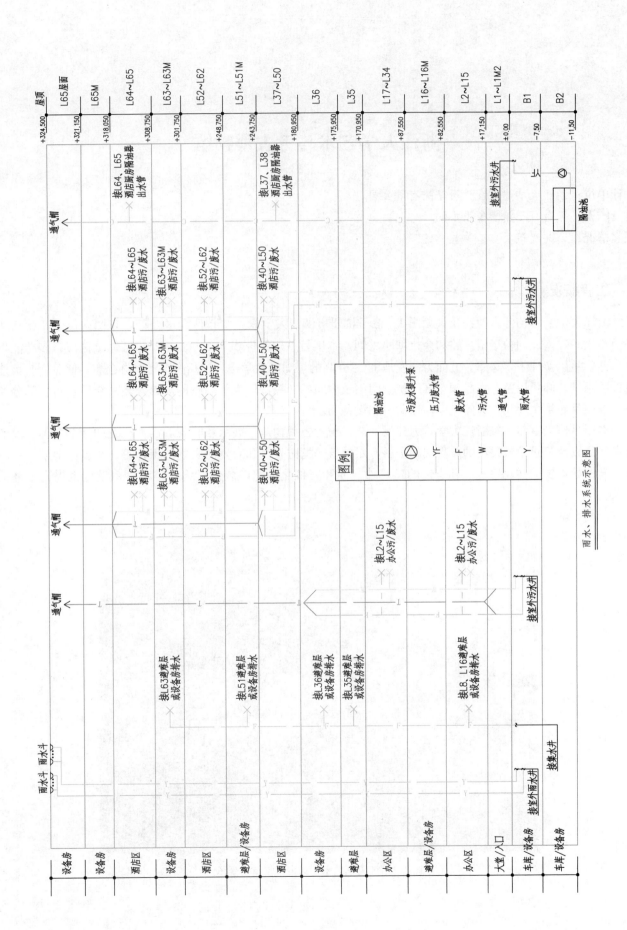

雨水、排水系统示意图

浙江大学艺术与考古博物馆

设计单位： 浙江大学建筑设计研究院有限公司
设 计 人： 陈激　王靖华　王小红
获奖情况： 公共建筑类　二等奖

工程概况：

　　浙江大学艺术与考古博物馆（见图 1）位于杭州市浙江大学紫金港校区西区西门，东西向位于花蒋路和光明路之间，南北向位于留祥路和余杭塘路之间。本项目总建筑面积为 25000m²，包括展览区域、多功能教室、办公室以及地下停车库。北面为一座地上 22m 高的多功能教学楼，包括图书馆、办公室、阅览室。该建筑首层用于装卸货以及艺术品预览区。位于南面及中间的 2 栋楼均为一层高的展馆及多功能厅，包含部分商业。本项目底层主要用途为停车库、储藏间和设备间。

　　本项目作为百年名校浙江大学着力建设的艺术与考古博物馆，展示和收藏着广大校友和社会各界捐赠的艺术珍品以及记录学校发展的珍贵文物资料，对建筑的消防安全和对藏品文物的保护都有很高的要求；同时作为学校最重要的文化建筑，标志性的建筑外立面和精细化的室内装修对给水排水管道设计也提出很高的要求。

图 1　浙江大学艺术与考古博物馆实景图

工程说明：

一、给水排水系统

(一) 给水系统

1. 生活用水量

最高日生活用水量为 319m³/d，其中空调冷却水补充水量 193m³/d；最大时生活用水量为 27.6m³/h，其中空调冷却水补充水量 12m³/h。

2. 水源

本工程给水采用分质给水。生活消防给水水源取自城市自来水，从北面校区道路东、西侧引 DN150 给水总管各 1 根，并在本工程区域内按生活、消防不同的使用性质各自连成供水环网，其中生活给水管网和室外消防管网均连成环状管网。市政给水到达本地块给水水压按 0.28MPa 设计。室外道路绿化浇洒用水和景观水池补充水采用校区中水。

3. 系统竖向分区

本工程生活给水采用分区给水。首层及以下的区域采用市政直接供水，其他二层及二层以上区域生活用水采用市政给水管网直供和管网叠压（无负压无吸程）管网增压给水系统加压联合供水方式供水，当市政给水管网压力满足本工程给水要求时由市政给水管网直接供水，当市政给水管网压力不足以满足本工程最高楼层给水点所需压力时，由管网叠压（无负压无吸程）管网增压给水系统加压供水。

4. 供水方式及给水加压设备

生活给水系统采用下行上给式分区供水。在西北角半地下室设生活水泵房，内设管网叠压（无负压无吸程）管网增压给水设备 1 套，配变频给水泵共 3 台，单台 $Q=3.6L/s$、$H=20m$、$N=3kW$，（平时 2 用 1 备，极端高峰时 3 用）。

5. 管材

给水管采用 I 系列薄壁不锈钢管，其中埋墙暗设管道采用覆塑薄壁不锈钢管；泵房内生活给水管采用法兰连接，其他均采用卡压式连接。

(二) 热水系统

1. 热水用水量

地下室浴室和公共卫生间供应热水，地下室集中热水用水点浴室的最高日热水量为 1.2m³/d，最大时用水量为 0.6m³/h。

2. 热水供应方式

浴室热水设集中热水系统，采用太阳能电辅助加热系统制备热水。太阳能集热系统采用承压型间接换热系统，在屋顶设 24m² 承压型太阳能集热器、地下室热交换间设 RV-04-1.5（1.6/1.0）热交换器作为预热储热水罐，太阳能集热循环泵启停根据集热器与储热罐温差控制；另设 DRE-80-45 商用电热水器 1 台作为电辅助加热，$N=45kW$，$V=300L$。

博物馆内其他公共卫生间局部分散热水用水点设即热式电热水器制备热水。

(三) 排水系统

1. 排水系统的型式

本项目室内雨、污、废水采用分流制。

室内采用雨、污、废分流，藏品维护室废水与其他污、废水分流；室外雨污分流，有污染的污、废水均经局部处理后排放。地上部分污、废水采用重力排水，地下室卫生间设一体化污水提升装置提升排水，地下室地面排水经集水井收集后用潜污泵排出室外。

展厅藏品库屋面雨水采用有组织自由落水外排水，其他屋面雨水通过重力流内排水，下沉广场雨水采用潜污泵提升排水。

2. 通气管的设置方式

室内污、废水管均设伸顶通气立管，以保证污、废水管均能形成良好的水流状况。

3. 局部污水处理设施

排水采用分流制，生活污水经化粪池处理、藏品维护室废水经中和池处理后排入北面校区污水管，最终纳入市政污水管道。有毒有害废液就地收集后交由专业环保公司集中处理。

4. 管材

生活污/废水管采用离心浇铸铸铁排水管，A 型柔性接口，承插法兰连接。室内雨水管采用钢塑复合给水钢管，小于或等于 $DN100$ 丝扣连接，大于 $DN100$ 沟槽式管件连接。地下室潜污泵压力流排水管和地下室人防顶板地下二层排水管采用钢塑复合给水钢管，小于或等于 $DN100$ 丝扣连接、大于 $DN100$ 沟槽式管件连接。

二、消防系统

本工程设置消防水池及消防泵房确保建筑物室内消防给水，整个建筑物按同一时间的火灾次数为 1 次设计，消防水量为：

室外消火栓系统水量为 30L/s；火灾延续时间为 2h；

室内消火栓系统用水量为 20L/s；火灾延续时间为 2h；

自动喷水灭火系统用水量为 30L/s；火灾延续时间为 1h。

（一）室外消火栓系统

室外消火栓系统水量和压力由校区直供管网保证。由于本工程在整个新建紫金港校区西区的建设前期建成投用，为确保消防安全在地下室消防水池储存 2h 室外消防水量作为室外消防备用水源。

（二）室内消火栓系统

本工程设室内消火栓系统，采用临时高压给水系统，由自备室内消火栓泵加压供水。室内消火栓箱采用国标带灭火器箱的组合式消防柜（丙型），单阀单栓，钢板箱体、一体化钢板门，箱内设 $\Phi19$ 水枪、$DN65$ 栓口、25m 长衬胶水带和自救式消防软管卷盘各 1 个，设消防按钮并带灭火器箱。消火栓布置确保每层任何均有 2 股水柱同时到达。

（三）自动喷水灭火系统

本工程设自动喷水灭火系统，汽车库和图书馆书库按中危险级 Ⅱ 级设计，其余均按中危险级 Ⅰ 级设计，自动喷水灭火系统设计用水量为 30L/s。

自动喷水灭火系统采用预作用系统和湿式系统，其中博物馆展厅区域、柴油发电机房及相应电气设备用房的公共走道区域采用预作用自动喷水灭火系统，其余场所均采用湿式系统。自动喷水灭火系统按全保护设计，设置范围为除不适宜采用水消防的场所外的其余部位。每组湿式报警阀控制的喷头数不超过 800 只，本工程共设 1 组预作用报警阀和 3 组湿式报警阀组，报警阀设于地下室水泵房内，湿式报警阀的水力警铃均引至汽车坡道取票室附近；每个报警阀组的最不利点喷头处，设末端试水装置；其他防火分区、楼层均应设直径为 25mm 的试水阀。

（四）气体灭火系统

本建筑不宜用水扑救的特殊重要设备间和藏品库房设管网气体灭火系统，灭火剂为 IG541。

（五）消防设施

室内消火栓系统采用临时高压给水系统，本工程在地下室设 1 座 468m³ 消防水池（储存室外消火栓系统和室内消火栓系统用水量各 2h，自动喷水灭火系统用水量 1h）；在屋顶设 18m³ 屋顶消防水箱（水箱底标高为 22.800m）贮存火灾初期 10min 消防水量并在地下消防泵房设室内消火栓系统和自动喷水灭火系统合用的消防稳压装置 1 套。在地下消防泵房设室内消火栓泵（$Q=20L/s$，$H=80m$，1 用 1 备）、喷淋泵（$Q=30L/s$，$H=80m$）供本建筑及本建筑周围学校局部区域室内消火栓系统和自动喷水灭火系统给水。

（六）建筑灭火器设置

本建筑按严重危险级配置灭火器，属 A 类火灾，布置在组合式消火栓箱内，每个配置点设 3 具 MF/ABC5 型磷酸铵盐灭火器，灭火器最大保护距离为 15m，消火栓附设灭火器保护不足处根据现场具体情况另设手提式灭火器。

三、工程特点及设计体会

给水排水设计力求通过各种系统的组合应用和各个系统优化设计，确保建筑消防安全并最大限度考虑对文物藏品的保护；同时通过精细化设计配合建筑室内外空间造型的完美呈现；另外采用相对先进并可靠的绿色节能技术措施和系统优化组合，最大限度利用可再生能源，以期构建绿色节能的给水排水系统。

（一）生活给水系统——采用分质给水和市政给水管网压力直供与管网叠压加压联合供水系统，达到节水节能的效果

给水系统采用分质给水，生活、消防给水采用城市自来水，室外绿化灌溉和地面浇洒由学校自备中水系统管网供水。

本建筑为地下 1 层、地上 4 层的多层建筑，建筑高度为 22.350m，市政给水管网供水压力为 0.28MPa，可基本满足本建筑生活给水直供要求，根据学校在学生集中用水高峰时段给水管网压力会有所下降的特点，为确保供水安全设计采用市政给水管网直供和管网叠压（无负压无吸程）管网增压给水系统加压结合的联合供水系统。室外给水管道采用生活消防合一的双路供水环状管网，确保给水可靠性和尽量减小给水管道的沿程损失；室内采用分区给水，底部楼层由市政给水管网压力完全直供，二层及以上楼层设管网叠压（无负压）供水设备，当市政给水管网压力满足建筑最不利点给水水压要求时采用市政给水管网压力直接供水，当用水高峰水压不足时由管网叠压（无负压）供水设备加压供水，以达充分利用市政给水管网压力的目的，降低给水加压能耗。

（二）生活热水系统——利用可再生能源，展示绿色生态的设计理念

生活热水系统的供水范围为职工浴室，其最大日热水量为 1.2m³/d，最大小时热水量为 0.6m³/h，采用太阳能结合电辅助加热系统制备供应热水，以尽量利用可再生能源。

太阳能集热系统采用承压型间接换热系统，在屋顶设 24m² 承压型太阳能集热器，地下室热交换间设 RV-04-1.5（1.6/1.0）热交换器作为预热储热水罐，另设商用电热水器 1 台作为电辅助加热，$N=45kW$，$V=300L$。

（三）空调循环冷却水系统——采用多工况冷却水系统、冬季由冷却塔免费供冷，构建节能型空调冷却水系统

博物馆空调能耗是整个建筑的主要能耗，本建筑展厅和藏品库设全年恒温恒湿空调，其夏季制冷量为 2550kW，冬季空调需冷量为 100kW。

空调冷却水循环使用，设 250m³/h 标准超低噪声冷却塔 3 台，循环冷却水泵 4 台（3 用 1 备），冷却塔、冷却水泵与空调冷水机组对应并联工作。另本工程设置 1 台冬季冷却塔免费供冷专用冷却水泵和 1 组换热量为 100kW 的板式热交换器，当冷却塔水盘内的冷却水温度低于 14℃ 时空调冷水机组停止运行，采用板式热交换器进行冷却塔免费供冷，在冬季和过渡季节室外气候允许时，使用冷却塔为建筑供冷，以减少全年运行冷水机组的时间，充分节约能源，起到很好的节能减排效果，多工况循环冷却水系统原理如图 2 所示。

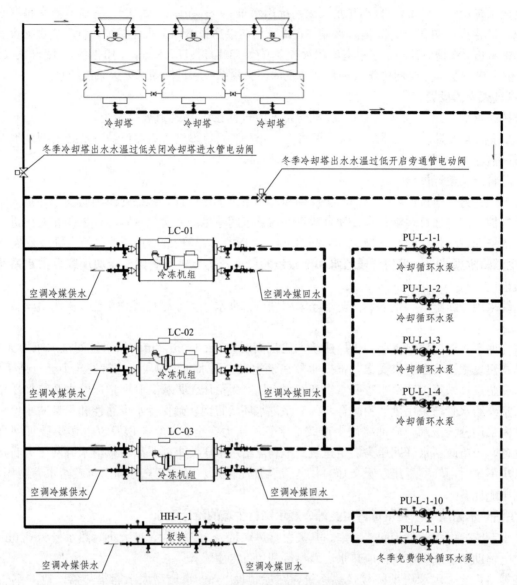

图 2 多工况循环冷却水系统原理图

（四）消防给水系统——不同场所采用不同形式的消防灭火系统，确保藏品安全

博物馆作为收藏展示大量珍贵文物艺术品的人员密集型公共建筑，消防安全和文物保护同样重要，需要兼顾考虑。本项目消防采用全保护设计，根据博物馆内不同场所不同的使用功能和性质采用不同形式的消防灭火系统，确保消防和藏品安全。收藏大量文物艺术品且人员较少的藏品库和不宜采用水灭火的变配电室采用 IG541 有管路气体灭火系统；展有贵重展品又有大量参观人员的博物馆展厅、柴油发电机房及相应电气设备用房的公共走道区域采用预作用自动喷水灭火系统，预作用系统采用空管系统，在确保消防安全的前提下避免非消防时段管道漏损或系统误作用引起展品或设备的损坏；其余场所均采用湿式系统。

（五）排水系统——根据建筑功能形态要求采用多种形式排水系统，确保场馆排水安全和建筑美观要求

排水采用分流制，室内雨、污、废分流，室外雨、污分流。室内排水系统设计兼顾消防排水，所有空调机房、卫生间、洁具间地坪均低于其他相应楼层的地坪标高，相应排水地漏均加大但不小于 $DN100$，以能够快速收集和排除消防事故排水，避免消防排水对藏品造成次生损坏。

　　根据建筑立面和内部空间功能要求，结合室外景观设计，雨水排水采用有组织多种形式排水。屋面雨水采用重力排水，教学区屋面东西长度超过100m，屋面设结构深天沟汇集雨水；公共区域屋面雨水找坡距离相对较短，屋面设面层浅天沟汇集雨水；由于建筑外立面采用超常规尺寸的预制混凝土砌块及错缝安装的方式，考虑外立面美观和雨水立管检修方便，天沟排水均采用内排水，内排水雨水管采用钢塑复合给水钢管，避免在排除超设计重现期雨水时形成的正负压对雨水管道可能造成的损坏。藏品库、展厅屋面采用超大水舌外排水，确保屋面雨水排水安全同时避免在藏品储存区域设置雨水管道，水舌设置与景观设计相协调，在水舌下方设水池或景观碎石垫层作保护，形成晴雨不同景的别样意境。

（六）给水排水管道设施布置——注重多工种协作和精细化设计

　　生活、消防水泵房集中独立布置于西北角机电区，与艺博馆展示空间相隔离，最大限度地减少设备运行对展览的干扰。

　　生活给水排水管均远离展厅和藏品库，避免在展区屋面设置结构天沟和雨水立管，将给水排水管道漏水对藏品的影响程度降低到最小。

　　展区喷淋均采用平时空管的预作用系统，室内消火栓给水管尽量布置在公共区域，避免设于展厅内，保护展厅的消火栓布置在展厅入口附近，避免消防管道和设施漏水损坏展品；室内消火栓布置与室内装修相协调，自动喷淋喷头综合顶棚形式和灯具、风口等其他吊顶设备等因素统一布置，以尽量避免给水、排水、消防设施影响博物馆优雅的室内环境。

　　地下车库喷淋管采用穿梁安装，尽量提高地下车库层高和地下室顶面的美观整洁度；底层架空安装穿越地下室采光井的给水排水进、出户管，结合建筑底层跨采光井疏散廊桥布置，避免影响建筑物美观。

四、工程照片及附图

展厅——自动喷水灭火系统喷头综合顶棚形式和灯具、风口等其他吊顶设备等因素统一布置

展厅——消火栓等给水、排水、消防设备布置尽量不影响展厅布展

藏品库、展厅内不设给水排水立管，其屋面采用超大
水舌外排水（下部为装饰落地固定假窗）

地下室办公及室外下沉采光井

长 100m、宽 10~20m 下沉庭院采光井——卵石堆砌处为
潜水泵坑，共设 4 处泵坑确保排水安全

屋顶太阳能集热器——用于员工浴室热水加热

屋顶冷却塔

空调用循环冷却水泵及远处的冷却水旁流处理器

消防泵房

喷淋管道穿梁安装——节约建筑空间，有利于
地下室管道布置整齐美观

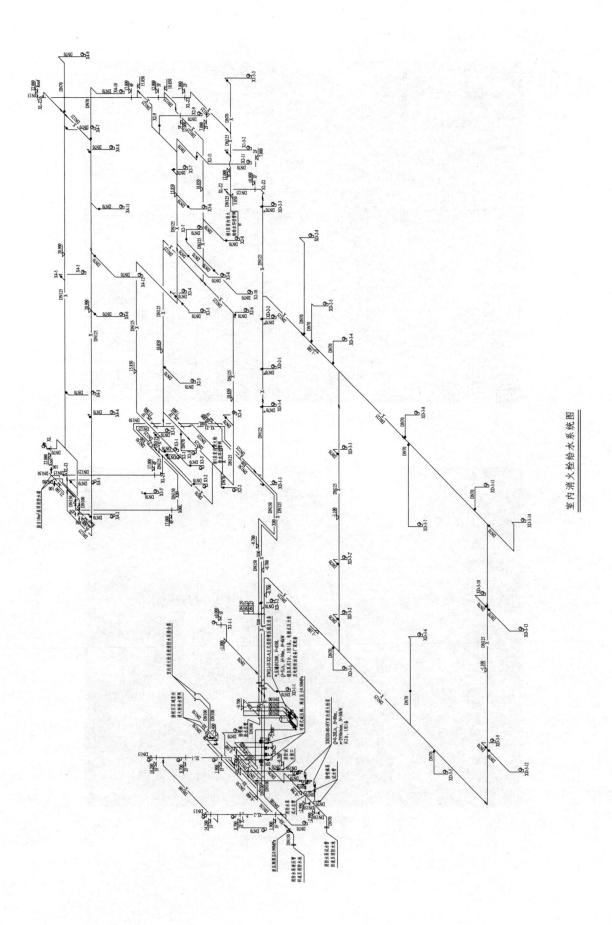

室内消火栓给水系统图

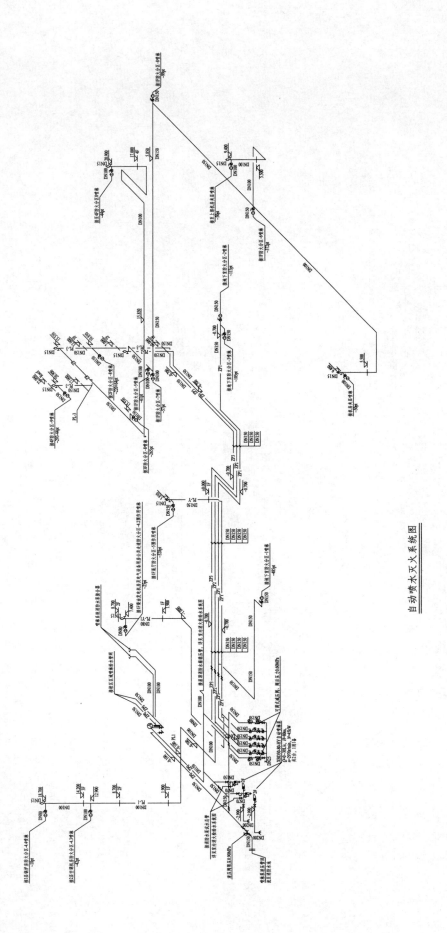

自动喷水灭火系统图

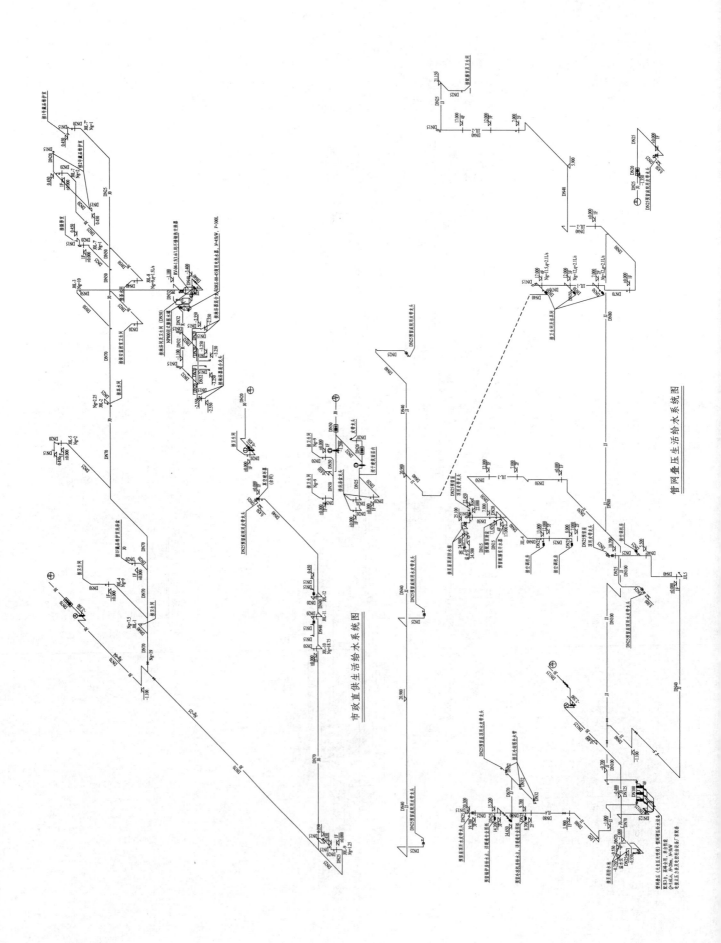

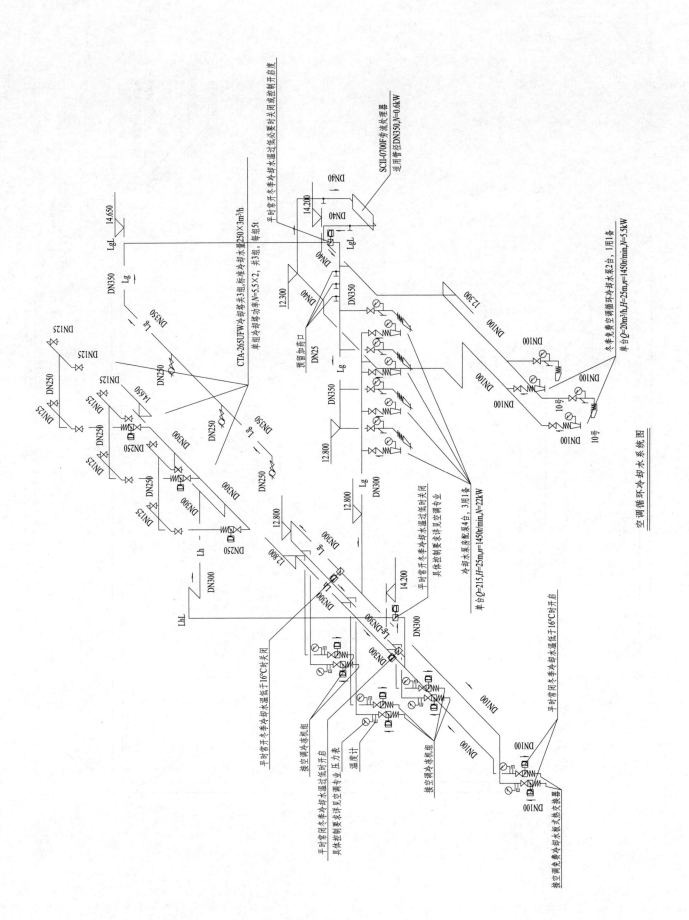

空调循环冷却水系统图

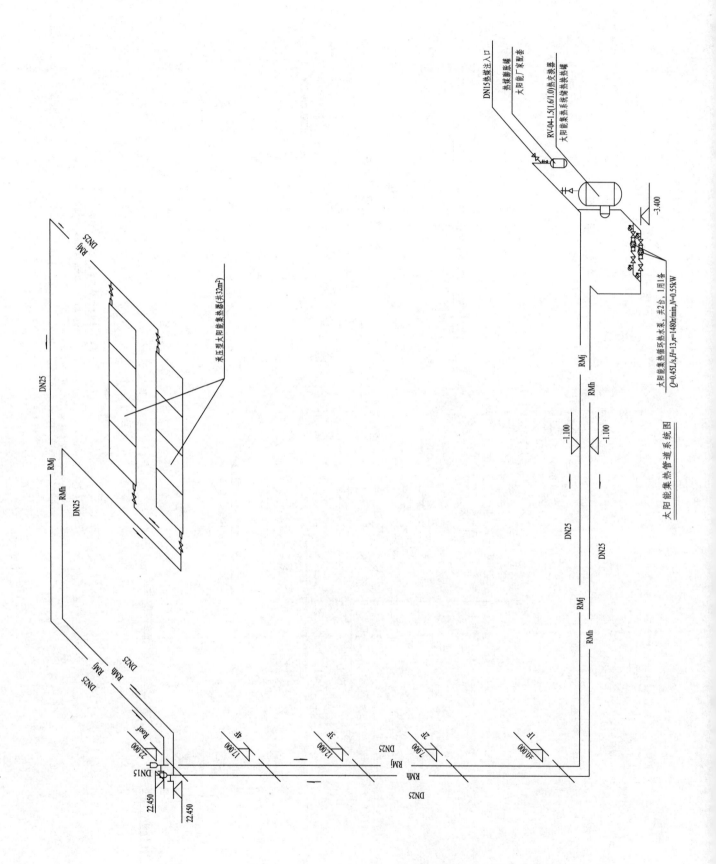

太阳能集热管道系统图

中国北京世界园艺博览会场馆（中国馆）建筑工程设计

设计单位： 中国建筑设计研究院有限公司
设 计 人： 林建德　董新淼　黎松　杨东辉　郭汝艳
获奖情况： 公共建筑类　二等奖

工程概况：

项目位于北京市延庆区西南部，2019 年中国北京世界园艺博览会园区（以下简称"世园区"）的核心景观区。中国馆位于山水园艺轴中部，紧邻中国展园，北侧为妫汭湖及演艺中心，西侧为山水园艺轴及植物馆，东侧为中国展园及国际馆，南侧为世园区主入口。

项目用地面积为 48000m²，总建筑面积为 24562m²，其中地上建筑面积为 18978m²，地下建筑面积为 5584m²。项目由序厅、展厅、多功能厅、办公、贵宾接待、观景平台、地下人防库房、设备机房、室外梯田等构成。展厅以展示中国园艺为主，还包括走道、交通核、卫生间、坡道及设备用房等空间。地下人防库房战时为物资库，抗力等级为乙类 6 级，防化等级丁级，平时为库房。

中国馆按总展览面积为中型展览建筑，展厅等级为甲级，建筑高度为 24m，耐火等级为一级。本地区地震基本烈度等于 8 度，为抗震 8 度设防区。绿色建筑标准为绿色博览建筑三星。建筑节能标准为甲类公共建筑。

工程说明：

一、给水排水系统

（一）给水系统

1. 生活给水用水量

生活给水最高日用水量为 39.10m³/d，最大时用水量为 5.87m³/h，详见表 1。

生活给水用水量　　　　　　　　　　　　　　　　　　　　　　　　　表 1

分区	用水项目	数量	用水定额	用水时间 (h)	小时变化系数	用水量		
						最高日 (m³/d)	最大时 (m³/h)	平均时 (m³/h)
一区	员工	50 人	20L/(人·d)	10	1.5	1.00	0.15	0.10
	展厅	7430m²	2.4L/(m²·d)	10	1.5	17.83	2.67	1.78
二区	员工	30 人	20L/(人·d)	10	1.5	0.60	0.09	0.06
	展厅	6715m²	2.4L/(m²·d)	10	1.5	16.12	2.42	1.61
小计						35.55	5.33	3.55
未预见水量						3.55	0.53	0.36
合计						39.10	5.87	3.91

2. 水源

水源为城市自来水。从用地西南侧和东南侧的世园区内的道路上的市政给水干管各接出 1 根 $DN150$ 引入管进入用地红线，引入管上设置双止回阀型倒流防止器。市政供水压力为 0.18MPa。供水水质应符合《生活饮用水卫生标准》GB 5749—2006。

3. 系统竖向分区

各竖向分区最不利点静水压（0 流量状态）不大于 0.45MPa，且用水点处供水压力值不大于 0.2MPa 且不小于用水器具要求的最低压力。竖向分区如下：

低区：室外用水和地下室至首层；

高区：夹层及以上楼层。

4. 供水方式及给水加压设备

低区由市政给水管直接供水；

高区由水箱＋变频调速供水设备加压供水。在地下一层生活水泵房内设置水箱和变频调速供水泵组。

（1）设置水箱 1 座，材质为 S30408 不锈钢，有效容积为 9.45m³，占二次加压供水部分设计日用水量的 51.39％。设外置式水箱臭氧自洁器进行二次供水消毒。

（2）设 1 套变频调速泵组。泵组由 2 台主泵（1 用 1 备）和隔膜气压罐组成。泵组的运行由水泵出口处的压力控制，设定工作压力值（恒压值）详见给水系统图。泵组全套设备及控制部分均由供货商配套提供，自成控制系统，自带通信接口，有楼宇自控系统者，将信号上传至 BAS。

（3）水箱内水位控制变频调速供水泵组启停，当水箱内水位降至低水位时，供水泵组停止运行，水位恢复后，供水泵组启动。水箱内溢流水位、低水位在控制中心声光报警。

5. 管材

（1）干管和立管采用薄壁不锈钢管，牌号 S30408。嵌墙支管和埋地管采用外覆塑层不锈钢管。

（2）大于或等于 $DN50$ 阀门与管道连接，机房内管道连接采用法兰。

（二）热水系统

1. 供应方式

不设集中生活热水系统，采用分散设置电热水器供应。

2. 供应部位

卫生间洗手盆台面下分散设置小型电热水器。

3. 管材

明装管道采用薄壁不锈钢管，牌号 S30408。嵌墙支管和埋地管采用外覆塑层不锈钢管。

（三）中水系统

1. 供水部位

冲厕，绿化、景观补水等。

2. 中水用水量

最高日用水量为 117.17m³/d，最大时用水量为 15.39m³/h，详见表 2。

3. 水源

中水由城市再生水管网供应，从用地周边的世园区内的道路上的市政中水干管接出 1 根 $DN150$ 引入管进入用地红线，市政供水压力为 0.18MPa。

4. 系统竖向分区

各竖向分区最不利点静水压（0 流量状态）不大于 0.45MPa，且用水点处供水压力值不大于 0.2MPa 且不小于用水器具要求的最低压力。竖向分区如下：

中水用水量　　　　　　　　　　　　　　　表2

分区	用水项目	数量	用水定额	用水时间(h)	小时变化系数	用水量		
						最高日(m³/d)	最大时(m³/h)	平均时(m³/h)
一区	员工	50人	30L/(人·d)	10	1.5	1.50	0.23	0.15
	展厅	7430m²	3.6(L/m²·d)	10	1.5	26.75	4.01	2.67
	室内园艺绿化	3152m²	2L/(m²·次)	6	1.0	6.30	1.05	1.05
	室外绿化	7200m²	2L/(m²·次)	6	1.0	14.40	2.40	2.40
	水景补水	230m³	10%体积	24	1.0	23.00	0.96	0.96
二区	员工	30人	30L/(人·d)	10	1.5	0.90	0.14	0.09
	展厅	6715m²	3.6(L/m²·d)	10	1.5	24.17	3.63	2.42
	室内园艺绿化	2848m²	2L/(m²·次)	6	1.0	5.70	0.95	0.95
	屋顶绿化	1900m²	2L/(m²·次)	6	1.0	3.80	0.63	0.63
小计						106.52	13.99	11.32
未预见用水量						10.65	1.40	1.13
合计						117.17	15.39	12.46

低区：室外用水和地下室至首层；

高区：夹层及以上楼层。

5. 供水方式及给水加压设备

低区由市政给水管直接供水；

高区由水箱＋变频调速供水设备加压供水。在地下一层生活水泵房内设置水箱和变频调速供水泵组。

（1）设置水箱1座，材质为S30408不锈钢，有效容积为19.60m³，占二次加压供水部分设计日用水量的51.54%。水箱外置式水箱臭氧自洁器进行二次供水消毒。

（2）设1套变频调速泵组。泵组由3台主泵（2用1备）和隔膜气压罐组成。泵组的运行由水泵出口处的压力控制，设定工作压力值（恒压值）详见给水系统图。泵组全套设备及控制部分均由供货商配套提供，自成控制系统，自带通信接口，有楼宇自控系统者，将信号上传至BAS。

6. 管材

（1）干管和立管采用衬塑热浸镀锌钢管，可锻铸铁衬塑管件，小于或等于$DN65$者螺纹连接，大于或等于$DN80$者沟槽连接。

（2）支管采用无规共聚聚丙烯（PP-R）塑料管，热熔连接。与金属管和用水器具连接采用螺纹或法兰。管系列为S4。

（四）排水系统

1. 排水系统的型式

室内污、废水合流排到室外污水管道。地面层（±0.00）以上为重力自流排水，地面层（±0.00）以下排入地下室底层污、废水集水坑，经潜水排水泵提升排水。

2. 通气管的设置方式

根据排水流量，卫生间排水管设置专用通气立管、伸顶通气管，辅以环形通气管。卫生间污水集水泵坑设通气管与通气系统相连。

3. 局部污水处理设施

室外设化粪池，污水经简单处理后排入城市污水管网。

4. 管材

（1）生活排水重力管道：

1）污/废水管、通气管采用柔性接口机制排水铸铁管。

2）埋地管采用机制承插式机械法兰接口排水铸铁管。

（2）压力排水管道采用内外热浸镀锌钢管。

二、消防系统

（一）水源

水源为城市自来水。从用地西南侧和东南侧的世园区内的道路上的市政给水干管各接出 1 根 DN150 引入管进入用地红线，形成环状管网。引入管上设置双止回阀型倒流防止器。市政供水压力为 0.18MPa。

（二）室外消火栓系统

（1）系统设计用水量为 40L/s，火灾延续时间为 2h。

（2）系统为低压给水系统。室外消火栓用水由城市自来水直接供给，与生活给水共用室外供水管网。在室外给水环网上设地下室消火栓。

（三）室内消火栓系统

（1）系统设计用水量为 20L/s，火灾延续时间为 2h。

（2）采用临时高压给水系统，平时系统压力由屋顶消防水箱和稳压装置维持。

（3）竖向不分区，用 1 组室内消火栓系统加压泵供水。

（4）在地下一层设消防水泵房。泵房内设有效容积 470m³ 的消防水池；设室内消火栓系统加压泵 2 台，1 用 1 备，水泵主要参数：$Q=20$L/s，$H=60$m；设室内消火栓系统稳压设备 1 套，主要参数：水泵，$Q=1.8$L/s，$H=45$m，气压罐有效容积为 150L。

（5）在观景平台上方 16.00m 标高处设高位消防水箱间，内设有效容积为 18m³ 的高位消防水箱。

（6）设 2 个 DN150 水泵接合器，均位于室外消火栓 15～40m 范围内，供消防车向室内消火栓系统补水用。

（7）管材：均采用内外热浸镀锌钢管，可锻铸铁管件。

（四）自动喷水灭火系统

（1）除变配电室、弱电机房等不能用水扑救的场所以及净高大于 12m 的空间外，其余均设自动喷头保护。

（2）系统按中危险级 I 级设计。8m＜净空高度≤12m 的中庭，喷水强度为 12L/(min·m²)，保护面积为 300m²；其余部位，喷水强度为 6L/(min·m²)，保护面积为 160m²。设计用水量为 80L/s，火灾延续时间为 1h。

（3）采用临时高压给水系统，平时系统压力由屋顶消防水箱（与室内消火栓系统合用）和稳压装置维持。

（4）竖向不分区，用 1 组自动喷水灭火系统加压泵供水。

（5）在地下一层消防水泵房内设自动喷水灭火系统加压泵 3 台，2 用 1 备，水泵主要参数：$Q=40$L/s，$H=90$m；设自动喷水灭火系统稳压设备 1 套，主要参数：水泵，$Q=1.8$L/s，$H=60$m，气压罐，有效容积 150L。

（6）喷头选用如下：

1）库房、机房采用直立型喷头。无吊顶部位宽度大于 1.2m 的风管和排管下采用下垂型喷头；有吊顶部位采用吊顶型喷头；距地面高度小于或等于 2.0m 的喷头加装保护罩。

2）净空高度 8～12m 的中庭采用 $K=115$ 的大流量喷头，展厅部分、中庭的环廊采用 $K=80$ 的快速响应玻璃球喷头，其余均采用 $K=80$ 的标准玻璃球喷头。

3）喷头温级：玻璃天窗下等高温作业区为 93℃，其余均为 68℃。

（7）系统均为湿式自动喷水灭火系统，设 4 个湿式报警阀，分设于地下一层 2 个报警阀间内。

（8）设 6 个 $DN150$ 水泵接合器，均位于室外消火栓 15～40m 范围内，供消防车向室内消火栓系统补水用。

（9）管材：均采用内外热浸镀锌钢管，可锻铸铁管件。

（五）大空间智能型主动喷水灭火系统

1. 设置部位

净空高度大于 12m 的中庭。

2. 设计参数

采用标准型大空间自动扫描射水高空水炮灭火装置，2 行 3 列布置，系统设计流量为 30L/s，作用时间为 1h。装置标准流量：5L/s；装置标准工作压力：0.60MPa；装置最大安装高度：20m；一个装置最大保护半径：20m。

3. 系统型式

与自动喷水灭火系统合用一套供水系统，在报警阀前管道分开，单独设置水流指示器和模拟末端试水装置。

4. 管材

均采用内外热浸镀锌钢管，可锻铸铁管件。

（六）气体灭火系统

1. 设置部位

地下一层变配电室和电缆夹层（按一个防护区）。

2. 系统型式

采用独立管网式气体灭火系统。采用七氟丙烷灭火剂。

3. 设计参数

灭火设计浓度为 8%（采用油浸变压器时 9%），设计喷放时间为 8s，灭火浸渍时间为 5min。

4. 控制要求

设有自动控制、手动控制和应急操作 3 种控制方式。有人工作或值班时，设为手动方式；无人值班时，设为自动控制方式。自动、手动控制方式的转换，在防护区内、外的灭火控制器上实现。

（1）防护区设 2 路火灾探测器进行火灾探测；只有在 2 路探测器同时报警时，系统才能自动动作。

（2）自动控制具有灭火时自动关闭门窗、关断空调管道、开启泄压口等联动功能。

（3）在同一防护区内的预制灭火系统装置多于 1 台时，必须能同时启动，其动作响应时差不得大于 2s。

5. 安全措施：防护区围护结构（含门、窗）强度不小于 1200kPa，防护区直通安全通道的门，向外开启。每个防护区均设泄压口，泄压口位于外墙上防护区净高的 2/3 以上。防护区入口应设声光报警器和指示灯，防护区内配置空气呼吸器。火灾扑灭后，应开窗或打开排风机将残余有害气体排出。穿过有爆炸危险和变配电间的气体灭火管道以及预制式气体灭火装置的金属箱体，应设防静电接地。

三、工程特点介绍

给水、中水系统通过采用节水型卫生器具、设置水表、控制用水点压力等方式以达到节水目的。卫生洁具采用用水效率等级为 1 级的产品。污、废水合流排放，污、废水经化粪池（厨房废水经隔油池）处理后排入污水管网。屋面雨水采用 87 型雨水斗排水系统和建筑外排水相结合的方式。设置雨水收集、回用系统，处理后雨水用于绿化和景观补水等。

由室外生活给水环网直接供水。室内消火栓系统、自动喷水灭火系统均采用临时高压给水系统，自动喷水灭火系统采用湿式系统。在净高大于12m的中庭设大空间智能型主动喷水灭火系统，与自动喷水灭火系统合用供水系统。在变配电室设气体灭火系统，采用独立管网系统，灭火剂为七氟丙烷。

四、工程照片及附图

中国馆（一）

中国馆（二）

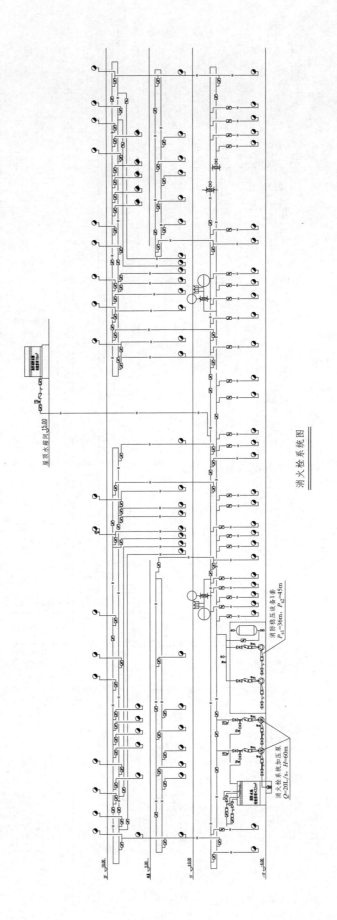

消火栓系统图

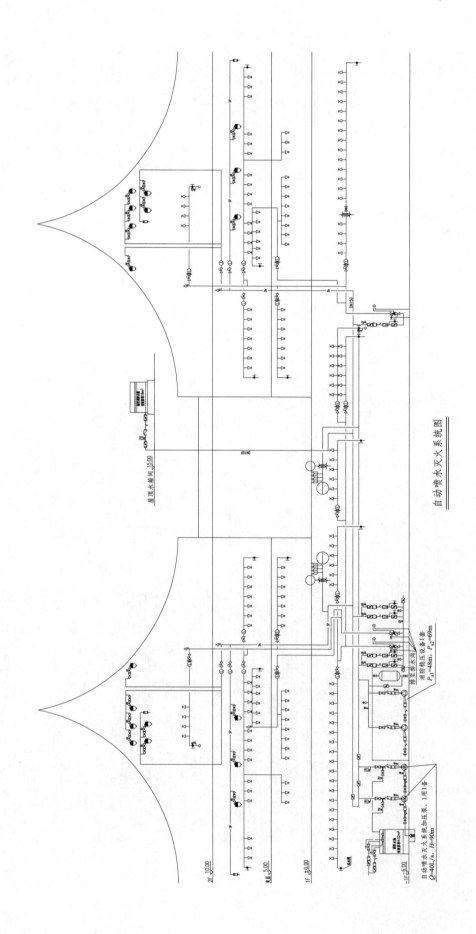

自动喷水灭火系统图

安庆市体育中心

设计单位： 哈尔滨工业大学建筑设计研究院
设 计 人： 路嘉远　张祁　赵宇　曹仙　孔德骞　刘彦忠　李观元　于欢　毕冰实　王哲
获奖情况： 公共建筑类　二等奖

工程概况：

本工程为安庆市体育中心，建设地点位于安徽省安庆市宜秀区顺安路以东、祥和路以北、白泽湖以南、潜江路以西的围合区域，项目内容包括体育场、游泳馆、全民健身馆等。

安庆市体育中心——体育场：体育建筑等级为甲级；体育场规模分级：中型体育场；体育宾馆：按四星级标准设计，总建筑面积为 74777.08m³，总计座席数为 39458 席；建筑层数与总高度：西侧看台下为 4 层，东侧看台下为 5 层，室外设计地坪面至坐席平面最高处高度为 32.99m。东侧为客房区域，南侧、西侧、北侧为场馆运营的办公区、观众服务用房及部分商业。

安庆市体育中心——游泳馆：体育建筑等级为乙级，包括比赛池、训练池及儿童池，主要使用要求为举办地区性和全国单项比赛，室外部分为群众健身训练使用。总建筑面积为 16485.44m³，总计坐席数为 39458 席；建筑层数与总高度为地上 4 层，地下 1 层；建筑总高度为 28.04m。

安庆市体育中心——全民健身馆：体育建筑等级为乙级，主要使用要求为举办地区性和全国单项比赛。总建筑面积为 25075.06m³；建筑层数为地上 3 层，局部地下 1 层；建筑总高度为 22.615m。

工程说明：

一、给水排水系统

（一）给水系统

1. 冷水用水量（见表 1）

冷水用水量　　　　　　　　　　　表 1

项目	用水定额	数量	最高日用水量
观众	3L/人次	80000 人次	240.0m³
运动员	40L/人次	4400 人次	176.0m³
办公人员	40L/（人·d）	800 人	32.0m³
宾馆餐饮	20L/人次	2460 人次	49.2m³
宾馆洗浴	150L/人次	500 人次	75.0m³
宾馆住宿	200L/（人·d）	200 人	40.0m³
草坪浇洒	12L/（m²·d）	10200m²	122.4m³
跑道浇洒	5L/（m²·d）	4500m²	22.5m³

续表

项目	用水定额	数量	最高日用水量
商业	5L/(m²·d)	3600m²	18.0m³
空调补水	450L/h	10h	4.5m³
泳池补水	3849m³	5%	192.5m³
未预见用水量	97.2m³		1069.3m³。

最高日总用水量

2. 水源

本工程的供水水源为城市自来水，市政供水压力为 0.40MPa。

3. 给水系统分区

生活给水系统竖向分高、低区，游泳馆、全民健身馆、体育场一层～二层为低区；体育场三层及以上为高区。

4. 供水方式

采用下行上给式，低区由市政给水直接供给，高区由生活水泵房内的生活水箱及变频供水设备供给。

5. 管材

干管采用内外涂环氧复合钢管，丝扣或沟槽柔性连接；支管采用 S3.2 级 PP-R 管，热熔连接。

（二）热水系统

1. 热水用水量（见表 2）

热水用水量　　表 2

项目	用水定额	数量	最高日用水量
热运动员	25L/人次	4400 人次	110.0m³
宾馆餐饮	15L/人次	2460 人次	36.9m³
宾馆洗浴	60L/人次	500 人次	30.0m³
宾馆住宿	100L/(人·d)	200 人	20.0m³

2. 水源

体育场运动员淋浴间热水采用商用电热水器就近制备，体育场宾馆餐厅、体育场宾馆洗浴、体育场宾馆客房淋浴、游泳馆运动员淋浴间及全面健身馆运动员淋浴间热水由集中设置的地源热泵机组供给。

3. 热水系统分区

生活热水系统竖向分高低区，游泳馆、全民健身馆、体育场一层～二层为低区；体育场三层及以上为高区。

4. 供水方式

冷、热水采用相同的竖向分区，保证冷、热水压力平衡，热水系统采用下行上给同程式管网，干管及立管采用机械循环方式。

5. 管材

干管采用内外涂环氧复合钢管，丝扣或沟槽柔性连接；支管采用 S3.2 级 PP-R 管，热熔连接。

（三）排水系统

（1）采用污废合流制，一层及以上污水自流排至室外污水检查井，经室外化粪池处理后排入市政污水管网，地下室排水采用压力排水系统，由潜水泵排水。

（2）系统设置伸顶通气管、环形通气管及副通气管。

（3）厨房污水经过室外地下设置的隔油池隔油处理后排至污水管网。

（4）屋面雨水采用虹吸雨水排水系统，设计暴雨重现期为10年。比赛场地沿跑道内侧和全场外侧各设1道环形排水暗沟，把整个体育场地划分成3个排水区域，外侧排水暗沟排除看台及跑道外侧雨水，主要采取地面径流方式将地面水排入外侧暗沟，防爆沟内也设置排水暗沟，通过连通管将雨水排至室外雨水管道，内侧排水暗沟排除跑道地面雨水和田赛场地，包括足球场及其缓冲地带雨水，采用径流方式排入内侧暗沟，暗沟内的雨水通过雨水管道重力排出。

（5）污水管道采用离心机制铸铁管，柔性接口连接；压力排水管材采用焊接钢管，焊接连接；雨水管采用HDPE塑料管，压力等级PN6，热熔连接。

（四）游泳池设计

（1）比赛池、训练池、戏水池分别设置各自独立的池水循环净化给水系统。

（2）游泳池均采用逆流式。

（3）游泳池的池水过滤器均采用可再生硅藻土过滤器，硅藻土过滤器带压力传感器、气动阀门组及空气压缩机等，采用PLC控制。过滤器根据进出水压差及运行时间自动/手动反冲洗，反冲排水排至室外雨水井。

（4）设置pH调节剂和长效消毒剂投加计量泵，计量泵采用湿式投加，溶液配置浓度分别为pH值调整剂（稀盐酸）不超过3%，长效消毒剂（次氯酸钠溶液）不超过6%。

（5）采用全流量全程式臭氧消毒为主，氯消毒为辅的消毒方式。

（6）均采用2台板式换热器间接加热。

二、消防系统

（一）消防系统的用水量

室内消火栓系统用水量为30L/s，火灾延续时间2h；

室外消火栓系统用水量为30L/s，火灾延续时间2h；

自动喷淋系统用水量为30L/s，火灾延续时间1h；

消防总用水量为540m³。

（二）消火栓系统

（1）室内消火栓系统不分区，入口所需压力为0.5MPa。

（2）消火栓泵的参数如下：

1）室内消火栓泵型号：XBD7.6/30-125GDLx4，参数：$Q=30$L/s，$H=76$m，$N=37$kW，设置2台，1用1备。

2）消火栓系统稳压设备型号：ZL-I-X-10；

配套水泵：XBD4/5-LDW（I）18/4，参数：$Q=3.5\sim5.6$L/s，$H=44.3-32.2$m，$N=4$kW/台，设置2台，1用1备；

配套隔膜气压罐型号：SQL800×0.6，有效容积为300L，设置1台。

（3）消防用水由游泳馆的室内比赛池及训练池保证，比赛池容积为2688m³，训练池容积为1032m³，满足本工程需要，2个游泳池不同时检修。

（4）高位消防水箱设置在体育场B区22.600m标高的高位消防水箱间内，高位消防水箱有效容积为18m³。

（5）室内消火栓系统设置4套SQS100-A型地上式水泵接合器。

（6）室内消火栓管道采用内外壁热镀锌钢管，连接方式为沟槽柔性连接。

(三) 自动喷水灭火系统

（1）自动喷水灭火系统不分区，入口所需压力为 0.5MPa。

（2）喷淋泵的参数

1）喷淋泵型号：XBD7.6/30－125GDLx6，参数：$Q=30L/S$，$H=95m$，$N=45kW$，设置 2 台，1 用 1 备。

2）自动喷水灭火系统气压给水设备

① 隔膜式气压罐：$\phi=2000$，调节容积为 $3m^3$，终端压力为 0.40MPa，设置 1 台。

② 配套水泵：XBD5/0.73-25LGW/5，参数：$Q=0.58\sim1.00L/s$，$P=0.533\sim0.460MPa$，$N=1.5kW$，设置 2 台，1 用 1 备。

（3）喷头及报警阀组

1）喷头均采用 $K=80$ 型，厨房喷头动作温度为 93℃，其余位置喷头动作温度为 68℃，有吊顶的场所采用吊顶型玻璃球闭式喷头，无吊顶的场所采用直立型喷头。

2）体育场设置 6 套湿式报警阀组，集中设置于 2 个报警阀间内。

（4）自动喷水灭火系统设置 4 套 SQS100-A 型地上式水泵接合器。

（5）喷淋系统管道采用内外壁热镀锌钢管，连接方式为丝扣或沟槽柔性连接。

(四) 大空间智能型主动喷水灭火系统

（1）游泳馆比赛大厅净空高度大于 12m 的高大净空场所设置大空间智能型主动喷水灭火系统。

（2）自动跟踪定位射流灭火装置额定流量为 5L/s，额定压力为 0.60MPa，保护半径为 30m。

（3）系统控制方式为自动控制、控制中心手动控制及现场手动控制。

三、工程特点介绍

(一) 泳池工艺特点

游泳馆内设置比赛池、训练池、儿童戏水池。各池池水处理循环系统相互独立，均采用逆流式循环方式。设置均衡水池，循环水泵由均衡水池吸水，水泵入口处设置毛发聚集器，池水循环净化采用可再生硅藻土过滤器，过滤器前投加混凝剂，采用全流量全程式臭氧消毒，水中余氯由长效消毒剂保证，池水加热采用分流量加热。

可再生硅藻土过滤器主要优点：过滤精度高，过滤浊度可达到 $2\mu m$，且可滤除 99.5% 的细菌及 85% 的病毒；运行管理简单，反冲洗耗水量小，硅藻土损耗量小，运行费用低。

(二) 大空间智能型主动喷水灭火系统特点

大空间智能型主动喷水灭火系统可以自动探测报警与自动定位着火点；控制俯仰回转角和水平回转角动作；可以接收其他火灾报警器联动信号；可以自动控制、远程手动控制和现场手动控制；可以采用图像呈现方式，实现可视化灭火；探测距离远，保护面积大，响应速度快，探测灵度高。

大空间智能型主动喷水灭火系统的自动定位技术，远程控制定点灭火，减少了扑救过程中造成的损失；具有防火、灭火、监控功能，提高了系统整体的性价比；可以二次寻找、无需复位，大幅缩短了灭火时间。

(三) 虹吸雨水排水系统特点

屋面雨水采用虹吸式雨水排水系统，可快速排出屋面雨水，有效地避免了屋面积水对屋面结构造成影响。

四、工程照片及附图

全民健身馆外观

全民健身馆训练场地

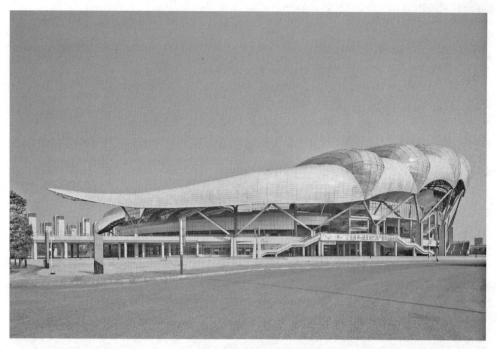

体育场外观

体育场比赛场

游泳馆外观

游泳馆比赛池

游泳池水处理机房

游泳池板式换热器

游泳池臭氧发生器

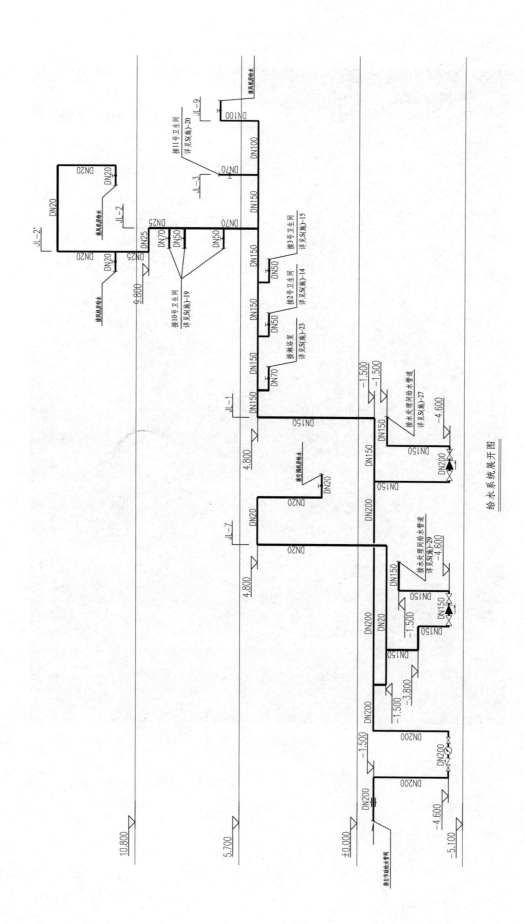

给水系统展开图

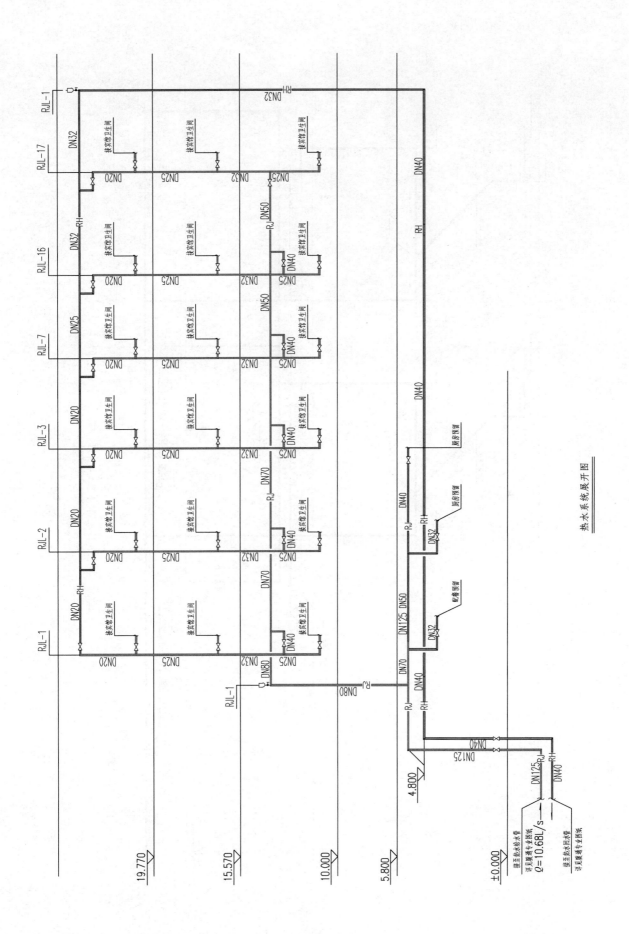

热水系统展开图

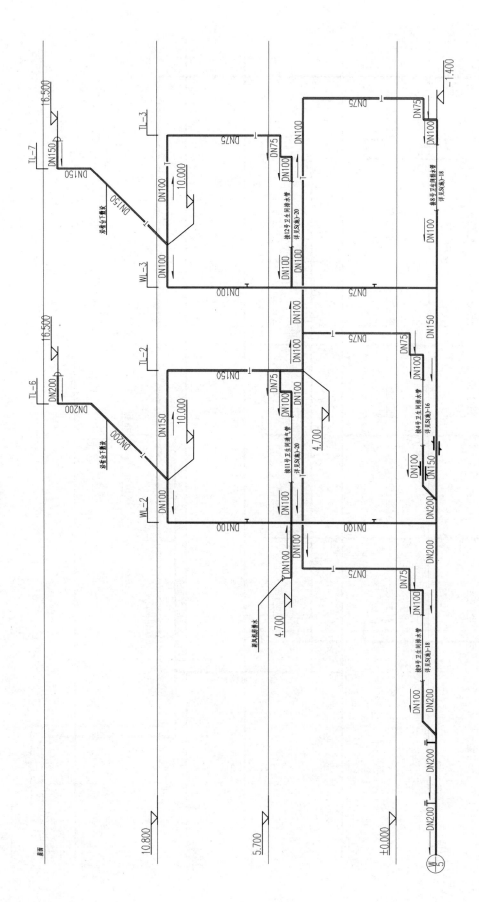

排水系统展开图

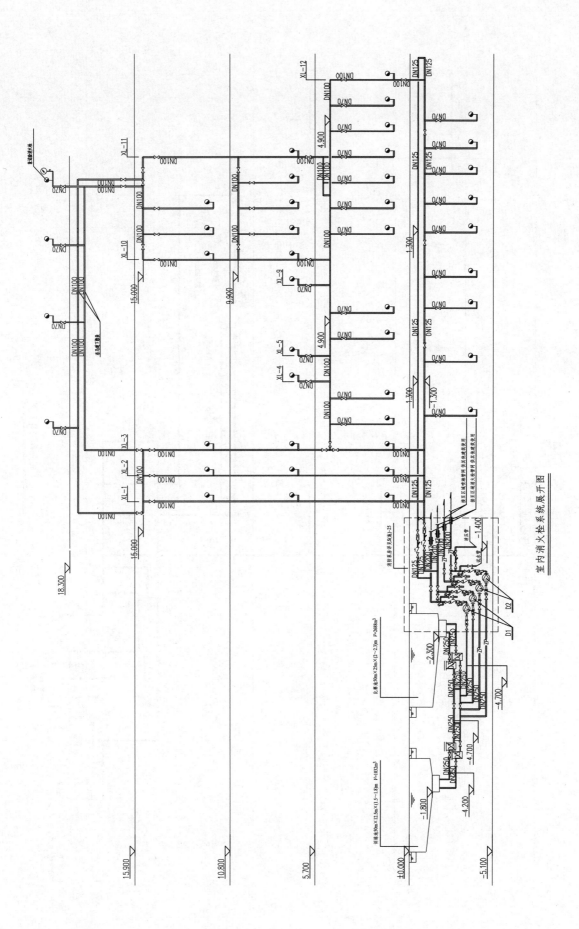

室内消火栓系统展开图

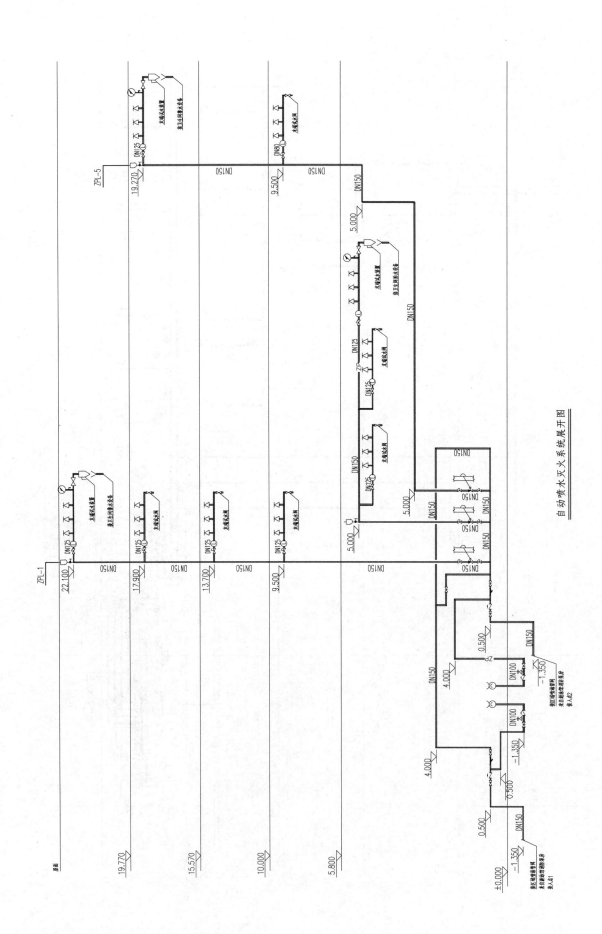

自动喷水灭火系统展开图

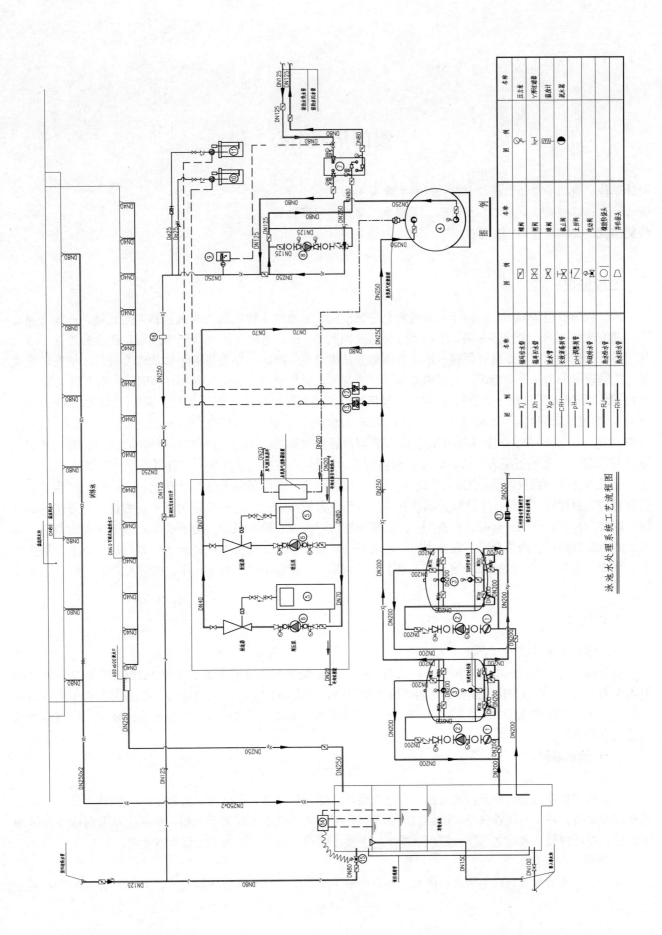

泳池水处理系统工艺流程图

厦门华润中心

设计单位：厦门合立道工程设计集团股份有限公司
设 计 人：李益勤　刘宏琦　杨培云　王建华　唐宜沛　薛俊曦　范翀　刘伟龙
获奖情况：公共建筑类　二等奖

工程概况：

本工程为厦门华润中心，位于美丽的海上之城厦门，基地位于厦门市思明区禾祥东路北侧，湖滨南路南侧，湖滨东路西侧，金榜路东侧，距南侧火车站商圈约 500m。地块北侧与西侧穿过规划建设的地铁一号线与三号线。地处闹市区，交通便利。地块整体功能是集商业、酒店、办公等为一体的综合项目。结合环境资源、道路现况分为 4 个功能区。东部地块为综合商业区，包括厦门万象城（商业）和厦门华润大厦 A 座（办公）、厦门华润大厦 B 座（办公）；西部地块包括厦门华润大厦 C 座（酒店）及配套用房；总用地面积约 6.3 万 m^2，总建筑面积约 42 万 m^2，地上包括万象城（29.6m，5 层）、A 座办公楼（144.6m，33 层）、B 座办公楼（96.4m，22 层）、C 座（84.05m，18 层）以及裙房（2 层），地下室为 3 层（局部夹层）。厦门华润大厦 A 座功能：一层～五层为办公、商业、设备用房。六层～三十三层为办公。厦门华润大厦 B 座功能：一层～五层为办公、商业、设备用房。六层～二十二层为办公。厦门华润大厦 C 座功能：一层～三层为酒店配套商业、宴会厅等，四层～十八层为酒店客房。厦门万象城功能：一层～二层为商业、餐饮、设备用房。三层～四层为商业、餐饮、影院、设备用房。五层为餐饮、商业、设备用房。地下功能：地下一层为商业、车库、酒店后勤用房、丙类仓库、设备用房、垃圾房等。地下二层夹层为车库、酒店设备用房、地下二层为商业、车库、设备用房、战时人防地下室。地下三层为车库、设备用房、丙类仓库、战时人防地下室。

工程说明：

一、给水排水系统

整个地块给水均由城市自来水供给，从金榜路和湖滨东路下各引入 1 条 DN200 的给水管，从湖滨南路引入 1 条 DN300 的给水管，并在小区内形成供水环网，加大项目生活用水可靠性，作为本工程生活及消防的给水水源。市政供水压力为 0.30～0.35MPa，测试点黄海标高为 2.5m。室外给水系统采用消防与生活给水管道合并系统。

（一）给水系统

1. 水源

本工程根据业态要求设置给水系统，可分为酒店、办公和商业 3 种业态，并按业态分别独立设置生活水箱和加压设备，各个系统各自独立运营。商业及办公生活泵房设于东区地下三层，酒店生活泵房设于西区地下二层，泵房内设变频给水系统供应生活用水，并设不锈钢生活水箱作为本工程供水水箱。

2. 系统竖向分区

项目由市政给水管网或生活水箱供水，各分区最不利用水点给水压力除酒店外，不小于 0.10MPa，各分区最大静水压力不大于 0.45MPa，各分区按规范设支管减压阀，阀后压力为 0.2MPa；酒店部分应酒店管理公司要求，给水系统按静压不大于 0.45MPa 分区；客房内用水点给水压力不小于 0.20MPa，不大于 0.40MPa。各业态给水竖向分区及水箱容积详见表 1。

各业态给水竖向分区及水箱容积 表 1

	第 1 区	第 2 区	第 3 区	第 4 区	第 5 区	第 6 区	水箱容积(m³)
万象城(商业)	地下三层～一层	二层～五层					624
A 座	地下三层～二层	三层～十一层	十二层～十七层	十八层～二十三层	二十四层～三十层	三十一层～三十三层	83
B 座	地下三层～二层	三层～八层	九层～十四层	十五层～十九层	二十层～二十二层		47
C 座及裙房	地下三层～三层	四层～九层夹层	十层～十五层	十六层～十八层			792

3. 给水用水量

本建筑按业态分别计算生活用水量，详见表 2。

生活用水量 表 2

A 座

序号	用水部位	服务数量	用水量标准	服务时间(h)	小时变化系数	最高日用水量(m³/d)	平均时用水量(m³/h)	最大时用水量(m³/h)
1	办公	6000 人	50L/(人·d)	10	1.2	300	30	36
2	未预见用水量		按日用水量 10%			30	3	3.6
3	总用水量					330	33	39.6

最高日生活用水量：330m³/d，最大时用水量：39.6m³/h

B 座

序号	用水部位	服务数量	用水量标准	服务时间(h)	小时变化系数	最高日用水量(m³/d)	平均时用水量(m³/h)	最大时用水量(m³/h)
1	办公	3400 人	50L/(人·d)	10	1.2	170	17	20.4
2	未预见用水量		按日用水量 10%			17	1.7	2
3	总用水量					187	18.7	22.4

最高日生活用水量：187m³/d，最大时用水量：22.4m³/h

商业

序号	用水部位	服务数量	用水量标准	服务时间(h)	小时变化系数	最高日用水量(m³/d)	平均时用水量(m³/h)	最大时用水量(m³/h)
1	商场	27055m²	5L/m²	12	1.2	135.28	11.27	13.52
2	餐厅	36456 人次	40L/人次	12	1.5	1458.24	121.52	182.28
3	电影院	8200 人次	5L/人次	12	1.5	41.00	3.42	5.13
4	超市	1698m²	5L/m²	12	1.5	8.49	0.71	1.07
5	百货	1400m²	8L/m²	12	1.2	11.20	0.93	1.12
6	停车场	50000m²	2L/(m²·d)	8	1.0	100.00	12.5	12.5
7	绿化用水	20000m²	2L/(m²·d)	4	1.0	40.00	10	10
8	未预见用水量		按日用水量 10%			179.42	16.04	22.56
9	总用水量					1973.63	176.39	248.18

最高日生活用水量：1974m³/d，最大时用水量：248m³/h

续表

序号	用水部位	服务数量	用水量标准	服务时间 (h)	小时变化系数	最高日用水量 (m³/d)	平均时用水量 (m³/h)	最大时用水量 (m³/h)
C 座酒店								
1	客房	495 人	400L/人	24	2.4	198.00	8.25	19.80
2	酒店职员	495 人	100L/人	24	2.4	49.5	2.06	5.0
3	餐厅	6400 人次	30L/人次	12	1.2	192.00	16.00	19.20
4	员工餐厅	960 人次	20L/人次	12	1.2	19.20	1.60	1.92
5	宴会厅	500 人次	50L/人次	4	1.5	25.00	6.25	9.40
6	泳池(淋浴)	180 人次	100L/人次	12	1.5	18.00	1.50	2.30
7	泳池(补水)	—	—	10	1.0	50.00	5.00	5.00
8	空调补水	—	—	10	1.0	32.00	3.20	3.20
9	洗衣房	—	—	8	1.5	119.60	14.95	22.43
10	锅炉房	—	—	—	—	10.00	1.00	1.00
11	绿化用水	5000m²	2L/(m²·d)	4	1.0	10.00	2.5	2.5
12	未预见用水量		按日用水量10%			72.30	6.23	9.18
13	总用水量					795.63	68.54	100.93

最高日生活用水量:796m³/d,最大时用水量:101m³/h

计算说明:

餐厅按 2m²/人考虑,每天翻台 2 次,宴会厅按座位数考虑一次用餐。

4. 供水方式

为充分利用市政水压,环保节能,第 1 区均采用市政水压直接供水,除商业部分的第 2 区由地下室的变频水泵供水外,其余业态第 2 区及第 2 区以上均采用水泵水箱联合供水方式供水。设置转输水泵组(酒店部分设于地下二层,商业办公部分设于地下三层),由地下生活水池提升生活用水至屋顶生活水箱。最高一区由变频水泵组及气压给水设备加压供水,其他楼层由屋顶层水箱重力供水。

5. 供水系统的选择

通过对本项目给水系统的不同种类设计进行比较和分析,最终选用以重力供水系统为主的供水方式。重力供水系统使用加压泵供水,通过加压泵将底层水箱中的水源抽至高层水箱后,依靠高水位中水体自身重力向各配水点供水。最高一区由高区加压泵供水。此系统具有以下个优点:

(1)地下室占用空间较少,地下室仅需要设置 1 组转输泵;

(2)水压稳定度较高,屋顶水箱具有较大的调节水压、水量的能力;

(3)用水可靠性较高,顶层设水箱即使在水泵有损毁的情况下亦可靠重力供水;

(4)节能形象好,转输水泵是按最大时流量选定,始终在高效段工作;

(5)改装灵活性高,重力供水部分不设水泵,改装时不受变频水泵流量及扬程限制。

6. 供水保障措施

为保证项目周边的市政管网出现状况进行维护和抢修,项目仍然能继续正常维持运营,酒店部分生活水箱有效容积设置为 792m³,保证了生活储水基本满足一天的最高日用水量。供水水箱均分为 2 格或者 2 座,以保证检修清理时的系统用水稳定。

7. 水质保障

根据酒店对生活用水水质要求，生活冷水和热水系统以及所有机电房设备的用水硬度小于 120mg/L，厨房和洗衣房设备及其相关系统的供水硬度小于 80mg/L。生活给水采用高速过滤器、活性炭过滤器等处理工艺，经过处理基本可满足酒店一般生活用水要求。需要特别软化处理的部位为蒸汽锅炉用水，处理后硬度为 1.5mg/L。其他局部要求硬度低且用水量小的部位，采用局部处理，如洗碗机、咖啡机等部位单独设置软水机。

8. 表计量

针对公共卫生间洗浴、空调机房补水以及大的集中用水点等位置均单独设水表进行计量。

9. 器具及管材的选用

项目均采用节水型卫生器具，各超压的用水点均采用支管减压阀，针对酒店的定位相对高，对用水的舒适性相对严格，为严格保证热水使用过程中的稳定，同时也兼顾节水的要求，冷、热水均设置带有冷热水压力平衡控制的节水型配件。

管材方面，酒店部分室内生活管均采用磷脱氧无缝铜管（TP2），高精级，钎焊连接，其余室内生活给水主干管（含空调补水管）大于或等于 DN32 均采用外镀锌，内衬 PE 钢塑复合管，管径小于或等于 DN80 采用丝扣连接；管径大于或等于 DN100 采用沟槽式（卡箍）管接头及配件连接。小于或等于 DN25 的给水支管均采用 PP-R 给水管，热熔连接。安装采用暗装形式。

（二）热水系统

1. 热水供水量

酒店最高日热水量为 191m³/d，最大时热水量为 26.9m³/h。生活热水设计小时耗热量为 1568kW。热水用水量见表 3。

表 3

热水用水量

序号	用水部位	服务数量	用水量标准	服务时间（h）	小时变化系数	最高日用水量（m³/d）	平均时用水量（m³/h）	最大时用水量（m³/h）
客房								
1	客房	495 人	160L/人	24	3.3	73.0	3.3	10.0
2	酒店员工	456 人	40L/人	24	2.4	19.8	0.83	1.98
厨房,SPA,健身房等								
1	理疗 spa	43 人 2 次	100L/（人·次）	12	1.5	8.6	0.72	1.08
2	大堂酒吧	490 人 4 次	10L/（人·次）	12	1.5	19.67	1.64	2.46
3	全日餐厅	200 人 4 次	7L/（人·次）	12	1.5	5.67	0.47	0.71
4	餐厅(员工)	40 人次	15L/（人·次）	12	1.5	0.61	0.05	0.08
5	宴会厅	213 人 1 次	25L/（人·次）	12	1.2	12.8	1.07	1.28
6	健身房	40 人 2 次	25L/（人·次）	12	1.2	2.0	0.17	0.2
7	泳池(淋浴)	60 人 3 次	30L/（人·次）	12	1.5	5.4	0.45	0.68
洗衣房(预留)								
1	洗衣房	1600kg	30L/kg	8	1.5	48.0	6.0	9.0

2. 集中热水管网系统

酒店生活热水系统采用全日制集中热水供应系统，水加热器均采用立式半容积式换热器。生活热水热源采用燃气热水锅炉。热水供水温度为 65℃，回水温度为 55℃。

热水分区同给水系统，为保证冷、热水系统供水压力严格一致，2 区和 3 区换热设备设置于地下室，4 区换热设备设置于屋面。2 至 3 区给水管网由屋顶层生活高位水箱接至地下室热水换热机房，分为 2 路，一路经半容积式换热器换热供客房热水，另一路供酒店客房给水。各回水立管底部及各层回水干管末端均设置静态平衡阀以调节热水回水量，确保热水水温达到理想状态，各用水点卫生器具采用器具热水回水。

热水管及回水管均采用磷脱氧无缝铜管（TP2），钎焊连接，连接处需要防腐包扎和保温处理，管材及管件的压力等级为 1.6。

（三）排水系统

1. 污/废水系统

本项目总设计污水量约为 2893m³/d，排水量按最高日用水量的 90% 计。

排水系统及排水方式：采用雨污分流制，室内污废合流制，室外污、废水合流排至污水管道系统，含油污水需先经隔油池处理后再排入室外污水井；生活废水与生活污水一起经化粪池处理后排至地块外市政污水管道。

排水系统均设专用通气立管，专用通气立管设结合通气管与排水立管连接，专用通气立管上端和下端与排水立管以斜三通连接。地下污水集水坑设伸顶通气管，超过 12m 或连接 6 个大便器及以上的排水横管设置环形通气管。

设备房、垃圾房、污/废水间、报警阀间、消防电梯底坑、地下车库、车道入口等均设集水坑排水、集水坑内设潜水泵将污水提升后排入室外污水或雨水检查井。垃圾房和污/废水间内的潜水泵均带过滤装置、铰刀和自耦装置。除个别人防口部坑外，各集水坑均设置潜污泵 2 台，1 用 1 备。水位受集水坑水位自动控制交替运行。备用泵在报警水位时可自动投入运行。

根据不同需要合理选用排水管材，除含油重力污水废水采用内外静电喷涂环氧树脂柔性机制排水铸铁管外，排水立管、排水横支管、通气管、底层悬吊管和埋地重力排水管均采用柔性机制排水铸铁管。隔油器出水管采用外镀锌内衬 PE 钢塑复合管，潜污泵提升加压管道采用内外热镀锌钢管。

2. 雨水系统

雨水量按厦门市暴雨强度公式计算，屋面设计暴雨强度 $q_s = 5.43 L/(s \cdot 100m^2)$，重现期为 10 年，径流系数为 1.0。除万象城屋面采用虹吸雨水系统以外，其余均采用重力流系统，总汇水面积约为 6 万 m²，屋面雨水管的设计排水能力满足 50 年重现期的雨水排放要求。下沉广场和地下车库出入口等设计暴雨强度 $q_s = 7.42 L/(s \cdot 100m^2)$，重现期为 100 年，径流系数为 1.0。

（四）游泳池设计

本项目游泳池位于酒店三层屋面，主池面积约为 210m²，周边设置了按摩池及儿童戏水池。主池的设计平均水深为 1.2m，容积为 250m³，循环周期为 4h，循环流量为 62.5m³/h，设计水温为 28℃。

游泳池的净化处理采用逆流式循环过滤方式，池水净化过滤系统采用石英砂过滤砂缸，过滤速度不超过 25m/h。池水消毒方式采用长效消毒剂氯消毒及臭氧消毒。

游泳池与按摩池、儿童戏水池均采用独立的循环过滤系统，儿童池循环周期为 1h，按摩池循环周期为 0.5h。按摩池、儿童戏水池均采用紫外线消毒的方式。

游泳池的水加热采用 50～60℃生活热水为热媒。

二、消防系统

商业综合体具有超大连续空间、超大体量、内部功能业态复杂、人流密度大等特点，若发生火灾，后果大多比较严重，引起极大社会影响。本工程按不超过 150m 的一类超高层综合楼进行防火设计，消防设计参照现行消防规范作为设计依据，系统包括室内/外消火栓系统、室内自动喷水灭火系统、自动喷水冷却系统，大空间智能型主动喷水灭火系统、气体灭火系统以及各层配置建筑灭火器。

为方便各业态独立运营管理，酒店、办公、商业3个业态各自独立设置消防泵房、水泵及管道系统，但合用消防水池，设于地下一层，水池容积为998m³，分为2格（其中消防贮水864m³，与冷却塔补水共用水池，设消防水池容积不被动用的措施）。万象城和A座、C座塔楼均设消防水箱和消防增压设备，万象城和A座的消防水箱有效容积为50m³，其余均为36m³。各消防给水系统用水量见表4。

各消防给水系统用水量　　　　　　　　　　　　　　　　　　　　　　表4

类别	用水量(L/s)	火灾延续时间(h)	用水量(m³)
室外消火栓系统	40	3	432
室内消火栓系统	40	3	432
自动喷水灭火系统	60	2	432
自动喷水冷却系统	35	1	126
大空间智能型主动喷水灭火系统	20	1	72

大空间智能型主动喷水灭火系统和自动喷水灭火系统共用增压设备，自动喷水冷却系统设独立的增压设备，但与自动喷水灭火系统共用水量，3个系统消防用水量最大值作为自动喷水灭火系统贮水量，不叠加。防火卷帘采用以背面温升为判定条件达到3h的特级防火卷帘，故不设水系统保护。

（一）消火栓系统

1. 室外消火栓系统

项目位于厦门市中心地带，周边市政条件完善，满足规范2路供水要求，故地块内不储存室外消防用水量，室外消火栓直接由市政供水。

2. 室内消火栓系统

各业态的室内消火栓给水系统均由设于地下室或避难层消防泵房内的消火栓泵供水，供水系统为环状管网，屋顶水箱贮存消防用水作为初期火灾供水，屋顶水箱设置高度不满足最不利点消火栓栓口静水压力的要求，屋顶上按业态分设增压稳压设备。室内消火栓系统竖向分区见表5。

室内消火栓系统竖向分区　　　　　　　　　　　　　　　　　　　　表5

	低区	中区	高区
万象城(商业)	地下三层~五层		
A座	地下三层~十一层	十二层~二十三层	二十四层~三十三层
B座	地下三层~五层	六层~二十二层	
C座及裙房	地下三层~设备夹层	四层~十八层	

（1）万象城消火栓系统由商场消火栓泵供水，不分区。

（2）A、B、C座低中区均由设于地下室的办公、酒店消火栓泵供水，A座减压阀设于避难层，由消火栓泵减压至0.40MPa供水，B、C座减压阀设置于地下室泵房内，B座低区由消火栓泵减压至0.70MPa供水，C座低区由消火栓泵减压至0.80MPa供水，A、B座中区由消火栓泵直接供水；A座高区由设在A座避难层的消火栓泵直接供水。

3. 室内消火栓系统设置

整个项目均设置消火栓系统，室内消火栓系统布置成环状，每层消火栓布置均能满足火灾时任何部位有

2 股充实水柱到达。大商业部分环网采用竖向布置，在一、三、五层设置环网，并根据建筑平面布置切分为 4 个区域形成 4 个小环，主干管设置于后走道区域，避免管道进入公共走道区域，可使公共走道区域内管道尽量减少走道净高提升商业的形象。

4. 消火栓箱的设置

消火栓箱内配置栓口直径 65mm，麻质衬胶水带长度 25m，水枪喷嘴口径 19mm；内径 19mm，长度 30m 的输水胶管、喷嘴口径 6mm 的小口径水枪和转盘；手提式干粉灭火器 2 具；项目商业定位较高，在消火栓设置不影响美观且符合规范要求的情况下，消火栓箱尽量采用暗装，且突出四角为圆角，消火栓箱内栓口朝外，栓口中心距地面 1.1m。消火栓箱的安装不影响消防疏散和无障碍宽度的要求。暗装在防火墙上的箱体，箱体背面砌体满足耐火极限不小于 3h；暗装在其他墙体上的箱体，其背面应保留 100mm 厚以上同材质的砌体。

5. 水泵控制

泵组出水管上设置低压压力开关，屋顶消防水箱出口设流量开关，当压力开关或流量开关动作时，室内消火栓常用泵自动启动，当常用泵发生故障时，备用泵自动投入工作；泵房内和消控室设按钮手动启、停泵，水泵控制柜设置机械应急启泵功能。A 座避难层的转输水箱平时水位由浮球阀控制，当下降至启泵水位时，室内消火栓和喷淋的转输常用泵自动启动，当常用泵发生故障时，备用泵自动投入工作；泵房内和消控室设有按钮手动启、停泵，水泵控制柜设置机械应急启泵功能。

6. 消防转输水箱

消防转输水箱设于避难层，因消防转输泵流量大，消防转输水箱容积有限，在火灾扑灭后未及时关闭转输泵的情况下极易发生溢流情况，且溢流水量大，水箱又设置在中间避难层，排水难度较大且造成水资源的浪费，故本项目采用消防转输水箱的溢流系统，采用外置集水槽结合虹吸雨水系统，将溢流水通过虹吸雨水斗收集至地下室消防水池内，经过使用验证，效果良好。并已将设计成果提炼为实用新型专利，专利号 ZL201520823182.2。

7. 消防系统安全保障

本案消防系统（包括喷淋，水炮，窗玻璃冷却系统）采用了可视化压力监测系统，在水管井主干管前端及系统末端设置可视化模块，可以随时方便且直观地在管显示各点位压力值并监测流量，亦可在消控室联动显示，为保证消防系统正常运作提供便利。

8. 管材

管材均采用内外壁热镀锌钢管，工作压力大于 1.2MPa 时采用加厚镀锌钢管。

（二）自动喷水灭火系统

1. 自动喷水灭火系统用水量（见表 4）

2. 系统分区

各业态自动喷水灭火系统分别由各自的喷淋泵供水，共用消防水池；系统竖向分区，分区及分区供水减压阀后压力同消火栓系统。

3. 自动喷水灭火系统的设置：本工程中庭部分（高度大于 12m）设置大空间智能灭火装置，其余部位（高度均小于 12m）设置闭式自动喷水灭火系统保护。

（1）地下室、一～五层商场按中危险级Ⅱ级设计（地下超市存货区除外），喷水强度为 $8L/(min \cdot m^2)$，作用面积为 $160m^2$，设计用水量为 40L/s，火灾延续时间为 1h；超市存货区按仓库危险级Ⅱ级堆垛储物仓库设计（堆垛高度小于 4.5m），喷淋喷水强度 $12L/(min \cdot m^2)$，作用面积为 $200m^2$，设计用水量为 60L/s，火灾延续时间为 2h；地上净空高度 8～12m 的场所按非仓库类高大净空场所设计，喷水强度为 $6L/(min \cdot m^2)$，作用面积为 $260m^2$，设计用水量为 50L/s，火灾延续时间为 1h。

（2）酒店塔楼按中危险级Ⅰ级设计，喷水强度为 6L/（min·m²），作用面积为 160m²，设计用水量为 30L/s，火灾延续时间为 1h；一层宴会厅为非仓库类高大净空场所，喷水强度为 6L/（min·m²），作用面积为 260m²，设计用水量为 50L/s，火灾延续时间为 1h；一层宴会厅为非仓库类高大净空场所，喷水强度为 6L/（min·m²），作用面积为 260m²，设计用水量为 50L/s，火灾延续时间为 1h；库房按仓库危险级Ⅱ级堆垛储物仓库设计（堆垛高度小于 3.5m），喷淋喷水强度为 10L/（min·m²），作用面积为 200m²，设计用水量为 40L/s，火灾延续时间为 2h；其余部分为中危险级Ⅱ级，喷水强度为 8L/（min·m²）；作用面积为 160m²，设计用水量为 40L/s，火灾延续时间为 1h。

4. 喷头的选型及布置

（1）厨房高温作业区域使用温级为 93℃的喷头，桑拿干蒸房和其木顶棚上部的喷头温级为 163～191℃，其他区域均使用温级为 68℃的喷头。

（2）后勤区、机房、大商业商铺等处的喷头明装，大商业各商铺的喷头均设置一根独立的主干管供水，以方便各商铺小业主各自装修时迁改喷淋管道不相互影响，并在干管前端设置带锁具且有开闭指示的阀门，以防止误操作；客房区域侧喷采用扩大覆盖面边墙型喷头（$K=115$，$B \times L=4900 \times 6700$），喷头工作压力大于 0.2MPa，其余均采用标准响应喷头。

（3）吊顶区域采用快速响应喷头；当吊顶上方闷顶的净空高度超过 800mm 时或采用木板吊顶和造型处应加设标准直立型喷头（型号为 ZSTZ），向上安装的喷头溅水盘与顶板距离为 100m。

（4）干蒸房内的喷头应靠近角落设置避免碰头且不得设于发热器上方。

（5）配水支管至喷头之间管段的管径为 DN25（$K=80$）或 DN32（$K=115$）。所有区域的喷头溅水盘下方净高不低于 2.20m。

（6）厨房排烟罩风管内需设高温喷淋头（260℃），水平每隔 3m 设喷头，厨房排烟罩风管穿过各楼层至屋面排放的地方，在风管最高处增加喷头。喷头就近与喷淋管道相连。部分喷淋水管在排油烟风管外部，用法兰作活动接口，以保证喷淋支管接入，便于检修。

5. 水泵控制

当湿式报警阀和雨淋阀的压力开关动作时，喷淋常用泵自动启动，当常用泵发生故障时，备用泵自动投入工作；泵房内和消控室设有按钮手动启、停泵，水泵控制柜设置机械应急启泵功能。

6. 管材

管材均采用内外壁热镀锌钢管，工作压力大于 1.2MPa 时采用加厚镀锌钢管。

（三）大空间智能型主动喷水灭火及自动喷水冷却系统

本工程中庭部分（高度大于 12m）设置大空间智能灭火装置，商业中庭与周围连通空间采用非隔热型防火玻璃墙进行防火分隔，非中庭侧设置自动喷水冷却系统。2 个系统均与自动喷水灭火系统共用增压设备，3 个系统消防用水量最大值作为喷淋贮水量，不叠加，用水量详见表 4。系统竖向不分区。

1. 大空间智能型主动喷水灭火系统

（1）采用标准型自动扫描射水高空水炮灭火装置。该装置每个喷头标准流量为 5L/s，标准工作压力为 0.60MPa，标准圆形保护半径为 20m，最大安装高度为 20m，1 个智能型红外探测组件控制 1 个喷头，配水管设置水流指示器，末端设置可视化的模拟末端试水装置，并联动消控室。

（2）采用自动控制、消防控制室手动控制、现场手动控制 3 种控制方式。

2. 自动喷水冷却系统

（1）用于冷却玻璃分隔构件的自动喷水冷却系统为独立的闭式系统，自湿式报警阀后的管道不与其他自动喷水灭火系统连接，自动喷水冷却系统配置普通边墙型，喷头动作温度为 68℃，工作压力不小于 0.1MPa。

（2）系统喷水强度：喷头距地面的高度不大于 4m，喷水强度为 0.5L/（min·m²），喷水延续时间为 1h。

（3）喷头布置原则：喷头安装在商铺内侧吊顶下方的位置，吊顶宽度不小于 500mm。喷头溅水盘与顶板的距离不小于 150mm，不大于 300mm，且不低于分隔玻璃上檐。喷头布置间距不大于 2.0m，不小于 1.8m。喷头与玻璃水平距离不大于 300㎜。自动喷水冷却系统和自动喷水灭火系统的喷头交叉布置，其喷头间的距离不小于 1.8m。部分区域无法满足要求时，采用竖直安装的挡水板分隔。普通商铺内的自动喷水灭火系统喷头与自动喷水冷却系统喷头的水平间距大于 0.9m，在满足场地保护的同时，也不影响自动喷水冷却系统喷头的开启。

3. 管材

管材的使用同自动喷水灭火系统管材。

（四）气体灭火系统

（1）低压配电房、开闭所、酒店智能化机房等设备机房采用柜式预制七氟丙烷气体灭火系统保护。

（2）系统采用全淹没灭火方式，高低压配电房、开闭所灭火设计浓度为 9%，设计喷放时间为 10s；酒店智能化机房设计浓度为 8%，设计喷放时间为 8s。

（3）喷放灭火剂前，防护区除泄压口外的开口应能自动关闭。防护区泄压口采用 XYK（B）机械式开启泄压阀，每个防护区设 2 个泄压口。

（4）气体灭火系统设置自动控制、消防控制室手动控制、现场手动机械应急操作 3 种启动方式。

三、工程特点介绍

厦门华润中心项目以自然引入城市为基本设计理念，并结合厦门特色的地理环境，将商业部分喻意为海浪，高层建筑喻意为礁石，曲线与折线相互交错，塑造建筑的特色形象，在城市中心区域形成标志性建筑，为切合自然主题，在商业裙房屋顶着重设计了丰富的地景，打造成宜人的公共屋顶休闲目的地。本项目给水排水设计最大的特点在于保证建筑消防安全和建筑美观的前提下，给水排水系统做到节能节水，保护环境中取得显著效果。

本工程的设计重点在于大商业综合体、五星级酒店，大商业为华润旗下品牌万象城，定位为高端商场。在正式设计开展前做了许多的技术准备，搜集各种类似规模等级的设计资料，亦由业主方安排参观了各地已建项目的实际情况，前期工作中也包括熟悉和了解提供的详细设计标准，这一系列工作对本专业设计工作的正式展开，各专业间的协调配合，设计内容对于建成后的运行管理都是大有益处的，后续各阶段工作也都体现了这一准备工作的重要性。

在环保节能方面，在设计初期对项目的给水系统就做了反复论证对比，从技术方面，市场及商业运营等方面对重力给水系统与变频泵给水系统的优缺点做出详细的对比分析，再结合各地已建项目的实际使用情况，最终选定使用重力给水系统。在管道井与设备房的选址上也是反复论证，与各顾问方积极沟通，通过初拟方案，邀请院内审核审定人员及机电顾问公司、投资方等进行评审并据此优化，力求得到最优方案，过程中也通过沟通将一些特殊的要求加入方案中。

本案业态多样化，针对不同的业态又有着不一样的要求。对追求客户感受的星级酒店而言，冷热水压力均衡是设计中的关键，本项目以冷热水压力同源为根本，同程设计为原则，支管循环为手段，配合平衡阀、冷热水压力平衡控制的节水型配件的使用，最大限度地保障用户的体验。对于高端商业而言，如何使管线及设备对商业的美观及装修风格的影响降至最低成了设计中的关键，通过对管线的合理规划，设备的合理摆放、合理设计各下沉庭院的雨水提升系统，屋面和地面均采用线性排水收集雨水等方式为商业的完美运营保驾护航。对于办公建筑而言，给水系统的灵活可更改性亦为往后的出租出售增添一笔亮色。充分考虑工程实际运行后的管理需求，才能真正做到为投资方着想，也减少了后期无谓的改动。

四、工程照片及附图

华润中心实景图

地下室消防泵房

转输水箱溢流系统

可视化压力监测

大空间智能型主动喷水灭火系统

自动喷水冷却系统喷头

避难层转输泵房（一）

避难层转输泵房（二）

屋顶增压稳压泵房及变频生活加压水泵

采用线性排水收集雨水，与建筑和景观融为一体

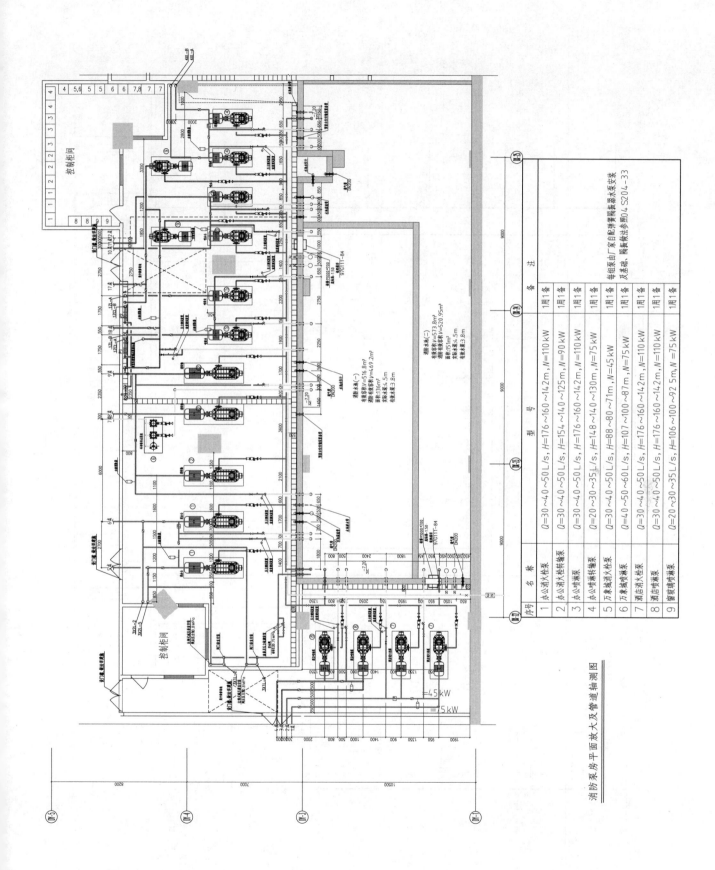

消防泵房平面放大及管道轴测图

序号	名称	型号	备注
1	办公消火栓泵	$Q=30\sim40\sim50L/s$, $H=176\sim160\sim142m$, $N=110kW$	1用1备
2	办公消火栓转输泵	$Q=30\sim40\sim50L/s$, $H=154\sim140\sim125m$, $N=90kW$	1用1备
3	办公喷淋泵	$Q=30\sim40\sim50L/s$, $H=176\sim160\sim142m$, $N=110kW$	1用1备
4	办公喷淋转输泵	$Q=20\sim30\sim35L/s$, $H=148\sim140\sim130m$, $N=75kW$	1用1备
5	万象城消火栓泵	$Q=30\sim40\sim50L/s$, $H=88\sim80\sim71m$, $N=45kW$	1用1备
6	万象城喷淋泵	$Q=40\sim50\sim60L/s$, $H=107\sim100\sim87m$, $N=75kW$	1用1备
7	酒店消火栓泵	$Q=30\sim40\sim50L/s$, $H=176\sim160\sim142m$, $N=110kW$	1用1备
8	酒店喷淋泵	$Q=30\sim40\sim50L/s$, $H=176\sim160\sim142m$, $N=110kW$	1用1备
9	窗墙喷淋泵	$Q=20\sim30\sim35L/s$, $H=106\sim100\sim92.5m$, $N=75kW$	1用1备

每组泵由厂家自配弹簧隔振器及水泵安装及基础，隔振做法参照04 S204-33

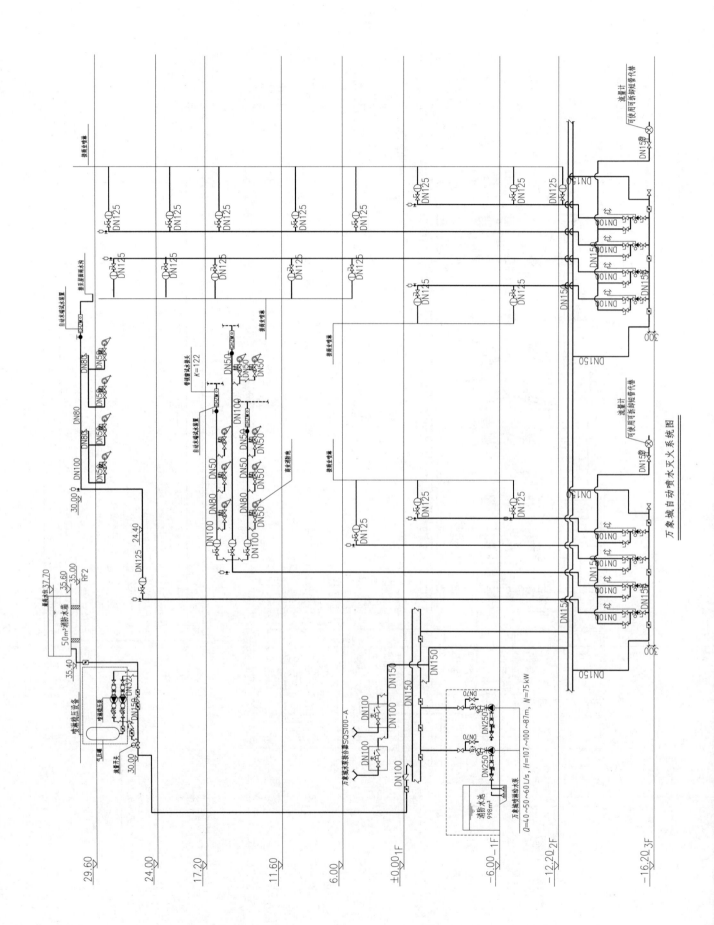

万象城自动喷水灭火系统图

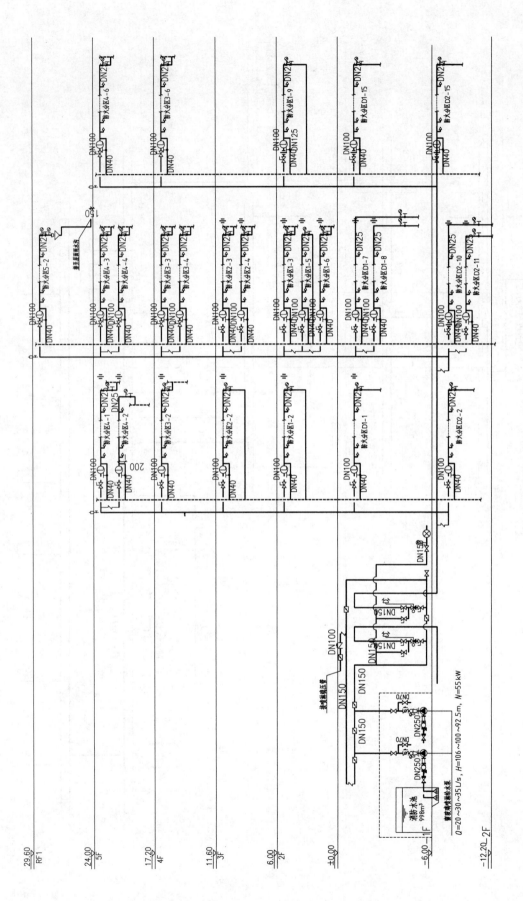

万象城自动喷水冷却系统原理图

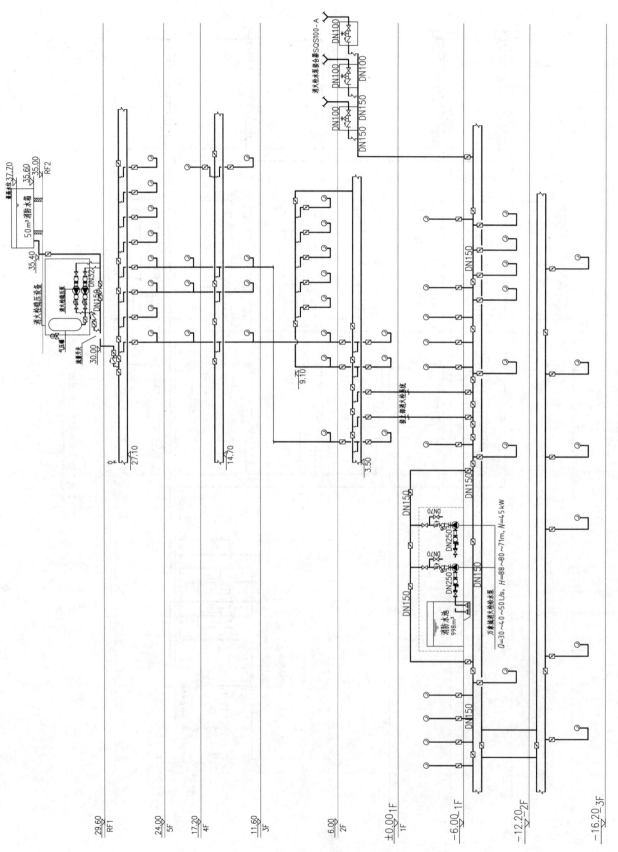

万象城室内消火栓系统原理图

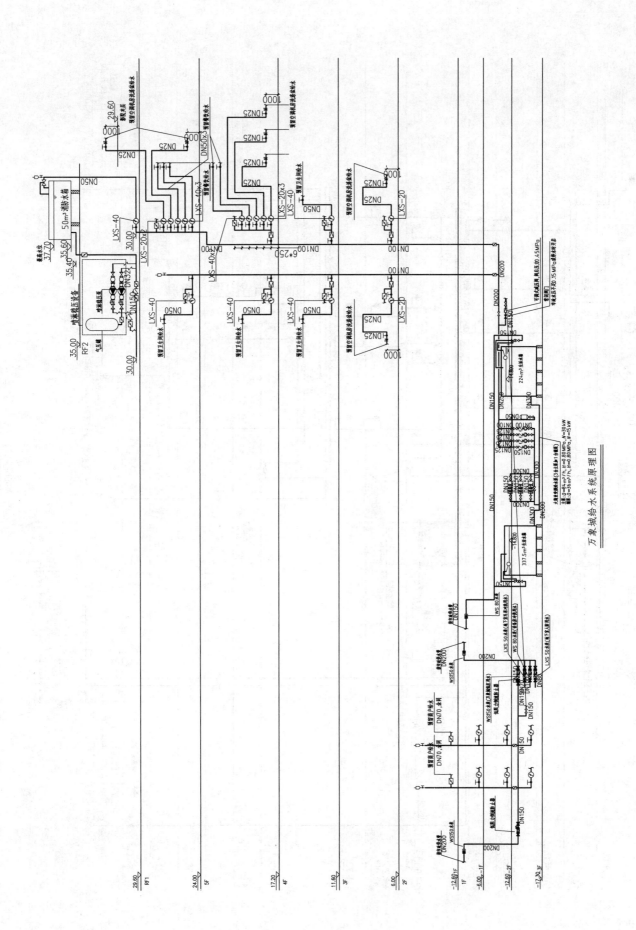

万象城给水系统原理图

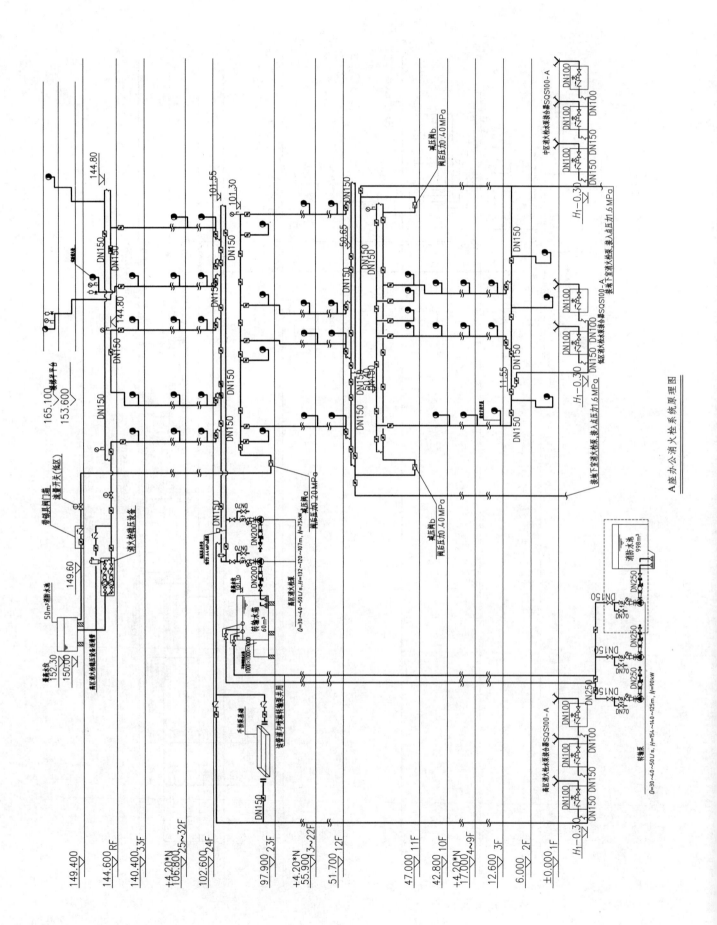

A座办公消火栓系统原理图

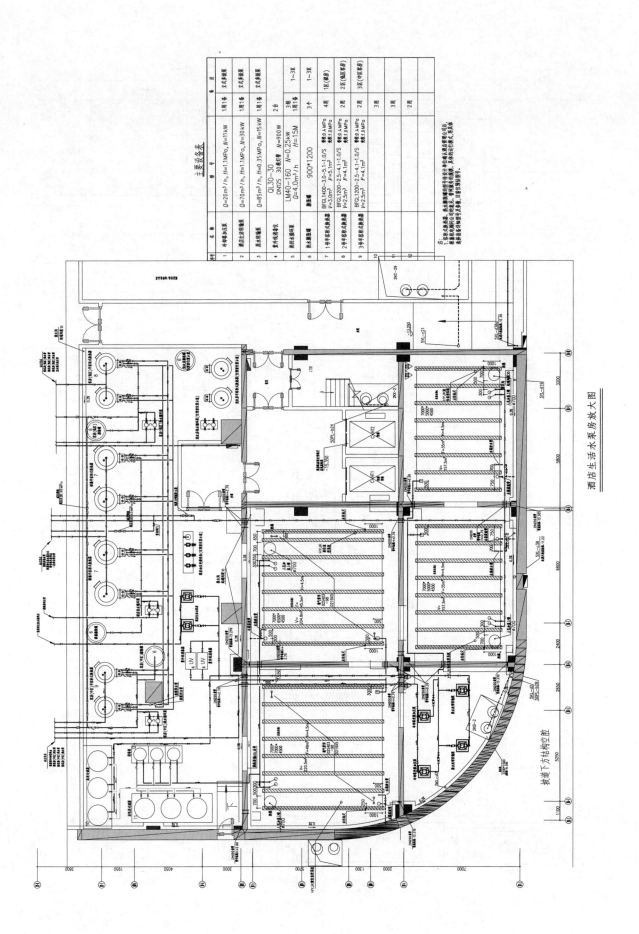

主要设备表

序号	名称	型号		备注
1	冷却循环泵	$Q=20m^3/h$, $H=1.1MPa$, $N=11kW$	1用1备	立式多级泵
2	酒店生活转输泵	$Q=70m^3/h$, $H=1.1MPa$, $N=30kW$	1用1备	立式多级泵
3	原水转输泵	$Q=85m^3/h$, $H=0.35MPa$, $N=15kW$	1用1备	立式多级泵
4	紫外线消毒仪	QL30-30 DN125 30m³/每台 N=900W	2台	
5	热回收循环泵	LM40-160 N=0.25kW	3组 1用1备	1~3区
6	热水循环泵	$Q=4.0m^3/h$ H=15M	3个	1~3区
7	膨胀罐	900*1200		
7	1号半容积式换热器	BFGL1400-3.0-5.1-1.0/S V₁=3.0m³ F₁=5.1m²	4用	1区(裙房)
8	2号半容积式换热器	BFGL1200-2.5-4.1-1.0/S V₂=2.5m³ F₂=4.1m²	2用	2区(低客房)
9	3号半容积式换热器	BFGL1200-2.5-4.1-1.0/S V₂=2.5m³ F₂=4.1m²	2用	3区(中客房)
10				
11				
12				

酒店生活水泵房放大图

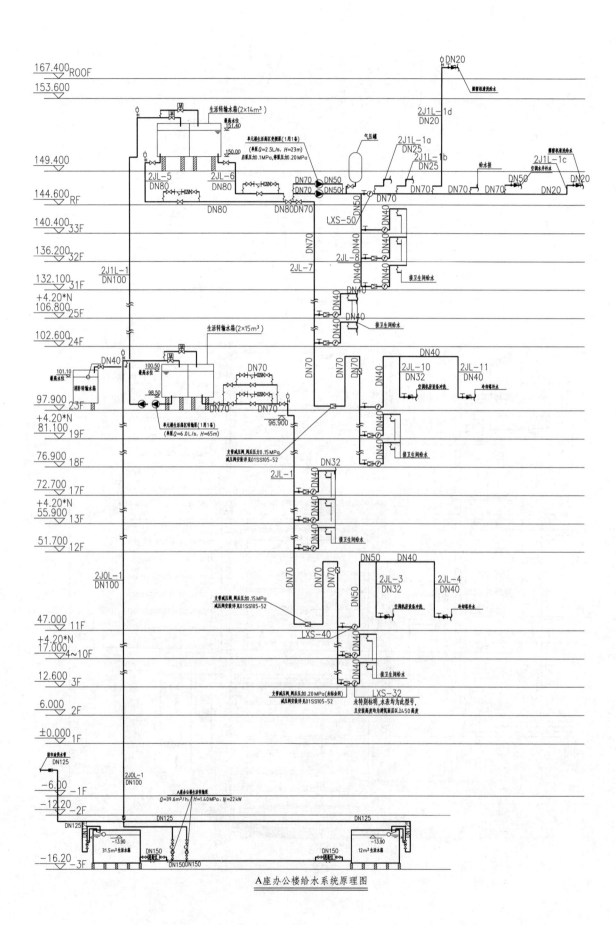

A座办公楼给水系统原理图

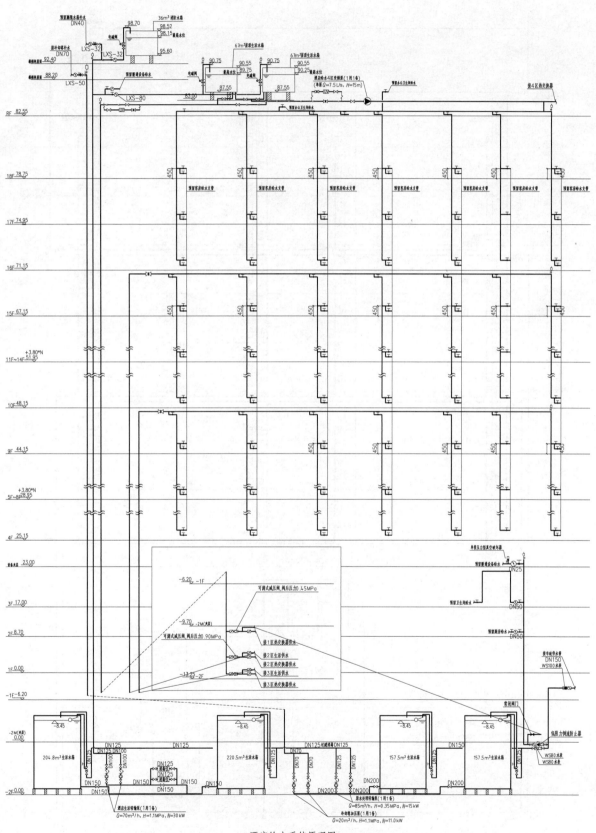

酒店给水系统原理图

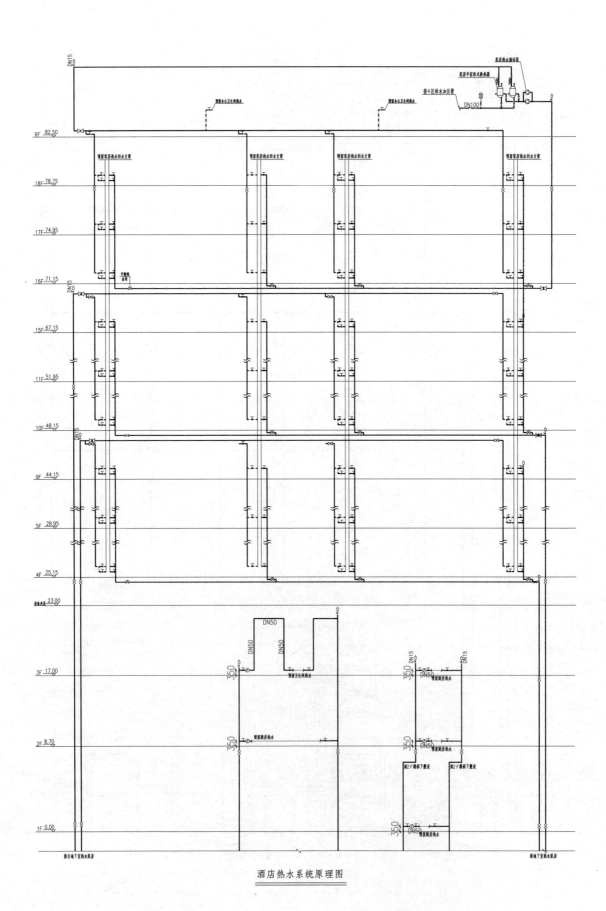

酒店热水系统原理图

海峡文化艺术中心

设计单位： 中国中建设计集团有限公司
设 计 人： 孙路军　魏鹏飞　钟诚　刘文镔　马琦　郑晓晨　石瑞杰
获奖情况： 公共建筑类　二等奖

工程概况：

"海峡文化艺术中心"项目位于福建省福州市，用地位于闽江南岸，南侧为南江滨路，场地现状西低东高。建筑沿河岸由西向东依次布置，分为 5 个功能性建筑，分别是多功能戏剧厅（A 座建筑，座位数 704座）、歌剧院（B 座建筑，座位数 1612 座）、音乐厅（C 座建筑，座位数 977 座）、艺术博物馆（D 座建筑）和影视中心（E 座建筑，包括 490 座的 IMAX 影院 1 个；321 座的大型电影院 1 个；217 座、197 座观影厅各1 个；109 座观影厅 2 个），他们由一层高的中央文化大厅（F 建筑）连接。地下部分主要为各演出工艺用房、设备机房、汽车库、商业等。梁厝河由项目中间穿过，整体建筑分为 ABC 和 DE 2 个组团。用地红线范围内设置 3 个能源中心（变电中心，建筑 G、H、I），分别位于 3 个茉莉花山丘内。

总用地面积为 158041.7m²，总建筑面积为 144820.98m²。项目等级为特级。剧场等级为乙等。其中多功能戏剧厅（A 座建筑）地上 5 层，地下 1 层，建筑高度为 23.02m；歌剧院（B 座建筑）地上 7 层，地下 1层，建筑高度为 34.51m；音乐厅（C 座建筑）地上 3 层，地下 1 层，建筑高度为 25.65m；艺术博物馆（D座建筑）地上 5 层，地下 1 层，建筑高度为 27.74m，；影视中心（E 座建筑）地上 4 层，地下 1 层，建筑高度为 22.8m；属一类高层公共建筑。

工程说明：

一、给水排水系统

（一）给水系统

1. 水源

本工程水源为市政给水，以穿过本地块的梁厝河为分界，东西两部分分别由周边市政道路给水环网上各引入 1 根 DN300 的给水供水管进入用地红线内，经计量后分设生活给水和室外消防管道。市政供水压力为 0.16MPa。

2. 冷水用水量（见表 1）

本工程冷水最高日用水量为 298.5m³/d，最大时用水量为 37.14m³/h。

3. 系统竖向分区

根据建筑高度、水源条件和供水安全等原则，采用分区供水方式：首层及以下为低区，由市政自来水直供。二层及以上为高区，由设置在地下室生活水泵房内的变频调速泵组及生活水箱联合供给。

4. 供水方式及给水加压设备

高区采用变频调速泵组及生活水箱联合供给的方式，变频调速泵组设有 3 台主泵，1 台不锈钢材质的隔膜式气压罐。3台主泵2用1备，互为备用。变频泵组的运行由设在供水干管上的电接点压力开关控制。泵组的全套设备及控制部分均由厂商配套提供。为防止二次污染，水箱出水管上均设紫外线消毒器消毒，确保水质安全。

冷水用水量　　　　　表1

| 序号 | 用水项目 | 用水量标准(L) | 单位 | 使用人数(人) | 使用时间(h) | 小时变化系数 | 用水量 | | | 备注 |
							最高日(m³/d)	平均时(m³/h)	最大时(m³/h)	
1	办公	40	L/(人·d)	300	10	1.35	12	1.2	1.62	
2	演员	25	L/(人·场)	400	6	2	20	3.33	6.66	每日2次
3	剧场观众	4	L/(人·场)	3300	6	1.35	26.4	4.4	5.94	每日2次
4	电影院观众	4	L/(人·场)	1500	18	1.35	36	2	2.7	每日6次
5	商业	6	L/(m²·d)	6160	12	1.4	36.96	3.08	4.31	
6	展览	4	L/(m²·d)	14000	12	1.4	56	4.67	6.53	
7	空调补水		2m³/h		14	1	28	2	2	
8	水源热泵系统补水		4m³/h		14	1	56	4	4	
9	未预见用水量						27.14	2.47	3.38	10%
10	总计						298.5	27.15	37.14	

5. 管材

室内给水管采用内外涂塑给水专用复合管，大于或等于 DN80 采用螺纹连接，大于 DN80 采用沟槽连接；给水管暗装在墙槽等部位采用 PP-R 塑料给水管，热熔连接。室外给水管采用球墨给水铸铁管，橡胶圈柔性连接。

（二）热水系统

1. 热源

剧场淋浴间、化妆间设置集中热水供应系统，由江水源热泵热水系统供给。

2. 热水用水量（见表2）

热水用水量　　　　　表2

序号	用水部位	用水量标准	单位	人数(人)	用水时间(时)	时变化系数	最大日用水量(m³/d)	最大时用水量(m³/h)	平均时用水量(m³/h)	备注
1	各剧场化妆间、淋浴间	15	L/人次	400	6	2	12	4	2	每日2次
2	未预见用水量						1.2	0.4	0.2	10%
3	合计						13.2	4.4	2.2	

3. 系统分区

本工程热水系统分区同给水系统一致。

4. 供水方式

采用热水换热水箱和高、低区热水变频泵组兼循环泵组供水方式，采用机械循环保持配水管网内温度在55℃以上。当回水管温度低于50℃时，循环泵开启；当温度上升至55℃时，循环泵停止。为保证冷、热水压力平衡，热水泵扬程与冷水系统各区一致，同时在冷水用水点设压力传感器与热水泵组扬程联动方式，保证冷、热水压力平衡，确保用户安全使用热水。

5. 管材

热水供/回水管道采用薄壁不锈钢管，卡压连接；埋墙热水支管采用热水专用PP-R管，热熔连接。

（三）雨水回用系统

1. 水源

本工程在梁厝河两侧分设室外雨水调蓄水池，总调蓄容积为750m³，屋面等较清洁雨水经收集后排至室外雨水调蓄水池，经处理后作为中水水源，供绿化浇洒用水、地面冲洗用水等。

2. 雨水回用系统用水量（见表3）

雨水回用系统用水量　　表3

序号	用水项目	用水量标准（L）	单位	数量（m²）	使用时间（h）	小时变化系数	用水量			备注
							最高日（m³/d）	平均时（m³/h）	最大时（m³/h）	
1	绿化用水	2	L/(m²·d)	40000	6	1	80	13.33	13.33	
2	停车库地面冲洗水	2	L/(m²·次)	15000	6	1	30	5	5	1日1次
3	路面冲洗	2	L/(m²·d)	49000	6	1	98	16.33	16.33	
4	未预见用水量	上述总量的10%					20.8	3.47	3.47	10%
5	总计						228.8	38.13	38.13	

3. 水质

采用具有拦污截污功能的雨水口设初期雨水弃流装置；雨水收集回用系统设置净化设施，净化设施处理后出水水质满足《城市污水再生利用 城市杂用水水质》GB/T 18920—2002。

（四）排水系统

1. 系统型式

本项目排水采用污废合流制，生活污水经室外化粪池处理汇集后分东西2路排入南侧道路市政排水管网。

2. 通气管

为保证排水通畅、改善卫生条件，公共卫生间、浴室等处设环形通气系统。卫生间排水泵坑设通气管。浴室排水管道上设毛发聚集器。

3. 排水方式

地面层以上采用重力自流排出，地面层以下排入排水泵坑，加压提升排出，每个集水坑设潜水泵2台。潜水泵启停由集水坑水位自动控制。

4. 管材

室内排水管道采用柔性机制排水铸铁管，W形柔性橡胶圈接口。压力排水采用内外壁热浸镀锌钢管，丝扣连接或沟槽式挠性管接头连接。通气管道材质与排水管道相同。

二、消防系统

（一）系统综述

本工程按一类高层建筑设计，室内外最大同时灭火用水量为1681.2m³，其中室内一次消防最大同时灭火用水量为1249.2m³，地下一层消防水泵房内设消防水池，总有效容积为1314.5m³，分为体积相等的能独立使用的2座，每座设独立出水管和满足最低有效水位的连通管。

（二）室外消火栓系统

项目室外消火栓系统用水量为 40L/s，火灾延续时间为 3h。本工程水源为市政给水，供水压力为 0.16MPa。室外消防管道东西两部分连成环状管网布置，环管管径为 DN200。室外消防环网上设室外地上式消火栓，室外消火栓间距小于 120m，保护半径小于 150m，距路边不大于 2m。

（三）室内消火栓系统

（1）项目室内消火栓系统用水量为 30L/s，火灾延续时间为 3h，一次灭火用水量为 324m³。本工程采用统一的临时高压系统，由 B 座地下一层消防泵房内的消火栓加压泵及消防水池联合供水；管网平时压力由 B 座屋顶的室内消火栓稳压泵组、气压罐和屋顶高位消防水箱（50m³）维持；消防时由室内消火栓泵加压供水。

（2）本系统竖向不分区，设 1 组消火栓加压泵供水。

室内消火栓加压泵和消火栓稳压泵均设 2 台，1 用 1 备，交替运转，当一台发生故障时，另一台自动投入使用。稳压泵流量为 1L/s，设消火栓系统稳压罐 1 个，有效容积为 0.3m³。

（3）室内消火栓管道采用内外涂塑消防专用复合管，小于或等于 DN80 采用螺纹连接，大于 DN80 采用沟槽或法兰连接。系统设不少于 2 组消防水泵接合器；并设明显标志。

（四）自动喷水灭火系统

1. 保护部位

除各放映室、舞台工艺机房、灯光音响工艺机房、电气机房、消防安防控制中心、楼梯间及其他不宜用水灭火的区域外，均设喷头保护；本工程采用湿式自动喷水灭火系统。

2. 设计参数

本工程自动喷水灭火系统设计流量为 34L/s，火灾延续时间为 1h。各部位危险等级、喷水强度、作用面积等参数详见表 4。

自动喷水灭火系统水量　表 4

消防部位	地下车库、舞台顶部钢屋架、布景间等	净高≤8m 影剧院、办公、展厅等	8～12m 中庭、影剧院
危险等级	中危险级Ⅱ级	中危险级Ⅰ级	
喷水强度	8L/(min·m²)	6L/(min·m²)	6L/(min·m²)
作用面积	160m²	160m²	260m²
设计流量	30L/s	21L/s	34L/s
系统设计流量			34L/s

3. 水源

自动喷水灭火系统由设于 B 座地下一层消防水泵房内的自动喷淋泵和消防水池供水。火灾初期，自动喷水灭火系统由设于 B 座屋顶的消防水箱间的消防水箱（储水量 50m³）和喷淋稳压装置供水。本系统竖向不分区。喷淋泵、喷淋增压稳压泵（Q＝1L/s）均设 2 台，互为备用且交替运行。一台发生故障，另一台自动投入运行。

4. 报警阀

项目共设置报警阀 26 套，位于消防水泵房及地下室报警阀室内。每个报警阀控制喷头数不超过 800 个，水力警铃设于报警阀处的通道墙上。

5. 喷头选用

有吊顶处采用吊顶喷头，无吊顶处均设直立型喷头。贵宾厅、排练厅、大堂、观众厅等处采用装饰性喷头。公共娱乐场所、中庭环廊、商业、地下仓储用房、共享大厅等处应采用快速响应喷头。所有喷头采用玻璃球喷头，喷头温级为：舞台顶部保护钢屋架的喷头温级为93℃，其余为68℃。净空高度8～12m的中庭、影剧院等处采用快速响应68℃玻璃球喷头，$K=115$。其余部位采用$K=80$喷头。

6. 管材

喷洒系统采用热浸镀锌无缝钢管，沟槽式挠性管接头连接。系统设不少于3组消防水泵接合器，并设明显标志。

（五）雨淋灭火系统

1. 保护部位

本工程B座1600人剧场舞台区葡萄架下部。

2. 设计参数

雨淋系统按严重危险级Ⅱ级设计，喷水强度为16L/(min·m²)，作用面积为260m²；系统设计用水量根据雨淋阀的保护面积以及同时开启的雨淋阀的数量确定，系统设计流量为100L/s，火灾延续时间为1h，设计用水量为360m³。

3. 系统设计

在消防泵房内设雨淋泵2台（$Q=100$L/s，1用1备），雨淋阀前管道平时由屋顶消防水箱保持满水状态。在舞台区附近设雨淋阀，雨淋阀前供水管道环状布置。每套雨淋阀后配水管道的容积不超过3000L，系统采用开式喷头。

4. 系统控制

（1）每套雨淋阀配套设置火灾探测器。

（2）自动控制：非演出期间，雨淋阀设置为自动状态。系统压力平时由高位消防水箱维持；发生火灾时临近着火部位的2个独立的火灾探测器动作，打开雨淋阀处的电磁阀，同时系统的压力开关动作自动启动雨淋泵向系统供水。

（3）手动控制：演出期间系统切换到手动状态，并应设专人值守。火灾发生时由雨淋阀处值班人员紧急启动雨淋阀处的手动快开阀，雨淋阀开启，压力开关动作自动启动雨淋泵；灭火后手动停泵，雨淋阀复位。

（4）雨淋系统管线采用热浸镀锌无缝钢管，沟槽式挠性管接头连接。系统设7套DN150消防水泵接合器。

（六）防护冷却水幕系统

1. 设置部位

戏剧场主舞台台口与观众厅、主舞台与后舞台、侧舞台升降梯开口处设钢制复合型防火幕，防火幕内侧设冷却防护水幕。

2. 设计参数

系统设计水量：41L/s。设雨淋报警阀3组，持续喷水时间3h，设计用水量442.8m³。

3. 设备

水幕系统采用开式水幕喷头，在舞台区附近设雨淋阀，在地下室消防泵房内设置水幕加压泵2台，1用1备，互为备用且交替运行。一台发生故障，备用泵自动投入运行。管网平时由屋顶水箱稳压，在舞台侧面设雨淋阀间，雨淋阀前供水干管环状布置。

4. 管材

防护冷却系统管线采用热浸镀锌无缝钢管，沟槽式挠性管接头连接。系统设3套DN150消防水泵接合器。

（七）自动消防水炮灭火系统

1. 设置部位

戏剧厅、音乐厅、多功能剧场、部分电影院的观众厅采用红外线自动寻的消防炮灭火系统；通高中庭、观众休息前厅等处采用自动扫描射水高空水炮灭火装置。消防水炮带雾化功能。

2. 设计参数

红外线自动寻的消防炮灭火系统采用水炮型号：ZXDS0.8/20-JP，单炮喷水流量为20L/s，工作压力为0.8MPa，保护半径为50m。系统的设计流量按同时2个水炮动作，喷水量为40L/s，持续喷水时间为60min，设计用水量为144m³。自动扫描射水高空水炮灭火装置采用ZSS-25型喷头，单个喷头喷水流量为5L/s，工作压力为0.6MPa，保护半径为20m。系统的设计流量按同时4个水炮动作，喷水量为20L/s，持续喷水时间为60min。系统水量为40L/s。

3. 系统控制

水炮灭火系统设消防水炮泵和消防水炮稳压泵各2台，1用1备。

（1）自动控制：当探测到火灾发生后启动相应进行自动扫描并锁定火源点后，发出指令联动打开相应的电磁阀，启动水炮泵进行灭火，驱动现场的声光报警器进行报警，并将火灾信号送到消防控制中心。系统压力平时由屋顶消防水箱间和水炮增压稳压装置（$Q=5L/s$）维持。系统最不利点处设模拟末端试水装置，其他防火分区最不利点处设试水阀。每个水炮前设电磁阀。

（2）远程手动：消防控制中心接收到火警信号后，值班人员通过切换现场彩色图像进行进一步确认，远程启动自动灭火装置对准火源点，启动水炮泵，开启电磁阀灭火。

（3）可现场就地启动。

（4）水炮系统管线采用热浸镀锌无缝钢管，沟槽式挠性管接头连接。系统设3套DN150消防水泵接合器。

（八）气体灭火系统

1. 保护部位

变配电室、消防控制中心、能源中心等处设置有管网七氟丙烷气体灭火系统。

2. 设计参数

变配电室设计灭火浓度9%，设计喷放时间不应大于10s，灭火浸渍时间10min。

3. 操作方式

系统控制应包括自动、手动、应急操作3种方式。手动与应急操作应有防止误操作的警示显示与措施。

（九）自动干粉灭火系统

1. 设置部位

建筑B的主要功能用房：放映机房、追光室、声控室、功放室。

2. 系统控制

设置无管网局部应用自动干粉灭火系统。放映机房、追光室、声控室各设置2套，灭火剂质量为9kg，安装高度小于或等于13m；功放室各设置1套，灭火剂质量为6kg，安装高度小于或等于6m。启动电流大于或等于1.0A，启动电压小于或等于24V。

3. 启动方式

由电流脉冲引发动作，电脉冲可以通过如下方式产生：火灾控制报警器、手动控制按钮、独立的信号启动器。自动控制装置应在接到2个独立的火灾报警信号或确定火灾信号后才能启动；并应具有时间不大于30s的可控延迟启动功能。

（十）灭火器配置

剧场观众厅按中危险级设计，最大保护距离为20m，每处设置点设3A磷酸铵盐干粉手提式灭火器2具；其他部位按严重危险级设计，最大保护距离为15m，每处设置点设3A磷酸铵盐干粉手提式灭火器2具。电气机房、消防控制中心、舞台工艺机房等处设置推车式磷酸铵盐干粉灭火器。

三、工程特点介绍与设计体会

（一）屋面雨水系统

本项目包括多功能戏剧、歌剧院、音乐厅、艺术博物馆和影视中心5个主体建筑，其屋面均由2层屋面组成，下部为常规混凝土屋面，上面零星分布着各设备机房。上部为金属屋面，外包在建筑物外。屋面投影面积较大，尤其是建筑B（歌剧院），面积达到近12000m^2。屋面造型优美，犹如一片巨大的茉莉花瓣，其下部就是1612座的大剧院。这些条件就决定了屋面雨水系统必须采用较少的立管数量，这样单根立管设计汇水面积就会变得很大，而且悬吊管敷设距离较长。

根据福州市暴雨强度公式，按照重要建筑10年重现期、降雨历时5min计算后，屋面雨水流量约为581.94L/s。若采用常规87型雨水斗斗重力流内排水系统，则需要DN100雨水斗数量约40个，DN150雨水立管14根。这么多雨水斗及雨水立管如何均匀布置就成了摆在面前的一道难题。所以选择雨水斗及立管排水能力强，悬吊管长距离敷设时仅保留排空坡度的虹吸雨水系统就成了一个经济合理的选择。

虹吸式排水系统的特点在于虹吸式雨水斗的特殊设计，水进入立管的流态被雨水斗调整，消除由于过水断面缩小而形成的旋涡，从而避免空气进入排水系统，使系统内管道呈满流状态，同时利用了建筑物高度赋予雨水的势能形成虹吸作用，实现大流量排水过程。由于该排水系统工作状态处于饱和状态，雨水为单相压力流，故按照满流有压管道设计，悬吊管可以做到无坡度设置，节省建筑空间。在工作状态下，管道内水流流速较高，系统有较好的自清作用。而且在理想工作状态下，同立管管径的虹吸式雨水排水系统流量远远大于重力式雨水排水系统的流量。以B座为例，经计算后，在屋面设置天沟2道，天沟处于同一水平高度内，每道天沟内设12个，共24个虹吸雨水斗，每3个为一组，在天沟内局部下沉安装，设置8根虹吸雨水立管，将屋面雨水迅速排除。其余各座屋面设置情况也与B座基本相同。各系统至今已平稳运行3年，在台风季也保持安全运行，取得了一致认可。

（二）舞台雨淋系统

根据《建筑设计防火规范》GB 50016—2014第8.3.7条第5款要求，特等、甲等剧场、超过1500个座位的其他等级剧场舞台葡萄架下应设置雨淋自动喷水灭火系统。另根据《自动喷水灭火系统设计规范》GB 50084，舞台葡萄架下的雨淋系统按严重危险级Ⅱ级设计，其喷水强度为16L/(min·m^2)。作用面积为260m^2。本项目主舞台面积为32×24=768m^2，在舞台雨淋系统设计中，将主舞台划分为4个区，设置4组雨淋系统，且通过止回阀使每组雨淋系统的喷头跨越相邻区的边界，使得主舞台上任一区域或任一两个区的边界点着火时，雨淋系统都可以进行覆盖。

两侧侧台面积为477m^2，划分为2个区，设置2组雨淋系统，同时喷头跨越相邻区的边界。

（三）生活热水系统

本项目位于福州闽江岸边，闽江水资源丰富，水质较好，通过分析，可以得出下述结论：在平常非洪水时期，闽江无论水量、水质、水温比较适合于江水源热泵系统，并可采用开式江水直接进机组的方式，同时采取切实可行的水质处理等措施来保证洪水季节时系统也能正常运转。故经分析比较后本项目生活热水系统采用江水源热泵系统。

系统水源侧采用开式江水直接进机组的方式，在闽江主流域内设置取水头部，头部设置过滤格栅，江水由取水头部经自流管引入设在取水泵房蓄水池内的扩散流过滤器中，将江水再次过滤，过滤完成后的江水经变频水泵输送到水源热泵机房内的水处理设备处理，处理后的江水经水源热泵机组换热后采用退水管排放至闽江，设置另一退水管至堤内的梁厝河内河，作为平时内河景观补水使用。在水源热泵机房内设置 2 台高温型热泵螺杆式水源机组，全年为生活热水系统提供 60℃生活热水，2 台机组互为备用，供生活热水时只运行 1 台。水源热泵机组夏季采用热回收方式提供生活热水；冬季为直供生活热水或供空调热水 2 种模式。系统至今已平稳运行 3 年，共举办各类表演约 190 余场，充分保证了热水使用的舒适与便捷，取得了较好的经济及社会效益。

项目自建成以来，已成为当地艺术交流的国际平台、文化生活的核心场所和文化输出的中国窗口，成为东南沿海的文化新地标。

四、工程照片及附图

鸟瞰图（一）

鸟瞰图（二）

立面

歌剧院

音乐厅

多功能戏剧厅

主舞台雨淋系统

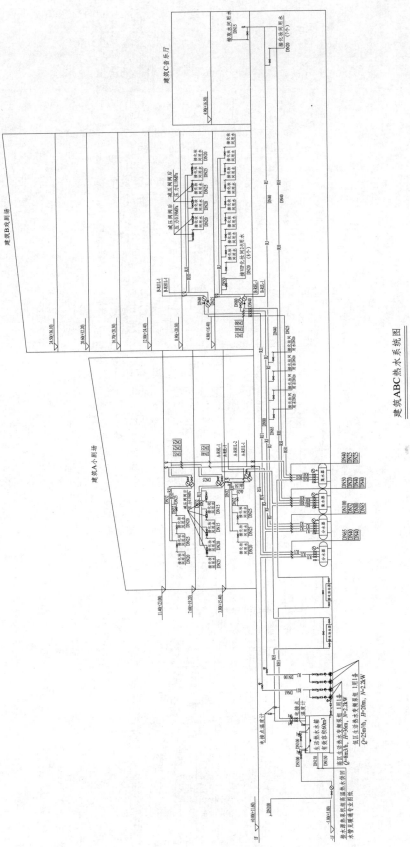

建筑ABC热水系统图

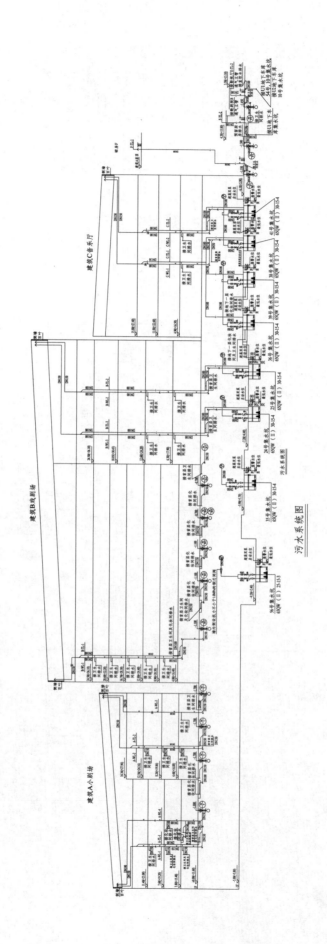

污水系统图

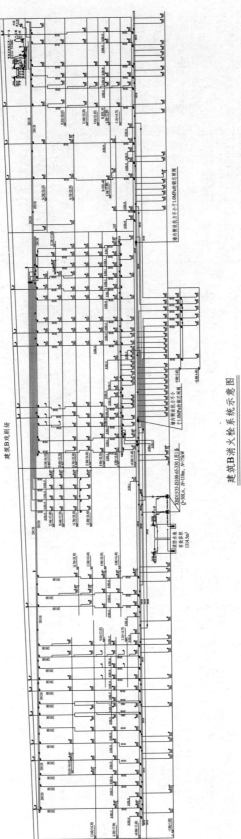

建筑B消火栓系统示意图

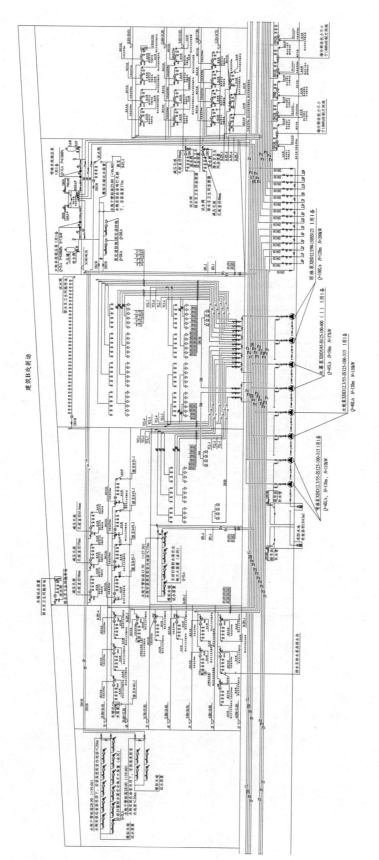

建筑B自动灭火设施系统示意图

纳米技术大学科技园

设计单位： 中衡设计集团股份有限公司
设 计 人： 倪流军　薛学斌　李洋　李添文　周玮　徐浩然　王健　许长青　于金鹏　任立
获奖情况： 公共建筑类　二等奖

工程概况：

纳米技术大学科技园位于苏州科技创新区一期内，生物纳米科技园南部，若水路以北，中科院苏州纳米所东侧期西临独墅湖，新平路和若水路的交接处，接近交通主干道星湖街，占地面积为 8.13 万 m²，规划容积率为 2.13，总建筑面积为 21.1 万 m²，其中地上建筑面积 17.3 万 m²，地下建筑面积 3.8 万 m²（其中人防面积为 3 万 m²）。项目由 A、B、C、D、E、F、G、H 8 幢办公楼及地下室组成，最高层数为 17 层，建筑高度为 72.15m，为一类高层建筑。

本工程设计时间为 2011 年 12 月至 2012 年 10 月，于 2014 年 1 月竣工验收并陆续投入使用。

工程说明：

一、给水排水系统

（一）给水系统

1. 冷水用水量（见表 1）

冷水用水量 表 1

序号	用水性质	用水定额	使用单位数量	使用时间(h)	小时变化系数	最高日用水量(m³/d)	最大时用水量(m³/h)
1	办公人员	50L/(人·班)	2150 人	8	1.5	107.5	20.2
2	研发办公	5m³/(单元·d)	73 单元	3		1125	150
3	配套商业(顾客)	3L/人次	75 人次	8	1.5	0.23	0.04
4	配套商业(员工)	50/(人·d)	35 人	10	1.5	1.75	0.26
5	中餐饮	40L/人次	400 人次	12	1.5	48	6
6	西餐饮					0.54	0.1
7	未预计用水量	10%				128.5	17.7
8	用水量总计					1411.3	194.3

2. 水源

以市政自来水为水源，供水水压为 0.15MPa，可满足本工程用水量及水质要求。市政引入 2 路，其中一路管径为 DN200，水表井内配置 DN150 消防水表 1 个；另一路管径为 DN250，水表井内配置 DN200 生活水表和 DN150 消防水表各 1 个。室外管网在红线内形成环状，为生活及消防提供水源。

3. 竖向系统分区

充分利用市政余压，一层采用市政直供，二层及以上采用加压变频供水。

4. 供水方式及给水加压设备

供水方式及给水加压设备详见表2。

给水分区   表2

分区名称	分区范围	分区水箱	供水方式	供水设备
I区	地下一层～二层	—	市政直供	/
II区	三层～十层	G楼地下一层，320m³	变频供水	给水泵共6台，其中小泵2台2用 $Q=6.0L/s,H=75m,N=11kW$ 大泵4台，3用1备 $Q=13.0L/s,H=75m,N=18kW$
III区	十层～十三层		变频供水	给水泵，3台，2用1备 $Q=6.0L/s,H=100m,N=11kW$

5. 管材

埋地管（至室内第一个法兰前）采用钢丝网骨架HDPE复合管（PE100，PN1.6），电热熔连接。室内$DN100$以上采用不锈钢管，焊接法兰连接；$DN100$及以下采用薄壁不锈钢管，卡压式连接；不锈钢材质不低于SUS304L。

生活水箱均采用耐氯不锈钢材质，不锈钢材质不低于S30403。

（二）热水系统

1. 热水用水量

（1）办公区卫生间洗手盆热水由独立式电热水器供应，每个卫生间吊顶内设置$V=40L$，$N=1.5kW$电热水器1台。

（2）一层厨房区域采用集中-分散式太阳能热水系统，燃气热水炉辅助加热，选用平板型太阳能集热器，共80套，集热面积为160m²，产水量为10.4m³，热水用水量见表3。冷水温度取5℃。

餐饮热水（60℃）用水量统计   表3

序号	用水性质	用水定额	使用单位数量	使用时间(h)	小时变化系数	最高日用水量(m³/d)	最大时用水量(m³/h)	设计小时耗热量(kW)
1	餐饮	10L/(人·d)	800人，2餐	8	1.5	16.0	3.0	192

2. 热源

厨房热水以太阳能作为预热，另设燃气热水炉作为辅助热源。

3. 系统竖向分区

供一层厨房使用，用水供水为一个区。

4. 热交换器

集中热水系统各区热交换器参数见表4。

5. 冷、热水压力平衡措施及热水温度的保证措施

（1）集中热水均采用机械循环方式，保证热水配水点热水温度不低于45℃；员工餐饮热水管网呈环状布置，保证出水稳定，出水时间不大于10s；

（2）热水系统采用支管循环，保证出水时间不大于10s。

热交换器参数　　　　　　　表4

分区名称	区域范围	使用功能	设计小时耗热量（kW）	热交换器	数量
员工食堂	一层	员工餐厅	192	不锈钢筒体，浮动盘管，导流型（水水交换）RV-04-8.0-(0.4/1.0)	2
				不锈钢筒体，浮动盘管，导流型（汽水交换）RV-04-5.0-(0.4/1.0)	1

6. 管材

室内 $DN100$ 以上采用不锈钢管，焊接法兰连接；$DN100$ 及以下采用薄壁不锈钢管，卡压式连接；不锈钢材质不低于 S30403。

(三) 中水系统

1. 雨水收集水量（见表5）

雨水收集水量　　　　　　　表5

序号	名称	收集面积（m²）	径流系数	年平均降雨量（mm）	年收集雨量（m³）
1	室外地面	4500	0.9	1018.6	4125.3
2	建筑屋面	5800	0.9	1018.6	5317.1
3	收集量总计				9442.4

2. 杂用水用水量（见表6）

杂用水用水量　　　　　　　表6

序号	名称	用水定额（m²）	面积（m²）	最高日用水量（m³/d）	用水天数	年用水量（m³/a）
1	道路及广场浇洒	2.0L/(m²·d)	10000	20.0	每3天1次	2433.3
2	地下车库地面冲洗	2.0L/(m²·d)	38000	76.0	每10天1次	2774.0
3	室外绿化浇洒	1.0L/(m²·d)	30500	30.5	每3天1次	3711.0
4	需求量总计			126.5		8918.3

3. 水量平衡（见表7）

逐月水量平衡表　　　　　　　表7

月份	月平均降雨量（mm）	可收集雨水总量（m³）	道路及广场浇洒（m³）	绿化浇洒（m³）	车库地面冲洗（m³）	月盈亏水量（m³）	连续补水量（m³）
1	39.93	370.15	202.8	309	231.2	−335.2	−372.8
2	56.79	526.44	202.8	309	231.2	−189.3	−216.6
3	70.83	656.59	202.8	309	231.2	−68.2	−86.41
4	96.13	891.13	202.8	309	231.2	150.6	148.13
5	111.46	1033.2	202.8	309	231.2	282.2	290.23

续表

月份	月平均降雨量 （mm）	可收集雨水总量 （m³）	道路及广场浇洒 （m³）	绿化浇洒 （m³）	车库地面冲洗 （m³）	月盈亏水量 （m³）	连续补水量 （m³）
6	144.08	1335.6	202.8	309	231.2	564.9	592.62
7	121.69	1128.1	202.8	309	231.2	371.2	385.07
8	114.26	1059.2	202.8	309	231.2	307.1	316.19
9	136.47	1265.1	202.8	309	231.2	499.1	522.08
10	45.46	421.41	202.8	309	231.2	−287.3	−321.6
11	44.38	411.4	202.8	309	231.2	−296.6	−331.6
12	37.12	344.1	202.8	309	231.2	−359.4	−398.9
合计	1018.60	9442.4	2433.3	3711.0	2774.0	751.2	524.12

由表 7 可以看出一年中除 1、2、3、10、11、12 月份需要水池储存的调蓄雨水补充，其余月份收集的雨水量能够完全满足绿化浇灌、道路广场浇洒及地下车库冲洗用水，不需要市政补水。本项目全年室外杂用水需水量共计 8918.3m³，其中利用雨水替代市政供水的水量共计 8161.1−1536＝6625.1m³。于 G 楼地下室设置 200m³ 雨水收集水池。

4. 系统分区、供水方式及给水加压设备

本工程杂用水供水为 1 个区，设置 1 组变频供水泵，给水泵，4 台，3 用 1 备 $Q＝10.0L/s$，$H＝55m$，$N＝9.0kW$。

5. 雨水处理工艺流程（见图 1）

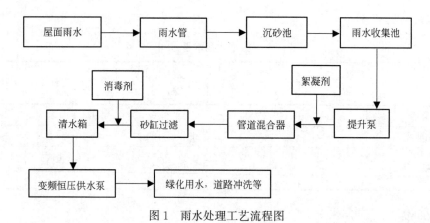

图 1　雨水处理工艺流程图

6. 管材

中水管道：室内热水管道 Φ100 以上采用不锈钢管，焊接法兰连接；Φ100 及以下采用薄壁不锈钢管，卡压连接；绿化冲洗水管：钢丝网骨架 HDPE 复合管（PE100，PN1.6），电热熔连接。

（四）排水系统

1. 排水系统的型式（污、废合流还是分流）

本工程采用雨污分流制、污废合流制。

2. 透气管的设置方式

本工程排水设置专用透气立管及环形透气管，以更好地保证排水顺畅。

3. 局部污水处理设施

(1) 根据当地环保部门要求，本工程室外无化粪池；

(2) 厨房排水单独收集，经隔油器处理后排入室外污水管道，隔油池为埋地式油水分离器 OGA。

4. 雨水系统排放方式

主要大型厂房钢结构屋面和主要办公区混凝土屋面排水采用虹吸式雨水排放系统，暴雨重现期按 50 年设计，并设置溢流排水系统满足暴雨强度 100 年雨水排水。一些小型屋面或小型雨棚采用重力雨水排水系统。

5. 管材

污水管：室外采用 HDPE 双壁缠绕管，弹性密封承插连接；室内污/废水采用聚丙烯超静音（PP-C）排水管，橡胶圈柔性连接。

雨水管：室外采用 HDPE 双壁缠绕管，弹性密封承插连接；室内采用内涂塑镀锌钢管，丝扣连接；虹吸雨水系统采用 HDPE 排水管。

二、消防系统

（一）消火栓系统

1. 消火栓系统用水量

本工程为高层建筑，室外消火栓系统用水量为 30L/s，室内消火栓系统用水量为 40L/s，延续时间为 3h，室内外一次灭火用水量为 756m³。

2. 竖向系统分区

(1) 采用 2 路市政管网进水，室外消火栓系统采用低压制，由市政管网直接供水。室外消防管网沿建筑物形成环状，管网上设置多个 DN100 室外消火栓，间距不大于 120m。

(2) 室内消火栓系统采用临时高压制，消火栓系统设置 1 个加压分区。

3. 消火栓泵及稳压设备的参数

消防泵房设室内消火栓主泵 2 台，1 用 1 备，供应室内消火栓用水量。泵组供水流量为 40L/s，扬程为 115m。屋顶消防水箱间内设消火栓稳压泵 2 台和有效容积为 18m³ 的高位消防水箱。消火栓稳压泵流量为 5L/s，扬程为 20m，配置一个 φ1000×2500mm 的气压罐。

4. 水池、水箱的容积及位置

(1) 地下一层设置 554m³ 消防水池，包括室内消火栓系统 3h 的用水量 432m³，自动喷水灭火系统 1h 的用水量 122m³。消防水池分为 2 格，供室内消防用水。

(2) 最高建筑屋顶内设置 18m³ 高位消防水箱，作为火灾初期 10min 的消防用水。

5. 水泵接合器的设置

室内消火栓管网设置 3 套室外水泵接合器。

6. 管材

室外消火栓系统采用球墨给水铸铁管，内搪水泥外浸沥青，橡胶圈接口。室内消火栓系统小于 DN100 管道采用热浸镀锌钢管（Sch40），丝接或法兰连接；大于或等于 DN100 管道采用热浸镀锌无缝钢管（Sch30），卡箍连接。

（二）自动喷水灭火系统

1. 自动喷水灭火系统的用水量

本工程属于高层建筑，除面积小于 5m² 的卫生间及不宜用水扑救的部位外，均设置自动喷水灭火系统。

地下车库按中危险级 Ⅱ 级，设计喷水强度为 8L/(min·m²)，作用面积为 160m²，持续喷水时间为 1h；办公门厅 8～12m 区域按非仓库类高大净空场所单一功能设计，设计喷水强度为 6L/(min·m²)，作用面积为 260m²，持续喷水时间为 1h；其余场所按中危险级 I 级，设计喷水强度为 6L（min·m²），作用面积为 160m²。

系统用水量取 34L/s，持续喷水时间取 1h。

2. 系统分区

自动喷水灭火系统采用临时高压制，湿式系统，竖向分为 2 个区：1 区（地下一层～九层）；2 区（十层～十七层）。竖向分区静水压不超过 1.2MPa，配水管道静水压力不超过 0.40MPa。1 区喷淋管道上设可调式减压阀组。

3. 喷淋泵及稳压设备的参数

消防泵房设室内喷淋主泵 2 台，1 用 1 备，供应室内喷淋用水量。泵组供水流量为 34L/s，扬程为 120m。屋顶消防水箱间内设喷淋稳压泵 2 台和有效容积为 18m³ 的高位消防水箱。消火栓稳压泵流量为 1L/s，扬程为 25m，配置一个 $\phi800\times2500$mm 的气压罐。

4. 喷头选型

（1）本工程均采用快速响应喷头，有吊顶区域采用隐蔽式装饰型喷头；无吊顶区域采用直立型喷头。

（2）厨房采用 $K=80$，93℃玻璃球型喷头；8～12m 高大净空区域采用 $K=115$，68℃玻璃球型喷头；地下一层车库入口采用感温级别 $K=80$，72℃易熔金属喷头，并设置电伴热保温；其余区域均采用 $K=80$，68℃玻璃球型喷头。

5. 报警阀的数量、位置

（1）根据每个报警阀控制的喷头数不超过 800 只的原则设置报警阀；每层每个防火分区均设置信号阀、水流指示器、泄水阀、末端试水装置。所有控制信号均传至消控中心。

（2）每幢楼各分区分别设置报警阀，报警阀设置在每幢楼的报警阀间内，地下室分区域设置报警阀，水力警铃引至经常有人的区域。本工程共设置报警阀 41 组。

6. 水泵接合器的设置

每幢楼设置 2 套室外水泵接合器。

7. 管材

室内自动喷水灭火系统小于 $DN100$ 的管道采用热浸镀锌钢管（Sch40），丝接或法兰连接；大于或等于 $DN100$ 的管道采用热浸镀锌无缝钢管（Sch30），卡箍连接。

（三）气体灭火系统

1. 气体灭火系统设置的位置

地下室和避难层的变电所、开闭所、弱电机房、电信机房、平时应急电站均设置管网式全淹没 IG-541 气体灭火系统。

2. 系统设计的参数

（1）IG-541 系统设计灭火浓度为 37.5%；其喷放时间小于 60s，灭火浸渍时间为 10min。

（2）管网式灭火系统一个防护区的面积不大于 800m²，且容积不大于 3600m³；防护区围护结构承受内压的允许压强不低于 1200MPa；防护区外墙设置泄压口。

（3）系统分区见表 8。

3. 系统控制

气体灭火系统具有自动控制、手动控制及机械应急操作 3 种启动方式：

（1）自动控制：保护区均设 2 路独立探测回路，当防护区任一路探测器报警时，气体主机显示其报警信息，并发出声响提示，防护区内消防警铃动作，提示工作人员注意；当防护区内 2 路探测器都探测到火警时，气体主机确认火警，并在 30s 延时阶段内联动声光报警器，并切断非消防电源，关闭防火阀等设备，延

气体灭火系统分区 表 8

序号	气瓶间位置	系统形式	防护分区	
			楼层	防护区名称
1	地下一层	组合分配	地下一层	变电所
2	地下一层	组合分配	地下一层	变电所 2
3	地下一层	组合分配	地下一层	供冷供热控制室
4	地下一层	组合分配	地下一层	变配电房

时期后气体主机发出驱阀指令打开储存瓶向保护区进行灭火，同时压力信号发生器接收气体喷放信号点亮保护区门外放气指示灯。

（2）手动控制：自动灭火控制器内控制方式处于手动状态，当防护区发生火情，由值班人员确认火警后按下自动灭火控制器内手动启动按钮或防护区门外的紧急启动按钮，即可启动灭火系统，实施灭火；手动控制实施前防护区内人员必须全部撤离。

（3）机械应急操作：当防护区发生火情，但由于电源发生故障或自动探测系统、控制系统失灵不能执行灭火指令时，在气体储瓶间内直接开启选择阀和瓶头阀，即可释放气体灭火剂进行灭火；应急手动控制时，必须提前关闭影响灭火效果的设备，并确认防护区内人员已全部撤离。

三、设计及施工体会与工程特点介绍

（一）设计及施工体会

本项目从 2011 年启动，本专业从方案的配合到施工图审查完成历经一年的时间，水专业 5 人参与整个设计工作；2014 年竣工投入使用。本项目体量大且功能多样，对设计提出了较高的要求，按照我院的工作流程采用分平台分工合作，给水排水图纸按照平面图、喷淋图、卫生间大样、系统图分专人制图，大幅提高了工作效率。本工程设计过程中在以下几个方面解决了实际应用中存在的难题，并在使用过程中得到了验证。

（1）浮球取水结合不锈钢格栅过滤装置，适用于公共建筑及住宅项目的室外雨水收集系统。为了能够充分利用收集的雨水，可以降低雨水收集池中原水的固体杂质、悬浮物及部分有机物的浓度，作为景观水的前期预处理，降低后期景观水处理的负荷，本工程雨水收集系统的取水采用浮球取水结合不锈钢格栅过滤装置。

（2）H 楼厨房的排水。在 H 楼地下室设置隔油间，每个隔油间辐射餐饮的半径在 30m 范围内，每个区域内厨房的排水立管在地下一层顶集中汇至排水横干管，通过横干管接至隔油间。为减少隔油间的臭味及便于隔油间的清扫，厨房的排水采用成品不锈钢油脂分离器（带外置污泥收集桶和油脂收集桶），并经密闭式成品污水提升装置排出室外污水井。同时隔油间内再设置一个 500mm×500mm×500mm（h）的集水坑和 1 个 DN15 的供水龙头，集水坑内设置 1 台 1L/s 的潜水泵，便于隔油间在清理时使用，隔油间的面积在 25m² 左右。地下卫生间应设置压力排水，为减少污水提升间臭味及便于污水提升间的清扫，此部分排水采用密闭式成品污水提升装置，其所占的面积约 12m²。

（3）由于地下车库常年停车，并且有些洗车店就开设在地下室，故地下车库的污水含有油脂，其排水需要经隔油处理，故本工程地下室采用自带隔油池的集水坑，去除地下车库废水中的油渍后提升排放至市政雨水管网。

（4）由于本项目管线较多，地下一层管线尤为最多，合理地优化管线，不仅最大限度地优化吊顶标高，而且有利于节省机电的造价。本项目管线布置原则除了常规压力管让重力管，小管让大管的原则之外，还采用以下原则：①水管干管、风管、桥架平行布置，尽量抬高管线标高；②喷淋支管全部上翻，避免遇到其他管线时频繁上下翻；③污水管线起端穿梁，以提高末端污水管线标高；④能充分利用安装空间，机电尽量采用成品支吊架。

（二）工程特点

（1）本项目采用分区供水，其中地下一层～二层为低区市政直接供水；三层～十层为中区加压供水；十一层～十七层为高区加压供水。加压区均由变频供水泵供给，变频恒压供水设备的压力调节精度需小于0.02MPa，配备水池无水时停泵，小流量时停泵控制运行功能，以达到节水节能；

（2）本工程均采用节水型洁具，洗脸盆龙头和小便器均为感应式，每年为整个项目节约生活用水约20％。

（3）本工程设置太阳能热水及其辅助加热系统，在屋顶敷设160m² 的太阳能光热板，每天产60℃热水（约10.2m³），节约了厨房热水所需25％的能耗。

（4）本项目厨房废水经隔油处理后排入污水管网，本地块所有污水全部排至市政污水管网，最终排至污水处理厂处理达标后排放。

（5）本项目实验室采用污废分流排水系统，并于每幢实验办公楼外集中设置1座酸碱中和池，实验室废水经过处理之后，接至小区污水管网。有毒有害的废水经废水收集桶收集之后，集中外运处理。

四、工程照片及附图

建筑日景图

建筑夜景图

建筑立面图

地下室消防水泵房

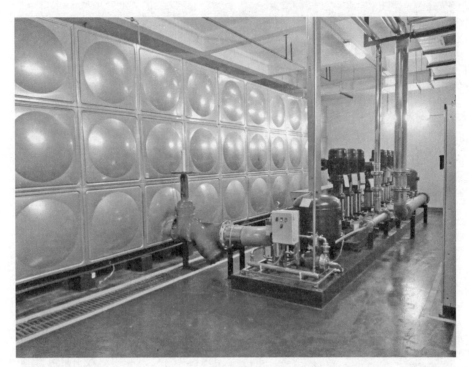

给水泵房

景观水处理机房

雨水收集水处理机房

热水机房

屋顶高位消防水箱稳压泵房

屋面太阳能板

综合吊架（一）

综合吊架（二）

卫生洁具（一）

卫生洁具（二）

报警阀安装

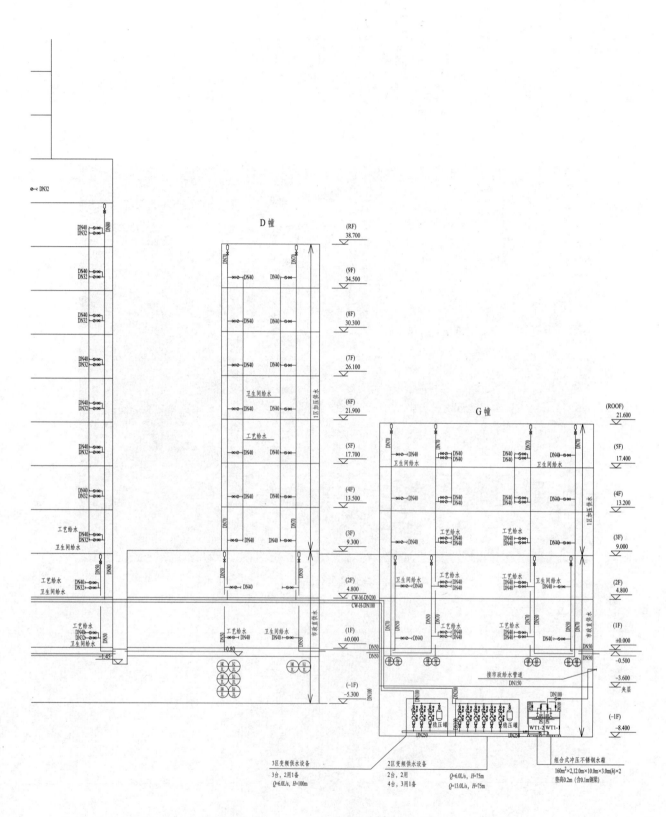

室内给水系统简图（一）

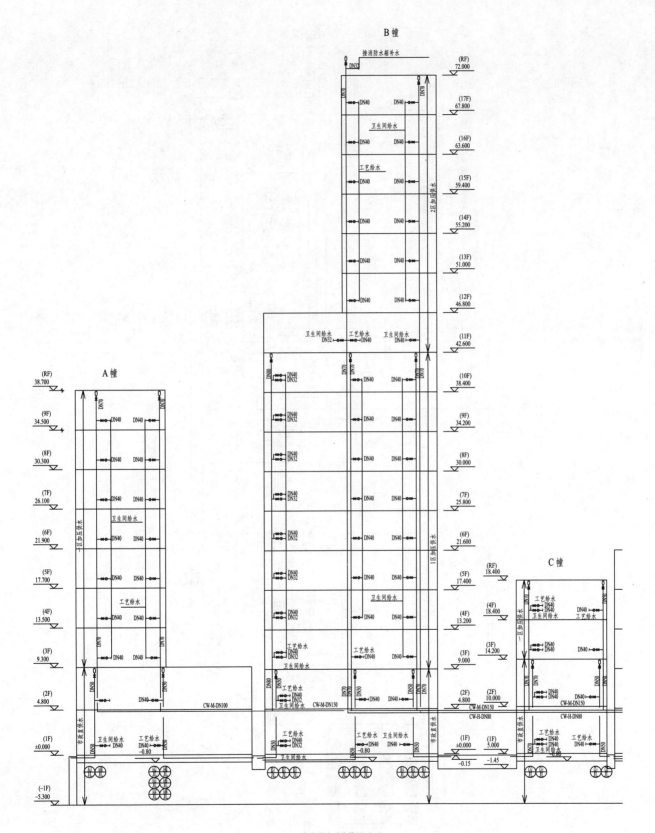

室内给水系统简图（二）

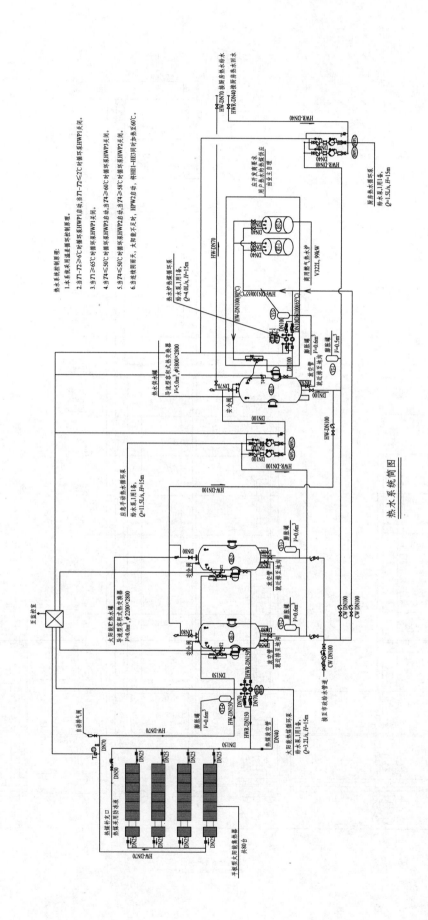

热水系统简图

热水系统控制原理:

1.本系统采用温差循环控制原理。

2.当T1-T2≥6℃时循环泵HWP1启动,当T1-T2≤2℃时循环泵HWP1关闭。

3.当T1≥65℃时循环泵HWP3关闭。

4.当T4≤50℃时循环泵HWP3启动,当T4≥60℃时循环泵HWP3关闭。

5.当T4≤50℃时循环泵HWP2启动,当T4≥58℃时循环泵HWP2关闭。

6.当连续阴雨天,太阳能不足时,绕HEI~HE3同时启动,将HEI~HE3同时加热至60℃。

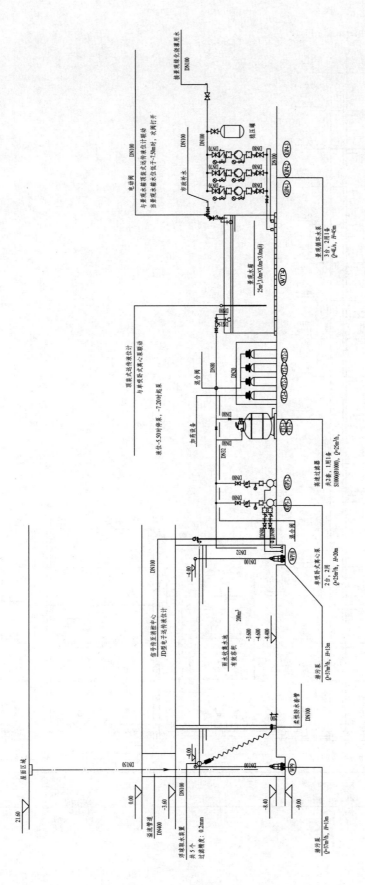

雨水回用系统简图

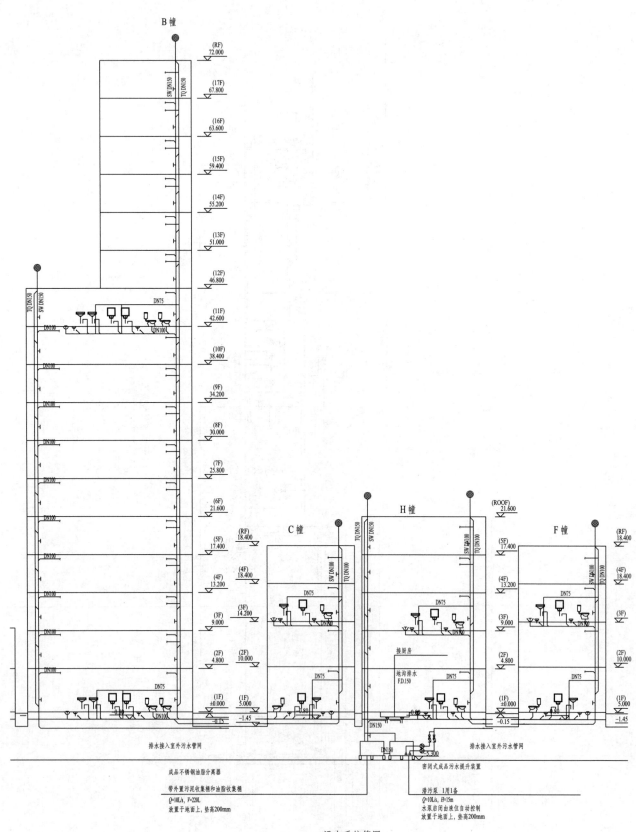

污水系统简图

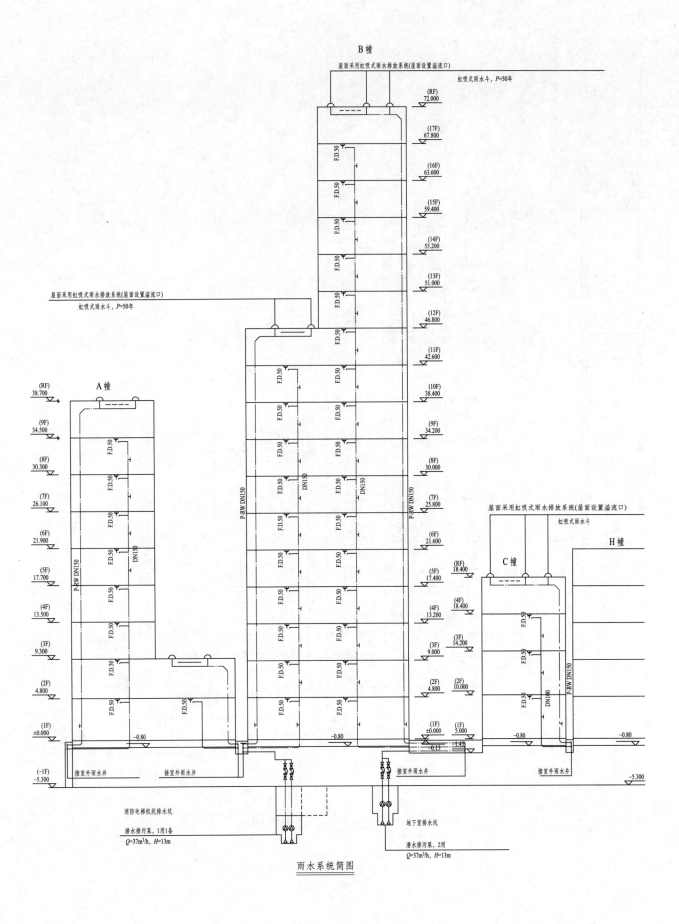

雨水系统简图

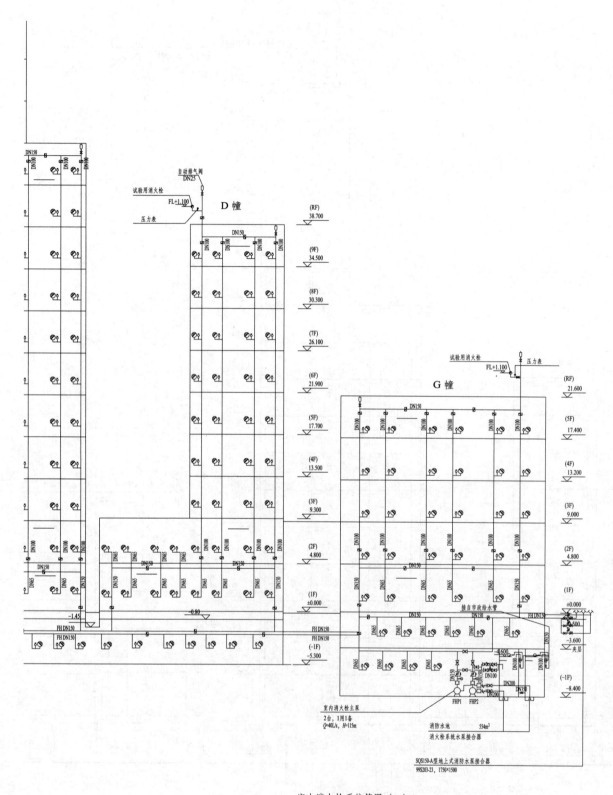

室内消火栓系统简图（一）

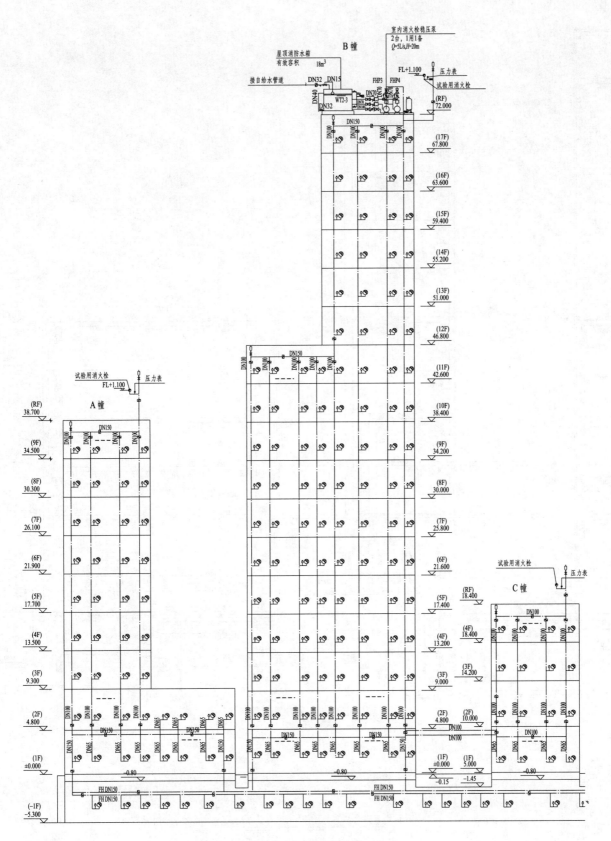

室内消火栓系统简图（二）

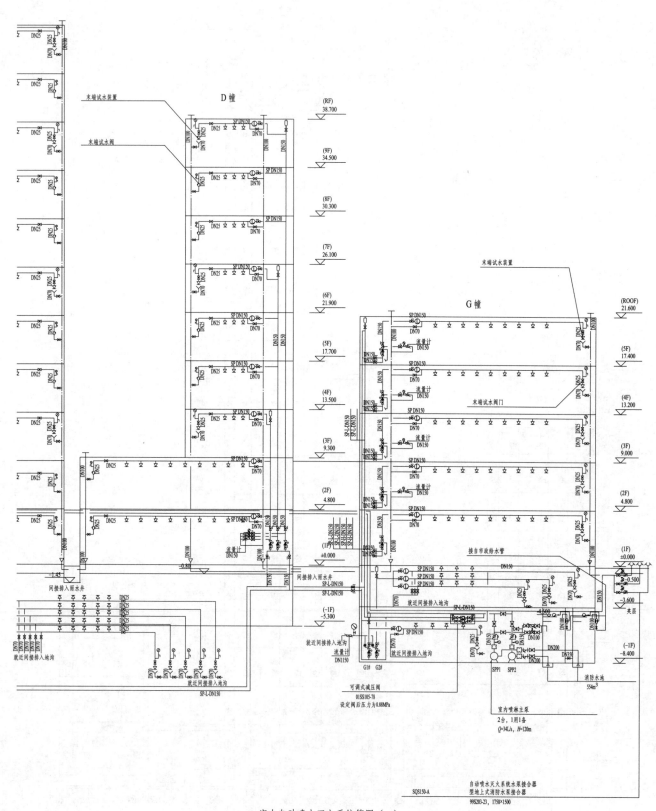

室内自动喷水灭火系统简图（一）

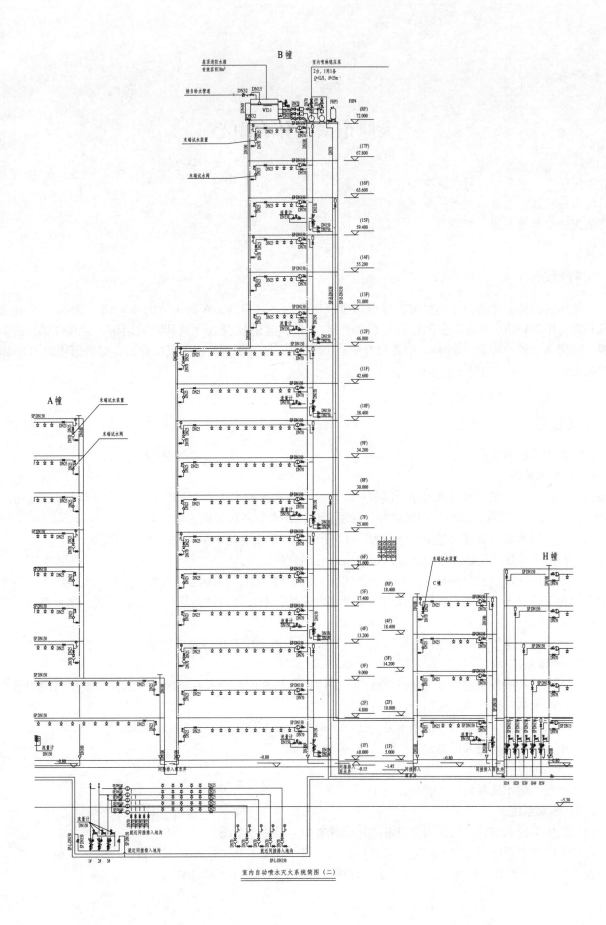

室内自动喷水灭火系统简图（二）

太原市滨河体育中心

设计单位： 中国建筑设计研究院有限公司，北京
设 计 人： 杜江　朱琳　赵锂　夏树威
获奖情况： 公共建筑类　二等奖

工程概况：

太原市滨河体育中心位于山西省太原市，建筑功能为体育建筑，A区为滨河体育馆（改造），由比赛大厅及其附属用房构成；B区为全民健身中心（新建），由扩建的比赛大厅及其附属用房、乒乓球馆、游泳馆构成。滨河体育馆座椅数4984座，全民健身中心1473座。防火类别为多层民用建筑，建筑面积为49033m²，建筑高度为23.95m，建筑地上4层，地下2层。

工程说明：

一、给水排水系统

（一）给水系统

（1）生活给水采用城市自来水作为供水水源，城市自来水供水压力为0.35MPa。从市政管网分别引入2根DN200mm的管道在用地红线内形成环状管网为建筑供水，环状管网的管径为DN200mm。

（2）生活用水量：最高日生活用水量为334.61m³/d，最大时用水量为39.31m³/h。

（3）竖向不分区，生活给水全部采用市政给水管网直接供给。

（4）冷却塔补水、游泳池补水、公共洗浴用水、锅炉房补水、制冷机房补水、中水系统补水等及按照不同用途和物业管理要求需独立核算的部位均单设水表计量，水表计量设置详见给水系统图。水表型式采用普通水表。

（5）其他：给水管采用钢塑复合压力管道（PSP），电磁感应双热熔管件连接。

（二）中水系统

（1）本工程现阶段市政中水未建设完成时，采用市政给水作为中水系统的供水水源。预留市政中水水箱间，待市政中水接至园区内，根据分区进行加压。

（2）中水用水量：最高日生活用水量为29.17m³/d，最大时用水量为4.89m³/h。

（3）中水系统竖向分区同给水。

（4）供水部位：冲厕、冲洗地面、浇灌绿地。

（5）其他：中水管材同给水管材。

（三）热水系统

（1）供应部位和方式：公共浴室及淋浴间设置集中生活热水系统。

（2）集中热水系统用水量和热量：最高日热水用量（60℃）为28.32m³/d，设计小时热水量（60℃）为10.62m³/h，冷水计算温度为4℃。设计小时耗热量为2490201kJ/h（691kW）。

（3）太阳能热能作为预热热媒间接使用，与辅助热源串联，生活热水作为被加热水直接供应到用户末端，生活热水与生活冷水用一个压力源。热源由地面太阳能集热器和辅助热源提供，辅助热源冬季由城市热网提供，供水温度为130℃；回水温度为30℃，经暖通专业一次换热后，作为热媒使用。供暖时间为11月至次年3月，其他月份，辅助热源由自备锅炉提供热源。

（4）热水系统供水分区和供水方式同给水系统，各区压力源来自于给水系统压力。

（5）其他：热水管采用热水用钢塑复合压力管道（PSP），电磁感应双热熔管件连接。

（四）冷却循环水系统

（1）夏季制冷机所需冷却水量为960m³/h，冷却水温度为30℃，出水温度为35℃，当地夏季湿球温度为23.8℃。

（2）冷却设备配置：按夏季负荷配置，设2台标准工况下360m³/h和1台标准工况下240m³/h的横流式超低噪声冷却塔，放置在室外地面，与3台制冷机相配套。

（3）采用投加环保型复合缓蚀阻垢药剂，向循环给水管道压力投配。

（4）冷却循环水补水：由市政自来水管直接补水。

（五）游泳池循环水系统

（1）游泳池容积为2000m³，设计水温为27℃，循环周期为4h，循环水量为525m³/h，初次充水时间为48h，日补水量为100m³/d。

（2）池水加热热源供暖季采用市政热力，非供暖季夏季采用自备蒸汽锅炉，平时耗热量为556kW，初次加热时间为48h，初次加热耗热量为1452kW。

（3）池水循环方式采用逆流式，过滤处理采用硅藻土，消毒方式为臭氧+氯。

（六）排水系统

（1）本工程污/废水排放系统采用合流排放方式。污/废水经管道收集排至化粪池，经化粪池初步处理后排至市政污水管道。

（2）本工程地上部分污/废水为重力流排放；地下部分污/废水经管道收集重力流排至集水坑后再由潜水排污泵提升排放。

（3）根据排水流量，卫生间排水管设置专用通气立管，辅以环形通气管。卫生间污水集水泵坑设通气管与通气系统相连。

（4）其他：排水管道均采用柔性接口机制排水铸铁管，橡胶圈密封，不锈钢卡箍卡紧。

二、消防系统

本工程以城市自来水作为消防用水水源。因当地消防局规定，红线两侧接入引入管，不构成双路供水条件，室外消火栓系统采用临时高压给水系统。

（一）消火栓系统

（1）室外消火栓系统、室内消火栓系统均为临时高压给水系统。用水由位于消防泵房的室内外消火栓共用加压泵（2用1备）供给。管网平时压力由高位消防水箱和稳压泵保持。

（2）室外消火栓系统用水量为40L/s，室内消火栓系统用水量为20L/s；火灾延续时间为2h。

（3）在全民健身中心地下一层设消防贮水池，有效容积为775m³。在全民健身中心18.4m标高屋顶处设高位消防水箱，有效容积为18m³，在屋顶水箱间设置增压稳压装置。

（4）室内消火栓系统在滨河体育馆和全民健身中心外各设置2个DN150水泵接合器。

（5）消火栓给水系统管道采用内外热浸镀锌钢管，丝扣和沟槽连接。

（二）自动喷水灭火系统

（1）本工程除净高大于12m的空间及不能用水扑救的场所外，其余均设自动喷淋头保护。系统竖向不分区，共设 7 个湿式报警阀（地下车库为单独子项）。

（2）汽车库按中危险级 Ⅱ 级设计，大于 8m 小于 12m 的高大净空按中危险级 Ⅰ 级设计。自动喷水灭火系统用水量为 54L/s，火灾延续时间为 1h。

（3）自动喷水灭火系统采用临时高压给水系统，用水由位于消防泵房的喷淋加压泵（1 用 1 备）供给，管网平时压力由高位消防水箱和稳压泵保持。消防贮水池、高位消防水箱与消火栓系统合用，以满足火灾初期用水。

（4）地下车库采用预作用自动喷水灭火系统（单独子项），本工程内部位均采用湿式自动喷水灭火系统。

（5）自动喷水灭火系统在室外设 4 个 DN150 水泵接合器。

（6）自动喷水灭火系统管道采用内外热浸镀锌钢管，丝扣和沟槽连接。

（三）大空间智能型主动喷水灭火系统

（1）设置部位：室内高度超过 12m 的区域（观众厅除外）。

（2）设计参数：系统设计流量为 10L/s，作用时间为 1h。装置标准流量：5L/s，装置标准工作压力：0.60MPa，装置最大安装高度：20m，一个装置最大保护半径：20m。

（3）系统型式：与本工程自动喷水灭火系统合用一套供水系统，在报警阀前管道分开，单独设置水流指示器和模拟末端试水装置。管网内平时水压由屋顶水箱和增压稳压装置维持。

（四）固定自动消防炮系统

（1）设置部位：滨河体育馆和全民健身中心的观众厅。

（2）设计参数：设计流量为 40L/s，火灾延续时间为 1h。

（3）每门水炮设计流量为 20L/s，炮口工作压力为 0.80 MPa，射程为 50m，防护区内任一部位有 2 股射流同时到达。

（4）消防炮系统单独设置供水加压泵。管网内平时的水压由屋顶水箱及稳压装置维持。

（5）固定自动消防炮系统在室外设 3 个 DN150 水泵接合器。

（五）气体灭火系统

（1）设置部位：1、2 号变配电室。

（2）系统型式：采用预制式装置。每个房间为独立的防护区。拟采用七氟丙烷灭火剂。

（3）设计参数：灭火设计浓度为 9%，设计喷放时间为 10s，灭火浸渍时间为 10min。

三、工程特点介绍

太原市滨河体育中心项目是在原有太原滨河体育馆的旧馆改造基础上，新建全民健身中心，并在新老馆中部构筑休息平台，平台下方新建半地下游泳馆作为全民健身娱乐设施。场馆建成后作为 2019 年第二届全国青年运动会分馆，举行了乒乓球、举重等赛事。其设计不仅良好地解决了旧建筑改造、功能提升的常规体育赛事的需求，也补充了赛后场馆全周期运营所需要的功能需求，更借助建筑改造实现了城市功能修补和生态修复，给周围区域带来了新鲜的活力。

给水排水设计既要符合现行规范、标准的要求，又需要克服改造项目的原有土建限制和制约，还需对接第二届全国青年运动会现代体育工艺的需求，成为本项目最大设计难点。原管道布置在管沟内，现建筑形式整体取消管沟，管道布置改为吊顶内安装。在充分考虑结构条件来选择管线走向及路由，对给水排水管线进行逐段分析，解决建筑层高对设计净高的掣肘问题。雨水系统结合屋面的造型特点，分设不同的雨水系统，屋面将原有 87 斗半有压雨水系统调整为虹吸雨水排水系统，解决大屋面雨水排水问题。室外露天平台采用 87 斗半有压雨水系统，解决飘雨问题。屋盖遮挡且飘雨可能性较小的露天场所，按开敞阳台设地漏，解决少量的积水问题。多种雨水形式结合，很好地解决层高与出户管道双重制约的问题。循环冷却水系统，考虑建筑立面的效果，没有将冷区塔设置于屋顶，而设置于室外绿化区的地面上，使得建筑整体立面效果保持完整性。消防系统整体进行了改造升级，将原有管沟内敷设的消火栓管道改为吊顶内敷设，方便检修维护。出于建筑屋面造型的需要，屋面设置屋顶消防水箱间困难，采用室内结构空间内设置消防水箱间，充分保证消防系统的安全性。本工程因造型需要，室外消防车道被平台截断无法满足环通设计，且消防车无法到达平台上部，采用在平台上增设室外消火栓满足火灾扑救的需要。

除举办第二届全国青年运动会外，自投入使用以来，太原市诸多室内体育活动项目、大型演出等均在此地举办。滨体前的广场，成为广场舞的训练场、太极拳的运动场、各类休闲娱乐的综合场，给周围区域带来了新鲜的活力。现在场馆内的乒乓球、羽毛球、篮球、网球、游泳等设施，低收费向市民开放；户外活动广场和体育健身设施，全天免费开放，使其成为用于训练、教学以及市民健身运动之地。加上体育公园的出现，这里成为了集全民健身活动、体育竞技、体育消费、各种文娱和商业活动为一体的多功能综合性体育中心，使河西老城迸发新力量的同时，大幅提升了周边市民的人居环境。

四、工程照片及附图

项目远眺图

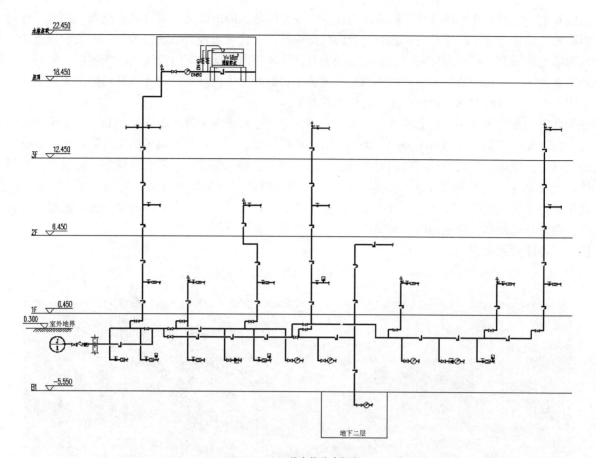

给水管道系统图

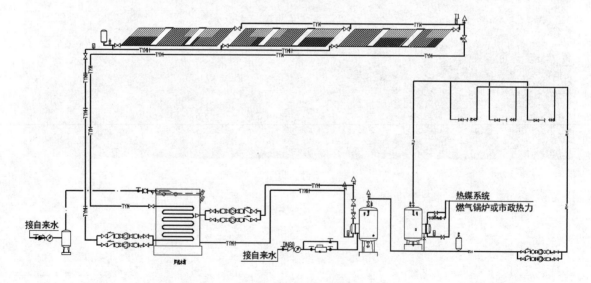

生活热水管道原理图

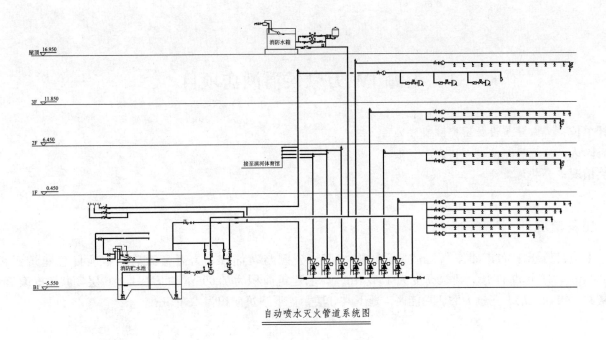

自动喷水灭火管道系统图

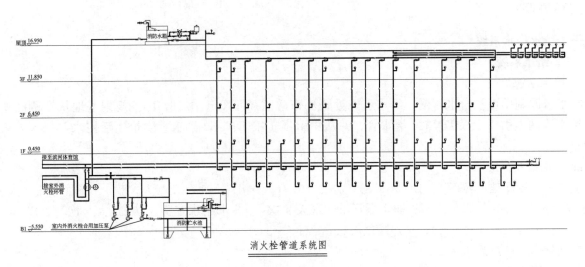

消火栓管道系统图

上海 JW 万豪侯爵酒店项目

设计单位：华东建筑设计研究院有限公司
设 计 人：何可青　陶俊　田康宁　张佳　胡晨樱
获奖情况：公共建筑类　二等奖

工程概况：

本项目位于上海市浦东新区浦明路，毗邻滨江公园与黄浦江，为万豪酒店。本项目总建筑面积为 116544m²，地上共 41 层，建筑高度为 154.4m。地上建筑面积为 72695m²，客房层 30 层，共 495 套客房。裙楼共 5 层，二层、三层为酒店功能区。地下共 5 层，地下建筑面积为 43849m²。

工程说明：

一、给水排水系统

(一) 给水系统

1. 给水水源

给水水源利用市政给水管网，给水引入处最小市政水压不低于 0.16MPa。规划基地从东侧浦明路的市政给水管网上引入 2 根 DN300 给水管，并从中引出 1 根 DN250 给水管供给生活用水，引入处设置水表计量。

2. 用水量及标准

主要用水量标准：客房 320L/(人·d)；办公 40L/(人·d)；会议 6L/(人·次)；餐厅 60L/(人·次)［节水用水定额，50L/(人·次)］；职工餐厅 25L/(人·次)［节水用水定额，20L/(人·次)］；SPA 160L/(人·次)；健身 40L/(人·次)；室外绿化 0.66m³/(m²·a)。

最高日用水量：3075.4m³/d。

最大时用水量：291.42m³/h。

3. 生活用水供水方式

车库地面冲洗、室外绿化浇水、室外道路冲洗等市政水压能够满足使用要求的区域采用市政直供。酒店生活用水采用生活蓄水池—变频调速水泵供水方式，按酒店高Ⅰ区（三十四层～屋顶层）、高Ⅱ区（三十层～三十三层）、中Ⅰ区（二十五层～二十九层）、中Ⅱ区（二十层～二十四层）、中Ⅲ区（十五层～十九层）、低Ⅰ区（十层～十四层）、低Ⅱ区（五层～九层）、裙房Ⅰ区（一层夹层～四层）、裙房Ⅱ区（地下四层～一层）分区设置变频调速泵组供水。酒店洗衣房，酒店冷却循环系统补水均单独设置变频调速泵组供水。酒店生活用水（除车库地面冲洗、室外绿化浇水、室外道路冲洗、冷却循环补水等外）均进行砂过滤、炭过滤和紫外线消毒等深度处理，水处理规模为 100m³/h。酒店洗衣房用水均经软化处理，水处理规模为 30m³/h。在生活蓄水池（除原水蓄水池），均设置水池（箱）水处理装置，保证供水水质。酒店生活用水分区水压控制在 0.275～0.45MPa 之间。根据节能要求，在供水压力较高楼层设置减压阀，保证各用水点静压不大于 0.20MPa。

4. 用水计量

按上海市《公共建筑用能监测系统工程技术规范》DGJ 08—2068—2012，对酒店游泳池补水、酒店 SPA、酒店餐饮、酒店洗衣房、空调补水、冷却循环系统补水、车库冲洗用水、室外绿化、室外道路冲洗、地下室人防用水以及精品店等用水均采取单独计量。三级水表安装到位并覆盖所有支管。对生活供水设备运行工况进行自动监控。

(二) 热水系统

1. 热水供应范围

集中热水供给：酒店客房、酒店公共区域卫生间、酒店厨房、酒店洗衣房、酒店游泳池淋浴、酒店 SPA，以及酒店职工淋浴等集中用热水的场所。集中热水制备方式：板式热交换器与压力贮水罐。热水系统分区同给水系统。

2. 热水用水量及耗热量

主要用水量标准：客房 140L/（人·d）；办公 10L/（人·d）；餐厅 20L/（人·次）；职工餐厅 10L/（人·次）；SPA 70L/（人·次）；最高日用水量：693.33m³/d；最大时用水量：90.62m³/h。设计小时耗热量：6346.35kW。

3. 热水供水方式

酒店最高区集中热水供给系统带太阳能预热装置，由板式热交换器加热并经压力贮水罐后供给。在主楼屋面设置太阳能集热器，采用间接加热方式。各区供/回水管道尽可能同程布置或设置平衡阀。酒店客房采用立管回水方式，对支管路径较长的客房卫生间，采用电伴热保温措施。根据酒店管理公司要求，客房生活热水系统配置电子温控阀。

热水系统设置机械循环回水方式，热水系统供水温度为 60℃。热水系统均分别设置机械回水装置。热水循环泵启、停由设于热水循环泵之前热水回水管上的电接点温度计自动控制。启泵温度为 55℃，停泵温度为 60℃。客房热水系统供/回水管道尽可能同程布置管线，酒店客房采用立管回水方式，保证系统各处水温不低于 55℃，保证末端器具热水出水时间小于 10s，保证洗衣房热水供水温度为 74℃。

(三) 冷却循环系统

根据制冷机数量配备冷却循环水泵，并由设于裙房屋面的超低噪声冷却塔组实施循环冷却。冷却塔补水采用冷却循环补水蓄水池—变频调速水泵供水方式供给。冷却循环系统设置自动化学加药装置和旁滤装置，以及在冷却循环水管上设置电子水处理器，确保循环水水质、节约用水。

(四) 排水系统

1. 排水量

最高日排水量：1671.12m³/d；最大时排水量：199.7m³/h。

2. 系统型式

室内采用污废分流制，地下室等局部采用污废合流制；室外采用污（废）雨水分流制。通气采用专用通气立管方式，酒店客房采用器具透气和专用通气立管相结合的通气方式。较低标高处排水点排水根据功能要求，由分散设置在集水井中的潜水泵提升后排至室外。地下车库排水由隔油沉砂池处理后排至室外污水管网。餐饮厨房废水排水管单独设置，餐饮厨房废水经油水分离器处理后排至室外污水管网。基地排出的生活污水经检测井直接排入东面的浦明路的市政污水管网。

(五) 雨水系统

裙房屋面虹吸压力流雨水系统设计降雨重现期采用 50 年，塔楼重力流雨水系统设计降雨重现期采用 10 年。屋面雨水排水系统与雨水溢流设施的总排水能力均不小于重现期为 50 年的雨水量。车库入口设计重现期为 50 年。室外设计降雨重现期采用 3 年。

二、消防系统

(一) 消防水源

本项目消防水源利用市政给水管网，2 路进水，本地供水压力不低于 0.16MPa，在基地周围设置消防环网和室外消火栓，采取低压制给水系统。

(二) 消防水量及消防蓄水池

室外消火栓系统用水量：40L/s；

室内消火栓系统用水量：40L/s；

自动喷水灭火系统用水量：≥ 45L/s。(其中含：水喷雾用水量 40L/s，大空间智能型主动喷水灭火系统 10L/s)

按同时一次火灾最大保护建筑所需消防用水量大于或等于 125L/s 设计。

消防蓄水池、中间消防水箱、高位消防水箱：设置消防蓄水池，贮存室内消火栓和自动喷水灭火系统火灾延续时间内一次灭火所需的消防水量。蓄水池有效消防容量为 100m³。在十四层避难层设置中间消防水箱容积不小于 30m³，主楼屋顶设置高位消防水箱，高位消防水箱容积不小于 60m³。

(三) 消防系统设计

在柴油发电机房及锅炉房设置自动喷水—泡沫联用灭火系统。在地下室变、配电所，贵重设备房设置 IG541 气体灭火系统。中庭区域采用自动扫描射水高空水炮灭火装置系统保护，管网由自动喷水灭火系统接出。在冷库、开百页设备层采用预作用自动灭火系统。厨房灭火装置：在酒店厨房的灶台上方烟罩处设置厨房专用化学灭火系统。该系统采用低 pH 值的水溶性钾盐灭火剂，属于洁净无毒的湿化学灭火系统。

三、工程特点介绍

1. 空调冷凝水回收利用

本项目设置空调冷凝水回收系统。空调冷凝水汇总后，经过灭菌处理进入地下室冷却循环补水箱，空调冷凝水温度低，水量较丰富，作为冷却循环补水利用，可降低冷却塔工作负荷，节约能源和水量。

2. 集中热水恒温控制系统

本项目根据用水功能区域设置不同的热水供水系统，保证各区热水用水不相互影响；本万豪热水系统各分区主系统设置数字恒温式混合站，采用智能水流水温控制方式，总体供水温度可根据需求进行调控，保证末端用水水温，且不造成人员烫伤，灵活调控系统。

3. 消防水泵接力串联系统

本项目高度为 150m，在十四层避难层约 60m 高度，设置消防转输水泵及低区高位消防水箱，避难层层高较低，且设置客房，面积非常紧张，因此，采用消防水泵直接串联系统，若高区着火，低区消防水泵先启动，高区消防水泵后启动，高区消防泵出水管设置带空气隔断倒流防止器；此消防系统安全可靠，适合本项目建筑空间，保障避难层客房功能。

4. 屋面采用 BIM 建模

本项目裙房设置大量厨房、会议等功能，屋面设置众多排油烟风机，透气管道，屋顶设备，管线复杂，利用 BIM 建模模拟屋面管线管道施工安装空间，设置屋面检修走道，为后期设备运营、维护提供便利空间条件。

四、工程照片及附图

酒店大堂外里面结构图

万豪酒店中庭大堂

酒店客房

项目外景

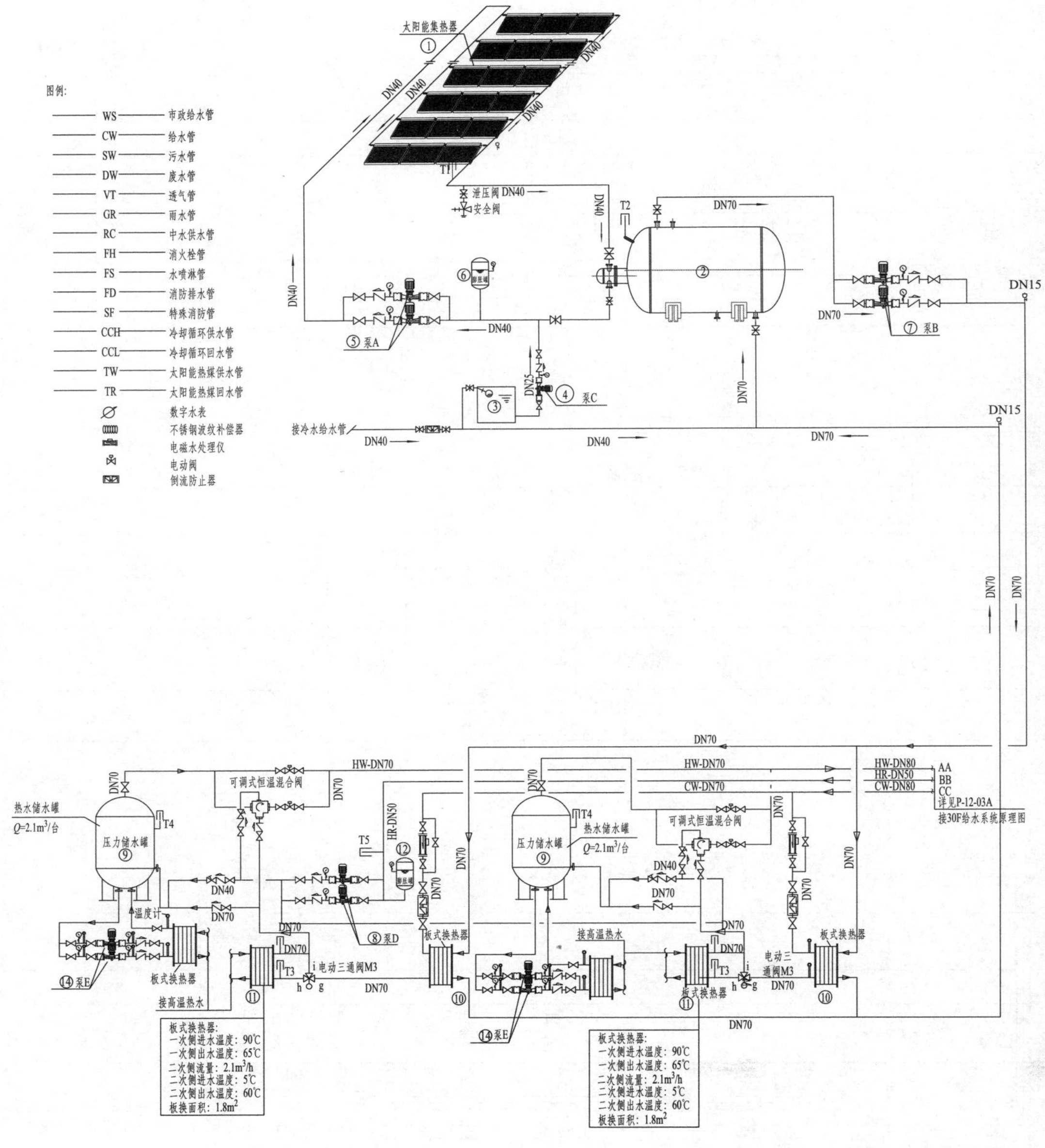

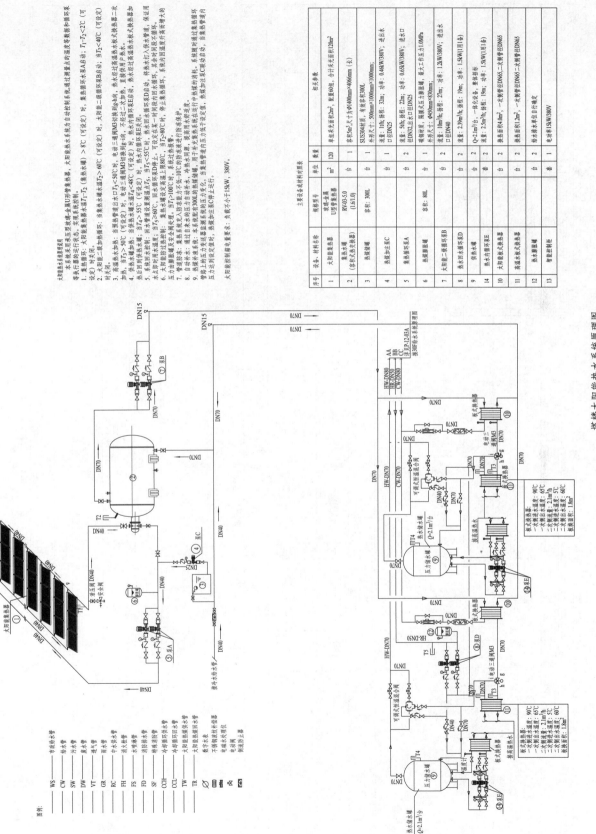

塔楼太阳能热水系统原理图

太阳能热水系统原理说明

本系统采用承压型玻璃-金属U形管集热器，太阳能热水系统为自动控制系统,通过测量点的温度等数据和循环泵等执行器的运行状态，实现系统控制。

1. 集热循环：太阳能集热器水温T_1-T_2（集热水罐）> 8℃（可设定）时，集热循环水泵A启动；T_1-T_2<2℃（可设定）时关闭。

2. 太阳能二级加热循环：当集热水罐水温T_2> 60℃（可设定）时，太阳能二级循环泵B启动；当T_2<40℃（可设定）时关闭。

3. 高温热水加热：当预热管道出水口T_3<50℃时，电动三通阀M3切换到g-h向，热水经过高温热水板式换热器二次加热，当T_3> 50℃（可设定）时，电动三通阀M3切换到g-i向，不经过二次加热，直接供用户热水。

4. 供热水罐加热：当供热水罐水温T_4<48℃（可设定）时，热水内循环泵E启动，热水经过高温热水板式换热器加热后回到供热水罐；当T_4> 55℃（可设定）时，热水内循环泵E关闭。

5. 系统回水控制：回水管道设置测温点T_5，当T_5<55℃时，热水回水循环泵D启动，将热水打入供水管道，保证用水点即时用水温度；当T_5≥60℃，回水循环泵D停止。可设定在某一时间段内回水循环，其余时间段不循环。

6. 太阳能防过热控制：　集热水罐设定高温上限80℃，当T_2>80℃时，停止集热循环，系统内因温度升高而增大的压力由膨胀罐及安全阀处理。当T_1>100℃时，系统过热报警。

7. 管道防冻：集热系统充入防冻能力不低-10℃的防冻液进行防冻保护。

8. 自动补水：通过自来水的压力自动补水，冷热水同源，提高用水舒适度。

9. 热媒补液系统：本系统配有300L的热媒储罐，用于补充集热系统在运行中热媒的消耗。系统随时通过集热循环管路上的压力变送器监测系统的压力变化，当集热管道内压力低于设定值，热媒加注泵C联动启动，当集热管道内压力达到设定值时，热媒加注泵C停止运行。

太阳能控制箱电量要求：负载不小于15kW，380V。

主要设备或材料对照表

序号	设备、材料名称	规格型号	单位	数量	相关参数
1	太阳能集热器	玻璃-金属U型管集热器	m^2	120	单组采光面积$2m^2$，配置60组，合计采光面积$120m^2$
2	集热水罐（容积式热交换器）	RV-03-5.0 (1.6/1.0)	台	1	容积$5m^3$,尺寸为Φ1400mm×4066mm（长）
3	热媒储罐	容积：300L	台	1	SUS304材质，有效容积300L 外形尺寸：500mm×1000mm×1000mm;
4	热媒加注泵C		台	1	流量：1t/h; 扬程：32m; 功率：0.46kW/380V; 进出水口径DN25
5	集热循环泵A		台	2	流量：5t/h; 扬程：22m; 功率：0.65kW/380V; 进水口径DN32,出水口径DN25
6	热媒膨胀罐	容积：80L	台	1	碳钢材质，隔膜式压力膨胀罐，最大工作压力1.0MPa 外形尺寸：Φ450mm×830mm;
7	太阳能二级循环泵B		台	2	流量：$10m^3/h$; 扬程：27m; 功率：1.2kW/380V; 进出水口径DN40
8	热水回水循环泵D		台	2	流量：$2.39m^3/h$; 扬程：19m; 功率：1.5kW(1用1备)
9	供热水罐		台	2	Q=$2.1m^3$/台，一体化设备，整体招标
14	热水内循环泵E		套	2	流量：$2.5m^3/h$; 扬程：19m; 功率：1.5kW(1用1备)
10	太阳能板式换热器		台	2	换热面积$4.0m^2$，一次侧管径DN65,二次侧管径DN65
11	高温水板式换热器		台	2	换热面积$1.2m^2$，一次侧管径DN65二次侧管径DN65
12	热水膨胀罐		台	2	给水排水单位自行确定
13	智能控制柜		套	1	电功率15kW/380V

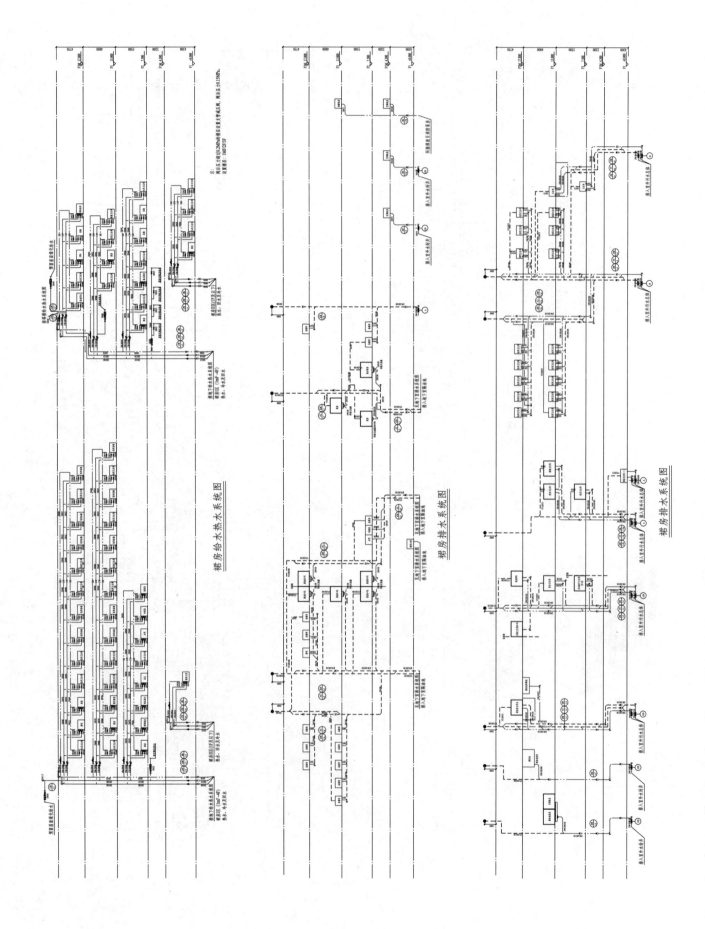

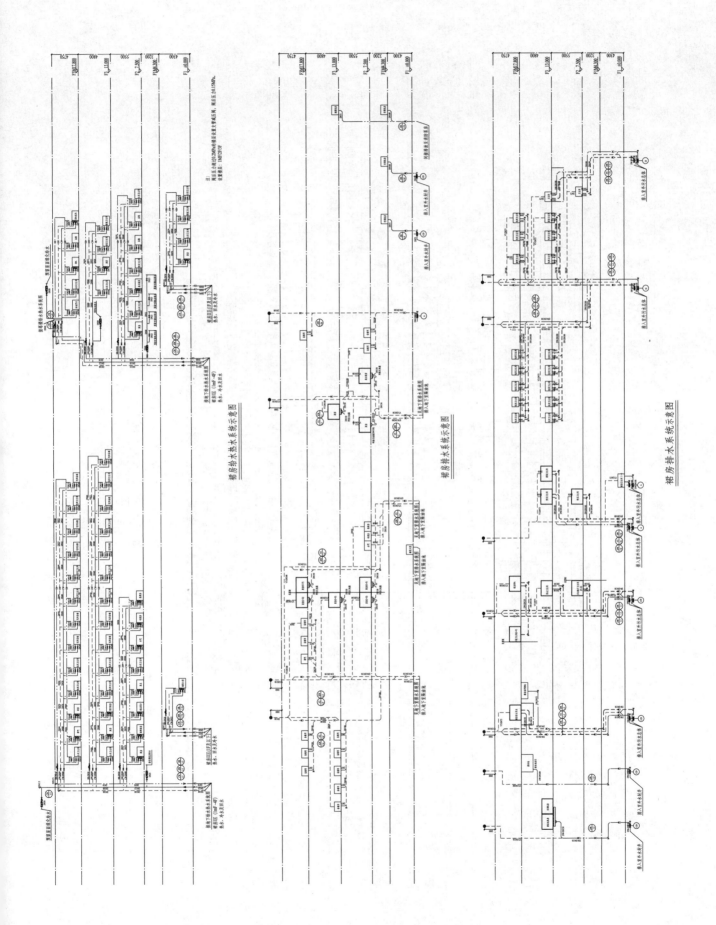

裙房给水热水系统示意图

裙房排水系统示意图

裙房排水系统示意图

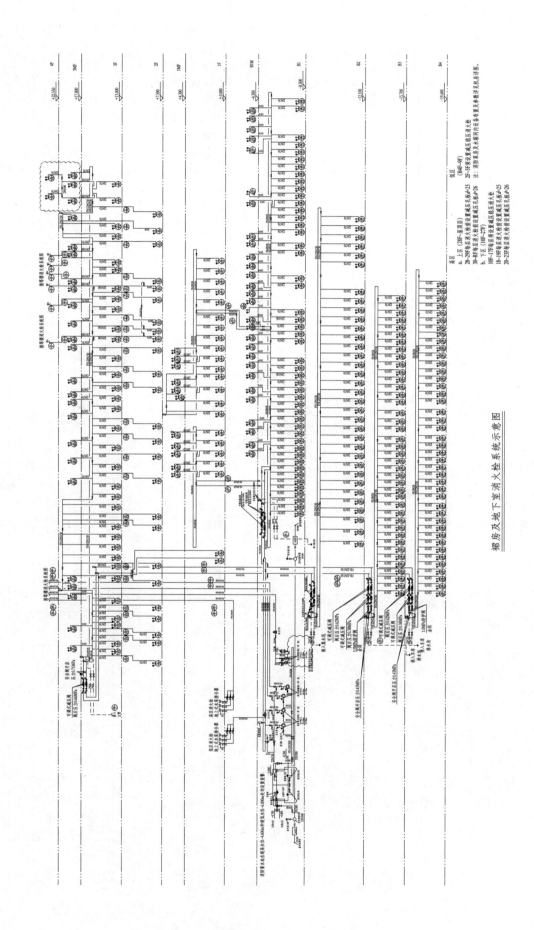

裙房及地下室消火栓系统示意图

基金大厦

设计单位： 深圳市建筑设计研究总院有限公司
设 计 人： 郑卉　张华　黄建宏　胡婷　刘翠翠　刘庆　赵娜娜
获奖情况： 公共建筑类　二等奖

工程概况：

本工程为超高层办公楼，地处广东省深圳市福田区，为南方基金管理有限公司与博时基金管理有限公司自建自用的金融办公大楼。北临太平金融大厦，东临益田路及市民中心广场，南临深南大道，西临鹏城二路及深圳证券交易所广场。总建筑面积为 109726.59m^2，含地下建筑 4 层，功能主要为地下停车库及设备用房；办公楼下部一层～三层裙房为大堂，三层、四层北边为悬挑裙房层，为餐饮及其配套；四层～四十二层为办公建筑，其中十五层及三十一层为避难层，四十三层～四十四层为屋顶设备层；建筑高度：199.85m；建筑等级：特级；建筑类别：一类；耐火等级：一级。

本工程自 2010 年开始设计，于 2018 年竣工并投入使用。

工程说明：

一、给水排水系统

（一）市政条件

1. 市政给水

根据建设方提供的市政资料，深南大道现有 1 条市政给水管，益田路现有 1 条市政给水管，均属市政环状管网。本工程由深南大道引入 DN200 进水管 1 根，并由益田路引入 1 根 DN200 进水管，在小区范围内形成 DN200 的环状管网。实勘市政供水压力为 0.27MPa（绝对标高为 8.40m，即本项目建筑相对标高±0.00 处）。

2. 市政排水

根据建设方提供的市政资料，在本栋楼西侧鹏城二路预留市政雨水及污水检查井，市政污水井井底绝对标高为 4.72m，市政雨水井井底绝对标高为 3.57m。

（二）给水系统

本项目给水相关设计包括生活给水、中水给水及空调补水等。

1. 给水总用水量

本工程生活最高日用水量为 711m^3/d，最大时用水量为 76m^3/h。其中自来水供给 429m^3/d，中水供给 282m^3/d。具体见表 1。

同时计算生活加压给水用水量，各分区办公楼生活给水量按总用水量的 37％计，餐厅厨房生活给水量按总用水量的 94％计，除裙房冷却水另计外，加压最大日总用水量为 605.9913m^3/d。

给水总用水量　　　　　　　　表1

用水部位	用水标准（L）	面积（m²）	使用人数（人）	使用时间（h）	小时变化系数	最高日用水量（m³/d）	最大时用水量（m³/h）
办公	50 每人每日	60887	4059	9	1.5	202.96	33.83
物业	50 每人每日		80	9	1.5	4	0.67
中餐厅	50 每人每日	1262	1346	12	1.5	67.31	8.41
中餐厅员工	50 每人每日		30	12	1.5	1.5	0.19
职工餐厅	25 每人每日		800	8	1.5	20	3.75
职工餐厅员工	50 每人每日		20	8	1.5	1	0.19
会所	50 每人每日		50	12	1.5	2.5	0.31
绿化	3 每 m² 每日	3292		4	1	9.88	2.47
景观补水				12	1	5	0.42
未预见用水量						32	5.13
小计1						352.18	56.87
空调补水　双工况				18	1	285.12	15.84
空调补水　数据机房				24	1	74	3.08
小计2						359.12	18.92
总用水量累计						711.3	75.79

2. 水源

水源采用市政自来水，具体详见（一）市政条件。

3. 系统竖向分区

依据市政供水压力及建筑高度，生活给水设计分4个分区。

1区：地下四层～一层，由市政直接供水；

2区：三层～十一层，由十五层避难层之中间水箱供水；

3区：十二层～二十七层，由三十一层避难层之中间水箱供水；

4区：二十八层～屋顶层，由生活变频给水加压泵供水。

4. 供水方式及给水加压设备

生活给水采用高位水箱重力供水及变频加压2种形式供水。

地下四层装置水泵，从地下四层生活水箱提升生活用水至十五层避难层的中间水箱，然后由十五层转输水泵提升生活用水至三十一层避难层之中间水箱，最后由三十一层变频加压设备供水至四十二层。具体选型见表2。

生活给水主要加压设备选型　　　　　　　　表2

名称	型号参数	单位	数量	备注
三十一层给水变频加压设备	50DL12－12×7 $Q=4L/s, H=75m, N=7.5kW, 2$ 台	套	1	1用1备配,1800L气压罐配电柜、控制柜
十五层给水转输泵	50DL12－12×9 $Q=5L/s, H=92m, N=11kW$	套	2	1用1备
地下四层生活给水转输泵	65DL32－15×7 $Q=8.32L/s, H=101m, N=18.5kW$	台	2	1用1备

5. 管材

室外生活给水管采用给水钢丝网骨架塑料（聚乙烯）复合管，电熔或电熔法兰连接；室内给水主、干管采用薄壁不锈钢管，大于或等于 $DN80$ 采用沟槽式连接，小于 $DN80$ 采用双卡压式连接。

室内埋墙、埋垫层内支管采用覆塑薄壁不锈钢管，双卡压式连接。

（三）热水系统

本工程热水采用集中热水供应系统。供应位置为营业餐厅厨房，预留四十二层会所，九层及二十层员工食堂，健身淋浴房热水。系统为全日制供水系统。

1. 热水用水量计算

本工程生活最高日热水用水量为 $37.6m^3/d$，最大时用水量为 $5.6m^3/h$，设计小时耗热量为 $287kW$。具体详见表3。

生活热水用水量 表3

用水部位	用水标准 [L/(人·d)]	使用人数 （人）	使用时间 （h）	小时变化系数 K	最高日用水量 （m^3/d）	最大时用水量 （m^3/h）	耗热量 （kJ/h）	耗热量 （kW）
营业餐厅	15	1346	12	1.5	20.19	2.52	467618	130
营业餐厅员工	30	30	12	1.5	0.90	0.08	20843	6
职工餐厅	10	800	8	1.5	8.00	1.50	277903	77
职工餐厅员工	30	20	8	1.5	0.60	0.11	20843	6
会所	70	50	12	1.5	3.50	0.44	81055	23
健身中心	25	40	4	1.5	1.00	0.38	69476	19
未预见用水量					3.4	0.51	93774	26
小计					37.61	5.57	1031510	287

2. 热源

热源为太阳能，空气源热泵辅助加热。太阳能板设在四十四层屋顶层，集热面积按平均日计算，面积为 $494m^2$，空气源热泵设在四十二层屋面。供热水箱及热媒循环泵、供四十二层使用的热水加压设备设置在四十二层热水机房内，十五层热水机房内设置中间水箱、热水加压泵、热水循环泵供给三层～二十层热水。

3. 热水系统及分区

竖向分2个区。高区会所及三十三层健身房由屋顶的热水给水泵加压供给并循环；二十二层健身房、二十层的职工餐厅厨房由设置在十五层给水加压泵供给并循环回十五层中间热水水箱。低区营业厨房与九层的职工餐厅厨房由设于十五层的中间水箱供给，并由设在四层的循环泵循环。

4. 热水系统设备及管材

太阳能储热水箱有效容积为 $30m^3$。太阳能集热循环泵2台，1用1备，每台 $Q=11L/s$，$H=25m$。选用模块化空气源热泵机组1台，制热量为 $342kW$，热泵机组循环泵2台，1用1备，每台 $Q=18L/s$，$H=18m$。热泵热水系统储热水箱容积为 $8.5m^3$。供应会所的屋顶热水变频加压泵2台，1用1备，每台 $Q=0.67m^3/h$，$H=21m$，配套气压罐250L；供应二十层及二十二层热水的十五层热水变频加压泵2台，1用1备，每台 $Q=0.68m^3/h$，$H=40m$，配套气压罐250L；供四层厨房及九层餐厅循环热水的四层热水循环泵2台，1用1备，每台 $Q=1.7m^3/h$，$H=17m$；十五层热水循环泵3台，2用1备，每台 $Q=1.1m^3/h$，$H=140m$。

热水给水主、干管采用聚乙烯闭孔发泡型（PEF）薄壁不锈钢管，大于或等于 $DN80$ 采用沟槽式连接，小于 $DN80$ 双卡压式连接。保温：所有热媒供/回水管及储热设备均需保温。热水供/回水管、热媒水管的保温材料为发泡聚乙烯。

（四）直饮水系统

1. 系统概况

直饮水系统以市政自来水为原水，经净化站深度处理成符合行业标准《饮用净水水质标准》CJ 94—2005 的水供给直饮水终端机。净水设备及直饮水箱设于地下四层。系统的处理能力为 $1.5m^3/h$。

2. 工艺流程

直饮水处理工艺流程如图 1 所示。

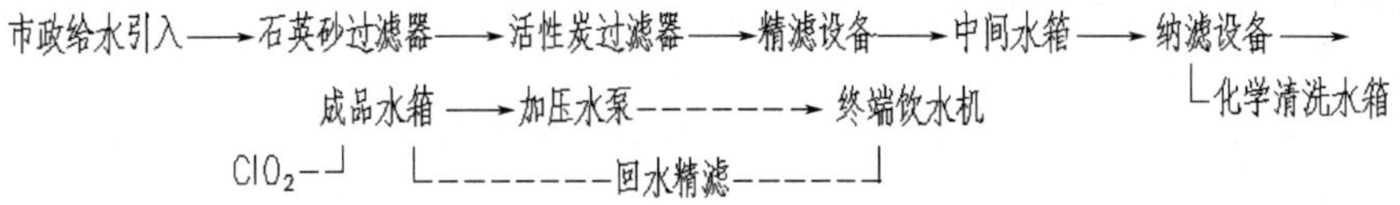

市政给水引入 ——→ 石英砂过滤器 ——→ 活性炭过滤器 ——→ 精滤设备 ——→ 中间水箱 ——→ 纳滤设备 ——→
成品水箱 ——→ 加压水泵 ------→ 终端饮水机　　　└化学清洗水箱
ClO_2 ┘　└ ---------回水精滤------┘

图1 直饮水处理工艺

本设计仅供招投标用途，待专业承包商确定后，应进行深化设计，并提供深化设计图纸，报设计方核准后方可施工。

3. 系统分区

管道直饮水给水分 3 个区：

1 区：地下四层～十四层，由地下四层变频调速泵组加压供水；

2 区：十五层～二十八层，由三十一层避难层中间水箱重力供水；

3 区：二十九层～四十二层，由三十一层避难层变频调速泵组加压后供水。

变频泵组的运行控制同给水变频调速泵组。

循环系统：1 区和 3 区由供水变频加压泵兼作循环泵，2 区设置回水循环泵，每区的循环泵启停由时间继电器控制，保证每 6h 全管网内水循环一次。

4. 主要设备及要求（表 4）

每层设 5 个终端饮水机，每个直饮水水嘴流量为 0.05L/s，从而对各分区设备选型。

主要设备 表4

名称	型号参数	单位	数量	备注
直饮水处理设备	直饮水处理设备规模 $Q=1.5m^3/h$	套	1	
1区变频加压设备	SLG4×13F $Q=3.8m^3/h, H=95m, N=2.2kW, 2$ 台	套	1	1用1备,配500L气压罐、配电柜、控制柜
2区循环泵	SLG1×5F $Q=0.6m^3/h, H=45m, N=0.75kW$	台	2	1用1备
转输加压泵	SLG2×22F $Q=1.33m^3/h, H=175m, N=3kW$	台	2	1用1备
3区变频加压设备	SLG4×9F $Q=3.2m^3/h, H=65m, N=1.5kW, 2$ 台	套	1	1用1备,配350L气压罐、配电柜、控制柜
31层不锈钢水箱	$V_{有效}=1.5m^3$　SU316	座	1	$\phi1200$

直饮水机房内设置化验室，并配备水质检验设备。管道直饮水系统应进行日常供水水质检验。水质检验项目及频率应符合规范要求。管道直饮水系统试压合格后应对整个系统进行清洗和消毒。

5. 管材

室内给水主、干管且工作压力小于或等于 1.6MPa 者采用薄壁不锈钢管，工作压力大于 1.6MPa 采用普通壁厚不锈钢管。连接方式：大于或等于$DN80$采用沟槽式连接，小于$DN80$双卡压式连接。室内埋墙、埋垫层内支管采用覆塑薄壁不锈钢管，双卡压式连接。

（五）中水系统

本工程将本大楼的污、废水及空调冷凝水全部收集（厨房废水除外），污水经过化粪池处理后与废水重力排至地下四层中水处理机房，经中水处理设备处理后用于本楼地下四层～四十二层冲厕用水，空调冷却水补水，绿化、冲洗、浇洒用水。本项目预留市政中水接口，待市政中水接至深南大道可以直接利用市政中水。

1. 中水原水量及回用量

本项目中水原水最高日收集水量为$314m^3/d$，可回用量为$282m^3/d$。中水回用系统的平均时用水量为$27.56m^3/h$，最大时用水量为$36m^3/h$。具体计算详见表5。

中水原水量及回用量计算　　　　　　　　　　　　　　　　　表5

用水部位	用水标准 [L/(人·d)]	含比 (%)	使用面积 (m²)	使用人数 (人)	使用时间 (h)	时变化系数 K	最高日用水量 (m³/d)	最高日中水原水量 (m³/d)	最高日中水用水量 (m³/d)	平均时用水量 (m³/h)	最大时用水量 (m³/h)
办公	50		60887	4059	9	1.5	202.96	202.96			
	冲厕	63			9	1.5	127.86		127.86	14.21	21.31
	盥洗	37			9	1.5	75.09				
物业	50		80	80	9	1.5	4	4			
	冲厕	63			9	1.5	2.52		2.52	0.28	0.42
	盥洗	37			9	1.5	1.48				
中餐厅	50		1262	1346	12	1.5	67.31				
	冲厕	6			12	1.5	4.04	4.04	4.04	0.34	0.50
	厨房	94			12	1.5	63.27				
中餐厅员工	50			30	12	1.5	1.50	1.50			
	冲厕	63			12	1.5	0.95		0.95	0.08	0.12
	盥洗	37			12	1.5	0.56				
职工餐厅	25			800	8	1.5	20.00				
	冲厕	6			8	1.5	1.20	1.20	1.20	0.15	0.23
	厨房	94			8	1.5	18.80				
职工餐厅员工	50			20	8	1.5	1.00	1.00			
	冲厕	63			8	1.5	0.63		0.63	0.08	0.12
	盥洗	37			8	1.5	0.37				
会所	50			50	12	1.5	2.50	2.50			
	冲厕	63			12	1.5	1.58		1.58	0.13	0.20
	盥洗	37			12	1.5	0.93				
绿化	3		5300		4	1	15.9		15.9	3.98	3.98
景观补水					12	1	5		5	0.42	0.42
未预见用水量							32.0	21.7	16.0	2.0	2.7
空调补水									107	5.94	5.94

续表

用水部位	用水标准 [L/(人·d)]	含比 (%)	使用面积 (m²)	使用人数 (人)	使用时间 (h)	时变化系数 K	最高日用水量 (m³/d)	最高日中水原水量 (m³/d)	最高日中水用水量 (m³/d)	平均时用水量 (m³/h)	最大时用水量 (m³/h)
双工况					18	1	285.12				
数据机房					24	1	74				
冷凝水回收					10	1	0	75			
累计							711.30	313.91	282.64	27.56	36.0

水量平衡图如图 2 所示。

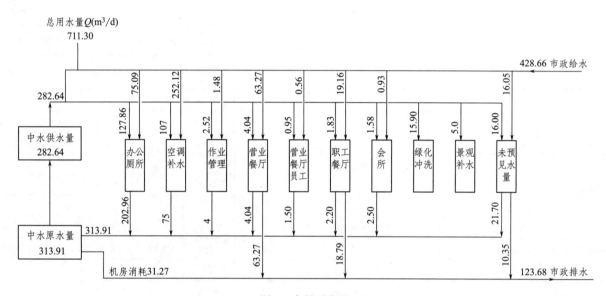

图 2　水量平衡图

2. 系统竖向分区

中水系统竖向分区基本同生活给水系统：

1 区：地下四层～十一层，由十五层避难层中水水池供水；

2 区：十二层～二十七层，由三十一层避难层中水水池供水；

3 区：二十八层～屋顶层，由三十一层中水变频给水加压泵供水。

3. 供水方式及加压设备

采用高位水箱重力供水及变频加压 2 种形式供水。

地下四层中水机房设置转输泵，从地下四层清水池提升至十五层避难层的中水水池，然后由十五层中水水池提升至三十一层避难层的中水水池。转输泵分别由上个中水水池水位控制。地下四层中水机房另设置转输泵接至地下四层空调水池。

三十一层设置变频加压设备 1 组，设 1 台主泵、1 台小泵配气压罐及变频器、控制部分组成。2 台主泵为 1 用 1 备，1 台变频、1 台工频运行。小流量时，由小泵带气压罐运行。

中水处理系统还需配置原水池提升水泵、中间增压水泵、污泥泵、RO 增压泵、超滤/RO 膜反洗泵等，并设置水质取样化验、监测设备等。加压设备具体选型见表 6。

中水主要加压设备选型 表6

名称	型号	数量	参数	备注
1区给水加压泵	65DL25-20（Ⅰ）×6	2台	$Q=30m^3/h, H=102m, N=18.5kW$	1用1备
2区给水加压泵	65DL25-15（Ⅰ）×6	2台	$Q=25m^3/h, H=90m, N=15kW$	1用1备
3区变频给水加压泵	50DL12-12×7	2台	$Q=14m^3/h, H=84m, N=7.5kW$	1用1备,配1500L气压罐
空调补水加压泵	32DL5-10×2	2台	$Q=6m^3/h, H=18m, N=1.1kW$	1用1备

4. 水处理工艺流程（见图3）

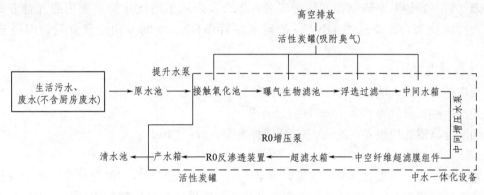

图3　水处理工艺流程图

本次设计仅供招投标用途，待专业承包商确定后，应进行深化设计，并提供深化设计图纸，报设计方核准后方可施工。

5. 管材及注意事项

室外中水给水管采用双面涂塑钢管，丝扣连接。

室内中水给水主、干管采用内外涂塑钢管，工作压力为1.2MPa，大于DN80采用沟槽式连接，小于DN80丝扣连接。室内埋墙、埋垫层内支管采用双面涂塑钢管，工作压力为1.2MPa，丝扣连接。

中水管道应采用下列防止误接、误用、误饮的措施：中水管道外壁刷浅绿色，并注明"中水"字样；水池、阀门、水表及给水栓、取水口均应有明显的中水标志；车库冲洗龙头采用供专人使用的带锁龙头。室外绿化采用地下式给水栓，井盖加锁，需注明"中水"字样。

（六）空调补水系统

本工程冷却塔设置在裙房五层屋面上，空调冷却水需加压供给。

在地下四层空调冷却水池共贮存200m³空调冷却水补水，经过空调冷却水补水泵加压至裙房楼梯间空调补水水箱，再由补水箱重力供至冷却塔集水盘。空调冷却水池可优先由中水清水池出水供给，不足水量再由自来水供给。根据中水处理站的清水池水位及空调冷却水池水位控制中水机房的空调补水加压泵的启停；根据裙房屋顶空调补水水箱水位控制消防水泵房的空调补水加压泵的启停；根据冷却水池水位控制自来水进水。

空调冷却补水加压泵2台，1用1备，$Q=5.55L/s, H=60m$。

空调补水管材及接口同中水给水系统。

（七）生活排水系统

1. 排水体制

室内采用污废分流制，雨污分流制。室外采用污废合流制及雨污分流制。

2. 概况和控制

当采用中水回收时，生活污/废水设计排水量为 124m³/d，最大小时排水量为 15.84m³。当不采用中水回收时，生活污/废水设计排水量为 323m³/d，最大小时排水量为 53m³。

污水经室外化粪池处理后与废水进入地下四层中水处理机房处理，厨房废水隔油处理后排入市政污水管网。接入管上均设电动阀门，以防事故发生时可切换排入市政污水管网。地面层以上为重力流排水，地面层以下排入地下室污/废水集水坑，经潜污泵提升至室外污水管。

空调冷凝水在室内自成排水系统，经汇集后排入中水原水池。

3. 排水立管及通气管

地上各层通气管（含地下室隔油器间的排气管）汇合，采用主通气立管＋专用通气管方式结合伸顶通气。经复核立管排水能力，北塔选用 DN150 的排水立管＋DN150 的专用通气立管，南塔排水立管管径为 DN100。

4. 局部污水处理设施

室外化粪池按污废分流，清掏期为 180d，污泥量为 0.2L/(人·d)，污水停留时间为 24h 计算，设 12 号钢筋混凝土化粪池 1 座，有效容积为 75m³，满足要求。

地下二层油脂分离器处理量 $Q＝30m³/h$，配双提升泵，$H＝15m$。

5. 管材

自流污水管及通气管采用柔性排水铸铁管，卡箍连接。潜污泵配管采用镀锌钢管，小于或等于 DN80 采用丝扣连接，大于或等于 DN100 采用卡箍连接。地下室埋地排水管采用铸铁管，承插连接。由建筑物内部排出的管道，其管材同室内相应排水管管材。室外重力流排水管采用聚乙烯（PE）双壁波纹塑料排水管，承插连接，橡胶圈密封。

空调冷凝水管：采用内筋嵌入式（加厚）衬塑钢管，采用卡环连接。

（八）雨水及回用系统

本工程仅回收塔楼屋面雨水。

1. 雨水量计算

雨量计算采用深圳市暴雨强度计算公式 $q＝\dfrac{1535\,(1＋0.46\lg T)}{(t＋6.84)^{0.555}}$。

室外设计重现期取 3 年。塔楼屋顶设计重现期取 10 年，裙房屋顶设计重现期取 10 年，雨水系统与溢流设施的总排水能力不小于 50 年重现期的雨水量。屋面采用 87 型雨水斗，设置溢流口。

室外汇水面积为 7260m²；综合径流系数为 0.8，汇流时间取 15min，根据暴雨强度公式计算，室外总流量约 197L/s。排出管管径 DN500，$i＝0.4\%$，流量为 212L/s。

塔楼屋面汇水面积为 2025m²，径流系数为 0.9，汇流时间取 5min，根据 50 年暴雨强度公式计算，总流量为 104L/s。塔楼屋面设 2 根雨水立管，每根立管流量约 52L/s，每根雨水立管管径 DN250。DN200 的钢管悬吊管排水能力为 42.1L/s，$i＝0.02$；DN250 的钢管悬吊管排水能力为 76.3L/s，$i＝0.02$。选用 DN250 的立管，此管径能满足 50 年暴雨强度的要求。

2. 管材及要求

重力流雨水管采用涂塑无缝钢管，小于或等于 DN80 采用卡环连接，大于或等于 DN100 采用法兰连接。雨水管材及管件需满足承压 2.5MPa 及以上的要求。室外雨水管采用聚乙烯（PE）双壁波纹塑料管排水管，承插连接，橡胶圈密封。

3. 雨水回收

本工程塔楼屋面雨水采用初期雨水弃流方式收集雨水，进入地下室雨水回收水池，进行雨水回收处理。

处理后的雨水进入与中水合并的清水池，并用于冷却塔补水。在不用空调的季节优先使用雨水处理后的水供给冲厕。

南塔雨水回用设计流量：塔楼屋面雨水设计年均径流总量为 3579m³，年均日径流总量为 258m³，雨水日均回用量为 232m³，按 24h 运行，处理规模为 10m³/h。选用雨水池容积为 300m³。

本设计采用的处理工艺：雨水进入雨水收集池后进入一体化水力过滤设备，再进入清水池。管材及接口、监控系统要求同中水给水系统。雨水和中水管道、各种设备和各种接口应有明显标识，以保证与其他生活用水管道严格区分，防止误接、误用。

二、消防系统

消防系统用水量汇总表   表 7

系统	设计消防水量 （L/s）	火灾延续时间 （h）	火灾危险 等级	消防储水量 （m³）	设置部位
室外消防系统	30	3		324	室外
室内消防系统	40	3		432	除不能用水扑救地方外
自动喷水灭火系统	40	1	中危险级 Ⅱ级	144	除不能用水扑救地方外
消防水炮灭火系统	25	1		90	大堂

注：大空间智能型主动喷水灭火系统与自动喷水灭火系统选其中大者。

消防给水构筑物   表 8

名称	有效容积（m³）	结构形式	设置部位
消防水池	580	钢筋混凝土	地下四层
中转消防水池	72	钢筋混凝土	十五层
屋顶消防水箱	20	钢筋混凝土	四十四层夹层

（一）消火栓系统（见表 7～表 9）

消火栓系统设计参数包括用水量，系统分区，消火栓泵（稳压设备）的参数，水池、水箱的容积及位置，水泵接合器的设置，管材等。

1. 室外消火栓系统

采用低压给水系统，由市政给水管引入 2 路 DN200 进水管，在建筑周围形成 DN200 环管，由市政给水管网直接供水。消火栓采用地上式，水泵接合器采用地上式（原设计为地下式，在后期验收时按当地消防局意见更改为地上式），并应有明显标志。

2. 室内消火栓系统

本工程采用直接串联供水方式。竖向分为 4 个区。其中地下四层～四层为 1 区；五层～十四层为 2 区；十五层～三十层为 3 区；三十一层～四十四层为 4 区；各分区保证静水压力不超过 1.0MPa。

地下四层消防泵房设置 2 台低区消火栓泵（1 用 1 备），供应 1 区和 2 区消火栓用水。十五层避难层消防转输泵房设置 2 台高区消火栓泵（1 用 1 备），供应 3 区和 4 区消火栓用水。地下四层消防泵房设置 2 台与自动喷水灭火系统共享的转输泵（1 用 1 备），与高区消火栓泵同步运行（联动），在火灾发生时，补充十五层避难层之中转消防水池用水，以确保高区消火栓泵能持续运行。屋顶层设置 1 套增压稳压装置（配 2 台消火栓增压水泵，1 用 1 备），以满足 3、4 区消火栓系统最不利点的水压要求。十五层设置 1 套增压稳压装置（配 2 台消火栓增压水泵，1 用 1 备），以满足 1、2 区消火栓的稳压及火灾初期消防用水。消火栓的充实水柱不小于 13m。消火栓栓口的出水压力大于 0.5MPa 时，采用减压稳压消火栓。

消火栓给水加压设备表

表 9

名称	型号	数量	参数	备注
低区消火栓泵	XBD14/40-150G/5-L	2 台	$Q=0\sim40\text{L/s},H=140\text{m},N=90\text{kW}$	1 用 1 备
消火栓转输泵	XBD12/40-150G/4-L	2 台	$Q=0\sim40\text{L/s},H=120\text{m},N=75\text{kW}$	与自动喷水灭火系统共用 1 用 1 备
高区消火栓泵	XBD20/40-150D/10-W	2 台	$Q=0\sim40\text{L/s},H=190\text{m},N=132\text{kW}$	1 用 1 备
十五层消火栓增压稳压设备		1 套	$25\text{LGW}3\text{-}10\times3,N=1.5\text{kW}$ $\text{SQL}1000\times0.6$	1 用 1 备
屋顶增压稳压设备		1 套	$25\text{LGW}3\text{-}10\times3,N=1.5\text{kW}$ $\text{SQL}1000\times0.6$	1 用 1 备

在首层设置了 3 套地上式低区水泵接合器，接在低区消火栓泵后管网，设置了 3 套地上式高区水泵接合器，接在高区消火栓泵后管网。

管材及接口：1、2、4 区采用加厚内外热镀锌焊接钢管；高区消火栓泵出水管至减压阀之前及十五层～三十层采用内外热镀锌无缝钢管；管径小于 DN100 时采用丝扣连接，管径大于或等于 DN100 时采用卡箍连接。采用丝扣连接时最小管壁序列号为 Sch20，卡箍连接时最小管壁序列号为 Sch30。

十五层中转消防水箱溢流管及管件应满足承压 1.5MPa 及以上的要求。

(二) 自动喷水灭火系统 (见表 10)

本工程自动喷水灭火系统形式：

为满足低区（地下四层～地上九层）自动喷水灭火系统用水量及水压，在地下四层消防水泵房设置 2 台低区喷淋泵（1 用 1 备）。

为满足高区（十层～四十四层）自动喷水灭火系统用水量及水压，在十五层避难层消防水泵房设置 2 台高区喷淋泵（1 用 1 备）。

地下四层消防水泵房设置 2 台与消火栓系统共享的转输泵（1 用 1 备），与高层喷淋泵同步运行（联动），在火灾发生时，补充十五层避难层之中转消防水箱用水，以确保高层喷淋泵能持续运行。

高区系统的稳压由设于四十四层的消防水箱（18m³）以重力自流和增压稳压装置共同提供；低区系统的稳压由设于十五层避难层的中转消防水箱（72m³）以重力自流提供。

地下室、餐厅、厨房按中危险级Ⅱ级设计，喷水强度为 88L/(min·m²)，作用面积为 160m²；其他办公场所按中危险级Ⅰ级设计，喷水强度为 68L/(min·m²)，作用面积为 160m²；

本项目防火卷帘均为特级防火卷帘，不需加密喷头保护。

自动喷水灭火系统给水加压设备表

表 10

名称	型号	数量	参数	备注
低区喷淋泵	XBD12/40-150G/4-L	2 台	$Q=0\sim40\text{L/s},H=120\text{m},N=75\text{kW}$	1 用 1 备
喷淋转输泵	XBD12/40-150G/4-L	2 台	$Q=0\sim40\text{L/s},H=120\text{m},N=75\text{kW}$	与消火栓共用,1 用 1 备
高区喷淋泵	XBD20/30-1250D/10-W	2 台	$Q=0\sim30\text{L/s},H=190\text{m},N=110\text{kW}$	1 用 1 备
屋顶增压稳压设备	ZL-I-Z-10	1 套	$25\text{LGW}3\text{-}10\times4,N=1.5\text{kW}$ $\text{SQL}800\times0.6$	1 用 1 备

在首层设置 3 套地上式低区水泵接合器，接在低区喷淋泵后管网；设置 2 套地上式高区水泵接合器，接在高区喷淋泵后管网。

管材及接口：地下四层～九层，二十五层～四十四层采用加厚内外涂塑焊接钢管；高区喷淋泵出水管至报警阀之前及十层~二十四层采用内外涂塑无缝钢管；接口方式同消火栓给水系统。

喷头选型：地下车库采用直立型玻璃喷头，温级 68℃。厨房采用直立型喷头，温级 93℃。设吊顶的场所采用吊顶型喷头，不设吊顶的场所及净空高度大于 800mm 的吊顶内采用直立型喷头，温级 68℃。十层以上采用快速响应喷头。

报警阀组共 21 套，主要设置于地下四层和避难层十五层和三十一层。

（三）气体灭火系统

地下一层高压开闭所、发电机房、数据机房变配电室、发电机配电室、智能化机房；地下三层 1~3 号变配电室；避难层十五层、三十一层通信机房、变配电房，均采用七氟丙烷气体灭火系统。

本气体灭火系统应由专业公司进行二次深化设计和施工，本设计只提供作招标用。二次深化设计需经设计院和建设方确认后方可施工。

（四）消防水炮灭火系统

本工程高空水炮设于三层，并设信号阀和水流指示器。在压力分区的水平管网末端，设仿真末端试水装置。水炮系统与喷淋系统共用喷淋泵。水炮系统按中危险级Ⅰ级设计，每个水炮的流量为 5L/s，每个水炮保护半径为 20m，安装高度为 6~20m，保护区的任一部位能保证 1 个消防水炮射流到达，系统持续喷水时间为 1h；喷洒头工作压力为 0.6MPa，系统设计用水量为 10L/s。

系统控制：每个水炮配套 1 个电磁阀，由水炮中的红外探测组件自动控制，而且可于消防控制室手动强制控制。探测器探测保护范围内的一切火情，一旦发生火灾，探测器立即检验火源，在确定火源后打开电磁阀并输出信号给联动柜，同时启动水泵使喷头喷水灭火。扑灭火源后，若有新火源，系统重复上述动作。

（五）建筑灭火器配置

在本建筑内各处均设置灭火器，采用磷酸铵盐干粉灭火器。

设计参数：电气、电信设备用房处按严重危险级、E 类火灾配置灭火器；地下室按严重危险级 B 类火灾配置灭火器。餐饮厨房按严重危险级 A、B 类混火灾配置灭火器。其他部位按严重危险级 A 类火灾配置灭火器。

地上场所设置组合式消防柜，每个组合式消防柜下设 2 具手提式磷酸铵盐干粉灭火器 MF/ABC5；汽车库及电气用房设置手提式磷酸铵盐干粉灭火器 MF/ABC5 及推车式磷酸铵盐干粉灭火器 MFT/ABC20。

三、工程特点介绍与设计及施工体会

深圳基金大厦项目位于深圳市福田 CBD 中心区，毗邻深南大道和市民中心，在以深圳证券交易为中心的金融核心区域中占有极为显著的地理位置。建筑师从功能本身出发，同时考虑气候因素、景观因素等，为深圳创造了一个具有社会性、节能性和环境适应性的美好空间。该项目展示了对建筑节能和可持续性的不懈追求，也体现当代办公建筑在低碳经济理念下的发展趋势。项目开创了国内基金业强强联合的先例，是深圳市迈向基金之都、强力扶持基金产业的标志性事件。基金大厦的造型是将空中花园与普通幕墙体块进行有机结合，在高层建筑中实现自然形态的人工绿化，塑造超高层建筑的秩序感与雕塑感，为建筑创造出了一些独特的办公空间和极具个性的沿街立面造型。

给水排水设计主要特点有：

（一）节能节水

本项目按满足绿建三星，LEED 铂金级要求进行设计，并成功获得了住房和城乡建设部授予的三星级绿色建筑设计标识证书。

1. 节能

（1）设置太阳能及空气源热泵热水系统；

本工程热水采用集中热水供应系统。太阳能和空气源热泵机组供给的总热水量达到建筑热水消耗量的 47.17%。

（2）生活给水系统及中水给水系统

采用高位水箱重力供水及变频加压2种形式，大部分楼层均采用高位水箱重力供水的方式，水压稳定且节能。

2. 节水

（1）设置了中水回收利用系统；

（2）设置了雨水回收利用系统；

（3）本项目绿化灌溉采用中水或雨水滴灌的高效节水灌溉方式；

（4）中水处理和雨水处理出水达到《城市污水再生利用 城市杂用水水质》GB/T 18920—2002规定的城市绿化、道路清扫指标要求和《城市污水再生利用 景观环境用水水质》GB/T 18921—2002规定的观赏性景观环境用水要求以及《采暖空调系统水质》GB/T 29044—2012规定的冷却用水要求。通过以上中水、雨水回用系统，本项目非传统水源利用率达到了34.40%。

（二）直饮水给水系统

本项目办公区域及会所、餐厅等均供应管道直饮水。定时循环装备每4h打开一次，进行循环处理。每个茶水间设置5个冰热型终端饮水机，至立管距离小于3m。消毒系统采用二氧化氯消毒。根据季节变化消毒方法可与紫外线、臭氧等组合使用。配套完善，在周边办公楼独树一帜。

（三）电气机房气体灭火系统

电气机房采用七氟丙烷灭火系统，结合相关房间的具体布置情况优先采用了管网式系统（局部较独立的房间采用柜式系统）。气瓶间尽量集中设置，既便于管理，又节约了造价。

（四）消防分区及主管道布置

室内消火栓系统及自动喷水灭火系统结合建筑物功能特点，在满足规范的前提下，分区环状管网及消防主干管尽量设置于避难层，减少了设置于办公等功能层的管网布置，最大限度地满足办公区域净高要求。

（五）避难层水泵基础

避难层水泵基础采用降噪效果好的浮动基础，较好地降低了水泵运行时振动噪声给用户带来的影响。

四、工程照片及附图

基金大厦街景图

屋面太阳能板

中水处理机房

避难层管线综合

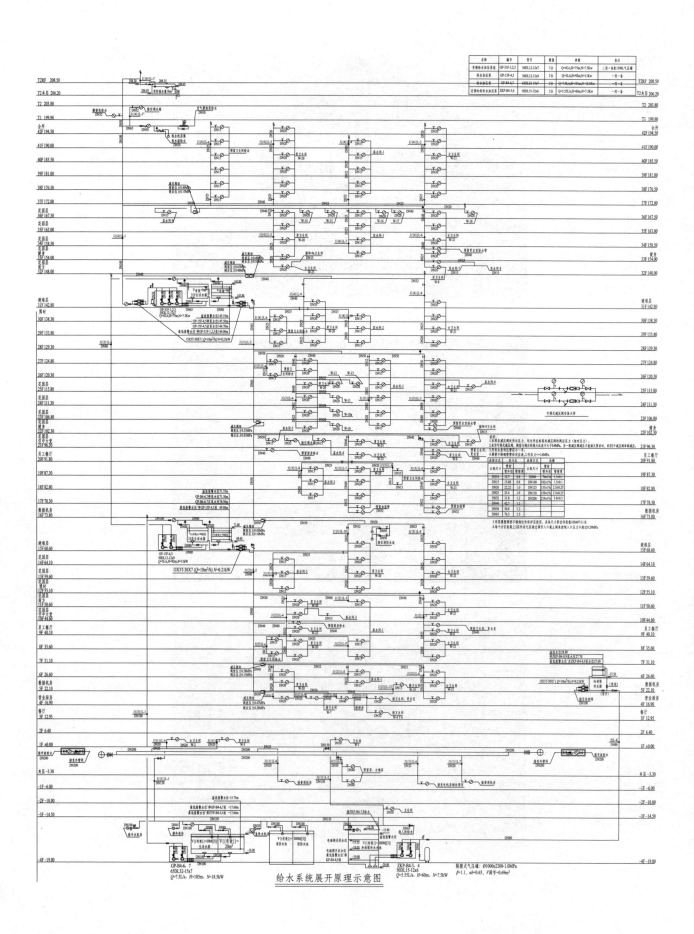

给水系统展开原理示意图

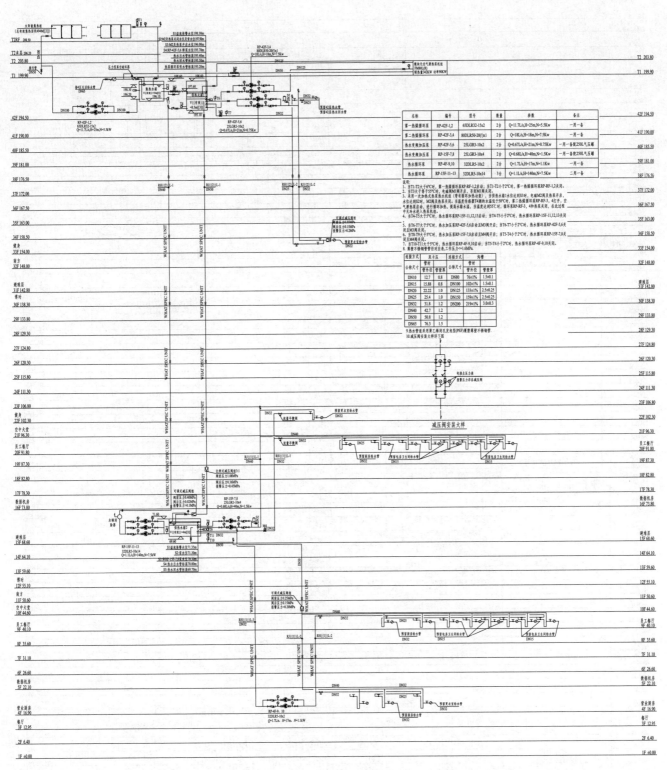

热水系统展开原理示意图

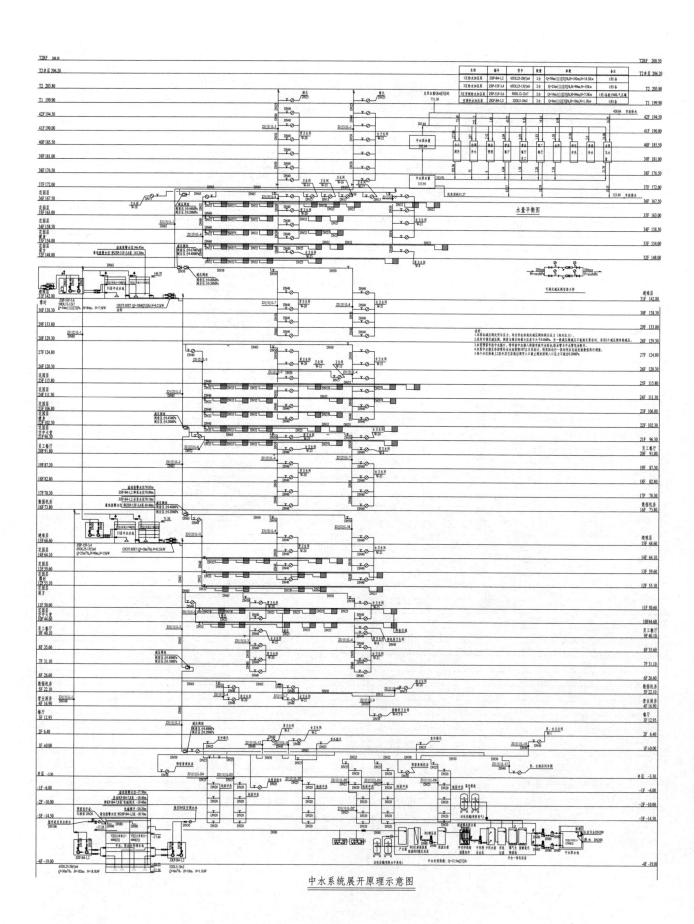

中水系统展开原理示意图

污废水排水系统原理示意图

注：1.空调机房采用密闭地漏
2.污废水管道上电动阀采用污水电动阀

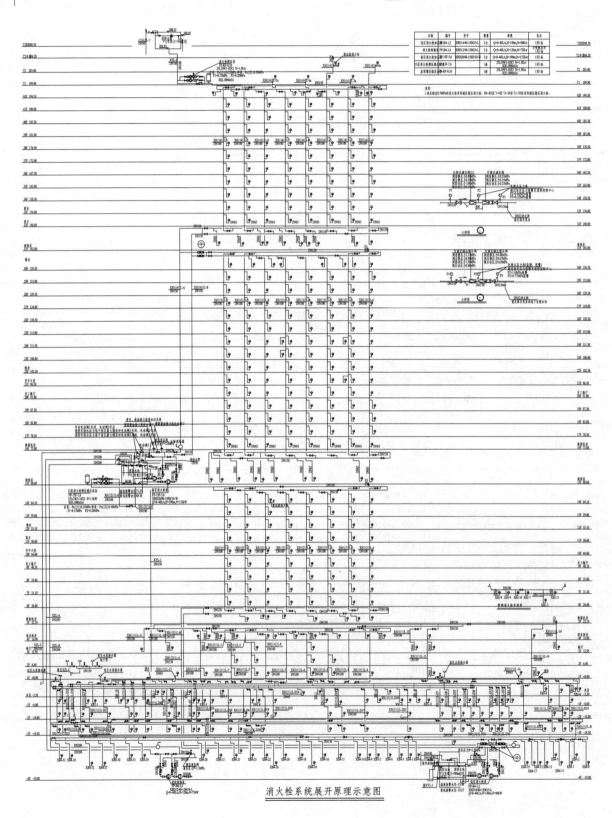

消火栓系统展开原理示意图

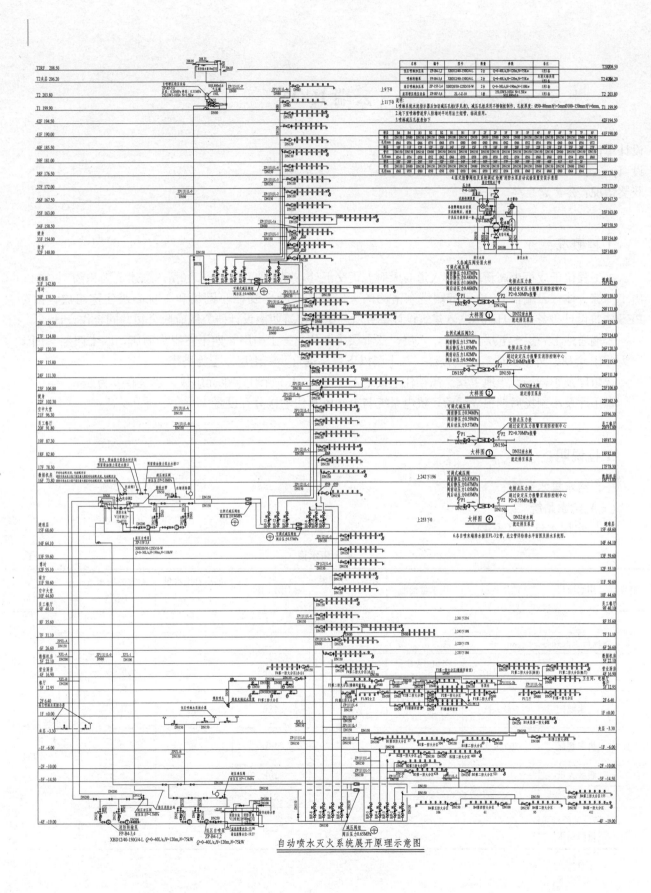

自动喷水灭火系统展开原理示意图

云端 ICON

设计单位：中国建筑西南设计研究院有限公司
设 计 人：周述琳　邓然　王珂　郭亚楠　程磊落
获奖情况：公共建筑类　二等奖

工程概况：

本工程位于成都市高新区天府大道与天府五街交汇处，建筑高度为 188.10m，总建筑面积约 160000m²，由 1 栋综合体（云端塔）、位于云端塔东南侧的天府音乐厅及多功能小剧场和 1 栋高级住宅组成，由芬兰 PES 建筑设计事务所、Helin&Co 建筑设计事务所与中国建筑西南设计研究院有限公司共同合作设计。

云端塔地上一层～五层为商业，六层～三十层为办公，三十一层～四十三层为酒店，四十四层～四十六层为 VIP 会所。外形类似直角三棱锥，三十层以下层层退台，三十层以上为塔楼。

音乐厅及小剧场设于地下室。高档住宅楼地上 18 层，由 5 个住宅单元组成，建筑高度为 58m。

音乐厅及小剧场后期独立运营，机电系统与云端塔及住宅楼分开设置。

工程说明：

一、给水排水系统

(一) 给水系统

1. 冷水用水量（见表 1）

冷水用水量　　　　　　　　　　　　　　　　　　　　　　　　　　表 1

编号	用水项目	使用数量	用水量标准	小时变化系数 K_h	用水时间	最高日用水量（m³）	最大时用水量（m³）	备注
一、低区市政供水（地下三层～地上四层）								
1	商场员工及顾客	8000m²	7L/（m²·d）	1.3	12h	56	6.1	城市管网直接供水，市政水压为 0.4MPa
2	中餐厅	3000 人次	50L/人次 每日 2.5 次	1.2	12h	375	37.5	
3	水吧	500 人次	15L/人次 每日 2.5 次	1.2	18h	18.8	1.3	
4	员工餐厅	700 人次	20L/人次 每日 2.5 次	1.2	16h	35	2.7	
5	服务人员	400 人	50L/（人·班）	1.2	10h	20	2.4	
6	游泳池补水	按池水容积 10% 补水		1	24h	81	3.4	
7	游泳池配套设施用水			2.5	24h	120	5	

续表

编号	用水项目	使用数量	用水量标准	小时变化系数 K_h	用水时间	最高日用水量 (m^3)	最大时用水量 (m^3)	备注
二、办公楼层(五～二十九层)供水								
1	中1区办公人员(五层～十一层)	2180人	50L/(人·班)	1.2	10h	109	13.1	由中区生活转输水箱直接供水
2	中2区办公人员(十二层～十八层)	1400人	50L/(人·班)	1.2	10h	70	8.4	由中区生活转输水箱减压供水
3	中3区办公人员(十九层～二十五层)	1175人	50L/(人·班)	1.2	10h	58.8	7.1	由中区生活转输水箱供水
4	中4区办公人员(二十六层～二十九层)	550人	50L/(人·班)	1.2	10h	27.5	3.3	由中区变频增压设备供水
三、酒店及VIP(三十一～四十六)层								
1	酒店客房	300	400L/(床·d)	2.0	24h	120	10	由酒店高区变频增压设备供水
2	酒店员工	150	100L/(人·d)	2.0	24h	15	1.25	
3	VIP包间	200人次	15L/人次 每日2.5次	1.2	18h	7.5	0.5	
4	VIP中餐厨房	600人次	50L/人次 每日2.5次	1.2	12h	75	7.5	
四、住宅楼供水								
1	住宅楼低区人员(一层～四层)	155人	300L/(人·d)	2.0	24h	46.5	3.9	由市政管网直接供水
2	住宅楼高区人员(五层～十八层)	375人	300L/(人·d)	2.0	24h	112.5	9.4	由高区变频增压设备供水
3	以上合计	—	—	—	—	1280	122.9	
4	计入管网漏失水量及未预见用水量	—				128	12.3	
5	绿化及场地浇洒	25000m²	2L/(m²·次) 每日1次		每次2h	50	25	雨水集水池供给
6	景观水池补水	3997m²,水深0.6m	补水量为循环水量的5%计,按8h循环1次计			15	0.62	
7	循环冷却水补水	按冷却循环水量的1.5%	冷却水量 650m³/h×3+150m³/h×1		10h	315	31.5	由市政管网直接供水
8	合计					1788	192.3	

2. 水源

生活给水由市政供水管供应，供水压力为 0.40MPa。按使用业态分别设置水表计量。供水主管在项目内成环。

3. 系统竖向分区

具体分区详见给水、热水系统原理图（见附图）。

4. 供水方式及给水加压设备

在地下室分别设置了云端塔、住宅的给水机房及水箱间，在云端塔避难层设置了给水机房及转输水箱间。水箱容积按不小于最高日用水量的 25％设计。为方便清洗，生活水箱均考虑分成 2 个。水箱材质为不锈钢。

5. 管材

除住宅、酒店外主供水立管及干管采用内外涂塑复合钢管，根据管径采用螺纹或沟槽式连接。支管采用 PP-R 管，热熔连接。酒店、住宅给水管采用不锈钢管，锥螺纹连接。

（二）热水系统

1. 热水用水量

（1）酒店客房，设 300 床位，用水量为 150L/（床·d），热水水温为 60℃，冷水温度为 7℃，热水供水机械循环，全天供热，用水时间为 24h。设计耗热量为 1186370kJ/h。

（2）酒店 SPA 配套，计洗手盆 40 套，小时用水量为 80L/h，淋浴 20 套，小时用水量为 250L/h，热水水温为 60℃，冷水温度为 7℃，热水供水机械循环，全天供热，用水时间为 24h，设计耗热量为 1789100kJ/h。

（3）水面 15m×30m，水深 1.8m，水容积为 810m^3，设计水温为 28℃，预留按摩池用热，设计耗热量为 1018170kJ/h。

2. 热源

云端塔酒店、会所游泳池采用集中供热，集中制备生活热水的热媒来自于燃气热水锅炉。其余部位采用分散制热，分散制热采用电热水器。

3. 系统竖向分区

具体分区详见给水、热水系统原理图（见附图）。

4. 热交换器

采用水-水半积式热交换器，设置于靠近用热水区域的避难层或机房。

5. 冷、热水压力平衡措施及热水温度的保证措施等

（1）冷、热水采用同一加压设备以保证同源。

（2）采用低阻力的半容积式热交换器。

（3）热水系统的所有管道、热水设备采取保温措施。

6. 管材

酒店、住宅给水管采用不锈钢管，锥螺纹连接。

（三）生活污/废水排水系统

1. 排水系统的型式

排水采用雨污分流制。云端塔及音乐厅采用污废合流制，住宅采用污废分流制，室内污、废水在室外集中汇合后就近直接排入周边市政污水管网。

2. 透气管的设置方式

塔楼、裙房、住宅的污水系统设置伸顶和专用通气立管。住宅卫生间和厨房排水立管、通气立管分别

设置。

3. 局部污水处理设施

（1）锅炉房高温水经降温设备处理后排放。

（2）公共餐饮废水经隔油设备处理后排放。

4. 管材

（1）卫生间等部位的生活污水，空调机房废水排水采用 HDPE 排水管，热熔连接。

（2）公共厨房部位排水系统采用柔性接口铸铁排水管，承插式法兰连接。

（3）压力排水管采用消防涂塑钢管，卡箍连接。

（四）雨水排水系统

1. 系统的型式

屋面雨水排水采用重力流方式。

根据本建筑特点，对塔楼屋面雨水和南翼屋面雨水收集利用，经初期弃流后回收至地下室雨水蓄水池；场地、道路雨水就近直接排至市政雨水管网。

2. 设计参数

（1）暴雨强度公式 $q = \dfrac{2806(1 + 0.803 \lg P)}{(t + 12.8 P^{0.231})^{0.768}}$。

（2）屋面雨水排水系统按 10 年设计重现期设计。雨水排水系统和溢流设施的总排水能力不小于 50 年设计重现期。

3. 雨水回收利用系统

（1）对塔楼屋面、南翼屋面雨水进行回收利用。

（2）雨水回用水用于景观水池补充水，室外绿化、道路浇洒用水。

（3）处理后的雨水满足《城市污水再生利用 景观环境用水水质》GB/T 18921 要求。

（4）雨水回用管道上应有明显永久性标注。不得装设取水龙头，当装有取水接口时必须采取严格的防止误接、误饮、误用的安全措施。

4. 管材

（1）阳台雨水排水管及空调凝结水管采用 HDPE（PE100）排水管，热熔连接。

（2）屋面雨水管采用内外涂塑钢管及管件，螺纹或法兰式连接。

二、消防系统

本工程同一时间内的火灾次数为 1 次。云端塔和住宅合用消防系统，音乐厅设独立的消防系统。2 个室内消防系统均采用临时高压制消防体系，分别设置消防水池、消防加压泵房。消防用水量见表 2。

消防用水量统计表   表 2

序号	用水项目	用水量标准（L/s）	火灾延续时间(h)	1 次火灾用水量（m³）	备注
			音乐厅		
1	室内消火栓系统	40	3	432	音乐厅位于地下室，且和云端塔的防火分区紧邻，故室内外消防水量按云端塔取值
2	室外消火栓系统	30	3	324	
3	自动喷水灭火系统	40	1	144	
4	喷射型自动射流灭火系统	20	1	72	
消防水池 1 分为可独立使用的 2 格，总容积 972m³					

续表

序号	用水项目	用水量标准 (L/s)	火灾延续 时间(h)	1次火灾用水量 (m³)	备注
	云端塔及住宅				
1	室内消火栓系统	40	3	432	
2	室外消火栓系统	30	3	324	
3	自动喷水灭火系统	40	1	144	
4	喷射型自动射流灭火系统	20	1	72	
消防水池2分为可独立使用的2格,总容积972m³					

在室外地面设消防车取水口（取水高度小于5m）。

2个系统的屋顶消防水箱分别设在云端塔屋面及云端塔裙房，储存消防用水有效容积为18m³。

（一）消火栓系统

（1）室外消火栓沿总平消防车道布置，消防用水量为30L/s，考虑在水泵接合器集中的部位加强，取水由室外供水环网直接供给。消火栓间距按不超过120m布置，并与消防水泵接合器的距离不大于40m。室外消火栓规格选用DN100。室外消火栓管材选用钢丝网骨架塑料（聚乙烯）复合管，固定式接头热熔连接。

（2）室内消火栓系统：音乐厅消火栓系统不分区，由消防水池经消防泵加压供水。云端塔和住宅分区如下：

室内消火栓系统采用竖向分区，共分为3个区：低区为地下三层～地上十四层（住宅18层），中区为地上十五层～二十九层，高区为三十层～四十六层，分区最大静水压力控制在1.0MPa以内。

消防水池设于地下一层，中低区消火栓泵设置在地下一层，高区串联消火栓泵设于三十层避难层。从中低区消防泵房接出2根消火栓系统总供水管，供水至办公十五层的低区消防环网（含住宅）及三十层避难层中区上环网，在地下三层构成低区消防下环管，且根据实际情况部分楼层增设环网，高区消防由高区水泵从中区上环网吸水串联加压供水。

十五层低区环网设减压阀减压。在中区环网上设水泵接合器。

因机房层屋顶消防水箱的设置高度不能满足最不利点消火栓静水压力不小于0.15MPa的要求，所以对系统设增压稳压设施，增压稳压设施设在办公楼的屋顶。增压稳压设施气压罐的调节水容量按300L计，增压稳压泵按水枪充实水柱13m增压。

（二）自动喷水灭火系统

自动喷水灭火系统采用区域性的临时高压制消防体系，集中设置消防水池、消防加压泵房。其消防水池、屋顶消防水箱均与消火栓系统合用，加压泵为独立系统。

系统采用湿式闭式系统，其中地下汽车库采用泡沫-水喷淋系统，包括地下室的音乐厅、车库、自行车库以及风机房、发电机房等部位。地上的商业用房、走道、大厅、办公、建筑面积大于5m²的公共卫生间及宜用水扑救的房间等。住宅走道设自动喷水灭火系统。

地下汽车库及各层商业为中危险级Ⅱ级，喷水强度为8L/(min·m²)，作用面积为160m²。其余均为中危险级Ⅰ级，喷水强度为6L/(min·m²)，作用面积为160m²。

音乐厅自动喷水灭火系统不分区，由消防水池经消防泵直接加压供水。

云端塔及住宅自动喷水灭火系统中低区消防泵设置在地下一层，高区水泵设于三十层避难层，从消防水泵房接出2根自动喷水系统总供水管，在地下一层构成中低区环状管网；高区消防由高区水泵从中区上环网吸水。在中低区环网上设水泵接合器。串联消防泵泵壳承压2.0MPa，高区发生火灾时消防泵按由低到高依次开启。

中低区自动喷水灭火系统水平及竖向均成环，利用报警阀前的减压阀实现分区。

(三) 气体灭火系统

对设在地下室的变配电房均设置气体灭火系统，灭火剂采用七氟丙烷，系统为无管网的单元独立系统。七氟丙烷灭火剂存储压力为 2.5MPa。系统灭火剂瓶组充装量不应大于 1120kg/m³。《气体灭火系统设计规范》GB 50370—2005 中七氟丙烷灭火剂的设计用量公式：$W = K(V/S)[C/(100 - C)]$，K 系数取值为 0.9425。

(四) 消防水炮灭火系统

音乐厅及中庭净空高度均超过了国家标准《自动喷水灭火系统设计规范》(2005 年版) GB 50084—2001 中规定的设湿式自动喷水灭火系统的"非仓库类高大净空场所"净空高度 8～12m 的要求。本设计在上述场所设置大空间智能型主动喷水灭火系统。系统设计按协会标准《大空间智能型主动喷水灭火系统技术规程》CECS 263—2009 及国家标准《自动跟踪定位射流灭火系统》GB 25204—2010 的有关规定进行设计。

采用上悬式灭火装置（高空智能水炮），安装在各边梁上。该装置集火灾探测和喷水灭火于一体，当装置探测到火灾后，对火源水平、垂直扫描而定位，并打开相应的电磁阀，同时将火灾信号传送到火灾报警控制器，联动启动消防水泵进行喷水灭火，30s 内完成火灾确认定位，实施快速灭火。

系统按 2 个装置同时到达 1 个着火点使用设计，火灾延续时间为 1h。系统除设置中悬式灭火装置外，还设水流指示器、安全信号阀、电磁阀和模拟末端试水装置。

(五) 厨房设备细水雾灭火系统

根据《厨房设备细水雾灭火系统设计、施工及验收规范》DB51/T 592—2006 的规定，对各厨房的热厨加工设备及其相应的集油烟罩和防火阀前的排烟管道设置细水雾灭火系统。

三、工程特点介绍

(1) 云端塔四十七层中的 30 个楼层在两侧都配备露台，设有种植树木和攀缘植物用的种植箱。建筑其他立面上的方格图案主要由玻璃和填充釉彩元素的陶瓷组成。对立面效果的要求极高，露台区域不允许使用外排水的方式，必须每层露台采用有组织内排水，露台区域的汇水面积大，既要满足暴雨时雨水的排放要求，又要满足建筑外立面的整洁，同时还需要将室内的雨水管道尽量精简合并，减少对室内空间的影响。设计采用 87 型雨水斗，半有压雨水排水系统。设计重现期为 50 年。同一雨水立管承接不同高度露台屋面雨水汇入，严格控制最低斗的几何高度不小于最高斗几何高度的 2/3，控制了悬吊管的长度，提升了室内净高，同时也减少了立管数量，做到了既满足屋面雨水排水畅通，又达到了建筑方案的要求。

(2) 云端住宅方案设计考虑了在各层外立面水平向设置随机长度的绿植平台，整个住宅外立面采用干挂石材幕墙。设计上既要满足绿植平台上的雨水排放，又要满足幕墙立面的效果。经与幕墙及方案方沟通，优化随机绿植平台的布置，保证每处绿植平台至少有 2 根雨水立管服务，提高排水安全性。同时要求在设置立管的位置，幕墙只设置竖向龙骨，不设置横向龙骨，雨水管道贴外墙安装，采用 Ω 形管卡，保证幕墙的安装效果。最终完成效果较好，达到了建筑外观与功能的高度结合。

(3) 本项目地下室设置了音乐厅，根据运营要求与云端塔机电系统独立。配合暖通空调系统，须设置冷却塔。因音乐厅的定位非常高，为避免噪声、振动对音乐厅运行的影响，各种重型设备均不能贴临。项目场地受限，冷却塔的位置选择较为困难，最后选定在地下室出地面的疏散楼梯顶部，与音乐厅相隔一个下沉庭院，留出足够间距。冷却塔基础考虑隔振，为减少对建筑立面影响，冷却塔周边与景观专业配合采用绿植、百叶进行美化。根据最终项目运行情况，音乐厅运行良好，未受到冷却塔噪声、震动的影响。

(4) 本项目音乐厅位于地下，对层高要求较高，由于景观方案地下室的顶板上考虑了众多水景、大型乔木，业主为节省投资，又要控制开挖量，以上要求均对地下室的顶板标高设置提出了很高要求。最终方案为音乐厅区域地下室顶板覆土控制在600~800mm，保证音乐厅区域的功能需求，地面场地雨水采用线性排水沟系统，该区域不设置室外排水管道。景观水景区地下室顶板覆土控制在1000~1200mm，保证景观水池的设置效果，大型乔木区地下室顶板覆土控制在1500mm，同时须与地下室边界相同，设置盲沟排放顶板积水，保证大型乔木的顺利生长。根据不同功能，合理确定地下室顶板标高，同时也控制了开挖量，节省了大量投资。

四、工程照片及附图

鸟瞰图

云端塔沿街

天府音乐厅

云端剧场

观众候场区

沿河住宅

云端塔局部

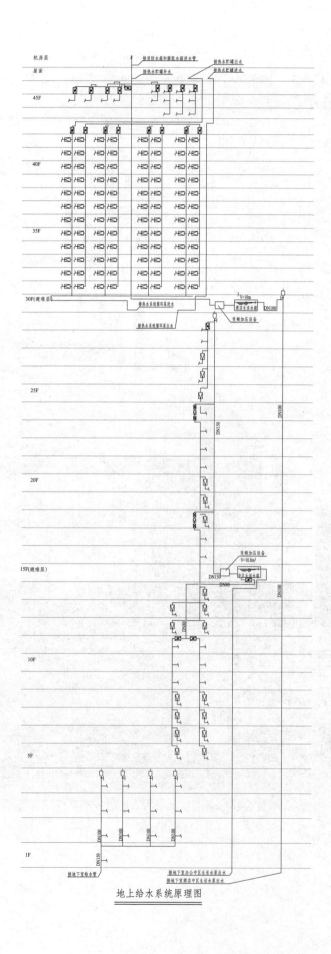

地上给水系统原理图

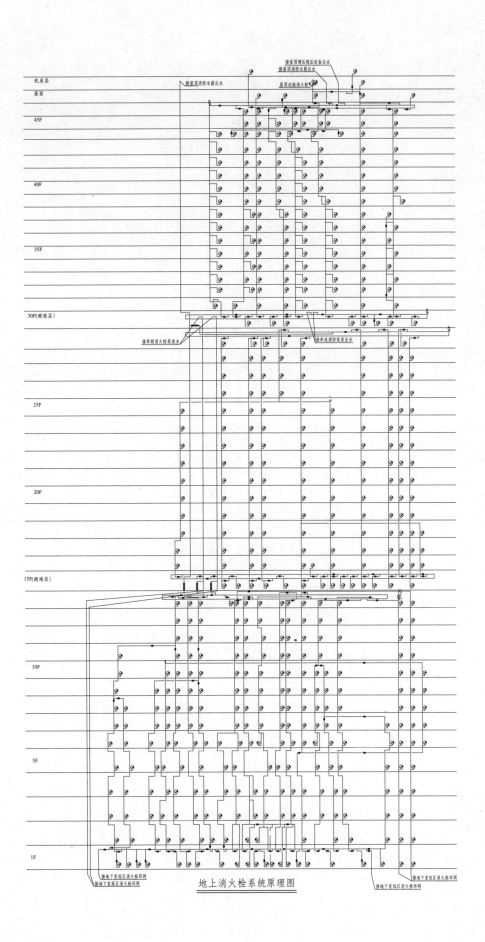

机房层

屋面

45F

40F

35F

30F(避难层)

25F

20F

15F(避难层)

10F

5F

1F

接屋顶消防水箱出水

接屋顶增压稳压设备出水
接屋顶消防水箱出水
屋顶试验消火栓

接串联消火栓泵出水
接串连消防房出水

接地下室低区消火栓环网
接地下室高区消火栓环网
接地下室低区消火栓环网

地上消火栓系统原理图

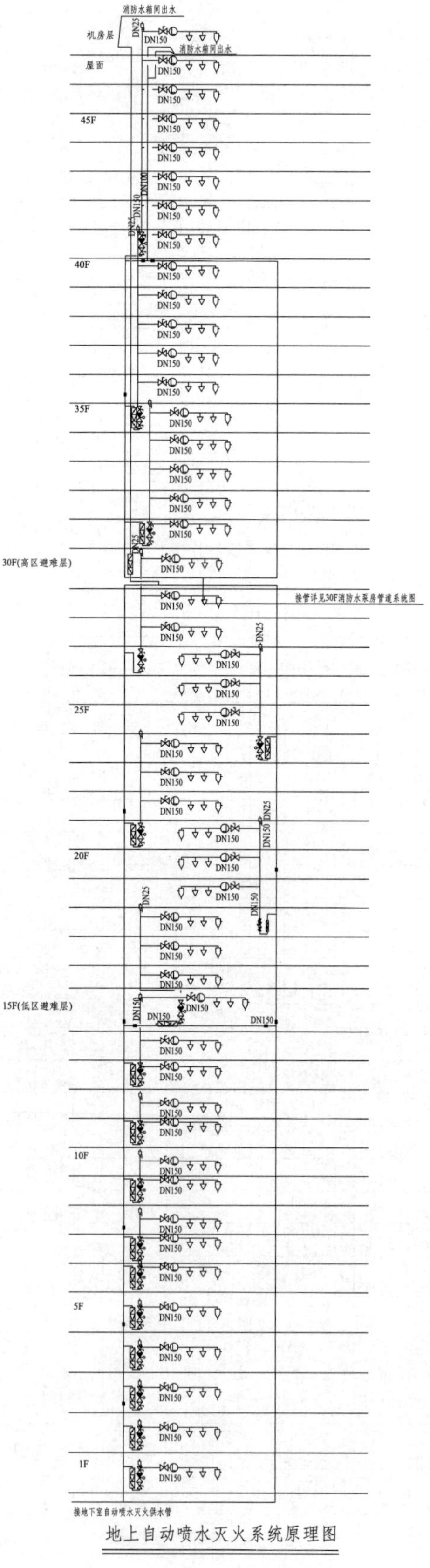
消防水箱间出水
机房层
屋面
45F
40F
35F
30F(高区避难层)
接管详见30F消防水泵房管道系统图
25F
20F
15F(低区避难层)
10F
5F
1F
DN150
DN100
DN25
接地下室自动喷水灭火供水管

地上自动喷水灭火系统原理图

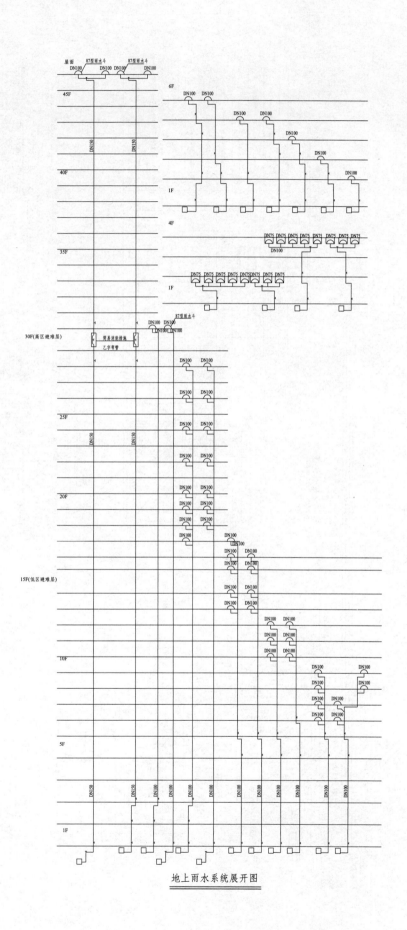

地上雨水系统展开图

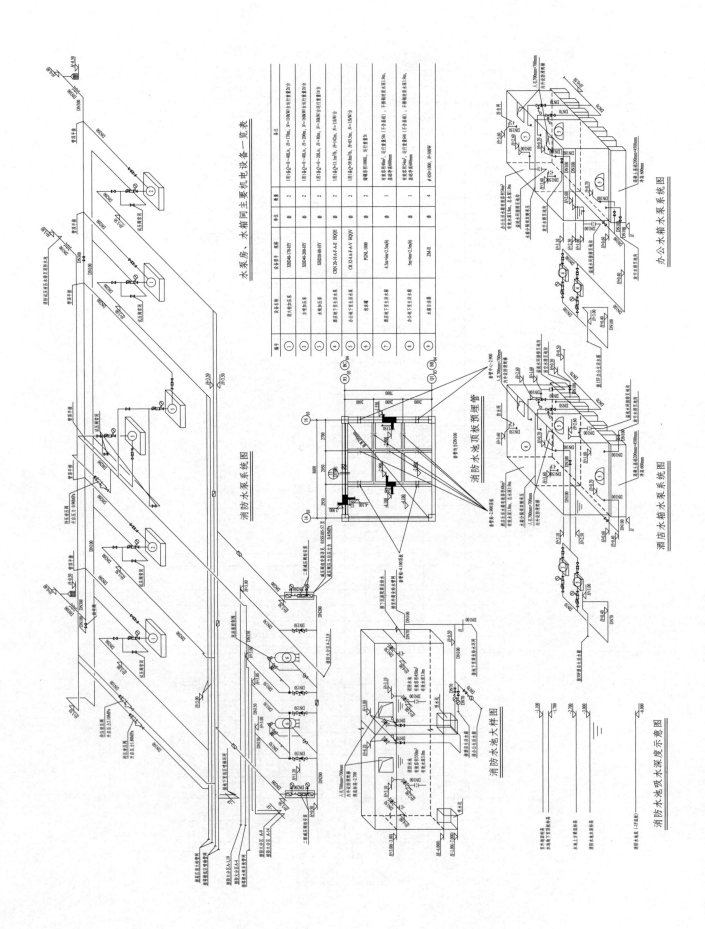

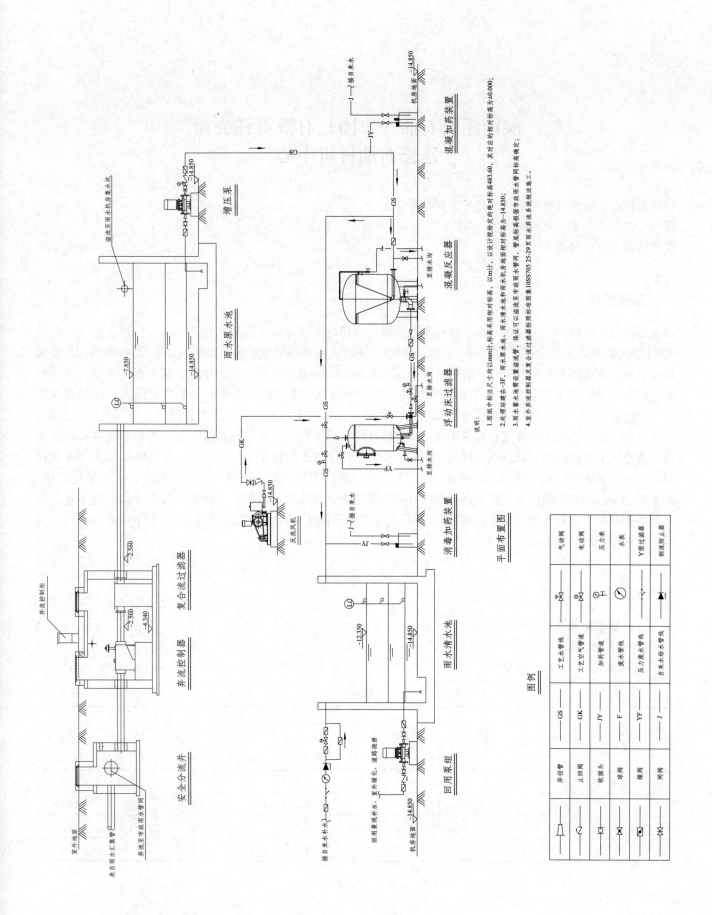

陕西延长石油（集团）有限责任公司
延长石油科研中心

设计单位： 中国建筑西北设计研究院有限公司

设 计 人： 李红胤　周旭辉

获奖情况： 公共建筑类　二等奖

工程概况：

延长石油科研中心为延长石油总部科研办公楼，为超高层建筑，总用地面积为 3.16 万 m^2，总建筑面积为 21.76 万 m^2，工程总投资为 22.62 亿元（概算）。本楼由弧形塔楼和矩形裙楼组成，塔楼为 46 层（高度为 195.45m，塔冠高度为 217.3m），裙楼为 5 层（高度为 23.45m），地下 3 层。建筑工程等级为大型，为一类高层建筑，设计使用年限为 50 年，耐火等级为一级。本项目主要功能：塔楼一层主要功能为二层通高 VIP 大堂和楼控中心；塔楼二层主要功能为档案室；塔楼三层至四十六层主要功能为科研办公室（其中十二层、二十七层、四十二层为避难层和设备用房）。塔楼设计有 3 处高 50m 左右的通高中庭。裙楼一层主要功能为员工大堂（上方设计瀑布式玻璃幕墙）、生产指挥调度中心和员工餐厅等；二层、三层主要功能为开放式科研办公室、会议室、报告厅（二层通高，306 人）等；四层主要功能为开放式科研办公室、中央信息机房、职工活动中心和羽毛球厅（二层通高）等；五层主要功能为开放式科研办公室和职工阅览室等。地下室主要功能为汽车库、自行车库（夹层）、厨房、设备用房等。项目施工图设计起止时间为 2013 年 4 月～2013 年 9 月，建成使用时间为 2018 年 5 月。

工程说明：

一、给水排水系统

（一）给水系统

1. 用水量（见表 1、表 2）

用水量　　　　　　　　　　　　　　　　　　　　　表 1

序号	用水名称	人数	定额 [L/(人·d)]	使用小时数(h)	年用水天数 (d)	小时变化系数 K	用水量			
							平均时 (m^3/h)	最大时 (m^3/h)	平均日 (m^3/d)	年用水量 (m^3/a)
1	办公	4000	25	10	240	1.2	10	12	100	24000
2	食堂	1000	15 每位顾客每次	12	240	1.2	3.75	4.5	45	10800
3	健身中心	240	40	4	240	1.5	2.4	3.6	9.6	2304
4	会议	500	6	8	80	1.2	0.375	0.45	3	240

续表

序号	用水名称	人数	定额 [L/(人·d)]	使用小时数(h)	年用水天数(d)	小时变化系数 K	用水量 平均时 (m³/h)	最大时 (m³/h)	平均日 (m³/d)	年用水量 (m³/a)
5	冷却循环水量	补给百分数 1.5%	750×2＋375×2＝ 2250m³/h	12	120	1.0	33.75	33.75	405	48600
6	车库	44753m²	2L/(m²·次)	8	90	1.0	11.2	11.2	89.5	8055
7	绿化灌溉	13393m²	0.28m³/(m²·a) 2L/(m²·d)	8	144	1.0	3.3	3.3	26.8	3750
8	道路浇洒	8000m²	0.2L/(m²·次)	2	30	1.0	0.8	0.8	1.6	48
9	景观水池	补给百分数 3%	86m³	24	335	1.0	0.11	0.11	2.58	864
10	景观旱喷	补给百分数 5%	32m³/h	8	24	1.0	1.6	1.6	12.8	307.2
11	未预见用水量取10%						3.35	3.76	29.09	
12	合计						70.64	75.07	724.97	98968.2

可采用非传统水源给水的用水点年用水量　表2

	用水名称	用水定额	单位	用水规模	单位	平均日用水量 (m³/d)	可采用非传统水源给水比例(%)	年用水天数(d)	年用水量 (m³/a)
1	道路浇洒	0.2	L/(m²·次)	8000	m²	1.6	100	30	48
2	绿化浇灌	0.28	m³/(m²·a)	13393	m²	26.8	100	144	3750
		2	L/(m²·d)						
3	车库	2	L/(m²·次)	44753	m²	89.5	100	90	8055
4	景观水池	3%	补水系数	86	m³	2.58	100	335	864
5	景观旱喷	5%	补水系数	32	m³/h	12.8	100	24	307.2
6	未预见用水量取10%					13.33			1302
7	总计					146.61			14326

2. 水源

为城市自来水，引自唐延路 $DN200$ 市政给水管，供水压力为 0.2MPa。

3. 系统

直供区：地下三层至一层，由市政给水管网直供。

水泵加压区：竖向共分5个区。

第1加压区：二层~十层；第2加压区：十一层~十八层；

第3加压区：十九层~二十七层；第4加压区：二十八层~三十七层；

第5加压区：三十八层~顶层。

地下三层生活泵房内设2个63m³不锈钢生活水箱和3套恒压变频调速生活供水设备，3套恒压变频调速生活供水设备从水箱吸水分别供至第1、2、3加压区。在二十七层第二避难层的设备间内设有24m³不锈钢转输调节生活水箱1个和恒压变频调速生活供水设备2套，分别供至第4、5加压区和屋顶消防水箱。因本工程冷却循环水补水量较大，冷却循环补水与室内消防水池合储于地下三层消防水池内，在地下三层消防泵房内另设一套恒压变频调速生活供水设备专供冷却塔补水之用。冷却循环水补水调节水量为 $101.25m^3$。给水系统供水方式采用下行上给式。

4. 管材

给水干管和立管采用不锈钢管，管件连接。室内给水支管采用（PPR）管 S4 系列，专用管件热熔连接。

（二）热水系统

1. 热水量及耗热量（见表 3）

热水用水量标准及耗热量 表 3

序号	用水项目	数量	用水量标准	用水时间（h）	小时变化数	温度（℃）	小时耗热量（kJ/h）	小时热量（m^3/h）	日用水量（m^3/d）
1	厨房	1000	7L/(顾客·次)	12	1.4	60	554720	2.5	21
2	健身房	240人	20L/人次	4	1.4	60	380379	4.6	4.6
3	VIP办公	101人	25L/人	8	1.5	60	107194	0.15	0.8
4	合计						1042293	7.25	26.4

2. 系统

热水系统分区同给水。供应 VIP 层领导办公室卫生间洗浴热水的电热水器设于四十二层避难间设备间内，全日制机械循环。供应健身中心洗浴热水厨房卫生热水的太阳能集热器设于裙房屋面，贮水罐、程序控制柜、循环泵等设备设于淋浴间附近的五层设备间，全日制机械循环。厨房卫生热水采用半容积式浮动盘管供应卫生热水，热交换器设于地下一层厨房操作间附近。

3. 管材

给水干管和立管采用不锈钢管，管件连接。室内给水支管采用（PPR）管 S4 系列，专用管件热熔连接。

（三）排水系统

（1）室内排水采用雨污分流制、污废合流制，除地下一层～三层外其余生活污、废水均采用重力流直接排至室外污水管道，餐厨处含油废水经室内隔油器处理提升后，排至室外污水管道。

（2）采用有专用通气立管的重力流排水系统。

（3）生活污水量：最大时污水量 $41.49m^3$，最高日污水量 $324m^3$。

（4）塔楼处污水管采用机制排水铸铁管，柔性法兰连接；裙房污水管采用 HDPE 管，热熔连接。

（四）雨水系统

塔楼屋面雨水按重力流设计，裙房屋面按满管压力流设计，塔楼屋面雨水经屋面雨水斗收集排雨水管道，后排至室外，室外雨水排入市政雨水管网。裙房屋面雨水经虹吸雨水斗收集雨水回收利用，处理工艺详见下节。

塔楼处雨水管采用机制排水铸铁管，柔性法兰连接；裙房污水管采用 HDPE 管，热熔连接。

（五）雨水回用系统

（1）雨水年可收集量见表 4。

雨水年可收集量 表 4

		汇水面积（m^2）	径流系数	年可收集量（m^3/a）
1	绿化屋面	7400	0.3	860
2	瀑布式玻璃幕墙	300	1.0	116

续表

		汇水面积(m²)	径流系数	年可收集量(m³/a)
3	内庭院	1910	0.5	370
4	硬质地面		0.9	
5	绿地		0.15	
6	水景		1.0	
7	总计			1346
8	备注	根据《建筑与小区雨水利用工程技术规范》GB 50400—2006，每年可回收雨水量如下：$$W_{ay}=(0.6\sim0.7)\phi_c h_a F\times10$$ 式中　W_{ay}——年可收集的雨水量(m³)；ϕ_c——雨量径流系数；h_a——常年降雨厚度，西安年均降雨量553.3mm；F——计算汇水面积(hm²)；$0.6\sim0.7$——除去不能形成径流的降雨、弃流雨水等外的可回用系数		

由表 4 可知，本项目可收集雨水量为 1346m³/a。

（2）雨水回收利用流程如图 1 所示。

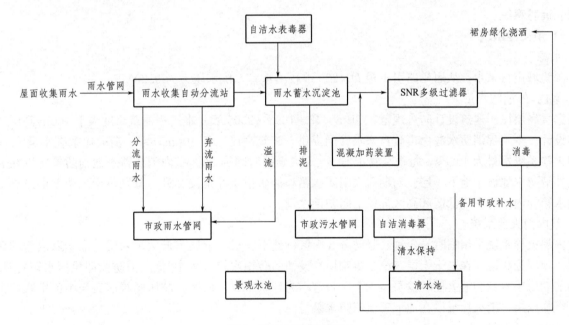

图 1　雨水回收利用流程

（3）雨水回收水源：裙房屋面雨水和一层内庭院雨水。

（4）供水范围：裙房屋面绿化浇洒和水景补水。

（5）系统：裙房屋面雨水，经初期弃流后雨水接至地下室雨水储蓄池，经沉淀过滤排至清水池，消毒后经变频泵送至用水点。

（6）雨水处理流程：源水→初期弃流→初期过滤→沉淀池→雨水清水池→消毒器→变频供水→用水点。

（7）雨水回收蓄水池储存 190m³ 雨水，雨水清水箱容积为 40m³。

(六) 中水供水系统

(1) 利用市政中水供水管网中水供应区内绿地、道路浇洒用水。

(2) 所需中水量见表 5。

中水量　　　　　　　　　　　　　　　　　　　　　　　　　　表 5

序号	用水名称	人数	定额 [L/(人·d)]	使用小时数 (h)	K	用水量		
						平均时 (m³/h)	最大时 (m³/h)	平均日 (m³/d)
1	车库	44753m²	2L/(m²·次)	8	1.0	11.2	11.2	89.5
2	绿化灌溉	13393m²	2L/(m²·d)	8	1.0	3.3	3.3	26.8
3	道路浇洒	8000m²	0.2L/(m²·次)	2	1.0	0.8	0.8	1.6
4	未预见用水量取10%					1.53	1.53	11.79
5	合计					16.83	16.83	129.69

(3) 计量与安全措施：在中水进水管设置计量水表。绿地、道路浇洒明露龙头均加锁。龙头处注明回用水非饮用标识。

(4) 中水供水管采用钢塑管，管件连接。

二、消防系统

(一) 消火栓系统

1. 水源

水源为城市自来水，从唐延路引1根 $DN200$ 市政给水管，供水压力为 0.20MPa。

2. 室内/外消防水量

根据《高层民用建筑设计防火规范》GB 50045—1995（2005版）本工程建筑高度大于100m 高层一类公共建筑设计。本工程消防水源由市政自来水管网提供，建筑高度大于100m，室外消火栓系统水量为30L/s，室内消火栓系统水量为40L/s，每根竖管15L/s。火灾延续时间为3h。室内消防蓄水池消防泵房设在地下三层，室外消防水池设于地下一层。初期灭火消防水箱和消防稳压设施设2处，分别位于二十七层避难层和本楼屋顶水箱间内，为中、低区和高区提供消防初期水量。

3. 室内消火栓系统

室内消火栓系统采用临时高压制。竖向分3个区，地下三层～五层为低区，六层～二十六层为中区，二十七层～顶层为高区。在二十七层（第二避难层）设消防转输水箱（兼中/低区消防前期稳压水箱）及中/低区消防前期稳压水箱和消火栓转输泵。三个区管道均为环状布置，低区经减压阀减压后与中区串联，中低区共用1组加压泵，消火栓泵设在地下三层消防水泵房内。

4. 室外消火栓系统

室外消火栓由基地内环管保证，市政给水干管上接出室外消火栓，沿道路不大于120m均匀布置。

5. 管材

室内消火栓系统采用镀锌焊接无缝钢管，耐压2.0MPa，丝接或沟槽式卡箍连接。

(二) 自动喷水灭火系统

1. 设计范围

地下三层～顶层每层各个部位（面积小于5m²的卫生间和不宜用水灭火部位除外）。

2. 用水量

自动喷水灭火系统采用临时高压制，采用独立的一个给水系统，地下车库按中危险级Ⅱ级设计，喷淋作用面积为 160m²，喷水强度为 8L/(min·m²)，设计流量为 40L/s，科研办公楼按中危险级 I 级设计，喷淋作用面积为 160m²，喷水强度 6L/(min·m²)，设计流量为 30L/s。

3. 喷头设置

厨房操作间喷头温度 93℃，其他喷头温度 68℃。喷头采用快速响应喷头。

4. 供水方式

自动喷水灭火系统由喷淋泵、湿式水力报警阀、喷淋管网组成，每一个防火分区设 1 个水流指示器和信号阀。火灾时由喷淋泵直接向管网供水，室外设置水泵接合器 3 套自水力报警阀前与喷淋管网连接。火灾延续时间为 1h。自动喷水灭火系统竖向分高、中、低 3 个区，地下三层～十一层为低区，十二层～二十六层为中区，二十七层～顶层为高区。在二十七层（第二避难层）设消防转输水箱、中低区消防前期稳压水箱和喷淋转输泵。低区经减压阀减压与中区串联，中低区共用 1 组加压泵，中低区喷淋泵设于楼内地下三层消防泵房内。

5. 消防水箱及消防稳压设施

初期灭火消防水箱和消防稳压设施设 2 处，分别位于二十七层避难层和本楼屋顶水箱间内，为中、低区和高区提供消防初期水量。

6. 管材

采用热浸镀锌焊接无缝钢管，耐压 2.0MPa，丝接或沟槽式卡箍连接。

（三）大空间自动扫描喷水灭火系统

1. 设计范围

净空高度超过 12m 的中庭区域内。

2. 水量

大空间自动扫描喷水灭火系统采用临时高压制，与自动喷水灭火系统合用 1 个给水系统，单台水量为 5L/s，设 10 台，火灾延续时间按 1h 计。

3. 供水方式

大空间自动扫描喷水灭火系统由喷淋泵、消防管网组成，每一个防火分区设 1 个信号阀和水流指示器，每个大空间自动扫描喷水灭火装置前设电磁阀和闸阀。火灾时由喷淋泵直接向管网供水。

4. 消防水箱及消防稳压设施

消防前 10min 水量和消防稳压设施设在本楼屋顶水箱间和二十七层第二避难层消防水箱内。

5. 泵组

大空间自动扫描喷水灭火系统和自动喷水灭火系统共用 1 个泵组。

6. 管材

大空间自动扫描喷水灭火系统采用热浸镀锌焊接无缝钢管，耐压 2.0MPa，丝接或沟槽式卡箍连接。

（四）窗式喷淋系统

1. 设置范围

在共享空间中庭与各层回廊之间使用耐火极限不小于 1h 的 C 类防火玻璃附近处设置。

2. 窗式喷淋水量：喷水强度不小于 0.6L/(s·m)，保护长度按沿回廊最长的玻璃分隔实际长度 25.3m 的 1.5 倍且不小于 30m 确定，设计流量为 22.77L/s。

3. 水系统保护方案

1）喷头采用快速响应喷头；

2）喷头动作温度为 68℃；

3）喷头间距 1.8～2m；

4) 喷头溅水盘宜与玻璃上檐平齐，如确有困难，溅水盘可低于玻璃框上檐，但不应大于 0.1m；

5) 喷头与玻璃的水平距离控制在 200～300mm；

6) 喷头可采用普通侧式边墙型喷头，持续喷水时间不小于 2.0h；

7) 喷水冷却系统采用独立的管网，为常高压供水系统。系统竖向分高、低 2 个区，二层～二十六层为低区，二十七层至顶层为高区。在塔楼屋顶消防水箱间储存 2h 窗式喷淋水量合计 164m³。

4. 管材

窗式喷淋系统采用热浸镀锌焊接无缝钢管，耐压 2.0MPa，丝接或沟槽式卡箍连接。

（五）消防水池和消防水箱

地下三层室内消防水池储存 3h 室内消火栓系统水量和 1h 自动喷水灭火系统水量，合计 576m³。地下一层贮存 3h 室外消火栓系统水量，合计 324m³。

二十七层第二避难层消防转输水箱内存 10min 消防初期水量另加 10min 消防转输水量，合计 84m³。（消防水量为 40L/s，室内消火栓系统水量和 40L/s 自动喷水灭火系统水量）

塔楼屋顶贮存 10min 室内消火栓系统＋10min 自动喷水灭火系统＋2h 窗式喷淋系统的水量合计 212m³。

（六）气体消防系统

（1）设置部位：信息中心机房；消防、监控、楼宇控制中心；变配电室；发电机房；重要档案室等，按设置部位及场所采用七氟丙烷气体灭火系统。

（2）共分为 4 个系统，分别是地下三层的档案室采用七氟丙烷有管网气体灭火系统；地下一层的配电间、变电间、柴油发电机房和一层的消防、安防、楼宇控制中心采用七氟丙烷有管网气体灭火系统（共用）；四层的中央信息机房采用七氟丙烷有管网气体灭火系统；二十七层变电间采用预作用七氟丙烷无管网气体灭火系统。

（3）采用全淹没式七氟丙烷气体有管网灭火系统，气体设计浓度为 8%，设计工作压力为 2.5MPa，灭火剂喷放时间小于或等于 10s，环境温度大于或等于 −10℃（设计温度 $T=20$℃）

三、工程特点介绍

本楼除常规超高层的设计难点外，另在消防设计、高大空间设计、绿建设计等方面特有的一些难点也是本设计的亮点。

（一）解决复杂及高大空间的消防难点问题

本项目平面布局和造型较为复杂，有多处高大空间及超高写字楼：塔楼设计有 3 处高 50m 左右的通高玻璃中庭，一层～十一层中庭（高 48m），十三层～二十六层中庭（高 58.8m），二十八层～四十层中庭（高 58.8m），防火分区的合理划分和阻隔为解决本项目的消防难点提供了有力的保障。

（二）创新性地提出了窗式喷淋系统

传统独立的防火分区中庭通常采用钢化玻璃防火分隔，钢化玻璃本身并不具有耐火性能，如在钢化玻璃内侧增设防火卷帘作为分割方式，则基本每层均需要设置防火卷帘，用量大，成本高，且可靠性较低，后期维护难度大。而如采用防火玻璃，目前技术还难以生产耐火极限达到 3.00h 的大片防火玻璃。本案创新性地采用了"C 类防火玻璃＋2h 水系统保护"的窗式喷淋系统，有效解决了空间美观及易于控制的诉求，该消防设计方式在陕西省为首创设计。

（三）绿色低碳的设计诉求

在非传统水源利用方面根据项目特点，量体裁衣，创新性地利用高大弧形幕墙本身的瀑布效应，采用虹吸雨水方式与其他裙房雨水收集至雨水回收池，收集水质好、处理成本低，在节水的同时又降低了造价和运行成本。

在可再生能源利用方面，本项目因地制宜，利用有限的屋面资源设置了太阳能集热板，为热水系统提供了可靠的绿色诉求。设计选用健身中心的卫生热水由太阳能供应。太阳能集热板和光伏板统一设置于裙房五层报告厅上部的阳光板屋面，集热板的布置兼顾了建筑的美观和集热板所需的朝向、安装、检修等方面的需求，使集热板完美地与建筑融为一体。

四、工程照片及附图

项目外观（一）

项目外观（二）

生活、消防、雨水回收泵房

窗式喷淋系统

太阳能集热板、瀑布幕墙雨水收集和雨水回用处理站

气体消防

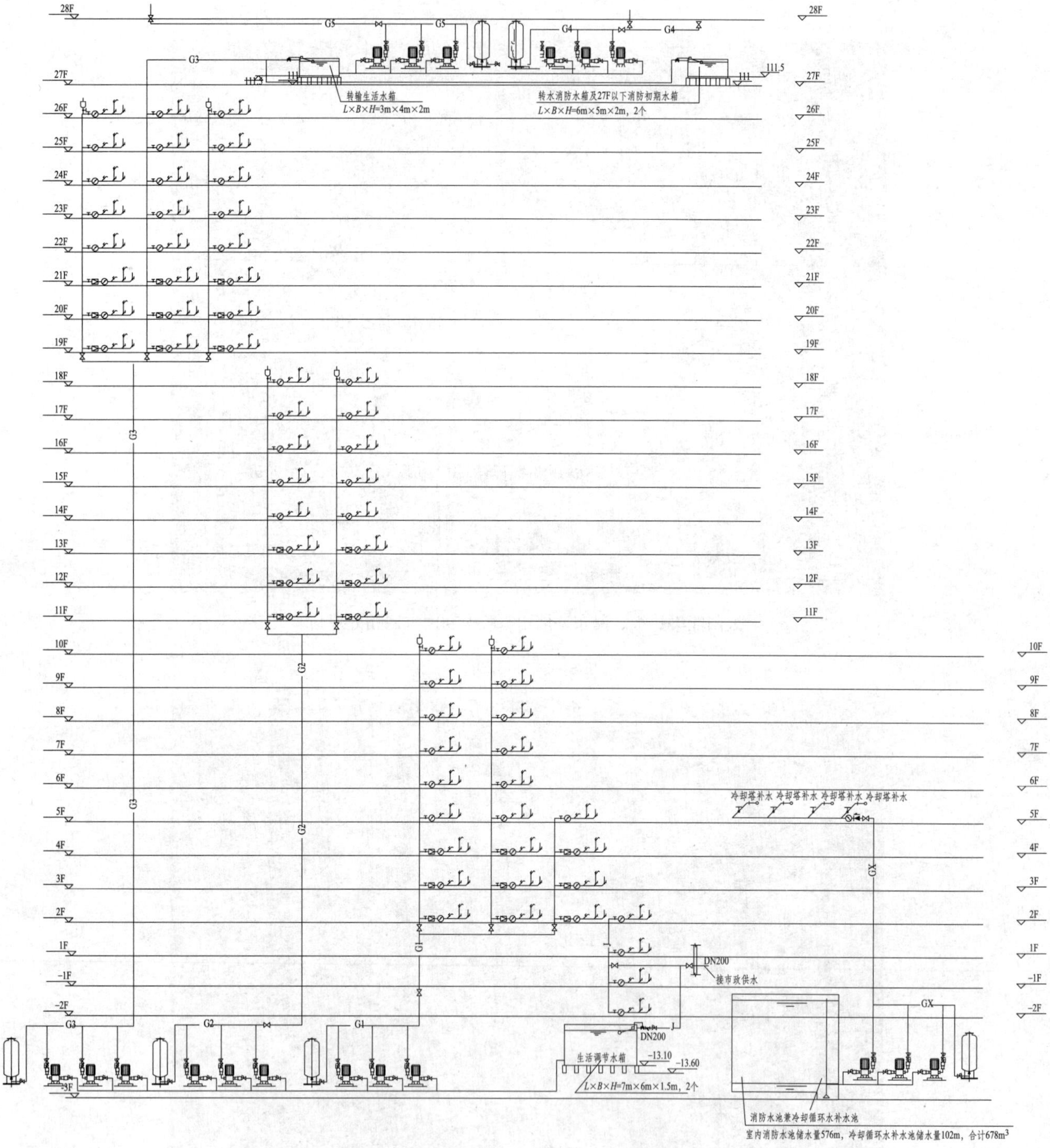

直供区和加压1、2、3区给水系统原理图

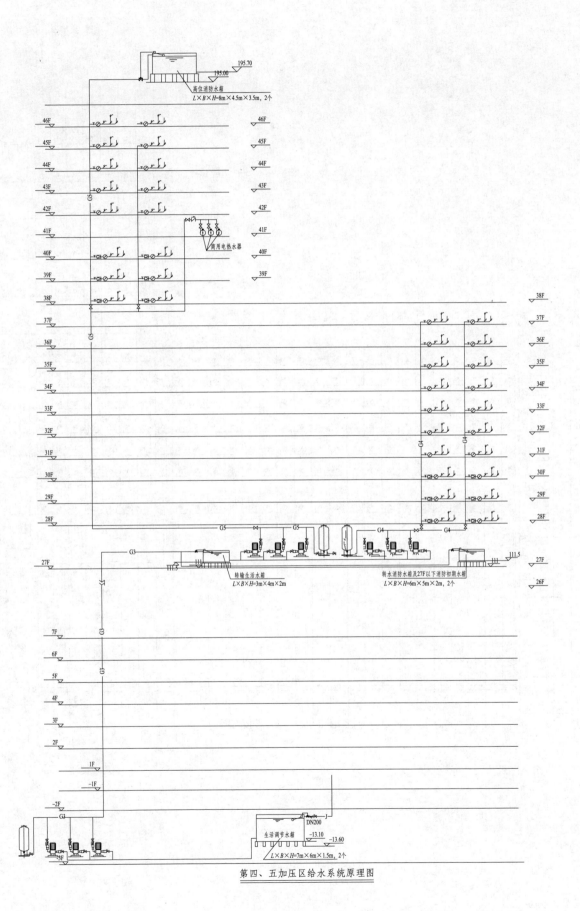

第四、五加压区给水系统原理图

第一、第二消火栓分区系统原理图

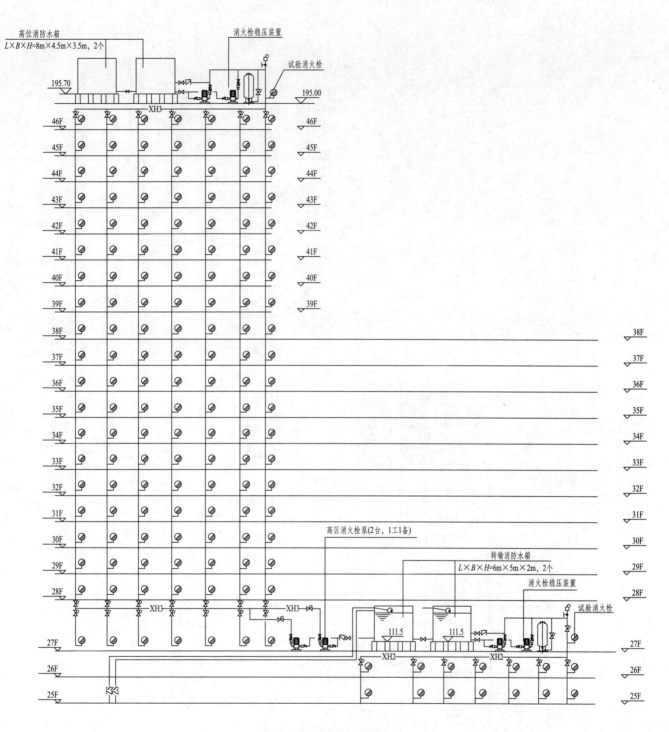

第三消火栓分区系统原理图

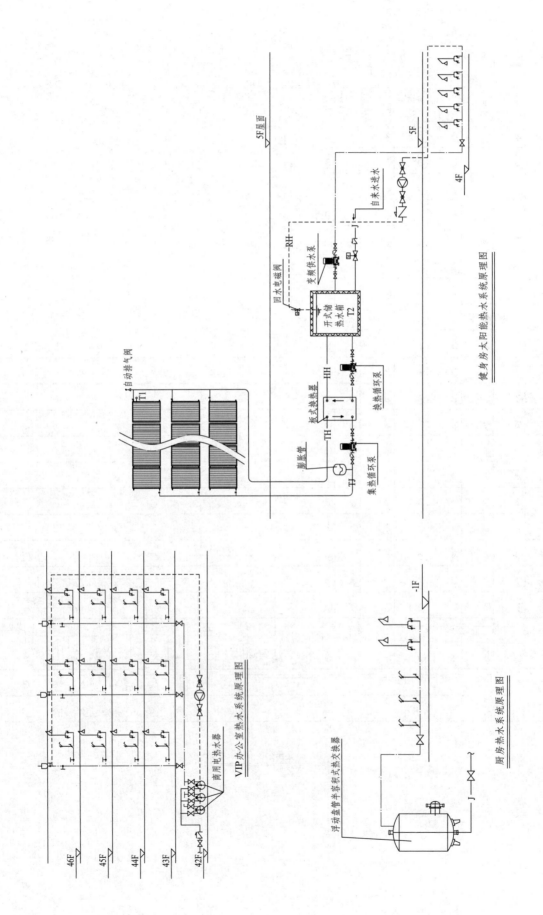

VIP办公室热水系统原理图

健身房太阳能热水系统原理图

厨房热水系统原理图

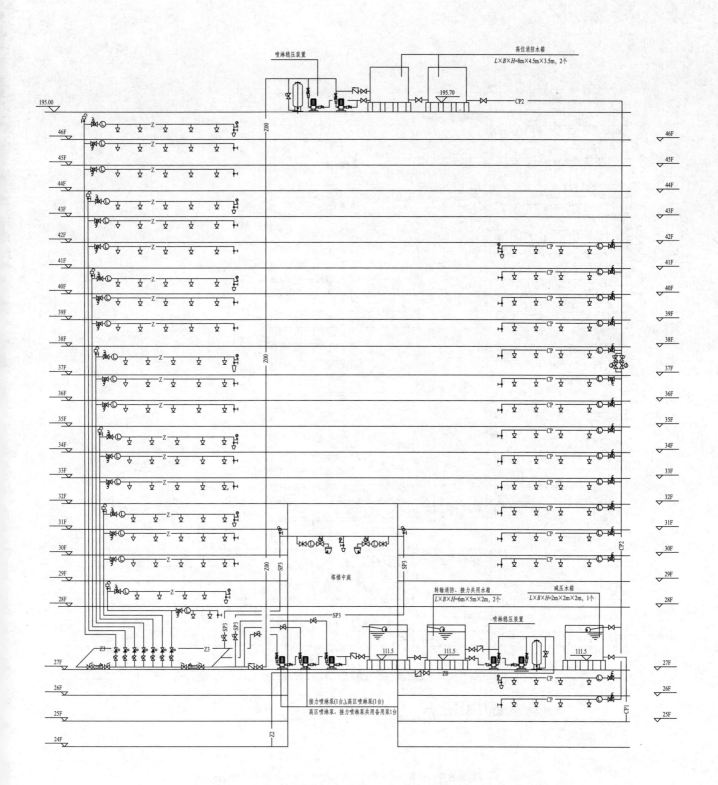

第二避难层以上自动喷水灭火、窗式喷淋及自动水炮系统原理图

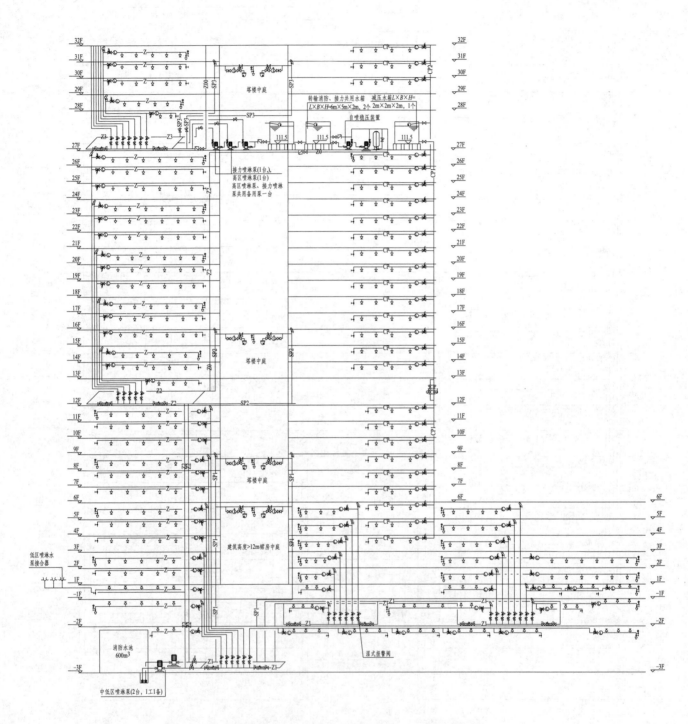

第二避难层以下自动喷水灭火、窗式喷淋及自动水炮系统原理图

云南省昆明市西山区棕树营二号片区（红庙村）城中村重建改造项目

设计单位：华东建筑设计研究院有限公司
设 计 人：陶俊 何可青 田康宁 张佳 徐扬 胡晨樱
获奖情况：公共建筑类 二等奖

工程概况：

云南省昆明市西山区棕树营二号片区（红庙村）城中村重建改造项目—A 区办公楼（暂定名"西城国际金融"）为"红庙城中心村改造项目"中的所在 A 区标志性建筑。建筑造型采用云南地区常用的乐器——笙作为建筑的原始母题。取其庄正，层叠之形，喜迎四方嘉宾，节节高升的文化内涵，运用现代建筑的表现手法，塑造出具有云南昆明特色的双子塔地标建筑的形象，体现城市新地标的开放性，标志性和整体性。建筑地上 36 层，地下 3 层。总建筑面积为 192601m²，建筑高度为 168m，主楼双子塔中 A1 楼为云投集团总部办公楼，A2 楼为富滇银行总行办公楼。两塔楼间用 5 层裙房相连。2 幢塔楼使用独立，均有独立的水平、垂直交通系统。地下室设置设备、后勤配套用房以及地下停车库。

工程说明：

一、给水排水系统

（一）给水系统

1. 给水水源

规划基地从周边市政道路引入消防和生活水源，为 2 路进水，即规划基地从人民西路市政给水管网上和从西园北路市政给水管网上各引入 1 根 DN300 给水管。给水引入处市政水压不小于 0.15MPa，并从中引出 DN250 给水管供给生活用水，设置水表计量。

2. 用水量及标准

主要用水量标准：办公 40L/（人·d）；培训中心客房 250L/（人·d）；

最高日用水量：1780.72m³/d；

最大时用水量：262.82m³/h；

平均时用水量：200.94m³/h。

3. 生活用水供水方式

室内地下室和一层生活用水、地下室人防用水等均采用市政直供。本建筑单体在地下室（地下二层）和云投主楼、富滇主楼的避难层（二十一层）分别设置低区生活供水机房和云投、富滇高区生活供水机房。其中云投主楼、富滇主楼生活给水系统：分别采用地下室生活蓄水池——低区变频调速水泵——避难层生活蓄水池——高区变频调速水泵（串联）供水方式；裙房采用地下室蓄水池——变频调速水泵供水方式。冷却循环补水系统采用地下室冷却循环补水蓄水池——变频调速水泵供水方式。生活给水系统：云投主楼、富滇主楼分别在低区变频调速水泵和高区变频调速水泵供水范围内采取分区减压供水，由减压阀实施减压，控制各分区静水压力不大于 0.35MPa，通过设置支管减压阀，控制各楼层用水点供水压力不大于 0.2MPa。其中云投主楼、富滇主楼低区变频调速水泵供水范围内竖向分 3 区；高区变频调速水泵供水范围内竖向分 3 区。裙房为 1 个分区。

4. 用水计量

对云投主楼生活用水、富滇主楼生活用水、地下室人防用水、裙房餐饮厨房用水、游泳池补水、冷却循环补水、空调补水和动力补水等均采取单独计量。三级水表安装到位并覆盖所有支管。对生活供水设备运行工况自动监控。

(二) 热水系统

1. 热水供应范围

裙房游泳池淋浴、富滇主楼培训中心客房等集中用热水的场所采用以高温热水为热源的热交换设备，分别就近集中设置热交换设备供给热水。主楼分散设置的带小卫生间的办公部分单独设置电热水器供给热水。热水系统分区同给水系统。

2. 热水供水方式

热水系统给水均由其所在的给水系统中引出，工作压力与相应给水系统相同。在游泳池、健身、SPA 附近设置集中热交换机房，配置 1 组热交换器供给热水；在富滇培训中心客房附近设置集中热交换机房，配置 1 组热交换器供给热水。热水系统均设机械回水装置，保证系统各处水温不低于 60℃。

(三) 冷却循环系统

根据制冷机数量和冷量配备冷却塔和冷却循环水泵，在裙房屋面设置低噪声型冷却塔组实施循环冷却。在地下室的冷却循环泵房中分别配备冷却循环水泵，冷却循环系统工作压力为 0.6MPa。冷却塔补水采用冷却循环补水蓄水池—变频调速水泵供水方式供给。冷却循环系统设置自动化学加药装置和旁滤装置，冷却塔进/出水管、补水管上设隔振防噪装置，冷却塔基础设置隔振装置。

(四) 排水系统

1. 排水量

最高日排水量：877.81m³/d；最大时排水量：145.3m³/h。

2. 系统型式

室内采用污废分流制，局部采用污废合流制；室外采用雨污（废）分流制。通气采用专用通气立管和环形通气管相结合的通气方式。餐饮厨房废水排水管单独设置，餐饮厨房废水经油水分离器处理后排放。室内污水排至室外总体污水管网，经化粪池处理后与室内排出的废水一起由室外总体废水管汇集排至污水处理设施，以及排至周边道路市政污水管网。

(五) 雨水系统

裙房屋面虹吸压力流雨水系统设计降雨重现期采用 50 年，塔楼重力流雨水系统设计降雨重现期采用 10 年。屋面雨水排放按照建筑形式，采取重力流系统和压力流（虹吸）系统相结合的排放方式。建筑单体的主楼屋面采用重力流排放方式；裙房屋面雨水采用虹吸压力流排放方式。

二、消防系统

(一) 消防水源

本项目消防水源利用市政给水管网，2 路进水，本地供水压力不低于 0.15MPa，在基地周围设置消防环网和室外消火栓，采取低压制给水系统。

(二) 消防水量及消防蓄水池

室外消火栓系统用水量：40L/s；

室内消火栓系统用水量：40L/s；

自动喷水灭火系统用水量：≥52L/s（其中包括大空间智能型主动喷水灭火系统用水量10L/s）。

按同时一次火灾最大保护建筑所需消防用水量大于或等于132L/s设计。

地下室设置消防蓄水池，有效容量为620m³，贮存火灾延续时间内室内消防水量；双子塔每栋避难层消防泵房设置消防中间水箱，有效容量为100m³；双子塔每栋屋顶设置消防高位水箱，有效容量为200m³。

（三）消防系统设计

在柴油发电机房和锅炉房等特殊部位设置水喷雾灭火系统，在裙房中庭等部位设置大空间智能型主动喷水灭火系统，均从自动喷水灭火系统中接出。在变配电机房等特殊部位设置IG541气体灭火系统。

三、工程特点介绍

（一）满铺地下室排水管

本项目2栋超高层塔楼，排水管道设置于核心筒内；塔楼下部设置5层裙房，裙房分散设置公共卫生间；分散设置的塔楼排水立管及裙房卫生间排水管距离地下室外墙较远，如将排水管道均落至地下室再汇总排出室外，长距离大范围的排水横管敷设将造成地下空间净高影响，许多部分的地下建筑功能无法满足使用需求，同时长距离排水管坡降会对室外总体排水管线的敷设标高产生严重制约，室外管线埋深加大，投资成本增加，同时会造成市政接口的接入困难；项目设计中利用建筑一层的高大空间特点，将一层以上的排水管在裙房一层吊顶内进行汇总和横管转换，于距离外墙较近位置设置管井把汇总后的立管下落，再由地下室外墙处接出至总体排水管网，这样在保证地下建筑空间功能的同时，又能有效提高室外排水管线的敷设标高，降低建设成本，并且切实保证了排水系统安全。

（二）冷却塔灵活运行配置方式

本项目位于昆明，属于亚热带高原季风气候，四季如春，气候宜人，空调系统的设置是为提升总部办公建筑的品质。设计中根据制冷机的冷量和数量情况，采取冷却塔与大容量制冷机以近似2：1配置、冷却塔与小容量制冷机以1：1配置的模式，每台冷却塔容量相同，并联设置于屋面。在运营中配合冷却塔群控策略，每台屋面冷却塔运行均可以灵活与制冷机的运行模式相匹配，运行中可以调配、启停或组合任意2台、多台冷却塔，降低设备故障率，保证项目室内环境质量。

（三）机房管线布置空间

水泵房等设备机房内管线较多，设计以"空间"换"平面"的设计原则，把管线设计尽可能向上部空间延展，同时在设置标高上保证阀门操作、检修的方便。特别是制冷机房内冷却循环泵组，流量大、扬程低，设备体积和管道尺寸均较大，由于冷却循环泵房机房面积相对紧凑，不利于铺开形式的管线设置，设计利用机房建筑层高较高的特点，采用端吸型冷却循环泵组，将泵组进/出水管垂直向上设置，系统总管均设置于机房高位，有效利用机房高度空间，同时保证机房地面安装检修空间。

（四）窄立柱地下车库的消火栓箱布置

地下车库消火栓箱需靠墙靠柱设置，由于本项目许多结构立柱的宽度不能完全满足消火栓箱的长度要求，不能做到消火栓箱背靠立柱设置，若在车库立柱旁横向设置消火栓，又会影响车位且无法安装固定，本项目设计中结合建筑专业，采用车库立柱＋辅墙的一体化消火栓箱设置方式，做到消火栓箱安装不影响车位，同时满足设计施工要求，美观且易于被发现（参见车库消火栓箱设置照片）。

（五）接力式雨水排水

本项目2栋超高层塔楼下部设置5层裙房，塔楼排水立管设置位置距离地下室外墙较远，如将塔楼雨水立管均置于地下室空间内再排出室外，重力雨水管长距离横管敷设将造成地下空间净高不足，许多部分的地下建筑功能无法满足使用需求。本项目设计采用接力式雨水排水系统，塔楼雨水立管以重力流方式接至裙房屋面雨水天沟内，再在裙房屋面设置虹吸雨水排水系统，汇集雨水天沟中收集的塔楼屋面雨水和裙房屋面雨水，以接力方式最终以虹吸雨水系统形式排放。这种方式可以利用虹吸雨水系统大面积收集排放雨水、每个虹吸排水系统立管负荷排水量比重力雨水系统大、虹吸雨水系统排水横管坡降比重力排水横管小的特性，有效减少了从裙房下落的雨水系统排水立管的数量，同时减少雨水排水管坡降对地下建筑空间和功能的影响。

（六）地下车库组合式隔油沉砂集水井

地下车库设置地面排水沟及组合式隔油沉砂集水井，通过组合式一体化巧妙构造，实现集水井第一段可沉积排水沟内砂砾，同时隔除机动车库事故漏油；第二段设置潜水泵提升污水，做到占地紧凑，最大限度保证地下车库的使用环境，同时保证水泵安全稳定的工作环境。

四、工程照片及附图

外景图（一）

外景图（二）

外景图（三）

生活泵房

窄立柱消火栓及辅墙

富滇

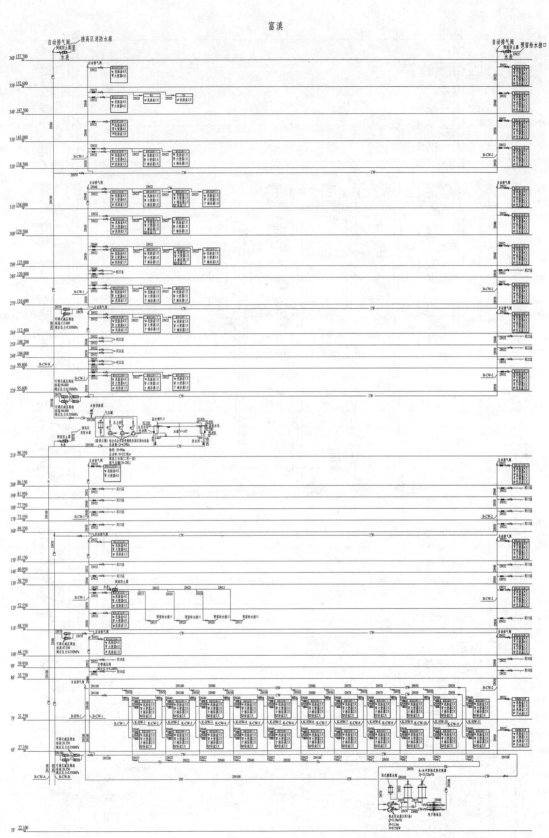

给水系统展开示意图

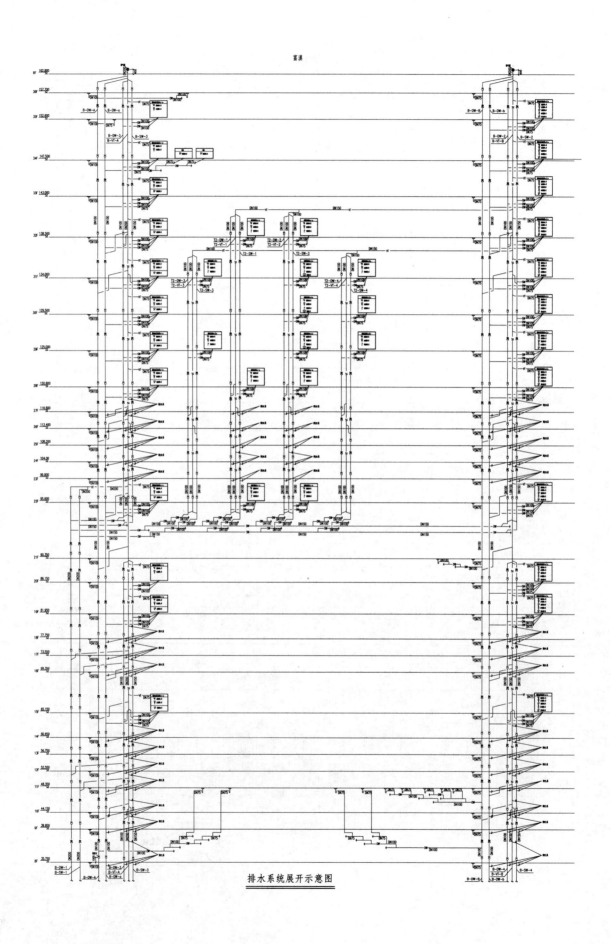

排水系统展开示意图

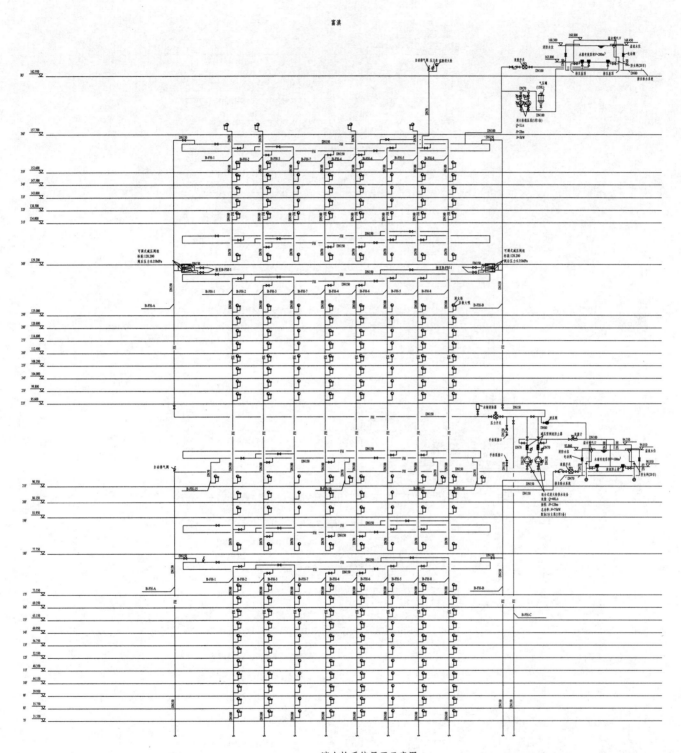

消火栓系统展开示意图

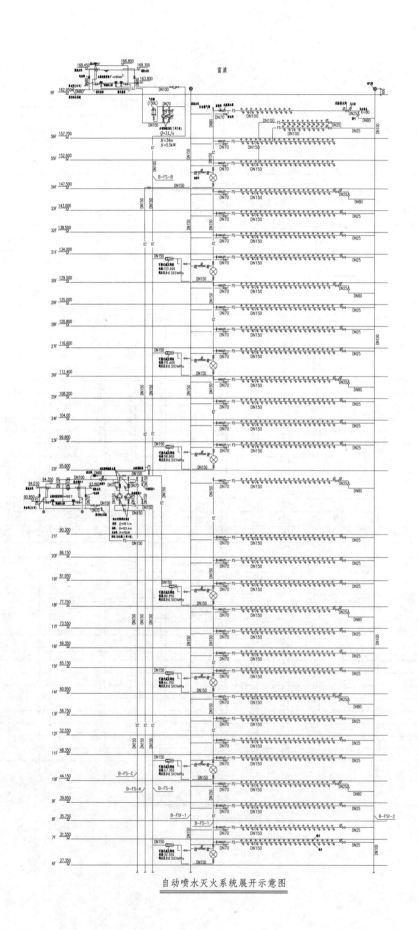

自动喷水灭火系统展开示意图

哈尔滨工业大学深圳校区扩建工程

设计单位： 哈尔滨工业大学建筑设计研究院
设 计 人： 常忠海　叶晓东　迟丽影　孔德骞　米长虹　李观元　殷德霖　刘恒　彭兆洋
获奖情况： 公共建筑类　二等奖

工程概况：

哈尔滨工业大学深圳校区扩建工程位于广东省深圳市南山区西丽大学城哈尔滨工业大学研究生院东南侧，总用地面积9.3万 m²，总建筑面积29.8万 m²。其中，地上总建筑面积258820.52m²，地下总建筑面积39652.77m²，建筑覆盖率30.89%，容积率2.78，绿化覆盖率30.39%，共包含11个单体建筑，总投资17.62亿元，是深圳市和广东省的重点工程。校区内规划以教学办公区、实验实训区、综合研发区、学生生活区四大功能片区构成，建筑功能主要涵盖教学、科研、实验实训、师生活动、学生生活服务等，见表1。

建筑单体情况一览表 表1

序号	工程名称	建筑功能	建筑面积(万 m²)	地上层数	地下层数	建筑高度(m)
1	综合楼	科研和教学	5.25	21	2	99.000
2	实验实训楼	科研和教学	3.28	9	1	39.600
3	教学楼	教学	1.74	8	1	36.900
4	教学办公楼	教学和办公	2.22	9	—	67.100
5	师生活动用房	礼堂和展厅	0.61	3	—	20.200
6	科研创新楼	科研和教学	4.62	8	1	38.800
7	食堂	食堂	0.52	3	—	16.800
8	1号宿舍	宿舍、后勤	1.80	29		99.900
9	2号宿舍	宿舍、食堂	3.77	28		98.100
10	3号宿舍	宿舍、后勤	1.88	29	1	98.700
11	4号宿舍	宿舍、后勤	1.80	29	1	98.700
12	地下车库	车库和设备用房	1.44	—	1	—

工程说明：

一、给水排水系统

（一）给水系统

1. 冷水用水量（见表2）

设计用水标准和用水量计算表 表2

序号	用水项目	使用数量	单位	用水量标准	单位	使用时间(h)	小时变化系数	用水量		
								最高日(m³/d)	最大时(m³/h)	平均时(m³/h)
1	住宿学生	6500	人	150	L/(人·d)	24	3.5	975.00	142.19	40.63
2	教学学生	5500	人	50	L/(人·d)	9	1.2	275.00	36.67	30.56
3	教师	900	人	50	L/(人·d)	9	1.2	45.00	6.00	5.00
4	实验室用水					8	1.0	80.00	10.00	10.00
5	食堂用餐人员	17000	人次	25	L/人次	12	1.2	425.00	42.50	35.42
6	后勤人员	100	人	50	L/(人·d)	9	1.2	5.00	0.67	0.56
7	车库冲洗	12000	m²	2	L/(m²·d)	6	1.0	24.00	4.00	4.00
8	道路场地浇洒	47000	m²	2	L/(m²·d)	6	1.0	94.00	15.67	15.67
9	绿化浇洒	26000	m²	2	L/(m²·d)	6	1.0	52.00	8.67	8.67
10	合计							1975.00	266.35	150.49
11	未预见用水量(合计的10%)							197.50	26.64	15.05
12	冷却塔补水					10	1.0	180.00	18.00	18.00
13	制冷站补水					10	1.0	160.00	16.00	16.00
14	合计							2512.50	326.99	199.53

2. 水源

本工程的水源由市政给水管网提供。用地东侧的夏青路和用地南侧的平山二路上有规划的市政给水管道，设置2路市政给水引入管向本工程供水，从东侧夏青路DN300的市政给水管道和南侧平山二路DN400的市政给水管道上分别接出1根DN200给水管进入用地红线，在红线内供给本工程使用。市政供水系统的供水流量可以满足本工程给水和室外消火栓系统的要求，供水管网的压力约为0.25MPa（相对于绝对标高30m高程的地面）。

3. 系统竖向分区

给水系统采取市政给水管网直接供水与二次加压、分区供水相结合的方式。根据建筑高度、建筑标准、水源条件、防二次污染、节能和供水安全原则，供水系统分为5个区：

（1）绝对标高32m以下为低区，由市政供水管网直接供给；

（2）绝对标高32m至绝对标高71m为中区，由位于车库的生活水箱和中区变频供水设备联合供给，各栋建筑根据各自的高度和用水情况又可分为中1区和中2区或不分区，中1区由中2区减压供水；

（3）绝对标高71m至绝对标高127m为高区，由位于车库的生活水箱和高区变频供水设备联合供给，各栋建筑根据各自的高度和用水情况又可分为高1区和高2区，高1区由高2区减压供水。

4. 供水方式及给水加压设备

在教学区地下车库和宿舍地下室分别设置生活水箱间和生活水泵房，教学区地下车库设总有效容积为100m³的不锈钢生活水箱2台，并设置中区和高区恒压变频给水设备各1套。宿舍地下室设总有效容积为240m³的不锈钢生活水箱2台，并设置中区和高区恒压变频给水设备各1套。

5. 管材

室内生活给水管道干管和立管采用S30408薄壁不锈钢管，卫生间、实验室内的水平支管和竖向支管采用PP-R塑料管。

（二）热水系统

1. 热水用水量（见表3）

设计热水标准和热水量计算表   表3

序号	用水项目	使用数量	单位	用水量标准	单位	使用时间(h)	小时变化系数	用水量 最高日(m³/d)	用水量 最大时(m³/h)	耗热量(kW)
1	宿舍住宿人员	1200	人次/d	50	L/人次	10	1.50	60.00	9.00	586
2	合计							60.00	9.00	586

2. 热源

系统采用集中供热方式，由屋顶太阳能提供热源，通过热水箱统一向各层24h供水，单栋宿舍日热水量为60m³，热水供水温度为60℃。屋面设400m²左右平板型太阳能集热器，并设置空气源辅助制热系统。

3. 系统竖向分区

热水系统分区同给水系统分区。

4. 热交换器

单栋宿舍结合屋面形式，配置4台16m³的热水水箱和6台空气源热泵辅助加热。

5. 冷、热水压力平衡措施及热水温度的保证措施等

（1）设置温度控制器，天气晴好时由太阳能集热器制备热水，满足用户的用能需求；太阳能集热器制备热水达不到温度时，空气源热泵系统会自动启动；

（2）当太阳能循环管高于或等于55℃，且水箱水位低于满水位时，太阳能冷水电磁阀启动；

（3）当太阳能上循环管与下循环管温度差大于或等于5℃时，太阳能循环泵启动。当温度差低于或等于2℃时，循环泵停止。

（4）当水箱温度低于设定温度，水位在缺水位以上，且太阳能循环泵延时15min未启动时，热泵循环泵启动，水箱温度达到设定温度时停。热泵与热泵循环泵同步。

（5）水位在缺水位以上，当检测到管网压力不足时，加压回水泵启动。当回水电磁阀启动进，加压回水泵启动。

（6）当回水管末端温度低于或等于45℃，且水箱温度高于55℃时，回水电磁阀启动，回水管温度高于或等于50℃。

6. 管材

同给水系统。

（三）纯水系统

实验实训楼设置超纯水系统，以校区内自来水为原水，纯水系统采用集中制水方式，经水处理工艺流程处理后，向各实验室提供满足用水要求的超纯水。本系统包括：中央集中制备超纯水及供水系统。系统总产水量为0.9m³/h（25℃水温），电导率为0.055μs/cm。出水水质满足《分析实验室用水规格和试验方法》GB/T 6682—2008的相关要求。

超纯水系统的制备机房设于八层纯水制备室，主要设备包括制水设备、储水容器、设备连接管阀件、监测仪表、控制系统。主要制备处理工艺为：原水箱→初级精密过滤器→二级精密过滤器→一级反渗透→二级反渗透→RO纯水箱→离子交换EDI→紫外线杀毒→出水→RO纯水箱。

管网采用环状循环回路，恒压供水设计，系统的供水采用智能的控制方式，轻载时能调节运行功率达到节能的目的。

(四) 排水系统

1. 排水系统的型式

室内采用污废合流制。

2. 透气管的设置方式

卫生间排水管设置伸顶通气管、环形通气管和主通气立管。

3. 局部污水处理设施

粪便污水在室外经化粪池处理后排至市政污水管道。

4. 管材

排水管（包括排水干管和支管）、通气管均采用柔性接口机制抗震排水铸铁管及管件。

二、消防系统

(一) 消火栓系统

本工程的室内消防给水系统按 3 个区域进行设计，分别为综合楼、教学区和生活区，各区各单体的消防用水量标准及一次灭火用水量详见表 4。

消防用水量标准及一次灭火用水量计算表 表 4

区域	单体名称	建筑功能	消防等级	室外消火栓系统用水量 (L/s)	火灾延续时间 (h)	室内消火栓系统用水量 (L/s)	火灾延续时间 (h)	自动喷水灭火系统用水量 (L/s)	火灾延续时间 (h)	单体消防设计用水量 (m³)	室内消防设计用水量 (m³)
综合楼	综合楼	科研和教学	一类高层科研楼	40	3	40	3	30	1	972	540
教学区	实验实训楼	科研和教学	二类高层办公楼	40	2	20	2	40	1	576	288
	教学楼	教学	二类高层办公楼	40	2	20	2	30	1	540	252
	教学办公楼	教学和办公	二类高层办公楼	40	2	20	2	40	1	576	288
	师生活动用房	礼堂和展厅	大于 1200 座、小于 2000 座的礼堂	30	2	15	2	40	1	468	252
	科研创新楼	科研和教学	二类高层办公楼	40	2	20	2	30	1	540	252
	地下车库	车库和设备用房	I 类停车库	20	2	10	2	30	1	324	180
生活区	食堂	食堂	体积大于 20000m³ 的多层公共建筑	30	2	15	2	30	1	432	216
	1 号宿舍	宿舍	大于 50m 的一类高层公共建筑	40	2	40	2	30	1	684	396
	2 号宿舍	宿舍、食堂	大于 50m 的一类高层综合楼	40	3	40	3	30	1	972	540
	3 号宿舍	宿舍	大于 50m 的一类高层公共建筑	40	2	40	2	30	1	684	396
	4 号宿舍	宿舍	大于 50m 的一类高层公共建筑	40	2	40	2	30	1	684	396

各区域消防用水量标准均按各区域各自的单体建筑所需消防用水量最大的一栋建筑进行设计。室外消火栓用水由市政管道直接供给，室内消防用水由设置在各区域地下的新建消防水池供给。新建消防水池的容积按所需贮存消防水量设计，并按要求进行分格。各区域的室内消防给水所需的水压由设在各区域消防泵房内的消防水泵保证，在各区域屋面层绝对标高最高的单体建筑的屋顶设置相应容积的高位消防水箱和消防增压

稳压设备，作为各区域消防初期灭火所需水量和水压的保证。

各区域的消防设施配置情况详见表5。

消防设施表　　表5

区域	消防等级最高的单体建筑名称	消防设计总用水量（m³）	一次灭火室内消防总用水量（m³）	消防水池和泵房位置	消防水池容积(m³)	分格情况	高位消防水箱		
							位置	绝对标高(m)	容积(m³)
综合楼	综合楼	972	540	综合楼地下一层	540	2	综合楼	121.000	36
教学区	实验实训楼	576	288	地下车库	288	1	教学办公楼	77.800	18
生活区	2号宿舍	972	540	3号宿舍地下一层	540	2	4号宿舍	132.450	36

室内消火栓系统分区情况如表6所示。

室内消火栓系统分区表　　表6

区域	工程名称	层数	建筑高度(m)	分区个数	低区	高区
综合楼	综合楼	21	99.000	2	地下二层～四层	五层～二十一层
教学区	实验实训楼	9	39.600	1		
	教学楼	8	36.900	1		
	教学办公楼	9	67.100	1		
	师生活动用房	3	20.200	1		
	科研创新楼	8	38.800	1		
	地下车库	1	—	1		
生活区	食堂	3	16.800	1		
	1号宿舍	29	99.900	2	地下一层～十四层	十五层～二十九层
	2号宿舍	28	98.100	2	地下一层～十四层	十五层～二十八层
	3号宿舍	29	98.700	2	地下一层～十四层	十五层～二十九层
	4号宿舍	29	98.700	2	地下一层～十四层	十五层～二十九层

火灾初期时，各建筑室内消火栓系统的水量和水压由设在各区域最高建筑屋顶的高位消防水箱以及室内消火栓系统气压罐保证。

管材：室外直埋部分采用球墨铸铁管，橡胶圈承插连接；敷设在室内的部分采用热浸镀锌钢管，卡箍连接。

（二）自动喷水灭火系统

各栋建筑均设自动喷水灭火系统，其中地下车库按中危险级II级设计，系统设计喷水强度为8L/(min·m²)，作用面积为160m²；其余建筑按中危险级Ⅰ级设计，系统设计喷水强度为6L/(min·m²)，作用面积为160m²。综合楼净空高度在8～12m之间的门厅空间，其设计喷水强度为6L/(min·m²)，作用面积为260m²。在实验实训楼高度超过12m实验室和教学办公楼入口门厅的上部设置中悬式自动扫描定位喷水灭火装置，型号为SSDZ5-LA231，保护高度为20m，保护半径为32m，$Q=5L/s$，工作压力为0.60MPa。中悬式自动扫描定位喷水灭火装置直接接自自动喷水灭火系统，并在报警阀前分开。

在各区域的消防泵房内设喷淋泵，每个泵房内均为2台，1用1备。水泵采用自灌式吸水，在水泵出水管上设DN70的泄水检查管。

在各区域内分别设置各自区域的自动喷水灭火系统环管，各栋建筑的自动喷水灭火系统均接自各自区域的环管。各栋建筑均不分区，竖向通过减压阀和减压孔板控制各层压力，使各层配水管入口压力不大于0.40MPa，并使喷头的工作压力不大于1.2MPa。

各栋建筑分设湿式报警阀，每套报警阀负担的喷头数不超过800个。每个防火分区、每层均设水流指示器和带电信号的阀门及试水阀，每个报警阀组控制的最不利点喷头处设末端试水装置。

喷头均采用$K=80$的玻璃球喷头，吊顶下为装饰型，非吊顶处为直立型；温度级：厨房内灶台上部为93℃，厨房内其他地方为79℃，其余均为68℃。

设置自动喷水灭火系统的各栋建筑，其自动喷水灭火系统按照其水量设置消防水泵接合器，供消防车向室内自动喷水灭火系统补水用。

火灾初期时，各建筑自动喷水灭火系统的水量和水压由设在各区域最高建筑屋顶的高位消防水箱以及自动喷水灭火系统气压罐保证。

管材：同消火栓系统。

（三）高压细水雾灭火系统

教学办公楼、实验实训楼分别设置1套高压细水雾灭火系统，分别保护重要机密档案室和精密仪器实验室。

（1）教学办公楼档案室采用高压细水雾开式灭火系统进行保护，总保护面积约670m²。设计参数：持续喷雾时间为20min；喷雾强度不小于$1.3L/(min \cdot m^2)$。

系统供水的水质满足《生活饮用水卫生标准》GB 5749的有关规定。地下消防泵房内设置6m³不锈钢水箱1套（含有高低位报警、自动补水、放空装置），主泵组单元、补水增压装置及水位控制共设1套细水雾灭火装置控制柜。保护区内设置区域控制阀、细水雾喷头、供水管道、阀门等。

选用$K=1.0$的喷头。喷头安装间距不大于3m，不小于2m，距墙不大于1.5m。分隔喷头排距1.5～2.0m之间。设计流量$Q=240L/min$，系统工作压力为16MPa，最不利点喷头工作压力大于10MPa。

（2）实验实训楼精密实验室采用高压细水雾开式灭火系统进行保护，总保护面积约459m²。设计参数：持续喷雾时间为30min；喷雾强度不小于$0.7L/(min \cdot m^2)$。

系统供水的水质满足《生活饮用水卫生标准》GB 5749的有关规定。在七层保护区域附近的上人平台处设置6m³不锈钢水箱1套（含有高低位报警、自动补水、放空装置），主泵组单元、补水增压装置及水位控制共设1套细水雾灭火装置控制柜。保护区内设置区域控制阀、细水雾喷头、供水管道、阀门等。

选用$K=0.7$的喷头。喷头安装间距不大于3m，距墙不大于1.5m。分隔喷头排距为1.5～2.0m。设计流量$Q=139L/min$，系统工作压力为16MPa，最不利点喷头工作压力大于10MPa。

（3）区域控制阀安装于每个防护区的进水管处，具有手动和自动两种控制方式，受消防中心控制，向消防中心反馈信息。细水雾灭火装置控制柜具有自动、手动2种控制方式，同自动报警系统联动控制，收到报警信号后控制泵组的启动，并向控制中心反馈泵组运行信息。开式系统工作原理图如图1所示。

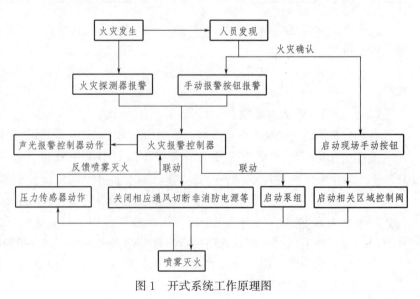

图1 开式系统工作原理图

(四) 气体灭火系统

在本工程的所有电气设备用房和变电所分别设置气体灭火系统。气体灭火系统采用柜式无管网灭火装置，灭火剂为七氟丙烷，灭火系统设计浓度为 9%，设计喷放时间不大于 10s，灭火浸渍时间为 10min。气体灭火系统采用自动和手动 2 种启动方式，并在每个防护分区内设置自动泄压阀。

三、工程照片及附图

鸟瞰图

夜景图

内院图

生活区

教学办公楼

办公楼门厅

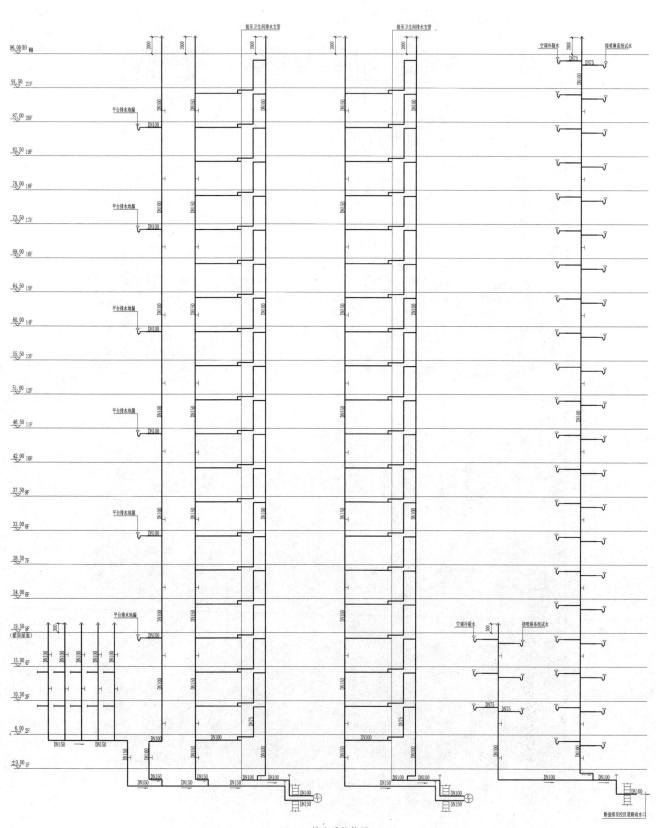

排水系统简图

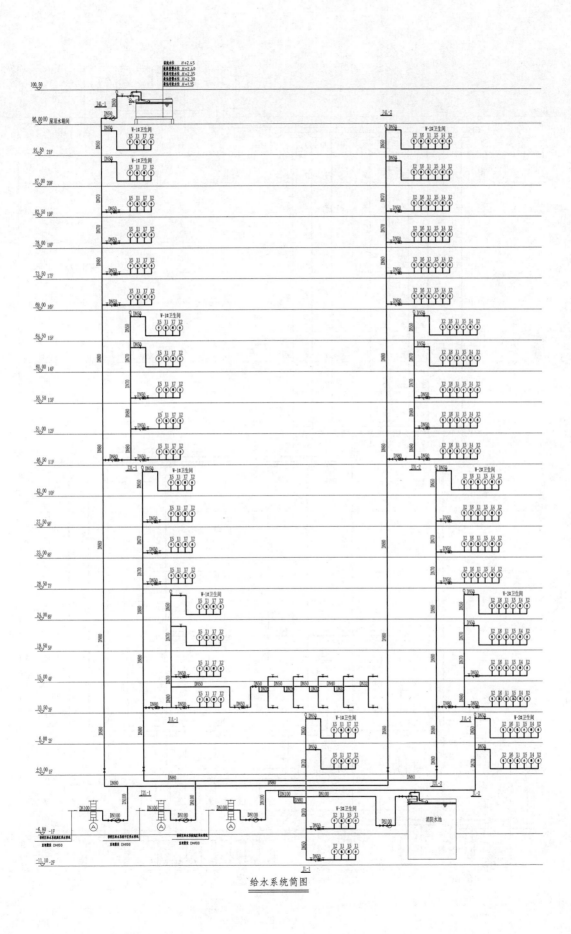

给水系统简图

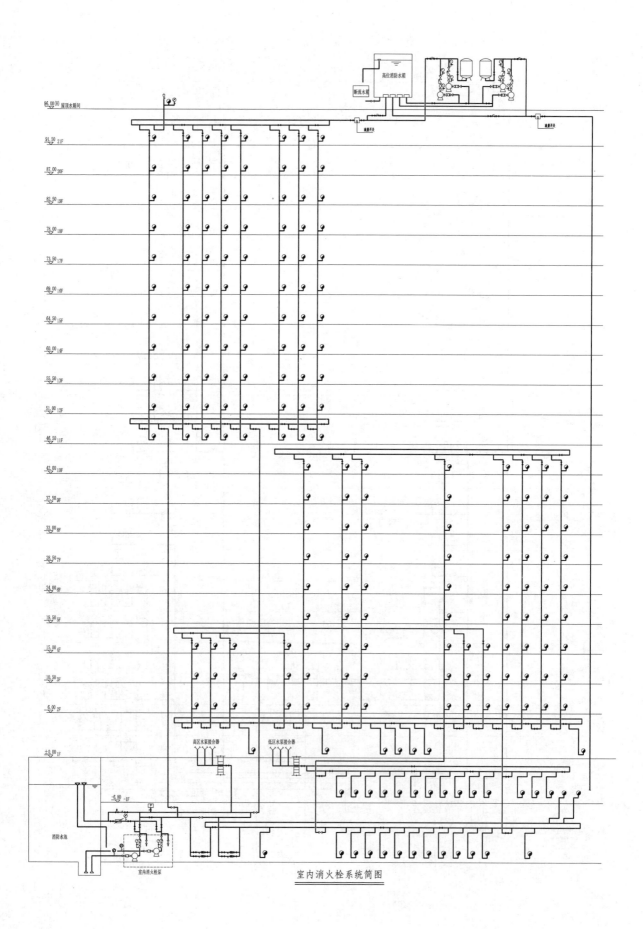

室内消火栓系统简图

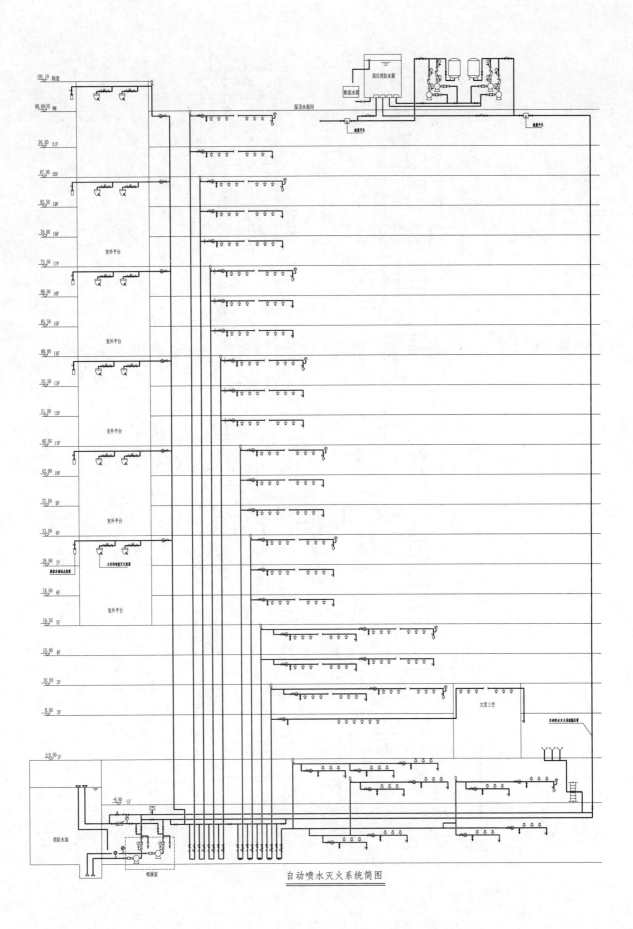

自动喷水灭火系统简图

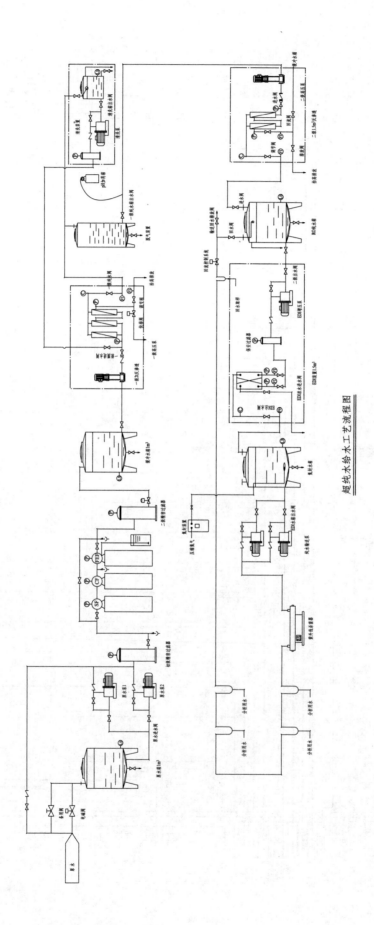

超纯水给水工艺流程图

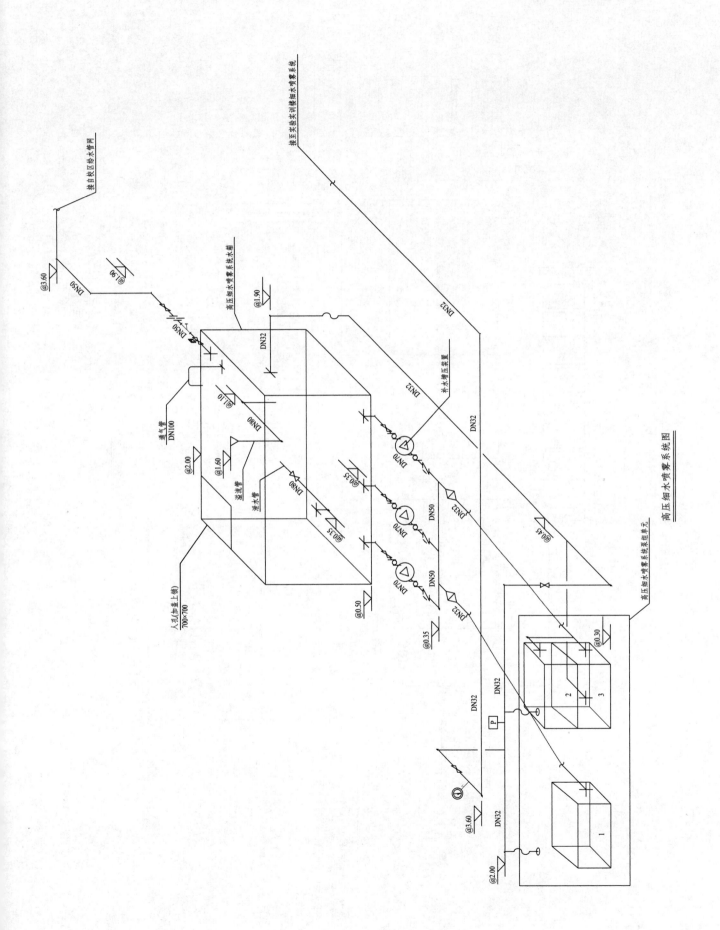

高压细水喷雾系统图

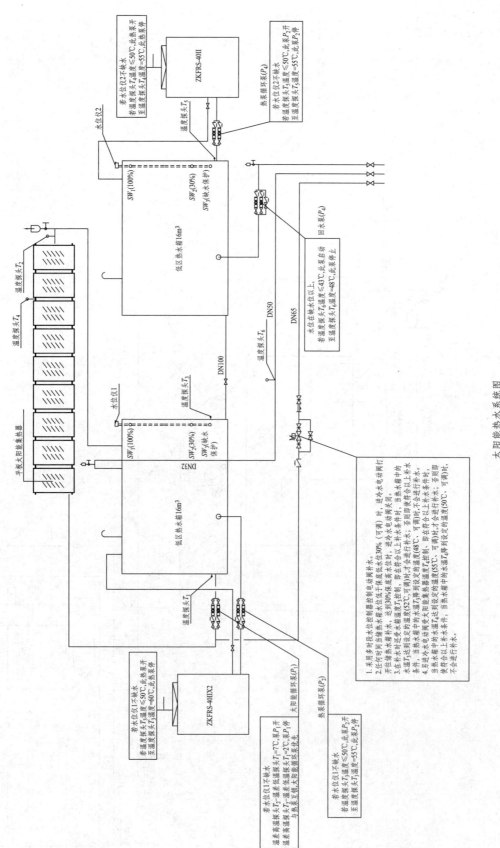

太阳能热水系统图

贵阳龙洞堡国际机场 1 号航站楼扩容改造工程

设计单位：贵州省建筑设计研究院有限责任公司
设 计 人：董艳　洪沙　董辉　席昌林　邓双黔　曾锋　杨大勇
获奖情况：公共建筑类　二等奖

工程概况：

贵阳龙洞堡国际机场 1 号（T1）航站楼始建于 1994 年，是"八·五"期间重点工程建设项目和贵州第一个民航专用机场，机场占地面积 5647.41 亩，老楼为地上 2 层，檐口高度为 11.9m，建筑面积约 3.1 万 m²。T1 航站楼投入使用多年，未经大规模改造，部分设备老化、建筑装修陈旧、国际流程不畅。在 T2 航站楼（约 12 万 m²，下部预应力框架，上部树枝柱支撑网架）建成投用后，2 个航站楼之间未能实现有效连接（图 4），并在建筑造型、建筑风格、外观质感等方面存在较大差异，2013 年 12 月，贵阳机场 T1 航站楼扩容改造工程启动。

贵阳龙洞堡国际机场 1 号航站楼扩容改造工程位于贵阳龙洞堡国际机场，包含 A 区 T1 新增出发大厅、B 区旅客及机组服务功能区、C 区原 T1 航站楼改造部分，建筑面积为 82353.33m²，旅客量达 1850 万人，使用性质为公共建筑。

工程说明：

一、给水排水系统

（一）生活给水系统

1. 给水水源

T1 航站楼改建及扩建部分给水接自场内室外给水管网，机场自备水厂设计生活供水规模为 6300m³/d，满足机场现有建筑及扩建建筑用水量要求。T1 航站楼改建及扩建部分由室外 DN300 环管经 3 路向航站楼供水，航站楼室外及管廊内设置 DN200 供水环管，室内最不利用水点的供水压力不低于 0.1MPa，建筑物入户管的供水压力为 0.40MPa，供水管管径 DN200，每路在航站楼入户前均设置了水表井以计量航站楼内的用水量，管道穿墙处加套管。航站楼旅客活动区域内设置直饮水供水点为旅客提供饮用水；公共卫生间内设局部热水系统为旅客提供盥洗热水。

2. 设计用水量

根据《建筑给水排水设计规范》GB 50015 "公共建筑生活用水定额及小时变化系数"规定，本项目生活给水相关定额取值及计算数据见生活给水用水量计算表（见表 1）。

本项目生活用水最大日用水量为 523m³/d，最大时用水量为 35m³/h。

3. 系统型式

由于本建筑为多层建筑，室外供水管网水压可满足供水要求，故采用直供方式向各用水器具供水，竖向不分区。

生活给水用水量计算表 表1

用水项目	用水单位	用水定额	用水时间 (h)	小时变化系数	最高日用水量 (m³/d)	最大时用水量 (m³/h)
国内高峰日旅客量	41263	3L/人次	18	1.5	123.78	10.31
国际高峰日旅客量	6000	6L/人次	18	1.5	36	3.0
工作人员	4500	30L/(人·班)	20	1.0	135	6.75
餐饮用水量	1000	16L/人次	16	1.5	160	15.0
小计					454.78	
未预见用水量	以上用水量和×15%				68.21	
合计					523.00	

公共卫生间的给水排水管道均采用隐蔽式安装系统，公共卫生间的洗脸盆采用红外线感应水嘴，能根据人手的感应自动开关水龙头，即节约用水又利于个人卫生，小便器采用高可靠性的电子感应小便冲洗阀，大便器采用脚踏式冲洗阀。

本工程应在室外设计航站楼用水计量总水表，对营业性的餐饮用水点、零售区商业用水点等处根据需要设计分户计量水表。

4. 管材

室外生活给水管采用球墨铸铁管，"U"形断面橡胶圈连接。

生活冷水给水系统主管采用冷水用PSP钢塑复合压力管，压力等级1.2MPa采用内胀式（G型）接口管件，支管采用PP-R塑铝稳态管，热熔连接。

管道直饮水给水管道采用薄壁不锈钢管，管材需达到食品级卫生要求，压力等级为1.0MPa；采用双卡压连接方式。

（二）热水系统

T1航站楼内由于用水点相对分散，设置集中式生活热水及直饮水管网系统前期投入和后期运行费用较大，因此，航站楼内不设集中式生活热水及直饮水管网系统，卫生间内洗手盆的热水由设置在卫生间内的商用热水系统供应，直饮水供应点设置冷热水饮水一体设备。旅客及机组服务功能用房部分采用集中热水供水系统，由空气源热泵机组制备热水，采用机械循环方式。

1. 根据《建筑给水排水设计规范》GB 50015 "热水用量定额"规定，酒店最高日用水定额为120～160L，本酒店用水定额取150L；床位数262床；相关计算得出

设计小时耗热量=1143045kJ/h=317kW

设计小时热水量=5240L/h=5.3m³/h

2. 热水机房内设备

（1）空气源设备3台；22.5kW，同时预留电辅热75kW。

（2）水箱：给水水箱设置在室外。

热水箱存水量；存放水量大于4h，热水存水量25m³。

（3）循环泵（1用1备）：水箱热水循环泵：选择1h循环所有热水。

水箱循环泵选择参数：$q=22m³/h$；$H=13m$；$N=3.0kW/$台

（4）热水变频泵

当量计算：总计146间房；

每个房间配备：1个浴盆（1.0L/s）+1个坐便器（0.5L/s）+1个洗脸盆（0.1L/s）=1.6L/s；

总当量=146×1.6=234L/s

变频泵热水设计秒流量＝27.72m³/h

热水变频泵设计扬程：H＝23（静压）＋10（末端压力）＋17（管网损失）＝55m

变频泵选择参数（3 用 1 备）：Q＝32m³/h，H＝0.55MPa，N＝2.2kW/台

3. 管材

热水管采用热水用 PSP 钢塑复合压力管，压力等级为 1.2MPa，大于 de40 采用扩口式接口管件，支管采用 PP-R 热水用塑铝稳态管，热熔连接。

（三）生活排水系统

1. 排水系统型式

T1 航站楼改建及扩建部分楼内污水、雨水排水系统按分流制设计。生活污水采用重力流排出室外污水管网。厨房污水先经器具隔油及油脂分离装置处理再经室外隔油池集中处理后排入场内室外污水管网。卫生间排水直接排入场内室外污水管网。污水集中收集至机场污水处理站集中处理。

本项目的生活排水最大小时排水流量为 35m³/h×0.9＝31.5m³/h。

2. 管材

室外雨/污水排水管：采用埋地增强聚丙烯（FRPP）双壁加筋波纹排水管，弹性密封圈承插连接，按技术规程安装，环刚度不低于 SN8。

室内雨/污水排水管：主立管及排水出户管采用柔性抗震铸铁管，卡箍连接；横支管采用 PVC-U 塑料排水管，粘接。潜水泵出水管采用热镀锌钢管，丝接。

（四）虹吸雨水系统

由于航站楼屋面汇水面积很大，采用普通的雨水排放系统难以满足排水要求，故雨水排水采用虹吸式雨水排放系统。

路侧雨水经雨水管道收集后进入航站区雨水排水系统。空侧的雨水经管道收集后流入站坪排水沟，本次设计预留接口由站坪设计单位集中汇集后排除场外。

二、消防系统

（一）消火栓系统

1. 消火栓系统型式

室内消火栓系统由消防水池及室内消防水泵供水；2 台消火栓泵设于消防泵房内，1 用 1 备。每台水泵的出水管均与室内消火栓环状管网相连。室内消火栓的设置保证室内火灾部位同时有 2 股充实水柱到达，消火栓充实水柱长度不小于 13m。采用高位消防水箱及屋顶增压稳压设备供初期消防用水，有效调节容积为 18m³。消火栓系统的定压装置—稳压罐应根据压力变化，自动控制稳压泵的启停，当稳压泵无法保持压力稳定时，应能自动开启主泵。

消防水池总有效容积为 450m³，其中室内消火栓蓄水量为 216m³。航站楼的消防水池的给水接自场内室外给水管网，消防水池的设计充满时间不大于 48h。

室外消防用水由室外设置的 DN200 生活供水环管供给，环管上设置 13 个室外消火栓。

2. 消防水量计算（见表 2）

消防水量计算表 表 2

	设计水量（L/s）	持续时间（h）	消防水量（m³）
室内消火栓系统	30	2	216
自动喷水灭火系统	35	1	126
合计			342

3. 消防系统水力计算

（1）沿程水头损失计算

根据《建筑设计防火规范》GB 50016—2006"消防给水管道设计流速不宜大于 2.5m/s"，室内外消火栓管径为 $DN150$。室内消火栓流速计算为 1.18m/s，$d=0.15m$，$q=20L/s$，$i=0.018$，计算沿程水头损失：统计得至最不利点室内消火栓消防主干管长 $L=560$，$P_f=0.10MPa$。

（2）局部水头损失按照管道沿程水头损失 30% 计算：室内为 0.030MPa。

（3）消防水泵扬程计算（见式1）

$$P=k_2（\sum P_f+\sum P_p）+0.01H+P_0 \tag{1}$$

式中 P——消防水泵或消防给水系统所需的设计扬程或设计压力，MPa；

k_2——安全系数，可取 1.20～1.40；宜根据管道的复杂程度和不可预见发生的管道变更所带来的不确定性；

H——当消防水泵从消防水池吸水时，H 为最低有效水位至最不利水灭火设施的几何高差；当消防水泵从市政给水管网直接吸水时，H 为火灾时市政给水管网在消防水泵入口处的设计压力值的高程至最不利点水灭火设施的几何高差，m；

P_0——最不利点水灭火设施所需的设计压力（MPa）。

消防泵房相对标高为 ±0.00m，室内消火栓最不利点标高为 27.30m，计算得 $H=27.30m$。

最不利点设计压力为 0.25MPa，$K=1.20$。

代入计算得 $P=0.66MPa$。

（二）自动喷水灭火系统

1. 自动喷水灭火系统系统型式

航站楼内的自动喷水灭火系统主要用于保护高度低于 8m 的一般建筑空间（如远机位候机厅、提取行李厅、办公用房，到港层通道，商业用房等）和行李分检厅等；自动喷水灭火系统最大设计用水量为 35L/s，火灾延续时间为 1h。

自动喷水灭火系统由消防水池及喷淋泵供水；两台喷淋泵设于消防泵房内，1 用 1 备。自动喷水灭火系统报警阀在水泵房设 4 个报警阀组，各处机房内共设置 9 个报警阀，水力警铃就近设于有值班人员的部位；报警阀前由 2 个水泵出水口与喷淋干管道连接形成环状管网。

地下消防水池总有效容积为 450m³，其中自动喷水灭火系统蓄水量为 126m³。

根据自动喷水灭火系统设计规范，中危险等级区域均安装 $K80$ 快速响应喷头。有吊顶的房间设置下垂型隐蔽喷头；无吊顶的房间，采用直立型喷头。厨房操作间选用动作温度 93℃喷头，其他区域选用动作温度 68℃喷头。

2. 自动喷水灭火系统水力计算

计算原理参照《自动喷水灭火系统设计规范》GB 50084—2001（2005 年版）

基本计算公式：

（1）喷头流量（见式2）

$$q=K\sqrt{10P} \tag{2}$$

式中 q——喷头处节点流量，L/min；

P——喷头处水压（喷头工作压力），MPa；

K——喷头流量系数。

（2）流速（见式3）

$$v = \frac{4q_{xh}}{\pi D_j^2} \tag{3}$$

式中 q_{xh}——管段流量，L/s；

D_j——管道的计算内径，m；

（3）水力坡降（见式 4）

$$i = 0.00107 \frac{v^2}{d_j^{1.3}} \tag{4}$$

式中 i——每米管道的水头损失，mH_2O/m；

v——管道内水的平均流速，m/s；

d_j——管道的计算内径，m，取值应按管道的内径减 1mm 确定。

式中流速为 1.77m/s，计算 $i = 0.0405$

（4）沿程水头损失（见式 5）

$$h_{沿程} = iL \tag{5}$$

式中 L——管段长度，m。

$L = 560m$，$h_{沿程} = 0.0405 \times 560 = 22.68m = 0.23MPa$

（5）局部损失（采用当量长度法）（见式 6）：

$$h_{局部} = iL(当量) \tag{6}$$

式中 L（当量）——管段当量长度，m（参见《自动喷水灭火系统设计规范》附录 C）。

（6）总损失

$$h = h_{局部} + h_{沿程} \tag{7}$$

（7）终点压力

$$h_{n+1} = h_n + h \tag{8}$$

自动喷水灭火系统管网水力计算见表 3。

自动喷水灭火系统管网水力计算表 表 3

管段名称	起点压力 (mH_2O)	管道流量 (L/s)	管长 (m)	当量长度	管径 (mm)	K	水力坡降 (mH_2O/m)	流速 (m/s)	损失 (mH_2O)	终点压力 (mH_2O)
1-2	5.00	0.94	2.50	0.60	25	80	0.297	1.60	0.92	5.92
2-3	5.92	1.96	1.25	1.70	25	80	1.296	3.35	3.82	9.74
9-10	5.00	0.94	2.50	0.60	25	80	0.297	1.60	0.92	5.92
10-3	5.92	1.96	1.25	1.70	25	80	1.296	3.35	3.82	9.74
3-4	9.74	3.92	3.40	2.40	32	80	1.308	3.99	7.59	17.33
11-12	12.07	1.46	2.50	0.80	25	80	0.717	2.49	2.37	14.44
12-4	14.44	3.06	1.25	2.40	32	80	0.793	3.10	2.90	17.33
13-14	12.07	1.46	2.50	0.80	25	80	0.717	2.49	2.37	14.44
14-4	14.44	3.06	1.25	2.40	32	80	0.793	3.10	2.90	17.33
4-5	17.33	10.03	3.40	4.30	65	80	0.267	2.75	2.06	19.38
15-16	13.50	1.54	2.50	0.80	25	80	0.802	2.64	2.65	16.14
16-5	16.14	3.23	1.25	2.40	32	80	0.887	3.28	3.24	19.38
17-18	13.50	1.54	2.50	0.80	25	80	0.802	2.64	2.65	16.14
18-5	16.14	3.23	1.25	2.40	32	80	0.887	3.28	3.24	19.38

续表

管段名称	起点压力 (mH₂O)	管道流量 (L/s)	管长 (m)	当量长度	管径 (mm)	K	水力坡降 (mH₂O/m)	流速 (m/s)	损失 (mH₂O)	终点压力 (mH₂O)
5-6	19.38	16.49	3.40	5.40	80	80	0.290	3.21	2.55	21.93
19—20	15.27	1.64	2.50	0.80	25	80	0.908	2.80	3.00	18.27
20-6	18.27	3.44	1.25	2.40	32	80	1.004	3.49	3.66	21.93
21-22	15.27	1.64	2.50	0.80	25	80	0.908	2.80	3.00	18.27
22-6	18.27	3.44	1.25	2.40	32	80	1.004	3.49	3.66	21.93
6-7	21.93	23.37	3.40	6.10	100	80	0.137	2.63	1.30	23.23
23-24	16.17	1.69	2.50	0.80	25	80	0.961	2.89	3.17	19.34
24-7	19.34	3.54	1.25	2.40	32	80	1.063	3.59	3.88	23.22
25-26	16.17	1.69	2.50	0.80	25	80	0.961	2.89	3.17	19.34
26-7	19.34	3.54	1.25	2.40	32	80	1.063	3.59	3.88	23.22
7-8	23.23	30.44	1.30	6.10	100	80	0.232	3.43	1.72	24.95

计算结果：

所选作用面积：163.6m²；

总流量：30.44L/s；

平均喷水强度：11.16L/(min·m²)；

入口压力：24.95m水柱；

设计流量 $q = 1.15 \times 30.44 = 35L/s$。

（8）水泵扬程

$H = 1.4 \times (0.23 + 0.1) + 0.05 + 0.26 = 0.77MPa$。取 $H = 0.80MPa$。

（三）大空间智能水炮系统

系统型式

二层大空间的钢屋架距楼面高度超过12m，根据性能化设计结论，将不考虑在屋面处设置向下喷淋喷头，采用大空间智能水炮系统保护。

大空间智能水炮系统由消防水池、大空间智能水炮泵、气体顶压稳压系统、管网、水流指示器、电磁阀、自动扫描射水高空水炮（ZSS-25型）、模拟末端试水装置和水泵接合器等组成。

大空间智能水炮系统主要用于保护高度高于9m的建筑中庭、出发大厅，每处着火点采用1台装置覆盖方式设计。系统设计用水量为30L/s，灭火装置单台流量为5L/s，工作压力为0.6MPa，有效保护半径为20m。

（四）消防设备选型（见表4）

各系统消防设备选型表　　　　表4

名称	型号规格	单位(h)	数量	备注
室内消火栓系统	$Q = 30L/s, H = 66m, N = 37kW$	台	2	1用1备 配隔振垫
自动喷水灭火系统	$Q = 40L/s, H = 80m, N = 45kW$	台	2	1用1备 配隔振垫

续表

名称	型号规格	单位(h)	数量	备注
大空间智能水炮系统	$Q=30L/s, H=1.0MPa, N=55kW$	台	2	1用1备 配隔振垫
气体顶压应急消防气压给水设备 （喷淋系统）	有效调节容积 $3m^3$	套	1	含隔膜气压罐、顶压装置及补气空压机等
气体顶压应急消防气压给水设备 （水炮系统）	有效调节容积 $3m^3$	套	1	含隔膜气压罐、顶压装置及补气空压机等

（五）管材及连接方式

消防给水管道管径大于或等于 $DN65$ 者采用热浸塑钢质消防给水管，管径小于 $DN65$ 者采用热镀锌钢管；管径小于 $DN100$ 者丝扣连接，其余采用沟槽式卡箍连接。与阀件连接采用焊接法兰或螺纹法兰连接，当采用焊接法兰时，镀锌管与法兰的连接处需作二次防腐处理。管道压力等级为 1.6MPa。

（六）手提灭火器

航站楼整个建筑建筑物均配置建筑灭火器，办公室、检票厅、行李厅等一般场所按中危险级 A 类火灾进行设计，灭火器型号 MF/ABC5，每具灭火器的保护间距不大于 20m；候机厅、安检厅、行李分检厅、客房和重要的设备间等按严重危险等级 A 类火灾设计，灭火器型号为 MF/ABC5，每具灭火器的保护间距不大于 15m。

不宜用水扑救的部位，根据初步设计如安全防范监控中心、安全保卫指挥中心、安全防范监控系统控制中心、消防控制中心等，由于 24h 有人员值班，不宜采用气体灭火系统保护，故按严重危险等级在室内设置手提灭火器。

灭火器箱与消火栓箱可做成一体式，上部为消火栓箱下部为灭火器箱；无消火栓的位置设置专用灭火器箱。灭火器的摆放应稳固，其铭牌应朝外。手提式灭火器宜设置在灭火器箱内或挂钩、托架上，其顶部离地面高度不应大于 1.50m；底部离地面高度不宜小于 0.08m。灭火器箱不得上锁。

（七）S 型气溶胶系统气体灭火系统

原变配电室及柴油发电机房采用 S 型气溶胶系统气体灭火系统，根据建设方提供资料，系统运行正常不需更换（改造实施前须由消防部门检测合格后方可继续使用）；由于现 10kV 配电室将原值班室纳入防护区，故需在原气体灭火系统基础上增加 2 台 10kg 及 1 台 5kg 的 S 型气溶胶灭火设备，设计密度不小于 $140g/m^3$，灭火剂喷放时间不大于 90s，喷口温度不高于 150℃。本系统由原设备供货厂家深化设计后，由设计及相关消防部门认可后实施。

（八）七氟丙烷气气体灭火系统

本工程根据建筑设计防火规范以及甲方与弱电设计单位要求，结合机房的实际情况，在航站楼重要机房及不宜采用水进行消防的场所设置七氟丙烷气体灭火系统。

（九）火探管灭火系统

航站楼内新建变电站低压配电室变压器室，采用二氧化碳火探管式自动探火灭火装置保护。火探自动探火灭火装置采用局部全淹没式灭火方式，要求所保护的设备相对封闭或空间相对封闭。

三、工程特点介绍

（一）给水排水设计概述

贵阳龙洞堡国际机场 1 号航站楼扩容改造工程设计使用年限为 50 年，原 T1 航站楼后续使用年限为 40年，设计有室内/外消火栓系统、自动喷水灭火系统、生活给水排水系统及雨水系统，T1 航站楼投入使用多年，未经大规模改造，部分设备老化已无法满足本项目的正常运行、使用品质及消防安全需要。

本工程根据建筑功能和现场施工条件，在新旧规范差异较大、工期紧张且扩容改造不能停航的情况下，本着节约高效与安全便利相结合的原则，综合采用了一系列创新设计与先进技术，给水排水设计方案采用了绿色建筑设计理念，尽可能保留原 T1 航站楼给水排水系统及管网等设备，新建房中房酒店采用空气源热泵供热，超大空间采用大空间智能型主动喷水灭火系统，结合改造部分与新建建筑屋面雨水采用重力式与虹吸式相结合，为保证建筑美观雨水立管采用"一种采用玻璃幕墙建筑的隐蔽式雨水管"设计法与装配式施工等措施，并建立了 BIM 模型进行设计检查与施工。

本改造工程给水排水设计包含原建筑内给水排水及消防改造、新建部分给水排水及消防设计以及室外给水排水管道改造，由于规模较大，内部功能繁杂给设计带来时间跨度较大导致规范差异、使用系统的差别、房中房酒店的消防危险性、管道安装建筑层高的限制。为结合原有屋面雨水系统迅速有效，安全经济地排出屋面、改造部分与新建部分屋面雨水的完美衔接处理以及建筑外观、质感、美观等诸多难题，但同时也创新了相应的设计和技术应用。

工程建成后使 T1 和 T2 航站楼在造型和管理使用上融为一体，延长了老航站楼的生命周期，取得了良好的社会经济效益，为大中/型公共建筑绿色设计和施工提供了成功范例。

（二）设计特点，技术应用及创新点

1. 建造时间跨度大，使用系统的差别，规范的差异更新

贵阳龙洞堡国际机场 T1 航站楼始建于 1994 年。2013 年 12 月，贵阳机场 T1 航站楼扩容改造工程启动，近 20 年的时间跨度产生的问题包括相关规范的废止更新、新增的规范及使用系统的差别。

仔细研究现行规范对比原设计相关条款，根据现行规范接合改造后的建筑功能新增大空间智能型主动喷水灭火系统与虹吸雨水排水系统，室内消火栓设计流量为 30L/s，自动喷水灭火系统设计流量为 40L/s，大空间智能型主动喷水灭火系统设计流量为 30L/s，相比原建筑消防设计流量均加大，原消防水池容积与消防水泵均不能满足现消防使用条件。

设计坚持节约高效与安全便利相结合，采取沿用原消防泵房位置，分格增加消防水池面积以加大消防水池容积，分步更换消防水泵，以求保证改造施工中各消防系统均能正常工作，满足消防要求。

2. 原建筑水系统和改造建筑水系统的结合

为能配合改造建筑中众多建筑功能的需求与良好的安全使用性、经济环保性以及建筑造型、建筑风格、外观质感等方面完美结合，采取一系列措施。

（1）内部建造房中房酒店

充分考虑备降、大面积航班延误等功能要求，为特殊旅客提供长时间等候等保障服务建筑，内部改建房中房酒店，这将极大带动机场服务品质的提升，但同时也给本专业带来诸多设计难题。

1）消防的危险性：酒店建筑本身具有的功能复杂、人员密集、火灾荷载大、易燃有毒装修材料，使用可燃物多，建筑结构易产生烟囱效应，疏散困难，建筑二次装修对主体建筑消防条件影响等诸多因素，使得消防的危险性极其严重，若发生火灾无及时有效的消防灭火系统易造成重大伤亡。

2）本专业采用的系统：结合规范以及消防的危险性，本设计还需根据该建筑在楼内的位置以及人流量作出分析，对其设置了完善的消防系统（室内消火栓系统，自动喷水灭火系统，灭火器系统），并且综合这些因素取相应消防设计流量确保各消防系统功能正常发挥。

由于建筑主体的设计和二次装修设计分属建筑的不同阶段，在设计范围、侧重点及设施配置上存在较大差异。出于避免水电设施重复施工、缩短改造工期以及消防危险性考虑，本设计提出二次装修同步参与方案，连同二次装修施工一起做。由此极大程度减少建筑装修对消防设施效用的影响，以强化建筑的综合消防安全，并且还能接合二次装修的美观以及达到经济性、安全性。

3）层高的限制，水专业采用管道穿梁的措施：由于建筑层高的限制，外加各种建筑辅助设施如污水管、

生活给水管、消防给水管、通风管、电缆、通信缆等均集中布置在顶板下，过多管线的上下纵横交叉，既影响美观，也浪费了建筑的有效层高。本专业接合建筑结构，监理施工及时配合，同步设计。水专业相关架空安装的生活给水管、消火栓系统、自动喷水灭火系统等有压主管，尽量采用穿梁安装。多专业共同确定穿梁套管的位置及留洞标高。穿梁套管为普通镀锌钢管，现场放样，现场制作。预留套管中心标高距楼板顶面 500mm，穿越主梁，并且在项目设计之初，就需要结构专业配合，尽量减小次梁梁高，把穿梁套管中心标高控制在次梁梁底标高以下、主梁下部钢筋以上还应密切关注结构专业梁上钢筋的配置情况。

给水及消防主管穿梁设计安装，首先可以减少建筑上空管道的交叉，使结构高度和管道高度合二为一，既可以有效节约层高，又不影响合理结构形式的采用；其次可以减少与其他管线交叉时变向的几率，减少管道支吊架用量，节省了材料，从而降低工程成本。

（2）虹吸雨水方案

贵阳龙洞堡国际机场 T1 航站楼改造的其中一个原因就是为与刚建好的 T2 航站楼形成一体，2 个航站楼之间未能实现有效连接，并在建筑造型、建筑风格、外观质感等方面存在较大差异，需运用现代建筑技术手段，结合"爽爽贵阳"的特殊气候，利用自然通风、采光，采用了与 T2 航站楼融合的风格和外立面造型，所以屋面结构复杂、要求较高，立面造型基本为玻璃幕墙，美观简洁。T1 航站楼的改造，相比较之下，造型要求、两栋楼屋面衔接处的处理给屋面雨水排水系统设计造成了很多难点：

1）为结合原有屋面雨水系统迅速、有效、安全地排出屋面，但航站楼屋面巨大，天沟长度较长，设置溢流口非常困难，部分可设置溢流口的位置溢流时影响使用和安全。

2）天沟较长，导致天沟内雨水斗需通过很长的悬吊管才能排出室外。

3）航站楼立面美观要求高不允许雨水立管破坏立面玻璃幕墙的完整性。

4）T1 和 T2 航站楼的衔接处的处理，保障雨水的通畅性。

难点 1）的解决对策：采用重力式雨水系统与虹吸雨水系统相结合从而达到最大经济效益与功能效果，采用常用系统 50 年重现期，溢流系统 100 年重现期的方案，该方案排水能力强，多数情况下管道排水安全性较好，常用系统特别是溢流系统投资增加比例不大。施工图中在长天沟内分区域设置集水槽便于形成虹吸流，常用雨水斗和溢流雨水斗均设于槽内，雨水斗型号相同，斗体为不锈钢材质，导流罩为铝合金，溢流雨水斗较常用雨水斗高 80mm（施工时改为在溢流斗周边设置溢流堰），常用雨水斗满负荷后溢流系统开始工作。

难点 2）的解决对策：通过计算得知常用系统在 0.5～4 年重现期内的排水管道震动较大，故横管上支吊架的布置间距较安装规范进行加密处理，一般间距不超过 2m，并在管道接入立管位置设置波纹补偿器，立管底部按规范做好固定。

难点 3）的解决对策：雨水立管的常规隐蔽为贴柱安装后装饰隐蔽，但本项目中柱的造型为 Y 形不便隐蔽，经过与玻璃幕墙设计施工方的多次论证和实验，最终确定屋面雨水系统立管及以上管材选用不锈钢管，雨水斗汇和至悬吊管跨越网架接至玻璃幕墙立柱内敷设的雨水排水立管下行排至地面以下，立管与立柱同步制作，管道固定间距不大于 15 倍管径。这种创新采用的玻璃幕墙建筑的隐蔽式雨水管，降低成本，缩短施工周期，立面美观，而且因幕墙立柱数量很多，屋面排水非常均匀。本创新做法还荣获国家专利。

难点 4）的解决对策：T1 航站楼和 T2 航站楼的屋面衔接处，采用在改造屋面两侧均设置天沟的方式分别收集 T2 航站楼的余量雨水，以主要收集 T1 航站楼屋面雨水为主，布置虹吸斗。

（3）不停航设计改造施工

为保证机场的正常运营与旅客的安全，本项目采用不停航分布设计施工，根据施工组织系统安排、严密统筹，并且在施工过程中保持循序渐进，不断优化设计。

分 4 步设计：

第一步：先拆除信息楼，在一层靠近 T2 航站楼侧面施工出一条 4～6m 宽的国际旅客进出港通道，接一层国际旅客进出港出入口。

第二步：封闭国内旅客候机楼，施工改造成临时的国际候机楼，同时继续使用现有的国际旅客候机楼。

第三步：改造完成后，启用临时的国际旅客候机楼，再封闭现有的国际旅客候机楼，施工改造成扩容后的国际旅客候机楼，同时接扩容后新增部分国际旅客候机楼。

第四步：在老航站楼扩容新增部分改造完成后，启用新的国际旅客候机楼，再拆除临时的国际旅客候机楼，恢复成原有的国内旅客候机楼。

给水排水及水消防系统均按以上步骤进行管网设计改造，最大限度保证运营区域的消防安全与机场的正常运营。

（4）绿色技术，生态原则

采用的热水系统为可再生能源空气热源泵机组，结合现有建筑，更有利于冬季热泵机组的空气热源交换。

牢固树立和贯彻落实创新、协调、绿色、开放、共享的发展理念，贯彻"适用、经济、绿色、节能"的设计思想，本项目热源采用绿色、经济、环保、可再生能源（空气源热泵）。生活给水加压泵房考虑就近设置在一层，尽可能减少对原建筑的承重影响与缩短冷热水主管的长度从而最大经济上节约管损与热损耗，通过热负荷计算采用3台，经过多次现场实际考察，将空气源热泵机组就近设置在水泵房旁边，该位置保暖效果与通风效果均挺好，更有利于冬季热泵机组的空气热源交换，且相对隐蔽，保证对建筑的整体美观以及旅客无影响，提升本项目的使用品质。

空气源热泵通过从周围环境中吸取热量，并把它传递给被加热的对象，热泵热水机组工作时，蒸发器吸收环境的热能，压缩机吸入常温低压介质气体，经过压缩机压缩成为高温高压气体并输送进入冷凝器，高温高压的气体在冷凝器中释放热量来制取热水，并且冷凝成低温高压的液体，后经过膨胀阀节流变成低温低压的液体进入蒸发器内蒸发，低温低压的液体在蒸发器中从外界环境吸收热量后蒸发，变成低温低压的气体。蒸发产生的气体再次被吸入压缩机，这样的循环过程连续不断，从而达到不断制热的目的。

绿色环保、安全可靠：由于空气源热水器的独特使用原理，实现在其工作的过程中水电彻底分离，从而根本上杜绝漏电事故，并且由于其在使用过程中无需任何燃料输送管道，没有燃料泄露等引起火灾、爆炸中毒等危险，同时，空气源热水在工作过程中没有任何有毒气体、温室气体和酸雨气体排放，也没有废热污染，一年四季可用，节能效果突出，投资收期短，环保无污染，运行经济安全，安装方便，从而实现良好经济，生态，社会效益。

四、工程照片及附图

改造前的 T1 航站楼（图右）与已建成的 T2 航站楼（图左）

改造后的 T1 航站楼（图右）与已建成的 T2 航站楼（图左）

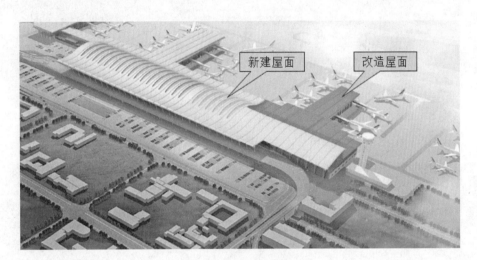

T1 改扩建范围示意

改造后整体鸟瞰图

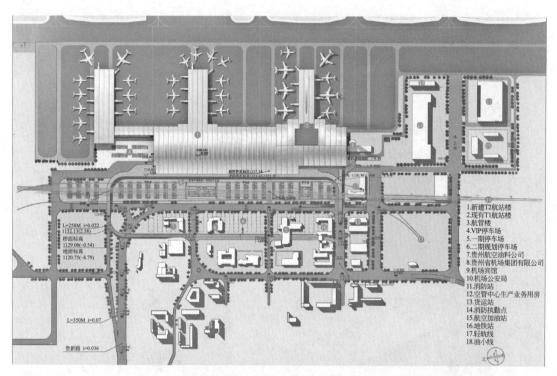

1.新建T2航站楼
2.现有T1航站楼
3.航管楼
4.VIP停车场
5.一期停车场
6.二期规划停车场
7.贵州航空油料公司
8.贵州省机场集团有限公司
9.机场宾馆
10.机场公安局
11.消防站
12.空管中心生产业务用房
13.货运站
14.消防执勤点
15.航空加油站
16.地铁站
17.轻轨线
18.油小线

总平面图

外立面

航站楼内部

雨水管的隐藏设计施工现场

屋面

天沟与雨水斗

网架内管道布置

雨水检查井

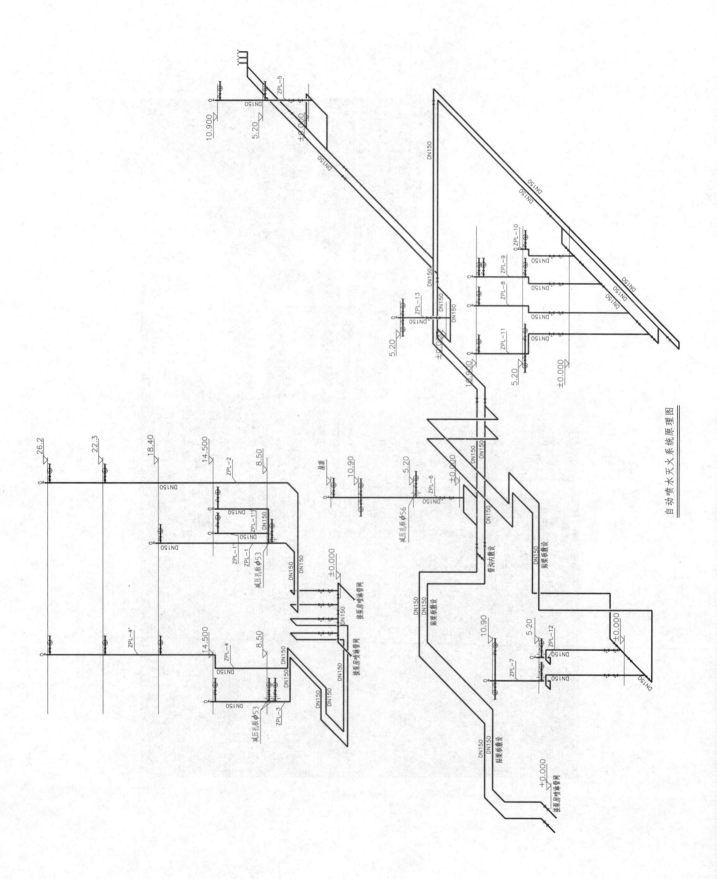

自动喷水灭火系统原理图

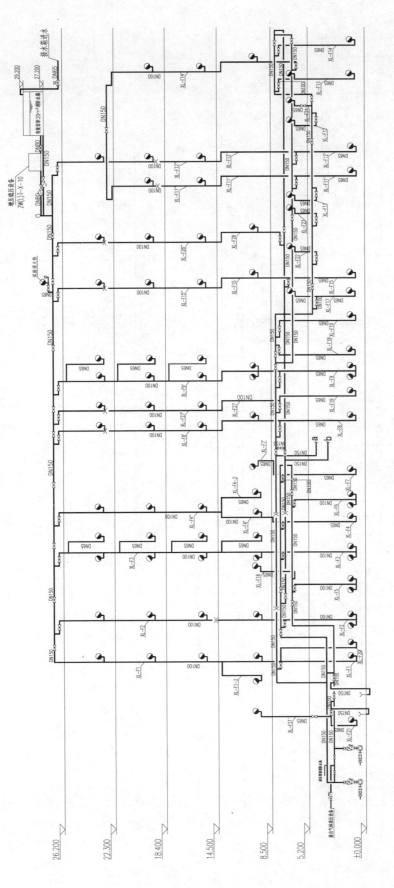

室内消火栓系统原理图（一）

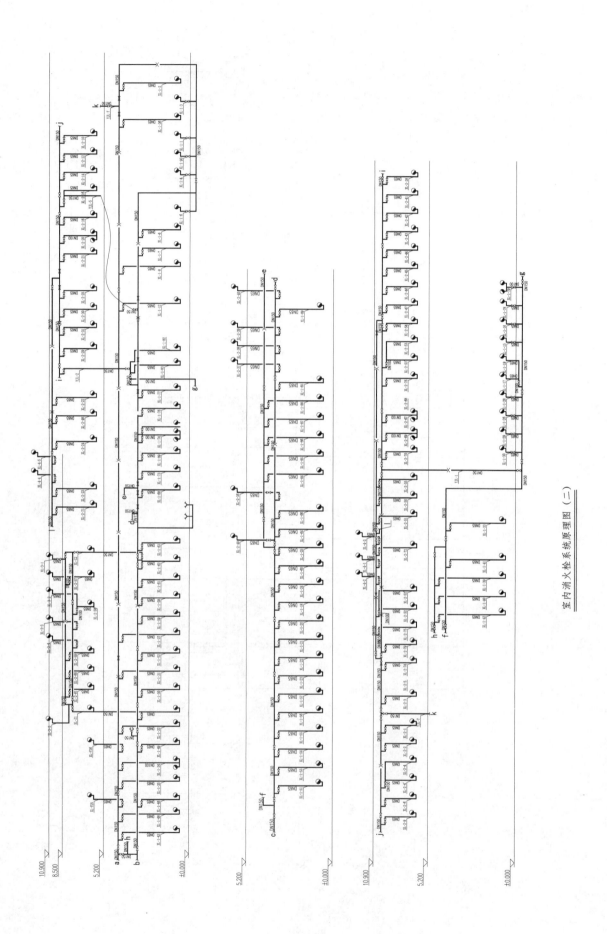

室内消火栓系统原理图（二）

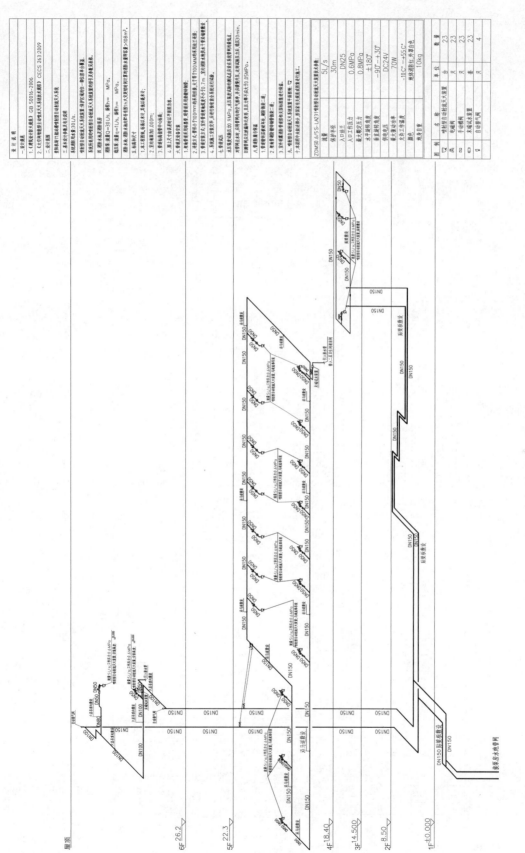

喷射型自动射流灭火系统原理图

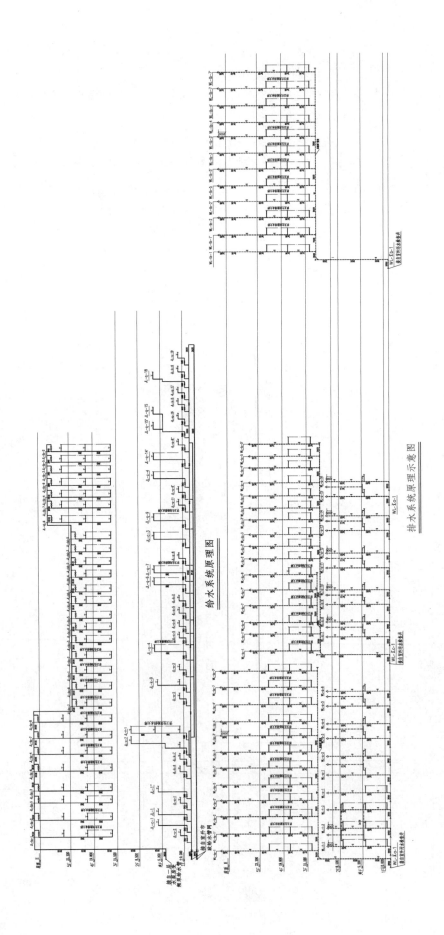

给水系统原理图

排水系统原理示意图

武清体育中心

设计单位： 北京市建筑设计研究院有限公司
设 计 人： 王威　杨国滨　王倩　田佳驹　陆非非　徐宏庆　方猛　李硕　罗汉卿
获奖情况： 公共建筑类 二等奖

工程概况：

武清体育中心是天津市武清区政府的重点项目，成为武清区的高水平全民健身基地，除体育竞赛功能外，还将在文化演出、训练、群众健身等方面起到重要作用。工程位于天津市武清区，东至翠通路，南至雍阳西道，西至娃哈哈城市综合地块，北至雍和道，主要包括体育馆、体育场、室内训练馆、全面健身馆（含游泳池）、集训楼、换热站、户外体育设施和附属用房等。总用地面积为 18.7 万 m^2，总建筑面积为 10 万 m^2。其中，体育馆，建筑面积为 2.8 万 m^2，地上 3 层，6000 坐席，建筑高度为 26.5m^2；室内训练馆，建筑面积为 2.4 万 m^2，地上 1 层，建筑高度为 25.6m；全民健身馆，建筑面积为 2.2 万 m^2，地上 2 层，地下 1 层，内含游泳池，建筑高度为 19.8m；体育场，建筑面积为 1.3 万 m^2，地上 2 层，10000 坐席，建筑高度为 31.2m；集训楼，建筑面积为 1.4 万 m^2，地上 7 层，地下 1 层，建筑高度为 38.5m。

工程说明：

一、给水排水系统

（一）给水系统

本项目由北侧市政路雍和道、东侧市政路翠通路分别引入 1 根 $DN250$ 市政给水管线，水压为 0.23MPa，给水管接入口设置低阻力倒流防止器及总水表，在本项目用地红线内布置成环状给水管网，体育场、体育馆、室内训练馆、全民健身馆、集训楼生活用水由环网接入，各建筑给水管接入口设置水表，各分区低层支管设置减压阀，阀后压力不大于 0.2MPa。

体育馆及全民健身馆生活给水系统分为低、高 2 个区，其中地下一层～一层为低区，由市政给水直接供水；二层及以上为高区，由设于全民健身馆地下一层生活给水泵房内的稳压补偿式叠压供水设备（泵组采用变频调速泵组）供给，二层及以上洁具支管设置减压阀，阀后压力不大于 0.2MPa。给水系统型式为下行上给式。

集训楼生活给水系统分为低、高 2 个区，其中地下一层～一层为低区，由市政给水直接供水；二层及以上为高区，由设于集训楼地下一层生活给水泵房内的稳压补偿式叠压供水设备（泵组采用变频调速泵组）供给，二层～四层洁具支管设置减压阀，阀后压力不大于 0.2MPa。给水系统型式为下行上给式。

体育场生活给水系统分为低、高 2 个区，其中一层为低区，由市政给水直接供水；二层为高区，由设于体育场一层生活给水泵房内的稳压补偿式叠压供水设备（泵组采用变频调速泵组）供给，二层洁具支管设置减压阀，阀后压力不大于 0.2MPa。给水系统型式为下行上给式。

其他场馆生活给水系统不分区，由市政给水直接供水，给水系统型式为下行上给式。

（二）热水系统

本项目生活热水常备热源为自备燃气真空热水机组，机组供/回水温度为85℃/60℃。全民健身馆地下室换热机房内设置2套浮动盘管半容积式换热器，将热水机组高温水（85℃/60℃）换热后，为体育馆、体育场提供55℃淋浴用热水。另再设置2套浮动盘管半容积式换热器，将热水机组高温水（85℃/60℃）换热后，为全民健身馆提供55℃淋浴、厨房用热水。太阳能系统，提供部分生活热水，太阳能集热器架空放置于二层屋顶北侧，太阳能为闭式系统，经容积式换热器换热后，提供55℃生活热水，供水及换热设备放置于换热机房内。自备热水机组和太阳能热源可根据天气状况自行切换使用。

集训楼地下室换热机房内设置2套导流型容积式换热器，将热水机组高温水（85℃/60℃）换热后，分别为集训楼低区和高区提供55℃淋浴、厨房用热水。

生活热水系统采用下行上给式、干管及立管采用同程式全循环系统，保证管网中热水温度维持在使用要求范围内。洁具生活热水供/回水支管减压阀设置楼层、部位及阀后压力设定值（不大于0.2MPa）与生活给水相同，供水范围包括体育馆及体育场首层运动员、裁判员淋浴间、贵宾间；全民健身馆淋浴间、厨房；集训楼工作人员淋浴间、运动员及教练员宿舍、厨房。

（三）中水系统

本项目水源为市政中水，由项目北侧雍和道接入1根DN200市政中水管线，供本工程室内冲厕用水，市政水压不低于0.23MPa，中水管接入口设置总水表，在本项目用地红线内布置成枝状供水管网，体育场、体育馆、室内训练馆、全民健身馆、集训楼中水用水由外网接入，各建筑中水管接入口设置水表。系统分区与生活给水系统相同。

（四）排水系统

市政排水条件：本项目污、废水合流排入北侧雍和道及东侧翠通路市政污水管网。系统型式：室内采用污废合流制；地下一层污、废水排至污水泵坑后，经污水泵提升排出室外。

降雨强度公式为$i=3833.34(1+0.85\log P)/(t+17)^{0.85}$。屋面雨水采用内排水系统，根据屋面形式不同，分别采用重力流屋面雨水系统及虹吸式压力流屋面雨水系统。其中体育馆及室内训练馆主馆屋面为虹吸式压力流雨水系统，其他屋面为重力流雨水系统。

二、消防系统

（一）消防水源

本项目消防水源采用市政自来水，由院区北侧雍和道及东侧翠通路各引入1根DN250市政给水管线，水压为0.23MPa，在红线内布置成环状给水管网。

（二）消防用水量

（1）体育馆消防用水量，见表1。

体育馆消防用水量　　　　表1

系统名称	用水流量（L/s）	火灾延续时间（h）	用水总量（m³）	供水方式
室外消火栓系统	40	2	288	院区给水管网直供
室内消火栓系统	20	2	144	院区室内消火栓管网统一提供
室内自动喷水灭火系统	35	1	126	院区室内喷淋管网统一提供
室内固定消防炮灭火系统	60	1	216	院区室内固定消防炮管网统一提供
需贮存室内消防总水量			486	消防水池贮水

（2）室内训练馆消防用水量，见表2。

室内训练馆消防用水量 表 2

系统名称	用水流量(L/s)	火灾延续时间(h)	用水总量(m³)	供水方式
室外消火栓系统	40	2	288	院区给水管网直供
室内消火栓系统	20	2	144	院区室内消火栓管网统一提供
室内自动喷水灭火系统	35	1	126	院区室内喷淋管网统一提供
室内固定消防炮灭火系统	40	1	144	院区室内固定消防炮管网统一提供
需贮存室内消防总水量			288	消防水池贮水

（3）集训楼、全民健身馆消防用水量，见表 3。

集训楼、全面健身馆消防用水量 表 3

系统名称	用水流量(L/s)	火灾延续时间(h)	用水总量(m³)	供水方式
室外消火栓系统	40	3	432	院区给水管网直供
室内消火栓系统	25	3	270	院区室内消火栓管网统一提供
室内自动喷水灭火系统	30	1	108	院区室内喷淋管网统一提供
室内大空间智能型主动喷水灭火系统	30	1	108	院区室内喷淋管网统一提供
需贮存室内消防总水量			486	消防水池贮水

（4）体育场消防用水量，见表 4。

体育场消防用水量 表 4

系统名称	用水流量(L/s)	火灾延续时间(h)	用水总量(m³)	供水方式
室外消火栓系统	40	2	288	院区给水管网直供
室内消火栓系统	30	2	216	院区室内消火栓管网统一提供
室内自动喷水灭火系统	30	1	108	院区室内喷淋管网统一提供
需贮存室内消防总水量			324	消防水池贮水

（5）本项目一次火灾室外消防用水量为 432m³，室内消防用水量为 486m³，总消防用水量为 918m³。

（三）消防水池、消防水泵、消防水箱

消防水池设于集训楼地下一层消防泵房内，水池总有效容积为 486m³。

室内消火栓加压泵、自动喷水灭火系统、固定消防炮系统加压泵均设于集训楼地下一层消防泵房内，室内消火栓加压泵为 2 台，1 用 1 备，单台流量为 30L/s，扬程为 70m；自动喷水灭火系统加压泵为 2 台，1 用 1 备，单台流量为 60L/s，扬程为 98m；固定消防炮灭火系统加压泵为 2 台，1 用 1 备，单台流量为 60L/s，扬程为 122m。

室内消火栓系统与自动喷水灭火系统共用高位水箱，水箱有效容积为 18m³，设于集训楼屋顶水箱间内，并分别设置室内消火栓系统增压稳压设施 1 套，稳压罐有效容积为 300L；自动喷水灭火系统增压稳压设施 1 套，稳压罐有效容积为 150L。

（四）室外消火栓系统

本项目消防水源采用市政自来水，由院区北侧雍和道及东侧翠通路各引入 1 根 DN250 市政给水管线，水压为 0.23MPa，在红线内布置成环状给水管网，管网上设置地下式室外消火栓，消火栓井内设置 DN100 和 DN65 消火栓各 1 个。室外消火栓间距不大于 120m，保护半径不大于 150m。

（五）室内消火栓系统

室内消火栓系统为院区共用管网系统，竖向不分区。充实水柱为 13m，栓口动压不小于 0.35MPa 且不大于 0.5MPa。消火栓口压力大于 0.7MPa 的楼层采用单出口减压稳压消火栓，其余采用单出口普通消火栓。建筑单体室内消火栓系统分别设 2 套地下式水泵接合器，每套流量为 15L/s。

（六）自动喷水灭火系统

室内自动喷水灭火系统为院区共用管网系统，竖向不分区。全民健身馆地下车库采用预作用自动喷水灭火系统，火灾危险等级为中危险级 II 级，喷水强度为 8L/(min·m^2)，作用面积为 160m^2。其他高度小于 12m 的场所采用湿式自动喷水灭火系统，火灾危险等级为中危险级 I 级，喷水强度为 6L/(min·m^2)，作用面积为 160m^2。高度大于 12m 的高大空间场所设置大空间智能型自动扫描射水高空水炮装置。

体育馆、室内训练馆自动喷水灭火系统分别设 3 套地下式水泵结合器，体育场、全民健身馆自动喷水灭火系统分别设 2 套地下式水泵结合器，集训楼自动喷水灭火系统设 4 套地下式水泵结合器，每套流量为 15L/s。

（七）固定消防炮灭火系统

体育馆比赛馆、室内训练馆（A 馆）设固定消防炮灭火系统，两馆共用系统，系统设计流量为 60L/s，消防炮应带有柱状和雾。固定消防炮保护半径为 50m，布置保证同层任何一点均有 2 股水柱同时到达。体育馆比赛馆设 4 套地下式水泵结合器，室内训练馆（A 馆）设 3 套地下式水泵接合器，每套流量为 15L/s。

（八）气体灭火系统

高低压变配电室、网络机房、院区主弱电机房等重要机房设置无管网七氟丙烷气体灭火系统。灯控室、声控室、消防控制室设置推车式磷酸铵盐干粉灭火器，灭火剂充装规格为 20kg。

三、游泳池水处理系统

（一）水源

游泳池的初次充水、重新换水及正常使用过程中的补水均采用市政自来水。

（二）热源

池水加热热源为自备真空热水机组，机组热水温度为 85/60℃，经过全民健身馆地下室水处理机房板式换热器换热后，为泳池提供 50℃加热和维温热水。

（三）游泳池设计参数（见表 5）

游泳池设计参数　　　　　　　　　　　　　　　　　　　　　　　　　　表 5

分项	成人池	儿童池
池水面积(m^2)	500	320
池水深度(m)	1.5	0.3～0.6
池水体积(m^3)	750	144
循环方式	逆流式	逆流式
循环周期(h)	4	4
循环流量(m^3/h)	187	36
日补水量(m^3/d)	37.5	7
均衡水池容积(m^3)	33	12
初次补水时间(h)	24	24
初次补水量(m^3/h)	31.2	6
池水设计温度(℃)	27±1	30
补水温度(℃)	4	4
初次加热时间(h)	48	48
出水浊度(NTU)	0.1	0.1
臭氧消毒方式	全流量 半程式	全流量 半程式

续表

分项	成人池	儿童池
臭氧投加量(mg/L)	0.8	0.8
臭氧反应参数 Ct 值	1.6	1.6
臭氧发生器产量(g/h)	150	30
初次充水加热量(kW)	420	100
维持水温加热量(kW)	210	100
泄空时间(h)	12	12

(四) 池水循环系统

成人池、儿童池池水循环均采用池底进水、池顶溢流回水槽回水的逆流式循环方式。

(五) 池水过滤及消毒系统

成人池、儿童池池水过滤均采用硅藻土过滤方式。池水消毒均采用全流量半程式臭氧消毒，辅以长效氯剂消毒的方式，长效消毒剂采用次氯酸钠，以保证泳池水维持消毒所需余氯量。

(六) 池水加热和维温系统

成人池及儿童池池水均采用板式换热器间接加热，系统设温度控制仪，温度控制仪根据检测到的泳池给水管水温，控制板式换热器热媒进水管阀门开度，实现泳池水温满足设计要求。

(七) 池水水质平衡系统

池水处理系统设置水质平衡 pH 调节装置，平衡剂采用浓度小于或等于 3% 的稀盐酸溶液，根据池水 pH 监测值，由盐酸计量泵自动投加，保证池水 pH 控制在 7.0~7.8。

四、工程特点介绍

(一) 综合设置给水排水系统，统筹安排，合理规划

本项目由一组建筑组成建筑群，各个建筑的功能不同，虽然都为体育类建筑，但是具有各自功能。体积不同，功能差异，同时有些建筑，如体育馆，还兼顾其他非体育功能。为了满足不同建筑要求及计量需求，给水排水专业结合市政条件和规范要求，进行统一规划安排，设置多种给水、排水及消防给水系统。

给水系统、中水系统采用统一水源，各个建筑生活用水分别由环网接入，给水管接入口设置水表，各分区低层支管设置减压阀。这样，既充分利用了市政压力，也便于各个建筑独立运行。

生活热水系统，采用"大集中，小分散"设置方法。在建筑群内统一设置热源，在相对集中的 2 个区域内，分别设置换热系统，将一次热力经换热后，提供到区域内的热水用水点。同时，考虑建筑功能特点，在与建筑协商后，设置太阳能系统，满足部分热力需求。

全部建筑群，统一设置消防给水系统。由于各个建筑的功能不同，比较各个建筑的消防用水量，按照最大值设置消防给水系统。

(二) 节能措施

给水系统竖向分区，低区完全利用市政管网水压供水，高区采用稳压补偿式叠压供水设备，充分利用市政管网水压及变频调速泵组节能降耗。

(三) 节水措施

(1) 采用市政给水，配水支管处供水压力大于 0.2MPa 的用水点，设支管减压阀。

(2) 所有卫生器具配件均采用满足《节水型生活用水器具》CJ/T 164 的用水器具。淋浴器采用冷热水混合器，洗手盆、小便器采用感应式开关。

(3) 生活热水采用干管和立管全循环系统，保证用水点水温，减少用水量、用热量浪费。

（4）绿化灌溉采用滴灌或微灌方式，提高水的有效利用率。

（四）雨水回渗与回渗利用

室外绿地表面比硬地表面低 100mm，硬地雨水首先流入绿地内自然下渗过滤，补充涵养地下水；室外硬地铺装采用透水材料，雨水最大限度自然下渗，补充涵养地下水。超过室外雨水设计重现期及绿地蓄水能力的雨水量再由管道排放至院区雨水收集管网。

采用侧壁透水型雨水口、雨水井等设施，雨水口支管采用侧壁透水型管道并按倒坡敷设，将院区雨水管网收集的雨水最大限度渗透滋养植被根系，降低自来水浇灌用量。

部分屋顶采用绿化屋面，有效截留利用雨水。

进入雨水管网收集的雨水，统一集中由院区雨水利用系统处理并回用于绿化、道路浇洒（雨水回用系统设置防止误饮误用的明显提示标志）。

（五）综合效益分析

武清体育中心是天津市武清区政府的重点项目，工程建成后作为武清区的高水平全民健身基地。因此，必须考虑赛时和赛后的不同使用功能，因地制宜，通过采用适宜的设计方案，达到既满足建筑功能的需要，又可以实现节水节能的使用要求。在设计中，充分利用市政条件、气候特点等外部因素，从绿色、舒适、安全可靠、经济实用的多个角度出发，发掘综合体育建筑的特点，结合新技术的应用，将本项目打造成适用和环保的低碳体育建筑，同时也为体育建筑的赛后利用提供了一定的条件。

五、工程照片及附图

日景

夜景

内景（一）

内景（二）

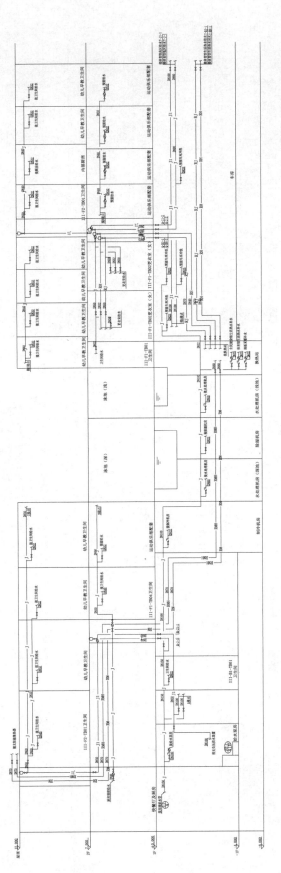

全民健身馆给水、生活热水系统图

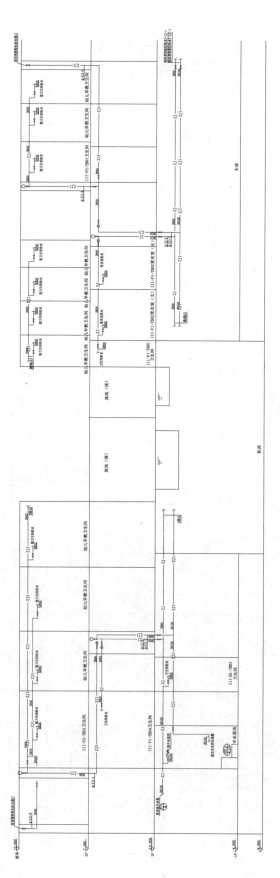

全民健身馆中水系统图

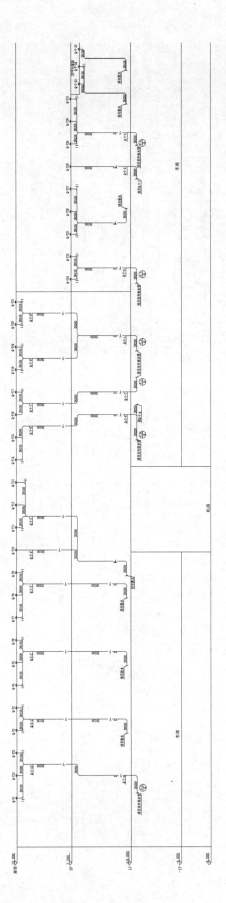

全民健身馆雨水系统图

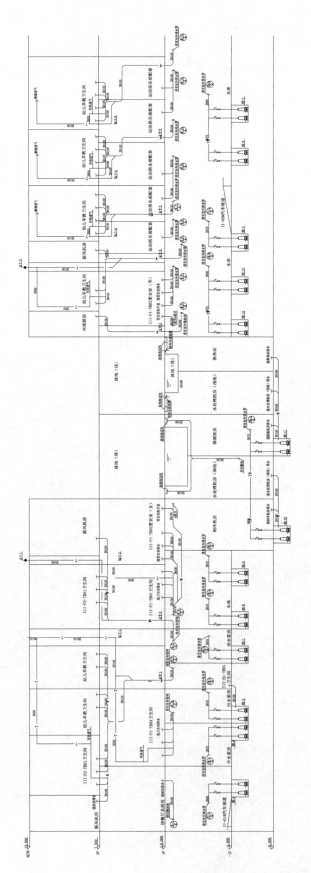

全民健身馆排水系统图

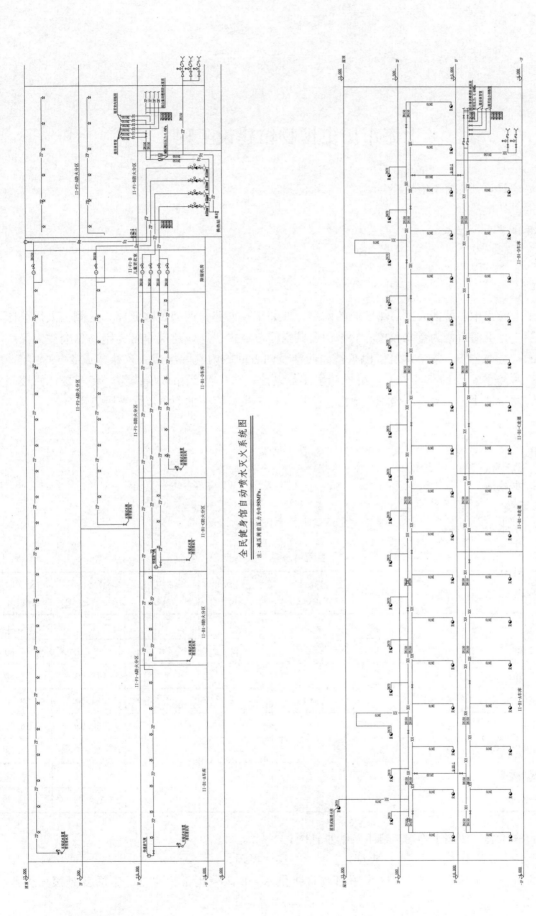

全民健身馆自动喷水灭火系统图

注：减压阀前压力为0.98MPa。

全民健身馆消火栓系统图

注：消火栓均为减压稳压消火栓。

上海市历史博物馆建设工程

设计单位： 上海建筑设计研究院有限公司
设 计 人： 周海山
获奖情况： 公共建筑类　二等奖

工程概况：

本项目位于上海市中心城区人民广场区域的西端，北邻南京西路，西邻黄陂北路，东侧为人民公园，南侧为上海大剧院，是上海市最为重要和核心的城市公共空间节点之一。该建筑原名为跑马总会暨人民广场前身跑马场附属的马会办公楼。整个建筑群由东楼、西楼及两者间的内庭院组成。东楼建成于1934年，由新马海洋行设计；西楼建成于1925年左右，由思九生洋行设计；2015年经市政府决策，将东楼、西楼一并作为上海市历史博物馆使用。东楼、西楼均为上海市文物保护单位、第一批上海市优秀历史建筑。

工程说明：

一、给水排水系统

(一) 给水系统

(1) 生活用水量见表1。

生活用水量

表1

序号	用水名称	单位	数量	最高日用水定额(L)	使用时间(h)	小时变化系数	最高日用水量(m³/d)	最高时用水量(m³/h)
1	办公	人·d	100	50	10	1.2	5.00	0.60
2	商业	m²·d	400	8	12	3	3.20	0.80
3	学术教育	座·次	2250	8	4	1.2	18.00	5.40
4	餐饮	顾客·次	600	40	12	1.5	24.00	3.00
5	展示	m²·d	8370	6	12	1.5	50.22	6.28
6	道路和绿化浇洒	m²·d	5261	2	4	1	10.52	2.63
7	未预见用水量		10%				11.09	1.87
8	总用水量						122.04	20.58

(2) 水源：本工程生活用水等均来自市政给水管网。

(3) 系统竖向分区：1区：一层～一夹层，2区：二层～屋顶。

(4) 供水方式及给水加压设备：1区采用市政直接供水，2区采用生活水池—生活变频恒压供水设备供水。

(5) 生活水池有效容积为 38m³，变频恒压供水设备配泵 3 台，每台 $Q=25m^3/h$，$H=50m$，$N=5.5kW$，2 用 1 备。

(6) 管材：总管采用公称压力不低于 1.0MPa 钢塑复合管及配件，卫生间支管采用 S5 系列给水聚丙烯管及配件。

(二) 热水系统

(1) 生活热水用水量见表 2。

生活热水用水量 表 2

序号	用水名称	单位	数量	最高日用水定额(L)	使用时间(h)	小时变化系数	最高日用水量(m³/d)	最高时用水量(m³/h)
1	餐饮	座·次	600	20	12	1.5	12	1.5
2	总水量						12	1.5

(2) 热源：优先选用屋顶设置的太阳能集热器提供的太阳能热水作为餐厅、厨房生活热水的预加水。辅助热源由设置在该厨房内的燃气热水炉（餐饮承租方自理）提供的热水供应。

(3) 系统竖向分区：同冷水。

(4) 集中热水系统供/回水管采用同程布置的方式，全日制机械循环。

(5) 太阳能热水系统在屋顶设置 8 组集热器，全年平均日产 60℃热水 1.0m³，辅助热源设备由小业主自理。

(6) 管材：总管采用公称压力不低于 1.0MPa 钢塑复合管及配件，卫生间支管采用 S3.2 系列给水聚丙烯管及配件。

(三) 排水系统

(1) 生活排水室内采用污废分流制，室外采用污废合流制。屋面采用重力流雨水排水系统，雨水设计重现期为 10 年，并设溢流设施，总排水设施满足大于 50 年重现期的雨水量。

(2) 卫生间排水管设置伸顶通气管和环形透气管。

(3) 厨房废水经隔油器处理后，排至室外污水检查井。

(4) 室内污/废水管采用超静音聚丙烯排水塑料管，雨水根据历史保护建筑要求采用柔性接口的机制铸铁管。

二、消防系统

(1) 消防水源：本工程室内/外消防用水从黄陂北路和南京西路的市政给水管网上分别引入 1 路 DN300 供水管，经水表计量再接倒流防止器，管道在基地内连成环网，供水环管 DN300 供室内/外消防用水，消防初期火灾 36m³ 的消防贮水量设置在原塔楼的消防水箱间内。

(2) 本工程设置下列消防设施：

1) 室外消火栓系统：消防用水量为 40L/s；

2) 室内消火栓系统：消防用水量为 30L/s；

3) 自动喷水灭火系统：系统设计水量 40L/s；

4) 大空间智能型主动喷水灭火系统：消防用水量为 15L/s，与自动喷水灭火系统合用 1 套供水系统；

5) 水喷雾系统：消防用水量为 20L/s（与自动喷水灭火系统合用）；

6) 气体灭火系统；

7) 手提式灭火器和手推式灭火器。

（一）消火栓系统

（1）消防用水量：室外消火栓系统用水量为 40L/s；
室内消火栓系统用水量为 30L/s。

（2）室外消火栓系统：由市政消火栓提供。本工程基地周边共有 3 个市政消火栓可以保护本楼。

（3）室内消火栓系统为 1 个区，供水管网呈环布置。消火栓水枪的充实水柱为 13m。

（4）室内消火栓系统采用临时高压消防给水系统。在地下室消防泵房内设置 2 台 $Q=30L/s$，$H=88m$，$N=55kW$ 的室内消火栓系统供水泵，供水泵 1 用 1 备，从由市政黄陂北路和南京西路各自引入 1 根 $DN300$ 的给水管经室外埋地水表计量后在室内连成的 $DN300$ 环网抽吸。

（5）屋顶消防水箱间内设置有效容积 36m³ 消防水箱和消火栓稳压设备 1 套，含稳压泵 2 台，每台 $Q=1L/s$，$H=40m$，$N=1.1kW$，1 用 1 备。有效容积 150L 稳压罐 1 个。

（6）室内消火栓系统设置 2 个 $DN150$ 的水泵接合器。

（7）室内消防管道等管径小于或等于 $DN50$ 采用加厚热镀锌钢管及配件，丝扣连接；管径大于 $DN50$ 采用加厚热镀锌钢管及配件，卡箍连接，室内消防管道和配件的公称压力为 1.6MPa。

（二）自动喷水灭火系统

（1）消防用水量为 40L/s。

（2）室内自动喷水灭火系统为一个区。

（3）自动喷水灭火系统采用临时高压消防给水系统。在地下室消防泵房内设置 2 台 $Q=40L/s$，$H=94m$，$N=75kW$ 的自动喷水灭火系统供水泵，供水泵 1 用 1 备，从由市政黄陂北路和南京西路各自引入 1 根 $DN300$ 的给水管经室外埋地水表计量后在室内连成的 $DN300$ 环网抽吸。

（4）屋顶消防水箱间内设置有效容积 36m³ 消防水箱和喷淋稳压设备一套，含稳压泵 2 台，每台 $Q=1L/s$，$H=40m$，$N=1.1kW$，1 用 1 备。有效容积 150L 稳压罐 1 个。

（5）自动喷水灭火系统设置 3 个 $DN150$ 的水泵接合器。

（6）自动喷水灭火系统用于除不宜用水扑救的地方以外的所有场所。

（7）本工程东楼三层和四层部分设置预作用系统，在地下一层报警阀间设置 2 套预作用报警阀。

（8）喷头的动作温度如下：厨房为 93℃，其余为 68℃。

（9）喷头设置类型：无吊顶处设直立型喷头，有吊顶处设下垂型喷头或吊顶型喷头，保护区域内的东楼二层展厅，东楼南北楼梯厅，西楼走道的喷淋采用大覆盖面侧向喷头 7.3m（远）×4.9m（宽）（同大楼 1999 年改造时的消防措施），大覆盖面侧向喷头区域，中庭回廊，展厅区域采用快速响应喷头，其余采用标准玻璃球喷头，有装饰要求的采用隐蔽式喷头。西楼木屋架内设置上喷头，其喷头间距加密，间距按 2.0～2.4m 设置。

（10）预作用系统的喷头采用普通直立型喷头或干式下垂型喷头（动作温度为 68℃）。

（11）室内消防管道等管径小于或等于 $DN50$ 采用加厚热镀锌钢管及配件，丝扣连接；管径大于 $DN50$ 采用加厚热镀锌钢管及配件，卡箍连接，室内消防管道和配件的公称压力为 1.6MPa。

（三）水喷雾灭火系统

（1）水喷雾灭火系统用于地下室柴油发电机房，设计喷雾强度为 20L/(min·m)，持续喷雾时间为 0.5h，喷头的最低工作压力为 0.35MPa，系统联动反应时间小于或等于 60s，系统设计流量按 20L/s 计算（需根据柴油发电机的设计尺寸复核）。

（2）本工程设置 $DN150$ 雨淋阀 1 套，设于消防泵房内，用于柴油发电机组和日用油箱间。

（3）本系统与自动喷水灭火系统合用 1 套供水泵。

(四) 大空间智能型主动喷水灭火系统

(1) 大空间智能型主动喷水灭火系统用于一层保护区域展厅。采用自动扫描射水高空水炮灭火装置,工作电压为220V,射水流量为5L/s,工作压力为0.6MPa,标准圆形保护半径为20m,探测器与水炮一体化设计。自动扫描射水高空水炮灭火装置水平管网末端最不利点设置模拟末端试水装置。

(2) 一层有2个展厅,每个展厅分别设置3套自动扫描射水高空水炮灭火装置,保证2股水柱同时到达任何一点。系统设计流量为15L/s。

(3) 大空间智能型主动喷水灭火系统与自动喷水灭火系统合用1套供水系统。

(五) 气体灭火系统

(1) 设置范围:四层周转库房,地下室变电所、运营商机房、计算机。

(2) 灭火剂选择:七氟丙烷。

(3) 设计参数:变电所设计灭火浓度为9%,设计压力为4.2MPa,喷放时间不大于10s,运营商机房、计算机中心设计灭火浓度为8%,设计压力为2.5MPa,喷放时间不大于8s,周转库房设计灭火浓度为10%,设计压力为2.5MPa,喷放时间不大于10s。

(4) 灭火方式:各防护区内采用全淹没式。运营商机房、计算机中心,四层周转库房采用预制式(无管网系统)。地下室变电所采用单元独立系统(有管网系统)。

(5) 气体灭火系统应有自动、手动、机械应急3种启动方式。

三、工程特点介绍

(1) 本项目1999年改造时采用地下水池+工频泵+屋顶水箱重力供水方式,本次将其调整为地下水池+变频泵。减少了生活用水的二次污染,并将原有的屋顶水箱从生活供水功能,通过增加一个水箱后与原有水箱一起作为本项目的高位消防水箱使用。

(2) 本工程的屋面雨水由于保护建筑原样要求,采用外排雨水管系统,雨水管样式和雨水斗样式均按照历史原样进行定制加工,并增加部分内排雨水管,提高屋面雨水的排放安全性,新增的雨水管均采用内排水方式,避免影响建筑外立面。

(3) 本工程的多处区域为保护区域,无法设置自动喷水灭火系统,经与消防部门沟通后,部分区域采用大覆盖面快速响应喷头达到整个区域的喷淋保护,部分展厅设置大空间智能灭火系统采用自动扫描射水高空水炮来保护展厅区域。通过如上方式,保护区域内的顶面部分既保持了历史原状又满足了现行的消防要求。

(4) 二层的保护区域内的喷淋,通过将喷淋管道敷设在三层的面层内,从三层开洞到二层的藻井内,在面层内设置50mm×50mm的不锈钢槽,将喷淋管道安装在不锈钢槽内,从而避免管线在面层内的热胀冷缩带来的一系列问题。

(5) 部分展厅采用预作用系统,避免漏水对展品的损坏。

(6) 由于原塔楼的屋顶水箱未设置在本建筑的最高处,与消防部门沟通后,通过提高消防增压泵的扬程满足在水箱上方两层的消防用水要求,且其上方楼层不作为功能房间使用。

(7) 屋顶设置太阳能集热器,作为五层厨房、餐厅热水系统的预加热水用。太阳能集热器与空调机组组合布置,减少对屋面的占用和影响。充分利用绿色能源——太阳能,节能、环保。

(8) 通过对内庭院的雨/污水管道重现调整,合理排布室外管网,拆除原有污水处理站,采用污水经化粪池后与雨水合流排至市政合流管网,使整个内庭院区域显得整洁和有序。

(9) 本工程室内按照各种功能和用途设置具备数据统计功能的远传水表,通过该水表的统计和远传功能,利用集成水表网络技术,可以及时排除管道渗漏,分析用水量。

四、工程图片及附图

效果图

埋地敷设喷淋管

复原的雨水斗

屋顶太阳能集热器

展厅的水炮保护

安装的侧向喷头

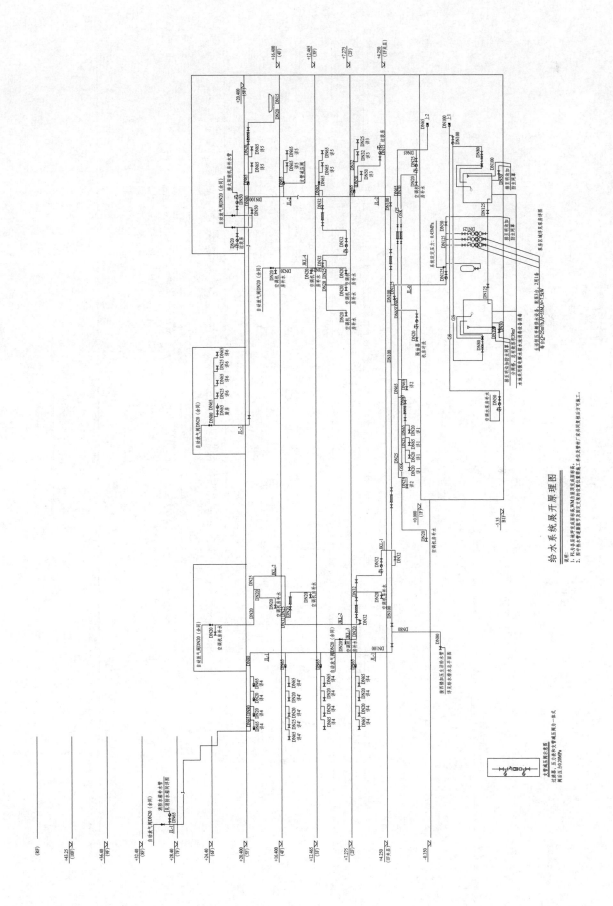

给水系统展开原理图

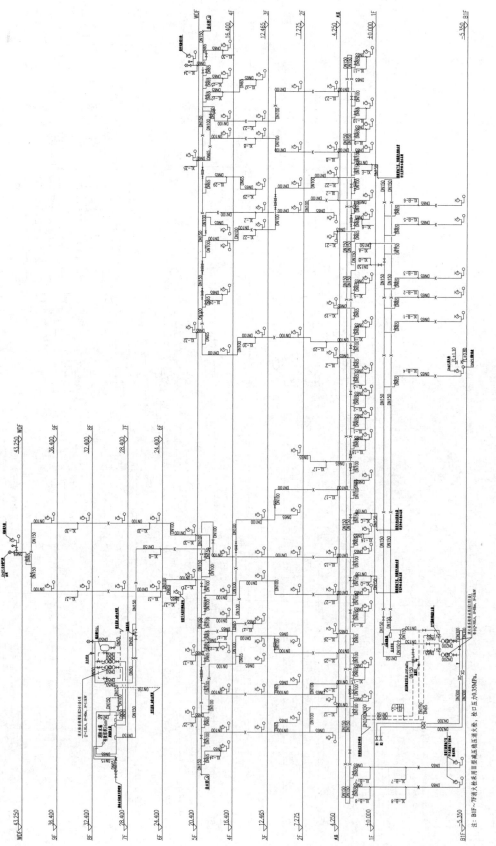

东楼消火栓系统展开原理图

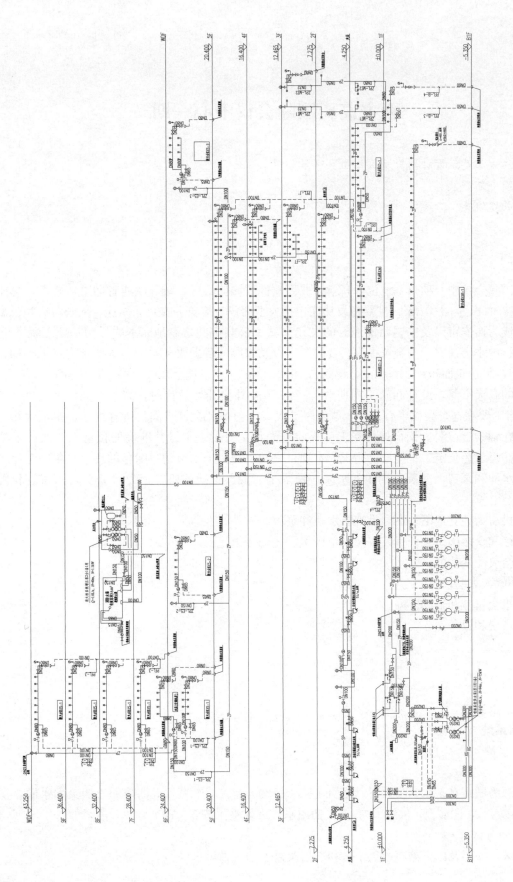

东楼自动喷水灭火系统展开原理图

西安高新国际会议中心一期

设计单位：同济大学建筑设计研究院（集团）有限公司
设 计 人：刘瑾　陆静波
获奖情况：公共建筑类　二等奖

工程概况：

西安高新国际会议中心项目基地位于高新区北部软件新城核心区，毗邻陕西省图书馆新馆，总用面积为6.2hm²，总建筑面积为52万 m²，主要建设功能包括大型会议、展览、文化、商业、配套酒店和公寓。项目整体建成后将成为西安市以及中国西部地区的文化和城市公共空间之高地。本项目为一期工程，包含3000人的大会议厅、中小会议室、为会议提供餐食的厨房以及相应的后勤服务空间。该建筑为全钢结构，用地面积15113.67m²，总建筑面积约31000m²，建筑占地10099m²。建筑地上2层，建筑高度小于24m。本项目的特点是有较多的高大空间，设计和施工周期短，2018年4月初开始设计时，竣工时间已经定在了10月19日，10月24日，要在这个会议中心召开全球程序员大会。为保证会议空间，所有给水、排水管几乎都要穿梁。必须准确在钢梁上留洞。钢构件是在工厂提前事先加工好的，本设计准确的预留洞，保证了项目的竣工。本项目已获得绿色建筑二星级设计标识。本项目一期工程，秉承节约、绿色的理念，集中考虑了占面积比较大的消防水池和泵房，安装一期用的水泵，预留了二期、三期的机位，为后续空间的高效利用创造了条件。

北面设备机房为独立地下一层，设消防水池和泵房。

一层为门厅和众多中型会议室，以及一个厨房。

一夹层为会议配套功能。

二层为3000人大会议室。

二夹层为小会议室和辅助空间。

屋顶为机房层和设备。

工程说明：

一、给水排水系统

(一) 给水系统

1. 冷水用水量（见表1）

2. 水源

本工程水源为城市自来水，由天谷六路引1路DN200管道，作为基地消防和生活给水水源，从其中的一路引出1路DN100进水管，供给室内/外生活用水。市政水压按0.2MPa计算。

3. 系统竖向分区

分为2个区，一层及以下的市政供水区和二层及以上的压力供水区。

冷水用水量   表1

用途	用水标准	用水单位	最高日用水量 (m³/d)	用水时间 (h)	小时变化系数	最大时用水量 (m³/h)	全年用水天数(d)	年用水量 (m³/a)
会议	6L/(人·d)	4500人	27.0	8	1.5	5.0	260	7020
办公	25L/(人·d)	300人	7.5	8	1.5	14	360	2700
厨房	15L/(人·d)	3000人	45.0	8	1.5	8.4	260	11700
小计			79.5			27.4		21420
未预见用水量	10%		7.9			2.7		
合计			87.4			30.1		
冷却塔补水	1%循环水量	1100m³/h	88	8	1	11	180	15840
锅炉补水			72	8	1	9	120	8640
小计			160			20		24480
绿化灌溉	2.5L/(m²·d)	1058m²	2.6	2	1	1.3	200	520
地面浇洒	0.5L/(m²·次)	3956m²	2.0	2	1	1	30	60
小计			4.6			2.3		528
给水合计			252			52.4		46480

4. 供水方式及给水加压设备

分质供水,一般生活给水为市政供水,满足《生活饮用水卫生标准》GB 5749—2006要求。绿化给水待二期完工后由收集雨水回用,补水采用市政中水。

市政水压直接供应至地下室及地面一层,二层及以上采用水箱+恒压变频泵供水,水箱采用符合卫生标准的S30408不锈钢水箱。

5. 饮用水

展厅区域提供观众直饮水供给,在公共区域设置。采用终端一体化设备制备直饮水,水源为自来水,设置位置提供给水排水接口、电源插座等。

6. 管材

市政进水管及室外埋地生活用水管采用球墨铸铁管,T形接头连接或法兰连接;冷水管包括进入室内的非埋地部分以及水泵出口至各用水点的供水管道均采用镀锌钢管衬塑,DN100以下连接方式为丝扣连接,DN100及以上采用卡箍连接。卫生间内管道采用PP-R。

(二) 热水系统

1. 热水用水量(见表2)

热水用水量   表2

用途	用水标准	用水单位	最高日用水量 (m³/d)	用水时间 (h)	小时变化系数	最大时用水量(m³/h)
厨房	3L/(人·d)	3000人	9.0	8	1.5	1.7
淋浴	35L/(人·d)	40人	1.4	8	1.5	0.3
小计			10.4			2.0

2. 热源

采用太阳能热水系统，辅助加热为燃气热水炉。

3. 系统竖向分区

分2个区，与冷水同源。

4. 热交换器

太阳能蓄水罐是2只有效容积为1.5m³的容积式热交换器。辅助加热采用容积式燃气热水炉。

5. 冷、热水压力平衡措施及热水温度的保证措施等。

采用冷、热水同源的方法保证冷、热水压力平衡。

供水方式为上行下给，机械循环，当回水温度为45℃时开启循环泵。

6. 管材

生活热水管采用S30408不锈钢管。卫生间用热水采用热水型PP-R管材及配件。

（三）中水利用系统

1. 中水回用水量（见表3）

采用市政中水作为雨水回用不足的补充。

中水回用水量

表3

用途	用水标准	用水单位	最高日用水量（m³/d）	用水时间（h）	小时变化系数	最大时用水量（m³/h）	全年用水天数（d）	年用水量（m³/a）
绿化灌溉	2.5L/(m²·d)	1058m²	2.6	2	1	1.3	200	520
地面浇洒	0.5L/(m²·d)	3956m²	2.0	2	1	1	30	60
小计			4.6			2.3		528

一期因用地条件限制未设雨水蓄水池，70%径流控制率所需的雨水调蓄容量165m³由二期项目雨水蓄水池接纳。

2. 系统竖向分区

雨水和中水用于绿化浇灌和室外地面冲洗，分1个区。

3. 雨水处理工艺流程

室外雨水管网→管道网框过滤→雨水蓄水池（含沉淀池）→全自动过滤系统→次氯酸钠消毒→清水池恒压变频泵→水表→回用用水点。

4. 供水方式及给水加压设备

二期拟采用清水箱＋恒压变频泵的方式供水。

5. 管材

雨水回用管采用PE管。

（四）排水系统

1. 排水系统的型式

本项目室内排水采用污废合流制，室外排水采用雨污分流制。

2. 透气管的设置方式

卫生间排水管配专用透气管，排水横干管起端设环形通气管。

3. 局部污水处理设施

配套厨房排水设隔油池，隔油池设在室外。

4. 屋面雨水排水方式

大会议厅的钢屋面面积超过 10000m²，采用连续的排水短沟（宽度 800mm 的结构沟）配合屋面坡度汇水，87 型雨水斗排水系统。

5. 管材

室内排水管采用 PVC-U 排水管；雨水管采用镀锌钢管。室外排水管为双壁缠绕 HDPE 排水管，带橡胶圈承插连接。

二、消防系统

（一）消火栓系统

1. 水源

由天谷六路引 1 路 $DN200$ 管道至基地，分别引 2 路至消防水池。西安高新区认定市政为一路供水。室内消防水池蓄水包括室外消防水量。室内消防水池有效容积为 900m³（设消防车取水口）。

2. 室外消火栓系统

室外消火栓系统水量为 40L/s，室外消防泵出水管引出 2 路在基地内环通，供室内/外消防用水，接室外消火栓。室外消火栓，间距不大于 120m。设室内消火栓水泵接合器 3 组，其中一组室外消火栓距水泵接合器 15～40m。

室外消火栓泵参数：$Q=40L/s$，$H=40m$，$P=30kW$，采用 2 台离心泵，1 用 1 备。

3. 消火栓系统设计参数

室内消火栓系统采用临时高压系统。消防水量为 40L/s，火灾持续时间为 2h。

（1）各层均设消火栓灭火系统。系统为 1 个压力分区。消火栓布置保证同层任何部位有 2 个消火栓的水枪充实水柱同时到达。屋顶设置试验消火栓。

（2）所有消火栓栓口的出水压力大于 0.5MPa 处，采用减压稳压消火栓。采用减压稳压消火栓的楼层为地下一层和一层、一夹层。

（3）消火栓泵控制：由高位水箱出水管上的流量开关、水泵出水管上低压压力开关信号联动开启，消火栓泵启动后，其水泵运转信号反馈至消控中心。消火栓泵在泵房内和消控中心均设置手动开启和手动停泵控制装置。消火栓泵的备用泵在工作泵发生故障时自动投入工作。

（4）室内消火栓泵参数：$Q=40L/s$，$H=0.80MPa$，$P=45kW$，采用 2 台离心泵，1 用 1 备。

（5）消防水箱

高位消防水箱 36m³，设在屋顶机房层水箱间内，水箱间设消火栓和喷淋稳压泵。

消火栓稳压设备参数：5L/s，0.5MPa，5.5kW，1 用 1 备。

消防稳压罐有效容积为 300L，承压 0.8MPa。

（二）自动喷水灭火系统

（1）建筑内除不能用水扑灭的地方外，均设自动喷水灭火系统。厨房、小于 8m 的会议空间等按中危险级 II 级设计，流量为 30L/s；地上一般办公、设备空间按照中危险级 I 级设计，流量为 21L/s；12～18m 的高大空间，面积为 160m²，流量为 70L/s；大会议厅设 2 层喷头，顶板下吊顶内安装直立型喷头，喷头间距不小于 1.8m 不大于 3.0m。

（2）系统为 1 个压力分区。所有水流指示器后水压力大于 0.4MPa 的，设减压孔板减压。分区设置报警阀，报警阀均设在消防泵房。每个防火分区或每层均设信号阀和水流指示器。每个报警阀组的最不利喷头处设末端试水装置，在防火分区和各楼层的最不利喷头处，均设 $DN25$ 试水阀，有组织排水。

（3）喷淋泵控制：由水泵出水管上低压压力开关信号、报警阀压力开关联动、消防水箱流量开关 3 种方式开启，喷淋泵启动后，其水泵运转信号反馈至消控中心。喷淋泵在泵房内和消控中心均设置手动开启和手动停泵控制装置。喷淋泵的备用泵在工作泵发生故障时自动投入工作。

(4) 喷淋泵：$Q=70L/s$，$H=0.945MPa$，$P=110kW$，采用 2 台离心泵，1 用 1 备；

喷淋稳压设备：$1L/s$，$0.3MPa$，$1.5kW$，1 用 1 备；

喷淋稳压罐有效容积为 150L，承压 0.8MPa。

(5) 喷头：一般采用 68℃、$K=80$ 喷头；$8\sim12m$ 净空采用 $K=115$ 快速响应喷头。厨房采用 93℃、$K=80$ 喷头。

(6) 室外设水泵接合器，按供水流量 15L/s 1 套计算，设 5 组喷淋水泵接合器。

(三) 消防水炮灭火系统

会议中心前厅高于 18m，大会议厅高度小于 12m（大于 10m），但室内采用的发光吊顶不适合安装喷头，这 2 个区域采用大空间智能型主动喷水灭火系统进行保护，与自动喷水灭火系统共用供水系统，但在报警阀前管道分开设置。单个装置喷水流量为 5L/s，最大安装高度为 16m，工作压力为 0.6MPa，保护半径为 20m。系统设计按同时开启 2 台考虑，流量为 10L/s，由自动跟踪摄像探测器发现火苗启动水炮。

(四) 气体灭火系统

地下一层的变电所采用七氟丙烷预制柜式气体灭火全淹没系统。最小设计灭火浓度为 9%（20℃时）最大设计灭火浓度为 42.8%（32℃时），气体喷放时间限于 10s 内。相应防护区应靠外墙或走道处按规范设泄压口，于防护区净高的 2/3 以上。防护区围护结构及门窗的耐火极限均不宜低于 0.5h，围护结构承受内压的允许压强，不宜低于 1200 Pa。系统操作方式：要求同时具有自动操作、手动操作和机械应急操作 3 种操作方式。在保护区域内设置感烟探测器、感温探测器、警铃，在出入口的外侧设置放气指示灯、声光报警器、紧急启/停按钮。

(五) 消防系统管材

所有消防系统的管材均为内外壁热镀锌钢管。

三、工程特点介绍

(一) 总体规划分步实施

在设计一期会议中心时，秉承节约、绿色的理念，集中考虑了占面积比较大的消防水池和泵房，实施一期的水泵，预留了二期、三期的机位，为后续空间的高效利用创造了条件。

(二) 交钥匙工程

为保证世界程序员大会的顺利召开，本项目为交钥匙工程，设计施工时间一共只有 5 个月，设计与施工几乎同时进行，设计团队与 BIM 团队密切配合，高效调整图纸，及时提供给钢结构制造商在钢梁上开洞的信息，保证了工程准确度和进度，准时交付使用。

(三) 利用太阳能

本项目采用太阳能热水系统。在可再生能源利用中，根据建筑特点，在大屋面上且靠近一层、夹层集中热水供应的厨房等位置安装太阳能集热器。

(四) 大屋面排水

会议中心大屋面面积达到 11160m²，且造型不允许有溢流口设计，因此，设计重现期为 50 年，采用 87 型雨水斗排水系统，管道安装与钢结构装配构建同期完工，且顺利经过了暴雨的考验。

(五) 卫生排水

厨房排水设计引入卫生排水理念，采用同层排水结合成品排水短沟，打造了清洁厨房。

(六) 大会议厅自动灭火

采用闭式自动喷水灭火系统结合消防水炮的方式，符合大空间会议中心的特点，完美配合室内设计。

四、工程照片及附图

会议中心正面（北面）

会议中心夜景

会议厅外休息廊道

夹层餐厅

地下室多种管道

地下室走廊管道

生活泵房

消防稳压泵组

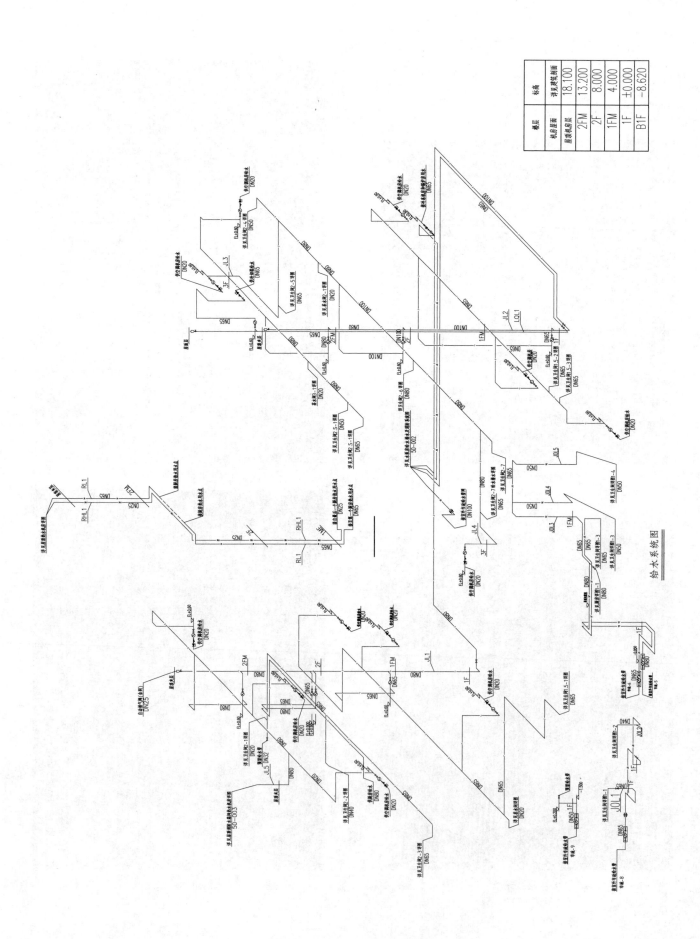

给水系统图

楼层	标高
屋顶机房层	洋见建筑剖面
屋顶层	18.100
2FM	13.200
2F	8.000
1FM	4.000
1F	±0.000
B1F	-8.620

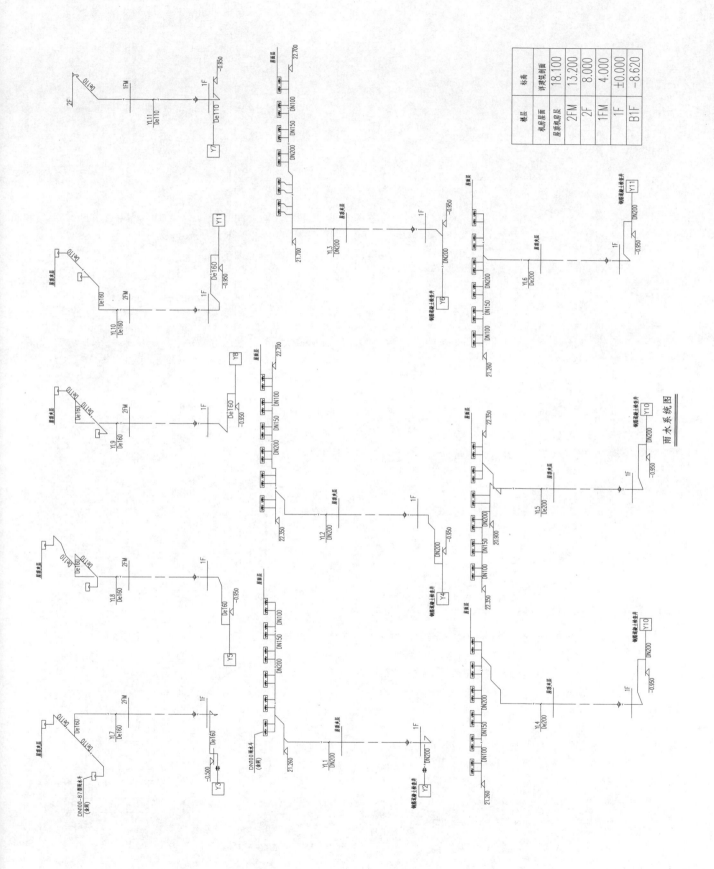

雨水系统图

楼层	标高	详建筑剖面
机房屋面		
屋面机房层	18.100	
2FM	13.200	
2F	8.000	
1FM	4.000	
1F	±0.000	
B1F	-8.620	

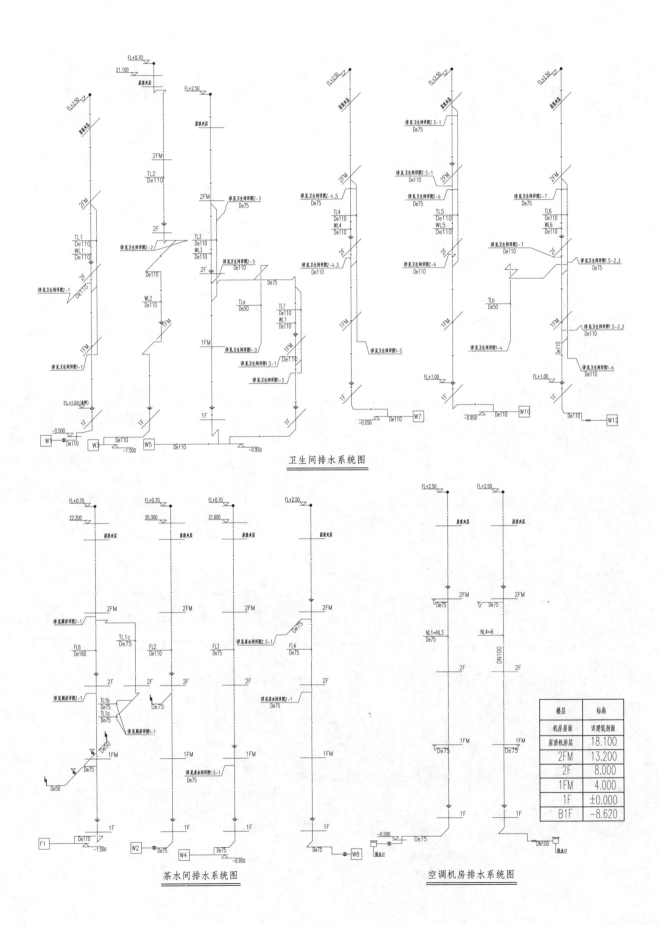

卫生间排水系统图

茶水间排水系统图　　　　　空调机房排水系统图

楼层	标高
机房屋面	详建筑剖面
屋顶机房层	18.100
2FM	13.200
2F	8.000
1FM	4.000
1F	±0.000
B1F	-8.620

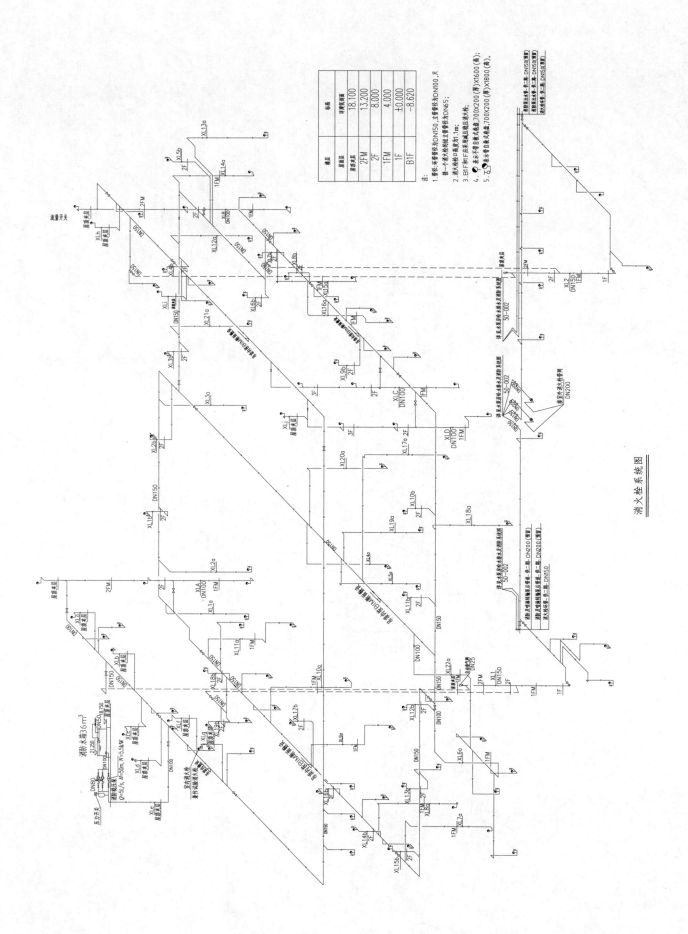

楼层	标高
屋面水箱间	18.100
2FM	13.200
2F	8.000
1FM	4.000
1F	±0.000
B1F	-8.620

消火栓系统图

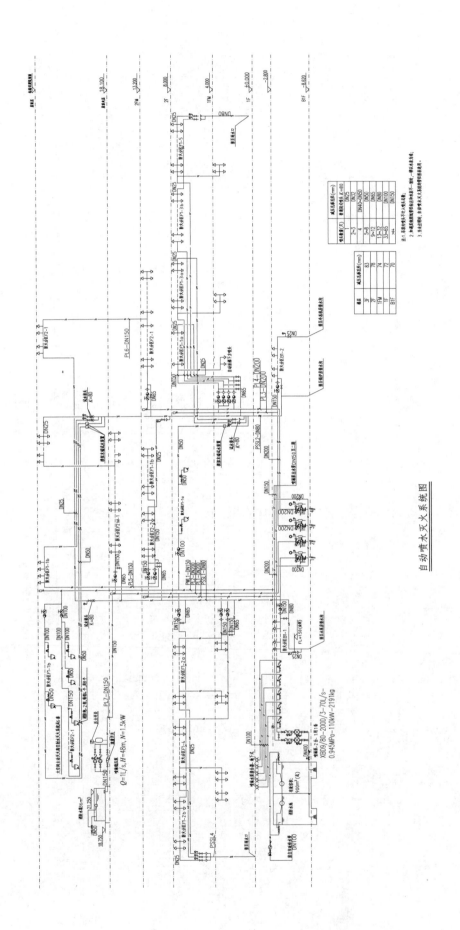

自动喷水灭火系统图

青岛市民健身中心

设计单位：东南大学建筑设计研究院设计有限公司
设 计 人：王志东　程洁　赵晋伟　杨妮　刘俊
获奖情况：公共建筑类　二等奖

工程概况：

　　项目位于青岛市高新区胶州湾畔，包含 6 万座的体育场、1.5 万座的体育馆及相关配套用房，为 2018 年第 24 届山东省运动会主会场项目。总建筑面积约 21.8 万 m²。其中体育场总建筑面积 138027m²，包括比赛场地、练习场地、观众看台、观众疏散平台和赛事用房等。体育场总建筑高度为 49.528m（檐口）。地上 4 层，无地下室。该体育场比赛场地包括径赛用的周长 400m 的标准环形跑道 8 道、西直道 9 道，弯道半径为 36.50m，两圆心距（直段）为 84.39m；体育场内还设置了标准足球场和各项田赛场地，东直道外侧设置跳远沙坑 2 个。

　　体育馆总建筑面积为 67250m²，包括比赛场地（可进行体操、篮球、蹦床等项目的比赛）、练习场地、观众看台、观众休息厅、观众入口平台和赛事用房等。体育馆总建筑高度为 37.40m。体育馆比赛场地为地上单层大空间，局部 4～5 层，练习房局部下沉，无地下室。

工程说明：

一、给水排水系统

（一）给水系统

1. 水源

水源采用城市自来水，从市政给水管上接入 1 路 DN400 给水总管，供应整个体育中心内一期工程建筑的生活及消防室内/外用水。市政给水管接入处的最低水压为 0.25MPa。

2. 用水量

体育场最高日用水量约为 764.72m³/d，最大时用水量约为 164.47m³/h，见表 1。

体育场用水量　　　　　　　　　　　　　　　　　　　　　表 1

名称	用水量标准 [L/(单位·d)]	数量	最高日用水量 (m³/d)	用水时间 (h)	小时变化系数 K_h	最大时用水量 (m³/h)	备注
观众	3	60000	180	4	1.2	54.00	每日 1 场
运动员淋浴	40	300	12	4	3	9.00	
运动员公寓	400	160	64	24	2.5	6.67	
商业	8	24900	199.2	8	1.5	37.35	
办公	40	2000	80	8	1.5	15.00	
餐饮	20	6000	120	8	1.5	22.50	

续表

名称	用水量标准 [L/(单位·d)]	数量	最高日用水量 (m³/d)	用水时间 (h)	小时变化 系数 K_h	最大时用水量 (m³/h)	备注
浇洒和绿化用水	2	20000	40	8	1	5.00	
小 计			695.2			149.52	
未预见用水量	占总用水量10%		69.52			14.95	
总 计			764.72			164.47	

体育馆最高日用水量约为407m³/d，最大时用水量约为98.45m³/h，见表2。

体育馆用水量 表2

名 称	用水量标准 [L/(单位·d)]	数量	最高日用水量 (m³/d)	用水时间 (h)	小时变化 系数 K_h	最大时用水量 (m³/h)	备注
观众	3	30000	90	4	1.2	27.00	每日2场
运动员淋浴	40	500	20	4	3	15.00	
商业	8	10000	80	8	1.5	15.00	
办公	40	2000	80	8	1.5	15.00	
餐饮	20	4000	80	8	1.5	15.00	
浇洒和绿化用水	2	10000	20	8	1	2.50	
小 计			370			89.50	
未预见用水量	占总用水量10%		37			8.95	
总 计			407			98.45	

3. 给水系统分区

根据市政自来水的水压、建筑的高度等情况确定2个供水分区：一至二层为1区，由市政给水管网压力直接供水；三层及以上为加压区，由设在体育场一层的生活水池＋变频泵恒压供水。供水方式均采用下行上给式。每区最低用水器具的静水压力不超过0.45MPa，配水点静水压力超过0.20MPa的支管设支管减压阀。

4. 变频调速给水设备

区域加压区生活给水变频调速恒压变量供水设备（设置在体育场一层）：主泵选泵5台，4用1备，主泵单泵参数：$Q=90m^3/h$，$H=52m$，$N=18.5kW$；副泵选泵1台，副泵单泵参数：$Q=8m^3/h$，$H=58m$，$N=2.2kW$；另配气压罐$D=1200mm$。

5. 生活水池

区域生活水池及泵房设置在体育场一层生活泵房内，生活水池有效容积为180m³，$L×W×H=$ 14m×6.0m×2.5（h）m，分设成2格。

生活水池体采用不锈钢板，水箱设置水消毒器。

6. 管材

室内冷水管采用建筑用薄壁不锈钢管；室外给水管采用钢丝网骨架聚乙烯复合管。

(二) 排水系统

1. 污水排水系统

室内采用分流制排水系统，即雨水和污水分开排放。体育场最高日污水排水量约690m³/d。体育馆最高日污水排水量约385m³/d。室内污水排水系统采用伸顶透气、环形透气或专用通气立管结合的双立管排水系统。室外排水采用雨污分流制。污水经化粪池处理后，厨房废水经成品隔油器处理后排入市政污水管网。

2. 雨水排水系统

屋面雨水采用内排水系统，屋面的雨水沿屋面排入雨水天沟内，再经雨水斗排入室内雨水立管直至室外雨水管。主要屋面采用虹吸压力流雨水系统，其余小屋面和平台采用重力雨水系统。考虑体育馆内凹屋面的特殊性，此部分屋面做了虹吸和重力流 2 种排水系统。室外硬场地的雨水通过雨水口或带缝隙的雨水沟有组织收集，排至室外雨水管网，最终排入市政雨水管网。

青岛市雨水设计暴雨强度公式：$q = \dfrac{469.938(1 + 0.701 \lg P)}{t^{0.5}}$，设计重现期 P 采用如下：屋面 $P = 50$ 年，内凹屋面 $P = 100$ 年，室外场地 $P = 5$ 年。室外综合径流系数：$\psi_z = 0.70$。

3. 管材

(1) 室内排水管采用机制排水铸铁管。与潜水排水泵连接的管道均采用镀锌焊接钢管。室内雨水管、空调排水管采用热镀锌焊接钢管。

(2) 室外雨污水排水管的采用 HDPE 双壁波纹塑料排水管，承插接口弹性密封圈连接。

(三) 热水系统

1. 热水供水区域及分区

体育场热水供应范围为运动员淋浴、运动员公寓、餐饮部分。按照建筑功能和设计要求，运动员淋浴、运动员公寓采用集中热水供应系统，少量分散的用水点采用小型容积式电热水器供应热水。

体育馆热水供应范围为运动员淋浴、餐饮部分。按照建筑功能和设计要求，运动员淋浴采用集中热水供应系统，少量分散的用水点采用小型容积式电热水器供应热水。

热水系统分区同冷水系统。每区最低用水器具的静水压力不超过 0.45MPa，配水点静水压力超过 0.20MPa 的支管设支管减压阀。

2. 热源

体育场、体育馆运动员淋浴热源采用太阳能和能源站热源辅助加热。室外绿地设置闭式承压的太阳能热水系统，太阳能加热的热媒水供应至热水机房，通过水-水换热器将水预热或加热，太阳能不足时，由能源站高温热媒水通过二次水-水换热器将水加热至 60℃ 后供水至各用户，热媒水供/回水温度为 115℃/70℃。

体育场运动员公寓热源采用能源站提供的高温热媒水，能源站高温热媒水通过水—水换热器将水加热至 60℃ 后供水至各用户，热媒水供/回水温度为 115℃/70℃。

3. 生活用热水用水量（见表 3、表 4）

体育场最高日热水用水量约为 87.34m³/d，最大时热水用水量约为 19.83m³/h，见表 3。

体育场热水（60℃）用水量　　　　　　表 3

名称	用水量标准(60℃) [L/(人·d)]	数量 (人)	最高日用水量 (m³/d)	用水时间 (h)	小时变化系数 K_h	最大时用水量 (m³/h)	备注
运动员淋浴	26	300	7.8	4	3	5.85	
运动员公寓	160	160	25.6	24	3.33	3.55	
办公	10	400	4	8	1.5	0.75	
餐饮	7	6000	42	8	1.5	7.88	
小　计			79.4			18.03	
未预见用水量	10%		7.94			1.80	
总　计			87.34			19.83	

体育馆最高日热水用水量约为 49.5m³/d，最大时热水用水量约为 17.33m³/h，见表 4。

体育馆热水（60℃）用水量

表 4

名称	用水量标准（60℃）[L/(人·d)]	数量（人）	最高日用水量（m³/d）	用水时间（h）	小时变化系数 K_h	最大时用水量（m³/h）	备注
运动员淋浴	26	500	13	4	3	9.75	
办公	10	400	4	8	1.5	0.75	
餐饮	7	4000	28	8	1.5	5.25	
小 计			45			15.75	
未预见用水量	10%		4.50			1.58	
总 计			49.50			17.33	

4. 热水系统设计

体育场运动员淋浴热水储水总有效容积为 10.0m³，采用立式导流型容积式水-水换热器。换热器具体如下：RV-04-2.0（1.6/1.0）型 2 台，用于太阳能热媒水加热，RV-04-3.0（1.6/1.0）型 2 台，用于能源站热媒水加热。

体育场运动员公寓热水储水总有效容积为 6.0m³，采用立式导流型容积式水-水换热器，具体采用 RV-04-3.0（1.6/1.0）型 2 台。

体育馆热水储水总有效容积为 10.0m³，采用立式导流型容积式水-水换热器。换热器具体如下：RV-04-2.0（1.6/1.0）型 2 台，用于太阳能热媒水加热，RV-04-3.0（1.6/1.0）型 2 台，用于能源站热媒水加热。

热水循环系统采用干管机械循环的方式。冷水设计温度为 4℃。太阳能热媒系统采用机械循环。

5. 太阳能集热面积计算

体育场、体育馆运动员淋浴日热水用水量为 15.6m³/d，采用太阳能间接供热和能源站高温热水辅助加热供水系统，合计需太阳能集热器面积为 390m²，实际全部太阳能集热器面积约 160m²。太阳能满足率（仅运动员淋浴）约为 41%。太阳能集热系统采用承压式平板太阳能集热器，分别设置在体育场、体育馆室外绿地，太阳能集热器单块面积为 4m²，共设置 40 块。

6. 管材

室内热水管采用建筑用薄壁不锈钢管。

二、消防系统

（一）消防灭火设施

本工程防火设计执行《建筑设计防火规范》GB 50016—2014 中单、多层民用建筑进行防火设计。体育场需设置室内/外消火栓系统，自动喷水灭火系统，建筑灭火器配置。其中一层环形车道、二层至四层休息平台等敞开空间，采用预作用喷淋系统，一层开敞式车库采用局部干式室内消火栓系统。体育馆需设置室内/外消火栓系统，自动喷水灭火系统，大空间智能型主动喷水灭火系统，自动消防炮灭火系统，七氟丙烷气体灭火系统，建筑灭火器配置。

（二）水源

采用城市自来水，采用市政 1 路进水方式。

（三）消防用水量

（1）体育场：室内消火栓系统用水量为 40L/s；室外消火栓系统：40L/s；自动喷水灭火系统：40L/s。

（2）体育馆：室内消火栓系统：30L/s；室外消火栓系统：40L/s；自动喷洒系统：40L/s；大空间智能

型主动喷水灭火系统：45L/s；自动消防水炮灭火系统：40L/s。

（四）消防水池、消防泵房和消防水箱

体育馆为消防用水量最不利点，区域消防水池最小容积需按体育馆同时使用的2h室内/外消火栓系统、1h闭式自动喷水灭火系统、大空间智能型主动喷水灭火系统、自动消防水炮灭火系统用水量之和计算，共计954m³，区域消防水池实际有效容积为1095m³，分成独立的2座，设置在体育场一层。区域泵房设置在体育场一层，内设室内消火栓泵2台，自动喷洒泵3台，大空间智能型主动喷水灭火系统泵2台，自动消防炮泵2台，自动消防炮稳压设施1套。区域消防水箱有效容积为50m³，设在体育场高位，消防水箱底标高30.08m，并设稳压设施。

（五）室外消火栓系统

设置室外区域消防用水提升泵和稳压设施，通过室外区域消防专用给水管网和室外消火栓供应室外消防用水。室外消火栓泵选用消防专用泵2台，1用1备，主要性能为：$Q=40L/s$，$H=50m$。

同时设置室外消防稳压设备1套，稳压泵2台，1用1备，气压罐1个有效容积不小于150L。建筑周边设置环状室外消防给水管网，并通过室外地上式消火栓提供室外消防给水。室外消火栓设置间距不超过120m，并确保每1个水泵接合器周围15~40m范围内均有室外消火栓。同时设置消防车取水口。

（六）室内消火栓系统

采用区域临时高压消防给水系统，不分区。其中，体育场一层开敞式车库采用局部干式室内消火栓系统。室内消火栓系统管网立体成环，消火栓布置间距小于30m，布置在建筑内门厅、走道等明显易于取用的地点，保证同层任何部位有2只消火栓水枪的充实水柱同时到达。消防组合柜内配$\Phi19mm$水枪，25m长$DN65$麻质衬胶水龙带，$DN25$消防卷盘1套。

室内消火栓系统由设置在体育场一层消防泵房内的2台（1用1备）室内消火栓泵（主要性能为：$Q=0~40L/s$，$H=120m$）供水。同时在区域消防水箱出水管上设置管道泵和气压罐，以保证所需的水压，气压罐有效容积不小于150L，管道泵和气压罐根据设定的压力自动启闭。室内消火栓泵由消防水箱出水管上的流量开关、消防泵出水管上的压力开关等开关信号自动启动，也可由消防控制中心启动。静水压力大于或等于50m的消火栓，均采用稳压减压型的消火栓。

（七）自动喷水灭火系统

采用区域临时高压消防给水系统，不分区。建筑内除楼梯间、强弱电设备机房和不宜用水扑救的场所，以及净空高度超过12m的场所外，均设置闭式自动喷水灭火系统。其中体育场一层环形车道、二层至四层休息平台等敞开空间，采用预作用喷淋系统。

自动喷水灭火系统由设置在体育场一层消防泵房内的3台（2用1备）喷淋泵（主要性能为：$Q=0~50L/s$，$H=120m$）供水。同时在区域消防水箱出水管上设置管道泵和气压罐，以保证所需的水压，气压罐有效容积不小于150L，管道泵和气压罐根据设定的压力自动启闭。喷淋泵由报警阀组的压力开关、消防水箱出水管上的流量开关、消防泵出水管上的压力开关等开关信号自动启动，也可由消防控制中心启动。

（八）大空间智能型主动喷水灭火系统

体育馆内净空高度大于12m的高大门厅等室内空间，设置标准型自动扫描射水高空智能灭火装置。系统由智能型探测组件自动启动，也可由消防控制中心启动。

大空间智能型主动喷水灭火系统由设置在体育场一层消防泵房内的2台（1用1备）智能灭火消防泵（主要性能为：$Q=0~45L/s$，$H=125m$）供水。在区域消防水箱出水管上设置管道泵和气压罐，以保证所需的水压，气压罐有效容积不小于150L，管道泵和气压罐根据设定的压力自动启闭。

（九）自动消防水炮系统

净空高度大于12m的比赛厅、观众厅上部，采用自动消防水炮系统保护。自动消防水炮的布置，均保证

2门自动消防水炮的水流能够同时到达被保护区域的任一部位。自动消防水炮，流量为20L/s，半径为50m，工作压力为0.8MPa，系统由智能型红外探测组件、自动扫描射水高空水炮、电磁阀组、信号阀、水流指示器等组成，并带雾化转换功能。

自动消防水炮系统由设置在体育场一层消防泵房内的2台（1用1备）消防炮泵（主要性能为：$Q=0\sim45L/s$，$H=145m$）供水。同时在区域消防水池出水管上设置管道泵和气压罐，气压罐有效容积不小于600L，管道泵和气压罐根据设定的压力自动启闭。

（十）建筑物灭火器

建筑物内灭火器采用磷酸铵盐干粉灭火器。根据《建筑灭火器配置设计规范》GB 50140—2005，本建筑灭火器配置要求见表5。

建筑灭火器配置 表5

房间名称	火灾危险等级类别	最小配置级别	单位级别保护面积
观众厅	中危险级 A 类	2A	$75(m^2/A)$
体育场大厅及后台	严重危险级 A 类	3A	$50(m^2/A)$
体育馆大厅及后台	严重危险级 A 类	3A	$50(m^2/A)$

灭火器配置设置在消火栓箱内，在距离不满足要求时单独设置灭火器箱，以满足规范中对其保护距离的要求。灭火器类型均采用磷酸铵盐干粉灭火器。

（十一）气体灭火系统

高低压配电房、网络机房、中心机房、电源室等场所采用气体灭火系统。

高低压配电房等防护区，灭火设计浓度采用9%；网络机房、中心机房、电源室等防护区，灭火设计浓度采用8%。

（十二）水泵接合器设置

在建筑物四周设置室外消火栓或利用城市已有的市政消火栓，作为室外消防给水或水泵接合器的供水接口装置。在室内消火栓系统上设置3个水泵接合器；在自动喷水灭火系统上设置3个水泵接合器；在大空间智能型主动喷水灭火系统上设置3个水泵接合器；自动消防水炮系统上设置3个水泵接合器。

（十三）管材

室内消防给水管采用内、外热浸锌焊接钢管。

三、工程特点介绍

（一）可再生能源利用

按照建筑功能和热水供应区域的供水特点，太阳能热水系统采用如下供应方式：体育场运动员淋浴、运动员公寓，体育馆运动员淋浴分别采用集中热水供应系统，热源采用太阳能和能源站高温热水辅助加热。

（1）在与建筑师充分沟通，保证建筑造型美观的基础上，采用在建筑周边绿地集中设置闭式承压式平板太阳能集热器，最大限度地利用太阳能。

（2）太阳能集热系统采用间接换热，其系统加注防冻液，加强系统在冬季的抗冻性能，保证太阳能集热系统冬季的集热效果。

（3）太阳能供热系统采用太阳能集热优先控制方式，减少城市热网的需求量，加大可再生能源的利用。

（二）雨水资源控制与利用

1. 雨水的控制

项目设置集中雨水利用系统，在室外绿地下方设置的雨水调节回用水池。屋面雨水通过重力流排水系统，室外硬场地的部分雨水通过雨水口或带缝隙的雨水沟有组织收集，经初期弃流，优质的雨水集流到雨水集水池内，作为雨水回用的水源。经过曝气沉淀—过滤—超滤—消毒处理后作为道路冲洗和绿化用水等。

2. 雨水利用

(1) 绿地内结合景观专业微地形做下凹地，直接利用土壤入渗进行利用；绿地低于道路100mm。

(2) 室外硬质铺装区域采用透水砖，停车场采用草皮砖等多种方式实现雨水回灌，补充地下水。

(3) 雨水系统设计融合低影响开发理念。室外设集中雨水收集净化系统。经二次处理的雨水作为工程浇洒广场、道路及绿化用水，满足广场、道路冲洗及绿化的用水量。

(三) 体育馆下凹屋面雨水设计

为了表现出白色椭圆型体育馆"云之贝"这一建筑理念，体育馆钢罩棚内部为劲性悬挂结构，通过拉索和40根平面辐射状布置的H型钢梁相结合的方式创造出极为新颖别致的室内效果，同时产生了一个高差达8m，面积接近6600m²的下凹屋面。为了满足下凹屋面雨水排水安全需要，同时符合结构荷载的要求，共设置了3套雨水系统：虹吸雨水系统、87型雨水斗系统、溢流系统。考虑在2012年青岛曾出现200年一遇的大暴雨，每套雨水系统，均按单独排除青岛市暴雨重现期$P=50$年的5min暴雨强度的要求进行设计，见表6。

87型雨水斗系统设计参数　　　　　　　　　　　　　　　　　表6

实际面积 (m²)	重现期 (年)	设计流量 (L/s)	雨水斗个数 (个)	单个雨水斗流量 (L/s)	每个系统实际 雨水斗个数(个)
6600	50	303.67	8.44	36.00	12
6600	100	332.90	9.25	36.00	12

降雨开始时，最先启动的是虹吸雨水系统，其次启动的是87型雨水斗系统，最后启动的是溢流系统，在建筑北侧设置2根1m宽0.5m高溢水槽直接通往建筑外表皮。这样，3个系统的总设计暴雨重现期远大于200年一遇，充分保障了屋面的结构和屋面雨水排水安全性。

(四) 外圈弧形屋面虹吸雨水系统设计

根据建筑造型的需要，体育馆、体育场外侧大屋面的虹吸雨水排水天沟无法做到同一标高。设计采用建立数字模型的办法，找到底标高接近的雨水斗，通过设置雨水斗坑、挡水板等办法划分雨水汇水区域，经数字模拟计算找到管路损失接近的点，4个虹吸雨水斗一个系统，排至地面，排出室外，满足屋面雨水需求。体育馆外屋面一个斗的最大汇水面积雨水计算见表7，体育馆外天沟雨水计算见表8。

体育馆外屋面一个斗的最大汇水面积雨水计算　　　　　　　表7

实际面积(m²)	重现期(年)	设计流量(L/s)
550	50	25.31
550	100	27.74

体育馆外天沟雨水计算（西半侧，东西2侧对称）　　　　　　表8

实际面积 (m²)	重现期 (年)	设计流量 (L/s)	雨水斗个数 (个)	单个雨水斗流量 (L/s)	实际雨水斗个数 (个)
7000	50	322.07	8.95	36.00	19
7000	100	353.07	9.81	36.00	19

四、附图

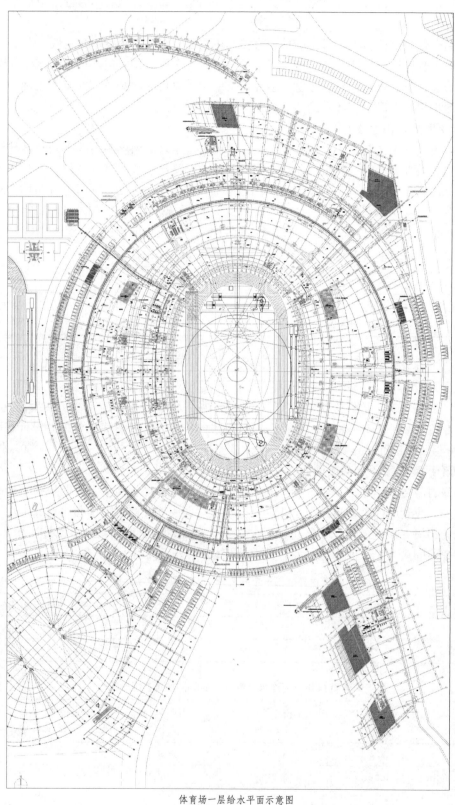

体育场一层给水平面示意图

本楼建筑面积=138060.15m²
本层建筑面积=67310.65m²

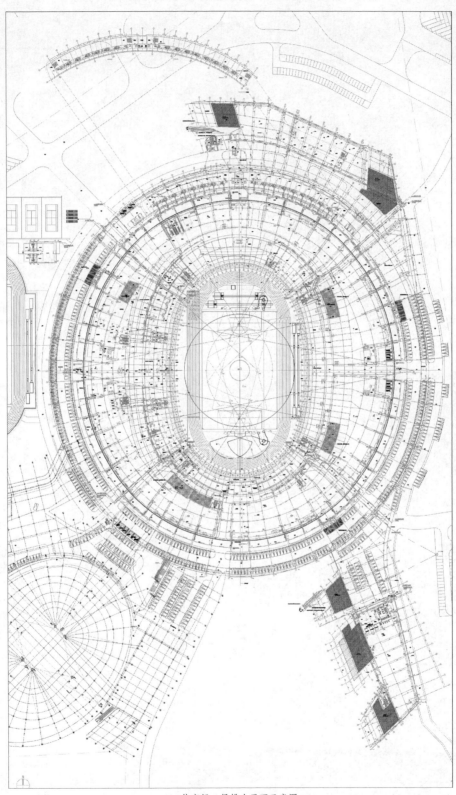

体育场一层排水平面示意图

本栋建筑面积=138060.15m²
本层建筑面积=67310.65m²

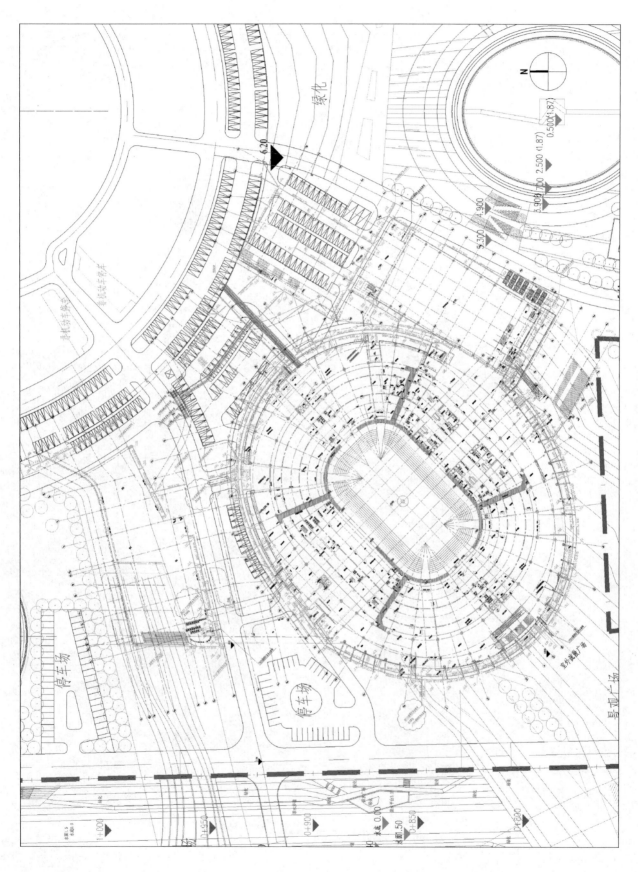

体育馆室外给水排水总平面示意图

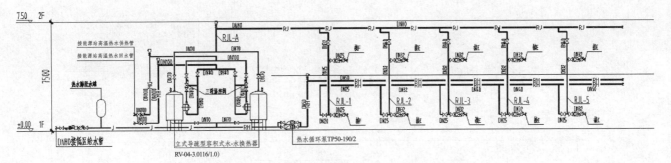

体育场公寓热水系统展开图

注：1. 除图中另有注明外横管均贴梁底敷设。
2. 供、回水横干管上的补偿设备及固定支架位置见平面图。

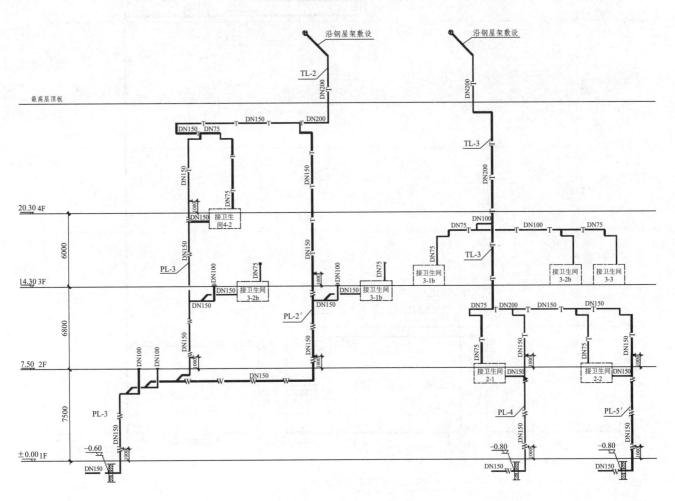

体育场排水系统展开图一(部分)

注：1. 排水横管起点均贴梁底敷设。
2. 通气管口应接至体育场顶部罩棚的外侧，
并高出人员活动地面不小于3m。
3. 楼层卫生间建筑降板处理蹲便器位无台阶安装。

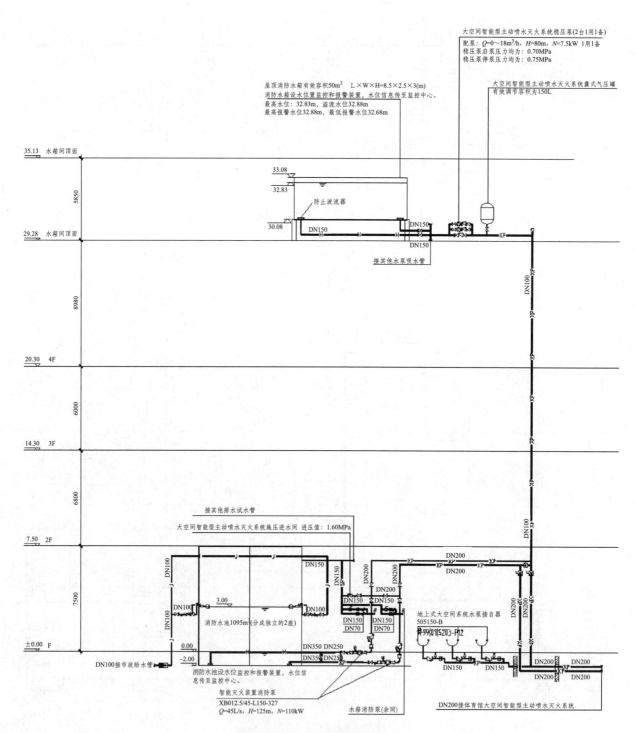

大空间智能型主动喷水灭火系统稳压泵(2台1用1备)
配泵：$Q=0\sim18m^3/h$，$H=80m$，$N=7.5kW$ 1用1备
稳压泵启泵压力均为：0.70MPa
稳压泵停泵压力均为：0.75MPa

大空间智能型主动喷水灭火系统囊式气压罐
有效调节容积为150L

屋顶消防水箱有效容积50m³　L×W×H=8.5×2.5×3(m)
消防水箱设水位置监控和报警装置，水位信息传至监控中心。
最高水位：32.83m，溢流水位32.88m
最高报警水位32.88m，最低报警水位32.68m

35.13　水箱间顶面

5850

33.08
32.83
防止波流器
30.08
DN150
DN150
DN150
接其他水泵吸水管

29.28　水箱间顶面

8980

DN100

20.30　4F

6000

14.30　3F

6800

DN100

接其他排水试水管
大空间智能型主动喷水灭火系统施压进水间 进压值：1.60MPa

7.50　2F

7500

DN100
DN100
3.00
DN100
消防水池1095m³(分成独立的2座)
DN100
DN150
DN150
DN200
DN200
DN200
DN200
XP
DN200
DN200
DN150
DN150
DN70
DN70
地上式大空间系统水泵接自器
505150-B
99X015203-P12

±0.00　F

0.00
-2.00
DN350 DN250
DN350 DN250
DN200
DN200
DN200
DN200
DN100接市政给水管
消防水池设水位监控和报警装置，水位信息传至监控中心。
智能灭火装置消防泵
XB012.5/45-L150-327
$Q=45L/s$，$H=125m$，$N=110kW$
水箱消防泵(余同)
DN150
DN150
DN200接体育馆大空间智能型主动喷水灭火系统

体育场大空间智能型主动喷水灭火系统原理图

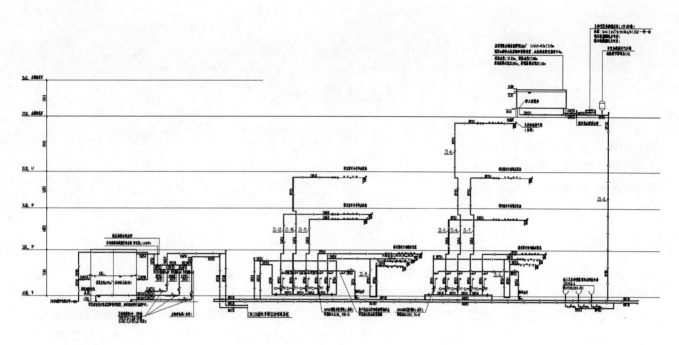

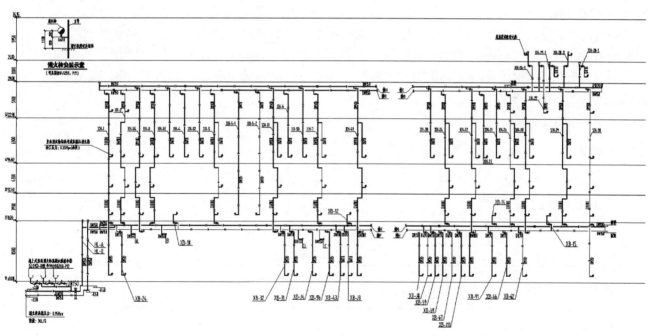

体育馆室内消火栓系统原理示意图

注：除图中另有注明外横管均贴梁底敷设。

广州长隆熊猫酒店

设计单位:广州市设计院集团有限公司
设 计 人:甘兆麟　陈永平　赵力军　王自勇　谢晨妤
获奖情况:公共建筑类　二等奖

工程概况:

广州长隆熊猫酒店项目位于广州市番禺区长隆旅游度假区内,总建筑面积为 125882.4m²,地下 1 层,地上裙楼 2 层,酒店塔楼 11 层,总高度为 49.95m。本酒店主要功能为游乐园旅游配套酒店,整栋建筑由 5 段高低错落的塔楼与裙楼组成,沿场地以折型展开,环抱整个长隆乐园景观,争取景观资源最大化。建筑造型构思来源于长隆熊猫主题动画的场景建筑元素,提取其中的建筑元素,让动漫场景的建筑变为现实,通过提炼和融合,塑造一座梦幻的欧洲小镇。设计体现"以人为本,因地制宜"的宗旨,在用地布局、路网布局、空间布局、建筑布局和环境设计的过程中贯彻这一宗旨,合理利用基地不可复制的自然与建筑景观最大化资源优势,创造一个情景交融的世外桃源,突出强调产品的差异性最大化项目经济价值,创造一个地标性的度假酒店。

项目目前已投入使用,其丰富活泼的立面形象,完善的酒店及配套功能深受游客的青睐,极大提升了为长隆旅游度假区的整体形象。

工程说明:

一、给水排水系统
(一)给水系统
1. 冷水用水量(见表1)

冷水用水量 表 1

建筑类别	面积	使用人数指标	用水人数	给水定额(L)	小时变化系数	运作时间(h)	最高日用水量(m³/d)	最大时用水量(m³/h)
自助餐厅	800.0座	3.0次/座	2400人	60L/人次	1.5	12	144.0	18.0
食街	1000.0座	3.0次/座	3000人	40L/人次	1.5	12	120.0	15.0
员工餐厅	1000.0座	3.0次/座	3000人	25L/人次	1.5	12	75.0	9.4
餐饮员工			600人	180L/人次	1.5	12	108.0	13.5
后勤办公			350人	50L/人次	1.5	8	17.5	3.3
商业			3000m²	8L/(m²·d)	1.5	12	24.0	3.0
酒店员工			450人	150L/(人·d)	2.5	24	67.5	7.0
酒店客房	1375间客房	2.0人/房	2750人	400L/(人·d)	2.5	24	1100.0	114.6
空调补水					1	18	720.0	40.0

续表

建筑类别	面积	使用人数指标	用水人数	给水定额 (L)	小时变化系数	运作时间(h)	最高日用水量(m³/d)	最大时用水量(m³/h)
绿化用水	20000m²	2.0L/(m²·d)			1	4	40.0	10.0
车库冲洗	12000m²	2.0L/(m²·d)			1	4	24.0	6.0
合计							2440.0	239.8
未预见用水量取10%							244.0	24.0
总计							2684.0	263.7

2. 水源

本区建筑给水水源为市政自来水，市政水压约为 0.20MPa，由小区室外道路上接入 2 条管径 $DN300$ 的引入管供本项目综合用水，在酒店西北侧的室外绿化带设 1 组 $DN200$ 酒店生活用水表（包括闸阀、水表、止回阀）供酒店生活用水；1 组 $DN65$ 酒店绿化用水表（包括闸阀、过滤器、倒流防止器、水表）供酒店室外绿化、景观、道路冲洗等用水和 1 组 $DN150$ 的消防用水表（包括闸阀、过滤器、倒流防止器、水表）；另在酒店东北侧的室外绿化带设 1 组 $DN200$ 酒店生活用水表（包括闸阀、水表、止回阀），和 1 组 $DN150$ 的消防用水表（包括闸阀、过滤器、倒流防止器、水表），1 组 $DN65$ 酒店绿化用水表（包括闸阀、过滤器、倒流防止器、水表）。2 组消防水表后形成室外埋地环状消防管网以供酒店室外消防用水。

3. 系统竖向分区

本工程市政给水管网供水压力约 0.20MPa。

酒店生活给水由室外给水管网经酒店专用水表后引入地下一层酒店专用生活水泵房内。市政进水经软化处理后供热水锅炉补水，所有生活水箱出水管设紫外线消毒器进行消毒。冷却塔补水贮于生活水箱内，由相应独立的变频泵组供给酒店冷却塔用水。

地下一层水泵房内设置 1 个 550m³ 不锈钢生活水箱和 1 个 650m³ 不锈钢生活水箱。酒店生活用水箱按甲方要求其贮水量满足酒店半天正常运营所需的日用水量。

生活给水方式及分区如下：地下室设备机房和车库用水为市政直供区，由市政水压直供；地下室～二层厨房、卫生间及酒店公共区等用水，由 1 套（裙楼）加压生活变频供水设备供水；客房三层～八层为客房加压 1 区，由 1 套加压 1 区（客房）生活变频供水设备供水；客房九层～屋顶为客房加压 2 区，由 1 套加压 2 区（客房）生活变频供水设备供水。每个竖向供水分区最低卫生器具配水点处的静水压力不大于 0.45MPa。

4. 供水方式及给水加压设备

供水设备选型如下：

(1) 空调冷却塔补水生活变频供水设备：$Q=40\text{m}^3/\text{h}$，$H=75\text{m}$，$N=15\text{kW}$

选用主泵 3 台（2 用 1 备）：$Q=20\text{m}^3/\text{h}$，$H=75\text{m}$，$N=7.5\text{kW}$

配用气压罐：$V=0.4\text{m}^3$，$\phi600\times1950$

(2) 裙楼加压生活变频供水设备：$Q=150\text{m}^3/\text{h}$，$H=40\text{m}$，$N=36\text{kW}$

选用主泵 4 台（3 用 1 备）：每台 $Q=50\text{m}^3/\text{h}$，$H=40\text{m}$，$N=11\text{kW}$

配用辅泵 1 台：$Q=10\text{m}^3/\text{h}$，$H=40\text{m}$，$N=3\text{kW}$

配用气压罐：$V=0.8\text{m}^3$，$\phi800\times2261$

(3) 客房加压 1 区生活变频供水设备：$Q=80\text{m}^3/\text{h}$，$H=75\text{m}$，$N=35.5\text{kW}$

选用主泵 3 台（2 用 1 备）：每台 $Q=40\text{m}^3/\text{h}$，$H=75\text{m}$，$N=15\text{kW}$

配用辅泵 1 台：$Q=10\text{m}^3/\text{h}$，$H=75\text{m}$，$N=5.5\text{kW}$

配用气压罐：$V=0.4\text{m}^3$，$\phi600\times1950$

（4）客房加压 2 区生活变频供水设备：$Q=75\text{m}^3/\text{h}$，$H=92\text{m}$，$N=35.5\text{kW}$

选用主泵 3 台（2 用 1 备）：每台 $Q=35\text{m}^3/\text{h}$，$H=92\text{m}$，$N=15\text{kW}$

配用辅泵 1 台：$Q=10\text{m}^3/\text{h}$，$H=92\text{m}$，$N=5.5\text{kW}$

配用气压罐：$V=0.4\text{m}^3$，$\phi600\times1950$

5. 管材

室外给水采用离心球墨铸铁给水管，橡胶圈承插连接。室内冷/热水管道采用薄壁不锈钢管，承插氩弧焊焊接；室内冷水管道埋墙/埋地时采用外壁覆塑薄壁不锈钢管，承插氩弧焊焊接。

（二）热水系统

1. 热水用水量（见表 2）

热水用水量 表 2

建筑类别	面积	使用人数指标	用水人数	给水定额（L）	小时变化系数	运作时间（h）	最高日热水量（m^3/d）	最大时热水量（m^3/h）	最大时耗热量（kW）
自助餐厅	800.0 座	3.0 次/座	2400 人	20L/人次	1.5	12	48.0	6.0	348.9
食街	1000.0 座	3.0 次/座	3000 人	15L/人次	1.5	12	45.0	5.6	327.1
员工餐厅	1000.0 座	3.0 次/座	3000 人	10L/人次	1.5	12	30.0	3.8	218.1
餐饮员工			600 人	50L/人次	1.5	12	30.0	3.8	218.1
后勤办公			350 人	10L/人次	1.5	8	3.5	0.7	38.2
酒店员工			450 人	50L/人 d	2.6	24	22.5	2.4	141.7
酒店客房	1375 间客房	2.0 人/房	2750 人	160L/人 d	2.6	24	440.0	47.7	2771.9
合计				—			619.0	69.9	4064.0
未预见用水量取 10%				—			61.9	7.0	406.4
总计				—			680.9	76.9	4470.4

2. 热源

本工程采用全日制热水系统。客房、裙房和地下室分别设置集中热水供应系统。本项目在 3~11 月份的生活热水采用空调热回收供热（热媒热水供/回水温度为 60℃/55℃），空调热回收的供热量基本上能满足该时段的裙楼和客房生活热水耗热量，该时段生活热水系统的供/回水温度为 55℃/50℃。冬季及事故时采用本项目地下一层设置的真空热水锅炉供应热水作为热源（热媒热水供/回水温度为 85℃/65℃），经过水-水换热器进行换热制取热水，该时段生活热水系统的供/回水温度为 60℃/55℃。

3. 系统竖向分区

热水供水系统分区与生活给水系统相同。水源来自同区给水系统。

4. 热交换器

酒店客房区和裙楼加压区的生活热水平时利用空调热回收作为热媒，各分区设置不同的板式换热器，冷水经板式换热器加热至设计温度后贮存于各区独立的容积式换热器，并且设置热水循环泵形成循环加热。同时，容积式换热器采用真空热水锅炉作为热媒，热回收供热时热水锅炉不供应热媒，此时容积式换热器仅作为热水贮罐使用。冬季及事故时采用真空热水锅炉提供的一次高温热媒水加热至设计温度。每个分区的热水系统均设置不少于 2 台立式容积式换热器和板式换热器合用机组。

5. 冷、热水压力平衡措施及热水温度的保证措施等

热水管路系统采用同程布置方式，采用干管、立管及支管循环的方式；回水总管上设置温度监控，控制循环水泵的启、停，以保证管网内的热水温度。

6. 管材

室内冷/热水管道采用薄壁不锈钢管，承插氩弧焊焊接；室内冷水管道埋墙/埋地时采用外壁覆塑薄壁不锈钢管，承插氩弧焊焊接。

(三) 排水系统

1. 排水系统的型式

排水系统采用雨污分流制。

室内粪便污水和生活废水采用分流系统。首层以上粪便污水在首层排出经化粪池处理后与生活废水合流接入市政污水排水管网。本项目各屋面设置独立的重力流雨水排水系统，由屋面雨水斗接屋面雨水，经首层排入室外雨水管网。室外地面雨水由雨水口或雨水沟收集排入雨水检查井，室外雨水汇集后接入市政雨水管网。

2. 透气管的设置方式

酒店客房区各排水立管汇于设备转换层内的排水横干管，下至裙房出户管的数量按不少于 2 组设计。底层客房层的排水独立排放，主管井内的污、废水立管设置主通气立管。

裙楼卫生间、厨房污水系统管网设置环形通气立管及伸顶通气立管，所有污水提升设备、隔油设备均设置伸顶通气管。

3. 局部污水处理设施

首层以上厨房含油污水在首层排出经室外隔油池处理后与生活废水合流接入市政污水排水管网。无法自流出室外的粪便污水经地下室污水提升间提升至室外，经化粪池处理后与生活废水合流接入市政污水排水管网。无法自流出室外的厨房含油污水经地下室隔油间的隔油器处理后提升至室外接入市政污水排水管网。

4. 管材

室内污水、废水、雨水重力排水管道采用离心铸铁排水管，室内重力生活排水管、阳台雨水排水管采用无承口卡箍式柔性接口连接，加强型卡箍连接。屋面雨水排水管及出户至检查井部分的埋地生活排水管采用 A 型法兰机械式柔性接口连接。埋设在降板内的生活排水支管采用 HTPP 耐高温静音排水管，热熔连接。地下室压力排水管及结构板内或结构底板下的预埋排水管采用内外涂塑钢管，$DN80$ 以下采用丝扣连接，$DN80$ 及以上采用沟槽式连接。

室外埋地排水管采用 HDPE 双壁波纹管（小于或等于 $DN500$），钢筋混凝土管 I 型（大于 $DN500$），橡胶圈承插式连接。

二、消防系统

(一) 消火栓系统

1. 消防水源

利用城市市政给水管网供水，消防给水管道内平时充水 pH 为 $6.0 \sim 9.0$，引 2 条管径 $DN200$ 管供室外环状消防给水管网。

2. 消防用水量（见表 3）

消防用水量 表 3

序号	系统	设置场所	危险等级	喷水强度 [L/(min·m²)]	作用面积 (m²)	计算用水量 (L/s)	火灾延续时间 (h)	火灾时用水量 (m³)
1	室外消火栓系统					40	3	432

续表

序号	系统	设置场所	危险等级	喷水强度 [L/(min·m²)]	作用面积 (m²)	计算用水量 (L/s)	火灾延续时间(h)	火灾时用水量(m³)
2	室内消火栓系统					40	3	432
3	湿式自动喷水灭火系统	地下车库	中危险级Ⅱ级	8	160	35	1	126
4		除地下车库、净高大于8m其他区域	中危险级Ⅰ级	6	160	30	1	108
5		净高8～12m区域	中危险级Ⅰ级	6	260	35	1	126
6	大空间智能型主动喷水灭火系统	酒店中庭	中危险级Ⅰ级			10	1	36
7	合计室内消防用水量	2+3						558

3. 消防贮水量

因市政进水管不能满足室内消防用水量及水压要求，故在地下一层设置室内消防水池，有效容积不小于558m³，消防水池分为2格，以备水池定期清洗而不会完全没有储备用水。在屋顶最高处设置高位消防水箱，有效容积为36m³。

4. 室外消火栓系统

从市政引2路水在小区室外成环状，管径DN200，环网上设置室外消火栓，环状管网最不利点处平时运行工作压力为0.15MPa，火灾时水力最不利室外消火栓的出流量不小于15L/s，且供水压力从地面算起不小于0.1MPa。室外消火栓距道路边不大于2.0m，距建筑物外墙不小于5.0m且不大于40m。室外停车场的室外消火栓沿停车场周边设置，距最近一排汽车不小于7m。两消火栓沿道路间距不大于120m，保护半径不大于150m。

5. 室内消火栓系统

设临时高压消防给水系统。

消火栓系统仅分为1个区，布置成竖向环状管网；管网由地下室消防泵房以双管向环状管网供水，消火栓出口处静水压不大于1.00MPa。消火栓出口压力大于0.5MPa时采用减压稳压消火栓。消火栓水泵接合器距室外消火栓距离15～40m。消火栓系统管网在室外设3组SQD100消防水泵接合器，与室内消火栓管网连通，供消防车向室内消火栓系统供水。由于高位消防水箱底与最高处消火栓高差不足10m，因此，消火栓系统在酒店屋面设置稳压设备，以保证系统最不利点消火栓的压力。稳压设备包括：稳压泵2台，1用1备，隔膜式气压罐1个。

6. 消防泵及其控制

地下一层设消防泵房，内设有卧式消防泵2台，1用1备，$Q=40L/s$，$H=100m$，$N=75kW$。

火警发生时，由消防泵出水管上设置的压力开关信号和屋顶高位消防水箱出水管上的流量开关信号直接启动消防泵。消防泵设置手动启停和自动启动。各台水泵的启停及故障状况，均有信号在消防控制中心显示。

7. 管材

室外消火栓系统采用钢丝网骨架增强聚乙烯复合管，热熔连接。室内消火栓系统采用阻燃型内外涂塑钢管，DN50及以下采用丝扣连接，DN50以上采用沟槽连接件连接。

(二) 自动喷水灭火系统

1. 设计参数

地下室按中危险级Ⅱ级设计，喷水强度为 8L/(min·m²)，计算作用面积为 160m²，喷头 $K=80$。净高为 8～12m 区域按中危险级Ⅰ级设计，喷水强度为 6L/(min·m²)，计算作用面积为 260m²，喷头 $K=80$。其余场所按中危险级Ⅰ级设计，喷水强度为 6L/(min·m²)，计算作用面积为 160m²，喷头 $K=80$。装设网格、格栅类通透性吊顶处喷水强度按上述值的 1.3 倍。

2. 自动喷水灭火系统选型及分区

采用临时高压消防给水系统。喷淋管网为 1 个垂直分区，由地下室消防泵房内喷淋泵供水。喷淋管道在湿式报警阀前形成环状管网，湿式报警阀由环状管网接出。首层室外设置 3 组 SQD100 喷淋水泵接合器，与报警阀前管网连通，供消防车向系统供水，并且与室外消火栓距离 15～40m。

3. 报警阀、水流指示器、喷头

共设置湿式报警阀 16 个，报警阀与管网间供水干管上设置由控制阀、检测供水压力、流量用的仪表及排水管组成的系统流量压力检测装置（过水能力与系统过水能力一致），每个湿式报警阀控制的喷头数不多于 800 个，最高最低喷头高差不大于 50m。

每个防火分区每层均设水流指示器及带开关显示的阀门（开关信号反馈至消防中心），并在管网末端设 1 条排水及试验用的排水管及控制阀门与压力表，在压力超过 40m 处水流指示器与信号阀间设减压孔板。

不同区域采用不同的喷头：(1) 停车库或不设吊顶部位采用 DN15 直立型喷头（$K=80$）；(2) 设置吊顶部位采用 DN15 隐蔽式吊顶型喷头（$K=80$），吊顶内净空大于 800mm 时，吊顶内应设置 DN15 直立型喷头（$K=80$）；(3) 客房无吊顶部分采用 DN20 扩展覆盖水平边墙型喷头（$K=115$）。

喷头的动作温度要求如下：厨房高温区 $T=93℃$，厨房排烟罩风管内 $T=260℃$，其他区域 $T=68℃$。

4. 喷淋泵控制

本系统供水设备设置于地下一层消防泵房内，设卧式消防喷淋泵 2 台，1 用 1 备，单台设备参数：$Q=35L/s$，$H=110m$，$N=75kW$。

室内喷淋泵由湿式报警阀上压力开关直接自动启动，稳压泵由气压罐上压力开关自动启停，同时在泵房可以就地启停，消防中心远程控制启停，启泵压力详见图纸。喷淋泵及喷淋稳压泵的启停及故障状态均在消防控制中心有显示。

自动喷水灭火系统的稳压设备设置于酒店屋面，以保证系统最不利点的压力。稳压设备包括：稳压泵 2 台，1 用 1 备，隔膜式气压罐 1 个。

5. 管材

室内自动喷水灭火系统采用阻燃型内外涂塑钢管，DN50 及以下采用丝扣连接，DN50 以上采用沟槽连接件连接。

(三) 气体灭火系统

1. 外贮压式七氟丙烷管网气体灭火系统

(1) 设置位置：控制室、高压电房、低压电房、变压器室等，共 13 个防护区。

(2) 设计参数：七氟丙烷气体灭火系统灭火设计浓度为 9%，灭火剂喷放时间小于或等于 10s，浸渍时间大于 5min。

(3) 系统控制：气体灭火系统设置自动控制、手动控制、应急操作 3 种控制方式。

自动控制：每个防护区设置双回路探测器，当其中 1 个回路报警时，系统进入报警状态；当 2 个回路都报警时，进入延时 30s（可调）状态，通知区内人员疏散，关闭门窗和通风系统，如在延时阶段发现是系统误动作，工作人员可按下设在防护区域门外的紧急止喷按钮暂时停止释放药剂。30s 延时结束时，控制盘输出有源信号至容器阀及选择阀上的电磁阀以释放制盘启动对应防护区的气体钢瓶选择阀，释放灭火剂。

手动控制：控制盘处在手动工作模式下，在接到手拉启动器的指令后，控制盘不经延时实施联动控制，释放灭火剂。

应急操作：当自动和手动控制均失灵时，通过操作钢瓶释放阀上的手动启动器和选择阀上的手动启动器，释放气体灭火。

2. 预制式七氟丙烷气体灭火系统

（1）设置位置：开关房、消防及安防中心、弱电进线间、通信机房、程控交换机房、网络机房、储油间共 7 个防护区。

（2）设计参数：变压器房、高低压配电房等强电机房的七氟丙烷气体灭火系统灭火设计浓度为 9%，灭火剂喷放时间小于或等于 10s，浸渍时间大于 5min；IT 机房、联通机房等弱电机房的七氟丙烷气体灭火系统灭火设计浓度为 8%，灭火剂喷放时间小于或等于 10s，浸渍时间大于 5min。

（3）系统控制：本系统具有自动、手动 2 种控制方式。

自动控制：在防护区无人时，将自动灭火控制器内控制方式转换开关拨到"自动"位置，灭火系统处于自动控制状态。当防护区第一路探测器发出火灾信号时，发出警报，指示火灾发生的部位，提醒工作人员注意；当第二路探测器亦发出火灾信号后，自动灭火控制器开始进入延时阶段，同时发出联动指令，关闭联动设备及保护区内除应急照明外的所有电源。自动延时 30s（可调）后向控制火灾区的电磁启动器发出灭火指令，打开七氟丙烷气瓶，向失火区进行灭火作业。

电气手动控制：在防护区有人工作或值班时，将自动灭火控制器内控制方式转换开关拨到"手动"位置，灭火系统即处于手动控制状态。当防护区发生火情，可按下自动灭火控制器内手动启动按钮或启动设在防护区门外的紧急启动按钮，即可按上述程序启动灭火系统，实施灭火。在自动控制状态，仍可实现电气手动控制。电气手动控制实施前防护区内人员必须全部撤离。

当发生火灾警报，在延迟时间内发现不需要启动灭火系统进行灭火的情况时，可按下自动灭火控制器上或手动控制盒内的紧急停止按钮，即可阻止灭火指令的发出，停止系统灭火程序。

火灾后，保护区的门应及时关闭，以免影响灭火效果。

（四）消防水炮灭火系统

净高大于 12m 的酒店大堂采用大空间智能型主动喷水灭火系统。该系统与自动喷水灭火系统合用消防水泵，由设于地下一层消防泵房内的喷淋泵供水，同时由屋面消防稳压水箱维持平时管网压力。该系统设计危险等级为中危险级Ⅰ级，采用标准型自动扫描射水高空水炮灭火装置，安装高度为 6~20m，标准保护半径为 20m，标准流量为 5L/s，灭火装置内置摄像头。需设置现场控制箱，现场控制箱应具备手动遥控功能，遥控功能包括：水炮上下左右旋转、启动电磁阀、启动水泵、强制启动水炮定位、控制箱自检、手/自动状态切换、复位、紧急停止等。

水炮具有激光定位检测功能，可在水炮不喷水的情况下验证水炮的定位精度，方便调试与日后维护，具有视频辅助定位功能，可通过炮体内置的摄像头和控制室的"视频管理系统"实现远程人工手动控制及火情确认，可以通过"视频管理系统"或现场控制箱进行自/手动控制。自动状态下，水炮完成定位后，发出报警信号，联动电磁阀、水泵等配套设备喷水灭火，火灾扑灭后自动关闭电磁阀、水泵。如有复燃，重复所有动作。手动状态下，水炮完成定位后，发出报警信号，此时需通过现场手动控制箱或水炮内置摄像头传输到消防中心的现场画面确认火情，人工打开电磁阀、水泵等配套设备喷水灭火，同时可以对装置进行水平、垂直调整以及复位等操作。该技术的应用，使得在火势可以人为控制的情况下，避免喷水对现场贵重物品的破坏。水炮内配备电源、通信防雷模块，以有效避免雷击对产品的破坏，提高产品的可靠性。

三、工程特点介绍

本项目总建筑面积为 125882.4m²，地下 1 层，地上裙楼 2 层，酒店塔楼 11 层，总高度为 49.95m。为解决本酒店客房数量众多，酒店平面长度大，供水半径过长的问题，本工程给水系统除竖向分区外还采用横向分区。酒店横向共分为 4 组客房区，每组客房区用水分别从单独的冷/热水主立管供给，每组供水立管的供水半径不大于 50m。各组团之间的热水主干管采用同程布置的方式，每个组团之间的热水回水管上均设动态流量平衡阀以调节热水回水量的大小，保证热水出水时间不超过 5s。

为解决本酒店的大量热水的使用要求及节省后期运行费用，本项目生活热水系统设计采用空调全热回收＋真空热水锅炉的加热方式，在 3～11 月份的生活热水主要采用空调热回收供热，空调热回收的供热量基本上能满足该时段的裙楼和客房生活热水耗热量，冬季及事故时采用本项目地下一层设置的真空热水锅炉供应热水作为热源，节能效果显著。

本酒店首次采用板式换热器＋热水贮水罐替代传统的容积式热水交换器作为空调热回收的换热设备，板换的换热系数 K 值更高，换热效率更好，解决用水高峰时期空调热回收制热水过慢的问题。同时将空调热回收和热水锅炉的热水贮水罐合用，由于空调热回收主要是夏、秋天使用，而热水锅炉主要是冬天使用，所以把 2 个换热器合用成 1 个换热器能节省空间及减少设备初次投资，该"一体化组合式换热装置"已获得实用新型专利证书。

本项目生活给水系统采用竖向分区方式控制最不利点处用水器具的静水压力。为保证客房用水水压稳定，客房部分和酒店功能区分别由各自的变频加压供水设备供水。各层各功能用水点均设置计量水表。除室外总水表外，所有室内水表均采用带现场数字显示的远传水表。本项目屋面雨水采用重力流排水系统，可以迅速排除 50 年一遇的暴雨；厨房含油污水采用气浮工艺处理达标后再排入污水排水管网。卫生器具全部采用节水器具，用水效率等级为 2 级，公共卫生间的洗手盆均采用感应龙头，小便器均采用感应冲洗阀，客房坐便器采用容积为 5L 的冲洗水箱，并设 2L/5L 两档冲洗，有利节水。

入口大堂上空由于净高大于 12m，无法采用普通喷淋头，所以改用大空间智能型主动喷水灭火系统，该系统与自动喷水灭火系统共用喷淋泵；强弱电机房均采用七氟丙烷气体灭火系统；公共区域消防箱全部暗装，有吊顶部分采用隐蔽式喷头；由于本工程湿式报警阀数量较多，为减少报警阀后的喷淋管道太多的问题，采用湿式报警阀分散布置的方式，这样可腾出空间布置其他系统的管线。

四、工程照片及附图

鸟瞰图

夜景 酒店大堂

大空间水炮

隔油间

生活泵房

热水锅炉房

热水机房（一）

热水机房（二）

消防泵房（一）

消防泵房（二）

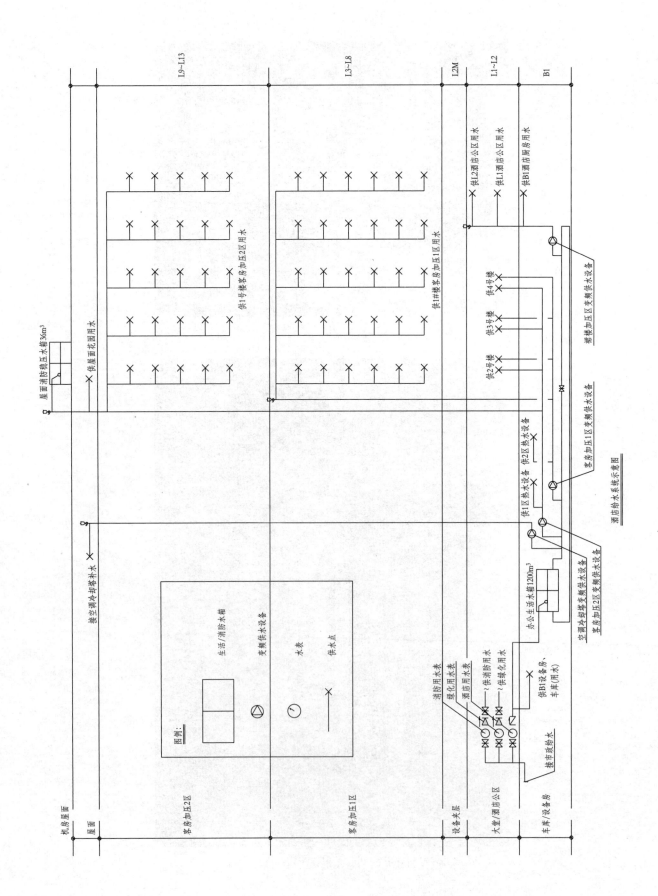

酒店给水系统示意图

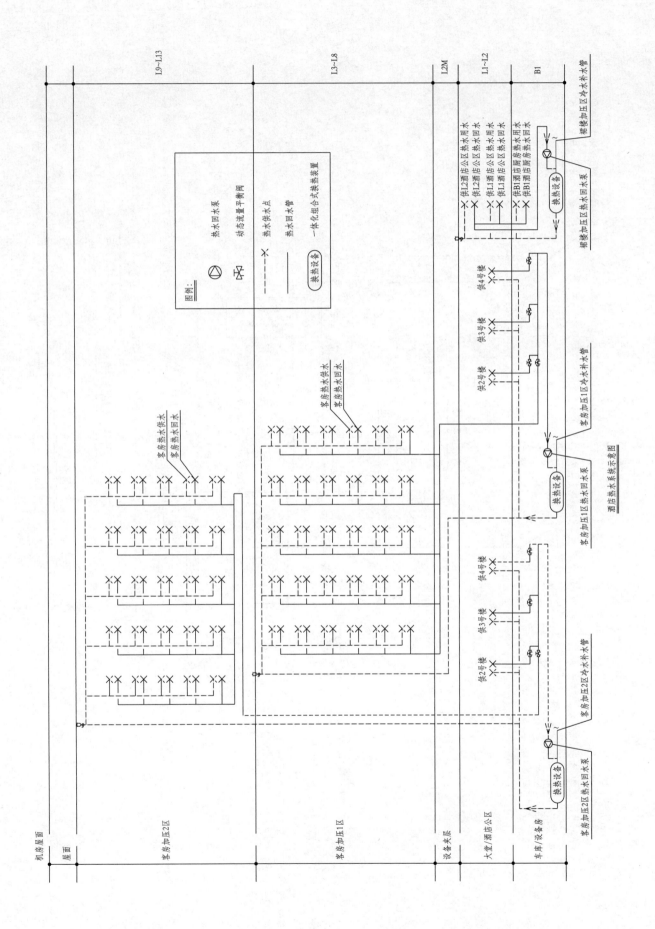

酒店热水系统示意图

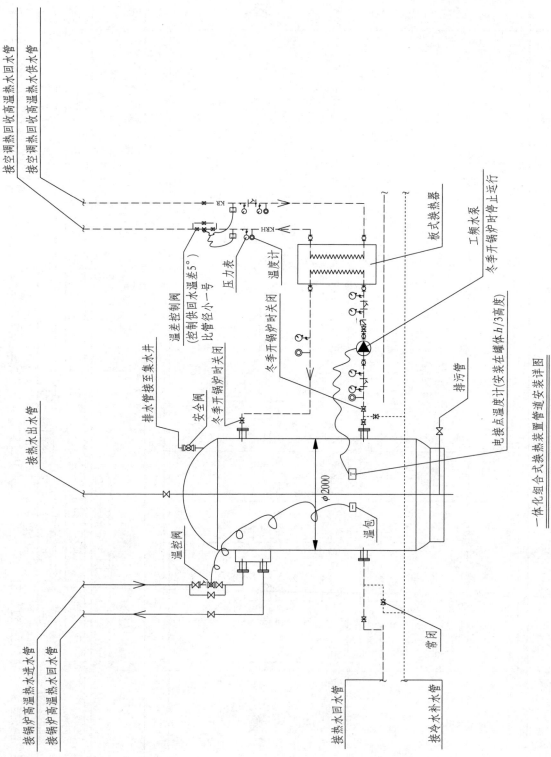

接空调热回收高温热回水管
接空调热回收高温热供水管

板式换热器

工频水泵

冬季开锅炉时停止运行

温差控制阀
（控制供回水温差5°）
比管径小一号

压力表

温度计

排水管接至集水井

安全阀

冬季开锅炉时关闭

冬季开锅炉时关闭

接热水出水管

φ2000

温包

排污管

电接点温度计(安装在罐体h/3高度)

温控阀

一体化组合式换热装置管道安装详图

接锅炉高温热进水管
接锅炉高温热回水管

接热水回水管

常闭

接冷水补水管

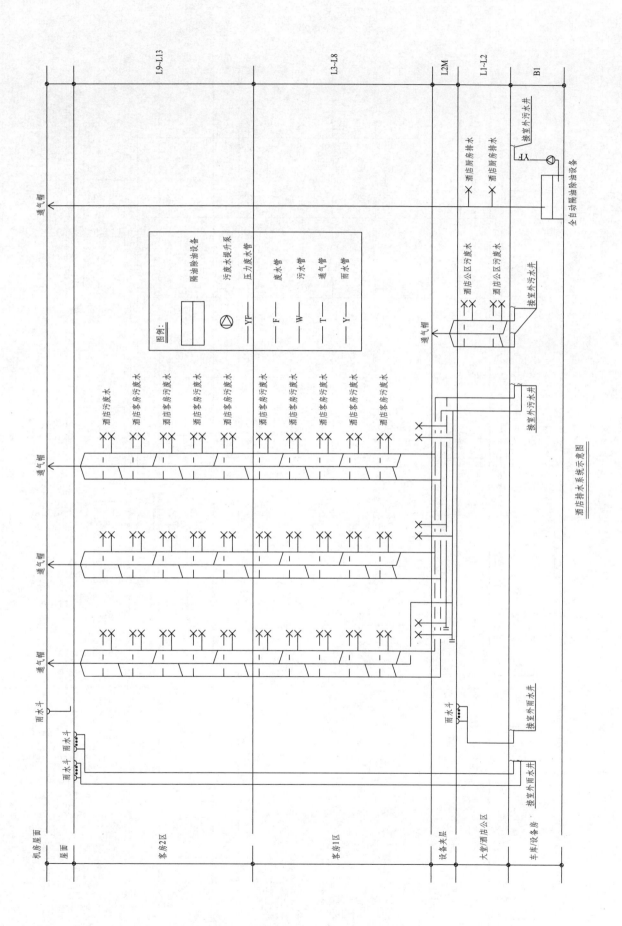

酒店排水系统示意图

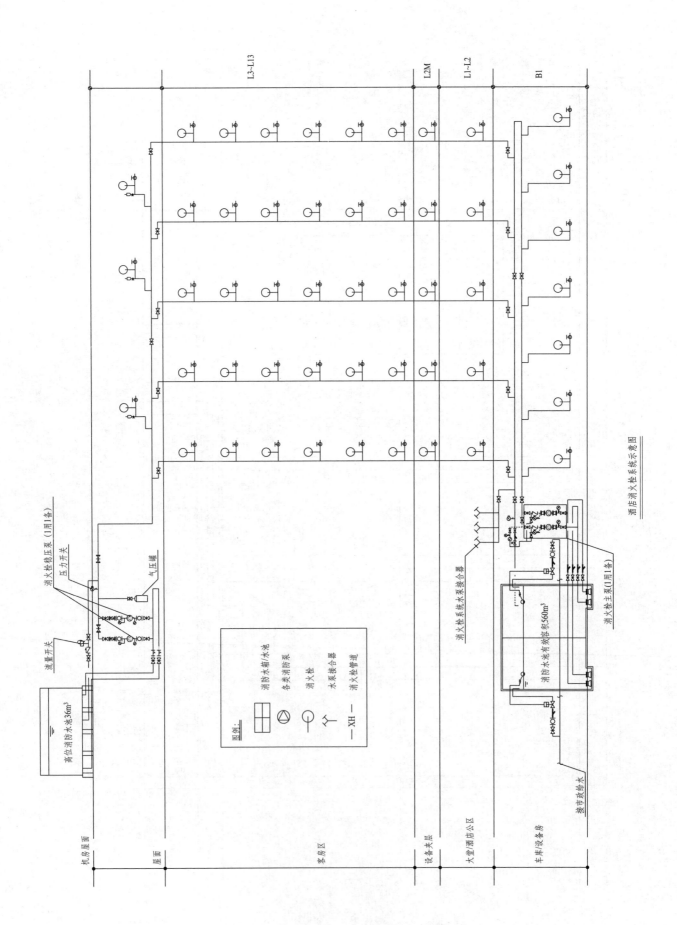

酒店消火栓系统示意图

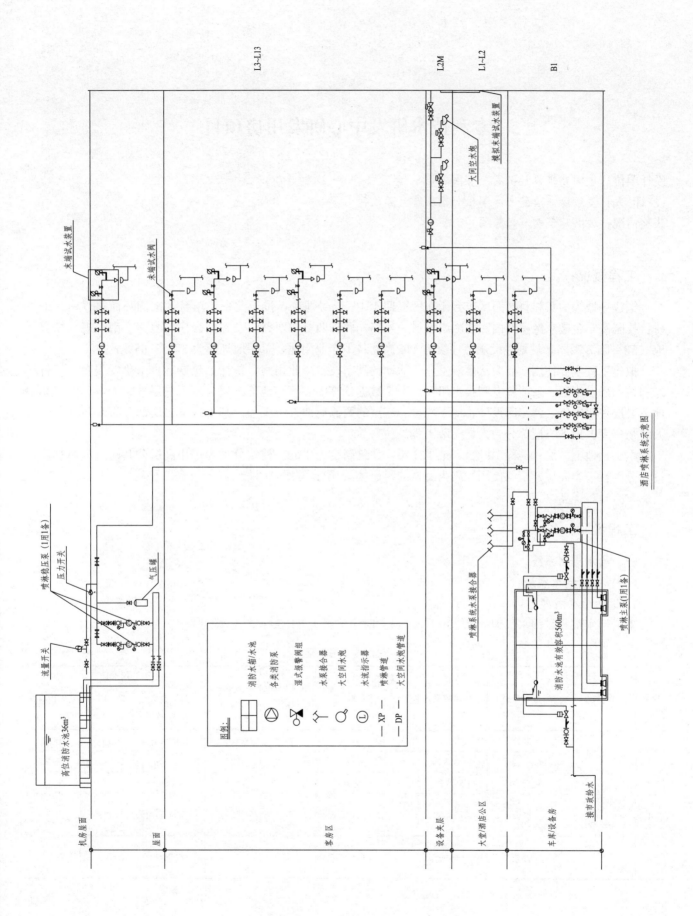

酒店喷淋系统示意图

专利技术研发中心研发用房项目

设计单位： 中国建筑设计研究院有限公司
设 计 人： 董新淼　唐致文　黎松　杨东辉　郭汝艳
获奖情况： 公共建筑类　二等奖

工程概况：

拟建场地为中关村科技园区丰台园东区三期 1516-55 号地块，位于北京市丰台区南四环西路以南，中关村科技园区丰台园东区三期内。北临南埂村一号路，西临四合庄西路，东临四合庄二号路，南隔规划综合用地（F3）临五圈路。规划建设用地性质为 M4 高新技术产业用地，总用地规模为 37075.659m²。

拟建工程主要使用功能为从事研发业务活动的高新技术产业用房，包括信息专利技术研发用房、新材料专利技术研发用房、新能源专利技术研发用房、数据计算中心等。地下二层、地下三层平时为汽车库，其中地下二层按双层复式汽车库设计；地下二层、三层的西侧局部人防工程，其中地下二层部分为人防汽车库与人防物资库，地下三层部分为人员掩蔽工程。

本工程地上 7 层（局部 10 层），地下 3 层，建筑高度为 45m。建筑分类为民用高层公共建筑；建筑防火设计分类：一类高层建筑（使用性质为重要的科研楼）；耐火等级：一级。

工程说明：

一、给水排水系统

（一）生活给水系统

1. 生活给水用水量

生活给水最高日用水量为 699.33m³/d，最大时用水量为 80.52m³/h，详见表 1。

生活给水用水量　　　　　　　　　　　　　　　　　　表 1

序号	分区	用水项目	使用数量	用水定额	用水时间(h)	小时变化系数	用水量 最大日(m³/d)	用水量 最高时(m³/h)	用水量 平均时(m³/h)
1	1区（地下三层～一层）	办公	912 人	20L/人	10	1.5	18.24	2.74	1.82
2		职工餐厅	9000 人次	19L/人次	12	1.5	171.00	21.38	14.25
3		健身中心	100 人次	47.5L/人次	2	1.5	4.75	3.56	2.38
4	2区（二层～七层）	办公	3750 人	20L/人	10	1.5	75.00	11.25	7.50
5	3区（八层～十层）	办公	338 人	20L/人	10	1.5	6.76	1.01	0.68

续表

序号	分区	用水项目	使用数量	用水定额	用水时间(h)	小时变化系数	用水量 最大日(m³/d)	用水量 最高时(m³/h)	用水量 平均时(m³/h)
6		循环冷却水补水	2400m³/h	1.5%循环水量	10	1	360.00	36.00	36.00
7	小计						635.75	73.20	60.80
8	未预见用水量						63.58	7.32	6.08
9	合计						699.33	80.52	66.88

2. 水源

水源为城市自来水，从用地北侧南梗村一号路 $DN300$ 给水管和东侧四合庄二号路 $DN400$ 给水管各接出 1 根 $DN200$ 引入管进入用地红线，并在红线内形成环状管网。引入管总水表后设置双止回阀型倒流防止器。市政给水管网供水最低压力为 0.18MPa。供水水质应符合《生活饮用水卫生标准》GB 5749—2006。

3. 系统竖向分区

各竖向分区最不利点静水压（0 流量状态）不大于 0.45MPa，且用水点处供水压力值不大于 0.2MPa 并不小于用水器具要求的最低压力。竖向分区如下：

低区：首层及以下楼层；

加压 1 区：二层～七层；

加压 2 区：八层及以上楼层。

4. 供水方式及给水加压设备

低区由市政给水管直接供水；

加压 1 区、加压 2 区由水箱＋变频调速供水设备加压供水。在地下三层生活水泵房内设置水箱和变频调速供水泵组。

（1）设置水箱 1 座，材质为 S30408 不锈钢，有效容积为 26.40m³，占二次加压供水部分设计日用水量的 26.49%。设外置式水箱臭氧自洁器进行二次供水消毒。

（2）设 2 套变频调速泵组。每套泵组由 2 台主泵（1 用 1 备）和隔膜气压罐组成。泵组的运行由水泵出口处的压力控制，设定工作压力值（恒压值）详见给水系统图。泵组全套设备及控制部分均由供货商配套提供，自成控制系统，自带通信接口，有楼宇自控系统者，将信号上传至 BAS。

（3）水箱内水位控制变频调速供水泵组启停，当水箱内水位降至低水位时，供水泵组停止运行，水位恢复后，供水泵组启动。水箱内溢流水位、低水位在控制中心声光报警。

5. 管材

（1）干管、立管采用缩合式衬塑钢管。

（2）支管采用无规共聚聚丙烯（PP-R）塑料管。冷水管系列为 S4。

（二）热水系统

1. 供应部位

厨房采用太阳能集中热水供应系统；九层、十层办公室内设淋浴装置的卫生间采用太阳能分散制备热水的供水系统；餐厅包间卫生间洗手盆处采用小型容积式电热水器局部供应热水。

2. 热水用水量

集中热水系统最高日热水用量（60℃）为 72.05m³/d，设计小时热水量（60℃）为 10.73m³/h，见表2。

热水用水量　　　　　　　　　　　　　　　　　　表 2

序号	用水项目	使用数量	用水定额	用水时间(h)	小时变化系数	用水量		
						最大日(m³/d)	最高时(m³/h)	平均时(m³/h)
1	职工餐厅	9000 人次	7L/人次	12	1.5	63.00	7.88	5.25
2	健身中心	100 人次	25L/人次	2	1.5	2.50	1.88	1.25
3	小计					65.50	9.75	6.50
4	未预用见水量					6.55	0.98	0.65
5	合计					72.05	10.73	7.15

3. 热源

(1) 公共卫生间洗手盆处设容积式电热器提供热水。

(2) 厨房集中热水系统以太阳能为主要热源，自备锅炉作为辅助热源。

4. 系统竖向分区

集中热水系统供水分区和供水方式同给水系统，各区压力源来自于给水系统压力。

5. 热交换器

集中热水系统间接利用太阳能，太阳能集热系统作为热媒，通过容积式热交换器对冷水进系统预热，预热后的水进入辅助加热换热器（半容积式热交换器），由辅助热源保证热水系统供水温度不低于 50℃。热交换器均采用无冷温水滞水区的产品。

6. 冷、热水压力平衡措施及热水温度的保证措施等

(1) 集中热水系统供水分区和供水方式同给水系统，各区压力源来自给水系统压力。

(2) 供回水管网同程布置，采用循环水泵机械循环，由回水管道上的温度传感器自动控制启停。

7. 管材

(1) 干管、立管采用热水用缩合式衬塑钢管。

(2) 支管采用无规共聚聚丙烯（PP-R）塑料管。热水管系列为 S2.5。

(三) 中水系统

1. 供水部位

冲厕、冲洗地面、洗车、浇灌绿地、水景补水等。

2. 中水用水量

中水最高日用水量为 264.21m³/d，最大时用水量为 32.81m³/h，详见表 3。

中水用水量　　　　　　　　　　　　　　　　　　表 3

序号	分区	用水项目	使用数量	用水定额	用水时间(h)	小时变系数	用水量		
							最大日(m³/d)	最高时(m³/h)	平均时(m³/h)
1	1区（地下三层～一层）	办公	912 人	30L/人	10	1.5	27.36	4.10	2.74
2		职工餐厅	9000 人次	1L/人次	12	1.5	9.00	1.13	0.75
3		健身中心	100 人次	2.5L/人次	2	1.5	0.25	0.19	0.13
4		汽车库地面冲洗	31222m²	2L/人次	8	1	62.44	7.81	7.81
5		绿化	9250m²	2L/人次	8	1	18.50	2.31	2.31

续表

序号	分区	用水项目	使用数量	用水定额	用水时间(h)	小时变化系数	用水量		
							最大日(m³/d)	最高时(m³/h)	平均时(m³/h)
6	2区(二层~七层)	办公	3750人	30L/人	10	1.5	112.50	16.88	11.25
7	3区(七层~十层)	办公	338人	30L/人	10	1.5	10.14	1.52	1.01
8	小计						240.19	29.83	23.26
9	未预见用水量						24.02	2.98	2.33
10	合计						264.21	32.81	25.58

3. 水源

水源为市政中水。从用地北侧南梗村一号路 $DN200$ 中水管接出 1 根 $DN100$ 引入管进入用地红线，供水压力为 0.18MPa。

4. 系统竖向分区

各竖向分区最不利点静水压（0 流量状态）不大于 0.45MPa，且用水点处供水压力值不大于 0.2MPa 且不小于用水器具要求的最低压力。竖向分区如下：

低区：地下各层；

加压 1 区：首层~七层；

加压 2 区：八层及以上楼层。

5. 供水方式及给水加压设备

低区由市政给水管直接供水；加压 1 区、加压 2 区由水箱＋变频调速供水设备加压供水。在地下三层中水泵房内设置水箱和变频调速供水泵组。

（1）设置水箱 1 座，材质为 S30408 不锈钢，有效容积为 33m³，占二次加压供水部分设计日用水量的 24.5％。设外置式水箱臭氧自洁器进行二次供水消毒。

（2）设 2 套变频调速泵组。每套泵组由 2 台主泵（1 用 1 备）和隔膜式气压罐组成。泵组的运行由水泵出口处的压力控制，设定工作压力值（恒压值）详见生活给水系统图。泵组全套设备及控制部分均由供货商配套提供，自成控制系统，自带通信接口，有楼宇自控系统者，将信号上传至 BAS。

（3）水箱内水位控制变频调速供水泵组启停，当水箱内水位降至低水位时，供水泵组停止运行，水位恢复后，供水泵组启动。水箱内溢流水位、低水位在控制中心声光报警。

6. 管材

（1）干管、立管采用缩合式衬塑钢管。

（2）支管采用无规共聚聚丙烯（PP-R）塑料管。冷水管系列为 S4。

（四）排水系统

1. 排水系统的型式

（1）室内污、废水合流排到室外污水管道。地面层（±0.00）以上为重力自流排水，地面层（±0.00）以下排入地下室底层污、废水集水坑，经潜水排水泵提升排水。

（2）厨房洗肉池、炒锅灶台、洗碗机（池）等排水均应设器具隔油器，厨房污水采用明沟收集，明沟设在楼板上的垫层内，厨房设施排水管均敷设在垫层内接入排水沟，厨房专用排水管道排到油质分离器，处理后排至室外污水管道。

2. 透气管的设置方式

根据排水流量，卫生间排水管设置专用通气立管、伸顶通气管。卫生间污水集水泵坑设通气管与通气系统相连。厨房油水分离器和集水泵坑通气管单独接出屋面。

3. 局部污水处理设施

（1）厨房洗肉池、炒锅灶台、洗碗机（池）等排水均应设器具隔油器，厨房污水采用明沟收集，明沟设在楼板上的垫层内，厨房设施排水管均敷设在垫层内接入排水沟，厨房专用排水管道排到油质分离器，处理后排至室外污水管道。

（2）锅炉排污水排入设置在室外的排污降温池，降温至低于 40℃，排到室外污水管道。冷却水采用中水。

（3）室外设化粪池，污水经简单处理后排入城市污水管网。

4. 管材

（1）生活排水重力管道材质如下：

1）污/废水管、通气管采用柔性接口机制排水铸铁管。

2）埋地管采用机制承插式机械法兰接口排水铸铁管。

（2）压力排水管道采用内外热浸镀锌钢管。

二、消防系统

（一）水源

水源为市政自来水，从用地北侧南梗村一号路 DN300 给水管和东侧四合庄二号路 DN400 给水管各接出 1 根 DN200 引入管进入用地红线，在红线内形成 DN200 室外给水环状管网。市政供水压力为 0.18MPa。

（二）室外消火栓系统

（1）系统设计用水量为 30L/s，火灾延续时间为 3h。

（2）系统为低压给水系统。室外消火栓用水由城市自来水直接供给，与生活给水共用室外供水管网。在室外给水环网上设地下室消火栓。

（三）室内消火栓系统

（1）设计用水量为 30L/s，火灾延续时间为 3h。

（2）采用临时高压给水系统，平时系统压力由屋顶消防水箱和增压稳压装置维持。

（3）竖向不分区，用 1 组室内消火栓系统加压泵供水。

（4）在地下三层设消防泵房。泵房内设有效容积 619m³ 的消防水池（与循环冷却水补水系统共用，采用消防用水不被动用的措施，消防贮水量为 486m³）；设室内消火栓系统加压泵 2 台，1 用 1 备，水泵主要参数：$Q=30L/s$，$H=90m$。

（5）在最高屋顶 44.25m 标高处设高位消防水箱间，内设有效容积为 18m³ 的高位消防水箱和室内消火栓系统增压稳压设备 1 套。增压稳压设备主要参数：水泵，$Q=2.0L/s$，$H=42m$，气压罐，有效容积 300L。

（6）设 2 个 DN150 水泵接合器，均位于室外消火栓 15～40m 范围内，供消防车向室内消火栓系统补水用。

（7）管材

均采用消防用红色内外涂环氧复合钢管（带阻燃剂并通过国家固定灭火系统和耐火构件质量监督检查中

心型式检验)。

(四) 自动喷水灭火系统

(1) 除面积小于 $5m^2$ 的卫生间,净高大于 $12m$ 的中庭,以及变配电室、弱电间、信息中心机房等不能用水扑救的场所外,其余均设自动喷淋头保护。

(2) 地下汽车库按中危险级 Ⅱ 级设计,喷水强度为 $8L/(min·m^2)$,保护面积为 $160m^2$;其余区域按中危险级 Ⅰ 级设计,喷水强度为 $6L/(min·m^2)$,保护面积为 $160m^2$。设计用水量为 $45L/s$,火灾延续时间为 $1h$。

(3) 采用临时高压给水系统,平时系统压力由屋顶消防水箱(与室内消火栓系统合用)和增压稳压装置维持。

(4) 竖向不分区,用 1 组自动喷水灭火系统加压泵供水。

(5) 在地下三层消防泵房内设自动喷水灭火系统加压泵 2 台,1 用 1 备,水泵主要参数:$Q=50L/s$,$H=100m$。

(6) 在屋顶高位水箱间设自动喷水灭火系统增压稳压设备 1 套,主要参数:水泵,$Q=2.0L/s$,$H=65m$;气压罐,有效容积 $150L$。

(7) 喷头选用要求如下:

1) 地下停车库、库房、机房等无吊顶区域;采用网格吊顶的办公室、走廊等区域采用直立型喷头;有吊顶的区域采用吊顶型喷头,机械停车板下采用标准水平侧墙型喷头,七层客房内采用边墙扩展型喷头,地下一层食堂、报告厅、首层多功能厅采用快速响应喷头。无吊顶或有网格吊顶部位,在宽度大于 $1.2m$ 的风管和排管下采用下垂型喷头。预作用系统中的直立型喷头采用易熔合金喷头、下垂喷头采用干式下垂型喷头。

2) 边墙扩展性喷头流量系数为 $K=115$,其余喷头均为 $K=80$。

3) 喷头温级:玻璃天窗下、厨房内灶台上部等高温作业区为 $93℃$,厨房内其他地方为 $79℃$,易熔合金喷头为 $72℃$,其余均为 $68℃$。

(8) 地下二层及以下的汽车库,地下一层自行车库采用预作用自动喷水灭火系统,其余区域采用湿式自动喷水灭火系统,设 16 个湿式报警阀和 8 个预作用报警阀,分别设置在地下一层、地下三层报警阀间内。

(9) 设 3 个 $DN150$ 水泵接合器,均位于室外消火栓 $15\sim40m$ 范围内,供消防车向室内消火栓系统补水用。

(10) 管材

同室内消火栓系统。

(五) 大空间智能型主动喷水灭火系统

1. 设置部位

北侧主入口净高超过 $12m$ 的中庭。

2. 设计参数

采用标准型大空间自动扫描射水高空水炮灭火装置,2 行 2 列布置,系统设计流量为 $20L/s$,作用时间为 $1h$。装置标准流量为 $5L/s$,装置标准工作压力为 $0.60MPa$,装置最大安装高度为 $20m$,1 个装置最大保护半径为 $20m$。

3. 系统型式

与自动喷水系统合用 1 套供水系统,在报警阀前管道分开,单独设置水流指示器和模拟末端试水装置。

4. 管材

同室内消火栓系统。

（六）气体灭火系统

1. 设置部位

地下二层 1 号变配电机房；地下一层 2 号变配电室、3 号变配电室、信息中心、弱电总机房。

2. 系统型式

地下二层 1 号变配电机房设为一套单元独立管网式灭火系统；地下一层信息中心、弱电总机房、3 号变配电室采用组合分配式灭火系统，地下一层 2 号变配电室采用预制式灭火装置。拟用七氟丙烷灭火剂。

3. 设计参数

灭火设计浓度为 9%；设计喷放时间：信息机房、弱电总机房为 8s，变配电室为 10s；灭火浸渍时间：信息机房、弱电总机房为 5min，变配电室为 10min。

4. 控制要求

管网式灭火系统设自动控制、手动控制、应急操作 3 种控制方式；预制式灭火系统设自动控制、手动控制 2 种控制方式。有人工作或值班时，设为手动方式；无人值班时，设在自动控制方式。自动、手动控制方式的转换，在防护区内、外的灭火控制器上实现。

（1）防护区设 2 路火灾探测器进行火灾探测；只有在 2 路探测器同时报警时，系统才能自动动作。

（2）自动控制具有灭火时自动关闭门窗、关断空调管道、开启泄压口等联动功能。

（3）在同一防护区内的预制灭火系统装置多于 1 台时，必须能同时启动，其动作响应时差不得大于 2s。

5. 安全措施

防护区围护结构（含门、窗）强度不小于 1200kPa，防护区直通安全通道的门，向外开启。每个防护区均设泄压口，泄压口位于外墙上防护区净高的 2/3 以上。防护区入口应设声光报警器和指示灯，防护区内配置空气呼吸器。火灾扑灭后，应开窗或打开排风机将残余有害气体排出。穿过有爆炸危险和变配电室的气体灭火管道以及预制式气体灭火装置的金属箱体，应设防静电接地。灭火剂储存容器采用防爆型钢瓶，爆破压力高于报警压力 0.3MPa 以上。

（七）厨房设备灭火装置

（1）设置部位：公共厨房内烹饪设备及其排烟罩和排烟管道设置独立的厨房设备灭火装置，灭火介质采用厨房设备专用灭火剂。

（2）设计参数：设计喷射强度，烹饪设备为 $0.4L/(s \cdot m^2)$，排烟罩和排烟管道为 $0.02L/(s \cdot m^2)$；灭火剂持续喷射时间为 10s；喷嘴最小工作压力为 0.1MPa；冷却水喷嘴最小工作压力为 0.05MPa；冷却水持续喷洒时间为 5min。

（3）厨房设备灭火装置自带自动控制装置，能够自动探测火灾并实施灭火，其所有信号均反应到消防中心。全套设施包括在厨房设备的深化设计中，并符合《厨房设备灭火装置技术规程》CECS 233 的规定。

三、工程特点介绍

给水系统包括生活给水系统和中水系统。中水系统主要用于冲厕、冲洗地面、洗车、浇灌绿地、水景补水等。洗车用水循环利用。

员工餐厅的厨房、设淋浴器的办公室卫生间设太阳能热水系统，餐厅包间内的洗手盆设电热水器分散制备热水。

屋面雨水采用 87 型雨水斗排水系统，车库坡道、下沉庭院部位的雨水由潜水泵提升排除。室外设雨水收集回用设施，处理后的雨水用于室外绿化和景观补水。

　　室外消火栓系统与室外生活给水共用管网。

　　室内各层均设室内消火栓系统、自动喷水灭火系统保护，室内消火栓系统、自动喷水灭火系统分设独立的供水系统；在净空高度超过12m的中庭设大空间智能型主动喷水灭火系统，与自动喷水灭火系统合用一套供水系统，在报警阀前管道分开。在配电室、信息中心、弱电总机房设气体灭火系统，灭火剂为七氟丙烷，根据各防护区的面积、体积及平面布置，分别设置单元独立管网式灭火系统、组合分配式灭火系统、预制式系统。在厨房内烹饪设备及其排烟罩和排烟管道设置独立的厨房设备灭火装置。

四、工程照片及附图

西北角透视图

内院群体空间夜景

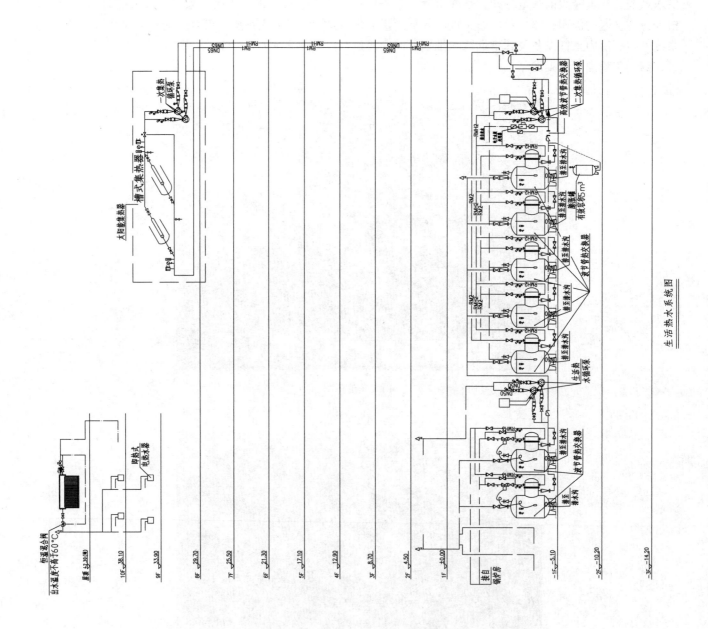

生活热水系统图

佛山西站

设计单位： 中铁第四勘察设计院集团有限公司
设 计 人： 闫利
获奖情况： 公共建筑类　二等奖

工程概况：

佛山西站是我国首个下进下出特大型铁路旅客车站，也是我国铁路部门改制后，路地双方共同开发、共同建设、共同运营管理的先行试点项目。作为广州铁路枢纽的第二大火车站，佛山西站是广东省面向西部的门户，车站预计旅客发送量近期为 5470 万人/年，远期为 7590 万人/年。车站引入贵广、南广、深茂铁路及广佛肇城际、广佛环线城际铁路，设 10 座站台 23 条轨道。枢纽整体由线下站房（6 万 m²）、站台雨棚（6.9 万 m²）、南侧站房开发（13.5 万 m²）、北侧站房开发（12.3 万 m²）、枢纽配套工程（7.5 万 m²）、地下空间开发（12.5 万 m²）六大部分组成，建筑总量为 58.7 万 m²。其中线下站房及站台雨棚工程为国铁站房一期工程。

本工程采用线正下式布局，总体高度为 14.278m，共 2 层，局部设夹层。进站层（标高 ±0m 层）由候车室、进站厅、商业、办公设备用房等组成，与城市广场及市政配套落客场同层布置；出站层（标高 5.20m 层）为夹层，设出站厅、换乘通廊等，与城市通廊及市政配套接客场同层布置；站台层（标高 14.278m 层）为铁路站场及站台；地下设备层（标高 -9.50m 层）为冷水机房、柴油发电机房、消防泵房等；主站房下方地下一层设置地铁换乘厅及地下空间开发，与城市广场地下空间相连，地铁站台位于地下二层。

工程说明：

一、给水排水系统

（一）给水系统

1. 冷水用水量（见表 1、表 2）

客专场用水标准及用水量　　　　　　　　　　　　　　　　表 1

用水项目	用水标准	用水单位	每日用水时间(h)	小时变化系数	最高日用水量(m³/d)	最大时用水量(m³/h)	备注
旅客站房	4L/(人·d)	6000 人	18	3	48.0	8.0	$\alpha=2$
旅客服务	5L/(m²·d)	7100m²	12	1.2	35.5	3.6	
车站办公	40L/(人·d)	400 人	10	1.5	16.0	2.4	
小计					99.5	14.0	
冷却塔补水	循环水量 2250m³/h	1.00%	18	1	405	22.5	
小计					405	22.5	

续表

用水项目	用水标准	用水单位	每日用水时间(h)	小时变化系数	最高日用水量(m³/d)	最大时用水量(m³/h)	备注
未预见用水量	10%				50.5	3.65	
合计					555	40.15	

城际场用水标准及用水量　　　　　　　　　　　表2

用水项目	用水标准	用水单位	每日用水时间(h)	小时变化系数	最高日用水量(m³/d)	最大时用水量(m³/h)	备注
旅客站房	4L/(人·d)	2000人	18	3	16.0	2.7	α=2
旅客服务	5L/(m²·d)	5700m²	12	1.2	28.5	2.9	
车站办公	40L/(人·d)	400人	10	1.5	16.0	2.4	
小计					60.5	8.0	
冷却塔补水	循环水量1350m³/h	1.00%	18	1	243	13.5	
小计					243	13.5	
未预见用水量	10%				30.4	2.2	
合计					555	40.15	

2. 水源

水源为铁路室外给水管网，分别从站房四周旅客活动平台区域室外给水管网及各站台列车上水管引出引入。

3. 系统竖向分区

本工程总体高度为14.278m，共2层，局部设夹层，竖向整体为1个分区。各个引入管处分别设置水表进行计量，室内按不同使用功能设置分水表计量。

4. 供水方式及给水加压设备

生活给水分别从站房四周旅客活动平台区域室外给水管网引入，并在室内形成支状供水管网，供应站房生活用水、空调冷水、冷却水的补水；站台雨棚清洗用水、消防水箱补水由各站台给水排水专业所设列车上水管引出，沿雨棚立柱接引至雨棚屋面，并设冲洗水栓。各候车室开水间内设直饮水水嘴，直饮水管路系统设循环回水管，供、回水管道同程式布置，客专场、城际场管路系统分设。本工程水量、水压由室外给水管网保证。

5. 管材

给水管采用PP-R管熔接，直饮水供/回水管及雨棚冲洗管道采用不锈钢管卡压连接，承压1.0MPa。

(二) 热水系统

各候车室、办公区分别设置电开水器供应开水，旅客生活饮水量按0.4L/(人·d)考虑。电开水器选用不锈钢内胆，强度高、耐高温、抗腐蚀、性能稳定，应有接地保护、防干烧、防超温、防超压装置，以及漏电保护和无水自动断开及附加断电指示功能。接电开水器的生活给水支管接止回阀，防止回流污染。

(三) 排水系统

1. 排水系统的型式

排水采用雨污分流制，室内生活污水和生活废水合流排放。其中废水主要包括车站冲洗水、消防废水、结构渗水等；污水主要为卫生间生活污水和车站内餐饮场所排放的含油污水。地下设备层、设于室外且与土壤直接接触的电扶梯基坑、站房内电缆管沟设潜污泵压力排水，各处均设置集水坑，地下室每处集水坑内设潜污泵2台，其余区域每处集水坑内设潜污泵1台，采用液位自动控制方式，由电力专业配套设置带液位控制功能的控制柜。其余排水均采用重力流排水方式。

2. 透气管的设置方式

生活排水管道系统根据排水系统的类型、管道布置、长度，卫生器具设置数量等因素设置通气管。站房旅客卫生间排水系统均设置环形通气管，在横支管上设的环形通气管从最始端的两个卫生器具之间接出，并在排水支管中心线以上与排水支管呈垂直连接，各环形通气管分别连接至各主通气立管，并通过侧墙式通气帽接至室外。

3. 局部污水处理设施

根据建筑专业暂定的商业布局为餐饮场所预留排水接口，由经营人员自配隔油设施，室外由给水排水专业配套设置隔油池，含油污水经处理达标后排放。

4. 管材

重力流排水采用PVC-U管承插粘接，压力排水管采用热浸镀锌钢管螺纹连接，承压0.6MPa。地面清扫口采用不锈钢制品，清扫口表面与地面齐平。卫生间采用铝合金或铜防返溢地漏，空调机房及报警阀间的排水地漏采用密闭地漏。

二、消防系统

(一) 消火栓系统

（1）消防水源：客专场、城际场消防水源分别为客专场地下设备层、城际场地下设备层内所设消防水池，水池有效容积为360m³（满足一次室内消防给水用水量）。城际场七站台东端12.202m标高承轨层分别设置客专场、城际场室内水消防系统用消防水箱，有效容积均为18m³。

（2）消火栓系统用水量及供水方式：客专场、城际场室内消火栓给水系统的用水量均为25L/s，火灾延续时间为2h；按同一时间发生一次火灾计算。室内采用临时高压制消火栓灭火给水系统。客专场、城际场消防泵房分别设于客专场地下设备层、城际场地下设备层，各泵房设均设消火栓加压泵2台（单泵流量25L/s，扬程0.6MPa，1用1备，互为备用，自灌式吸水），加压泵出水管设防超压设施。室外分别设置2套地上式水泵接合器。

（3）建筑物内各楼层均设消火栓进行保护，按照楼层和防火分区布置，其布置保证室内任何一处均有2股水柱同时到达，水枪的充实水柱经计算确定且不小于13m。

（4）消火栓箱采用带灭火器组合式消防柜，局部区域采用落地明装不锈钢消火栓箱，每个消火栓箱内均配置$DN65mm$消火栓1个、口径$DN65mm$、长度为25m麻质衬胶水带1条，$DN65×19mm$直流水枪1支、启动消防水泵按钮和指示灯各1只、自救消防卷盘1套（口径$DN25$、长度20m胶带1盘，$DN6$小水枪1支）建筑灭火器及防毒面具各2具。

（5）客专场、城际场室内消火栓系统各自布置成环状，由各自消防泵房引入2路供水管，阀门采用带有明显启闭标志的阀门。

（6）消火栓泵由设在各个消火栓箱内的消防泵启泵按钮、消防泵房和消防控制中心直接开启。消火栓泵开启后，水泵运转信号反馈至消防控制中心。消防泵房和消防控制中心均设手动开启和停泵控制装置，备用泵在工作泵发生故障时自动投入工作。消防水泵应保证在火警后30s内启动。

(二) 自动喷水灭火系统

1. 消防水源

消防水源为分别在客专场、城际场与消火栓系统合设的消防水池及高位消防水箱。

2. 自动喷水灭火系统用水量及供水方式

室内净空高度超过8m且小于12m的场所（含采光天窗等局部净空高度超过12m的场所）喷水强度为6L/(min·m²)，作用面积为260m²，最不利点喷头工作压力为0.05MPa；层高小于或等于8m的场所按中危险级Ⅰ级，喷水强度为6L/(min·m²)，作用面积为160m²，最不利喷头工作压力不低于0.05MPa。

自动喷水灭火系统采用临时高压制。客专场、城际场消防泵房内分别设加压泵 2 台（单泵流量 40L/s，扬程 0.8MPa，1 用 1 备，互为备用，自灌式吸水）以及增压稳压装置 1 套（含有效容积 150L 隔膜式气压罐 1 台，含稳压泵 2 台，由消防水池吸水），加压泵出水管设防超压设施。室外各设置 4 套地下式水泵接合器。

3. 设备

客专场、城际场按喷头数量设置湿式报警阀组，每个报警阀组负担的喷头不超过 800 个，报警阀进出口的控制阀采用信号阀。报警阀组分设于站房报警阀间内，客专场设 12 组湿式报警阀组，城际场设 6 组湿式报警阀组，阀组与消防水泵间设环状供水管道。室内按楼层和防火分区设置信号阀和水流指示器。为了保证系统安全可靠，每个报警阀组的最不利喷头处设末端试水装置，其他防火分区、楼层均设 DN25 试水阀，系统最低点设置泄水阀。喷头均采用快速响应喷头，流量系数 $K=80$，食堂操作间内喷头动作温度为 93℃，其余场所喷头动作温度均为 68℃。

4. 压力控制

自动喷水灭火系统平时管网压力由高位消防水箱及增压稳压装置联合维持并提供火灾初期用水，后期由加压泵供给系统用水。火灾发生后喷头玻璃球爆碎，向外喷水，水流指示器动作，向消防控制中心报警，显示火灾发生位置并发出声光等信号，系统压力下降，湿式报警阀的压力开关动作，水力警铃报警，并开启加压泵，同时关闭稳压泵。消防水泵应保证在火警后 30s 内启动。加压泵同时在消防泵房和消防控制中心设手动开启和停泵控制装置，备用泵在工作泵发生故障时自动投入工作。

5. 玻璃喷淋保护系统

根据"佛山西站站房消防性能化设计评估专家评审意见"、《新建铁路广州枢纽佛山西站及相关工程消防性能化设计评估报告》要求，对站房内按防火舱设置的商业设施与候车室防火隔离带之间作为防火分隔用的 C 类防火玻璃设置喷淋保护系统，按客专场、城际场分设，利用两场各自的自动喷水灭火系统加压稳压设备供水，并独立设置湿式报警阀组。

玻璃喷淋保护系统喷水强度按 0.5L/（m·s）计算，作用长度按照相邻两个防火舱防火玻璃长度之和的最大值确定，火灾延续时间为 1h。客专场作用长度为 12.6m，用水量为 7.8L/s；城际场作用长度为 15.3m，用水量为 9.5L/s；均按用水量 10L/s 设计。

玻璃喷淋保护系统均采用快速响应喷头，动作温度为 68℃，喷头间距为 2~2.5m，喷头与防火玻璃水平距离不大于 0.5m，溅水盘高度在玻璃上沿。

（三）气体灭火系统

1. 防护区设置

通信机械室、信息系统机房（电源室、主机房、票务机房、票务电源室、公安机房）、变电所及开闭所高压室、控制室设无管网七氟丙烷气体灭火装置，设计参数见表 3。

气体灭火系统设计参数　　　　表 3

防护区	防护区容积（m³）	设计浓度（%）	喷射时间（s）	浸渍时间（min）	设计用量（kg）	配置量（kg）	泄压口面积（m²）
客专场							
空调变电所	399.8	8	8	5	255.5	270	0.21
区域信息机房	420.3	8	8	5	268.6	300	0.42
变电所（BD01-1W）	824.7	8	8	5	527.0	570	0.84
变电所（BD01-1E）	824.7	8	8	5	527.0	570	0.84
公安机房	63.6	8	8	5	40.6	45	0.21

续表

防护区	防护区容积（m³）	设计浓度（%）	喷射时间（s）	浸渍时间（min）	设计用量（kg）	配置量（kg）	泄压口面积（m²）
票务机房	173.3	8	8	5	110.7	120	0.21
票务电源室	145.6	8	8	5	93.0	100	0.21
通信机械室	280.1	8	8	5	179.0	210	0.42
信息主机房	242	8	8	5	154.6	170	0.21
信息电源室	156.4	8	8	5	99.9	115	0.21
城际场							
空调变电所	340.2	8	8	5	217.4	255	0.21
变电所(BD01-2W)	717.8	8	8	5	458.7	490	0.63
票务电源室	94.4	8	8	5	60.3	65	0.21
票务机房	88.9	8	8	5	56.8	65	0.21
变电所(BD01-2E)	858.2	8	8	5	548.4	630	0.84
开闭所控制室	134.5	8	8	5	85.9	90	0.21
开闭所高压室	468.2	8	8	5	299.2	340	0.42
通信机械室	719.8	8	8	5	460.0	510	0.63
信息电源室	286	8	8	5	182.8	210	0.42
信息主机房	458.7	8	8	5	293.1	310	0.42

2. 防护区要求

（1）防护区必须为独立的封闭空间，电缆及管道出入口应用防火材料封堵。

（2）防护区的围护结构及门窗的耐火极限不应低于 0.5h，吊顶的耐火极限不应低于 0.25h，围护结构及门窗的允许压力不小于 1200Pa。

（3）防护区设置泄压口，泄压口优先设于外墙上，当防护区无外墙时，可设在与走廊相隔的内墙上，泄压阀应设于防护区净高的 2/3 以上。

（4）防护区的门应向疏散方向开启，并能自行关闭；用于疏散的门必须能从防护区内打开。

（5）防护区应有保证人员在 30s 内疏散完毕的通道和出口；在疏散通道及出口处，应设应急照明与疏散指示标志。

（6）喷放灭火剂前，防护区内除泄压口以外的开口应全部关闭。

（7）防护区内、外应设火灾声光报警器，入口处应设灭火剂喷放指示灯，以及与防护区采用的气体灭火系统相对应的永久性标志牌。

（8）防护区应配置空气呼吸器。

（9）灭火系统的手动控制与应急操作应有防止误操作的警示显示与措施。

（10）防护区应在通风设施进行灭火后排风，排风口设在防护区的下部并直通室外，换气次数不小于 5 次/h。

三、设计及施工体会

佛山西站是我国首个下进下出特大型铁路旅客车站，也是我国铁路部门改制后，路地双方共同开发、共同建设、共同运营管理的先行试点项目，首次实现了国内特大型铁路综合交通枢纽"站城融合"的设计目标，充分体现了新时代铁路客站建设"畅通融合"的新思想、新理念，对今后开展铁路站房建设具有良好的示范意义。

佛山西站房总建筑面积约 6 万 m²，为满足车站使用功能需求，采用消防性能化设计方法为车站量身定做消防设计方案。站房内的商业设施按"防火仓"设置，为了兼顾美观，补强 C 类防火玻璃防火性能，对作为防火分隔用的 C 类防火玻璃设置喷淋保护，提升了整个车站的消防安全水平。

　　根据各类商铺的规划使用性质，对不同商业业态的商铺进行了给水、排水接口预留，保证站房各类商业顺利入驻，服务旅客；各候车室、办公区分别设置电开水器供应饮水，同时在各候车室开水间内设直饮水水嘴，保证了旅客出行饮用水供应需求，体现了以人为本，便捷舒适的设计理念。

四、工程照片及附图

鸟瞰图

正立面

候车室

出站通道

冷水机房、冷水机组侧

冷水机房循环水泵侧

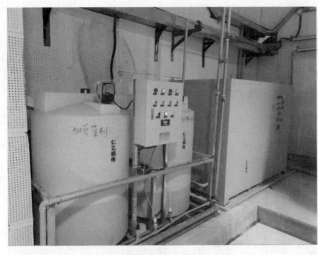

冷水机房水处理装置

冷水机房配电装置室

空调末端机房（一）

空调末端机房（二）

室外冷却塔（一）

室外冷却塔（二）

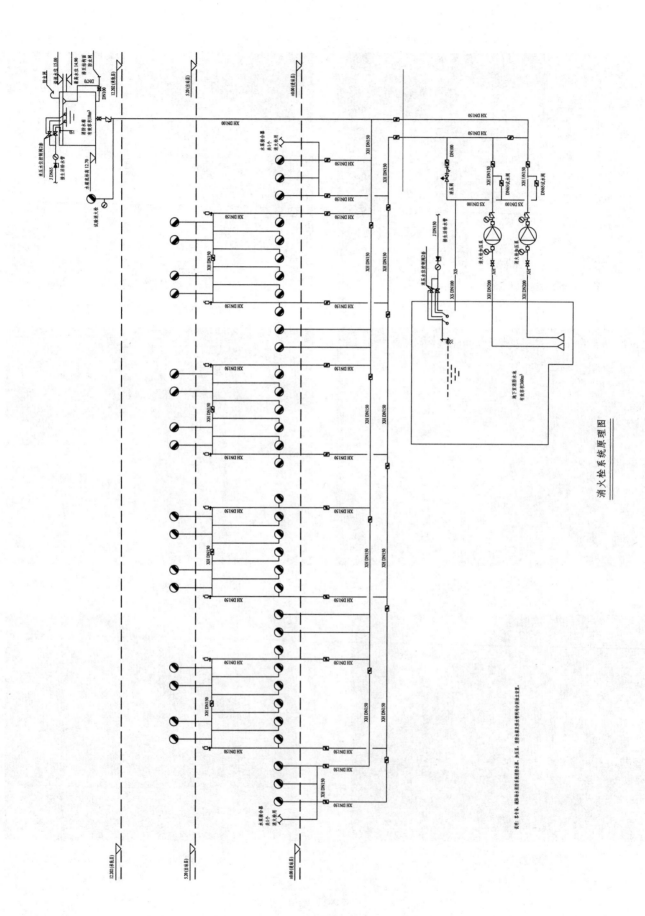

消火栓系统原理图

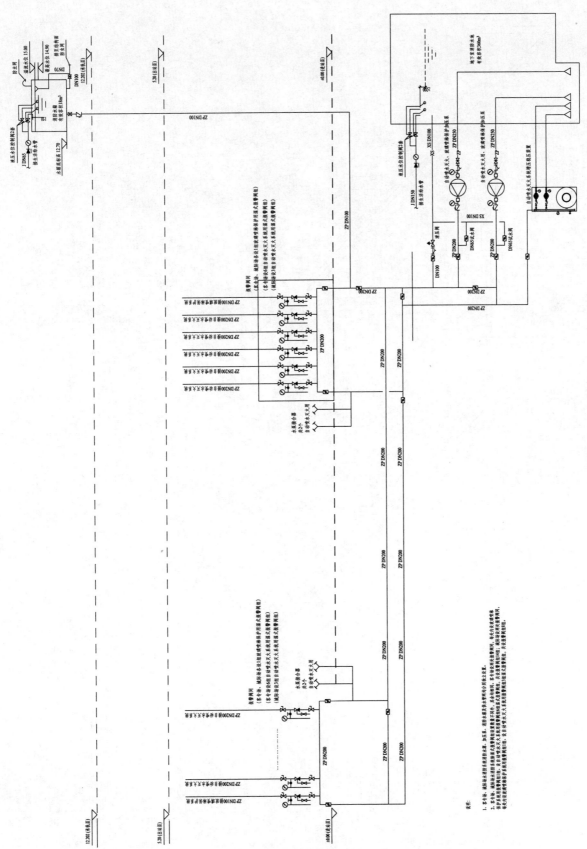

自动喷水灭火系统原理图

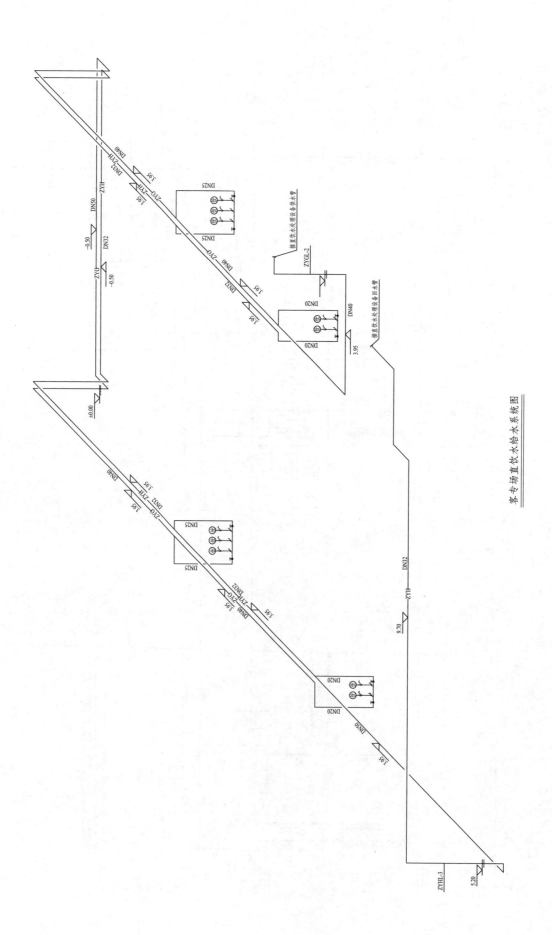

客专场直饮水给水系统图

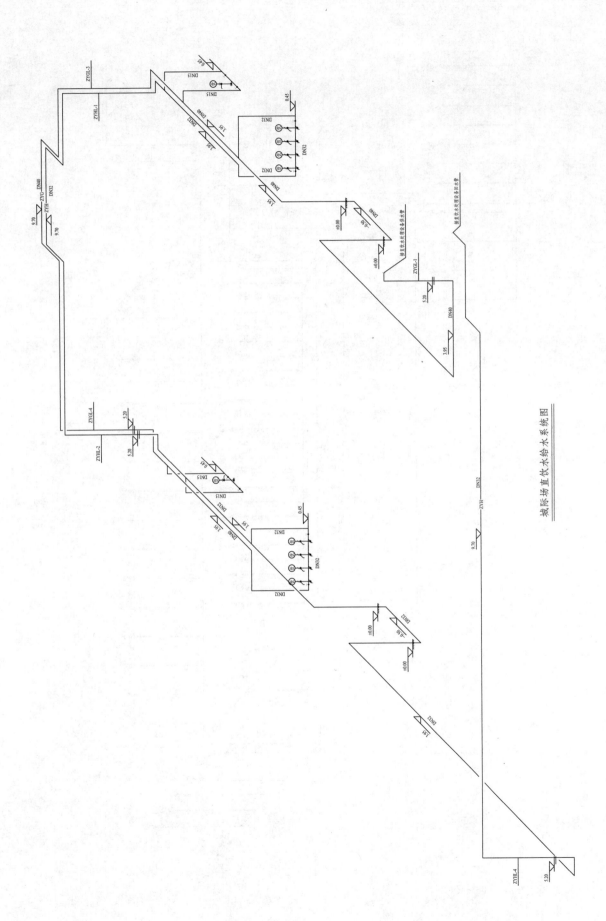

城际场直饮水给水系统图

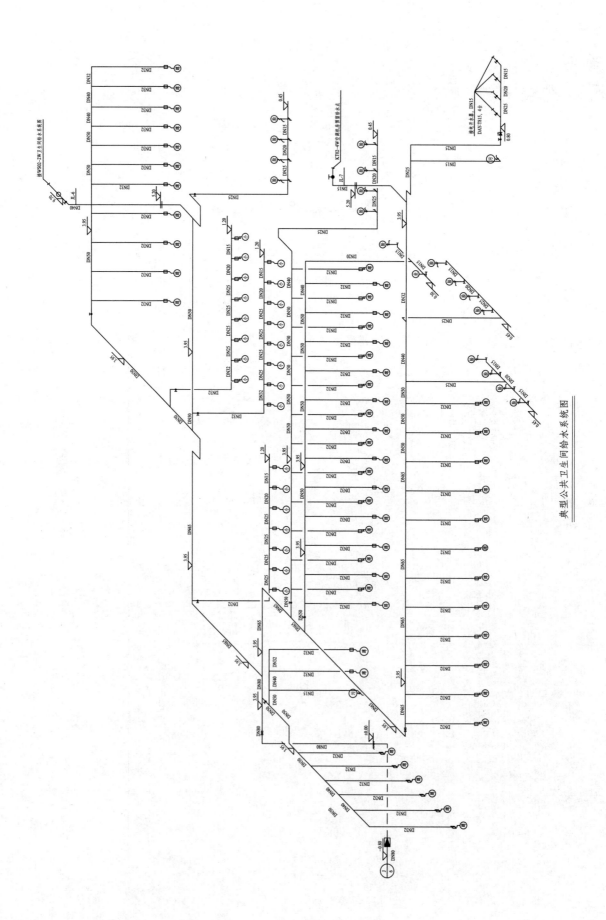

典型公共卫生间给水系统图

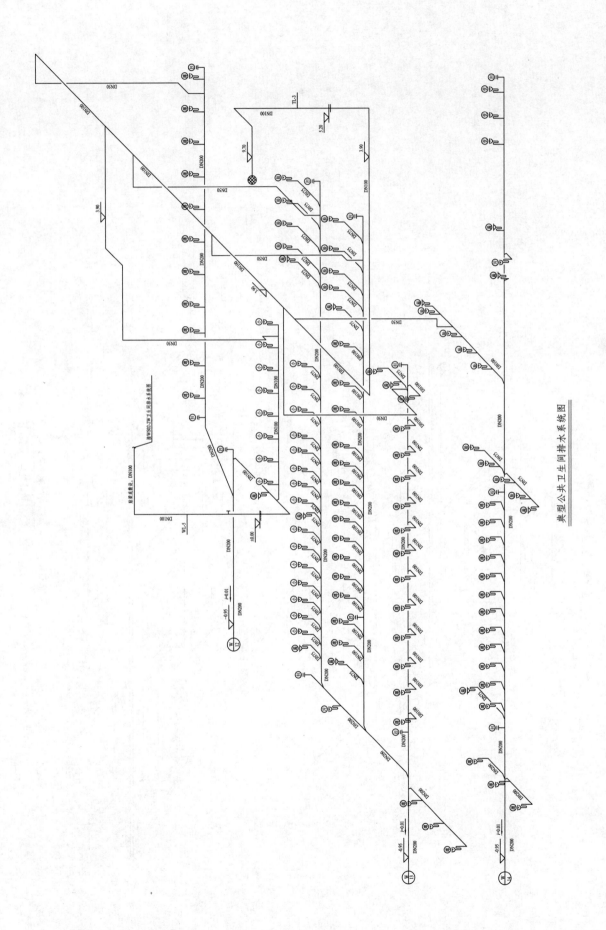

典型公共卫生间排水系统图

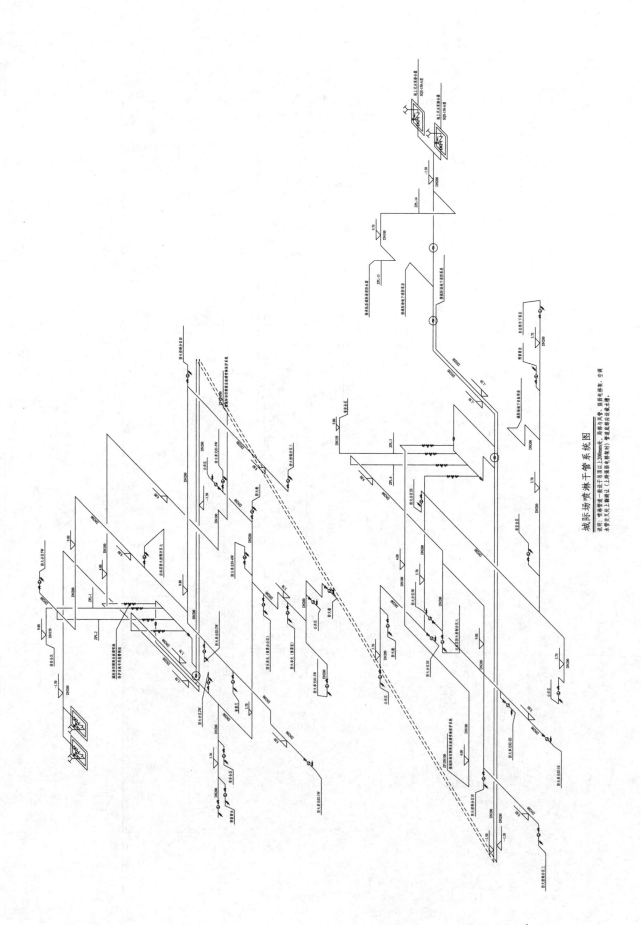

城际场喷淋干管系统图

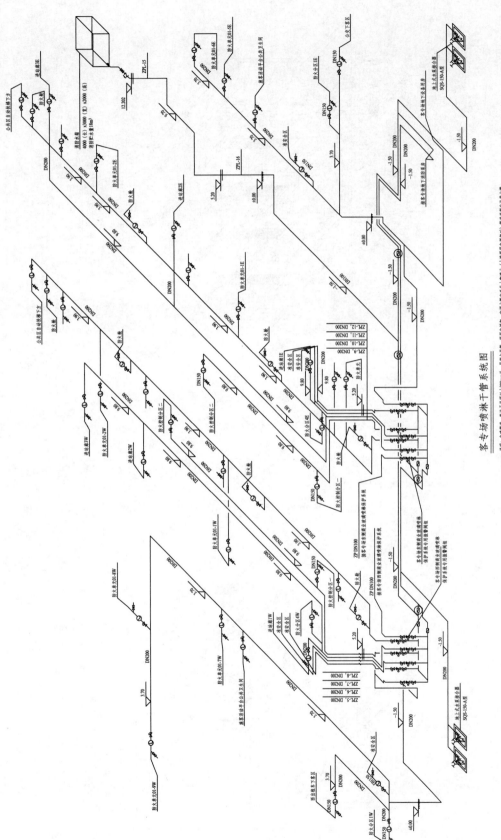

客专场喷淋干管系统图

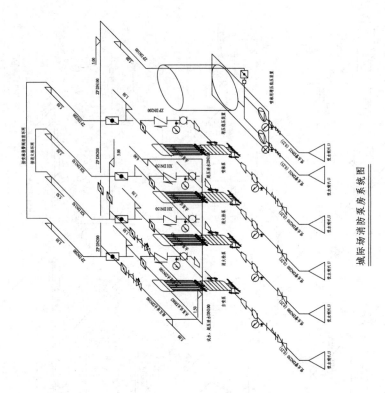

城际场消防泵房系统图

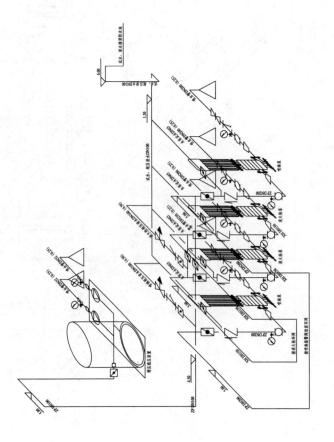

客专场消防泵房系统图

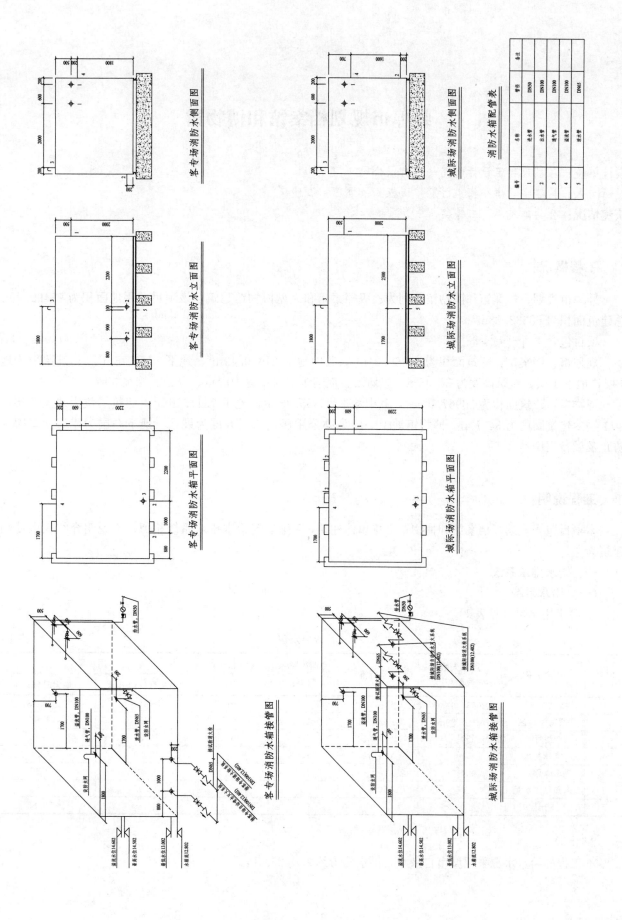

消防水箱配管表

编号	名称	管径	备注
1	进水管	DN80	
2	出水管	DN100	
3	通气管	DN100	
4	溢流管	DN100	
5	泄水管	DN65	

客专场消防水侧面图

城际场消防水侧面图

客专场消防水立面图

城际场消防水立面图

客专场消防水箱平面图

城际场消防水箱平面图

客专场消防水箱接管图

城际场消防水箱接管图

蚌埠市规划档案馆和博物馆

设计单位： 深圳市建筑设计研究总院有限公司
设 计 人： 吴建宇　唐小梅　吕震　田权　余远琼　石述霞
获奖情况： 公共建筑类　二等奖

工程概况：

蚌埠市规划、档案馆和博物馆分别为乙级档案馆和大型博物馆建筑。该项目总用地面积为 95499.25m²。总建筑面积为 68333.28m²。

项目包含 2 个子项：

规划馆、档案馆：建筑面积为 34366.24m²，其中地上 31620.49m²，地下 2745.75m²。建筑层数为地上 6 层，地下 1 层，建筑高度为 38.45m。规划馆、档案馆主要用途为展览、办公、档案储藏。

博物馆：建筑面积为 33967.04m²，其中地上 26655.88m²，地下 7311.16m²。建筑层数为地上 5 层，地下 1 层，建筑高度为 34.70m。博物馆地上一层为办公用房，二至五层为展厅，地下一层为库房、车库（人防）及设备用房。

工程说明：

本项目包含规划、档案馆和博物馆 2 栋单体建筑，2 栋建筑给水排水系统相似，本说明介绍仅以博物馆建筑为主。

一、给水排水系统

（一）给水系统

1. 冷水用水量（见表 1）

冷水用水量　　　　　　　　　　　　　　　　　　　　　　　　　　　　　表 1

序号	用户名称	用水人数或面积	用水标准	小时变化系数 K_h	使用时间（h）	用水量 最高日（m³/d）	用水量 最大时（m³/h）
1	博物馆低区	20654.69m²	5L/(m²·d)	1.3	10	103.28	13.43
2	博物馆高区	12120.89m²	5L/(m²·d)	1.3	10	60.60	7.88
3	餐厅	1050 人次	25L/人次	1.5	16	26.25	2.46
4	空调补水		12m³/h	1.0	10	120.0	12.0
5	车库用水	1909.7m²	2L/(m²·d)	1.0	8	3.82	0.48
6	未预见用水量		10%			31.02	3.63
7	合计					341.04	39.88

2. 水源

本工程的给水水源采用城市自来水，供水压力约为 0.25MPa。

给水管从基地西侧的龙腾路和东侧的南湖路各引入 1 条 DN150 的市政给水管,供本工程生活和消防用水,市政给水管网为环状管网。所引入给水管在本工程大楼四周自成环状。与市政接口处设水表井计量,并于水表后设置管道倒流防止器防止市政管道被倒流污染。

3. 系统竖向分区

博物馆生活给水单独设置,生活给水低区(地下一层~三层)市政给水管网直接供水,高区(四层~五层)由设于地下一层水泵房的变频给水设备供给。所有卫生洁具均采用优质节水型洁具,水泵及阀门均采用优质产品,以减少渗漏的发生。

4. 管材

室外给水管采用钢丝网骨架塑料(聚乙烯)复合管,电熔或电熔法兰连接;绿化浇洒采用聚乙烯(PE)给水管,热熔连接;室内给水管采用薄壁不锈钢给水管,承插氩弧焊连接。

(二)空调补水系统

地下一层设变频增压设备,为设于屋面冷却塔补水,空调补水与生活用水合用一套变频增压设备。

(三)雨水收集系统

本工程收集屋面及景观水池溢流的雨水,经水处理达标后,满足《城市污水再生利用城市杂用水水质》GB/T 18920—2002 的要求,回用水用于室外道路浇洒、绿化喷灌和景观补水等。室外雨水收集池容积为 660m³。

(四)排水系统

1. 排水体制

本工程排水体制采用雨污分流、污废合流制。

2. 室外排水

采用雨污分流制,即雨水经室外雨水管网后,排入市政雨水管网;生活污水经室外污水管网,再经化粪池处理后,排入市政污水管网。

3. 室内污/废水

室内排水采用雨污分流制;污废合流制。污水量为 166.55m³/d。

卫生间排水管设环形通气立管,每隔一层设结合通气管与污水立管相连。

为保证消防电梯的正常运行,在消防电梯井基坑旁设有效容积不小于 2m³ 的集水井,井内设置 2 台排水量不小于 10L/s 的潜水排污泵。

4. 室内雨水

屋顶雨水有组织排至雨水收集系统;

重力流雨水设计重现期为 10 年,5min 降雨强度为 5.04L/(s・100m²)。

大屋面采用虹吸式压力流雨水排水系统,设计重现期为 50 年,5min 降雨强度为 6.57L/(s・100m²)。屋面雨水有组织排至室外雨水收集系统;

室外场地雨水按重现期 2 年,降雨历时为 10min,计算降雨强度为 2.87L/(s・100m²),径流系数取 0.6。雨水经雨水口收集后排至市政雨水管网。

5. 排水管材

(1)室内排水管材

1)自流排水管:室内污、废水及通气立管采用柔性接口排水铸铁管,柔性接口排水铸铁管;卫生间排水管采用硬聚氯乙烯(PVC-U)排水,承插胶粘剂粘接。

2)潜污泵配管:采用镀锌钢管,螺纹连接。

3)重力流雨水管:室内污、废水及通气管采用 PVC-U 排水管,承插胶粘剂粘接。

4)压力流(虹吸式)雨水管:采用虹吸排水专用 HDPE 管及其相应接口。

（2）室外排水管材

1）室外埋地雨、污水管采用 HDPE 双壁波纹塑料排水管，专用橡胶圈接口。

2）雨、污水检查井均采用塑料检查井，具体做法详见《建筑小区塑料排水检查井》08SS523。

二、消防系统

本工程由博物馆和规划、档案馆 2 栋建筑组成。2 栋建筑消防系统共用，消防水池及消防泵房设于博物馆地下室，屋顶消防水箱设于规划、档案馆屋顶；高压细水雾机房设于规划、档案馆地下室。消防用水量详见表 2。

消防用水量　　　　　　　　　　　　　　　　　表 2

	用水量标准(L/s)	火灾延续时间(h)	消防用水量(m³)	备注
室外消火栓系统	25	3.0	270.0	市政水压供水
室内消火栓系统	25	3.0	270.0	消防水池供水
自动喷水灭火系统	35	1.0	126.0	消防水池供水
大空间智能型主动喷水灭火系统	20	1.0	72.0	消防水池供水

按照消防用水量表，本建筑室内外消防总用水量为 738m³，由于是从市政环状给水管 2 路接管，设计只考虑将室内外消防总用水量 468m³ 贮存在地下室的消防水池内。水源补给由市政自来水管供给。

（一）消火栓系统

1. 设计参数

室内消火栓用水量为 25L/s，火灾延续时间为 3h，消防储水量为 270m³。

2. 系统设计

（1）室外消火栓系统

室外消防采用低压制，生活与消防合用系统。室外消火栓沿消防车道每隔 100m 左右均匀布置，其用水直接由室外环状给水管网供给。

（2）室内消火栓系统

室内消火栓给水系统采用临时高压制。系统竖向分 1 个区。

由地下室消防泵房的 2 台室内消火栓泵供水。火灾初期由设置在屋顶层（规划、档案馆屋顶层）设备间内的 18m³ 消防高位水箱供水。消防高位水箱和屋顶设备间内的消火栓系统增压稳压设备联合供水。

消火栓竖管的布置能保证同层 2 股不小于 10m 的充实水柱同时到达室内被保护范围内的任何部位。消火栓设在走道、楼梯附近等明显、宜取用的地点。

室内消火栓给水管道在竖向布置成环状，由消防泵房加压的出水管相连成环状管网。

消火栓处设消防箱，消防箱内配置 DN65 室内消火栓 1 个，φ19 水枪 1 支，DN65 衬胶水带（25m）1 卷以及 φ19 胶管（25m）消防软管卷盘 1 套。每个消火栓箱处设远距离启动消防加压水泵的碎玻按钮。在压力超过 0.5MPa 的楼层设置减压稳压室内消火栓。

（二）自动喷水灭火系统

1. 系统概况

本大楼在除高低压配电室、消防控制中心、库房等不宜用水灭火的场所外，均设置自动喷水灭火系统。

地下室部分按中危险级 Ⅱ 级考虑，采用常规的洒水喷头，设计喷水强度为 8L/(min·m²)，最大作用面积为 160m²；

地上部分按中危险级 Ⅰ 级考虑，设计喷水强度为 6L/(min·m²)，最大作用面积为 160m²；

2. 系统分区

系统竖向分为 1 个区。由地下室消防泵房的 2 台喷淋加压泵供水。火灾初期由设置在屋顶层（规划馆档案馆屋顶层）设备间内的 18m³ 消防高位水箱供水。

消防高位水箱和屋顶设备间内的自动喷水灭火系统增压稳压设备联合供水。

3. 供水设施

自动喷水灭火系统均采用湿式系统，每只湿式报警阀相对集中设置在泵房或报警阀间内，经管道接往各喷水区，每个湿式报警阀控制的喷头不超过 800 个。在有 2 个及以上报警阀组前的喷淋管均布置成环状。每个报警阀组控制的最不利点喷头处设置末端试水装置，其他防火分区、楼层的最不利点处设置 DN25mm 的试水阀。

每层、每个防火分区设置水流指示器及信号阀，以指示火警发生的具体楼层或部位。在压力超过 0.4MPa 的楼层配水管入口处设置减压孔板。喷头采用玻璃球快速响应喷头，喷头温度级别均采用 68℃。

（三）高空水炮灭火系统

1. 保护部位

室内净高超过 12m 部位（博物馆中庭和入口门厅），采用大空间智能型主动喷水灭火系统进行灭火。

2. 设计参数

按中危险级 I 级设计。

ZDMS0.6/5S-LA231 型微型自动扫描灭火装置技术参数：

射水流量：5L/s；

工作压力：0.60MPa；

保护半径：15m；

安装高度：6～20m。

系统的设计流量为 20L/s，保护区域的任一部位按 1 台水炮覆盖。持续喷水时间为 60min，设计用水量为 72m³。

3. 系统设计

高空水炮灭火系统水量贮存在博物馆地下室消防水池中，由地下室消防泵房的 2 台大空间加压泵供水。火灾初期由设置在屋顶（规划、档案馆屋顶层）设备间内的 18m³ 消防高位水箱供水。

4. 系统控制

按楼层与防火分区设信号阀和水流指示器。在压力分区的水平管网末端，设仿真末端试水装置。每个水炮配套 1 个电磁阀，由水炮中的红外探测组件自动控制，而且可于消防控制室手动强制控制。

（四）高压细水雾灭火系统

1. 设置部位

地下室发电机房、库房、锅炉房、电脑检索及摄影录像室、编目整理；一层弱电机房、地上部分主要的展厅、文物修复室、光伏发电机房等。

2. 系统设计参数

本工程高压细水雾灭火系统由高压细水雾泵组、细水雾喷头、区域控制阀组、不锈钢管道以及火灾报警控制系统等组成。设计参数如下：

（1）系统持续喷雾时间为 30min；

（2）开式系统的响应时间不大于 30s；

（3）闭式系统作用面积按 140m² 计算，开式系统作用面积按同时喷放的喷头个数计算；

（4）最不利点喷头工作压力不低于 10MPa。

3. 加压设备选用

高压细水雾泵房位于规划档案馆地下一层，本项目采用市政增压供水方式，选用增压泵（1 用 1 备）型号：CDLF32-20，泵流量为 $Q=28m³/h$，$H=29m$，$P=4kW$（增压泵与高压泵组调剂水箱的供水电磁阀同时启动)。

高压细水雾灭火系统的供水应满足 2 路可靠的水源和水量，为保证系统供水需要，设置 1 个不锈钢储水水箱。水箱外形尺寸为 1500mm×4000mm×3000mm（长×宽×高），水箱有效容积为 14m³。

4. 系统的控制

系统设 3 种控制方式：自动控制、手动控制和应急操作。

(五) 气体灭火系统

1. 设置部位

地下室库房 A（纸质）、变配电间。

2. 系统参数：

(1) 灭火设计浓度：10%（变配电间为 9%）；

(2) 灭火浸渍时间：20min（变配电间为 10min）；

(3) 喷放时间不大于 10s。

3. 控制方式

本工程的灭火系统设计分为自动、手动、应急操作 3 种控制方式。有人工作或值班时，设为手动控制方式；无人值班时，设为自动控制方式。

三、工程特点介绍

(1) 项目由博物馆和规划、档案馆 2 栋建筑组成。2 栋建筑消防系统共用，消防水池及消防泵房设于博物馆地下室，屋顶消防水箱设于规划、档案馆屋顶；高压细水雾机房设于规划、档案馆地下室。

(2) 生活给水系统充分利用市政水压，对给水管径进行适当放大后，市政给水管网可直接供至三层。加压区生活给水系统和空调补水系统合用，2 栋楼各设置 1 套生活水池和变频加压供水机组。

(3) 屋面排水：中庭玻璃屋顶采用重力流散排至大屋面，大屋面雨水采用虹吸式雨水排水系统，设计重现期为 50 年，屋面总共设 10 套虹吸雨水系统，有组织排入室外雨水收集系统。

(4) 室外设雨水回收利用系统，充分利用非传统水源节能。

(5) 高压细水雾系统适用于扑救档案馆、博物馆等火灾，与传统灭火方式相比具有安全环保、高效节水、以人为本、使用寿命长等优点，是一种先进的灭火技术，在档案馆、博物馆领域越来越受到业内的青睐。

四、工程照片及附图

总体鸟瞰图

规划、档案馆实景图

博物馆实景图

博物馆内部空间

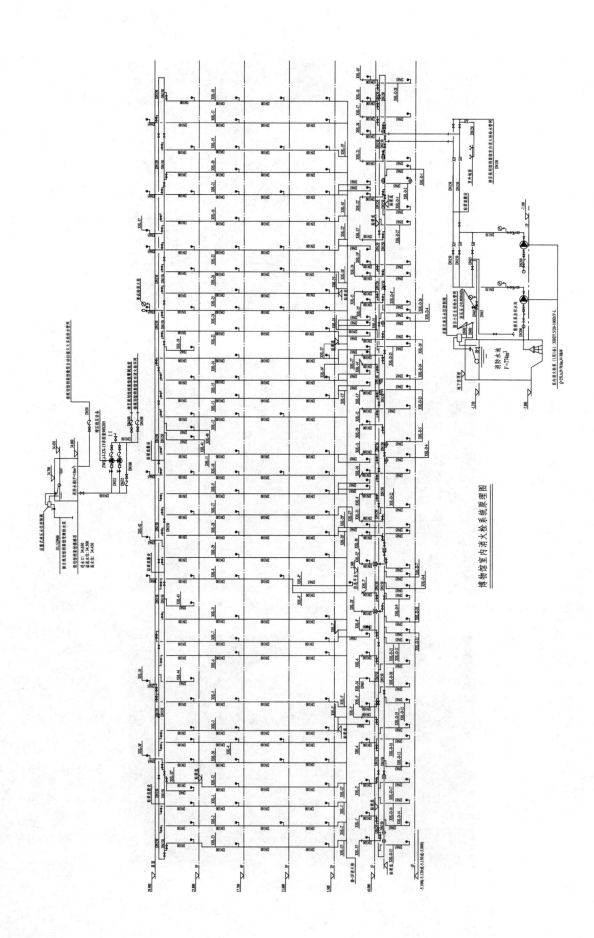

博物馆室内消火栓系统原理图

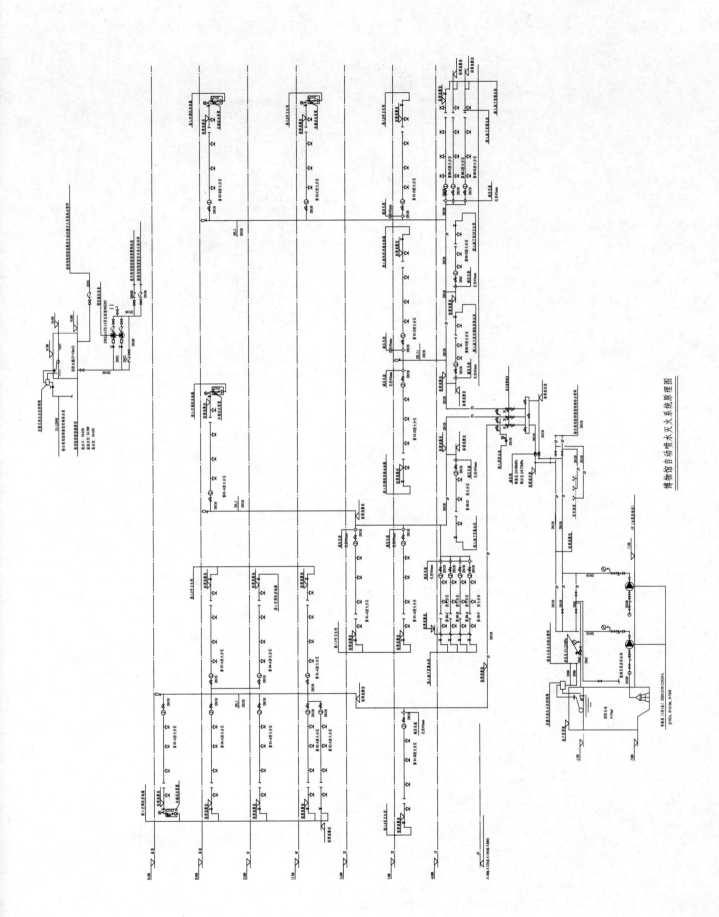

博物馆自动喷水灭火系统原理图

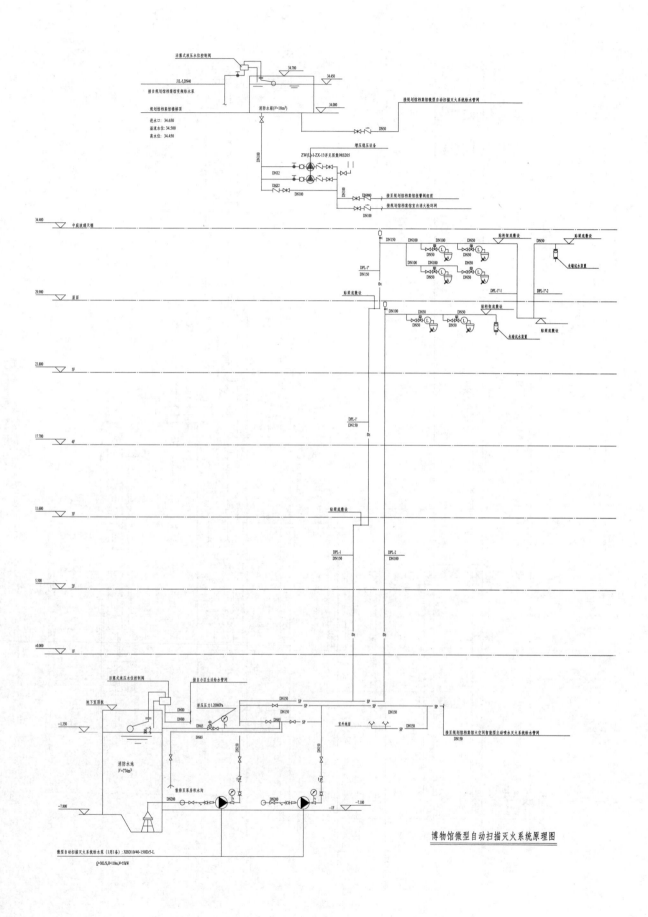

博物馆微型自动扫描灭火系统原理图

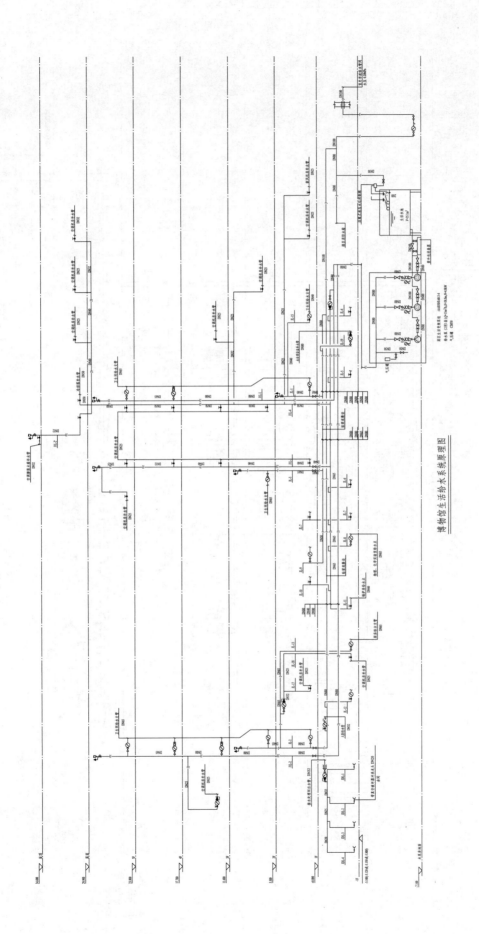

博物馆生活给水系统原理图

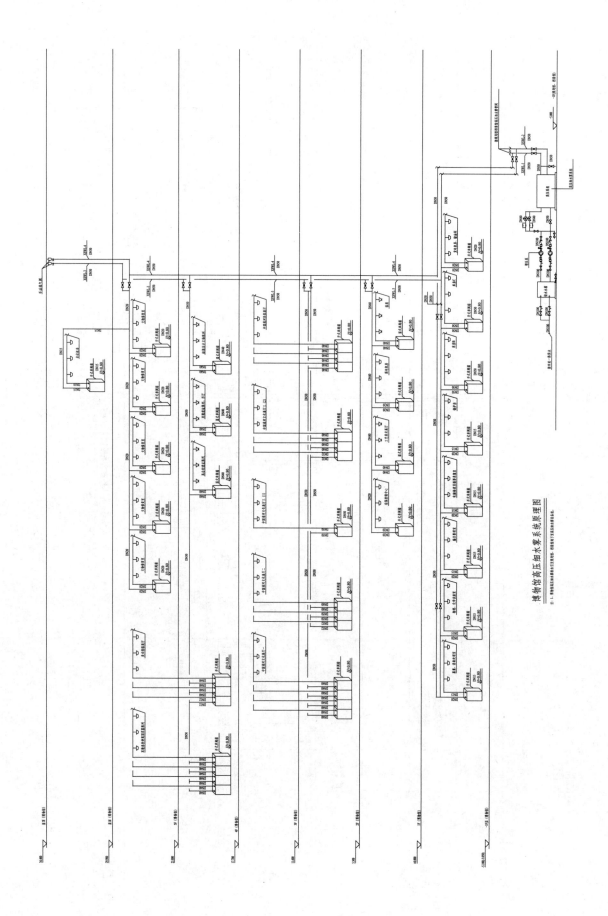

博物馆高压细水雾系统原理图

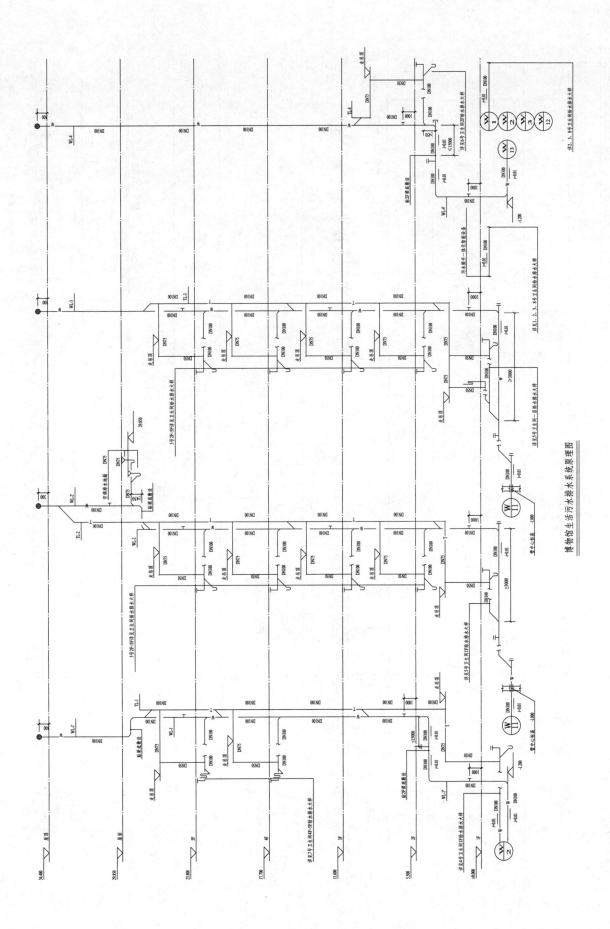

博物馆生活污水排水系统原理图

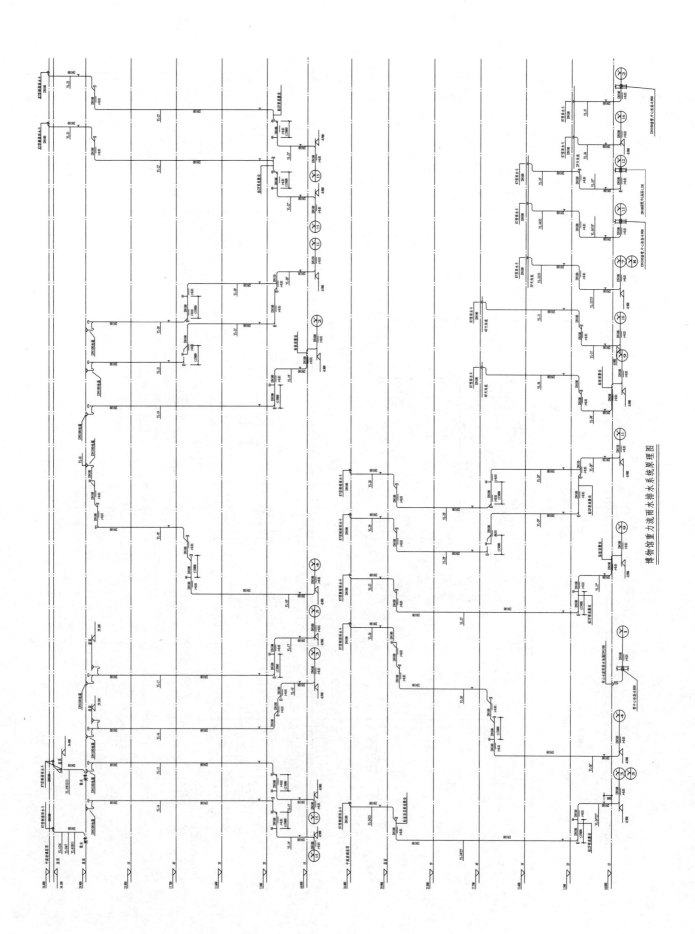

博物馆重力流雨水排水系统原理图

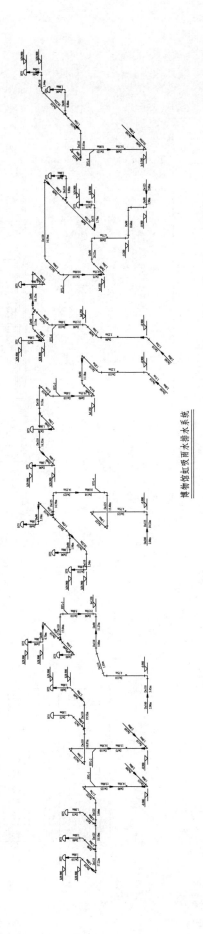

博物馆虹吸雨水排水系统

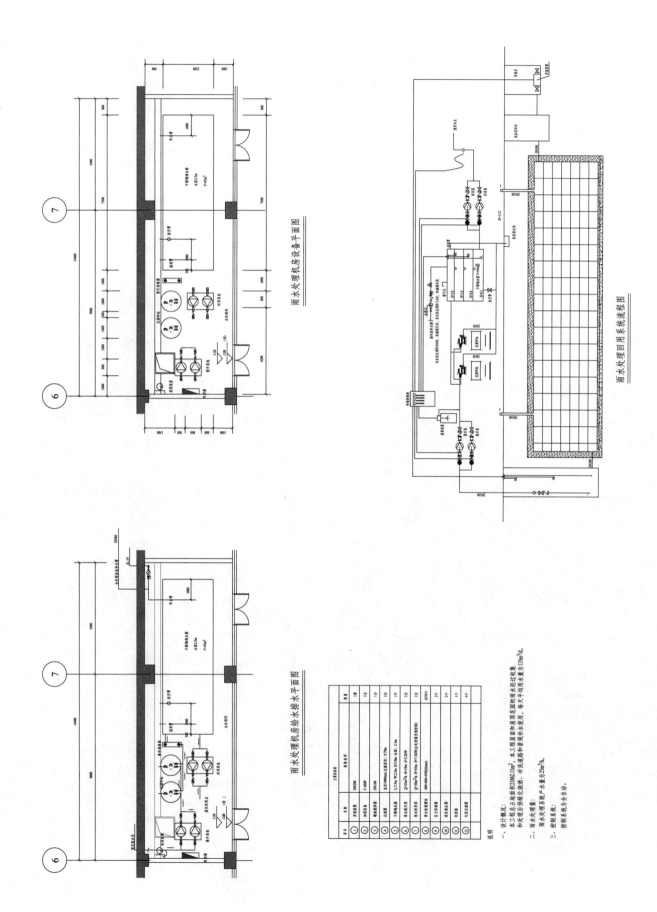

深圳中海油大厦

设计单位： 香港华艺设计顾问（深圳）有限公司
设 计 人： 雷世杰　王恺　刘智忠　谢华
获奖情况： 公共建筑类　二等奖

工程概况：

中海油大厦为中海油南方总部办公基地，坐落于深圳市南山后海中心区。项目由南北两块用地组成，方案采用 200m 的双塔布局，南北对称布置于基地内，有机融入城市发展肌理中。双塔形象遥相呼应，增强了大厦的形象记忆，凸显了企业总部形象。塔楼采用六边形，兼顾城市多视角的标志性。建筑造型通过由下至上弧线的收分变化，隐喻一组扬帆起航的企业巨舰，既生动表达了企业海洋性的文化特征，又诠释了中海油坚忍不拔，积极向上的企业精神，用写意的建筑语言勾勒出中海油卓越不凡的企业形象。

项目基地由南北两地块组成，由一条东西向的城市道路隔开。大厦裙房将南北两座塔楼连为一体，通过大跨设计，建筑横跨中部城市道路，形成底部建筑形象的中心感。在功能及空间上，将公共共享功能布置于裙房，配备了员工餐厅、会议中心和企业文化展厅，两座塔楼通过裙房相连，使得员工更多的交流活动在此开展。共享楼层中引入大小不等的庭院及采光中庭，提升了裙房楼层的内部品质感，同时也将自然光引入底部架空层。大厦落成标志着中海油这座满载荣誉与辉煌成绩的企业巨轮全新起航，成为深圳后海湾区的新标杆。

工程总用地面积为 12712.51m²，其中包括可建设用地面积 10760.66m²，道路用地面积为 1951.85m²，总建筑面积为 251828.72m²。项目包括 4 层地下室，地上 45 层，2 栋塔楼，建筑高度为 199.75m，是集办公、商业于一体的超高层综合楼，其中一层～五层办公配套，塔楼六层及以上均为办公空间，其中：十五层、三十层为避难层。

一、给水排水系统

（一）室外给水排水系统

后海滨路靠用地一侧现有市政给水管 $DN400$、市政污水管 $d400$、市政雨水管分别为 $d400$、$d800$、$d1000$ 雨水管。创业路靠用地一侧现有市政给水管 $DN400$、市政污水管 $d400$、市政雨水管 $d1000$。项目用地东侧及南侧均为规划路，规划路上规划有市政给水管、污水管、雨水管。

市政给水水压为 0.30MPa，中水水压亦按 0.30MPa 考虑。

本工程共设 4 座 50m³ 波纹玻璃钢生物化粪池，1 号楼、2 号楼各设 2 个化粪池集中分 2 个排出口排向后海滨路市政污水管。

室外埋地敷设管段给水管，当管径大于或等于 $DN100$ 采用球墨铸铁给水管，橡胶圈接口连接，管径小于 $DN100$ 采用高密度聚乙烯给水管（HDPE100），热熔连接；在地下室内架空敷设的管段采用球墨铸铁给水管，法兰连接；接室外消火栓管段采用球墨铸铁给水管，内衬水泥砂浆。

室外中水给水管材及管道基础做法与生活给水相同。

室外排水管采用 HDPE 双壁波纹排水管，承插连接。

(二) 给水系统

1. 生活用水用水量（见表1）

生活用水用水量　　　　　　　　　　　　　　　　　　　表1

序号	用水类别	用水标准	使用数量	使用时间(h)	最高日用水量(m^3/d)	平均时用水量(m^3/h)	最大时用水量(m^3/h)
1	商业	$5L/(m^2 \cdot d)$	$9944.0m^2$	10	49.72	4.97	7.46
2	展厅	$3L/(m^2 \cdot d)$	$2000.0m^2$	8	6.00	0.75	1.13
3	应急指挥中心	$50L/(人 \cdot d)$	105.0人/d	24	5.25	0.22	0.33
4	员工餐厅	25L/人次	6984.0人次	12	174.60	14.55	21.83
5	会议	50L/人次	620.0人次	8	31.00	3.88	5.81
6	员工活动室	50L/人次	440.0人次	8	22.00	2.75	4.13
7	办公	$50L/(人 \cdot d)$	12454.0人·d	16	622.70	38.92	58.38
8	地下车库冲洗	$3L/(m^2 \cdot d)$	$44193.0m^2$	8	132.58	16.57	24.86
9	绿化洒水	$3L/(m^2 \cdot d)$	$10000.0m^2$	8	30.00	3.75	5.63
10	冷却塔补水	$45m^3/h$		16	720.00	45.00	45.00
11	小计	除10项外各项之和			1073.85	86.36	129.54
12	未预见用水量	小计×10%			107.38	8.64	12.95
13	合计				1901.23	139.99	187.49

生活最高日用水量为$1901.23m^3/d$，其中空调补水量为$720m^3/d$，设计最大小时用水量为$187.49m^3/h$。

2. 水源

采用城市自来水，室外给水从后海滨路市政给水管$DN400$接口，创业路市政给水管$DN400$上分别接入1条$DN250$进水管，在地下室内形成环状给水管道，供给本工程的室内外生活及消防用水。市政给水压力按不小于0.3MPa设计。

3. 给水设施

在地下四层生活及消防水泵房内设$350m^3$专用生活蓄水箱，分为2座；塔楼十五层避难层设生活水泵房及$80m^3$专用生活水箱，分为2个；塔楼三十一层避难层设生活水泵房及$60m^3$专用生活水箱，分为2个；塔楼屋顶水箱间内设$20m^3$专用生活蓄水箱1个。

室内生活用水及空调补水由生活给水系统供水。初期市政中水未通水时，由生活给水系统补水至地下四层中水蓄水箱，室外绿化浇洒及地库冲洗采用自来水直供，当市政中水系统完善后，管道转换采用市政中水。

4. 系统竖向分区

生活给水系统按竖向分5区供水，分区详见生活给水系统图。

1区：二层及二层以下均由室外生活给水管网直接供给。

2区：三层～十二层由十五层避难层生活水箱重力供给，采用分区减压阀减压和支管减压阀减压，用水点的水压不超过0.20MPa。1号、2号楼十五层避难层生活水箱分别由地下四层生活消防水泵房内1号、2号楼生活加压水泵供水，共2组，每组设2台水泵，1用1备。

3区：十三层～二十八层由三十一层避难层生活水箱重力供给，采用分区减压阀减压和支管减压阀减压，用水点的水压不超过0.20MPa。三十一层避难层生活水箱由十五层避难层生活水泵房内生活加压水泵供水。

4区：二十九层～四十二层由屋顶生活水箱重力供水，采用分区减压阀减压和支管减压阀减压，用水点的水压不超过0.20MPa。屋顶生活水箱由三十一层避难层生活水泵房内生活加压水泵加压供水。

5区：四十三层～四十五层由屋顶水箱间内生活变频调速水泵加压供水。

5. 管材

生活加压水泵出水管大于或等于DN100时，采用薄壁不锈钢管，法兰连接。小于DN100时，采用薄壁不锈钢管，氩弧焊连接，管材管件材质为S30408，亚光。给水支管采用薄壁不锈钢管，单卡压连接，管材管件材质为S30408，亚光，酸洗钝化光亮固熔处理，O型密封圈采用氯化丁基橡胶或三元乙丙橡胶。

(三) 中水系统

1. 中水用水量（见表2）

中水用水量 表2

序号	用水类别	用水标准	使用数量	使用时间(h)	最高日用水量(m³/d)	平均时用水量(m³/h)	最大时用水量(m³/h)
1	商业	3.25L/(m²·d)	9944.0m²	10	21.01	2.10	3.15
2	展厅	1.95L/(m²·d)	2000.0m²	8	2.54	0.32	0.48
3	应急指挥中心	32.5L/(人·d)	105.0人/d	24	2.22	0.09	0.14
4	会议	32.5L/人次	620.0人次	12	13.10	1.09	1.64
5	员工活动室	32.5L/人次	440.0人次	8	9.30	1.16	1.74
6	办公	32.5L/(人·d)	12454.0人·d	16	263.09	16.44	24.66
7	地下车库冲洗	3L/(m²·d)	44193.0m²	8	132.58	16.57	24.86
8	绿化洒水	3L/(m²·d)	10000.0m²	8	30.00	3.75	5.63
9	小计	前8项之和			473.82	41.53	62.29
10	未预见用水量	小计×15%			71.07	6.23	9.34
11	合计				544.90	47.76	71.64

中水系统最高日用水量为544.90m³/d，设计最大时用水量为71.64m³/h。

2. 水源

预留中水给水接口，创业路和后海滨路分别预留1条DN150中水进水管，在地下二层形成环状给水管道，供本工程厕所冲洗、地库冲洗及绿化浇洒等。

卫生间冲厕、裙房屋面及室外绿化浇洒、车库冲洗用水由中水给水系统供给，室内设置中水给水系统管道，室外预留中水给水接口。初期中水未通水时采用自来水，当市政中水系统完善后，即可采用市政中水。中水水压亦按0.30MPa考虑。

3. 系统设施

在地下四层中水泵房内设专用中水蓄水箱2座，总容积为120m³；塔楼十五层避难层设中水水泵房及50m³专用中水水箱，分为2个；塔楼三十一层避难层设中水泵房及40m³专用中水水箱，分为2个；塔楼屋顶水箱间设15m³专用中水水箱1个。

4. 系统竖向分区

中水给水系统按竖向分5区供水（与生活给水系统一致），分区详见中水给水系统图。

1区：二层及二层以下均由室外中水给水管网直接供给。

2区：三层～十二层由十五层避难层中水水箱重力供水，采用分区减压阀和支管减压阀减压，用水点的水压不超过0.20MPa。1号、2号塔楼十五层避难层中水水箱分别由地下二层中水泵房内1号、2号塔楼中水加压水泵供水，共 2 组，每组设 2 台水泵，1 用 1 备。

3 区：十三层～二十八层由三十一层避难层中水水箱重力供水，采用分区减压阀和支管减压阀减压，用水点的水压不超过 0.20MPa。三十一层避难层中水水箱由十五层避难层中水泵房内中水加压水泵供水。

4 区：二十九层～四十二层由屋顶水箱间中水水箱重力供水，采用分区减压阀减压和支管减压阀减压，用水点的水压不超过 0.20MPa。屋顶中水水箱由三十一层避难层中水泵房内中水加压水泵加压供水。

5 区：四十三层～四十五层由屋顶水箱间中水变频调速水泵加压供水。

5. 管材

中水加压水泵出水管大于或等于 DN100 时，采用球墨铸铁给水管，内衬水泥砂浆，法兰连接。小于 DN100 时，采用内筋嵌入式衬塑钢管，沟槽式卡箍连接。

中水给水支管采用内筋嵌入式衬塑钢管，卡环式连接。

（四）热水系统

1. 供热范围和方式

饮水及开水系统：塔楼各层茶水间内设 6kW 电开水器 1 台，办公室可加装饮水机或电加热开水器。

生活热水系统：裙房屋面活动室淋浴间和裙房二层、四层厨房生活热水由裙房屋面太阳能热水系统供给，共设太阳能光热集热板 282 块，集热面积为 564m²，辅助加热系统采用空气源热泵，共设 12 台热泵机组。

2. 管材

生活热水给水管采用薄壁不锈钢给水管，单卡压连接，采用保温护套保温。

（五）排水系统

1. 污/废水排水系统

排水系统采用污废分流制，卫生间污废合流排水。室内±0.000 以上污/废水重力自流排入室外污水管，地下室污/废水采用潜水排污泵提升后排至室外污水管道。排水系统配置环形通气管、结合通气管、主通气管、伸顶通气管等。生活污/废水排至室外污水管集中，经化粪池处理后，再排至市政污水管；餐饮厨房等含油废水经地下室隔油器隔油处理后排至室外污水管。

2. 雨水排水系统

塔楼屋顶雨水排水采用重力流排水系统，裙房屋面采用虹吸雨水系统。

暴雨强度按深圳暴雨强度公式计算，设计参数：设计降雨历时 $t=5min$；重力流雨水设计重现期 $P=5$ 年；虹吸雨水设计重现期 $P=10$ 年；室外雨水排水重现期 $P=5$ 年，安全溢流口设计重现期 $P=50$ 年；屋面径流系数 $\Psi=0.9$。

3. 管材

污水、废水主立管及通气管主立管采用柔性离心铸铁排水管，不锈钢卡箍接口。

各层卫生间污水管支管及横管采用柔性离心铸铁排水管，不锈钢卡箍接口。

塔楼屋顶雨水管采用球墨铸铁给水管，橡胶圈连接，空中花园排水管采用柔性离心铸铁排水管，不锈钢卡箍连接。裙房屋面虹吸雨水管采用 HDPE 高密度聚乙烯给水管，热熔连接。

生活污水转换横管及以下排水管采用球墨铸铁给水管，橡胶圈接口。

二、消防系统

（一）消防供水形式

本工程为高层办公楼，按一类高层建筑进行消防给水系统设计。消防给水系统采用临时高压系统。

消防用水量：一次灭火消防总用水量为 900m³。

消火栓系统用水量：室外 30L/s，室内 40L/s，火灾延续时间为 3h；自动喷水灭火系统用水量：40L/s，火灾延续时间为 1h。

在大厦地下四层设置消防泵房。消防泵房内消防水池有效容积 576m³，储存室内消防用水，分为 2 格，泵房内设置 1、2 区室内消火栓泵 2 台，1 用 1 备；1、2 区喷淋泵 2 台，1 用 1 备；1 号楼、2 号楼消防转输加压泵各 2 台，1 用 1 备，供至三十一层避难层消防水箱。

（二）室外消防设施

室外给水管道采用生活用水与消防用水合用管道系统。室外消防采用低压制消防系统，由城市自来水直接供水。火灾时，由城市消防车到现场室外消火栓取水经加压进行灭火或经消防水泵接合器供室内消防灭火用水。

室外消火栓的设置间距不超过 120m，距道路不大于 2.0m，距建筑物外墙不小于 5.0m。室外共设 10 个室外地上式消火栓。

（三）消防用水量（见表 3）

消防用水量　　　　　　　　　　　　　　　　　　　　　　　　　表 3

序号	用水类别	用水标准(L/s)	灭火时间(h)	总用水量(m³)
1	室外消火栓系统	30	3.0	324.00
2	室内消火栓系统	40	3.0	432.00
3	自动喷水灭火系统	40	1.0	144.00
4	一次灭火总水量			900.00
5	消防水池储水量			576.00

（四）消火栓系统

地下车库、裙房、塔楼等均设室内消火栓系统。室内采用临时高压制消火栓灭火给水系统。室内消火栓系统设计水量为 40L/s。

室内消火栓系统按竖向分设 4 区：

1 区：地下四层～四层，由地下四层消防泵房内 1、2 区消火栓双出口水泵 1 区出水供给，1、2 区消火栓泵 2 台，1 用 1 备。火灾初期由三十一层避难层消防水箱减压供给，三十一层避难层消防水箱容积为 150m³，分为 2 个。

2 区：五层～十五层，由地下四层消防泵房内 1、2 区消火栓双出口水泵 2 区出口供给，1、2 区消火栓泵 2 台，1 用 1 备。火灾初期由三十一层避难层消防水箱减压供给。

3 区：十六层～三十一层，由三十一层避难层消防泵房内 3、4 区消火栓双出口水泵 3 区出口供给，3、4 区消火栓泵 2 台，1 用 1 备。火灾初期由屋顶消防水箱间水箱减压供给，屋顶消防水箱间水箱容积为 18m³。

4 区：三十二层～四十五层，由三十一层避难层消防泵房内 3、4 区消火栓双出口水泵 4 区出口供给。3、4 区消火栓泵 2 台，1 用 1 备。火灾初期由屋顶消防水箱供给。顶部几层压力不足，由设在屋顶消防泵房内 4 区消火栓稳压泵（带气压罐）稳压，4 区消火栓稳压泵 2 台，1 用 1 备，气压罐 Φ1000 1 台。

三十一层避难层设消防水箱及消防泵房，消防水箱容积为 150m³，分设 2 个。当 3、4 区发生火灾时，3、4 区消火栓泵投入工作，与此同时连锁启动地下四层消防转输泵相应投入工作，并根据三十一层避难层消防水箱高低水位自控运行启停。地下四层消防泵房内分别设置 1 号楼、2 号楼消防转输泵各 2 台，1 用 1 备。

建筑物内各层均设消火栓进行保护，其布置保证室内均有 2 股水栓同时到达。灭火水枪的充实水柱为 13m。

室内消火栓给水管当管道压力 P 小于或等于 1.0MPa 时采用热镀锌钢管；当管道压力 $1.0 < P \leqslant 1.6$MPa 时采用加厚镀锌钢管；当管道压力 P 大于 1.6MPa 时，采用无缝钢管，二次镀锌。消火栓管道管径小于 $DN100$ 时，采用丝扣接口，大于或等于 $DN100$ 时，采用沟槽式机械配管接头。

（五）自动喷水灭火系统

地下室、裙房、塔楼等均设置自动喷水灭火系统喷头保护，采用湿式自动喷水灭火系统。

设计参数：地下车库按中危险级Ⅱ级设计，喷水强度为 8L/(min·m²)；一层大堂净空高度超过 8m，小于 12m，喷水强度为 6L/(min·m²)，作用面积为 260m²，$K=80$；裙房及办公塔楼按中危险级Ⅰ级设计，喷水强度 6L/(min·m²)，作用面积为 160m²。持续喷水时间为 1h，喷洒头工作压力为 0.1MPa。自动喷水灭火系统设计用水量 40L/s。

自动喷水灭火系统按竖向分设 4 区：

1 区：地下四层～四层，由地下四层水泵房内 1、2 区自动喷洒双出口水泵 1 区出口供给，1、2 区自动喷洒水泵 2 台，1 用 1 备。火灾初期由三十一层避难层消防水箱减压供给。

2 区：五层～十四层，由地下四层水泵房内 1、2 区自动喷洒双出口水泵 2 区出口供给，1、2 区自动喷洒水泵 2 台，1 用 1 备。火灾初期由三十一层避难层消防水箱减压供给。

3 区：十五层～三十一层，由三十一层避难层水泵房内 3、4 区自动喷洒双出口水泵 3 区出口供给，3、4 区自动喷洒水泵 2 台，1 用 1 备。火灾初期由屋顶消防水箱减压供给。

4 区：三十二层～屋面层，由三十一层避难层水泵房内 3、4 区自动喷洒双出口水泵 4 区出口供给。3、4 区自动喷洒双出口水泵 2 台，1 用 1 备，火灾初期由屋顶消防水箱供给。顶部几层压力不足，由设在屋顶消防泵房内 4 区自动喷洒稳压泵（带气压罐）稳压。4 区消火栓稳压泵 2 台，1 用 1 备，气压罐 Φ800 1 台。

三十一层避难层设消防水箱及消防泵房，消防水箱容积为 150m³，分设 2 格。当 3、4 区发生火灾时，3、4 区自动喷洒水泵投入工作，与此同时连锁启动地下四层消防转输泵相应投入工作，并根据三十一层避难层消防水箱高低水位自控运行启停。地下四层消防泵房内分别设置 1 号楼、2 号楼消防转输泵各 2 台，1 用 1 备。

室内自动喷水灭火系统管道当工作压力 $P\leqslant1.0$MPa 时采用热镀锌钢管；当工作压力 1.0MPa$<P\leqslant1.6$MPa 时，采用加厚镀锌钢管；当工作压力 $P>1.6$MPa 时，采用无缝钢管，二次镀锌。自动喷洒管道管径小于 $DN100$ 时采用丝扣连接，大于或等于 $DN100$ 时采用沟槽式卡箍连接。

（六）高压细水雾灭火系统

地下三层空调机房配电房、地下二层高低压配电房（4 个）、地下二层固定通信机房、地下二层移动通信室内覆盖系统机房、地下一层发电机房（2 个）、裙房首层消防控制室、裙房二层科研虚拟现实机房、裙房二层科研计算机房和 UPS 室、裙房三层控制中心（2 个）、1 号塔楼六层电气用房（核心机房、UPS 配电室、电池间）、2 号塔楼三十层档案层、1 号塔楼三十层档案层、1 号和 2 号塔楼三十一层变配电间及 1 号塔楼四十五层消防应急指挥中心及 UPS 室，总保护面积约为 6000m²，其中地下四层空调机房配电房、地下三层空调机房配电房、地下一层配电房、地下一层高、低压配电房、二层 UPS 室、六层 UPS 室及三十一层配电房采用预作用系统保护，其他均采用开式系统保护。根据保护区的防护特点，设置 1 套高压细水雾灭火系统。

高压细水雾系统主要由高压细水雾泵组（包括主泵、稳压泵、自动补水装置、泵控制柜等）、细水雾喷头、区域控制阀组、不锈钢管道及火灾报警控制系统等组成。

设计参数：（1）系统持续喷雾时间为 30min；（2）开式系统的响应时间不大于 30s；（3）预作用系统作用面积按 140m² 计算；开式系统按同时喷放的喷头个数计算；（4）最不利点喷头工作压力不低于 10MPa。

开式系统控制方式：自动控制、手动控制和应急操作 3 种控制。

自动控制：灭火分区内 1 路探测器报警后，高压细水雾火灾控制报警系统联动开启警铃；当 2 路探测器报警确认火灾后，高压细水雾火灾控制报警系统联动开启声光报警器，并打开对应灭火分区控制阀，向配水管供水。主管道压力下降，则启动主泵，压力水经过高压细水雾开式喷头喷放灭火。压力开关反馈系统喷放信号，高压细水雾火灾控制报警系统联动开启喷雾指示灯。

(七) 建筑灭火器配置

地下三层空调机房配电房、地下三层高低压配电房（4个）、地下三层固定通信机房、地下三层移动通信室内覆盖系统机房、地下一层发电机房（2个）、裙房首层消防控制室、裙房二层科研虚拟现实机房、裙房二层科研计算机房和 UPS 室、裙房三层控制中心（2个）、1号塔楼六层电气用房（核心机房、UPS 配电室、电池间）、1号和2号塔楼三十一层变配电间及1号塔楼四十五层消防应急指挥中心及 UPS 室按严重危险级设计，分别设置工具推车式磷酸铵盐干粉灭火器 MFT/ABC50，保护距离为 40m；

地下室、裙房和塔楼的车库、商业、办公区、设备房、电梯机房等区域均按严重危险级设计，在每个消火栓附近放置工具手提式磷酸铵盐干粉灭火器 MF/ABC6，保护距离为 15m，对不满足保护要求的点另增设工具手提式磷酸铵盐干粉灭火器 MF/ABC6。

三、设计及施工体会

1. 项目用地非常紧张

项目基地由南北两地块组成，由1条东西向的城市道路隔开，建筑裙房上部相连，地下室连通，两地块上各设1座主塔楼。建筑体量较大，地下室紧贴用地红线，在有限的用地空间内，用地东侧零退线、用地南侧和北侧局部零退线，中间市政道路从地下室上穿过，室外给水排水及消防管线布置非常困难。经精心设计配合，采取各种办法妥善解决了室外给水排水管道的布置。解决方案如下：（1）建筑室内以外的部分采取结构降板，布置室外排水管；（2）给水、中水、消防等压力管道全部进入地下室布置，两地块管道在地下室连通；（3）东侧零退线连廊内设截水沟；（4）排水管不从零退线区域出户，露台、空调冷凝水及地面积水排至截水沟内；（5）1号塔楼局部内缩，利用地下一层高度结构降板布置化粪池，地下层仍然是地下车库；（6）水表、水泵接合器等靠建筑外墙、出地面楼梯外墙布置，室外消火栓从地下室环管上引出。

2. 中水给水系统设计

绿色建筑设计要求达到绿色建筑二星级标准，为此，给水排水专业系统设计上除了采用常规的节能节水措施外，还需采用中水给水系统。项目自建中水收集处理回用系统因其占地、设备投资、运行维护管理等方面的问题，再加上当地自建建筑中水处理站的经验教训，设计及建设单位均不建议采用。项目所在的区域现有一座园区中水处理站，通过与之签订供水协议后，项目的中水水源得以落实，项目竣工后获得绿色建筑二星级设计标识。深圳有较多的建筑为了获得绿色建筑标识而自建中水处理站，运行没多久即纷纷关停，包括上述园区中水处理站也已关停。深圳市规划发展城市再生水，为便于今后应用城市再生水，设计预留中水供水系统是可行的；为了获得绿色建筑标识而设置中水供水系统或自建中水处理站，造成浪费的经验教训应该吸取。

3. 实施安装的水表口径与设计的水表口径差异较大

根据建筑给水及消防给水设计规范，项目设计接二路市政给水管引水管，引入管管径 DN250，水表口径 DN200，设计上按建筑规模、设计用水定额、最大时用水量的设计流量以及消防给水要求设计给水引入管，在向自来水公司申请开口接管时，自来水公司计算项目的用水量后，只同意批复1个生活用水 DN100 的水表，1个消防用水 DN150 的水表，且要求平时只开一路生活引入管上水表，当项目供水存在压力不足向自来水公司争取时，才同意打开二路水表。自来水公司是从水表计量的角度考虑水表口径的设置。给水引入管及水表的大小关系项目用水的安全，设计与供水的设计计算依据目前没有统一，往往存在较大的差异。

4. 市政供水楼层水压不足的问题

市政给水水压不小于 0.3MPa，市政直接供水为二层及二层以下，大厦入住后发现，地下四层水箱补水时段，1~2 层水压较低，卫生器具冲水水量小、影响使用，室外绿化人工浇洒用水水压不足。经查，除了水表口径比设计小外，其余均按设计安装，在申请打开二路进水水表，并将地下室水箱进水管上阀门开启度减小情况下，水压仍没有明显改观。设计分析认为：（1）实际水表口径小，影响了用水；（2）地下四层水箱进水管处压力为 0.47~0.5MPa，水箱大量补水时降低管网的压力。通过在水箱进水管上加装减压阀，水箱补水均匀进水，管网供水压力明显下降的现象得以改善。

5. 高压细水雾灭火系统

大厦的 2 栋塔楼分别在三十层设置档案楼层，依据《档案馆高压细水雾灭火系统技术规范》DA/T 45—2009，档案楼层采用高压细水雾灭火系统比较合理，大厦内还设应急指挥中心、科研虚拟现实机房、控制中心、科研研发计算机房、网络机房、发电机房、变配电房、通信机房等共 42 个用房，总保护面积约为6000m²，且分布在 2 栋楼不同的楼层，经技术经济分析，全楼采用 1 套高压细水雾灭火系统机组及管网，保护不能用水消防自动灭火的区域，安全高效，经济合理，获得建设单位的认可。依据广东省《细水雾灭火系统设计、施工、验收规范》DBJ 01—74—2003，系统设计通过了消防部门的审查及验收。《细水雾灭火系统技术规范》GB 50898—2013 自 2013 年 12 月 1 日起实施，根据该规范，全楼设 1 套高压细水雾系统不可能通过审查，必须采用多套细水雾系统，其高额的造价难以获得建设单位的认可。

6. 屋面雨水排水系统管材

大厦建筑高度约 200m，屋面雨水排水系统管材设计采用球墨铸铁给水管、法兰连接，施工时市场上往往购买不到，不得不改用橡胶圈接口的管材，管道承插安装难度较大，施工单位在安装上更倾向于不锈钢管、衬塑钢管、涂塑钢管，但这类管材在后期均存在使用不便及维护难的问题，从多年的使用经验来看，克服安装困难后，球墨铸铁管更经久耐用，工程应用的实例可以明鉴。

四、工程照片及附图

后海滨路与创业路交叉口视角

后海滨路视角

双塔中间市政路视角

首层大堂

电梯厅

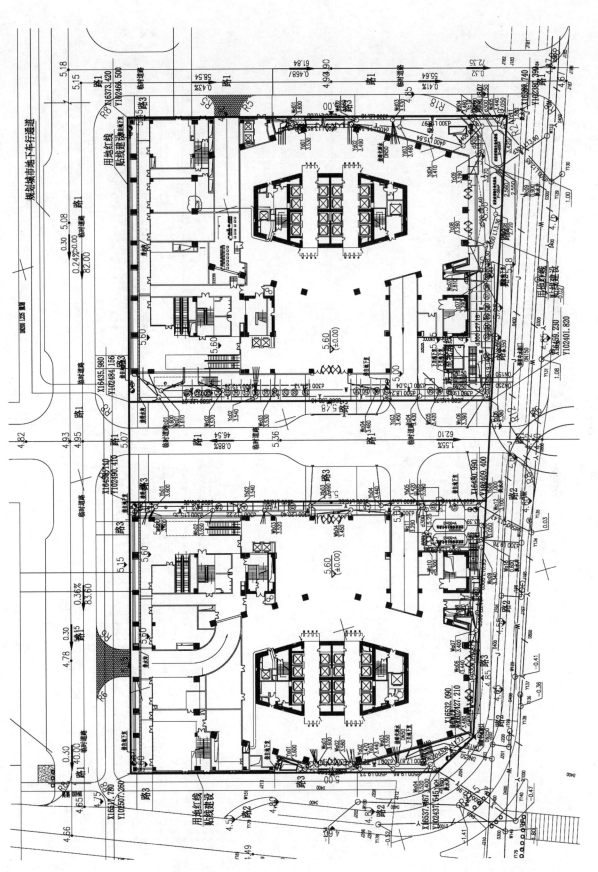

室外给水排水总平面示意图

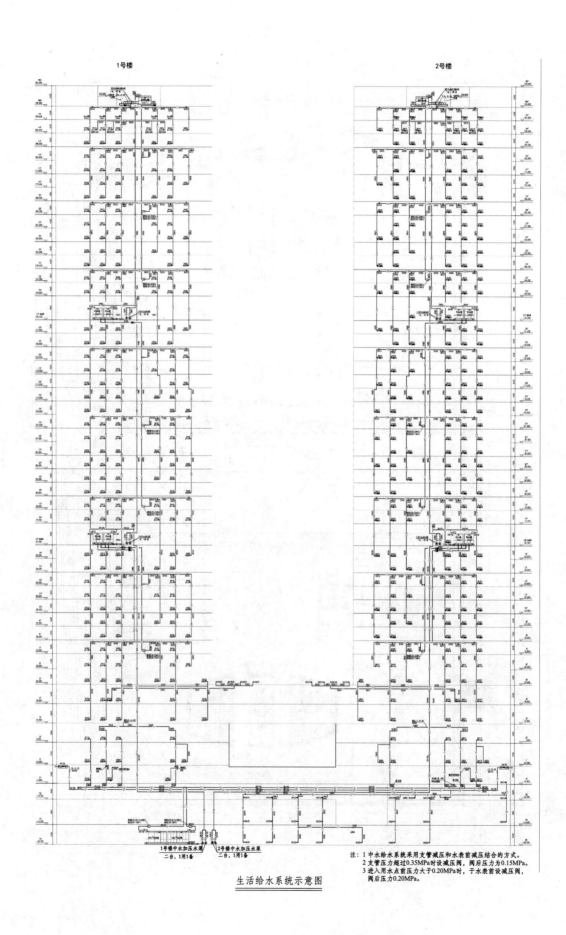

1号楼　　　　　　　　　　　　　　　　2号楼

注：1 中水给水系统采用支管减压和水表前减压结合的方式。
2 支管压力超过0.35MPa时设减压阀，阀后压力为0.15MPa。
3 进入用水点前压力大于0.20MPa时，于水表前设减压阀，阀后压力0.20MPa。

生活给水系统示意图

1号楼

2号楼

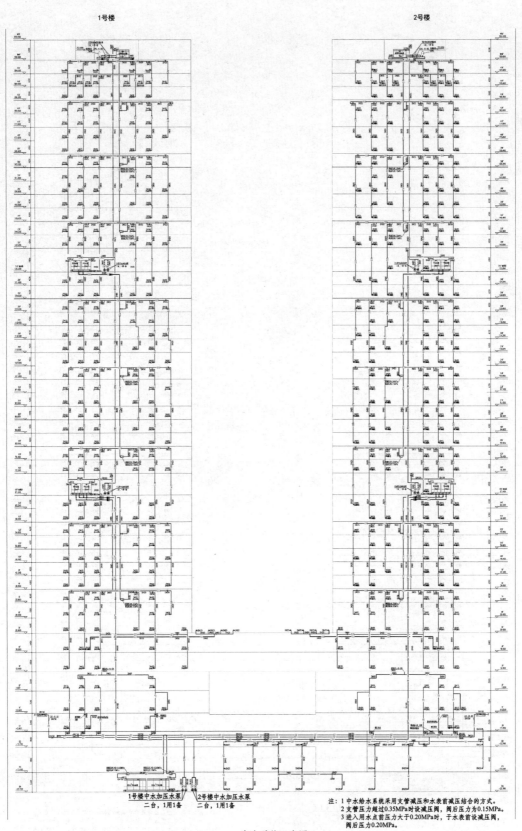

1号楼中水加压水泵
二台，1用1备

2号楼中水加压水泵
二台，1用1备

注：1 中水给水系统采用支管减压和水表首减压结合的方式。
2 支管压力超过0.35MPa时设减压阀，阀后压力为0.15MPa。
3 进入用水点首压力大于0.20MPa时，于水表首设减压阀，
阀后压力0.20MPa。

中水系统示意图

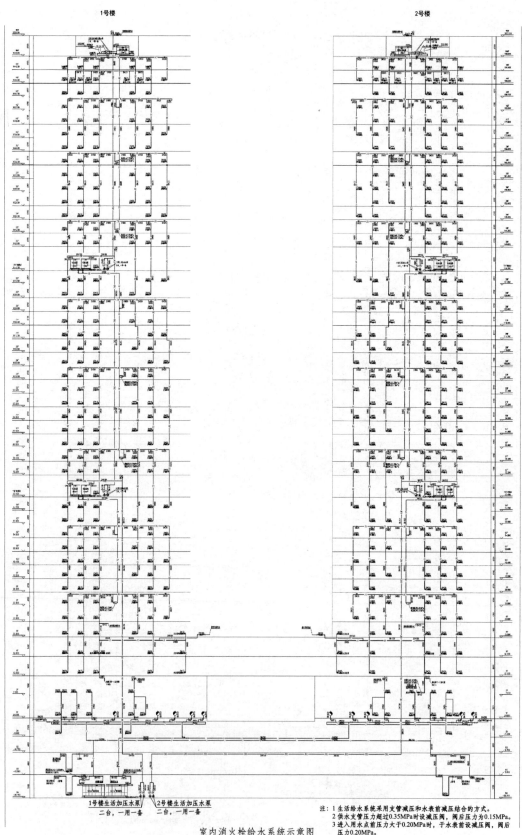

1号楼 2号楼

1号楼生活加压水泵 2号楼生活加压水泵
二台，一用一备 二台，一用一备

室内消火栓给水系统示意图

注：1 生活给水系统采用支管减压和水表前减压结合的方式。
2 供水支管压力超过0.35MPa时设减压阀，阀后压力为0.15MPa。
3 进入用水点前压力大于0.20MPa时，于水表前设减压阀，阀后压力0.20MPa。

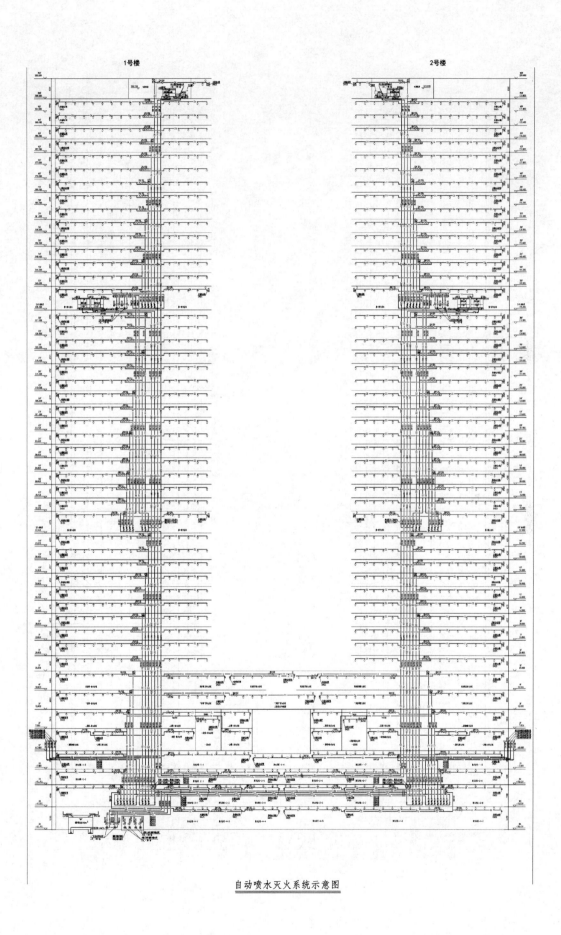

自动喷水灭火系统示意图

1号楼

2号楼

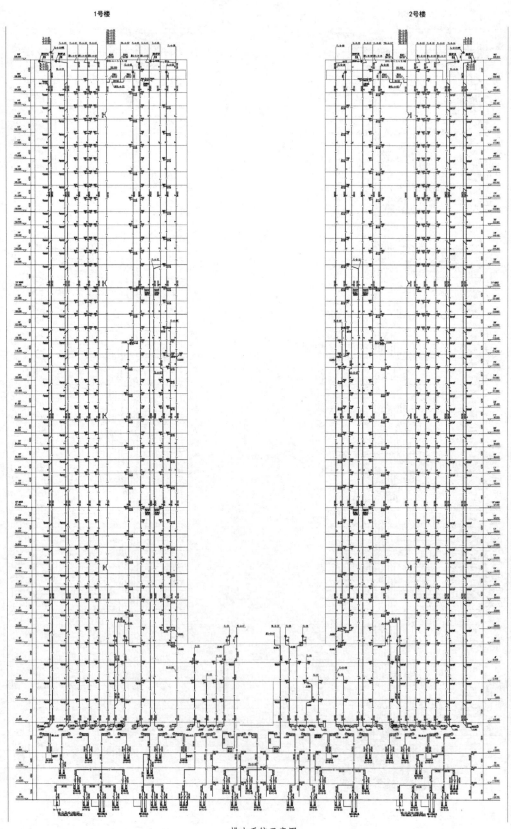

排水系统示意图

中国建设银行北京生产基地一期项目

设计单位： 中国建筑设计研究院有限公司
设 计 人： 宋国清　杨东辉　高振渊　董新淼　唐致文　黎松
获奖情况： 公共建筑类　二等奖

工程概况：

中国建设银行北京生产基地一期项目位于北京市海淀区北清路中关村创新园内，包括 C6-15、C6-16 2 个地块。总建设用地约 13.62hm²，总建筑面积为 28.40 万 m²，其中地上建筑面积 17.27 万 m²，地下建筑面积 11.13 万 m²。

C6-15 地块（简称 15 地块）：占地 10.51 万 m²，总建筑面积 20.75 万 m²，包含数据机房、数据机房总控中心、数据机房运维中心 3 个子项。

数据机房：由 B、C、D 3 栋数据机房楼及 A 栋柴油发电机楼组成。每栋数据机房楼地下 2 层（含设备夹层），地上 4 层，建筑高度为 24m。柴油发电机楼地下 1 层（含设备夹层），地上 2 层，建筑高度为 18m。总建筑面积为 131395m²。C、D 栋数据机房空调采用风冷，土建及设备安装一期一阶段建设。B 栋数据机房空调采用水冷，土建一期一阶段建设，设备安装一期二阶段建设。

总控中心：为机房监控中心。地上 2 层，建筑高度为 14.5m。总建筑面积为 3300m²。

运维中心：包含运维生产区、开发中心上线支持区、职工食堂、地下车库、设备机房等，地下 3 层，地上 5 层，建筑高度为 21.15m。总建筑面积为 70790m²。

C6-16 地块（简称 16 地块）：占地 3.11 万 m²。总建筑面积为 76456m²，包含一个子项——C6-16 地块研发中心，由研发中心、值班休息、职工食堂、地下车库、设备机房等组成。地下 2 层，地上 6 层，建筑高度为 24m。

工程说明：

一、给水排水系统

（一）给水系统

1. 生活用水量（见表 1、表 2）

15 地块生活用水量　　　　　　　　　　　　　　　　　　　　　　　　　　表 1

项目	序号	用水部位	用水量标准 [L/(人·d)]	人数（人）	用水时间 (h)	小时变化系数	最高日用水量 (m³/d)	平均时用水量 (m³/h)	最大时用水量 (m³/h)	备注
运维 中心	1	办公	16	1773	10	1.5	28.37	2.84	4.26	
	2	厨房	22L/人次	3546 人次	14	1.5	78.01	5.57	8.36	
	3	办公空调补水	3800m³/h×1.3%		22	1	1086.80	49.40	49.40	
	4	未预见用水量	按总用水量的 10% 计				119.32	5.78	6.20	
	5	用水合计					1312.50	63.59	68.21	

项目	序号	用水部位	用水量标准 [L/(人·d)]	人数(人)	用水时间 (h)	小时变化系数	最高日用水量 (m³/d)	平均时用水量 (m³/h)	最大时用水量 (m³/h)	备注
数据机房	6	机房空调补水	4716m³/h×1.4%		22	1	1452.53	66.00	66.00	
	7	机房冷冻补水			12	1	40.00	3.33	3.33	
	8	未预见用水量	按总用水量的5%计				74.63	3.47	3.47	
	9	用水合计					1567.16	72.80	72.80	
	10	总计					2879.65	136.39	141.01	

16地块研发中心生活用水量   表2

项目	序号	用水部位	用水量标准 [L/(人·d)]	人数(人)	用水时间 (h)	小时变化系数	最高日用水量 (m³/d)	平均时用水量 (m³/h)	最大时用水量 (m³/h)	备注
研发中心	1	办公	16	1295	10	1.5	20.72	2.07	3.11	
	2	厨房	22L/人次	4450人次	14	1.5	97.90	6.99	10.49	
	3	值班休息室	200	640	24	3	128.00	5.33	16.00	
	4	游泳池补水	540×6%		12	1.5	32.40	2.70	4.05	
	5	未预见用水量	按总用水量的10%计				27.90	1.71	3.36	
	6	用水合计					306.92	18.81	37.01	

2. 水源

城市自来水为水源。15地块：从创新园中环路引入2根DN200给水管，从稻香湖东路引入1根DN200给水管，在地块内形成DN250环网，为15地块供水。16地块：从创新园中环路和创新园经二路各引入1根DN150给水管，在地块内形成DN150环网，为16地块供水。室内给水引入管从室外给水环网上接出。市政供水最低压力为0.18MPa。

3. 系统竖向分区

二层及以下由市政给水管直接供水，三层及以上楼层加压供水。

4. 供水方式及给水加压设备

按地块设集中加压给水设施，15地块、16地块分设各自独立的供水系统。各地块二次加压供水均采用变频调速供水设备加压供水；水箱均采用不锈钢水箱。二次供水消毒方式均采用外置式水箱自洁器。根据物业管理需要设置水表。

5. 管材

给水管采用S30408薄壁不锈钢管，卡压连接。执行《不锈钢卡压式管件 第1部分：卡压式管件》GB/T 19228.1系列。当嵌墙、埋地敷设时，采用覆塑薄壁不锈钢管。

(二) 热水系统

1. 热水用水量（见表3、表4）

15地块热水用水量   表3

用水部位	用水量标准 [L/(人·d)]	人数(人)	用水时间 (h)	小时变化系数	最高日用水量(m³/d)	平均时用水量(m³/h)	最大时用水量(m³/h)	耗热量(kW)	备注
餐饮	9.00	3546	14	1.5	31.91	2.28	3.42	222.71	

16 地块热水用水量　　　表 4

序号	用水部位	用水量标准 [L/(人·d)]	人数(人)	用水时间 (h)	小时变化系数	最高日用水量 (m³/d)	平均时用水量 (m³/h)	最大时用水量 (m³/h)	耗热量 (kW)	备注
1	餐饮	9.00	4450	14	1.5	40.05	2.86	4.29	279.48	
2	值班宿舍	90.00	640	24	3.2	57.60	2.40	7.68	500.21	
3	未预见用水量	按总用水量的10%计				9.77	0.53	1.41	92.04	
4	用水合计					107.42	5.79	15.54	1012.41	

2. 热源

太阳能集热器及锅炉房高温热水作为热源。

3. 系统竖向分区

系统分区同给水系统。

4. 加热设备

太阳能集中热水供应系统热源由屋面太阳能集热器和 15 地块锅炉房高温热水（供、回水温度为80℃、60℃）提供。太阳能热水采用玻璃—金属结构真空管型太阳能集热器、蓄热水箱、集热循环泵、预热循环泵、半容积式换热器预热和辅热的热水系统。利用太阳能将蓄热水箱中的水加热，再将太阳能蓄热水箱中热水作为热媒，经各区预热换热器换热，将冷水预热；再利用锅炉房提供的高温热水，经各区换热器换热，将预热过的水加热至60℃。

5. 冷、热水压力平衡措施及热水温度的保证措施等

各区换热器的水源压力与给水系统一致。系统供/回水管道采用同程布置。

6. 管材

热水管采用 S30408 薄壁不锈钢管，卡压连接。执行 GB/T 19228.1 系列。当嵌墙、埋地敷设时，采用覆塑薄壁不锈钢管。

(三) 中水系统

1. 中水用水量（见表 5、表 6）

15 地块中水用水量　　　表 5

序号	用水部位	用水量标准 [L/(人·d)]	人数(人)	用水时间(h)	小时变化系数	最大日用水量 (m³/d)	平均时用水量 (m³/h)	最大时用水量 (m³/h)	备注
1	办公	24	1773	10	1.5	42.55	4.26	6.38	
2	冲洗车库	2L/(m²·次)	30985m²	8	1	61.97	7.75	7.75	
3	绿地	2L/(m²·次)	42022m²	8	1	84.04	10.51	10.51	
4	未预见用水量	按总用水量的10%计				18.86	2.25	2.46	
5	用水合计					207.42	24.76	27.10	

16 地块研发中心中水用水量表　　　表 6

序号	用水部位	用水量标准 [L/(人·d)]	人数(人)	用水时间(h)	小时变化系数	最大日用水量 (m³/d)	平均时用水量 (m³/h)	最大时用水量 (m³/h)	备注
1	办公	24.00	1295	10	1.5	31.08	3.11	4.66	
2	值班休息室	30.00	640	24	3	19.20	0.80	2.40	

续表

序号	用水部位	用水量标准 [L/(人·d)]	人数(人)	用水时间(h)	小时变化系数	最大日用水量 (m³/d)	平均时用水量 (m³/h)	最大时用水量 (m³/h)	备注
3	冲洗车库	2.00L/(m²·次)	24827m²	8	1	49.65	6.21	6.21	
4	绿地	2.00L/(m²·次)	12444m²	8	1	24.89	3.11	3.11	
5	未预见用水量	按总用水量的10%计				10.64	1.32	1.64	
6	用水合计					135.46	14.55		

2. 水源

中水水源为市政中水。15地块将西侧已预留的 $DN100$ 市政中水管引入用地红线内,16地块将北侧已预留的 $DN100$ 市政中水管引入用地红线内,经总水表后在红线内形成室外中水供水管道,室内中水引入管从室外中水管上接出。

3. 系统竖向分区

首层以下由市政中水直供。首层及首层以上加压供水。

4. 供水方式及给水加压设备

按地块设集中加压中水给水设施。15地块、16地块分设各自独立的供水系统。各地块二次加压供水均采用变频调速供水设备加压供水;水箱采用不锈钢水箱。

5. 管材

中水给水管采用内外涂环氧钢管,小于 $DN100$ 者,螺纹连接;大于或等于 $DN100$ 者,沟槽式连接。

(四) 冷却循环水系统

1. 数据机房冷却循环水系统

(1) 设计参数:空调用冷却水经冷却塔冷却后循环利用。B栋数据机房采用水冷,循环水量为 $4716m^3/h$,夏季湿球温度为31℃时,冷却塔进水温度为39℃,出水温度为33℃;冬季湿球温度为2℃时,冷却塔进水温度为16.5℃,出水温度为10.5℃。

(2) 系统设计:根据节能、节水原则,采用节能型低噪声横流开式冷却塔。在B栋数据机房屋顶设6台冷却塔(5用1备),每台冷却塔与制冷机为一一对应关系。冷却塔集水盘设溢流报警信号。循环水处理采用全程水处理器。

(3) 冷却塔补水系统:冷却塔补水由专用的变频调速给水设备供给。冷却塔补水变频调速给水设备设6台不锈钢立式变频泵(3用3备)、1台隔膜式气压罐及控制柜(1用1备)、压力传感器等仪表。冷却塔安全贮水量按储存22h补水量计算,调节贮水量按储存2h补水量计算,有效贮水量为 $1584m^3$。冷却塔贮水池设于地下二层冷却塔补水泵房内,在冷却塔贮水池内设内置式水箱自洁消毒器。水池水位降至停泵水位时,冷却塔补水变频调速设备停止工作并报警;水位升高恢复正常工作,至溢流水位时报警。

2. 运维、研发等冷却循环水系统

(1) 设计参数:循环水量为 $3800m^3/h$。湿球温度取27℃,冷却塔进水温度为37℃,出水温度为32℃。

(2) 系统设计:采用节能型低噪声横流开式冷却塔。在运维中心屋顶设4台冷却塔。塔的进、出水管上装设电动阀,与制冷机连锁控制。各冷却塔集水盘间的水位平衡通过设连通管保持。冷却塔集水盘设溢流报警信号。循环水处理采用全程水处理器。

(3) 冷却塔补水系统:冷却塔补水由专用的变频调速给水设备供给。冷却塔补水变频调速给水设备设3台不锈钢立式变频泵(2用1备)、1台隔膜式气压罐及控制柜、压力传感器等仪表。冷却塔补水箱按储存2h补水量计算,有效贮水量为 $100m^3$。在冷却塔补水箱内设内置式水箱自洁消毒器。水箱水位降至停泵水位时，冷却塔补水变频调速设备停止工作并报警；水位升高恢复正常工作，至溢流水位时报警。

(五) 游泳池循环水系统

1. 设计参数

比赛池容积 540m³，设计水温 28℃，循环周期 4h，循环水量 148m³/h，每天补水量 32.4m³/d，初次充水时间 48h，初次加热时间 48h，初次加热耗热量 390kW，平时恒温耗热量 151kW。

2. 水处理工艺流程

采用逆流式循环，游泳池的全部循环水量经设在池底的给水口送入池内，经设在池壁外侧的溢流回水槽取回至均衡水池，再由循环水泵从均衡水池吸水，循环水泵前设毛发过滤器；然后通过可再生硅藻土过滤器过滤，过滤后的水在臭氧反应罐里和臭氧充分混合接触消毒；最后循环水经板式换热器加热，使循环水达到要求的温度；进泳池前通过计量泵投加 pH 调整剂和长效消毒剂。

3. 池水加热

采用间接加热方式。泳池初次加热利用锅炉房提供的高温热水。恒温加热利用太阳能蓄热水箱中的热水及锅炉房提供的高温热水。板式换热器设于泳池下方的循环处理机房内。

4. 泳池补水

通过均衡水池间接地向池内补水。

5. 水处理工艺控制

设置水质自动监控系统实时检测池水的 pH 和 ORP，控制投药计量泵的投加量和工作情况；臭氧的投加通过水质监测系统实时自动控制或手动控制；水温的控制通过设在循环水管路上的温度探头进行实时检测，将测量值与设定值比较，通过调整热媒管路上的温度控制阀的开关调节热媒流量进而控制循环水的温度。

6. 管材

游泳池循环水管、加药管臭氧投加管采用 PVC-U 给水管，粘接或法兰连接。

(六) 排水系统

1. 排水系统的型式

室内采用污废合流制。室内±0.000 以上污、废水合流排出室外。室内±0.000 以下污、废水汇集至地下室集水坑，由潜水泵提升排出室外。数据机房及其相邻走道的架空地板层内设事故排水。为防止下水道污气进入室内，空调机房、新风机房废水和报警阀室排水排至室外散水，或排至地下室排水沟，由集水坑潜水泵提升排出。

2. 透气管的设置方式

卫生间污/废水采用伸顶或专用通气管排水系统。

3. 局部污水处理设施：厨房污水采用明沟收集，进集水坑之前设油脂分离器处理。小区污/废水经管道收集排至化粪池，经化粪池初步处理后排至市政污水管道。

4. 空调凝结水

B 栋数据机房楼一层至四层空调凝结水通过专设凝结水排水管排至地下二层冷却塔补水池。C、D 栋数据机房楼一层至四层空调凝结水通过专设凝结水排水管排至 C 栋冷源机房凝结水水箱，由凝结水排水泵组排至 B 栋冷却塔补水池。凝结水排水泵由凝结水水箱水位自动控制：凝结水水箱水位升至启泵水位时，凝结水排水泵启动，降至停泵水位时停泵，升至溢流报警水位时报警。

5. 管材

排水管（通气管）：采用机制排水铸铁管，A 型柔性接口。排水横管与立管连接采用 45℃斜三通或 45℃斜四通。与潜水泵连接的管道采用热浸镀锌钢管，螺纹连接，需拆卸处采用法兰连接。

(七) 雨水系统

1. 设计参数

北京市暴雨强度公式：$q = 2001（1+0.811\lg P）/(t+8)^{0.711}$。

屋面雨水设计重现期为 5 年，降雨历时为 5min。溢流口和排水管系总排水能力按 10 年重现期设计。车道入口和窗井雨水设计重现期 P 取 50 年。

2. 系统设计

部分屋面采用 87 型雨水斗系统。部分屋面雨水排水采用外排水、由建筑专业设计。地下车库坡道的拦截雨水汇集到地下室集水坑，由潜水泵提升后排除。各集水坑均设带自动耦合装置的潜水泵 2 台。潜水泵由集水坑水位自动控制。

3. 雨水利用

雨水入渗和收集回用相结合。主要措施为将大部分绿地设置为下凹绿地，硬化路面及屋面雨水优先排至散水，经下凹绿地下渗利用；采用透水铺装；在实土绿化区设渗排一体化系统；在 15、16 地块各设 1 个 200m³ 的 PP 模块蓄水池，回收利用雨水用于室外绿化。

二、消防系统

消防水源：消防用水水源同给水系统水源。室外消火栓系统设计用水量为 30L/s，由市政管网提供。

消防供水设施：消防给水系统采用临时高压制。15、16 地块（一期）与 22 地块（二期）消防给水系统统一考虑，集中供水。消防水泵房设于 16 地块研发中心地下二层。消防水池按二期建筑高度 60m、一类高层建筑设计，有效储水量为 540m³。一期消防水箱（贮水量 18m³）设于 16 地块屋顶消防水箱间。二期消防水箱（贮水量 18m³）设于 22 地块屋顶消防水箱间。消火栓泵和自动喷水泵各设 2 台，1 用 1 备。二期消防用水直接由消火栓泵和自动喷水泵提供，未来在二期考虑分区供水方式。一期消防用水由消火栓泵和自动喷水泵经减压阀组减压后提供。减压阀组设于消防泵房内，阀后压力均为 0.75MPa。从 16 地块消火栓和自动喷水灭火系统减压阀后分别接出 2 根 $DN125$ 消火栓管道和 2 根 $DN200$ 自动喷水管道，在 15 地块呈环布置。15 地块各建筑消火栓和自动喷水灭火系统引入管均从环网上接出。在 15 地块设 3 组自动喷水消防水泵接合器，在 16 地块设 2 组消火栓消防水泵接合器和 3 组自动喷水消防水泵接合器。

(一) 室内消火栓系统

1. 消防用水量

15 地块各楼室内消火栓用水量为 15L/s，火灾延续时间为 2h，设计用水量为 108m³。16 地块室内消火栓用水量为 20L/s，火灾延续时间为 2h，设计用水量为 144m³。

2. 系统分区

系统不分区。消火栓管网呈环布置。系统给水由 16 地块消防泵房内的消火栓泵经减压阀组减压后供水。减压阀阀后压力为 0.78MPa。水压超过 0.50MPa 的消火栓采用减压稳压消火栓。

3. 管材

采用经国家固定灭火系统检验中心检测合格的消防给水内外涂环氧钢管。小于 $DN100$ 者，螺纹连接；大于或等于 $DN100$ 者，沟槽式（涂塑管接头）连接。耐压等级 1.6MPa。

(二) 自动喷水灭火系统

1. 设置场所

各楼除卫生间、楼梯间、管井、净高超过 12m 的中庭，及数据机房、电池间、变配电室、强电间、弱电间、弱电进线间、分界室等不能用水扑救的场所外，均设自动喷水灭火系统保护。

2. 设计参数

除地下车库按中危险级 Ⅱ 级设计外，其余均按中危险级 Ⅰ 级设计。自动喷水灭火系统用水量为 30L/s，火灾延续时间为 1h，设计用水量为 108m³。

3. 系统分区

系统竖向不分区。系统用水由 16 地块集中消防泵房内的自动喷水泵经减压阀组减压后供水。报警阀室分散设于各楼座。除数据机房、地下一层汽车库采用预作用自动喷水灭火系统外，其余部位均采用湿式自动喷水灭火系统。

4. 管材

同室内消火栓系统。

（三）大空间智能型主动喷水灭火系统

1. 保护部位

16 地块研发中心空间高度超过 12m 的中庭。

2. 设计参数

按中危险级 I 级设计。采用 ZSS-25 水炮：工作电压 220 V，射水流量大于或等于 5L/s，工作压力 0.40MPa，保护半径 20m，设计安装高度 10.8m，系统的设计流量按 2 个水炮同时喷水计算为 10L/s。持续喷水时间为 60min，设计用水量为 36m³。

3. 系统设计

与自动喷水灭火系统合用 1 套供水系统，在报警阀前管道分开，单独设置水流指示器和模拟末端试水装置。每个水炮前设电磁阀。管道系统平时由屋顶消防水箱稳压。

4. 系统控制

大空间智能型主动喷水灭火系统与火灾自动报警系统及联动控制系统综合配置。红外探测组件探测到火灾，打开喷头上的电磁阀，同时自动启动自动喷水泵并报警。扑灭火源后，装置再发出信号关闭电磁阀和水泵。若有新火源，系统重复上述动作。喷头上的电磁阀也可在消防控制室手动强制控制和现场手动控制。消防控制室能显示红外探测组件的报警信号，信号阀、水流指示器、电磁阀的状态和信号。

5. 管材

同室内消火栓系统。

（四）水喷雾系统灭火系统

1. 保护部位

15 地块运维中心楼燃气锅炉房。

2. 设计参数

按防护冷却设计，设计喷雾强度为 9L/(min·m²)，持续喷雾时间为 1.0h，单台锅炉保护面积为 53m²，选用 ZSWTW/SL-S232-22-90 型中速水雾喷头，$K=15.6$，设计工作压力为 0.30MPa，喷头出流量为 0.45L/s，系统设计流量为 10L/s，系统响应时间为 60s。

3. 系统设计

系统与自动喷水灭火系统共用消防供水泵。每台锅炉设 1 组 $DN100$ 雨淋阀保护，锅炉上方的火灾探测器与雨淋阀为一一对应关系。喷头围绕锅炉四周立体布置，喷头的雾化角为 90℃，喷头间距为 1.3~2.1m，喷头距锅炉的距离为 0.92~1.5m。

4. 系统控制

（1）自动控制：由设在防护区内的 2 个探测器均动作后自动开启雨淋阀上的电磁阀，雨淋阀上的压力开关动作后自动开启自动喷水泵。

（2）手动远控：在消防控制中心手动开启自动喷水泵和雨淋阀。

（3）现场操作：人工打开雨淋阀上的放水阀，使雨淋阀打开；泵房内手动开启自动喷水泵。

5. 管材

同室内消火栓系统。

（五）气体灭火系统

1. 保护部位

15 地块数据机房楼地上各层机房模块与空调间、测试机房与空调间、地下各层变电所（含夹层）与空调间、电池室（含夹层）与空调间、变配电间（含夹层）、电池间（含夹层）及柴油发电机房楼发电机并机室、测试变压器室、低压配电室，采用 IG541 气体灭火系统保护。15 地块运维中心受建筑防火分区限制需设自动灭火保护的变配电室，采用 IG541 气体灭火系统保护。16 地块研发中心受建筑防火分区限制需设自动灭火保护的变电所、弱电机房 1、弱电机房 2、变电所与弱电机房 1 采用 IG541 气体灭火系统保护。弱电机房 2 采用七氟丙烷预制灭火系统保护。所有穿越防护区的管线孔洞均应采用防火堵料填塞。

2. 设计参数

（1）IG541 气体：在最低温度下的最低设计浓度不小于灭火浓度的 1.3 倍，在最高温度下的设计浓度不大于 52%。系统设计温度为 20℃，环境温度为 0～50℃。灭火浸渍时间为 10min。气体喷放至设计用量的 95% 时，喷放时间不应大于 60s，不应小于 48s。储存钢瓶容积为 80L，储存压力为 15MPa。

（2）七氟丙烷气体：设计灭火浓度为 8%，气体喷射时间小于或等于 8s，灭火浸渍时间为 5min。

3. 系统设计

IG541 气体灭火系统采用 IG541 全淹没组合分配系统。组合分配系统所保护的防护区最多不超过 8 个。

4. 系统控制

IG541 气体灭火系统设 3 种控制方式：自动控制、手动控制和机械应急操作。同一防护区设计 2 套管网时，系统启动装置必须共用。

预制灭火系统设 2 种控制方式：自动控制和手动控制。

5. 安全措施

防护区泄压装置设在相邻走道的内墙上。泄压口设置高度位于防护区净高的 2/3 之上。

6. 管材

IG541 气体灭火系统采用厚壁高压无缝钢管，内外壁热镀锌，镀锌法兰连接。

三、工程特点介绍与设计及施工体会

（1）本项目占地面积大，子项多，建筑功能复杂，又有分期建设要求。如何在设计中合理确定系统方案及机房平面布局，使系统既满足各子项的特点，又兼顾项目整体的经济性需要，显得尤为重要。需要设计师在项目设计初期做好与业主、机房工艺设计单位等各方的沟通配合工作，充分了解各方意图。如在消防给水系统设计时，考虑项目整体建筑面积不是太大，结合业主需要，在规范允许的情况下在 16 地块设计集中消防泵房，除了为 15、16 地块各子项提供消防用水外，还为二期 22 地块消防用水预留给水条件。在给水系统设计时，考虑需要加压用水的部位较分散，在 2 个地块分别设置集中加压给水设施，且将其设置在地块内加压用水量较大的楼座下，就近为地块内需要加压供水的各用水部位提供用水。

（2）为解决常规太阳能热水系统因冷/热水压力不同源、造成用户在使用热水时出现热水水温不稳定的问题，本项目太阳能热水系统采用间接加热方式。热水系统分区同给水系统，各区换热器的水源压力与给水系统一致。系统供/回水管道采用同程布置。从太阳能热水系统实际运行看，热水用水点出水稳定、出热水时间快，达到了预期的效果。

（3）针对数据机房气体灭火防护区比较多、且防护区体积比较大的特点，在气体灭火系统设计时采用 IG541 组合分配管网灭火系统，并在体积较大的防护区设 2 套或 3 套系统，使防护区内气体灭火剂的分配更均匀，且气体灭火系统钢瓶间的数量相对七氟丙烷灭火系统更少。

（4）针对数据机房空调系统不间断运行的要求，对冷冻机房和冷却塔补水采用双路供水方式，冷却塔与冷冻机采用一一对应呈环设计，并加大冷却塔补水池贮水容积，有效保障空调系统的正常运行。

四、工程照片及附图

运维中心及数据机房（一）

运维中心及数据机房（二）

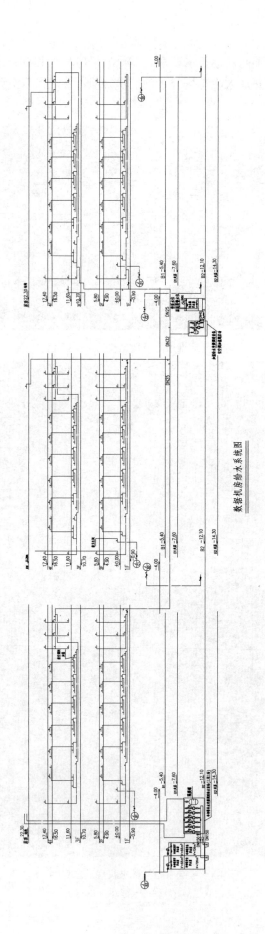

数据机房给水系统图

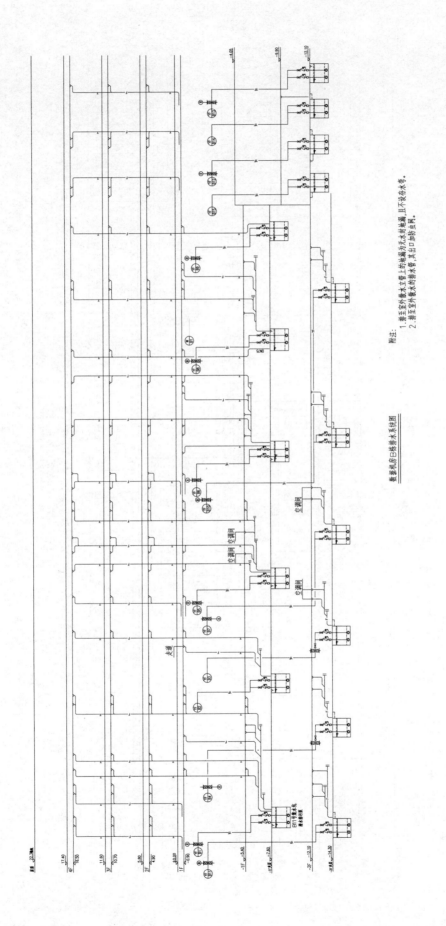

数据机房B栋排水系统图

附注:
1. 排至室外散水立管上的地漏为无水封地漏,且不设存水弯。
2. 排至室外散水的排水管,其出口加防虫网。

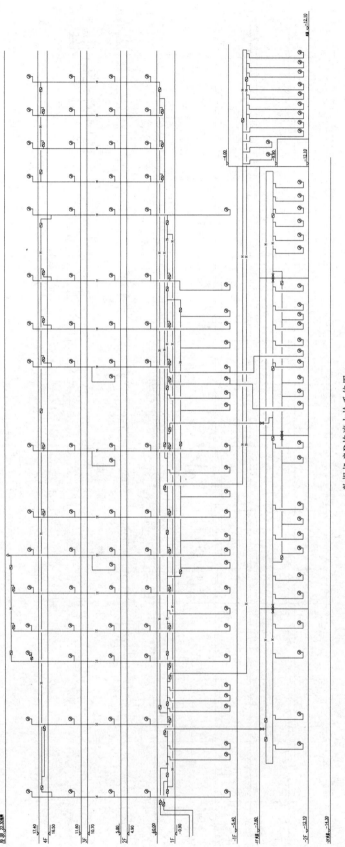

数据机房B栋消火栓系统图

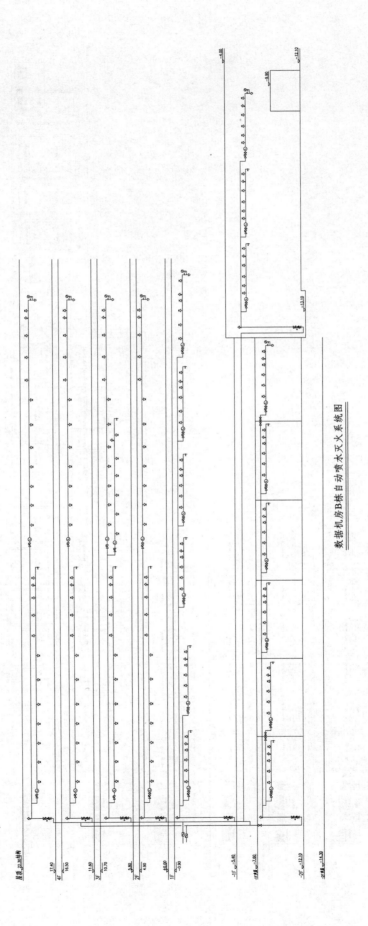

数据机房B栋自动喷水灭火系统图

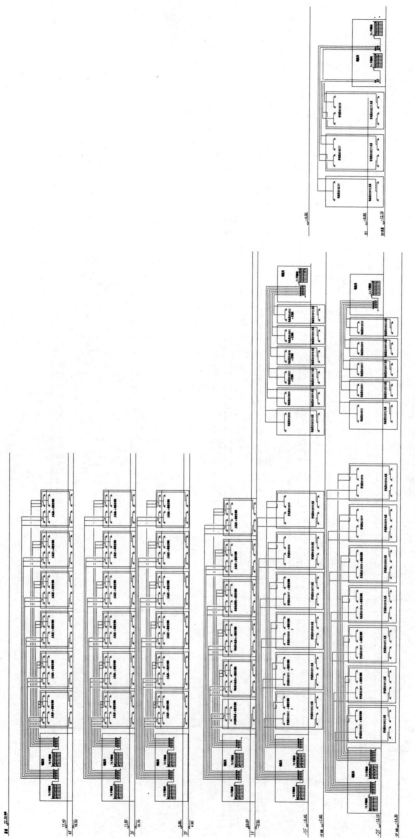

数据机房B栋主楼气体灭火系统示意图

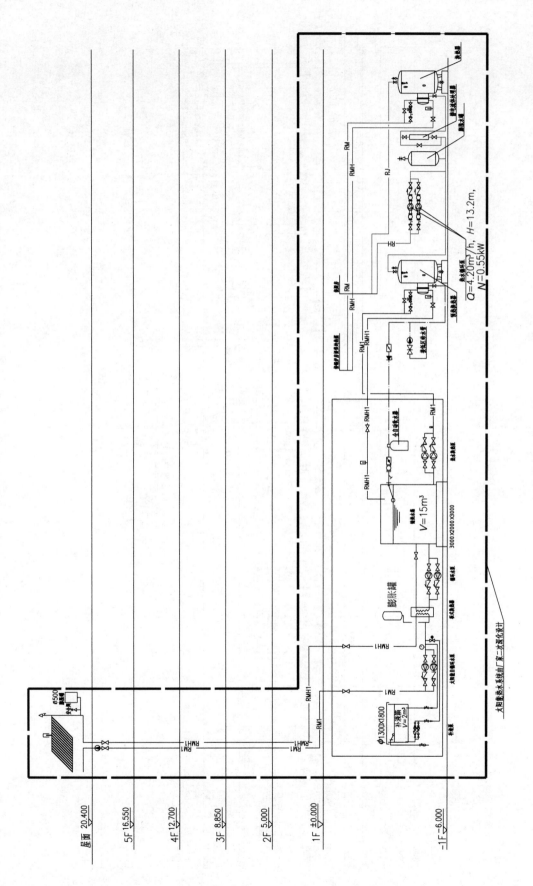

运维中心热水系统图

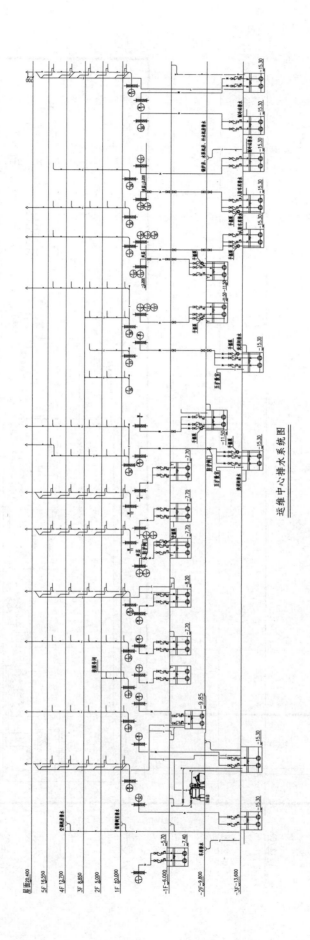

运维中心排水系统图

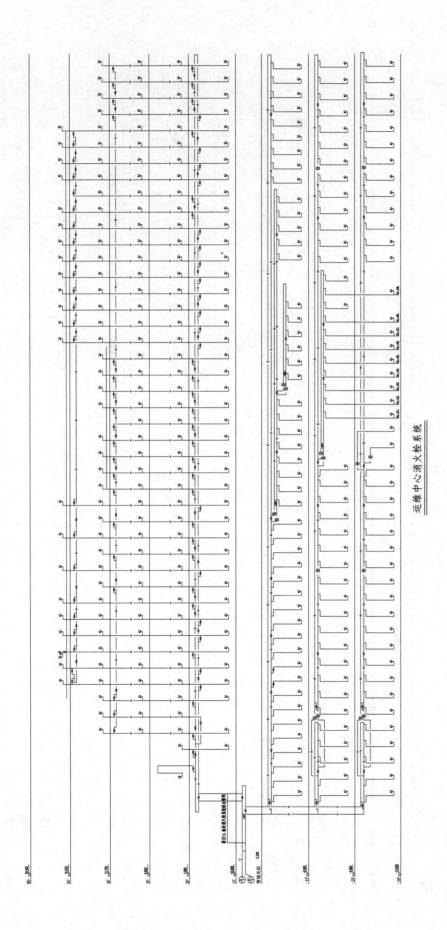

运维中心消火栓系统

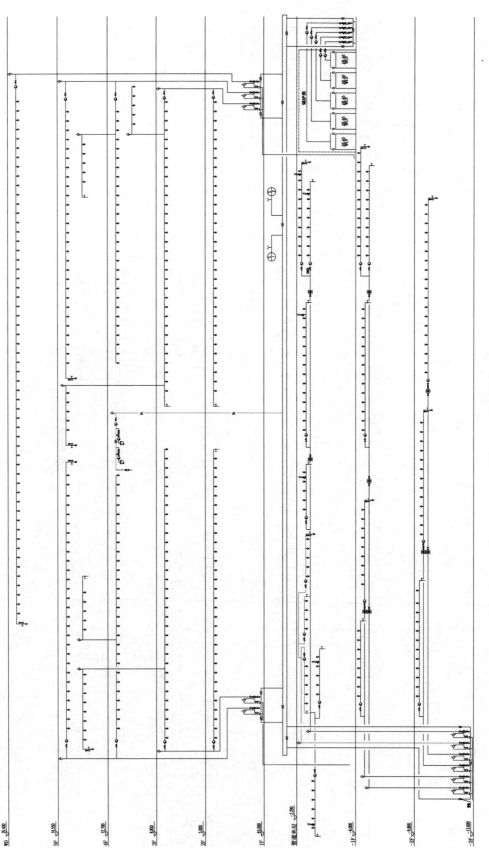

运维中心自动喷水灭火系统

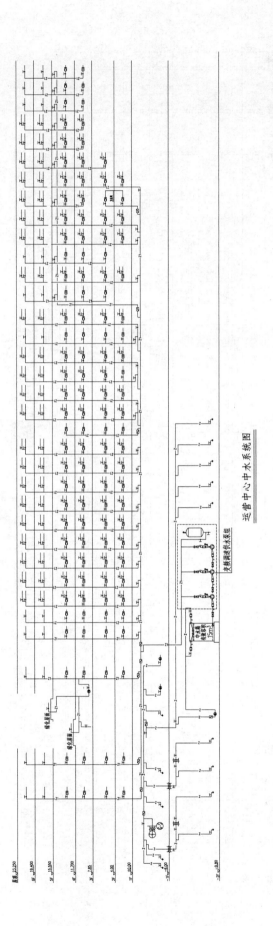

运营中心中水系统图

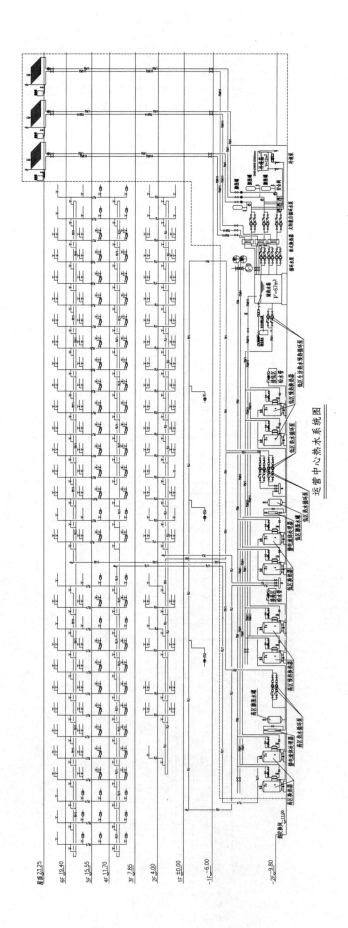

运营中心热水系统图

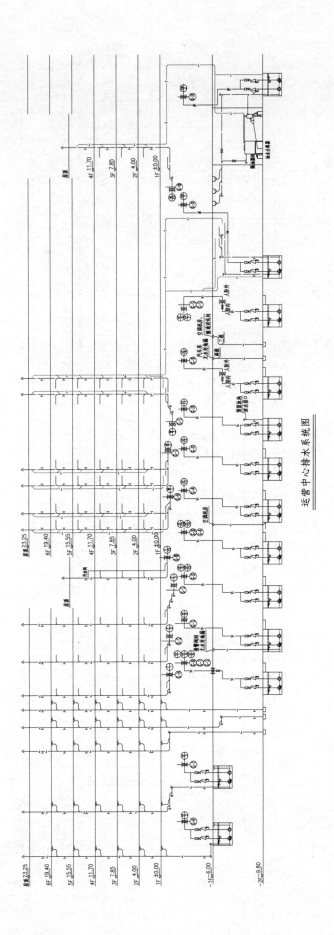

运营中心排水系统图

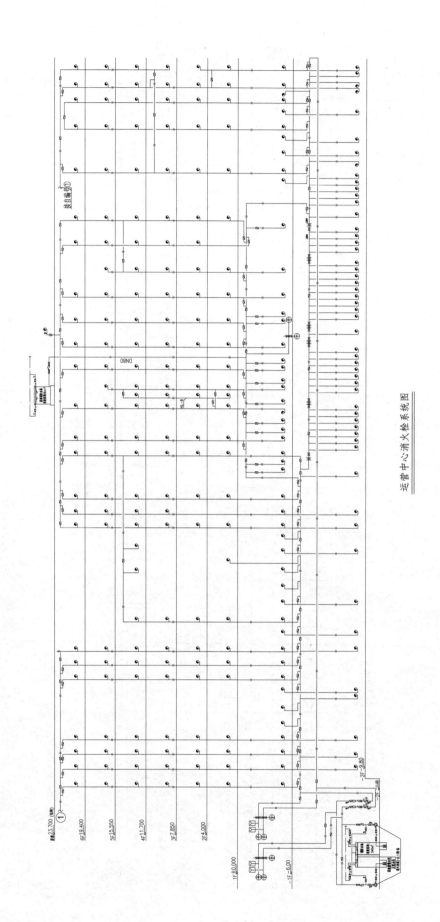

运营中心消火栓系统图

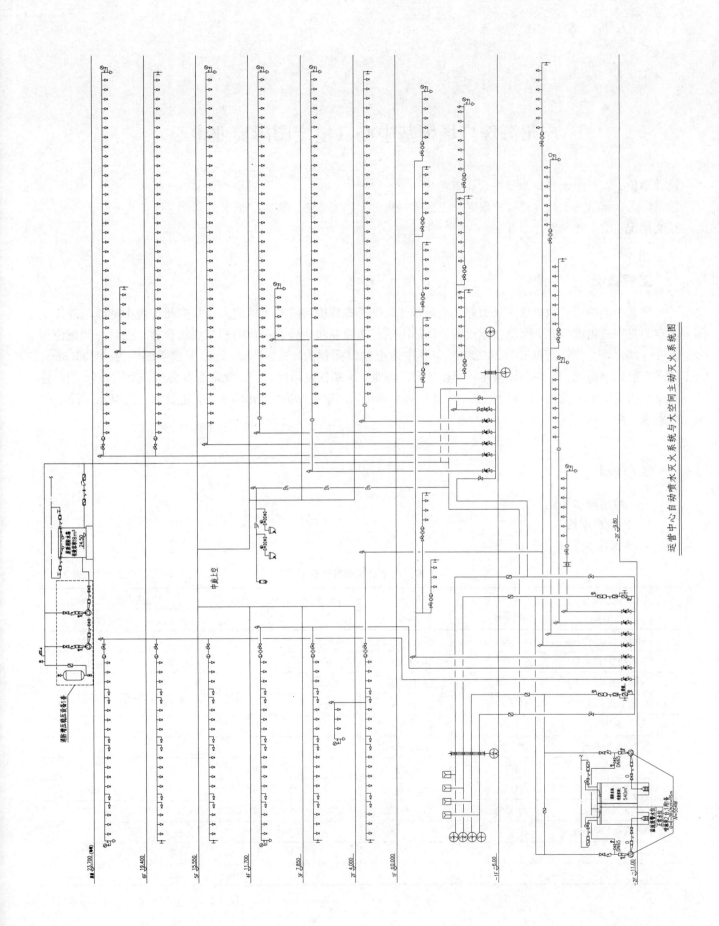

运营中心自动喷水灭火系统与大空间主动灭火系统图

广州海珠广场恒基中心（星寰国际商业中心）

设计单位：广州市城市规划勘测设计研究院
设 计 人：蔡昌明　汤建玲　曹秋霞　王思臻　张君彦　刘东燕　何斌　罗智华
获奖情况：公共建筑类　二等奖

工程概况：

　　恒基中心位于广州海珠广场西侧，南面珠江，处于海珠桥与解放大桥之间，是广州传统中轴线与珠江交汇点，是一栋由南、北2个塔楼组成的、高标准的、集商业和办公为一体的超高层综合楼。项目总用地面积为26652m²，总建筑面积为233022.1m²，其中地上建筑面积为154491.5m²，地下建筑面积为78530.6m²。地下5层，为商业、车库及设备房；裙楼7层，为商业、餐饮及影厅；南、北塔为办公楼，南塔共20层，建筑高度为99.8m；北塔共30层（其中十九层为避难层），建筑高度为149.9m。本建筑为一类高层，建筑耐火等级一级。

工程说明：

一、给水排水系统

（一）给水系统

1. 冷水用水量（见表1～表4）

本工程生活用水量计算表　　　　　　　　　　　　　　　　　　　表1

序号	用水项目名称	用水人数或单位数	用水量标准	小时变化系数 K	用水时间 (h)	用水量	
						最大时 (m³/h)	最高日 (m³/d)
1	裙楼餐饮(小型西餐)	17727人	15L/(人·d)	1.5	16	25	266
2	裙楼餐饮(西餐)	17727人	25L/(人·d)	1.5	16	42	443
3	裙楼餐饮(中餐)	19698人	60L/人次	1.5	12	148	1182
4	地下商业(超市)	约25000m²	8L/(m²·d)	1.5	12	25	200
5	北塔办公	约4000人	50L/(人·d)	1.5	10	30	200
6	南塔办公	约3500人	50L/(人·d)	1.5	10	26.3	175
7	绿化	4616m²	2L/(m·d)	1.0	6	1.5	9.2
8	道路广场冲洗	7173.3m²	2L/(m·d)	1.0	6	2.4	14.3
9	停车库冲洗	约50000m²	2L/(m·d)	1.0	6	16.7	100
10	北塔办公空调补水				10	20.1	201
11	裙楼商业空调补水				12	128	1280
12	小计					465	4060.5

续表

序号	用水项目 名称	用水人数 或单位数	用水量 标准	小时变化 系数 K	用水时间 (h)	用水量	
						最大时(m³/h)	最高日(m³/d)
13	未预见用水量	按10%计				46.5	406.1
14	合计					511.5	4466.6

裙楼商业生活用水量计算表 表2

序号	用水项目 名称	使用人数 或单位数	用水量 标准	小时变化 系数 K	使用时间 (h)	用水量	
						最大时(m³/h)	最高日(m³/d)
1	裙楼餐饮（小型西餐）	17727人	15L/(人·d)	1.5	16	25	266
2	裙楼餐饮（西餐）	17727人	25L/(人·d)	1.5	16	42	443
3	裙楼餐饮（中餐）	19698人次	60L/人次	1.5	12	148	1182
4	小计					215	1891
5	未预见用水量	按10%计				21.5	189.1
6	合计					236.5	2080.1

北塔办公生活用水量计算表 表3

序号	用水项目 名称	使用人数 或单位数	用水量 标准	小时变化 系数 K	使用时间 (h)	用水量	
						最大时(m³/h)	最高日(m³/d)
1	北塔办公	约4000人	50L/(人·d)	1.5	10	30	200
2	未预见用水量	按10%计				3	20
3	合计					33	220

南塔办公生活用水量计算表 表4

序号	用水项目 名称	使用人数 或单位数	用水量 标准	小时变化 系数 K	使用时间 (h)	用水量	
						最大时(m³/h)	最高日(m³/d)
1	南塔办公	约3500人	50L/(人·d)	1.5	10	26.3	175
2	未预见用水量	按10%计				2.6	17.5
3	合计					28.9	192.5

2. 水源

本工程水源为城市自来水，供水压力大于或等于 0.14MPa。由沿江路引入 1 根 DN400 的供水管，在地块内呈现支状布置，供室内外消防、生活用水。

3. 系统竖向分区

本工程室内给水系统主要按竖向及功能划分为 3 块区域：地下室及商业裙楼给水系统、北塔办公给水系统、南塔办公给水系统。3 块区域分别设置独立的计量水表、生活蓄水箱、加压水泵及管网系统。

（1）地下室及商业裙楼给水系统

1）根据市政给水压力，一层及地下室利用市政水压直接供水。

2）地上二层～七层商业裙楼采用数字集成全变频控制恒压供水设备加压供水，水泵房设在地下五层，给水系统采用上行下给。

（2）北塔办公给水系统（见表5）

北塔办公给水系统分区 表5

办公	加压1区	加压2区	加压3区
八层～三十层	八层～十五层	十六层～二十三层	二十四层～三十层

（3）南塔办公给水系统（见表6）

南塔办公给水系统分区 表6

办公	加压1区	加压2区
八层～二十层	八层～十三层	十四层～二十层

4. 供水方式及给水加压设备

（1）地下五层～一层由市政给水管网直接供水。

（2）裙楼（二层～七层）由地下五层数字集成全变频控制恒压供水设备加压供水。

（3）南塔楼两个加压区（八层～十三层、十四层～二十层）均由地下五层数字集成全变频控制恒压供水设备加压供水。

（4）北塔楼由地下五层恒压泵组将北塔生活用水提升至北塔避难层（十九层）中间水箱。八层～十五层为1区，利用中间水箱重力供给；十六层～三十层由避难层（第十九层）数字集成全变频控制恒压供水设备加压供水，十六层～二十三层为2区，二十四层～三十层为3区，采用上行下给方式供水。

（5）地下五层分别设裙楼及北塔冷却塔补水箱，由数字集成全变频控制恒压供水设备提升至北塔屋顶冷却塔水箱补水。

5. 管材

（1）室内生活给水管道除水泵压水管外均采用内衬塑热浸镀锌钢管，公称直径小于或等于$DN100$采用丝扣连接；公称直径大于$DN100$采用法兰或卡箍连接。

（2）室外埋地给水管道采用钢丝网骨架增强塑料复合管，热熔连接。管道公称压力为1.0MPa。

（二）排水系统

1. 排水系统型式

采用污废分流制。地面±0.000以上排水采用重力排水，±0.000以下的地下车库、设备用房等排水，通过集水井经潜污泵提升排至室外排水管网。

2. 透气管的设置方式

为保证较好的室内环境，公共卫生间按规范设环形通气管，卫生间设专用通气立管。

3. 局部污水处理设施

生活污水经化粪池处理、餐饮废水经一体化自动隔油器处理后集中排至市政污水管，最终进入城市污水处理厂处理达标排放。

4. 管材

室内塔楼污/废水排水立管（包括塔楼下到裙楼的管段）采用柔性机制离心铸铁排水管，卡箍连接；卫生间排水支管采用PVC-U排水管，粘接连接。

地下室集水井潜污泵排出管：采用内外涂塑钢管。

室外排水管：污废水、雨水采用PVC-U双壁波纹管，采用承插密封胶圈连接。

（三）雨水系统

1. 排水系统型式

采用雨污分流制，塔楼屋面雨水采用重力排水方式，排至裙楼屋面，裙楼屋面雨水由虹吸雨水斗收集经雨水管道排至室外雨水检查井，并设消能装置。

2. 管材

重力雨水管采用内外衬塑钢管，卡箍连接。虹吸雨水管采用虹吸专用 HDPE 排水管。

二、消防系统

（一）消防用水量（见表7）

消防用水量标准、一次灭火用水量、水池容积表　　　　表7

序号	消防系统名称	消防用水量标准	火灾延续时间	一次灭火用水量	备注
1	室外消火栓系统	40L/s	3h	432m³	由地下一层消防水池供水
2	室内消火栓系统	40L/s	3h	432m³	由地下一层消防水池供水
3	自动喷水灭火系统（2层机械停车库）	48L/s	1h	173m³	由地下一层消防水池供水
4	窗玻璃喷淋系统	30L/s	1h	108m³	由地下一层消防水池供水
5	大空间智能灭火装置	40L/s	1h	144	由地下一层消防水池供水
6	自动扫描射水高空水炮	10	1h	36	由地下一层消防水池供水
7	地下消防水池容积			1145m³	室内消防用水合计
8	十九层北塔转输水箱容积			70m³	15min 室内消防用水量
9	北塔屋顶消防水池容积			50m³	消防专用水箱
10	南塔屋顶消防水池容积			50m³	消防专用水箱

（二）消火栓系统

1. 室外消火栓系统

自沿江路引入 1 根 DN400 的供水管供给室外消防和室内生活用水，引入管上设倒流防止器。由于本工程只有 1 路水源，不能满足规范要求的 2 路消防水源要求，故室外消火栓给水系统由室外消防泵房加压供给。从地下二层室外消防泵房接出 2 根 DN150 消防给水管，在建筑物四周布成环状，并每隔 100m 至 120m 设置 1 个室外消火栓，沿消防车道布置，间距不大于 120m，在水泵接合器 15～40m 范围内设室外消火栓。

2. 室内消火栓系统

（1）室内消火栓系统型式：采用临时高压给水系统，北塔楼、南塔楼、地下室及裙楼 3 部分各设置 1 套消防加压设备。其中南塔楼消火栓系统不分区，地下室及裙楼消火栓系统分 2 个区，北塔楼由消防转输水泵将消防水转输到十九层消防水箱，再由十九层消防加压泵供给各消火栓用水点，共分 2 个区。室内消火栓系统与自动喷水灭火系统合用消防转输泵组。

（2）系统分区：分区内消火栓口压力超过 0.50MPa 时采用减压稳压消火栓，见表8。

室内消火栓系统分区　　　　表8

分区名称		分区区域范围	压力源
裙楼及地下室	低区（Ⅰ）	地下五层～地下二层	地下二层消防泵减压
	低区（Ⅱ）	地下一层～七层	地下二层消防泵供给

续表

分区名称		分区区域范围	压力源
南塔楼	中区	八层～二十层	地下二层消防泵供给
北塔楼	中区	八层～十八层	十九层消防泵减压
	高区	十九层～三十层	十九层消防泵供给

（3）稳压设备：南、北塔楼屋顶各设 50m³ 消防水箱、稳压泵及气压罐提供火灾初期用水，稳压泵：$Q=2.0L/s$，$H=30m$，$N=2.2kW$。

（4）水泵接合器：在首层合适位置设水泵接合器 15 个（裙楼：6 个；塔楼：9 个），以供消防车向室内消火栓系统水泵供水作灭火之用。高区水泵接合器处设接力泵启动按钮。

（5）管道材料：采用内外壁热浸镀锌钢管、内外壁热浸镀锌加厚钢管或无缝钢管，公称压力小于或等于 1.0MPa 时采用内外壁热浸镀锌钢管，公称压力小于或等于 1.6MPa 时采用内外壁热浸镀锌加厚钢管，公称压力大于或等于 1.6MPa 时采用内外壁热浸镀锌无缝钢管。当管径小于或等于 DN50 时，采用丝扣连接；大于 DN50 时采用卡箍连接。阀门采用铜芯不锈钢外壳闸阀。室外埋地消防给水管道采用球墨铸铁管，柔性连接。阀门采用铜芯不锈钢外壳闸阀。

（三）自动喷水灭火系统

1. 用水量（见表 9）

自动喷水灭火系统用水量　　　　表 9

保护场所	作用面积（m²）	喷水强度[L/(min·m²)]	最不利喷头工作压力(MPa)	灭火时间(h)	喷头流量系数	单个喷头最大保护面积(m²)	喷头最大水平距离(m)
办公塔楼	160	6	0.1	1.0	$K=80$	12.5	4.0
商业裙楼	160	8	0.1	1.0	$K=80$	11.5	3.6
地下商场	160	8	0.1	1.0	$K=115$ 快速反应喷头	11.5	3.6
地下车库2 层机械停车库	160	8	0.1	1.0	$K=80$	11.5	3.6
中庭环廊	160	8	0.1	1.0	$K=115$ 快速反应喷头	11.5	3.6
中庭水炮	单个喷头流量 5L/s		0.25	1.0	$K=122$（模拟喷头）		标准圆保护半径 20m
商铺窗玻璃	喷水强度=0.7L/(min·m²)；灭火时间=1.0h；喷头流量系数 $K=115$						

2. 保护范围

本建筑除游泳池、小于 5m² 的卫生间及不宜用水扑救的场所外，均设置自动喷水灭火装置。

3. 系统分区（见表 10）

自动喷水灭火系统分区　　　　表 10

分区名称		分区区域范围	压力源
裙楼及地下室	低区（Ⅰ）	地下五层～地下一层	地下二层消防泵减压
	低区（Ⅱ）	一层～七层	地下二层消防泵供给
南塔楼	中区	八层～二十层	地下二层消防泵供给

续表

分区名称		分区区域范围	压力源
北塔楼	中区	八层~二十二层	十九层消防泵减压
	高区	二十三层~三十层	十九层消防泵供给

注：自动喷水灭火系统与室内消火栓系统合用消防转输泵组。

4. 报警阀设置

每个湿式报警阀控制的喷头数量不超过 800 个，低区湿式报警阀设置在地下三层报警阀间内，南塔设置在八层报警阀间内，北塔设置在十九层避难层报警阀间内，每个防火分区设带监控阀的水流指示器及末端试水装置。

5. 喷头选型

地下车库等不吊顶处采用直立型喷头，其他部位均采用吊顶型喷头。在净空高度大于 800mm 的闷顶和技术夹层内有可燃物时，设置直立型喷头，厨房选用 93℃ 玻璃球喷头，吊顶内采用公称动作温度 79℃ 的快速响应喷头，其余地方采用 68℃ 的快速响应喷头。

6. 稳压设备

南、北塔楼屋顶各设 50m³ 消防水箱、稳压泵及气压罐提供火灾初期用水，稳压泵：$Q=1.0L/s$，$H=30m$，$N=2.2kW$。

7. 水泵接合器

首层设置 6 个低区水泵接合器以供消防车向其低区自动喷水灭火系统管网加压供水，南塔设 2 个水泵接合器以供消防车向其中区自动喷水灭火系统管网加压供水，北塔设 4 个水泵接合器以供消防车向其中区及高区喷淋接水泵吸水管供水。高区水泵接合器处设接力泵启泵按钮。

8. 管道材料

同室内消火栓系统。

(四) 窗玻璃喷淋系统

1. 设置范围

主要用于裙楼商业步行街商铺防火玻璃，本系统设置独立的喷淋加压泵组及管网系统，窗玻璃系统不分区，并设 2 个水泵接合器以供消防车向其中灭火系统管网加压供水。

2. 设计参数

系统设计流量为 30L/s，作用时间为 1h，商铺内采用专用窗玻璃喷头，$K=80$，快速响应式。

(五) 大空间智能灭火装置

1. 设置范围

净空高度大于 12m 的空间，如商场扶梯中空处及高度大于 12m 的 IMAX 电影院。

2. 设计参数

单个喷头流量为 5L/s，共设 8 个，每个水炮保护半径为 20m，工作压力为 0.25MPa，系统设计流量为 40L/s，作用时间为 1h。

(六) 七氟丙烷气体灭火系统

1. 保护范围

北塔 10kV 高压房、配电室＋变压器室 1~20，低压配电房，裙楼北区低压配电房，商业安保控制室，办公安保控制室，南区裙楼低压配电房，高压房，南塔低压配电房，制冷机房配电房，储油间 1~3，南塔安保控制室。

2. 系统设计

发电机房、变配电房设计灭火浓度为 9.0%，气体喷放时间不大于 10s，气体浸渍时间大于或等于 10min；UPS 机房、通信机房设计灭火浓度为 8.0%，气体喷放时间不大于 8s，气体浸渍时间大于或等于 5min。

3. 系统控制

七氟丙烷气体灭火系统同时具有自动控制、手动控制和机械应急操作 3 种控制方式。在有人工作或值班时可采用手动操作形式，无人值班时采用自动操作形式，火灾自动报警或电器控制系统故障时采用应急机械操作方式。

4. 管材

所有管道均采用无缝钢管，无缝钢管应进行热镀锌防腐处理。管接件采用内外镀锌管接件；气动管路采用紫铜管及管接件。

（七）灭火器配置

1. 灭火器选用

根据《建筑灭火器配置设计规范》GB 50140—2005 的规定，超高层建筑和一类高层建筑的写字楼、套间式办公楼为严重危险级，按严重危险级配置建筑灭火器。

2. 消防排水

（1）消防电梯坑底的侧面设集水坑，坑内设 2 台消防潜水泵排除消防排水。集水坑有效容积为 2m³，潜水泵抽水量为 10L/s，均满足规范要求。

（2）自动喷水灭火系统消防排水，利用地下三层其余废水潜水泵坑进行排水。

三、工程特点介绍

（1）本项目为超高层建筑，主要功能包含商业、办公、餐饮及影厅等，地下 5 层，裙楼 7 层，南北两栋塔楼高度不同，南塔为高层公共建筑，北塔为超高层公共建筑。项目地理位置优越，是一座高档的城市综合体，但占地狭小，用地范围内还有一座已建的五仙门变电站，设备用房紧张，功能复杂，系统多，管线错综复杂，各专业管线平衡难度大，与室内净高的矛盾多，这为给水排水专业设计增添了不少的难度。现建筑建成并投入使用，得到了业主和外界的一致好评，成为了广州中心城区一道靓丽的风景线。

（2）本项目给水系统复杂，超高层建筑采用了市政直接供水、数字集成全变频加压供水、水箱恒压供水等多种供水形式相结合的供水方式，可以合理控制各分区压力，减少了中间加压设备，降低设备故障率，供水压力稳定，并达到节能的效果。

（3）本项目裙楼及地下商业全部按餐饮设计，厨房多，位置不集中，设置面积大，地下室层高有限，导致厨房排水系统复杂，如何在有限的位置合理设置隔油间来满足全面积餐饮的排水就成为此项目的难点，根据多次的研究讨论，按不大于 1000m² 设置一个隔油间，并尽量缩短走管距离以保证管下净高。本系统目前已投入使用，满足用户的使用、卫生要求，效果良好。

（4）本项目南、北塔楼采用重力流雨水系统，考虑裙楼屋面的功能需要，为了更加迅速排水，裙楼屋面采用虹吸雨水排水系统；本项目采用了该设计单位发明的专利技术，专利号：ZL 2013 20523817.8。此排水系统既节省管材，又提高排水效率。

（5）本项目用地紧张，化粪池设置于利用价值最小的地下室边角位置，与结构逆作法紧密配合，与连续墙同时施工，并采用非标化粪池较好解决了此问题。室外管线错综复杂，合理进行管线的综合布置非常重要。室外尽量利用多种形式的雨水口以减少室外检查井对景观及商业的影响，尽量避开管线交叉的可能以减少施工难度、节约施工时间，产生一定的经济效益。

（6）本项目消防系统复杂，消防水池设于地下一层，消防泵房设于地下二层，此方案既提高了自灌吸水的安全性，又合理节省了水池占地面积。此超高层建筑裙楼内设商业步行街，结合防火分隔及疏散要求，步行街通道与店铺之间用作防火分隔的防火玻璃设置窗玻璃喷头，取最大商铺保护宽度设置用水量，商铺内采用专用窗玻璃喷头（$K=80$快速响应侧喷），此系统既满足消防要求，又提高了商铺的商业价值，达到了美观与安全的统一，是保障人员安全的有力消防措施。

（7）为了保证塔楼的办公环境，在十九层避难层泵房内设置了复合型机械减震器，即弹簧减震器＋橡胶减震器＋惰性块。此减震器既可减高频震动，亦可减低频震动，从而消除了97％的震动。此项应用为该设计单位发明的专利技术，专利号：ZL 201020596312.0。

（8）本项目满足绿色建筑二星标准，系统最大限度将优质的雨水收集起来，经安全可靠的弃流储存装置以及较为简单、安全、节能的水处理方式使整体达到最佳的节水节能效果。

四、工程照片及附图

建筑立面图

夜景效果图

室内效果图

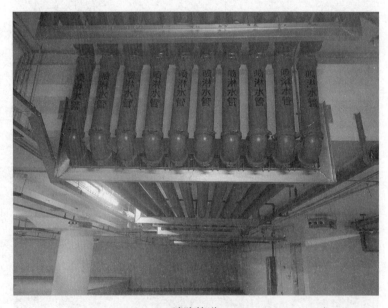

消除管道

消防泵房

生活泵房

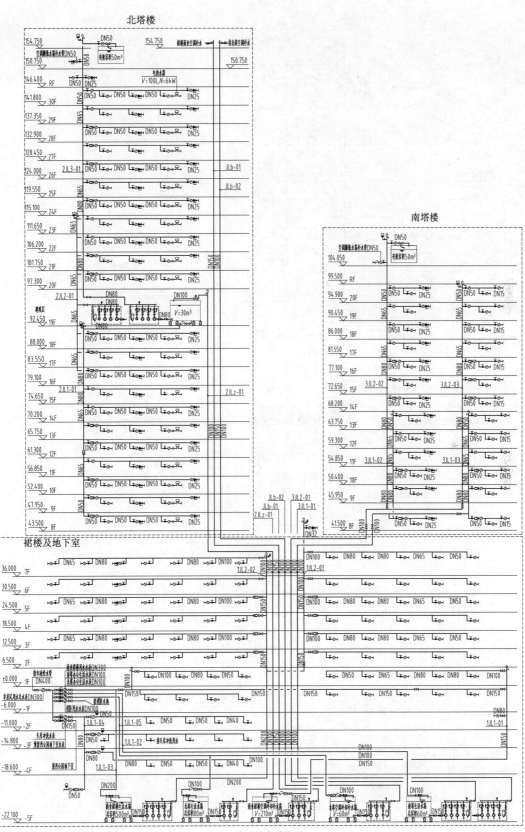

生活给水系统图

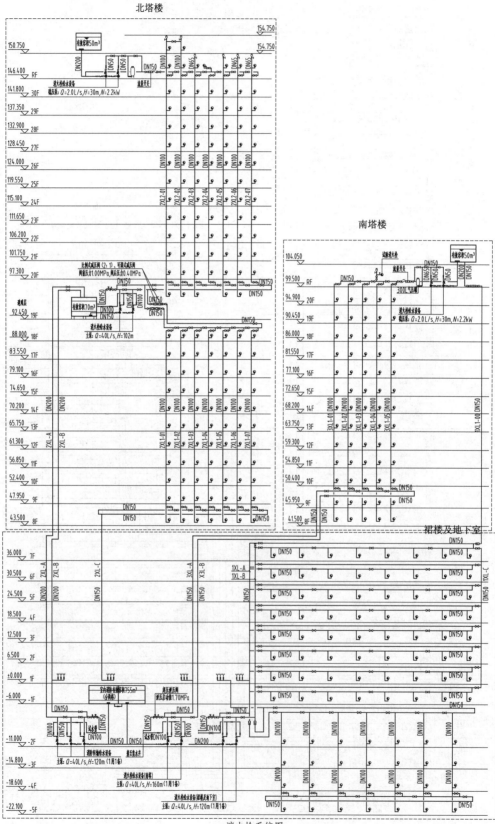

消火栓系统图

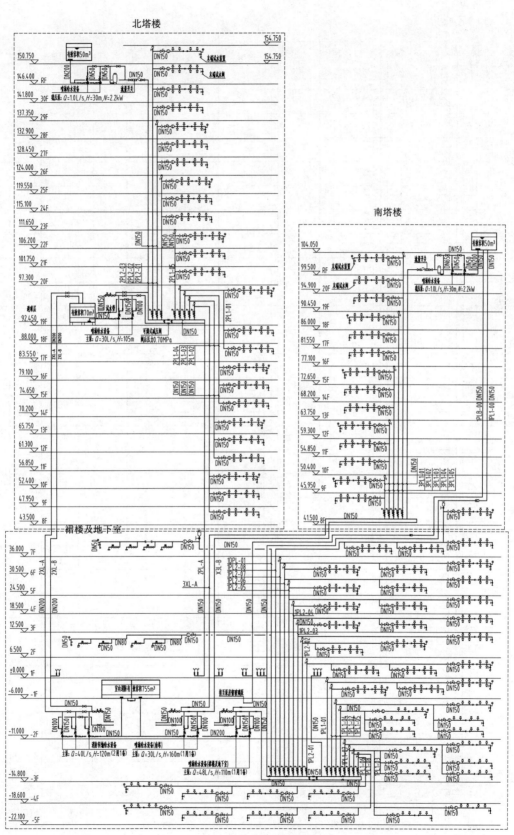

自动喷水灭火系统图

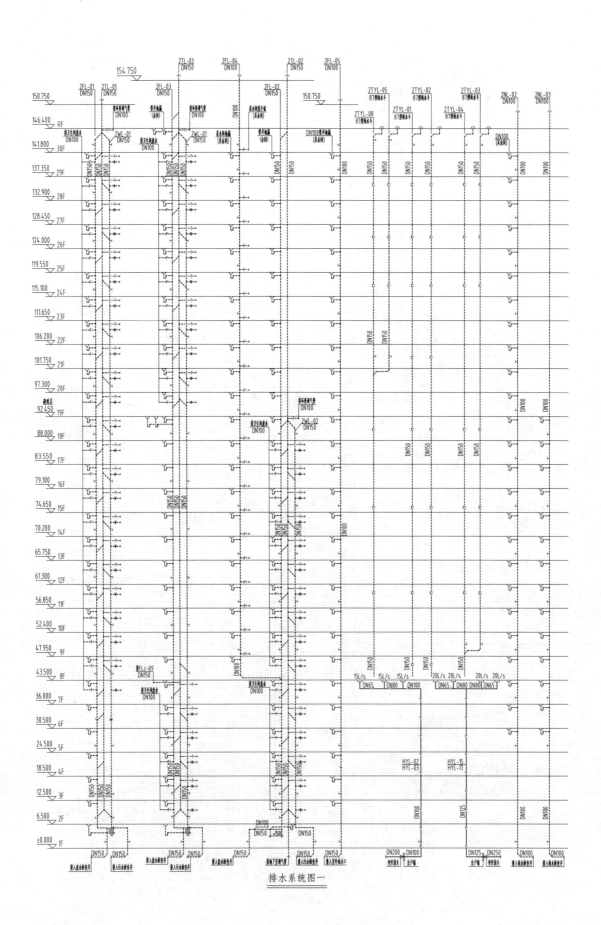

排水系统图一

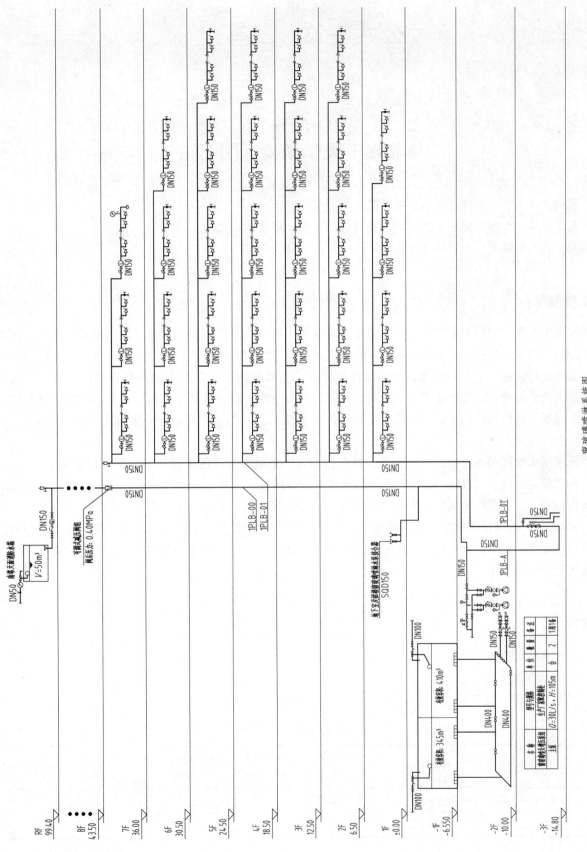

窗玻璃喷淋系统图

公共建筑　三等奖

华北理工大学新校区图书馆

设计单位： 天津大学建筑设计规划研究总院有限公司
设 计 人： 郑伟　刘冬　田宇　刘洪海　沈优越　侯钧　梁云龙
获奖情况： 公共建筑类　三等奖

工程概况：

华北理工大学（原河北联合大学）为省属重点骨干大学、省重点支持的国家一流大学建设高校，河北省人民政府与国家安全生产监督管理总局、河北省人民政府与国家国防科技工业局共建高校。新校区选址于唐山湾生态城北部，唐山港曹妃甸港区和京唐港区之间，与曹妃甸工业区毗邻。新校区前临渤海，北倚人工河，东靠东河景观带，西邻唐山工业职业技术学院，西南与两校教师村相望，宽广通达的渤海大道从校区南门穿过。规划用地面积约300公顷，总建筑面积为103.6万 m^2，为一次规划，一次建设，并一次性投入使用的大型综合性校园。

华北理工大学图书馆作为新校区建设的最大体量，也是最为重要的单体建筑，位于校园南北主轴线上。南侧正对学校主大门，与行政办公楼、科技园大厦构成校前区；北侧是进入学校核心岛的开端，与轴线端点的会堂遥相呼应；东西两侧联结学生生活区。图书馆总建筑面积为78010m^2，设计藏书量300万册，设计阅览座位4700个。图书馆主楼高8层，建筑高度为41.35m，主楼长度为170.90m，容纳功能除图书馆外，还包括中国德育馆、美术馆、校史馆、学校网络中心、电教中心、600人报告厅等，是一座功能复合、规模超大的现代化高校图书馆。

工程说明：

一、给水排水系统

（一）给水系统

1. 给水用水量（见表1）

主要用水项目及其用水量 表1

序号	用水名称	用水单位数	最高日用水定额	日用水时间(h)	小时变化系数	用水量	
						最高日(m³/d)	最高时(m³/h)
1	图书馆借阅人数	10000人次/d	5L/人次	10	1.5	50	7.5
2	工作人员	180人	30L/(人·d)	8	1.5	5.4	1.01

续表

序号	用水名称	用水单位数	最高日 用水定额	日用水 时间(h)	小时变 化系数	用水量	
						最高日(m³/d)	最高时(m³/h)
3	物业用水	20人	30L/(人·d)	12	1.5	0.60	0.08
4	会议人员	589人次/d	6L/人次	4	1.5	3.53	1.33
5	咖啡吧、茶吧	200人次/d	10L/人次	12	1.5	2.0	0.25
6	冷却塔补水	循环水量2160t/h	22.55m³/h	10	1.0	225.5	22.55
7	未预见用水量	按1～5用水项目总和的10%计				6.15	1.02
8	合计					293.19	33.73

本项目最高日用水量为293.19m³/d（其中冷却塔补水量为225.50m³/d）；最高日最高时用水量为33.73m³/h（其中冷却塔补水量为22.55m³/h）。

2. 水源

本工程生活给水由市政给水管网供水，管网供水压力大于或等于0.20MPa。水质和水量可满足本工程使用要求。从校区西侧中海东路提供1个$DN200$市政给水管接口，南侧渤海大道提供2个$DN300$市政给水管接口。校区主要道路上布置环状$DN200～DN300$给水管网，环状给水管网上布置室外消火栓，室外消火栓的数量均能满足室外消防的要求。

3. 系统竖向分区、供水方式及给水加压设备

本工程生活给水系统分2区供水，其中二层及以下为低区，由市政给水管网直接供给。三层及以上为高区。三层至五层给水支管设置减压阀，阀后压力为0.15MPa。高区给水由地下区域性集中给水泵房供给（由中央图书馆、科技园大厦给水加压泵组供给）。泵房内设2座组合式不锈钢生活给水水箱，贮存生活用水120m³，水质净化设备设在水箱旁，共设置2套生活变频给水设备。

4. 管材

生活给水干管采用内外涂环氧复合钢管，管径小于或等于$DN70$采用丝扣连接；管径大于$DN70$采用沟槽连接。生活给水支管采用S4级聚丙烯（PP-R）管及管件，热熔连接。

(二) 生活排水系统

1. 排水系统型式

生活排水系统采用污废合流制，采用机械排水，重力排水2种方式。其中地下室排水采用机械排水；地下室生活污水由本层的集水坑收集，经污水泵提升后排至室外。其余各部位排水采用重力排水方式。

2. 排水管和通气管的设置方式

主楼卫生间排水管采用专用通气立管的双立管排水系统，裙房卫生间排水管采用伸顶通气管的单立管排水系统。

3. 管材

重力流排水立管及出户管采用柔性接口排水铸铁管，卡箍连接；排水支管采用PVC-U排水塑料管，承口粘接；压力排水管采用内外涂环氧复合钢管，丝扣连接；承接开水器的排水管采用柔性接口排水铸铁管，卡箍连接。

(三) 雨水排水系统

1. 设计重现期

唐山暴雨强度公式为$q=935(1+0.87\lg P)/t^{0.6}$。当地的降雨强度为：5年重现期为206mm/h；10年重

现期为 239mm/h；50 年重现期为 321mm/h。排水工程与溢流设施的总排水能力大于 50 年重现期的雨水量。

2. 排水系统型式

本建筑主楼屋面、裙房屋面及室外平台采用压力流排水系统，其余屋面采用重力流雨水系统。屋面雨水经雨水斗收集后就近排除室外，在室外汇集后再排至校区雨水管。

3. 管材

雨水内排水管道采用高密度聚乙烯（HDPE）塑料管及管件，电热熔连接。

二、消防系统

（一）消防水源及消防水量

本工程室内消火栓系统、自动喷水灭火系统（含大空间智能型主动喷水灭火系统）用水由地下层区域消防泵房供给。单体西北侧室外地下设区域消防水池（有效容积为 486m³）；本工程屋顶设区域性高位消防水箱，有效容积为 24m³。

整个建筑物按同一时间的火灾次数为 1 次设计，消防用水量为：

（1）室外消火栓系统用水量为 30L/s，火灾延续时间为 3h；

（2）室内消火栓系统用水量为 30L/s，火灾延续时间为 3h；

自动喷水灭火系统（含大空间智能型主动喷水灭火系统）用水量为 45L/s，火灾延续时间为 1h。

（二）室外消火栓系统

室外消防采用低压制，室外消防用水由校区内室外环状给水管网直接供水。区域内不超过 120m 的间距布置室外消火栓，且保证距消防水泵接合器 15～40m 范围内设室外消火栓。

（三）室内消火栓系统

1. 室内消火栓系统设置

室内消火栓系统为临时高压系统。消防水池位于单体西北侧室外地下，消火栓供水泵设于地下消防泵房内，屋顶消防水箱间内设消火栓系统稳压装置 1 套。室内消火栓给水不分区，室内消火栓给水管网呈环状布置，室内消火栓布置保证任何一处发生火灾时都有 2 股水柱同时到达，充实水柱为 13m。室内消火栓箱采用带消防按钮、灭火器箱及消防卷盘的组合式消防柜。地下一层至五层均采用减压稳压消火栓。

2. 消火栓泵（稳压设备）的参数

消火栓主泵：$Q=30L/s$，$H=90m$，$N=55kW$；2 台泵，1 用 1 备；

稳压泵：$Q=1.31L/s$，$H=30m$，$N=1.5kW$；2 台泵，1 用 1 备；配 $\phi1000$ 隔膜气压罐 1 个。

3. 水泵接合器的设置

室内消火栓系统设置水泵接合器 2 套，每套流量为 15L/s，直接供水到室内消火栓环状管网。

4. 管材

室内消火栓管道采用内外涂环氧复合钢管，管径小于或等于 $DN70$ 丝扣连接，管径大于 $DN70$ 沟槽连接。

（四）自动喷水灭火系统

1. 自动喷水灭火系统设置

本单体除建筑面积小于 5m² 的卫生间及不宜用水扑救的部位外，均设置自动喷水灭火系统。首层书库部分及主楼二层至七层均采用预作用自动喷水灭火系统。其余部位采用湿式自动喷水灭火系统。首层书库部分危险等级为中危险级Ⅱ级，喷水强度为 8L/(m²·min)，作用面积为 160m²；其余部位危险等级为中危险级Ⅰ级，喷水强度为 6L/(m²·min)，作用面积为 160m²。按实际作用面积内的喷头数的设计喷水量为 30.0L/s；因四层至六层部分建筑吊顶形式为格栅式吊顶，此区域自动喷水灭火系统设计喷水强度按规范规定值的 1.3 倍计，自动喷水灭火系统设计流量为 40L/s。

自动喷水灭火系统供水泵设于地下消防泵房内，屋顶消防水箱间内设有自动喷水灭火系统稳压装置1套。

2. 自动喷水加压（稳压）设备的参数

自动喷水灭火系统加压泵：$Q=45L/s$，$H=110m$，$N=75kW$；2台泵，1用1备；

稳压泵：$Q=1L/s$，$H=40m$，$N=1.5kW$；2台泵，1用1备；配 $\phi800$ 隔膜气压罐1个。

3. 喷头选型

有吊顶的场所采用装饰型吊顶喷头，喷头垂直于吊顶安装。格栅式吊顶及无吊顶场所喷头采用直立型喷头，当通风管道、成排布置的管道、桥架等障碍物的宽度大于1.2m时，其下方增设喷头，增设喷头的上方如有缝隙时应设集热板。主楼七层两层通高部位吊顶形式均为封闭式吊顶，喷头采用干式下垂型喷头。

4. 报警阀

根据每个湿式（预作用）报警阀控制800个喷头的原则设置报警阀，每个防火分区设1个信号阀及水流指示器，报警阀前后的阀门采用信号蝶阀。各水流指示器的信号接至消防控制中心，报警阀的压力开关信号接至消防控制中心。

5. 大空间智能型主动喷水灭火系统

主楼门厅上空、阶梯学习空间上空、四层开架阅览部分上空及德育馆中厅上空，净高超过12m部分采用大空间智能型主动喷水灭火系统（标准型大空间智能灭火装置），设计水量为40L/s。

本系统由消防水源、消防水泵、智能型高空水炮灭火装置、电磁阀、水流指示器、信号阀、模拟末端试水装置和红外线探测组件等组成，24h全天候自动监视保护范围内的一切火情。一旦发生火灾，红外线探测组件向消防控制中心的火灾自动报警控制器发出火警信号，启动声光报警装置进行报警，报告发生火灾的准确位置，并将灭火装置对准火源，打开电磁阀，喷水扑灭火灾；火灾被扑灭后，系统可以自动关闭电磁阀停止喷水。系统同时具备手动控制、自动控制和应急操作功能。

本工程大空间智能型主动喷水灭火系统与自动喷水灭火系统合用供水泵组，在自动喷水灭火系统报警阀前将管道分开。大空间智能型主动喷水灭火系统与自动喷水灭火系统消防用水量不叠加计算。大空间智能型主动喷水灭火系统喷头的布置保证在喷水时不受障碍物的阻挡，并采用下垂式安装。在水平管网末端最不利点处设置模拟末端试水装置。大空间智能型主动喷水灭火系统在室外设3套SQX-150型地下式水泵接合器与室内管网相接。

6. 管材

同室内消火栓系统。

（五）气体灭火系统

1. 气体灭火系统设置的位置

本工程地下层变电站，首层开闭站、变电站、机房UPS配电室、核心机房、集中配电室、配电室和特藏室等部位设预制式七氟丙烷气体灭火系统。

首层东南侧机房设置组合分配式有管网七氟丙烷气体灭火系统。

2. 系统设计

预制式七氟丙烷气体灭火系统灭火方式为全淹没式；除特藏室灭火浓度为10%、核心机房灭火浓度为8%，其余房间灭火浓度为9%；除特藏室灭火浸渍时间为20min，其余房间灭火浸渍时间为5min；系统压力2.5MPa；核心机房喷设时间为8s，其余房间喷设时间为10s；额定设计温度为20℃，系统采用自动控制、手动控制2种启动方式。预制式七氟丙烷气体灭火系统计算见表2，动作控制流程图如图1所示。

预制式七氟丙烷气体灭火系统计算表　　　　　　　　　　表 2

序号	防护区名称	面积 (m²)	高度 (m)	防护区净容积(m³)	设计浓度 (%)	设计用量 (kg)	每瓶充装量(kg/瓶)	瓶组数量 (套)	总药剂量 (kg)	钢瓶规格 (L)	喷射时间 (s)	泄压口面积(m²)
1	地下层变电站	110.49	5.5	552.70	9	398.49	103.5	4	414		9	0.19
2	开闭站	110.93	5.9	654.49	9	471.89	98	5	490		9	0.23
3	变电站 1	102.25	5.9	603.28	9	434.96	90.5	5	452.5		9	0.21
4	机房 UPS 配电室	194.99	5.9	1150.44	9	829.47	107.5	8	860	120	9	0.4
5	核心机房	141.45	5.9	834.56	8	529.11	92	6	552		8	0.25
6	特藏室 1	120.86	5.9	713.07	10	577.59	100	6	600		9	0.28
7	特藏室 2	155.00	5.9	914.5	10	740.75	96.5	8	772		9	0.36
8	变电站 2	162.80	5.9	960.52	9	692.53	102.6	7	718		9	0.33

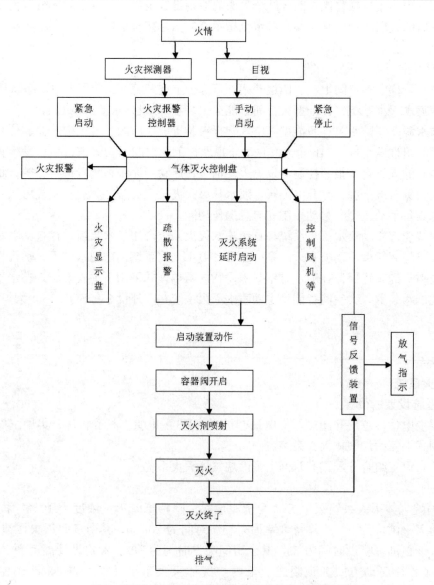

图 1　预制七氟丙烷气体灭火装置动作控制流程图

首层东南侧机房设置组合分配式七氟丙烷气体灭火系统，共包含 6 个防护区，灭火方式为全淹没式，灭火浓度为 8%，灭火浸渍时间为 5min，系统压力为 4.2MPa，喷放时间为 8s，额定设计温度为 20℃，系统采用自动控制、手动控制和机械应急操作 3 种启动方式。其计算见表 3，动作控制流程图如图 2 所示。

组合分配式七氟丙烷气体灭火系统计算表 表 3

灭火系统	序号	防护区名称	面积(m²)	高度(m)	防护区净容积(m³)	设计浓度(%)	设计用量(kg)	每瓶充装量(kg/瓶)	瓶组数量(套)	总药剂量(kg)	钢瓶规格(L)	喷射时间(s)	选择阀规格DN	泄压口面积(m²)
系统一	1	机房一	301.87	5.9	1781.1	8	1129.2		19	1195.7		8	DN125	0.61
	2	机房二	353.63	5.9	2086.4	8	1322.8		23	1403.3		8	DN100×2	0.72
	3	机房三	262.61	5.9	1549.4	8	982.3	61.5	17	1041.8	150	8	DN125	0.53
	4	UPS室	96.36	5.9	568.5	9	409.9		7	434.4		10	DN100	0.20
	5	配电间	36.21	5.9	213.6	9	154.1		3	164.5		10	DN65	0.07
	6	变电站	164.07	5.9	968.0	9	697.9		12	739.9		10	DN125	0.34

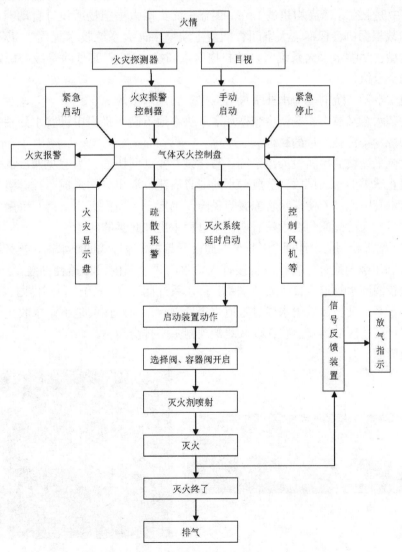

图 2　组合分配式七氟丙烷气体灭火装置动作控制流程图

三、工程特点介绍

（1）给水系统充分利用市政给水管网压力，合理设置供水分区，达到节水节能的目的。市政给水管网供水压力不小于 0.20MPa，给水系统分 2 区供水，一层至二层为低区，由市政给水管网直接供水，三层及以上为高区，由校园高区给水管网供给。并且单体每个供水分区引入管上均设置远传水表，具备通信接口，并支持校园节能监管系统的通信协议。

（2）因图书馆藏书量为 300 万册，馆藏图书大量采用开架阅览的储存方式，自动喷水灭火系统的设置需根据建筑的特殊性确定系统的设定；首层二线书库部分及主楼二层至七层采用预作用自动喷水灭火系统。预作用系统要求配水管道充水时间不宜大于 2min，因此，以分散布置报警阀、优化减少系统的配水管道长度的原则进行设计。二层至七层各层均设置 1 处预作用报警阀供本层自动喷水灭火系统使用。其中主楼七层两层通高部位，吊顶形式均为封闭式吊顶（吊顶高度小于 8m），喷头采用干式下垂型喷头。室内部分吊顶采用格栅式吊顶，栅板的投影面积占地面面积的 15%～70%，吊顶上下均设置喷头，系统的喷水强度按封闭式吊顶喷水强度的 1.3 倍设计。

（3）图书馆内部空间复杂，设置了多个中庭、边庭；其中主楼三层阶梯学习空间上空、四层开架阅览部分上空、B 区德育馆中庭上空，净高均超过 12m。因非仓库类高大净空场所设置自动喷水灭火系统适用的净空高度上限为 12m，故根据协会标准《大空间智能型主动喷水灭火系统技术规程》CECS 263—2009 相关要求，采用大空间智能型主动喷水灭火系统（自动扫描射水高空水炮），其危险等级的确定按《自动喷水灭火系统设计规范》中的要求执行。

（4）公共建筑集中空调系统的冷却水补水量占据建筑物用水量的 30%～50%，减少冷却水系统不必要的耗水对整个建筑物的节水意义重大。空调冷却循环水系统在地下制冷机房中设置水处理装置和化学加药装置改善水质，可以达到减少排污耗水量的目标。

（5）主楼八层北侧采光玻璃屋面设天沟系统，与建筑专业共同协商，为避免寒冷的气候条件下，冰雪融水在天沟中冻结而阻止冰雪融水的排放，造成融水的肆意横流，溢出天沟形成冰挂等潜在危险。另外，为防止出现冰雪融水在落水管中冻结而使落水管冻爆等风险，确定设计屋面天沟及落水管融雪系统。充分发挥专业之间配合的优势，尽最大可能避免在学校后期使用过程中出现此类的问题。

（6）本工程采用了海绵校园的设计理念。校区四周设下凹式湿地形式的雨水沟，校区周边（绿线向内 50～70m 范围内）雨水可利用竖向通过地表径流直接排入雨水沟。校园内设渗透性铺装，下渗雨水补充地下水。校区中心岛雨水通过校园雨水管道直接排入环水系。环水系外侧 100～150m 范围内雨水也通过浅埋雨水管收集雨水后直接排入环水系。其他区域雨水经过管道收集后进入东西两侧的地下雨水收集池，通过雨水提升泵站对景观水补水。保证新校区防洪安全，在校区北侧规划 1 座排涝泵站。

四、工程照片及附图

图书馆外立面

图书馆开架阅览空间

图书馆开架阅览空间　　　　　　　北侧采光玻璃屋面雨水天沟

图书馆剖面

图书馆室内中庭

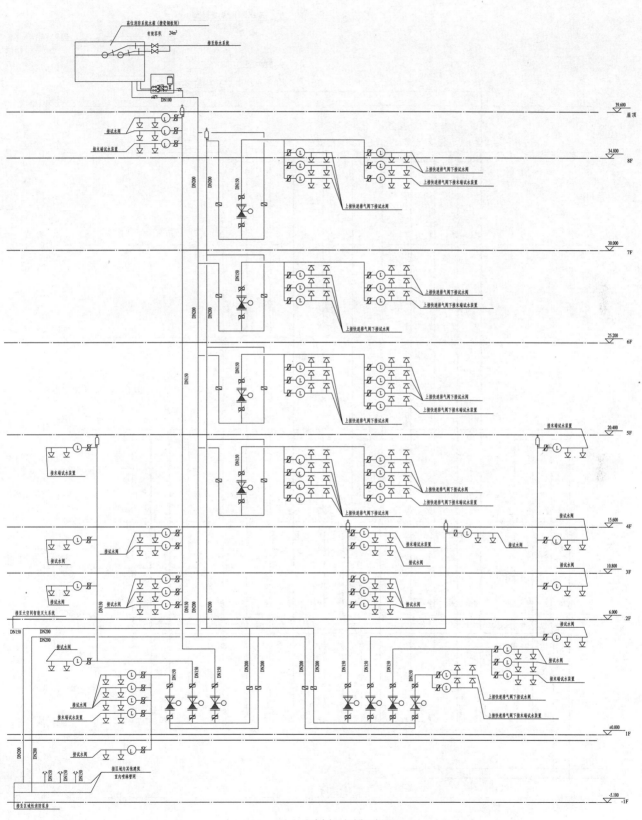

自动喷水灭火系统示意图

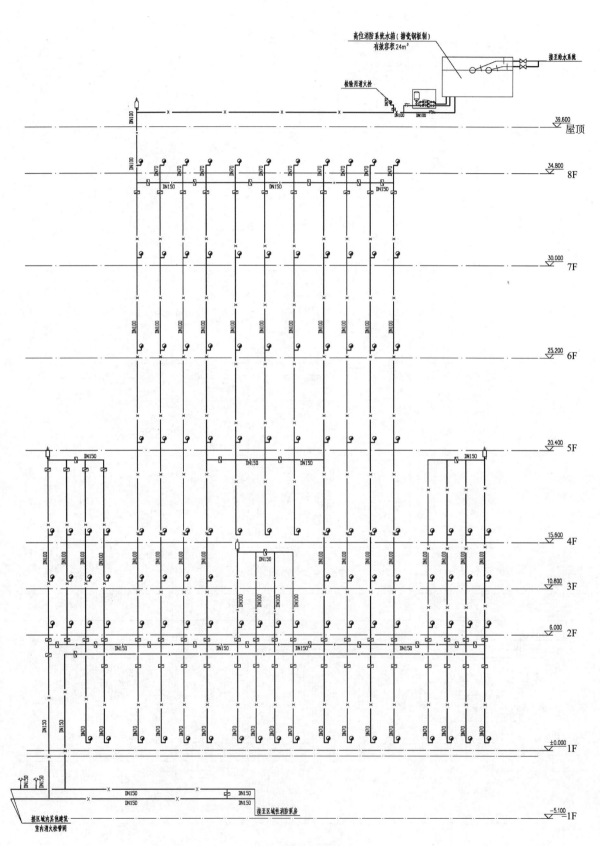

室内消火栓系统示意图

昌南体育中心

设计单位： 江西省建筑设计研究总院集团有限公司
设 计 人： 邓晓斌　陈涓涓　李冬华　范文君　周宏波　李建　敖华军　万玉敏　饶钦富
获奖情况： 公共建筑类　三等奖

工程概况：

昌南体育中心位于江西省南昌市南昌县象湖新城，体育中心占地 302.7 亩，南北长 230～460m，东西长约 600m，总建筑面积为 106021.86m²，其中地上建筑面积 62125.67m²，地下建筑面积 43896.19m²。其是第十六届全国运动会的举办场所，在当地是标志性的体育建筑。

昌南体育中心建设内容包括地下车库（地下一层，建筑面积为 40194.52m²）、体育场馆（地上三层，建筑面积为 40194.52m²）、游泳馆（地下 1 层，地上 2 层，建筑面积为 40194.52m²）以及青少年活动中心（地下 1 层，地上 4 层，建筑面积为 40194.52m²）。其中体育场为乙级体育建筑，可容纳 15000 名观众；游泳馆含标准比赛池、热身池、娱乐池，可容纳 1500 名观众；附属用房结合体育场设计；青少年活动中心是集培训、展示、公众科普教育、体育活动等多项功能于一体的综合性民用公共建筑。建成后将作为该区域内的各项重大体育赛事活动的中心场所和全民健身场所，并且兼顾举办大型文艺演出、庆典和集会使用，同时还集展厅、商业、餐饮、娱乐等各种功能。

2017 年 5 月昌南体育中心项目荣获我国钢结构最高奖"中国钢结构金奖"。2019 年获得中国勘察设计协会和江西省勘察设计协会优秀公共设计一等奖。

工程说明：

项目给水排水专业部分的设计包括室内外给水系统、排水系统、热水系统、消防系统设计。

一、给水排水系统

（一）给水系统

1. 水源

本工程水源为城市自来水，供水压力大于或等于 0.20MPa。本工程从区域两侧南莲路和桃花东路的城市给水管道上分别引 1 根 DN250mm 的引入管。

2. 体育场馆给水系统设计：本建筑最高日总用水量为 323.4m³，最大时生活用水量为 53.7m³。因自来水收费标准与其使用功能有关，故建筑内设 3 套给水系统。一、二层体育场内专用卫生间及运动员、教练、裁判员淋浴房，由城市自来水水压直接供水，并另设计量水表；一层健身房专用卫生间及淋浴房，由城市自来水水压直接供水，并另设计量水表。

3. 游泳馆给水系统设计

本建筑赛时最高日生活用水量为 525.76m³，最大时生活用水量为 30.34m³，平均时用水量为 32.43m³；本建筑赛后最高日生活用水量为 595.10m³，最大时生活用水量为 34.50m³，平均时用水量为 41.26m³。生活给水系统由市政管网直接供给,各场所根据使用功能的不同,各区域各层分设水表,水表做到三级计量。泳池的初次充水、正常使用中的补充水水源为城市自来水,均采用均衡水池间接式补水,补水管道上均装设倒流防止器和水表计量补水量。泳池给水设计皆采用逆流式水循环方式,池体内全部循环水量由游泳池周边和两侧边的上缘溢流回水和设在距水面下 500mm 的吸污口强制回水进入均衡水箱中,经过水处理装置净化处理后(絮凝、过滤、加热臭氧杀菌、氯消毒、pH 值调整等)的池水通过板式热交换器加热至设计温度,再由池底的布水器送入池内。

4. 青少年活动中心给水系统设计

本建筑最高日生活用水量为 96.5m³,最大时生活用水量为 11.08m³,平均时用水量为 7.91m³。生活给水系统根据所提供的城市自来水压力,竖向分为 2 个区:低区包括地下室及二层生活用水,由市政管网直接供给,高区包括三、四层生活用水,由地下室生活水泵房的无负压变频给水设备供给。无负压变频给水设备的型号为 80ZWG2/VLR12-30,$Q=12m^3/h$,$H=30m$(市政压力考虑 0.10MPa)变频加压泵:VLR45-30型 $Q=12m^3/h$,$H=20m$,$N=1.1kW$ 1 备 1 用。室内生活给水管道采用枝状供水方式,与消防给水系统的管道分开设置。水箱出水管上设紫外线消毒器。给水管道总入口处设总水表 4 块(设于室外水表井内),各层设分水表单独计量。

5. 场地浇灌系统

在场地外圈,采用市政给水系统做一圈快速取水阀。在场地内圈设置 35 个喷灌喷头,采用喷灌水池加变频泵的供水方式,喷灌水池及变频泵设于地下车库水泵房内。喷灌水池与消防水池合建,有效容积为100t,采用真空破坏孔的方式保证消防用水不被动用。

(二)排水系统

1. 排水体制

本项目室外采用雨污分流制,室内采用污废合流制,厨房油污水经隔油提升后进入污水管,卫生间污水经化粪池后进入市政污水管网。室外地面雨水经雨水口,由室外雨水管汇集,排至市政雨水管网。

2. 体育场馆排水系统设计

体育场屋面雨水采用虹吸雨水系统,雨水经管道收集快速有效地排出至室外。体育场雨水按位置分为罩棚屋面、二层平台、看台、比赛场地四大区域,各区域雨水分别收集排放,互不影响。罩棚屋面内外侧低处设置雨水天沟,采用虹吸雨水系统排至室外。二层平台外侧设雨水沟,沟内雨水采用重力雨水系统排至室外。看台雨水由最低处看台的雨水排水口(DN100)重力排至雨水外环沟。比赛场地内设置内外 2 道雨水环沟,内、外环沟雨水由 4 根 DN500 排水管分 4 个方向分别排至室外雨水检查井。

3. 游泳馆、青少年活动中心排水系统设计

排水系统设专用通气立管和环形通气管,以保护水封,防止下水道内污气进入室内,通气管顶部端口伸出屋面之上 1m。一层及一层以上采用重力自流排除;地下一层污/废水均汇至地下一层集水坑,用潜水泵提升排至室外污水管网。青少年活动中心地下室卫生间采用污水提升设备排至室外污水检查井中;地下室生活废水用污水潜水泵提升排至室外污水管网,各集水坑中设带自动耦合装置的潜水泵 2 台,1 用 1 备,水泵受集水坑水位自动控制交替运行,备用泵在报警水位时自动投入运行。屋面雨水采用虹吸式屋面雨水排放系统,超过设计重现期的屋面雨水溢流出天沟沿弧形屋面自由溢流至室外地面。

二、热水系统

1. 热水系统供水方式

本项目的体育馆和游泳馆设热水系统,为方便后期业主的使用和管理各单体分别独立设置热水系统,保证了系统的高效性和经济性。

2. 体育场馆热水系统设计

体育馆热水设置 2 个独立系统：健身房内专用淋浴房热水及体育场运动员、教练、裁判专用淋浴房热水。因每个系统热水使用区域集中且用水点不多，2 个系统热源均为商用燃气热水炉，供应温度为 60℃，回水温度为 50℃，采用主干管循环。

3. 游泳馆热水系统设计

游泳馆的热水供应分 2 个区域，一个为游泳池区域，一个为裁判和运动员男、女更衣室区域，各区域根据用水点对水温的要求不同分设板式换热器，经板式换热器加热后供给各区域的热水使用点，保证各系统高效、经济运行。游泳馆区域板换热水供应温度为 57℃，回水温度为 26℃，更衣室区域为板式换热器加 25t 热水箱系统，热水供应温度为 52℃，回水温度为 40℃。各区域的板式换热器的热媒皆为制冷机房的 2 台水源热泵机组提供，充分利用该项目所在地附近水源丰富的特点，充分推动和体现了绿色节能设计的理念。水源热泵机组热水供应温度为 57℃。更衣室区域采用配水支管循环的热水系统，保证了裁判和运动员热水使用的舒适性。

三、消防系统

1. 消防系统供水方式

本项目共用 1 套消防系统，既经济又方便后期统一运行、管理、维护。各单体室内皆设消防、喷淋系统。按照最大危险等级建筑单体设置消防系统。室外消防用水由城市自来水管网直接供给，采用生活用水与室外消防用水合用管道系统。室内消防和喷淋系统由集中设置于地下车库消防水泵房的加压设备供应，消防水泵房内设有 514m³ 消防水池和 2 台消防泵（$Q=40$L/s，$H=71$m）、2 台喷淋泵（$Q=35$L/s，$H=72$m），从消防水泵房内引出 2 根消防管和 2 根喷淋管在场区内形成环状敷设至各单体附近，分别与各单体的室内消防系统和喷淋系统相接。青少年活动中心屋面设有 18m³ 的高位水箱和喷淋稳压设备。本项目中不宜用水扑救的重要电气设备房间采用气体灭火系统对进行保护。

2. 消防用水量

体育馆和地下车库的室内消火栓系统用水量为 40L/s，喷淋系统用水量为 35L/s，室外消防系统用水量为 40L/s；游泳馆的室内消火栓系统用水量为 15L/s，喷淋系统用水量为 21L/s，室外消防用水量为 30L/s；青少年活动中心的室内消火栓系统用水量为 15L/s，喷淋系统用水量为 35L/s，室外消防用水量为 30L/s。

3. 室外消防系统设计

室外消防水量采用 40L/s，由市政管网直供。

本项目从基地南侧的南莲路和东侧的桃花东路上的城市给水管道分别接入 1 根 DN250 引入管，至建筑红线经过水表井后，与小区内的室外给水环管相接，形成双向供水。室外消防管网设室外消火栓供消防车吸水。

4. 室内消防系统设计

室内皆采用临时高压制消火栓灭火给水系统。消火栓加压给水泵与 514m³ 消防水池一起设在地下车库消防泵房内，共设 2 台消火栓给水加压泵，1 用 1 备，消火栓泵的性能为：$Q=40$L/s，$H=71$m。青少年活动中心顶层设高位消防水箱，有效容积为 18m³，材质为不锈钢。各单体周边皆设有满足数量要求的地上式水泵接合器，附近 15～40m 范围内皆有室外消火栓。消防管道在竖向不分区。本项目建筑物内各层均设消火栓进行保护，其布置保证室内任何一处均有 2 股水柱同时到达。灭火水枪的充实水柱为 13m。

5. 气体和灭火器的设置

体育场馆灭火器配置按 A 类严重危险级设计，车库按照 AB 类中危险级设计。在消火栓处及其他适当部位均配置手提式磷酸铵盐干粉灭火器箱，箱内均设 3 具 5kg（3A）装贮压式磷酸铵盐干粉灭火器。配电室、变电房及其他电器用房按严重危险级电气类配置20kg（6A）推车式磷酸铵盐灭火器。

游泳馆和青少年活动中心按中危险级在消火栓箱处均配置2具充装量3kg（2A）的手提式磷酸铵盐干粉灭火器。变配电室按中危险级分别配置充装量20kg（6A）的推车式灭火器。

不宜用水扑救的重要电气设备房间采用热气溶胶气体灭火剂，热气溶胶系统的设计温度为20℃，灭火密度为140g/m³，喷放时间为30s，灭火浸渍时间为10min。气体灭火系统具备自动控制、手动控制2种操作方式。

四、设计体会

作为大型的体育建筑，本项目设计难点主要为体育馆比赛场地雨水排水和游泳馆泳池设计。

（一）体育馆比赛场地排水

比赛场地沿跑道内侧和全场外侧各设1道环形排水明沟，把整个体育场地划分成3个排水区域：一区为看台及跑道外侧雨水，主要采取地面径流方式将地面水排入外侧雨水环沟；二区为径赛跑道及两端的半圆形田赛场地雨水，采用地面径流排水方式，将地面水排入跑道内侧雨水环沟；三区为跑道内侧和足球场地以内区域，采取排渗结合方式。跑道内侧和足球场地采用鱼背式有滤管DN150盲沟坡向内侧环形排水沟，盲沟排水管坡度与球场坡度一致，均为0.5%，同时草坪下设置渗水层，帮助下渗雨水快速有效渗透至土壤。

（二）游泳馆游泳池设计

本项目游泳馆内设有一个10个泳道2m深的标准比赛池，两个6个泳道0.9～1.8m深的标准训练池，一个18m×25m，水深1.8m的热身池。各泳池皆采用逆流式水循环方式，全部循环水量由池底送入池内，由游泳池周边和两侧的上缘溢流回水和设在距水面下500mm的吸污口强制回水，池底设2个泄水排污口，给水口在池底沿泳道标志线均匀布置，配水均匀，池底不积污，有利于池水表面污物及时排出，是目前泳联推荐的循环方式。本工程皆按恒温泳池考虑设计，为方便以后的经济运行，比赛池由1套板换式加热器、训练池和热身池合用1套板换式加热器供应热水，并且训练池和热身池的热水供应管道通过阀门控制可分别单独供应，为以后的经济运行创造了条件。因本项目所在地水源丰富，故热媒选用水源热泵机组供应，充分体现了绿色建筑的节能环保要求。

五、工程照片及附图

体育馆外景

体育馆全景

体育馆内景

体育馆实景

效果图全景

游泳馆和青少年活动中心实景

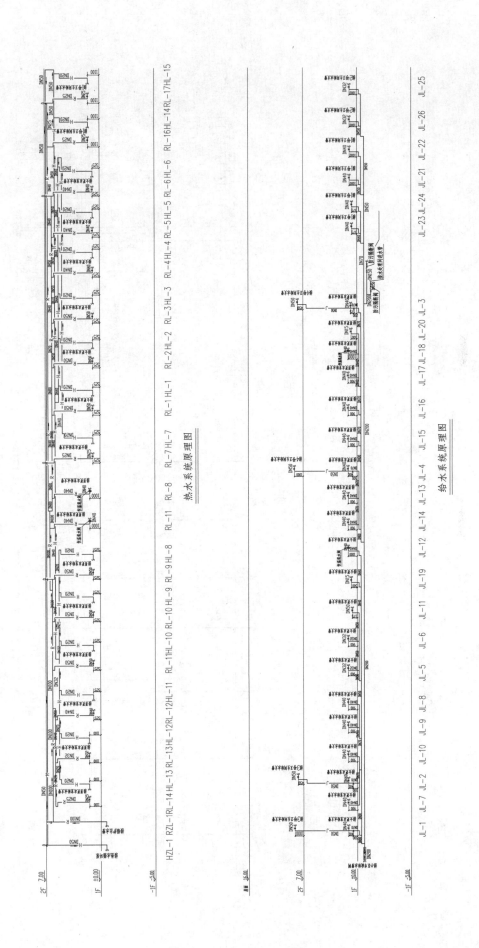

热水系统原理图

给水系统原理图

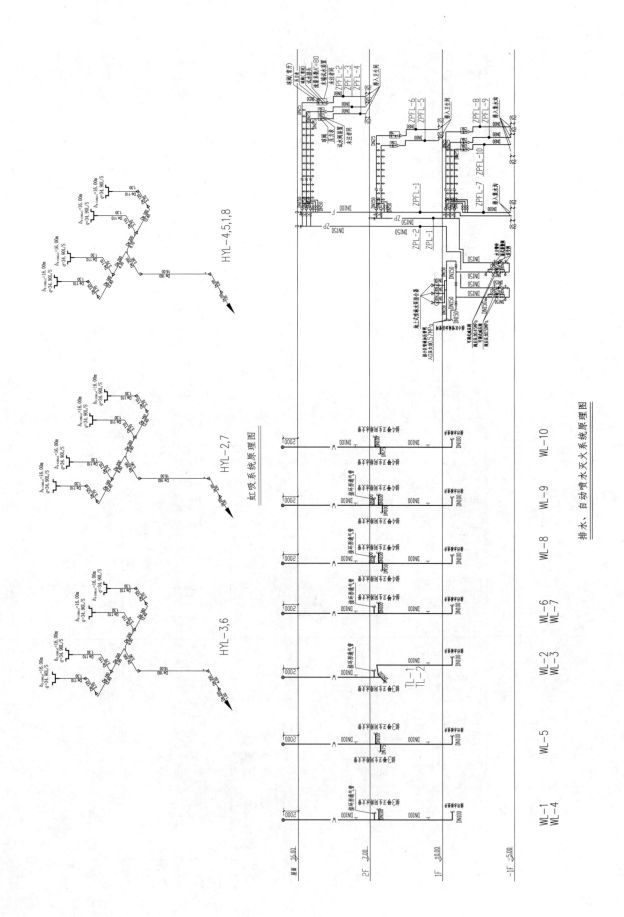

虹吸系统原理图

HYL-4,5,1,8

HYL-2,7

HYL-3,6

排水、自动喷水灭火系统原理图

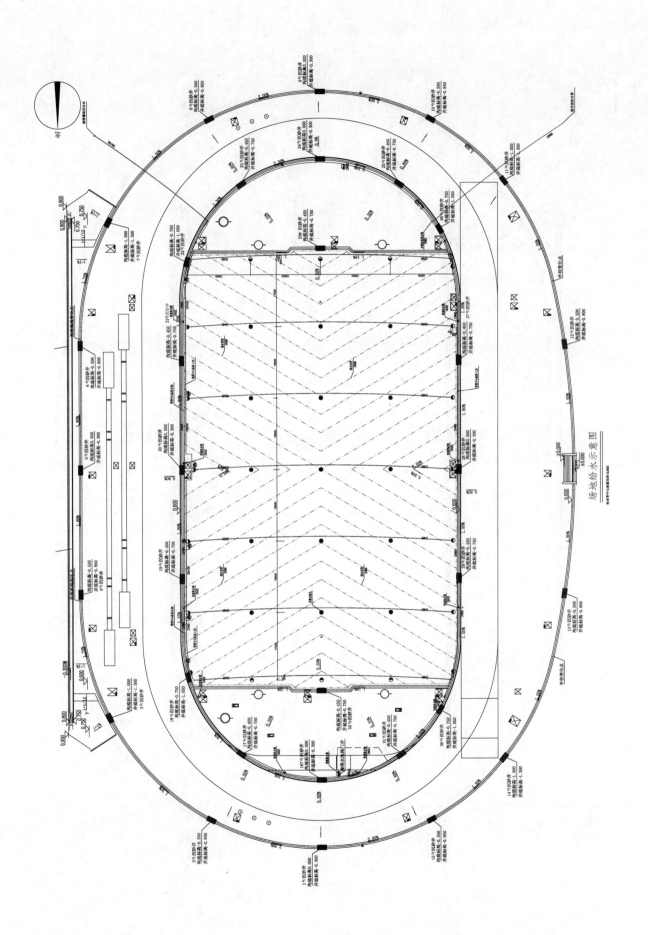

场地给水示意图

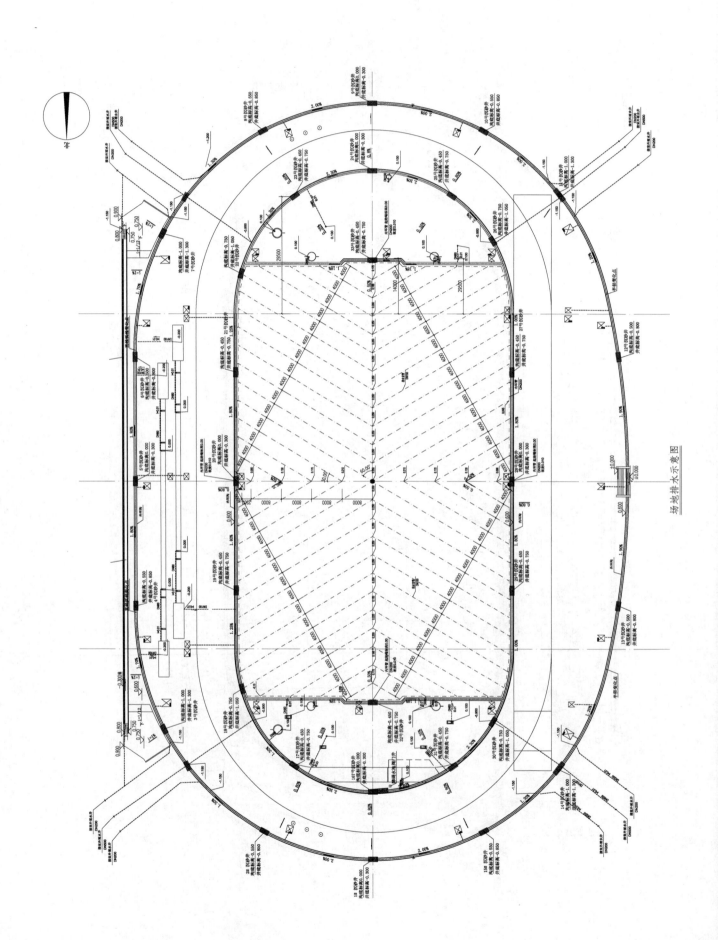

场地排水示意图

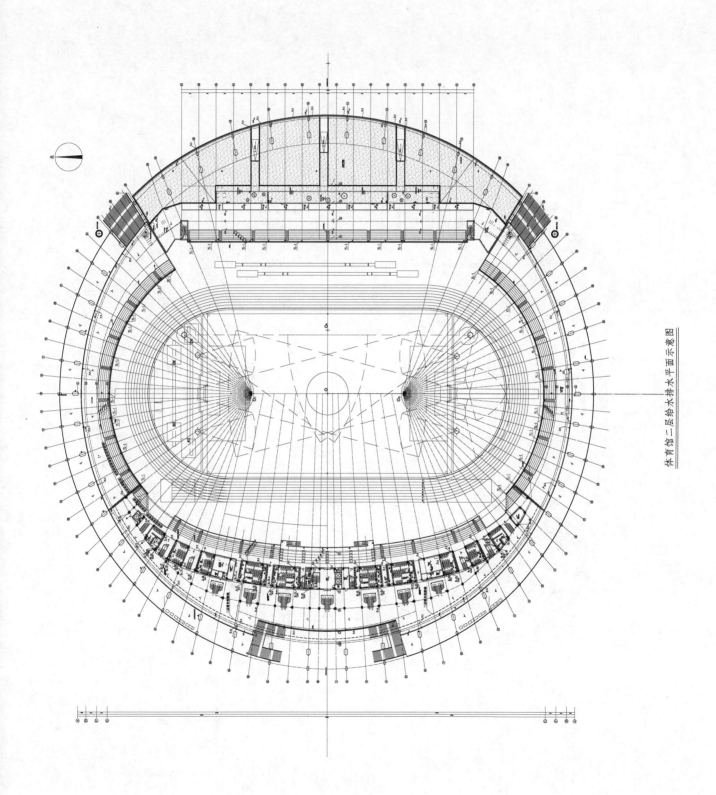

体育馆二层给水排水平面示意图

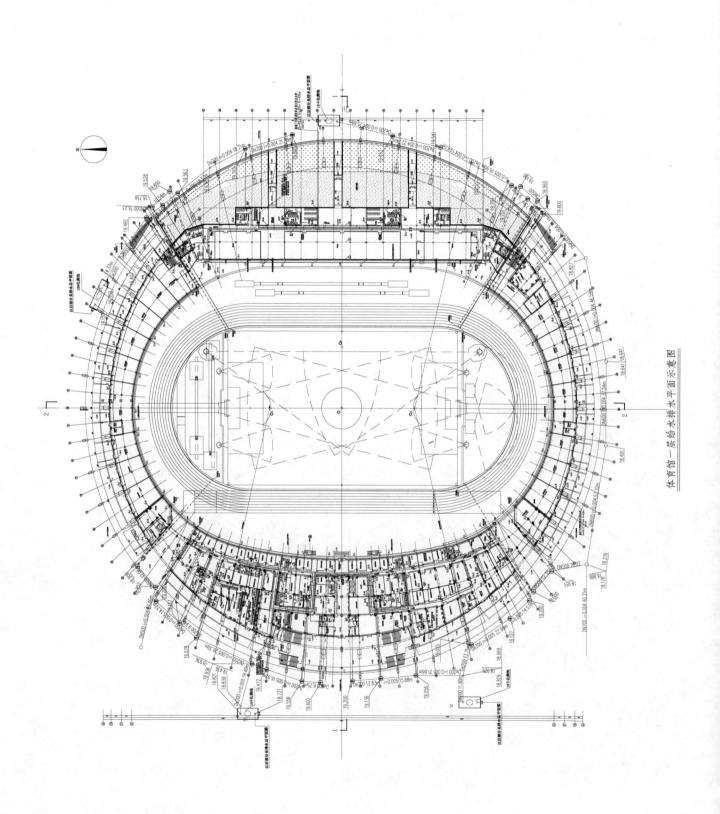

体育馆一层给水排水平面示意图

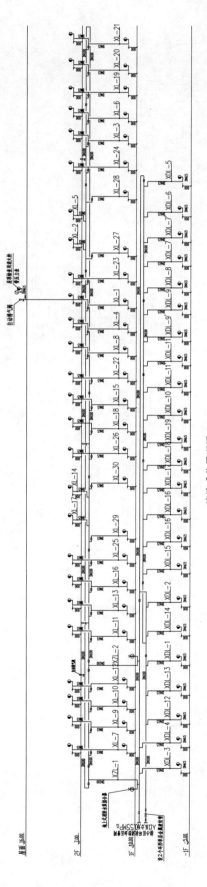

消 防 系 统 原 理 图

注：地下一层、一层采用减压稳压型消火栓。

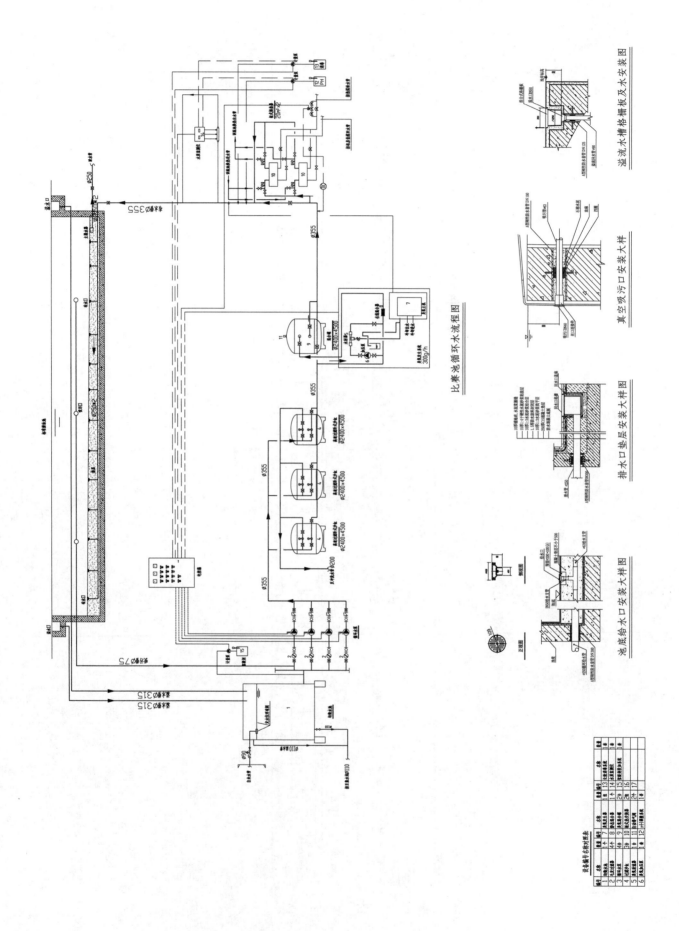

比赛池循环水水流程图

溢流水槽格栅板及水安装图

真空吸污口安装大样

排水口垫层安装大样图

池底给水口安装大样图

甘肃省长城建设集团总公司长城大饭店

设计单位：甘肃省建筑设计研究院有限公司

设计人员：陆晓萍　焦军强　胡斌东

获奖情况：公共建筑类　三等奖

工程概况：

长城大饭店项目施工图设计开始于 2013 年，长城建设集团同年委托我院进行施工图设计并通过审查。施工开工于 2014 年，竣工时间为 2017 年。本项目位于甘肃省兰州市，由甘肃省长城建筑工程总公司，地下 2 层，地上 25 层，地下二层平时为汽车库及设备用房，战时为核六级人防，且内设生活调节水箱、换热站及变配电室。地下一层为洗衣房、厨房、锅炉房等。一层～五层为酒店大堂、商务、会见厅、自助（早）餐厅及厨房。六层～十一层为办公用房，十一层与十二层之间设置层高为 2.1m 的管道夹层。十三层～至二十五层为客房，其中标准间 234 间，套间 38 套，单间 36 套。屋顶为电梯机房及消防水箱间，建筑面积为 61695m²，高度为 97.5m，属一类高层综合楼。项目周边为定西路和会宁路 2 条市政主路，生活供水由市政管网 2 路供水，供水压力为 0.3MPa，因此不再设置室外消防水池。室内消防泵房及室内消防设置在原有小区 3 号、4 号楼地下室，有效容积为 540m³，可满足该项目设计要求。

本项目为五星级酒店标准配置，设备豪华，设施完善，除了房间设施豪华外，服务设施齐全，包括各种各样的餐厅，较大规模的宴会厅、会议厅，综合服务比较齐全，是社交、会议、娱乐、购物、消遣、保健等活动中心，现已成为当地地标性建筑。

工程说明：

一、给水排水系统

（一）室内给水系统

1. 水源

水源来自小区内原有给水环网，市政水压为 0.30MPa，供本项目的生活和消防用水。

2. 系统分区

采用生活水箱、变频设备联合供水。在地下室设置有效容积 40m³×2 的生活水箱 1 个及 3 套生活变频供水泵。给水分区如下：地下二层～二层，由市政直供；三层～十一层，由低区变频设备供给；十二层～十八层，由中区变频设备供给；十九层～二十五层，由高区变频设备供给。在办公楼公共卫生间开水间设置电开水器，供饮用开水。

3. 给水计算量（见表1）

给水计算量
表 1

宾馆生活用水量(m³/d)	184	生活污水量(m³/d)	165
最高日最大时用水量(m³/h)	19	最高日最大时污水量(m³/h)	17.1
办公生活用水量(m³/d)办公人数 1000 人	50	生活污水量(m³/d)	45
最高日最大时用水量(m³/h)	9	最高日最大时污水量(m³/h)	8.1
餐饮生活用水量(m³/d)办公人数 1000 人	60	生活污水量(m³/d)	54
最高日最大时用水量(m³/h)	9	最高日最大时污水量(m³/h)	8.1

4. 管材和接口

室内生活给水管采用不锈钢管，卡压式连接。

（二）室内热水系统

1. 供应范围

采用集中热水供应系统，其供应范围为：地下一层～二十五层厨房、餐饮、洗浴、公共卫生间、办公卫生间及客房卫生间。热源为地下一层锅炉房提供 0.3MPa 饱和蒸汽。

2. 设计参数

热水为全日制供应，供/回水温度为 60℃/55℃，最大时耗热量为 4510000kJ/h，小时用热水量为 21m³/h。热水系统采用全日制机械循环，各区设 2 台循环泵，互为备用；热水循环泵的启闭由设在热水循环泵之前的热水回水管上的电接点温度计控制；启泵温度为 50℃；停泵温度为 55℃。

3. 管材和接口

室内生活给水管采用不锈钢管，卡压式连接。

（三）排水系统

1. 污/废水概况

地下室排水由地面排水沟汇集后排入集水井，由潜污泵提升至室外污水管网。公共卫生间（十二层～二十五层）的生活污水系统采用专用通气立管，H 管每层连接；一层～五层有卫生间的生活污水排放系统采用伸顶通气管，生活污水立管管径为 DN100。生活污水经排水管道系统汇集，排入化粪池处理后，排入市政污水管网。

2. 室内雨水系统

本工程室内雨水经雨水斗收集后，接至雨水立管，再排至室外雨水管井，屋面雨水按重现期 $P=5$ 年的暴雨强度，降雨历时按 5min。参照兰州市暴雨强度公式：$q = (6.862539 + 9.128435\lg T_E)/(t + 12.69562)^{0.830818}$。屋面降雨历时为 5min，设计重现期取 5 年，降雨强度为 203L/(s·hm²)。

3. 室内污水管

采用柔性接口机制抗震排水铸铁管及管件，平口对接，橡胶圈密封不锈钢卡箍卡紧；

室内雨水管：采用涂塑焊接钢管，卡箍式连接。

压力废水管：采用涂塑复合钢管，卡箍式连接。

二、消防系统

消防系统见表2。

消防系统
表 2

名称	有效容积(m³)	材质	设置位置
消防水池	540m³	钢筋混凝土	原 3 号、4 号楼地下

续表

名称	有效容积(m³)	材质	设置位置
消防水箱	18m³	镀锌钢板	建筑屋面

(一) 室内消火栓系统

1. 设计参数

室内消火栓用水量为 40L/s，采用临时高压给水系统，由原有地下室消防泵房的消防水池及消火栓泵供给，火灾初期 10min 用水量由位于屋顶水箱间的消防水箱及消防增压稳压装置供给。消防设施：消火栓泵 $Q=40L/s$，$H=145m$，消防水池有效容积为 540m³，均可满足此次消防要求。本次设计屋顶消防水箱有效容积为 18m³。室内消防给水管网在水平及竖向上布置成环状，以利于安全供水。地下室环网上接消火栓水泵接合器。水枪充实水柱按不小于 13m 设计。

2. 水泵接合器

设 6 套消防水泵接合器，采用 SQS100-A 型，按 03S203 安装。接合器需做保温井口或采取其他保温措施，保温井口做法详见《井盖及踏步》97S501-1。

3. 控制方式：消防系统控制方式有 3 种：消火栓箱内的启动按钮、消防控制室手动远程控制和水泵房就地启动。

4. 消防给水管采用焊接钢管，焊接连接，公称压力不小于 1.6MPa。

(二) 自动喷水灭火系统

1. 设置范围

地下车库、走道、办公室等均设置自动喷水灭火系统，采用临时高压系统，由原有 3、4 号楼地下室的消防水池及自动喷水灭火系统加压泵供给，火灾初期 10min 用水量由位于屋顶水箱间的消防水箱及消防增压稳压装置供给。

2. 自动喷水灭火系统用水量如下：地下车库自动喷水灭火系统按中危险级 II 级设计，喷水强度为 8L/(min·m²)，作用面积为 160m²，自动喷水灭火系统用水量约 30L/s，扬程为 60m；地上部分按中危险级 I 级设计，喷水强度为 6L/(min·m²)，作用面积为 160m²，系统用水量约 21L/s，扬程为 160m；中庭上空喷淋系统按非仓库类高大净空设计，喷水强度为 6L/(min·m²)，作用面积为 260m²，系统用水量约 35L/s，扬程为 60m；故自动喷水灭火系统用水量为 35L/s，选用自动喷水灭火系统加压泵：$Q=30\sim35L/s$，$H=160m$；原有消防水池有效容积为 540m³，可满足此次设计要求。原有自动喷水灭火系统加压泵 $Q=28L/s$，$H=0.8MPa$，需调整更换。屋顶消防水箱有效容积为 18m³。系统竖向分区，按每个报警阀控制不超过 800 个喷头设计，共 9 组报警阀，低区湿式报警阀（4 组）设置在地下室湿报阀室内。

3. 喷头选型

设有吊顶的一般场所采用吊顶型；车库等不设吊顶及通透性吊顶的一般场所采用直立型，车库风管下喷头采用直立型，机械停车位喷头采用侧墙喷头，客房采用侧墙喷头，喷头射程×宽为 5.3m×3.3m，一只喷头的最大保护面积为 17.5m，温级均为 68℃。厨房喷头温级为 93℃。当梁、通风管道、成排布置的管道、桥架等障碍物的宽度大于 1.2m 时，其下方应增设喷头。增设喷头的上方如有缝隙时，应设不锈钢集热板，高区湿式报警阀（4 组）设置在七层湿报阀室内。从报警阀前环网上引出 3 套喷淋水泵接合器，每个接合器流量为 12L/s。配水管入口压力大于 0.40MPa 的，设置减压孔板减压。

4. 管材

自动喷水灭火系统给水管采用内外热镀锌钢管，小于 DN70 采用丝扣或法兰连接；大于或等于 DN70 采用钢制卡箍或法兰连接。

5. 控制方式

自动控制、消防控制室手动远控和水泵房就地启动。消防结束后手动停泵。

(三) 建筑灭火器配置

本工程火灾种类主要有 A 类、B 类和带电火灾，根据《建筑灭火器配置设计规范》GB 50140—2005，会议室属 A 类火灾，灭火器按严重危险级配置，手提式灭火器最大保护距离为 15m，每个灭火器配置点设 2 具 MF/ABC5 的磷酸铵盐灭火器；办公室属 A 类火灾，灭火器按中危险级配置，手提式灭火器最大保护距离为 20m，每个灭火器配置点设 2 具 MF/ABC4 的磷酸铵盐灭火器；地下车库属 B 类火灾，灭火器按中危险级配置，手提式灭火器最大保护距离为 12m，每个灭火器配置点设 2 具 MF/ABC4 的磷酸铵盐灭火器；高低压配电室及发电机房等属 E 类火灾，灭火器按中危险级配置，每个灭火器配置点设 2 具 MF/ABC4 的磷酸铵盐灭火器。客房属 A 类火灾，灭火器按严重危险级，设置手提式灭火器，最大保护距离 15m，每个灭火器配置点设 2 具 MF/ABC5 的磷酸铵盐灭火器。

(四) 气体灭火系统

地下一层配电室及柴油发电机房设气溶胶预制灭火系统，设计密度为 140kg/m³，配电室净容积为 1145m³，$K=1.1$，灭火剂用量为 176kg；柴油发电机房净容积为 601m³，$K=1.1$，灭火剂用量为 93kg。具体由产品厂家负责实施。

(五) 水喷雾系统

1. 设计参数

设计喷水强度为 10L/(min·m²)，持续喷雾时间为 30min，喷头工作压力为 0.35MPa，系统由加压泵（与喷淋泵兼用），系统由雨淋阀组，屋顶水箱，室外消防水泵接合器，水雾喷头及管网组成。水喷雾管道由喷淋环管上直接接入。

2. 锅炉房

锅炉房保护面积为 140m²，设计流量为 30L/s，锅炉爆膜片和燃烧器局部水喷雾喷水强度为 160L/(min·m²)，雾滴直径 $d=0.1\sim0.6$mm，雾化角为 120°。

3. 控制方式

水喷雾灭火系统设自动控制、手动控制和应急操作 3 种控制方式。

(1) 自动控制：当火灾探头报警后启动喷淋泵，打开雨淋阀向系统冲水灭火。（为自动连锁操作控制方式）

(2) 手动控制：当火灾探头报警后，将信号传至消控室，由人员在消控室手动启动喷淋泵，打开雨淋阀向系统冲水灭火。

(3) 应急控制：火灾时由人员在消防泵房内手动启动喷淋泵、打开雨淋阀向系统冲水灭火。

4. 喷头选型

ZSTWC-80-（60-120），流量 80L/(min·m²)，喷头工作压力 0.35MPa，流量特性系数 34。

(六) 人防部分

1. 水箱及设计参数

水源来自市政给水管网，室外单设水表计量。生活及饮用水量标准：饮用水 3L/d，贮水时间 15d；生活用水 4L/d，贮水时间 7d。

2. 水箱容积

地下一层为核六级二等人员掩蔽所，掩蔽人数为 792 人，故战时生活及饮用水箱容积 $V=25$m³ 和 $V=40$m³（含口部冲洗水量 2m³）。

三、设计及施工体会

(1) 设计：划分系统，保证使用压力维持在 275~550kPa。在压力区域提供不超过 8 层楼。不在室内给水系统中使用减压阀。在必要时安装 2 套平行截流阀，以便维护。系统压力：通过由工厂制造和测试的自动三重升压泵系统维持系统压力，该系统带有优质高效电机，尺寸为 50%-50%-20% 划分，带有变频驱动器。泵控制器根据流量传感器（带有备用压力开关）的流量读数对泵进行排序。

（2）水箱：提供可上锁外盖的最少 2 个单独水箱。将补水入口和引入接头设置在水箱终端的对端。提供温度计和水位传感器用于监测储水温度的，并连接到 BAS。

（3）洗衣设施滤网：在排水沟地漏设置展开的 2mm×12mm 金属棉绒滤网。滤网位置和设计需要完全保护地漏，便于移动和日常清洁。

（4）一般生活热水系统：在每个分支或立管的末端都设配有平衡（流量控制）阀的热水回流系统。通过每个热水立管循环的水量为 0.06L/s，从而热水能在水流开始后的 10s 内到达每个器具。

（5）设计管道系统时需满足可在不同时关闭多个管道立管的情况下进行维修。在后勤区设置平衡阀、隔离阀和关闭阀，以允许进行维修人员和顾客不可见的远距离维护。

四、工程照片及附图

长城大饭店外立面

长城大饭店夜景

长城大饭店宴会厅

长城大饭店前室照片

长城大饭店室内景观

长城大饭店室内标准间客房

长城大饭店包厢区域

长城大饭店室内大堂

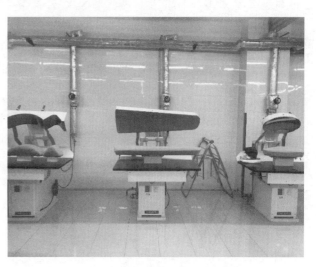

长城大饭店洗衣房一角

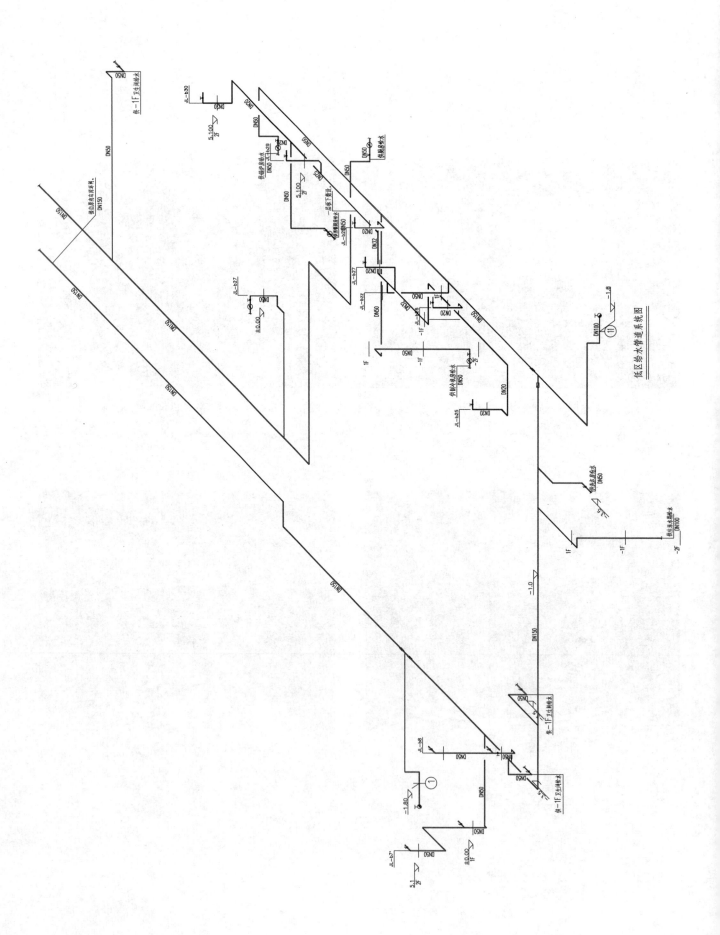

低区给水管道系统图

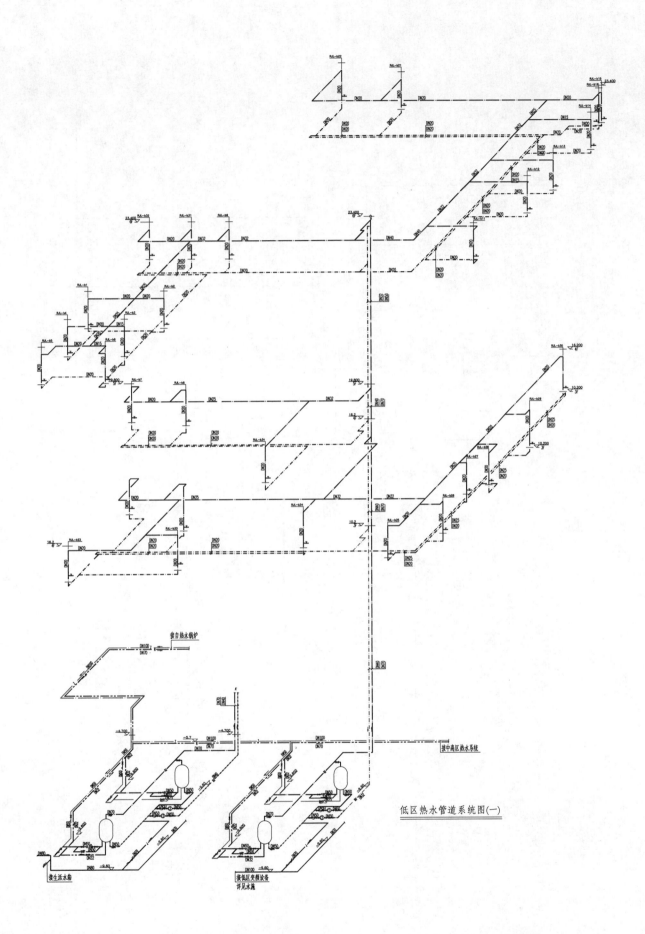

低区热水管道系统图(一)

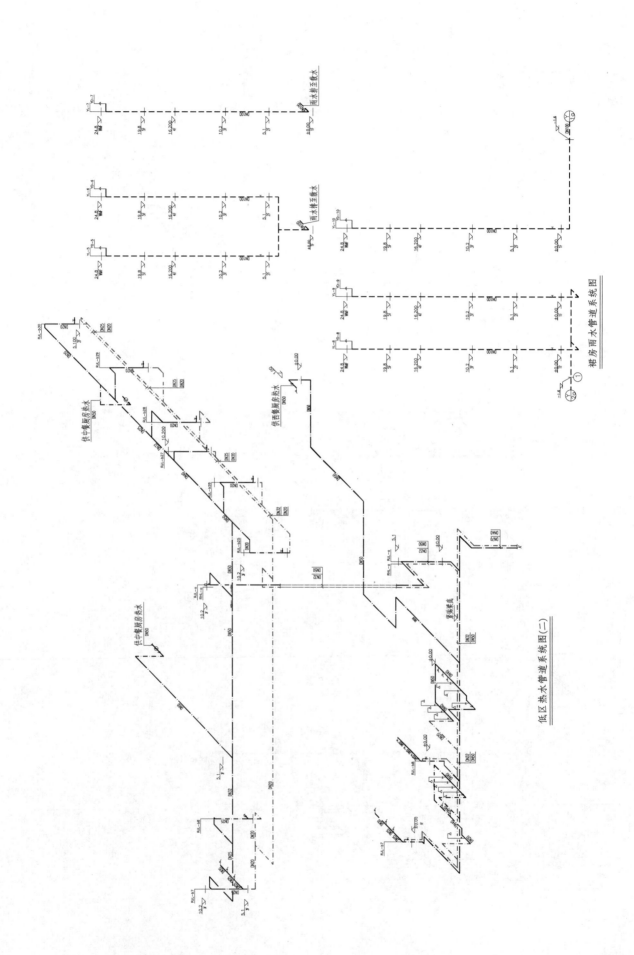

裙房雨水管道系统图

低区热水管道系统图(二)

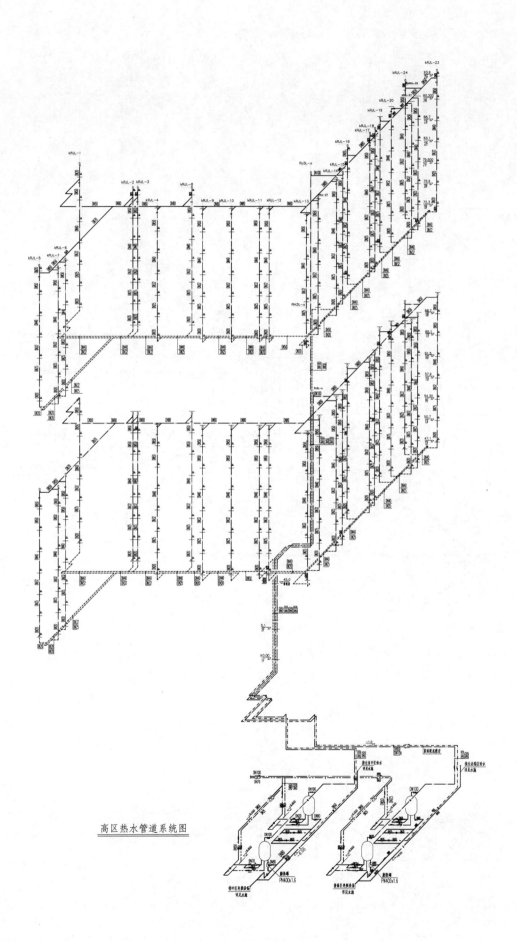

高区热水管道系统图

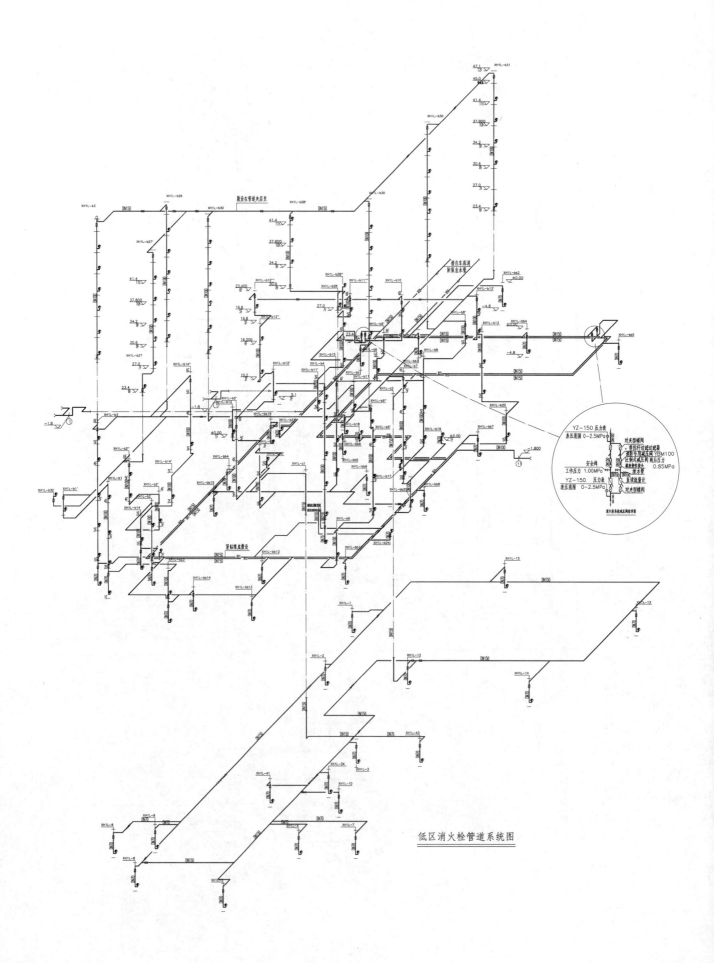

低区消火栓管道系统图

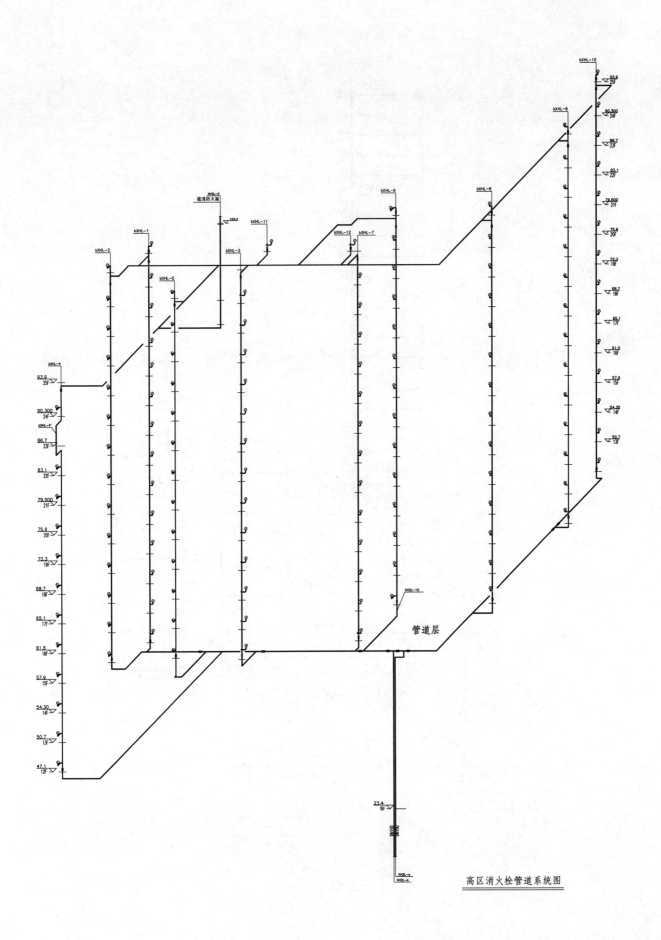

高区消火栓管道系统图

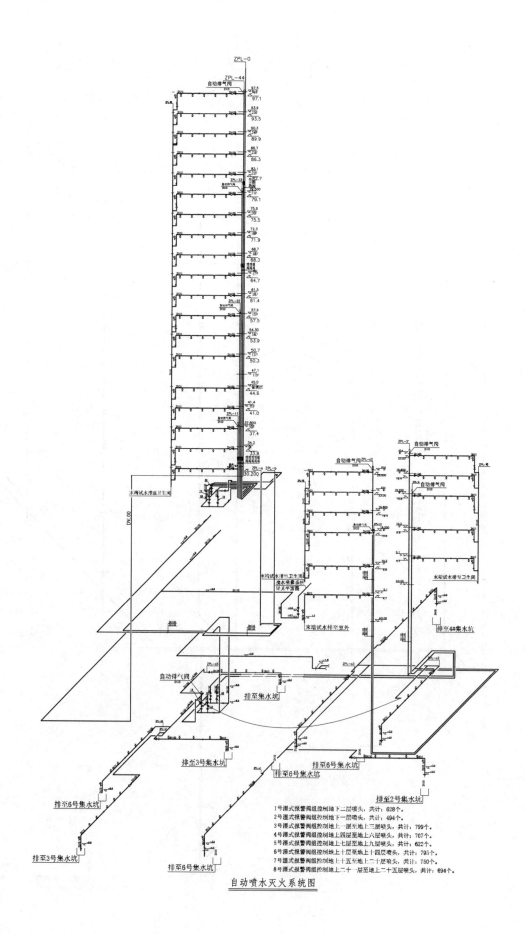

1号湿式报警阀组控制地下二层喷头，共计：628个。
2号湿式报警阀组控制地下一层喷头，共计：494个。
3号湿式报警阀组控制地上一层至地上三层喷头，共计：799个。
4号湿式报警阀组控制地上四层至地上六层喷头，共计：707个。
5号湿式报警阀组控制地上七层至地上九层喷头，共计：622个。
6号湿式报警阀组控制地上十层至地上十四层喷头，共计：795个。
7号湿式报警阀组控制地上十五至地上二十层喷头，共计：750个。
8号湿式报警阀组控制地上二十一层至地上二十五层喷头，共计：694个。

自动喷水灭火系统图

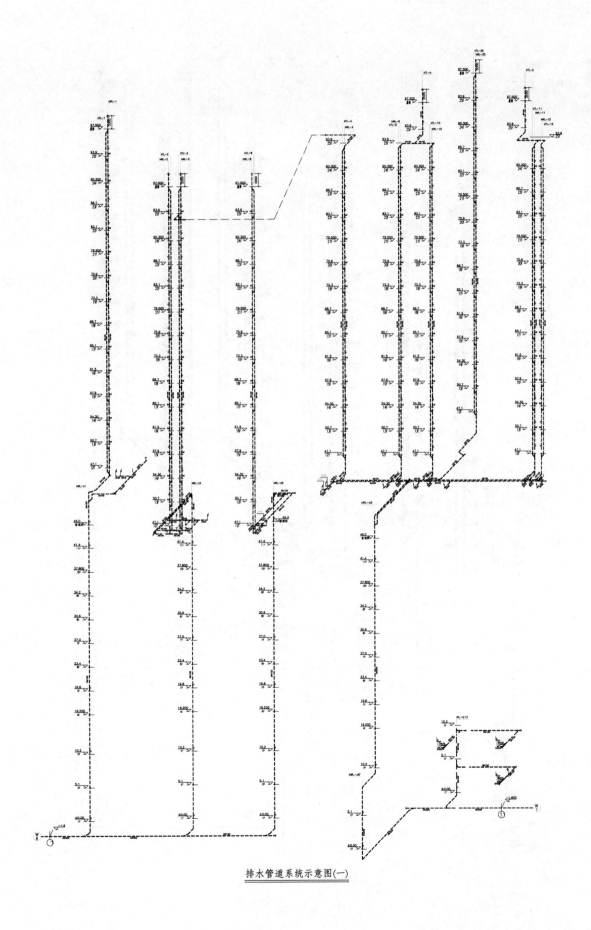

排水管道系统示意图(一)

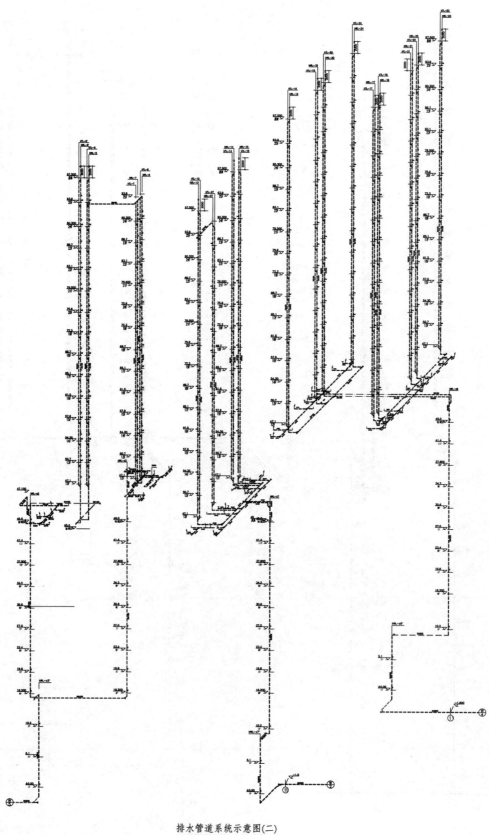

排水管道系统示意图(二)

亿创广场 G 地块

设计单位： 广东省建筑设计研究院有限公司
设 计 人： 张敏姿　刘福光　沈志文　赵煜灵　邓国钰　梁康盛　肖键键　谢锦鹏
获奖情况： 公共建筑　三等奖

工程概况：

本项目建设地点位于广州萝岗知识城南起步区九龙大道以西 ZSCN-B8 地块，东侧临九龙大道，西侧临自然河涌景观，南侧临 20m 的规划道路，北侧临风湖二路。基地的现状为北高南低的空地。本地块主要功能定位为"商业金融用地，用于商业金融业办公及其附属设施"，目标是营造一个集时尚商业、高端办公为一体的全新城市综合体。

本地块规划建设用地 69264m²，总建筑面积为 291763m²。地下建筑面积为 76940.5m²，其他地上公共建筑面积为 214822.9m²。项目分 4 期建设，分期验收和投入使用，于 2018 年 12 月全面竣工。

本地块的建筑群由 5 栋办公楼、1 栋 3 层的商业中心以及 3 栋 2 层的商业内街组成。其中 T1 栋为 34 层，建筑高度 147m 的超高层办公楼；T2～T5 栋分别为 15～21 层的高层办公楼；S1 为 3 层的约 6 万 m² 的大型商业中心，S2～S4 为 2 层的商铺。办公楼设于四周，商业中心和商铺围合形成一个宜人、舒适的商业内街模式的购物环境。地下设置 2 层的地下室，地下一层的功能有设备房，停车库以及局部的沿河涌商业。

工程说明：

一、给水排水系统

（一）给水系统

1. 用水量

本工程最高日用水量为 3314m³/d，最大时用水量为 553m³/h，见表1。

用水量计算表

表1

序号	用水名称	用水单位		用水定额		用水时间	小时变化系数 K_h	最大时用水量（m³/h）	最高日用水量（m³/d）
1	T1 栋办公人员	9331	人	50	L/(人·班)	8	1.5	87	467
2	T2 栋办公人员	2972	人	50	L/(人·班)	8	1.5	28	149
3	T3 栋办公人员	4353	人	50	L/(人·班)	8	1.5	41	218
4	T4 栋办公人员	4076	人	50	L/(人·班)	8	1.5	38	204
5	T5 栋办公人员	4077	人	50	L/(人·班)	8	1.5	38	204
6	商铺	10098.2	m²	8	L/(m²·d)	12	1.5	10	81

续表

序号	用水名称	用水单位		用水定额		用水时间	小时变化系数 K_h	最大时用水量 (m³/h)	最高日用水量 (m³/d)
7	餐饮顾客	20846	人次	50	L/人次	10	1.5	156	1042
8	餐饮服务员	688	人	50	L/(人·班)	10	1.5	5	34
9	超市	14031	m²	8	L/(m²·d)	10	1.5	17	112
10	电影院	7700	人次	5	L/人次	12	1	3	39
11	超市空调补水					12	1	5	60
12	商业空调补水					10	1	15	150
13	电影院空调补水					10	1	3	25
14	道路冲洗	9815	m²	2	L/(m²·d)	2	1	10	20
15	绿化	17316	m²	2	L/(m²·d)	2	1	17	35
16	车库地面冲洗	60325	m²	2	L/(m²·次)	6	1	20	121
17	管网漏失和未预见用水量	取最高日用水量的12%						59	355
18	总计							553	3314

2. 水源

由九龙大道市政给水管网接入1根 $DN200$ 的水管，水压为0.14MPa。

3. 给水系统分区及加压设备

由于项目为分期建设，出于使用考虑，每一期工程设置生活水泵房单独供水。

(1) 一期工程（T2、T3塔楼及其对应的地下室部分）

根据建筑高度、建筑标准、水源条件、节能和供水安全、便于管理的原则，供水系统竖向分为4个区。

1区：地下二层～二层，由市政生活给水管网直接供水；

2区：三层～九层，由2区生活变频泵组加压供水。加压设备的设计参数为：主泵：$Q=18m^3/h$，$H=82m$，$N=15kW$，1用1备；副泵：$Q=3.6m^3/h$，$H=82m$，$N=4kW$，1台；隔膜式气压罐：$\phi \times H=600mm \times 1800mm$（$P=1.0MPa$）；

3区：十层～十六层，由3区生活变频泵组加压供水。加压设备的设计参数为：主泵：$Q=18m^3/h$，$H=115m$，$N=18.5kW$，1用1备，副泵：$Q=3.6m^3/h$，$H=115m$，$N=5kW$，1台，隔膜式气压罐：$\phi \times H=600mm \times 1800mm$（$P=1.6MPa$）；

4区：十七层～二十一层，由4区生活变频泵组加压供水。加压设备的设计参数为：主泵：$Q=12m^3/h$，$H=1405m$，$N=11kW$，1用1备；副泵：$Q=3.6m^3/h$，$H=140m$，$N=7.5kW$，1台，隔膜式气压罐：$\phi \times H=600mm \times 1800mm$（$P=1.6MPa$）。

(2) 二期工程（T1塔楼及其对应的地下室部分）

根据建筑高度、建筑标准、水源条件、节能和供水安全、便于管理的原则，供水系统竖向分为5个区。

1区：地下二层～一层，由市政生活给水管网直接供水。

2区：二层～十层，由2区生活变频泵组加压供水。加压设备的设计参数为：主泵：$Q=18m^3/h$，$H=80m$，$N=15kW$，1用1备；副泵：$Q=3.6m^3/h$，$H=80m$，$N=4kW$，1台；隔膜式气压罐：$\phi \times H=600mm \times 1800mm$（$P=1.0MPa$）。

3区：十一层～十九层，由二十四层转输水箱重力供水。

4 区：二十层～二十六层，由 4 区生活变频泵组加压供水。加压设备的设计参数为：主泵：$Q=18\text{m}^3/\text{h}$，$H=40\text{m}$，$N=5.5\text{kW}$，1 用 1 备；副泵：$Q=3.6\text{m}^3/\text{h}$，$H=40\text{m}$，$N=1.1\text{kW}$，1 台；隔膜式气压罐：$\phi\times H=600\text{mm}\times1800\text{mm}$（$P=1.0\text{MPa}$）。

5 区：二十七层～三十四层，由 5 区生活变频泵组加压供水。加压设备的设计参数为：主泵：$Q=18\text{m}^3/\text{h}$，$H=76\text{m}$，$N=15\text{kW}$，1 用 1 备；副泵：$Q=3.6\text{m}^3/\text{h}$，$H=76\text{m}$，$N=4\text{kW}$，1 台；隔膜式气压罐：$\phi\times H=600\text{mm}\times1800\text{mm}$（$P=1.0\text{MPa}$）。

（3）三期工程（S2～S5 商业、T4、T5 塔楼及其对应的地下室部分）

S2～S5 商业供水系统竖向分为 2 个区：

1 区：地下二层～一层，由市政生活给水管网直接供水。

2 区：二层，由商业变频泵组供水。主泵：$Q=18\text{m}^3/\text{h}$，$H=45\text{m}$，$N=5.5\text{kW}$，1 用 1 备；副泵：$Q=3.6\text{m}^3/\text{h}$，$H=45\text{m}$，$N=1.1\text{kW}$，1 台；隔膜式气压罐：$\phi\times H=600\text{mm}\times1800\text{mm}$（$P=1.0\text{MPa}$）。

T4、T5 塔楼分为 3 个区：

1 区：地下二层～一层，由市政生活给水管网直接供水。

2 区：二层～九层，由 2 区生活变频泵组加压供水。主泵：$Q=20\text{m}^3/\text{h}$，$H=82\text{m}$，$N=15\text{kW}$，1 用 1 备，副泵：$Q=3.6\text{m}^3/\text{h}$，$H=82\text{m}$，$N=4\text{kW}$，1 台，隔膜式气压罐：$\phi\times H=600\text{mm}\times1800\text{mm}$（$P=1.0\text{MPa}$）。

3 区：十层～十七层，由 3 区生活变频泵组加压供水。主泵：$Q=20\text{m}^3/\text{h}$，$H=118\text{m}$，$N=18.5\text{kW}$，1 用 1 备；副泵：$Q=3.6\text{m}^3/\text{h}$，$H=118\text{m}$，$N=5.5\text{kW}$，1 台；隔膜式气压罐：$\phi\times H=600\text{mm}\times1800\text{mm}$（$P=1.6\text{MPa}$）。

（4）四期工程（S1 商业中心及其对应的地下室部分）

S1 商业中心供水系统分为 2 个区：

1 区：地下二层～一层，由市政生活给水管网直接供水；

2 区：二层～屋面，由地下室变频泵组加压供水主泵：$Q=45\text{m}^3/\text{h}$，$H=52\text{m}$，$N=15\text{kW}$，3 用 1 备；副泵：$Q=10\text{m}^3/\text{h}$，$H=52\text{m}$，$N=5.5\text{kW}$，1 台；隔膜式气压罐：$\phi\times H=600\text{mm}\times1800\text{mm}$（$P=1.0\text{MPa}$）。

（二）生活排水系统

室内排水采用污废雨分流制，室外排水采用雨污分流制。室内污/废水排水设伸顶通气管或者专用通气管，污水立管和废水立管与专用通气立管隔层连接，公共卫生间设环形通气。污水经化粪池处理、餐饮废水经隔油器（带气浮）处理后排至市政污水管网。

（三）雨水排水系统

1. 设计参数选择

暴雨强度：$q=\dfrac{3618.427\cdot(1+0.438\lg P)}{(t+11259)^{0.750}}$ L/（s·10000m²）（广州暴雨公式）

屋面雨水排水系统降雨设计重现期 $P=10$ 年，降雨历时为 5min。雨水斗和溢流口总排水能力按 50 年重现期设计。车库坡道位置雨水排水系统降雨设计重现期 $P=50$ 年，降雨历时为 5min。室外降雨设计重现期 $P=5$ 年，降雨历时为 10min。

2. 雨水系统设置

塔楼 T1～T5、裙楼 S2～S5 屋面雨水采用重力流雨水斗排至室外雨水管网。

S1 商业中心屋面雨水采用虹吸雨水排水系统，排至室外雨水管网。

室外地面部分雨水经渗透地面进入地下，部分雨水经雨水口收集至室外雨水管网，广场采用线性排水沟收集雨水。

（四）雨水调蓄和综合利用

1. 雨水收集回用系统

收集 S4、S5、T4、T5 及 S1 部分屋面雨水，并在室外设置模块式雨水储水池（有效容积 300m³），在地下一层设置回用设备泵房。雨水处理工艺采用混凝、砂过滤、氯消毒工艺流程，雨水处理后的水质符合《建筑与小区雨水利用工程技术规范》GB 50400—2006 的有关水质的规定，雨水收集主要用于整个地块的绿化用水和道路冲洗、地下车库冲洗。

2. 雨水调蓄排放

本项目硬化面积为 43290.43m²，采用下沉式绿地、综合利用、削峰调蓄等方式，配套建设的雨水调蓄总容积为 2165m³，雨水调蓄池分三处，分别设于 T1、商业中心 S1（第四期开发）及 T4、T5 对应的地下室。削峰调蓄池在雨水洪峰后 12h 内排到设计最低水位。

3. 雨水渗透

建筑物的室外可渗透地面率不低于 40%，小区人行道、室外停车场、自行车道、外庭院等采用渗透性铺装，渗透铺装率不低于 70%。

二、消防系统

（一）消防用水量（见表 2）

消防用水量 表 2

序号	消防系统名称	设计流量(L/s)	火灾延续时间(h)	一起火灾灭火用水量(m³)	供水来源
1	室外消火栓系统	40	3	432	消防水池
2	室内消火栓系统	40	3	432	消防水池
3	湿式自动喷水灭火系统	68	1	245	消防水池
小计				1109	

（二）消防水池、消防泵房和高位水箱

室内外消防水分别贮存，其中室外消防水池有效容积为 440m³，室内消防水池有效容积为 680m³。考虑分期建设需要，消防水池和消防水泵均设置在一期。

T1 栋塔楼屋顶设置的高位消防水箱有效容积为 50m³，供 T1 栋高区使用。T3 栋塔楼屋顶设置的高位消防水箱有效容积为 36m³，供 100m 以下分区使用。

（三）室外消火栓系统

本工程市政给水管网只能提供一路接入管，不能满足室内外消防用水量的要求，需要设消防水池。室外消防给水采用独立的临时高压给水系统，并采用稳压泵维持充水和压力，同时，储存室外消防用水的消防水池设置一个消防车取水口，且吸水高度不大于 6.0m。

室外消火栓沿建筑周围均匀布置，室外消火栓布置间距不大于 120m，保护半径不大于 150m，并在建筑消防扑救面一侧布置的室外消火栓数量不少于 2 个。连接市政的室外消防给水引入管在倒流防止器前设置 1 个室外消火栓。

室外消火栓泵 $Q=40L/s$，$H=35m$，$N=37kW$，1 用 1 备。稳压泵 $Q=5L/s$，$H=35m$，$N=7.5kW$，1 用 1 备，气压罐：$\phi \times H=800 \times 2300$。

（四）室内消火栓系统

本项目消防给水采用分区临时高压给水系统，T2 至 T4 栋、S1 至 S5 栋及 T1 栋（超高层）二十四层及以下由低区（1 号）消火栓泵组供给，T1 栋（超高层）二十五层及以上由高区（2 号）消火栓泵组供给。

其中由低区（1 号）消火栓泵组供给的系统，根据各单体高度和功能布局，分区如下：

T2 栋分为 2 个区，地下二层～三层、四层～十五层。

T3 栋分为 3 个区，地下二层～一层、二层～十一层、十二层～二十一层。

T1 栋分为 3 个区（未含二十五层以上由 2 号消火栓泵供给的分区），地下二层～地下一层、一层～十二层、十三层～二十四层。

S2～S3 仅 1 个区，地下一层～二层。

S4、S5、T4、T5 栋分为 3 个区，地下二层～地下一层、一层～九层、十层～十八层。

S1 栋仅 1 个区，地下二层～三层。

1 号室内消火栓泵：$Q=40L/s$，$H=160m$，$N=110kW$，1 用 1 备。

1 号室内消火栓稳压泵：$Q=1.2L/s$，$H=20m$，$N=1.5kW$，1 用 1 备，隔膜式气压罐：$\phi \times H=1000 \times 2300$。

2 号室内消火栓泵：$Q=40L/s$，$H=198m$，$N=160kW$，1 用 1 备。

2 号室内消火栓稳压泵：$Q=1.2L/s$，$H=20m$，$N=1.5kW$，1 用 1 备，隔膜式气压罐：$\phi \times H=1000 \times 2300$。

（五）自动喷水灭火系统

本项目喷淋给水采用分区临时高压给水系统，T2 至 T4 栋、S1 至 S5 栋及 T1 栋（超高层）二十四层及以下由低区（1 号）喷淋泵组供给，T1 栋（超高层）二十五层及以上由高区（2 号）喷淋泵组供给。

其中由低区（1 号）喷淋泵组供给的系统，根据各单体高度和功能布局，分区如下：

T2、T3 栋分为 2 个区，地下二层～八层、九层～二十一层。

T1 栋分为 3 个区（未含二十四层以上由 2 号喷淋泵供给的分区），地下二层～四层、五层～十一层、十二层～二十三层。

S2～S3 仅 1 个区，地下一层～二层。

S4、S5、T4、T5 栋分为 2 个区，地下二层～七层、八层～十八层。

S1 栋仅 1 区，地下二层至三层。

1 号喷淋泵：$Q=35L/s$，$H=160m$，$N=110kW$，2 用 1 备。

1 号喷淋稳压泵：$Q=2L/s$，$H=20m$，$N=1.5kW$，1 用 1 备，隔膜式气压罐：$\phi \times H=1000 \times 2300$。

2 号喷淋泵：$Q=30L/s$，$H=200m$，$N=160kW$，1 用 1 备。

2 号喷淋稳压泵：$Q=1L/s$，$H=20m$，$N=1.5kW$，1 用 1 备，隔膜式气压罐：$\phi \times H=1000 \times 2300$。

（六）气体灭火系统

1. 系统设置位置

不宜用水扑救的地方，如高低压配电房、电信机房等，采用七氟丙烷气体灭火系统保护。

2. 系统设计参数

高低压配电房、变压器室设计浓度采用 9%，通信机房设计浓度采用 8%，通信机房设计喷放时间不大于 8s，其他防护区设计喷放时间不大于 10s。

三、工程特点介绍

（1）项目分期建设、分期验收，通过合理选择泵房位置、局部放大管径、合理选泵等措施，实现了 T1 栋超高层一泵到顶，避免了设置转输水箱和水泵，既满足分期验收要求，也避免占用建筑上层使用面积，同时也提高了系统的安全性。

（2）合理选择生活给水供水方式，综合考虑分期建设情况、物管需求及各部分建筑体的高差特点，分期设置泵房，100m 以下建筑单体，采用市政供水和变频泵组供给方式。T1 栋超高层建筑，根据供水压力需求和水箱高差比对，采用串联供水、变频加压、重力供水相结合供水方式，供水安全可靠，最大限度地让各区处于高效段，能源消耗小。

（3）项目注重绿色建筑、海绵城市设计。对屋面雨水进行回收，处理达标后用于绿化用水、道路浇洒和车库地面冲洗。实现海绵城市设计的手段主要是绿化屋面、室外绿化、透水铺装以及项目雨水在排入市政管网前，设置雨水调蓄池。通过上述措施，实现节能减排、削减洪峰。

（4）净高控制：T1栋为超高层办公建筑，业主希望把层高控制在4m，室内净高在2.8m以上，商业中心的层高为5m，业主希望中庭净高3.5m以上，铺内3.8m以上。设计过程中，各专业共同配合协调，运用BIM技术，控制梁高，考虑设备管线的避让问题，在不影响结构的前提下，必要时对管道做穿梁处理；通过各专业的配合，最终实现业主的期望，产生很好的空间感受。

（5）S1大型商业屋面，因为功能的需要，很多排烟排风管井需要出屋面设置风机等设备。为了避免屋面出现凌乱的情况，在风井旁采用下沉板，风机设置在下沉板上的方式，既满足排风排烟的需求，也满足美观要求。但是，同时出现了下沉板满水倒灌进风井的问题。为了解决这个问题，采用了以下措施：1）在屋面设一圈反坎，挡住屋面的雨水流至下沉板位置。2）在下沉板夹层四周墙体均做500结构反边。3）按照100年一遇重现期设置2个雨水斗。4）沉板区设置报警雨量计，连接智能化管理中心，报警雨量设置为300m深。方便雨水斗有被树叶等杂物堵塞现象时，能及时处理，如图1所示。

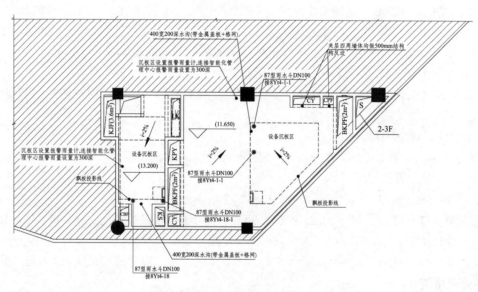

图1 沉板区设置报警雨量计示意图

（6）项目外墙大部分为玻璃幕墙，其首层梁板结构形式多样，根据各种不同的结构形式，需要对出户管做不同的处理，如图2～图4所示。

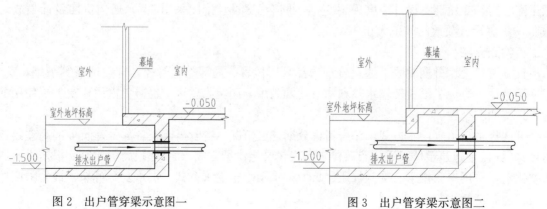

图2 出户管穿梁示意图一　　　　　　　图3 出户管穿梁示意图二

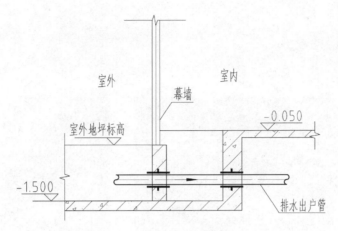

图 4　出户管穿梁示意图三

四、工程照片及附图

东南鸟瞰图

西面沿河鸟瞰图

内景图（一）

内景图（二）

管线图（一）

管线图（二）

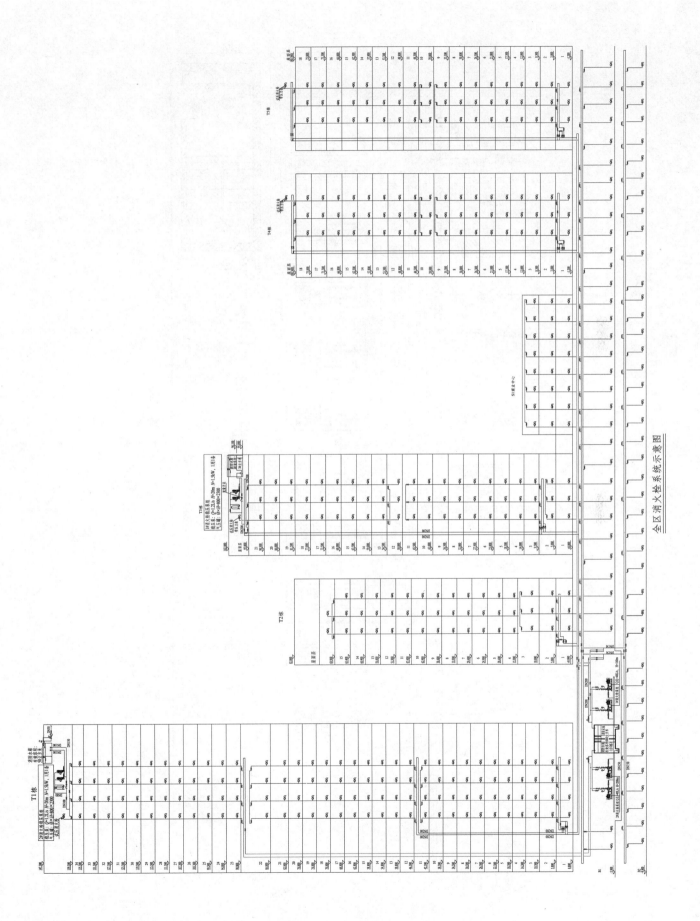

全区消火栓系统示意图

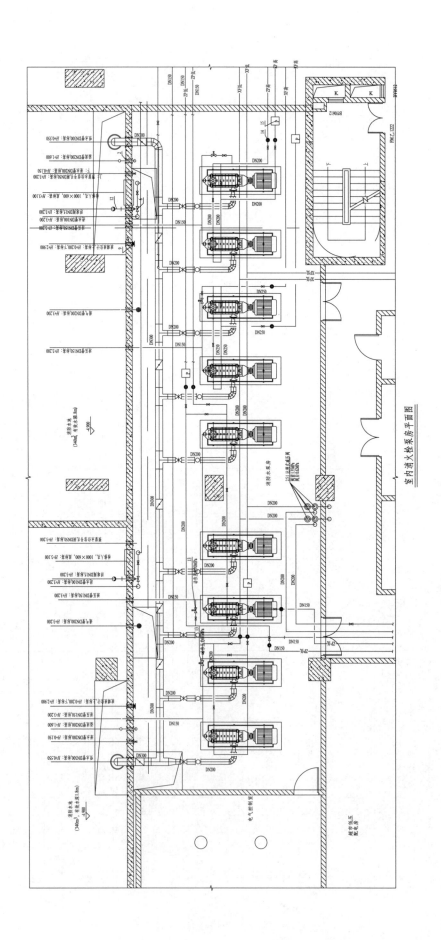

室内消火栓泵房平面图

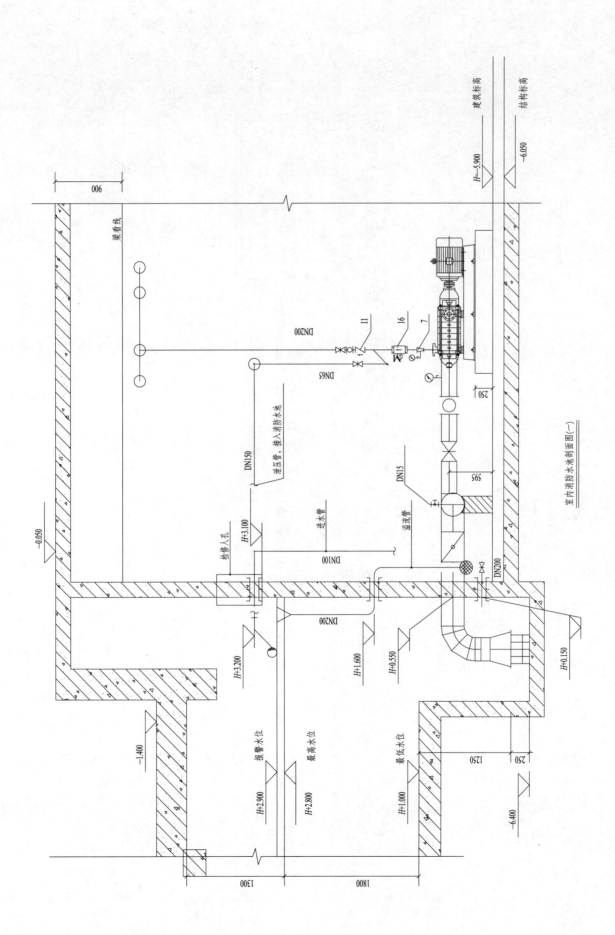

室内消防水池剖面图(一)

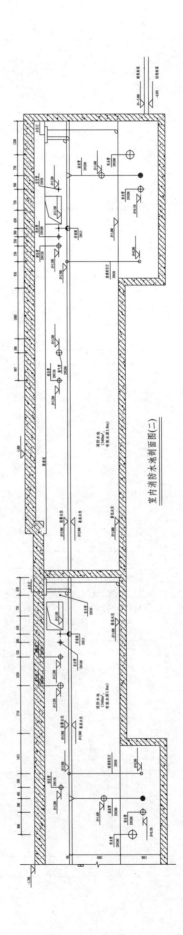

室内消防水池剖面图(一)

居住建筑篇

中国海南海花岛 2 号岛首期工程

设计单位：广东省建筑设计研究院有限公司

设 计 人：刘福光　陈琼　邱舜标　区树华　何梓翔　吴倩　钟燕娜

获奖情况：居住建筑类　一等奖

工程概况：

中国海南海花岛 2 号岛首期工程位于海南省儋州市白马镇，为大型人工填海工程之一，也是世界目前最大的花型人工旅游岛项目。

本工程为海花岛 2 号岛首一～首七期项目，总用地面积为 408923.34m²，总建筑面积为 966529.11m²。本项目包括 229 栋高层普通公寓、酒店式公寓、高层住宅、情景洋房、普通住宅及商业街、学校、综合楼、游艇码头、沙滩堤坝、污水提升泵站等配套设施。

本工程给水排水系统有：生活给水系统、太阳能热水系统、生活污/废水系统、污水提升系统、室外消火栓系统、室内消火栓系统、自动喷水灭火系统、气体灭火系统、灭火器系统。

工程说明：

一、生活给水排水系统

（一）冷水给水系统

本项目生活供水部分竖向首一期分 4 个区、首二～首七期分 3 个区。地下室～二层及室外绿化用水均直接利用市政水压，由城市自来水直接供水。其余三层～三十二层部分均由二次加压供水设备供水用水点处水压大于 0.2MPa 的配水支管采取减压措施，达到节水目的。每个生活水箱均设置自清洁及消毒装置，确保供水安全满足饮用水卫生标准。

1. 生活给水量（见表 1～表 3）

海花岛 2 号岛首一期生活给水量计算　　　　　　　　　　　　　　　　表 1

序号	用水类别	用水标准		单位数	用水时间(h)	小时变化系数	最高日用水量(m³/d)	平均时用水量(m³/h)	最大时用水量(m³/h)
1	住宅公寓	250	L/(人·d)	12758	24	2.5	3189.38	132.89	332.23
2	配套商业	6	L/(m²·d)	830	12	1.5	4.98	0.42	0.62
3	道路及广场冲洗	2	L/(m²·d)	1555.3	8	1	3.11	0.39	0.39
4	绿化浇洒	2	L/(m²·d)	9331.8	8	1	18.66	2.33	2.33

序号	用水类别	用水标准		单位数	用水时间 (h)	小时变化系数	最高日用水量(m³/d)	平均时用水量 (m³/h)	最大时用水量 (m³/h)
5	小计						3216.11	136.0	335.57
6	未预见用水量（按 10％计）						321.61	13.60	33.56
7	总用水量						3537.74	149.63	369.13

海花岛 2 号岛首二、四期生活给水量计算　　　　表 2

序号	用水类别	用水标准		单位数	用水时间 (h)	小时变化系数	最高日用水量(m³/d)	平均时用水量 (m³/h)	最大时用水量 (m³/h)
1	住宅	250	L/(人・d)	14499	24	2.5	3624.80	151.03	377.58
2	道路及广场冲洗	2	L/(m²・d)	21545	8	1	43.09	5.39	5.39
3	绿化浇洒	2	L/(m²・d)	129269	8	1	258.54	32.32	32.32
4	小计						3926.43	188.74	415.29
5	未预见用水量（按 10％计）						392.64	18.87	41.53
6	总用水量						4319.07	207.61	456.82

海花岛 2 号岛首三、五、六、七期生活给水量计算　　　　表 3

序号	用水类别	用水标准		单位数	用水时间 (h)	小时变化系数	最高日用水量(m³/d)	平均时用水量 (m³/h)	最大时用水量 (m³/h)
1	住宅	250	L/(人・d)	9350	24	2.5	2337.60	97.40	243.50
2	配套商业	6	L/(m²・d)	2644	12	1.5	15.86	1.32	1.98
3	综合办公楼	50	L/人次	500	8	1.5	25.00	3.13	4.69
4	幼儿园	50	L/(人・d)	210	10	2	10.50	1.05	2.10
5	道路及广场冲洗	2	L/(m²・d)	21545	8	1	43.09	5.39	5.39
6	绿化浇洒	2	L/(m²・d)	129269	8	1	258.54	32.32	32.32
7	小计						2690.59	140.60	289.97
8	未预见用水量（按 10％计）						269.06	14.06	29.00
9	总用水量						2959.65	154.66	318.97

2. 水源

本项目水源为城市自来水，各期从市政路自来水总管上分别接 2 根 DN200 引入管，进入用地红线后在室外成环。为生活、消防等用水系统提供水源。

3. 系统竖向分区

本项目生活冷水给水系统分为 4 个区，详见表 4、表 5。

首一期给水系统竖向分区　　　　表 4

分区名称	竖向范围	供水方式
1 区	地下一层～二层	市政水压直供
2 区	三层～十一层	地下一层变频调速泵增压供水

续表

分区名称	竖向范围	供水方式
3 区	十二层~二十二层	地下一层变频调速泵增压供水
4 区	二十三层~三十二层	地下一层变频调速泵增压供水

首二~七期给水系统竖向分区　　　　　表 5

分区名称	竖向范围	供水方式
1 区	地下一层~二层	市政水压直供
2 区	三层~九层	地下一层变频调速泵增压供水
3 区	十层~十七层	地下一层变频调速泵增压供水

4. 生活水箱和供水设备

首一期、首二期、首五期地下层生活泵房内各设 2 座生活水箱，总容积分别为 $426m^3$、$475m^3$、$310m^3$。给水泵组选型详见表 6。

给水泵组选型　　　　　表 6

名称	型号	流量(m^3/h)	扬程(m)	配套功率(kW)	备注
首一期 (低区)变频调速给水	80GDLF45-77	40	75	15	主泵,3 用 1 备
	40GDLF8-73	8	75	3	副泵,1 用
首一期 (中区)变频调速给水	80GDLF45-110	40	110	22	主泵,3 用 1 备
	40GDLF8-111	8	110	4	副泵,1 用
首一期 (高区)变频调速给水	80GDLF45-142	40	140	30	主泵,3 用 1 备
	40GDLF8-145	8	140	5.5	副泵,1 用
首二、四期 (低Ⅰ区)变频调速给水	80GDLF45-71	45	70	15	主泵,3 用 1 备
	40GDLF8-73	8	75	3	副泵,1 用
首二、四期 (低Ⅱ区)变频调速给水	80GDLF45-71	45	70	15	主泵,3 用 1 备
	40GDLF8-73	8	75	3	副泵,1 用
首二、四期 (高区)变频调速给水	69GDLF32-89	32	90	15	主泵,2 用 1 备
	32GDLF4-97	4	97	2.2	副泵,1 用
首三、五、六、七期 (低Ⅰ区)变频调速给水	65GDLF32-68	30	70	9.2	主泵,3 用 1 备
	40GDLF8-73	8	73	3	副泵,1 用
首三、五、六、七期 (低Ⅱ区)变频调速给水	65GDLF32-68	30	70	9.2	主泵,3 用 1 备
	40GDLF8-73	8	73	3	副泵,1 用
首三、五、六、七期 (高区)变频调速给水	50GDLF16-93	16	95	7.5	主泵,3 用 1 备
	32GDLF4-97	4	95	2.2	副泵,1 用

5. 生活冷水给水管材

市政区给水系统管径小于 $DN200$ 采用 PE 塑料给水管或钢塑复合压力管（PSP 管），管径大于或等于 $DN200$ 采用球墨铸铁管；加压生活给水系统（压力≤1.6MPa）管径小于或等于 $DN150$ 采用钢塑复合压力管（PSP 管）或内外衬塑钢管，管径大于 $DN150$ 采用镀锌内衬塑钢管。

室内给水主干管采用 S30408 不锈钢管，小于或等于 $DN100$ 环压连接，大于或等于 $DN125$ 沟槽连接。

室内支管（水表后）采用 PP-R 塑料给水管，热熔连接，工作压力为 0.6MPa。

（二）热水系统

1. 热水系统概况

热水采用太阳能＋燃气热水器串联供水系统。太阳能集热采用强制循环间接加热系统，配水管网采用闭式全日制集中供热系统，机械循环，循环管道采用同程布置，保证干管和立管循环，循环采用温差控制。

2. 热源

本项目十二层以下住宅、公寓建筑采用太阳能集中供热系统供应生活热水。太阳能集热器按屋顶可利用空间进行配置。

3. 系统分区

系统竖向分为 1 个区。

4. 热水管材

室内热水管采用薄壁不锈钢管，卡压式连接，工作压力为 0.6MPa。

（三）生活排水系统

1. 排水系统计算

最高日生活排水总量取给水量的 90％计，首一期排水量为 2870m³，首二、四期排水量为 3887m³，首三、五、六、七期排水量为 2150m³。

2. 排水方式

生活排水采用污废分流制，排水系统设专用伸顶通气管。地上部分重力排至室外污水、废水管网。地下部分经潜污泵强排至室外。

3. 管材

住宅靠近卧室相邻内墙的立管采用 PVC-U 双壁中空螺旋消音排水管，粘接；其他排水立管至检查井采用普通 PVC-U 排水管，粘接。

地下室埋地压力流排水管采用衬塑镀锌钢管，需做外防腐处理，采用两布三油防腐。

空调冷凝水排水管采用 PVC-U 给水管，粘接；管径大于或等于 $DN50$ 时采用 PVC-U 排水管，粘接。

（四）雨水排水系统

1. 雨水排放方式

屋面按 50 年重现期设计管道系统及溢流设施。室外地面按 3 年重现期设计室外管网。

2. 管材

重力流雨水管：机房屋顶层及裙房建筑外排水系统雨水管采用普通 PVC-U 排水管，粘接；建筑内排水系统或落水高度达到十一层及以上的雨水管采用 PVC-U 给水管及给水配件，橡胶圈接口，扩口承插连接。

室外埋地排水管管径小于或等于 $DN600$ 采用 HDPE 双壁波纹管；管径 $d600<$ 管径 $\leqslant d1500$ 采用 II 级钢筋混凝土管，外防腐采用环氧沥青，四油一布，厚度不小于 $500\mu m$（根据各区管道敷设深度及地块反盐碱措施综合确定是否需采用外防腐措施）。

（五）给水排水环境保护措施

（1）商业餐饮产生的含油污水经隔油池处理后接入市政排水管网。

（2）给水排水管道不穿越有安静要求的房间。当必须穿过时采取噪声屏蔽措施。

（3）给水设备采用低噪声设备，并设减震措施。

（4）所有水泵基础设置减震垫，水泵出口处及各压力管道干管中设金属波纹管或柔性接头，以降噪隔振，出水管止回阀采用静音式止回阀，减少噪声和防止水锤。

（5）为降低噪声、减少振动，除消防管道以外的压力管流速控制干管（大于或等于 $DN80$）在 1.8m/s 以下、支管（小于或等于 $DN50$）在 1.2m/s 以下。

二、消防系统

（一）消防系统概况

1. 消防用水量

本工程室外消防系统采用市政直供系统，室内消防系统采用临时高压系统。消防系统用水量详见表 7。

首一～首七期消防系统用水量表　　　　　　　　　　　表 7

名称	流量(L/s)	延续时间(h)	用水量(m³)	备注
室外消防系统用水量	30	2	216	市政直供
室内消防系统用水量	40	2	288	消防水池供给
自动喷水灭火系统用水量	30	1	108	消防水池供给
合计消防用水量	—	—	612	—

2. 高位消防水池容积计算

根据《消防给水及消火栓系统技术规范》GB 50974—2014，本项目首一～首七期高位消防水池有效容积取 18m³。

3. 消防泵房计算

消防泵房、室内消防水池及屋面消防水箱位置，详见表 8。

消防泵房、室内消防水池及屋面消防水箱位置表　　　　　　　　　　　表 8

地块	加压泵房	加压水池容积(m³)	稳压泵房	稳压泵房容积(m³)
首一期	G3 号地下室	396	G4 号屋顶	18
首二、首四期	109 号地下室	396	139 号屋顶	18
首三、首五、首六、首七期	152 号地下室	396	144 号屋顶	18

4. 消防水泵参数

室内消防系统泵组选型详见表 9。

室内消防系统泵组选型　　　　　　　　　　　表 9

名称	型号	流量(L/s)	扬程(m)	配套功率(kW)	备注
首一期　室内消火栓泵	XBD14.7/40-DLL	40	150	90	1用1备
首一期　自动喷水泵	XBD5.8/30-DLL	30	60	30	1用1备
首二期　室内消火栓泵	XBD10.7/40-DLL	40	105	75	1用1备
首二期　自动喷水泵	XBD5.8/30-DLL	30	60	30	1用1备
首五期　室内消火栓泵	XBD11.5/40-DLL	40	115	80	1用1备
首五期　自动喷水泵	XBD9.8/30-DLL	30	90	30	1用1备

（二）室外消火栓系统

室外消防与生活给水管网合用供水管网，管径 $DN200$，室外消火栓沿建筑周围均匀布置，室外消火栓布置间距不大于 120m，保护半径不大于 150m。

（三）室内消火栓系统

1. 设计参数

设计流量为 40L/s，火灾延续时间为 2h，管网水平布置成环状，每分区各立管顶部连通，水泵至水平环管有 2 条 DN200 的输水管，立管管径 DN100，建筑物内任何一点均有 2 股充实水柱同时到达。

2. 系统分区

室内消火栓系统竖向分为 2 个区，详见表 10。每个分区设 3 组消防水泵接合器。

室内消火栓系统竖向分区 表 10

分区名称	竖向范围	供水方式
低区	地下一层～十七层	地下室加压泵组加压后减压供水
中区	十八层～三十一层	地下室加压泵组加压供水

（四）自动喷水灭火系统

1. 设计参数

本工程地下车库按中危险级 Ⅱ 级设湿式自动喷水灭火系统，设计喷水强度为 $8.0L/(min \cdot m^2)$，作用面积为 $160m^2$，设计秒流量为 30L/s。火灾延续时间为 1h。

2. 系统分区

自动喷水灭火系统采用减压分区供水方式，由 2 条环形喷淋输水干管供到湿式报警阀前经减压后向报警阀供水。自动喷水灭火系统竖向分 1 个区，详见表 11。每个分区设 2 组喷淋水泵接合器。

自动喷水灭火系统竖向分区 表 11

分区名称	竖向范围	供水方式
低区	地下一层	地下室加压泵组加压供水

3. 喷淋泵的选择

喷淋泵选择详见表 9。

4. 报警阀、水流指示器、喷头等设置

每组湿式报警阀负担的喷洒头不超过 800 个。

自动喷水灭火系统每个防火分区或每层均设信号阀和水流指示器，水流指示器信号在消防中心显示，本系统的控制阀门均带信号指示系统。为了保证系统安全可靠，每个报警阀组的最不利喷头处设末端试水装置。每个系统分区各设 2 套消防水泵接合器。

喷头的动作温度选定：吊顶（顶棚）下的喷头 68℃；吊顶内的喷头 79℃；热交换房内的喷头 93℃。

喷头选择：不设吊顶处、通透性吊顶、净高大于 0.8m 的顶棚内采用直立型喷头，吊顶处采用带装饰性下垂型喷头，净高小于 8m 的采用快速反应喷头，净高大于 8m 的采用快速反应大水滴喷头。

（五）气体灭火系统

（1）本项目发电机房、通信机房、公变房、专变房、高压开关房、变配电房等采用七氟丙烷灭火系统。

（2）本设计系统充装压力为 2.5MPa（表压）。灭火系统的设计温度为 20℃。防护区的门应向疏散方向开启，并能自行关闭。用于疏散的门必须能从防护区内打开。

（3）系统灭火剂单位容积的充装量不应大于 $1120kg/m^3$。采用预制灭火系统时，1 个防护区的面积不宜大于 $500m^2$，且容积不宜大于 $1600m^3$。防护区应设置泄压口，并设在外墙上，其高度应大于防护区净高的

2/3。

（六）灭火器配置

本工程手提灭火器按以下配置布置：

（1）地上部分按轻危险级配置磷酸铵盐干粉灭火器 MF/ABC3（2具），保护距离为25m。

（2）地下室按中危险级配置磷酸铵盐干粉灭火器 MF/ABC4（2具），保护距离为20m。

（3）变配电房及电梯机房按中危险级配置磷酸铵盐干粉灭火器 MF/ABC5（2具），保护距离为20m。

（七）管材

室内消火栓低区及自动喷水灭火系统系统工作压力小于或等于1.20MPa时，采用内外壁热浸镀锌钢管。

室内消火栓高区系统工作压力大于1.20MPa时，采用热浸镀锌加厚钢管。管径小于或等于50mm时，采用螺纹连接；管径大于50mm时，采用沟槽式连接件连接。

埋地管道当系统工作压力不大于1.20MPa时，采用球墨铸铁管或钢丝网骨架塑料复合管给水管道；当系统工作压力大于1.20MPa且小于1.60MPa时，采用钢丝网骨架塑料复合管、加厚钢管和无缝钢管。

三、工程特点介绍

本项目为填海工程，设计过程中，场地标高复杂、海水腐蚀性强以及抗浮、不均匀沉降、海水潮汐影响等为整体设计工作带来一定的挑战，设计过程中采用以下技术措施，解决相关问题：

1. 防腐

室外管网主要采用耐腐蚀的 HDPE、PSP 等防腐管材，其余管材采用相关防腐材料保护。化粪池采用成品玻璃钢耐腐蚀化粪池。污水提升泵站采用耐盐碱性的防腐材料。

2. 防沉降

单体进/出户管、室外主干管在地下室顶板与非地下室范围的交接处，设有补偿伸缩量大于或等于1000mm的伸缩节装置保护，用于抵消覆土不均匀沉降对管道产生的破坏性剪切力。在室外管网、构筑物等底部设专用钢筋混凝土板支承固定保护。

3. 抗浮

考虑项目前期住户入住率低，化粪池等排水构筑物储水量不足，加上地下水位偏高，容易产生上浮导致连接管道断裂等情况。因此，在构筑物两侧一定间距内设钢筋混凝土支承固定，达到抗浮作用。

4. 太阳能热水系统，绿色环保

因地制宜利用海南地区的太阳能资源，十二层以下住宅及公寓采用太阳能加燃气辅助集中供热系统，绿色环保。

5. 场地面积大、竖向标高复杂

本项目用地面积为408923m²，建筑229栋、建筑面积为966529m²，室外管线异常复杂。为避免出户管与室外管线接驳过程中产生误差，导致生活排水泄漏污染海洋，特在设计中加强相关图纸的设计表达，详细标注每根出户管的管道类型、管径及标高。

6. 结合地形特点，合理选择室外排水方式

北地块充分利用自然地形重力排放，南地块通过管网收集至污水提升泵站加压排放至地块中部市政管道。南地块设污水提升泵站及加压管线，合计约2000m，其中最长管线约750m。污水提升泵站设抗浮、防腐、防沉降等措施。污水强排管线每隔50m内设专用排泥井，便于检修维护。

四、工程照片及附图

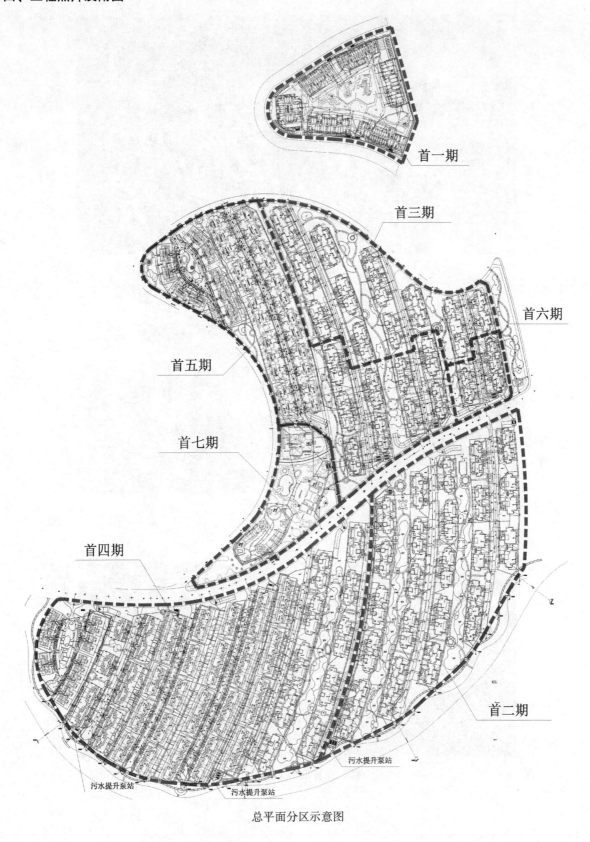

首一期

首三期

首六期

首五期

首七期

首四期

首二期

污水提升泵站

污水提升泵站

污水提升泵站

总平面分区示意图

项目实景（一）

项目实景（二）

项目实景（三）

项目实景（四）

项目实景（五）

生活泵房

消防泵房

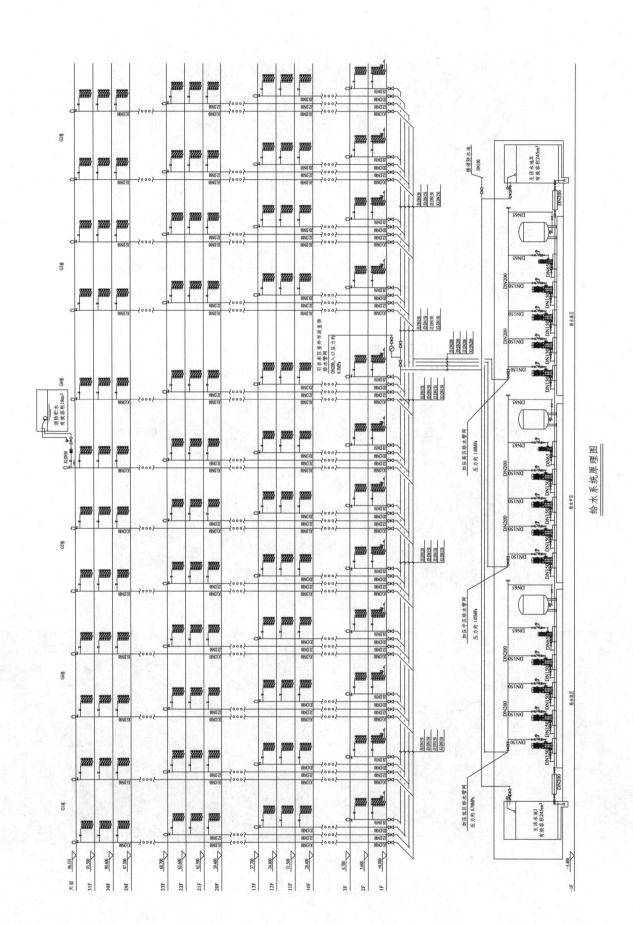

给水系统原理图

太阳能热水设计说明:

1.热水用水量计算（以下按一栋计算）

用水类别	热水定额60℃	数量	时变化系数	最高日热水量	设计小时耗热量	集热器面积	热水箱容积
住宅	60L/(人·d)	160人	2.5	9.6m³/d	155774kJ/h	114m²	9600 L

2.本项目主要热源采用太阳能，供水方式：水源—生活水池（加压泵）—承压热水箱—用水点

备用热源为燃气热水器，采用太阳能热水器和燃气热水器串联供水。

3.太阳能集热采用强制循环间接加热系统，配水管网采用闭式全日制集中供热系统，机械循环，

循环管道采用同程布置，保证干管和立管循环，循环采用温差控制。

4.设计小时耗热量：155774kJ/h，太阳能热水箱容积9600L。

5.气象参数（参照海口）海口20°02'，倾角平面全年年平均太阳辐射量13018kJ/(m²·d)。

设计太阳能集热板面积：148m²，屋面实际提供集热板面积：114m²。

平板型集热器：单片尺寸2mX1m。共57块，朝向正南，安装倾角20°，安装高度5m。

6.太阳能保证率：0.45；集热器平均集热效率：0.50；集热系统热损失率：0.20。

7.太阳能热水提供供水温度60℃，冷水计算温度17℃；系统控制要求详见热水系统图。

8.系统控制（采用温差控制）

(1)温度传感器T_1设于集热器出水最高点，T_2设于距热水箱底部约1/3处，T_3设于距水箱顶部约1/3处；

当T_1-T_2≥Δt_1，t_1取5~8℃时，太阳能工作站内集热器循环泵启动；

当T_1-T_2≤Δt_2，Δt_2取1~3℃时，太阳能工作站内集热器循环泵关闭；

当T_1、T_2均大于60℃时，太阳能工作站内集热器循环泵关闭。

当T_4<30℃时，热回水循环泵关闭。

(2)当热水回水管上水温T_5低于40℃时，热水循环及其电磁阀开启；当T_5≥55℃时，循环泵及电动阀关闭。

(3)暗地阴雨天气，热水箱水温低于温度30℃时，热水循环泵、集热循环泵均关闭，由用户自备热水器加热。

9.安装

(1)集热器放于屋面，支架高度0.50m，具体位置由甲方现场根据其保证不被建筑物遮挡的要求确定。

(2)太阳能集热器与水箱间循环管道为DN25不锈钢管，环压连接。

(3)自来水进水管和热水管采用DN20PP-R管，耐温不低于85℃。

10.防过热措施

(1)热水管道，阀门，管件采取遮阳措施。

(2)采用释放系统热水的方法来防止系统过热。

(3)热水管道，阀门，管件选用耐热材质。

(4)在系统中安装安全阀，在系统压力过高时开启。

11.太阳能集热系统由厂家深化设计，并经设计单位审核方可施工，保证设备安全运行

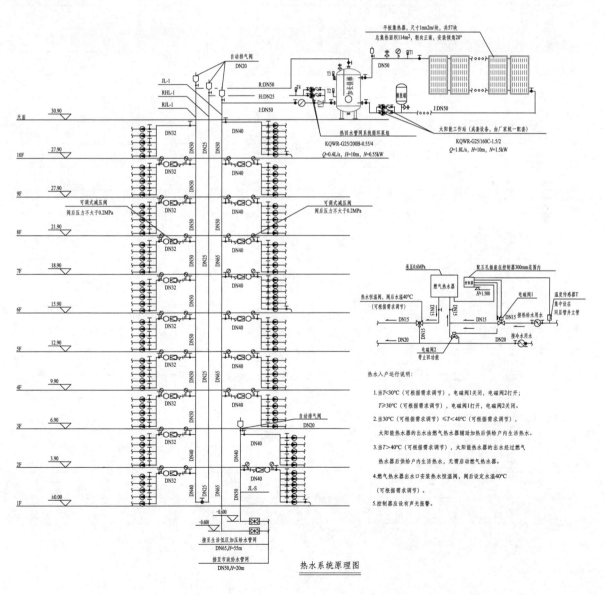

热水入户运行说明:

1.当T<30℃（可根据需求调节），电磁阀1关闭，电磁阀2打开；

T≥30℃（可根据需求调节），电磁阀1打开，电磁阀2关闭。

2.当30℃（可根据需求调节）≤T<40℃（可根据需求调节），

太阳能热水器的出水由燃气热水器辅助加热后供给户内生活热水。

3.当T>40℃（可根据需求调节），太阳能热水器的出水经过燃气

热水器后供给户内生活热水，无需启动燃气热水器。

4.燃气热水器出水口安装热水恒温阀，阀后设定水温40℃

（可根据需求调节）。

5.控制器应设有声光报警。

热水系统原理图

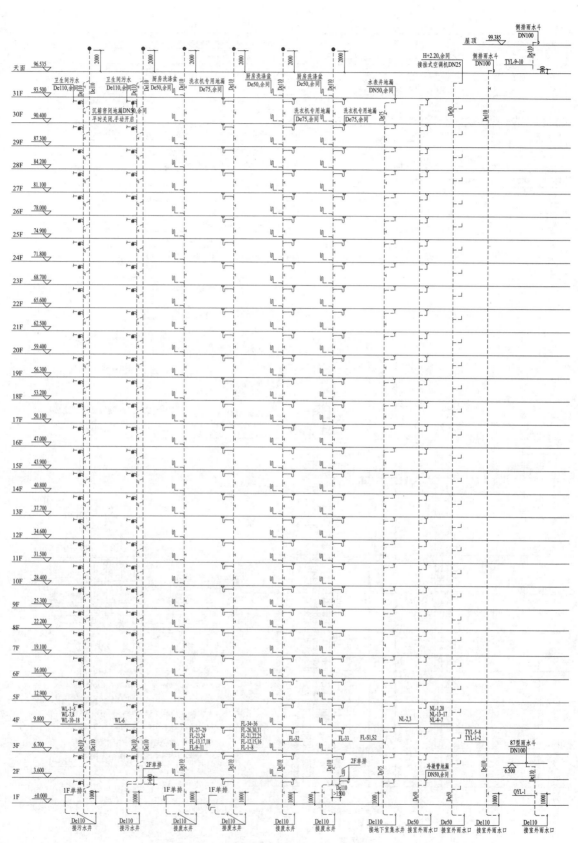

排水系统原理图

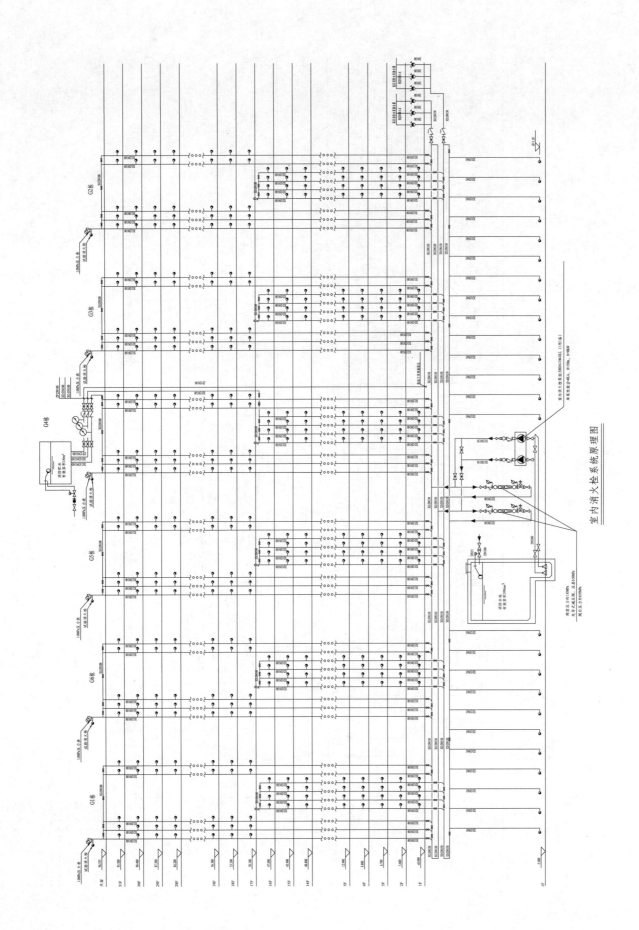

室内消火栓系统原理图

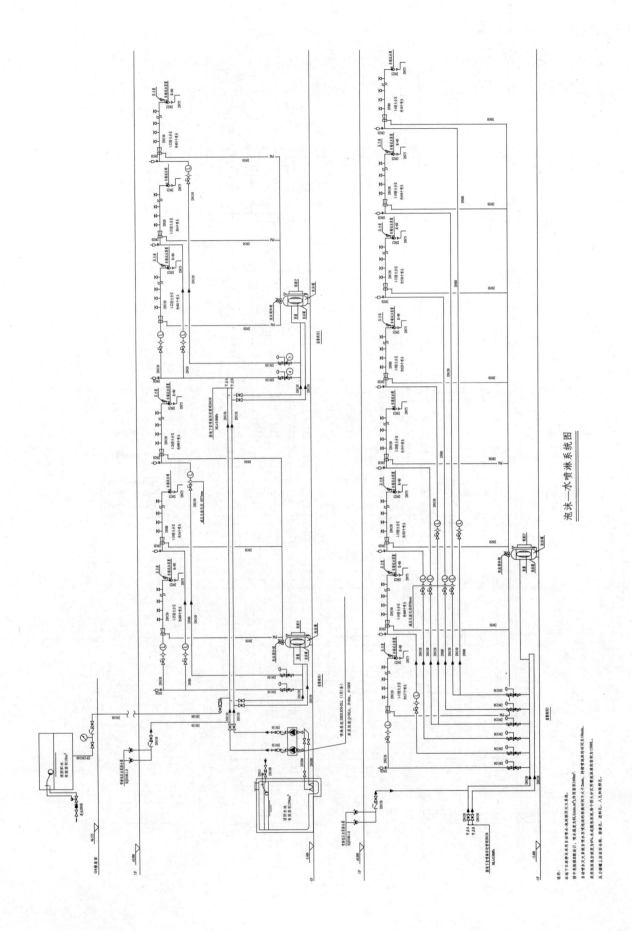

泡沫—水喷淋系统图

东港区 H06 地块项目

设计单位： 中国建筑东北设计研究院有限公司
设 计 人： 赵金文　赵磊　刘永健　周陶然　耿汉霖　金鹏
获奖情况： 居住建筑类　三等奖

工程概况：

东港区 H06 地块项目位于大连中山区东港新城区，地块北侧为 20m 城市绿带和 45m 城市快速路，北侧地块规划有多层商业和沿海景观带，无高层建筑遮挡视线，具有极佳的景观资源，南侧为区域主干道港兴路，与其平行的南侧道路地下未来规划有地铁 2 号线二阶段工程，用地西侧有在建高层住宅，东侧和南侧地块目前处于规划中，暂无高层建筑在建。

项目规划总用地面积为 40400m²，总建筑面积为 182508m²，建设内容包括：4 栋住宅楼，6 栋商业公建，1 栋银行办公楼（二期工程），并配套建有地下设备间及地下停车场，其中住宅建筑面积 112480m²，办公建筑面积 20000m²（二期工程，不在本文本范围），商业建筑面积 12000m²，配套公建建筑面积 3950m²，地下设备用房建筑面积 1050m²，地下停车场面积 33028m²。

住宅、商业、公租房均采用 Artdeco 风格，强调竖向线条和挺拔感。利用石材和玻璃材质互相穿插、组合，体现富有一定现代感的简洁之美。2 栋超高层住宅以环抱庭院的姿势水平延展，获得良好的庭院景观的同时，拥有无敌海景。

1、2 号楼均为超高层建筑，1 号楼 51 层，2 号楼 52 层，首层为住宅大堂及配套公共建筑，二层及以上均为住宅，部分为哈尔滨银行职工订购产品，剩余 1/3 为对外销售住宅；

3 号楼为高层住宅，24 层，底部 2 层为商业网点，三层及以上为住宅；

4 号楼为商住楼，是政府规定的租赁房项目，24 层，底部 3 层为配套公建，四层及以上为政府限价廉租房；

6-11 号楼为沿街独栋商业，3 层，单体建筑面积在 1100~1400m² 之间；

5 号楼为本项目二期工程，使用性质为银行办公楼，主体已随一期工程完成，内部功能分区尚未进行详细设计，竣工时间为 2019 年末；

本项目包括 1、2 号超高层住宅（51 层）和 3、4 号高层公建（24 层）、6 栋独立多层小公建以及 12 号地下室，设给水系统、热水系统、污/废水系统、雨水系统、室内/外消火栓系统、自动喷水灭火系统、气体灭火系统以及灭火器配置。

工程说明：

一、给水排水系统

（一）给水系统

1. 生活用水量

本工程最高日生活用水量为 $602.7\mathrm{m^3/d}$，最大时生活用水量为 $59.7\mathrm{m^3/h}$。

2. 水源

本工程生活给水水源由城市自来水供水管网，从市政给水管网引入 1 根 $DN200$ 给水管，供应本工程生活、室内/外消防用水，市政给水水压为 0.25MPa。

3. 系统竖向分区

本项目六层以下由市政自来水管直接供水，其余楼层由加压供水泵组分区供水，住宅和配套公共建筑分别设置给水泵房，住宅设 6 个给水分区，配套公共建筑设 4 个给水分区，根据不同的用水性质，设置给水计量。系统分区以 1 号楼、3 号楼为代表，见表 1、表 2。

1 号楼生活给水分区表   表 1

序号	分区	楼层	分区顶层地面标高(m)	各分区竖向高差(m)	供水方式
6	加压 5	四十三层～五十一层	161.250	28.350	变频机组
5	加压 4	三十四层～四十二层	132.900	28.350	变频机组
4	加压 3	二十五层～三十三层	104.550	28.350	变频机组
3	加压 2	十六层～二十四层	76.200	28.350	变频机组
2	加压 1	七层～十五层	47.850	28.350	变频机组
1	直供	一层～六层	19.500	19.500	市政直供

3 号楼生活给水分区表   表 2

序号	分区	楼层	分区顶层地面标高(m)	各分区竖向高差(m)	供水方式
4	加压 3	二十一层～二十四层	87.500	14.400	变频机组
3	加压 2	十四层～二十层	73.100	25.200	变频机组
2	加压 1	六层～十三层	47.900	28.800	变频机组
1	直供	一层～五层	19.100	19.100	市政直供

4. 供水分区及给水加压设备

本工程采用无负压供水系统，二次加压泵房设于地下室西北角，泵房内设置 $D1020\mathrm{mm}\times10\mathrm{m}$ 压力罐体 1 座，供水泵组 5 套。每组无负压变频泵组由 3 台水泵（2 用 1 备）、智能变频柜组成。

给水加压 1 区泵组，流量为 9.0L/s，扬程为 75m，单泵功率为 11kW，供水泵 2 用 1 备，变频电机，机组配备减振台，减振台与基础之间采用阻尼弹簧减振器连接。

给水加压 2 区泵组，流量为 8.5L/s，扬程为 105m，单泵功率为 15kW，供水泵 2 用 1 备，变频电机，机组配备减振台，减振台与基础之间采用阻尼弹簧减振器连接。

给水加压 3 区泵组，流量为 8.0L/s，扬程为 135m，单泵功率为 15kW，供水泵 2 用 1 备，变频电机，机组配备减振台，减振台与基础之间采用阻尼弹簧减振器连接。

给水加压 4 区泵组，流量为 6.5L/s，扬程为 160m，单泵功率为 15kW，供水泵 2 用 1 备，变频电机，机组配备减振台，减振台与基础之间采用阻尼弹簧减振器连接。

给水加压 5 区泵组，流量为 6.5L/s，扬程为 190m，单泵功率为 15kW，供水泵 2 用 1 备，变频电机，机组配备减振台，减振台与基础之间采用阻尼弹簧减振器连接。

5. 管材

生活给水管采用 S30408 薄壁不锈钢管，$DN15 \sim DN100$ 为卡压连接，$DN100$ 以上为沟槽式卡箍连接；埋地及埋墙暗装管道、穿过土建预留洞口及其他与土建墙体接触的管道均需采用 PE 覆塑 S30408 不锈钢管，管件缠专用防腐胶带。管件壁厚须选用国标 D 型 I 系列。

（二）排水系统

1. 排水系统的型式

本工程排水采用污废合流制。室内 ±0.000 以上污/废水重力流排出室外，±0.000 以下污水采用专用提升设备排至室外；废水设置集水坑及潜水泵提升排至室外。

生活污/废水均经化粪池处理后，排入室外市政排水管。公共餐饮排水经机械隔油设备处理后，提升排至室外。

屋面雨水系统采用内排水形式，设计重现期为 10 年，地下室车道雨水排水系统的排水能力不小于 50 年雨水重现期雨水量。

2. 通气管设置方式

卫生间和厨房系统设置专用通气立管。

3. 管材

污水管管材：住宅主立管、管井废水排水管、商业排水管采用柔性接口机制排水铸铁管，出屋面部分延用立管管材，污水立管与通气立管之间为斜 H 专用连接件，每 2 层设置一个，卫生间横管采用 HDPE 塑料管，热熔连接；住宅排水横干管即出户采用离心柔性抗震铸铁管。

雨水管管材：公寓及住宅高层雨水管材采用涂塑钢管，卡箍连接；钢管基材：超高层地下一层～十八层采用加厚钢管裙房，十八层以上为普通镀锌钢管。空调凝结水采用 HDPE，热熔连接，塑料管材立管每层设伸缩节，水平管道 4m 设一个伸缩节。

二、消防系统

本工程合用 1 套消防系统，按一类超高层建筑设计。

消防用水接自地下室消防水池及泵房，水池贮存室外消火栓（30L/s）3h 用水量，室内消火栓（40L/s）3h 用水量，湿式自动喷水灭火系统（45L/s）1h 用水量，有效容积为 940m³，泵房设室外消火栓泵 1 组，室内消火栓泵 1 组（减压分为高、中、低区），喷淋泵 1 组（减压分为高、低区），每组水泵 2 台，1 用 1 备；设室外消火栓增压稳压设备 1 套。高位消防水箱间位于 1 号楼屋顶，水箱有效容积为 36m³，水箱间设室内消火栓、自动喷洒增压稳压设备各 1 套。

（一）室内消火栓系统

1. 消防用水量

室内消火栓系统用水量为 40L/s，火灾持续时间为 3h。

2. 系统设计

室内消火栓系统分 3 个区。八层以下为低区，九层～三十层为中区，三十一层～顶层为高区。为防止消火栓栓口动压大于 0.5MPa，高低区超压楼层采用减压稳压消火栓，栓口压力调至 0.3MPa。消火栓入口处设 3 套地下式消防水泵接合器。水泵接合器直接接入地下室本区环网。

消防高位水箱间设稳压罐 1 个和增压泵 2 台（1 备 1 用）以满足高区顶部几层的消防给水压力的不足。稳压装置稳压泵的压力控制是由安装在稳压罐上的电接点压力表实现的。稳压泵与消火栓泵联动，当消火栓泵启动后，稳压泵应停止运行。稳压管接入地下室高区环管；中区、低区由高位消防水箱引出 2 根 DN100 管道于地下一层减压后分别接入地下室低区、中区消防环管。

室内消火栓箱内设 SN65 消火栓 1 个，DN65×25m 衬胶水带 1 条（挂置式），Φ19 水枪 1 支，消防软管卷盘 1 套。

消火栓栓口动压大于 0.5MPa 时采用减压稳压消火栓，按上述原则，一层～五层，十二层～十七层，二十五层～三十五层采用减压稳压消火栓。

（二）室外消火栓系统

1. 消防用水量

室外消火栓系统用水量为 40L/s，火灾持续时间为 3h。

2. 系统设计

室外消防用水由设于地下室消防泵房中的室外消防泵及稳压设备提供，在项目用地内形成 DN150 环网。室外消火栓设置间距不大于 120m，保护半径为 150m。

（三）自动喷水灭火系统

1. 设置范围

本工程各单体均设置自动喷水灭火系统。

2. 设计参数

本工程采用湿式自动喷水灭火系统，地下车库采用闭式自动喷水—泡沫联用系统。湿式系统自动喷水至泡沫的转换时间，按 4L/s 流量计算，不大于 3min；泡沫比例混合器按 3% 计；持续喷泡沫的时间大于 10min。采用水成膜低倍泡沫液，设置隔膜式泡沫液贮罐。

地下车库系统火灾危险等级为中危险级 Ⅱ 级，喷水强度为 8L/(s·m²)，地上区域按中危险级 Ⅰ 级，喷水强度为 6L/(s·m²)，作用面积为 160m²，持续喷水时间为 1h。

3. 系统设计

本工程自动喷水灭火系统分 2 个区：二十六层以下为低区，二十七层～顶层为高区。低区分别接自地下车库报警阀间，高区报警阀设置于机房层报警阀间内。水泵接合器设置于地下室，水泵接合器直接接入报警阀前环网。高区由 1 号楼屋顶机房层消防高位水箱及稳压设施供水，接入设备层高区主干管；低区由高位消防水箱引出 1 根 DN100 管道于地下一层减压后分别接入地下室低区自动喷洒干管。

4. 水喷雾灭火系统

本工程柴油发电机房采用水喷雾灭火系统。

水喷雾喷头的工作压力不应小于 0.35MPa，灭火系统的响应时间不应大于 45s。

保护储罐的水喷雾喷头距储罐外壁之间不应大于 0.70m。

雨淋阀由电控信号控制开启，系统设自动控制、手动控制和应急操作 3 种控制方式。

水喷雾喷头流量系数为 33.7，喷射角度为 90°，有效距离为 2.5m，工作压力为 0.35～0.8MPa。

（四）气体灭火系统

变电亭、变电所、配电室、开闭站设置七氟丙烷预制灭火系统。系统采用全淹没灭火方式，设计灭火浓度为 9%，喷射时间不大于 10s，采用自动控制、手动控制和应急操作 3 种启动方式。

（五）建筑灭火器配置

本工程地下车库灭火器按严重危险级 B 类进行设计，强弱电房间按中危险级 E 类进行设计，灭火器采用每具充装量为 5kg 手提贮压式磷酸铵盐干粉灭火器。地上高层建筑按按严重危险级 A 类进行设计，灭火器采用每具充装量为 5kg 的手提贮压式磷酸铵盐干粉灭火器。其他地上多层建筑按中危险级 A 类火灾进行配置设计，灭火器采用每具充装量为 3kg 手提贮压式磷酸铵盐干粉灭火器。

三、工程特点介绍

(一) 给水系统

采用市政给水管网直接供水与无负压变频供水泵组分区供水相结合的给水系统，系统不设置给水水箱和转输泵，地上不需设置给水加压泵。整个给水系统具有以下特点：

（1）避免设置给水水箱造成潜在的水质污染隐患，并减少系统运维工作量。

（2）避免设在避难层的给水转输泵运转噪声对所在位置上下层住户造成影响。

（3）无负压供水泵组可充分利用市政水压，增加节能效果。

(二) 排水系统

采用设置专用通气立管的排水系统，卫生间采用同层排水形式。排水系统具有以下特点：

（1）设置专用通气立管可以提升系统排水能力，提高水封安全性。

（2）排水铸铁管可降低排水噪声，提高系统耐久性。

（3）同层排水形式可提高用户装修自由度，减少上下层交叉施工影响。

(三) 消防系统

本项目最高单体 163m，在满足规范要求条件下，不设置中间转输，由地下一层消防泵房直接供水，通过减压阀组进行分区。系统具有以下特点：

（1）采用减压阀组分区，降低系统复杂程度和泵组数量，简化系统维护工作量。

（2）避免设置中间转输泵房可避免水泵运转噪声对所在位置上下层住户造成影响。

四、工程照片及附图

项目实景

南侧实景

东北侧实景

小区景观

景观水景

沿街商业实景

项目沙盘

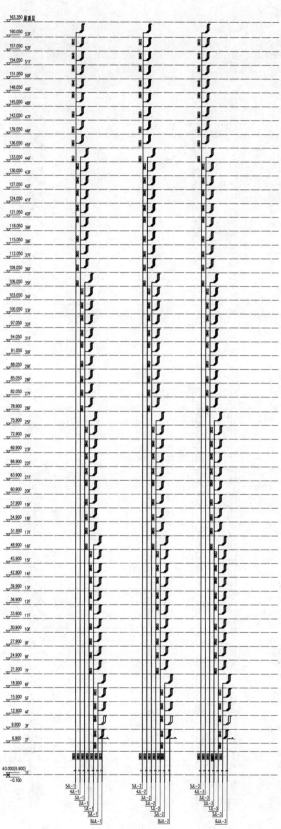

给水系统轴测示意图

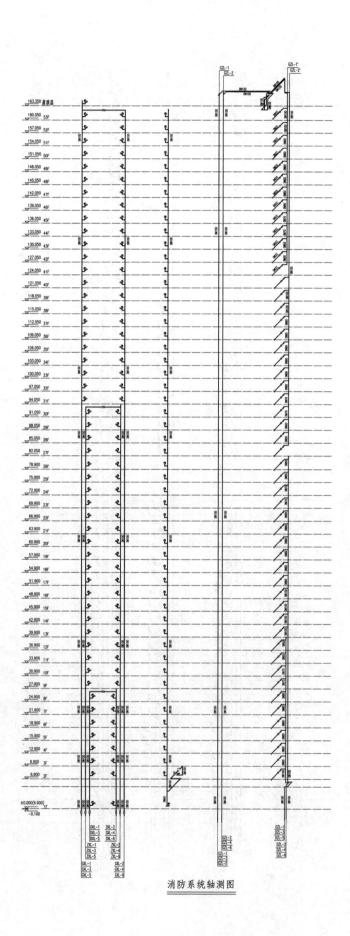

消防系统轴测图

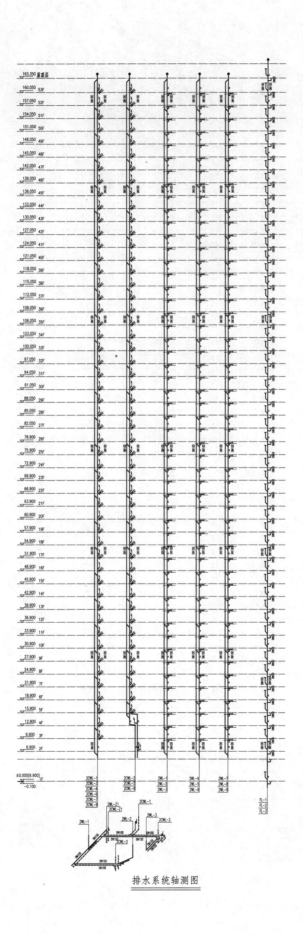

排水系统轴测图

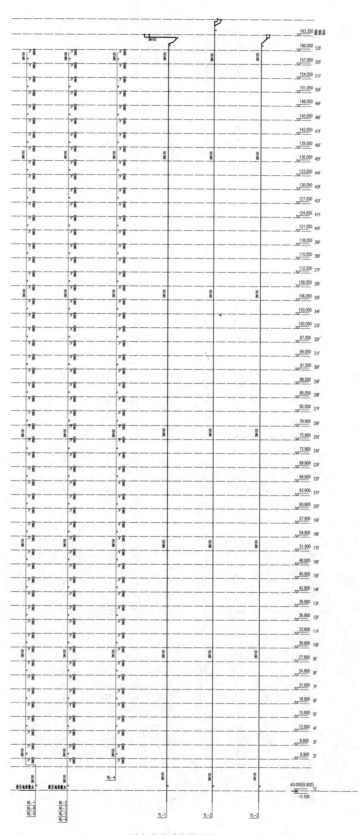

雨水废水系统轴测图

广州市萝岗区 KXC-P4-4 地块线坑村改造项目

设计单位：广东省建筑设计研究院有限公司
作　者：徐巍　叶志良　李建俊
获奖情况：居住建筑类　三等奖

工程概况：

广州市萝岗区 KXC-P4-4 地块线坑村改造项目为新建的商业住宅小区工程，建设地点位于广州市萝岗中心城区，东侧临 42m 规划路，西侧临萝岗区政府，南侧临香雪大道，北侧为善坑顶山。景观良好，地理位置优越，为营造高档、舒适的住宅小区提供了良好用地条件。用地为山地地形，高差大，场地内最大高差约 20m。

本工程由融资区和回迁区组成，总建筑面积为 419392m²，其中地上 310339m²，地下 109053m²。地上 31 层，地下 4 层，建筑总高度为 99.9m。本工程为分期建设，首期包含回迁区全部〔由 C1～C9 等 9 栋住宅、C11 幼儿园、C12（3 层的商业裙房）、C13 公共活动中心、C14（1 层的裙房生鲜超市）〕组成及融资区的 A1、A8～A10、A12、A13 6 栋住宅，A15 会所及相应的裙房，地下室；二期包含 A2～A7、A14 7 栋住宅及相应的地下室；三期包含 B3～B5 及相应的地下室；四期包含 A11、B1、B2、A16 及相应的地下室。

工程说明：

一、给水排水系统

（一）室外给水系统

1. 水源

本项目生活及消防水源为市政水源，融资区市政供水分别从香雪大道 2 个市政供水接口接入，接入管管径均为 DN200。市政供水压力为 0.20MPa。回迁区市政供水分别从香雪大道和东侧规划路市政供水接口接入，接入管管径均为 DN200。市政供水压力为 0.20MPa。

2. 计量

给水引入设总计量装置，按裙楼商业、住宅、社区服务等各功能分区分别设总计量水表；商业按末端点位设计量，其他如绿化、冷却、消防补水等均设单独计量。小区市政总表为普通计量水表，小区内分户计量水表均采用远传计量方式。

（二）室内给水系统（冷水）

1. 生活用水量（见表 1、表 2）

融资区用水量 表 1

序号	用水单位名称	用水定额 [L/(人·d)]	单位数量（人）	用水时数（h）	小时变化系数 K	最大时用水量(m³/h)	最高日用水量(m³/d)
1	A1 栋住宅	300	1260	24	2.5	39.4	378.0

续表

序号	用水单位名称	用水定额 [L/(人·d)]	单位数量（人）	用水时数（h）	小时变化系数 K	最大时用水量（m³/h）	最高日用水量（m³/d）
2	A2 栋住宅	300	224	24	2.5	7.0	67.2
3	A3 栋住宅	300	224	24	2.5	7.0	67.2
4	小计					53.4	512.4
5	C10 栋住宅	300	378	24	2.5	11.8	113.4
6	A4 栋住宅	300	263	24	2.5	8.2	78.8
7	A5 栋住宅	300	263	24	2.5	8.2	78.8
8	A6 栋住宅	300	284	24	2.5	8.9	85.1
9	A7 栋住宅	300	284	24	2.5	8.9	85.1
10	小计					45.9	441.0
11	A8 栋住宅	300	294	24	2.5	9.2	88.2
12	A9 栋住宅	300	294	24	2.5	9.2	88.2
13	A10 栋住宅	300	243	24	2.5	7.6	72.9
14	A11 栋住宅	300	243	24	2.5	7.6	72.9
15	A12 栋住宅	300	238	24	2.5	7.4	71.4
16	A13 栋住宅	300	238	24	2.5	7.4	71.4
17	小计					48.4	465
18	B1 栋住宅	300	243	24	2.5	7.6	72.9
19	B2 栋住宅	300	207	24	2.5	6.5	62.1
20	B3 栋住宅	300	182	24	2.5	5.7	54.6
21	B4 栋住宅	300	182	24	2.5	5.7	54.6
22	B5 栋住宅	300	238	24	2.5	7.4	71.4
23	小计					32.9	315.6
24	C15 商业	8L/(m²·d)	1500m²	12	1.5	0.8	12.0
25	C16 商业	8L/(m²·d)	1000m³	12	1.5	0.5	8.0
26	泳池、水景补水	取水池容积的5%	50m³	10	1.0	2.1	50.0
27	商业	8L/(m²·d)	5500m²	12	1.5	2.8	44.0
28	餐饮	60L/人次	2000 人次	10	1.5	15.0	120.0
29	停车库	3L/(m²·次)	38120m²	10	1.0	4.8	114.4
30	绿化	3L/(m²·d)	34000m²	8	2.0	8.5	102.0
31	未预见用水量	取上述之和的10%				32.2	327.7
32	合计					247.2	2512.0

综上所述，融资区用水量为 2512m³/d，最高日最高时用水量为 247m³/h。

回迁区用水量 表2

序号	用水单位名称	用水定额 [L/(人·d)]	单位数量（人）	用水时数（h）	小时变化系数 K	最大时用水量（m³/h）	最高日用水量（m³/d）
1	C1 栋住宅	300	378	24	2.5	11.8	113.4
2	C2 栋住宅	300	420	24	2.5	13.1	126.0
3	C3 栋住宅	300	462	24	2.5	14.4	138.6

续表

序号	用水单位名称	用水定额 [L/(人·d)]	单位数量 (人)	用水时数 (h)	小时变化系数 K	最大时用水量 (m³/h)	最高日用水量 (m³/d)
4	小计					39.4	378.0
5	C4 栋住宅	300	441	24	2.5	13.8	132.3
6	C5 栋住宅	300	441	24	2.5	13.8	132.3
7	C6 栋住宅	300	350	24	2.5	10.9	105.0
8	C7 栋住宅	300	437.5	24	2.5	13.7	131.3
9	C8 栋住宅	300	315	24	2.5	9.8	94.5
10	C9 栋住宅	300	315	24	2.5	9.8	94.5
11	小计					71.9	689.9
12	祠堂	8L/(m²·d)	880m²	10	1.5	0.9	7.0
13	餐饮	60L/人次	2000 人次	10	1.5	15.0	120.0
14	生鲜超市	8L/(m²·d)	1000m²	10	1.5	1.0	8.0
15	一层~三层商业	8L/(m²·d)	14500m²	12	1.5	8.2	116.0
16	幼儿园	50	420	10	2.0	4.2	21.0
17	停车库	3L/(m²·次)	23260m²	10	1.0	7.0	69.8
18	绿化	3L/(m²·d)	16000m²	8	2.0	12.0	48.0
19	未预见用水量	取上述之和的 10%				24.9	218.7
20	合计					190.7	1676.3

综合所述，回迁区用水量为 1676m³/d，最高日最高时用水量为 191m³/h。

2. 给水系统分区

本项目生活给水系统根据分期建设营销节点（见图 1）、平面区位、功能及建筑物楼层几何高度情况结合经济性共设置 6 个供水单元。

图 1　分期建设营销节点示意图

注：1. 以上图中数字代表分期销售次序。

2. 公寓分成 3 批次进行推售，分别与二期、三期进行搭配销售，二期销售期间消化 2 个批次的公寓，三期消化 1 个批次。

3. 回迁区为独立批次。

（1）公寓（融资区 A1~A3 栋）

本区生活给水采用市政直供及水箱水泵加压供水 2 种供水方式，其分区如下：

第1分区：地下室～一层，由市政给水管网直接供水。

第2分区：A1栋：三层～十一层，由低区生活变频泵组加压供水。

A2～A3栋：二层～九层，由低区生活变频泵组加压供水。

第3分区：A1栋：十二层～二十二层，由中区生活变频泵组加压供水。

A2～A3栋：十层～十七层，由中区生活变频泵组加压供水。

第4分区：二十三层～三十一层，由高区给水变频泵组加压供水。

（2）一期、二期（融资区A4～A7、C10栋）

本区生活给水采用市政直供及水箱水泵加压供水2种供水方式，分区如下：

第1分区：地下室～一层，由市政给水管网直接供水。

第2分区：A4～A5栋：二层～十一层，由低区生活变频泵组加压供水。

A6～A7栋：二层～十层，由低区生活变频泵组加压供水。

C10栋：二层～十三层，由低区生活变频泵组加压供水。

第3分区：A4～A5栋：十二层～二十层，由中区生活变频泵组加压供水。

A6～A7栋：十一层～十九层，由中区生活变频泵组加压供水。

C10栋：十四层～二十二层，由中区生活变频泵组加压供水。

第4分区：A4～A5栋：二十一层～二十六层，由高区生活变频泵组加压供水。

A6～A7栋：二十层～二十八层，由高区生活变频泵组加压供水。

C10栋：二十三层～二十八层，由高区生活变频泵组加压供水。

（3）三期（融资区A8～A13栋）

本区生活给水采用市政直供及水箱水泵加压供水2种供水方式，分区如下：

第1分区：地下室～一层，由市政给水管网直接供水，市政给水水压约为0.20MPa。

第2分区：A8～A11栋：二层～十层，由低区生活变频泵组加压供水。

A12～A13栋：二层～十三层，由低区生活变频泵组加压供水。

第3分区：A8～A9栋：十一层～十九层，由中区生活变频泵组加压供水。

A10栋：十一层～十八层，由高区生活变频泵组加压供水。

A11栋：十二层～二十层，由中区生活变频泵组加压供水。

A12～A13栋：十四层～十八层，由中区生活变频泵组加压供水。

第4分区：A8～A9栋：二十层～二十九层，由高区生活变频泵组加压供水。

A10栋：十九层～二十九层，由高区生活变频泵组加压供水。

A11栋：二十一层～二十八层，由高区生活变频泵组加压供水。

（4）四期（融资区B1～B5栋）

本区生活给水采用市政直供及水箱水泵加压供水两种供水方式，分区如下：

第1分区：地下室～一层，由市政给水管网直接供水。

第2分区：二层～十四层，由低区生活变频泵组加压供水。

第3分区：十五层～二十八层，由高区生活变频泵组加压供水。

（5）回迁区一期（C1～C3栋）

本区生活给水采用市政直供及水箱水泵加压供水2种供水方式，分区如下：

第1分区：地下室～一层，由市政给水管网直接供水。

第2分区：二层～十五层，由低区生活变频泵组加压供水。

第3分区：十六层～二十六层，由高区生活变频泵组加压供水。

（6）回迁区二期（C4～C9 栋）

本区生活给水采用市政直供及水箱水泵加压供水 2 种供水方式，分区如下：

第 1 分区：地下室～一层，由市政给水管网直接供水。

第 2 分区：二层～十一层，由低区生活变频泵组加压供水。

第 3 分区：十二层～二十二层，由中区生活变频泵组加压供水。

第 4 分区：二十三层～三十一层，由高区生活变频泵组加压供水。

3. 给水加压设备

各供水单元内的商业、住宅分设加压供水设备；各加压供水单元均在分期的地下室设置生活调节水箱及泵房，水箱有效容积根据服务范围最高日用水量的 20% 计算储存，每个泵房生活水箱均分 2 格（或 2 个）设置，方便检修、维护；所有生活加压供水设备均采用变频泵组，配隔膜式气压罐，水泵设减震措施。

4. 管材

室外生活给水管均采用衬塑钢管，大于 $DN100$ 时采用法兰连接；小于或等于 $DN100$ 时采用丝扣连接，管道公称压力为 1.0MPa；室内生活给水干管采用钢塑复合压力管；给水支管采用 S30408 不锈钢管。

（三）室内热水系统

本工程采用燃气热水器，安装在厨房或阳台的墙壁上。燃气热水器必须有保证使用安全的装置。严禁在浴室内直接排气式燃气热水器等在使用空间内积聚有害气体的加热设备。

（四）生活排水系统

1. 市政条件

小区南面的香雪大道有规划排水管道，区内废水采用分散、就近排放的原则，分别接入附近的市政污水管。

2. 排水系统型式

室外排水采用雨污分流制；污废分流制；室内排水采用污废分流制，地上部分为重力排水，地下及无法重力排放部分则采用压力排水系统。

生活污水经化粪池处理达标后排放。区内废水采用分散、就近排放的原则，分别接入附近的污/废水管。污水干管沿道路布置，行车道路上管道最小覆土不小于 0.7m。公共餐饮厨房排水经隔油处理后排入区内污水管网。

3. 局部污水处理设施

商业餐饮废水经隔油器处理后，排至市政污水管网。卫生间污水经化粪池处理后，通过室外污水管道，排至市政污水管网。根据各建筑物的位置、污水量及小区室外规划，本小区共设置了若干个三级化粪池，其公厕、商业部分化粪池单独设置，不与住宅楼的化粪池共用。

4. 管材

室外排水管小于 $DN500$ 时采用 PVC-U 双壁波纹管，承插式橡胶圈密封接口；大于 $DN500$ 时采用承插式钢筋混凝土管，橡胶圈密封接口。室内重力自流管采用机制排水铸铁管，内外壁涂环氧树脂。

（五）雨水排水系统

1. 市政条件

小区南面的香雪大道有规划市政雨水管道，两个区雨水由就近原则排入市政路雨水管道。

2. 排水系统型式

区内的雨水经建筑雨水立管收集后，排入区内排水主管。本区雨水管管径为 $D300～D600$。管道起点埋深不小于 1.0m。根据建筑物周边的市政排水情况，采用就近原则接入周边道路的市政雨水管网。

3. 设计重现期

屋面雨水排水系统降雨设计重现期 $P＝10$ 年，降雨历时为 5min。雨水斗和溢流口总排水能力按 50 年重现期设计。车库坡道、下沉广场位置雨水排水系统降雨设计重现期 $P=50$ 年，降雨历时为 5min。室外降雨设计重现期 $P=5$ 年，降雨历时为 10min。

4. 管材

室外排水小于或等于 $DN500$ 时采用 PVC-U 双壁波纹管，承插式橡胶圈密封接口；大于 $DN500$ 时采用承插式钢筋混凝土管，橡胶圈密封接口。室内重力自流管采用承压 PVC 排水管，溶剂粘接。

二、消防系统

(一) 消防水源

本项目生活及消防水源为市政水源，融资区市政供水分别从香雪大道 2 个市政供水接口接入，接入管管径均为 $DN200$。市政供水压力为 0.20MPa。回迁区市政供水分别从香雪大道和东侧规划路市政供水接口接入，接入管管径均为 $DN200$。市政供水压力为 0.20MPa。

室内消防给水融资区共用消防水池及加压设备。在 A8 栋地下一层集中设置消防水池，消防水池总容积为 600m³（水池分 2 格），在 A10 栋最高层屋面设 1 个 18m³ 消防水箱。

室内消防给水回迁区共用消防水池及加压设备。在回迁区 C6 栋地下一层集中设置消防水池，消防水池总容积为 600m³（水池分 2 格），在 C9 栋最高层屋面设 1 个 18m³ 消防水箱。

(二) 消防水量

(1) 纯住宅（无裙房）属一类高层建筑，其消防用水量见表 3。

住宅（无裙房）消防用水量   表 3

名称	流量(L/s)	延续时间(h)	水量(m³)	备注
室外消防系统用水量	30	2	288	由城市管网供给
室内消防系统用水量	40	2	216	由消防水池供给自动喷水灭火系统用于地下车库
自动喷水灭火系统用水量	45	1	162	
总计			666	

(2) 住宅含商业裙房区属一类综合楼建筑，其消防用水量见表 4。

住宅（含商业裙房）消防用水量   表 4

名称	流量(L/s)	延续时间(h)	水量(m³)	备注
室外消防系统用水量	30	3	324	由城市管网供给
室内消防系统用水量	40	3	432	由消防水池供给
自动喷水灭火系统用水量	45	1	162	
总计			918	

(3) 祠堂、幼儿园部分属民用建筑，其消防用水量见表 5。

祠堂、幼儿园消防用水量   表 5

名称	流量(L/s)	延续时间(h)	水量(m³)	备注
室外消防系统用水量	25	2	180	由城市管网供给
室内消防系统用水量	15	2	108	由消防水池供给
总计			288	

(三) 室外消防设施

由于本工程所处区域周边有完善的环形市政给水管网，而且由 2 路市政给水水源接入，供水安全可靠，可满足室外消防用水的要求，因此，室外消防用水由市政给水管网供给，小区室外消火栓管网沿建筑物周边敷设成环，并沿途布置室外消火栓，室外消火栓布置间距小于 120m。

(四) 室内消火栓系统

采用临时高压制消火栓灭火系统。

1. 竖向分区

室内消火栓系统按静水压不超过 1.0MPa 的原则进行竖向分区，当栓口出水动压力超过 $50mH_2O$ 时，采用减压稳压型消火栓。

(1) 融资区分区

低区：地下四层～十八层，由低区管网经减压阀减压后供水。

高区：十九层～三十一层，由消火栓泵直接加压供水。

(2) 回迁区分区

低区：地下一层～十一层，由低区管网经减压阀减压后供水。

高区：十二层～三十一层，由消火栓泵直接加压供水。

2. 系统布置

系统管网水平布置成环状，水泵至水平环管有 2 条输水管；各消火栓立管顶部连通，立管管径为 $DN100$，立管设置保证建筑物内任何一点均有 2 股消防水柱同时到达。

(五) 自动喷水灭火系统

采用临时高压制自动喷水灭火系统。

1. 竖向分区

仅裙房商业及地下室设置自动喷水灭火系统，竖向为 1 个分区。

2. 系统布置

除小于 $5m^2$ 的卫生间、楼梯间等不易引起大火的房间及不宜用水扑救灭火的房间外，均设置自动喷水灭火系统。

停车场按中危险级 II 级进行设计，喷水强度为 $8L/(min \cdot m^2)$，作用面积为 $160m^2$；其他区域按中危险级 I 级考虑，喷水强度为 $6L/(min \cdot m^2)$，作用面积为 $160m^2$。考虑机械停车情况，设计系统用水量为 45L/s，延续时间为 1h。

3. 喷头选型

设置喷头区域均采用快速响应喷头。有顶棚吊顶的下向型喷头；高度大于 800mm 的顶棚内设上向喷头。厨房喷头动作温度为 93℃，顶棚内动作温度为 79℃，其余喷头动作温度为 68℃。

(六) 气体灭火系统

本工程的开关房、地下室柴油发电机房、变配电房、通信机房采用七氟丙烷气体灭火系统，灭火设计浓度为 9%；通信机房等弱电机房防护区，灭火设计浓度为 8%。

一个组合分配系统所保护的防护区不应超过 8 个，组合分配系统的灭火剂储存量应按储存量最大的防护区确定。单个面积较小的电气机房设置柜式气体灭火设备。

(七) 厨房设备灭火装置

公共厨房灶台上方烟罩处加设化学（ANSUL）灭火系统。该系统属于洁净无毒的湿化学灭火系统，使用专门应用于厨房火灾的低 pH 的水溶性钾盐灭火剂。其系统由系统控制组件、药剂储罐、探测器、手拉启动器、喷放装置、驱动气体及附件等组成。

(八) 灭火器配置

(1) 变配电房等处按 E 类火灾，中危险级，每处灭火器配置点安装 MFT/ABC20 推车式灭火器 2 具，配置灭火级别 2A，其配置点最大保护距离不大于 24m。

（2）地下车库按 A/B 类火灾，严重危险级，每处灭火器配置点安装 MF/ABC4 手提式灭火器 2 具，配置灭火级别 3A，其配置点最大保护距离不大于 12m。

（3）餐饮厨房按严重危险级 A 类火灾设计，每处灭火器配置点安装 MF/ABC4 手提式灭火器 2 具，配置灭火级别 3A，其配置点最大保护距离不大于 15m。

（4）每处电气竖井、配电房内、每层消火栓箱内，均配置安装 MF/ABC4 手提式灭火器 2 具，配置灭火级别 2A，其配置点最大保护距离不大于 20m。

地下室车道出入口、超大面积电房配置推车式磷酸铵盐干粉灭火器。

三、工程特点介绍

（一）结合营销周期及分期建设进度设计

本项目总建筑面积大，分期建设运营，其中包含了住宅、学校、商业、会所等不同功能用房；另外，融资区和回迁区分别为不同的管理方以及不同的设计要求。在设计过程中，根据分期建设情况及使用功能多样化的情况，充分考虑给水排水系统的设计，给水排水分期建设接口预留明确，设计简洁、经济，水设备用房选址及数量设置合理，在满足功能要求的前提上，尽量降低工程造价，同时兼顾运营发展的需求。

（二）计费明确清晰

为了便于计量，以及及时反馈管网漏损位置，给水计量水表设置按商业、住宅、社区服务、学校、地下室地面冲洗等各功能分区分别设置；商业按末端点位计量，其他如绿化、冷却、消防补水等均设单独计量，并根据用水区域和用水性质合理配置了带 RS485 通信接口远程水表，便于能源管理；整个给水系统受中央管理系统监察，能有效防止水池满溢而未及时处理问题，同时随时随地可以掌控水泵等设备的运行情况。

（三）山地建筑排水设计

项目依山势而建，落差近 20m、森林般的生态入口对景钢琴会所，拉开"逸居"的序幕空间。设计中因地制宜利用地形重力排放，节约室外排水管网的开挖敷设费用，缩短工期。排水管道设计与道路坡度充分结合，在坡度大的区域，设计中在挖方和填方交界处不设置检查井，以防管道拉裂影响后期使用；由于存在陡坡，根据实际情况设计了混凝土材质、耐冲刷的检查井，局部排水管跌水水头大于 1~2m 位置设置了跌水井以克服水流跌落时产生冲击力破坏管道；室外管材采用柔性较大、耐冲刷的排水铸铁管；陡坡绿化挡土墙处设置雨水拦截沟，防止雨水冲刷泥土。

（四）噪声控制

考虑住户人员室外散步舒适性，避免检查井盖车行带来噪声，室外排水检查井均设置于绿化内，在车行、人行路上没有一个检查井。

户内所有管道全部暗装，给水排水管道布置尽量远离卧室。将排水管道设置于管井或阴角位置，尽量减少对住户使用或立面产生影响；排水管道配合装饰面板预留检修孔板；外露立管结合建筑外立面设置于不影响美观，便于检修的位置；排水管道均远离卧室内墙布置。

（五）管道布置以好管、好用、便于维修为原则

由于建筑地势的特殊性，单体排水系统相对于结构专业较复杂，设计过程中与结构反复协调配合，利用降低结构底板、地梁和预留管沟等方式尽量减少排水管在结构底板下的预埋，便于日后管道维护管理。

四、工程照片及附图

小区鸟瞰图

小区日景实景图

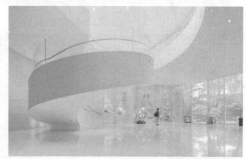

小区会所

户内实景

中心水池实景（一）

中心水池实景（二）

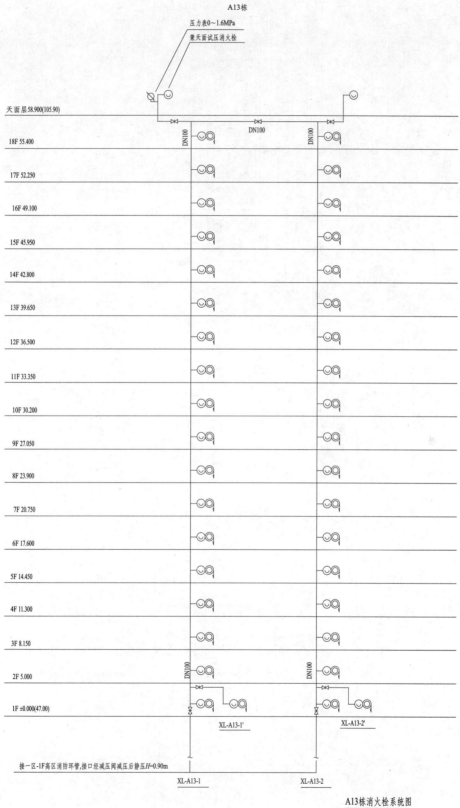

A13栋

压力表0~1.6MPa

兼天面试压消火栓

天面层 58.900(105.90)

18F 55.400

DN100　DN100　DN100

17F 52.250

16F 49.100

15F 45.950

14F 42.800

13F 39.650

12F 36.500

11F 33.350

10F 30.200

9F 27.050

8F 23.900

7F 20.750

6F 17.600

5F 14.450

4F 11.300

3F 8.150

2F 5.000

DN100　DN100

1F ±0.000(47.00)

XL-A13-1'　　XL-A13-2'

接一区-1F高区消防环管,接口处减压阀减压后静压H=0.90m

XL-A13-1　　　　XL-A13-2

A13栋消火栓系统图

注：A13栋±0.000=47.00

2.本栋1F~12F的消火栓做减压稳压消火栓。

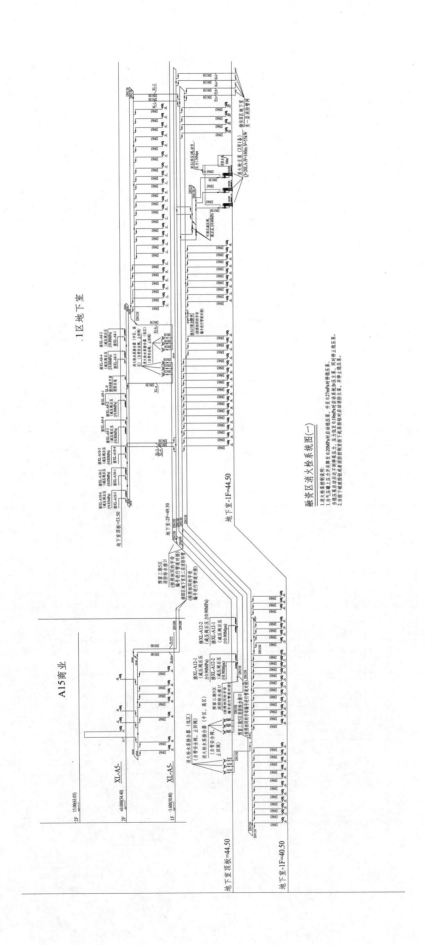

融资区消火栓系统图（一）

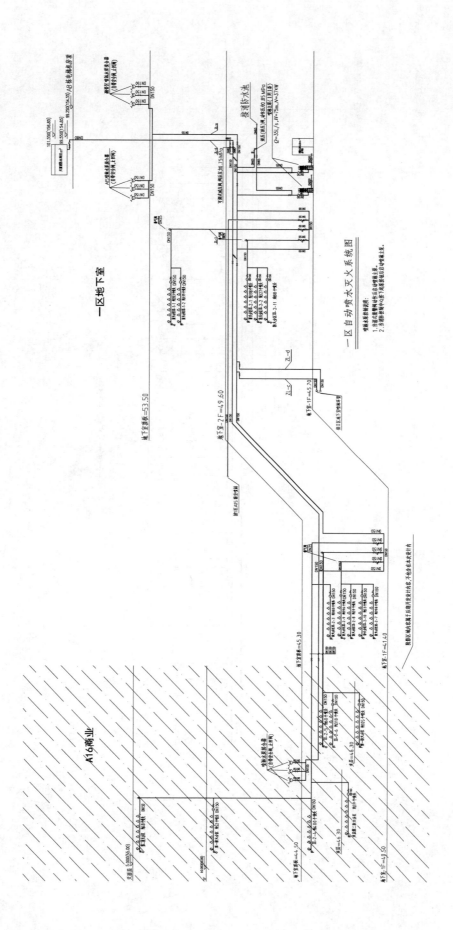

一区自动喷水灭火系统图

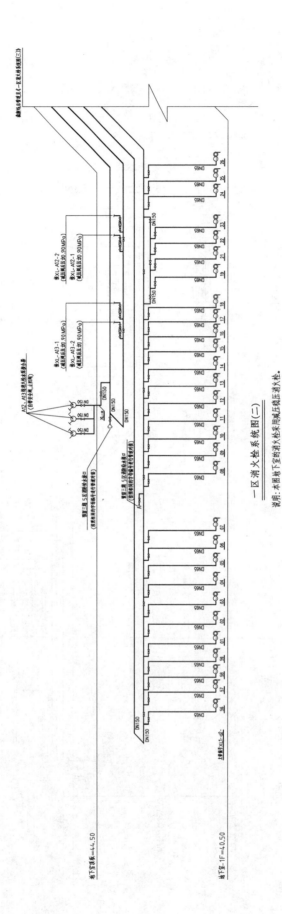

一区消火栓系统图(二)

说明：本图地下室内的消火栓采用减压稳压消火栓。

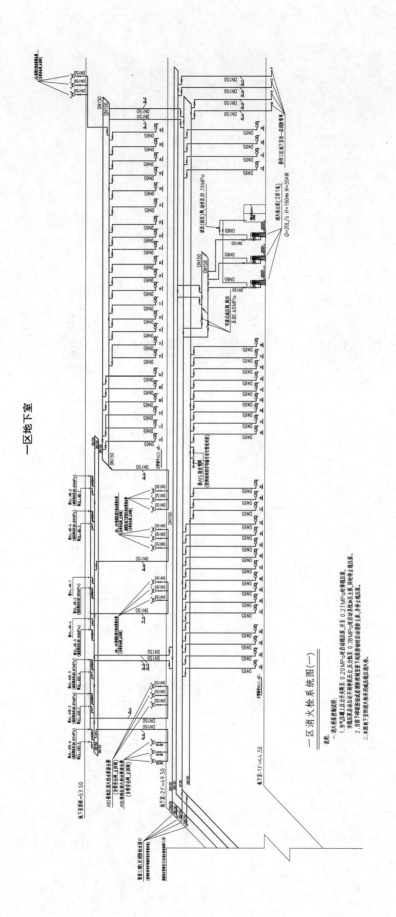

一区消火栓系统图(一)

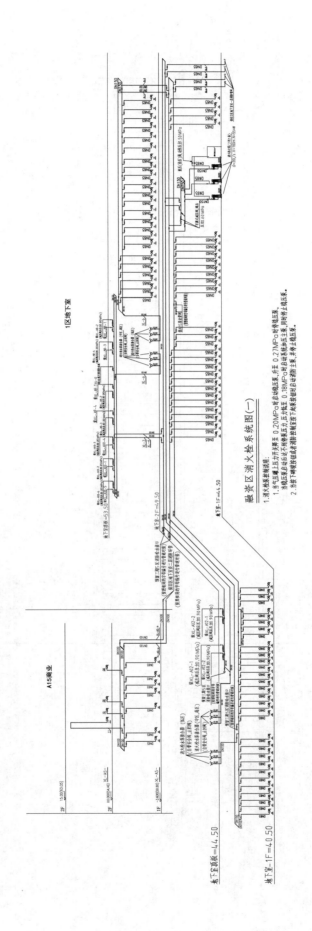

融资区消火栓系统图(一)

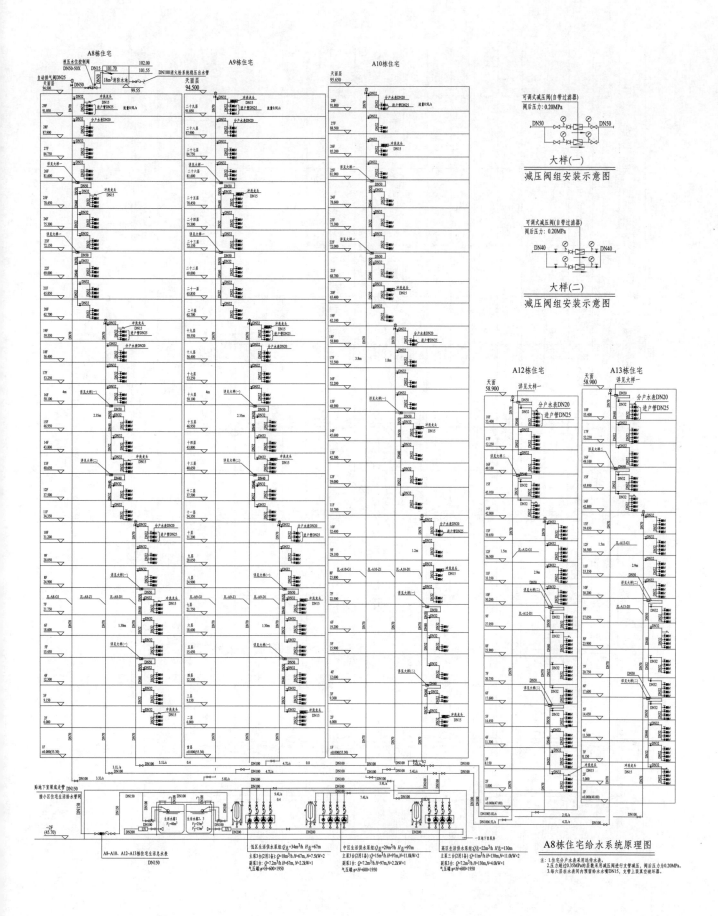

A8栋住宅给水系统原理图

注：1.住宅分户水表采用远传水表。
2.压力超过0.35MPa的层数采用减压阀进行支管减压，阀后压力为0.20MPa。
3.每六层在水表阀内预留给水水嘴DN15，支管上装真空破坏器。

A13栋住宅排水系统原理图(一)

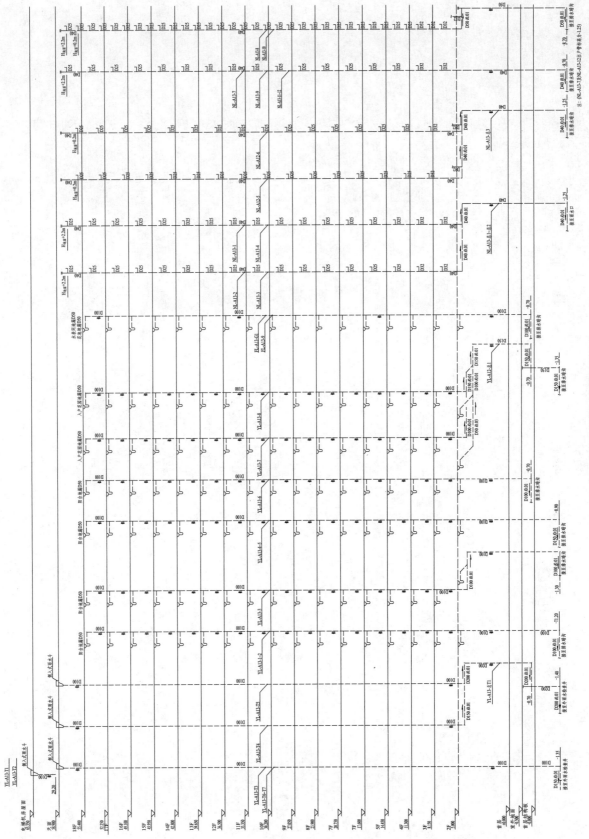

A13栋住宅排水系统原理图（二）

工业建筑篇

空客天津 A330 宽体飞机完成和交付中心定制厂房项目

设计单位： 中国航空规划设计研究总院有限公司
设 计 人： 刘芳　王涛　毕莹　张舰艇　陈雪　孔庆波　王博　李志杰
获奖情况： 工业建筑类　一等奖

工程概况：

天津空客 A330 飞机完成及交付中心定制厂房项目是继空客 A320 天津总装生线项目之后，进一步深化中欧航空工业合作的又一重大项目。该项目为生产设施配套工程建设，用于保障国内生产的宽体客机 A330 飞机的接收、客舱安装、飞机喷漆和飞行测试等生产制造环节，以及飞机的交付和客户接收环节的配套设施设备。项目建设用地总面积 448.31 亩，新建单体建筑 10 项，总建筑面积为 6.47 万 m²，含完工中心、物流中心、喷漆机库、动力中心、危险品库、门房、称重机库、交付中心（扩建）、危废品库、餐厅（扩建）及配套基础设施。

工程说明：

一、给水排水系统
（一）给水系统
1. 用水量（见表 1）

给水系统用水量 表1

序号	建筑名称	最高日用水量 (m³/d)	平均时用水量 (m³/h)	最大时用水量 (m³/h)	备注
		A330 厂区			
1	完工中心	14.00	4.55	4.73	
2	物流中心	1.52	0.47	0.54	
3	喷漆机库	17.72	5.36	5.61	
	总用水量	33.24	10.38	10.88	
		A320 厂区			
1	交付中心	4.00	0.50	1.25	
2	称重机库	1.70	0.21	0.27	
	总用水量	5.70	0.71	1.52	

2. 水源

采用市政给水水源，厂区所在地块现有 2 根 DN250 的市政给水引入管，分别从厂区东侧和南侧引入，供水压力不小于 0.24MPa，供水能力约 230m³/h。厂区 2 条给水引入管处分别设地下式水表井，井内设倒流防止器及水表，并将水量数据传至厂区相关的值班控制室。厂区给水管网为环状布置，并设分段检修阀门井，管网主干管管径为 DN200。

3. 给水系统

各单体建筑室内生活用水直接引自室外给水管网，室外给水管网流量和压力均能满足各建筑生产生活用水要求。

在市政引入管、各建筑给水入口以及设备进水管均设远传水表进行计量，并将数据上传至监控室。

4. 中水系统

（1）用水量（见表 2）

中水系统用水量　　　　　　　　　　　　　表 2

序号	建筑名称	最高日用水量(m³/d)	平均时用水量(m³/h)	最大时用水量(m³/h)
A330 厂区				
1	完工中心	8.40	0.53	0.79
2	物流中心	2.28	0.71	0.81
3	喷漆机库	2.10	0.13	0.39
	总用水量	12.78	1.37	1.99

（2）中水管网

新建 A330 厂区及各单体建筑物内设计中水供水管网，用于室内冲厕及室外道路及绿地浇洒用水。在中水供水管路修建妥善之前，由市政给水管道供给。待市政中水管网修建妥善后，将厂区内中水管道与市政给水接口断开，与中水给水接口连接。

5. 管材

室内部分：室内明装的给水管采用不锈钢管；埋墙埋地暗装的管道采用覆塑薄壁不锈钢管。室内明装的中水给水系统管道采用给水内衬 PP 复合钢管，中水埋墙管道采用 PP-R 给水管。

室外部分：市政给水、中水系统均采用钢骨架聚乙烯给水复合管。工作压力为 1.0MPa。

（二）热水系统

1. 系统组成

喷漆机库生活热水冬季由厂区供暖热水系统供给，供/回水温度为 90℃/50℃；在夏季由设于动力中心内的热回收热水系统及电加热热水器供给，热回收热水系统的供/回水温度为 45℃/38℃。热水系统主要由电加热热水器、水-水换热器，热水系统循环水泵、膨胀罐及水垢净组成。

2. 设计参数

热水系统耗热量为 202.2kW，供水温度为 60℃，回水温度为 55℃，最大供水量为 3.2m³/h。换热器热交换面积为 5.3m²；热水循环泵性能为 $Q=1.4$m³/(h·台)，$H=10$m，$N=0.37$kW/台，2 台（1 用 1 备）；电热水器容积不小于 3m³，膨胀罐直径为 500mm。

3. 管材

室内明装的给水管采用不锈钢管；埋墙埋地暗装的管道采用覆塑薄壁不锈钢管。

（三）排水系统

1. 排水体制

新建 A330 厂区、现有 A320 厂区均采用雨污分流制。

2. 污水排水

（1）新建 A330 厂区规划地块东侧的市政路上设市政污水管，厂区的生活生产污水由厂区污水管网收集，经化粪池初步沉淀后，直接排入市政污水管网。厂区污水排入市政污水管前设巴氏计量槽和在线 COD 监测井对排水进行流量和水质监测，监测数据经无线传输系统远传至有关环保部门。

（2）现有 A320 厂区生活、生产污/废水均不含有毒有害污染物，故直接就近接入各建筑物周围现有污水排水管。

3. 废水排水

（1）喷漆机库内排出的有毒有害清洗废水，经机库地下室内的废水池收集后，由水罐车运至现有 A320 厂区的喷漆机库污水处理站。调漆/漆料存储间、设备清洁及溶剂分配间、值班室内排出的有毒有害废水，就地配污水桶收集后，送至现有喷漆机库的废水处理站。

（2）A330 厂区完成中心停机坪和 A320 厂区交付中心停机坪的飞机清洗废水，经地面排水沟收集，存储于室外废水池。提升井设潜污泵（平时不工作），飞机清洗时启泵将废水提升至废水池，定期由罐车运至现有 A320 厂区的喷漆机库污水处理站处理。废水池设高、低水位报警信号，信号均传至厂区值班室。

（3）A330 厂区危险品库的消防废水由建筑物门外排水沟收集，经专用管道排入室外地下钢筋混凝土消防废水池。

4. 雨水排水

（1）新建 A330 厂区用地范围面积约为 27.0hm²，雨水汇集共分为 3 个汇水流域，每个流域内的雨水分别汇入 1 个市政雨水接入口，雨水流量不超过市政管道接纳能力。

（2）雨水计算采用天津市暴雨强度公式：$q=3833.34（1+0.885\lg P）/(t+17)^{0.85}$ L $[（s \cdot hm^2）]$；

设计暴雨重现期为 5 年，综合径流系数约为 0.53，地面雨水收集时间为 15min，计算总雨水排水量约为 3.9m³/s。

（3）初期雨水

为防止可能受到地面含油废水污染的雨水直接排入市政雨水管网，在 A330 厂区完成中心停机坪和 A320 厂区交付中心停机坪及试车坪附近设计初期雨水池及隔油池，含有航空煤油的初期雨水经隔油池处理后，浓度小于 1.0mg/L 后方可排入雨水管网。隔油器采用免维护产品，内置油箱设高水位信号，当油箱满油达到高水位后，隔油器接入管可关闭，并将报警信号传至厂区值班室。

A330 厂区完成中心停机坪汇水面积约为 35000m²，共设 2 座初期雨水池（每座雨水池有效容积约为 70m³），初期雨水由停机坪最低处细缝排水沟收集，并存储于初期雨水池内，经室外地下隔油器处理达标后排至厂区雨水管网。

A320 厂区交付中心停机坪汇水面积约为 18000m²，设 1 座初期雨水池（有效容积约为 70m³）；试车坪汇水面积约为 20000m²，设 1 座初期雨水池（有效容积约为 100m³）。初期雨水由现有的细缝排水沟收集，并贮存于新建初期雨水池内，经室外地下隔油器处理达标后排至厂区雨水管网。

5. 管材

室内部分：生活排水系统的排水管采用超静音 PP 排水管。生产排水明装及埋地的管道均采用柔性接口排水铸铁管。压力流排雨水系统采用优质 HDPE 排水管。压力排水管采用内衬塑镀锌钢管。

室外部分：污水管采用高密度聚乙烯（HDPE）双壁波纹管排水管。雨水管直径小于 DN600 的采用高密度聚乙烯（HDPE）双壁波纹管排水管；直径大于或等于 DN600 的雨水管采用钢筋混凝土管，飞机联络道下的采用重型Ⅲ级钢筋混凝土管。压力排水管采用钢骨架聚乙烯塑料复合管。

二、消防系统

室外共设低压和高压 2 套消防供水管网。新建 A330 厂区低/高压消防系统均接自现有 A320 厂区 16 号动力站。低/高压消防供水管均沿两厂区之间的联络道接入新建 A330 厂区。

(一) 低压消防系统

1. 消火栓系统用水量

低压消防系统为临时高压供水系统，厂区各建筑室外消火栓、室内消火栓及泡沫枪均由低压消防系统供给。A330 厂区低压消防系统最大用水量为 46.4L/s（以 100 号完成中心计，室外消防用水量为 35L/s，室内消防用水量为 11.4L/s），系统所需最大压力为 0.60MPa。

2. 室外消火栓系统

低压消防给水管网上设地上式及地下式室外消火栓，A330 厂区建筑物最大室外消火栓用水量为 35L/s，停机坪区域室外消火栓用水量为 30L/s。室外消火栓布置间距不大于 120m，每个消火栓保护半径不大于 150m。地下式消火栓设 1 个 DN100 的出水口和 1 个 DN65 的出水口。当室外消火栓用水导致管网压力降低时，自动启动动力站内的低压消防泵组。

3. 室内消火栓系统

(1) 完工中心和喷漆机库设计消火栓系统水量为 11.4L/s，同时使用 2 支，每支用水量约为 5.7L/s，充实水柱约为 13.0m，连续供水时间为 3h。

(2) 消火栓系统设计专用的消火栓给水管，并在建筑物内形成环状管网。环状管网干管直径为 DN150，消火栓采用钢制柜式组合消防柜，钢制面板，柜体尺寸为 1800mm×700mm×240mm，有装修要求的位置根据装修要求选择面板做法。消火栓栓口采用减压稳压型栓口 SNW65（栓口处动压不小于 0.35MPa）；水枪喷嘴口径为 ϕ19mm，水带直径为 DN65mm，长度为 25m，带 JPS0.8-19 型消防软管卷盘 1 套；逃生面罩 2 个；下部设置手提式建筑灭火器 2 具。

4. 泡沫枪系统

根据相关规范的规定，完工中心和喷漆机库的机库大厅设泡沫枪灭火装置。

(1) 设计参数：每只泡沫枪用水量为 4L/s，同时使用 2 支枪，采用 3%AFFF 型水成膜泡沫液，泡沫液连续供给时间为 20min。

(2) 泡沫枪采用轻便式泡沫灭火装置，内部配有 1 条 DN65 橡胶水带（长度 25m，2 条）及 1 个 4L/s 的泡沫枪和比例混合器，下部配有泡沫液 PE 桶（V=300L），箱内配有消防启泵按钮，工作压力为 0.50MPa。

(3) 泡沫枪系统与室内消火栓系统共用 1 套供水管网。

5. 低压消防给水管网

A330 厂区低压消防管网为环状给水管网，干管直径为 DN300，并分段设置检修阀以满足系统的检修要求。低压消防用水由现有动力站内的低压消防泵及水池供给，系统消防初期给水及系统稳压由设于现有 A320 厂区内动力站的稳压泵组供给。低压消防泵组（即室内外消火栓及泡沫枪供水泵组）$Q_总$=73.2L/s，H=90m，单台泵能力 Q=40.5L/s，H=96m，2 用 1 备。稳压泵能力为 Q=0.6L/s，H=114m，N=2.2kW，1 用 1 备，气压水罐容积为 18m³。

(二) 高压消防系统

1. 自动喷水灭火系统用水量

高压消防系统为临时高压系统，厂区各建筑自动喷水灭火系统、泡沫-水喷淋系统、自动泡沫炮系统、自动消防水炮系统均由高压消防系统供给。A330 厂区高压消防系统最大用水量为 680L/s（以喷漆机库计），系统所需最大压力为 1.00MPa。

2. 远控泡沫炮系统

（1）依据《飞机库设计防火规范》GB 50284—2008 和《飞机喷漆机库设计规范》GB 50671—2011 规定，在机库大厅内设远控泡沫炮消防系统，作为机库内的主要消防系统。

（2）泡沫炮采用低倍泡沫系统，泡沫液为 AFFF 型清水泡沫液，混合比为 3%，泡沫混合液设计供给强度为 4.1L/(min·m²)，连续供给泡沫液时间为 10min，连续供水时间为 45min。

（3）泡沫炮选用可编程自动摇摆远控消防炮 4 门，灭火时，最多 4 门炮同时工作。每门炮消防流量为 76L/s，射程大于 70m，消防炮采用高低位结合方式，要求引入管供水压力不小于 1.00MPa。

（4）泡沫消防炮总的泡沫液用量为 10.9m³（包括备用量），泡沫液罐和泡沫液泵均在完成中心消防设备间内。泡沫液储罐贮存混合比为 3% 的 AFFF 泡沫液。泡沫液的混合采用泵入平衡压力式比例混合形式，由泡沫液贮罐、泡沫液泵、平衡调节阀、安全泄压阀、混合器管路、回流管路等组成。泵入式平衡压力式比例混合器放置在消防设备间。

3. 湿式自动喷水灭火系统

机库大厅屋架、办公室、休息室及通风设备间均设计湿式自动喷水灭火系统。

（1）设计参数

1）机库大厅屋架部分

根据《飞机库设计防火规范》GB 50284—2008 规定，本系统设计喷水强度采用 7L/(min·m²)，作用面积为 1400m²，连续喷水时间为 45min，总用水量约为 180L/s。

2）办公区、休息室、衣帽间等辅助房间部分

设计参数采用喷水强度为 6.0L/(min·m²)，作用面积为 160m²，连续喷水时间为 1h。系统设计用水量为 20L/s，系统最不利点的喷头压力为 0.05MPa。系统给水引入管处所需的压力为 0.40MPa。

3）通风设备间及其他设备用房部分

喷水强度为 12.5L/(min·m²)，作用面积为 260m²，连续喷水时间为 1h。系统设计用水量为 57.2L/s，系统最不利点的喷头压力为 0.05MPa。系统给水引入管处所需的压力为 0.48MPa。

（2）系统水源

本系统用水由厂区高压消防给水管网供给，该管网供水能力可以满足本系统用水水量及水压要求。系统初期消防用水及系统平时稳压，由设于 A320 厂区动力站内的消防泵房的高压消防泵组的稳压装置供给。

4. 高压消防给水管网

高压消防管网为环状给水管网，干管直径为 DN600，并分段设置检修阀以满足系统的检修要求。高压消防用水由现有动力站内的高压消防泵及水池供给，系统消防初期给水及系统稳压由设于现有 A320 厂区动力站内的稳压设备供给。高压消防泵组（自喷及泡沫炮供水泵组）$Q_{总}=880L/s$，$H=106m$，单台泵能力 $Q=325L/s$，$H=106m$，3 用 1 备。稳压泵能力为 $Q=0.6L/s$，$H=145m$，$N=2.2kW$，1 用 1 备，气压水罐容积为 18m³。消防水池总容积为 5500m³。

（三）管材

室内部分：明装的及地沟内敷设的消火栓系统给水管、自动喷水灭火系统给水管、雨淋灭火系统给水管、泡沫炮系统给水管、泡沫枪系统给水管，管道直径小于 DN150 的管道采用内外壁热浸镀锌钢管，管道直径大于或等于 DN150 的管道采用内外壁热浸镀锌无缝钢管。

埋地的消火栓、泡沫枪、泡沫炮、自动喷水灭火系统管道采用球墨给水铸铁管。泡沫液管道采用不锈钢无缝钢管。

室外部分：厂区的高/低压消防给水系统（包括从 A320 厂区至 A330 厂区的输水管道）均采用球墨给水铸铁管，公称压力不小于 1.60MPa。厂区的泡沫液管采用外覆塑不锈钢管，公称压力不小

于 1.60MPa。

三、工程特点介绍

(一) 高压给水系统

喷漆机库需提供高压水定期冲洗飞机，供水压力为 180bar。在机库大厅地井内设置高压水用水点。每个供水点需配置 1 台高压清洗机，高压清洗机均放置在设备间内，高压用水点与高压清洗机采用耐高压软管连接。当高压水使用完毕后，需用压缩空气将高压给水管道内的余水吹净，延长高压管道使用寿命。

建筑给水排水出入户管采用可直埋的橡胶软管，代替了曾在 A320 项目使用的接口井，既节省工程造价，又为室外管线节省了敷设空间。

喷漆机库生活热水采用绿色节能的双热源系统。生活热水冬季由厂区供暖热水系统供给，供/回水温度为 90℃/50℃；在夏季由动力站内的冷水机组热回收系统及电辅热供给，热回收热水系统的供/回水温度为 45℃/38℃。

(二) 排水系统

(1) 消防废水池：喷漆机库、危险品库、危废品库等可能含有有毒有害物质的消防废水排入专用消防废水池。带油机库的消防废水收集在机库地沟内。在机库大门内侧设置专用排水沟，用于收集消防废水。

(2) 机坪雨水隔油池：防止地面含油废水污染的雨水直接排入市政雨水管网，停机坪及试车坪附近初期雨水经过收集，经隔油池处理达标后排入雨水管网。设计了初期雨水池及弃流井收集初期雨水。采用初期雨水池既节省投资，又增加使用安全性，更合理耐用。

(3) 紧急切断闸门：为防止园区发生意外事故产生的有毒有害废水进入水体，在雨水系统末端设置了紧急切断闸门，可在事故发生时将流入雨水系统的管道关断，保护地表水不受污染。

(三) 消防系统

消防设计需要除遵守我国标准规范外，还需参考空客指定的火险商 AXA 公司的要求、空客安全标准的要求。中法两方的设计人、业主方均为满足 3 套体系多次讨论以达成最终的取得各方满意的方案。

为此咨询了天津市消防研究所，与研究所的规范编制组共同商讨解决方案。此项目中除对中国消防规范严格执行外，还定义了不带油机库的消防方案，即机库内设计轻便移动式泡沫灭火装置、消火栓、屋架内设自动喷水灭火系统、平台下设置自动喷水灭火系统以及移动式建筑灭火器；为增强机库内扑灭可燃固体火灾的能力，设置了自动寻址炮系统。

根据 AXA 保险公司的要求，根据 FM 规定，喷漆机库通风地沟及承重钢柱增设自动喷水灭火系统。

四、工程照片及附图

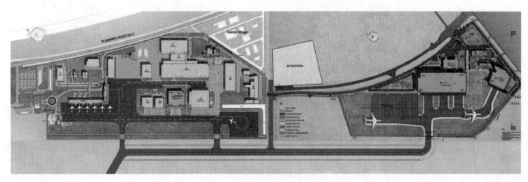

总平面图

鸟瞰效果图

完工中心外景图

物流中心外景图

交付中心外景图

喷漆机库外景图

喷漆机库内景图

完工中心屋架内自动喷水灭火系统

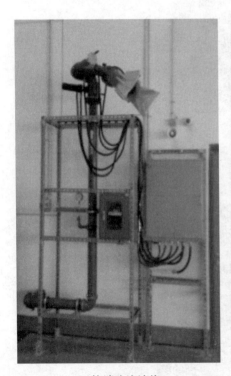

远控消防泡沫炮

泡沫枪及消火栓

自动寻址炮及控制台

完工中心钢柱自动喷水灭火系统

喷漆机库漆雾过滤室自动喷水灭火系统

完工中心消防废水收集沟

南海三期生活垃圾焚烧提标扩能工程

设计单位： 中国航空规划设计研究总院有限公司
设 计 人： 丁飞　尹建鹏　陆新生
获奖情况： 工业建筑类　三等奖

工程概况：

南海三期生活垃圾焚烧提标扩能工程属于环保能源类项目，建设地点位于广东省佛山市狮山镇狮山林场瘦狗岭，三期工程布置在现垃圾焚烧发电一厂、二厂的东南侧，本工程日处理垃圾量为1500t，年处理垃圾量为 54.75×10^4 t。采用机械炉排垃圾焚烧工艺，配套中温450℃、次高压6.4MPa余热锅炉，配套2台25MW中温次高压凝汽式汽轮机＋2台25MW汽轮发电机组，本工程总投资为97789.2万元。

给水排水设计内容：本工程红线范围内工业、生活配套的给水和排水系统的设计，为生产配套设备冷却循环水系统、回用水系统、室内/外消防给水系统设计和灭火器配置等。

（1）生活给水：包括室内外生活给水管道的设计。

（2）工业给水系统：包括辅机设备冷却用水。

（3）生产给水：包括除盐水系统补水、烟气净化用水、渗滤液管冲洗用水、浇洒道路及绿化用水等。

（4）汽机循环冷却水系统：包括汽机循环水泵、冷却塔、加药设备、旁滤设备。

（5）厂区排水系统：包括局部小型排水构筑物，室内室外排水管道、污水收集等设施。

（6）雨水收集系统：主要收集主厂房屋面雨水，包括压力流、重力流雨水排水系统。

（7）初期雨水收集系统：主要收集主厂房屋面、路面等初期雨水，包括雨水排水系统、弃流及雨水收集池等构筑物。

（8）消防给水系统及灭火装置：包括室内/外消火栓给水系统和自动喷水灭火系统的设计、室内消防水炮的设计及各建筑物室内灭火器的配置。

（9）废水污染防治措施：项目设置一般污水处理系统和垃圾渗滤液处理系统，一般污水处理系统采用"水解酸化＋二级接触氧化生化处理＋中水深度处理"的处理系统工艺；垃圾渗沥液处理采用"预处理＋UASB高效厌氧反应器＋A/O好氧系统＋MBR生化处理系统＋NF纳滤膜系统＋RO反渗透系统"的处理工艺，达到《城市污水再生利用　城市杂用水水质》GB/T 18920—2002 的有关水质要求后，回用作为循环冷却水系统补充用水、道路洒水、绿化用水等。

工程说明：

一、给水排水系统

（一）给水系统

1. 水源

生活、生产用水、工业用水和消防给水的水源来自市政自来水，自来水水质符合《生活饮用水卫生标准》GB 5749—2006 的要求。市政自来水从厂区东侧引入，引入管管径为 DN400，供水压力不小于 0.25MPa。

2. 生产和生活用水标准及用水量

生活用水：　　150L/（人·班）　小时变化系数为 2.5；

淋浴用水：　　60L/（人·班）　使用时间为下班后 1h；

生产用水：　　按工艺和有关专业所提的设计任务书计算；

浇洒道路用水：　1.5L/（m²·次）；

绿化用水：　　2.0L/（m²·次）。

3. 循环冷却水量

本工程建设规模选用 2×750t/d 的垃圾焚烧炉，配置 2×25MW 凝汽式汽轮发电机组，本工程汽机循环冷却水系统相关水量计算见表 1。

汽机循环冷却水系统相关水量计算　　　　　　　　　　　　　　　　表 1

循环水相关水量计算	热季水量（m³/h）	冷季水量（m³/h）	备注
循环水量（m³/h）	9880		
循环水蒸发损失（m³/h）	156.10		1.5%
循环水风吹损失（m³/h）	9.9		0.1%
浓缩倍数	4		
循环水排污损失（m³/h）	42.10		0.4%
最大时补充水量（m³/h）	208.10		2.0%
最高日补充水量（m³/d）	6606		

参考热季运行 4～9 月，共 6 月计，冷季运行 10～12 月、1～3 月，共 6 月计。

辅机冷却设备为引风机轴承、一二次风机、给水泵轴承、垃圾料斗水套、空气压缩机、冷冻式干燥机、焚烧炉液压装置等辅助设备的冷却，最大时冷却水量合计约 160m³/h。

4. 全厂工业、生产、生活、消防用水量

厂区绝大部分用水为工业、生产用水，主要用于辅机循环冷却水系统和化学水处理系统补充水等。

生活用水主要包括淋浴用水、卫生间冲洗用水等，生活用水由生活变频给水泵组直接供给。

厂区降温池冷却、尾气处理用水、除渣机补水等用水由厂区回用水提供，厂区回用水水源为冷却塔排污水、锅炉排污水等。

全厂生产、生活主要用水量见表 2。

全厂生产、生活主要用水量 表2

用水项目	最高日用水量(m³/d)	最大时用水量(m³/h)	设计秒流量(L/s)	备注
工业、生产用水-市政自来水				
循环冷却水系统补水	4772.4	198.85		
化学水处理系统补水	480	20		
冲洗地面和卸料平台用水	24	1		
道路浇洒用水	48	6		
绿化用水	24	3		
未预见用水量	240	10		
总计	5588.4	238.85		
生活用水-市政自来水				
生活用水	9	2.82		
实验室用水	2	0.25		
未预见用水量	1	1		
小计	12	4.07		
厂区回用水				
尾气处理用水	240	10		
除渣机冷却水	180	7.5		
飞灰固化用水	48	2		
其他杂用水	48	2		
排污降温冷却用水	240	10		
合计	756	31.5		
消防用水(贮存在蓄水池内)				
室内消防系统			25	2h消防用水量
室外消防系统			35	
室内消防炮系统			60	1h消防用水量
室内自动喷水灭火系统			30	1h消防用水量

本项目生产、工业水最高日用水量为5588.4m³/d，平均日用水量为4693m³/d，最大时用水量为238.85m³/h，年耗水量为156.4×10⁴m³。

生活用水最高日用水量为12m³/d，最大时用水量为4.07m³/h，年用水量为0.11×10⁴m³。

厂区回用水最高日用水量为756m³/d，最大时用水量为31.5m³/h，年回用水量为25.2×10⁴m³。

本项目室外消火栓的消防水量为35L/s，火灾延续时间为2h，一次室外消防水量为252m³；室内消防水量为20L/s，火灾延续时间为2h，一次室内消防水量为144m³；垃圾储坑间消防水炮消防水量为60L/s，火灾延续时间为1h，一次消防水量为216m³，参观展示自动喷水灭火系统水量为30L/s，火灾延续时间为1h，一次消防水量为108m³。

合计全厂一次消防水量为 720m³。

5. 设备选用

生活给水采用市政自来水，经二次加压后供厂区生活用水。水箱采用 1 座 30m³ 不锈钢水箱，设置变频供水设备 1 套，$Q=15m³/h$，$H=40m$，$N=3.0kW$。

6. 生产给水系统

市政自来水接入厂区生产、消防蓄水池，生产用水由综合泵房内的生产加压泵供水，生产加压水泵采用变频供水设备，根据水泵出水管压力进行变频控制。

7. 给水构筑物、供水设施

三期工程设生产、消防合用蓄水池，蓄水池容积为 3000m³（2 座 1500m³ 水池），储存一次消防用水量 720m³ 及约 24h 生产用水量。

综合泵房内设置消火栓给水泵、消防水炮泵、喷淋泵、生产变频供水泵、冷却水补水水泵。

8. 管材

（1）室外埋地生活、生产、消防给水管采用钢丝网骨架塑料复合管。

（2）室内生活给水管采用衬塑钢管；接卫生间暗敷支管采用 PP-R 给水管，室内生产给水管采用焊接钢管，室内消防给水管采用热浸镀锌钢管。室内回用水采用衬塑钢管。

（二）生活热水系统

热源由生产废热提供，设置容积式热水换热器。生活热水最高日用水量为 4.8m³/d，供水温度为 60℃，回水温度为 50℃。

（三）循环冷却水系统

1. 汽机循环冷却水系统

汽机凝汽器夏季的冷却倍率采用 70 倍，春、冬季冷却倍率采用 55 倍。汽机凝汽器冷却供水温度为 33℃，回水温度为 43℃，夏季湿球温度按 27.5℃ 考虑。

本工程夏季最大时循环冷却水量为 9880m³/h，综合考虑汽机辅机冷却等因素，设计钢筋混凝土框架逆流式机械通风冷却塔 5 座。每座冷却塔冷却水量为 2000m³/h。

5 座冷却塔成一字形布置，冷却塔下部设水池，吸水池分 2 格设置，2 个吸水池相互独立，端部设吸水池，吸水池与循环水泵房紧邻。循环水泵房采用半地下布置，泵房内设配电间、检修平台，泵房内安装 1 台起重量 6.0t 的电动单梁悬挂起重机。循环泵房靠近汽机间布置。塔下水池与吸水池连接处设滤网并配套起吊葫芦，防止大悬浮物进入系统。

2. 循环水泵的选择

冷却系统最大循环水量 9880m³/h，设置 4 台循环水泵（$Q=3600m³/h$，$H=24m$，$N=560kW$），3 用 1 备，汽机循环水泵供、回水管采用母管制。

3. 循环水管道的布置

循环冷却水系统采用母管制。供/回水管的管径为 $DN1200$，循环水管采用焊接钢管，直埋铺设，管道采取加强防腐措施。

4. 循环冷却水系统水质稳定

为避免循环水系统的结垢和腐蚀微生物的繁殖，保证循环水水质，汽机循环冷却水系统采用旁滤系统及加药系统（加阻垢缓蚀剂及杀菌灭藻剂）。系统采用旁滤系统以提高浓缩倍数，循环水系统浓缩倍率按 4 考虑，以确保水质稳定，减少排污水量。旁滤系统利用辅机冷却水经无阀滤池进入循环水池，旁滤流量取循环水量的 2%。

设置实时监控系统检测水质，包括循环水的 pH、ORP、电导率等指标，这些指标的测定既方便运行人员了解水质，也可以将这些指标和加药系统连锁，实现自动调节加药量，既保证加药效果，又最大限度节省药剂用量，并实现全自动控制排污。加药装置采用1套2箱2泵的全自动加药装置。加药装置安装在综合泵房内。

对循环水系统供、回水管道的水温、压力等进行在线测定，反馈至主控室，便于运行人员操作。

5. 辅机循环冷却水系统（工业水系统）

辅机冷却水系统主要为引风机轴承、一二次风机、给水泵轴承、垃圾料斗水夹套、空气压缩机、冷冻式干燥机、焚烧炉液压装置等辅助设备的冷却，最大时冷却水量为 175.30m³/h，由循环水泵间内的工业水泵加压后供给。

工业水泵2台（1用1备）水泵参数：$Q=180$m³/h，$H=40$m，$N=18.5$kW。

6. 循环水系统补水

汽机循环系统补充水由综合泵房补水泵及园区渗滤液产水提供，补充水量由循环水池水位控制，最大时补充水量为 208.10m³/h，最高日补充水量为 4994.4m³/d。

7. 循环冷却水排污

循环冷却水排污随季节不同而有所变化，从冬季的 250.4m³/d 到夏季的 726.4m³/d，排污对于保证循环冷却时水质达标至关重要。冷却循环系统的排污水集中收集至回用水池，回用于尾气用水、除渣系统用水及其他杂用水等，多余部分排至市政雨水管网。

8. 管材

循环冷却水管采用焊接钢管。

（四）排水系统

1. 排水量

本项目生产废水日排水量为 1242.4m³/d，其中厂区直接回用 516m³/d。

本项目渗滤液日产量为 225m³/d，生活污水排水量为 9.5m³/d，冲洗地面和卸料平台排水量为 22.5m³/d，初期雨水排放量为 20m³/d，共计 277m³/d，全部排至园区渗滤液处理站处理达到《城市污水再生利用 工业用水水质》GB/T 19923—2005 中敞开式循环冷却水系统补充水水质标准后回用。其中 NF 系统及 RO 系统最终 55m³/d 浓液回喷垃圾焚烧炉。

2. 排水系统

（1）排水型式

本设计排水系统采用雨污分流制。

（2）垃圾池的渗滤液导排系统

焚烧厂房垃圾池内设垃圾渗滤液导排系统，垃圾池内的垃圾渗滤液经提升泵提升输送到园区渗滤液处理系统。

渗滤液导排系统设置定期反洗系统，以降低导排系统的堵塞程度。

（3）垃圾卸料厅排水

垃圾卸料厅内的垃圾运输车辆遗洒液和垃圾卸料厅地面冲洗废水经过管道收集后，通过厂区排水管网输送到渗滤液处理系统处理，水量约 22.5m³/d。

（4）生活污水

厂区生产废水和生活污水以及危废项目生活污水，提升至园区渗滤液扩容工程 MBR 工艺段集中处理，集中回用。焚烧厂生活污水量约 9.5m³/d。

（5）其他生产废水

厂区除盐制备排水、循环冷却排水、锅炉排水等，统一收集后回用于除渣机补水、飞灰固化、尾气处理用水等，多余部分排至市政雨水管网。

3. 管材

（1）室外污/废水管管径小于或等于 150mm 的采用 PVC-U 排水管，管径大于 150mm 的采用聚乙烯（HDPE）双壁波纹管。室外雨水管采用聚乙烯（HDPE）双壁波纹管。

（2）主厂房室内排水管采用离心浇铸排水铸铁管，其他建筑的室内排水管采用 PVC-U 排水塑料管。

（五）雨水排水系统

1. 排水体制

本工程排水系统采用雨污分流制。

厂区雨水主要入渗措施有下凹式绿地和透水铺装地面，厂区建筑周边设置下凹式绿地，将雨水分散引至绿地，下凹深度为 50～100mm；在厂区主要人行道、非机动车道、广场庭院等交通量小、轻荷载路面采用透水铺装地面，透水路面结构层采用孔隙率较大的材料（透水砖、透水混凝土、级配碎石）。

对主厂房的大型厂房屋面采用虹吸式屋面雨水排水系统。虹吸式排水系统采用泄流量更大的压力流雨水斗，悬吊管接入的雨水斗数量多，节省立管数量，减少雨水管管径，特别适合大屋面雨水排水。其他建筑物及厂房屋面雨水采用内排、外排等传统重力流方式排至室外散水，经明沟及埋地雨水管收集。

设计采用佛山市禅城区暴雨强度公式

$$q = \frac{2770.365(1 + 0.466 \lg P)}{(t + 11.526)^{0.697}} [L/(s \cdot hm^2)]$$

主厂房设计重现期为 10 年，降雨历时为 5min，屋面径流系数为 0.90。屋面设计雨水溢流设施，总排水能力不小于 50 年重现期的雨水量。其他厂房屋面雨水设计重现期为 3 年，厂区地面雨水系统设计重现期为 3 年。

2. 初期雨水收集与排放

（1）受污染区域初期雨水收集

厂房主要运输道路和地磅房区域为垃圾运输的主要通道，雨水收集区面积为 14200m²，初期雨水量为 457m³。

（2）初期雨水处理

焚烧电厂内设 1 座初期雨水收集池，有效容积为 500m³，初期雨水提升至园区渗滤液扩容工程 MBR 工艺段集中处理，集中回用。超出雨水收集池收集能力以外的雨水溢流排至厂区雨水管网，最终排入厂区道路市政雨水管道。

3. 管材

室内重力流雨水悬吊管、立管、埋地管采用涂塑复合管。室内压力流雨水悬吊管、立管、埋地管及压力排水管采用 HDPE 雨水管材。

二、消防系统

厂区设独立的消防给水系统，厂区的建筑物中室内/外消防用水量最大的为主厂房，属高层工业建筑，火灾危险等级按丁类考虑，耐火等级为二级，厂房总体积大于 5 万 m³，建筑高度大于 24m 而小于 50m，室外消火栓系统用水量为 35L/s；室内消火栓系统设计用水量为 20L/s；室内/外消防用水量合计为 55L/s，垃圾坑消防炮用水量为 60L/s，主厂房展示部分按中危险级I级设置自动喷水灭火系统，喷水强度为 6L/(min·m²)，作用面积为 160m²，设计流量为 30L/s，系统最不利点处喷头工作压力为 0.1MPa。厂区最大一次火灾消防水量为 720m³，见表 3。

主厂房消防水量 表3

项目	室内消火栓系统	室外消火栓系统	消防水炮系统	自动喷水灭火系统	合计
水量(L/s)	20	35	60	30	
作用时间(h)	2h	2h	1h	1h	
一次火灾消防水量(m³)	144	252	216	108	720

(一) 室外消火栓系统

(1) 厂区室外消火栓均为地上式,室外消火栓直接从厂区内 $DN250$ 的环状给水管网上接出。环状管网采用阀门分段,每段消火栓数量小于5个。室外消火栓沿主要道路设置,间距小于120m,距离路边不大于2m。室外消火栓设 $DN100$ 和 $DN65$ 栓口各1个,消火栓附近设固定标识。

(2) 室内消火栓系统

室内消火栓系统设计为临时高压给水系统,主厂房设2根室内消防给水引入管,分别接自室外环状给水管的不同位置,室内消火栓给水系统给水引入管上设置消防水泵接合器。

室内消火栓设置在锅炉的各层平台上、卸料平台、垃圾焚烧炉进料口附近、主控厂房、汽机间等部位,室内消火栓的布置时,确保有2支水枪的充实水柱到达室内任何部位。室内消火栓充实水柱不小于13m,火灾延续时间为2h。

在厂区最高的主厂房最高部位设高位消防水箱,储存火灾初期消防用水量,消防水箱的有效容积为18m³。为满足平时消防管网最不利点消火栓及消防炮管网的压力,消防水箱间分别设置1套消防增压稳压设备。消防水箱补水由厂区生产给水提供。

(3) 垃圾焚烧炉进料口局部灭火措施

根据《生活垃圾焚烧处理工程技术规范》CJJ 90—2009 的要求,在焚烧炉进料口附近设置局部灭火设施,其喷水强度为2L/(m·s),水量为12L/s,其消防用水量叠加至室内/外消火栓系统中。

垃圾焚烧炉进料口处设置开式消防喷头,由电磁阀控制进水,电磁阀平时处于关闭状态,当吊车控制室值班人员发现焚烧炉进料口有火情时,开启电动阀使消火栓泵出口母管上压力开关动作,压力开关动作信号触发消火栓泵的启动。灭火完成后关闭电动阀。电动阀的运行、故障信号应反馈至消防联动控制器。

(4) 消防水炮系统

根据《生活垃圾焚烧处理工程技术规范》CJJ 90—2009 的要求,在主厂房垃圾池间平台部位设置固定式消防水炮灭火系统,消防水炮系统用水量为60L/s,火灾延续时间为1h。设计选用消防水炮4门,单台设计流量为30L/s,设计工作压力为0.80MPa,该压力下消防水炮的射程为60m,水炮的布置应满足2股消防水炮水柱可同时到达垃圾贮存间内任意着火点。

消防水炮采用远距离遥控操作,在吊车控制室内设消防水炮控制系统,当发生火灾时,值班人员在吊车控制室内可以远程控制水炮,调整水炮的方向、角度,开启消防水炮泵,对准灭火点进行灭火。综合水泵房内设置消防水炮泵两台,1用1备,水泵从消防水池吸水经独立的消防水炮供水管网供至垃圾池间,管径为 $DN200$。

(5) 消防自动喷水灭火系统

在主厂展厅和参观流线设置湿式自动喷水灭火系统。

建筑物内净空高度小于8m的区域,自动喷水灭火系统按中危险级Ⅰ级设计,设计喷淋强度为6L/(min·m²),设计作用面积为160m²,设计用水量为20.8L/s。最不利点工作压力为0.1MPa。

系统安装 1 套湿式报警阀，喷头喷水后，对应防火分区设置的水流指示器动作，向消防控制室显示着火区域；压力开关动作开启喷淋泵，同时水力警铃动作报警。消防值班室、消防泵房可手动启动自动喷水灭火系统加压泵。

每个报警阀组控制的最不利点喷头处设末端试水装置。其他防火分区和各楼层的最不利点喷头处设置 $DN25$ 的试水阀。系统安装 2 组墙壁式消防水泵接合器。

（6）消防给水设施

厂区设生产、消防合用蓄水池，蓄水池容积为 3000m³（2 座 1500m³ 水池），蓄水池内储存 2h 厂区最大室内外消火栓系统用水量 396m³，1h 消防水炮系统用水量 216m³，1h 自动喷水灭火系统用水量 108m³ 及约 24h 生产用水量。生产泵吸水母管上设置 $\phi32$ 的真空破坏孔，防止消防水量被占用。

厂区设置生产、消防综合泵房，综合泵房内设室内/外消火栓给水加压泵 2 台（1 用 1 备，$Q=60L/s$，$H=80m$，$N=110kW$）；消防水炮泵 2 台（1 用 1 备，$Q=60L/s$，$H=120m$，$N=160kW$）；喷淋泵 2 台（1 用 1 备，$Q=30L/s$，$H=60m$，$N=37kW$）。

在主厂房设高位消防水箱（有效容积 18m³），储存火灾初期消防用水量。为满足平时消火栓和消防水炮系统的管网最不利点消火栓的压力，消防水箱间设置消防增压稳压设备，消防水箱补水由厂区生产给水提供。

（7）灭火器设置

根据规范规定和工艺资料，在主控厂房的中央控制室、高低压配电室及变压器室、汽机间、油泵房、办公楼的主要通道处按规范要求设置手提式或推车式磷酸铵盐干粉灭火器和手提式或推车式泡沫灭火器。

三、工程特点介绍与设计体会

本项目为典型工业项目，属于环保能源类，项目位于佛山南海环保产业园内，该园区内包括生垃圾焚烧发电厂 3 座，餐厨处理厂 1 座，危废处理厂 1 座，科教展示、研发办公、宿舍等配套设施齐全，规划设计理念领先，是南海区环保绿色能源的基地、环卫科教中心、环卫可研中心、市民体验中心。本项目是为提升园区焚烧功能的新建项目。

在节能方面，从接到设计任务起，就研究项目在节水节能方面的潜力，考虑该项目还是采用水冷凝汽机组，该项目特点和一般的焚烧发电相同，用水量大，特别是循环冷却水，用水量大，在节水节能方面潜力较大。考虑垃圾焚烧电厂随季节冷却水用水量变化较大，我们选择多塔冷却的方案，根据季节选择冷却塔的开启数量。同样，在循环水泵配置设计中，既满足使用安全又兼顾节能机电，设置了 4 台循环水泵，并设置了备用水泵。保证年平均运行水量下电机功率在高效段。

在节水方面，循环冷却水用水量占电厂用水量的 85％以上，同时还考虑部分厂内回用水作为循环冷却补水，要考虑系统水质稳定，又要兼顾节水。在设计中精心计算选择合理冷却水倍数、排污系数，考虑合理的水质稳定设施，设计了加药设施和旁滤设施。

在场地优化设计方面，该场地狭小，主要建筑物为主场、综合水泵房及消防水池，烟囱、栈桥、循环水泵房及冷却塔，还有雨水收集池等，布置时在满足基本使用功能同时，兼顾园区整体建筑效果，均采用个性化设计，冷却塔和循环水泵房一字形布置，与高大焚烧厂房保持一定距离，又距离汽机间较近，契合场地特点，保证通风效果，保证冷却效果。运行效果良好，取得成功。为狭小空间冷却水布置提供借鉴方案。

在环保设计方面，本项目未设置排污口，给水排水系统设计带来挑战，焚烧厂排污水包括生活污水、实验室排水、除盐水排水、除渣排水、烟气净化排水、卸料大厅排水、锅炉排水、渗滤液排水等种类多，水质差别较大，处理设施较多，排水点分散的特点，排污设计较为困难，设计将排污水分类收集，送至不同的处理设施处理后达标回用。

　　项目位于环保园区内，相关配套协同度高，设施依托共用比较普遍，新建项目依托于已有设施，包括项目渗滤液处理设施、低浓度处理设施等，该设施位于一二期园区内，中间隔着一条市政道路并且两地高差较大，输送管道需要跨区域布置，在设计中充分利用焚烧厂栈桥将新建设施污水输送管与原有设施有机联系在一起，外观上并未出现管架的影子，由于布置合理完美和栈桥合为一体。与贴建的危废项目共用消防供水设施，实现设施的共用，土地的节约。

四、工程照片及附图

焚烧厂全景

垃圾坡道

汽机间主立面

主立面正视图

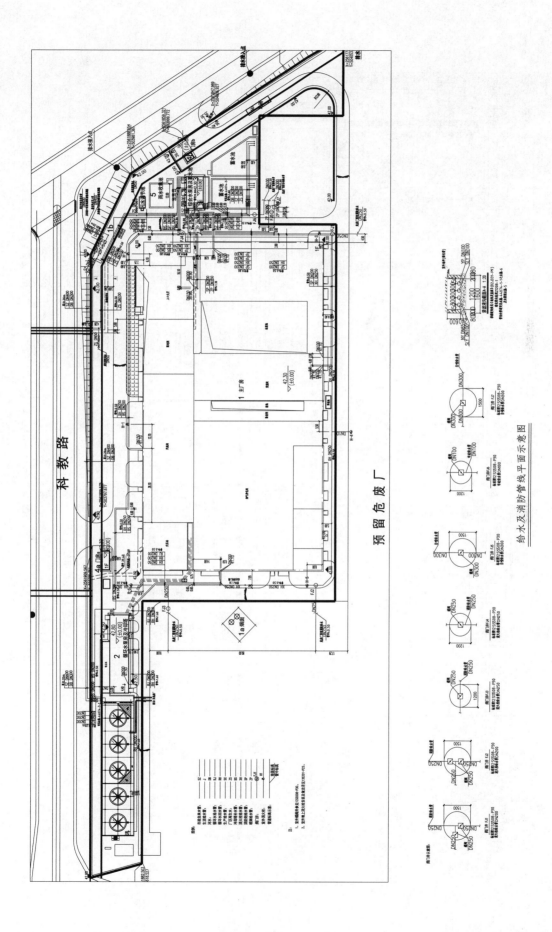

给水及消防管线平面示意图

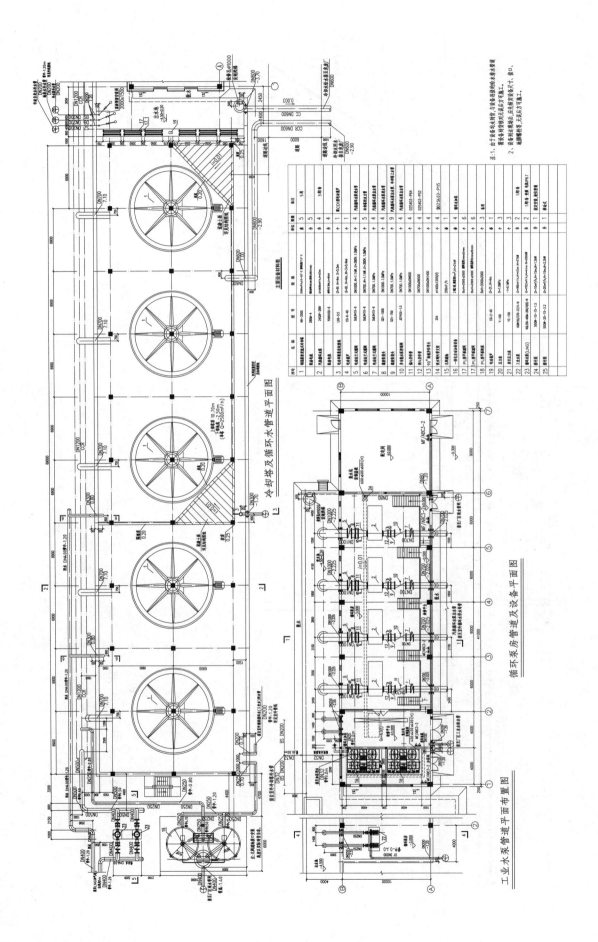

冷却塔及循环水管道平面图

循环泵房管道及设备平面图

工业水泵管道平面布置图

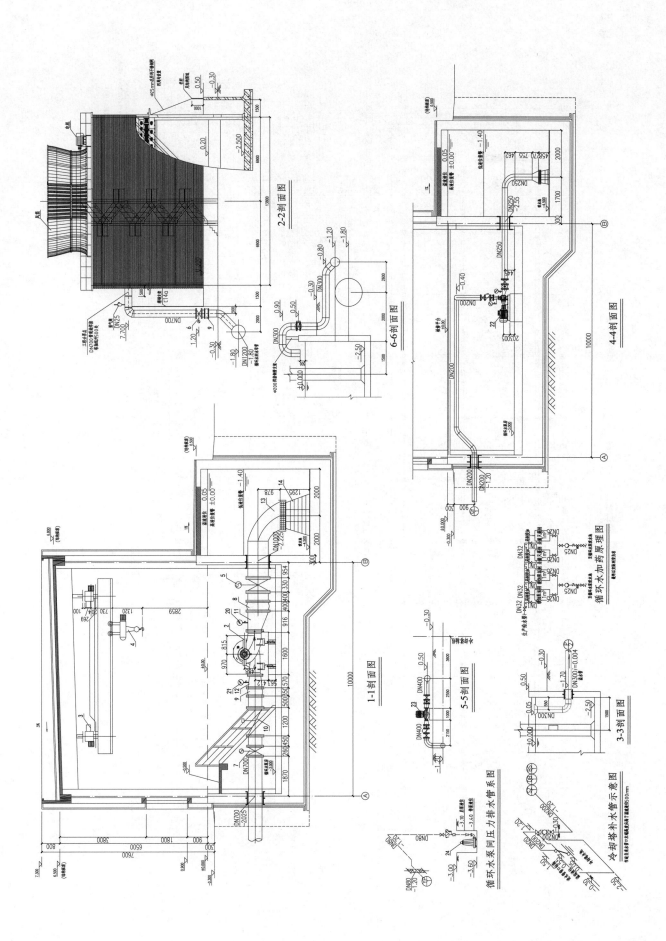

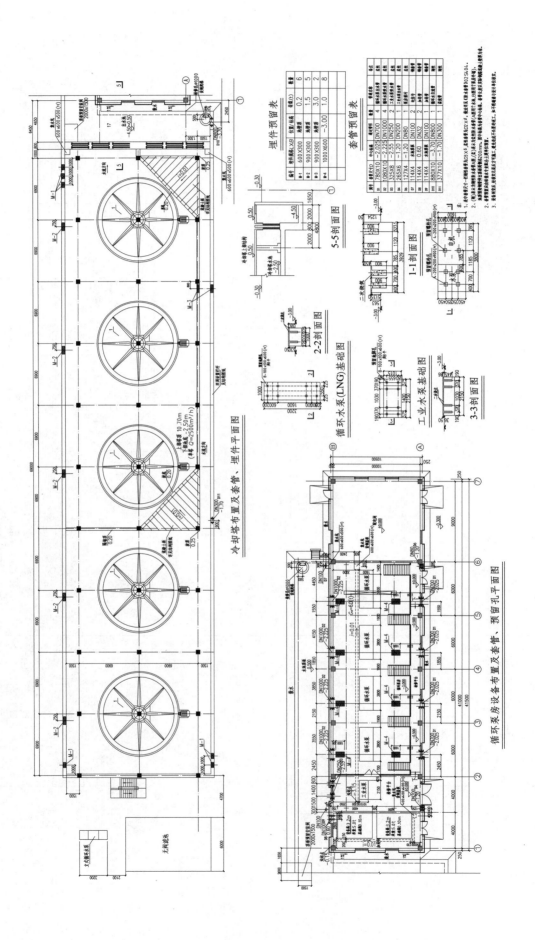

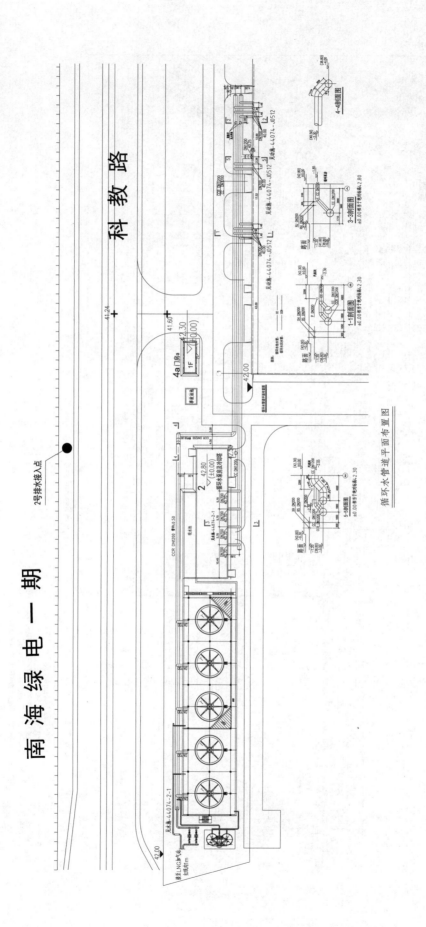

循环水管道平面布置图

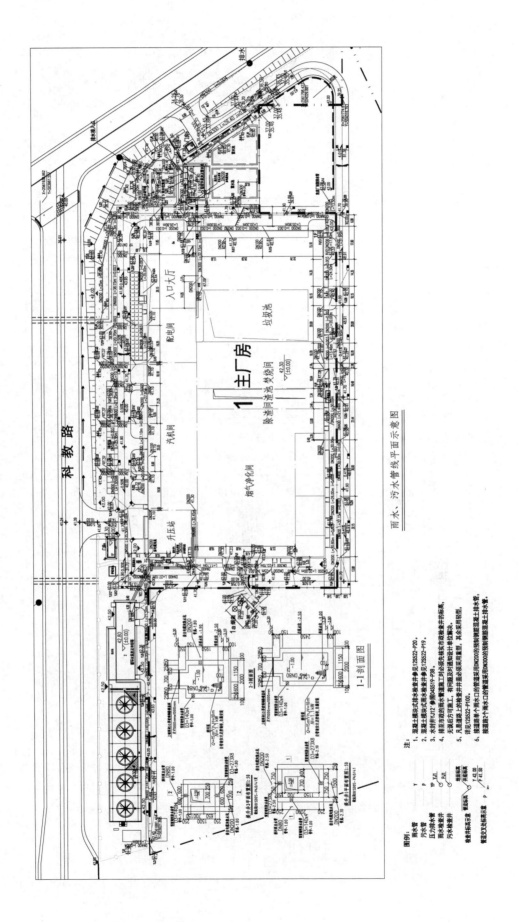

雨水、污水管线平面示意图

长阳航天城电子科技园三院北京华航无线电测量研究所建设项目科研研试调度中心 3-1（Ⅰ至Ⅲ段）

设计单位： 航天建筑设计研究院有限公司
设 计 人： 孙敏　邵忆
获奖情况： 工业建筑类　三等奖

工程概况：

本项目位于北京市房山区。该建筑为高层建筑，耐火等级为二级，建筑面积约 119700m²。地上部分由 3 部分组成，分别为Ⅰ段、Ⅱ段、Ⅲ段，Ⅰ段、Ⅱ段建筑高度为 44.95m，Ⅲ段建筑高度为 17.35m。其中科研研试调度中心 3-1（Ⅰ段）为二类高层民用建筑，地下 2 层，地上 9 层，主要功能为科研办公，办公人数 830 人；科研研试调度中心 3-1（Ⅱ段）为戊类高层厂房，地下 1 层，地上 8 层，主要为试验用房及仓库用房，内设工艺设备 108 台（套）；科研生产综合楼（Ⅲ段）为多层民用建筑，地下 1 层，地上 1 层，主要功能为多功能厅，容纳人数 1200 人。建筑地下分为 2 层，地下二层、地下二层平时作为地下车库使用，其中地下二层战时为核 5 级二等人员掩蔽所及核 6 级人防物资库等人防工程。该项目工艺循环水系统的设计位于科研研试调度中心 3-1（Ⅱ段）。

工程说明：

一、给水排水系统

艺循环冷却水系统设计如下：

（一）设计要求

（1）循环冷却水水量：用水设备台数为 26 台（套），单台设备的用水量为 8～42m³/h，26 台设备累计总用水量达 705m³/h。

（2）水质水压：水质均为软化水，水压均要求 0.2～0.4MPa。

（3）水温：特殊用水时段，保证设备进出口水温为 28～32℃；其余时段进口水温可为 32～36℃。

（二）设计难点

1. 设备数量多，总用水量大

需要循环冷却水的工艺设备 26 台，设备之间水量变化大，冷却循环水总用水量较大，很难在一个或几个人系统中实现水量水压的均衡。

2. 自然因素、成本控制双重制约

设备的使用工况复杂多变，有部分设备要求进水温度不高于 28℃，由于北京地区湿球温度所限，自然冷却不能满足水温要求，全部用水由冷水机组制备，又会造成项目一次投资的增加和后期的运营及维护成本的大幅增加。

3. 系统控制要求高效、智能

由于工艺要求的特殊性及不确定性，设备用水要求随工艺、水温、季节随时切换，循环冷却水系统中对自动化控制设计要求高。

（三）循环冷却水系统设计

设计将 26 台设备同时使用的冷却循环水总量确定为 450m³/h，又利用各设备升温、持温、降温的时间重叠性，将循环水系统拆分为 3 个子系统。其中 150m³/h 的水量确定为特殊用水时段内必须保证的设备进口水温不高于 28℃ 的同时使用水量，该系统称为系统 1，夏季极端湿热天气时，由冷水机组和板式换热器作为冷源，非极端湿热天气时，由开式冷却塔和板式换热器作为冷源；其余 300m³/h 的水量均分为 2 个系统，每个系统水量也为 150m³/h，称为系统 2、系统 3，这 2 套系统的冷源为闭式冷却塔，保证设备进口水温不高于 32℃。3 套系统既各自独立，又互为补充备用，既满足工艺各方面的使用要求，又实现了技术创新。

二、工程特点介绍

该循环冷却水系统设计的创新点体现在 3 个方面：

（1）引入分集水器这一压力容器作为中间调配枢纽，通过电动阀的启闭切换管路，在能耗最低的条件下，不仅可以将低温水调配至每台工艺设备，还利于整个系统的压力平衡，确保设备所需水量的供应。循环冷却水系统运行原理如图 1 所示。

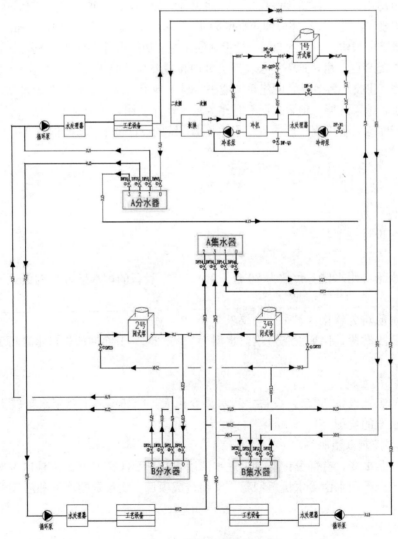

图 1　循环冷却水系统运行原理图

（2）设计中巧妙地利用设备升温、持温、降温等时段的重叠性，将低温循环水水量做到了最低。仅有 150m³/h 的冷却循环水冷源选用了冷水机组，既保证了特殊时段水温不高于 28℃的设备供水，又做到了投资最省，能耗最少。具体投资及能耗计算见表 1。

不同冷源形式占比不同的情况下，冷源部分一次性建设投资及运行能耗对比表　　表 1

序号	水量(m³/h)	冷源形式	一次投资(万元)	功率(kW)	每年运行时长(h)	年耗电量(万 kW)
1	150	冷水机组＋板换	92.28	140.0	1600	22.4
		开式冷却塔＋板换	9.14	7.4	3200	2.37
	300	闭式冷却塔	68.40	22.0	4800	10.56
小计	450		169.82			35.33
2	300	冷水机组＋板换	184.56	280.0	1600	44.8
		开式冷却塔＋板换	18.28	14.8	3200	4.74
	150	闭式冷却塔	34.20	11.0	4800	5.28
小计	450		237.04			54.82
3	450	冷水机组＋板换	276.84	420.0	1600	67.2
		开式冷却塔＋板换	27.42	22.2	3200	7.10
	0	闭式冷却塔	0	0	0	0
小计	450		304.26			74.3

注：冷却循环水系统与工艺设备同步运行，每日工作 2 班，16h。

由表 1 可见，冷水机组为冷源的水量占比多少，决定了冷源部分一次性建设投资和年耗电量的多少。占比越少，冷源部分一次性建设投资和年耗电量越少。本工程的冷却循环水系统，冷水机组为冷源的水量为 150m³/h，占总水量的 33.3%，比冷水机组为冷源的水量为 300m³/h 时一次性建设投资节省 67.22 万元，节省了 28.36%，年耗电量节省 19.49 万 kW，节省了 35.55%；比冷水机组为冷源的水量为 450m³/h 时一次性建设投资节省 134.44 万元，节省了 44.19%，年耗电量节省 38.97 万 kW，节省了 52.44%。

（3）设计引入自控系统，使得循环冷却水系统更加适应复杂的生产工艺及运行工况。考虑系统设备众多，控制方式复杂，特引入自动控制系统。结合循环冷却水系统运行原理，如图 1 所示，通过分集水器的组合，将 3 套系统整合起来，既是一个完整的整体，又各自独立。系统通过分、集水器进/出口水管上设置的电动阀，对 3 套系统任意切换，通过供/回水干管上设置的温控阀、室外湿球温度的变化，任意切换冷水机组和开式冷却塔，使得冷却循环水系统根据工况、水温、气温等参数做出适时调整，以精确控制水泵、冷机、冷却塔等设备的启停，既保证工艺设备对冷却循环水的需求，又能节约能源，避免不必要的浪费。系统采用 Honeywell WEBs 自动控制系统，该系统的网络符合 BACnet MS/TP 协议标准，提供一系列的标准开放性接口，WEBs 服务器处于楼宇设备自控系统的最高监视与管理层，它通过 TCP/IP 连接网络控制器，网络控制器通过双绞线通信网络连接各楼层的现场控制器，将各种楼宇机电设备的实时运行状况集成到 WEBs 服务器统一的人机交互界面，实现对各机电子系统的集中监视与管理。统一的浏览器界面可以支持构架显示窗口推出、动画和参数变量值动态显示，支持查询，实现带有口令验证的安全管理操作控制，也可以支持多媒体技术，应用视频、图像和音响等技术，使报警监视和设备管理图形界面生动直观。该系统的引入还可以有效地降低维护人员的投入，减少系统误操作的几率；系统操作人员只需要在相应的控制终端进行简单的操作即可实现系统控制方式的切换，且系统设置各种信号反馈和报警信息，操作人员无需到现场即可很好地掌握现场情况和设备运行状态。具体如图 2 所示。

该工艺循环冷却水系统的设计完全满足工艺对循环冷却水的需求，符合节约型社会倡导尽量减少资源利

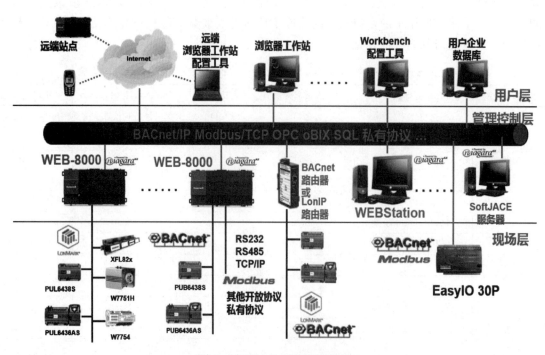

图 2 WEBs N4 系统典型架构

用的宗旨。节省工程建设一次性投资，减少了水电资源的浪费，提高水资源的回收利用。同时精准的系统控制、温度控制及冷源的控制，不仅节约了电能消耗，也更加节约了人力，还减少了由于水温的忽高忽低对工艺设备造成的工艺各种的损耗、停机，大幅节约社会资源，降低企业的经营成本，提高企业经济效益和企业综合管理水平。

三、工程照片及附图

大楼全貌

控制间

屋面冷却塔

循环水泵房全貌

泵房分集水器及连接

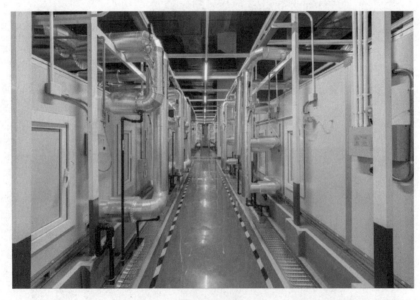

用水设备连接

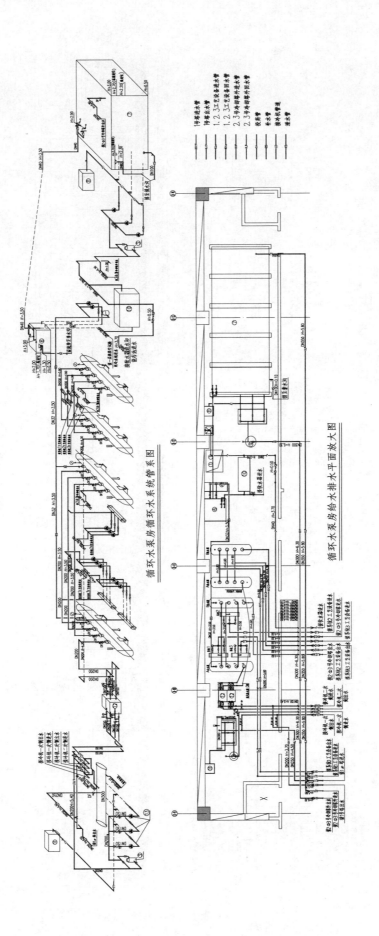

循环水泵房循环水系统管系图

循环水泵房给水排水平面放大图

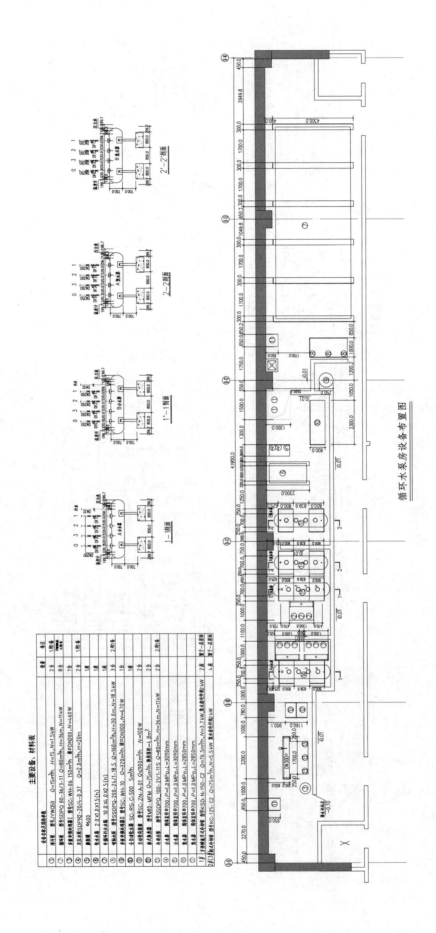

循环水泵房设备布置图

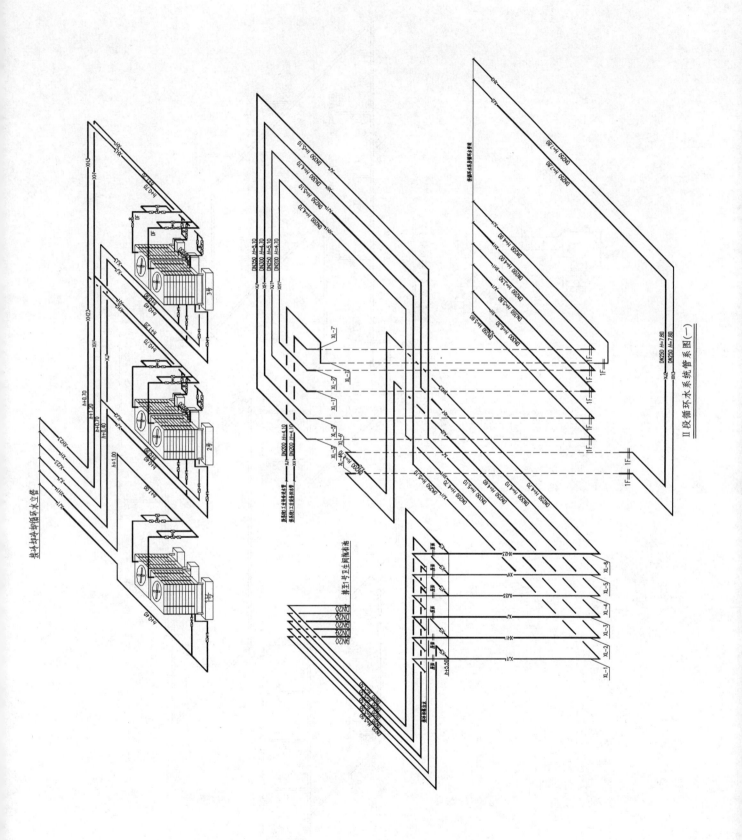

Ⅱ段循环水系统管系图（一）

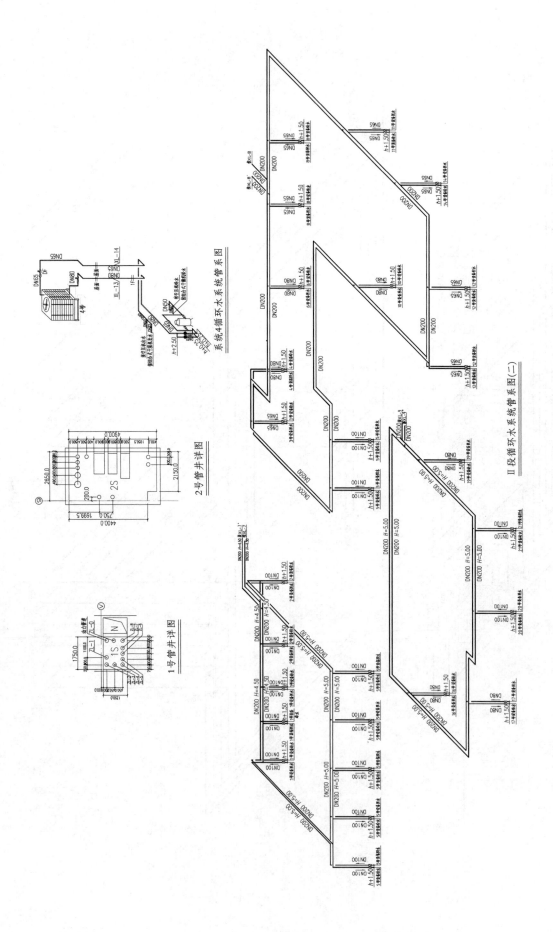

1号管井详图

2号管井详图

系统4循环水系统管系图

II段循环水系统管系图(二)

注：
1.湿球温度低于或等于23℃，各系统各自运行。
DF01、DF02、DF04、DF05保持常开状态；
系统1：DF05、DF15、DF14打开；
系统2：DF21、DF22、DF23打开；
系统3：DF31、DF32、DF33打开。

2.湿球温度高于23℃，系统之间可任意切换。
DF01、DF02、DF04、DF05保持常开状态。
(1)系统1和系统2切换：DF25、DF24打开,系统2水温低于或等于28℃；
DF11、DF12、DF23打开，系统1水温可能大于28℃。
(2)系统1和系统3切换：DF35、DF34打开,系统3水温低于或等于28℃；
DF11、DF12、DF33打开，系统1水温可能高于28℃。

3.冷机运行与各自控制。
(1)湿球温度高于或等于23℃,DF-Q1、DF-QE关闭,DF-Q2开启
冷机工作：
(2)湿球温度在6~23℃之间,DF-Q1、DF-Q3开启,DF-02关闭
冷机处于准工作状态。
1)上塔水温过低时，将DF-O的开启度调大，保证冷机正常运行；
2)上塔水温较高时，将DF-O的开启度调小或关闭）。
其中，DF-O为带有流量重调节功能的电动阀。
(3)湿球温度低于或等于6℃, DF-Q1、DF-Q3开启, DF-Q2关闭
冷机不工作。

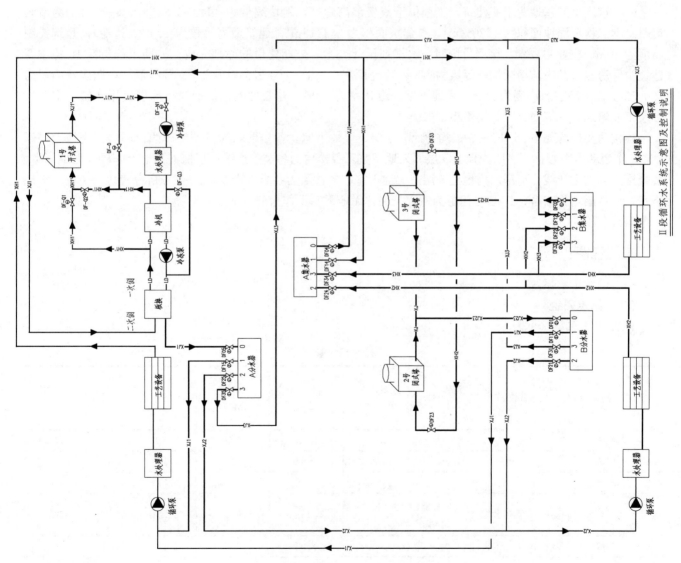

Ⅱ段循环水系统示意图及控制说明

vivo 重庆生产基地

设计单位：中国建筑设计研究院有限公司
设 计 人：朱跃云　关若曦　张庆康　张璇蕾　石小飞　郭汝艳
获奖情况：工业建筑类　三等奖

工程概况：

vivo 重庆生产基地为工业建筑，工程位于重庆市南岸区，地块编号为"D23-3/04"，地块周边均为市政道路。本工程总用地面积为172054m²，总建筑面积为344118m²。建筑最高层数为10层（远期），建筑控制高度为40m。应业主要求，该项目按照一次规划设计方案，分期建设的原则完成。一期工程包括10栋主要建筑：厂房一（其中洁净区洁净等级为N8级）～厂房六，1～4号宿舍以及1～3号门卫。一期建筑面积为206953m²，最高建筑高度为28m；无地下室。绿化率为20%。建筑性质：包括二类高层民用建筑（宿舍）、多层工业建筑，建筑耐火等级均不小于二级。

各楼简要情况如下：厂房一、二均为地上4层，无地下室，各楼层均为各类生产线；厂房三为地上局部2层，作为动力中心；厂房四为地上5层，无地下室，各楼层为各类生产线；厂房五为地上4层，无地下室，各楼层为各类生产线；厂房六为地上5层，无地下室，各楼层为各类生产线。1～4号宿舍为地上7层，无地下室，各楼层均为宿舍；1～3号门卫为地上1层，无地下室，作为门卫室。

工程说明：

一、给水排水系统

(一) 给水系统

1. 冷水用水量（见表1）

冷水用水量　　　　　　　　　　　　　　　　　　　　　表1

序号	楼座	用水部位	使用数量（人次）	最高日用水定额	日用水时间(h)	小时变化系数	用水量		
							平均时（m³/h）	最大时（m³/h）	最高日（m³/d）
1	厂房一	员工	8700	25.00	16.00	2.50	13.59	20.39	217.50
2	厂房二	员工	4200	25.00	16.00	2.50	6.56	9.84	105.00
3	厂房三	员工	8	25.00	16.00	2.50	0.01	0.02	0.20
		空调冷却循环水	循环流量3600m³/h，补水率1.5%		18	1.0	54.0	54.00	972.00
4	厂房四	办公	400	50.00	8.00	1.50	2.50	3.75	20.00

续表

序号	楼座	用水部位	使用数量 （人次）	最高日用 水定额	日用水时 间(h)	小时变 化系数	用水量		
							平均时 (m^3/h)	最大时 (m^3/h)	最高日 (m^3/d)
5	厂房五	食堂	24800	25.00	12.00	1.50	51.67	77.50	620.00
		空调冷却 循环水	循环流量 3600m^3/h， 补水率 1.5%		12	1.0	13.50	13.50	162.00
6	厂房六	招聘	300	6.00	4.00	1.50	0.45	0.68	1.80
		健身中心	1600	30.00	12.00	1.50	4.00	6.00	48.00
7	1 号宿舍		2664	150.00	24.00	3.50	16.65	58.28	399.60
8	2 号宿舍 I 段		720	150.00	24.00	3.50	4.50	15.75	108.00
9	2 号宿舍 II 段		1224	150.00	24.00	3.50	7.65	26.78	183.60
10	3 号宿舍		1656	150.00	24.00	3.50	10.35	36.23	248.40
11	4 号宿舍		2592	150.00	24.00	3.50	16.20	56.70	388.80
12	小计						134.14	355.80	3460.32
13	未预见用水量		小计×0.10				13.41	35.58	346.03
14	总计		12＋13 项				147.55	391.38	3806.35

2. 水源

供水水源为城市自来水。本项目从用地西北侧的市政道路的市政给水管道上接入 2 根 DN250 给水管，引入用地红线，设置总水表和倒流防止器后在用地红线内构成环状供水管网，供应本工程的生活用水。市政供水压力能供水至 272m 标高处。（相对于绝对标高 244m 处的供水压力 0.28MPa，本工程±0.00m 相对于绝对标高 216.0m）。供水水质应符合《生活饮用水卫生标准》GB 5749—2006 的要求。

3. 系统竖向分区

除了厂房五为生活高位水箱重力供水以外，其他楼座均采用市政直接供水。系统竖向不分区。

4. 供水方式及给水加压设备

由于用地周边市政供水安全性欠缺，为了保证正常的生活秩序，业主要求厂房五在市政断水的情况下能够保证正常运行。因此，除了厂房五为生活高位水箱重力供水以外，其他楼座均采用市政直接供水。厂房五的生活高位水箱设置于 4 号宿舍屋顶（256.00m）标高处，材质为 S30408 食品级不锈钢，有效容积为 231m^3，约占水箱供水部分设计日用水量的 25%。

5. 管材

（1）干管和立管采用衬塑焊接钢管，可锻铸铁衬塑管件，小于或等于 DN65 者螺纹连接，大于或等于 DN80 者沟槽连接。热水管内衬塑材料应为热水型。热媒管道采用内外壁热镀锌钢管。管材和接口公称压力均为 1.0MPa。

（2）支管采用无规共聚聚丙烯（PP-R）塑料管，热熔连接。与金属管和用水器具连接采用螺纹。冷水 PP-R 管道的管系列为 S4。热水 PP-R 管道的管系列为 S2.5。管材和接口公称压力为 0.60MPa。

（3）大于或等于 DN50 阀门与管道连接、机房内管道连接采用沟槽。

（二）热水系统

厂房五、1～4 号宿舍设集中生活热水系统，均按照定时制供应热水（供水时段为每天 6:00～9:00、12:00～13:00 和 18:00～0:30）；其他楼座公共卫生间采用分散电热水器供应热水。

1. 热水用水量（见表2）

热水用水量　　　　　　　　　表2

序号	楼座	用水部位	使用数量（人次）	最高日用水定额	日用水时间(h)	小时变化系数	用水量(60℃)		
							平均时(m³/h)	最大时(m³/h)	最高日(m³/d)
1	1号宿舍	淋浴	2664	50.00	11.00	3.00	12.11	36.33	133.20
2	2号宿舍Ⅰ段	淋浴	720	50.00	11.00	3.00	3.27	9.82	36.00
3	2号宿舍Ⅱ段	淋浴	1224	50.00	11.00	3.00	5.56	16.69	61.20
4	3号宿舍	淋浴	1656	50.00	11.00	3.00	7.53	22.58	82.80
5	4号宿舍	淋浴	2592	50.00	11.00	3.00	11.78	35.35	129.60
6	厂房五		37200	7.00	16.00	1.50	16.28	24.41	260.40

2. 热源

厂房五生活热水热源由自备燃气热水机组提供，热媒水供水温度为90℃，回水温度为70℃。热媒水系统设独立的循环泵，由高于机组顶部1～2m的软水箱为热媒系统稳压。1～4号宿舍生活热水热源采用空气源热泵系统间接制备生活热水热媒，利用多台容积式换热器并联制备生活热水。空气源热泵机组材质为不锈钢。

3. 系统竖向分区

热水系统供水分区和供水方式同给水系统，各区压力源来自于给水系统压力。

4. 热交换器

厂房五设2台半容积式换热器，1～4号宿舍为利用多台容积式换热器并联换热。

5. 冷、热水压力平衡措施及热水温度的保证措施等

（1）热水系统供水分区和供水方式同给水系统；

（2）热水供、回水管同程布置，保证良好循环效果；

（3）本系统为定时供应热水，采用机械循环，循环泵在定时供水时段前半小时由人工手动开启，直至回水管道温度上升至55℃（宿舍为50℃）即停止运行。供水状态下循环泵不开启。

6. 管材

同给水系统。

（三）管道直饮水系统

1. 饮水量（见表3）

饮水量计算表　　　　　　　　　表3

序号	楼座	用水部位	使用数量（人次）	最高日用水定额	日用水时间(h)	小时变化系数	用水量		
							平均时(m³/h)	最大时(m³/h)	最高日(m³/d)
1	厂房五	食堂	24800	1.50	12.00	1.50	3.10	3.88	37.20
2	1号宿舍		2664	2.00	24.00	1.50	0.22	0.33	5.33
3	2号宿舍	宿舍饮水点	1224	2.00	24.00	1.50	0.10	0.15	2.45
4	3号宿舍		1656	2.00	24.00	1.50	0.14	0.21	3.31
5	4号宿舍		2592	2.00	24.00	1.50	0.22	0.32	5.18
6	小计						3.78	4.89	52.45
7	未预见水量		小计×0.15				0.57	0.73	7.87

续表

序号	楼座	用水部位	使用数量（人次）	最高日用水定额	日用水时间(h)	小时变化系数	用水量		
							平均时(m³/h)	最大时(m³/h)	最高日(m³/d)
8	总计						4.34	5.63	60.32

2. 设备

本工程中厂房五、1～4号宿舍设置管道直饮水系统，集中净水处理站位于厂房五一层。其他楼座均分散设电开水器，预留水、电接口条件。

3. 水源

以市政自来水为原水。饮用净水核心处理单元为纳滤，并设置预处理。净水设备累计工作时间为10h/d，净水设备产水量为10m³/h。原水水箱有效容积为12.5m³，净水水箱为21m³。

4. 水质

直饮水水质应符合《饮用净水水质标准》CJ/T 94和《生活饮用水卫生标准》GB 5749的规定。

5. 供水方式及给水加压设备

管网竖向不分区，在用水点供水压力大于0.20MPa时设置支管减压阀。采用变频调速泵组供水，变频调速泵组采用3台，2用1备，轮换启动。变频泵组的运行由水泵出口处处的压力控制，设定工作压力值详见直饮水系统图。

6. 循环系统

系统由供水变频加压泵兼作循环泵，循环流量由设在回水总管上的限流阀控制，保证每12h全系统内水循环一次。

7. 管材

均采用S30408（0Cr18Ni9）薄壁不锈钢管，卡凸压缩式不锈钢管件连接。小于DN40采用卡凸压缩丝扣连接，大于或等于DN40采用卡凸压缩式法兰连接。管材和接口公称压力为1.0MPa；嵌墙支管和埋地管采用外覆塑层不锈钢管。

（四）冷却循环水系统

1. 设计参数

空调用水经冷却塔冷却后循环利用。冷却水温度为32℃，出水温度为37℃，重庆当地大气压力为963.8hPa，夏季空调室外计算干球温度取35.5℃，夏季空调室外计算湿球温度取26.5℃。厂房三的循环冷却水量为3600m³/h，补水量为54m³/h；厂房五的循环冷却水量为900m³/h，补水量为13.5m³/h；循环利用率为98.5%。

2. 冷却设备配置

按夏季负荷配置。厂房三设3台标准工况下1200m³/h的横流式超低噪声冷却塔，放置在厂房三屋顶，与3台制冷机相配套；厂房五设3台标准工况下300m³/h的横流式超低噪声冷却塔，放置在厂房五屋顶，与3台制冷机相配套；冷却塔进水管上均装有电动阀门，控制要求详见设施图纸。冷却塔及循环管道均设泄水阀，在停用时应将冷却塔及管道泄空。

3. 冷却水水质稳定

采用电子水处理仪处理循环冷却水。水处理仪安装在循环泵与冷冻机之间，并应尽量靠近冷冻机。详见设施图纸。

4. 冷却循环水补水

冷却循环水补水由市政自来水管直接补水，在补水管上设真空破坏器。

5. 管材

循环冷却水管采用焊接钢管，焊接连接，与设备、阀门等相接管段采用法兰连接。

（五）排水系统

1. 排水系统的型式

本工程排水系统采用室外雨污分流制，室内污废合流制；

2. 透气管的设置方式

为保证排水通畅，卫生间排水管根据排水负荷设置环形通气管或单立管伸顶通气管，伸出屋面排放。

3. 局部污水处理设施

本工程厂房五厨房污水设置器具隔油器和自动隔油器经两级处理后排入室外污水管网；室外污水管网将园区污水收集后设置生化池处理后排至市政污水管网。

4. 管材

污/废水管、通气管采用符合《建筑排水用柔性接口承插式铸铁管及管件》CJ/T 178，RC 型法兰压盖承插式连接，双面 45°橡胶密封。埋地管采用机制承插式机械法兰接口排水铸铁管，橡胶圈密封，法兰应做防腐封包处理。

（六）雨水系统

1. 设计标准

屋面雨水的设计重现期为 10 年，设计降雨历时为 5min。雨水溢流和排水设施的总排水能力不小于 50 年重现期降雨流量。

2. 系统型式

厂房一和厂房二屋面雨水采用虹吸雨水系统，其他楼座的屋面雨水均采用 87 型斗半有压内排水系统。在屋面女儿墙上设溢流口，溢流口和排水管系的总排水能力按 50 年重现期设计。

3. 管材

87 型雨水斗系统管道采用热镀锌钢管，沟槽式连接。虹吸雨水管道采用 HDPE 排水管，电熔连接。

二、消防系统

（一）消火栓系统

1. 系统用水量

室外消火栓系统用水量为 40L/s，火灾延续时间为 3h，一次灭火用水量为 432m³；室内消火栓系统用水量为 30L/s，火灾延续时间为 3h，一次灭火用水量为 324m³；

2. 消防水源

室内外消防用水总量为 1527m³，全部贮存于厂房五一层消防水池，此水池兼作空调蓄能水池。水池有效容积为 1627m³（其中室外消火栓系统 432m³、室内消火栓系统 324m³、自动喷水灭火系统 771m³，空调蓄冷调节水量 100m³），设置为 2 座独立的消防水池，每个消防水池又分为 2 格。设置连通管，保证池子检修时能够正常使用，同时设连接管道通至室外设置供消防车吸水的取水井。为了保证消防用水不被动用，在空调蓄冷循环泵吸水管上翻至消防水位处设置虹吸破坏孔，以保证设计消防水贮存量。同时，空调蓄冷工况最不利温度按照 5℃设计，保证消防水池中的消防用水温度不低于 5℃。而且在空调蓄冷循环泵吸水口处设置温度探测装置，温度低于 5℃，停止蓄冷循环泵，并设置低温报警系统。

一期工程暂在 4 号宿舍楼屋顶 256.000m 标高处设置有效贮水容积为 18m³ 的高位消防水箱，待二期工程实施后，再将该水箱间移至整个项目最高的楼座屋顶。水箱间设稳压装置。室内消火栓系统和自动喷水灭火系统共用高位水箱，稳压装置分设。

3. 供水系统

室内/外消火栓系统均为临时高压给水系统，为合用加压系统，平时系统压力由屋顶消防水箱和增压稳压装置（稳压泵 $Q=1.4L/s$，$H=18m$，$N=2.2kW$，1 用 1 备）维持。系统竖向不分区，用 1 组消防泵供水（消火栓系统加压泵 $Q=0\sim40L/s$，$H=100m$，$N=75kW$，2 用 1 备）。

4. 水泵接合器

室内消火栓系统水量为 30L/s，共需设 2 个 DN150 地上式水泵接合器。消防水泵接合器在室外各楼座附近设置，均位于室外消火栓 15～40m 范围内，供消防车向室内消火栓系统补水用。水泵接合器处应设置永久性标志铭牌，注明供水系统、供水范围、系统设计流量和额定压力等参数。

5. 系统控制

稳压装置设置控制稳压泵启停的压力开关（PS_1、PS_2），由设置于加压泵出水干管上的压力开关（P_2）或高位消防水箱重力出水管上的流量开关自动启动 1 台消火栓加压泵，由设置在室外消火栓干管上的流量开关启动第二台加压水泵。加压泵启动后，稳压泵自动停泵。稳压泵及加压泵启闭的压力值详见消火栓系统图。高位消防水箱重力出水管上设置的流量开关作为启动加压泵的备用措施（要求流量开关在管道流速 0.1～10m/s 时能够可靠开启）。

6. 设置部位

厂房一中洁净室的生产层及上部技术夹层均设置室内消火栓保护。

7. 管材

室内部分均采用内外壁热镀锌钢管，可锻铸铁管件。小于或等于 DN50 者螺纹连接，大于 DN50 者沟槽连接。室外埋地部分采用钢丝网骨架聚乙烯复合给水管，电热熔连接，公称压力为 1.6MPa。

（二）自动喷水灭火系统

1. 系统水量

系统设计流量为 107L/s，火灾延续时间为 2h，设计用水量为 1527m³。各部位的危险等级、自动喷水灭火系统设计参数见表 4。

自动喷水灭火系统设计参数　　　　　　　　　　　　　　　表4

部位	危险等级	喷水强度/作用面积/持续喷水时间	设计流量
厂房一和厂房二中的物流仓库等	仓库危险级Ⅲ级	单双多排货架顶板下喷水强度 24.5L/(min·m²)，200m²，2h	约 107L/s
厂房三丙类库房	仓库危险级Ⅱ级	16L/(min·m²)/200m²，2h	约 70L/s
其他区域	中危险级Ⅰ级	6L/(min·m²)/260m²，1h	约 21L/s

2. 系统形式

厂房一的洁净区设置预作用系统，其他区域均为湿式系统。系统竖向不分区，用 1 组加压泵供水。

3. 报警阀

共设 32 个湿式报警阀，3 个预作用报警阀。报警阀均设置在各楼座一层的报警阀间内。

4. 水泵接合器

系统设计流量为 107L/s，共需设 8 个 DN150 地上式水泵接合器。消防水泵接合器在室外各楼座附近设置，均位于室外消火栓 15～40m 范围内，供消防车向自动喷水灭火系统补水用。水泵接合器处应设置永久性标志铭牌，注明供水系统、供水范围、系统设计流量和额定压力等参数。

5. 喷头选用

（1）库房、机房采用直立型喷头，无吊顶部位宽度大于 1.2m 的风管和排管下采用下垂型喷头。有吊顶部位采用吊顶型喷头。仓储用房采用快速响应喷头（$K=300$）。

（2）净空高度 8～12m 的中庭采用 $K=80$ 的快速响应玻璃球喷头，其余均采用 $K=80$ 的标准玻璃球喷头。

（3）喷头动作温度：厂房五中高温操作区为 93℃，其余区域为 79℃；其他楼座均为 68℃。

（4）喷头的备用量不应少于建筑物喷头总数的 1%。各种类型、各种温级的喷头备用量不得少于 10 个。

6. 系统控制

（1）湿式自动喷水系统的控制和信号：

1）加压泵 3 台，2 用 1 备，备用泵能自动切换投入工作；稳压泵 2 台，1 用 1 备，轮流工作，自动切换，交替运行。

2）任一报警阀上的压力开关启动第一台加压泵，第二台由加压泵出水干管上的压力开关启动，启动压力值见喷淋系统图。

3）水泵在消防控制中心和消防泵房内可手动启、停。

4）加压泵和稳压泵的运行情况将用红绿信号灯显示于消防控制中心和泵房内控制屏上。

5）报警阀组、信号阀和各层水流指示器动作信号将显示于消防控制中心。

6）加压泵启动后，便不能自动停止，消防结束后，手动停泵。

（2）预作用自动喷水系统的控制和信号：2 路火灾探测器都发出信号后自动开启预作用报警阀上的电磁阀，阀上的压力开关动作自动启动喷淋加压泵。系统转为湿式系统。在喷头未动作之前，如消防中心确认是误报警，手动停止加压泵，恢复预作用状态。

7. 管材

采用内外壁热镀锌钢管，可锻铸铁管件。小于或等于 DN50 者螺纹连接，大于 DN50 者沟槽连接。喷头与管道采用锥形管螺纹连接。

（三）气体灭火系统

1. 设置部位（见表 5）

气体灭火系统设置部位　　　　表 5

楼座	楼层	设置部位	防护区体积（m³）
厂房一	一层	弱电机房/配电室	294/896
	二层	配电室	1109
厂房二	一层	配电室	2310
厂房三	一层	变配电室、开闭站	2272/1400
厂房四	一层	弱电总机房	415
厂房五	一层	变配电室	1221
厂房六	一层	开闭站	617
1 号宿舍	一层	变配电室	732
4 号宿舍	一层	变配电室	732

2. 系统型式

除了厂房三一层的变配电室采用管网式外，其他防护区均采用预制式装置。每个房间为独立的防护区。拟采用七氟丙烷灭火剂。

3. 设计参数

灭火设计浓度为 9%，设计喷放时间为 8s，灭火浸渍时间为 5min。

4. 设计标准

气体灭火系统待设备招投标后，由中标人负责深化设计。深化设计严格按照本设计的基本技术条件和

《气体灭火系统设计规范》GB 50370—2005 进行。施工安装应符合《气体灭火系统施工及验收规范》GB 50263—2007 的规定，并参见国标图《气体消防系统选用、安装与建筑灭火器配置》07S207。

5. 控制要求

管网式系统设有自动控制、手动控制、机械应急操作 3 种控制方式；预制式系统设自动控制、手动控制 2 种控制方式。有人工作或值班时，设为手动方式；无人值班时，设为自动控制方式。自动、手动控制方式的转换，在防护区内、外的灭火控制器上实现，并显示手动、自动状态。

（1）防护区设 2 路火灾探测器进行火灾探测；只有在 2 路探测器同时报警时，系统才能自动动作。

（2）自动控制具有灭火时自动关闭门窗、关断空调管道等联动功能。

6. 安全措施

防护区围护结构（含门、窗）强度不小于 1200Pa，防护区直通安全通道的门，向外开启。每个防护区均设泄压口，泄压口位于外墙上防护区净高的 2/3 以上。防护区入口应设声光报警器和指示灯。火灾扑灭后，应开窗或打开排风机将残余有害气体排出。穿过有爆炸危险和变配电间的气体灭火管道以及预制式气体灭火装置的金属箱体，应设防静电接地。

三、工程特点介绍及设计体会

（1）本工程为工业厂房项目，一期项目实现生产线 3 班倒的运营模式，工人近 8000 人，面临着吃（食堂）、住（宿舍）的高峰负荷如何保障的难题。在进行厂房五（职工餐厅）的给水设计时，考虑采用高位水箱的方式，利用用水低峰时段管网压力将自来水存至高位水箱，高峰用水时由水箱重力供水，保证食堂的正常运转；同时，宿舍的生活热水采用定时供应热水系统，根据业主提供的运行时间，按照规范计算要求设置了大容量的热水储罐。结合当地气候条件，同时开展空气源热泵运行工况调研，最后确定采用空气源热泵供热方式，完美解决了 8000 职工的生活热水供应；赢得了使用方的一致好评。

（2）人文关怀方面：在厂房五、1~4 号宿舍设置管道直饮水系统，保证职工的日常生活品质，关爱员工，充分体现了建设方良好的企业文化。企业员工反应较好，得到了一致好评。

（3）消防给水系统控制问题。本工程在施工图出图前，正好是《消防给水及消火栓系统技术规范》GB 50974—2014 开始实施的阶段，对于正确理解和执行规范中对于消防泵控制、消防车吸水井设置等新问题进行了多轮研讨，并最终在设计中——落实。在本项目消防报审阶段，给水排水专业顺利通过了当地消防部门的专项审查；

（4）消防水池与空调蓄能水池合并建设。

四、工程照片及附图

园区主入口

休闲广场

园区一角（一）

员工宿舍

园区一角（二）

园区一角（三）

庭院广场

入口广场

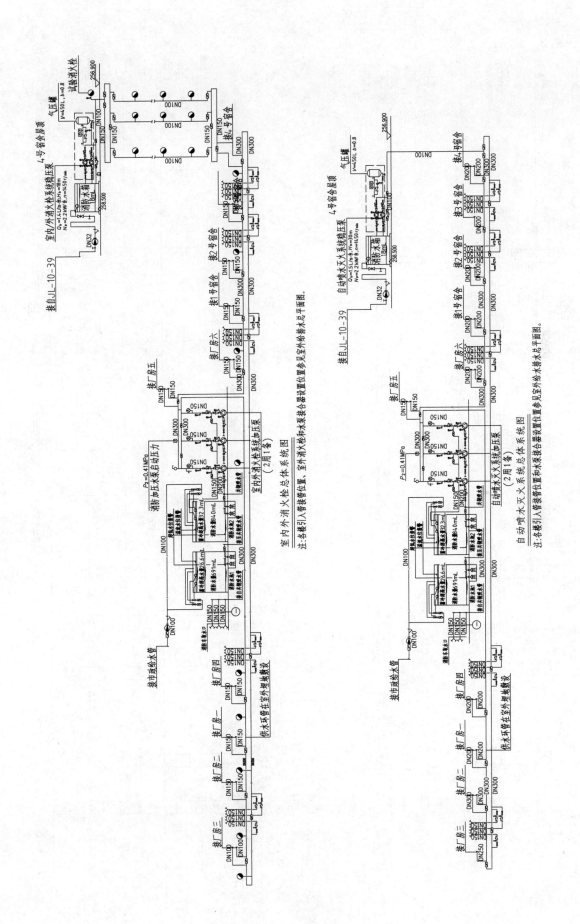

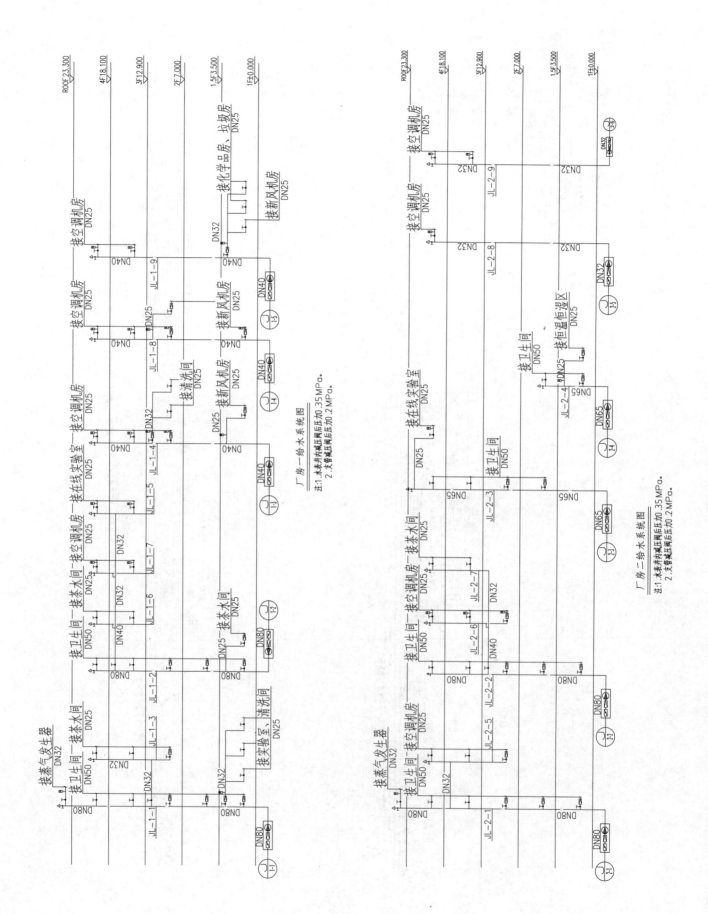

厂房一给水系统图

注:1.水表井内减压阀后压力0.35MPa。
2.支管减压阀后压力0.2MPa。

厂房二给水系统图

注:1.水表井内减压阀后压力0.35MPa。
2.支管减压阀后压力0.2MPa。

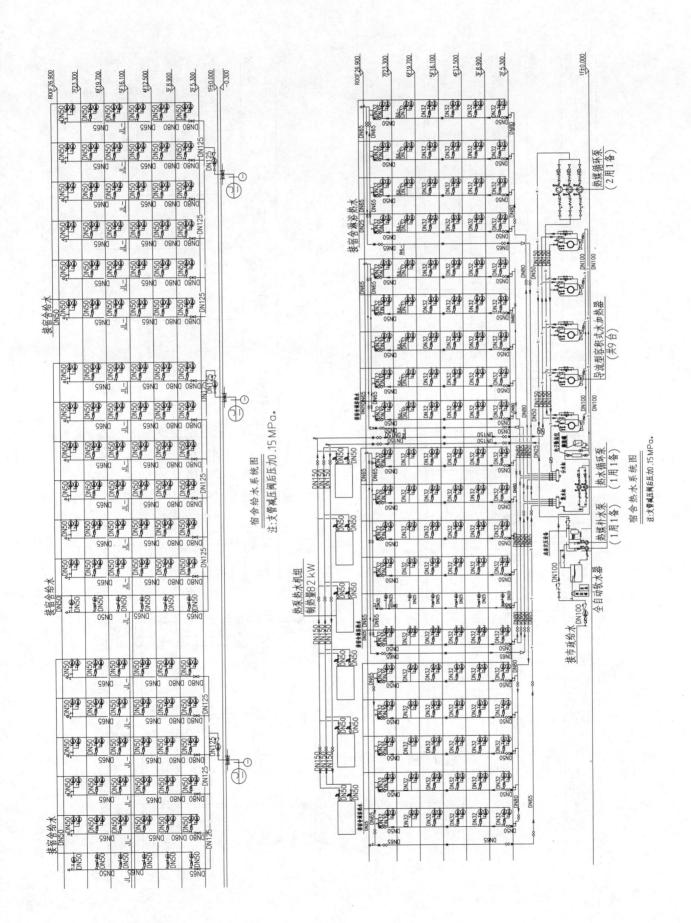

宿舍给水系统图
注:支管减压阀后压力加0.15MPa。

宿舍热水系统图
注:支管减压阀后压力加0.15MPa。

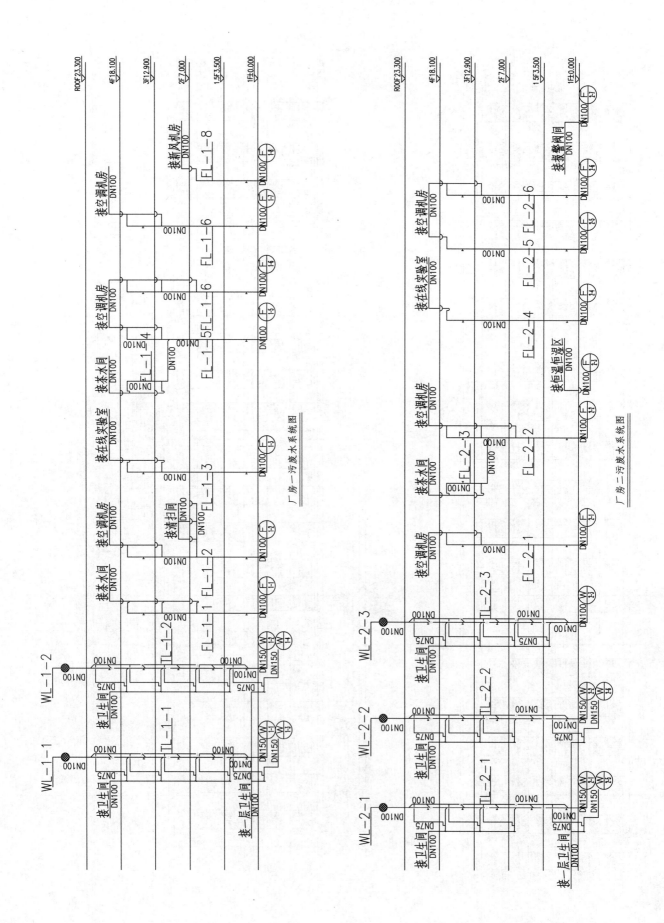

厂房一污废水系统图

厂房二污废水系统图

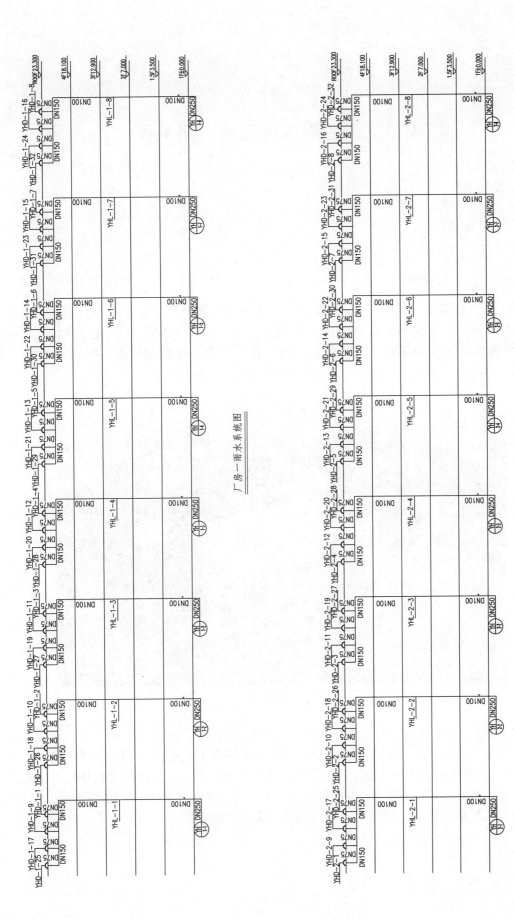

厂房一雨水系统图

厂房二雨水系统图

天津空港经济区庞巴迪一期工程

设计单位： 中国航空规划设计研究总院有限公司
设 计 人： 陈洁如　杨开晃　闫夷　张旭
获奖情况： 工业建筑类　三等奖

工程概况：

项目建设单位为天保建设，使用单位为天津庞巴迪航空服务有限公司。项目为满足庞巴迪系列公务飞机和部分商用飞机的维护、维修和大修服务的维修机库工程，位于天津机场空港经济区，用地面积为 40276.43m²，总体规划为两期建设，本项目为一期工程，一期总建筑面积为 9642m²，包括一期机库 8897m²，动力站 584m²，一期机坪 10550m² 以及配套的室外工程（图1）。

图1　效果图

其中新建维修机库由维修大厅及附楼组成，总建筑面积为 8897m²，机库大厅 4846m²，附楼 4051m²。机库大厅跨度为 88.4m，进深 54m，网架下弦高 16m，机库大门净高 13.5m。机库最大高度为 24m。主要承担庞巴迪系列公务飞机和部分商用飞机的停放、维护、维修和大修任务，最大机型为庞巴迪 CS300（机长 38m、翼展 35.1m、高 11.5m）。本项目为庞巴迪公司在华首家公务机维修中心，服务于亚太地区其高端客户。其服务客户的高端化对项目从设计、施工到完成度都提出较高要求。

工程说明：

一、给水排水系统

（一）给水系统

1. 冷水用水量（见表1）

冷水用水量　　　　　　　　　　　　　　　　　　　　　　　表1

序号	用水项目	用水标准		数值		小时变化系数	用水时间 (h)	最高日用水量 (m³/d)	最大时用水量 (m³/h)
		数量	单位	数值	单位				
1	生产及办公人员	25	L/(人·d)	100	人	1.5	8	2.5	0.47
2	淋浴用水量	60	L/(人·d)	16	人	1.5	2	0.96	0.72
3	飞机清洗	1000	L/(架·d)	3	架	2.5	8	3	0.94
4	机坪清洗	1	L/(m²·d)	10550	m²	3	8	10.55	3.96
5	小计							17.01	6.08
6	管网漏失及未预见水量	10						1.7	0.61
7	本期总用水量							18.71	6.69

2. 水源

供水水源来自天津空港经济区给水管网、给水加压泵站。空港经济区消防用水与生产、生活共用1套管网，且为环状管网，管网管径 $DN600 \sim DN300$。供水水质满足《生活饮用水卫生标准》GB 5749—2006。本项目由地块东南侧道路接入两根 $DN200$ 市政给水管，并围绕机库一、二期区域及机坪设置环状供水管网，供水点压力不小于0.24MPa。

3. 供水方式

新建机库内的生产、生活给水由室外给水管网直接供给，供水压力满足最不利用点水压要求，系统竖向不分区。根据外方要求，本次在生活给水进口处设置软水器，经软化处理的水供给附楼卫生间洗手盆、机库内洗手盆及部分水质要求较高的器具（如机库洗眼器用水）。其他用水由市政自来水供给。机库内冲洗地面用水点应做明显标记，以防误饮。

4. 饮用水供应

本项目饮用开水采用全自动净化电开水器供应，饮用水用水标准：生产及办公人员3L/(人·班)，电开水器放置在附房茶水间内。型号为DAY的冷热两用型电开水器（$V=80L$，$N=12kW$），每台电开水器进水口处设1套水垢净。

5. 淋浴热水系统

附楼一层设男/女公共浴室，供生产办公人员淋浴用水。热水系统设计小时热水量为0.96m³/h（60℃）。采用分体式电热水器，每套淋浴器配1套 $N=2kW$，$V=100L$ 的电热水器。

6. 管材

室内明装的生产、生活给水管采用缩合式衬塑钢管；嵌墙敷设和地面找平层内敷设的生活给水管采用PP-R管。管径小于或等于 $DN100$ 均采用卡压式不锈钢管件连接，密封圈采用氯化丁基橡胶圈。埋地敷设的生活给水管道采用镀锌钢管，加强防腐。水箱的溢水管、泄水管采用热浸镀锌钢管，螺纹或法兰连接。

(二) 排水系统

1. 排水系统型式

机库及附楼室内生产、生活排水按污水水质情况分质排放,主要分为生活污水及洁净的生产废水、机库大厅地面清洗废水、喷漆间含漆废水,还考虑了事故污水。

(1) 生活污水及洁净的生产废水

本期机库及附房部分最高日生产、生活污水排水量为 $16m^3/d$。生活污水就近排入场区污水管;不含有毒有害污染物的生产废水排入场区污水管。由于采用架空地板形式,不便于检修,根据业主要求,在附楼排出管旁 250mm 处增设 $DN200$ 的 PE 管作为备用管,前后封堵,主管道一旦堵塞,启用备用排水管。

(2) 机库大厅地面清洗废水

机库大厅的泡沫格栅喷嘴灭火系统沟可兼作排水沟,收集地面清洗废水后,均排入大门内侧排水总沟,再经过排水管排入室外污水管。考虑清洗废水含油,在排出管上设置矿物油隔油器处理达标后排入污水管网。同时设置灭火时跨越隔油器的旁通管,旁通管上设置电动阀门,将跨越管收集的废水贮存在消防废水池内。

(3) 含漆废水

小件喷漆间产生的少量含漆废水应集中外运处理。

(4) 事故污水

根据甲方及保险公司的要求,含有火灾泡沫的消防废水不得外排,因此,本工程室外设消防事故贮水池,贮存消防时火灾持续时间 20min 内的全部含泡沫消防废水,水量计算见表 2。

消防事故水池容积计算表　　　　表 2

序号	消防系统	水或泡沫混合液供给强度		泡沫混合液流量(L/s)	供水流量(L/s)	贮存收集时间(min)	事故池储存用水量(m^3)
		数量	单位				
1	格栅喷嘴系统	4.1	L/(min×m²)	352	341.44	20	409.73
2	泡沫枪系统	4	L/(s×支)	8	7.76	20	9.6
3	屋架自动喷水灭火系统	7.0	L/(min×m²)		199	20	238.8
4	消防废水池合计						658.13

注:采用3%水成膜泡沫液。各系统供泡沫液时间均不大于20min,因此,按20min计算。

2. 屋面雨水系统

本项目机库大厅、附房及附楼屋面雨水均采用重力流内排水系统。雨水管的设计按照天津市的暴雨强度公式,主要设计参数为设计暴雨重现期 $P=5$ 年,降雨历时 $t=5min$,屋面径流系数为 0.90。暴雨强度公式采用天津市暴雨强度公式:

$$q=3833.34(1+0.85\lg P)/(t+17)^{0.85}$$

3. 管材

室内污水悬吊管、污水横管采用硬聚氯乙烯(PVC-U)新型复合排水管,承插粘接(粘接材料由管材供应商一并提供)。埋地及接电开水器的排水管采用柔性接口排水铸铁管。生产车间等的排水管道,均采用柔性排水铸铁管。排水铸铁管采用法兰承插式柔性连接。机库大厅排水沟排水管采用球墨给水铸铁管,球墨铸铁管采用自锚连接。

明装或埋地的重力流雨水管道采用优质 HDPE 排水管,埋地管采用优质柔性连接的给水铸铁管。

二、消防系统

（一）消火栓系统

1. 机库大厅消火栓给水系统

根据《飞机库设计防火规范》GB 50284—2008，机库大厅应设置消火栓系统。消火栓的充实水柱不小于13m，每支枪流量为5.7L/s，2支枪同时作用。室内消火栓系统设计用水量为11.4L/s，火灾延续时间3h。设计采用组合式消火栓柜，柜内上部配SN65型消火栓、DN65衬胶水带（长度25m）及水枪（喷嘴直径19mm），消防卷盘JPS0.8-19型及按钮，消火栓柜下部放置手提式灭火器和逃生面罩。消火栓柜采用钢结构柜体、不锈钢柜门的立柜式消火栓柜。

2. 附楼消火栓给水系统

附楼室内消火栓系统消防水量为15L/s，同时使用3支，每支流量5L/s。附楼消火栓系统与机库共用1个消火栓给水系统。

3. 高位消防水箱

根据我国相关规范，消火栓系统前10min用水量，由设在机库附楼屋顶上的高位消防水箱（$V=18m^3$）供给，并在平时维持管网压力。

4. 水泵设置

消火栓系统的供水来自新建消防泵房供水泵（2台，1用1备，每台泵工况：$Q=20L/s$，$H=50m$）供水灭火。

（二）自动喷水灭火系统

1. 屋架自动喷水灭火系统

根据《飞机库设计防火规范》GB 50284—2008和美国NFPA标准《飞机库设计规定》NFPA 409（Standard on Aircraft Hangars）（美国），飞机停放和维修区上方的屋架内设自动喷水灭火系统。设计参数：喷水强度为7.0L/(min·m²)，作用面积为1400m²，系统连续供水时间不小于45min，系统最不利点的喷头压力为0.10MPa。

屋架自动喷水灭火系统按分区面积不超过1400m²划分保护区，系统共设4套湿式报警阀，最多同时作用2个湿式报警阀。设计流量为199L/s。自动喷水灭火系统进口工作压力不小于0.70MPa。结合屋架自动喷水灭火系统规模大、作用面积大的设计特点，参考NFPA 409，在屋架内设置"挡烟垂壁"，使烟雾汇聚分区，有利于屋架自动喷水灭火系统的启动及时有效。

系统设4套DN200湿式报警阀组，设于附楼二层报警阀间内。喷头采用快速响应喷头，公称动作温度采用79℃。采用直立型闭式玻璃球喷头；连接管径DN15，流量系数$K=80$，喷口孔径$\phi11$。喷头布置间距按满足设计喷水强度的要求确定。自动喷水灭火系统喷头安装时可根据现场情况调整，但喷头布置应符合《自动喷水灭火系统设计规范》GB 50084—2017中喷头布置的相关规定和庞巴迪公司风险管理的规定。

2. 附楼自动喷水灭火系统

根据《自动喷水灭火系统设计规范》GB 50084—2017的规定，并参考庞巴迪公司的要求，本项目附楼设自动喷水灭火系统，零部件仓库按单、双排货架储物仓库危险级Ⅱ级设计；轮胎液压车间、复合材料准备间、复合材料洁净间、铅酸电池间、内部零部件存放间、内饰修理车间按民用建筑和工业厂房类的中危险级Ⅱ级设计；附楼办公室及其他生产车间按民用建筑和工业厂房类的中危险级Ⅰ级设计。

自动喷水灭火系统设计用水量为69L/s。系统最不利点的喷头压力为0.05MPa，持续喷水时间为1.5h。附楼自动喷水灭火系统设1套DN200湿式报警阀组，零部件仓库采用快速响应喷头，公称动作温度采用79℃，流量系数$K=115$，采用直立型闭式玻璃球喷头；附楼不设吊顶的房间及吊顶内安装的喷头，采用直立型闭式玻璃球喷头；有吊顶的房间采用吊顶型喷头，喷头动作温度为68℃，流量系数$K=80$，连接管径DN15，喷口孔径$\phi11$。各区域内喷头布置间距按满足设计喷水强度的要求确定。

（三）泡沫格栅喷嘴自动灭火系统

参照美国规范 NFPA 409 的规定，以及《飞机库设计防火规范》GB 50284—2008 编制组的回函、消防专项评审会议纪要，整个维修机库大厅内设置自动低位低倍泡沫格栅喷嘴灭火系统，作为主消防系统。

1. 低位低倍泡沫格栅喷嘴系统（Grate Nazzle System）

格栅喷嘴技术参数如图 2 所示。

喷射角度：　　　　　　　　90°/180°/360°；
流量系数（K 值）：　　　　100/173/336；
工作压力：　　　　　　　　40～60PSI（0.28～0.41MPa）；
泡沫混合液供给强度不应小于：4.1L/(min·m²)；
格栅宽度：　　　　　　　　508/660mm；
喷嘴最大喷射高度：　　　　300～450mm；
喷嘴最大保护半径：　　　　7.6m；
喷嘴认证：　　　　　　　　FM，UL。

图 2　泡沫格栅喷嘴

格栅泡沫喷嘴安装于地面沟渠中，表面与地面齐平。该装置已被实验证明：即使有部分障碍物的阻挡，如飞机轮胎、55 加仑桶、3/4″橡胶软管及其他建筑材料，也不会对泡沫喷放及覆盖造成影响。其广泛应用于庞巴迪公司国外的机库内，如庞巴迪美国机库、庞巴迪新加坡机库等。

2. 机库系统设计

在机库大厅地面进深方向共设置 6 条沟渠，沟渠间距为 15.2m，每条沟内设置有 360°地面泡沫格栅喷淋装置 6 套，间距 7.6m，整个机库共设 36 套地面泡沫格栅喷淋装置，火灾时同时作用，可达到机库的任何部位。泡沫格栅喷嘴在机库大厅中的布置如图 3 所示。

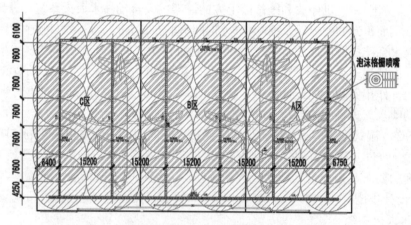

图 3　泡沫格栅喷嘴在机库大厅中的布置示意图

泡沫液为 AFFF 型水成膜泡沫液，混合比为 3%；泡沫混合液设计供给强度为 4.1L/(min·m²)；连续供泡沫液时间为 10min；连续供水时间为 45min（参见 NFPA 409：当闭式喷水系统与低位泡沫灭火系统结合使用时，其持续时间不低于 45min）。地面泡沫格栅喷嘴工作压力为 0.28MPa（40PSI），流量 9.4L/s 每个。系统设计流量为 352L/s。要求进口供水压力不小于 0.60MPa，用水由新建消防泵房的消防泵供给（3 台，2 用 1 备，每台泵工况 Q=290L/s，H=80m），管网平时压力由消防泵房内泡沫格栅系统稳压泵（2 台，1 用 1 备，每台泵工况：Q=7L/s，H=75m）和气压罐（直径 1.6m，调节容积 3.2m³）维持。泡沫格栅喷嘴系统用水量及泡沫液用量见表 3。

泡沫格栅喷嘴系统用水量及泡沫液用量统计表　　　　　　　　　　　　　　　　　表3

编号	项目	数值
1	保护面积（m²）	4846
2	泡沫混合液设计流量（L/s）	352
3	供水时间（min）	45
4	泡沫液量（含备用）（m³）	12.67
5	总用水量（m³）	922

3. 泡沫液储罐及比例混合器

本系统泡沫液用量为12.67m³（含备用量）。选用2个7m³泡沫液贮罐，采用在线平衡压力比例混合形式，由泡沫液贮罐、平衡调节阀、雨淋阀组、安全泄压阀、混合器管路、回流管路等组成。3套雨淋阀组及在线混合器均设置在泡沫液罐间。

4. 雨淋阀组

低位低倍泡沫格栅系统共有3个分区，每个分区设置1套DN200雨淋阀组，雨淋阀组设于泡沫液罐间内。雨淋阀组部件包括供水控制信号阀、试验信号阀、雨淋报警阀、压力表、水力警铃、压力开关、电磁阀、手动开启阀、止回阀、控制管球阀、报警管球阀、试警铃球阀、过滤器、管卡、泄水阀等，由制造厂成套供货。其中的控制阀应为消防专用信号蝶阀。

5. 格栅喷嘴的选型和安装

本设计选用360°格栅喷嘴，宽×长＝280mm×508mm，喷嘴由框架、喷水盘等组成。喷嘴连接管径为DN50，流量系数（K值）为337。喷嘴的选用及安装需符合庞巴迪公司风险管理的要求。

6. 系统控制

本系统设自动和手动2种控制方式。

（1）自动状态下，通过火灾报警系统自动启动，报警时联动启动机库大厅的泡沫格栅系统。

（2）手动状态下，可在消防控制中心远控启动泡沫格栅喷嘴系统；也可以在雨淋阀、泡沫液罐放置地，紧急启动相应保护区的雨淋阀组，通过雨淋阀组上的压力开关启动整套系统。

（四）泡沫枪灭火系统

机库大厅配置有固定式泡沫枪灭火装置，每套泡沫枪配有长度为20m的水带2条，QP4型泡沫管枪1支，DN65的消火栓栓口和检修闸阀。泡沫液用量为0.58m³，同地面格栅灭火系统共用泡沫液贮罐。混合装置由1套雨淋阀、在线比例混合装置组成，在泡沫液罐间内混合完成后将泡沫混合液通过管道输送至机库泡沫枪处。机库内共设置7套泡沫枪。

灭火时，按动泡沫枪柜内的报警按钮，信号传至泡沫枪系统雨淋阀组，雨淋阀电磁阀开启，同时打开消防水泵，并联锁开启泡沫液罐进、出液电磁阀。雨淋阀、泡沫液罐同时具备手动开启功能。

（五）机库大厅消防

机库大厅分别设屋架自动喷水灭火系统、地面泡沫格栅喷嘴自动灭火系统、泡沫枪系统、消火栓系统及移动式灭火器。其中屋架自动喷水灭火系统、地面泡沫格栅喷嘴自动灭火系统、泡沫枪系统共用1套加压系统。

三、工程特点介绍与设计及施工体会

（一）工程特点概述

项目使用需求与建设标准同时满足国内、国际2种标准，在满足国内相关规范的前提下，提高标准按照加拿大（美国）模式，同时执行美国、欧洲相关消防设计规范［如：美国规范 NFPA 409（Standard on Aircraft Hangars）机库标准］。由此带来了设计上的一些特点和难点，需要从思维、技术、管理等方面创新。给水排水专业的主要技术应用及创新点包括：

（1）首次在大型机库中应用了低位低倍泡沫格栅喷嘴灭火系统（Grate Nazzle System），作为本工程机库的主消防系统；

（2）采用 BIM 正向设计及出图，管道采用成品支架排布有序；

（3）针对机库的高环保要求，设置消防事故收集池。

（4）首次在国内维修机库屋顶设置了"挡烟垂壁"，使机库大厅具有分区汇聚烟雾的能力，提高了屋架自动喷水灭火系统启动的准确有效性。

（二）技术创新

（一）泡沫格栅喷嘴自动喷水灭火系统国内首次应用

泡沫格栅喷嘴自动喷水灭火系统虽然在国外机库消防中有普遍应用，但在国内应用尚属首例，经过给水排水设计师对该系统详细多次的汇报介绍和大量的计算作为依据，特别是解决了国内外规范的兼容适应性问题，最终得到了国内消防专项评审专家和国外保险公司的认可，使该系统得以顺利应用实施。针对工业建筑类的机库消防，提供了更加丰富和高效的保护手段可供选择，也是新技术应用的一次尝试和突破。

（二）采用 BIM 正向设计及出图，管道采用成品支架排布有序

本项目由于给水排水及消防管道较多，包括给水、软化水、消火栓、泡沫枪、泡沫格栅喷嘴及屋架喷淋供水管，为使管道排布整齐，给水排水专业还采用了 BIM 正向设计及出图，从三维而非传统二维的方式准确的审视设计，优化设计，精细化设计。施工阶段，设计师要求采用成品支架固定管道，管道上下排布，错落有致。在完成的机库中可以看到管道排布整齐，功能明确，占地紧凑，体现了工业之美，如图 4 所示。

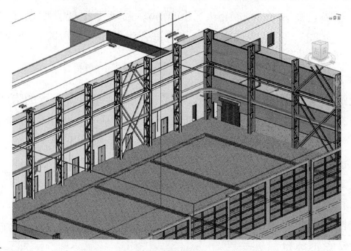

图 4　机库大厅消防管线 BIM 示意图

（三）针对机库的高环保要求，设置消防事故收集池

机库发生火灾事故时，大量由地面格栅喷嘴喷放的泡沫混合液，通过格栅排水沟汇集至室外消防废水池，杜绝消防废液排入下游管网，造成火灾事故污染等次生灾害。机库消防事故池在国内机库设计中大多被忽视，因此，没有相关数据可参考，本工程对于消防废水收集系统的设计参数，根据环境保护控制原则和机库消防方案，与德国咨询专家进行了探讨和交流，确定合理的收集水量、速度计算方式。消防废水池设置是本工程给水排水专业精细化设计和环保理念的体现。

（四）首次在国内维修机库屋顶设置了"挡烟垂壁"

结合屋架自动喷水灭火系统规模大、作用面积大的设计特点，参考美国机库消防规范 NFPA409，给水排水专业向建筑专业提出在屋架设置"挡烟垂壁"，使烟雾汇聚分区，有利于屋架自动喷水系统的启动及时有效。这也是在国内维修机库首次看到屋架设挡烟垂壁的案例。

四、设计及施工体会

本项目是庞巴迪公司在华首家公务机维修中心，也是国内除上海虹桥公务机维修中心外第二个公务机维修中心，在目前国内通用航空、公务航空快速发展的背景下，本项目的建成具有较大的行业影响力和示范作用。作为全国首个坐落在海关特殊监管区的飞机维修项目，该项目承担着自贸试验区相关航空维修试点任务，影响力可想而知。

本项目最大的特点是业主为外方，建设地点在国内，项目设计必须做到中西合璧，兼容并举。设计方案，特别是消防系统设计方案在得到国内专家认可的同时，还需满足国外保险公司和业主的要求。这个项目给水排水专业在国内国际技术接合应用方面做了较大的尝试和广泛的工作，包括编制系统计算书、组织评审会议、介绍新系统、咨询规范编制组等，终于使项目得以顺利实施投产。如上文所述，这些创新点也取得了业主、国外保险公司和国内专家的肯定，且目前取得了良好的运营效果。该项目是新型消防系统成功在国内实施的一个经典案例。本专业还在《给水排水》杂志上发布了相关论文，介绍泡沫格栅喷嘴灭火系统，对机库自动消防系统设计提供了新的思路和方式。

五、工程照片及附图

建成机库室外效果

机库大厅室内效果（摄影：楼洪忆）

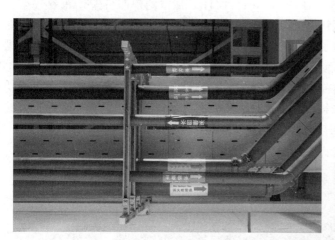

室内管道综合支架安装图

泡沫格栅喷嘴安装效果图

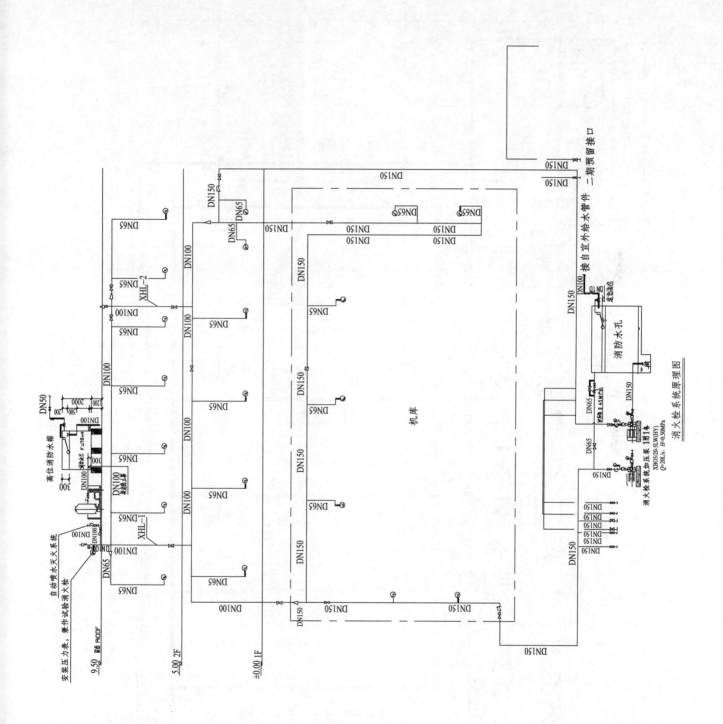

消火栓系统原理图

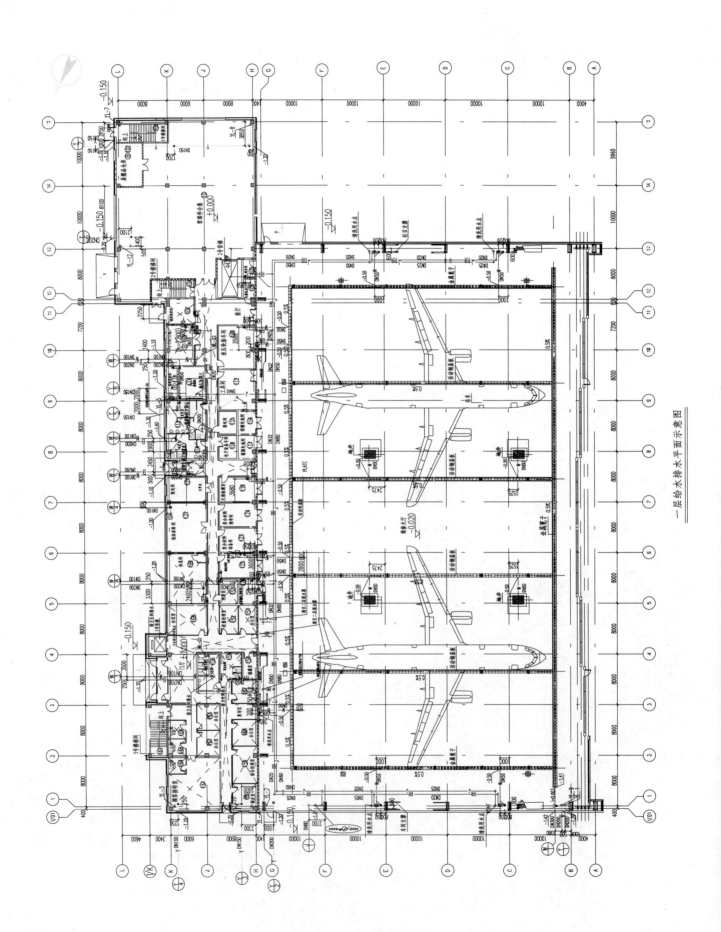

一层给水排水平面示意图

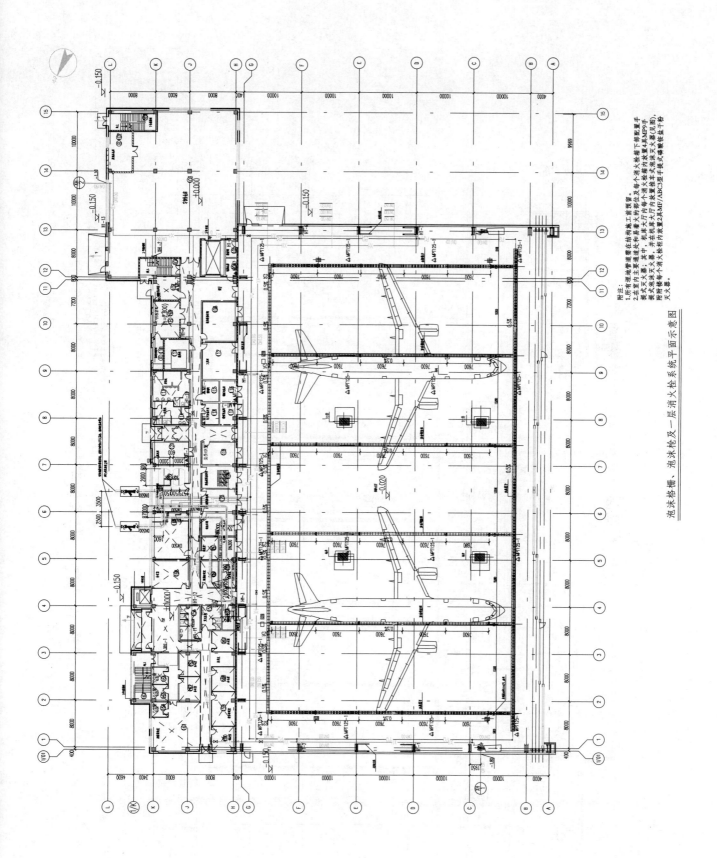

泡沫格栅、泡沫枪及一层消火栓系统平面示意图

附注：
1.所有埋地管道需在结构施工首预留。
2.在室内主要通道处和扑救火灾的部位及每个消火栓箱下部配置手提式灭火器。其中，机库大厅内每个消火栓箱内放置4具MF9手提式泡沫灭火器，并在机库大厅内放置主要泡沫灭火器(见图)，附附楼梯每个消火栓箱内放置2具MF/ABC3型手提式干粉灭火器。

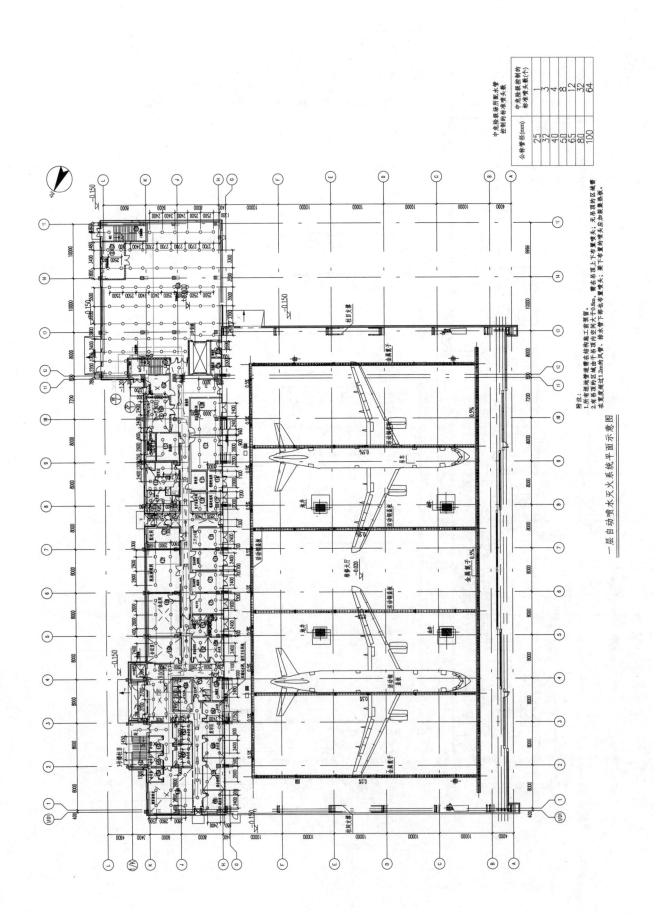

一层自动喷水灭火系统平面示意图

附注：
1.所有埋地管道宜在结构垫工前预留。
2.对有吊顶的区域由于吊顶内空间小于0.8m，需在吊顶上下布置喷头；无吊顶的区域喷
主支梁高超过1.2m的风管，排水管下部也布置喷头；素下布置的喷头应加装集热板。

公称管径(mm)	中危险级场所配水管 控制的标准喷头数(个)
25	1
32	3
40	4
50	8
65	12
80	32
100	64

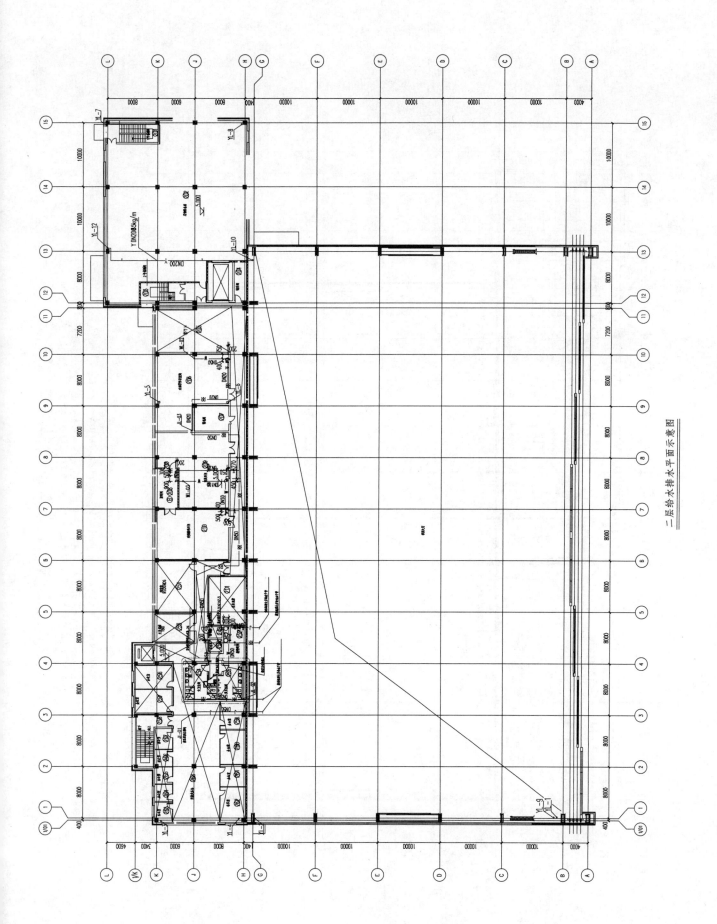

二层给水排水平面示意图

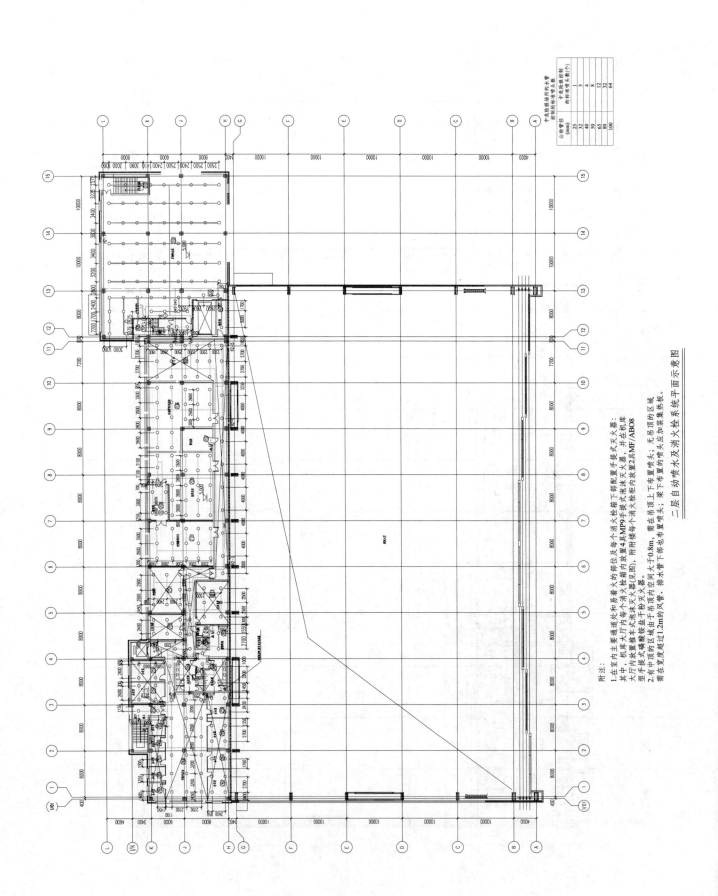

附注：
1.在室内主要通道处和易着火的部位及每个消火栓箱下部配置手提灭火器；
其中，机床大厅内每个消火栓箱内放置4具MP9手提式泡沫灭火器，并在机床
大厅内放置推车式泡沫灭火器(见图)，附制楼每个消火栓柜内放置2具MF/ABO8
型手提式磷酸铵盐干粉灭火器。
2.有季中顶的区域由于吊顶内空间大于0.8m，需在吊顶上下布置喷头；无吊顶的区域
需在吊顶下部也布置喷头；梁下布置的喷头应加装集热板。
需在宽度超过1.2m的风管、排水管下部也布置喷头。

二层自动喷水及消火栓系统平面示意图

中危险场所的火警控制的标准喷头数

公称管径 (mm)	中危险级控制的标准喷头数(个)
25	1
32	3
40	5
50	8
65	12
80	32
100	64

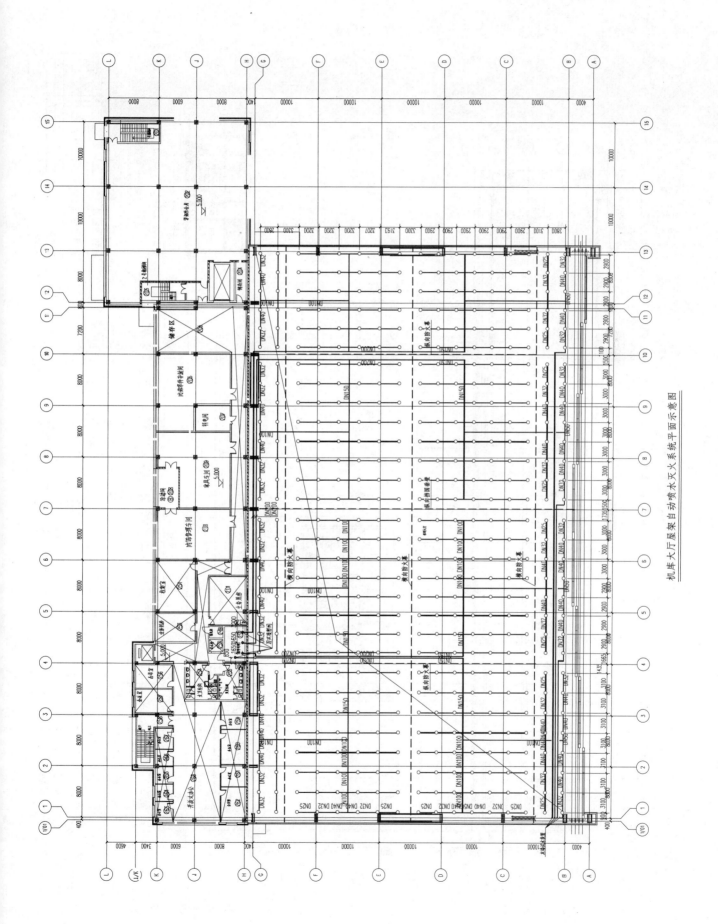

机库大厅屋架自动喷水灭火系统平面示意图

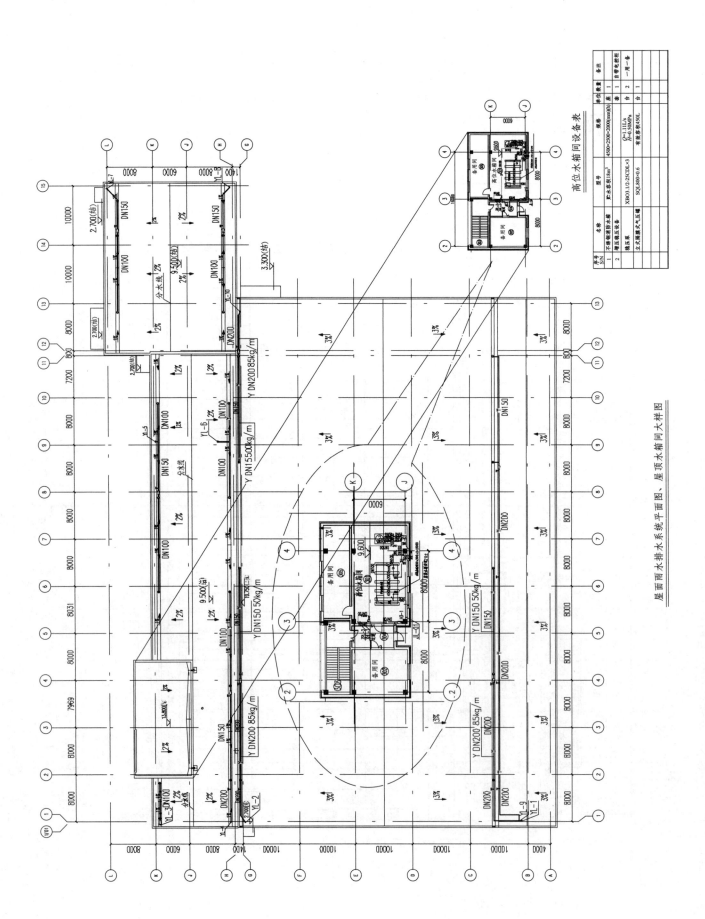

屋面雨水排水系统平面图、屋顶水箱间大样图

高位水箱间设备表

序号 S/N	名称	型号	规格	单位	数量	备注
1	不锈钢消防水箱		贮水容积18m³	套	1	
2	增压稳压设备		4500×2500×2000(mm)(h)	套	1	自带电控柜
	稳压泵	XBD3.1/2-25CDL×3	Q=1.1L/s H=0.50MPa	台	2	一用一备
	立式隔膜式气压罐	SQL800×0.6	有效容积450L	台	1	

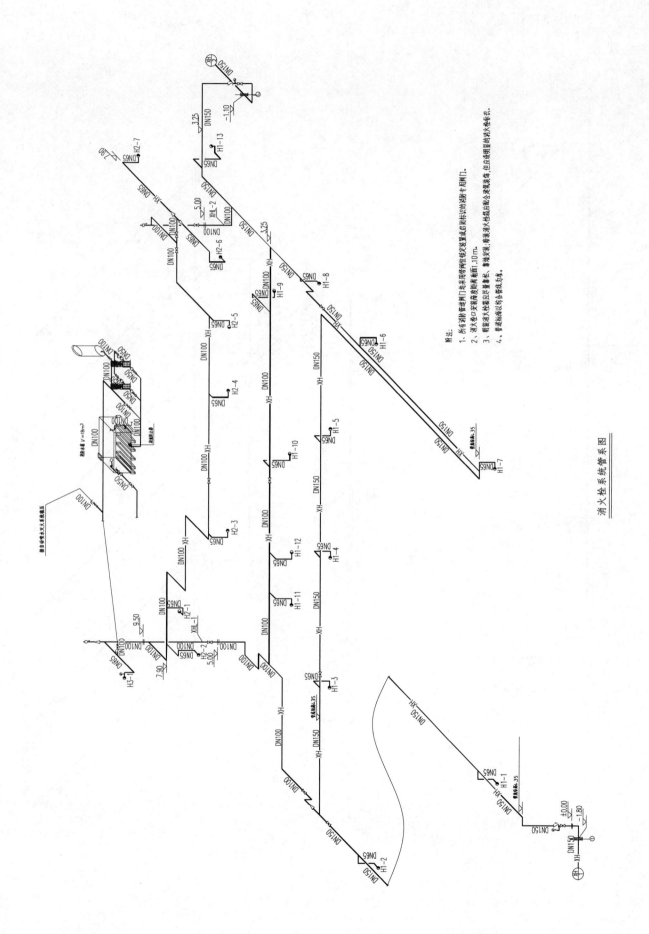

消火栓系统管系图

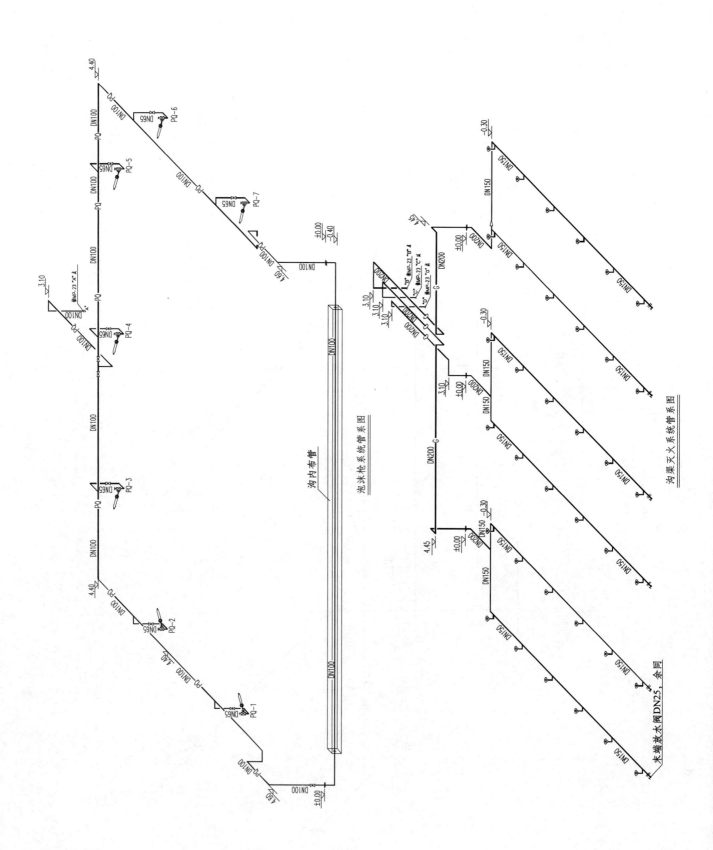

沟内布管

泡沫枪系统管系图

沟渠灭火系统管系图

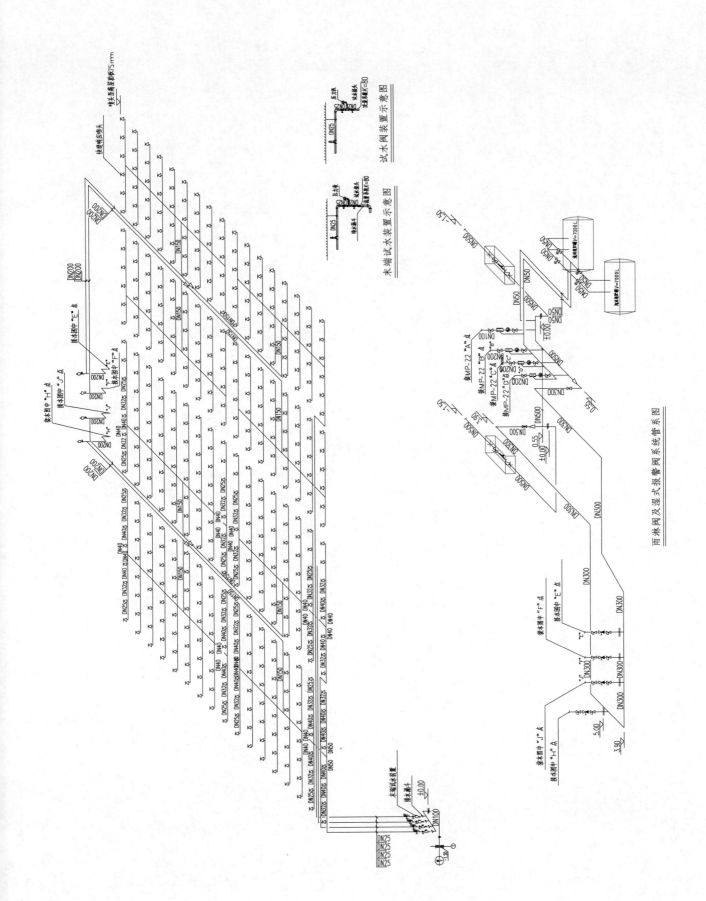

雨淋阀及湿式报警阀系统管系图

试水阀装置示意图

末端试水装置示意图